U0249915

高等学校引进版经典系列教材

污水生物处理
原理、设计与模拟
（原著第二版）

〔中　〕陈光浩

〔荷　〕马克·凡·洛斯德莱特

〔南非〕乔治·埃卡马　　编

〔荷　〕达米尔·布尔贾诺维奇

吕　慧　孙连鹏　陈光浩

吴　镝　郝天伟　　译

中国建筑工业出版社

著作权合同登记图字：01-2022-3789 号

图书在版编目（CIP）数据

污水生物处理：原理、设计与模拟：原著第二版 / 陈光浩等编；吕慧等译. — 北京：中国建筑工业出版社，2022.3
书名原文：Biological Wastewater Treatment Principles，Modeling and Design (2nd edition)
高等学校引进版经典系列教材
ISBN 978-7-112-27045-3

Ⅰ. ①污… Ⅱ. ①陈… ②吕… Ⅲ. ①污水处理-生物处理-高等学校-教材 Ⅳ. ①X703.1

中国版本图书馆 CIP 数据核字（2021）第 276818 号

Biological Wastewater Treatment：Principles，Modeling and Design/

Guanghao Chen，Mark C. M. van Loosdrecht，George A. Ekama，Damir Brdjanovic

(978-1-789-06035-5)

Copyright © IWA Publishing 2020

This translation of *Biological Wastewater Treatment*，*2nd Edition*，is published by arrangement with IWA Publishing of IWA Publishing of The Export Building，Republic，2 Clove Crescent，East India，London E14 2BE，UK，www. iwapublishing. com.
Chinese translation copyright © China Architecture &Buliding Press 2022
本书由英国 IWA Publishing 出版社授权翻译出版。

责任编辑：吕　娜　王美玲
责任校对：王　烨

高等学校引进版经典系列教材
污水生物处理
原理、设计与模拟
（原著第二版）

［中　］陈光浩
［荷　］马克·凡·洛斯德莱特
［南非］乔治·埃卡马　　　编
［荷　］达米尔·布尔贾诺维奇

吕　慧　孙连鹏　陈光浩
吴　镝　郝天伟　　译

*

中国建筑工业出版社出版、发行（北京海淀三里河路9号）
各地新华书店、建筑书店经销
北京鸿文瀚海文化传媒有限公司制版
北京盛通印刷股份有限公司印刷

*

开本：880 毫米×1230 毫米　1/16　印张：36　字数：1059 千字
2022 年 8 月第一版　　2022 年 8 月第一次印刷
定价：**368.00 元**
ISBN 978-7-112-27045-3
（38826）

版权所有　翻印必究
如有印装质量问题，可寄本社图书出版中心退换
（邮政编码 100037）

序言

　　污水处理的经典著作屈指可数，国际水协出版社（IWA Publishing）出版的《污水生物处理　原理、设计与模拟》便是其中一本。本书所围绕的都是污水生物处理领域内最核心、最重要的内容，充分展示了理论与实践方面的精心平衡。本书每一章自成体系，纵观全书又浑然一体，每一章均出自相关领域的世界名家之手，这是该书最为独到之处。

　　自 2008 年第一版问世以来，本书即成为国际水协出版社（IWA Publishing）最畅销书，获得了广泛的国际好评。这充分反映了污水处理由过去基于经验方法转向注重机理、化学、微生物学、物理、生物工艺及数学模拟等多个学科知识的融合应用。本书第二版由著名华人科学家、香港科技大学的陈光浩教授与 Mark van Loosdrecht、G. A. Ekama、D. Brdjanovic 领衔编写。陈光浩教授是国际污水处理领域内的著名专家，SANI 工艺的开创者。由他主持编写，也是华人环境科技工作者的自豪。在保持第一版的框架基础上，第二版添加了新的章节，同时对其他章节进行重写和内容扩展。在第一版作者团队基础上，新版作者增加了近年出现的，由此确保第二版充分反映了自第一版出版以来的十多年中知识和实践的发展。

　　中国污水处理事业在过去的几十年里获得了快速的发展，全国各地建设了大量污水处理厂，但污水处理技术水平与世界发达国家相比还有不小的差距。直接阅读世界经典著作是广大科技人员、高校学生快速进入污水处理技术领域，树立坚实理论体系的良方。作为一家多年从事污水和相关业务、坚持以依靠技术和管理满足客户需求为宗旨的环境公司，高兴地看到该书第二版的中文版及时出版，并在此感谢本书的翻译团队。我们相信，《污水生物处理　原理、设计与模拟》原著第二版的中文版对国内从事污水处理专业人员，尤其是年轻人，将会是一本非常有价值的参考书。

　　20 世纪 80 年代在清华读书时，曾听许保玖先生谈起 *Wastewater Engineering* 是美国大学常选用的教科书，但这本书是一家名叫 Metcalf & Eddy 公司编写的，我当时对此非常神往。中国企业现在还达不到这个水平，那我们就从支持经典著作做起。

许国栋　工程博士

中持水务股份有限公司创始人

党的十八大以来，党中央把生态文明建设纳入中国特色社会主义事业，统筹推进"五位一体"总体布局，提出坚决打赢打好污染防治攻坚战，并深入实施了水污染防治行动计划。污水处理是水污染控制的关键所在，用于污水处理的活性污泥法至今已历经百余年的发展，污水生物处理理论与技术也正经历着从以污染物去除为主导的处理理念，向着绿色发展的方向迈进！

Biological Wastewater Treatment：Principles，Modeling and Design 于2008年正式出版，此后它一直被联合国教科文组织高等水研究院（UNESCO-IHE，现改为 IHE Delft）、苏黎世联邦理工学院（ETH），代尔夫特理工大学（TU Delft）等国际著名高校作为教材使用，受到了业界的广泛赞誉。在此后的12年里，伴随着水处理要求的不断提高、新兴污染物的不断出现、碳中和与碳减排的迫切需求等，水科学与技术飞速向前发展，源头创新的水处理理论和技术得以应用。因此，业界迫切渴望该书的再版，以补充和完善过去12年里污水生物处理理论与技术的发展。

终于在 2020 年 *Biological Wastewater Treatment Principles，Modeling and Design*（2nd edition）正式出版，第二版在四位水处理领域国际著名专家的领衔下：Guanghao Chen（香港科技大学）、Mark C. M. van Loosdrecht（TU Delft）、George A. Ekama（南非开普敦大学）、Damir Brdjanovic（IHE Delft），由来自全球的39位专家学者共同合作完成。我们有幸参与了第二版英文原著中第7章 Innovative sulphur-based wastewater treatment 的写作，相比于该书第一版，本章是新增章节，其中凝聚了本章作者们在该领域十余年的工作！

《污水生物处理　原理、设计与模拟》原著第二版的中文译著工作主要由吕慧（中山大学）、孙连鹏（中山大学）、陈光浩（香港科技大学）、吴镝（香港科技大学）、郝天伟（澳门大学）负责编辑和定稿，参与相关工作的还包括：中山大学黄纪莹、吕林芷、唐妹、陈奔、周思宁、梁慧宇、黄佳玫、王晓、权昊婷、刘敏、李蔚然、朱津君、邓苇婷、陈传翰、杨裕昊；香港科技大学唐文韬、姜楚宽、邹旭、刘阳、刘杰、马浩然；合肥工业大学王进；青岛大学李津；华中科技大学郭刚、昝飞翔；西北工业大学钱进；澳门大学钱光升、肖艺航、张雯翔、谭允开等。翻译工作对专业知识要求很高，对我们每一个人都是一次不小的挑战，但大家乐在其中，尤其是当想到本书将作为译著教材走进环境科学与工程专业及给排水科学与工程专业本科生和研究生的课堂，更是内心充满期待！在此，由衷感谢所有为本教材出版作出贡献的同事们、同学们！

吕　慧　　中山大学
孙连鹏　　中山大学
陈光浩　香港科技大学
吴　镝　香港科技大学
郝天伟　　澳门大学
2021 年 6 月于广州

本书第一版于 2008 年出版，并成了 IWA 出版社的畅销书。在 2008 年之前的二十年里，人们对污水处理的认识和理解取得了巨大的进展，研究方法也从基于经验转向为基于化学、微生物学、物理和生化工程、数学和建模等"基本原理"的研究方法。然而，对年轻一代的水处理专业人员来说，这些新发展方法在数量、复杂性和多样性方面是很难在短期内掌握的，尤其是在缺少污水处理高级教程的发展中国家。为了让新一代的年轻科学家和工程师了解污水处理行业，第一版汇集了十几位对污水处理技术发展作出过重大贡献的国际著名研究机构教授的研究生教材，这些材料已经成熟到可以编入计算机数学模型中进行模拟。在深入研究本书第一版的内容后，相信读者无论是对活性污泥、生物脱氮除磷、二级沉淀池还是生物膜系统，都有更深入的洞察力、更先进的知识和更强大的信心来将污水处理厂设计和运行当中的现代建模及模拟方法融会贯通。

然而，自第一版出版以来，污水处理在近十二年间加速进步和发展。本书中，第一版的所有章节内容都已作更新以适应新的技术进步和研究发展。一些在 2008 年新兴的、目前已经成熟的方法，如好氧颗粒污泥、膜生物反应器、硫协同污水处理技术和生物膜反应器等都在第二版中有所介绍。本书的目标读者群是仍会积极从事保护珍贵水资源的年轻一代。本书的作者们仍活跃在水处理的各个领域中，同时也意识到污水处理相比于 12 年前已经变得更加复杂、紧迫。因此提供了本书的第二版以帮助年轻水处理专业人员有能力掌握先进的科学理论和生化工程原理，并且有更深入的洞察力、更先进的知识和更强大的信心进行污水处理学科及技术的研究。

编　者

目　录

第 1 章
污水处理的发展

Guanghao Chen，Mark C. M. van Loosdrecht，George A. Ekama 和 Damir Brdjanovic

1.1 全球环境卫生需求

在《英国医学杂志》于 2007 年发起的一项评比中，卫生设施被选为自 1840 年以来最伟大的医学进步（Ferriman，2008）。这表明卫生设施在实现和维持良好公众健康方面具有无可比拟的重要作用。许多工业化国家已建立起安全完善的污水管网，然而并非每个国家都能提供适当的污水处理，尤其是在发展中国家，其卫生设施覆盖率远不及供水设施。联合国可持续发展目标明确提出了公众对于适当卫生设施的需求，并且在可持续发展目标第六项——清洁饮水和卫生设施中进一步强调指出，鉴于数百万人死于因供水和环卫设施不足而引发的疾病，清洁饮用水对于所有人来说都是必不可少的。卫生设施对于这一目标的实现起着核心作用。《2019 年联合国世界水发展报告》呼吁人人应享有清洁饮用水和卫生设施，这是消除贫困，建立和平繁荣社会，以及确保实现可持续发展道路上"不让任何人掉队"的必要条件。然而，尽管付出了巨大的努力，改善卫生设施的进程依旧缓慢且滞后。全世界都需要重视为所有民众实施适当的卫生解决方案的呼吁。其重要之处在于将公众与卫生解决方案联系起来，同时促使这种联系以环境可持续的方式延续下去。事实证明，排水管网与污水处理厂在输送及去除病原体、有机污染物和营养物质方面成效显著，但这些设施需要良好的运行和维护，且操作人员需要熟悉所涉及的工艺。

1.2 污水处理的历史

污水处理在 20 世纪取得了显著的发展。在城市群扩张过程中，长期以来人们认为污水会对公共健康造成潜在威胁和损害。另一方面，人类排泄物的肥料价值很早就得到认可。在中国，从古代的西汉王朝（公元前 202 年）到近现代（20 世纪 70 年代），绝大多数的农田使用茅厕中的粪尿进行施肥。印度河流域（早在公元前 2000 年）、幼发拉底河流域以及古希腊等古代文明很早就开始使用连接着排水管的公共厕所，并利用排水管道将污水与雨水输送到城外的蓄积池，砖砌的沟渠再将污水引入农田，实现污水对农作物和果园的灌溉和施肥。这些排水管道定期用污水冲洗。

在利用排水系统方面，古罗马人走得更远：大约公元前 800 年，他们建造了马克西姆下水道（Cloaca Maxima）。起初，这套主要的污水管道系统是用于排干沼泽，以便随后在这片沼泽地上建立起罗马城。到公元 100 年，这套排水系统基本完善，并且已连接到部分住宅。引水渠在供水的同时还顺势将公共澡堂和厕所的污水输送至城市地下污水管道，最终流入台伯河。城市街道定期用引水渠的供水冲洗，将污物冲入下水管道。

古罗马人建立的这套排水系统能够有效运转有赖于一个高效的政府以及一支强大的军队对远近沟渠的维护。然而，罗马帝国的衰亡也导致他们建立起来的卫生设施随之荒废。公元 450～1750 年由此也被认为是"卫生设施的黑暗时期"

（Wolfe，1999）。在这个时期，排泄物的主要处理方式是倒在大街上，甚至常有人从临街二层的窗户向外倾倒。公元 1800 年左右，在越来越多不愿忍受恶臭的城市居民的压力下，许多城市出现了排泄物的收集系统，得到了城市周边农民的欢迎，因为他们能充分利用这些"农家肥"。在阿姆斯特丹，人们利用推车游走于街道收集粪尿。讽刺的是，这种推车以当时著名的一种科隆香水品牌命名为 Boldoot 推车。然而，运输途中和倾倒排泄物时出现的溅溢无可避免，引起市民不快，且恶臭得不到明显改善。从那时起，建设综合排水管网的计划提上了日程，但高昂的管道投资及冲刷维护的不确定性使得这项计划被束之高阁。

公元 1900 年左右，Liernur 先生提出了解决方法：分开收集冲厕水、灰水和雨水。冲厕水通过名叫 Liernur 气动排水的真空管道收集系统，该系统已在欧洲一些城镇使用（图 1.1）。

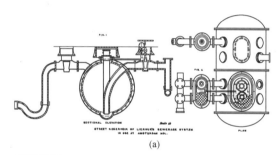

(a)

(b)

图 1.1　Liernur 气动排水系统
（a）系统图；（b）排泄物收集运输载具
（图片来源：Van Lohuizen，2006）

收集到的污水并未得到任何处理，而是当作肥料施洒于农田里，导致农田渍涝成为主要问题。然而城市的不断扩张减少了接纳污水的土地。因此利用"生物"这种可能更好的处理方法逐渐开始出现在人们的想法之中（Cooper，2001）。

在美国和英国，生物已在所谓的生物滤池上发挥其净水作用，即通过河床砾石上黏附的生物膜。最早的生物滤池之一位于英国曼彻斯特附近的索尔福德，它始建于 1893 年。美国最早的滤池 1901 年建于威斯康星州麦迪逊。在 1895 年到 1920 年期间，英国建设了很多处理城镇污水的生物滤池。生物滤池的快速应用消耗大量资金，阻碍了 1913 年于英国诞生的活性污泥法的推广。

活性污泥法起源于通过一组抽水式反应器（即序批式反应器的前身）处理污水得到高质量出水的实验。研究人员由此认为污泥被活化了，于是仿照活性炭的命名方式，将该工艺命名为"活性污泥法"（Ardern 和 Lockett，1914）。

20 世纪上半叶，河流被认为是污水处理过程的一部分。生化需氧量（BOD）的 5 天测定也是因为它是英国河流入海的最长时间。Phelps（1944）在所著的《河流卫生学》中利用数学模型计算了在氧垂曲线中避免下游污水排放点溶解氧（DO）降到最小值时的最大有机负荷。然而，随着城市的快速发展，人们很快意识到河流已无法消纳日益增长的有机负荷，由此催生了对高效污水处理技术的需求。为了降低河流中的需氧量以及消除氨氮对水生生物的毒性，硝化工艺应运而生。这促进美国、欧洲和南非修建了许多用来去除有机物和获得硝化反应的低负荷滴滤池。滴滤池污水处理厂初沉池和滴滤池所产生的污泥则通过厌氧消化工艺处理。当时认为污水处理厂排放的硝酸盐是有益的，认为它为河流与湖泊的厌氧条件提供了屏障。然而，由于对有机物的去除要求总是优于氨氮，因此滴滤池的硝化能力时常会受到影响，尤其是在冬季。

20 世纪下半叶，地表水出现了新的问题：富营养化。富营养化的特征是流入河流的氮（N）和磷（P）引发了藻类及其他水生植物的爆发式生长。到 20 世纪 60 年代，人们已清楚地意识到去除污水中的氮磷对于控制富营养化的必要性。这极大地促进了相关项目的研究，细菌学和生物能量学也开始在 60 年代被应用于污水处理的研究之中。通过细菌学中的 Monod（1950）动力学方程，Downing（1964）等人指出硝化反应依赖于自养硝化菌的最大比生长速率，而该速率低于异养菌的生长速率。对于实际运行的污水处理厂，这意味着需要足够长的污泥龄才能保证出水中较低的氨氮浓度。Monod 动力学在污水处理领域的成功使其在今天所有的污水处理数学模型中仍被广泛使用，包括模拟硝化过程外的其他很多生物反应。McCarty（1964）将生物能量学在污水处理的应用提升到了一个全新的高度，他发现硝化过程所产生的硝酸盐能被某些异养菌转化为氮气。这一认识促使硝化-反硝化活性污泥系统的诞生，即在反应器中某一区域内不曝气时实现反硝化过程。随着这些理论知识的成功应用，悬浮介质活性污泥工艺成为首选的污水处理方式。Wuhrmann（1964）在瑞士提出了后置反硝化系统，即在曝气池后接非曝气（缺氧）池。为了提高缺氧反应器的反硝化效率，常常会投加甲醇用以补充反硝化过程所需的有机物。该工艺方法由于出水总氮低而被美国广泛采用。然而，投加甲醇耗资大，同时污水中先去除有机物与再投加有机物是矛盾的。因此 Ludzack 和 Ettinger（1962）提出的前置反硝化系统显得更合乎逻辑。1972 年，Barnard 在南非提出的 4 段式 Bardenpho 工艺中将前置、后置反硝化反应器相结合，并引入回流以控制进入前置反硝化反应器的硝酸盐含量（Barnard，1973）。通过以上革新，具有脱氮功能的活性污泥系统成为普遍应用的污水处理技术。

Pasveer（1959）在 Ardern 和 Lockett 设计的进水-排水工艺基础上开启了另一条技术探索之路（图 1.2）。Pasveer 专注于经济型的污水处理工艺系统。他提出的氧化沟工艺仅有一个处理单元，省去了初沉池、二沉池和消化池等。在连续运行的进水-排水工艺系统中，硝化和反硝化过程也同步进行。该工艺简单、低成本的特点使其得到广泛应用。在 Pasveer 氧化沟之后，连续运行的氧化沟陆续出现，其基本原理相同但设有单独的沉淀池。

然而，单独脱氮对于控制富营养化远远不够。磷是造成不同生态系统富营养化的主要促成

图 1.2　首个 Pasveer 氧化沟工艺（中试）应用（位于福尔斯霍滕，荷兰，1954 年）。服务 400 人口，旱季流量为 40m³/h（图片来源：van Lohuizen，2006）

元素，它常常来源于洗涤剂和人类排泄物，并以正磷酸盐形式存在，因此磷的去除同样重要。与氮元素不同，磷元素只能转化至固相才能被去除。20 世纪 70 年代开始出现在深度过滤之前进行化学沉淀除磷。在水资源匮乏的地区，如美国西南各州、南非和澳大利亚，地表水间接回用的程度已经很高，而化学除磷会快速升高地表水的盐度。高盐度除了降低地表水在农业利用上的价值外，还会对供水系统的使用寿命产生更大的影响。为了减轻这些影响，在 20 世纪 60 年代末 70 年代初，南非的水政策旨在避免富营养化和地表水盐化的基础上实现全部污水回用并进行再分配——即便化学除磷的代价高昂，处理后的水也会被供水系统完全回用而不会排入环境中（Bolitho，1975；van Vuuren 等，1975）。

生物除磷是一个被偶然发现的独特生物过程。印度的 Srinath 等（1959）最早描述了污水处理过程中的生物除磷现象。他们发现某些污水处理厂的污泥在曝气时表现出超量（远超细胞生长所需）磷吸收现象。这表明磷吸收是一个生物过程（受有毒物质和氧含量限制）。随后，其他（推流式）污水处理厂也发现了这个所谓的强化生物除磷过程（EBPR）。在过程机理尚未明确的情况下，第一个生物除磷工艺（PhoStrip）还是诞生了（Levin 和 Shapiro，1965）。20 世纪 70 年代初，由于硝酸盐去除和节能（70 年代能源危机）需求的快速增长，人们在世界各地陆续发现生物除磷相对容易被激发的现象。例如在

1974 年，亚历山大活性污泥法污水处理厂为了优化脱氮停止了进水末端的曝气，Nicholls（1975）注意到出水中磷（和硝酸盐）的浓度很低。他还发现沉降至池底的污泥层中含有高浓度的磷酸盐，这是由于流入的污水密度高于上清液而沉降所致。Barnard（1976）提出了生物超量除磷的 Phoredox 原理，即在活性污泥法中引入厌氧和好氧的循环。EBPR 如今已是一项成熟的技术，它给在不提高水体盐度情况下的磷去除和回收创造了条件，从而使出水可以回到环境或被高效回用。新的发现往往始于偶然，随之而来的是对其原理深入的分析和理解。南非、加拿大和欧洲进行了多年研究试图全面了解和控制这项工艺，但至今仍有一些方面尚未明晰。然而，对于基本机理仍未完全掌握并不能阻碍工程师与科学家建造和运行污水处理厂的进程。

20 世纪 70 年代的能源危机导致了工业废水由好氧处理逐步转向于厌氧处理。产甲烷菌缓慢的增长速率长期以来极大地限制了厌氧工艺的发展。对于高浓度和较高温度工业废水的厌氧处理已不是问题，Lettinga 及其合作者（Lettinga 等，1980）开发的升流式厌氧污泥床反应器（UASB）在厌氧处理方面是一项巨大的突破。这项技术不仅适用于工业废水处理，同时也能有效运用于南美、非洲和亚洲的热带地区的低浓度市政污水的厌氧处理。

在兴建污水处理厂的一个世纪以后，许多本来远离市区的污水处理厂已被居民区吞没。污水处理厂的扩张受到极大限制，工程师们不得不开始找寻更加紧凑的处理工艺。此外，不同工业开始处理自身所产废水，而对于工业区而言，土地利用相比市政用地更加苛刻。其中一个成功的工艺路线是回到最初基于生物膜的滴滤池。一系列全新工艺的开发（曝气生物滤池、流化床反应器、悬浮式反应器、生物转盘、颗粒污泥工艺或移动床反应器，以及膜生物反应器）克服了滴滤池的旧有问题。

上述这些反应器的开发可追溯至 20 世纪 70 年代。与此同时开发的另一工艺直到 20 世纪 90 年代才得到广泛应用：利用膜分离取代沉淀池的活性污泥法。膜生物反应器（MBR）的突破是由 Yamamoto 及其同事（Yamamoto 等，1989）

通过将中空纤维膜组件集成于曝气生物反应器内实现的。在 21 世纪初期，另一个无需沉淀池的紧凑型工艺在基于颗粒污泥之上被开发出来。通过了解颗粒生长形态背后的基本原理，好氧颗粒污泥工艺（Nerada® 工艺）的成功研发变成可能，从而实现了更节能和更紧凑的营养物去除工艺（Pronk 等，2015）。

由于出水要求日趋严格，旧厂的升级改造而非新建水厂的需求随之增加。这促进了一系列新工艺的发展，它们于 20 世纪末被整合应用到现有污水处理厂中。这些工艺解决了剩余污泥厌氧消化后释放的大量氮磷的问题，而在此之前，富含氮磷的消化液通常会回流到活性污泥系统。除了鸟粪石沉淀问题以外，脱水滤液回流至进水也会导致活性污泥系统中大量营养物质的循环和出水中氮磷浓度升高。对此问题的研究催生出许多针对脱水滤液处理工艺的创新。在荷兰，开发出的新工艺包括 SHARON®、ANAMMOX 以及 Crystalactor® 等，尤其是厌氧氨氧化工艺已发展了一系列商业化工艺技术。

在过去的十年里，污水处理厂中的资源回收备受关注。如沼气一样，水是显而易见的可回收资源。一系列全新的可能性正逐渐出现，这将在不久的将来改变污水处理设施的规划和设计（Guest 等，2009；Kehrein 等，2020）。可回收资源包括纤维素、氢气、热能、聚羟基脂肪酸酯（PHAs）、磷酸盐、蛋白质以及胞外聚合物等（van Loosdrecht 和 Brdjanovic，2014）。

可控性一直是污水处理厂运行的重要组成部分。这包括直接过程控制和间接控制，例如污泥沉降性或生物膜生长情况。工艺过程控制从一开始便是一个限制因素。Ardern 和 Lockett（1914）以及 Pasveer 通过采用进水—排水循环的方式促成沉淀过程，试图以此来降低运行成本。事实上，Nereda® 技术也同样基于这个原理。然而这需要实现过程自动化。自 20 世纪 70 年代初，仪表、控制和自动化（ICA）已受到水和污水行业的关注。此后，新工艺、传感器和仪表、计算机性能、通信和物联网、检测方法、控制理论和人工智能等方面的技术发展在污水处理厂的早期预警、监测和运营上取得了很好的进展。过去几十年里 ICA 技术取得的长足进步意味着过程控制已变得足够可靠，现如今序批式反应器被越来越多地使用（如 Nereda®技术）。日益严格的出水要求以及节约和回收资源的需求，正不断推进污水处理厂过程控制的发展。尽管在污水处理工艺的早期已建立了数学模型，但直到低成本个人电脑的普及和统一的活性污泥数学模型出现之后它们才被广泛使用（Henze 等，1987）。

污泥特性的控制也同样是一个广受关注的焦点。特定菌群引起的丝状污泥和发泡问题一直广受重视。利用选择器控制丝状菌取得了许多成功的案例（Chudoba，1973）。然而，丝状微生物 Microthrix parvicella（微丝菌）还是经常给脱氮除磷系统带来问题。尽管开展的许多研究有助于了解污泥膨胀成因与控制，但仍旧无法量化预测不同活性污泥系统中的污泥沉降性。这意味着不得不建造更大的二沉池以应对污泥沉降性较差的时期。近年来对生物膜和污泥形态的认识突飞猛进，二者似有融合之势。理论进展的成果之一就是提出了好氧颗粒污泥系统，它既可以看作是丝状污泥的极端状态，也可以是特定形式的生物膜工艺（Beun 等，1999）。

污水污泥的消毒以及环境可持续性污泥处置是另一个主要关注问题。污水中含有的大量致病生物是 150 年前开始建设大规模排水系统和污水处理厂的真正原因。这点或多或少被遗忘了，直到 20 世纪中叶人们开始对污水处理厂出水进行消毒。其后由于污水加氯消毒产生的致癌物质促使一些消毒工艺被放弃运行，然而近年来一些地区使用过滤、紫外及臭氧消毒再次成为一个问题。伴随污水回用的进展以及更加独特的污水处理工艺驱动，消毒工艺如今再获关注。由于可能传播致病菌，污泥处置本身具有潜在的健康风险。此外食品安全标准日趋严格，利用农田处置污泥的方法已经愈加受限，污泥处理因此显得尤为重要。污泥脱水性以及污泥减量问题尤其是一个研究重点。近些年来，利用污泥预处理以提高污泥脱水性的研究方向已经受到污水处理行业的关注。如果能实现高效的污泥脱水，那么利用污泥焚烧就能回收蕴含于污泥的能量和资源（如磷）。

对污水处理的要求不断增多，如今人们愈加关注可能会在水循环中累积或影响自然生态系统的潜在微污染物。水资源的匮乏将会导致水再生和回用技术的开发和应用。水回用技术的应用不仅限于缺水地区，也包括水资源丰富的西欧等地，本地法规也要求回用污水处理厂出水而非使用天然水作为工业用水，这样在经济上更加划算。技术的发展往往需要时间的沉淀，在长达一个世纪各自独立发展之后，污水处理与饮用水处理走得越来越近。香港在这方面做了一个成功的表率。自 1958 年以来，香港利用海水冲厕。如今，这项措施惠及超过 80% 的当地人口（约 700 万居民），每天节约 75 万吨淡水，且能耗远少于使用反渗透的海水淡化（Chen 等，2012；van Loosdrecht 等，2012）。这项双供水系统的应用在当地污水处理部门的推动下促成了硫协同污水处理工艺（即 SANI® 工艺，Wang 等，2009）的研发。

最后同样重要的是，污水收集处理的一大难题，即如何培养和教育新一代的工程师和科学家，使他们能设计新的污水处理厂，改进旧的污水处理厂，以及新一代的操作人员，使污水处理厂的运行管理能达到最新污水处理技术与工艺的能力极限。这对那些由于政治经济不稳定导致与发达国家有技术差距的发展中国家尤为重要。经过近 40 年的技术发展，污水处理的专业范围已从单一的土木工程领域拓展到基于工艺工程与微生物学的专业领域。许多大学开设了单独的环境工程课程来衔接这两个学科。今天，所有工艺和技术都被综合起来用以创造复杂的处理系统，而应对这些系统的复杂性问题又需要运用原理和数学模型。因此，我们今天拥有前所未有的复杂污水处理系统。这本已让人感到困惑，而无数公司试图推广他们自己的工艺和技术更加剧了这种困惑。本书第二版已更新或修订了 2008 年发行的第一版中的大多数章节，包括新的工艺发展，如好氧颗粒污泥和硫协同污水处理技术。所有这些工艺和技术都遵循相同的基本原理，正如人们所说的："细菌并不清楚反应器的形状或技术的名称，它只是单纯地在有硝酸盐和碳源的无氧条件下进行反硝化。"

扫码观看本
章参考文献

图 1.3　先进污水处理厂案例：香港的沙田污水处理厂（图片来源：香港渠务署）

第2章
微生物及其代谢理论

David G. Weissbrodt，**Michele Laureni**，**Mark C. M. van Loosdrecht** 和 **Yves Comeau**

2.1 引言

从细胞、微生物代谢和生长的一般微生物学基础开始，本章囊括了微生物和代谢功能表征的现代分析方法的基本知识。它涵盖了基于化学计量、生物能、热力学和动力学理论下微生物生长和代谢的主要步骤。微生物生长基本原理是工程设计和数学模型开发以预测微生物表现的关键信息要素。传统的处理系统设计是基于经验法则。对于新工艺的开发和设计，微生物生态学是至关重要的。Baas-Becking（1934）早在20世纪初就认识到："万物无处不在，却逃不过环境的选择"。确保选择所需的微生物可以活跃在最佳状态是环境工程师的重要任务之一。采用微生物群落工程原理以实现运行环境生物技术系统，其与微生物资源的有效管理密不可分。设计和运行污水处理厂（WWTP）或水资源回收设施（WRRF）中的生物过程都牵扯一个核心问题，即"什么是微生物以及它们如何生长？"

2.1.1 污水处理中的微生物

生物营养物去除（BNR）过程是基于微生物对元素（C、N、O、P和S）的自然循环。废水处理过程中污染物的去除在第3章进行了描述。微生物将水中污染物转化为易于与水分离的物质，主要是气态化合物（如甲烷、二氧化碳或氮气）或固体化合物（主要是生物质）。污水处理过程中，微生物所产生的胞外聚合物有助于絮凝悬浮细胞，并将其带入污泥絮体、颗粒或生物膜基质中。用于污水处理的微生物过程也会发生在自然系统中，例如河流和湖泊。但这些自然系统的"自清洁"能力通常受到一些物理限制如曝气量、生物量和混合程度等。污水处理技术旨在打造一个工程化的生态系统，在该生态系统中，由于生物质的存留，持续曝气和适当扰动而将物理限制降至最低。这些工艺在本书的其他章节中进行了详细介绍。

2.1.2 功能单元微生物生长

在本书中，我们关注微生物生长的基础，例如如何进行监测研究以及如何对其进行数学描述。生长代谢是基于微生物如何从化学氧化还原反应或光中（分解代谢）获取能量，以及它们如何利用这种能量来维持其细胞（维持）并利用可获得的营养物质构建新的生物质（合成代谢）。微生物生长系统涉及元素转移、电子和能量流动的三重交错关系。在此基础上，微生物的生长可视为以化学计量（产率）、动力学（速率）和热力学（吉布斯自由能）为特征的化学反应。一般而言，任何吉布斯能量为负值的氧化还原反应都可以被认为是潜在的分解代谢反应，可为微生物生长提供能量。污水处理中的反应正是有赖于化合物的反应多样性。

2.1.3 微生物群落工程

微生物群落工程是筛选一类可以将污染物转化为无害或新资源的天然微生物。其生态位的建立由微生物生态学驱动。生态工程原理可以帮助预测微生物的选择、转化以及它们之间的竞争关系，并可以作为设计的基础（Kleerebezem 和 Van Loosdrecht，2007；Lawson 等，2019）。微生物以絮状、颗粒和/或生物膜的形式被保留在处理系统中。系统选择压力是通过调控例如营养物浓度、电子供体、最常见有机物和电子受体［例如溶解氧（O_2）或硝态氮（NO_x）例如亚硝酸盐（NO_2^-）或硝酸盐（NO_3^-）］而实现。这些变量都可由污水处理厂的设计者和操作者调控，以满足维持微生物生长和转化所必需的条件。除此之外，系统也会受到其他环境条件的影响，例如 pH 值、温度和光照等。通过有针对性的工程设计，可完全克服营养物浓度、曝气量和生物量的限制。

污水处理厂的设计和运行与水力停留时间（HRT）和污泥停留时间（SRT 或泥龄）密不可分。通过对水力停留时间和泥龄的控制，可以实现基于生长速率和底物消耗速率的微生物定向选择。解耦 HRT（数小时）与 SRT（数天）有利于系统中微生物浓度的保持。能够适应系统 SRT 的微生物则被选择保留，其他的将被淘汰。相比较而言，底物亲和力在废水系统中的作用有限。由于扩散阻力，生化反应在絮体污泥、生物膜及颗粒污泥中的传质都受到不同程度的限制。除了工程可以控制的确定性因素外，活性污泥中存在的微生物也受其他因素如随机或概率因素的影响。这些因素包括污水中化学、生物成分以及环境条件的波动。

2.1.4 微生物生态学的分析方法

环境生物技术系统由复杂的微生物群落代谢营养物质来驱动。代谢种群具有伴生种群的多样性，其功能仍有待发现。得益于显微镜、微生物学、分子生物学、系统（微）生物学和生态生理学方面的不断发展，微生物群落的解析正逐渐展开。现在可以从系统发育树到基因组和表达显形的高分辨率程度下对微生物个体谱系进行分析。通过这些方法，可以对污泥进行调查，从"黑盒子"转变为"灰盒子"，甚至可能理解为"白盒子"（第 2.3.1 节）。

针对微生物解析的情况取决于从科学到工程所要解决的问题和研究范围。新一代的分析方法通常可以解决很多微生物的分析问题。然而，在高灵敏度水平下进行的微生物和功能多样性研究，得到的结果通常不能很好地反映污水处理的操作过程。在数字化和人工智能的帮助下，高通量数据信息正与生物过程联系起来。因此，分析对于从生物系统收集信息和知识都至关重要。这正推动将工程学和深度分析的概念整合在一起以提出基于微生物资源化的新策略。

2.1.5 微生物生长数学模型

数学模型可有效地了解和预测复杂生物系统中微生物的生长过程。至今已开发了一系列的定量性数模如活性污泥模型（ASM1-3）、厌氧消化模型（ADM）或生物膜和颗粒污泥模型（第 14～17 章）用于描述污水处理过程中微生物群落的代谢。在模型中生物质被描述为普通异养生物（OHOs）、自养硝化生物（ANOs）、反硝化异养生物（DHOs）、厌氧氨氧化（anammox）生物（AMOs）、聚磷酸盐积累生物（PAOs）、糖原积累生物（GAOs）和其他发酵和产甲烷生物的聚集体。整个过程模拟是基于生长化学计量、生物能学、热力学和动力学构建的。模型不仅对于理解生物量增长、物质转换和相互作用至关重要，而且对工艺设计也十分重要。

2.2 微生物代谢基础

微生物细胞是生物废水处理过程的主要功能单元。掌握微生物的组成、代谢功能、如何维持其生长以及如何调节其代谢以适应不断变化的环境条件是污水生物处理的要点。本节涵盖：①主要微生物的演化以及如何调节地球上的生物地球化学循环；②细胞结构和成分；③构成自然界和污水处理厂微生物多样性的营养群组；④主要代谢营养物质和能量需求；⑤对微生物新陈代谢有胁迫效应的环境因素。

2.2.1 原核生物、真核生物和病毒

生命可分为古细菌、细菌（真细菌）和真核生物三个域。正如基因信息所显示的一样，这些域生命的进化和发展最后都可以追溯到距今大概 33 亿～38 亿年前的一个祖先（LUCA）（图 2.1）。

目前通用术语"微生物"包括单细胞类型的原核生物和真核生物。原核生物是单细胞生物，包括古细菌和真菌。古细菌是细菌和蓝细菌的主要祖先。从微生物和工程学的角度来看，由于它

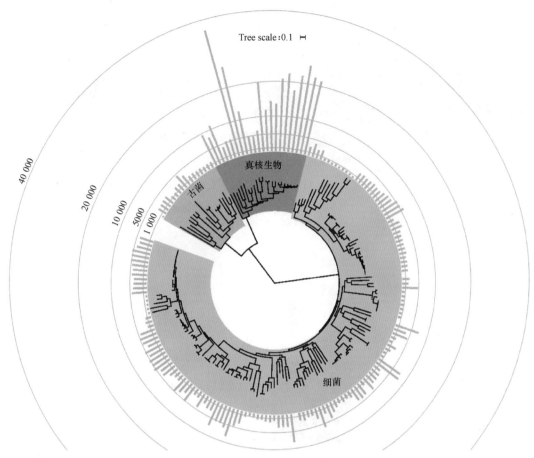

图 2.1　系统发育树（细胞）描绘了古菌（蓝色）、细菌（黄色）和真核生物（紫色）。细菌域显示出丰富多样的微生物。不同类型细胞的基因组大小是通过条形图以在 1000～40 000 个非转位蛋白编码基因的尺度上显示出来的。细菌和古细菌的基因组较小，其可通过例如水平基因转移从而快速进化。由于领域划分仍不明确，病毒和噬菌体未包括在此发育树中

们的结构、成分和代谢功能与细菌非常相似，因此原核生物可被认为是细菌。真核生物主要包括单细胞生物（原生动物、藻类和酵母菌）和多细胞生物（后生动物、真菌、植物和动物）。原核和真核生物的主要区别在于细胞结构不同。原核生物的 DNA 位于细胞质中，而真核生物的 DNA 位于细胞核中（Grk. karyon）。除微生物外，微生物群落中还存在病毒和（细菌）噬菌体。

病毒和噬菌体是包裹在蛋白质中的遗传信息（RNA 或 DNA）。他们将遗传信息 DNA 或 RNA 转移到宿主细胞中进行繁殖。尽管通常不将病毒视为活体生物，但有时会将它们包括在微生物的定义中。在感染过程中，噬菌体通常会通过影响主要菌种达到群落调整的目的。病毒根据其细胞宿主特性可以分为古菌、细菌和真核病毒。病毒和噬菌体通常不显示在（细胞）系统发育树中。简而言之，它们是多系统的，且具有多种进化起源。病毒谱系和细胞微生物如 LUCA 完全不同，同时也不具备细胞特征。因此，如何在系统发育树中定位病毒仍处在争论之中（Brussow，2009；Moreira 和 Lopez-Garcia，2009）。除了对病毒的争议，微生物之间的水平基因转移也挑战了统一理论生物学中的发育树概念。因此，本章将仅限于细胞微生物的描述。

除进水中的悬浮固体外，污水处理厂富集了自然留下的原核和真核微生物以及后生动物，例如线虫或寡头蠕虫。这些原生动物可以捕食微生物，从而影响系统中群落组成和生物膜的结构（Jürgens 等，1997；Klein 等，2016）。各种生物形态通常是通过显微镜进行确定的（图 2.2）。

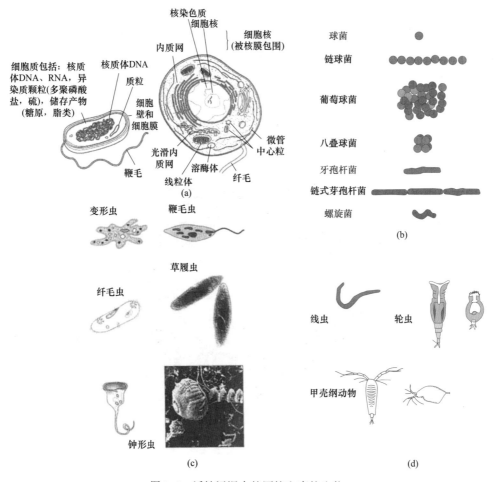

图 2.2　活性污泥中的原核和真核生物

(a) 原核（0.5～5μm）和真核（5～100μm）细胞结构；（b）细菌形态；（c）原生动物形态；

(d) 多细胞生物。图片来源：Comeau 等（2008），Metcalf 和 Eddy（2014）以及 Rittman 和 McCarty（2001）

污水处理始于卫生技术的发展。污水中含有全部的病原体，而部分病原体可以通过处理过程的原生动物或污泥絮凝效应去除。因此，许多病原体都出现在剩余污泥或污水处理厂出水中。本书的第 8 章详细讲述污水中病原体的去除。

2.2.2　细胞结构和组成

2.2.2.1　原核生物和真核生物的细胞结构

原核生物和真核生物都具有质膜（或细胞膜）结构，质膜可以清晰把细胞从环境中隔离出来。该膜主要由双层磷脂组成。细胞膜上产生的 pH 值和电荷梯度都是细胞能量产生的重要基础。同时在外部环境剧烈变化时，细胞膜可以使得细胞维持稳定的细胞内化学环境以维持其新陈代谢。

原核生物是具有细胞膜的简单细胞，该膜将细胞内部（细胞质）与环境隔开。细胞质中包含

遗传物质（核酸）、核糖体、蛋白质和聚合物等。有些细菌具有更复杂的细胞结构。厌氧氨氧化细菌有一个单独的产能量单位称为厌氧氨氧化体。除细胞膜外，原核生物还受到膜外细胞壁的保护。细胞壁由肽聚糖层构成，多糖链通过含有 D-氨基酸的异常肽交联构成。细胞壁通常被胞外聚合物（EPS）所覆盖。广义上讲，细菌中有两种不同类型的细胞壁，分别是革兰氏阳性和革兰氏阴性。该名称源于细胞对革兰氏染色的反应，此反应长期被用于分类细菌种群。革兰氏阳性细菌具有多层肽聚糖，使它具有厚而坚固的细胞壁。革兰氏阴性细菌具有较薄的肽聚糖层，并带有革兰氏阳性细菌中不具备的脂多糖外膜。细胞表面上的菌毛或原纤维使它们可以进行表面附着，甚至交换电子（在生物电化学系统中）。由于鞭毛或菌毛的存在，细胞可以运动。尽管具有

不同的膜脂并且缺乏肽聚糖细胞壁，古细菌的细胞结构与细菌相似。然而古细菌的细胞壁更加多样化，迄今为止研究较少。

真核生物具有进化更高级的细胞结构，如由通过膜与细胞质隔开的几个腔室组成。这些腔室包括包含DNA的核，用于产生能量的线粒体，一个用于分泌和运输细胞内的高尔基体，以及与光合作用有关的叶绿体，可将光能转化为细胞能量。

2.2.2.2　生物质的元素组成

标准细胞组成与原核或真核生物并不相关。所有细胞均由相同类型的聚合材料构成。细胞内大分子可分为四类包括核酸（DNA、RNA）、蛋白质、多糖和脂类（图2.3）。这些聚合物形成生物质的有机或"挥发性部分"。C、H、O和N四类元素是大分子的主要组成。生物的基本元素组成在整个微生物中相对普遍。因此微生物可以表示为 $C_1H_{1.8}O_{0.5}N_{0.2}$（Heijnen 和 Kleerebezem，2010），该分子式可用于计算微生物转化的化学计量（第2.5节）。

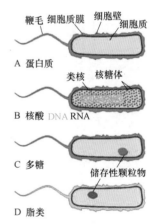

图2.3　细菌组成的主要大分子

蛋白质、核酸、多糖和脂质。蛋白主要存在于鞭毛、细胞质膜、细胞壁和细胞质中；核酸（DNA和RNA）存在于细胞核和核糖体中（RNA在浅红色核糖体中显示为深红色斑点）；多糖存在于细胞壁中，有时也存在于胞内储藏颗粒中；脂类主要存在于在细胞膜、细胞壁和胞内储存颗粒中。资料来源：Comeau 等（2008），Madigan 等（2018）

生物质中非挥发性或无机成分是由磷和矿物质成分组成，例如镁（Mg）、钾（K）和钙（Ca），它们在生物质煅烧后最终形成灰分。在文献中，"惰性"一词被广泛使用。但是，该术语描述的是无机和不可生物降解的有机物。活性污泥中的总悬浮固体（TSS）是挥发性（VSS）和无机悬浮固体（ISS）的总和（表2.1）。根据生物质中的所有矿物质，生物质的元素组成可以扩展为以下8元素公式：

$$C_1H_{1.8}O_{0.5}N_{0.2}P_{0.03}S_{0.02}Mg_{0.01}K_{0.008}\cdots"。$$

微生物细胞的化学组成　　　　　表 2.1

胞内主要成分	典型质量比（% m/m）	
有机挥发部分：C、H、O 和 N 元素		
蛋白质	30%～60%	
碳水化合物	5%～30%	
脂类	5%～10%	
核苷酸[①]	5%～15%（RNA）	
	1%　　　（DNA）	
无机矿物灰分：P、Mg、K、Ca 等元素		
无机物	5%～10%（OHOs）-40%（PAOs）[②]	
细胞组分	TSS（%）	VSS[③]（%）
有机物（VSS）	93.0	53.1
碳	50.0	28.3
氧	22.0	12.4
氮	12.0	6.2
氢	9.0	
无机物（ISS）	7.0	
磷	2.0	
硫	1.0	
钾	1.0	
钠	1.0	
钙	0.5	
镁	0.5	
氯	0.5	
铁	0.2	
其他微量元素	0.3	

①核酸由"挥发性"C、H、O、N 和"非挥发性"P 元素组成。DNA 由基于腺嘌呤（A：$C_{10}H_{12}O_5N_5P$），胞嘧啶（C：$C_{10}H_{12}O_6N_5P$），鸟嘌呤（G：$C_9H_{12}O_6N_3P$）和胸腺嘧啶（T：$C_{10}H_{13}O_7N_2P$）的核苷组成。RNA 包含基于 A、C、G 和尿嘧啶的核苷酸（U：$C_9H_{11}O_8N_2P$）；P 的含量在核苷酸为 9%～11%；②在存在最终电子受体的情况下，聚磷菌（PAO）会以聚合磷酸盐的形式将磷储存在细胞内（Comeau 等，1986），它们的灰分含量可达到总固体的 40%；在没有最终电子受体的情况下，PAO 使用其储存的聚合磷酸盐产生能量来存储和聚合挥发性脂肪酸（VFA）。在这些条件下进行采样和分析时，它们的灰分含量会更低，接近于普通的异养微生物（OHOs）；③微生物化学组成通用经验公式为 $C_5H_7O_2N$。

在以往的文献中，微生物的元素组成有多种表达式。尽管相似，但成分略有变化，因此，应尽量使用元素测量来确定。生物技术专家通常通

过使用 $C_1H_{1.8}O_{0.5}N_{0.2}$ 和 C-mol 对碳通量进行统一化来计算生长模型用以分析明确的人工碳源产生的生物质和生物产物量。环境工程师主要根据对化学需氧量的整体分析（基于 COD 的质量单位）进行平衡计算，以应对废水、废物和处理后产物的复杂组成。$C_5H_7O_2N$ 是文献中最为常见的使用形式（以 C-mol 形式对应 $C_1H_{1.4}O_{0.4}N_{0.2}$）。表 2.2 给出了废水中生物质和常见有机化合物的 COD 值。微生物学家通常测定蛋白质含量（单位以 mg 蛋白质计）来表示生物量。由于蛋白含量约占细胞生物量的 50%，因此可以通过将蛋白质量翻倍来估算总 VSS。

微生物和水中典型有机物质的化学组成和理论化学需氧量（thCOD）（引自 Comeau 等，2008） 表 2.2

| 化合物 | 分子式 | 重量（VSS） | | COD/VSS(g/g) |
		CHON (g/mol)	thCOD (g/mol)	
生物质				
	$C_1H_{1.8}O_{0.5}N_{0.2}$ [1]	24.6	33.6	1.366
	$C_1H_{1.8}O_{0.5}N_{0.2}P_{0.03}S_{0.02}$ [2]	26.2	35.8	1.366
	$C_5H_7O_2N$	113	160	1.42
	$C_5H_7O_2NP_{1/12}$	113	160	1.42
	$C_{60}H_{87}O_{23}N_{12}P$	1343	1960	1.46
	$C_6H_{7.7}O_{2.3}N$	131	193	1.48
	$C_{18}H_{19}O_9N$	393	560	1.42
	$C_{41.3}H_{64.6}O_{18.8}N_{7.04}$	960	1369	1.43
	$C_4H_6O_2$	86	144	1.67
有机物				
酪蛋白	$C_8H_{12}O_3N_2$	184	256	1.39
平均有机质	$C_{18}H_{19}O_9N$	393	560	1.42
碳水化合物	$C_{10}H_{18}O_9$	282	320	1.13
油脂	$C_8H_6O_2$	134	272	2.03
油酸	$C_{18}H_{34}O_2$	254	880	3.46
蛋白	$C_{14}H_{12}O_7N_2$	320	384	1.20
葡萄糖	$C_6H_{12}O_6$	180	192	1.07
甲酸	CH_2O_2	46	16	0.35
乙酸	$C_2H_4O_2$	60	64	1.07
丙酸	$C_3H_6O_2$	74	112	1.51
丁酸	$C_4H_8O_2$	88	160	1.82
甲烷	CH_4	16	64	4.00
氢气	H_2	2	16	8.00

①Heijnen 和 Kleerebezem（2010）使用的是四元素 C-mol 分子式的生物质"挥发性"部分。生物质还原程度是每 C-mol 生物质对应 4.2 摩尔电子（γ；参见 2.4.3 节），这是由每摩尔生物质 33.6 gCOD 的 thCOD 所决定。生物质还原和 thCOD 之间的相关系数为每克电子 8 gCOD；②P 和 S 作为扩展元素在六元素扩展公式被使用。

有机物和不同类型的生物质是可以测量其元素组成。典型污水有机物的元素组成可表示为 $C_{11}H_{18}O_5$（或 $C_1H_{1.6}O_{0.45}$）。光能自养微生物利用光能驱动吸收营养物质，从而使其生长产量最大化。例如，紫色光能自养菌可吸收高达 100:7:2（gCOD:gN:gP）的营养物质（而活性污泥只吸收 100:5:1 的营养物质）。真核藻类可表示为 $C_{106}H_{263}O_{110}N_{16}$（或 $C_1H_{2.5}O_{1.04}N_{0.15}$）

的形式。在测量元素组成时，应考虑细胞是否胞内储存聚合物。例如聚磷酸盐或糖原会影响元素测量。细胞的元素组成应仅限于"活性细胞生物质"。

2.2.2.3 细胞大分子

核酸构成细胞中包含遗传信息的分子（DNA 和 RNA）的单体。核酸链的序列是通过聚合酶的作用合成的 5′ 到 3′ 的链条。上游 5′-末端对应磷酸酯基在糖环的第五个碳的位置。下游3′-末端与第三个碳未被修饰的羟基取代基相连。DNA是一条双链核酸，而RNA是单条核酸。原核生物和真核生物的基因信息都存储在DNA中。病毒和噬菌体根据其具体类型以DNA或RNA形式存储遗传信息。

脱氧核糖核酸（DNA）将细胞的遗传信息存储在由腺嘌呤（A）、胞嘧啶（C）、鸟嘌呤（G）或胸腺嘧啶（T）、戊糖（脱氧核糖）和正磷酸盐基团组成的数百万个核苷酸的序列中。DNA是由多对核苷酸构成的双螺旋链条，链之间通过成对的核碱基（即碱基对）之间的氢键连接。这些碱基对由A-T和C-G键形成。糖磷酸酯实体提供DNA的主链骨架结构。由核苷酸编码的细胞基因总数称为基因组。在原核生物中，基因组DNA以单一的无定形环状染色体（拟核）的形式分散在细胞质中。DNA可以以其他形式存在，例如在微生物种群之间交换的遗传组件。水平基因转移是微生物耐药性的重要途径。在真核生物中，DNA包含在细胞核中，排列成多个线性染色体。

核糖核酸（RNA）是具有复杂3D结构的数百个核苷酸的单链。RNA由与DNA相同的核苷酸组成，但胸腺嘧啶被尿嘧啶（U）代替。在细胞调节中，DNA基因中包含的核苷酸代码被转录为RNA序列。RNA具有不同的形式。信使RNA（mRNA）携带翻译自DNA的遗传信息到核糖体，进行蛋白合成。转运RNA（tRNA）则为核糖体提供氨基酸。核糖体RNA（rRNA）连接氨基酸以产生肽和蛋白质。

蛋白质是氨基酸的聚合物。它们可以作为结构基础（例如在EPS中）也可以作为细胞中生化反应的基本催化剂（即酶）。酶可以存在于细胞质内，附着在细胞膜上，面对细胞内或细胞外环境或穿过细胞膜，或存在于细胞外介质中。

脂质（Barák和Muchova，2013）和多糖（Misra等，2015）具有不同功能。结构性磷脂和糖缀合物是细胞壁和细胞膜的主要成分。脂类是脂肪酸的聚合物。脂质膜具有疏水性，其将胞质溶胶与外部水性环境进行物理隔离。微生物可以根据条件调节其膜的脂类和碳水化合物组成，改变膜的流动性和渗透性。该功能有利于细胞分裂和/或孢子形成。

细胞壁是复杂的糖及其衍生物与糖蛋白结合而成的3D形态结构。革兰阴性生物合成肽聚糖为细胞提供机械强度和形状支撑。革兰氏阳性生物由于缺少外膜具有更厚的肽聚糖和磷壁酸。存在于周质中的寡糖用于细胞渗透压的调节。脂多糖与细胞外阳离子结合，进一步稳定外膜结构并增加其渗透性。它们将多糖固定在外膜上，以更好地稳定外壁结构。

2.2.2.4 胞内聚合物

细胞内聚合物对维持在动态环境（例如废水处理过程）中的细胞生长至关重要。它们通过调节环境中底物和营养物的可用性和限制来维持更恒定的细胞内代谢。碳存储普遍存在于自然环境和废水环境中的各种微生物中。在饱食/饥饿或光照/黑暗的循环中，具有储存资源功能的微生物具有竞争优势。

细菌存储的主要聚合物包括通过聚合挥发性脂肪酸（VFA）形成的聚-β-羟基链烷酸酯（PHA），以及诸如糖原、脂类、硫和聚磷酸盐等（图2.4）。这些是微生物储备的能量、碳和磷。胞内糖原会参与GAO和PAO代谢过程，如第6章的除磷描述。糖原被用作能量单元将水体中的VFA储存为PHA。糖原的合成在整个微生物界是相对简单的，主要涉及糖原合成酶的参与。

聚磷酸盐是磷酸盐的聚合物，其负电荷被液体中阳离子（例如K^+和Mg^{2+}）中和。高能磷酸酯键与细胞通用能量元（ATP；第2.2.3节）相同，该分子是含有3个磷酸的链条。在大多数细菌中，聚磷酸盐作为磷源储备，只有少数（在污水处理中具有重要作用）细菌将其用作储能化合物。它是通过多磷酸激酶合成的。多磷酸激酶还可以像外多磷酸酶和内多磷酸酶一样逆向分解聚磷酸盐。在光照/黑暗和饱食/饥饿循环状态下，微藻类会存储可用于生产生物燃料的淀粉或脂质。细菌（如Microthrix）在仅有脂质作为生长底物时可以主要储存脂类。

2.2.2.5 胞外聚合物（EPS）和生物膜

微生物可产生多种多样的胞外聚合物（EPS）作为功能性外聚物。EPS在细胞壁周围形成胶囊状（或糖萼）。EPS在细胞表面形成黏性层，以使细胞附着并在表面形成生物膜。在自然界中，生物膜是一种普遍的生长方式。这与通常研究单个浮游细胞的传统微生物学形成鲜明对比。EPS可以在细胞周围的液相中产生，增加局部环境的黏度。

许多微生物合成囊状多糖和黏液。黏液病原体可使用黏液层黏附到目标组织。EPS除了蛋白质、胞外DNA和其他无机成分外，还由多种胞外多糖组成。基因组DNA的不同操纵子上的编码导致了EPS的复杂合成路径。图2.5通过荧光凝集素分析（FLBA）展示了嵌入糖复合物中的细胞。

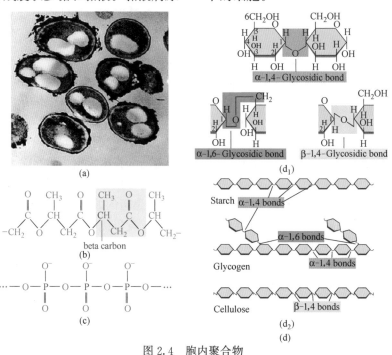

图2.4　胞内聚合物

（a）聚-β-羟基链烷酸酯（PHA）的胞内储存。细胞尺寸约为$1\mu m$（照片来源：M. C. M van Loosdrecht）；（b）聚-β-羟基丁酸酯（PHB）的化学结构。在聚-β-羟基戊酸酯（PHV）中，CH_3被CH_2CH_3取代。PHB和PHV是两种最常见的PHA；（c）聚磷酸盐的化学结构。聚磷酸盐是磷酸盐分子的聚合物，通过与带电氧（-O-）分子相互作用的阳离子（例如Ca^{2+}，Mg^{2+}，K^+）进行稳定化；（d）多糖的化学结构；（d_1）＝葡萄糖分子之间的连接位置和几何形状（α和β）中糖苷键的差异；（d_2）＝淀粉，糖原（一种细菌存储聚合物）和纤维素的结构。资料来源：Comeau等（2008），Madigan等（2018）

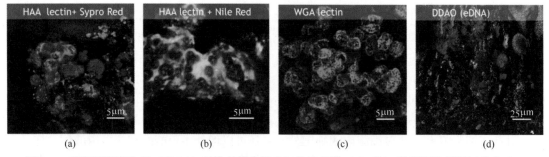

图2.5　荧光凝集素分析（FLBA）结合共聚焦激光扫描显微镜（CLSM）检测颗粒污泥切片中EPS基质包埋的微生物细胞。糖复合物用螺旋藻（HAA）和小麦胚芽凝集素（WGA）染色（绿色）

（a）微生物用与蛋白质结合的Sypro 60（红色）染色；（b）与亲脂性胞内物结合的尼罗红（红色）染色；（c）显示细胞簇周围的糖复合物；（d）用DDAO染色检测颗粒生物膜基质中的细胞外DNA（eDNA）。资料来源：Weissbrodt等（2013）

EPS在活性污泥絮体、生物膜和颗粒的基质中提供了"胶水"的作用。Zoogloea已知可产生EPS并被描述为絮凝体形成物。然而，EPS的组成尚未被很好地解析出来（Seviour等，2019）。在C/N不平衡的情况下，活性污泥中过量生产的EPS会导致黏性膨胀现象。这是由于EPS基质中富集大量水分导致絮体失去其高密度。同时在自然界中，EPS对细胞的固定作用是防止其被冲走的必要条件。污水处理厂使用生物膜载体和颗粒将 SRT 与 HRT 解耦，以此保持高生物质浓度，从而达到足够大的体积负荷。17 章～18 章中给出了生物膜的详细描述。

2.2.3 代谢与调节

2.2.3.1 底物的分解和生物大分子的合成

微生物代谢包括水解环境和污水中的复杂聚合物（即蛋白质、多糖和脂质）。胞外酶将聚合底物分解为简单的单体，这些单体可以被细胞吸收并用于产能和生长（图 2.6）。蛋白质被降解为氨基酸，多糖被降解为单糖，脂质（或脂肪）被降解为甘油和脂肪酸。生物合成是利用营养物提供的 C、N、P 和 S 元素来重建生物必需的单体，并将它们重新聚合，从而形成组成细胞的功能性大分子。构造复杂分子和细胞结构所需的能量来自氧化还原反应，而氧化还原反应能量或光能是地球生命产生的基础。

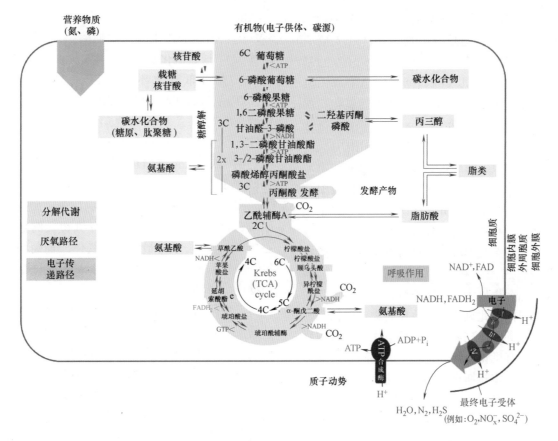

图 2.6 分解代谢途径（粉色）和合成代谢途径（绿色）共同完成了底物分解（红色箭头）和生物合成（绿色箭头）。呼吸分解代谢包括糖酵解和克雷布斯循环及电子传输链。发酵分解代谢仅涉及糖酵解。上图主要给出了葡萄糖的异化过程。葡萄糖（6 个碳原子）经磷酸化作用后，被分成两个 3 碳原子的丙酮酸分子。在发酵过程中，电子最终停留在发酵产物中。在呼吸过程中，丙酮酸进一步转化为乙酰辅酶 A（2 个碳）。当进入克雷布斯循环时，乙酰辅酶 A 与草酰乙酸（4 个碳）反应形成柠檬酸（6 个碳），同时释放辅酶 A（CoA）。然后，通过逐步失去碳原子并伴随释放 O_2，将柠檬酸盐拆分为 4 碳羧酸酯中间体。分解代谢产生的能量以 ATP 的形式存在，该能量用来维持细胞活性和驱动合成代谢反应。在不同的代谢过程，ATP 可能被消耗（在糖酵解的第一步）或被生产（在糖酵解的最后一步，以及在克雷布斯循环中作为 GTP）。电子在糖酵解中以 NADH 的形式释放出来，但主要在呼吸微生物的克雷布斯循环中释放。呼吸作用电子传输链：电子传递由电子载体（例如 NADH 和 $FADH_2$）完成一系列的 5 个膜蛋白的逐步处理。其中的 3 个向胞外输出由电子载体释放的质子，产生质子动力并在自旋 ATP 合酶的作用下促使 ADP 氧化磷酸化为 ATP。分解代谢中产生的各种中间体可用于合成代谢反应形成新的细胞成分，如氨基酸（用于合成蛋白质），碳水化合物，脂质和核苷酸（用于合成核酸）等（图片基于 http://classes.midlandstech.edu/）

2.2.3.2 底物的异化和同化：分解代谢和合成代谢

生长是分解代谢和合成代谢的总和。分解代谢是通过分解底物来产生能量，合成代谢是通过同化底物和营养物质合成生物质组分（图2.6）。

合成代谢在所有微生物中都是相对标准的。合成代谢需要通过分解代谢产生的能量来合成细胞大分子。底物分解所产生中间体化合物都可用作蛋白质、碳水化合物、脂质和核酸合成代谢的基础原料。

基于可用作电子供体和电子受体的分子种类的多样性，分解代谢是微生物多样性的主要原因。它们构成了大多数环境生物技术过程的基础。分解代谢是有机（例如糖，VFA）或无机（例如 NH_4^+、H_2、H_2S 电子供体的氧化，同时还原电子受体（例如 O_2、NO_x^-）。电子供体中包含的化学能被转化为微生物可利用的形式。生化（氧化还原）能转化为细胞内化学能三磷酸腺苷（ATP）是通过膜过程完成。ATP用于驱动细胞的维持和生长。分解代谢反应通过三个主要途径进行：有氧和无氧呼吸以及发酵。

呼吸途径涉及糖酵解，克雷布斯循环［或柠檬酸循环，三羧酸循环（TCA）］和电子传输链。碳水化合物单体通过糖酵解转化为丙酮酸作为主要中间体。此氧化过程致使底物磷酸化产生ATP，并由烟酰胺腺嘌呤二核苷酸（NADH）携带电子。有机化合物异化是从丙酮酸到乙酰辅酶A，再到克雷布斯循环的中间化合物。在糖酵解和克雷布斯循环中，电子被释放并被 NAD^+ 捕获还原为NADH。NADH将电子传递到电子传输链，直到在末端电子受体（例如 O_2）上释放。这种胞呼吸过程激活了氧化态的二磷酸腺苷（ADP）形成ATP。电子传输链和ATP生物合成都发生在细胞膜中。这两个过程统称为化学渗透现象。电子传输链中涉及三种蛋白复合物。它们是质子泵，可在整个细胞膜上产生质子梯度。该质子梯度产生驱动ATP合酶的质子动力。

有氧呼吸用 O_2 作为反应的最终电子受体（即空气呼吸）。1mol NADH 的氧化最多产生3mol ATP。$\frac{1}{2}$mol 的 O_2 消耗产生3mol ATP

反应也通常表示为磷酸盐/氧气（P/O）比。实际上，P/O 比较低，$\frac{1}{2}$ mol O_2 消耗产生 1.5～2mol ATP。总体而言，1mol 葡萄糖的有氧呼吸理论上可产生38mol 的 ATP：

1. 糖酵解［2ATP＋2NADH（即 6ATP）＝8ATP］：葡萄糖被氧化为丙酮酸，通过底物磷酸生成 2mol ATP。形成的 2mol NADH，通过电子传输链中的氧化磷酸化反应生成 6mol 的 ATP。

2. 制备步骤［2NADH（即 6ATP）＝6ATP］：丙酮酸转化为乙酰辅酶 A。产生 2mol 的 NAD，通过氧化磷酸化产生 6mol 的 ATP。

3. 克雷布斯循环［2GTP＋6NADH（即18ATP）＋2FADH（即 4ATP）＝24ATP］：通过将琥珀酰辅酶 A 氧化为琥珀酸产生 2mol GTP（ATP类似物）。通过氧化磷酸化形成的 6mol NADH 和 2mol FADH 分别产生 18mol 和 4mol ATP。

在厌氧呼吸中，无机物［例如亚硝酸盐、硝酸盐、硫酸盐、铁（Ⅲ）］或有机物（例如四氯乙烯）代替 O_2 成为最终电子受体。葡萄糖的无氧呼吸比有氧呼吸产生更少的 ATP（每摩尔葡萄糖产生 ATP 量＜38mol）。

发酵代谢是分解代谢的一种特殊形式。在这种情况下，有机化合物被部分氧化和部分被还原。典型的例子就是葡萄糖发酵成乙醇和二氧化碳。发酵主要基于糖酵解，并且通过底物磷酸作用产生ATP。这使得电子根据发酵类型重新分配到有机最终产物，例如 VFA、乙醇、乳酸盐或其他产物。发酵产生的 ATP（每摩尔葡萄糖 2mol ATP）比有氧呼吸产生的大概少 20 倍左右。在葡萄糖向乙酸盐的转化中，可产生 2mol 的 NADH。但由于缺少外源电子受体，因此无法将其进一步转化成 ATP。通过产生 H_2 或将乙酸盐转化为还原度更高的产物（例如乙醇或丁酸盐）来再生 NADH。

2.2.3.3 微生物细胞中的代谢调节：ATP、NADH 和 NADPH

与微生物生长的基本定义更为相似，新陈代谢受细胞中 ATP/ADP 和 NADH/NAD^+ 的比率调节。ATP/ADP 比（$ATP \leftrightharpoons ADP + P_i$，$\Delta G =$

−30.6kJ/mol）会影响 ATP 酶的活性。在较低的 ATP 酶活性下，质子动力增加，使电子传输速度变慢。细胞的腺苷酸的能荷（AEC；方程式 2.0）与腺嘌呤核苷酸，即 ATP、ADP 和 AMP（分别为三磷酸/二磷酸/单磷酸腺苷）的浓度有关。腺苷酸激酶催化它们的相互转化是：ATP＋AMP⇌2ADP。如果 AEC＝1，则所有腺嘌呤核苷酸均为 ATP 形式。如果 AEC＝0.5，则所有腺嘌呤均为 ADP 形式。如果 AEC＝0，则所有腺嘌呤均为 AMP 形式，即细胞已"放电"。大肠杆菌在指数增长过程中的典型 AEC 为 0.8，在稳定期下降为 0.5，而在衰减期进一步减小至 0.5 以下。活细胞主要包含 ATP 而死亡细胞主要包含 AMP。

$$AEC(0-1) = \frac{[ATP] + 0.5 \cdot [ADP]}{[ATP] + [AMP] + [ADP]}$$

(2.0)

克雷布斯循环可以在不同层面调节。三种主要的调节分别涉及丙酮酸、异柠檬酸和 α-酮戊二酸脱氢酶。

丙酮酸氧化成乙酰辅酶 A 是由残留水平的 ADP 和 ATP 驱动。更高含量的 ADP 会促使丙酮酸转化为乙酰 CoA，从而推动克雷布斯循环。ATP 和 NADH 的含量较高会使克雷布斯循环失活。异柠檬酸和 α-酮戊二酸的代谢步骤涉及 NADH 的产生和 CO_2 的释放。根据 NADH/NAD^+ 的比例，细胞将在克雷布斯循环中处理一定量的丙酮酸。简而言之，丙酮酸脱氢酶的活性被丙酮酸和 ADP 激活，但被乙酰 CoA、NADH 和 ATP 抑制。分解代谢中产生的 NADH 将首先用于细胞维持活性，然后转化为烟酰胺腺嘌呤二核苷酸磷酸（NADPH）用于合成代谢。这是通过戊糖磷酸途径进行的，该途径与合成代谢为目的的糖酵解平行。NADH ＋ $NADP^+$⇌NADPH ＋ NAD^+ 的反应使细胞能够通过动态平衡来调节残留的 NADH 水平，提供电子以维持（分解代谢；使用 NADH）或合成代谢（使用 NADPH）。因此，NADH 和 NADPH 是维持细胞氧化还原稳态的关键电子分隔池（Xiao 等，2018）。氧化还原应力通过 NADH/NAD^+ 和 NADPH/$NADP^+$ 比率的变化反映出来。

2.2.3.4 微生物细胞的分子调控：DNA、RNA、蛋白质和代谢产物

为了增殖生长，细菌必须能够复制其遗传物质并进行化学转化，从而能够从各种前体和能量中合成所有成分（图 2.7）。化学转化是由酶（即活化的蛋白）催化完成。任何蛋白质的合成都需要其基因表达。第一步是将 DNA 转录为 RNA。RNA 被翻译成蛋白质，然后进行加工使其发挥功能。细胞成分复制后，细菌细胞可以分为两个子细胞。在单细胞的基因组中，DNA 中的基因所包含的信息提供了微生物的代谢潜能。可以根据基因组规模或基于基因组的模型来预测代谢。在基因表达过程中，遗传信息从基因转录为 mRNA（转录组）。基因表达后，mRNA 将遗传信息传递给核糖体以合成蛋白质。mRNA 提供的遗传密码被翻译成蛋白质（蛋白质组）。tRNA 向核糖体提供氨基酸。rRNA 将氨基酸残基结合到肽和蛋白质中。翻译后蛋白质的激活导致酶（酶组）的形成。酶活性取决于参与生化反应的代谢物（代谢组）的浓度。代谢转化导致细胞内代谢产物（fluxome）的流动。

微生物群落由许多微生物组成，每种微生物都处于特定的代谢状态。在单个细胞群中的代谢调节是相互影响的，例如代谢后产生下一种群生物所消耗的产物或产生一种使其他群体新陈代谢受到抑制的化合物。微生物群落的整体代谢性能取决于微生物多样性形成的复杂代谢网络之间的平衡。在整个微生物群落中，不同的种群表现出不同的调节水平。微生物性能的总体调节是所涉及的所有微生物调节水平的结果。我们关注的是元基因组、元转录组、元蛋白质组、元酶组、（元）代谢组和元流组，用来描述微生物组中存在的微生物种群携带和表达的信息分子的数量。前缀"元"（Grk. μετά-）和后缀"-ome"（Grk. -ωμα）分别表示大量信息中的特征集合。但是，在微生物学领域，我们旨在从单个世系中提取条件信息，然后再将单个信息重新组合到微生物组中。每个生物体的基因组都是微生物组的功能单元，遗传表达从微生物组中转录、翻译、激活并最终变成实际的转化，并在不同的水平上进行调节。

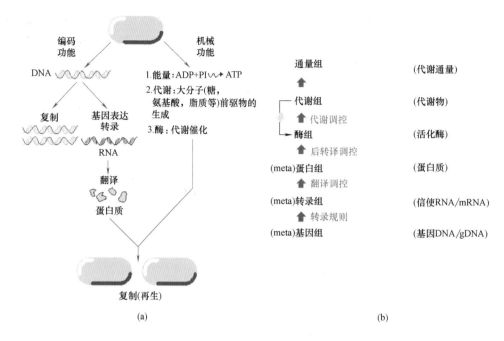

图 2.7　微生物细胞代谢及分子调控

（a）微生物生长需要编码和机械功能的共同作用。DNA 用于复制和基因表达，首先通过将 DNA
转录成 RNA，然后将 RNA 翻译成蛋白质。资料来源：Comeau 等（2008），Madigan 等
（2018）（改编）；（b）从 DNA 到代谢物：多层级微生物细胞的分子生物学和代谢调控

2.2.4　营养组和代谢多样性

系统学可以用来描述自然界中存在的微生物营养基团。基于微生物利用分解代谢产生能量的材料（化学电子供体和电子受体或光子），以及它们在合成代谢中使用的碳源（C 源）的类型是微生物之间的主要区别。这些特征由营养组命名中使用的形容词和前缀进行说明。微生物多样性主要是由分解代谢和自然界中可以获得的电子供体/电子受体关联的多样性驱动的。合成代谢显示出对于生物质合成的细微差异（异养生物与自养生物）。但是，合成代谢反应在微生物种群中相对普遍。

2.2.4.1　微生物的营养结构及其与环境工程的联系

微生物能量来源主要通过使用化学物质（化学营养型）或光子（光化学营养型）来区分。能量产生的化学氧化还原反应过程中涉及有机（有机营养）或无机（无机营养）电子供体。自养生物利用无机碳源：它们可以通过固定二氧化碳来产生自己的有机碳源。异养菌在有机物上不能自给自足，需使用外部有机碳源进行生物质合成。可以将化学/光，有机/无机和自养/异养前缀组

合使用，进而从理论上描述环境中存在的营养基团的分解代谢和合成代谢水平（图 2.8）。

电子受体的范围从有氧呼吸中的 O_2 到无氧呼吸中的无机物。在发酵过程中，由于没有可用的终端电子受体。电子被转移到有机分解代谢产物上。

与微生物学术语相比，环境工程学术语具有微小差异。有氧条件使用氧气作为最终电子受体。缺氧条件（无 O_2）使用无机物如氧化态的氮（如亚硝酸盐和硝酸盐）作为最终电子受体。厌氧条件除二氧化碳外，没有任何末端电子受体。厌氧氨氧化微生物根据其厌氧呼吸过程被归类为"厌氧"微生物。工程界将其称为"缺氧"氨氧化。从微生物学的角度看，我们更注重细胞的内部生理学。从工程的角度来看，我们着眼于细胞周围的条件和电子受体的外部供应。如经常遇到的，术语在领域之间是混杂的。描述生物系统中的氧化还原条件时，正确使用术语非常重要（表 2.3）。一种方法是简单地使用字典：有氧/缺氧的（对应"氧气的存在/不存在"），好氧/厌氧的（对应"空气的存在/不存在"）。但是，阅读文献时，请务必牢记微生物学或工程学方面的内容。

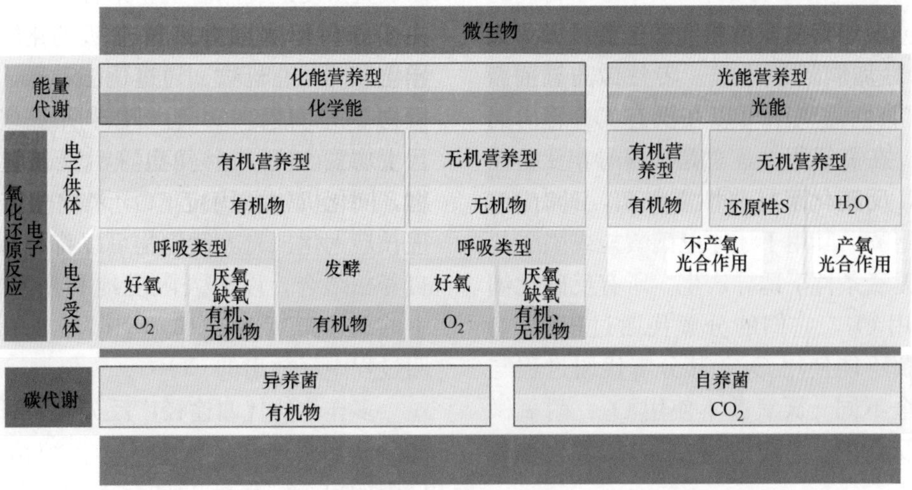

图 2.8 微生物营养组中的系统学通过组合使用前缀来编码

①来自氧化还原反应化学（化能-）或光（光能-）的能量源；②来自有机（有机-）或无机（无机-）电子供体的电子源；③来自二氧化碳（自养-）或有机化合物（异养-）的碳源。这些术语可以用形容词加以补充，描述微生物进行呼吸或发酵的类型。除溶解氧（有氧呼吸）外，微生物还可以通过使用无机（例如亚硝酸盐、硝酸盐）或有机化合物（例如四氯乙烯）作为末端电子受体进行厌氧呼吸。在发酵中，电子从丙酮酸中转移出来进入有机化合物，例如乙醇、乳酸和 VFA，以及作为无机发酵产物的氢气。微生物厌氧呼吸在环境工程中被认为是在缺氧条件下发生。光能自养菌具有从紫色到绿色微生物的多样性。在光能自养微生物中，光子会传递能量以激发电子供体所提供的电子，该电子供体可以是水通过需氧光养生物（水分裂将电子传递给细胞，形成 O_2），可以是无机的（例如 H_2S）或有机（例如乙酸盐）化合物通过厌氧光能微生物提供的。通常根据最基本的代谢转化对微生物进行分类，但应记住，微生物在自然界中具有多种功能，并根据环境条件表现出不同类型的代谢。混合营养也很普遍

微生物和环境工程语义中（好氧、厌氧、有氧和无氧），用于描述存在或不存在末端电子受体时微生物与过程之间的关系　　　　　　　　　　　　　　　　　　　　　　　表 2.3

形容词	词源	微生物学语义	工程语义
好氧的	空气存在	好氧呼吸 • O_2 作为呼吸作用时的终端电子受体 • 硝化菌是有氧呼吸的化能自养生物	好氧过程 • O_2 作为电子受体经由系统曝气提供。 • 硝化过程是一个好氧过程
厌氧的	缺少空气	厌氧呼吸 • 其他物质（而不是 O_2）作为呼吸作用时的末端电子受体 • 厌氧氨氧化生物是厌氧呼吸的化能自养菌	厌氧过程 • 无外部电子受体。无曝气，无亚硝酸盐/硝酸盐提供或循环。 • 厌氧消化是一个厌氧过程。此过程既不曝气，也不提供其他电子受体。然而,在生态系统的复杂性中,不同的厌氧呼吸（例如硫酸盐还原菌）和发酵性（例如产酸、产甲烷菌）生物并存
有氧的	存在氧气	环境中的存在 O_2 湖泊中季节性混合对于氧气在水体中的垂直传输非常重要	• 有氧可作为好氧过程的一种替代:BNR 全工艺可以在厌氧-缺氧-有氧（A^2/O）中进行
缺氧的	缺氧气	环境中不存在 O_2 • 富营养化会导致缺氧的地表水环境	缺氧过程 • 通过循环向系统提供的其他电子受体例如亚硝酸盐或硝酸盐等。 • 反硝化和厌氧氨氧化是缺氧过程
发酵		发酵 • 没有外部电子受体。电子被重新转移到代谢产生的有机产物中。 • 产甲烷菌是发酵性化能异养营养菌	发酵过程 • 为了获得高效的 EBPR，应先将颗粒有机物水解成可溶底物，然后将其发酵成 VFA，然后在 A^2/O 工艺的厌氧罐中被 PAO 和 GAO 利用。 • 木质纤维素糖能够高效地酵成 VFA

需氧菌对氧气（O_2）的需求以及对氧气的耐受性或敏感性差异很大。需氧菌在不同水平下使用 O_2：专性需氧菌需要 O_2；专性微需氧菌需要少量 O_2；兼性需氧菌可以在没有 O_2 的情况下发挥作用。在需氧菌中，总是会诱导出 O_2 还原酶。相反，反硝化菌是兼性需氧菌，具有 O_2 还原的组成型酶。其用于还原亚硝酸盐或硝酸盐的酶需要在无氧条件下诱导产生。所有反硝化细菌也可以使用 O_2，它们的分解代谢过程相似。硫酸盐还原菌不能使用 O_2，其分解代谢过程与有氧呼吸完全不同。厌氧菌不使用 O_2；耐氧微生物可以耐受 O_2。专性（严格）厌氧菌会被氧化剂 O_2 毒化。

当使用水作为电子供体时，光能自养菌是产氧的：通过分解 H_2O 释放 O_2。不产氧光合作用菌使用另外的无机（例如 H_2 或 H_2S）或有机（例如乙酸盐）物作为电子供体。光养生物从光中获得能量。然而，电子供体是微生物生长的必要条件。光子和电子是两个不同的实体。与化能微生物的氧化还原反应相反，光养微生物使用光子来激发电子供体提供的电子。激发的电子通过（非）环状光磷酸化作用在电子传输链中进行处理。光能系统具有光收集单元，通过光收集单元将光子转移到反应中心，在那里电子被激发，然后再通过醌池转移到细胞色素和铁氧化还原蛋白上。光养微生物具有一组色素电池可以捕获不同波长的光子。可以通过分析色素来对光养微生物的多样性进行分类。像植物细胞一样，蓝细菌和真核藻类使用叶绿素 a（Chl a）；紫色（Bchl a 和 bb）和绿色（Bchl c，d 和 e）硫/非硫细菌以及 Heliobacteria（Bchl g）使用细菌叶绿素。光养微生物也含有其他辅助色素。类胡萝卜素具有防止细胞成分光氧化的光保护作用，提供抵抗内源性光敏作用的免疫力，并抵抗氧自由基。类胡萝卜素吸收蓝光（450～550nm），并将该能量转移至 Bchl。藻胆素用于蓝藻和红藻以增强对绿色、黄色、橙色和红色光的吸收，这些光被 Chla 吸收的效率较低。

微生物通常拥有多套新陈代谢系统。单细胞中有可能发生多种代谢，该特征称为混养。它涉及微生物对不同代谢的平行参与。合成代谢总是包括有机化合物或 CO_2 作为其碳源。混养菌可以最大限度地利用有机物来合成生物质，同时从无机物中获取能量。有氧呼吸的化能异养生物可异化和同化有机物。通过化能异养，它可以从无机物中获得能量，并且可以利用更多的有机物进行生物质合成。最终的混养菌可通过异化无机底物，同化机物并固定 CO_2 来补充生长，从而使生长最大化。光养微生物可以将光能异养和光能自养相结合，以最大限度地利用有机物和 CO_2 中的碳，和/或通过加尔文循环来回收有机物代谢过程中释放出的 CO_2。

多样化的代谢途径广泛分布，可在不断变化的条件下实现微生物增长。在纯培养物中，种群中的单个细胞可以具有不同的代谢状态，这取决于反应器的几何形状、生物聚集体、营养物和光子的梯度等。紫色非硫细菌（PNSB）是具有多种功能的模型，在单个细胞中具有光能异养、光能自养、暗发酵、光发酵和化学等代谢功能。

此外，可以根据判断能否产生本身生长所需的化合物将微生物划分为原养型和营养缺陷型。在废水环境中对此研究较少，在混合发酵过中研究越来越多。

2.2.4.2 微生物营养组学

将呼吸或发酵与光能/化能，无机/有机和自养/异养相结合（图 2.8）进行微生物营养组学的说明。

专性好氧化能异养菌的生长是通过仅利用 O_2 进行呼吸从而使有机电子供体异化，亦可使用与电子供体相同的有机碳源合成生物质。OHOs 利用乙酸作为电子供体和碳源，使用 O_2 作为其电子受体。厌氧（或"缺氧"）化能异养生物通过使用无机电子受体（如亚硝酸盐或硝酸盐）进行呼吸作用来分解有机电子供体，并分解有机碳源（可以是电子供体）。DHO 利用乙酸和 NO_2^- 或 NO_3^- 进行呼吸作用。发酵型化能异养菌通过发酵其电子供体有机物并使用相同的碳源进行合成代谢。酸化发酵菌将碳水化合物转化为 VFA，作为最终的分解代谢产物。好氧自养微生物以 O_2 为末端电子受体代谢无机电子供体，并捕获溶解的 CO_2（或 pH＝7 时的碳酸氢盐形式）合成生物质。硝化菌固定 CO_2，并以 O_2 作为电子受体以 NH_4^+ 或 NO_2^- 为电子供体。

严格厌氧（或"严格缺氧"）化能自养微生物在没有氧气的情况下利用无机电子受体呼吸，代谢无机电子供体同时固定同化 CO_2 合成生物质。厌氧氨氧化菌可以固定 CO_2，并以 NO_2^- 或 NO 作为电子受体来呼吸 NH_4^+。可从语义定义微生物的营养组学：化能厌氧自养微生物（有机电子供体、无机碳源），例如厌氧甲烷古细菌；化能自养-异养生物（无机电子供体、有机碳源），如某些海洋极端微生物，它们在自然界分布较少。他们的新陈代谢应受限于热力学和生化反应。虽然混合营养极易发生，但有机物通常用于分解代谢和合成代谢，这使得电子供体和碳源之间的有机/无机缔合不那么常见。

诸如蓝细菌之类的产氧光能自养生物通过光激发从水中获得电子并固定 CO_2。诸如紫色硫细菌（PSB）之类的无氧光能自养生物利用光子提供能量异化除水以外的如 H_2S 无机电子供体，并吸收 CO_2。无氧光能异养微生物（例如 PNSB）通过光子激发从有机物（例如乙酸盐）中获取电子，并将该底物用于合成代谢。光能共养（自养-异养）可以利用光激发获得无机电子供体（例如 H_2）的电子，并从有机物（例如乙酸盐）中构建生物质。光能有机自养微生物报道较少，光子激发有机物提供电子，而 CO_2 被用于合成代谢。

2.2.4.3 生物污水处理系统中的主要微生物

表 2.4 总结了生物污水处理中厌氧消化和营养物回收中存在的常见微生物。

污水处理厂和 WRRF 中微生物的营养分类（基于 Rittmann 和 McCarty，2001；Metcalf 和 Eddy，2003）

表 2.4

营养集团		能量源			碳源
		电子供体			
	微生物群落	电子供体类型	电子受体	典型产物	
化能型					
化能有机异养	好氧异样菌	有机物	O_2	CO_2、H_2O	有机物
	反硝化菌	有机物	NO_3^-、NO_2^-	N_2、CO_2、H_2O	有机物
	发酵菌	有机物	有机物	有机物：VFAs	有机物
	铁还原菌	有机物	Fe(III)	Fe(II)	有机物
	硫酸盐还原菌	乙酸	SO_4^{2-}	H_2S	乙酸
	乙酸产甲烷菌	乙酸	乙酸盐	CH_4	乙酸
化能无机自养	硝化菌：AOB	NH_4^+	O_2	NO_2^-	CO_2
	硝化菌：NOB	NO_2^-	O_2	NO_3^-	CO_2
	厌氧氨氧化菌	NH_4^+	NO_2^-	N_2	CO_2
	反硝化菌	H_2	NO_3^-、NO_2^-	N_2、H_2O	CO_2
	反硝化菌	S	NO_3^-、NO_2^-	N_2、SO_4^{2-}、H_2O	CO_2
	铁氧化菌	Fe(II)	O_2	Fe(III)	CO_2
	硫酸盐还原菌	H_2	SO_4^{2-}	H_2S、H_2O	CO_2
	硫酸盐氧化菌	H_2S、S^0、$S_2O_3^{2-}$	O_2	SO_4^{2-}	CO_2
	好氧氢能自养菌	H_2	O_2	H_2O	CO_2
	氢能自养菌	H_2	CO_2	CH_4	CO_2
	产甲烷菌				
光养型					
光能无机自养	微藻、蓝藻细菌、	H_2O	CO_2	O_2	CO_2
	绿色硫氧化菌、绿色丝状菌、紫色硫细菌	H_2S	CO_2	S(0)	CO_2
光能有机异养	紫色非硫代谢菌	有机物、乙酸	CO_2、H^+	H_2	有机物、乙酸

生物污水处理厂是按氧化还原条件顺序设计的，这些条件不仅可以在污水流动过程中不同的反应池或区域中实现，也可以在序批式反应器中按时序实现。氧化还原条件包括交替厌氧（无末

端电子受体），缺氧（NO_x^- 作为电子受体）和有氧（O_2 作为电子受体）等不同相段。在存在或不存在有机物作为电子供体和碳源的情况下，在处理过程中将这些相段合并。生物膜和颗粒污泥在不同纵向深度中形成电子供体和电子受体的梯度。这勾勒出了微生物繁殖的生态位（图2.9）。

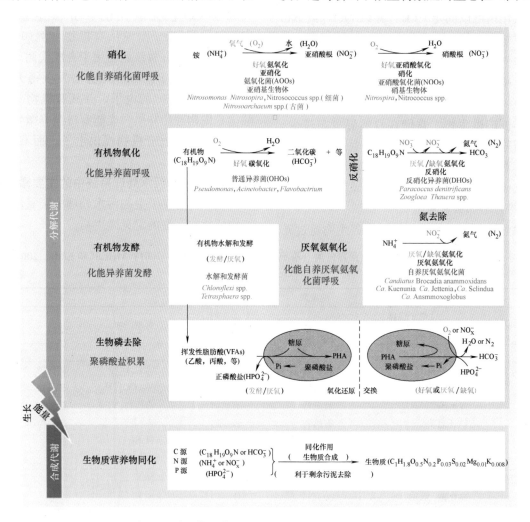

图 2.9　从生物污水处理中的微生物转化到微生物种群

C、N 和 P 营养物质参与活性污泥中的主要分解代谢和合成代谢过程。在生物转化过程中，工程词典中给出了有颜色标记的术语（好氧、缺氧和厌氧）。相应的微生物术语以灰色给出（厌氧与缺氧，发酵与厌氧）基于 Weissbrodt 和 Holliger（2013）

PAO 和 GAO 在无氧条件下存储 VFA，并通过呼吸 O_2 或 NO_x^- 进行生长。硝化菌由好氧氨氧化菌和好氧亚硝酸盐氧化菌组成。好氧氨氧化菌（AOOs；"亚硝基"生物，即参与产生亚硝酸化合物，如 HNO 或 NO 等中间体）可将 NH_4^+ 氧化为 NO_2^-；好氧亚硝酸盐氧化菌（NOOs；"Nitro"生物。如，利用硝基化合物，HNO_2 生化中间体）利用 O_2 作为电子受体，将 NO_2^- 转化为 NO_3^-。AOO 和 NOO 是主要使用 CO_2 作为碳源的自养菌，而某些细菌诸如 Nitrospira 则具有多种代谢途径，如可以代谢有机物。微生物确实总是比表型分类更多样性。最近已经阐明了第三种完全氨氧化菌（comammox）的硝化功能，可将 NH_4^+-N 完全有氧氧化为 NO_3^-。DHO 以 NO_x^- 作为电子受体从有机物中获得电子。化能无机自养反硝化菌可以利用 NO_x^- 从 H_2S 获得电子。厌氧氨氧化菌以 NO_2^- 或 NO 为电子受体氧化 NH_4^+。一些厌氧氨氧化种群被认为可以转换有机物。在絮体、颗粒和生物膜中，BNR 生物伴随着多种侧生种群（水解菌、发酵菌和放牧种群）共同生长。

在废水环境中总会检测到一定水平的光养

菌。只要有光，它们就可以独立生长。几种光养微生物具有多种代谢途径，可以进行化能自养生长。在资源回收的背景下，光养过程受到更多的关注。微藻和蓝细菌通过光介导进行碳捕获是"可持续的"CO_2汇聚体。如光养微生物 PNSB 的生长可产生高蛋白质含量的生物质，其可以作为食品生产的补充品。

BNR 絮体和颗粒状活性污泥的微生物生态系统概念模型是功能分析的绝佳基础（Nielsen 等，2010；Weissbrodt 等，2014）（图 2.13）。通过结合电子供体和电子受体进行分解代谢，以碳和氮源进行合成代谢，可以概述主要菌团的基本代谢（图 2.10）。简单的勾勒出主要代谢种群联系。

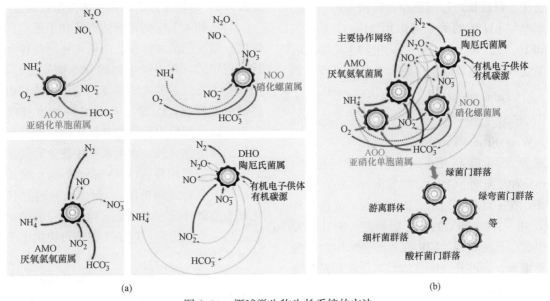

图 2.10 概述微生物生长系统的方法

（a）氮循环的典型过程，即好氧氨氧化微生物（AOOs），好氧亚硝酸盐氧化微生物（NOOs），厌氧氨氧化微生物（AMO）和反硝化异养微生物（DHO）。这些主要代谢微生物的生长可以分别分析其 C 源、N 源、电子供体和电子受体；（b）除了主要代谢种群，活性污泥的微生物群落还拥有多种伴生微生物，这些种群被认为可以"连接"微生物组。然而，需要进行实际测试以阐明其连通性。可以在微生物层面将这些片段信息进行组合，以描绘代谢的相互作用。齿轮代表微生物。内圈是这些微生物的基因组。资料来源：Weissbrodt 等（2020）

2.2.5 微生物生理学与环境梯度

2.2.5.1 环境因素

微生物为达到最佳生长情况通常表现出一定范围的生理环境。化学、生物和物理因素都会影响微生物的转化、维持、增殖和选择。根据营养组学，影响生长的主要因素有电子供体和电子受体的可用性，营养物质（C、N、P 和 S）、矿物质、用于酶活性的微量金属元素和光。在增长数学模型中，限制的特征在于饱和函数（Monod 项），例如 $S_{S,i}/(K_{S,i}+S_{S,i})$。在某些情况下，微生物可能同时面临多种限制。微生物可以将其代谢调节至多种限制，例如通过调节它们对底物的亲和力。

其他因素包括温度、压力、pH 值、离子强度、活性、碱度和盐度（即渗透压）等。温度影响微生物的生长速率，微生物生长的最佳温度范围相对较窄。嗜冷菌大约-12℃（迄今为止测得的最低生长温度）～15℃，嗜温菌介于 15～40℃，嗜热菌介于 40～70℃，超嗜热菌介于 70～110℃。在高温条件下的微生物通常生长更快。随着温度升高，微生物的表观生长速率逐渐增加，直到蛋白质的热变性而导致的突然下降。不同的模型可以描述温度与微生物的关系。在化学领域，阿伦尼乌斯定律描述了速率常数（k）与反应的能量活化与系统温度（T）之间比率的指数关系：$k=A \cdot e^{-Ea/(R \cdot T)}$，其中前指数因子 A 和理想气体常数 R。在生物废水处理中，速率用温度系数 θ 来表示，例如对于生物量特定增长率 q_X（或 μ）：$q_X(T)=q_X(T_{ref}) \cdot \theta(T-T_{ref})$。$Q_{10}$ 温度系数衡量的是在生物系统中温度每升高10℃时的变化率：$Q_{10} = (R_2/R_1)10/(T_2 - T_1)$。根据经验，温度升高10℃，转化率和增长率将提高2～3倍。

pH值对应H^+浓度。跨细胞质膜的pH值梯度驱动细胞生物产能和生长。微生物通过呼吸作用利用质子动力完成氧化磷酸化产生ATP。在代谢模型中，系数α表示生长与pH值的相关性。它代表将底物跨过细胞膜运输所需的ATP。生物速率与pH值的关系可以用Monod方程表示，如$10^{-pH}/(K^{pH} + 10^{-pH})$。生物生长速率取决于温度和pH值，以及这两个参数的组合，例如：$q_i(T, pH) = q_i(T_{ref}, pH_{ref}) \cdot \theta^{(T-T_{ref})} \cdot 10^{-pH}/(K_{pH} + 10^{-pH})$（Lopez-Vazquez等，2009；Weissbrodt等，2017）。

光养菌可以利用可见光（VIS，400～750nm）和近红外（NIR，780nm～3μm）范围内的光。在中红外（MIR，3～50μm）或远红外（FIR，50～1000μm）的较低能量波长下几乎没有微生物生长的报道。FIR在光能医学中用于激活人类细胞。短波长（即高能）对化能和光养微生物均具有抑制作用或致死性。紫外线（UV，10～400nm）的杀菌作用可导致微生物灭活。光能对微生物生长速率的影响可以用不同的方式来模拟（Schoener等，2019）。在研究光对微生物生长的影响时，必须同时考虑光辐照度和波长。一个简单的近似方法是使用光强度为"I"［W/m² 或 J/（s·m²）］的Monod项，例如"I"/（"K_I"+"I"）。遵循兰伯特-比尔（Lambert-Beer）光吸收定律，生物系统中的残留光强度将与生长和细胞浓度成比例地降低。

化学因素可以强化、限制或抑制微生物的生长。抑制作用可以是可逆的或不可逆的。我们通常谈到导致细胞死亡的毒性或致死性主要取决于浓度，相同的元素、离子或物质可以促进生长或具有抑制性和毒性。（生态）毒性测试通过使微生物、藻类、昆虫或哺乳动物细胞与浓度不断增加的化学物质接触来绘制剂量反应曲线。EC50、IC50和LC50值分别表示导致最有效、最高抑制性和最高致死性反应的一半的化学浓度。文献中有各种抑制因素可以近似为Monod的倒数项，例如$K_{I,i}/(K_{I,i} + S_{I,i})$，其中$S_{I,i}$是溶解的抑制性浓度，$K_{I,i}$是半饱和抑制常数。

生物制剂、生物媒介亦可以影响微生物生长。生物体产生的抗菌素可以使竞争者失活。产生抗药性的种群可以承受抗生素的压力。致病性、病毒感染以及原生动物（如纤毛虫）和后生动物（如线虫和蠕虫）的捕食构成选择压力，影响着废水中生物群落中的微生物群落。

2.2.5.2 跨梯度系统的微生物生态位建立

自然和人工生物系统的特征在于环境因素的梯度。微生物的多样性是由氧化还原条件和能量代谢决定的，并由微生物的营养物质进行调控。微生物生态位沿着光能梯度，电子供体和电子受体的浓度梯度，C、N、P和S源浓度梯度以及它们可以从基质中获得的其他矿物质和微量金属元素的梯度建立的。水生系统中微生物的生态位划分是根据多相界面（气-液和液-固）和运输现象（平流、对流和扩散）。微生物通过其代谢转化来塑造微环境。一个微生物生态位的建立一定靠近另一个生态位，这个生态位可提供电子供体或电子受体，C、N、P或S来源和/或其他微量营养素。沉积物、生物膜和颗粒基质深度上的扩散限制导致了微生物的分布规律。底物被消耗，转化并在整个微生物食物链中进一步扩散。

微生物群落的工程利用和过程设计在于跨流量和梯度的微生物资源管理。在污水处理厂中，将底物和氧化还原条件设计在不同的反应器中，以选择和强化进行有机物以及氮、磷去除的微生物菌团。完整的BNR包括连续的厌氧、缺氧和好氧条件。第6章图6.20展示了不同的BNR工艺。厌氧和缺氧反应器都配备搅拌器使之混合均匀，在曝气池中通过曝气将O_2转移到液相中。通过内部循环，可将硝化池中产生的电子受体（例如NO_x^-）回流到脱氮池中进行去除。在这个反应中，进水中的有机物用作电子供体和碳源。厌氧区内无终端电子受体，以刺激PAO和GAO对有机物的预先发酵和VFA的吸收。生物膜和颗粒污泥系统可用于工艺强化。在生物膜系统中可以同时实现BNR工艺。有关生物膜系统的更多详细信息，请参见第17章、第18章。

2.3 微生物生态与生态学方法

继德国Koch和Hesse在微生物学方面的早

期发展之后，荷兰代尔夫特微生物学院的开创者们在病毒学和微生物生态学（Beijerinck）、生物地球化学（Baas-Becking）、生物化学（Kluyver）、微生物学（Van Niel）和微生物技术（Kuenen 和 Heijnen）等方面做出了重要贡献。原理的整合是在生态工程方面取得突破的根本原因，这些工程在发展环境生物技术方面取得了突破，相应的技术用于废弃物和废水的生物处理、资源回收以及公共卫生问题的解决。

2.3.1 微生物群落分析从黑箱到灰箱再到白箱

在过去的 100 年中，污水处理领域在很多学科方面都有了一定的发展，包括显微镜学、微生物学、微生物生态学、生物化学、生态生理学、分子生物学和系统微生物学。

从 17 世纪 van Leuwenhoek 在流体中对"动物"的早期显微镜观察开始，分析生物科学取得了不间断的进展。现在，得益于多种方法的发展，我们可以对微生物群落进行指纹识别/检测和表征微生物（即形态型、系统型、基因型）以及检查其代谢（即表型）。随着新方法的发展我们对污泥有了越来越多的了解，并从黑箱描述转变为对微生物群落的更多灰箱分析，再加上数学模型使更多关于微生物网络内部代谢和互相作用的白箱的定量预测成为可能。除了菌团和混合微生物种群的名称之外，可根据微生物群落内部的新陈代谢和相互作用来设计和控制过程，并预测整体性能。生态生理学方法可用于检查代谢表型。

微生物生态学已经发展到群落微生物学和环境系统生物学。最新的"组学"方法可提供高分辨率和通量表征纯培养物和复杂群落微生物谱系及其代谢特征包括 DNA（元基因组）、RNA（元转录组）、蛋白质（元蛋白质组）和代谢物（元代谢组）及其通量（元通量组学）。尽管分辨率和通量已极大提高，但大量数据集带来了管理和可视化关键信息的新挑战。该测序信息与生物信息学、生物统计学的工作流程紧密相连。

在过去的几十年间，微生物生态学和环境生物技术之间已建立联系，但是至今这种需求仍然保持现状。工艺设计和环境生命科学领域已经发展出完全独立的分析和计算能力。新的方法和工作流程会引发新的研究问题，而方法的选择取决于一开始就设定的调查目标。接下来需要对微生物学、生物技术和工程学原理进行多边分析和融合。

2.3.2 微生物的分子生物信息

细胞大分子的四种主要类型（核酸、蛋白质、多糖和脂类）是组成生物质的关键信息分子（第 2.2.2 节）。它们可用于阐明微生物种群的系统发育和功能特征。

DNA 含有遗传密码。核苷酸序列编码承载微生物基因组中的基因。基因序列可用于鉴定微生物谱系并预测其功能。多种方法可应用于DNA 的研究。我们可以提取 DNA，并对基因组进行测序和分析。在微生物群落的 DNA 库中，可以对元基因组进行测序，并进一步对单谱系基因组进行分类和注释。

RNA（主要是 mRNA）包含转录基因信息。可以通过 RT-qPCR 或高通量转录组分析来分析基因表达。微生物或群落的（元）转录组决定了遗传潜能的表达。

蛋白质包含从 RNA 转换而来的信息。对生物体或微生物组的（元）蛋白质组进行测序可用于获取系统发育和功能信息。从生物化学的角度来看，蛋白质的存在不足以验证生物体的代谢功能。蛋白质应被激活成能催化生化转化的酶。酶促测试有助于检查蛋白质活性。但是，对蛋白质提取物的异位活性测试与对细胞进行的代谢测试（即蛋白质在生理细胞条件下参与）可能会产生不同的结果。

微生物糖组的碳水化合物中包含大量功能信息。糖、磷酸化糖、氨基糖和糖蛋白是细胞内和细胞外空间的功能分子。EPS 是微生物特有的功能聚合物。然而，由于涉及多种分子和聚合物，获取糖类信息相当困难。

脂类包含有关微生物及其功能的信息。磷脂脂肪酸（PLFA）分析可以表征细胞膜的组成。PLFA 的化学组成可用于区分微生物种群及其表型，特别是在细菌和真核域之间。

有机和无机细胞内存储化合物（如 PHA、多糖、聚磷酸盐和细胞内硫小球）对某些微生物代谢具有特异性。这些化合物可以通过显微镜进行观察，无论有无染色都可使用相差、荧光显微镜，激光扫描和扫描/透射电子显微镜。不同的提取方法可用于通过理化分离和检测对单体进行定量分析。

在生态生理学方面，使用重同位素（如^{13}C、^{15}N、^{32}P）和放射性标记（如^{14}C）对底物进行标记，以追踪群落中微生物将底物同化为细胞大分子和储存聚合物的过程。

DNA、RNA、蛋白质和生物质的其他结构成分是存在于细胞质或细胞膜中的高度有序的生物聚合物。尽管已被广泛使用，但它们的提取物对代表原始生物系统的分析物还是存在偏差，使得结果几乎无法定量。因此，统一分子工作流程将有助于比较结果。

2.3.3 微生物的分类：形态、表型和基因型

在过去的几十年中，从形态到表型和基因型人们尝试了不同的微生物分类学和功能分类。在微生物学的早期，微生物主要是通过显微镜观察来分类的。显微镜使基于微生物形状（形态型）的分类得以发展。尽管对快速识别活性污泥中不需要的丝状细菌非常有用，但形态型分类很少能在高分辨率下对分解系统发育有贡献。生物化学使 Kluyver 和其他人可以根据代谢（表型）对微生物进行分类。同样，分类分辨率保持较高水平。基于核酸的分子生物学方法可以高分辨率地区分微生物谱系。测序是解密基因片段、基因组和元基因组的核苷酸代码的关键。

所有分类方法都需要一个完善的数据库来比较核酸和蛋白质的形态、表型以及序列。这常常是阐明丰富多样的微生物群落的瓶颈。通常需要一种组合性方法来准确检查微生物种群。首先使用显微镜肉眼检查微生物样品，然后遵循明确的分析策略，使用更先进更昂贵的方法。

2.3.3.1 用于高分辨率生物分类的 rRNA 基因

通过 PCR 扩增（见 P30）以及对细菌 16S 或真菌 18S rRNA 基因的扩增子进行测序，推动了"Woesean 改造"（根据美国伊利诺伊大学的 Woese 进行），以准确阐明系统类型。核糖体RNA（rRNA）基因是微生物"通用"基因。这些基因为 rRNA 的产生提供了编码，也是将氨基酸连接到核糖体中的肽和蛋白质所必需的驱动。因此，每个微生物的 DNA 都包含一个或多个（最多 16 个）rRNA 基因。rRNA 基因由在

微生物中保守的茎结构和更具有突变和进化的高变环结构组成。16S 和 18S rRNA 基因的高变区序列可用于在种群之间进行系统发育区分。基于 rRNA 的方法可确定系统发育树（图 2.1）。

这些分析方法得益于从微生物群落中检索到的单个群体或克隆的完整 rRNA 基因扩增子的 Sanger 测序。最新测序平台可对扩增子库进行高通量测序。这种分析方式的转变从①长而高质量的序列（准确分类所必需）但低通量，转变为②跨微生物群落的高通量和高分辨率，而其测序读数短且质量低。新的分子工作流程可以针对rRNA 本身（而不是基因）直接对环境样品的 rRNA 进行全长度测序。

2.3.3.2 分类学分类

微生物的分类包括域、界门、纲、目、科、属、种和菌株。序列的长度和质量导致分类的分辨率不同；序列越长且质量越高，分类就越准确和更容易解决。命名与系统性有关，国际上使用通用的已定义明确的语义、书写和格式规则。国际委员会也会经常对系统发育进行修订。例如，已经存在了很长时间的 β-变形杆菌纲最近被合并到了 γ-变形杆菌纲。已被分离出的属和种用完整的斜体拉丁词写成，如 *Zoogloea* 属和 *Zoogloea ramigera* 种。未被分离出的属和种则不能用斜体表示，而伴随着一个用斜体表示的候选词。一个例子是 *Candidatus* Accumulibacter 和候选种 *Ca-Accumulibacter phosphatis*；在过去的 20 年中，已在不同的场景下尝试分离该 PAO，但没有成功。涉及厌氧/好氧条件交替的选择条件使"*Ca*-磷脂积累菌"在琼脂平板上难以被分离。

除了分类级别外，"种群""菌团"和"群落"这些术语在环境微生物学词汇中也常常使用。种群是一组具有相同谱系的微生物细胞（例如 *Zoogloea* 和 *Ca. Accumulibacter* 种群）。菌团是一组具有相同功能的不同微生物种群（例如 OHO、DHO 或 ANO 菌团）。微生物群落（例如活性污泥中）包含不同的种群和菌团。

可以将功能基因结合微生物的代谢和细胞潜力对微生物进行描述和分类。系统发育树可以基于已通过 PCR 扩增并测序的功能基因的信息来构建。此方法用于区分谱系内微生物，例如使用多磷酸激酶（ppk1）基因进化出 *Ca. Accumulibacter* 分支。

全基因组测序可用于高分辨率鉴定和分类，分离新物种和菌株，表征代谢潜能并预测代谢途径。完整的基因组测序和随后的以基因组为中心的宏基因组学（即从基因组中分离出单个谱系的基因组。Albertsen 等，2013）推动了分类单元及其全部功能潜力的精细解析。废水环境种群的系统发生树通常由 rRNA 基因或功能基因构成，现在可以通过比较从元基因组检索到的基因组与参考基因组数据库进行构建（Rubio-Rincón 等，2019）。群落的种群基因组可推动代谢模型的发展，以预测其代谢和相互作用，并以微生物组规模对其进行重组。

蛋白质组学和元蛋白质组学有助于根据鉴定的蛋白质和肽序列对微生物种群从分离株到群落进行分类和功能分类。它为已识别的菌株表达功能提供了其他信息。基于蛋白质的分析目前可被视为活性的粗略替代。

2.3.4 培养及非培养方式

微生物组的分析可以通过培养或非培养物的方法进行。自 19 世纪 Koch、Hesse 及其同事研究与公共卫生相关的病原体以来，琼脂平板已广泛用于分离微生物菌落。长期以来，获得分离株的纯培养物一直被认为是表征微生物生理学和代谢的标准。但是，实际上只有一小部分微生物可以在纯培养环境中进行培养。

富集培养方式进一步推动了该领域的发展，用以描述目标主导种群的新陈代谢。Beijerinck 开发了富集培养的早期原理，以设计满足微生物需要的培养基。换句话说，这可以表述为"确保只有具有所需特性的生物才能在培养基中蓬勃生长。"（Beijerinck，1921；Van Niel，1949；LaRivière，1997）。结合"万物无处不在，却逃不过环境的选择。"（Baas-Becking，1934；De Wit 和 Bouvier，2006）的假设，这些原则奠定了通过筛选与 C、N 和 P 转化相关的微生物进行 WWTP 工艺设计的基础。由于可以分离出不到 25% 的活性污泥微生物，因此环境生物技术研究中富集培养得到了蓬勃发展。

自从 Woesean 改革以来，通过从复杂的生物样本中提取和分析目标信息分子库，混合培养物的分子表征避免了对纯培养物的需求。它们被称为非纯培养方法。分子生物学方法可以通过显微镜有效地可视化和定位微生物，还可以通过生态生理方法来阐明这些微生物在菌团中的实际代谢特性。

2.3.4.1 分类单元和功能：方法的选择

超过 35 种微生物学方法可用于分析分类单元及其代谢。从基础或应用微生物学的角度出发，关键在于方法选择背后的问题。这些方法包括显微镜、培养分离、基本分子生物学、指纹分析、高级测序和生态生理学技术等。图 2.11 给出了一组在微生物生态学和水工程理领域中常用的经典和现代方法，然后介绍了废水处理系统中常用的方法。具体信息请参考 IWA 开源电子书《显微镜》（Nielsen 等，2016）和《分子方法》（Karst 等，2016）中废水处理实验方法的视频（van Loosdrecht 等，2016）。

2.3.5 显微镜观测，分离培养和计数方法

2.3.5.1 通过显微镜观测技术

在进行光学或相差显微镜观测之前（图 2.12），无论样品是否均质，对生物样品和潜在微生物的检查应始终从总体描述开始，通过目视检查开始。显微镜为生物聚集体的形状和微生物的主要形态提供了第一手资料。它可以区别例如原核生物和真核生物、特定的形态类型、例如丝状菌，化学营养型和光养型（色素沉着），以及带有储存聚合物的微生物。根据染色剂的性质，在样品中将大分子进行染色，然后在光学或荧光显微镜下显示特定特征。这可帮助检测细胞中的特殊内含物，例如储存聚合物和脂质。

2.3.5.2 分离及纯培养

多年来，微生物学家一直尝试在纯培养中富集、分离、培养和表征目标微生物。通过倾倒或扩散培养在琼脂培养板，琼脂深管或连续稀释技术，获得目标微生物的纯培养物，对于准确描述形态、表型和基因型都非常有用。这些技术涉及琼脂基质，该基质用于维持目标种群生长所需的所有营养组成。这是衍生新物种和新品系的惯用选择方法。这些分离出的菌种可以在液体纯培养基中被挑拣和培养用以进行生理生化检测。

然而，分离环境微生物仍颇具有挑战性。用这些方法只能分离出非常少数的微生物。海水中约有 0.001%、土壤中为 0.30%、活性污泥样品中约为 25% 的微生物在可培养的范围中。自然

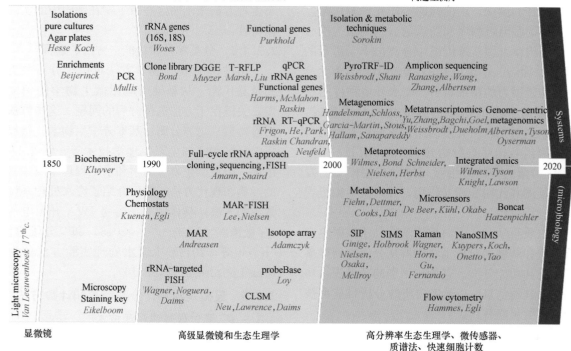

图2.11　目前超过35种以上的分析方法用来研究环境和废水系统中的微生物生态学问题。其中重要性不仅与方法本身有关，还与方法的选择有关。微生物生态学拥有一套针对目标菌种系统发育和功能识别的培养和非培养方法。显微镜技术对于可视化生物样品至关重要。在进行任何其他分析之前，应首先进行简单的显微镜观察。分子生物学方法通过使用通用系统标记（如细菌16S rRNA基因和真核18S rRNA基因）和功能遗传标记（例如参与分解代谢或合成代谢途径的酶的功能基因）而广泛使用。指纹识别方法从DGGE和T-RFLP进行扩增子测序，可表征微生物群落组成。高通量分析提供了（元）基因组和转录组（通过测序）以及蛋白质组和代谢组（通过质谱分析）的高分辨率。技术名称以黑色显示。代表性作者的姓名以红色表示。资料来源：Nielsen和McMahon（2014）

界中的生长方式要比琼脂平板中液体培养基复杂得多。微生物在环境条件下总会受到梯度和变化的影响。这限制了实验室选择和分离的效率。培养基的组成也不同于天然生长基质的水性组成。富碳培养基也会影响微生物多样性的选择。一些微生物是属于营养缺陷型，需要外部添加培养基或从其他生物的活动中获取必需资源。

2.3.5.3　高级显微镜技术和快速细胞计数

rRNA杂交技术可以帮助检测、鉴定、半定量和定位生物样本中的微生物种群（图2.12）。细菌16S rRNA或真核18S rRNA荧光原位杂交（FISH）（Nielsen等，2009）是一种常用的分子生物学方法，其使用带有荧光效应的寡核苷酸探针（即短链，通常约20 nt的核酸）杂交微生物种群的16S或18S rRNA。寡核苷酸FISH探针可进行设计以调节跨系统发育的杂交特异性。例

如，它即可针对宽泛的纲类级别或非常具体的属级别。探针设计是根据已知微生物的rRNA序列，并找到匹配的序列片段。Probebase（Greuter等，2015）是寡核苷酸FISH探针的数据库。使用FISH可以对已知的微生物种群进行检测。因此，事先知道具体要检测的微生物种群是很重要的。首先使用扩增子测序（第2.3.7节）对微生物群落进行指纹识别有助于在选择或设计新的FISH探针之前鉴定优势种群及其相对丰度。

采样后，将微生物在黑暗中固定在4%多聚甲醛（PFA）中，然后将乙醇：磷酸盐缓冲液（EtOH：PBS 1：1）固定在革兰氏微生物中，或直接将EtOH：PBS 1：1固定在革兰氏阳性生物中，否则，PFA将使革兰氏阳性生物体的膜变硬，从而FISH探针对其不可穿透。将细胞沉积在赖氨酸包裹的显微镜载玻片上，并在特定

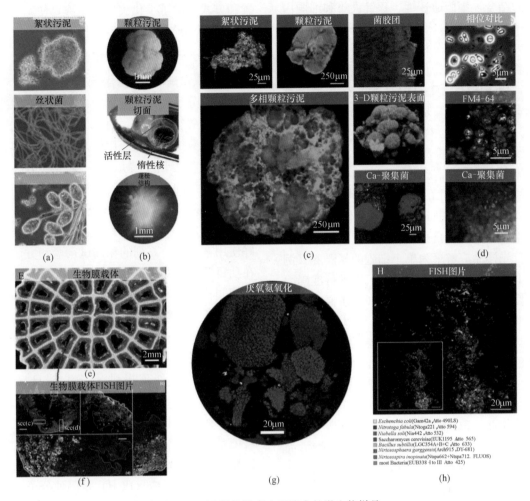

图 2.12　视觉检测废水环境中的微生物样品

（a）紧凑的活性污泥絮状物，丝状菌和原生动物菌落的光学显微镜观察图片［图片：D，Brdjanovic 和 Eikelboom（2000）；比例尺不详］；（b）光学显微镜观察到具有花椰菜状生物膜结构的成熟 BNR 颗粒（b，顶部），具有活跃的白色外球结构和惰性的内部黑核（b，中间）的颗粒横截面以及沉降缓慢蓬松的颗粒（b，底部；骨料直径为 1mm）。Weissbrodt（2018）（b，上），Weissbrodt，Lochmatter 和 Gonzalez-Gil（b，中）和 Weissbrodt 等，2012a（b，下）的图像；（c）CLSM 絮体污泥的检测，动物链球菌占主导的且均匀分布的光滑颗粒污泥，而致密的非均质颗粒污泥则由生长较慢的 PAO "Ca. Accumulibacte" 主导。图片：Weissbrodt 等，（2013）；（d）相差显微镜观察细胞水平上具有内储存产物的 PAO 和 GAO（图像：N. Gubser），在 PAO 中检测中用 CLSM 和 FM4-64 染色来标记无机产物储存（即聚磷酸盐）细胞的膜脂（图片：Weissbrodt 等，2013），并通过 FISH 和落射荧光显微镜检测 "Ca. Accumulibacte" 类似的 PAO（图片：L. BittencourtGuimarães）；（e）短程硝化和厌氧氨氧化反应器载体生物膜的光学显微镜图片（图片：Weissbrodt 等，2020）。FISH-CLSM 分析以定位厌氧菌种群；（f）在一个生物膜载体的冷冻切片中［子图像的比例尺：（a）500μm，（b）～（d）50μm；图像：Laureni 等（2019）］；（g）被破坏的生物膜图像（图片：Wells 等，2017）；（h）对 7 种古细菌、细菌和酵母分离株的多色 FISH 和 CLSM 检查图片（图片：M. Lukumbuzya 等，2019）

的化学环境下与甲酰胺结合并加热使其可渗透。将荧光寡核苷酸 FISH 探针滴到样品上。探针会在细胞内转移并与 rRNA 的互补链结合。与 FISH 探针杂交的细胞在洗去未结合的标记后，在落射荧光显微镜（EFM）下发出荧光信号。FISH 可以提供微生物种群相对丰度的半定量（qFISH）信息。对于分散的细胞，可通过将荧光杂交细胞的数量与样品中存在的细胞总数进行比较来完成半定量（在相差下未染色或者用另一种荧光团或荧光 FISH 探针染色）。对于生物膜和颗粒污泥横截面，可以通过（未）着色面积的比率来计算半定量。

与任何其他一种分子生物学方法一样，FISH 可能存在偏差。细胞固定、细胞与显微镜载玻片的结合，细胞通透性、探针大小和细胞内转移速率、杂交效率、荧光团和荧光信号强度以及人为因素都会影响分析结果。分析人员通常会通过查看样本上的荧光位置引入偏差。因此，一般而言，用 FISH 计算的相对丰度存在过多现象。标本的"暗信息"是数据的一部分，也应予以考虑。因此，通过在样本上随机取 10～30 个斑点进行数据分析，可提高 FISH-EFM 测量的准确性和可信度。然而，絮凝物、颗粒和生物膜难以解聚，并且不同生物量的颗粒会引起测量问题。

流式细胞仪（FCM）是一种用快速毛细管方法，检测计数和测量生物样品中微生物细胞的仪器。首先样品应解聚为单个细胞的悬浮液（例如使用 Potter-Elvejehm 均质器），再进行准确而有代表性的分析。在 FCM 中，单个细胞在进行激光检测之前先从毛细管通过。可以根据其大小、形状、细胞成分（例如核酸含量的低或高）以及染色或 FISH 探针结合进行细胞检测。它是 EFM 的一种代替方法，条件是可以将样品均质化，这通常是絮凝物、颗粒和生物膜样品的缺点。尽管如此，FCM 在分析低浓度样品（如河水、地下水、原水和饮用水）的生物稳定性方面非常有效。在饮用水领域，FCM 被监管机构认可为异养细胞计数的标准方法之一（Hammes 和 Egli，2010）。

激光共聚焦扫描显微镜（CLSM）可实现高分辨率检查生物标本。这种先进的显微镜技术可以放大观测完整的絮状结构 $50～100\mu m$，也可以观测生物膜和颗粒横截面的结构。生物膜或颗粒样品可以通过用冷冻切片来制备。CLSM 通过激光对光学切片在不同深度（最大 $100\mu m$）的穿透对样品进行扫描。3D 结构可以由数字图像的 z 型分层扫描进行重组。CLSM 可以与不同的荧光染色相结合以显现微生物特征，而 FISH 探针可以在絮凝物或生物膜结构中将目标种群定位。对于 FISH 来说，CLSM 可以通过计算生物量来解决生物聚集体的半定量问题。

扫描电镜（SEM）和透射电镜（TEM）可对微生物的细胞结构和成分进行高分辨率和详细的分析。它们与能量色散 X 射线（EDX）光谱相结合用于检测样品中的元素组成。SEM、TEM 和环境 SEM（ESEM）需要不同的固定装置和方式。除了生化表型，还需要使用电子显微镜（EM）分析来描述新物种。

2.3.6 分子生物学：指纹方法

2.3.6.1 核酸和蛋白的提取

影响分子生物学测量结果的重要步骤之一是在分析核酸和蛋白质之前如何将其提取出来。目前，大多数提取使用商用试剂盒进行。多种试剂盒和原理都可用于提取、分离和纯化这些大分子。而最终的分析结果往往受到最初使用的提取方法的影响（Albertsen 等，2015；Rocha 和 Manaia，2020）。出于可重复性和比较目的，最好使用来自同一系列的相同试剂盒和方法。可以在项目开始时对试剂盒性能进行比较。很少比较非相同检测流程且使用不同检测方法的检验结果。需要更系统的分子生物学循环测试（或循环测试）。MIDAS 数据库和活性污泥及厌氧消化微生物的现场指南为微生物群落组成测试的采样、实验室处理提供了基准信息（McIlroy 等，2015；Nierychlo 等，2019）。但是，测试过程中始终可以对方法进行改进，并且需要适当记录。

2.3.6.2 聚合酶链反应

聚合酶链反应（PCR）是一种分子生物学技术，用于扩增一种或多种生物的 DNA 上存在的核苷酸序列。PCR 可以检测存在或者缺失的基因以及携带某种基因的生物是否存在。PCR 可以检测 16S/18S rRNA 基因或功能基因。相应地设计了正向和反向引物的寡核苷酸序列。

PCR 使用两个分别称为正向和反向寡核苷酸的引物。引物有约 20 个核苷酸碱基对（bp）用以结合目标双链 DNA 的特定区域。耐高温聚合酶用于 PCR 产物（称为扩增子）的序列链扩增通过一个接一个地添加核苷酸来完成。扩增通过在热循环仪中进行的复制反应和温度循环进行。PCR 程序包含以下几个步骤，首先是打开 DNA 模板的双链结构（例如，在 95℃ 下 5～10min），进行大约 30 个循环：①变性（例如，在 95℃ 下 1min）；②两条链上的两个正向和反向引物退火（例如，在 50～60℃ 下 45s）；③通过聚合酶，扩增子序列延长（例如在 70～75℃ 的 2min）；④然后是扩增子的最终延伸（例如 70～

75℃的10min）。参数值取决于目标基因和生物种类，其可在文献中的方法部分找到。反应混合物的化学组成，PCR的温度和阶段长度对目标基因的核苷酸组成都非常具体。具有较高G-C核苷酸键含量（称为GC含量）的基因片段需要更长的变性时间才能打开它们。

根据后续指纹或测序分析的类型，使用标记性的引物进行PCR扩增。PCR产物可在琼脂糖凝胶上进行检查。应该检测目标基因序列长度的条带特征。如获得不同长度的条带特征则表明PCR不具备扩增特异性，需要进一步优化引物和PCR反应条件。如果缺少条带，则表明PCR不成功（样品池中没有PCR特异性或目标生物的DNA缺失）。

定量（实时）PCR（即qPCR）提供了半定量基因和/或微生物的相对丰度的功能。每次形成PCR产物时都会发出荧光。经过数个重复周期，荧光检测器检测扩增子发生指数变化。然而，与其他分子生物学手段一样，尽管被称为"定量PCR"，但不同研究者的qPCR的结果均受到操作流程中偏差的影响，以至很难对PCR进行比较（Rocha和Manaia，2020）。

反转录（RT）和qPCR（称为RT-qPCR）是针对RNA开发的。首先从生物样品中提取RNA。在qPCR之前，可将mRNA序列逆转录成互补DNA（cDNA）序列。这些序列提供了细胞中靶向基因表达和转录调控的线索，可作为微生物"活性"的第一个代表。

2.3.6.3 克隆库

在高通量测序出现之前，通过产生克隆文库并对库中存在的基因片段进行测序来获得PCR扩增子的组成。经纯化后，将PCR产物池与大肠杆菌细胞接触。每个片段与质粒载体接触，并通过热激转化入大肠杆菌细胞中。将接受基因片段后的大肠杆菌细胞培养在37℃液体培养基中过夜培养，以繁殖细胞。在第二次培养之前，将细胞混合物接种在琼脂平板上，以培养转化子群落。逐一挑选100～500个克隆群落，每个克隆群落都包含一种类型的基因片段，以进行PCR和PCR产物（即扩增子）的Sanger测序。特定序列的读取数目与存在于扩增子库中的基因片段的相对丰度有关。克隆测序可用于鉴定主要微生物种群。它还可以提供基因片段的长而高质量的序列。

2.3.6.4 微生物菌落指纹识别

PCR扩增后从微生物群落基因组DNA（gDNA）中获得的基因片段的相对丰度可以通过变性梯度凝胶电泳（DGGE），自动核糖体间隔基因分析（ARISA），扩增核糖体DNA限制性分析（ARDRA）或末端限制性片段长度多态性（T-RFLP）等方法进行分析。以微生物种群分析为目的，则首先对16S/18S rRNA基因进行PCR扩增。这些技术也可用于整个群落功能基因片段的多样性分析。自从20世纪90年代以来，这些经典的方法已被广泛使用，以获取微生物群落的指纹信息。这些方法的检测结果主要是一组与扩增和/或限制的基因片段有关的长度带。谱带的多样性代表了微生物群落中存在的操作分类单位（OTU）的多样性。基因片段的分类可以通过克隆测序或与扩增子测序结合获得。在从经典指纹识别到焦磷酸测序的技术过渡中，开发了PyroTRF-ID管道，通过比较T-RFLP和扩增子测序图谱，将末端限制片段与系统类型联系起来（Weissbrodt等，2012b）。通过这些不同技术获得的基于信息表示为OTU的相对丰度。可以用丰富度（即OTU的数量）和多样性（即OTU的相对丰度的数量和分散度）来描述它们。指纹方法可快速有效地如用时1～2d来检测生物反应器中目标OTU的富集水平或在发生干扰时检测OTU优势的急剧变化。

2.3.6.5 现代扩增子测序

测序方面的新进展使扩增子可进行直接测序。扩增子测序极大地提高了OTU或扩增子序列变体（ASV）文库的深度。通过获得微生物的种类及其相对丰度，它可以有效地表征微生物群落组成。

扩增子测序包括通过PCR扩增从生物学样品中提取的gDNA的目标基因片段，并对获得的扩增子进行测序。该方法通常应用于细菌16SrRNA和真核18S rRNA基因扩增子测序。带有引物标签的群落通过"通用"基因的高变区用于基因扩增。标记后的扩增子（300～600bp）首先经过纯化、定量、汇集、再使用新一代测序平台测序，例如MiSe（Illumina）、Ion Torrent、

PacBio、Oxford Nanopore 等。

通常，根据所需要的测序深度，每个样品可获得 10～100k 的数据集。针对主要菌群识别问题，10～30k 的测序读数是足够的。通过在测序流动池中合并较少的样品来增加每个样品的测序深度，可获得高分辨率结果来描述低丰度种群的微生物多样性。测序结果使用生物信息学分析手段进行处理，并进行可视化和数量生态学分析（Weissbrodt 等，2014；Albertsen 等，2015），例如使用 R 软件。微生物群落概况用条形图或热图表示，以揭示其组成和种群的动态变化。只需读取 300～600bp 的基因片段，

就可以进行从门到纲、目、科和属的分类。随着长片段读取测序仪的发展，可以实现对微生物群落中全长 rRNA（本身）进行测序。这极大地提高了从属到种水平的系统分类学的准确性和分辨率。

从微生物谱系和微生物群落组成获得的高分辨率分析数据为构建活性污泥生态系统模型提供了有利的信息。图 2.13 举例说明了为 BNR 颗粒污泥构建的概念性生态系统模型，其基于通过扩增子测序获得的详细系统发育信息以及从文献中检索到的所有检测到的主要微生物的功能特征。

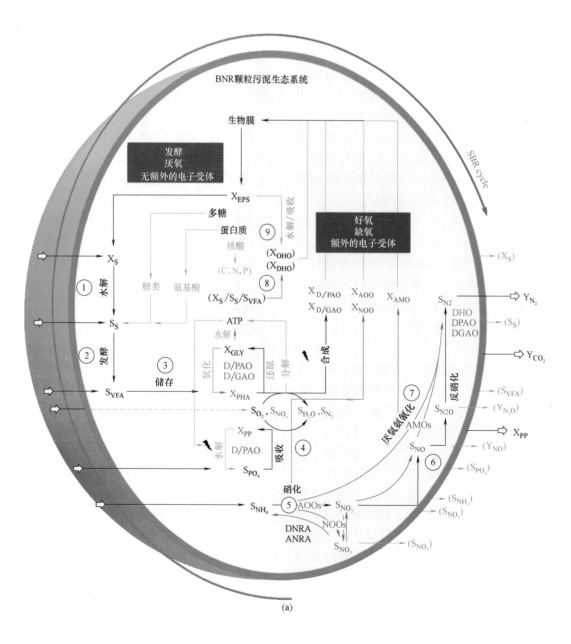

(a)

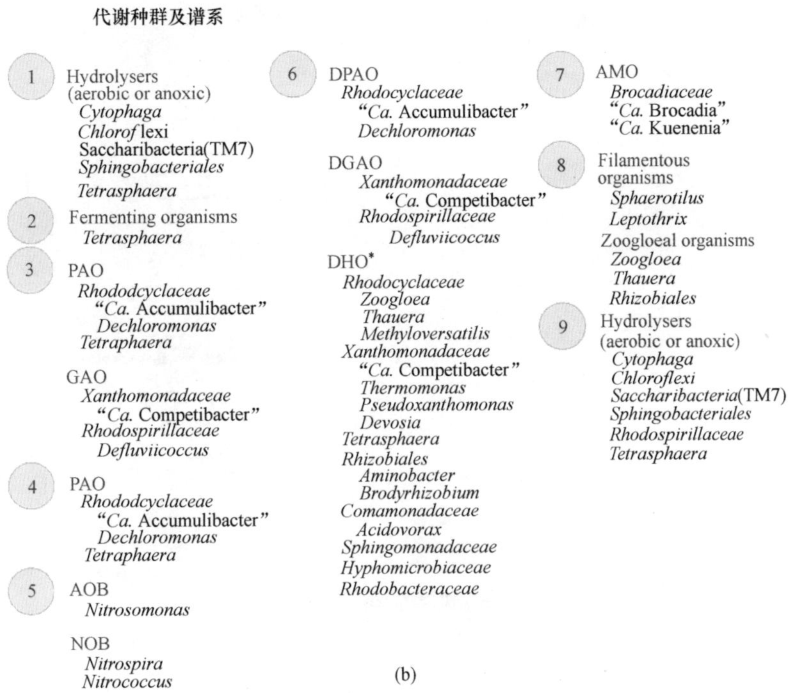

代谢种群及谱系

1　Hydrolysers
(aerobic or anoxic)
Cytophaga
Chloroflexi
Saccharibacteria(TM7)
Sphingobacteriales
Tetrasphaera

2　Fermenting organisms
Tetrasphaera

3　PAO
Rhododcyclaceae
　"*Ca. Accumulibacter*"
Dechloromonas
Tetraphaera

GAO
Xanthomonadaceae
　"*Ca. Competibacter*"
Rhodospirillaceae
Defluviicoccus

4　PAO
Rhododcyclaceae
　"*Ca. Accumulibacter*"
Dechloromonas
Tetraphaera

5　AOB
Nitrosomonas

NOB
Nitrospira
Nitrococcus

6　DPAO
Rhodocyclaceae
　"*Ca. Accumulibacter*"
Dechloromonas

DGAO
Xanthomonadaceae
　"*Ca. Competibacter*"
Rhodospirillaceae
Defluviicoccus

DHO*
Rhodocyclaceae
Zoogloea
Thauera
Methyloversatilis
Xanthomonadaceae
　"*Ca. Competibacter*"
Thermomonas
Pseudoxanthomonas
Devosia
Tetrasphaera
Rhizobiales
Aminobacter
Brodyrhizobium
Comamonadaceae
Acidovorax
Sphingomonadaceae
Hyphomicrobiaceae
Rhodobacteraceae

7　AMO
Brocadiaceae
　"*Ca. Brocadia*"
　"*Ca. Kuenenia*"

8　Filamentous
organisms
Sphaerotilus
Leptothrix
Zoogloeal organisms
Zoogloea
Thauera
Rhizobiales

9　Hydrolysers
(aerobic or anoxic)
Cytophaga
Chloroflexi
Saccharibacteria(TM7)
Sphingobacteriales
Rhodospirillaceae
Tetrasphaera

(b)

图 2.13　BNR 颗粒污泥生态系统的 Weissbrodt 模型表现了 C、P 和 N 的转化途径（a）以及所涉及的微生物群落和潜在的功能种群（b）。16S rRNA 基因测序揭示了微生物群组中存在的种群。功能特性可根据文献报道的微生物谱系获得。概念性生态系统模型为进一步进行生态生理分析奠定了坚实的基础。在基于颗粒污泥工艺的序批式反应器（SBR）中以溶解氧（O_2）和/或氧化氮（NO_x^-）作为终端电子受体实现厌氧阶段碳充裕和好氧阶段饥饿交替运行机制。颗粒污泥的基质扩散限制使得底物和氧化还原条件在深度上出现梯度，从而可以同时进行硝化和反硝化过程。在厌氧条件下，颗粒状有机物（Xs）被水解成可溶性底物（Ss），并通过水解和发酵微生物降解为挥发性脂肪酸（SVFA），然后 VFA 以聚 β-羟基链烷酸酯（XPHA）的形式储存在聚磷菌（PAO）和聚糖菌（GAO）中。PAO 和 GAO 也会使用糖原（XGLY）作为 PHA 聚合的 ATP 和 NADH 的来源。PAOs 通过水解聚磷酸盐（XPP）作为 ATP 的额外来源，用于乙酸的主动运输，同时正磷酸盐（S_{PO4}）在培养基中释放。在有氧和/或缺氧条件下，PAO 和 GAO 利用胞内的碳源和 PHAs 电子进行生长。这两个菌落都通过富集废水中的正磷酸盐来补充其糖原的储备，而 PAO 则补充其聚磷酸盐的储备。PAO 和 GAO 可以通过将其分解代谢与反硝化耦合进行增长，从而形成反硝化 PAO（DPAO）和 GAO（DGAO）。通过铵氧化（AOOs）和亚硝酸盐氧化（NOOs）菌来提供氧化态氮（如 S_{NO2} 或 S_{NO3} 等 S_{NOx}）进行反硝化作用。在 NOO 菌落中，硝化螺菌属的一些 Comammox 种群可以直接将铵（S_{NH4}）氧化为硝酸盐（S_{NO3}）。反硝化异养微生物（DHO）在颗粒污泥中被极大地富集了。一个问题仍没有解决：如果厌氧阶段 VFA 存储不足，这些微生物将依靠哪些碳和电子源来进行繁殖？Anammox 种群也可以在颗粒污泥系统中建立自己的生态位。图片：基于 Weissbrodt 等（2014）和 Winkler 等（2018）

2.3.7　高通量"组学"方法

通过分析特征性大分子，可以使用高分辨率和高通量表征微生物群落。使用测序和质谱检测整个微生物群落物质的多样性。集成的"组学"技术（Narayanasamy 等，2015）可以在微生物群落复杂的代谢调控中针对 DNA、RNA、蛋白质和代谢物的多个层面进行检测（图 2.7）。

在 DNA 水平上，对污泥的元基因组进行测序可得到整个微生物群落中所有微生物的完整遗传信息。除宏基因组外，系统微生物学旨在获得单系基因组信息。以基因组为中心的宏基因组学是将单个微生物种群的基因组从污泥基因组中分离出来的技术。基因组是赋予微生物全部遗传潜能的基本单位。在任何 RNA 测序或蛋白质谱分析之前，由元基因组组成的基因组（MAG）是非常重要的参考。它还可以用于微生物转化过程中代谢产物及其通量的检测，绘制代谢途径图谱。图 2.14 是从 EBPR 污泥基因组中分离出的

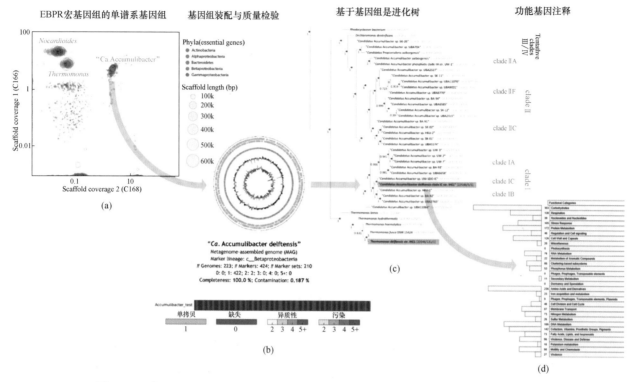

图 2.14　对 "*Candidatus* Accumulibacter delftensis" 以基因组为中心的宏基因组学分析

（a）在 EPR 污泥的基因组中，从与 "*Ca*，Accumulibacter，Thermomonas 和 Nocardiodes" 相关的微生物种群中获得了近完整的单谱系基因组；（b）"*Ca*，Accumulibacter" 的基因组装配基因组（MAG）显示出很高的完整性和低污染性；（c）"*Ca*，Accumulibacter" 的进化树是根据基因测序和其他 MAG 相关的公共数据库中提供的资料。它的组成与其他 MAG 明显不同，被命名为 "*Ca*，Accumulibacter"；（d）MAG 基因编码区的功能注释。资料来源：摘自 Rubio-Rincón 等（2019）

"*Candidatus* Accumulibacter delftensis" 的 MAG 实例。

在 RNA 水平上，元转录组学的目的是对微生物群落表达的 mRNA 池进行测序。可以将元转录组与 MAG 对比识别微生物的那些遗传信息从 DNA 转录为 RNA。它提供了有关这些微生物的转录调控信息。

在蛋白质水平上，元蛋白组学是对存在于微生物群落细胞中的蛋白质和多肽的氨基酸序列进行测序。元蛋白组结合 MAG 检测来鉴定蛋白质及其与关键微生物的关系。激活活性的蛋白如酶的作用可以更深入地解析微生物转化中的翻译后活化作用；磷酸化蛋白的检测可能为此提供更多的相关信息。

代谢途径中通过酶催化生化反应产生相应的代谢中间产物，可以通过串联液相色谱和质谱在生物反应器针对扰动的不同时间节点对胞外和胞内代谢物进行分析。代谢产物的通量可以进一步量化为速率。代谢组学和通量组学分析代谢产物的浓度及其通量在调节过程中的变化。这些分析通常使用 ^{13}C 或 ^{15}N 标记的底物追踪实验室规模反应器中微生物群落中代谢状态的瞬时变化。代谢通量分析与数学建模相结合可以对单个微生物或微生物群落的代谢性能进行定量预测，包括从单一微生物到微生物群落中的微生物种群网络。

可以通过糖组学和脂质组学扩展多组学方法，对微生物组中高度复杂的碳水化合物和脂质功能分子进行检测。对可移动单元的分析可以检测群落中基因水平转移和抗菌素耐药性。病毒分析可以测量病毒和噬菌体及其对污泥的影响。

2.3.8　生态生理学方法

需要生态生理学方法来检查和验证使用 DNA、RNA 的潜在代谢功能和基于蛋白质的分子生物学方法。利用标记的底物来追踪其转化和同化过程（Musat 等，2012；Nielsen 等，2016）。

稳定同位素探测（SIP）可以用来检测标记有非放射性稳定同位素（例如^{13}C vs ^{12}C，^{15}N vs ^{14}N）的底物同化到大分子中，例如 DNA、RNA、蛋白质、碳水化合物或脂质。使用标记底物进行污泥培养，然后提取目标大分子产物进行检测。在进行分析之前，可通过超速离心机将 DNA 或 RNA 进行区分。利用扩增子测序鉴定标记核酸中具有重同位素的微生物。通过质谱分析对结合了重元素的蛋白质和其分类关系进行分析。

FISH（2.5.3 节）可与微放射自显影（MAR）、拉曼光谱或二次离子质谱（SIMS）结合定位微生物种群并同时确定哪些细胞已被^{14}C、^3H、$^{32}/^{33}P$ 或^{35}S（MAR、拉曼、SIMS）或稳定的同位素标记（拉曼、SIMS）。FISH-MAR 曾用于检测在正常操作条件下厌氧氨氧化菌群是否可以存储有机物（Laureni 等，2015）。纳米级 SIMS（NanoSIMS）可在纳米级分辨率的条件下检测样品中单个细胞的代谢状态。在使用这些技术时，采样后需迅速进行化学固定以固定细胞在采样时间点的代谢状态。NanoSIMS 用于追踪厌氧氨氧化菌群中的碳转化途径（Tao 等，2019）。但是，这些技术会产生成倍的成本。这些技术的实施需要从一开始就制定有关微生物代谢的研究问题。

2.3.9　从微生物生态分析到微生物群落工程

从工程学的角度来看，微生物学和分子生物学方法构成了一个必不可少的微生物信息检测工具箱，可用于环境生物工程的设计、监控和控制。系统微生物学旨在阐明以下内容：哪些菌群存在/活跃在系统中？他们在做什么？他们在哪里做这些事情？哪些条件会对系统产生触发选择和激活作用？过程干扰对微生物选择和代谢有何后果？种群数量和代谢变化对系统性能的反馈影响是什么？

如果是以转变至工程领域为目标，那么组学产生的大量数据应该从纯粹的描述转变为理论概念的发展，从而支持微生物群落工程策略的发展。污水处理厂不是基于测序进行设计的，而是基于化学计量和微生物生长动力学设计的。微生物生态学给出了设计微生物群落的原则。微生物生长的热力学设定了微生物代谢转化的边界和自

发性。生物化学显示微生物是否具有进行代谢转化的必要酶机制。化学计量学提供了微生物生长所需的营养素，电子供体和电子受体的比率的信息。它与运行操作关系紧密（OPEX），例如控制曝气池中需要转移至液相的O_2量。动力学给出微生物生长、转化速度的信息。它与投资成本（CAPEX）有关，例如活性污泥池的数量，即处理厂规模以及建造设备所需的混凝土和钢材数量等。

除了要了解目标微生物和新陈代谢外，对它们的生长进行合理的数学描述对于理解、预测和设计也至关重要。

2.4　微生物生长

2.4.1　微生物生长

微生物代谢包含了与细胞生长和维持有关的所有生化反应。微生物的生长是由热力学有利的、产生能量的氧化还原反应（分解代谢）驱动的，该反应与生物质的合成（合成代谢）和与生长无关但又必不可少的维持过程进行生物能耦合如图 2.15 所示，（Heijnen 和 Van Dijken 1992；Heijnen，1994）。在分解代谢中，能量是通过电子从电子供体到电子受体的转移产生的。在合成代谢反应中，此能量用于从 C 源、N 源和其他营养物质合成细胞成分。

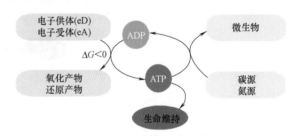

图 2.15　能量产生的分解代谢与合成代谢以及与生长无关的维持过程的生物能耦合模型。分解代谢中释放的化学能被转移到三磷酸腺苷（ATP）中。资料来源：改编自 Heijnen 和 Kleerebezem（2010）

有机碳和无机碳均可用于生物合成，并且在所有细菌中合成代谢是高度相似的。能量部分可分为三种类型：有机、无机和光能。不同微生物组之间的分解代谢过程可能差异很大。分解代谢，特别是电子供体和电子受体可能产生的能量组合的多种形式，决定了自然界中微生物的多样

性。特定的能量源、电子和碳源被用于微生物的主要分类（图2.8）。微生物可以根据电子受体（例如需氧的 O_2）或代谢产物（例如产乙酸菌产乙酸）进一步分类。

任何微生物生长反应的一般化学计量都可以写成等式的形式，如式（2.1）。

$$-Y_{eD/X} \cdot \text{e-donor} - Y_{C_s/X} \cdot C\text{-source} - Y_{N_s/X} \cdot N\text{-source}$$
$$-Y_{eA/X} \cdot \text{e-acceptor} + 1 \cdot \text{biomass} \pm Y_{H_2O/X} \cdot H_2O$$
$$\pm Y_{HCO_3^-/X} \cdot HCO_3^- \pm Y_{H^+/X} \cdot H^+ + \cdots = 0$$

$$(2.1)$$

其中化学计量系数（Y_i/X）表示为每摩尔底物产生的生物量（mol_i/mol_X）。

所有化学计量系数的值均为正值，并且其前面的符号来自元素和电荷质量平衡（第2.4.3节）。值得注意的是，虽然我们选择将 $Y_{X/X}$ 定义为 $1mol_X/mol_X$，但是任何化学计量系数都可以设置为1，而其他系数则相对于该组分进行拆解。在式（2.1）中，只要已知其中一个系数，则所有系数都可依据元素平衡（C、H、O 和 N 平衡）导出。传统上，这是生产单位生物量所需的底物。当使用有机碳源时，电子供体与碳源通常会重合（例如化能有机异养代谢）。

接下来分别介绍合成代谢和分解代谢，以及如何基于一个测量或估计的化学计量系数将它们组合起来获得整体代谢方程式。首先，概述了能量产生的主要途径，并提出了推导任何氧化还原反应的化学计量并计算产生的能量的方法。

2.4.2 细菌生物能

微生物能量产生的两个主要途径是糖酵解和 TCA 循环（第2.2.3节）。糖酵解将葡萄糖部分氧化为丙酮酸和乙酰辅酶A。然后在 TCA 循环中将乙酰辅酶A完全氧化为 CO_2（图2.16）。在这些代谢转换中释放的化学能被转移到三磷酸腺苷（ATP）中，电子被转移到氧化态的 NAD^+ 中致使其被还原为 NADH。

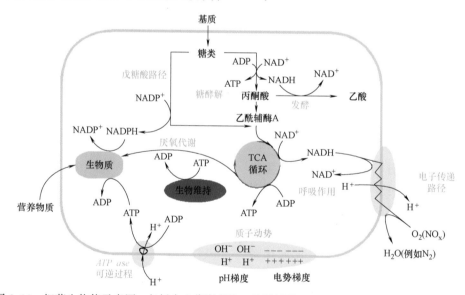

图2.16　细菌生物能示意图，包括中心代谢产物，乙酰辅酶 A、ATP、NADH 和 NADPH 以及关键的分解代谢和合成代谢过程。资料来源：改编自 Comeau 等（2008）

在电子受体存在的情况下，如 O_2 或 NO_x^-，例如硝酸盐（NO_3^-）或亚硝酸盐（NO_2^-），NADH 通过电子传输链将电子转移到电子受体而重新生成 NAD^+。与此电子传输过程并行，质子跨细胞膜传输到细胞外部，产生的 pH 值和电荷梯度构成质子动力势，该质子动力势可对各种化合物进行跨细胞膜运输，但主要用于 ATP 酶产生 ATP。在 ATP 生成过程中，质子被运回细胞内部。因此，细菌生物能中存在三种关键的中心代谢产物：乙酰辅酶 A、ATP 和 NADH。这些细胞内水平的化合物是细菌代谢的有力调节剂。

重要的是，在没有外部电子受体的情况下，细胞无法重复产生源自糖酵解的 NADH，并且

TCA循环将无法完成最终的氧化作用。在这些条件下，有机碳本身可以作为电子受体，并通过糖酵解还原为乙酸盐和丙酸盐等产物同时产生NADH。内部电子转移的过程称为发酵。

有趣的是，合成代谢中的大多数还原性生物合成途径都依赖于一种辅酶，其与NADH相似但又不同于NADH，即NADPH。NADPH与核糖-5-磷酸（DNA和RNA的前体）一起在戊糖磷酸途径中产生。尽管NADH与NADPH可相互转换，但需要消耗ATP为代价，这强调了细胞如何维持独立的能量和生长系统。

2.4.3 氧化还原反应

氧化还原（redox）反应中产生的能量（作为吉布斯自由能）驱动并维持化能和非光能的生长。氧化还原反应包括电子从还原的电子供体（被氧化）转移到氧化的电子受体（被还原）。任何氧化还原反应的化学计量（在本文中定义为方程式）是通过电子供体（D）和电子受体（A）的半反应得出的：

$$D: -1 \cdot eD + Y^D_{e/eD} \cdot e^- \pm \cdots = 0$$
$$A: -1 \cdot eA + Y^A_{e/eA} \cdot e^- \pm \cdots = 0 \quad (2.2)$$

其中，根据定义，两个半反应通常以每mol消耗的电子供体或电子受体表示（例如，mol/mol $Y^D_{e/eD}$）。一旦定义了电子供体和电子受体，就可以从元素平衡和电荷平衡中得出所有化学计量系数以及它们前面的符号。首先，需要平衡电子供体和电子受体中心原子（例如C、N和Fe）等元素。接下来，在后续步骤中平衡O、H和电荷等，以给出H_2O、H^+和e的系数。有关质量平衡的更广泛讨论和示例，请参阅Kleerebezem和Van Loosdrecht（2010）。

一旦半反应达到平衡，则完整的氧化还原反应定义如下：

$$\lambda_D \cdot D + \lambda_A \cdot A = 0 \quad (2.3)$$

其中，通过定义两个独立的方程，可以将乘积λ_D和λ_A表示为已知化学计量系数的函数。首先，假定电子平衡，即在整个反应中没有净电子的产生或消耗式（2.4）。

$$\lambda_D \cdot Y^D_{e/eD} - \lambda_A \cdot Y^A_{e/eA} = 0 \quad (2.4)$$

其次，选择完全反应的一个化学计量系数的值。通常，反应表示为每mol消耗的电子供体，

如下所示：

$$\lambda_D \cdot Y^D_{eD/eD} + \lambda_A \cdot Y^A_{eD/eD} = 1 \quad (2.5)$$

从式（2.4）和式（2.5），可以推导出式（2.6）：

$$\frac{Y^A_{e/eA} \cdot D + Y^D_{e/eD} \cdot A}{Y^A_{e/eA} \cdot Y^D_{eD/eD} + Y^D_{e/eD} \cdot Y^A_{eD/eD}} = 0 \quad (2.6)$$

根据定义，其中$Y^D_{eD/eD} = 1 mol_{eD}/mol_{eD}$。同样，当电子供体和电子受体不一致时（即$eD \neq eA$），电子供体不参与电子受体的半反应（即$Y^A_{eD/eD} = 0$），因此方程（2.6）变为：

$$D + \frac{Y^D_{e/eD}}{Y^A_{e/eA}} \cdot A = 0 \quad (2.7)$$

在该方程中，将A的化学计量系数归一化以平衡整个反应中的电子。相反，当电子供体和电子受体相同时（$eD = eA$），例如发酵生物中的分解代谢反应，$Y^A_{eD/eD} = Y^D_{eD/eD} = 1 mol_{eD}/mol_{eD}$。方程（2.6）变为：

$$\frac{Y^A_{e/eA} \cdot D + Y^D_{e/eD} \cdot A}{Y^A_{e/eA} + Y^D_{e/eD}} = 0 \quad (2.8)$$

例2.1 有氧葡萄糖呼吸

在有氧条件下，葡萄糖被氧化成碳酸氢根，因此成为电子供体（$C_6H_{12}O_6/HCO_3^-$）。氧气是电子受体，被还原为水（O_2/H_2O）。根据定义的电子供体和电子受体对，可以写出以下平衡的半反应：

$$D: -C_6H_{12}O_6 - 12H_2O + 6HCO_3^- + 30H^+ + 24e^- = 0$$
$$A: -O_2 - 4H^+ - 4e^- + 2H_2O = 0$$

整个反应可以从方程（2.7）得出。

$$-C_6H_{12}O_6 - 6O_2 + 6HCO_3^- + 6H^+ = 0$$

其中 $Y^D_{e/eD} = 24 mol_e/mol_{eD}$ 和 $Y^A_{e/eA} = 4 mol_e/mol_{eA}$。

值得注意的是在所有示例中，化学计量系数的值都是四舍五入的。

例2.2 葡萄糖发酵为乙醇

在没有外部电子受体的情况下，葡萄糖既充当电子供体（$C_6H_{12}O_6/HCO_3^-$），又充当电子受体（$C_6H_{12}O_6/C_2H_6O$）被还原为乙醇。可以写出以下平衡的半反应：

$$D: -C_6H_{12}O_6 - 12H_2O + 6HCO_3^- + 30H^+ + 24e^- = 0$$

A：$-C_6H_{12}O_6-12H^++12e^-+$
$$3C_2H_6O+3H_2O=0$$

整个发酵反应可以从式（2.8）得出。

$$-C_6H_{12}O_6-2H_2O+2C_2H_6O+$$
$$2HCO_3^-+2H^+=0$$

其中 $Y_{e/eD}^D=24mol_e/mol_{eD}$ 和 $Y_{e/eA}^A=4mol_e/mol_{eA}$。

例2.3 还原度（γ）和化学需氧量（COD）

在氧化还原反应中，电子是守恒的。由于大多数生物反应本质上都是氧化还原平衡，因此电子平衡是获得化学计量的额外信息。为此，将还原度（γ）引入了生物技术中，即计算化合物中相对于参考化合物的电子量。通常，所选择的参考化合物存在于大多数生物转化中（例如，CO_2、H^+、H_2O、NH_4^+可作为元素C、H、O和N的参考物）。氨作为参考，因为N原子的价与生物质中N的价相同。对于其他元素，还原度可通过计算为化合物对定义的参考物进行的氧化还原半反应中释放或消耗的电子数量。在例2.1中，1mol葡萄糖的还原度是24mol电子，而1mol O_2 的还原度等于-4mol电子。对于含碳化合物，通常每个碳原子给出还原度为每C-mol 4mol电子。

还原度与化合物的化学需氧量（COD）之间存在直接联系。另外，COD测量"计算"完全氧化为 CO_2 时释放的电子数量。1mol的 O_2 可以接受4mol的电子（例2.1），并且1mol的 O_2 的分子量为 32 g/mol，因此1mol电子的COD等于$32/4=8g_{COD}/mol_{e^-}$。在例2.1中，1mol葡萄糖的COD为 $24\times8=192g_{COD}/mol_{glc}$（或 $1.066g_{COD}/g_{glc}$）。对于 O_2，COD含量为 $-4\times8=-32g_{COD}/mol_{O2}$（$-1g_{COD}/g_{O_2}$）。由于COD与电子的数量直接相关，并且电子平衡的，因此COD也是平衡。例如，以示例2.1的整体反应为例，COD平衡为：$(-192)\times1-(-32)\times6-0\times6-0\times6=0$。

请注意，由于基于单个元素和化合物中存在的电荷进行计算，因此 γ 平衡或COD平衡不会提供额外的独立守恒方程来解决化学计量问题。但是，使用 γ 平衡或COD平衡来跟踪和检查电子流和整个反应之间的平衡是可行的。

2.4.4 热力学

热力学有两条基本定律。第一定律指出能量守恒，即可以使化学反应达到能量平衡。根据第二定律，自发过程趋于热力学平衡，并与熵的增加即无序度有关。微生物细胞是高度组织化的、低熵的系统，因此需要从简单的生长底物（如 O_2 和葡萄糖）合成能量，并需要恒定的能量输入以保持复杂性。分解代谢反应提供了这部分能量。在没有外部分解代谢底物的情况下，微生物死亡，并且细胞组织的凋亡导致总熵增加，这与热力学第二定律一致。

对于任何反应，可用于做功的可用能量用吉布斯自由能变化（ΔG）来表示，单位为千焦耳每摩尔反应物（kJ/mol）。能量上有利的反应（称为放能反应）的 $\Delta G<0$（即产物的能量小于反应物的能量）并且可自发发生。分解代谢是产能反应。相反，如果 $\Delta G>0$，则该反应被称为吸能反应，并且需要外部输入能量（如合成代谢）。一旦确定了反应的化学计量，就可以从吉布斯自由能的列表中计算出相应的 ΔG（G_f^0 见表2.5）。同样的，将生成焓值（H_f^0）用于计算反应的焓变（ΔH 单位为 kJ/mol$_i$），即放热反应中释放的热量（$\Delta H<0$）或吸热过程中吸收的热量 反应（$\Delta H>0$）。

反应的吉布斯自由能（ΔG^0）的标准变化可以计算如下：

$$\Delta G^0=\sum_i^n Y_i\cdot G_{f,i}^0-\sum_j^m Y_j\cdot G_{f,j}^0$$
（2.9）

其中 n 和 m 分别是产物和底物的数量，Y_i 和 Y_j 是反应中相应的化学计量系数。传统上，计算对于化合物的 G_f^0，热力学参考（$G_f^0=0$）是元素状态和标准物，即 C（s）、H_2（g）、O_2（g）、N_2（g）、S（s）和P（s）。假设所有反应物的活性均为1来定义 ΔG^0。在稀释的水性系统中，对于溶解的化合物而言，这相当于1M（mol/L）的浓度；对于气态化合物而言，这相当于1atm的分压。当然，标准温度（TS）为298K。

为了反映真实环境条件，可以针对实际浓度校正 ΔG^0。这与质子浓度特别相关，因为热力学参考值（$1mol_{H^+}/L$）与通常的环境浓度 $10^{-7}mol_{H^+}/L$ 有很大不同。Van't Hoff 方程用于将吉布斯自由能的值校正为环境 pH 值：

$$\Delta G^{01} = \Delta G^0 \pm R \cdot T \cdot Y_{H^+} \cdot \ln\left(\frac{10^{-7} \text{mol}_{H^+}/L}{1 \text{mol}_{H^+}/L}\right)$$
$$(2.10)$$

其中 R 是通用气体常数 [8.3145×10^{-3} kJ/(mol·K)]，Y_{H^+} 是整个氧化还原反应中质子的化学计量系数，实际浓度除以热力学参考值。如果产生质子，则校正项的符号为正，如果被消耗，则为负。方程式中其他化合物的浓度通常偏离标准条件较少，因此校正频率较低。

但是，当实际条件与标准条件有很大差异，并且反应接近平衡时（即 ΔG^{01} 接近零；请参见例 2.4 和例 2.5），重要的是要考虑反应物的实际活度。实际自由能变化（ΔG^1）计算如下：

$$\Delta G^1 = \Delta G^0 + R \cdot T \cdot$$
$$\left[\begin{array}{c} \sum_i^n Y_i \cdot \ln\left(\dfrac{C_i}{1 \text{mol}_i/1 \text{ or } 1 \text{atm}_i}\right) \\ - \sum_j^m Y_j \cdot \ln\left(\dfrac{C_j}{1 \text{mol}_j/1 \text{ or } 1 \text{atm}_j}\right) \end{array}\right]$$
$$(2.11)$$

其中产品 i（C_i）的活性和底物 j（C_j）的活度除以相应的标准活度。在稀释体系中，溶解物质的活度等于其摩尔浓度，而气态物质的活度对应于其在大气中的分压。水和固体活度为 1。

最后，可以根据 Gibbs-Helmholtz 方程计算实际温度（T）对 ΔG^0 的影响：

$$\Delta G^0 = \Delta G_{T_S}^0 \cdot \frac{T}{T_S} + \Delta H_{T_S}^0 \cdot \frac{T_S - T}{T_S}$$
$$(2.12)$$

其中 $\Delta H_{T_S}^0$ 代表标准氧化还原反应的焓变化（H_f^0 见表 2.5），T_S 为 25℃ 的标准温度。H_f^0 在与生物系统有关的浓度和温度范围内可以认为是恒定的。

例 2.4 亚铁氧化

正如我们稍后将要学习的那样，铁是一种弱的电子供体，但由于氧是一种强电子受体，在有氧条件下铁可能会被氧化。具体来说，亚铁作为电子供体，被氧化成三价铁（Fe^{2+}/Fe^{3+}），而氧气被还原成水（O_2/H_2O）。总体反应：
$$-Fe^{2+} - 0.25O_2 - H^+ + Fe^{3+} + 0.5H_2O = 0$$

有机和无机化合物的标准吉布斯自由能（G_f^0）和焓（H_f^0）；该表来自 Kleerebezem 和 Van Loosdrecht（2010）。读者可以参考 Kleerebezem 和 Van Loosdrecht（2010）以获得更完整的化合物列表　表 2.5

元素	化合物	名称	G_f^0(kJ/mol)	H_f^0(kJ/mol)
	e^{-1}	电子	0.0	0.0
H	H^+	质子	0.0	0.0
	H_2	氢气	0.0	0.0
O	O_2	氧气	0.0	0.0
	H_2O	水	−237.2	−285.8
N	N_2	氮气	0.0	0.0
	NH_4^+	氨	−79.4	−133.3
	NO_2^-	亚硝态氮	−32.2	−107.0
	NO_3^-	硝态氮	−111.3	−173.0
S	HS^-	硫氢根	12.1	−17.6
	SO_4^{2-}	硫酸根	−744.6	−909.6
Fe	Fe^{2+}	二价铁离子	−78.9	−89.1
	Fe^{3+}	三价铁离子	−4.6	−48.5
C	CO_2	二氧化碳	−394.4	−394.1
	CHO_3^-	碳酸氢根	−586.9	−692.0
	CH_4	甲烷	−50.8	−74.8
	$C_2H_3O_2^-$	乙酸根	−369.4	−485.8
	C_2H_6O	乙醇	−181.8	−288.3
	$C_3H_5O_2^-$	丙酸根	−361.1	−510.4
	$C_6H_{12}O_6$	葡萄糖	−917.2	−1264.2
生物质	$CH_{1.8}O_{0.5}N_{0.2}$	生物质	−67.0	−91.0

可以计算反应的标准吉布斯自由能变 $\Delta G^0 = -44.3 \mathrm{kJ/mol_{Fe^{2+}}}$。根据方程2.9和2.5。在通常假定的中性pH值（方程2.10）下，反应接近热力学平衡（$\Delta G^{01} = -4.4 \mathrm{kJ/mol_{Fe^{2+}}}$）。从热力学的观点来看，只有在酸性条件下如pH=1，反应才有利。

例2.5 种间氢转移

分子氢（H_2）是厌氧微生物群落中的关键代谢中间体。一个常见的例子是厌氧乙醇氧化菌和氢营养型产甲烷菌的互养生长。乙醇氧化菌使用乙醇作为电子供体并产生乙酸盐（$C_2H_6O/C_2H_3O_2^-$），而质子用作电子受体并产生氢（H^+/H_2）：

$$-C_2H_6O - H_2O + C_2H_3O_2^- + 2H_2 + H^+ = 0$$

在标准状况和pH=7下，该反应不能自发进行：$\Delta G^{01} = 9.6 \mathrm{kJ/mol_{C_6H_6O}}$。然而，如果氢分压保持足够低（$\Delta G^1 = -36.0 \mathrm{kJ/mol_{C_6H_6O}}$，0.0001atm），则在热力学上成为可能。因此，乙醇氧化菌依赖氢营养型产甲烷菌的氢消耗速率。产甲烷菌将氢用作电子供体（H^+/H_2），将碳酸氢盐用作电子受体（HCO_3^-/CH_4）：

$$-4H_2 - HCO_3^- - H^+ + CH_4 + 3H_2O = 0$$

该反应在pH=7和在1atm的标准氢分压下是自发进行的 $\Delta G^{01} = -135.5 \mathrm{kJ/mol_{HCO_3^-}}$。在允许乙醇氧化菌生长的氢分压下，虽然反应变得不太有利但仍然可能（$\Delta G^1 = -44.2 \mathrm{kJ/mol_{HCO_3^-}}$，0.0001atm）。因此，由于氢营养型产甲烷菌有赖于氢的产生，在对两个种群均有利的低氢分压下发生互养生长。

值得注意的是，经常使用氧化还原电势的变化（ΔE）代替吉布斯自由能变化（ΔG）来估计给定反应的可行性。氧化还原电势（E）衡量元素或化合物向参比电极提供或接受电子的趋势。标准氧化还原电势（E^0）是相对于标准氢电极定义的，并通过定义假定值为0.00V（在pH=7时 $E^{01} = -0.414V$）。按照惯例，氧化还原电势表示为还原反应的半反应，例如 H^+/H_2 用于氧化还原反应的参考值。正值表示强电子受体，负值表示强电子供体。ΔE^{01} 是在pH=7时，电子受体对的氧化还原电势减去电子供体对的氧化还原电势，其方程式等于公式2.10。重要的是，

根据能斯特方程，所涉及的半反应的氧化还原电势和吉布斯自由能完全相等：

$$\Delta G^0 = -n \cdot F \cdot E^0 \quad (2.13)$$

式中 n——给定的电子数；

F——法拉第常数 $[96.485 \mathrm{kJ/(mol \cdot V)}]$。

2.5 微生物生长化学计量

2.5.1 合成代谢

合成代谢包括所有生物质成分的合成，如蛋白质、脂质、碳水化合物、DNA和RNA等的合成。尽管微生物种类繁多，但所有微生物细胞的含量和元素组成均相似。对于合成代谢反应的推导，经验公式 $CH_{1.8}O_{0.5}N_{0.2}$ 可用于表示生物质的有机部分（Esener等，1983；Heijnen和Kleerebezem，2010）。生物质的分子组成与测量的VSS直接相关，按每摩尔生物质 $24.6 \mathrm{g_{VSS}}$ 的摩尔质量计算。在某些情况下，可能需要更准确的元素分析，并且包括无机元素（如P、Mg、K）和其他痕量元素（如Zn、Mn、Mo、Se、Co、Cu和Ni）（第2.2.2.2节）。

与其他氧化还原反应一样，合成代谢的化学计量可从电子供体和电子受体半反应的总和得出。然而，在这种情况下，生物质生产的半反应是产生还是消耗电子尚无先验。一旦确定了生物质的组成，就需要确定碳（C_s）和氮（N_s）来源，以定义生物质生产的半反应（An^*）：

$$An^*: \quad -Y_{C_s/X}^{An^*} \cdot C_S - Y_{N_S/X}^{An^*} \cdot N_S + C_1H_{1.8}O_{0.5}N_{0.2}$$
$$\pm Y_{H_2O/X}^{An^*} \cdot H_2O \pm Y_{H^+/X}^{An^*} \cdot H^+ \pm Y_{e/X}^{An^*} \cdot e^- = 0$$

$$(2.14)$$

其中化学计量系数（$Y_{i/X}^{An^*}$）定义为每摩尔产生的生物量（即 $Y_{X/X}^{An^*} = 1 \mathrm{mol_X/mol_X}$）。碳和氮源始终被消耗，而其他反应物之前的符号来自元素和电荷平衡。如果使用更全面的生物质组成分子式，通过提供相应的来源，很容易将方程式（2.14）拓展为将所有营养素（例如P）包括在内。重要的是，前面的符号（即 An^* 中电子的产生或消耗）取决于碳和氮源相对于生物质中C和N的氧化态，并确定是否需要补充电子供体或电子受体。如，如果碳/氮源比生物质中氧化程度高，则需要电子来还原它们（即，$-Y_{e/X}^{An^*}$

如例 2.6 中的 CO_2），因此需要电子供体（D）。相反，碳/氮源比生物质的还原率高（例如 $Y_{e/X}^{An*}$，例 2.7 中的丙酸酯），则需要电子受体（A）。整个合成代谢反应可如上所述获得，并按定义表示为每摩尔生物质（$Y_{X/X}^{An} = 1mol_X/mol_X$）：

$$An: \begin{cases} An^* + \dfrac{Y_{e/X}^{An*}}{Y_{e/eD}^{D}} \cdot D = 0, \ for \ oxidised \ substrates \\[3mm] An^* + \dfrac{Y_{e/X}^{An*}}{Y_{e/eA}^{A}} \cdot A = 0, \ for \ reduced \ substrates \end{cases}$$

$$(2.15)$$

在化能有机异养生长的情况下，通常将相同的有机底物同时用作电子供体和碳源（例 2.7）。在化能自养菌生长的情况下，需要一个电子供体将 CO_2 还原为生物质，并且，该电子供体不一定与分解代谢反应中的电子供体一致（例 2.6 和例 2.12）。通常 NH_4^+ 是优选的氮源，因为它具有与生物质中氮源相同的价态。氨的化学态也与组成蛋白质（即生物质的主要成分）的氨基酸相同。然而，也可以使用更高氧化的氮形式（例如 NO_3^-）作为电子受体（例 2.8）。

例 2.6 化能自养菌和厌氧菌

根据定义，自养生物用 HCO_3^- 作为碳源。如果 NH_4^+ 可以作为氮源使用，则生物质合成半反应可以写为：

$$-HCO_3^- - 0.2NH_4^+ - 5H^+ - 4.2e^- \\ + CH_{1.8}O_{0.5}N_{0.2} + 2.5H_2O = 0$$

由于 HCO_3^- 比生物质更易被氧化，因此电子会被消耗而需要电子供体。虽然可以使用不同的无机电子供体（如 Fe^{2+}/Fe^{3+}，H_2/H^+），但在这里我们给出的示例是厌氧氨氧化菌，所以使用亚硝酸盐（NO_2^-/NO_3^-）作为电子供体：

$$-NO_2^- - H_2O + NO_3^- + 2H^+ + 2e^- = 0$$

基于方程式（2.15），厌氧氨氧化菌的完全合成代谢反应为：

$$-HCO_3^- - 0.2NH_4^+ - 2.1NO_2^- - 0.8H^+ \\ + CH_{1.8}O_{0.5}N_{0.2} + 2.1NO_3^- + 0.4H_2O = 0$$

$\Delta G_{An}^{01} = 274.8kJ/mol_X$，值得注意的是，合成代谢中的电子供体不一定与分解代谢的电子供体一致。例如，在厌氧氨氧化分解代谢反应中，

电子供体是氨氮而不是亚硝酸盐。

例 2.7 还原态碳源

丙酸（$C_3H_5O_2^-$）作为碳源和 NH_4^+ 作为氮源的生物质合成半反应可写为：

$$-0.33 C_3H_5O_2^- - 0.2 NH_4^+ + CH_{1.8}O_{0.5}N_{0.2} \\ + 0.16 H_2O + 0.33 H^+ + 0.46 e^- = 0$$

与生物质相比，$C_3H_5O_2^-$ 更容易被氧化释放电子，因此需要电子受体。如果氧气存在（O_2/H_2O），则完整的合成代谢反应为方程式（2.15）：

$$-0.33 C_3H_5O_2^- - 0.2 NH_4^+ - 0.12 O_2 - 0.13 H^+ \\ + CH_{1.8}O_{0.5}N_{0.2} + 0.4 H_2O = 0$$

ΔG_{An}^{01} 为 $-20.3kJ/mol_X$。

例 2.8 氧化态氮源

就基于葡萄糖的化能有机异养生长而言，葡萄糖在合成代谢反应（$C_6H_{12}O_6/CO_2$）中既充当 C 源，又充当电子供体。如果 NH_4^+ 是 N 源，则完整的合成代谢反应为：

$$-0.18 C_6H_{12}O_6 - 0.2 NH_4^+ + CH_{1.8}O_{0.5}N_{0.2} \\ + 0.05 HCO_3^- + 0.25 H^+ + 0.4 H_2O = 0$$

如果将其用作氮源，则合成代谢反应如下：

$$-0.24 C_6H_{12}O_6 - 0.2 NO_3^- + CH_{1.8}O_{0.5}N_{0.2} \\ + 0.45 HCO_3^- + 0.25 H^+ + 0.2 H_2O = 0$$

其中每单位生产的生物量的葡萄糖消耗增加 40%，该增加部分是由于额外电子需要还原 NO_3^- 为 NH_4^+。

通常，合成代谢的实际吉布斯能量变化（ΔG_{An}^{01}）在大多数情况下略正或有时略负（例 2.6 和 2.7）。然而，重要的是要注意，计算出的 ΔG_{An}^{01} 值并未考虑生物系统的生物化学复杂性（即，生物质合成后熵的降低），而仅代表生物质中存在的化学能。将简单的分子转化为复杂的细胞后，熵的降低是不可逆的过程，该过程始终需要由分解代谢提供的外部能量输入（或在热力学术语中需要功或能量耗散）。可以将其与建造木制小屋进行比较。木屋的建造过程中，木材中的能量含量不会发生变化，但是当将一堆木材转换为小屋时，会进行与熵降低相关的工作。

2.5.2 分解代谢

分解代谢是微生物代谢中的能量产生反应（图 2.15）。原则上，任何放热的氧化还原反应

（$\Delta G < 0$）都可以用作分解代谢反应，并且产生吉布斯自由能的电子供体和电子受体的多种可能组合塑造了所有生态系统中的微生物多样性。一旦电子供体和电子受体确定了，分解代谢反应就可以从式（2.7）或式（2.8）中推导出来。如下：

$$\text{Cat}: \begin{cases} D + \dfrac{Y_{e/eD}^D}{Y_{e/eA}^A} \cdot A = 0, \text{若 eD} \neq \text{eA} \\ \dfrac{Y_{e/eA}^A \cdot D + Y_{e/eD}^D \cdot A}{Y_{e/eA}^A + Y_{e/eD}^D} = 0, \text{若 eD} = \text{eA} \end{cases}$$

$$(2.16)$$

其中，按定义 $Y_{eD/eD}^{Cat} = 1 \text{mol}_{eD}/\text{mol}_{eD}$。基于电子供体/电子受体对，可用的 ΔG 的变化幅度可达两个数量级（例 2.9～例 2.11）。

可以计算出可变氧化态的微生物相关元素的平均每个电子的吉布斯自由能变化，并深入了解了它们作为电子受体或电子供体的作用（图 2.17）（Kleerebezem 和 Van Loosdrecht，2010）。

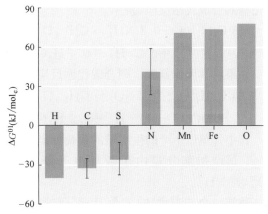

图 2.17 假设每种具有可变氧化态的微生物相关元素完全被氧化，每摩尔电子转移的平均吉布斯自由能变化。标准偏差是由原子多氧化态引起。资料来源：Kleerebezem 和 Van Loosdrecht，2010

该值是从半反应中获得的，该半反应描述了每种化合物被完全氧化至其最高氧化态，即电子供体半反应。平均偏差和标准偏差是由于原子在不同化合物中呈现出多种氧化态（C、N 和 S）。对于其他化合物，计算值时只需要考虑自然界中存在的主要氧化态。基于 C、S 和 H 的化合物通常可以视为强电子供体（$\Delta G_D^{01} < 0$），因此是弱电子受体（逆反应的 $\Delta G_A^{01} > 0$）。相反，N、Fe、Mn 和 O_2 化合物是强电子受体（$\Delta G_D^{01} > 0$）和弱电子供体。

强电子供体和电子受体的结合总会导致热力学上有利的反应。基于弱电子供体和电子受体对的反应在热力学上是不利进行的。将强电子供体和弱电子受体结合，反之亦然，将导致反应的热力学（能量产生或消耗）取决于具体的化合物和环境条件（例 2.4 和例 2.5）。

例 2.9 葡萄糖的无氧呼吸

葡萄糖是一种强电子供体（图 2.17）。在无氧气的情况下，葡萄糖可用硝酸盐（NO_3^-/N_2）作为电子受体被氧化。此过程称为反硝化，并根据以下化学计量进行反应：

$$-C_6H_{12}O_6 - 4.8NO_3^- + 2.4N_2 + 6HCO_3^- + 2.4H_2O + 1.2H^+ = 0$$

$\Delta G_{Cat}^{01} = -2687.1 \text{kJ/mol}_{C_6H_{12}O_6}$，该值与有氧葡萄糖氧化 $\Delta G_{Cat}^{01} = -2843.8 \text{kJ/mol}_{C_6H_{12}O_6}$ 相似（例 2.1），此时氧气和硝酸盐都是强电子受体。不同的是，如果使用硫酸盐用作电子受体：

$$-C_6H_{12}O_6 - 3SO_4^{2-} + 3HS^- + 6HCO_3^- + 3H^+ = 0$$

由于硫酸盐是弱的电子受体，因此每个氧化的葡萄糖获得的能量较少（$\Delta G_{Cat}^{01} = -453.9 \text{kJ/mol}_{C_6H_{12}O_6}$）（图 2.17）。

最终，如果没有外部电子受体可用（厌氧条件），则葡萄糖既可以用作电子受体也可以用作电子供体（例 2.2），可用吉布斯自由能进一步降低（$\Delta G_{Cat}^{01} = -225.7 \text{kJ/mol}_{C_6H_{12}O_6}$）。

葡萄糖被硝酸盐氧化时释放的热量（$\Delta H^0 = -2743.3 \text{kJ/mol}_{C_6H_{12}O_6}$ 或 $-15.2 \text{kJ/g}_{C_6H_{12}O_6}$）由方程（2.9）和表 2.5 中的值计算。考虑水的比热容 [$4.18 \text{kJ/(kg}_{H_2O} \cdot ℃)$]，1g 葡萄糖与硝酸盐的缺氧氧化将使 1kg 水的温度升高 3.6℃。

例 2.10 氨的好氧和缺氧氧化

氨是弱的电子供体，但在强电子受体 [例如氧气（O_2/H_2O）或亚硝酸盐（NO_2^-/N_2）] 存在下，其氧化是可以进行的。在有氧条件下，氨在硝化的过程中被氧化为亚硝酸盐：

$$-NH_4^+ - 1.5O_2 + NO_2^- + 2H^+ + H_2O = 0$$

$\Delta G_{Cat}^{01} = -269.8 \text{kJ/mol}_{NH_4^+}$，在缺氧条件下，氨被氧化为氮气为厌氧氨氧化菌提供分解代谢能：

$$-NH_4^+ - NO_2^- + N_2 + 2\,H_2O = 0$$
$$\Delta G_{Cat}^{01} = -362.8 \text{kJ/mol}_{NH_4^+}$$

例 2.11　基于乙酸的产甲烷菌

乙酸盐在甲烷的厌氧生产中既充当电子供体（$C_2H_3O_2^-/HCO_3^-$），又充当电子受体（$C_2H_3O_2^-/CH_4$）。基于式（2.16）（eD＝eA），得出以下分解代谢反应：

$$-C_2H_3O_2^- - H_2O + CH_4 + HCO_3^- = 0$$

（$\Delta G_{Cat}^{01} = -31.2 \text{kJ/mol}_{C_2H_3O_2}$），几乎达到热力学平衡。

2.5.3　代谢

虽然合成代谢（An）和分解代谢（Cat）的各个方程式可以从化学角度得出，但只有在已知生物学产率系数的情况下，才能得出整体代谢或生长方程式（Met）。通常，这些参数是从实验观察得出的。也可以从文献中获取测得的产率系数，但须考虑测量产率系统的条件。

一般而言，总代谢的化学计量（式 2.1）是由合成代谢（式 2.15）和分解代谢（式 2.16）的能量耦合产生的，如下所示：

$$\text{Met}: \lambda_{Cat} \cdot Cat + \lambda_{An} \cdot An = 0 \quad (2.17)$$

合成代谢的系数（以 $\lambda_{An} \text{mol}_X/\text{mol}_X$ 为单位）表示整体代谢中每摩尔生物质的产生（$Y_{X/X}^{Met} = 1\text{mol}_X/\text{mol}_X$）。同样而言，$\lambda_{Cat}$（$\text{mole}_D/\text{mol}_X$）可以理解为在合成代谢反应中产生 1 摩尔生物质的吉布斯能量所需的分解代谢的次数。要确定完整的代谢方程式，则须确定一个将分解代谢和合成代谢联系在一起的化学计量系数。原则上，λ_{Cat} 可以基于参与分解代谢和合成代谢的任何两种反应物的产生或消耗速率进行估算；请参阅 Kleerebezem 和 Van Loosdrecht（2010）进行更详细的讨论。通常，λ_{Cat} 是根据生物量产量（$Y_{X/eD}$）来确定，其定义为每个消耗的电子供体（eD）产生的生物量（X），如下：

$$Y_{X/eD} = \frac{\lambda_{Cat} \cdot Y_{X/eD}^{Cat} + \lambda_{An} \cdot Y_{X/X}^{An}}{\lambda_{Cat} \cdot Y_{eD/eD}^{Cat} + \lambda_{An} \cdot Y_{eD/X}^{An}} \quad (2.18)$$

其中 $Y_{X/eD}$ 根据定义是电子供体在整个代谢反应中的化学计量系数的倒数（式 2.1，即 $1/Y_{eD/X}$）。根据定义，生物质不参与分解代谢反应（$Y_{X/eD}^{Cat} = 0$），合成代谢和总体代谢均表现为每摩尔生物质产生的（即 $Y_{X/X}^{An} = \lambda_{An} = 1\text{mol}_X$

mol_X）。此外，在代谢反应中，底物（S）代替电子供体（eD），此标记将在下文中采用。因此，等式（2.18）变为：

$$Y_{X/S} = \frac{1}{\lambda_{Cat} \cdot Y_{S/S}^{Cat} + Y_{S/X}^{An}} \quad (2.19)$$

底物（即分解代谢中的电子供体）不一定与合成代谢中的电子供体一致（例 2.12），但是这两个反应都需要参与。

最终，通过实验确定了生物质产率（即观察到 $Y_{X/S}^{obs}$），则可以重新排列式（2.19）：

$$\lambda_{Cat} = \frac{\dfrac{1}{Y_{X/S}^{obs}} - Y_{S/X}^{An}}{Y_{S/S}^{Cat}} \quad (2.20)$$

须要注意的是，$Y_{X/S}^{obs}$ 的测量值不是常数，但它取决于被培养微生物生长时的比生长速率，这将在第 2.6 节中讨论。

例 2.12　厌氧氨氧化

厌氧氨氧化（anammox）细菌在分解代谢中以亚硝酸盐为电子受体将氨氧化为氮气（例 2.10 中的 Cat），并从合成代谢中亚硝酸盐的氧化中获得将无机碳酸根还原为生物质的电子（例 2.6 中的 An）：

$$\text{Cat}: -NH_4^+ - NO_2^- + N_2 + 2\,H_2O = 0$$
$$\text{An}: -HCO_3^- - 0.2\,NH_4^+ - 2.1\,NO_2^- - 0.8\,H^+$$
$$+ CH_{1.8}O_{0.5}N_{0.2} + 2.1\,NO_3^- + 0.4\,H_2O = 0$$

氨在分解代谢中充当电子供体，在合成代谢中充当氮源，而亚硝酸盐在分解代谢中充当电子受体，在合成代谢中充当电子供体。由于氨和亚硝酸盐参与分解代谢和合成代谢，因此它们中任何一种的生长产率均可用于推导整体代谢。这里使用氨的生长产率。

通过实验确定的厌氧氨氧化生物量产率（$Y_{X/S}^{obs} = Y_{X/NH_4^+}^{obs}$）等于 $0.071\text{mol}_X/\text{mol}_{NH_4^+}$（Lotti 等，2014）。基于式（2.20）和定义的化学计量比（$Y_{NH_4^+/X}^{An} = 0.2\text{mol}_{NH_4^+}/\text{mol}_X$ 和 $Y_{NH_4^+/NH_4^+}^{Cat} = 1\text{mol}_{NH_4^+}/\text{mol}_{NH_4^+}$）$\lambda_{Cat}$ 变为 $13.9\text{mol}_{NH_4^+}/\text{mol}_X$。因此可用式（2.17）计算出完整的厌氧氨氧化代谢：

$$-14.1\,NH_4^+ - 16.0\,NO_2^- - HCO_3^- - 0.8\,H^+$$
$$+ 13.9\,N_2 + 2.1\,NO_3^- +$$
$$CH_{1.8}O_{0.5}N_{0.2} + 28.2\,H_2O = 0$$

$\Delta G^{01} = -335.8\text{kJ/mol}_{NH_4^+}$。通过将生长反

应的吉布斯自由能 ΔG^{01} （-4730.0kJ/mol_X）除以氨的化学计量系数（$14.1\text{mol}_{NH_4}/\text{mol}_X$）可获得该值。通过底物归一化 ΔG^{01} 有助于比较不同电子供体的生长速率。

2.5.4 最大生物量产率的估算

由于合成代谢和分解代谢之间的耦合取决于能量效率。因此，许多作者尝试开发基于热力学的产率系数估算方法（Heijnen，1994）。在这里，我们介绍 Heijnen 和 Van Dijken（1992）提出的方法，以及 Heijnen（1994）和 Heijnen 和 Kleerebezem（2010）进一步开发的方法。此方法基于将简单分子转换为细胞复杂结构时需要 Gibbs 能量耗散（ΔG^{01}_{Diss} 以 kJ/mol_X 为单位）。吉布斯能量耗散反映了特定的生长效率（例如，对于更有效的新陈代谢而言吉布斯能量耗散较低），吉布斯自由能平衡可写为：

$$\text{Met：} \quad \lambda^*_{Cat} \cdot \Delta G^{01}_{Cat} + \lambda^*_{An} \cdot \Delta G^{01}_{An} = -\Delta G^{01}_{Diss} \tag{2.21}$$

根据定义 $\lambda^*_{An}=1\text{mol}_X/\text{mol}_X$，可以将该等式重写为：

$$\lambda^*_{Cat} = \frac{\Delta G^{01}_{An} + \Delta G^{01}_{Diss}}{-\Delta G^{01}_{Cat}} \tag{2.22}$$

根据大量的实验数据，Heijnen 和 Van Dijken（1992）观察到，吉布斯的能量耗散（ΔG^{01}_{Diss}）仅取决于合成代谢的电子供体和碳源，几乎不受微生物和电子受体的类型的影响。

对于在碳源上的异养生长，ΔG^{01}_{Diss} 是碳底物中碳原子数（NoC_{C_s}，$\text{C-mol/mol}Cs$ 为单位）和碳底物完全氧化成 CO_2 时每个碳原子释放的电子数的函数（γ_{C_s} 以摩尔/$\text{C-mol}C$）：

$$\Delta G^{01}_{Diss}=200+18 \cdot (6-NoC_{C_s})^{1.8}$$
$$+\exp\{[(3.8-\gamma_{C_s})^2]^{0.16} \cdot (3.6+0.4 \cdot NoC_{C_s})\} \tag{2.23}$$

此方法是从 1（如甲酸盐，CO_2）到 6 个碳原子（如葡萄糖）的实验数据中得出的，同时 γ_{C_s} 涵盖了 0（CO_2）和 8（CH_4）之间的值。基于式（2.23），异养菌的 ΔG^{01}_{Diss} 为 $200 \sim 1000\text{kJ/mol}_X$（图 2.18），对任意碳源的估计误差为 30%（Heijnen 和 Van Dijken，1992）。

对于自养生长（即 CO_2 作为碳源），ΔG^{01}_{Diss}

取决于合成代谢反应中的电子供体。由强电子供体（例如 H_2/H^+ 和 HS^-/SO_4^{2-}）提供的电子（图 2.17）具有足够的能量，可以将无机碳还原为生物质（$\Delta G^{01}_{An}<0$）。在这种情况下，基于式（2.23），ΔG^{01}_{Diss} 等于 1000kJ/mol_X。相反，对于弱的电子供体，例如 Fe^{2+}/Fe^{3+} 和 NH_4^+/NO_2^-，$\Delta G^{01}_{An}>0$，并且需要通过膜梯度（即，反向电子传输-RET）来增加电子的能量，而以消耗吉布斯能量为代价。这导致更高的 ΔG^{01}_{Diss} 3500kJ/mol_X。

图 2.18 表明化合物越类似于代谢的中间体，如丙酮酸，生产细胞所需的能量耗散（生化功）越少。生物质的构建基块通常包含 $4\sim5$ 个碳原子和 γ_{C_S} 4.2 摩尔电子（方程 2.13）。

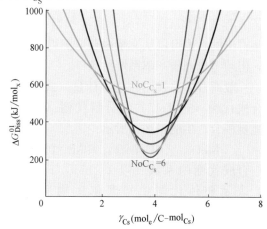

图 2.18 合成代谢反应中吉布斯的自由能耗散与还原度和碳源碳原子数的函数关系。曲线从式（2.23）获得，并且可用于任何不需要反向电子传输的任意碳源（1~6）。资料来源：改编自 Heijnen 和 Van Dijken，1992

因此，对于简单的碳源，需要投入能量来形成新的碳键。类似地，如果碳源比生物质还原或氧化程度更高，则需要更多的氧化或还原反应。当 $NoC_{C_S}=6$ 和 $\gamma_{C_S}=4$ 时，葡萄糖是理想的碳源，这反映在生物质生产需要更少的能量耗散（236.1kJ/mol_X）上。同样，对于自养合成代谢较差的电子供体，需要反向电子传递，这导致更高的能量耗散（Heijnen 和 Van Dijken，1992）。

最终，用 λ^*_{Cat}（方程式 2.22）代入方程（2.19），获得底物上的最大生物质产率：

$$Y^{max}_{X/S}=\frac{1}{\lambda^*_{Cat} \cdot Y^{Cat}_{S/S}+Y^{An}_{S/X}} \tag{2.24}$$

需要强调的是 $Y_{X/S}^{max}$ 代表了在无需维护的情况下每消耗单位数量的底物可以产生的最大生物量，因此本质上高于实验测定水平。同样，尽管该方法可以估计生物量的产率，在 $0.01 \sim 0.8 mol_X/mol_S$ 范围内的误差为 13%，但特定的生物化学差异可能会导致更高的误差（请参见 Heijnen 和 Van Dijken，1992 的示例）。

例 2.13　厌氧氨氧化代谢

将估计的厌氧氨氧化的最大生物量产率和推导的总体代谢化学计量与实验得出的结果进行比较（例 2.12）。厌氧氨氧化菌是自养菌，由于氨是弱电子供体，因此需要反向电子传输 $\Delta G_{Diss}^{01} = 3500 kJ/mol_X$。同样，我们已经在示例 2.6 和 2.10 中计算了 $\Delta G_{An}^{01} = 274.8 kJ/mol_X$ 和 $\Delta G_{Cat}^{01} = -362.8 kJ/mol_{NH_4^+}$。基于式（2.22），$\lambda_{Cat}^*$ 变为 $10.5 mol_{NH_4^+}/mol_X$，并且可以得出整体代谢：

$$-10.7NH_4^+ - 12.6NO_2^- - HCO_3^- - 0.8H^+ + 10.5N_2 + 2.1NO_3^- + CH_{1.8}O_{0.5}N_{0.2} + 21.4H_2O = 0$$

$\Delta G^{01} = -327.3 kJ/mol_{NH_4^+}$，该值是通过将 ΔG^{01}（$= -\Delta G_{Diss}^{01}$，kJ/mol_X 为单位）除以氨化学计量系数而获得的。

理论化学计量和所得的最大产率（$Y_{X/NH_4^+}^{max} = 0.094 mol_X/mol_{NH_4^+}$）值与实验确定的值一致（Lotti 等，2014）。

例 2.14　葡萄糖的有氧代谢

在有氧条件下，异养微生物可以使用葡萄糖作为分解代谢的电子供体（例 2.1）和合成代谢反应中的碳源（例 2.8）：

Cat：$-C_6H_{12}O_6 - 6O_2 + 6HCO_3^- + 6H^+ = 0$

An：$-0.18C_6H_{12}O_6 - 0.2NH_4^+ + CH_{1.8}O_{0.5}N_{0.2} + 0.05HCO_3^- + 0.25H^+ + 0.4H_2O = 0$

从式 2.10（和表 2.5）可以计算 $\Delta G_{Cat}^{01} = -2843.8 kJ/mol_{C_6H_{12}O_6}$ 和 $\Delta G_{An}^{01} = -24.8 kJ/mol_X$ 并从式（2.23）计算 $\Delta G_{Diss}^{01} = 236.1 kJ/mol_X$。因此，$\lambda_{Cat}^*$ 等于 $0.07 mol_{C_6H_{12}O_6}/mol_X$（式 2.22），可以得出以下总体代谢：

$$-0.25C_6H_{12}O_6 - 0.2NH_4^+ - 0.45O_2 + CH_{1.8}O_{0.5}N_{0.2} + 0.5HCO_3^- +$$

$$0.7H^+ + 0.4H_2O = 0$$

其中 $\Delta G^{01} = -946.8 kJ/mol_{C_6H_{12}O_6}$，$Y_{X/C_6H_{12}O_6}^{max} = 0.67 mol_X/C\text{-}mol_{C_6H_{12}O_6}$，与公开发表的实验值一致。

2.6　微生物生长动力学

上一节介绍了微生物生长化学计量描述的框架，本节介绍了生长动力学。化学计量和动力学的结合给出了微生物生长的完整描述，可以在生物反应器模型中进一步应用微生物生长模型作为过程设计基础。

2.6.1　底物消耗速率：赫伯特-皮特关系

随着微生物生长速率的增加，基于底物 S（通常是电子供体）的生物质的产率也增加。这可以通过基质的双重使用来解释（图 2.15）。微生物主要通过两种方式利用底物：①与生长无关的过程（维持复杂细胞系统）；②生物质的产生（生长）。为了描述此行为，通常使用 Herbert-Pirt 方程。Herbert-Pirt 方程定义了特定于生物量的底物消耗速率（q_S，$mol_S/h \cdot mol_X$ 为单位）与生长和维持过程之间的关系，如下所示：

$$q_S = Y_{S/X}^{max} \cdot \mu + Y_{S/S}^{Cat} \cdot m_S \quad (2.25)$$

其中，$\mu [mol_X/(h \cdot mol_X) = 1/h]$ 是生物质的比生长速率，而 $m_S [mol_S/(h \cdot mol_X)]$ 是用于维持生物质的底物消耗速率，即被代谢以提供维护所需吉布斯能量底物的量。$Y_{S/X}^{max}$ 是通过吉布斯能量耗散方法（第 2.5.4 节）确定的代谢反应中底物的化学计量系数，根据定义，其为理论最大生物产率（$Y_{X/S}^{max} = 1/Y_{S/X}^{max} mol_X/mol_S$）的倒数，如式（2.24）。$Y_{S/S}^{Cat}$ 是分解代谢反应方程式中底物（电子供体）的化学计量系数。即为所有代谢过程（包括维持）提供能量的反应。根据定义 $Y_{S/S}^{Cat} = 1 mol_S/mol_S$，式（2.25）变为：

$$q_S = \frac{1}{Y_{X/S}^{max}} \cdot \mu + m_S \quad (2.26)$$

换句话说，等式（2.26）反映了这样一个事实，即底物在两个独立的过程中同时被消耗：代谢反应（式 2.21），过程速率为 μ；以及在反应过程中产生所需的维持能量，即分解代谢（式 2.16），过程速率为 m_S（图 2.19a）。此外，等式（2.26）可以重写如下：

$$\frac{1}{Y_{X/S}^{obs}} = \frac{1}{Y_{X/S}^{max}} + \frac{m_S}{\mu} \qquad (2.27)$$

观察到的生物量产率也可以定义为 $Y_{X/S}^{obs} = \mu/q_S$；式（2.27）表明，随着维持细胞的吉布斯能用量增加，单位底物消耗（$Y_{X/S}^{obs}$）产生的生物量就会减少（图2.19A和C）。相反，维护所需的能量消耗在高 μ 时降低，$Y_{X/S}^{obs}$ 更接近理论值 $Y_{X/S}^{max}$（图2.19c）。

从设计的角度来看，了解过程的化学计量学可以估算所涉及的底物和产物的数量。如第2.5节所述，实际的化学计量可以基于底物的生物质的产率得出（$Y_{X/S}^{obs}$ 等式2.20）。但是，由于该产量是增长速率[方程（2.27）；图2.19（c）]，因此需要确定最大产率和维持系数，以得出针对特定条件下的实际过程化学计量。$Y_{X/S}^{obs}$ 可以直接通过在化学恒温器中以不同的 μ 进行测量。

如果没有实验数据，则可以如前所述（式2.24）进行推导 $Y_{X/S}^{max}$，而 m_S 的实际值可以从为维持单位生物量的吉布斯能量消耗 [m_G，单位为 kJ/(h·mol$_X$)] 中得出（Tijhuis 等，1993）：

$$m_G = 4.5 \cdot \exp\left\{-\frac{69}{R} \cdot \left(\frac{1}{T} - \frac{1}{298}\right)\right\} \qquad (2.28)$$

其中 R 是通用气体常数 [8.3145×10^{-3} kJ/(mol·K)]，69 是相关的活化能（kJ/mol）。式（2.28）是基于大量实验数据得出的，其中包括不同类型的微生物、生长条件、电子供体（有机和无机）和电子受体以及温度（Tijhuis 等，1993）等。但是，只有温度在 m_G 中起主要作用，这表明维持所需的能量是更普遍的代谢特征。该结果与不同生物质的生物量组成的相似性相一致，这可导致相似的能量维护需求（第2.5.4节）。该方程在 5～75℃ 的温度范围内的准确性为 ±40%。根据分解代谢反应的化学计量可以按以下方式获得 m_S：

$$\frac{m_s}{Y_{S/S}^{Cat}} = -\frac{m_G}{\Delta G_{Cat}^{01}} \qquad (2.29)$$

其中，$Y_{S/S}^{Cat} = 1\text{mol}_S/\text{mol}_S$，$\Delta G_{Cat}^{01}$ 是分解代谢反应的吉布斯能量变化（kJ/mol$_S$），如第2.5.2节所述。从式（2.29）中，分解代谢反应中产生的能量越多（即更小的负数），则维护所

需的底物量越少。任何其他 m_i 都可以从相应的分解代谢反应化学计量 $Y_{i/S}^{Cat}$ 中得出。

2.6.2　底物消耗速率：饱和动力学

正如所观察到的，单位微生物的底物消耗速率（q_S）是实际底物浓度（C_S）的函数，并且由以下双曲线方程表示：

$$q_S = q_S^{max} \cdot \frac{C_S}{C_S + K_S} \qquad (2.30)$$

其中 q_S^{max} 最大单位微生物底物消耗速率 [mol$_S$/(h·mol$_X$)]，而 K_S 是底物的亲和常数（mol$_S$/L），其中底物被认为是限制系统生长的单一因素。根据方程（2.30），很明显当 C_S 值较大时 q_S 接近高 q_S^{max}，而在 C_S 降低时 q_S 降低，在 $C_S = K_S$ 时达到 $0.5 \cdot q_S^{max}$（图2.19b）。

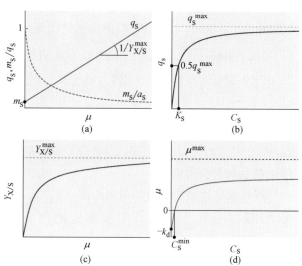

图 2.19 （a）单位生物质底物消耗率（q_S）和单位生物量维持能量底物摄取率（m_S）以比生长速率（μ）为变量函数；（b）单位生物质底物摄取率与底物浓度（C_S）的限制关系；（c）表观生长速率与微生物比生长速率的函数；（d）单位生物量的生长速率与底物浓度限制作用函数

亲和常数的值不能通过生物能进行估算，需要通过实验估算或从文献中获得。由于絮体和生物膜系统的应用，细胞亲和系数在环境生物技术中不太重要，在絮体和生物膜系统中传质占主导地位，且使用较大的 K_S 值（第14章）。

Heijnen（1999）提出最大单位生物量底物利用率（q_S^{max}）的值受代谢过程中的动力学限制。为此，作者也提出分解代谢中吉布斯能量的

产生速率受到电子传递的最大分解代谢速率 q_e^{max} [$mol_e/$ ($h\cdot mol_X$)]的限制。从概念上讲，这是在电子供体和电子受体不同的情况下得到的最好理解，其中电子通过膜电子传输链从电子供体（基质）转移到末端电子受体（图2.15）。在这些转换中，假定了通过电子传输链的电子传输的最大值。该假设得到了实验数据的支持，例如，当在不同底物上好氧生长时大肠杆菌中的恒定最大摄氧率（$q_{O_2}^{max}$）（Anderson 和 Von Meyenburg，1980）。

类似于 Arrhenius 方程（2.28），提出了电子传输链中的最大单位生物量电子传输速率 [q_e^{max} mol/（$h\cdot mol_X$）为单位]：

$$q_e^{max}=3\cdot\exp\left\{-\frac{69}{R}\cdot\left(\frac{1}{T}-\frac{1}{298}\right)\right\}\quad(2.31)$$

其中 R 是通用气体常数 [8.3145×10^{-3}kJ/（$mol\cdot K$）]。

基于式（2.31）对于任何给定的分解代谢反应，单位生物量产生的分解吉布斯能量 q_G^{max} [$kJ/$（$h\cdot mol_X$）]如下：

$$q_G^{max}=q_e^{max}\cdot\frac{\Delta G_{Cat}^{01}}{\gamma_S^*}\quad(2.32)$$

ΔG_{Cat}^{01} 为分解代谢反应的实际吉布斯能量变化（kJ/mol_S），γ_S^* 为分解代谢中每个底物转移的电子数（mol_e/mol_S）。具体而言，如果外部电子受体可用并且电子供体是有机底物，$\gamma_S^*=NoC_{C_S}\cdot\gamma_{C_S}$，$NoC_{C_S}$ 则是每摩尔底物的碳数，γ_{C_S} 是底物的还原度（$mol_e/C\text{-}mol_S$）。对于无机电子供体或发酵，γ_S^* 定义每摩尔底物分解代谢反应中涉及的实际电子数（Heijnen 和 Kleerebezem，2010）。

类似于方程（2.25），分解代谢中的吉布斯能量按照定义被用于维持和增长目的。通过考虑广义形式方程（2.25）可以写为：

$$q_i=Y_{i/X}^{max}\cdot\mu+Y_{i/S}^{Cat}\cdot m_S\quad(2.33)$$

就吉布斯能量而言 $Y_{i/X}^{max}=Y_{G/X}^{max}=-\Delta G_{Diss}^{01}$（$kJ/mol_X$），$Y_{i/S}^{Cat}=\Delta G_{Cat}^{01}$（$kJ/C\text{-}mol_S$）和 $m_s=-Y_{S/S}^{Cat}\cdot(m_G/\Delta G_{Cat}^{01})$（式2.29），在最大生长条件下是：

$$q_G^{max}=-\Delta G_{Diss}^{01}\cdot\mu^{max}-m_G\quad(2.34)$$

现在可以根据式（2.32）和式（2.34）计算

最大生物量比增长率（μ^{max}）的合理估算值，还包括式（2.28）和式（2.31）的温度影响，如下所示：

$$\mu^{max}=\frac{q_e^{max}\cdot\dfrac{\Delta G_{Cat}^{01}}{\gamma_S^*}+m_G}{-\Delta G_{Diss}^{01}}$$

$$=\frac{3\cdot\dfrac{\Delta G_{Cat}^{01}}{\gamma_S^*}+4.5}{-\Delta G_{Diss}^{01}}\cdot\exp\left\{-\frac{69}{R}\cdot\left(\frac{1}{T}-\frac{1}{298}\right)\right\}$$

$$(2.35)$$

最终，q_S^{max} 可以根据式（2.33）和式（2.35）进行估算。

总之，对于每个反应，只有一个独立的底物转化率 q_S^{max}，并且其他比率均根据过程化学计量直接从中得出。转化速率可以表示为绝对速率 [R_S，以 $mol_S/$（$h\cdot mol$）]、体积速率 [r_S，以 $mol_S/$（$h\cdot L$）] 或生物量比速率 [q_S，以 $mol_S/$（$h\cdot mol_X$）]。但是，只有 q_S 可以用来比较不同研究之间的微生物结果，它反映了细胞的实际代谢状态。相反，体积速率取决于反应器中生物质的浓度。

例 2.15　有氧葡萄糖呼吸

基于例 2.14 中的计算值，并考虑到葡萄糖中 $NoC_{C_S}=6Cmol/mol_{C_6H_{12}O_6}$ 和 $\gamma_S=4mol_e/C\text{-}mol_{C_6H_{12}O_6}$，可以估计在 25℃的条件下基于葡萄糖的异养微生物的最大生物量比生长速率（μ^{max}）为 1.5 L/h（式 2.35）。

例 2.16　好氧氨氧化

在氨氧化为亚硝酸盐的过程中，转移了 6 个电子（$\gamma_S^*=6mol_e/mol_{NH_4\text{-}N}$），并在例 2.10 中估算了相关的吉布斯自由能变化。由于好氧氨氧化微生物是自养生物，而氨不是强电子供体，因此 $\Delta G_{Diss}^{01}=3500kJ/mol_X$。在 25℃下估计的 μ^{max} 为 0.04 L/h。

例 2.17　厌氧（或缺氧）氨氧化

厌氧氨氧化细菌（例 2.12 和例 2.13）将氨氧化为氮气（$\gamma_S^*=3mol_e/mol_{NH_4\text{-}N}$），需要反向电子传输（$\Delta G_{Diss}^{01}=3500kJ/mol_X$）。考虑到最佳厌氧菌生长温度为 30℃，并在例 2.12 中进行了 ΔG_{Cat}^{01} 计算，估计最大生物量比生长速率为 0.16 L/h（式 2.35）。在这种情况下，比目前在最佳

条件下观察到的 $\mu^{\max}$ 高出近一个数量级（Lotti 等，2015；Zhang 等，2017），这其中的差异可能归因于独特的膜特性（厌氧细菌的密度高得多）导致电子传输链的运行变慢。

2.6.3 展望

关于微生物生长的数学表达表明，尽管存在着巨大的微生物多样性，但任何微生物的生长系统都可以通过一个定义整体生长化学计量的参数即最大单位生物量产率（$Y_{X/S}^{\max}$）和三个动力学参数来描述，即最大单位生物量底物（e-供体）摄取率（$q_S^{\max}$）、维持系数（m_S）和对生长限制的底物（K_S）亲和常数。

用于描述微生物系统的其他参数可以表示为这四个参数的函数，并随后在生物反应器模型中进行应用。实际的生物质比生长速率 μ 可以直接由方程（2.26）和方程（2.30）推导出，如下：

$$\mu = Y_{X/S}^{\max} \cdot \left(q_S^{\max} \cdot \frac{C_S}{C_S + K_S} - m_S \right) \quad (2.36)$$

从该方程式中可以看出，对于较低的 C_S 值，实际 q_S 可能会变得低于 m_S，从而导致负的生物量比生长速率，即生物量浓度将降低。根据该方程也可以估计可持续生长的最小底物浓度（$C_S^{\min}$），即设置方程（2.36）等于零（图 2.19d）。

化学计量和动力学方程与废水处理领域中常用的建模方法之间的关系是值得特别关注的（第 14 章）。微生物维持通常是通过内源性呼吸来表达，即在没有外部底物的情况下，为了维持目的

将生物质本身分解代谢。

从数学上讲，内源性呼吸是以生物量衰减系数（k_d）的一级过程实现的，并且完全等同于此处描述的维护概念，这可以通过重写整理方程 2.36（图 2.19d）：

$$\mu = (Y_{X/S}^{\max} \cdot q_S^{\max}) \cdot \frac{C_S}{C_S + K_S} - (Y_{X/S}^{\max} \cdot m_S)$$

$$= \mu^{\max} \cdot \frac{C_S}{C_S + K_S} - k_d \quad (2.37)$$

实际上，Herbert-Pirt 关系是基于 Herbert（1975）（内源衰减）和 Pirt（1982）（维持）的工作，并且由这两个概念产生等效的数学表达式，因此将其称为 Herbert-Pirt 关系。

此外，将生物质衰变模拟为与微生物死亡相耦合的一个独立过程，其中一部分死亡的微生物用作新的底物。在这种情况下，衰减过程将替代维持或内源呼吸概念。这里还需要强调的是，在大多数环境工程应用中，所估计的 K_S 值可能高于固有（生物）亲和力，因为絮体和生物膜中的扩散过程进一步限制了底物的利用率。因此，K_S 通常被称为表观底物亲和系数。

扫码观看本章参考文献

术语表

符号	说明及单位	单位	单位
A	阿伦尼乌斯常数①	①	①
C_i	化合物 i 的浓度	mol_i/L	$mol_i\ L^{-1}$
ΔG	每摩尔物质 i 引起的吉布斯自由能变	kJ/mol_i	$kJ\ mol_i^{-1}$
ΔH	每摩尔物质 i 引起的焓变	kJ/mol_i	$kJ\ mol_i^{-1}$
γ_i	化合物 i 的还原度	mol_e/mol_i	$mol_e\ mol_i^{-1}$
k	速率常数	②	②
K_i	化合物 i 的亲和或半速常数	mol_i/L	$mol_i\ L^{-1}$
$K_{I,i}$	半速抑制常数	mol/L	$mol\ L^{-1}$
I	光强度	W/m or $J/(s \cdot m)$	$W\ m^{-1}$ or $J\ s^{-1}\ m^{-1}$
λ_{An}	合成代谢系数	mol_X/mol_X	$mol_X\ mol_X^{-1}$
λ_{Cat}	分解代谢系数	mol_{eD}/mol_X	$mol_{eD}\ mol_X^{-1}$
μ	微生物比生长速率	$mol_X/(h \cdot mol_X)$	$mol_X\ h^{-1}\ mol_X^{-1}$

符号	说明及单位	单位	单位
m_i	化合物 i 用于系统维护的微生物比转化速率	$mol_i/(h \cdot mol_X)$	$mol_i\ h^{-1}\ mol_X^{-1}$
m_G	用于系统维护的吉普斯自由能比消耗速率	$kJ/(h \cdot mol_X)$	$kJ\ h^{-1}\ mol_X^{-1}$
NoC	碳原子数量	$C\text{-}mol/mol_i$	$C\text{-}mol\ mol_i^{-1}$
R_i	化合物 i 的总转化速率	mol_i/h	$mol_i\ h^{-1}$
r_i	化合物 i 的体积转化率 $i.e.$ 总转化率除以反应器体积	$mol_i/(h \cdot L)$	$mol_i\ h^{-1}\ L^{-1}$
q_i	化合物 i 的微生物比转化速率 $i.e.$ 总转化速率除以反应器中参与反应的所有微生物	$mol_i/(h \cdot mol_X)$	$mol_i\ h^{-1}\ mol_X^{-1}$
q_G	吉布斯自由能比微生物消耗速率	$kJ/(h \cdot mol_X)$	$kJ\ h^{-1}\ mol_X^{-1}$
Q_{10}	10 ℃ 以内温度变化系数	—	—
$S_{I,i}$	溶解性抑制物浓度	mol/L	$mol\ L^{-1}$
T	温度	℃或 K	℃或 K
θ	温度系数	—	—
$Y_{i/j}$	消耗基质 j 产生产物 i 的产率系数	mol_i/mol_j	$mol_i\ mol_j^{-1}$

① 取决于反应级数 $i.e.$ 以 k 为单位；② 取决于反应级数。

缩写	含义
A	受体
An	合成代谢
Bchl	细菌叶绿素
anammox	厌氧氨氧化
Cat	分解代谢
Chl	叶绿素
comammox	完全氨氧化菌
D	供体
Diss	耗散
eA	电子受体（e-acceptor）
eD	电子供体（e-donor）
S	底物
X	生物质
ADM	厌氧消化模型
ADP	二磷酸腺苷
AEC	腺苷酸能荷
AMO	厌氧氨氧化菌
AMP	一磷酸腺苷
ANO	自养硝化菌
AOA	氨氧化古菌
AOB	氨氧化细菌
AOO	氨氧化菌
ARDRA	扩增核糖体 DNA 限制分析
ARISA	核糖体基因间隔区自动分析
ASM	活性污泥模型
ASV	扩增子序列变异
ATP	三磷酸腺苷
BNR	生物营养物质去除
BONCAT	生物正交非典型氨基酸标记
CAPEX	基础支出
cDNA	互补的 DNA
CoA	辅酶 A
CLSM	共聚焦激光扫描显微术
COD	化学需氧量
DGGE	变性梯度凝胶电泳

缩写	含义
DNA	脱氧核糖核酸
DHO	反硝化异养生物
EBPR	强化生物除磷
EFM	辐射荧光显微镜
EPS	胞外聚合物
ETC	电子传递链
FADH/FADH$_2$	黄素腺嘌呤二核苷酸(氧化态/还原态)
FCM	流式细胞检测
FISH	原位荧光杂交
FLBA	荧光凝集素结合分析
FSS	惰性悬浮物
GAO	糖原积累菌
gDNA	染色组 DNA
GTP	鸟嘌呤核苷
HAA	螺旋凝集素
HRT	水力停留时间
ISS	无机悬浮物
LUCA	普遍共同祖先
MAR	显微放射自显影术
MIDAS	活性污泥微生物数据库
NAD$^+$/NADH	烟酰胺腺嘌呤二核苷酸(氧化态/还原态)
NADP$^+$/NADPH	NAD 磷酸(氧化态和还原态)
NanoSIMS	纳米级 SIMS
NIR	近红外
NOO	亚硝氮氧化菌
NO$_x^-$	氮氧化物
OHO	普通异养细菌
OPEX	操作费用
OTU	操作分类单元
PAO	聚磷菌
PCR	聚合酶链反应
PHA	聚-β-羟基链烷酸酯
PHB	聚 β-羟基丁酸酯
PHV	聚-β-羟基戊酸酯
PLFA	磷脂脂肪酸
PNSB	紫色非硫细菌
PSB	紫色硫细菌
PyroTRF-ID	通过焦磷酸测序数据鉴定 T-RF
qFISH	定量 FISH
qPCR	定量 PCR
RET	反向电子转移
RNA	核糖核酸
mRNA	信使 RNA
rRNA	核糖体 RNA
tRNA	转录 RNA
RT-qPCR	反转录和 qPCR
SIMS	二次离子质谱
SIP	稳定同位素探测
SRB	硫酸盐还原菌
SRT	污泥龄
TCA	三羧酸
T-RF	末端限制片段
T-RFLP	末端限制性片段长度多态性
TSS	总悬浮物
VFA	挥发性有机酸
VSS	挥发性悬浮物
WWTP	污水处理厂

第3章
污水特性

Eveline I. P. Volcke，Kimberly Solon，Yves Comeau 和 Mogens Henze

3.1 污水类型及其特性

3.1.1 污水源头

污水产生于各种人类用途。对水质的要求取决于它的用途。这种"因地制宜"奠定了污水再生利用方案的基础，从而能最大限度地减少用水总量。然而，所产生的污水最终不可避免地被直接排入管网（分散式厕所系统）或被小区集中处理后排入管网（集中式处理系统）。

"城市污水"或"污废水"是指通过管网输送到（集中）污水处理厂的污水。它包括来自家庭、机构和工业的污水，以及不可避免地通过裂缝或泄漏渗入管网的地下水。

排水管网系统的设计影响污水组分。所谓分流制排水管网系统是指设置一个单独的管道收集地表径流的雨水；而合流制排水管网系统则由同一管道收集来自家庭、机构、工业的污水和雨水，但污水被稀释会导致污水量大大增加。虽然合流制排水管网系统更经济，但在长时间的强降雨情况下会使污水处理厂有超负载的风险，导致部分污水未经处理或处理不足直接排入水体。在最糟糕的情况下，甚至会导致排水管道洪水泛滥。因此，大多数新建或改建的排水管网系统都是分流制排水管网系统。但在老城区、发展中国家以及排水管网系统难以改造的地方，合流制排水管网系统依然存在。

表3.1总结了各种污水类型。本章将根据外部输入和内部产生污水的组成进一步讨论它们对污水处理厂运行的影响（第3.11节）。

污水处理厂除了处理排水管网系统收集的污

污水类型（按来源）	表 3.1
社会污水	处理厂内部污水
生活污水（来自家庭）	浓缩池上清液
机构污水（如医院、学校）	消化池上清液
工业废水	污泥脱水滤液
管道渗透水	污泥干化床排水
雨水	滤池洗涤水
垃圾渗滤液	设备清洗水
化粪池含泥污水	

水，还需要处理一些外部输入的污水。对于较大型的处理厂来说，外部输入的污水量通常较大。例如垃圾填埋场渗滤液和化粪池污水。当分散式处理系统不可用时，这些污水排入到集中式污水处理厂。对于渗滤液，可以进行专门运输，或者将其排放到垃圾填埋场附近的管网中。化粪池污水或污泥通常由卡车装载后运送到污水处理厂。此外，污水处理厂还会产生一些内部污水，如浓缩池上清液、消化池上清液、污泥脱水废液、污泥干化床排污水、滤池洗涤水、设备清洗水等。

3.1.2 污水组分

根据表3.2可将污水中的组分划分为几个主要类别，各组分的危害大有不同。

以下章节详细阐述了各种污水成分的重要性、特性和具体情况（3.3节~3.10节）。为了更好地理解污水的组分，首先介绍了污水组分的物理组成和化学组成（第3.2节）情况。本章进一步概述了各种类型污水的典型特征（第3.11节），及其动态行为和影响（第3.12节），最后总结了污水特性（第3.13节）。

污水组分	典例	危害
微生物	致病菌、病毒和虫卵	洗澡和食用贝类时可能有危害
可生物降解有机物		河流、湖泊和海湾里的氧气耗尽，继而导致鱼类死亡并产生恶臭气味
营养物质	氮磷成分	富营养化，耗氧增加，毒性效应
硫	硫化氢、硫酸盐	产生气味、毒性、腐蚀性
纤维素	主要来源于卫生纸	增加污泥产量
微型污染物	杀菌剂、杀虫剂、溶剂、个人护理产品、药品	毒性效应，生物累积作用
金属	汞、铅、镉、铬、铜、镍	毒性效应，生物累积作用
其他有机物	洗涤剂、杀虫剂、脂肪、油脂、着色剂、溶剂、酚类、氰化物	毒性效应，生物累积作用
其他无机物	酸类、例如硫化氢，碱	腐蚀性、毒性
热效应	热水	改变动植物的生存环境
放射性污染物		毒性效应，生物累积作用

3.2　污水组分的物理、化学性质

3.2.1　可溶性组分、胶体组分及颗粒组分

污水组分可以根据它们的物理性状，更具体地说是根据它们的发生阶段来分类。这种差异通常通过符号得以明显体现：

- S：可溶性组分
- C：胶体
- X：颗粒物

可溶性组分溶于水会形成均一液相。而颗粒物以（非常）微小的固相颗粒形式存在。介于可溶性组分和颗粒组分之间的是胶体组分，它在污水中形成微观分散的颗粒物质。这种颗粒物质需要很长时间才能明显沉降或者根本不会沉降。

在实际污水处理过程以及大多数污水处理模型中，只对可溶性组分和颗粒组分进行区分，通常根据能否通过 $0.45\mu m$ 的滤膜来划分。对于胶体组分来说，小于 $0.45\mu m$ 的胶体被认为是可溶组分，大于 $0.45\mu m$ 的胶体被认为是颗粒组分。此外还有一种替代方法来判断：先是通过 $0.1\mu m$ 滤膜过滤或用氢氧化锌进行絮凝，然后再用 $0.45\mu m$ 滤膜过滤（Mamais 等，1993 年），以此来区分可溶性成分和颗粒成分。在这里，小于 $0.1\mu m$ 的胶体组分被认为是可溶性组分，大于 $0.1\mu m$ 的胶体组分被认为是颗粒组分。

表 3.3 总结了城市污水中可溶性组分和颗粒组分的平均值。可溶性组分和颗粒组分在污水中的含量对污水处理方式的选择有着很大的影响。

例如污水中很大一部分有机物（用 COD 或 BOD 表示，见第 3.4 节）是颗粒组分，因此可以通过沉淀去除。相比之下，大部分含氮、磷的成分通常是可溶性组分，所以这些组分不能通过沉降、过滤、浮选或其他固液分离方法去除。

中等浓度的城市污水中可溶性组分和
颗粒组分的分布（g/m^3）　　　表 3.3

参数	可溶物	颗粒组分	总计
COD	200[①]	550[①]	750[①]
BOD	140	210	350
总氮	50[①]	10[①]	60[①]
总磷	11	4	15[①]

① 第 4~6 章，表 3.6 和表 3.8 中原污水实例的四舍五入值。

应该注意，并非所有的颗粒组分都是可沉降的。颗粒组分由可沉降组分和不可沉降组分组成。不可沉降组分包括胶体组分、对于选定的沉淀池不会沉降的颗粒组分以及不符合给定沉淀池设计和操作要求的颗粒组分。

有一些活性污泥模型（ASMs，例如 ASM1，Henze 等，1987 和 ASM2，Henze 等，1995）的应用仅考虑了可溶性组分和颗粒组分。首先，大多数模型都假定可生物降解溶解性有机物（S_S）是易于生物降解的，可生物降解颗粒有机物（X_S）是可缓慢生物降解的。然而，即使胶体在现实中是可缓慢生物降解的，也会将其视为可溶性组分（如果胶体的粒径小于过滤器的孔径），并将此作为易生物降解的模型。当模拟污水处理厂运行时，这种细微差别基本可以忽

略。因为在这些污水处理厂处理过程中，污泥停留时间（SRT）足够长，所有可降解有机物（可溶性和颗粒性，容易降解和缓慢降解）都能被降解。然而，这种差别在高速率活性污泥系统中却愈发明显，因为污泥停留时间（SRT）太短，无法降解具有可溶性但降解速度缓慢的胶体物质。为了准确地描述这一现象，我们提出了两种方法：一种方法是将可溶性组分分成容易降解和缓慢降解两部分，并分别模拟它们的降解过程（如Nogaj 等，2015）。而另一种更简单的方法是调整进水组分。在这种方法中给定的颗粒物（X_S）组分比根据实验结果（过滤）得到的组分要大，以反映部分可溶性有机物——尤其是胶体部分也是可以缓慢生物降解的（Smitshuijzen 等，2016）。

忽略胶体组分而仅区分可溶性有机物和颗粒性有机物的另一个依据是吸附/生物絮凝和沉降行为。悬浮有机物的吸附过程极快，甚至在ASM1 中可被认为是瞬时的（Henze 等，1987）。在接触时间较长的活性污泥工艺过程中，胶体通常会吸附在絮凝体中，然后与其一起沉淀下来，这对于已建模为颗粒组分的胶体（即粒径大于过滤器孔径的胶体）来说是合理的。然而，在高速率工艺处理过程中，即使有些胶体的一部分可以被建模为颗粒组分，但因为接触时间对胶体来说太短，无法吸附在较大的颗粒上并随后共同沉降，故这一部分被忽略。众所周知，吸附效率与驱动污泥特性的复杂过程有关，包括胞外聚合物（Extracellular Polymeric Substances，EPS）的类型、比例以及有无储能化合物。人们可以针对所有这些现象建模，同时明确地将胶体物质视为状态变量，如 Nogaj 等人（2015）所述。然而，尽管这样的描述在理论上可能更正确，但它更复杂，并且估计了更多未知参数。因此出现了一种简单的替代方法：只区分可溶性有机物和颗粒有机物（不含胶体），并将吸附和沉降过程集中到一个单一的"沉降效率"参数中，该参数可通过污水处理过程中的常规测量数据进行估算（Smitshuijzen 等，2016）。

重要的一点是，在大多数情况下更简单的模型只需要区分可溶性组分和颗粒组分，而不对胶体进行区分。这种情况可最为形象地描述整个污

水处理厂优化效果。然而与任何一个模型一样，我们需要了解其假设成立的基本条件。

如果需要达到非常低的出水浓度，则需要明确地模拟胶体物质并重点研究胶体物质的行为。为达到此目的，我们开始广泛地使用包括膜或吸附工艺在内的先进处理系统。胶体物质的颗粒大小取决于所用模型的目的及其测定方法，通常为 $0.01 \sim 1\mu m$。模拟平台 BioWin 可以区分胶体（$0.04 \sim 1.2\mu m$）和颗粒物（大于 $1.2\mu m$）；可缓慢生物降解的 COD 组分被看作是胶体组分和颗粒组分的总和。

3.2.2　有机物与无机物

污水中既含有无机物，也含有有机物。有机物可以用 COD 来表示，其中包含可生物降解性 COD 和不可生物降解性 COD 两部分。此外，还可以分为可溶性有机物和颗粒状有机物（见第3.4.2 节）。颗粒状有机物 COD（包括可生物降解颗粒性 COD 和不可生物降解颗粒性 COD）也可以用挥发性悬浮物（Volatile Suspended Solids，VSS）来表示。式（3.1）中的换算因子可用于二者相互换算，换算因子与典型介质污水成分一致（表 3.17）。

$$1gVSS＝1.48gCOD \qquad (3.1)$$

除有机物外污水中还含有无机物。颗粒状无机物被称为惰性悬浮固体（Inert Suspended Solids，ISS）。在污水处理过程中积累的无机物（ISS）被认为是直接来自进水中的无机物。传统的进水无机物浓度（Ekama，2009 年）相对于原始污水浓度约为 50mg/L，而相对于已沉降的污水浓度（即经过初次沉降的原污水）约为 10mg/L，由此可见对进水无机物去除率可达 80%。VSS 和 ISS 的总和被称为总悬浮物（Total Suspended Solids，TSS）（典型值见表 3.4）。

ISS、VSS 和 TSS 值（以 mg/L 计）：以原污水和净化后污水为例（来自 Ekama，2009 年）

表 3.4

成分	原污水	净化污水
无机悬浮物(ISS)	48	9.5
挥发性(有机)悬浮物(VSS)	253	69.2
总悬浮物(TSS)	301	78.7
VSS∶TSS（用于进水污水）	0.84	0.87

显然，除了含碳物质、氮和磷等其他成分也可能分别以有机和无机形式存在。这将在第3.5节和第3.6节中详细阐述。

3.3 微生物

至今污水处理的主要目的仍然是保护人类健康。自古以来，污水处理的驱动力一直是将引起传染性疾病的物质转移至城市居民无法触及的地方。早在19世纪，微生物就被认为是疾病的起因；人们认识到，当原始污水排放到水体时，高浓度的微生物会给人类带来严重的健康威胁。

污水中的微生物主要来自人类排泄物以及食品工业污水。表3.5给出了生活污水中微生物浓度的范围。第8章提供了更多关于致病性微生物及从污水中将其去除的信息。

污水中的微生物浓度（每100mL的微生物数量）
（来自Henze等，2002） 表3.5

微生物	最低	最高
大肠杆菌	10^6	5×10^8
大肠杆菌群	10^{11}	10^{13}
产气荚膜梭状芽孢杆菌	10^3	5×10^4
粪便链球菌	10^6	10^8
沙门氏菌	50	300
弯曲杆菌	5×10^3	10^5
李斯特杆菌	5×10^2	10^4
金黄色葡萄球菌	5×10^3	10^5
大肠杆菌噬菌体	10^4	5×10^5
贾第虫属	10^2	10^3
蛔虫	5	20
肠病毒	10^3	10^4
轮状病毒	20	100

3.4 有机质

3.4.1 测定：BOD与COD

有机质的测定通常依据生化需氧量（Biochemical Oxygen Demand，BOD）和/或化学需氧量（Chemical Oxygen Demand，COD）。

3.4.1.1 BOD

BOD用于测定氧化部分有机物的需氧量。更具体地说，它代表了微生物分解可生物降解有机物的耗氧量。它依赖于微生物的新陈代谢，因此被称为"呼吸"测试法。标准的BOD分析需

要5d（BOD_5），在测试过程中，将水样放在一个密闭的容器中，在20℃的温度下避光培养5d。前后溶解氧浓度之差即为BOD_5，单位为mgO_2/L。要注意在处理污水时，必须进行稀释，以避免在培养期间样品中的氧气被耗尽。在试验中应添加硝化抑制剂（通常为ATU：allylthiourea），否则BOD测定值还包括用于氧化还原氮的氧气量，即含氮生化需氧量（NBOD），会造成结果测定不准确。在硝化抑制剂存在的情况下，测定的只是碳质生化需氧量。BOD的试验周期是可以改变的。如果需要快速获取结果，可以使用1d以上的BOD测试（BOD_1），而挪威和瑞典通常使用1周以上的BOD测试（BOD_7）。由于有机物降解时间的增加，测定的BOD值会随试验时间的增加而增大（图3.1）。如果需要测定（几乎）所有的可生物降解物质，则需要使用所谓的"最终BOD"（BOD_∞）测试。测试发现，经过至少3周培养后的BOD（如BOD_{25}）其值与BOD_∞很接近（Van Haandel and Van Der Lubbe，2007）。Metcalf和Eddy AECOM（2014）指出，最终BOD测定值在20d后可达95%～99%。然而，长时间测定除了耗时之外，需要提高稀释率来避免氧气耗尽，这将破坏BOD_{25}测量的可靠性。从单个测量值可以估计出不同的BOD值：典型的BOD_5和$BOD_{25} \approx BOD_\infty$之间的比值大约是0.6～0.7（表3.6）。$BOD_5$和$BOD_{25}$之间的实际比值取决于污水的类型，一般为0.5～0.95（Roeleveld和Van Loosdrecht，2002）。在本章中，术语BOD指的是标准的碳源BOD_5。

城市污水中BOD与COD值 表3.6

BOD_1	BOD_5	BOD_7	BOD_{25}	COD
40	100	115	150	210
200	500	575	750	1100

BOD的测定也会受到温度影响。相同的培养期，温度越高，BOD值越高（图3.1）。这是因为温度升高时生物活性增强。鉴于可重复性和可比性，BOD测试必须在标准条件下（20℃）进行。关于BOD表征的更多细节，读者可以参考Spanjers和Vanrolleghem（2016）。

由于需要稀释水样，且需要5d的测试时间，

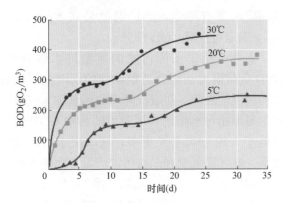

图 3.1　不同温度和测试时间条件下 BOD 的分析
结果。标准为 20℃和 5d（Henze 等，2002）

使 BOD 分析过程耗时且烦琐。因此 COD 分析
为测量水中有机物提供了更快捷的方法。

3.4.1.2　COD

COD 分析为测定有机物提供了一种快速的
替代方法。它通过重铬酸盐的化学氧化［通过六
价铬 Cr（Ⅵ）处理］来测定样品中存在的大部
分有机物。在分析过程中需要在样品中添加硫酸
汞（$HgSO_4$），以防止氯离子的存在造成干扰。
过量重铬酸盐用硫酸亚铁铵滴定，其值用于计
算 COD 浓度，单位 mgO_2/L。也可以使用高锰
酸盐代替重铬酸盐，但是在这种情况下需要特
别注意 COD 测定以避免错误，因为这种方法只
测定了部分有机物，只能用于进行 BOD 相关的
分析。

上述 COD 测定一般采用的实验方法必须使
用有害化学物质，如汞（Hg）和六价铬［Cr
（Ⅵ）］。根据欧盟水框架指令和美国环保署清洁
水法，这些化学物质被列为优先污染物和（可能
的）人类致癌物。日本和欧盟对这些物质的生
产、销售和使用都有限制。因此，目前正在思考
和研究 COD 测定的替代方法。最常提到的替代
方法依赖于测试其他参数，如 BOD、TOC 或
TOD，并研究它们与 COD 的相关性从而进行替
代。然而，这些参数和 COD 之间的关系可能因
样品或时间的不同而不同。不含汞和/或 Cr
（Ⅵ）的 COD 分析方法，例如使用 Mn（Ⅲ）、
Mn（Ⅷ）、Ag_2SO_4 和电化学方法也正在研究，
但仍存在局限性。

碳质物质的理论 COD 被定义为其完全氧化
成二氧化碳和水的需氧量。其值由相应的氧化反

应方程式计算得出。例如，根据式（3.2）计算
乙醇的理论 COD：

$$C_2H_6O + 3O_2 \rightarrow 2CO_2 + 3H_2O \qquad (3.2)$$

由此可以清楚地看出，将 1mol（或 46g）乙
醇完全氧化需要 3mol（96g）氧气。因此，乙醇
的理论 COD 值应为 96/46＝2.09。

3.4.2　COD 组分分类

有机物可以用 COD 来量化，所以可以用
COD 来表示有机成分。由于污水的生物处理依
赖于微生物的转化，所以很有必要进一步将其分
为可生物降解和不可生物降解组分。考虑到固液
分离，还对溶解性组分和颗粒组分进行了区别。
颗粒物 COD 提供了有关预期污泥产量的信息。
由此可区分出 4 个 COD 组分（图 3.2）：可生物
降解溶解性有机物（S_S）、不可生物降解溶解性
有机物（S_U）、可生物降解颗粒有机物（X_S）
和不可生物降解颗粒有机物（X_U）。

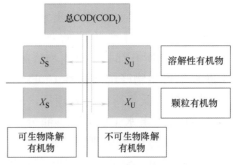

图 3.2　污水中 COD 的组分

在大多数模型中，假设可生物降解溶解性有
机物（S_S）易于生物降解，而可生物降解颗粒
有机物（X_S）是缓慢生物降解。第 3.2 节讨论
了这些假设的一些含义。针对有机物去除来说，
在大多数污水处理厂污泥停留时间（SRT）是足
够长的，可以降解所有可生物降解的有机物（包
括可溶性和颗粒状）。因此，对于有机物的去除
而言无需区分易于生物降解和缓慢生物降解。而
对于脱氮则需要区分易生物降解 COD 和缓慢生
物降解 COD，这对于精确计算反硝化能力是十
分重要的（见第 5 章）。针对生物除磷，可溶性
可生物降解有机碳进一步分为挥发性脂肪酸
（VFA，S_{VFA}）和可发酵 COD 馏分（S_F），由
于磷的吸收方式分为聚磷生物（Phosphorus-ac-
cumulating Organisms，PAOs）和普通异养生

物（Ordinary Heterotrophic Organisms, O-HOs）的吸收（见第 6 章），这也将会对其结果造成影响。

在污水生物处理过程中，可以假设所有可降解的 COD 都转化为异养生物生长的生物量，而不可降解的颗粒 COD 最终全部沉降于污泥中。如果达到"完美（理想）"沉降效果，则出水中不含任何颗粒有机物。因此，从系统中流出的污水仅含不可生物降的解溶解性 COD。

典型的进水组分，即确定图 3.2 中所示的所有污水 COD 组分的量是按照以下过程进行的：

（1）基于标准分析方法对总 COD（COD_t）进行量化（见 3.4.1 节）。

（2）对过滤后（一般为 $0.45\mu m$）污水进行 COD 分析，测定溶解性 COD（$S_S + S_U$）。

（3）测定颗粒物（$X_S + X_U$）COD 作为总 COD（COD_t）与溶解性 COD（$S_S + S_U$）的差值。

（4）根据测定污水处理厂出水过滤后的 COD，确定进水不可生物降解溶解性 COD（S_U）。通常假定所有都是不可生物降解的，因此等于进水不可生物降解溶解性 COD（见第 4 章）。另外，对于低负荷污水处理厂，S_U 可以作为测定的过滤出水 COD 的一部分（例如，0.9）对于高负荷污水处理厂，S_U 取值更小（Roeleveld 和 Van Loosdrecht，2002），这默认了污水中仍然含有一些可生物降解的有机物。

（5）可生物降解溶解性 COD（S_S）是用溶解性 COD 减去 S_U 部分。

（6）根据抑制硝化作用的标准方法，例如按 BOD 分析确定可生物降解性 COD（$COD_b = S_S + X_S$）（见 3.4.1 节）。

（7）通过可生物降解 COD 减去溶解性生物降解部分确定可生物降解的颗粒 COD（X_S）：$X_S = COD_b - S_S$。

（8）不可生物降解的颗粒 COD（X_U）测定为 $X_U = COD_t - S_U - S_S - X_S$。

可以注意到，上述每个过程表明所有的误差和不准确性都反映在 X_U 上，因此，X_U 是建模过程中一个非常敏感的参数（Roeleveld 和 Van Loosdrecht，2002）。

在生物除磷研究中，S_{VFA} 可用气相色谱法

或滴定法进行测定，然后通过公式 $S_F = S_S - S_{VFA}$ 确定可发酵 COD 部分。

表 3.7 给出了原污水的典型进水组分值。COD 负荷很大一部分是颗粒状的，因此可以通过初级沉淀去除。初级沉降后的污水称为沉降污水。与原始污水相比，沉降后的污水 COD 负荷降低了大约 40% 甚至更多，这取决于初沉池的效率。这在需氧量和二次污泥产量方面极大缓解了生物反应器的压力（见第 4 章），从而减少了原污水量。初级沉降只影响颗粒 COD 浓度而不影响可溶性浓度（S_S 和 S_I）。沉降污水的典型进水组分值见表 3.8（Ekama，2009）。需要注意的是，在初级沉降过程中，去除的不可生物降解颗粒物占比（去除效率超过 80%）大于可生物降解颗粒物（去除效率约为 50%），这与实践观察结果一致（Ikumi 等，2014）。类似的观察结果也适用于无机组分，并且无机成分与可生物降解的微粒有机物相比去除率更高（约 80%，见 3.2.2 节）。

原污水 COD 组分（Ekama，2009），与第 4 章设计实例相对应（mg_{COD}/L）

表 3.7

$COD_t = 750$		
$S_S = 146$	$S_U = 53$	可溶物
$X_S = 439$	$X_U = 112$	颗粒物
可生物降解	难生物降解	

沉淀污水 COD 组分（与表 3.7 相比，初级沉淀池的 COD 去除率为 40%）（Ekama，2009），与第 4 章设计实例相对应（mg_{COD}/L）

表 3.8

$COD_t = 450$		
$S_S = 146$	$S_U = 53$	可溶物
$X_S = 233$	$X_U = 18$	颗粒物
可生物降解	难生物降解	

通过对不同污水处理厂污水的 COD 组分进行比较可以发现 S_S、X_S 和 X_U 变化很大，而 S_U 值变化不大（Roeleveld 和 Van Loosdrecht，2002）。表 3.9 总结了相应的 COD 组分结果。不同 COD 组分的数量和比例的变化与工业污水的种类、排水管网的类型和构造以及污水在排水管网的转化过程有关。后者受排水管网的氧化还原

条件、水力停留时间和温度的影响。易于生物降解的有机物的数量通常沿着重力污水管道（有氧环境）流动的方向减少，而沿压力管道（无氧环境）流动方向增加。尽管污水处理厂之间进水水质存在很大的差异，但在特定污水中即便COD和氮的浓度在不断变化，但它们的比例是稳定的（Henze，1992）。因此，可以认为特定的污水表现出相当稳定的"指纹"。

21 个不同污水处理厂最小、平均和最大 COD 组分结果（Roeleveld 和 Van Loosdrecht，2002）

表 3.9

影响参数	最小值	平均值	最大值
S_U/COD_t	0.03	0.06	0.10
S_S/COD_t	0.09	0.26	0.42
X_S/COD_t	0.10	0.28	0.48
X_U/COD_t	0.23	0.39	0.50
$BCOD=(S_S+X_S)/COD_t$	0.45	0.55	0.68
BOD_5	0.32	0.40	0.51
典型 COD 公式 $=(S_S+X_S)/COD_t$	0.47	0.68	0.88

值得注意的是，污水中也含有少量的活性微生物，这在目前的组分中没有明确说明。微生物组分占原污水总有机质的10%~20%（Kappeler and Gujer，1992）。尽管如此，对于稳态设计而言这部分不需要考虑（更多细节见第4章）。在活性污泥模型的某些校准方案中（例如STOWA方案，Hulsbeek等，2002），进水生物质的数量也被忽略了，该方案仅假设污水中硝化菌和聚磷菌的初始浓度很小（Roeleveld 和 Van Loosdrecht，2002 年）。本文污水中的生物量将包括 X_S 和 X_U 组分。相比之下，一些用于动态（基于 asm 的）建模的进水组分方案（见 3.13 节）确实包括了异养和自养生物量的详细特征。BIOMATH 的方案就是这样，其中污水进水的特性和生物过程的参数估计在很大程度上依赖于 BOD（Spanjers 和 Vanrolleghem，2016）。

3.5 氮

城市污水中氮的主要来源于人体排泄物，其中约75%为尿素形式，其余为有机氮。其占比在典型的氮含量中得到证实（Henze，1992）。

污水中氮元素的最大组成部分是无机组分，主要由游离态和盐氨态（Free and Saline Ammonia，FSA）组成，即游离氨（NH_3）和氨离子（NH_4^+）之和。以硝酸盐和亚硝酸盐形式存在的无机氮在城市污水中通常可以忽略不计。此外，污水中含有的有机氮部分又可细分为可生物降解和不可生物降解组分，各部分分别以溶解性组分和颗粒组分的形式存在［图 3.3，Ekama（2009），第 5 章］，与图 3.2 中的 COD 组分直接对应。

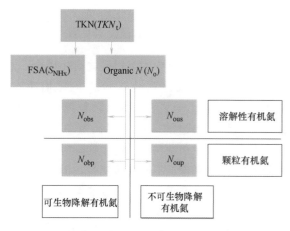

图 3.3　污水中氮的组分

关于测定 FSA 和凯氏定氮总量的分析程序的详细描述，读者可参考（Rice 等人，2017）中详细介绍的标准规程。

在污水生物处理过程中，可生物降解的有机氮部分（包括可溶性的 N_{obs} 和颗粒物 N_{obp}）以氨的形式释放出来，加入到 FSA 池中（除了 S_{NHx}）。FSA 池也包含生物量，主要是异养生物量（OHO，MX_{OHOv}）。因为自养生物量（MX_{ANOv}）的质量可以忽略不计。生物质在内源呼吸过程中，有一部分氮被固定，即在内源性残留物（$MX_{E.OHOv}$）中，其余的氮以氨的形式再次释放。FSA 中未掺入生物质的部分可转化为硝酸盐。颗粒物中不可生物降解的有机氮部分（N_{oup}）已包含在污泥中，更具体地说，包含在污泥中不可降解的有机部分（MX_{Uv}）。不可生物降解的溶解性有机氮部分（N_{ous}）没有被去除，因此最终进入污水中。第 5 章详细介绍了进水中的 COD 和氮组分之间的关系以及它们对生物反应器中 VSS 质量（颗粒物）的贡献，如

图 3.4 所示。由前一部分可知，除了生物量（MX_{OHOv}）、内源性残留物（$MX_{E,OHOv}$）和不可生物降解有机物（$MXUv$）组成的 VSS 污泥外，反应器中的总污泥质量还包含由进水中的无机物产生的无机部分（ISS）。

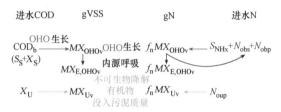

图 3.4　进水 COD 和氮组分之间的关系及其对反应器 VSS 质量的贡献，详见第 5 章

有机氮会与污水中的有机碳物质相耦合。总有机氮含量由凯氏氮总量与 FSA 的差值决定。总可溶性（$N_{obs}+N_{ous}$）和总颗粒物（$N_{obp}+N_{oup}$）氮组分由过滤前后的凯氏氮总量测定确定。各个可溶性和颗粒状、可生物降解、不可生物降解的有机氮含量不能直接测量，但可以从其他测量中假定或推导出来。只要能够准确地预测活性污泥系统中的氮含量，就可以假定各 COD 组分（f_n）的氮含量是固定的。在第 5 章的设计示例中，可假设异养生物量、内源残留物和不可生物降解的颗粒有机物的固定氮含量 f_n 为 0.10mgN/mgVSS。另外，可从过滤和未过滤的进水和出水样品的 FSA 和凯氏氮分析中严格确定可溶性和颗粒物 COD 化合物的氮含量，详见 Roeleveld 和 Van Loosdrecht（2002）。Henze（1992）和 Rieger 等人（2012）提供了更多用于建模的氮含量信息。表 3.10 和表 3.11 分别给出了原水和沉淀污水的氮含量示例（Ekama，2009）。在第 5 章中将它们应用于污水处理厂的脱氮设计；氮含量的详细信息也在此给出（第 5.7.3 节~第 5.7.4 节）。

原污水氮含量（Ekama，2009），与第 5 章设计实例相对应（mgN/L）　表 3.10

$TKN_t=60$			
$S_{NHx}=45$	$N_o=15.0$		
	$N_{obs}=1.7$	$N_{ous}=1.8$	可溶物
	$N_{obp}=3.9$	$N_{oup}=7.6$	颗粒物
	可生物降解	不可生物降解	

沉淀污水氮含量（Ekama，2009），与第 5 章设计实例相对应（mgN/L）
表 3.11

$TKN_t=51$			
$S_{NHx}=45$	$N_o=6.0$		
	$N_{obs}=1.7$	$N_{ous}=1.8$	可溶物
	$N_{obp}=1.4$	$N_{oup}=1.2$	颗粒物
	可生物降解	不可生物降解	

示例中原污水和沉降污水的 TKN/COD 比值（$f_{TKNi/CODi}=TKN_i/COD_i$）分别为 0.08 和 0.11gN/gCOD。沉降污水的 TKN/COD 比较高，因为 TKN 部分可溶性组分占大多数，而 COD 部分包含大量的颗粒，这些颗粒在初级沉降时就已经被去除。示例中原污水和沉降污水的可溶性不可生物降解有机氮含量（$f_{SU,TKNi}=N_{ous}/TKN_t$）分别为 0.03 和 0.035，并且两者的可溶性不可生物降解有机氮（N_{ous}）浓度也相同。除残留的氨和硝酸盐（排出的亚硝酸盐浓度通常可以忽略不计），这些氮元素最终会进入污水中。

3.6　磷

与氮成分相似，污水中的磷成分也可以分为有机和无机组分。生活污水中磷的浓度为 6~25mgP/L，其中约 60%~70% 为无机磷。无机磷主要以正磷酸盐的形式存在。有机磷组分与 COD 组分直接耦合，可细分为可生物降解和不可生物降解组分，各组分均以溶解性和颗粒组分形式存在（图 3.5）。

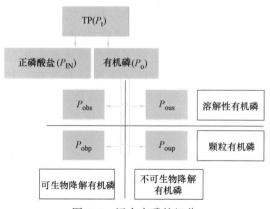

图 3.5　污水中磷的组分

确定不同磷组分的浓度可采用过滤和比色法

相结合的分析方法，如图 3.5 所示（Rice 等，2017）。测定正磷酸盐的浓度则采用直接比色法。对于其他组分，可以在比色之前进行初步酸解或消化，使磷以正磷酸盐的形式释放出来（Gu 等，赖斯等，2017）。

污水中的磷组分可以通过生物、化学或两者相结合的方法去除。在适当的生物工艺条件下，微生物将超出细胞生长所需的磷纳入来促进磷的去除。金属离子（如铁或铝）的存在或加入也会促进沉淀从而去除磷。颗粒状有机磷组分存在于污泥中，而不可生物降解溶解性有机磷组分则存在于污水中。

对磷组分的表征类似于对氮的表征。磷的有机部分与污水中的有机碳质相耦合。可以假设不同 COD 组分（f_p）的磷含量是固定的，与产生的污泥中的磷含量相匹配。对于异养生物量、内源残渣和不可生物降解的颗粒有机物，可以假设固定磷含量为 $f_p = 0.025\text{mgP/mgVSS}$（见第 4 章 4.4 节）。另外，可溶性化合物含量可以严格从过滤和未过滤的进出水样品中的总磷酸盐和正磷酸盐测定中确定。Henze 等人（1995）和 Rieger 等人（2012）详细介绍了用于建模的磷分馏过程。

3.7 硫

生活污水中的硫主要以硫酸盐的形式存在，约占进水硫总量的 97%（Dewil 等，2008）。生活污水中硫酸盐的浓度通常为 24 ～ 72mg/L（Metcalf 和 Eddy AECOM，2014），但由于含有大量的工业废水或海水冲厕污水，硫酸盐的浓度可能高达 500mg/L（Lens 等，1998；Van den Brand 等，2015）。原污水中可能存在的其他无机硫成分以硫化物、硫代硫酸盐和单质硫的形式存在，这取决于排水管网条件。

离子色谱法和重量法或比浊法通常用于测定硫酸盐溶液的浓度，每种方法都有特定的硫酸盐浓度范围（Rice 等，2017）。另外，硫化物应同时在液相和气相中测定。在液相中，硫化物直接用亚甲基蓝法测定或通过 COD 测定估算，而气相测定通常采用气相色谱法（Lopez-Vazquez 等，2016）。图 3.6 展示了实际测量硫化物时的情形。

硫化物种类主要是由 pH 值决定，如图 3.7

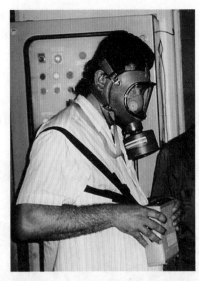

图 3.6 硫化氢经常出现在污水处理厂的进水中，特别是在加压污水管中。它有很强的毒性，必须采取预防措施以避免对人员的危害。图为在空气中硫化氢浓度较高的泵站进行的测量（照片：M. Henze）

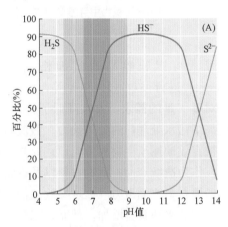

图 3.7 硫化物种类随 pH 值的分布
（Lopez-Vasquez 等，2016）

所示，这意味着市政污水中硫化物通常以 H_2S 和 HS^- 形式存在（$pKa = 7.02$）。在污水处理过程中，硫会根据生物处理的操作条件转化成各种形式。好氧条件促进硫化物向单质硫和硫酸盐的生物转化，在厌氧条件下则相反。金属的存在，如铁，可导致硫化物沉淀，并随污泥被去除。在好氧和厌氧条件下，溶解的 H_2S 由于其易挥发性，很容易逃逸到气相。

3.8 纤维素

纤维素占生活污水成分的很大一部分，其在污水处理厂 COD 负荷占比约为 20% ～ 30%（Reijken 等，2018）。其中约 35% 的悬浮固体负荷（Ruiken 等，2013）来自纤维素纤维（图 3.8）。纤维素的主要来源是卫生用纸，其中有大部分是通过抽水马桶（Water Closet，WC）处理的。有关 WC 衍生的排水管网固体的概述，读者可以参考 Friedler 等人（1996）对英国一周内的国内用水量进行的调查。

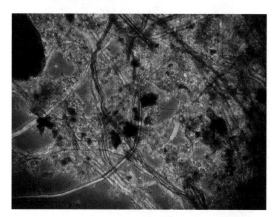

图 3.8 原始污水沉积物中纤维的显微图像
（Ruiken 等人，2013）

纤维素可以很容易通过细格栅（直径<0.35mm）进行回收（Ruiken 等，2013）。这降低了对曝气量的需求，大大降低了污泥产量，从而提高了污水处理厂的处理能力。截流后的材料可以被有效地用于生物质发电厂。此外，由于纤维素在作为造纸产品、生物材料以及道路和建筑材料的原材料方面潜力巨大，导致人们对回收纤维素纤维的兴趣日益增加。然而，综合考虑成本、能耗和污水处理厂效率，回收纤维素的经济可行性仍有待研究（Solon 等，2019）。

由于缺乏一种不受污泥基质影响的可靠的测定技术，对污水中纤维素的定量测定及其在污水处理过程的进一步研究受到阻碍。Gupta 等人（2018）比较了四种不同的量化城市污水和污泥中纤维素含量的方法：①稀酸水解；②浓酸水解；③酶水解；④施韦策试剂法。其中被发现唯一可靠的方法是施韦策试剂法，因其具有操作简单、重现性好、准确度高、回收率理想（100%）、测试相对快速且不受水解反应影响的优点。

纤维素在污水处理厂的处理过程中表现得十分特殊，主要体现在其水解速率非常慢。因为水解速率受温度影响非常明显，导致在夏季和冬季

的纤维素水解速率的显著差异。因此，对于 SRT 相对较高的污水处理厂，建议在活性污泥建模期间将纤维素作为一个单独的状态变量（X_{CL}）（Reijken 等，2018）。将纤维素作为单独的有机碳颗粒组分，会影响可生物降解颗粒（缓慢）组分（X_S）和不可生物降解颗粒组分（X_U）的入渗分馏，其方式由纤维素水解常数的值决定（Reijken 等，2018）。后者只有通过精确可靠的纤维素测量方法才能准确地量化。

3.9　微污染物

城市污水中也存在许多化学污染物，但因浓度非常低（$\mu g/L$ 范围内或以下）而难以检测，因此它们被称为"微污染物"。微污染物多种多样，例如杀菌剂、杀虫剂、个人护理品、溶剂和药物（Kummerer 等，2013）。虽然这些微污染物的浓度相当低，但不能低估它们对水生环境和人类健康的影响。然而，因为受到技术与成本的限制，在检测中这些微污染物往往被忽视。在所有微污染物中，药物在过去的二十年中得到了广泛的关注，特别是越来越多的证据表明它们对水生动物产生了负面的生物效应（Corcoran 等，2010）。污水处理厂是这些微污染物的典型点源。然而事实上，药物成分大多是通过家庭和机构排放的尿液和粪便进入污水处理厂的。虽然污水处理厂的设计目的不是去除这些药物成分，但这些微污染物在生物处理过程中进行生物转化、吸附、解吸、螯合和再转化为母体化合物（Plosz 等，2012）（图 3.9）。最终可以被分为四种形式。在液相中有两种形态：①母体化合物；②可转化的化合物，如通过母体化合物形式进行生物转化的人类代谢物。在固相中也有两种形态：③吸附态化合物；④螯合物（Plosz 等，2012；Snip 等，2014）。

图 3.9 药物在污水处理过程中的最终
形态（改编自 Snip 等，2014）

检测和描述各种药物具体成分及其代谢物和偶联物对于研究药物在污水处理过程中如何去除是很重要的。然而，由于它们的形态和较低的浓度，污水中药物成分的测量可能需要大量的劳动力及昂贵的成本，并且对劳动力素质也有着相当高的要求。测定液相中各种药物成分最常用的分析技术（Fatta 等，2007）是气相色谱-质谱（Gas Chromatography with Mass Spectrometry，GC-MS）、液相色谱-串联质谱（Liquid Chromatography with Tandem Mass Spectrometry，LC-MS2）和高效液相色谱（High Performance Liquid Chromatography，HPLC）。

3.10 其他成分

污水中除了上述成分外，还含有许多其他成分，其中大部分并不是直接处理的目标。然而，不论存在于污水处理的哪一过程中，它们都可能导致污水具有毒性。如果饮用水生产设施依赖于地表水的提取，那么残留在污水处理厂出水中的物质最终会进入饮用水生产设施。

3.10.1 金属元素

污水中含有的金属元素会影响污水处理厂污泥回收率。表 3.12 给出了城市污水中金属物质的典型值。

工业污水中金属的典型含量（mg/m³）

（摘自 Henze 等，2002）　表 3.12

金属	低	中	高
铝	350	600	1000
镉	1	2	4
铬	10	25	40
铜	30	70	100
铅	25	60	80
汞	1	2	3
镍	10	25	40
银	3	7	10
锌	100	200	300

3.10.2 污水的物理性质

污水除化学性质外，还具有物理性质，这些物理性质对污水的处理过程会产生很大影响。表 3.13 总结了城市污水的物理参数范围。

进水的温度将显著影响污水处理池的温度，进而影响生物活性。污水温度深受地理位置和季节影响。例如，在美国观测到的温度范围跨度较大，为 3～27℃（Metcalf 和 Eddy AECOM，2014）。此外，该温度还受到灰水的影响，这些灰水的温度可高达 80℃（Friedler 等，2013）。污水或灰水的高温来源于源头（即家庭或建筑），这为进行污水管道或污水处理厂的热回收提供了可能（Cipolla 和 Maglionico，2014）。

城市污水一般 pH 值为中性，这是进行生物活动的最佳条件。如果进水的 pH 值明显偏离中性（例如某些工业污水），则需要在生物处理之前进行污水中和步骤。

城市污水的物理参数范围（来自 Henze，1982）

表 3.13

参数	低	中	高	单位
黏度	0.001	0.001	0.001	kg/(m・s)
表面张力	60	55	50	dyn/cm²
导电率	70	100	120	mS/m¹
pH 值	7.0	7.5	8.0	
碱度	1	4	7	Eq/m³
盐浓度：				
硫化物	0.1	0.5	10	gS/m³
氰化物	0.02	0.030	0.05	g/m³
氯	200	400	600	gCl/m³

3.10.3 有毒有机成分

污水也可能含有特定的污染物，如表 3.14、图 3.10 所示。

污水中有毒有机成分的参数范围

表 3.14

参数	低	中	高
苯酚	0.02	0.05	0.1
邻苯二甲酸盐，DEHP	0.1	0.2	0.3
壬基酚，NPE	0.01	0.05	0.08
多环芳烃	0.5	1.5	2.5
二氯甲烷	0.01	0.03	0.05
LAS	3000	6000	10 000
氯仿	0.01	0.05	0.01

图 3.10　高浓度洗涤剂影响下的污水处理厂

3.11 典型污水特性

3.11.1 人口当量

单位人口当量（Population Equivalent，PE）或"人均"人口当量是一个标准单位，指的是一个人对污水负荷的贡献。根据公示，PE可以用污水流量或BOD负荷来表示，如式（3.3）和式（3.4）。

$$1PE = 0.2m^3/d，Hvitved-Jacobsen(2013)$$
$$(3.3)$$

$$1PE = 60g\ BOD/d，EC(2007) \quad (3.4)$$

这两种定义都基于固定不变的值，与每人每天实际产生的污水量或污水的来源无关。例如，单位PE也可以用来量化工业污水的负荷。然而，生活在不同污水集水区的人对污水产生的实际贡献，即人员负荷（Person Load，PL），可能有很大差异（表3.15）。造成这种差异的原因

可能是工作地点距离集水区的距离远近、社会经济因素、生活方式、家庭设施类型等。

人均负荷变化（Henze等，2002）

表3.15

参数	单位	范围
BOD	g/(cap·d)	15～80
COD	g/(cap·d)	25～200
氮	g/(cap·d)	2～15
磷	g/(cap·d)	1～3
污水流量	m³/(cap·d)	0.05～0.40

术语人口当量和人员负荷经常被相互混淆或误解，在使用时一定要有明确的界定依据，并确保基本内容定义清晰。PE和PL都是基于平均贡献的，用于反映给水处理过程的负荷。它们不应根据短时间间隔（h或d）的数据计算。从表3.16中给出的年值可看出，人对负荷的贡献因国家而异。

各国人均负荷（kg/cap，基于Henze等，2002） 表3.16

巴西	埃及	印度	土耳其	美国	丹麦	德国
20～25	10～15	10～15	10～15	30～35	20～25	20～25
20～25	15～25		15～25	30～35	30～35	30～35
3～5	3～5		3～5	5～7	5～7	4～6
0.5～1	0.4～0.6		0.4～06	0.8～1.2	0.8～1.2	0.7～1

3.11.2 城市污水组成

污水产生的数量和组成因人和行业的不同而不同。家庭产生的污水数量和类型受到居民的行为、生活方式和生活水平以及人们所生活的技术条件和法律的影响。

污水浓度是由污染物负荷和与污染物混合的水量决定的。城市污水的组成在不同的地点有很大的不同。在一个给定的位置，其成分也会随着时间而变化（由于物质排放量的变化而导致）。另外，在排水管网中的停留时间也会影响污水的组成（Henze，1992；Huisman和Gujer，2002）。但其主要原因是家庭用水量的变化以及排水管网系统在转输过程中会产生渗漏。

在典型城市污水的组成中，工业废水含量较少，如表3.17所示。浓缩污水（高）代表低耗水量和/或渗水量，而稀释污水（低）代表高耗水量和/或渗水量。雨水会进一步稀释污水，导

含少量工业废水的城市污水典型组成（g/m³）

表3.17

参数	低	中	高
总COD	500	750	1200
可溶性COD	200	300	480
悬浮COD	300	450	720
BOD	230	350	560
VFAs	10	30	80
总氮	30	60	100
氨氮	20	45	75
硝酸盐+亚硝酸盐	0.1	0.2	0.5
有机氮	10	15	25
总磷	6	15	25
正磷酸盐	4	10	15
有机磷	2	5	10
硫酸	24	36	72
TSS	250	400	600
VSS	200	320	480

致大部分污水被稀释后各成分的浓度都会降低。

由于大多数污水处理过程依赖于生物降解和物质转化，因此研究污水组成部分的可降解性是

重要的。表 3.18 总结了城市污水组分的典型降解值。

中等浓度城市污水可降解性（mg/L）

表 3.18

参数	可生物降解	不可生物降解	总量
总 COD	585[1]	165[1]	750[1]
BOD	350	0	350
总氮	50[1]	10[1]	60[1]
总磷	14.7	0.3	15[1]

[1]与第 4～6 章、表 3.6 和表 3.8（Ekama, 2009）中的内容相对应的四舍五入值。

3.11.3 各组分比例的重要性

污水中各组分之间的比例对污水处理工艺的选择和运行具有重要影响。碳氮比较低的污水可能需要外加碳源进行生物反硝化。在相同的可生物降解有机碳总量（$COD_b = S_S + X_S$）条件下，易降解有机碳与缓慢降解有机碳比值（S_S/X_S）的变化对出水中硝酸盐的浓度有着显著影响。硝酸盐浓度较高或挥发性脂肪酸（Volatile Fatty Acids，VFAs）浓度较低的污水不适合采用生物除磷的方式。污水中 COD/BOD 比值高，说明有相当一部分有机物难以生物降解。在厌氧条件下，当污水中的悬浮物有机成分较多（高 VSS/TSS 比率）时，可以完全被厌氧消化。

虽然污水中的污染负荷大部分来自家庭、医院、学校和工业，但它们只占污水总量的一部分。污水中大量的水可能来自雨水（一些国家也可能来自融化的雪水）或渗入的地下水。因此，污水组分会被稀释，但不会改变各组分之间的比例。表 3.19 为城市污水典型组分比。

鉴于污水中的各组分比例通常保持相对恒定，对给定一段时间内的污水进行成分比例分析，可以用于检测由于分析错误或向排水管网系统的特殊排放（通常是工业排放）造成的异常情况。如果是由于工业排放造成这种差异，污水中尚未进行分析的其他成分也可能偏离其预期值。由于这些差异会影响处理过程，所以应该明确其他出现的原因。

3.11.4 生活污水分支

生活污水，即来自家庭的污水，在世界范围内具有很大的数量和组成差异。这些差异受到气候、社会经济因素、家庭技术和其他因素的影响。在家庭中，大多数废弃物最终会变成固体或液体两种形式，并且产生的两种废弃物的数量和组成有很大可能会改变。

生活污水由不同的分支组成，见表 3.20。每个分支都包含特定数量的有机废物和营养物质。可以通过改变污水分支的数量和组成来改变最终生活污水的组成。

城市污水典型组分比值（源自 Henze 等，2002）原始污水和沉淀污水示例的比率从表 4.2[1]、表 6.2[2]和表 3.3[3]中获取或计算，均与 Ekama（2009）一致。[4]典型值，Dold 等人（1980）

表 3.19

比率	低	中	高	原例	实例
COD/BOD	1.5～2.0	2.0～2.5	2.5～3.5		
VFA/COD	0.04～0.02	0.08～0.04	0.12～0.08	0.029[2]	0.049
COD/TN	6～8	8～12	12～16	12.5[1]	8.8[1]
COD/TP	20～35	35～45	45～60	50[1]	35[1]
BOD/TN	3～4	4～6	6～8		
BOD/TP	10～15	15～20	20～30		
COD/VSS	1.2～1.4	1.4～1.6	1.6～2.0	1.48[4]	1.48[4]
VSS/TSS	0.4～0.6	0.6～0.8	0.8～0.9	0.84[3]	0.87[3]
COD/TOC	2～2.5	2.5～3	3～3.5		

"非生态"生活方式的家庭污水成分来源及其价值（来自 Sundberg，1995；Henze，1997） 表 3.20

参数	单位	厕所		厨房	浴室/洗衣房	总计
		总计[1]	尿液			
污水	m³/yr	19	11	18	18	55
COD	kg/yr	27.5	5.5	16	3.7	47.2
BOD	kg/yr	9.1	1.8	11	1.8	21.9
N	kg/yr	4.4	4.0	0.3	0.4	5.1
P	kg/yr	0.7	0.5	0.07	0.1	0.87
K	kg/yr	1.3	0.9	0.15	0.15	1.6

[1]包括尿液。

虽然饮食会影响人体机体产生的排泄量，但减少生理上产生的排泄量对污水的组成影响并不明显。因此人们可以选择将厕所废弃物（也称为生理废弃物或人为废弃物）进行干湿分离，从而显著减少生活污水中的氮、磷含量和有机负荷。然而，在源头经过处理后产生的废弃物仍然要从家庭中运离，很多情况下还要从城市中转移出去。

尿液是生活废弃物中营养物质的主要来源，因此将尿液分离出来将显著降低污水中的营养负荷（图3.11）。尿液分离可将生活污水中的氮含量降低到无需去除的水平。

图3.11　厕所中的尿液分离装置

厨余垃圾中含有大量的有机物，这些有机物通常会排入污水中。通过使用"清洁"烹饪技术，将一些厨房液体废弃物转化为固体废物相对容易，从而大大减小了污水的整体有机负荷（丹麦环保局，1993年）。清洁烹饪技术是指将厨余垃圾收集后放置到垃圾桶中，而不是直接冲入排水管网。从厨房转移的有机固体废物可以与家庭的其他固体废物一起处理。厨房排出的污水可用于灌溉，或经处理后用于冲厕。厨房液体废弃物也含有家庭化学物质，其使用会影响垃圾的组成和负荷量。洗衣、洗浴或淋浴所产生的污水仅具

有轻微的污染负荷量，其中一部分来自家用化学品，其使用可影响这部分废弃物的组成和污染负荷。洗衣服、洗澡或淋浴产生的污水可以与传统的厨房污水一起用于灌溉。也可将其重新用于冲洗厕所。但以上两种情况的污水处理量都非常大。

来自厨房固体废物的可堆肥部分既可以单独存放，也可以与传统的厨房垃圾（含液体）结合，以便后续在污水处理厂进行堆肥或厌氧处理。

许多国家都使用厨余废物处理装置（研磨机）来处理家庭厨房固体废物中可堆肥的部分，尽管有时这种选择会因为增加排水管网污水负荷而被拒绝。然而，废物是在家庭中产生的，必须通过某种方式运离家庭并运出城市。将固体废物排入排水管网不会改变家庭产生的总废物负荷，但会改变废物的运输方式和最终目的地。

3.11.5　非生活污水成分

通过排水管网输送到污水处理厂的城市污水不仅来自家庭，还可能来自因为缺乏自有的（分散的）污水处理设施而产生的工业废水。此外，污水处理厂还需要处理外部输入的污水，如垃圾渗滤液。

对于没有内部水回用方案的工业，85%～95%的用水将成为污水；对于具有利用内部水循环的行业，废水产生量应该根据具体情况进行估算（Metcalf和Eddy AECOM，2014）。不同行业的废水特性差异很大，如表3.21所示。此外，这些废水的污水浓度会随着时间的推移产生动态变化或随生产方案而波动。

四种不同工业废水组成实例　　　　表3.21

变量	单位	造纸业[1]	纺织业[2]	酒业[3]	乳制品业[4]
BOD	g/m³	16～13 300	80～6000	203～22 418	40～48 000
TSS	g/m³	—	15～8000	—	24～7175
SS	g/m³	0～23 319	—	66～8600	—
COD	g/m³	78～39 800	100～30 000	320～49 105	80～95 000
总氮	g/m³	11～600	70～80	10～415	14～329
总磷	g/m³	0.02～36	<10	2～280	9～132
总硫	g/m³	6～1270	500～1000	—	—
pH值		2.5～12.3	5.5～11.8	2.5～12.9	4.5～11

[1]Pokhrel and Viraraghavan（2004）；[2]Yaseen and Scholz（2019）；[3]Ioannou等（2015）；[4]Kushwaha等（2011）。

处理厂的另一个重要外部负荷是填埋场的垃圾渗滤液（图 3.12，表 3.22）。垃圾渗滤液中可能含有高浓度的可溶性惰性 COD，这些 COD 在通过垃圾填埋场时不会减少或改变。此外它还含有高浓度的氮。在某些情况下，如法规不容许未经处理的渗滤液排放，则须在渗滤液排放至公共排水管道之前先在现场对其单独进行预处理。

图 3.13　消化池产生的消化上清液由于氮和其他物质的高负荷经常给污水处理厂带来问题（照片：D. Brdjanovic）

图 3.12　在波斯尼亚和黑塞哥维那的萨拉热窝的一个卫生垃圾填埋场收集和储存的渗滤液照片（照片：f. Babić）

渗滤液成分（以 g/m³ 计算，pH 值除外）

表 3.22

参数	低	高
总 COD	1200	16 000
可溶性 COD	1150	15 800
总 BOD	300	12 000
总氮	100	500
氨氮	95	475
总磷	1	10
TSS	20	500
VSS	15	300
氯	200	2500
H_2S	1	10
pH 值	6.5	7.2

3.11.6　污水处理系统的内部负荷

处理厂的内部负荷是由消化池上清液增稠或浓缩、污泥脱水中排出的水分以及过滤洗涤水造成的。消化池的上清液通常会引起很大的内部负荷（图 3.13），尤其是对于氮元素而言（表 3.23）。在采用生物脱氮的情况下，这可能导致氮的负荷过大（另请参见第 5 章）。

污泥脱水过程中排出的水可能含有较高浓度的可溶性物质（图 3.14），包括有机物和氮（表 3.24）。

图 3.14　用于污泥脱水的带式压滤机：污水被收集到机器下面（照片：D. Brdjanovic）

消化池上清液成分（g/m³）　表 3.23

成分	低	高
总 COD	700	9000
溶解性 COD	200	2000
总 BOD	300	4000
溶解性 BOD	100	1000
总氮	120	800
氨氮	100	500
总磷	15	300
TSS	500	10 000
VSS	250	6000
H_2S	2	20

污泥脱水过程中排出的水的成分（g/m³，除了 pH 值）（Gebreeyessus 和 Jenicek，2016）

表 3.24

成分	范围
总 COD	700～1400
有机氮	90～187
氨氮	600～1513
总磷	微量～130
TSS	<800
pH 值	7～13

由于处理厂中沉淀池的高液压负荷，会对过滤洗涤水产生影响。在某些情况下，这可能导致悬浮固体负荷较高（表 3.25）。小型处理厂中的过滤洗涤水应缓慢循环使用。

过滤洗涤水（g/m³）　　表 3.25

成分	低	高
总 COD	300	1500
溶解性 COD	40	200
总 BOD	50	400
溶解性 BOD	10	30
总氮	25	100
氨氮	1	10
总磷	5	50
TSS	300	1500
VSS	150	900
H_2S	0.01	0.1

3.11.7 非管网（现场）卫生设施流量

本书主要侧重于排水管网（城市）设施和使用常规或先进工艺技术对污水（废水）进行集中处理，包括活性污泥、颗粒污泥和生物膜系统。一般地，很少有一个国家几乎所有城市地区都有污水处理系统服务，除了较小的高度发达的国家（例如新加坡、荷兰、丹麦等）。低收入和中等收入国家（以及一些欧盟国家）的城市和城市周边地区仅部分具有排水管网系统；提供非管网的（也称为就地的）卫生设施是一项重大挑战，因此，这已得到国际社会的认可，并且利于可持续发展目标（Sustainable Development Goals，SDGs）的实施，尤其是目标 6—安全用水和卫生设施。

非管网式污水管理与集中式污水管理在卫生服务提供链等许多方面有所不同，但在两个部门的交汇处有几个共同点。可持续发展目标的最新进展是促进了全市包容性卫生（City-wide Inclusive Sanitation，CWIS）概念的统一，即城市卫生的一种方法，使城市中的每个人通过所有规模（排水管网式和非管网式）的适当系统都可以平等地获得充足且负担得起的卫生改善服务。这种方法使得不仅要考虑污水，还要考虑由粪便污泥主导的现场卫生设施产生的材料和资源。粪便污泥管理（Faecal Sludge Management，FSM）在最近十年才开始受到广泛的科学关注，包括对现场卫生设施产生的流量进行表征和量化。

相比之下，对活性污泥系统的研究已有一个多世纪的历史（Jenkins 和 Wanner，2014），实验方式和方法也得到了很好的发展（Van Loosdrecht 等，2016），各种模型已经被广泛使用超过 30 年的时间（Brdjanovic 等，2015；Van Loosdrecht 等，2015）；而非管网的卫生设施的专业人员仍在努力了解和确定厕所公共洗手间、水厕和干厕的增长速率和普及过程（Strande 等，2014）。但是，由于最近对非管网卫生设施的关注，粪便污泥分析方法的开发和标准化正在迅速发展（Velkushanova 等，2020）。最近，已经开发了几种获取现场卫生设施流量定量和定性特征的方法，并已在实践中应用（Strande 等，2018；Velkushanova 等，2020）。还有一种称为排泄物流程图（或粪便流程图，Shit Flow Diagram，SFD）：在多个中低收入国家的城市出现了一种了解和互通排泄物"流经"城市或城镇的方式的工具，并已得到开发和应用（Peal 等，2020年）。

在某些情况下，在排水管网系统有限或没有排水管网系统的城市群中，要求建造指定的粪便污泥处理厂（Faecal Sludge Treatment Plant，FSTP）作为有效的卫生设施。在许多国家，标准的卫生做法包括粪便污泥的收集和运输以及在集中式污水处理设施中的处理和处置。在某些情况下，这些污水处理厂的设计目的是要承受这些负荷。然而大多数情况下并非如此，甚至粪便污泥对此类传统活性污泥厂的贡献也相对较小，这可能导致处理厂性能下降（Strande 等，2014）。造成这种恶化的主要原因是粪便污泥的成分与污水相比有所不同。这种差异是由非管网和排水管网的卫生设施的物理性质不同、特定卫生系统中水的使用以及系统中污染物的保留时间不同而引起的。在某些情况下，一种常见（但不理想）的做法是使用粪便污泥车将污泥倾倒至排水管网系统中，这种做法通常会引起一系列运营和环境问题。

由于有机物、氮和磷的浓度非常高，粪便污泥突然满载会给污水处理厂造成问题，并可能影响整个处理厂，包括初级处理、生物处理和污泥处理。当服务区域包含更多分散处理污水的区域时，发生此问题可能性更大。在城市周边和没有排水管网的城市地区，为了避免小型污水处理厂的不便，必须将化粪池的污泥卸到存储单元（缓冲池）中，然后在低负荷期间（通常在夜间）将其从泵中抽到处理厂。根据经验，对于每天运行超过100 000人的污水处理厂而言，每天卸下带有化粪池污泥的卡车不会对处理厂造成直接影响。

由于大量的粪水混合物汇集到污水处理厂，因此需要特别注意区分生活污水和各种现场处理污水的组分差异。

一些读者可能不熟悉现场卫生设施流量的定义，因此，此处提供了普遍接受的描述（摘自Tilley等，2014；Strande等，2014；Velkushanova等，2020）。

排泄物由未与任何冲洗水混合的尿液和粪便组成。排泄物的体积相对较小，但集中在营养物和病原体中。根据粪便的特性和尿液含量，其稠度可以为柔软或松软。

粪便是指未与尿液或水混合的（半固体）排泄物。根据饮食的不同，每个人每年产生大约50～150L的粪便，其中大约80%是水，其余的固体部分主要由有机物质组成。粪便的一种特殊形式是腹泻，它是由病毒、寄生原生动物、细菌或蠕虫感染（布里斯托尔粪便量表的6型和7型）导致的稀疏的水状粪便。

尿液是人体产生的以尿素和其他废物形式释放氮的液体。在本章中，尿液产品是指未与粪便或水混合的纯净尿液。根据饮食方式的不同，一年的人尿液（约300～550L）中含有2～4kg氮。尿液可以被储存，例如在尿液分流（干式）厕所[UD（D）Ts]中随时间自然水解，即尿素被酶转化为氨和碳酸氢盐。

肛门清洁水是排便、排尿后用来清洁身体的水；它是人在用水进行肛门清洁时产生的。每次清洁使用的水量通常为0.5～3.0L（但在发达的城市地区可能更多）。

冲洗水是用户厕所用水，用于对其进行清洁并将其内容物输送到输送系统或现场存储系统中。淡水、雨水、再生水或这三者的任意组合都可用作冲洗水。许多卫生系统不需要冲洗水（例如"干式"卫生）。

黑水是尿液、粪便和冲洗水与肛门清洁水（如果使用水进行清洁）及干洗材料的混合物。

灰水是由洗涤食物、衣服和餐具以及洗澡产生的水的通称，而不是厕所产生的。它约占带抽水马桶的家庭所产生污水的65%。

棕水是粪便和冲洗水的混合物，不包含尿液，主要在分流尿液的抽水马桶中产生。它的体积取决于所用冲洗水的量。它还可能包括肛门清洁水。

黄水是尿液和冲洗水的混合物。

粪便污泥是固体和液体的混合物，主要含有粪便和水，并与沙子、砂砾、金属、垃圾和/或各种化学化合物结合在一起。它可以是未加工的或部分消化的，呈浆状或半固体状，由排泄物或黑水（有或没有中水）的收集和储存/处理产生。由于各种原因，新鲜粪便污泥（例如来自集装箱式卫生设施的粪便）和旧粪便污泥[例如来自化粪池的粪便-通常被称为"化粪池垃圾"（septage）的历史术语]的特征有所不同。报告的粪便污泥生产率为每人每天100～520g湿污泥（Rose等，2015；Strande等，2014；Zakaria等，2018）。

影响粪便污泥成分的因素很多，例如：①饮食；②厕所使用情况和习惯，包括社会和文化方面；③储存时间；④流入和渗透；⑤收集方法和⑥气候。众所周知，粪便污泥的特征在空间和时间上都会变化。目前缺乏有关粪便污泥特性的详细信息。但是，该领域正在积极地进行研究。这些研究结果以及经验总结结果将继续完善粪便污泥特性的相关知识，并允许在使用较少劳动强度方法的情况下更准确地预测粪便污泥特性。表3.26（取自Strande等，2014）概述了来自公共厕所和化粪池的最相关的粪便污泥特征。有关粪便污泥的表征、采样和分析的更多详细信息，请参阅Velkushanova等人的文章（2020）。表3.26中的信息清楚地表明，粪便污泥的污染物强度远高于生活污水。此外，粪便污泥和污水中不同成分（如COD、固体等）的分馏通常显示出更大的差异。而且，即使从相同的场所采集样品，粪便污泥的各个样品也存在很大的差异。图3.15所示为粪便污泥的采样。

	公共卫生间	化粪池	参考
pH 值	1.5～12.6		USEPA（1994）
	6.55～9.34		Kengne 等（2011）
总固体，TS(mg/L)	52 500	12 000～35 000	Koné and Strauss（2004）
	30 000	22 000	NWSC（2008）
		34 106	USEPA（1994）
	≥3.5%	<3%	Heinss 等（1998）
总挥发性固体，TVS（占 TS 的比例，%）	68	50～73	Koné 和 Strauss（2004）
	65	45	NWSC（2008）
COD(mg/L)	49 000	1200～7800	Koné 和 Strauss（2004）
	30 000	10 000	NWSC（2008）
	20 000～50 000	<10 000	Heinss 等（1998）
BOD(mg/L)	7600	840～2600	Koné 和 Strauss（2004）；NWSC（2008）
	—	190～300	Koné 和 Strauss（2004）；NWSC（2008）
总氮，TN(mg/L)	3400	1000	Katukiza 等（2012）
	3300	150～1200	Koné 和 Strauss（2004）
总凯氏氮，TKN(mg/L)	2000	400	NWSC（2008）
氨氮(mg/L)	2000～5000	<1000	Heinss 等（1998）
	—	0.2～21	Koottatep 等（2005）
	450	150	NWSC（2008）
硝酸盐，NO_3(mgN/L)	$1×10^5$	$1×10^5$	NWSC（2008）
总磷，TP(mgP/L)	2500	4000～5700	Heinss 等（1994）
粪肠杆菌数(cfu/100ml)	20 000～60 000	4000	Heinss 等（1998）
寄生虫卵数(numbers/L)		600～6000	Ingallinella 等（2002）
		16 000	Yen-Phi 等（2010）

　　本节的主要结论是：①不应低估粪便污泥对生物污水处理的影响（以及对初级处理和废物污泥消化的影响）；②粪便污泥的特性可能相差很大。因此，粪便污泥的数量和质量需要专业知识和技能来确定，以便结果的准确性能够满足设计、操作和管理需要。

图 3.15　孟加拉国 Faridpur 市 FSTP 的粪便污泥采样

3.12　污水动力学特性

　　污水的流量和组成是随时间变化的。这些动力学特性对于污水处理厂的设计、运行、监测和调控是非常重要的。

　　污水流量是单位时间（d、h 或 s）流过的污水体积。污水处理厂可以利用水流量的不同单位，并根据水力停留时间设计不同的单元过程。对于水力停留时间短的单元，比如格栅和沉砂池，流量设计为 m^3/s；而对于沉淀池，流量设计通常为 m^3/h。

　　污水流量随时间和空间而变化，使得精确测量变得更加复杂。出于设计的目的，除了平均流量，也需要提供最大流量。最大流量（Q_{max}）

可以通过平均流量（Q_{avg}）乘以一个参数 f_{max} 得到，见式（3.5）。

$$Q_{max}=Q_{avg}\cdot f_{max} \tag{3.5}$$

参数 f_{max} 取决于流域的尺寸：对于城市取 1.3～1.7，对于村庄取 1.7～2.4。因此，对于较小的流域，最大流速与平均流速之间的比率较高，这反映了在其自然流域和相关的排水管网系统中的停留时间较短。

污水随时间的变化是非常重要的，图 3.16 为特定情况下的污水流量、COD 和悬浮固体浓度。更多案例可参考第 15 章。

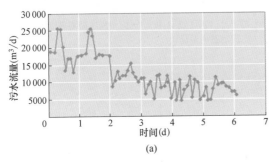

（a）

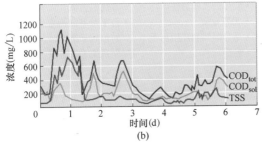

（b）

图 3.16　污水流量变化（a）COD 浓度和悬浮
固体变化（b）（Henze 等，2002）

在很多案例中可以看到日变化，工厂的生产模式可能导致周和季节性变化。如果组分负荷大体恒定，组分浓度的变化将在很大程度与污水流量有关。这是有机碳的常见情况。另外一些营养成分的动态变化同流量无关。比如，尿液是一种浓缩的营养液，而氨浓度的日变化可能是由尿液引起的（图 3.17）。

流量和成分的变化给污水取样提出了挑战。甚至会使得分析结果由于所选取样过程而产生很大变化。

随机采样，即在特定时刻收集的单个样品，这种方式的取样结果变化较大。

按时间比例采样，以固定的时间间隔（比如小时）采样，然后合并为一个最终样品。这种采

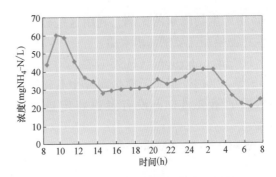

图 3.17　西班牙加林多污水处理厂的
氨浓度的时间变化图

样方式适合于污水特性变化相对于测试频率较慢的情况。

按流量比例采样，即为每一特定废水流量采集一定的样本数量（一般超过 24h）。这对给定时间内的废水负荷成分的流体动力学和平均浓度给出了更可靠的估计。

污水特性的动力学变化对过程控制也有影响。污水流量和成分浓度的变化对污水处理厂来说是一种干扰，为了达到出水水质要求，并且达到其他工厂目标（见第 15 章），需要通过正负反馈控制回路进行补偿。

3.13　活性污泥模型的校准方法

由于活性污泥系统数学模型发展的需求，已经开发出各种系统的活性污泥模型校准方法，其中包括不同的污水特性描述方法。主要有四个不同的研究小组开发的方法，适用范围从简化和相对实用，到更加复杂和更具学术性和研究性的。

BIOMATH（Vanrolleghem 等，2003）利用呼吸运动计量法和物理化学法结合的方式，评估进水 COD 和氮组分。

STOWA 方法（Hulsbeek 等，2002）基于物理化学法测定水体 COD 和 BOD，以量化进水

图 3.18　在代尔夫特 IHE 开展的活性污泥系统模型构建

COD 中可生物降解的比例。利用这些分数求得活性污泥模型需要的污水水质。

Hochschulgruppe（HSG）参考（Langergraber 等，2004）强调了模拟研究中获得可靠测量数据的重要性，但没有考虑特定进水表征方法。

WERF 方法（Melcer 等，2003）为呼吸运动计量和物理化学法给出了详细的步骤，用于污水进水水质表征和确定活性污泥模型的动力学和化学计量参数。

方法的选择应根据模型构建的目的。根据 SWOT 分析法（Sin 等，2005），表 3.27 给出了四种方法的比较。读者可以参考第 14 章，获取更多关于活性污泥处理模型的细节（图 3.18）。

不同特性方法的比较（Sin 等，2005）　　　　　　　　　　　　表 3.27

协议	优点	缺点	因素	风险
BIOMATH	• 详细的沉降、水力学和生物学特性 • 详细的进水特性 • 生物量特性 • 灵敏度分析/参数选择 • 用于测量活动的 OED • 协议的结构化概述 • 反馈回路	• 呼吸计量学进水的表征需要基于模型的解释 • OED 在实际中并没有被使用，处于研究阶段 • 需要 OED 软件和专业技巧 • 数据质量检查没有详细的方法 • 对于参数校准缺乏实际操作	• 总体适用 • 在模拟器中运行后即可高效工作 • 可基于 OED 设计和比较动态测量活动	• 并非所有建模和模拟软件都具有 OED 和灵敏度分析方法 • 应用程序需要高度专业化
STOWA	• 详细的沉降和生物学特性 • 程序控制 • 不同校准步骤的时间估算 • 详细的数据质量检查 • 逐步校准生物过程参数 • 协议的结构化概述 • 反馈回路	• 缺少详细的水力学特性 • BOD 测定引起惰性颗粒生物质组分问题 • 缺少生物量特性 • 缺少衡量活动设计的指南 • 缺少灵敏度分析的详细方法 • 用于生物过程校准的固定参数子集	• 使用简单 • 实用的实验方法 • 无需专家 • 适合顾问和建模新手	• 缺少用于校准的数学/统计学方法的选择 • 由于对不同污水处理厂选取的参数子集不同，可能对于不同系统无法适用
HSG	• CFD 用于水力特性 • 生物学特性 • 测量活动设计 • 文档标准格式 • 数据质量检查 • 结构化概述协议	• 总览图中缺少反馈回路 • 仅提供一般指导 • 缺少详细的沉降特性 • 缺少用于参数评估进水特性的特定方法 • 缺少详细的灵敏度分析/参数选择	• 一般适用 • 用于详细文件/校准研究报告的标准格式	• 对新手来说不够详细/实用 • 自由选择进水/动力学特性的实验方法可能会妨碍校准协议的标准化
WERF	• 详细的进水特性 • 详细的 $\mu_{ANO,max}$ 和 b_{ANO} 测定 • 生物量特性 • 灵敏度分析/参数选择 • 详细的数据质量检查 • 分层的校准方法 • 多个研究案例	• 缺少反馈回路 • 沉降过程缺少考虑 • 除硝化作用外，几乎不强调其他动力学参数 • 缺少协议的结构化概述	• 基于实际经验 • 分层的校准方法为不同的目标和校准精度提供了不同的校准级别 • 适合顾问和建模新手	• 专注于 $\mu_{ANO,max}$ 测定和进水特性 • 忽略了前面模型其他部分的重要性 • 费力的方法

　　OED：Optimal Experimental Design，最佳实验设计；CFD：Computational Fluid Dynamics，计算流体动力学；$\mu_{ANO,max}$：Maximum Growth Rate of Autotrophic Biomass，自养生物量的最大生长速率；b_{ANO}：Endogenous Decay Coefficient of Heterotrophs，异养生物的内源性衰变系数。

术语表

符号	含义	单位
b_{ANO}	硝化菌的特定内源性呼吸率	d^{-1}
COD_t	总 COD 浓度	mgCOD/L
COD_b	生物降解的 COD 浓度	mgCOD/L
f_n	污泥含氮量	gN/gVSS
f_{max}	最大流量系数	
f_p	污泥含磷量	gP/gVSS
$f_{SU,TKNi}$	进水可溶性不可生物降解有机氮馏分	
$f_{TKNi/CODi}$	TKN/COD 进水比	mgN/mgCOD
MX_{ANO}	反应器中硝化菌的质量	mgVSS
MX_{OHOv}	反应器中 OHO 生物质量	mgVSS
$MX_{E,OHOv}$	反应器内内源残渣的质量	mgVSS
MX_{Uv}	来自反应器中流入物的不可生物降解有机物	mgVSS
N_o	有机氮浓度	mgN/L
N_{obp}	可生物降解有机氮微粒浓度	mgN/L
N_{obs}	可生物降解的可溶性有机氮浓度	mgN/L
N_{oup}	不可生物降解的有机氮微粒浓度	mgN/L
N_{ous}	不可生物降解的可溶性有机氮浓度	mgN/L
P_t	总磷浓度	mgP/L
P_{IN}	无机磷浓度	mgP/L
P_o	有机磷浓度	mgP/L
P_{obp}	可生物降解微粒有机磷浓度	mgP/L
P_{obs}	可生物降解可溶性有机磷浓度	mgP/L
P_{oup}	不可降解颗粒物有机磷浓度	mgP/L
P_{ous}	不可生物降解的可溶性有机磷浓度	mgP/L
Q_{max}	最大流量	m^3/d
Q_{ave}	平均流量	m^3/d
S_F	可发酵有机物浓度	mgCOD/L
S_{NHx}	散装液氨浓度	mgN/L
S_S	易溶性生物降解(RB)COD 浓度	mgCOD/L
SRT	污泥停留时间	d
S_U	可溶性不可生物降解的 COD	mgCOD/L
S_{VFA}	挥发性脂肪酸浓度	mgCOD/L
TKN_t	凯氏定氮总浓度	mgN/L
X_{CL}	纤维素浓度	mgVSS/L
X_U	活性污泥中不可降解物质	mgVSS/L
X_S	缓慢生物降解(SB)COD 浓度	ngCOD/L

缩写	含义
ATU	烯丙基硫脲
BOD	生化需氧量
BOD_{∞}	最终的生化需氧量
CFD	计算流体动力学
COD	化学需氧量
CWIS	全市范围的卫生

缩写	含义	
EPS	胞外聚合物的物质	
FSA	游离盐氨	
FSM	粪便污泥管理	
FSTP	粪便污泥处理厂	
GC-MS	气相色谱质谱分析	
HPLC	高效液相色谱法	
LC-MS^2	液相色谱串联质谱	
NBCOD	含氮生化需氧量	
ISS	惰性悬浮物	
OED	最优实验设计	
OHOs	普通的异养生物	
PAOs	聚磷生物	
PE	人口当量	
PL	人员负荷	
SA	敏感性分析	
SDGs	可持续发展目标	
SFD	粪便处理流程图	
TKN	总凯氏氮	
TSS	总悬浮固体	
VFAs	挥发性脂肪酸	
VSS	挥发性悬浮固体	
WC	抽水马桶	

希腊符号	含义	单位
$\mu_{ANO,max}$	硝化菌的最大比生长速率	d^{-1}

图 3.19　某炼油厂污水处理工厂的样品采集，取样是污水和污泥特性测定的重要组成部分（照片：D. Brdjanovic）

第 4 章
有机物的去除

George A. Ekama 和 Mark C. Wentzel†

4.1 概述

4.1.1 生物反应器中的转化

在活性污泥系统中，对污水进行特性分析是十分必要的，包括物理特性〔可溶的、不可沉降的（胶状和/或悬浮物）、可沉降的、有机的、无机的〕和生物特性（可生物降解、不可生物降解）。图 4.1 概述了在生物反应器中污水的有机和无机成分发生的物理、化学和生物转化。其中一些转化对于达到一定要求的出水质量是非常重要的，而另一些转化虽然对出水质量无太大影响，但对系统设计和运行有很大作用。如图 4.1 所示，污水中有机和无机成分都含有可溶部分和颗粒部分，颗粒部分可进一步细分为悬浮物（不可沉淀）和可沉淀物；有机颗粒部分均含有可生物降解和不可生物降解的组分。无机颗粒进一步分为可沉淀组分和悬浮组分（不可沉淀），无机可溶部分不仅包括可沉淀和不可沉淀组分，还包括可生物利用和不可生物利用的组分。

在生物反应器中，可生物降解的有机质，无论是可溶性、不可沉淀的还是可沉淀的，都可转化为普通异养生物（OHOs, X_{OHO}），这些异养微生物会成为反应器中有机（可挥发性）悬浮固体（VSS）的一部分。当这些生物体死亡时，会残留一些不可生物降解的颗粒有机体（不可溶），称之为内源性残留物，主要是一些不可生物降解的细胞壁物质（$X_{E,OHO}$）。这种内源性残留物会成为反应器中 VSS 的一部分。进水中的不可生物降解的悬浮态和可沉淀的有机物最终成为 OHO 和内源性残留物的组成部分。这三种成分

图 4.1 污水中的有机和无机成分从固相和液相中的颗粒物和可溶形态转化为污泥的固相成分，转化为气体逸散，或随出水排出的总转化反应

（$X_{OHO}+X_{E,OHO}+X_U$）在生物反应器中积累，组成可沉淀固体的有机成分（VSS，X_{VSS}）。无机沉淀和悬浮成分，连同可沉淀的可溶性无机物，共同组成可沉淀固体的无机成分（ISS）。可生物利用的可溶性无机物被生物体吸收，并成为其组成部分，或被其转化为气体，逸散到空气中。不可沉淀和不可生物利用的可溶性无机物随出水排出。由于有机活性污泥具有高效的生物絮凝能力，所有固体成分，无论是可生物降解的还是不可生物降解的、有机的还是无机的，都变成了可沉淀固体。还有很少一部分悬浮物或胶体（不可沉淀），很难在系统中停留，通常会随着出

水一起排出。

活性污泥系统设计所需的污水表征程度不仅取决于系统中发生的物理、化学和生物过程，还取决于设计程序的复杂程度。这在很大程度上取决于出水水质要求，包括有机物碳（C）、氮（N）和磷（P）浓度。一般来说，出水中C、N和P的浓度要求越严格，活性污泥系统越复杂，要求设计程序要更先进、更贴合实际，才能实现所需的有机物去除。同时，设计程序越复杂、越精细，对污水表征需要也更高（详细污水成分参见第3.2节）。

单单对于有机物去除来讲，以BOD_5和悬浮固体（SS：可沉淀和/或不可沉淀）为测试指标的污水强度测试仅了解有机负荷就足够了，一般不需要了解组成BOD_5和SS的有机物种类，因为在污泥生产和需氧量方面，已经建立了各种经验关系，能够将BOD_5和SS负荷与活性污泥系统的预期响应和性能联系起来。如果有机物降解以COD进行定量，就需要对有机物进行基本表征，因为一部分COD是不可生物降解的，所以需要了解可生物降解和不可生物降解以及可溶解和颗粒物的COD浓度。不可生物降解颗粒状COD会严重影响反应器中污泥的累积和每日污泥的产生，不可生物降解的可溶性COD浓度等同于系统中出水过滤后的COD浓度。如果没有硝化、脱氮或者除磷过程，则无需对污水中的N、P进行表征。如果系统中包含硝化过程，则需要对进水中主要含N的成分（TKN和FSA）进行表征。如果有生物脱氮（反硝化）过程，则需要表征更多参数：不仅需要确定总有机COD负荷（不是BOD_5），还需要进一步确定构成总COD的有机物的种类和数量，同时还需要对氮化合物进行定性定量分析。在生物除磷过程中，除了对总有机成分进行定性定量，也需要单独对磷成分进行表征。碳氮磷化合物进入活性污泥反应器的脱氮除磷单元之前，其性质与浓度会受到上游一些单元操作的影响，尤其是初沉池的影响。因此，还必须确定初沉池对污水C、N和P成分的影响，以便估计沉淀池出水的特性。

4.1.2 稳态和动态模拟模型

污水处理系统的数学模型主要有两种，稳态模型和动态模型。稳态模型中流量及负荷为常数，并且相对简单，所以稳态模型非常适合设计和评估现有污水处理厂（WWTPs）。在稳态模型中，不需要对系统参数进行完整描述，但模型能从执行标准方面需要确定重要的系统设计参数（Ekama，2009）。动态模型相比稳态模型要复杂得多，因为其中流量和负荷随时间变化。动态模型可以用于预测系统随时间变化的情况。然而，模型的复杂性意味着在实际应用中需要完整定义系统参数。稳态模型对于计算启动动态模型所需的初始条件非常有用，如反应器体积、回流污泥量和剩余污泥流量以及反应器中各种浓度值和重复检验模拟的输出结果（Ekama，2009）。

4.2 活性污泥系统约束条件

基本上所有的好氧生物处理系统都遵循相同的原理运行，如滴滤池、好氧塘、接触-稳定塘、延时曝气池等。它们只在生物反应的限制运行条件上有所不同，即系统约束条件。活性污泥系统包括反应器的流态、反应器的大小和形状、数量和结构、回流流量、进水流量和其他不可避免的特征式因素。生物体的反应是由性质而定的，也就是说系统的生物过程行为，是受生物体行为和系统的物理特征共同支配，即生物过程是受环境条件或系统约束条件限制的。

4.2.1 混合模式

活性污泥系统中，反应器的混合模式和污泥回流作为系统约束的一部分，会影响系统响应，因此必须考虑反应器的混合模式。混合模式包括完全混合和推流式混合两种（图4.2）。

理论上来讲，在完全混合反应器中，进水是即时完全地与反应器中的物质混合的。因此，反应器出水与反应器中的物质浓度是一致的。反应器出水进入沉淀池，沉淀池溢流出水，底流是浓缩污泥并回流到反应器。完全混合系统中，底流回流比对生物反应器没有影响，除非沉淀池中发生过度的污泥累积。反应器的形状通常设计为方形或圆形，并采用机械曝气或者扩散式气泡曝气。例如，延时曝气池、好氧塘、氧化沟以及单一反应器完全混合活性污泥池都是完全混合反应器。

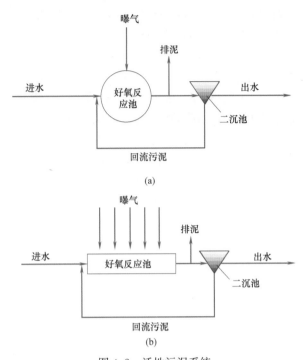

图 4.2　活性污泥系统
(a) 完全混合反应器；(b) 推流式混合反应器

推流式反应器通常是一个长通道形的池子。进水从通道的一端引入，沿通道轴流动，由沿通道一侧的空气分布系统或者水平轴表面曝气器进行混合。理论上讲，沿轴的液体体积单元都没有和前、后面的元素混合，混合液在通道末端排出至沉淀池。为了给进水接种，污泥从沉淀池的底端回流至通道的进水口，这就形成了一种中间流模式，由于回流程度不同，与真正的推流条件的偏离程度也不同。传统的活性污泥厂都属于中间流模式类型，其污泥回流比为平均进水流量的 0.25~3 倍。回流比越高，越接近完全混合模式。

中间流模式也可以由两个或多个完全混合式反应器连续或阶梯式曝气形成。阶梯式曝气时，进水沿着推流式反应器轴向分点流入。为了保证污泥接种，两种结构都需要污泥从沉淀池回流至反应器前端。

假设活性污泥系统的平均动力学反应充分，即污泥量、每日污泥产量、每日需氧量和有机物出水浓度是一定的，确切地说是精准的，并且系统完全混合，进水流量和负荷是常数，这使得反应器的体积、每天剩余污泥量，以及每天平均的氧利用率可以由相对简单的公式确定。回流和负荷产生的最大氧利用率可以通过对平均氧利用率和一个因子来进行相对准确的估计，这些因子通过建立在回流比、流量和负荷为常数条件下运行的好氧和厌氧-好氧系统的基础上的模型模拟研究得出（Musvoto 等，2002）。

4.2.2　污泥龄（SRT）

在活性污泥系统的示意图（图 4.2）中，剩余污泥直接从生物反应器排出。而实际生产中，剩余污泥通常从二沉池的底端排出。由此产生一种控制污泥龄（污泥停留时间或固体停留时间：SRT）的手段，称为水力控制泥龄，同二沉池排泥相比，这种手段对系统控制的优势更明显。

污泥龄（SRT）定义为：

$$SRT = \frac{反应器中的污泥量}{每天的剩余污泥量}(d)$$

污泥如果直接从反应器中排出，污水中污泥浓度与生物反应器中相同。如果污泥龄是 10d，那么每天需排出的污泥体积为反应器容积的 1/10，这可以通过固定的排泥速率 Q_w（L/d）来实现，其中 Q_w 是每天需要排放的污泥量。因此，

$$SRT = \frac{X_{TSS} \cdot V_R}{X_{TSS} \cdot Q_w} = \frac{V_R}{Q_w} \quad (d) \qquad (4.1)$$

式中　V_R——生物反应器的容积（L）；

　　　Q_w——反应器的排泥速率（L/d）。

式（4.1）假定出水的悬浮固体损失可以忽略不计，二次沉降池中的污泥量与生物反应器中的污泥量相比也忽略不计。在回流比较高（~1:1），且污泥龄大于 3d（见第 4.10 节）的运行系统中，这种假设是合理的。

4.2.3　名义水力停留时间（HRTₙ）

在活性污泥理论中，名义水力停留时间为反应器容积比进水流量：

$$HRT_n = \frac{V_R}{Q_i} \quad (d) \qquad (4.2)$$

式中　HRT_n——名义水力停留时间（d）；

　　　Q_i——每日平均进水流量（L/d）。

将二沉池回流污泥（Q_s）和所有其他混合液回流（Q_a）都包括在内时，水力停留时间被称为实际水力停留时间（HRTₐ），即：

$$\text{HRT}_a = \frac{V_R}{Q_i + Q_s + Q_a} = \frac{\text{HRT}_n}{1 + s + a} \quad \text{(d)}$$

$$(4.3)$$

式中　HRT_a——实际水力停留时间（d）；

　　　　s——污泥回流比（Q_s/Q_i）；

　　　　a——混合液回流比（Q_a/Q_i）。

4.2.4　污泥龄和水力停留时间的关系

从上述定义中可知，系统中有两个参数与时间有关：①污泥龄，表示颗粒物质在反应器中停留时间的长短；②名义水力停留时间，表示液体和可溶物在反应器中停留时间的长短。在没有膜或二沉池（SSTs）进行分离的活性污泥系统中，好氧曝气池的污泥龄和名义水力停留时间相等，即液体/可溶物和固体/颗粒物在反应器中停留时间相同。当存在固液分离操作时，液体和固体的停留时间不同，且 $\text{SRT} > \text{HRT}_n$。然而，污泥龄长会导致反应器中污泥量积累，导致较大的反应器容积（V_R）。因此，即使存在固液分离，随着 SRT 增加，HRT_n 也越久。这二者之间的关系既不是成比例的也不是线性的，而是取决于：①污水中的有机物浓度（COD 或 BOD_5）；②反应器中的悬浮固体浓度（TSS）。在脱氮除磷活性污泥系统中，污泥龄为 10～25d，名义水力停留时间为 10～24h。

4.3　模型简化

4.3.1　可生物降解有机物的完全利用

可生物降解和不可生物降解之间的区别是由系统中的生物量和生物降解有机物所需的时间长短决定的。据观察，水力停留时间短（2～3h）和长（18～24h）的系统出水 COD 浓度的差异非常小，只有 10～20mg COD/L。这说明一般城市污水中慢速可生物降解的溶解性有机物浓度非常低。因此，可以合理认为，城市污水中的可溶性有机物包括两部分：可生物降解和不可生物降解，其中可生物降解的几乎都是易生物降解的。这说明，即使是非常短的水力停留时间（几个小时），可生物降解有机物也能被完全利用，出水中只有溶解性不可生物降解的有机物。

进水中可生物降解的颗粒有机物，不管是可沉降颗粒物还是悬浮颗粒物（X_s），大多都是慢速可生物降解的。这些慢速可生物降解的颗粒有机物（SBCOD），无论是可沉淀的还是不可沉淀的，在反应器中都溶入活性污泥絮凝体中变成悬浮性污泥 VSS 的一部分。作为污泥的一部分，这些有机物在二沉池中沉淀，并回流到生物反应器。因此，未降解的颗粒有机物不会随着出水排出，只能作为系统中的 VSS 污泥的一部分；未降解的可生物降解颗粒有机物的唯一出路是通过剩余污泥排出（Q_w）。因此，普通异养菌对慢速可生物降解的颗粒有机物的降解时间与系统的固体停留时间或污泥龄有关。虽然可生物降解的颗粒有机物的生物降解速度比易生物降解的溶解性有机物的降解要慢得多，但影响并不大，因为系统中的固体停留时间（SRT）比液体停留时间（HRT_n）长得多。20℃（14℃）时，一旦污泥龄超过 3d（4d），则慢速可生物降解的有机物就能被完全利用。

上述结果已经被实验证实。污泥龄短、相应的水力停留时间也短的系统，和污泥龄长、水力停留时间也长的系统，所产生的不可生物降解的可溶性和颗粒 COD 组分（$f_{\text{SU,COD}i}$ 和 $f_{\text{XU,COD}i}$）几乎相等。因此，一旦污泥龄大于 3～4d，剩余可生物降解的有机物，不管是可溶的（S_S）还是颗粒的（X_S），浓度都很低。有了这个重要假设，就可以进行稳态模拟模型的简化，即假设慢速可生物降解的可溶性有机物和极度慢速的可生物降解颗粒有机物在一般城市污水中浓度低到可以忽略不计。然而，必须注意，虽然这种假设是合理的，但是"所有可生物降解的有机物都可被生物降解"并非适用于所有污水，这取决于污水处理厂纳污范围内的工业废水类型。当对污水进行表征时，系统中任何没有被降解的剩余可生物降解的可溶性有机物和颗粒有机物分别简化包括在不可生物降解可溶性有机组分和颗粒有机组分中，这是活性污泥模型建立的方式。在稳态模型中，由于所有可生物降解的有机物都能被利用，因此可以进行进一步简化，即无需区分可生物降解的可溶性有机物和颗粒有机物，因为这些有机物都转化为 OHO 的 VSS 量。下文中的稳态活性污泥模型方程就是在这个简化模型的基础上建立的。

常数	符号	温度效应	θ	20℃标准值
产率系数(mgCOD/mgCOD)	Y_{OHO}	保持不变	1	0.67
产率系数(mgVSS/mgCOD)	Y_{OHOv}	保持不变	1	0.45
内源呼吸速率(L/d)	b_{OHO}	$b_{OHO},T = b_{OHO,20}\theta_{b,OHO}^{(T-20)}$	1.029	0.24
内源残留物比例（一）	$f_{XE,OHO}$	保持不变	1	0.2
①OHOs 的 ISS 浓度	$f_{FSS,OHO}$	保持不变	1	0.15
①OHOs 的 COD/VSS 比值(mgCOD/mgVSS)	$f_{cv,OHO}$	保持不变	1	1.48
产率系数(mgCOD/mgCOD)	Y_{OHO}	保持不变	1	0.67

①不同 COD/VSS（f_{cv}），N/VSS（f_n）和 P/VSS（f_p）比值指代 OHO 生物量（X_{OHO}），OHO 内源剩余物（$X_{E,OHO}$）和进水 UPO（X_{Uv}）。然而，在本书中这三种 VSS 量组成可同样写作 f_{cv}，f_n 和 f_p。

4.4 稳态系统方程

除了可溶性不可生物降解 COD，进水中的所有有机物，要么被 OHOs 利用，通过增长（X_{OHO}）形成新的 OHO 物质，要么作为不可生物降解（惰性）污泥（$X_{E,OHO}$ 和 X_U）在系统中积累。因此，系统的污泥产量和碳氧需求量可以看作是每日 COD 负荷的计量函数；日 COD 负荷越大，污泥产量和碳氧需求量越大。

后文中的方程列出了反应器中每日污泥产生量和排出量，平均日需氧量和出水 COD 浓度（包括有机物去除中不可生物降解的可溶性有机物）作为每日总有机物（COD）负荷（F_{CODi}）和污水特性的函数，污水特性即为不可生物降解的可溶性和颗粒 COD 组分（$f_{SU,CODi}$ 和 $f_{XU,CODi}$）和污泥龄（SRT）。表 4.1 列出了方程中的动力学常数和化学计量常数，即产率系数（Y_{OHOv}）、内源呼吸速率（b_{OHO}）、内源残余物比例 OHOs（$f_{XE,OHO}$）污泥的 COD/VSS 比（$f_{cv,OHO}$），同时列出了温度效应等。

4.4.1 进水

下面是每日进水有机物总量（$FCOD_i$，mgCOD/d）、可生物降解有机物量（$FCOD_{b,i}$，mgCOD/d）、不可生物降解颗粒有机物量（$FX_{Uv,i}$，mgVSS/d）和无机悬浮固体（FSS、$FX_{FSS,i}$，mgISS/d）的计算公式：

$$FCOD_i = Q_i COD_i \quad (\text{mgCOD/d}) \quad (4.4)$$

$$FCOD_{b,i} = Q_i COD_{b,i} = Q_i(S_{S,i} + X_{S,i})$$
$$(\text{mgCOD/d}) \quad (4.5a)$$

$$FCOD_{b,i} = Q_i COD_i(1 - f_{SU,CODi} - f_{XU,CODi})$$
$$(\text{mgCOD/d}) \quad (4.5b)$$

$$FCOD_{b,i} = FCOD_i(1 - f_{SU,CODi} - f_{XU,CODi})$$
$$(\text{mgCOD/d}) \quad (4.5c)$$

$$FX_{Uv,i} = Q_i X_{Uv,i} \quad (\text{mgVSS/d}) \quad (4.6a)$$

$$FX_{Uv,i} = Q_i f_{XU,CODi} COD_i / f_{cv,UPO}$$
$$(\text{mgVSS/d}) \quad (4.6b)$$

$$FX_{Uv,i} = FCOD_i f_{XU,CODi} / f_{cv,UPO}$$
$$(\text{mgVSS/d}) \quad (4.6c)$$

$$FX_{FSS,i} = Q_i X_{FSS,i} \quad (\text{mgISS/d}) \quad (4.7)$$

4.4.2 系统

4.4.2.1 反应器 VSS 的量

系统中 OHO 的 VSS 量（MX_{OHOv}，mgVSS），内源剩余物 VSS 量（$MX_{E,OHOv}$，mgVSS），不可生物降解有机物 VSS 量（MX_{Iv}，mgVSS），挥发性悬浮固体 VSS 量（MX_{VSS}，mgVSS）计算公式如下：

$$MX_{OHOv} = X_{OHOv} V_R \quad (\text{mgVSS}) \quad (4.8a)$$

$$MX_{E,OHOv} = X_{E,OHOv} V_R \quad (\text{mgVSS})$$
$$(4.8b)$$

$$MX_{Iv} = X_{Uv} V_R \quad (\text{mgVSS}) \quad (4.8c)$$

$$MX_{VSS} = X_{VSS} V_R \quad (\text{mgVSS}) \quad (4.8d)$$

$$MX_{OHOv} = FCOD_{b,i} \frac{Y_{OHOv} SRT}{(1 + b_{OHO,T} SRT)} =$$
$$= FCOD_i(1 - f_{SU,CODi} - f_{XU,CODi})$$
$$\frac{Y_{OHOv} SRT}{(1 + b_{OHO,T} SRT)} \quad (\text{mgVSS})$$
$$(4.9)$$

$$MX_{E,OHOv} = f_{XE,OHO} b_{OHO,T} MX_{OHOv} SRT =$$
$$= FCOD_{b,i} \frac{Y_{OHOv} SRT}{(1 + b_{OHO,T} SRT)}$$
$$f_{XE,OHO} b_{OHO,T} SRT =$$

$$= FCOD_i (1 - f_{SU,CODi} - f_{XU,CODi}) \cdot$$

$$\frac{Y_{OHOv} SRT}{(1 + b_{OHO,T} SRT)} f_{XE,OHO} b_{OHO,T} SRT$$

$$(\text{mgVSS})$$

$$(4.10)$$

$$MX_{Iv} = \frac{FX_{U,i}}{f_{cv,UPO}} SRT = FX_{Uv,i} SRT =$$

$$= FCOD_i \frac{f_{XU,CODi}}{f_{cv,UPO}} SRT \quad (\text{mgVSS})$$

$$(4.11)$$

$$MX_{VSS} = MX_{OHOv} + MX_{E,OHOv} + MX_{Uv} =$$

$$= FCOD_i \frac{Y_{OHOv} SRT}{(1 + b_{OHO,T} SRT)}$$

$$(1 + f_{XE,OHO} b_{OHO,T} SRT) +$$

$$+ FX_{Uv,i} SRT =$$

$$= FCOD_i \begin{bmatrix} \dfrac{(1 - f_{SU,CODi} - f_{XU,CODi}) Y_{OHOv} SRT}{(1 + b_{OHO,T} SRT)} \\ \cdot (1 + f_{XE,OHO} b_{OHO,T} SRT) \\ + \dfrac{f_{XU,CODi}}{f_{cv,UPO}} SRT \end{bmatrix}$$

$$(\text{mgVSS})$$

$$(4.12)$$

4.4.2.2 反应器 ISS 量

进水中无机悬浮固体（ISS）浓度在反应器中以同样方式积累成不可生物降解的颗粒有机物（式 4.12），即反应器中 ISS 积累量等于每日反应器流入的 ISS 流量 $FX_{FSS,i}$ 乘以污泥龄（SRT），即：

$$MX_{FSS} = FX_{FSS,i} SRT \quad (\text{mgISS}) \quad (4.13)$$

式中 $X_{FSS,i}$——进水 ISS 浓度（mgISS/L）。

进水 ISS 的量只是所测得反应器中 ISS 量的一部分，OHOs（和 PAOs，如果存在）也组成一部分 ISS 量。对于完全好氧和硝化-反硝化（ND）系统，活性生物量只包含在 OHOs 中，OHOs 中约 10% 的 OHOCOD 量（VSS 量的 15%）形成 ISS 量（Ekama 和 Wentzel，2004）。这部分 ISS 可能是胞内可溶性固体，当污泥样品在 TSS 测量中被干化时，这部分固体将会作为 ISS 沉淀。

所以，在 TSS 测量中，理论上 OHOs（和 PAOs，如果存在）形成的 ISS 能体现出来，但

严格意义上来讲，在 TSS 测量中应该忽略这部分的 ISS，因为这种胞内可溶性固体不会增加二沉池中的实际 ISS 通量。然而，在过去，TSS 测量仍包含这部分 ISS 量，这是因为 SST 的设计程序是基于 TSS 的测试结果设定的。换句话讲，这个模式调整就是为了容纳 TSS 测量的"错误"。完全好氧和 ND 系统包含了 OHO ISS 的产量。

$$MX_{FSS} = FX_{FSS,i} SRT + f_{FSS,OHO} MX_{OHOv}$$

$$(4.14a)$$

$$MX_{FSS} = FX_{FSS,i} SRT + f_{FSS,OHO} f_{av,OHO} MX_{VSS}$$

$$(\text{mgISS/d}) \quad (4.14b)$$

式中 $f_{av,OHO}$——活性 OHOs 中的 VSS 量的比例（见 4.4.7 节）；

$f_{FSS,OHO}$——OHO VSS 中的无机组分（0.15mgISS/mgOHOVSS）。

对于强化生物除磷（EBPR）系统，聚磷菌（PAO）中的 FSS 也应该包含在内。在好氧吸磷的 EBPR 中，$f_{FSS,PAO}$ 是 1.30 mgFSS/mg PAOVSS，即比 OHOs 高 7 倍，其中 PAO 中的聚磷酸盐（PP）含量最高，是 0.355 mgPP-P/mgPAOVSS（Wentzel 等，1990；Ekama 和 Wentzel，2004）。因此，在 EBPR 系统中，VSS/TSS 的比值比完全好氧和 ND 系低得多。

4.4.2.3 反应器 TSS 量

反应器中总悬浮固体（TSS）量（MX_{TSS}，mgTSS）是挥发性固体（VSS）和无机悬浮固体（ISS）的总和，即：

$$MX_{TSS} = MX_{VSS} + MX_{ISS} \quad (\text{mgTSS})$$

$$(4.15)$$

污泥 VSS/TSS 比值（f_{VT}）是：

$$f_{VT} = \frac{MX_{VSS}}{MX_{TSS}} \quad (\text{mgVSS/mgTSS}) \quad (4.16)$$

如果进水的 FSS 量不可知，反应器中 TSS 的量（MX_{TSS}）可以通过估计的污泥 VSS/TSS 比值（f_{VT}）来计算，即：

$$MX_{TSS} = MX_{VSS} / f_{VT} \quad (\text{mgTSS}) \quad (4.17)$$

式中 f_{VT}——活性污泥 VSS/TSS 比值。

如果进水 FSS 浓度相同（$X_{FSS,i}$），不论 SRT 是 3d 还是 30d，活性污泥中 VSS/TSS 比值（f_{VT}）不会有太大的变化（Ekama 和 Wentzel，2004）。

4.4.2.4 碳需氧量

每日需氧量（FO_c，mgO_2/d）可根据以下公式计算：

$$FO_c = FCOD_{b,i} \begin{bmatrix} (1-f_{cv,OHO}Y_{OHOv}) \\ +(1-f_{XE,OHO})b_{OHO,T} \\ \cdot \dfrac{Y_{OHOv}f_{cv,OHO}SRT}{(1+b_{OHO,T}SRT)} \end{bmatrix} =$$

$$= FCOD_i(1-f_{SU,CODi}-f_{XU,CODi}) \cdot$$

$$\begin{bmatrix} (1-f_{cv,OHO}Y_{OHOv}) \\ +(1-f_{XE,OHO})b_{OHO,T} \\ \cdot \dfrac{Y_{OHOv}f_{cv,OHO}SRT}{(1+b_{OHO,T}SRT)} \end{bmatrix} \quad (mgO_2/d)$$

$$(4.18)$$

$$FO_c = V_R O_c \quad [mgO_2/(L \cdot d)] \quad (4.19)$$

式中 O_c——碳的氧利用率 $[mgO_2/(L \cdot d)]$；

V_R——完全好氧 AS 系统的反应器容积（m^3）。

从式（4.18）中，可以看出 OHOs 的每日氧利用率（FO_c）是两项的总和。第一项（$1-f_{cv,OHO}Y_{OHOv}$）是 OHOs 生长的需氧量，它代表 OHOs 生长过程中所利用的电子（COD），该过程通过将可利用的有机物转化为新的生物量（分解代谢）而产生能量。被利用的电子（COD，$f_{cv,OHO}Y_{OHOv}$）将会作为新的生物量储存起来（合成代谢）。由此可以看出，需氧量和进水可生物降解有机物成比例且不随污泥龄的变化而变化。这是因为所有的进水中可生物降解的有机物都能被利用并且可以转化为 OHO 生物量。第二项是内源呼吸的需氧量，随污泥龄的增加而增加，这也导致了碳需氧量（FO_c）随污泥龄增加而增加。这种增加也是因为 OHO VSS 量在反应器中停留时间越长，内源呼吸所降解的物质越多，从而电子传递给氧、碳转化为 CO_2、能量以热量损失也越多。因此，生物反应器中进水可生物降解的有机物转化为 OHO VSS（合成代谢）的过程，伴随着电子转移给氧和热量损耗（分解代谢）的过程；同时内源呼吸也是分解代谢有机物生成 CO_2 的过程，该过程伴随着更高的需氧量和热量损耗。电子转移给氧使反应器中累积的 VSS 较少，而不可生物降解有机物中的电子不需要转移给氧，会作为 VSS 在反应器中

储存。因此，不可生物降解的有机物产率实际上是 1 gCOD/gCOD 或 $1/f_{cv,UPO}$ gVSS/gCOD。

4.4.3 反应器容积和停留时间

已知反应器中的总悬浮性固体（MX_{TSS}），可以通过规定的 MLSS 浓度 X_{TSS} 来确定反应器的容积，即：

$$V_R = MX_{TSS}/X_{TSS} \quad （L，m^3 \text{ 或 } mL）$$

$$(4.20)$$

已知反应器的容积 V_R 和旱季平均设计流量 $Q_{i,ADWF}$，可以通过式（4.2）计算名义水力停留时间 HRT_n。

4.4.4 HRT 的枝节问题

通过以上的设计公式可以得出一个重要结论，水力停留时间（HRT_n）与活性污泥系统设计无关。反应器中的挥发性悬浮固体量（VSS）与每日 COD 负荷和污泥龄的成一定的函数关系。反应器中 TSS 的量与每日 COD 负荷、反应器中 ISS 量和污泥龄成一定的函数关系。因此，就反应器中的污泥量而言，无论是在每日低流量高 COD（和 ISS）浓度的情况下，还是在每日高流量低 COD（和 ISS）浓度的情况下所导致的每日 COD（和 ISS）负荷量，都无关紧要。假设 $FCOD_i$（和 $FX_{FSS,i}$）在这两种情况下是相同的，那么 VSS 和 TSS 实际上也相等。然而，水力停留时间在这两种情况是不同的，前一种情况下水力停留时间长，而后一种情况水力停留时间短。因此，水力停留时间取决于 COD（和 ISS）负荷、VSS（和 TSS）量和每日流量，它不属于活性污泥系统的基本设计参数。因此，在应用基于水力停留时间的活性污泥反应器容积设计标准时，应当十分注意，因为这个标准隐含了该地区污水浓度和特性的典型值。

4.4.5 出水 COD 浓度

在正常运行的活性污泥系统中，污泥龄均超过 5d（以确保硝化和生物脱氮除磷），城市污水中有机物的性质使得系统设计中出水 COD 浓度无关紧要。因为进水中易生物降解的可溶性有机物可以很快被完全利用（<2h）；无论是可生物降解还是不可生物降解的颗粒有机物都被污泥捕捉，在二沉池随污泥一起沉淀。所以，出水 COD 浓度实际上包括进水可生物降解的可溶性

有机物（来自进水 COD）加上出水中因二沉池运行问题附带的污泥颗粒 COD。因此，出水过滤和未过滤的 COD 浓度 COD_e 为：

$$COD_e = S_{U,e} \quad （过滤的，mgCOD/L）$$
$$(4.21a)$$

$$COD_e = S_{U,e} + f_{cv,OHO} X_{VSS,e}$$
$$（未过滤的，mgCOD/L） \quad (4.21b)$$

式中　$S_{U,e}$——出水中不可生物降解 COD $= S_{U,i} = f_{SU,CODi} COD_i$（mgCOD/L）；

　　　$X_{VSS,e}$——出水 VSS（mgVSS/L）；

　　　$f_{cv,OHO}$——COD/VSS 比（1.48mgCOD/mgVSS）。

在大部分情况下，出水 VSS 和 TSS 因浓度太低而不能得到有效测量。出水中的低固体浓度采用另一种方法测量：通过式（4.21），用过滤和未过滤 COD 浓度计算 VSS；通过活性污泥浊度和 TSS 浓度校正曲线计算 TSS（Wahlberg 等，1994）。

$$X_{VSS,e} = (COD_{e(unfilt)} - COD_{e(filt)})/f_{cv,OHO}$$
$$(4.22)$$

4.4.6　COD（或电子）的物质平衡

在活性污泥系统中，理论上 COD 是一定守恒的，因此，在稳态条件下，一定时间间隔内，系统流进和流出的 COD 量必然相等。进水有机物 COD（和电子）包括：①残留的不可生物降解颗粒和可溶性有机物；②转化成以不同形式有机物贮存的 OHO；③传递给氧形成水的有机物。因此，一般稳态活性污泥系统中的 COD（或电子）平衡见式（4.23）：

$$\begin{bmatrix} \text{Flux of COD}(e^-) \\ \text{output} \end{bmatrix} = \begin{bmatrix} \text{Flux of COD}(e^-) \\ \text{input} \end{bmatrix}$$

$$\begin{bmatrix} \text{Flux of so luble} \\ \text{COD in} \\ \text{effluent} \end{bmatrix} + \begin{bmatrix} \text{Flux of so luble} \\ \text{COD in waste} \\ \text{flow} \end{bmatrix} +$$

$$\begin{bmatrix} \text{Flux of particulate} \\ \text{COD in waste} \\ \text{flow} \end{bmatrix} + \begin{bmatrix} \text{Flux of oxygen utilized} \\ \text{by OHOs for COD} \\ \text{breakdown} \end{bmatrix}$$

$$= \begin{bmatrix} \text{Flux of} \\ \text{COD input} \end{bmatrix}$$

$$Q_e COD_e + Q_w COD_e + Q_w X_{VSS}$$

$$f_{CV,OHO} + V_R O_c = Q_i COD_i \quad (4.23)$$

　　　COD_e——出水总可溶性 COD 浓度（mgCOD/L）；

　　　X_{VSS}——生物反应器中的 VSS 浓度（mgVSS/L）；

　　　O_c——反应器中碳（用于有机物降解）的氧利用率 $[mgO_2/(L \cdot h)]$。

在式（4.23）中，前两项代表通过出水和剩余污泥排出系统的可溶性有机物，第三项代表通过剩余污泥排出的颗粒有机物，第四项是 OHOs 降解可生物降解有机物的需氧量。注意：

$$(Q_e + Q_w)COD_e = Q_i COD_e = FCOD_e$$
$$Q_w X_{VSS} = V_R X_{VSS}/SRT = MX_{VSS}/SRT = FX_{VSS}$$
$$V_R O_c = FO_c$$
$$Q_i COD_i = FCOD_i$$

常规 COD 平衡可见式（4.24）：

$$FCOD_e + f_{cv,OHO} \cdot MX_{VSS}/SRT + FO_c = FCOD_i$$
$$(4.24)$$

式中　$FCOD_e$——出水和剩余污泥中可溶性有机物 COD 量（mgCOD/d）；

$f_{cv,OHO} \cdot MX_{VSS}/SRT$——剩余污泥中颗粒有机物 COD 量（mgCOD/d）；

　　　FO_c——OHOs 降解可生物降解有机物时氧气利用量，进水中的有机物降解都是通过生物生长完成的，部分通过 OHO 内源呼吸（碳利用）被降解（mgO_2/d）。

将 MX_{VSS} 和 FO_c 相关式（4.12）和式（4.18）代入式（4.24），可以得到 COD 平衡和 SRT 的关系，将会在第 4.5.3 节进行讨论（图 4.3）。

COD 物质平衡是很有用的检查手段，可以用来检查：①实验系统中测量的数据（Ekama 等，1986）；②稳态模型设计计算的结果；③动态模拟模型计算的结果。COD 物质平衡在硝化和反硝化活性污泥系统中的应用实例见第 5 章。

4.4.7　污泥中的活性组分

反应器中的活性 VSS 量 MX_{OHOv} 是指有机物生物降解过程中的活性 OHO 量。另外两种有机固体量 $MX_{E,OHOv}$ 和 MX_{Uv} 没有生物活性且不可生物降解，所以在系统的生物降解过程中不起任何作用。由于来源不同，缩写也不同，MX_{Uv} 是指来自进水的不可生物降解的颗粒有机物，$MX_{E,OHOv}$ 是指内源呼吸过程产生的不可生物降解的颗粒有机物。反应器中挥发性固体的活性 OHO 成分 $f_{av,OHO}$ 可以通过下面公式计算得出：

$$f_{av,OHO} = \frac{MX_{OHOv}}{MX_{VSS}} \quad (mgOHOVSS/mgVSS)$$

(4.25)

将式（4.9）和式（4.12）中的 MX_{OHOv} 和 MX_{VSS} 代入可得：

$$\frac{1}{f_{av,OHO}} = 1 + f_{XE,OHO}b_{OHO,T}SRT$$
$$+ \frac{f_{XU,CODi}(1+b_{OHO,T}SRT)}{f_{cv,OHO}Y_{OHOv}(1-f_{XU,CODi}-f_{SU,CODi})}$$

(4.26)

式中 $f_{av,OHO}$——VSS 中活性 OHO 成分。

如果以总悬浮固体（TSS）作为确定活性组分的基础，则污泥总悬浮固体的有机组分 $f_{at,OHO}$ 可表示为：

$$f_{at,OHO} = f_{VT}f_{av,OHO} \quad (4.27)$$

式中 $f_{at,OHO}$——TSS 中活性 OHO 的比例；
f_{VT}——性污泥中 VSS/TSS 比。

活性组分 $f_{av,OHO}$ 或 $f_{at,OHO}$ 暗示了剩余污泥的"稳定性"，和污泥中的剩余可生物降解的有机物有关。VSS 中唯一可生物降解的有机物来自 OHOs，就稳态模型而言，占 OHO 总量的 80%（$1-f_{XE,OHO}$）。因此，污泥中的活性成分占比越高，残留在污泥中的可生物降解有机物的比例越大，污泥中不可利用能量占比越高（见 4.11 节和 4.13 节）。为了稳定活性污泥，剩余可利用有机物含量应该尽量低，以免在之后的生物过程中出现异味。污泥作为土壤调节剂也需要稳定，因为需要向土壤提供养分和不可生物降解的有机组分（Korentajer，1991）；将不稳定的污泥应用到农田会使土壤需氧量过高。

4.4.8 稳态设计

上文中列出的设计公式是好氧和缺氧-好氧活性污泥系统设计基础。它们应用在简单单一反应器中的完全混合好氧系统和比较复杂的缺氧-好氧多个反应器中的生物脱氮系统中。当包含 EBPR 时，以上公式并不能对 VSS 和 TSS 给出

一个准确的估计。在 EBPR 中，需要考虑另一种异养菌，即 PAO，这种菌的计量和动力学常数与一般异养菌不同，并且利用单位有机物（COD）能产生更多的 VSS 和 TSS。有关 PAOs 的稳态模型会在第 6 章讨论。

对于复杂的缺氧-好氧系统也可以用以上的基本方程进行一些假设。在这种情况下，硝化和反硝化（第 5 章）的效果和需氧量可以用基本方程和附加方程表示。上面的"简化"方法是基于"可生物降解有机物被完全降解"的假设。这种方法建立在通过更复杂的一般动力学模型（实验验证）所预测的复杂缺氧-好氧系统的平均响应和基于以上硝化-反硝化基本方程和附加方程所得出的计算结果具有很好的相关性的基础上。对于好氧和 ND 系统来说，Sötemann 等人（2006）证明了这种简化稳态模型和相关性较复杂的一般动力学模拟方程（如 ASM1）之间的一致性。诚然，这个简化的稳态模型能够形成"手"算的基础，用以：①开发设计输入信息；②检查动态模拟模型的输出结果（Ekama，2009）。

这种稳态模型还基于一些其他假设：①与反应器中生长的 OHOs 总量相比，进水进入系统的活性 OHOs 可以被忽略；②二沉池的出水没有固体损失；③水量守恒；④COD 100% 平衡；⑤活性 OHO 损失用内源呼吸模拟。理解这些假设对使用这个模型非常重要。如果不假设可生物降解的有机物被完全利用，每日产泥量会增加，碳的需氧量会减少，就会低于基本方程的预测值。产生这些偏差是由于慢速可生物降解有机物的动力学过程。例如：污泥中的好氧组分太少（见第 5 章），可生物降解的颗粒有机物只能得到部分利用，剩余可生物降解的颗粒有机物（X_S）和不可生物降解的颗粒有机物就会在系统中积累为 VSS。同时，由于可生物降解有机物利用得少，碳的需氧量也会变少。显然，这会使模拟模型结果偏离稳态模型。实际上，我们可以将偏差作为一个模拟模型可能输出的错误信号来进行自查和发现出现偏差的原因。

4.4.9 稳态设计程序

产生特定污泥龄所需设计结果的计算程序如下：
选择污水特性中最能代表污水的不可生物降

解的颗粒和可溶 COD 组分的两个参数 $f_{XU,CODi}$ 和 $f_{SU,COD}$，然后计算：

1）$FX_{Uv,i}$（式 4.6）和 $FX_{FSS,i}$（式 4.7）；
2）$FCOD_i$ 和/或 $FCOD_{b,i}$（式 4.4 或式 4.5）；
3）选择 SRT；
4）MX_{OHOv}（式 4.9），$MX_{E,OHOv}$（式 4.10），MX_{Uv}（式 4.11），MX_{VSS}（式 4.12），MX_{FSS}（式 4.14），MX_{TSS}（式 4.15）或选择 f_{VT}，MX_{TSS}（式 4.17）；
5）FO_c（式 4.18）和 O_c（式 4.19）；
6）V_R（式 4.20）；
7）HRT_n（式 4.2）；
8）COD_e（式 4.21）。

在设计程序中，输入的 COD 值和它的特性是由特定的污水决定的。不可生物降解的可溶性组分值和颗粒 COD 组分值的选择简单但很重要。每个参数都会对设计产生很大的影响。不可生物降解的可溶 COD 组分（$f_{SU,CODi}$）虽然对生物反应器的设计参数没什么影响，但对污泥产量、需氧量尤其是出水 COD 浓度（COD_e）有很大影响。与之相反的是，不可生物降解的颗粒有机物组分（$f_{XU,CODi}$）对出水 COD 浓度（COD_e）几乎没有影响，但对污泥产率（kgVSS/kgCOD）和反应器容积（m³/kgCOD 每日）有显著影响。$f_{XU,CODi}$ 越高，这些值也越大，并且随污泥龄增加，$f_{XU,CODi}$ 的影响越显

著。需要选择的系统参数是污泥龄。污泥龄的选择要根据污水处理厂的具体要求，如出水水质，即：有机物 COD 去除、硝化、脱氮、生物除磷；以及预期污泥处理设备，即是否包括初沉池、剩余污泥的稳定等。因此，确定污泥龄在设计过程中十分关键，将在章节 4.13 对其进行单独讨论。

4.5 设计举例

下面用一个例子来说明上述完全好氧活性污泥系统的设计程序。假设流量和负荷均是定值，表 4.2 列出了分别处理原水和初沉出水的预估的系统容积、日平均碳需氧量和每日污泥产量的计算过程。

4.5.1 温度效应

从表 4.1 可知，在完全好氧系统的稳态有机物（COD）降解模型中唯一受温度影响的动力学常数是内源呼吸速率 b_{OHO}。温度每低 1℃，该速率大约下降 3%（即 $\theta_{b,OHO}=1.029$）。从表 4.1 中可知 14℃ 时 b_{OHO} 是 0.202/d，22℃ 时是 0.254/d。温度降低，速率降低的导致的结果是：在较低温度时，每日污泥产量增加，每日碳需氧量下降。温度从 14℃ 升至 22℃ 时，污泥产量（kgVSS/d）和需氧量（kgO₂/d）的变化小于 5%。因此，为了得到这些参数的最大值，应该计算最高温度下的平均碳需氧量和最低温度下的系统容积和污泥产量。

原水和初沉出水特性 表 4.2

参数	符号	单位	原水	初沉出水
流量	Q_i	Ml/d	15	14.93
COD	COD_i	mgCOD/L	750	450
不可生物降解颗粒 COD	$f_{XU,CODi}$		0.15	0.04
不可生物降解可溶 COD	$f_{SU,CODi}$		0.07	0.12
不可生物降解有机氮	$f_{SU,TKNi}$		0.03	0.035
TKN	TKN_i	mgN/L	60	51
总 P	P_i	mgP/L	15	12.75
TKN/COD	$f_{TKNi/CODi}$	mgN/mgCOD	0.08	0.117
P/COD	$f_{Pi/CODi}$	mgP/mgCOD	0.02	0.028
温度	T_{max}, T_{min}	℃	14~22	14~22
pH 值	—		7.5	7.5
H₂CO₃ 碱度	$S_{Alk,i}$	mg/L 以 CaCO₃ 计	250	250
进水 ISS	$X_{FSS,i}$	mgISS/L	47.8	9.5
活性污泥 VSS/TSS	f_{VT}	mgVSS/mgTSS	0.75	0.83

4.5.2 有机物降解的计算

设计示例说明了温度和污泥龄对以下几个指标的影响：①系统中 TSS 污泥量（MX_{TSS}，kgTSS）；②日平均碳需氧量（FO_c，kgO_2/d）；③污泥中 VSS 和 TSS 活性组分（$f_{av,OHO}$ 和 $f_{at,OHO}$）；④每日排放污泥 TSS 量（FX_{TSS}，kgTSS/d）。下面的例子计算了在 14～22℃，污泥龄 3～30d 的情况下原水和初沉出水的这四个指标值。

处理的 COD 量/d＝$FCOD_i＝Q_iCOD_i$ kg-COD/d

可生物降解的 COD 量/d＝$FCOD_{b,i}＝(1-f_{SU,CODi}-f_{XU,CODi})COD_i$

流入系统的不可生物降解颗粒有机物量（以 mgVSS 记）/d ＝ $FX_{Uv,i} = FCOD_i f_{XU,CODi}/f_{cv,UPO}$

因此处理原水时：

$FCOD_i＝15Ml/d×750mgCOD/L＝11\ 250kg$ COD/d

$FCOD_{b,i}＝(1-0.07-0.15)\ 11\ 250＝8775kg$ COD/d

$FX_{Uv,i} = 0.15 × 11\ 250/1.48 = 1140kg$ VSS/d

$FX_{FSS,i}＝15Ml/d×47.8＝717kgISS/d$

处理初沉出水时：

$FCOD_i＝15Ml/d · 450mgCOD/L＝6750kg$ COD/d

$FCOD_{b,i}＝(1-0.117-0.04) · 6750＝5690kgCOD/d$

$FX_{Uv,i}＝0.04×6750/1.48＝182.4kg$ VSS/d

$FX_{FSS,i}＝15Ml/d · 9.5＝142.5kgISS/d$

从式（4.12）和式（4.17）可得，系统中挥发性悬浮固体（MX_{VSS}）和总悬浮固体（MX_{TSS}）：

处理原污水时：

$$MX_{VSS}＝8775\frac{0.45SRT}{(1+b_{OHO,T}SRT)} ·$$

$(1+0.2b_{OHO,T}SRT)+1140SRT(kgVSS)$

$MX_{FSS}＝717SRT+0.15f_{av,OHO}MX_{VSS}(kgFSS)$

$MX_{TSS}＝MX_{VSS}/0.75$ or $MX_{FSS}+MX_{VSS}(kgTSS)$

处理初沉出水时：

$$MX_{VSS}＝5690\frac{0.45SRT}{(1+b_{OHO,T}SRT)} ·$$

$(1+0.2b_{OHO,T}SRT)+182.4SRT(kgTSS)$

$MX_{FSS}＝142.5SRT+0.15f_{av,OHO}MX_{VSS}(kgFSS)$

$MX_{TSS}＝MX_{VSS}/0.83$ or $MX_{FSS}+MX_{VSS}(kgTSS)$

从式（4.18）可得日平均碳需氧量。

处理原水时：

$$FO_c＝8775 · \left[(0.334)+0.533\frac{b_{OHO,T}SRT}{(1+b_{OHO,T}SRT)}\right](kgO_2/d)$$

处理初沉出水时：

$$FO_c＝5690 · \left[(0.334)+0.533\frac{b_{OHO,T}SRT}{(1+b_{OHO,T}SRT)}\right](kgO_2/d)$$

从式（4.26）和式（4.27）可得，系统中 VSS（$f_{av,OHO}$）和 TSS（$f_{at,OHO}$）活性组分。

处理原水时：

$$f_{av,OHO}＝1/\left[\begin{array}{l}1+0.2b_{OHO,T}SRT\\+0.289(1+b_{OHO,T}SRT)\end{array}\right]$$

以及

$$f_{at,OHO}＝0.75f_{av,OHO}$$

处理初沉出水时：

$$f_{av,OHO}＝1/\left[\begin{array}{l}1+0.2b_{OHO,T}SRT\\+0.142(1+b_{OHO,T}SRT)\end{array}\right]$$

以及

$$f_{at,OHO}＝0.83f_{av,OHO}$$

根据污泥龄的定义（式 4.1），可得每天二沉池产生/剩余的 VSS 和 TSS 的量（FX_{TSS}）。

处理原水时：

$$FX_{TSS}＝Q_wX_{TSS}＝MX_{TSS}/SRT$$

$$FX_{TSS}＝\frac{8775}{0.75}\frac{0.45}{(1+b_{OHO,T}SRT)}$$

$· (1+0.2b_{OHO,T}SRT)+\frac{1140}{0.75}$ （kgTSS/d）

处理初沉出水时：

$$FX_{TSS}＝\frac{5690}{0.83}\frac{0.45}{(1+b_{OHO,T}SRT)}$$

$· (1+0.2b_{OHO,T}SRT)+\frac{142.8}{0.83}$ （kgTSS/d）

每日剩余/产生的 VSS 量 FX_{VSS} 可以简化为 f_{VT} 乘每日剩余 TSS 量：

$$FX_{VSS}＝f_{VT} · FX_{TSS}$$ （kgVSS/d）

将 14℃（即 0.202/d）和 22℃（即 0.254/d）$b_{OHO,T}$ 值代入至上述方程，可得在污泥龄 3～30d 时的 MX_{VSS}、MX_{TSS}、FO_c、$f_{av,OHO}$、$f_{at,OHO}$、FX_{TSS} 和 FX_{VSS} 值。结果如图 4.3 所示。

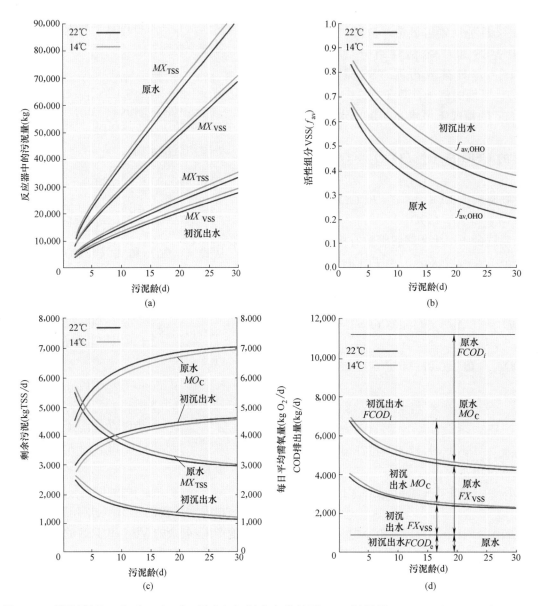

图 4.3　不同污泥龄 14℃ 和 22℃ 时，原水与初沉出水条件下（a）污泥量 MX_{TSS}（kgTSS）和 MX_{VSS}（kgVSS）；（b）关于 VSS 的污泥活性组分（$f_{av,OHO}$）；（c）平均碳需氧量 FO_c（kgO$_2$/d）和每日 TSS 污泥产量（kgTSS/d）；（d）COD 物质平衡表 4.2 和表 4.3 列出了化学计量常数和动力学常数及污水特性

从图 4.3 可知，反应器中的污泥量（TSS 或 VSS）、日平均碳需氧量、日污泥 TSS 产量（kgTSS/d）和活性组分（以 MLSS 或 MLVSS 计）几乎不受温度影响，因此，就设计而言，这些参数的温度效应不会影响结果。然而，进水类型（原水或初沉出水）会产生很大影响。与初沉出水相比，系统进水为原水时会产生更多的污泥，更多的需氧量，但污泥中的活性组分较少。这两种不同的处理效果和 PSTs 的处理效率有很大关系。图 4.3 中能明显看出二者的区别，PSTs 中 COD 去除效率从 40% 开始升高，且 COD 去除率越高，二者的处理效果相差越大。

表 4.3 给出了污泥龄为 20d 时的处理效果。根据式（4.20），当反应器的 TSS 浓度相同时，

系统的容积和污泥量成比例。因此，对于具有相同 TSS 浓度的系统，污泥龄为 20d 时，处理初沉出水所需的反应器容积仅为处理原水时 33％。同时，处理初沉出水的需氧量仅为处理原水时的 63％。然而，处理初沉出水的工艺污泥中 TSS 的活性组分是 43％，远高于直接排放到干化床的值，而处理原水的工艺该值仅为

23％。显然，选择处理初沉出水还是原水需要衡量其利弊，即处理初沉出水时，反应器容积较小，需氧量小、产生的二沉污泥也少，但必须对初沉和二沉污泥都进行处理并稳定化；处理原水时，反应器容积大、需氧量大、二沉池污泥量大，但不需要处理初沉污泥。这方面的讨论详见第 4.1.1 节。

14℃ 和 22℃ 时，进水为原水和初沉出水的 20d 污泥龄条件下活性污泥系统的设计值　　　　表 4.3

系统参数	单位	原水		初沉出水①	
污水温度	℃	14	22	14	22
VSS 量,MX_{VSS}	kgVSS	51 122	48 982	21 918	20 537
TSS 量,MX_{TSS}	kgTSS	68 162	65 309	26 408	24 743
需氧量,FO_c	kgO$_2$/d	6679	6837	4313	4415
活性组分,$f_{av,OHO}$		0.306	0.265	0.461	0.408
活性组分,$f_{at,OHO}$		0.23	0.199	0.383	0.339
剩余 FX_{VSS}	kgVSS/d	2556	2449	1096	1027
剩余 FX_{TSS}	kgTSS/d	3408	3265	1320	1237
出水 COD,COD_e	mg/L	52.5	52.5	52.5	52.5
COD 物质平衡					
COD 排出量	kgCOD/d				
出水可溶 COD 量 Q_e,$FCOD_e$		743	743	766	766
氧利用量 FO_c		6679	6837	4313	4415
剩余污泥中可溶 COD		45	17	45	17
剩余污泥 VSS 中可溶 COD		3783	3625	1622	1520
排出的 COD 总量	kgCOD/d	11 249	11 249	6718	6718
进入的 COD 总量①	kgCOD/d	11 250	11 250	6718	6718
％ COD 物质平衡		100	100	100	100

①处理初沉出水，进水流量 14.925 Ml/d，初沉污泥量为 75 m^3/d（进水 ADWF 的 0.5％）。

4.5.3　COD 物质平衡

将 COD 物质平衡式（4.24）应用到原水和初沉出水的例子中：

（1）出水和剩余污泥中的可溶性 COD：

$$(Q_e+Q_w=Q_i)：FCOD_e=COD_iQ_i=$$
$$f_{SU,CODi}COD_iQ_i\quad（kgCOD/d）$$

（2）剩余污泥中的颗粒 COD（活性污泥）：

$$(Q_w)：FCOD_{VSS}=\frac{f_{cv,OHO}MX_{VSS}}{SRT}\quad（kgCOD/d）$$

式中，MX_{VSS} 见式（4.12）。

（3）碳的氧利用量 FO_c，kgO$_2$/d 见式（4.18）。

（4）进入系统的 COD 的量：

$$FCOD_i=COD_iQ_i\quad（kgCOD/d）$$

以长污泥龄（例如 30d）运行的活性污泥系统称为延时曝气法（表 4.4），该方法中内源呼吸过程进行得比较充分，因此，这种方法在活性污泥反应器中不仅能够处理污水，也是一种好氧稳定的重要方法。这种好氧稳定方法能有效降低污泥活性组分，剩余污泥可以直接排放到干化床而无须后续处理。使用延时曝气系统处理原水时，在活性污泥反应器中就进行了污泥处理，但这是以活性污泥反应器容积大，氧消耗量高、能源消耗多为代价的。与之相反的是，处理初沉出水的活性污泥系统，污泥龄短（如 8d）、速率高、反应器容积小、需氧量小，但会产生初沉污泥和活性较高的活性污泥，这就需要好氧或厌氧稳定处理以减少残留的可生物降解有机物。

使用厌氧消化处理这些污泥会产生大量甲烷

处理示例中原水和初沉出水在长和短的污泥龄运行条件下污泥产量、稳定程度
（剩余可生物降解 COD）和需氧量对比　　　　　　　　　　　　　表 4.4

参数	单位	原水	初沉出水
温度	℃	14	14
污泥龄	d	30	8
活性污泥浓度	mgTSS/L	4000	4000
反应器体积	m^3	23 769	3544
需氧量	kgO_2/d	6944	3758
初沉污泥 TSS	kgTSS/d	0	3335
初沉污泥 VSS	kgVSS/d	0	2468
初沉污泥 COD	kgCOD/d	0	4531
剩余可生物降解 COD	%	0	68.5
二沉污泥 TSS	kgTSS/d	3169	1772
二沉污泥 VSS	kgVSS/d	2377	1471
二沉污泥 COD	kgCOD/d	3518	2177
VSS 活性组分	kgOHOVSS/kgVSS	0.235	0.662
剩余可生物降解 COD	%	18.8	53
污泥总 TSS	kgTSS/d	3169	5107
污泥总 VSS	kgVSS/d	2377	3939
污泥总 COD	kgCOD/d	3518	6708
剩余可生物降解 COD	%	18.8	63.5

气体，可以抵消一些（甚至全部）曝气耗能。图 4.4 示例了处理原水和初沉出水时，SRT 和 WAS 中残余的可生物降解 COD 作为流入活性污泥系统的进水 COD 的一部分，这两者的关系。

由于 WAS 中残余的可生物降解 COD，是 OHO 生物量中很重要的可生物降解部分，随着 SRT 升高可被快速降解，能从中获得的能量越来越少，其代价是产生含高氨高磷的厌氧消化池脱水液（Ekama，2017）。污泥龄很短时，活性污泥系统的重点只放在污水处理上，污泥处理（稳定化）在单独的好氧或厌氧系统中进行，从而回收能量和有机物。不管采用哪种方法（延长曝气或高效率）的污水处理厂，COD 的平衡在整个厂都是必需的，不仅仅是在活性污泥系统中，还包括整个污泥处理系统。

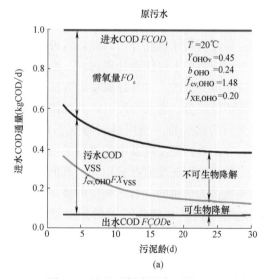
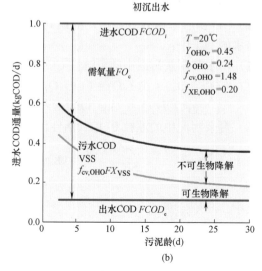

图 4.4　处理示例中原水（图 4.4a）和初沉出水（图 4.4b）在 20℃条件下，进水 COD 通量（以出水中 COD，WAS 的需氧量和 COD，WAS 中剩余可生物降解 COD 计）与污泥龄之比

4.6 对反应器容积的要求

一旦确定特定泥龄下反应器中的污泥量和每日 COD 负荷，就可以根据规定的 TSS 浓度（X_{TSS}）"稀释"污泥总量来确定反应器容积，从而确定名义水力停留时间或好氧系统的曝气时间（根据式 4.2）。水力停留时间在设计过程中不是关键参数，它是反应器中污泥量和选择 TSS 浓度的结果。在这里着重强调，因为一些设计程序中将停留时间或曝气时间作为基础设计参数，会导致反应器容积计算有误。例如，两个厂以相同的污泥龄运行，进水有机负荷（kgCOD/d）相同，但第一个厂进水 COD 浓度高，流量小，第二个厂进水 COD 浓度低，流量大。如果根据水力停留时间来设计，第一个厂的反应器容积将会远远小于第二个厂的，但是两个厂的污泥量是相同的。于是，第一个厂可能会面临异常的 TSS 浓度，导致二沉池出现问题。因此，停留时间完全不适合作为设计和其他目的（如比较不同厂对反应器容积要求的标准）的基础。

图 4.5 示例了处理原水和初沉出水的反应器容积和污泥龄的关系（根据式 4.4～式 4.17 和

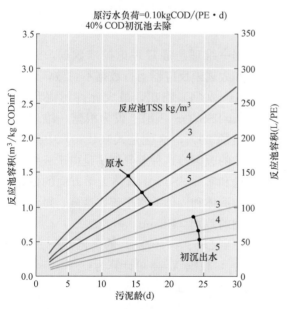

图 4.5 原水和初沉出水在不同平均反应器 TSS 浓度时，以 m^3/kg COD 原水负荷表示的反应器容积与污泥龄关系（假设初沉池 COD 去除率为 40%）。基于原水 0.10kg COD/人（PE）的负荷，在右纵轴上给出了以 L/人数或 L/PE 表示的反应器容积

式 4.20 得）。反应器容积可以由每人的 COD 当量负荷或人口当量（PE）来确定，图 4.5 也显示了处理原水 0.10kgCOD/（PE·d）的 COD 负荷。因此，处理例子中的原水时，当污泥龄为 20d，TSS 浓度为 4kg TSS/m^3 时，每 PE 需要反应器容积为 145L 或者处理厂每天需处理 1.45m^3/kgCOD。图 4.5 也显示了处理厂处理初沉出水每天每 kg COD 负荷的反应器容积要求，此时考虑了初沉池 COD 组分的去除情况（例子中初沉池去除 40% 的 COD）。从图 4.5 中可知，当污泥龄为 20d，反应器 TSS 浓度为 4kg TSS/m^3 时，处理初沉出水的污水处理厂需要每天 0.55m^3/kg 原水 COD 负荷或者 55L 每 PE。将处理原水或初沉出水时的反应器容积要求进行比较，可以看出，使用初沉方法可以大大降低反应器容积：例如当污泥龄为 20d 时，处理初沉出水比原水需要的反应器容积小 62%。

4.7 反应器 TSS 浓度的确定

反应器污泥浓度可以根据类似污水的经验值来选择或者根据设计指南来确定，如 Metcalf 和 Eddy（2014）的设计指南。例如：对于传统系统（含初沉池）可以选择 1500～3000mg TSS/L 或者延时曝气（没有初沉池）选择 3000～6000mg TSS/L。处理原水和初沉出水形成不同的反应器 TSS 浓度原因是：①原水进入反应器的单位容积的每千克 COD 负荷远比初沉出水的大；②传统系统中的污泥沉降性比延时曝气系统中的要差很多；调查了 45 座活性污泥厂，Stofkoper 和 Trentelman（1982）发现处理初沉出水的系统比处理原水的系统的 DSVIs 要高很多（Ekama 和 Marais，1986）。

根据建设成本最小化分析方法（Hörler，1969；Dick，1976；Riddell 等，1983；Pincince 等，1995），在确定反应器中的污泥浓度时，会考虑污水强度和污泥沉降性的影响，还会考虑一些其他因素，比如雨季峰值流量（PWWF）与旱季平均流量（ADWF）的比值（或者峰值流量因子 f_q＝PWWF/ADWF），污水和活性污泥的特性（$f_{XU,CODi}$，$f_{SU,CODi}$，f_{VT}）以及建设成本。在分析时，将反应器和二沉池（SSTs）的建设成本作为反应器 TSS 浓度的函数来确定。

反应器和二沉池的综合成本最低时的反应器 TSS 浓度就是反应器的设计浓度。

4.7.1　反应器成本

已知污水和活性污泥的性质（$f_{XU,CODi}$、$f_{SU,CODi}$、f_{VT}），污泥龄和反应器中有机 COD 负荷（$FCOD_{i,\text{Reactor}}$），反应器中的 TSS 量（MX_{TSS}）都可以通过式（4.15）或式（4.17）和一些常数来确定，例如：在污泥龄 20d，温度 14℃时处理原水，$MX_{TSS}=68\ 162$ kgTSS。从式（4.20）可得，单个模块（V_M）中反应器容积（V_R）与反应器 TSS 浓度 X_{TSS} 的函数关系。

$$V_M = MX_{TSS}/X_{TSS} = \frac{68\ 162}{N_{AS}X_{TSS}} \quad (\text{m}^3)$$

式中　X_{TSS}——反应器中的污泥浓度（kgTSS/ m³）；

　　　　N_{AS}——每个模块中一个反应器的 AS 模块的数量，以保证一个模块中的反应器容积不超过最大反应器容积的限制，即 $V_R = N_{AS} \cdot V_M$。

为了以容积为依据估计反应器成本，需要建立容积和反应器建设成本之间的经验函数。这类函数通常是以下形式：

$$\text{反应器成本} = N_{AS}C_{br}(V_R)^{P_{br}} \quad (4.28)$$

式中　C_{br}，P_{br}——特定反应器的设计常数。

4.7.2　二沉池的成本

在通量理论的基础上，Ekama 等人于 1997 年指出，假设污泥回流比 s 超出了最小临界值，二沉池表面积（A_{SST}）仅仅是反应器固体浓度（X_{TSS}）和污泥沉降性的函数。如果反应器污泥浓度升高，或者反应器污泥的沉降性变差，二沉池（SSTs）的表面积也随之变大。因此，当反应器缩小，X_{TSS} 升高时，A_{SST} 也变大。也就是说，当 X_{TSS} 升高时，二沉池的建设成本增加。

为了确定 SSTs 的表面积，设计时需要明确两个参数：①污泥的沉降性和②峰值流量因子 f_q（$=$ PWWF/ADWF）。理想一维（1D）通量理论需要确定污泥的沉降性，包括区域沉降速度（V_s，m/h）与污泥浓度（X_{TSS}，kgTSS/m³）关系中的 V_0 和 r_{hin} 值：

$$V_s = V_0 \exp(-r_{hin}X_{TSS})$$

V_0 和 r_{hin} 值一般不容易得到，但是不同的

简单污泥沉降参数，如：污泥容积指数（SVI）、搅拌污泥容积指数（SSVI）和稀释污泥容积指数（DSVI），它们之间的关系已经被探明（详见 Ekama 等，1997）。这些参数之间的关系再加上 SVI、SSVI 或 DSVI 污泥沉降指数可以计算 V_0 和 r_{hin}。然而这些关系变动很大，在特定的活性污泥厂应用时需要认真考虑。对于下面这个例子，所使用的经验关系来自 Ekama 和 Marais（1986）：

$$SSVI_{3.5} = 0.67DSVI \quad (\text{mL/g}) \quad (4.29a)$$
$$V_0/r_{hin} = 67.9\exp(-0.016SSVI_{3.5})$$
$$[\text{kgTSS}/(\text{m}^2 \cdot \text{h})] \quad (4.29b)$$
$$r_{hin} = 0.88 - 0.393\log(V_0/r_{hin})$$
$$(\text{m}^3/\text{kgTSS}) \quad (4.29c)$$
$$V_0 = (V_0/r_{hin})r_{hin} \quad (\text{m/h}) \quad (4.29d)$$

根据一维理想通量理论，PWWF 时最大允许溢流率（$q_{i,\text{PWWF}}$）为：

$$q_{i,\text{PWWF}} = 0.8V_s \quad X_{TSS} = V_0\exp \quad (4.30a)$$
$$(-r_{hin}X_{TSS}) \quad (\text{m/h})$$

式中　$q_{i,\text{PWWF}}$——PWWF（m/h）；

　　　　0.8——通量因子。

$$q_{i,\text{PWWF}} = Q_{i,\text{PWWF}}/A_{SST}$$
$$= f_q Q_{i,\text{ADWF}}/A_{SST} \quad (\text{m/h})$$
$$(4.30b)$$

根据一维理想通量理论校准数据，SST 设计程序和大规模反应器运行数据不一致，Ekama 和 Marais（2004）指出，最大允许污泥负荷率 [SLR，kgTSS/($\text{m}^2 \cdot \text{h}$)] 仅为根据一维理想通量估计值的 80%，这就是式（4.30）中通量因子是 0.8 的原因。这种差异似乎是由于一维理想通量理论和实际 SSTs 中流体力学方面的偏差导致的，如液体和固体的水平流、紊流、短流和异重流之间的差别（Ekama 等，1997）。

考虑到 25%（1/0.80）的降低，SSTs 的表面积 A_{SST}，根据 X_{TSS} 可计算为：

$$A_{SST} = \frac{1000f_q Q_{i,\text{ADWF}}/24}{0.8V_0\exp(-r_{hin}X_{TSS})N_{AS}N_{SST}}(\text{m}^2)$$
$$(4.31)$$

式中　$Q_{i,\text{ADWF}}$——旱季平均流量（mL/d）；

　　　　N_{SST}——根据一个 SST 的最大直径所确定的每个 AS 模型的 SSTs

数量。

对于一定深度的圆形SSTs，工程成本和直径（φ，m）之间的函数见下：

$$SST cost = N_{AS} N_{SST} C_{sst} (\varphi)^{P_{sst}} \quad (4.32)$$

式中　C_{sst}，P_{sst}——设计常数。

4.7.3　总成本

反应池和二沉池系统的总成本是二者的成本之和。图4.6示例了处理原水和初沉出水的定性结果，其中忽略了反应器容积和SST直径可能会有最大和最小的限制。对于全规模处理厂，反应器和/或二沉池可能需要分成两部分或更多相同大小的模块来满足容积和直径的要求。

根据上面的成本最小化分析，建设成本最小

时的反应器污泥浓度范围变化：①随进水浓度（BOD_5、COD）升高而升高；②随污泥龄变长而升高；③有机物相同时，处理原水比初沉出水的污泥浓度高，因为相对于沉淀池而言，上述三个变化都增加了生物反应器的容积；④随峰值流量因子（f_q）增大而降低；⑤污泥沉降性能差时浓度较低，因为相对于生物反应器而言，上述两个变化都增加了沉淀池的容积。因此不能确定一个普遍适宜的污泥浓度范围。在污水处理厂污水浓度低，污泥龄短的地区（如北美），倾向于低污泥浓度（2000～3000mgTSS/L），在污水浓度高，污泥龄长的地区（如南非），倾向于高污泥浓度（4000～6000mgTSS/L）。

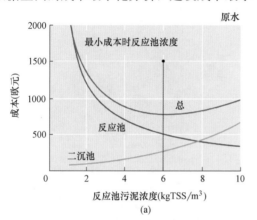
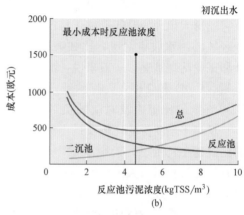

图4.6　反应器、二沉池（SST）和总建设成本图，用于估算例子中处理（a）原水和（b）初沉出水的单一反应器和SST单元最小成本时的污泥浓度

4.8　碳需氧量

4.8.1　稳态（日平均）条件

反应器中每千克COD负荷所需要的日平均碳需氧量（$FO_c/FCOD_{i,Reactor}$）可以根据式（4.18）算出。处理原水和初沉出水，污泥龄大于15d后，再延长污泥龄，$FO_c/FCOD_{i,Reactor}$增加的量很小。处理原水和初沉出水的$FO_c/FCOD_{i,Reactor}$通常相差10%以内，处理初沉出水需要的值较高，因为同原水相比，初沉出水的中总有机物（COD）可生物降解部分占比更高。例如，当污泥龄为20d时，原水的$FO_c/FCOD_{i,Reactor}$是0.604 $kgO_2/kgCOD$，而初沉出水为0.653kgO_2/kgCOD。尽管原水和初沉出水的$FO_c/FCOD_{i,Reactor}$相差不大，但对污水处理厂每kgCOD

负荷的需氧量来说差别很大（图4.3c）。对于初沉出水来说，如果初沉池去除40%的COD，则需氧量为 0.653 ×（1 − 0.40），计算得0.38$kgO_2/kgCOD$负荷。而处理原水计算结果仍为0.604$kgO_2/kgCOD$负荷，所以处理初沉出水的需氧量比处理原水低37%。显然，初沉大大节约了氧量；这是因为初沉池去除了原水中大约30%～50%的COD，所以处理初沉出水的碳需氧量一般比处理原水低大约30%～50%。

碳需氧量就是氧化进水有机物（COD）和相关的OHO内源呼吸所需的氧量。在脱氮系统中，硝化也需要氧，这是因为自养硝化菌氧化氨生成硝酸盐。但反硝化靠特殊的异养菌将硝酸盐转化为氮气时不需要氧，此时硝酸盐作为电子受体利用部分可生物降解有机物。因此反硝化导致需氧量降低。脱氮系统总的需氧量为碳和硝化需

氧量的总和减去反硝化节省的氧量。硝化和反硝化需氧量计算见第5章。这里列出的有关碳需氧量的计算方程是基于完全好氧系统的假设，即所有的可生物降解有机物都被利用，且氧作为电子受体。

4.8.2 每日循环（动态）条件

由于反应器中有机物（COD）负荷每日循环变化，所以一天中的碳的需氧量也是变化的。与有机物负荷相同，反应器中的每日TKN负荷也以类似方式变化。一般来说，反应器中COD和TKN负荷在早晨会升高，流量和COD、TKN浓度大约在中午达到峰值。然后，COD和TKN负荷会下降，在凌晨2：00到4：00达到最低值。峰值与平均值的比例、最小与平均负荷比率以及它们每天出现的时间取决于特定污水处理厂服务区域的污水收集情况，比如人口密度、汇水设计和工业活动情况。一般来说，汇水面积越小，流量、COD和TKN负荷越低，但峰值流量和平均流量的比值以及对应的负荷比值越大，最小流量与平均流量的比值及最小负荷与平均负荷的比值越小。由于一天中TKN负荷变化很大，同时硝化过程对每天平均值和峰值的总需氧量有很大影响。因此，第5章将会讨论在完全好氧硝化系统中根据平均值估计峰值需氧量的经验方法。完全好氧活性污泥系统中，温度高于14℃时，只要污泥龄大于3d就可能发生硝化。而且，3d的污泥龄几乎就是稳态活性污泥模型的限制条件。当污泥龄过低时，假设的所有可生物降解有机物都能被利用就不成立。因此，通过建立经验方法来估计不进行硝化的完全好氧系统中的峰值需氧量是没有意义的。

4.9 每日污泥产量

活性污泥系统每日产生的污泥量等于系统排放的污泥量也就是剩余活性污泥（WAS）或二沉污泥。根据污泥龄的定义（式4.1），每日产生的污泥TSS量 FX_{TSS} 是由系统中的污泥总量 MX_{TSS} 除以泥龄得到的，即：

$$FX_{TSS}=MX_{TSS}/SRT \quad (\text{mgTSS/d})$$

(4.33)

将式（4.12）和式（4.17）中 MX_{TSS} 代入

上式并简化，可得生物反应器每日每mg COD负荷产生的污泥量，即：

$$\frac{FX_{TSS}}{FCOD_i}=\frac{1}{f_{VT}}$$

$$\left[\frac{(1-f_{SU,CODi}-f_{XU,CODi})Y_{OHOv}}{(1+b_{OHO,T}SRT)}\right.$$

$$\left.\cdot(1+f_{XE,OHO}b_{OHO,T}SRT)+\frac{f_{XU,CODi}}{f_{cv,UPO}}\right]$$

$$(\text{mgTSS/d})/(\text{mgCOD/d}) \quad (4.34)$$

图4.7示例了处理原水和初沉出水的生物反应器中单位COD负荷每日生成的总污泥量（式4.34）与污泥龄的关系。

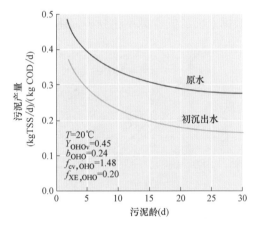

图4.7 14℃时处理示例中原水和初沉出水的生物反应器的每日污泥产量以 kgVSS/d 和 kgTSS/d 每 kgCOD计

可以看出，处理原水和初沉出水时，活性污泥系统产生的污泥量（生物反应器中单位COD负荷）都随污泥龄降低而降低，但污泥龄大于20d后，降低速率几近忽略。与处理原水相比，处理初沉出水，反应器中的单位COD负荷产生的二沉污泥较少。这是因为初沉出水中不可生物降解的颗粒COD组分（$f_{XU,CODi}$）和无机物浓度（$X_{FSS,i}/COD_i$）比原水中低得多。

温度对二沉污泥的产生影响很小：14℃时的污泥产量大约比在22℃时高5%，如果不测量进水ISS浓度（$X_{FSS,i}$），这点区别完全可以被污水特性 $f_{XU,CODi}$ 和 VSS/TSS 比值（f_{VT}）的估计误差所掩盖。

尽管处理初沉出水的二沉池污泥产量比处理原水时的污泥产量低，但它产生的总污泥量却比较高，这是因为总污泥量包括了初沉污泥和二沉污泥，而处理原水的工艺只产生二沉污泥。

在处理原水的系统中，实际上初沉污泥在活性污泥反应器中就被处理了。根据 COD 平衡，系统中利用的氧越多，污泥产量越低，污泥的活性成分也越低（图 4.3b、c）。因此，当处理原水时，由于碳需氧量高很多，所以总的污泥产量比处理初沉出水时要低得多。

总结上述结论，同时考虑剩余污泥的活性组分可以作为剩余可生物降解有机量的指标，将设计活性污泥生物处理污水的方法分为两种：

（1）以短污泥龄（8d）处理初沉出水：这样就形成了一个很小的活性污泥系统，该系统需氧量低，产泥量高，且污泥有机成分含量高，即在初沉污泥和二沉（剩余）污泥中含有较高的可生物降解有机物，在处置前需要进一步稳定化处理；

（2）以长污泥龄（30d）处理初沉出水：这会形成一个很大的活性污泥系统，该系统需氧量高，产泥量低，且污泥中有机成分含量低，没有初沉污泥且二沉污泥中可生物降解有机物的含量也低，污泥处置前不需要进一步的稳定化处理。

二沉和初沉污泥的每日产量就是污泥处理单元所要处理和处置的污泥量。尤其生物脱氮除磷（BNR）系统的污泥处理和处置的设计不应和活性污泥系统的设计分开。事实上，污水处理厂的所有运行单元，不管是原水提升泵还是最终的污泥处置，都应该看成是一个完整的系统，这个系统的每一个单元的设计运行都和前一个单元的设计紧密相连，前一个单元的设计会影响下一个单元的运行。比如说，虽然上面的方法为厌氧消化实现低能耗和高产能提供了可能性，但是除非能在污泥脱水时去除氮和磷，否则必须考虑脱水后的消化污泥中氨和磷酸盐对活性污泥反应器的影响（Ekama，2017）。脱水后污泥的 N 去除详见第 5 章。

4.10 食微比（F/M）和负载因数（LF）

食微比（F/M）和负载因数（LF）在活性污泥反应器尺寸调整上的应用由来已久。F/M 主要是对活性污泥微生物或 OHO 生物量中可生物降解有机物（养料、COD、BOD_5）的量化。

有机物的 VSS 被定义为 OHO 生物量已被广泛接受。在未明确提及可生物降解有机物和微生物，负荷系数和 F/M 均可表示通量有机负荷（kgCOD/d 或 $kgBOD_5$/d）和反应器中污泥量（kgVSS 或 kgTSS）的比。然而，从模型角度看，这两个比值都存在缺陷，如（Wentzel 等，2003）：①虽然 BOD_5 是可生物降解的有机物的近似值，但是它既不包括可溶性有机物的供电子能力，也不包括在活性污泥系统中作为 VSS 积累的不可生物降解的颗粒有机物（UPO）量；②BOD_5 的量不是保守的，所以不能通过 BOD_5 来计算活性污泥系统中的物质平衡；③尽管 COD 不是"食物"，但是它包含了不可生物降解的有机物，最重要的是，它的量是保守的，可以在活性污泥系统中建立有关 COD 的物质平衡；④正如之前章节中的 AS 模型所示，VSS（以及 TSS）不能用来衡量 OHO 生物量。F/M 和 LF 比完全是经验性的，对于同一个活性污泥系统，根据选择的参数（COD、BOD_5、VSS、TSS）而选择不同的值。并且，比值的变化取决于污水的特性（尤其是 UPO 组分）。事实上，早在 1976 年，Marais 和 Ekama 就表示，活性污泥系统的污泥龄（SRT）未提供的信息，F/M 或者 LF 也不能额外提供，因为选择一个 F/M 或 LF 的值，实际已经暗含了系统 SRT 的选择。更糟糕的是，AS 处理系统中，相同的处理单元处理不同原水或初沉出水时，即使选择相同的 F/M 和 LF 值及使用相同单位，也会根据污水特性产生不同的 SRT。但是基于 F/M 或 LF 的经验设计程序仍在环境工程课程中教授，并作为活性污泥系统设计的基础沿用至今。由于 SRT 是 AS 系统模拟仿真的基础，有关 F/M 或 LF 和 SRT 的关系将在下面介绍，这里将阐述 F/M 或 LF 是如何隐含 SRT 的信息，SRT 又是如何更好地作为活性污泥系统尺寸调整和建模的基础。接下来会对基于 F/M 或 LF 的经验值设计的程序结果和之前章节所介绍的 ASM1-稳态活性污泥模型进行比较。使用 TSS 和 COD 来表示反应器悬浮固体和进水有机浓度，并只考虑完全好氧或硝化-反硝化（ND）系统，可见式（4.12）和式（4.14）。

$$A_{\mathrm{ND,TSS}}=\frac{MX_{\mathrm{TSS}}}{FCOD_i}=(1-f_{\mathrm{SU,COD}i}-f_{\mathrm{XU,COD}i})$$

$$\cdot\frac{Y_{\mathrm{OHO}}\mathrm{SRT}}{(1+b_{\mathrm{OHO.T}}\mathrm{SRT})}(1+f_{\mathrm{XE.OHO}}b_{\mathrm{OHO.T}}\mathrm{SRT}+$$

$$f_{\mathrm{FSS,OHO}})+\left[\frac{f_{\mathrm{XU,COD}i}}{f_{\mathrm{cv,UPO}}}+\frac{X_{\mathrm{FSS},i}}{\mathrm{COD}_i}\right]\mathrm{SRT}$$

$$(4.35)$$

式中 $A_{\mathrm{ND,TSS}}$ 或 $MX_{\mathrm{TSS}}/FCOD_i$——F/M 或 LF 的倒数，单位 kgTSS/（kgCOD·d）。

需要注意的是 $A_{\mathrm{ND,TSS}}$ 是特定单位的，AS 系统也是特定类型的。ND 和 ND 加强生物除 P（EBPR）系统的不同在于生物除 P 的程度不同（Ramphao 等，2006，详见第 6 章，6.10 节）。因此式（4.35）中的 A 值仅对 ND 系统有效，单位为 kgTSS/（kgCOD·d）。将式（4.35）除以 SRT 可以得到特定的污泥产量（$SP_{\mathrm{TSS,COD}}$）即每天产生的每千克 TSS 比每天的每千克 COD 负荷，如式（4.34）：

$$\frac{1}{\left(\dfrac{\mathrm{F}}{\mathrm{M}}\right)_{\mathrm{COD,TSS}}}=\frac{1}{LF_{\mathrm{COD,TSS}}}=SP_{\mathrm{TSS,COD}}R_{\mathrm{s}}$$

$$=\frac{MX_{\mathrm{TSS}}}{FCOD_i}=\frac{V_{\mathrm{R}}X_{\mathrm{TSS}}}{Q_iCOD_i}=A_{\mathrm{ND,TSS}}$$

$$(4.36a)$$

$$(\mathrm{F/M})_{\mathrm{COD,TSS}}=LF_{\mathrm{COD,TSS}}=\frac{1}{A_{\mathrm{ND,TSS}}}$$

$$[\mathrm{kgCOD/(kgTSS\cdot d)}]\quad(4.36b)$$

式中 MX_{TSS}——反应器中 TSS 量（kgTSS）；

$$=V_{\mathrm{R}}\cdot X_{\mathrm{TSS,ave}};$$

V_{R}——反应器容积（m³）；

$X_{\mathrm{TSS,ave}}$——反应器平均 TSS 浓度（kgTSS/m³）；

$SP_{\mathrm{COD,TSS}}$——特定污泥产生因子（kgTSS·d）/（kgCOD·d），Metcalf & Eddy（2014）。

如式（4.36）所示，选择一个 F/M 或者 LF（如一些已经废弃的设计程序）和选择单个模块参数如 SRT，污水特性 UPO 和 USO COD 分数（$f_{\mathrm{XU,COD}i}$，$f_{\mathrm{SU,COD}i}$）和进水 ISS 浓度（$X_{\mathrm{FSS},i}$）结果相同。因此，如果污水特性 $f_{\mathrm{XU,COD}i}$，$f_{\mathrm{SU,COD}i}$ 和 $X_{\mathrm{FSS},i}$ 已知，那么 F/M 确定时，式（4.35）和式（4.36）中隐含的 SRT 也可以确定。图 4.8（a）和图 4.8（b）示例了在处理原水和初沉出水（特性见表 4.2；COD/BOD₅ 比值见表 2.2 和表 1.8）时的 F/M 比［单位 kgBOD₅/（kgTSS·d）］有关 SRT 的函数曲线（Marais 和 Ekama，1976）。图 4.8（a）右手边示例了对于仅去除 COD 的活性污泥系统中的 C 去除、ND 和延时曝气时的 F/M 或 LF 比的取值范围。这通常意味着原水处理需要较长的 SRT，以抵消剩余活性污泥（WAS）的稳定过程。

将式（4.35）中 ISS 相关项设置为零（即 $X_{\mathrm{FSS},i}=0$ 和 $f_{\mathrm{FSS,OHO}}=0$）可得到反应器中每千克 VSS 比每天每千克 COD 负荷的 F/M 的值：

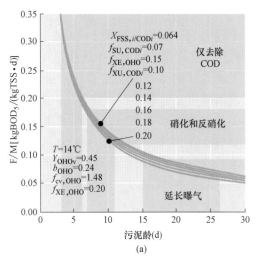

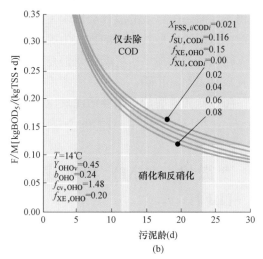

图 4.8 （a）原水 COD/BOD₅ 为 2.2；（b）初沉出水 COD/BOD₅ 为 1.8 时，不可生物降解颗粒 COD 不同成分（UPO、f_{XU}、COD_i）的 F/M 比和污泥龄的关系

$$\frac{1}{(F/M)_{COD,VSS}} = SP_{VSS,COD}SRT = A_{ND,VSS} = \frac{MX_{VSS}}{FCOD_i}$$

$$= (1 - f_{SU,CODi} - f_{XU,CODi})\frac{Y_{OHO}SRT}{(1+b_{OHO,T}SRT)}$$

$$\cdot (1 + f_{XE,OHO}b_{OHO,T}SRT) + \left[\frac{f_{XU,CODi}}{f_{cv,UPO}}\right]SRT \tag{4.37}$$

式中 $SP_{COD,VSS}$——特定污泥产量因子（kgVSS/d/kgCOD/d）；

$A_{ND,VSS}$——完全好氧和 ND 系统反应器中 VSS 量（/kgCOD/d），有关 SRT 和污水特性的函数。

4.11 系统的容量计算

若给定生物反应器容积（V_R，m^3）和 SST 表面积（A_{SST}，m^2），可以计算已知特性污水（$f_{XU,CODi}$、$f_{SU,CODi}$ 和 $X_{FSS,i}$）的旱季平均流量（$Q_{i,ADWF}$）（以 Ml/d 计）。如果系统 SRT 已知，例如 MLE ND 系统，已知 SRT，可以根据式（4.35）得到反应器中每 kgCoD/d 的 TSS 量（MX_{TSS}，kgTSS）（第 5 章，章节 5.9.3.2）即 $A_{ND,TSS}$ [kgTSS/(kgCOD·d)]：

$$MX_{TSS} = V_R X_{TSS,ave} = A_{ND,TSS}$$
$$Q_{i,ADWF}COD_i \quad (\text{kgTSS}) \tag{4.38}$$

式中 $X_{TSS,ave}$——容积加权平均反应器 TSS 浓度（kgTSS/m^3）。

在一些 BNR 系统中，反应器中每个区域的 TSS 浓度都不同，比如说在一个 UCT EBPR 系统中，厌氧区 TSS 浓度（$X_{TSS,AN}$）低于好氧区的 TSS 浓度（$X_{TSS,OX}$）。这使得容积加权平均反应器的 TSS 浓度（$X_{TSS,ave} = MX_{TSS}/V_R$）低于进入 SST 的好氧区 TSS 浓度（$X_{TSS,OX}$）（Parco 等，2018）。

将式（4.38）变形可得：

$$Q_{i,ADWF} = \frac{V_R X_{TSS,ave}}{A_{ND,TSS}COD_i} \quad (\text{Ml/d}) \tag{4.39}$$

式（4.39）有两个未知数：$Q_{i,ADWF}$ 和 $X_{TSS,ave}$，因此还需要确定 $Q_{i,ADWF}$ 的值。这可以通过 SST 的溢流率来确定。PWWF 的溢流率不得大于式（4.30）所给出的 SST 进水或好氧区污泥 TSS 浓度的额定通量 0.8 倍沉降速度

（V_S，m/h）。将式（4.31）变形可得 $Q_{i,ADWF}$：

$$Q_{i,ADWF} = \frac{24A_{SST}0.8V_0}{1000f_q e^{-r_{hin}X_{TSS,OX}}} \quad (\text{Ml/d}) \tag{4.40}$$

式中 V_0 和 r_{hin} 单位分别为 m/h 和 m^3/kgTSS（由式 4.29 得出）。

通过建立一个方程（式 4.39 和式 4.40）可以得到 $X_{TSS,ave}$ 和 $X_{TSS,OX}$ 的关系。这可以通过 BNR 系统的配置得出。对于完全好氧，MLE 和没有分段进水的 4 阶 Bardenpho ND 系统，整个反应器的 TSS 浓度都相同。此时 $X_{TSS,ave} = X_{TSS,OX}$，式（4.39）和式（4.40）结果相等：

$$X_{TSS,ave} = B_{ND}e^{-r_{hin}X_{TSS,ave}} \quad (\text{kgTSS}/m^3) \tag{4.41a}$$

式中

$$B_{ND} = \frac{A_{ND,TSS}COD_i A_{SST}0.8V_0 24}{f_q V_R 1000} \quad (\text{kgTSS}/m^3) \tag{4.41b}$$

式中 $A_{ND,TSS}$，COD_i，A_{SST}，V_0，24 和 V_R 单位分别为（kgTSS·d）/kgCOD，mgCOD/L，m^2，m/h 和 h/d，而 0.8，f_q 和 1000 无量纲。

当 $X_{TSS,ave}$ 已知，$Q_{i,ADWF}$ 可以通过式（4.39）或式（4.40）得出，单位 Ml/d。

对于特定的 BNR 系统，有关 $X_{TSS,ave}$ 和 $X_{TSS,OX}$ 的方程，可以根据反应器和 SST 的各部分的 TSS 平衡推导得出，为此，可以将污水流量（Q_w）设为零以简化公式推导。对于含有 SST（及含膜）的 ND 和 NDEBPR 系统，相关方程见第 5 章和第 6 章（Parco 等，2018）。

表 4.5 列出了，当污泥沉降性能指标 DSVI 为 120ml/gTSS，PWWF/ADWF 比（f_q）为 2.5 时，在 20d 的 SRT 和 14℃条件下，系统在分别处理原水和初沉污水时所需反应器的体积和 SST 的表面积，其中 TSS 量（MX_{TSS}）来自表 4.3，反应器中 TSS 浓度（5.22 和 4.02kgTSS/m^3）根据之前的章节 4.7 所得在建设成本（反应器和二沉池）最低时所得。

如果 SST 有 3.5m 深，那么处理原水和初沉出水的 AS-SST 系统分别占整个 AS-SST 系统的 65% 和 60%。假设这些 AS 系统每个流程都只有一个 SST 单元，图 4.9 示例了根据

式（4.38）～式（4.41）所得到在污泥沉降能力较差（DSVI 从 60 增加到 180mL/gTSS）时，ADWF 处理原水和初沉出水的系统容积，以及从式（4.38）～式（4.41）得到污泥沉降能力下降时，ADWF 系统容积的具体下降情况。

以最低总成本提供最大 ADWF 容量的最适 AS 反应器容积和 SST 表面积　表 4.5

污水类型	原水	初沉出水
反应器 TSS 量（MX_{TSS}，表 4.3）	68 162	26 408
最低总成本的反应器 TSS（kgTSS/m³）	5.22	4.02
污泥沉淀性能（DSVI，mL/gTSS）	120	120
反应器容积（V_R，m³）	13 049	6577
SST 表面积（A_{SST}，m²）	1972(50.1)	1248(39.9)
均深 3.5m 时 SST 容积（m³）	6903	4367
总 AS-SST 容积（m³）	19 952	10 944

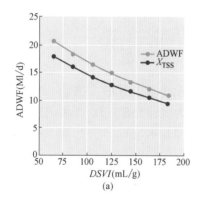

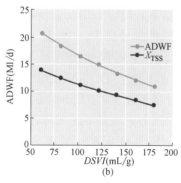

图 4.9　表 AS 系统 ADWF 处理（a）原水（b）初沉出水能力与 DSVI 的关系

如果 SST 的平均深度为 3.5m，那么处理原水和初沉出水的 AS-SST 系统容积分别为 19 952m² 和 10 944m³，分别占整个系统的 65％ 和 60％（表 4.5）。图 4.10 示例了整个 AS-SST 系统的 ADWF 容积变化，当分配给反应器的容积增大时，分配给 SST 的容积就减小。

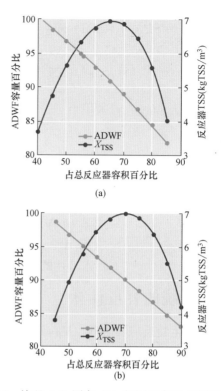

图 4.10　处理（a）原水（b）初沉出水时 ADWF 容量（占最大值的百分比）和反应器 TSS 浓度随 AS-SST 系统容积占总反应器容积的百分比变化曲线

反应器在整个系统所占的容积越大，反应器的 TSS 浓度会越低，SST 的面积也会越小。图 4.10 显示，在处理原水和初沉出水的系统中，在相差 ±13％ 范围内（也就是处理原水和初沉出水的反应器容积分别占整个系统容积 65％ 和 60％ 时，相差 26％ 的范围内），ADWF 的容积都超出最大容积的 95％。这是因为 AS-SST 系统的建设成本在很大的 TSS 浓度范围内都变化不大（详见图 4.6）。这也就意味着在决定反应器容积和 SST 表面积的时候，反应器的 TSS 浓度没有必要精确到某个数值；只要在能保证最优成本时的适宜浓度范围内（大致不超过 ±0.5kgTSS/m³）即可。从图 4.6 中可以看出随 SST 相对于反应器占比的成本增加，TSS 浓度容差范围变小。

表 4.5 给出了反应器的容积和 SST 的表面积，图 4.11（a）和（b）分别给出了处理原水和初沉出水的 ADWF 的容积随着 SRT 增加的曲线。在非常短的 SRT（<5d）情况下，ADWF 的容量几乎是长 SRT（>20d）的 2 倍，因此在

AS 反应器容积和 SST 表面积一定的情况下，选择越短的 SRT，越能获得更好的处理容量。对于仅去除有机物的系统，SRT 没有最小限制，但是对于 ND 系统，有明确的限制。第 5 章说明了 ND 系统的 SRT 是如何根据 AS 系统的硝化菌确定的。这些 NDEBPR 系统的自养硝化菌都是生长很慢的功能菌，因此 SRT 以及反应器容积都要根据它们的最大比生长速率来确定。有关 ND（和 NDEBPR）系统可能最小 SRT 的计算详见第 5 章和第 6 章。

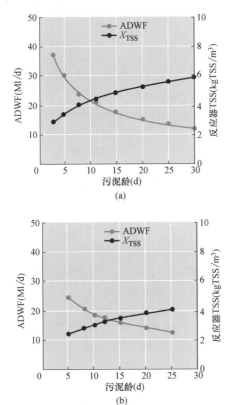

图 4.11　处理（a）原水和（b）初沉出水时，ADWF 容量（以 Ml/d 计）和反应器 TSS 浓度与反应器污泥龄的关系，其中 SRT 随反应器容积和 SST 表面积变化而增加，见表 4.5

4.12　系统设计与控制

活性污泥系统中最重要的设计与控制参数是污泥龄，决定了系统每日排放的污泥量。污泥龄能够完全替代 F/M 比〔F/M，kg BOD 或 COD/（d·kg MLSS）或 MLVSS〕或负荷参数（LF）作为参考和控制参数，尤其是需要进行硝化时。如果系统设计合理，根据一个简单的控制程序就可以确定污泥龄。这个控制程序比根据 F/M 或 LF 设计的程序更简单，更贴合实际，它主要是靠控制反应器的 MLSS 浓度来控制系统中的污泥量。

4.12.1　系统污泥量的控制

迄今为止，最普遍的活性污泥系统控制程序就是保持反应器中污泥 MLSS 浓度为定值。不管设计的污泥浓度好与坏，根据污水处理厂运行经验确定的污泥浓度通常都满足二沉池（SSTs）的沉淀能力。这种方法不控制污泥龄，只控制系统中的污泥量。事实上，有时反应器浓度控制的不是污泥量而是污泥在 1L 量筒中 30min 的沉淀体积（SV_{30}）。例如，当 SV_{30} 大于 450mL/L 时，系统排放污泥，直到 SV_{30} 再次达到该值。建立这种方法可不必测量反应器污泥浓度，并且应用该方法反应器的污泥浓度随污泥沉降性（SVI）变化。在不考虑硝化时，上述方法是可以接受的，至少它确保了系统能容纳反应器中的污泥，能在出水中维持低悬浮固体（ESS）。然而，用这种方法不能控制 F/M、LF、污泥量、反应器污泥浓度或污泥龄，也就不能稳定维持硝化系统。尽管硝化系统的设计较为简单（只要污泥龄足够长并提供足够的氧气即可），但在系统运行时它却导致完全不同的控制机制。硝化需要控制污泥龄在一个固定值。

如果控制 F/M 或 LF，为了保持它们在一定范围，不仅需要规律测量反应器污泥浓度，还需要测定每日 BOD_5（或 COD）负荷。这就需要大量采样，并监测进水 BOD_5（或 COD）浓度和流量变化，从而确定每日 COD（或 BOD）的负荷。控制污泥龄需要测量反应器 MLSS 浓度和每日排放的污泥量。通常剩余污泥是从 SST 底部排出，这样可以利用它的浓缩功能，但是，底流的污泥浓度随着一天中流量的变化而变化（图 4.12 和图 4.13）。

为确定二沉池底部排出的污泥量，必须测量底流污泥浓度、排泥流量和持续排泥时间。为确定 LF 或者污泥龄，必须加强进水和/或反应器和底流污泥浓度的测量。这些测试在技术能力强的大型污水处理厂是可以调节的，但是对于小型污水处理厂，通常 LF 和污泥龄是未知的。这种

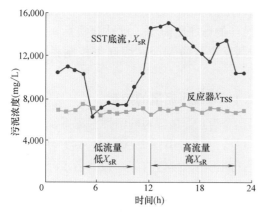

图 4.12 污水处理厂的实验数据表明，同一天中剧烈变化的 SST 底流浓度相比，反应器中的污泥浓度基本上是不变的（数据来源：Nicholls，1975）

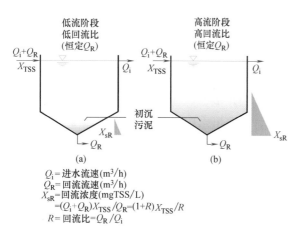

Q_i = 进水流速(m^3/h)
Q_R = 回流流速(m^3/h)
X_{sR} = 回流浓度(mgTSS/L)
　　= $(Q_i+Q_R)X_{TSS}/Q_R$=$(1+R)X_{TSS}/R$
R = 回流比=Q_R/Q_i

图 4.13 污泥回流比固定，进水流量高时（b）比低时（a）的污泥累积增加，底流污泥浓度也增大

情况下，在污泥沉降性能差的周期，硝化是间断的、部分的、甚至在污泥沉降性差的情况下是不存在的，这也就导致了排泥量大从而缩短了污泥龄。

即使采用自动排泥和在线浓度监测仪这样的现代控制设备来控制反应器的污泥浓度，污泥龄也得不到有效控制。全年控制反应器污泥浓度在一个定值，且处理厂内有机负荷稳定（无城市化），污泥龄在冬天会缩短，因为温度低时内源呼吸速率降低，导致每 kg COD 负荷的污泥产量升高。即便是温度降低较少，在冬天还是应该相对延长污泥龄，以保证较低的出水氨氮浓度。尤其是在污泥龄接近最小硝化污泥龄（第 5 章）的污水处理厂，更应该适当调整，这类污水处理厂在发达国家比较常见，因为可以节省空间。如果

反应器的污泥浓度可控，有机负荷日益增加，则泥龄会随时间而日益缩短（图 4.14），这种情况在发展中国家比较普遍，经常是污水处理厂的处理能力限制了城市发展。不可避免地，这样的系统在寒冷的冬天，会停止硝化进程。面对这种情况，工业排放抑制了硝化池，但是操作程序并没有改变，所以当天气回暖，硝化会继续。

当需要进行硝化时，不仅要控制污泥龄，SST 也不再起澄清和剩余污泥（WAS）浓缩的双重作用，底流回流比一定要低（<0.25：1），这样就延长了二沉池中的污泥停留时间（图 4.8）。

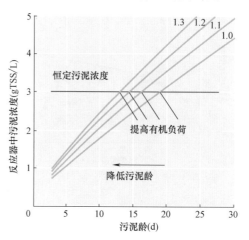

图 4.14 控制反应器 MLSS 浓度，SRT 随有机负荷升高而降低

污泥停留时间长就会导致 SSTs 进行反硝化，导致 SSTs 表面污泥上浮（上升），尤其是在夏天温度高（>20℃）时。事实上，由于大部分发展中国家处在热带地区，即使污泥龄非常短，活性污泥系统也不可能不发生硝化。因此即使在不要求硝化的污水处理厂也会发生由反硝化导致的污泥上浮。在 Brasilia 的污水处理厂（图 4.15a、b）就发生过这种现象，该厂的污泥回流比较低（0.25：1）：即使是 3d 的污泥龄也会硝化并且一直出现污泥上浮的情况。如果污泥龄缩短到能使硝化停止，那么 COD 的去除率将降至极低。所以只要发生硝化，不管有意还是无意的设计，就必须在合适的反应器中（缺氧）发生反硝化，因此必须增加二沉池底部的污泥回流比（约 1：1）以减少由于反硝化造成的污泥上浮。

诚然，只要有硝化发生，不管是脱氮的要求还是受系统限制，不得不放弃 SSTs 浓缩 WAS

图 4.15（a）Brasilia 污水处理厂之一，
Brasil（图源：R. Brummer）

图 4.15（b）Brasilia 污水处理厂之一，SST 池由于
反硝化而发生污泥上浮，Brasil（图源：M. Henze）

的功能。如果一定要在独立单元浓缩 WAS，就必须从反应器排放剩余污泥，以便水力控制泥龄。这种方法更容易确定污泥龄，而且只需要很少的试验就能完成，这能使硝化常年稳定运行。这种方法可推荐给要求硝化的活性污泥系统甚至是采用成熟的反应器污泥浓度控制措施的活性污泥系统。

4.12.2 水力控制污泥龄

水力控制污泥龄是由 Garrett 在 1958 年首次提出并使用的，它是基于 Setter 等人在 1945 年提出的"改良的污水曝气"方法。如果污泥龄规定在 10d，则每天排放污泥龄为反应器容积的 1/10，如果规定在 20d，每天排放污泥龄为反应器容积的 1/20，即：$Q_w = V_R/SRT$（式 4.1）。对于技术水平较低的污水处理厂，可以设置完全

不依赖二沉池的附属沉淀池或脱水干化床，每日接收反应器排出的 WAS；对于技术水平较高的污水处理厂，最好设置气浮装置（Bratby，1978），该单元可以减少 EBPR 污泥 P 的释放量（Pitman，1999）。气浮单元的上清液会回流至反应器，浓缩污泥泵入厂区污泥处理、处置单元。因为混合液的浓度在 1d 之内不会有明显的变化（图 4.12），所以该控制程序能将污泥龄控制到期望值。

水力控制污泥龄的一个重要特点就是不管厂内的流量如何，如果每天排放反应器容积一定比例的污泥，污泥龄就是固定的。如果 COD 负荷保持不变，污泥浓度也会自动保持不变。如果污泥负荷增加，污泥浓度会自动增加，污泥龄不变。这样，通过监测反应器中的污泥在固定污泥龄的浓度及其变化，就可以间接监测长期 COD 负荷变化。如果反应器污泥浓度随时间升高，则表明厂内的有机负荷在增加（图 4.16）。对操作者来说，水力控制污泥龄很容易，只要保证水槽、管路没有堵塞，以正常的流速运行，而反应器 MLSS 浓度甚至不需要经常检测。

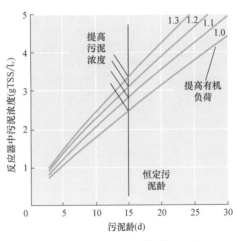

图 4.16　通过水力控制 SRT 所得到增加的 MLSS 浓度

通过水力控制污泥龄，只需要改变每日排放的污泥体积，就可以改变污泥龄。如果说，通过水力控制，污泥龄可以从 25d 减少到 20d，那么变化效果在半个污泥龄后会很明显。这样，生物量就有机会逐渐适应 F/M 和 LF 的变化。水力控制污泥龄尤其适合污泥龄大于 5d 的污水处理厂，因为这些厂的 SST 的污泥龄相对于整个系统来说占比很小。对于污泥龄小于 5d 的系统，SST 中的污泥量相对较高，尤其是在污泥沉降

性（$DSVI>150mL/g$）差的时候。当 SSTs 中的污泥量较高时，采用水力控制法必须精准控制污泥龄，此时必须进行额外的测试。

水力控制污泥龄将很大的责任转移给了设计者，减少了污水处理厂运行操作人员的责任；在设计有缺陷时，运行操作人员必须发挥独创性，通过将生物过程和设计约束条件相结合来解决设计的不足，以达到最好的出水水质。因此，设计者须更准确地计算污泥量，以便在设计的有机负荷下能提供充足的反应器容积，并满足一定的污泥龄要求的反应器浓度。此外，针对系统特定的污水和污泥龄，沉淀池表面积、污泥回流比和曝气能力也必须精准地计算。如果能够满足上述条件，那么使用水力控制泥龄法控制污水处理厂的污泥龄就变得很简单，甚至对于小型污水处理厂，可以间隔很长时间测一次污泥浓度和 SVI。水力控制污泥龄使 LF 和 F/M 等参数变得冗余，它提供了一个不一样的系统控制思路。它的实用性很强，能够实现污泥龄的控制和保证全年的正常硝化。当要求硝化时，必须控制污泥龄，水力

控制泥龄是最容易和最实际的方法。而且，采用固体量与控制污泥龄方法导致污水处理厂运行故障的产生的结果完全不同。采用固体量法控制的工厂失败时，硝化停止且污水中的氨浓度很高，而且氨作为一种不可见的可溶物，很难被去除。采用水力控制泥龄，污水处理厂运行失败的现象更明显：污泥随二沉池出水流出。在技术能力水平较低的工厂中，这更有利于及时采取补救措施。

4.13 污泥龄的选择

污泥龄的选择是活性污泥系统设计中最根本、最重要的决策。污水处理厂污泥龄的选择取决于很多因素，表 4.6 列出了一部分，如系统的稳定性、污泥沉降性能、污水污泥是否需要直接排放到干化床，最重要的一点是需要满足出水水质要求。

例如：COD 的去除是否达标？出水是否需要硝化？是否需要脱氮除磷？有些因素已经讨论过，这里不再赘述，下面只对表 4.6 进行一些补充。

选择活性污泥系统污泥龄时应考虑的一些重要因素   表 4.6

污泥龄	短（1～5d）	中（10～15d）	长（>20d）
类型	高速，分段进水 好氧塘 接触稳定塘 纯氧曝气	与高速类似但包含硝化，有时还有反硝化 BNR 系统	延长曝气 Orbal 氧化沟 Carousel 氧化沟 BNR 系统
目的	仅去除 COD	COD 去除 硝化 生物脱氮和/或 生物除磷	COD 去除 生物脱氮 生物除磷
出水水质	低 COD 高氨 高磷酸盐 不稳定	低 COD 低氨 低硝酸盐 高/升磷酸盐 相对稳定	低 COD 低氨 低硝酸盐 低磷酸盐 通常稳定
初沉池	一般包括	通常包括	通常排除
活性污泥质量	污泥产量高 活性成分高 需要稳定	污泥产量一般 活性成分一般 需要稳定	污泥产量一般 活性成分低 无需稳定
需氧量	非常低	由于硝化而高	由于硝化和污泥龄长而非常高
反应器容积	非常小	中到大	非常大
污泥沉降性能	一般较好，但没有 F/M 丝状菌如 *S. natans*，1701，和 *Thiothrix*	污泥龄低且好氧污泥含量高时污泥沉降性能好，但一般由于低 F/M 丝状如 *M. parvicella* 增长导致沉降性能差	好氧污泥含量高时性能好，但一般低 F/M 丝状菌尤其是 *M. parvicella* 生长时性能差

污泥龄	短(1~5d)	中(10~15d)	长(>20d)
运行	由于 AS 系统不稳定,运行复杂,需要初沉和二沉污泥处理	BNR 系统复杂,需要初沉和二沉污泥处理	不需要初沉和二沉污泥处理,但 BNR 系统运行复杂
优点	投资成本低 能量自给自足,厌氧消化	良好的脱氮(除磷)效果,投资成本相对较低	良好的脱氮(除磷)效果 无初沉污泥,二沉污泥不需稳定 投资成本低
缺点	运行成本高 出水水质不稳定	污泥处置复杂,成本昂贵	反应器大,需氧量高,投资成本高

4.13.1 短污泥龄 (1~5d)

4.13.1.1 传统污水处理厂

这些污水处理厂都是以传统构造(半推流式结构)运行,但也采用一些改良的系统,如接触稳定、分段曝气、分段进水等。欧洲和北美在要求脱氮除磷之前,短污泥龄的污水处理厂已普及,污泥龄 1~3d 就足够达到去除 COD 的目的。BOD_5 或 COD 的去除率在 75%~90%。去除率高低取决于污水特性、工厂的运行情况(特别是污泥在反应器和 SSTs 间转移的管理)以及 SST 的效率。由于污泥龄短限制了原生动物捕食游泳型纤毛虫类,所以活性污泥絮体中不可沉降(或悬浮)成分含量高,导致浊度和出水 COD 高(Chao 和 Keinath,1979;Parker 等,1971)。

表 4.6 中,公认短污泥龄的污水处理厂一般不进行硝化。在气候温和的高纬度地区,污水温度一般低于 20℃,情况就是如此。但是,在热带和低纬度地区,污水温度可能超过 25℃ 甚至是 30℃,即使污泥龄短的系统也会发生硝化;事实上,要阻止硝化进行是很困难的。对于这类情况,最好接受硝化的进行,并设计相应的系统。此外,即使不要求脱氮,在系统前段设置一个小的缺氧区(15%~20% 的厌氧生物量,见第 5 章),使大部分硝酸盐反硝化也是很有利的;这增加了硝化的最短泥龄、减少需氧量、利于碱度恢复、降低了污泥漂浮以及 SST 底部反硝化导致出水 COD 高的风险。

生物除磷可以在污泥龄 3~5d 进行,聚磷菌(PAOs)是增长相对较快的异养菌。在没有硝化时,非曝气区域是厌氧区(即不存在硝酸盐和氧进入或存在),假设进水中含有易生物降解(RB)COD 和短链脂肪酸(SCFAs),就会发生生物除磷。Barnard(1976)开发的最初的 Phoredox 系统就是基于厌氧-好氧两个反应器的系统。EBPR 的最小污泥龄是取决于温度的,最小污泥龄随温度降低而升高,14~20℃ 时最小污泥龄大约是 3~5d(Mamais 等,1992)。在上述温度范围内,硝化的最小泥龄远远大于 EBPR 的最小泥龄,因此一般不发生硝化反应,从而也就不存在硝酸盐对 EBPR 的不利影响。然而,在气候温暖的区域,硝化和 EBPR 的最小泥龄很相近,如果需要生物强化除磷,就必须设置缺氧区,确保低硝酸盐回流到厌氧反应器中(Burke 等,1986)。如果不需要 EBPR,硝化会将非曝气-曝气系统从除磷改为脱氮。

目前,2-段工艺的第一段或 AB 段工艺的 A 段又再次时兴,其中 A 段是有机物去除的高速活性污泥(HRAS)系统(SRT<1.5d),B 段是氮去除的长污泥龄系统(Haider 等,2006)。这种工艺的重新兴起主要是由于污水处理的能耗低,通过减少曝气的能源消耗和最大化程度地捕获有机物在初沉和/或二沉池进行厌氧消化从而能量回收(Jimenez 等,2015;De Graaff 等,2016),并用主流厌氧氨氧化法取代 B 段完成 N 的去除(Zhang 等,2019)。

4.13.1.2 曝气塘

与氧化塘中由藻类补充氧不同,曝气塘本质是高速率的活性污泥系统,因为需氧量全部由曝气池提供。曝气塘大致可以分为两类:悬浮混合(好氧)塘和兼性曝气塘。好氧曝气塘通过曝气设备提供足够的单位容积能量输入,以保持污泥悬浮。在兼性曝气塘中,由于能量提供不充足,固体沉降到塘底,由此形成的污泥层中的可生物降解固体会进行厌氧降解,就像在氧化塘中一样。

从动力学上看，好氧曝气塘类似活性污泥系统，可以进行类似的模拟（Marais 等，2017）。它们的名义水力停留时间等于泥龄，剩余污泥（Q_w）和出水流量（Q_w）是一样的，都等于进水流量（Q_i）。因此同水力停留时间约为污泥龄 1/20 的传统短污泥龄系统相比，单位 COD 负荷的曝气塘容积会大很多。

好氧曝气塘出水与塘中混合液成分一样。系统通过好氧去除的 COD 相对较少，因此出水 COD 直接排放不能达标。实际上，所有短污泥龄的污水处理厂的首要目标是达到生物辅助絮凝，即将进水可生物降解的可溶性有机物转化成可沉淀的有机物，与进水可生物降解和不可生物降解的颗粒有机物一起形成可沉降的污泥，并进行有效的固液分离。在传统的短污泥龄污水处理厂中，剩余污泥被输送到污泥处理设备；在曝气塘中，出水（和剩余污泥一起）通常流向另一个池子，即氧化塘或兼性曝气塘，使得易沉降的颗粒物沉降到塘底，实现固液分离和低 COD 出水。堆积在塘底的污泥会经历厌氧稳定。曝气塘常应用在轻工业污水处理系统中，这些系统的有机物浓度较高，负荷随季节变化，不需要硝化。然而，在不同类型的厌氧消化系统中处理这些污水已经变得越来越重要，受益于其更好的出水水质、水回用、能量回收和减少温室气体排放量的特点。

4.13.2 适中的污泥龄（10～15d）

由于严格的 FSA 浓度标准，污水必须进行硝化，这决定着活性污泥系统的最小污泥龄。根据温度的不同，硝化比仅去除 COD 需要的污泥龄长 5～8 倍。在温带地区，水温可能会低于 14℃，考虑到反硝化（和生物除磷）不曝气的反应器，污泥龄不会低于 10～15d。在这个范围内，出水 COD 浓度在设计上不起什么作用。对于污泥龄长于 4d 的系统，原生动物大量捕食游泳型纤毛虫，污泥絮凝性良好，颗粒分散率低。此外，几乎所有的可生物降解的可溶性有机物都能被利用，使得出水 COD（或 BOD）浓度稳定保持在最低值，即不可生物降解可溶性的 COD 浓度。在设计中出水氨氮浓度作用也不大，因为在硝化动力学中，如果供氧充足，一旦实现硝化，就会完全硝化。尽管出水标准可能对氨氮浓

度有要求，比如说＜10mgFSA-N/L，但只要硝化发生，浓度就不会高于 2～4mgN/L。有关硝化所需最小泥龄的方法见章节 5.1.7。一旦选择的污泥龄比最小值高 25%，系统运行条件对出水的 FSA 浓度的影响会大于硝化工艺本身，如供氧限制、氨负荷变化、不可避免的污泥量损失和混合液的 pH 值变化。碱度低的污水进行硝化会导致出水 pH 值大幅降低，通常低于 5。这不仅会导致硝化工艺本身出现问题，即出水氨氮不达标，而且出水会对混凝土表面造成破坏。为了避免这些问题，考虑到氧和碱度恢复的优势，即使不需要脱氮，在硝化可能进行时，也要设计生物反硝化单元。然而，一旦硝化和生物反硝化同时被纳入系统，污泥龄就会长于 10～15d，系统就属于长泥龄的工艺了。

在好氧硝化活性污泥系统的 SSTs 中总有可能发生反硝化，从二沉池底部排出剩余污泥的程序会加剧这个问题（见 4.12.1 节）。当污泥回流比低时，SSTs 中的污泥停留时间长，这便会导致污泥的反硝化（图 4.13）。Henze 等（1993）估计，温度为 10℃和 20℃，6～8mgN/L 和 8～10mgN/L 的硝酸盐进行反硝化时会发生污泥浮选问题。反硝化的硝酸盐浓度在以下情况下会升高：①SSTs 中污泥停留时间增加，它取决于回流比和峰值流量；②污泥的活性成分增加，如污泥龄较短时活性组分较高（图 4.3B）；③温度增加；④不可利用的可生物降解有机物增加，污泥龄越短这部分的有机物占比越大，在峰值负荷时最大（Ekama 等，1997）。

以上证明了，进行硝化的污水处理厂，SST 不能达到固液分离和浓缩污泥的双重目的，系统应该采用水力控制泥龄并设置反硝化（见章节 4.12）。这些调整将改善 SST 中反硝化造成的污泥浮选问题，但是并不能从根源解决问题，因为根本原因是混合液中硝酸盐浓度过高。

为了降低活性污泥系统的建设成本，必须降低污泥龄。此外，降低污泥龄也会增加单位有机负荷的生物脱氮除磷效率（WRC，1984；Wentzel 等，1990），更加有利于低温污水（10～15℃）进行硝化。可以通过多种方式降低 SRT，如：在好氧反应器中添加硝酸盐生物膜载体，或使用旋流器选择性地排放活性污泥的轻组分，以便需氧

氨氧化细菌（AOB）、PAO和厌氧氨氧化细菌（AMX）在活性污泥富集（Ekama，2015）。

为了尽量缩短污泥龄和减小处理百万升污水所需的生物反应器容积，可在好氧反应器中加入固定填料（Wanner等，1988；Sen等，1994；Ødegaard等，2014）。生长在固定填料上的硝化菌不受混合液污泥龄和好氧生物量的限制，因此污泥龄和容积均能降低。然而，内部固定填料的有效性并不如预期的那么好，而且它们产生的收益/成本比率相当低。

目前，已经成功实现污泥龄缩短到8～10d（Bortone等，1996；Sorm等，1997；Hu等，2000），并且该系统正在开始进行生产化应用（Vestner和Günthert，2001；Muller等，2006）。外部硝化是硝化过程从悬浮活性污泥中完全脱离，转移到外部固定填料系统中（类似滴滤池）。通过将硝化过程从BNR活性污泥混合液分开，污泥龄可以降到8～10d。这使处理百万升污水所需的生物反应器容积减少了大约1/3，溶蚀生物脱氮除磷也未受到负面影响。此外，与传统的BNR系统相比，污泥的沉降性显著提高（$DSVI$ 60～80mL/g），这进一步提升了系统的处理能力（Hu等，2000）。

与高速率的污水处理厂相比，污泥龄适中的污水处理厂每kgCOD的需氧量（包括硝化）是它的2倍（外部硝化除外，是它的一半），系统容积增大3～4倍，每日剩余污泥量降低40%，活性组分也大大减少。污泥龄适中的污水处理厂比高速率的污水处理厂更稳定，需要的复杂控制技术少，运行干扰（外部硝化除外）也少，这使得该类污水处理厂更适合应用。

以中等长度污泥龄运行的活性污泥系统，剩余污泥的活性成分仍然过高，不能直接排放到干化床。因此，需要某种稳定剩余污泥的方法，如好氧或厌氧消化。前者具有操作方便的优点，如果在MLSS浓度高（>2%）时操作并伴随间歇曝气，脱水液产生的氮和磷浓度较低（Mebrahtu等，2008），但缺点是供氧能耗高。后者具有产生沼气能源的优点，缺点是运行复杂，脱水液中氮和磷的浓度高。虽然能通过对剩余污泥进行厌氧消化回收能量，但是剩余污泥量少，每kgCOD负荷需氧量高，因此以中等长度污泥龄运

行的系统达不到能量的自我平衡。然而，在技术监督和操作员专业知识水平高的大型污水处理厂（大约500 000PE），如果该厂在过去十年中能耗成本持续增加，靠厌氧消化产气能降低能耗成本，那么这种系统比较经济合理。Ekama（2009）发现如果最终处置污泥中剩余可生物降解有机物（COD）相同，则处理相同污水的两个完全不同的处理厂进水中有机物产生的二氧化碳排放量几乎相同。也就是说，处理原水的长污泥龄（30d，表4.6）的延长曝气活性污泥工艺和处理初沉出水的短污泥龄（8d，表4.6）活性污泥工艺，同时伴随厌氧消化初沉污泥，好氧或厌氧消化剩余污泥产生沼气，这两个系统直接排放的二氧化碳应该是相同的。

4.13.3 长污泥龄（20d及以上）

4.13.3.1 好氧工艺污水处理厂

长污泥龄的好氧污水处理厂通常称为延时曝气污水处理厂。长污泥龄系统的主要目的是避免了初沉（1^{ry}）和二沉（2^{ry}）污泥的处理。因此这些工厂处理原水，选择的污泥龄使剩余污泥的活性成分（或残留的可生物降解有机物）低到可以将其直接排放到干化床。为了产生足够稳定的污泥，以便不产生气味问题，要求的污泥龄是不确定的，这取决于温度和气候条件（污泥在开始散发臭味前，不管污泥是否能很快充分干化），因此泥龄可能会超过30d。

有趣的是，Samson和Ekama（2000）通过调查不同的污泥稳定系统处理过的剩余污泥中可生物降解有机物含量发现，与湿空气氧化（Zimpro）和厌氧消化初沉污泥（25%～60%，图4.17）相比，好氧氧化剩余活性污泥包含的可生物降解有机物含量（10%）最低。

4.13.3.2 缺氧-好氧工艺污水处理厂

只要污泥龄超过20～25d，硝化必然发生，根据上面的论述，此时可以将反硝化引入系统，这样不会影响长污泥龄系统中的硝化的稳定性。如果需要的话，EBPR也可以包括在内，无需额外的成本。事实上，由于有机负荷较高，处理原水比处理初沉出水时生物脱氮除磷效率高。为了包括脱氮（除磷），以各种配置将反应器细分为非曝气（缺氧和厌氧）和曝气区域。非曝气区域

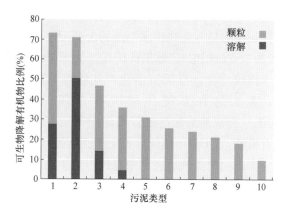

图4.17 不同稳定系统类型处理的污泥中剩余可生物降解有机物百分比含量。图例：1-原水；2-Zimpro腐殖质＋10-高的可溶COD；3-厌氧消化10＋WAS-高VFA；4-仅厌氧消化10-高的VFA；5-厌氧消化10，第一阶段-低VFA；6-Zimpro腐殖质＋10-低可溶COD；7-厌氧消化10，第二阶段-低VFA；8-DAF浓缩WAS；9-厌氧消化10＋WAS，单一阶段-低VFA；10-好氧消化WAS

发生反硝化，混合区接受好氧区回流的消化液，这样就构成了硝化-反硝化（ND）系统。ND系统包括4个阶段，Bardenpho工艺，包含初级和二级缺氧反应器；改良的Ludzack Ettinger（MLE）工艺，它只包含前端的缺氧反应池；Orbal®、Carousel®氧化沟系统，在氧化沟系统内，沿同一长通道反应器的不同长度存在着缺氧区，在间歇进水延时曝气系统（IDEA）也存在ND系统。尽管增加反硝化会给设计带来一些额外的限制条件，但污泥龄长时，如果污水处理厂的供氧能力在所有预期条件下能确保有效的硝化，这些限制条件是次要的（见第5章）。

4.13.3.3 厌氧-缺氧-好氧工艺污水处理厂

当需要EBPR时，系统中应包括一个前端的厌氧反应器接受进水，但污泥回流中应包括最少的氧气和硝酸盐。对于EBPR来说，保证厌氧区硝酸盐的零排放对于提高磷的去除率很关键，这在设计包含EBPR的延时曝气系统也是一个额外的限制。EBPR处理程度取决于许多因素，主要是进水易生物降解（RB）COD浓度、TP/COD比和厌氧反应池排斥硝酸盐的程度，这取决于进水TKN/COD比。

从包含EBPR的延时曝气系统排出的剩余污泥具有释放高浓度磷的能力。因此，需要考虑磷

释放的问题，尤其是在设计脱水/干化床时，并且脱水、干化床在排水管和溢流堰下设有砂滤池，砂滤的存在使得干化床可作为脱水系统的存在。当直接向干化床排放剩余污泥时，排水沟和溢流污水的磷浓度应受到监控，比如说，达到5mgP/L时，就停止向干化床排放污泥，同时停止向工艺前端回流上清液。从干化床排出的少量高磷溶液可进行化学处理或者厂内灌溉。具有脱水能力的干化床，其脱水能力也极大地提高。

4.13.4 决定活性污泥系统大小的主要因素

上面的章节已经说明了活性污泥系统污泥龄的选择需要考虑的因素，这在设计中至关重要。污泥龄是决定出水水质和活性污泥系统大小的主要因素。一般出水（和剩余污泥）水质要求越高，污泥龄也就越长，生物反应器容积也越大，需要的污水特性参数也就越多（图4.18）。

若只是去除有机物，系统的污泥龄短，因此反应器的容积也小。事实上只需要知道有机（COD）负荷、不可生物降解颗粒和可溶性COD组分即可。有机负荷和不可生物降解的颗粒COD浓度对反应器中污泥量和每日污泥产量影响很大，同时，不可生物降解的可溶性COD浓度也决定了出水溶解性COD浓度。并且，有机负荷也决定了每日需氧量，峰值水力负荷决定了二沉池表面积的大小。如果系统需要硝化，则需要知道更详细的污水特性。最重要的是在标准水温20℃（$\mu_{ANO,20}$）时和最低水温（T_{min}）时的最大硝化菌增长速率决定了硝化的最小污泥龄（$SRT_{min,NIT}$）。系统的污泥龄必须大于硝化最小污泥龄，系统污泥龄与最小硝化泥龄的比值（$SRT/SRT_{min,NIT}$）越大，出水氨浓度越低，系统抑制氮负荷变化的能力越强。硝化系统还需要知道每日氮负荷（包括TKN和FSA），用于确定进水的氮物质的成分。对于硝化而言，注意要把硝化菌的最大增长速率看作是污水特性，而不是模型动力学常数，因为不同的污水该值不同。

对于生物脱氮（硝化和反硝化ND）系统，部分生物反应器（缺氧生物部分，f_{xd}）故意不进行曝气。缺氧区生物量越大，反硝化的硝酸盐越多，硝化的最小污泥龄越长。由于ND系统所需

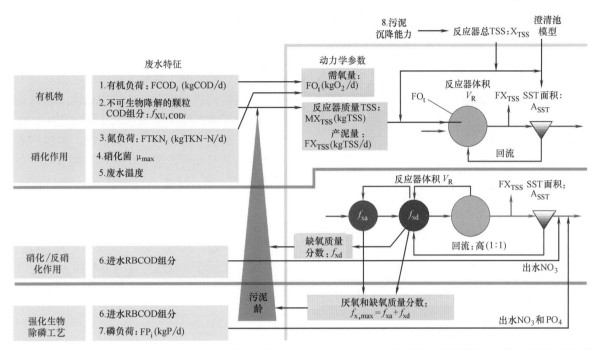

图 4.18 不同活性污泥系统：完全好氧、硝化、硝化-反硝化、EBPR 所需要知道的要污水特性参数及其与污泥龄和出水水质的关系

的泥龄很长，所以需要的生物反应器也就很大。此外，还需要知道污水的特性，即进水 RBCOD 的浓度，因为在缺氧反应器中反硝化的硝酸盐比例高（高达 50%）是由于污水的成分，如果进水的 RBCOD 的浓度未知，出水的硝酸盐浓度很难准确计算。

对于 EBPR 系统，每日磷负荷（包括总磷和正磷酸盐）需要确定，以便确定进水中磷的组成。在 EBPR 系统中，进水 RBCOD 的浓度非常重要，因为它决定了生物除磷的效果。如果进水的 EBCOD 浓度未知，那么生物除磷效率就很难准确计算。进水 RBCOD 是 EBPR 工艺聚磷菌（PAOs）的间接食物源。接收进水的厌氧区的作用是使 PAOs 吸收进水 RBCOD 的发酵产物——挥发性脂肪酸（VFA）。进入厌氧区的硝酸盐（或溶解氧，DO）会导致进水 RBCOD 被普通异养菌（OHOs）所利用，这样就降低了 PAOs 可利用的 VFA 量，从而降低生物除磷效率。进水磷浓度和 EBPR 所能去除的磷的浓度差就是出水的磷浓度。

最大限度地提高 EBPR 效率的关键是要把进入厌氧区的硝酸盐（和 DO）浓度控制在很低的水平。这对缺氧区的反硝化工艺要求很高。如果

进水的 TKN/COD 很高，缺氧区达不到很低的硝酸盐浓度，那么就需要投加甲醇。要提高缺氧区的 N 去除率需要很大的缺氧反应池，而缺氧反应池也存在厌氧区，这就使得未曝气的生物量增加，反过来会就需要较长的污泥龄以保证硝化反应。可以采取一些特别的手段才能保持低的污泥龄，比如外部硝化或在好氧区添加固定填料以降低系统对最短硝化污泥龄的敏感度，尤其是在污水温度很低的地区，NDEBPR 系统有很长的污泥龄。

上面的论述表明，不管用稳态或是动态模拟模型，污水特性是模拟污水处理厂时最重要的一个方面。污水特性（和污泥沉降性）不确定会导致相应的需氧量、产泥量、反应器容积和出水水质的不确定。所以进行不确定性、敏感性分析应该是针对污水特性而不是对模型动力学和计量学参数的。实际上，模型中动力学和计量学参数很少发生改变（除了被看作是污水特性的硝化菌最大增长速率）。假如数据满足物质平衡（水量、COD、N 和 P），就可以通过只改变污水特性，将模型中的出水浓度、污泥产量和需氧量拟合到实验、小试和生产性污水处理厂数据中。模型预测经常和测量数据不一致，因为测量数据不符合

物质平衡和连续性原则，只有当数据符合物质平衡和连续性原则且改变污水特性不能使模型预测和测量数据之间产生密切的相关性时，才会调整模型动力学和计量学参数，但是应以生物过程为基础来调整，而不能简单地以"能拟合好模型"为目标。

4.13.5 几点说明

任何污泥龄的 BNR 系统中，在循环流和负荷条件下，曝气控制都是一个很棘手的问题，这是因为好氧区 DO 太高或者太低都会影响反应系统。过高的 DO 浓度会造成不必要的浪费且导致氧循环进入缺氧区（如果包括 EBPR 则进入厌氧区），而降低 N 和 P 的去除能力，DO 太低会导致硝化效率下降且会导致污泥沉降能力差。

扫码观看本
章参考文献

近年来已经研发了一些有效的 DO 控制系统，但是供氧成本和峰值流量时的 SSR 表面积的限制促进了等流量或等负荷控制等替代解决方法的研究。而且氨、硝酸盐和磷酸盐浓度等大部分系统变量的日变化不是生物过程造成的而是受水量变化影响。为了减少水量变化的影响，在活性污泥系统的上游设置一个调节池，控制该池出水流量使流量和负荷的变化减小。调节池流量通过计算机控制，计算机可以计算该池的溢流速率，从而更好地控制下一个 24h 的进水流量。这种调节方法已经在 Goudkoppies BNR 污水处理厂（Johannesburg，RSA）进行了试验，结果表明，该方法在降低污水处理厂曝气和解决其他控制问题方面有很大的潜力（Dold 等，1982，1984）。

术语表

符号	描述	单位
a	混合液回流比(Q_a/Q_i)	—
A_{SST}	二沉池表面积	m^2
b_{OHO}	OHOs 内援消耗速率	d^{-1}
C_{br}	生物反应器成本常数	—
$COD_{b,i}$	可生物降解的 COD	mgCOD/L
COD_i	进水总 COD	mgCOD/L
COD_e	出水总 COD	mgCOD/L
$COD_{e(filt)}$	出水可溶 COD	mgCOD/L
$COD_{e(unfilt)}$	出水总 COD	mgCOD/L
C_{sst}	二沉池成本常数	—
$DSVI$	稀释污泥容积指数	mL/gTSS
f_a	活性污泥中 OHOs 的含量	mgVSS/mgVSS
$f_{at,OHO}$	以 TSS 计污泥中 OHOs 的组分	mgVSS/mgTSS
$f_{av,OHO}$	污泥中 OHOs 的组分	mgVSS/mgVSS
$f_{cv,OHO}$	污泥中 COD 与 VSS 比	mgCOD/mgVSS
$f_{FSS,OHO}$	OHOs 的无机含量	mgISS/mgCOD
f_q	峰值流量因子(PWWF/ADWF)	L/L
$f_{SU,CODi}$	进水中不可生物降解的可溶 COD 含量	—
$f_{XU,CODi}$	进水中不可生物降解的颗粒 COD 含量	—
f_{VT}	污泥中 VSS 与 TSS 的比	mgVSS/mgTSS
$f_{XE,OHO}$	OHOs 不可生物降解组分含量	mgCOD/mgCOD
$FCOD_{b,i}$	每日进水中可生物降解 COD 量	mgCOD/d

符号	描述	单位
$FCOD_e$	出水 COD 量	mgCOD/d
$FCOD_i$	每日进水总 COD 量	mgCOD/d
$FCOD_{VSS}$	每日产生的颗粒有机物量	mgCOD/d
FO_c	每日氧气利用量	mgO_2/d
$FX_{U,i}$	每日进水不可生物降解颗粒 COD 量	mgCOD/d
$FX_{FSS,i}$	每日进水颗粒无机物通量	mgISS/d
$FX_{Uv,i}$	每日进水不可生物降解颗粒物量	mgVSS/d
FX_{TSS}	产生的总固体量	mgTSS/d
FX_{VSS}	每日产生的挥发性固体量	mgVSS/d
ISS	活性污泥的无机悬浮固体量	mgISS/L
HRT_a	实际水力停留时间	d
HRT_n	名义水力停留时间	d
MX_{OHOv}	生物反应器中的 OHOs 量	mgVSS
$MX_{E,OHOv}$	生物反应器内源性残留物量	mgVSS
MX_{FSS}	生物反应器中进水颗粒无机物量	mgISS
MX_{Uv}	生物反应器中不可生物降解物质量	mgVSS
MX_{TSS}	生物反应器中的固体量	mgTSS
MX_{VSS}	生物反应器中挥发悬浮固体量	mgVSS
O_c	碳的氧利用率	$mgO_2/(L \cdot d)$
P_{br}	生物反应器能量成本常数	—
P_{sst}	二沉池能量成本常数	—
Q_a	混合液回流流速	L/d
Q_e	出水流量	L/d
Q_i	进水流量	L/d
$Q_{i,ADWF}$	旱季进水平均流量	L/d
$q_{i,PWWF}$	雨季峰值流量时 SST 出水速率	m/h
$Q_{i,PWWF}$	雨季峰值流量时 SST 流量	m^3/h
Q_s	污泥回流流速	L/d
Q_w	生物反应器剩余污泥流量	L/d
r_{hin}	污泥沉降常数	L/g
SRT	污泥停留时间	d
s	污泥回流比(Q_s/Q_i)	—
S_S	可溶性(易)生物降解(RB)COD	mgCOD/L
$S_{U,e}$	出水(不可生物降解)可溶性 COD	mgCOD/L
$S_{U,i}$	进水不可生物降解可溶性 COD	mgCOD/L
$SSVI_{3.5}$	3.5gTSS/L 时搅拌污泥容积指数	mL/gTSS
V_0	初始沉降速度	m/h
V_R	生物反应器容积	L
V_s	区域沉降速度	m/h
X	活性污泥的颗粒物质	mgTSS/L
X_{OHOv}	OHOs 生物量	mgVSS/L
$X_{E,OHOv}$	活性污泥中 OHOS 的内源残留物	mgVSS/L
X_U	活性污泥中的进水不可生物降解物质	mgCOD/L
X_{Uv}	活性污泥中的进水不可生物降解物质	mgVSS/L
$X_{FSS,i}$	进水无机物浓度	mgISS/L

符号	描述	单位
X_{sR}	SST 回流液的悬浮固体浓度	mgTSS/L
X_S	进水缓慢可生物降解(SB)颗粒 COD	mgCOD/L
$X_{S,i}$	进水不可生物降解颗粒 COD	mgCOD/L
X_{TSS}	活性污泥中颗粒物	mgTSS/L
X_{VSS}	活性污泥中有机物	mgVSS/L
$X_{VSS,e}$	出水颗粒挥发性物质	mgVSS/L
Y_{OHO}	OHOs 的 COD 产量	mgCOD/mgCOD
Y_{OHOv}	OHOs 的 VSS 产量	mgVSS/mgCOD

缩写	描述
ADWF	旱季平均流量
AS	活性污泥
BOD	生物需氧量
BNR	生物脱氮除磷
COD	化学需氧量
DSVI	稀释污泥体积指数
DO	溶解氧
EBPR	强化生物除磷工艺
ESS	出水悬浮固体
F/M	食微比
HRT	水力停留时间
FSA	氨氮
IDEA	连续进水分离式周期循环延时曝气工艺
ISS	可沉淀固体质量的无机成分
LF	负载系数
MLSS	混合液悬浮固体
MLVSS	混合液挥发性悬浮固体
OHOs	普通异养菌
ND	硝化-反硝化
PAOs	聚磷菌
PE	人口当量
PST	初沉池
PWWF	雨季峰值流量
RBCOD	易生物降解 COD
SRT	污泥龄
SS	悬浮固体
SST	二沉池
SVI	污泥容积指数
SV	污泥沉降比
SSVI	搅拌污泥容积指数
TKN	总凯式氮
TSS	总悬浮固体
VFAs	挥发性脂肪酸
VSS	挥发性悬浮固体
WAS	剩余活性污泥

希腊符号	解释	单位
$\theta_{b,OHO}$	OHOs 内源呼吸速率的 Arrhenius 温度系数	—
φ	二沉池直径	m

图 4.19 华盛顿 Blue Plains 工厂微生物"工作"时夜景（照片：D. Rosso）

第 5 章
氮去除

George A. Ekama，Mark C. Wentzel†和 Mark C. M. vanLoosdrecht

5.1 硝化反应概述

"硝化反应"是指游离氨和铵盐（Free and Saline Ammonia，FSA）被氧化成亚硝酸盐和硝酸盐的生物过程。硝化反应由特定的化能自养菌介导，与化能异养菌（Heterotrophic，OHO）相比，它们的行为特征有很大差别。OHOs 从有机化合物中获取生物质合成所需的碳源（用于合成代谢）和能量（用于分解代谢）。而自养硝化菌从溶解的 CO_2 中获取碳源（用于合成代谢），从游离氨氧化成亚硝酸盐再氧化成硝酸盐的过程中获取能量（用于分解代谢）。这一差异使自养硝化细菌的生物量生长系数低于 OHOs（约 1/5）。本章的主要内容是简要回顾硝化反应动力学，重点强调影响该硝化过程的因素，并阐述设计硝化好氧活性污泥系统的步骤。众所周知，硝化反应是由两种特定的自养细菌即氨氧化细菌（Ammonia-oxidizing Organisms，AOOs）和亚硝酸盐氧化细菌（Nitrite-oxidizing Organisms，NOOs）介导的。最初人们认为只有亚硝酸盐细菌和硝酸盐细菌参与硝化反应，但近年来分子技术表明还存在其他种属的硝化细菌同样参与该反应。

硝化反应包括两步氧化反应：①氨氧化细菌将游离氨和铵盐氧化为亚硝酸盐；②亚硝酸盐氧化细菌将亚硝酸盐氧化为硝酸盐。硝化细菌利用大部分的铵盐和亚硝酸盐合成所需的能源（分解代谢），还有一部分氨被用于合成细胞物质（合成代谢）。然而，硝化细菌合成细胞物质所需的氨含量在氧化成硝酸盐的氨总量中所占比例最多

为 1%，可以忽略不计。因此，在稳态模型中，通常忽略硝化细菌合成细胞物质所需的氨，并将其视为硝化过程中的生物催化剂。这种化学计量方法大大简化了描述该动力学的过程，硝化过程中的两个基本氧化还原反应为：

$$NH_4^+ + \frac{3}{2}O_2(AOOs) \rightarrow NO_2^- + H_2O + 2H^+$$
$$(5.1a)$$

$$NO_2^- + \frac{1}{2}O_2(NOOs) \rightarrow NO_3^- \quad (5.1b)$$

根据化学计量关系，第一个反应和第二个反应中的需氧量分别为 $3/2 \times 32/14 = 3.43 mgO_2/mgN$ 和 $1/2 \times 32/14 = 1.14 mgO_2/mgN$（也写成 $mgO_2/mgFSA\text{-}N$）。因此，氨转化为硝酸盐（均以 N 表示）所需氧量为 $2 \times 32/14 = 4.57 mgO_2/mgN$。考虑一部分氨用于硝化细菌合成细胞物质，每毫克 FSA-N 在硝化过程中需氧量略少，文献中报道的是 $4.3 mgO_2/mgFSA\text{-}N$。这种方法被用于 ASM1 模型中（Henze 等人，1987），这也是稳态化学计量模型和较为复杂的模型之间预测结果差异微小的一个原因。

5.2 生物动力学

5.2.1 生长

为了阐明硝化过程，有必要了解氨氧化细菌的基本生物生长动力学。氨氧化细菌将氨转化为亚硝酸盐的速率通常比亚硝酸盐氧化细菌将亚硝酸盐转化为硝酸盐的速率慢得多。大多数情况下，市政污水处理厂中生成的亚硝酸盐几乎都能很快转化为硝酸盐。因此，对于进水中不包含抑制亚

硝酸盐氧化细菌的物质的污水处理厂,其出水中检测到的亚硝酸盐含量通常是极少的(<1mgN/L)。于是,在硝化过程的两步反应中,氨氧化细菌将氨转化为亚硝酸盐的速率是其限制速率。因而从稳态模型的角度来看,只需要考虑这一生物种群的动力学,因为生成的亚硝酸盐实际上很快就被进一步氧化成硝酸盐,所以假设氨氧化细菌将氨直接转化成硝酸盐,硝化反应的动力学就可简化为氨氧化细菌的动力学。

Downing 等人(1964)的实验研究表明,硝化反应速率可以用 Monod 方程来表示。事实上,Monod 动力学在用于异养菌分解有机物质的动力学模型前就已经应用在硝化反应中。在硝化反应中的成功应用促使了 Lawrence 和 McCarty(1972)将其应用于活性污泥。Monod 动力学的假设条件是:①产生的生物量是所利用基质量(这里指的是氨)的一部分,该比例是固定的;②比生长速率,即单位时间内单位生物量的生长速率,与生物周围的底物浓度有关。

从假设①可以列出下列关系:

$$M\Delta X_{ANO} = Y_{ANO}M\Delta S_{NHx} \qquad (5.2)$$

式中 $M\Delta X_{ANO}$——硝化细菌生成量(mgVSS);

$M\Delta S_{NHx}$——作为氮源被利用的氨的量(mgFSA-N);

Y_{ANO}——硝化细菌产率系数(mgVSS/mgN)。

取一个足够短的时间间隔 t,上式可以写成:

$$\frac{dX_{ANO}}{dt} = Y_{ANO}\left[-\frac{dS_{NHx}}{dt}\right]$$

$$[mgANOVSS/(L \cdot d)] \quad (5.3)$$

从假设②中,Monod 动力学推导出以下关系,即著名的 Monod 方程:

$$\mu_{ANO} = \frac{\mu_{ANO,max}S_{NHx}}{K_{ANO,T} + S_{NHx}}$$

$$[mgVSS/(mgVSS \cdot d)] \quad (5.4)$$

式中 μ_{ANO}——氨浓度下的比生长速率(L/d);

S_{NHx}——[mgANOVSS/(mgANOVSS · d)];

$\mu_{ANO,max}$——最大比生长率,[mgANOVSS/(mgANOVSS · d)];

K_{ANO}——半饱和系数,即 $\mu_{ANO} = 1/2\mu_{ANO,max}$ 时的浓度(mgN/L);

S_{NHx}——液体中氨的浓度(mgN/L)。

氨氧化细菌的 Monod 常数:最大比生长率 $\mu_{ANO,max}$、和半饱和常数 K_{ANO}(也称为亲和系数)均受温度的影响,通常随着温度的降低而降低,符号下标中的 T 代表温度,单位为℃。

由比生长速率和硝化菌 ANO 浓度(X_{ANO})可以得出生长速率为:

$$\frac{dX_{ANO}}{dt} = \mu_{ANO,T}X_{ANO} = \frac{\mu_{ANO,max,T}S_{NHx}}{K_{ANO,T} + S_{NHx}}X_{ANO}$$

$$[mgANOVSS/(L \cdot d)] \quad (5.5)$$

结合式(5.3)和式(5.5)可以得到氨的转化率,即:

$$\frac{dS_{NHx}}{dt} = -\frac{1}{Y_{ANO}}\frac{\mu_{ANO,max,T}S_{NHx}}{K_{ANO,T} + S_{NHx}}X_{ANO}$$

$$[mgFSA-N/(L \cdot d)] \quad (5.6)$$

在稳态模型中,硝化过程可用化学计量学方程表达,即硝化菌仅作为该过程的催化剂,硝酸盐形成的速率等于 FSA 转化的速率,即:

$$\frac{dS_{NO_3}}{dt} = -\frac{dS_{NHx}}{dt} = \frac{1}{Y_{ANO}}\frac{\mu_{ANO,max,T}S_{NHx}}{K_{ANO,T} + S_{NHx}}X_{ANO}$$

$$[mgNO_3-N/(L \cdot d)] \quad (5.7)$$

式中 S_{NO_3}——硝酸盐浓度(mgNO_3-N/L)。

硝化过程相关的氧利用率计算是基于上述的从氨氧化为硝酸盐时的需氧量(4.57mgO_2/mgFSA-N),即:

$$O_{NIT} = 4.57\frac{dS_{NHx}}{dt} = 4.57\frac{dS_{NO_3}}{dt}$$

$$[mgO_2/(L \cdot d)] \quad (5.8)$$

按照上述式(5.7)和式(5.8),FSA 转化为硝酸盐的化学计量值比实际硝酸盐的生成量稍高,需氧量也稍高,因为硝化细菌吸收一小部分(1%)的 FSA 用于细胞合成。根据生物细胞的经验分子式 $C_5H_7O_2N$,Brink 等人(2007 年)指出,摄取 1mgFSA-N 生成 0.99 mgN 硝酸盐和 0.076mgANOVSS,需氧量为 4.42mgO_2。

Downing 等人(1964)将 Monod 生长动力学应用于硝化反应成为废水处理中微生物动力学研究最成功的应用之一;至今 Monod 动力学常用来描述许多生物过程中限制营养物浓度的生长速率。Monod 生长动力学包括三个常数:产率系数(Y_{ANO})、最大比生长率($\mu_{ANO,max}$)和半饱和系数（K_{ANO}）。

硝化细菌的产率系数指利用单位质量的基质所生成的净生物量。在 20 世纪 60 年代，硝化反应模型被提出来后，有研究表明这个系数不是恒定的常数，而是随着生长条件的变化而变化。但 Downing 等人（1964 年）提出，当使用一组相对应的 $\mu_{ANO,max}$ 和 Y_{ANO} 时，从不同的 Y_{ANO} 值得到的 VSS 浓度与实验测得的最大比生长率 $\mu_{ANO,max}$ 不一致。这是因为 $\mu_{ANO,max}$ 是通过最大比硝化速率 $K_{NIT,max}$［mgFSA-N/（mgANOVSS · d）］得到，其中 $K_{NIT,max} = \mu_{ANO,max}/Y_{ANO}$，如果选择的 Y_{ANO} 值低，$\mu_{ANO,max}$ 值也低，反之亦然。为了避免与实验测得的 $\mu_{ANO,max}$ 混淆，在城市污水处理厂的稳态和动态模拟活性污泥模型中，采用的 Y_{ANO} 标准值为 0.10mgVSS/mgFSA 或 0.15mgCOD/mgFSA。

5.2.2 生长特性

图 5.1 表明了比生长率 μ_{ANO}、基质（FSA）利用率或比硝化速率 K_{NIT} 和溶液中 FSA 浓度 S_{NHx} 之间的关系，如 Monod 方程（5.4）所表达的。

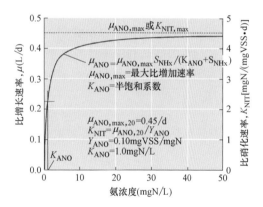

图 5.1 20℃时硝化作用的 Monod 比生长速率方程

所选的速率常数：$\mu_{ANO,max,20} = 0.45/d$，$Y_{ANO} = 0.10mgANOVSS/mgFSA-N$，得到 $K_{ANO,max} = 4.5mgFSAN/（mgANOVSS · d）$，$K_{ANO,20} = 1.0mgN/L$。该硝化细菌生长过程中值得注意的是：由于 K_{ANO} 很低，约为 1mgFSA-N/L，当其大于 2mgFSA-N/L 时硝化速率达到最大。但当其小于 2mgN/L 时，该速率迅速下降至零，这意味着当发生硝化反应时反应就接近完成（前提是满足所有其他要求；见下文），然而氨浓度很难降低为零。

5.2.3 内源呼吸

人们普遍认为，由于维持生命活动或内源能量需求，所有生物体都会经历某种形式生物量的减少。当生物将底物基质完全消耗殆尽时，随着时间的推移氧气持续消耗，生物体的 VSS 降低，此过程称为内源性呼吸。不同的生物体具有不同的内源呼吸速率，OHOs 的内源性呼吸速率较高（$b_{OHO,20} = 0.24/d$），而 AOOs 内源性呼吸速率较低（$b_{OHO,20} = 0.04/d$）。AOOs 的内源性呼吸过程模型与 OHOs 几乎完全相同，即：

$$\frac{dX_{ANO}}{dt} = -b_{ANO,T}X_{ANO}$$
$$［mgANOVSS/（L · d）］ \quad (5.9)$$

式中 $b_{ANO,T}$——在 T℃时，硝化细菌的比内源呼吸速率［mgANOVSS/（mgANOVSS · d）］。

5.3 过程动力学

模拟硝化反应的基本活性污泥系统是通过水力控制污泥龄的单级完全混合反应器系统（图 4.2）。该系统在稳态条件下提供了硝化反应设计所需的信息。在稳态下，需解决的主要问题是出水氨的浓度（$S_{NHx,e}$），该解决形式构成了硝化过程行为分析的基础，并为包括该过程的活性污泥系统的设计提供了信息，这些信息可用来理解活性污泥模型（例如 ASM1）中硝化过程的模拟。

5.3.1 出水氨浓度

在稳态下，完全混合系统中硝化细菌生物量 $M\Delta X_{ANO}$ 变化的质量平衡方程为：

$$M\Delta X_{ANO} = V_R\Delta X_{ANO} = \frac{\mu_{ANO,max,T}S_{NHx}}{K_{ANO,T}+S_{NHx}} \cdot$$
$$X_{ANO}V_R\Delta t - b_{ANO,T}X_{ANO}V_R\Delta t - X_{ANO}Q_w\Delta t$$
$$(mgANOVSS) \quad (5.10a)$$

式中 V_R——反应器容积（L）；
Q_w——反应器中污泥流量（L/d）。
除以 $V_R\Delta t$ 得到：

$$\frac{\Delta X_{ANO}}{\Delta t} = \frac{\mu_{ANO,max,T}S_{NHx}}{K_{ANO,T}+S_{NHx}} \cdot$$
$$X_{ANO,T} - b_{ANO,T}X_{ANO} - \frac{Q_w}{V_R}X_{ANO}$$

$$(5.10b)$$

在稳态条件下（恒定流量和负荷），$\Delta X_{ANO}/\Delta t$ 为 0，Q_w/V_R＝SRT。

将这些代入上式，解得反应器中的氨浓度（S_{NHx}），根据完全混合条件的定义，得出水氨浓度（$S_{NHx,e}$）和产率。

$$S_{NHx}=S_{NHx,e}=\frac{K_{ANO,T}(b_{ANO,T}+1/SRT)}{\mu_{ANO,max,T}-(b_{ANO,T}+1/SRT)} \quad (mgN/L) \quad (5.11)$$

从式（5.11）中可以看出，反应器中的氨浓度（S_{NHx}）和出水氨浓度（$S_{NHx,e}$）与硝化菌产率系数（Y_{ANO}）和进水氨浓度（$S_{NHx,i}$）无关。在 20℃ 下，取 $\mu_{ANO,max,20}=0.33/d$ 和 $K_{ANO,20}=1.0mgN/L$，取 $b_{ANO,T}=0.04/d$（表5.1）。根据式（5.11），给出出水氨浓度 $S_{NHx,e}$ 和污泥龄（Sludge Retention time，SRT）之间的关系如图 5.2 所示。当污泥龄比较长时，出水氨浓度 $S_{NHx,e}$ 非常低，直到污泥龄降低约为 4d。当污泥龄低于 4d 时，$S_{NHx,e}$ 迅速增加，根据式（5.11），$S_{NHx,e}$ 可能超过进水 FSA 浓度 $S_{NHx,i}$，显然这是不可能的，因为方程式（5.11）的有效性极限是 $S_{NHx}=S_{NHx,i}$。在式（5.11）中用 $S_{NHx,i}$ 代替 S_{NHx}，求出硝化反应中的最小污泥龄 SRT_{min}，理论上如果低于这个最小值，硝化反应将不能发生，即：

$$SRT_{min}=\frac{1}{\left(1+\dfrac{K_{ANO,T}}{S_{NHx,i}}\right)\mu_{ANO,max,T}-b_{ANO,T}} \quad (d) \quad (5.12)$$

最小污泥龄随 $S_{NHx,i}$ 的大小而略有变化（图 5.2），$S_{NHx,i}$ 高时，SRT_{min} 较低。$S_{NHx,i}$ 对 SRT_{min} 的影响很小，因为相对于 $S_{NHx,i}$，$K_{ANO,T}$ 的值很小（<5%）。因此，当 $S_{NHx,i}>20mgN/L$（很少会低于此值），$K_{ANO,T}$ 约为 $1mgN/L$，$K_{ANO,T}/S_{NHx,i}$ 值与 1 相比可以忽略不计（<5%）。因此将 $K_{ANO,T}/S_{NHx,i}=0$ 代入式（5.12）中，得到：

$$SRT_{min}=\frac{1}{\mu_{ANO,max,T}-b_{ANO,T}} \quad (d) \quad (5.13)$$

对于实际应用来说，考虑到 $\mu_{ANO,max}$ 的不确定性，式（5.13）准确定义了硝化反应中的最小污泥龄。理论上讲，式（5.13）指出，如果硝

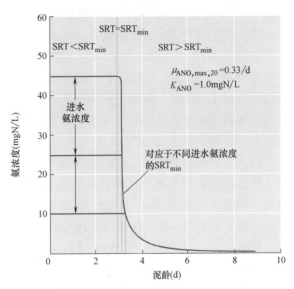

图 5.2　稳态硝化模型中出水氨浓度与污泥龄的关系图

化菌的净增长速率（净最大比增长率的倒数，$\mu_{ANO,max}-b_{ANO}$）低于由排泥速率决定的硝化细菌增长速率，则硝化细菌将无法在硝化系统中生长下去，硝化反应也不会发生。当污泥龄低于硝化反应的最小污泥龄时，硝化菌将从反应系统中流失殆尽，因此被称为"流失"污泥龄。"流失"这一概念可应用于生物反应器中的任何生物种群，并定义若低于该污泥龄则生物过程将不会发生，因为参与该过程的微生物无法在系统中持续增长。

就进水 FSA 浓度而言，SRT_{min} 的值几乎是恒定的（因为 $\mu_{ANO,max,T}$ 和 $b_{ANO,T}$ 是恒定值），当在污水处理过程中，污泥龄大于 SRT_{min} 时，硝化细菌的 Monod 半饱和常数 $K_{ANO,20}$ 较低，出水中 FSA 浓度快速下降。这一特性意味着在某一污水处理厂中，如果 FSA 是硝化细菌的生长限制营养物质，即其他条件例如氧气等均满足条件，那么随着污泥龄的增加，一旦 SRT＞SRT_{min}，可以观察到硝化反应效率大大提高。因此，在污泥龄增加的稳态条件下，可以从动力学过程预测一个活性污泥系统是否发生硝化反应，如果发生硝化反应，硝化是否完全取决于污泥龄是短于还是长于最小污泥龄 SRT_{min}。相反，随着污泥龄的减小，我们能够根据污泥龄与最小污泥龄 SRT_{min} 的比较判断活性污泥系统是否完全硝化或停止硝化。这种现象有时发生在大规模的活性污泥系统中，该系统多年来硝化处理进行很好，却突然在一个冬天，硝化突然停止，使得

出水中 FSA 浓度很高。假设溶解氧供应满足要求，那么发生这种情况的可能就是多年来反应系统中的有机负荷（COD）增加，为了将反应器中的 VSS 浓度维持在所需水平，排泥量（Q_w）增加，缩短了污泥龄，再加上冬季温度较低，系统的污泥龄降至最低值以下，导致硝化反应的停止。水力控制污泥龄的工艺就不会发生这种情况，因为水力控制污泥龄是依据反应器容积，每天以固定比例将污泥排出，维持稳定的污泥龄。但是，随着反应器中 TSS 浓度的增加，二沉池可能会超负荷运行，这取决于活性污泥的沉降性能（请参见第 4 章，第 4.12 节），这时，运行人员可以选择不进行硝化反应和脱氮过程，以应对活性污泥系统有机负荷超过其处理能力的问题。

5.4 影响硝化作用的因素

由上述讨论可知，有许多因素会影响硝化过程、实现该过程所需的最小污泥龄以及活性污泥系统中出水 FSA 浓度，具体包括：

（1）动力学常数 $\mu_{ANO,max,20}$ 的大小。因为在不同废水中该常数往往不同。

（2）温度。因为温度降低，$\mu_{ANO,max,20}$ 速率会减小，$K_{ANO,20}$ 系数增大。

（3）反应器中的非曝气区域大小。因为氨氧化细菌是专性好氧菌，只能在好氧条件下生长。

（4）溶解氧（Dissolved Oxygen，DO）浓度。因为 Monod 动力学假设 FSA 是生长限制性因素，意味着氧气供应必须充足。

（5）回流流量和负荷。由于 FSA 易溶解，因此反应器中的 FSA 浓度和出水中的 FSA 浓度受实际水力停留时间影响，在实际水力停留时间内大多数未硝化的 FSA 随出水一起流走。

（6）反应器中的 pH 值。因为当反应器中的 pH 值超出 7～8 范围，$\mu_{ANO,max,20}$ 会受到极大地抑制。

以上六个因素将在下面进一步讨论。

5.4.1 进水水源

对于不同的污水，观察到的最大比生长率 $\mu_{ANO,max,T}$ 不同，且同一污水来源的不同水流之间 $\mu_{ANO,max,T}$ 也存在差异。这种特异性非常明显以至于不能将 $\mu_{ANO,max,T}$ 列为动力学常数，而被

视为污水的特性参数。污水进水中的某些物质对硝化效果具有抑制性。这些物质并没有毒性，因为如果污泥龄足够长，即使 $\mu_{ANO,max,T}$ 值很低也可以实现较高的硝化效率。当市政污水混合一定工业废水时，更容易出现抑制物质。一般来说，工业废水含量越高，$\mu_{ANO,max,T}$ 值越低，目前尚未明确何种物质导致 $\mu_{ANO,max,T}$ 降低。

考虑温度的影响，$\mu_{ANO,max}$ 采用标准温度 20℃，据研究显示，市政污水的 $\mu_{ANO,max,20}$ 值范围为 0.30～0.75/d。这两个极值对硝化过程中的最小污泥龄大小产生影响较大。两个系统的 $\mu_{ANO,max,20}$ 值不同，使两个系统的最小污泥龄的值相差 250%。显然，污泥龄与 $\mu_{ANO,max,T}$ 之间存在联系，为了优化设计，后者通常通过实验来估算。如果没有通过实验估算，须选择一个较低的 $\mu_{ANO,max,T}$ 值，以确保硝化过程的发生。如果实际的 $\mu_{ANO,max}$ 较高，则反应系统的污泥年龄更长，反应器的体积将超过实际所需的体积。而对于大型反应器的投资并没有浪费，因为将来该污水处理厂能够在污泥龄更短情况下处理高有机负荷的废水。文献给出了确定 $\mu_{ANO,max,20}$ 的实验步骤，如 WRC（1984）中所述。

对于所有市政污水，$b_{ANO,20}$ 被视为常数，取值为 0.04/d。它的作用很小，没有必要考虑其他因素对它的影响。关于抑制物质对 $K_{ANO,T}$ 影响的资料十分少见，在抑制作用下，$K_{ANO,T}$ 很可能增大。

5.4.2 温度

$\mu_{ANO,max,T}$、$K_{ANO,T}$ 和 $b_{ANO,T}$ 这些"常数"均受温度的影响，前两个对温度的灵敏性较高，而内源呼吸速率与异养菌一样，对温度的灵敏性较低。

$$\mu_{ANO,max,T} = \mu_{ANO,max,20} \theta_{NIT}^{(T-20)}$$
$$(L/d) \quad (5.14a)$$

$$K_{ANO,T} = K_{ANO,20} \theta_{NIT}^{(T-20)}$$
$$(mgN/L) \quad (5.14b)$$

$$b_{ANO,T} = b_{ANO,20} \theta_{b,ANO}^{(T-20)}$$
$$(L/d) \quad (5.14c)$$

式中 θ_{NIT}——硝化反应的温度灵敏系数，为 1.123；

$\theta_{b,ANO}$——氨氧化细菌内源呼吸的温度灵敏系数，为 1.029。

温度对 $\mu_{\text{ANO,max,T}}$ 的影响较明显。温度每下降 6℃，$\mu_{\text{ANO,max,T}}$ 值减半，即硝化反应的最小污泥龄扩大一倍。因此，硝化系统的设计应基于系统预期的最低温度进行设计。$K_{\text{ANO,T}}$ 的温度灵敏性也很高，温度每升高 6℃，$K_{\text{ANO,T}}$ 值就增加一倍，虽然这不会影响硝化反应中的最小污泥龄，但会影响出水 FSA 浓度。$K_{\text{ANO,T}}$ 值越高，当 SRT 远大于 SRT_{min} 时出水 FSA 浓度越高。但高温下 $\mu_{\text{ANO,max,T}}$ 速率较快，补偿了较高的 $K_{\text{ANO,T}}$ 值，因此出水 FSA 浓度随着温度的升高而降低。

5.4.3 非曝气区域

非曝气区对硝化作用的影响是基于以下几个假设：

（1）硝化细菌是专性好氧菌，仅在硝化系统中的好氧区域生长。

（2）在曝气和非曝气条件下，均发生硝化细菌的内源呼吸。

（3）在曝气和非曝气区域的 VSS 中，氨氧化菌所占的比例相同，因此系统不同区域的污泥比例也反映了硝化细菌生物量的分布。

以上三个假设表明如果总污泥量的一部分 f_{xt} 是非曝气的，即（$1\sim f_{\text{xt}}$）的污泥是曝气的，则出水氨的浓度为：

$$S_{\text{NHx,e}} = \frac{K_{\text{ANO,T}}(b_{\text{ANO,T}} + 1/\text{SRT})}{\mu_{\text{ANO,max,T}}(1 - f_{\text{xt}}) - (b_{\text{ANO,T}} + 1/\text{SRT})}$$
（5.15）

如果将非曝气区域生物量 f_{xt} 的效果视为 $\mu_{\text{ANO,max,T}}$ 的值减小到 $\mu_{\text{ANO,max,T}}$（$1\sim f_{\text{xt}}$），且符合上述 $1\sim 3$ 的假设，则式（5.15）与式（5.11）在结构上一致。在活性污泥模拟模型如 ASM1 和 ASM2 中，这种污泥计算的质量分数法与硝化动力学是一致的（Henze 等，1987，1995）。在这些模型中，硝化细菌仅在好氧区域生长，内源性呼吸在所有区域都进行。这种污泥质量分数法与用于某些硝化-反硝化活性污泥系统（Nitrification Denitrification Activated Sludge system，NDAS）设计程序中的好氧泥龄法不一致（WEF，1998；Metcalf 和 Eddy，1991）。在好氧污泥龄法中，假设硝化细菌的生长和内源代谢过程仅在好氧区域中活跃，不在非曝气区域中进行。这种好氧污泥龄法与 ASM1 和 ASM2 模拟模型不一致，因此基于设计程序和 ASM 模型的好氧污泥硝化反应性能的预测明显不同。

根据式（5.13）进行同样的推导，在具有非曝气污泥质量分数为 f_{xt} 的 ND 系统中，硝化反应中最小污泥龄 SRT_{min} 为：

$$\text{SRT}_{\text{min}} = \frac{1}{\mu_{\text{ANO,max,T}}(1 - f_{\text{xt}}) - b_{\text{ANO,T}}}$$
（5.16）

如果 SRT 是常数，将式（5.16）中的 SRT 替换 SRT_{min}，$f_{\text{x,max}}$ 替换 f_{xt}，可以得到发生硝化反应时所需要的最小好氧污泥质量分数（$1\sim f_{\text{x,max}}$），解得（$1\sim f_{\text{x,max}}$）为：

$$(1 - f_{\text{x,max}}) = (b_{\text{ANO,T}} + 1/\text{SRT})/\mu_{\text{ANO,max,T}}$$
（5.17）

相应地，由式（5.17）可以得到污泥龄为 SRT 的最大允许非曝气污泥质量分数为：

$$f_{\text{x,max}} = 1 - (b_{\text{ANO,T}} + 1/\text{SRT})/\mu_{\text{ANO,max,T}}$$
（5.18）

对于固定的污泥龄 SRT，最小曝气污泥质量分数（$1\sim f_{\text{x,max}}$）的设计值应高于式（5.18）的计算值，因为当曝气污泥质量分数降低到式（5.18）计算出的最小值附近时，硝化系统将变得不稳定且出水氨浓度会增加。这种情况会因流量和氨负荷同期性变化而恶化（见 5.4.5 节）。因此根据式（5.18），为了确保出水氨浓度较低，必须将硝化细菌的最大比生长速率降低到一个安全系数 S_f，给出最小设计曝气污泥质量分数：

$$(1 - f_{\text{x,max}}) = (b_{\text{ANO,T}} + 1/\text{SRT})/(\mu_{\text{ANO,max,T}}/S_f)$$
（5.19a）

根据式（5.19a），得到相应的最大非曝气污泥质量分数的设计值为：

$$f_{\text{x,max}} = 1 - S_f(b_{\text{ANO,T}} + 1/\text{SRT})/\mu_{\text{ANO,max,T}}$$
（5.19b）

借助硝化过程中的温度关系方程（式 5.14），当 $S_f = 1.25$，在 14℃ 下，$\mu_{\text{ANO,max,20}}$ 为 0.25～0.50 时，根据式（5.19）可得出方程中的最大非曝气污泥质量分数 $f_{\text{x,max}}$ 的变化如图 5.3 所示。

该图表明 $f_{\text{x,max}}$ 对 $\mu_{\text{ANO,max,T}}$ 相当灵敏，除非提供足够大的好氧污泥质量分数（$1\sim f_{\text{x,max}}$），否则硝化反应不会进行，也不可能通过反硝化作用脱氮。为了实现完全硝化并达到所需脱氮效果，

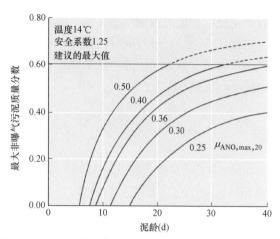

图 5.3 保证硝化反应的最大非曝气污泥质量分数与硝化细菌最大比生长速率以及污泥龄之间的关系图（其中，温度为 14℃，$S_f=1.25$，$\mu_{ANO,max,20}$ 为 0.25~0.50d^{-1}）

最大非曝气污泥质量分数的选择是生物营养物去除（Biological Nutrient Removal，BNR）活性污泥系统设计中最重要的考虑因素，因为它决定了硝化系统的污泥龄，对于选定混合液悬浮固体浓度（Mixed Liquor Suspended Solids，MLSS）浓度的反应器，其容积也是确定的。

从式（5.15）和式（5.19）可以得到，对于恒定流量和氨负荷（即稳态条件下）：

$$S_{NHx,e}=K_{ANO,T}/(S_f-1)$$
$$(mgN/L) \quad (5.20)$$

从式（5.20）可以看出，如果在最低废水温度下将 S_f 取值为 1.25 或更高，则对于 $K_{ANO,20}=1.0mgN/L$，在 14℃下出水氨浓度 $S_{NHx,e}$ 将低于 2mgFSA-N/L。尽管在高温下 K_{ANO} 较高，但 $S_{NHx,e}$ 会随着温度的升高而降低，因为在污泥龄不变的情况下，S_f 会随着 $\mu_{ANO,max,T}$ 的增加而增加。因此，在设计时应选择较低的预期温度确定污泥龄和好氧污泥质量分数。如果采用了低温，取 $S_f=1.25$，则从式（5.20）可以得到，在最低温度下出水氨浓度为 2mgN/L，在 20℃下约为 1mgN/L。这样通过式（5.15）准确计算 $S_{NHx,e}$ 就没有必要，因为对 S_f 值的选择可使得系统接近完全硝化。显然，$\mu_{ANO,max,20}$ 和 S_f 值的选择对出水中 FSA 的浓度和 ND 活性污泥系统的成本有很大的影响。

5.4.3.1 最大允许非曝气质量分数

上面的公式提出了在 NDAS 系统的设计中需

要考虑的两个至关重要的因素，即最大非曝气污泥质量分数和污泥龄，以确保几乎完全硝化。从图 5.3 可以明显看出，14℃时，当 $\mu_{ANO,max,20}>0.50$，污泥龄为 40d 时，非曝气污泥质量分数可高达 0.7。在 20℃，SRT 为 10d 或更长时间时，如此高的非曝气污泥质量分数也是可以接受的。

但是，还存在其他附加因素会限制非曝气污泥质量分数和污泥龄的选择。

（1）实验室规模的 ND（和 NDEBPR）系统的运行经验表明，非曝气污泥质量分数大于 0.40 时，会发生污泥丝状菌膨松，尤其是在低温条件下（<16℃）。当非曝气污泥质量分数低于 0.30 时，系统中的污泥具有良好的沉降性能（Musvot 等，1994；Ekama 等，1999；Tsai 等，2003）。

（2）在氮和磷去除率较高的 BNR 污水处理厂设计中，非曝气污泥质量分数 $f_{x,max}$ 通常较高（>40%）。如果 $\mu_{ANO,max,20}$ 值很低（<0.40/d，一般出现在设计中关于 $\mu_{ANO,max,20}$ 值的信息不全面情况下），如图 5.3，只能通过较长的污泥龄获得较高的非曝气污泥质量分数 $f_{x,max}$。例如，如果 $\mu_{ANO,max,20}=0.35/d$，则在 $T_{min}=14$℃，$S_f=1.3$ 时，根据式（5.19b）算得：当 $f_{x,max}=0.45$ 时，污泥龄为 25d；当 $f_{x,max}$ 为 0.55 时，污泥龄为 37d。污泥龄越长需要的反应器容积越大；当污泥龄从 25d 增加到 37d 时，反应器容积增加 40%，而 $f_{x,max}$ 仅增加 22%。同样，对于具有相同 P 含量的污泥，随着污泥龄的增加，P 的去除率也会降低，因为随着污泥龄的增加，每天排出的污泥量也会减少。

因此，当 $\mu_{ANO,max,20}$ 值很低时，通过提高非曝气污泥质量分数（从 0.50 变至 0.60），从而提高 N 和 P 的去除率可能是不经济的，因为这样做需要较大的反应器容积，甚至在磷去除效果方面适得其反。当 $\mu_{ANO,max,14}$ 很低为 0.16 时，非曝气污泥质量分数大约为 0.5，此时 30d 的污泥龄应该接近经济实用性的极限。在 $\mu_{ANO,max,14}$ 值较高情况下，污泥龄允许非曝气污泥质量分数再降低 50%，这再次说明 $\mu_{ANO,max,20}$ 实验值的好处，即可以检查能否接受较高的污泥龄。

（3）从 BNR 系统的实验和理论模型上看非曝气污泥质量分数的上限值显然是存在的。在温度为 20℃ 且污泥龄 SRT 为 20d 的实验中，如果 $f_{x,max}>0.70$，污泥产量显著增加。理论上讲，在 14℃，$SRT=20d$，$f_{x,max}>0.60$ 的情况下，上述现象就能发生。原因是对于如此高的 $f_{x,max}$ 而言，在好氧条件下，污泥利用吸附和网捕的颗粒性可生物降解有机物不足，这导致活性生物量和需氧量的减少，从而使吸附的未降解有机物不能及时降解。当这种情况发生时，系统中的 COD 虽然仍能去除，但是 COD 的去除率降低，该系统类似接触-稳定系统的接触反应器，即带有少量降解的生物絮凝过程。随着温度的降低和污泥龄的缩短，$f_{x,max}$ 较低，就会发生这种情况。

从上面的讨论中可知，除非有非常特殊的原因，否则非曝气污泥质量分数一般不超过其上限值 60%，如图 5.3 所示。

5.4.4 溶解氧浓度

高的溶解氧浓度（可达 $33mgO_2/L$）对硝化反应速率的影响不大。但是，低溶解氧浓度会降低硝化反应速率。Stenstrom 和 Poduska（1980）建议使用下式表示该作用：

$$\mu_{ANO,O}=\mu_{ANO,max,O}\frac{S_{O_2}}{K_O+S_{O_2}}$$
$$(L/d) \quad (5.21)$$

式中　S_{O_2}——液体中溶解氧浓度（mgO_2/L）；

　　　K_O——半饱和常数（mgO_2/L）；

　$\mu_{ANO,max,O}$——最大比增长率（L/d）；

　　$\mu_{ANO,O}$——溶解氧浓度为 0 时的比增长速率（mg/L）。

K_O 的值在 $0.3\sim2mgO_2/L$ 的范围内，即当 DO 值低于 K_O 时，生长速率比溶解氧在合适浓度时的一半还要少。K_O 值的范围很广，因为液体中的溶解氧浓度不一定与消耗氧气的生物絮凝体中的氧气浓度相同。因此，该值取决于絮凝体的大小，混合强度以及氧气向絮凝体扩散的速率。此外，在实际反应器中，由于曝气的分散性（使用机械曝气）无法实现充分混合，DO 在反应器容积内是变化的。由于这些原因，在实际应用中很难确定一个普遍适用的最小供氧量。每个反应器根据其自身的特点具有特定的值，在以中大气泡曝气的硝化反应器中，为了确保硝化过程不受抑制，通常混合液表面的最低溶解氧值为 $2mgO_2/L$。

在周期性流量和负荷条件下，确保供氧量满足需氧量以及 DO 值的最小值是比较困难的（第 4.8.2 节）。在暴雨径流持续时间不长的情况下，调节流量均衡是一种有助于控制反应器中 DO 浓度的实用方法。实际上，反应器中溶解氧浓度的日变化大多数是日流量变化导致的直接结果。由于生物过程的动力学速率的影响几乎可以忽略不计，特别是在污泥龄较长的情况下，缺乏流量均衡调节时，将污泥龄延长至硝化反应所需的最小污泥龄（相当于增加了 S_f），可以减少在高需氧时期溶解氧浓度低的负面影响。

5.4.5 回流流量和负荷

无论从实验还是模拟模型理论，在周期性流量和负荷条件下，AS 系统的硝化效率与稳态条件相比会有所降低。根据模拟研究发现，在高流量和/或负荷条件下，即使硝化细菌生长速率最大，也无法将所有可利用的氨全部氧化，导致出水中氨的浓度增加，反过来也减少了系统中生成的硝化菌的量。同样，流量和负荷的日变化会降低系统污泥龄。因此，在周期性流量和负荷条件下，系统出水氨的平均浓度高于同一系统在恒定流量和负荷（稳态条件下）的平均出水氨浓度。日流量变化的不利影响随着流量和负荷变化幅度的增加而变得更加明显，但随着安全系数 S_f 的增加而改善。日流量效应的模拟研究表明，日变化条件下出水的最大和平均 FSA 浓度与稳态出水 FSA 浓度的比率，以及系统污泥龄与硝化反应最小污泥龄的比率（SRT/SRT_{min}），两者之间存在一致的趋势。对于 $\mu_{ANO,max,20}=0.45L/d$（其他常数在表 5.1 中），图 5.4 和图 5.5 显示了出水最大 FSA 浓度（平均值没有展示）与稳态出水 FSA 浓度比值随系统污泥龄与硝化反应最小污泥龄比值的变化情况，来描述一个正弦曲线变化周期性进水和 FSA 浓度负荷的完全好氧反应器，在 14℃（图 5.4）和 22℃（图 5.5）条件下出水流量和 FSA 浓度的变化幅度均为 0.25、0.50、0.75、1.00 和 0.0（稳态）。例如，在 14℃（图 5.4）下，如果系统污泥龄是最小污泥龄的 2 倍，则最大出水 FSA 浓度是稳态出水 FSA 浓度的 8 倍。根据图 5.4，稳态出水 FSA 浓度为 $0.8mgN/L$，因此最大出水 FSA 浓度为 $8×0.8=6.4mgN/L$。

动力学常数	符号	单位	20℃	θ
产率系数	Y_A	mgVSS/mgFSA	0.10	1.00
内源呼吸速率	b_A	d^{-1}	0.04	1.029
半饱和常数	K_n	mgFSA/L	1.0	1.123
最大比增长速率	μ_{Am}	d^{-1}	变化	1.123

从图 5.4 和图 5.5 中可以看出，日流量变化幅度越大，温度越低，则最大（和平均）出水氨浓度就越高。但可以通过增加 S_f 来改善，S_f 可以增加污泥龄或降低系统的非曝气污泥质量分数。这样对出水水质和系统的投资有明显的影响。

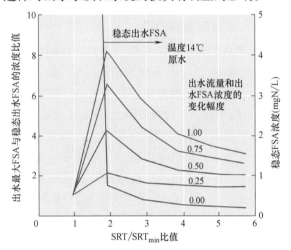

图 5.4　在 14℃时，出水最大 FSA 浓度与稳态出水 FSA 浓度比值随系统污泥龄与硝化反应最小污泥龄比值的变化情况，进水流量和氨浓度的变化幅度为 0.0（稳态）、0.25、0.50、0.75 和 1.0

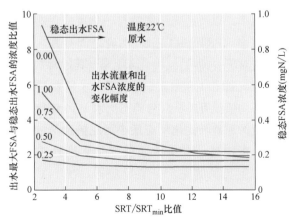

图 5.5　在 22℃时，出水最大 FSA 浓度与稳态出水 FSA 浓度比值随系统污泥龄与硝化反应最小污泥龄比值的变化情况，进水流量和氨浓度的变化幅度为 0.0（稳定状态）、0.25、0.50、0.75 和 1.0

过于强调选择 $\mu_{ANO,max}$ 的重要性也不好，

因为如果 $\mu_{ANO,max}$ 值高于实际值，即使安全系数 S_f 从 1.25～1.35，该污水处理厂排放的出水氨浓度可能会产生很大波动，从而降低硝化系统的平均处理效率。因此，保守的 $\mu_{ANO,max}$（低）和 S_f（高）估计值对于确保硝化作用和较低的出水氨浓度至关重要。

5.4.6　pH 值和碱度

当 pH 值不在 7～8 范围内时，$\mu_{ANO,max}$ 速率对混合液的 pH 值极为敏感。氢离子（H^+）和氢氧根离子（OH^-）过高时，二者的活性受到抑制。当 pH>8.5（增加了 OH^-）或 pH<7（增加了 H^+）时，就会发生上述这种抑制情况。在 7<pH<8.5 时，硝化反应速率最佳，超过这个范围，硝化反应速率急剧下降。

从硝化过程总的化学计量方程式（5.1a）来看，硝化过程中会释放出氢离子，从而降低了混合液的碱度。每硝化 1mgFSA 需消耗 $2 \times 50/14 = 7.14$mg 碱度（以 $CaCO_3$ 计）。根据碳酸盐体系的化学平衡（Loewenthal 和 Marais，1977），对于任何浓度的溶解性二氧化碳都可以建立 pH 值与碱度的关系方程。这些关系如图 5.6 所示。

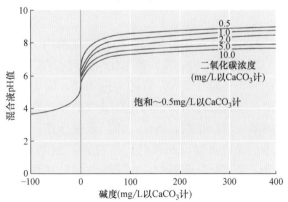

图 5.6　不同二氧化碳浓度的混合液碱度与 pH 值的关系

当碱度（以 $CaCO_3$ 计）降至约 40mg/L 以下时，无论二氧化碳浓度多少，pH 值都会变得不稳定，并且会降至较低的值。通常，如果硝化

过程中碱度降至 40mg/L 以下（以 $CaCO_3$ 计），污水处理厂会出现一些由于 pH 值低而引发的相关问题，例如硝化效率低，出水絮体较多以及污泥膨胀（沉降性能差）（Jenkins 等，1993）。

对于任何废水，硝化反应对 pH 的影响很容易计算，例如，如果废水的碱度以 $CaCO_3$ 计为 200mg/L，硝酸盐的预期产量为 24mgN/L，则出水预期的碱度以 $CaCO_3$ 计为（200－7.14×24）＝29mg/L。从图 5.6 可以看出，这样的出水其 pH 值小于 7.0。

如果市政供水区域位于岩石下方，其污水碱度通常较低。处理此类废水的实际方法有：①投加石灰或其他更好的物质；②创造一个缺氧区域将生成的硝酸盐部分或全部进行反硝化。与硝化反应相反，反硝化过程会消耗氢离子，这相当于产生碱度。硝酸盐作为电子受体，每毫克硝酸盐被反硝化，碱度以 $CaCO_3$ 计增加 $1 \times 50/14 = 3.57$ mg/L。因此，在硝化系统中加入反硝化过程通常会降低碱度的净消耗量，以使碱度保持在 40mg/L 以上，从而使 pH＞7。在上述示例中，当系统预期的碱度降至以 $CaCO_3$ 计 29mg/L，如果将 50% 的硝酸盐反硝化，则碱度以 $CaCO_3$ 计增加 $0.5 \times 24 \times 3.57 = 43$ mg/L，系统总碱度为 29＋43＝72mg/L（以 $CaCO_3$ 计），此时 pH＞7。对于低碱度废水处理，即使不需要脱氮，也有必要在硝化系统中建立反硝化装置。系统中含有非曝气区域会影响硝化系统的污泥龄，因此我们必须认识到硝化-反硝化污水处理系统中缺氧或非曝气区域的作用（见第 5.4.4 节）。

在处理缓冲性能良好的废水的活性污泥系统中，量化 pH 值对硝化作用的影响并不是太重要，因为可以通过缺氧区域进行反硝化过程恢复碱度从而来限制或完全避免 pH 值降低。但是，在缓冲性差的废水或污水进水中 N 的浓度较高时（例如厌氧消化液出水），生物过程、pH 值和硝化反应之间的相互作用是活性污泥系统中脱氮过程最重要的因素。因此，考虑 pH 值对此类废水硝化速率的影响，以量化其相互作用是非常重要的。

从等式（5.4）看出，AOOs 的比增长率（$\mu_{ANO,max}$）是 $\mu_{ANO,max}$ 和 K_{ANO} 的函数。上面显示，最小污泥龄由 $\mu_{ANO,max,T}$ 的大小决定，且受 $K_{ANO,T}$ 的影响很小。当 $SRT \gg SRT_{min}$，尽管出

水氨（$SNH_{x,e}$）浓度较低，但对于较大的 $K_{ANO,T}$ 值相对较高。例如，如果 $K_{ANO,T}$ 增大一倍，出水氨的浓度将相应增加一倍（式 5.15）。因此，$K_{ANO,T}$ 的值很重要，因为一旦 $SRT \gg SRT_{min}$，它将决定出水氨的浓度。

为探索 pH 值对 $\mu_{ANO,max,T}$ 的影响，已经有了一些相关研究报道。这些研究通常没有区分开 pH 值对 $\mu_{ANO,max,T}$ 和 $K_{ANO,T}$ 的影响，因此实际上大多数数据是对 $\mu_{ANO,max,T}$ 进行的集中参数估计。几乎没有关于 pH 值单独对 $K_{ANO,T}$ 影响的报道。定量模拟 pH 值对 $\mu_{ANO,max}$ 的影响受到 pH 值对硝化反应效果难以精确测量的干扰。研究表明，$\mu_{ANO,max}$ 可以表示为最佳 pH 值下其最大值的百分比。在 pH 值为 7.2～8.0，该方法可以接受，$\mu_{ANO,max}$ 最高且大体保持恒定，但当 pH ＜7.2 时，$\mu_{ANO,max}$ 随着 pH 的降低而降低（Downing 等，1964；Loveless 和 Painter 1968；Sötemann 等，2005）。μ_{ANO}-pH 模拟的关系式为：

$$\mu_{ANO,max,pH} = \mu_{ANO,max,7.2}\theta_{ns}^{(pH-7.2)}$$
（5.22a）

式中 θ_{ns}——pH 值灵敏系数 2.35。

当 pH＞8.0 时，观察到 $\mu_{ANO,max}$ 值下降，并且在 pH 值约为 9.5 时硝化反应停止（Malan 和 Gouws，1966；Wild 等，1971；Antonou 等，1990）。相应地，当 pH＞7.2 时 Sötemann 等人在 2005 年提出公式（5.22b）。式（5.22b）使用抑制动力学模拟了 pH 值为 7.2～9.5 时 $\mu_{ANO,max}$ 的下降规律，作为 $\mu_{ANO,max,7.2}$ 的抑制动力学函数，如下：

$$\mu_{ANO,max,pH} = \mu_{ANO,max,7.2}K_I\frac{K_{max}-pH}{K_{max}+K_{II}-pH}$$
（5.22b）

式中 K_I——1.13；

K_{max}——9.5；

K_{II}——≈0.3。

pH 值对 $\mu_{ANO,max}$ 总体影响可通过将式（5.22a）式（5.22b）合并进行模拟，表示为式（5.22c），如图 5.7 所示。从图中可以看出，在 pH 值为 7.2～8.3 时，$\mu_{ANO,max,pH}$ 的变化很小，$\mu_{ANO,max,pH}/\mu_{ANO,max,7.2} > 0.9$。

$$\mu_{ANO,max,pH} = \mu_{ANO,max,7.2}2.35^{(pH-7.2)}$$
$$K_I\frac{K_{max}-pH}{K_{max}+K_{II}-pH}$$
（5.22c）

式中

当 pH>7.2 时，$2.35^{(pH-7.2)}=1$

当 pH<7.2 时，$\dfrac{K_{max}-pH}{K_{max}+K_{\mathrm{II}}-pH}=1$

当 pH>9.5 时，$\mu_{ANO,max,pH}$ 为 0。

文献的实验数据反映在图 5.7 中，为式（5.22c）提供一些数据支撑。Wild 等人（1971）和 Antoniou 等人（1990）的 pH 值低于 7.2 时的实验数据与该公式拟合较好。pH>8.5 的数据很少，但 Antoniou 等人（1990）的数据与式（5.22c）具有一致性。

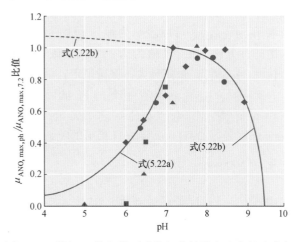

图 5.7 不同 pH 值条件下硝化细菌的最大比生长速率与 pH 值为 7.2 时的最大比生长速率的比值。实线代表模型预测值。数据来源：Malan 和 Gouws（1966）；Downing 等（1964）；Wild 等（1971）；Antoniou 等（1990）

因此，式（5.22c）用于计算 pH 值在 5.5～9.5 范围内的最大比生长率 $\mu_{ANO,max,pH}$。在不同的 pH 值、温度（T）和非曝气污泥质量分数 $f_{x,max}$ 下，系统硝化反应的最小污泥龄（SRT_{min}）由下式给出：

$$SRT_{min}=1/[\mu_{ANO,pH,T}(1-f_{x,max})-b_{ANO,T}]$$
$$(d)\ (5.23)$$

在低碱度废水中，硝化反应存在的问题在于无法确定 pH 值，因为硝化程度、碱度损失、pH 值和 $\mu_{ANO,pH,T}$ 之间是相互作用的。为了研究这种相互作用，Sötemann 等人（2005 年）将两相（水-气）混合弱酸/弱碱化学动力学模型与除碳（C）脱氮（N）的生物动力学 ASM1 模型结合起来，拓展 ASM1 模型的应用，将其用于生物反应器中 pH 值的预测，这是十分重要的。

该模型包含生物过程中 CO_2 和 N_2 气体的产生，以及通过曝气对其进行吹脱的过程，为 ASM1 模型增加一些额外功能，尤其是有关 pH 值对自养硝化细菌（AOOs）影响的模拟。通过对污泥龄较长的 NDAS 系统进行模拟，不断降低进水的 H_2CO_3 碱度，当出水 H_2CO_3 碱度以 $CaCO_3$ 计低于 50 mg/L 时，好氧反应器的 pH 值降至 6.3 以下，这严重抑制了硝化过程，并导致硝化过程中的最小污泥龄（SRT_{min}）升高为硝化系统的运行泥龄。通过这个模拟证实了先前的结论，即在处理低 H_2CO_3 碱度废水时：①硝化系统的最小污泥龄（SRT_{min}）随温度和反应器中 pH 的变化而变化；②出水 H_2CO_3 碱度（<50mg/L，以 $CaCO_3$ 计）低时，硝化过程变得不稳定并且对动态负荷变化灵敏，因而出水中氨的浓度增加，硝化反应效率降低，并因此降低了脱氮效率。当出水 H_2CO_3 碱度<50mg/L，应在进水中加入石灰以提高好氧反应器的 pH 值、使硝化系统稳定运行以及提高氮的去除率。

5.5 污泥生长的营养需求

所有活性生物物质和一些不可生物降解的有机化合物均含有氮（N）和磷（P）。积聚在生物反应器中的有机污泥量（VSS）包含活性生物（X_{OHO}）、内源性残留物（$X_{E,OHO}$）和不可生物降解的颗粒有机物（X_I），它们均含 N 和 P。从活性污泥的 TKN 和 VSS 测试中，发现 N 含量（f_n，mgN/mgVSS）为 0.09～0.12，平均含量约为 0.10 mgN/mgVSS。同样，从总磷和 VSS 测试中，完全好氧和缺氧好氧系统中活性污泥中的 P 含量（f_p，mgP/mgVSS）为 0.01～0.03，平均含量约为 0.025mgP/mgVSS。从稳态模型来看，活性生物质（X_{OHO}），内源性残留物（$X_{E,OHO}$）和不可生物降解的颗粒性有机物（X_I）之间的相对比例随系统污泥龄的变化而变化。但是发现 f_n 值相对恒定在 0.10mgN/mgVSS。这表明活性生物（X_{OHO}），内源性残留物（$X_{E,OHO}$）和不可生物降解的颗粒有机物（X_I）中的 N 含量几乎相同，因为如果它们显著不同，将会观察到 f_n 随污泥龄持续变化。同样，对于完全好氧系统，活性污泥中的这三种成分的 P 含量大约为 0.025mgP/mgVSS。

5.5.1 氮需求

在完全混合活性污泥系统中（图 4.2），稳态条件下运行数天，通过 N 的质量平衡得到污泥中 N（或 P）的含量是：

$$TKN_{流出的量} = TKN_{流进的量}$$
$$TKN_{流进的量} = Q_i TKN_i = FTKN_i \quad (mgN/d)$$
$$TKN_{流出的量} = Q_e 和 Q_w 中 TKN 的量$$
$$= TKN_e Q_e + TKN_e Q_w + f_n X_{VSS} Q_w$$

由 $Q_w + Q_e = Q_i$ 和 $Q_w = V_R/SRT$ 得到：

$$Q_i TKN_e = Q_i TKN_i - f_n X_{VSS} V_R/SRT$$

从而：

$$TKN_e = TKN_i - f_n MX_{VSS}/(Q_i SRT)$$
$$(mgN/L) \quad (5.24)$$

式中 TKN_e——出水 TKN 浓度（mgN/L）。

式（5.24）中的最后一项以 N_s 表示，是进水 TKN 的浓度，单位 mgN/L，它是污泥质量的一部分，包含在剩余污泥（Q_w）的颗粒污泥中去除。

$$N_s = f_n MX_{VSS}/(Q_i SRT)$$
$$(mgN/L_{进水}) \quad (5.25)$$

从 N 的质量平衡来看，N_s 不包括剩余污泥中可溶解性的 N。剩余污泥中可溶性 TKN 浓度与出水中的 TKN 浓度 TKN_e 相同，后者包含以氨形式存在的可溶性 N（$S_{NHx,e}$）和不可生物降解的可溶性有机氮（$N_{ous,e}$）。由式（5.24）可知，如果活性污泥反应器中没有生长硝化细菌，则氨氧化为硝酸盐的过程将不会发生，此时出水中的 TKN 浓度 TKN_e 为：

$$TKN_e = TKN_i - N_s$$
$$(mgN/mgCOD) \quad (5.26)$$

式（5.24）中，每日单位进水流量中生成污泥所需氮的浓度等于每天需要排出的剩余污泥量（VSS）中氮的含量除以日进水流量。将反应器的日平均有机负荷（$FCOD_i$）下生产污泥量（MX_{VSS}）的关系式（4.12）代入，消去 Q_i，并除以 NIT_c，得出在反应器中 1mgCOD/L 有机负荷下产生污泥所需的单位进水 N 的浓度，即：

$$\frac{N_s}{COD_i} = f_n \left[\frac{(1 - f_{SU,CODi} - f_{XU,CODi})Y_{OHOv}}{(1 + b_{OHO}SRT)} \cdot (1 + f_{XE,OHO}b_{OHO}SRT) + \frac{f_{XU,CODi}}{f_{cv}} \right]$$
$$(mgN/mgCOD) \quad (5.27)$$

进水 TKN 包括可溶性、颗粒性、可生物降解性和不可生物降解性有机化合物中所包含的氨和氮。不可生物降解有机物不能在 AS 系统中降解，其中一些包含有机氮。进水中不可生物降解的可溶性有机氮（$N_{ous,i}$）随出水一块排出系统。不可生物降解的颗粒性有机物被反应器中污泥网捕，其中的有机氮随着有机物通过系统剩余污泥（VSS）排出系统。当可生物降解有机物（$N_{obs,i}$ 和 $N_{obp,i}$）被分解时，这些有机物中结合的 N 以 FSA 的形式释放出来。通过回流这部分 FSA 增加了进水中的 FSA。反应器中的部分 FSA 被 OHO 吸收，合成自身细胞物质，形成新的 OHO 生物量。反应器中部分 OHO 生物量会通过内源呼吸消耗。OHO 生物量中部分可生物降解 N 重新释放回到反应器中，但存在于不可生物降解部分的内源性残留物中的氮仍以有机氮的形式存在于内源残留物 VSS 中。由于这些相互作用，当进水 TKN 中可生物降解的有机氮组分含量较高时，无硝化反应的 AS 系统的出水 FSA 浓度高于进水 FSA 浓度。如果反应条件有利于硝化过程的发生，反应器中多余的 FSA 可用于 AOO_S 的生长，同时生成硝酸盐。

如果 FSA 没有用于 OHO 生长或硝化反应，FSA 浓度将保持不变，并随出水从系统中排出。因此，在没有硝化反应的情况下，出水氨浓度 $S_{NHx,e}$ 由下式给出：

$$TKN_e = TKN_i + N_{obs,i} + N_{obp,i} - (N_s - N_{oup,i})$$
$$(mgN/L) \quad (5.28)$$

出水 TKN（TKN_e）浓度通过下式计算：

$$TKN_e = N_{ous,e} + TKN_e$$
$$(mgN/L) \quad (5.29)$$

同样的方法也适用于产泥过程对磷（P）的需求的计算。假设在没有生物除磷的完全好氧系统中，活性污泥中磷的浓度为 0.025mgP/mgVSS，则出水总磷（TP）浓度 P_e 为：

$$P_e = P_i - P_s \quad (mgP/L) \quad (5.30)$$

其中：

$$\frac{P_s}{COD_i} = f_p \frac{MX_{VSS}}{Q_i SRT} = \frac{f_p N_s}{f_n COD_i}$$
$$(mgP/L_{进水}) \quad (5.31)$$

5.5.2 污泥生长中 N（和 P）的去除

图 5.8 根据式（5.27）和式（5.31）画出了未

处理和沉淀废水的需氮（磷）量与泥龄的关系曲线，其中 $f_n=0.10$mgN/mgVSS，$f_p=0.025$mgP/mgVSS。从图中可明显看到，未经处理的废水污泥生产时需要的 TKN 和 TP 浓度高于沉淀废水。这是因为在处理原污水时，在相同的污泥龄下，反应器中每 mgCOD 有机负荷会产生的污泥量更多（第 4.9 节）。同时，由于净污泥产量随着污泥龄的增加而减少，N 和 P 的需求量也随着污泥龄的增加而减少。一般情况下，当泥龄大于 10d 时，反应器用于污泥生长的废水中氮的去除量一般小于 0.025mg N/mgCOD。由于生活污水进水 TKN/COD 比值大约在 0.07～0.13（图 5.8），很明显进水 TKN 只有一小部分（图 5.8 中的 A）通过排泥一块去除。大部分氮通过自养硝化和异养反硝化过程去除，即在缺氧（非曝气）反应器中将硝酸盐转化为氮气从而提高氮的去除率（图 5.8 中的 B）。异养反硝化的详细情况如下。从图 5.8 中可以看出，对于原污水和沉淀废水，生物污泥合成所去除的 P 分别为

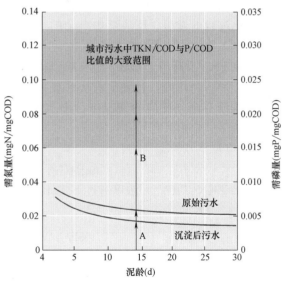

图 5.8 20℃时，原污水和沉淀污水中活性污泥反应器最小需氮量和需磷量与泥龄的关系，以及市政污水进水 TKN 和 TP 与 COD 浓度的比值关系

0.006mgP/mgCOD 和 0.004mgP/mgCOD，总磷去除率约为 20%～25%。

由于溶解性的正磷酸盐不可能转化为气态，为了增加液相中磷的去除，其余的正磷酸盐需要溶入污泥中。可以通过①化学法和②生物法两种方法实现。化学除磷是通过向进水（沉淀前）、活性污泥反应器（同时沉淀）或最终出水（沉淀后）投加氯化铁或氯化铝或硫酸盐实现的。化学除磷的缺点是：显著增加了①处理后废水的盐度；②污泥产量，由于无机固体的形成；③污水处理厂的复杂性和投资成本。

对于生物除磷，必须设计活性污泥反应器中的环境条件适合于一个特殊种群的异养型生物的（即聚磷菌，Phosphorus-accumulating Organisms，PAOs）的生长。这些聚磷菌比普通异养微生物（OHOs）的磷含量高得多，高达 0.38mgP/mgPAOVSS（Wentzel 等人，1990）。反应器中聚磷菌的数量越多，污泥中 VSS 的磷含量平均值就越高，因此通过剩余污泥处理的磷就越多。在聚磷菌大量存在的情况下，污泥中磷的平均含量可从在好氧系统中的 0.025mgP/mgVSS 增加到在生物脱氮除磷系统中的 0.1～0.15mgP/mgVSS。与化学除磷相比，生物除磷的优点有：①处理后污水的盐度不会增加；②污泥产量仅增加 10%～15%；③系统较简单且运行成本较低。但生物除磷的一个缺点是，由于是生物过程，它比化学除磷更不稳定，独立性不强。第 6 章讲述活性污泥系统中生物脱氮除磷的过程以及不同的反应器结构。

5.6 工艺设计

描述 FSA 与有机氮之间相互作用的动力学方程非常复杂，在活性污泥模拟模型中（例如 ASM1 和 ASM2）根据"生长-死亡-再生长"的方法建立了描述 FSA 与有机氮相互作用的动力学方程。然而，对于稳态条件进行了假设：①反应器中所有可生物降解的有机物都能被利用；②AS 系统的 TKN 质量平衡，根据上述硝化动力学和污泥生长所需氮量，可以推导稳态硝化模型。该模型适用于稳态设计，还可以用来绘制关于原污水和沉淀污水的一些基本特性图形。①一旦设计了 AS 系统，就可以知道污泥龄、曝气区域、反应器容积和回流量；②稳态条件计算出来的浓度用作模拟的初始条件，就可以使用该模拟模型判断更多的系统特性。

在设计 AS 硝化系统时，需要计算出：①出水 FSA、TKN 和硝酸盐浓度；②硝化反应需氧量。

5.6.1 出水 TKN

出水 TKN（TKN_e）包含 FSA（$S_{NHx,e}$）和不可生物降解的可溶性有机氮（$N_{ous,e}$），一旦确定了 $\mu_{ANO,max,20}$、f_{xt}、SRT 和 S_f，这些浓度的方程式为：

（1）出水 FSA（$S_{NHx,e}$）：$S_{NHx,e}$ 由式（5.15）给出，仅当 SRT＞SRTmin，S_f＞1.0 时适用。

（2）出水可溶性生物降解有机氮的浓度（$N_{obs,e}$）：可生物降解的有机物（溶解性和颗粒性）被 OHOs 分解，其中的 N 以 FSA 形式释放出来。在稳态模型中，假设所有的可生物降解有机物都被利用，则出水可溶性可生物降解有机氮浓度（$N_{obs,e}$）为零。

（3）出水可溶性不可生物降解有机氮浓度（$N_{ous,e}$）：由于是不可生物降解的，流经 AS 系统的这部分有机氮浓度（$N_{ous,e}$）等于进水浓度（$N_{ous,i}$），即：

$$N_{ous,e} = N_{ous,i} \quad (5.32)$$

式中　$N_{ous,i}$——进水可溶性不可生物降解有机氮，mgOrgN-N/l＝f_{SU}；其中 f_{SU}，TKN_i 是进水 TKN（TKN_i）的可溶性不可生物降解有机氮所占的比例。

出水中 TKN（FSA，$S_{NHx,e}$ 和 OrgN，$N_{ous,e}$）是可溶的，因此会与废水一同排出。出水中的可溶性 TKN（TKN_e）可通过它们的总和得到：

$$TKN_e = S_{NHx,e} + N_{ous,i}$$
$$（过滤过的 TKN）\quad (5.33)$$

如果出水样品没有经过过滤，则出水 TKN 将更高，这是有出水 VSS 中的 TKN 浓度造成的，即：

$$TKN_e = S_{NHx,e} + N_{ous,e} + f_n X_{VSS,e}$$
$$（未过滤的 TKN）\quad (5.34)$$

式中　$X_{VSS,e}$——出水 VSS 浓度（mgVSS/L）；
　　　f_n——VSS 中的氮含量，约为 0.1（mgOrgN-N/mgVSS）。

5.6.2 硝化能力

在 SRT＞SRT$_{min}$ 的 AS 系统中，根据 TKN 质量平衡，系统中生成的硝酸盐浓度（$S_{NO_3,e}$）等于进水 TKN（TKN_i）减去可溶性出水 TKN（TKN_e）和从 AS 系统每天剩余污泥中结合的

进水 TKN 浓度（N_s），即：

$$S_{NO_3,e} = NIT_c = TKN_i - TKN_e - N_s \quad (5.35)$$

N_s 浓度由每天从反应器中收集的 VSS 质量中包含的 N 质量确定（式 5.27）。反应器中 VSS 质量（MX_{VSS}）不包括硝化菌的 VSS 质量，因为该质量如前所述可以忽略不计（＜2%～4%）。

在式（5.35）中，NITC 定义了 AS 系统的硝化能力。硝化能力（NITC）是单位进水流量硝化反应产生的硝酸盐的量，单位 mgNO$_3$-N/L。在式（5.27）中，出水 TKN 浓度（TKN_e）取决于硝化效率。在选定污泥龄计算最大非曝气污泥质量分数（$F_{x,max}$）时，在预期最低温度（T_{min}）下如果选择的安全系数（S_f）＞1.25～1.35，则硝化效率较高（＞95%），$S_{NHx,e}$ 一般低于 1～2mgN/L。此外，在 T_{min} 下当 S_f＞1.25 时，$S_{NHx,e}$ 实际上与系统结构以及曝气区、非曝气区污泥量的分配系数无关。因此，对于设计而言，如果 S_f＞1.25，只要合理保证实际 $\mu_{ANO,max,20}$ 值不小于设计的允许值，并且有足够的曝气量，硝化反应便不会因氧气供应不足而受到抑制，此时 TKN_e 大约为 3～4mgN/L。若选定在较低的温度下计算的 $F_{x,max}$ 和选择的污泥龄（SRT），则在较高的温度下硝化反应效率和安全系数（S_f）都会增加，特别在夏季温度（T_{max}）时，TKN_e 将会更低，约为 2～3mgN/L。

式（5.35）除以进水总 COD 浓度，得出生物反应器利用 1mgCOD 的硝化能力 NIT_c/NIT_c，即：

$$NIT_c/COD_i = TKN_i/COD_i - TKN_e/COD_i - N_s/COD_i \quad (5.36)$$

式中　NIT_c/NIT_c——AS 系统每利用 1mgCOD 的硝化能力；
　　　TKN_i/NIT_c——进水 TKN/COD 浓度比；
　　　N_s/NIT_c——每 1mgCOD 所对应污泥产量中所需的氮。

系统的硝化能力与进水 COD 浓度比（NIT_c/NIT_c）可以通过估计式（5.36）中的每一项来近似估计，详情如下：

TKN_i/NIT_c　该比值反映了污水的特性，由实测的进水 TKN 和 COD 浓度得到；对于原污水和沉淀废水，其范围分别为 0.07～0.10 和 0.10～0.14。

TKN_e/NIT_c 在最低温度（T_{min}）下，满足高效硝化反应的条件，在 T_{min} 下出水 TKN（TKN_e）将在 2～3mgN/L 之间，即进水 COD 浓度（NIT_c）500～1000，TKN_e/NIT_c 将从 0.005 到 0.010。在 T_{max} 时，TKN_e 为 1～2mgN/L，TKN_e/NIT_c 比值更低。

N_s/NIT_c 由式（5.27）得到。

图 5.9a（温度为 14℃）和图 5.9b（温度为 22℃）显示了这三个比值对硝化能力（NIT_c/NIT_c）的相对重要性。将 NIT_c/NIT_c 对泥龄在不同进水 TKN/COD 下作图。其中原污水进水 TKN/COD（TKN_i/NIT_c）比值分别为 0.07、0.08 和 0.09，沉淀废水经过初沉后，COD 去除率为 40%、TKN 去除率为 15%，它的进水 TKN/COD（TKN_i/NIT_c）比值为 0.113、0.127 和 0.141，并且在 $\mu_{ANO,max,20}$ 为 0.45d^{-1} 时给出了非曝气污泥质量分数为 0.0、0.2、0.4 和 0.6 时的最小污泥龄。对于特定的非曝气污泥质量分数，NIT_c/NIT_c 的图示值仅在污泥龄大于相应最小污泥龄时有效。这些图表明了影响硝化能力与温度和泥龄三者关系的三个比值的相对大小。

（1）温度：对于选定的 $F_{x,max}$，在 14℃ 时获得完全硝化所需的污泥龄是 22℃ 时的 3 倍。与 22℃ 相比，14℃ 时单位进水 COD 对应的硝化能力略有下降，由于 OHO 的内源呼吸速率降低，污泥产量在 14℃ 时略高于 22℃ 时的污泥产量。

（2）污泥龄：选定进水 TKN/COD 比值（TKN_i/NIT_c），硝化能力（NIT_c/NIT_c）随着污泥龄的增加而增加，这是因为污泥生长所需的氮随着污泥龄的增加而减少，因此，可使用的硝化 FSA 增多。但是，当 SRT＞10d 时，增加量是微乎其微的。

（3）进水 TKN/COD（TKN_i/NIT_c）：很明显，对于原污水和沉淀废水，在任一选定的污泥龄，硝化能力（NIT_c/NIT_c）对进水 TKN/COD 比值（TKN_i/NIT_c）非常敏感。TKN_i/NIT_c 每增加 0.01，NIT_c/NIT_c 也同样增加 0.01。对于原污水或沉淀废水，相同的 TKN_i/NIT_c 比率，原污水的硝化能力（NIT_c/NIT_c）低于沉淀废水的硝化能力（NIT_c/NIT_c），这是因为原污水中的不可生物降解颗粒 COD 比例（f_{XU}，NIT_c）高于沉淀废水的相应值，原污水每单位 COD 负荷产生的污泥（VSS）比沉淀废水产生的污泥（VSS）更多。除此之外，增加进水 TKN/COD 的比率，会使单位进水 COD 的硝酸盐浓度（硝化量）同等增加。这降低了使用废水中的有机物作为电子供体实现完全反硝化的可能性，甚至是不可能的。当反硝化反应低下时，这一现象更为明显。由于初始沉淀增大了进水 TKN/COD 比值，因此沉淀废水进行硝化反硝化脱氮的效果总是低于原污水。但是，脱氮量较低使反应器容积和需氧量减小，从而大大节省了设备成本和曝气成本。

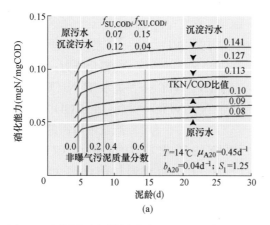 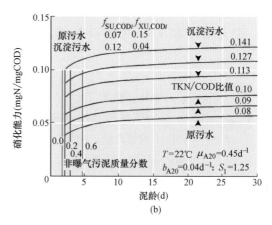

图 5.9　原污水和沉淀污水在 14℃（a）和 22℃（b）下，不同进水 TKN/COD 浓度比条件下，生物反应器中每毫克 COD 硝化能力与污泥龄的关系。图中直线表示 $S_f=1.25$，为达到非曝气污泥质量分数分别为 0.0、0.2、0.4 和 0.6 时所需的最小污泥龄

5.7 硝化反应设计案例

下面讲的是设计一个没有反硝化反应的硝化 AS 系统。为了进行比较，该硝化 AS 系统的设计进水流量和特性与去除有机物（COD）的 AS 系统（第 4 章，4.5 节）参数一致。原污水和沉淀污水的特性见表 4.3，硝化反应所需其他特性见表 5.2。

用于计算 AS 系统硝化反应出水中 N 浓度所需的原污水和沉淀污水的特性　　　　　　　表 5.2

进水的特性	符号	单位	原污水	沉淀污水①
进水 TKN	TKN_i	mgN/L	60	51
进水 TKN/COD	f_{ns}		0.08	0.113
进水 FSA 分数	f_{aN}		0.75	0.88
不可生物降解溶解性有机氮分数	f_{SU},TKN_i		0.03	0.034
不可生物降解颗粒性 VSS 中 N 浓度	f_n		0.1	0.1
进水 pH 值			7.5	7.5
进水碱度	S_{Alk}	mg/L,以 CaCO$_3$ 计	200	200
20℃下 ANO 最大比增长速率	$\mu_{ANO,max,20}$		0.45	0.45
进水流量	Q_i	Ml/d	15	15

①沉淀污水特性必须经过计算，与原污水的某些特性保持一致，并满足初沉池的质量平衡，例如，沉淀污水和原污水中溶解性浓度必须相同。

5.7.1 硝化反应对混合液 pH 值的影响

首先需要考虑的是混合液 pH 值对 $\mu_{ANO,max,20}$ 值可能的影响。在 5.4.6 节中，我们知道 1mg/L FSA 硝化为硝酸盐时，会消耗 7.14mg/LCaCO$_3$ 碱度；如果进水中的碱度不够，混合液的 pH 值会降至 7 以下，使得 $\mu_{ANO,max,20}$ 的值减小（式 5.22）。

原污水的进水 TKN/COD 为 0.08mgN/mgCOD（表 5.2）。当 $\mu_{ANO,max,20}$ 值为 0.45/d，在纯好氧过程中（$f_{xmax}=0$），最低温为 14℃，为保证硝化反应（$S_f=1.3$）泥龄必须大于 7d（式 5.19）。在这样的泥龄下，TKN/COD 比率为 0.08mgN/mgCOD 时，硝化能力约为 0.037mgN/mgCOD（图 5.9a）。因此生成的硝酸盐浓度（每升进水）大约为 0.037×750＝28mgN/L，碱度减少 7.14×28＝200mg/L（以 CaCO$_3$ 计）。由于进水的碱度为 200mg/L，混合液的碱度将低于 40mg/L，使得混合液的 pH 值低于 7（图 5.6）。混合液 pH 值低将导致硝化反应的不稳定和不完全，生成腐蚀性强的出水，多年以后会对污水处理厂的混凝土表面造成巨大的损害（请见 5.4.6 节）。上述简单的概算使设计者能较早明白设计中存在的负面影响。针对上面的例子，必须考虑设计一个硝化-反硝化（ND，nitrification-denitrification）系统来恢复一部分碱度，保持 pH 值接近中性。如果只有 12mgN/L（大约一半）的硝酸盐在缺氧反应器中被反硝化，出水的碱度将保持在 50mg/L 以上。一般来说，进水中 TKN/COD 比率高和碱度低，是完全好氧硝化系统存在潜在问题的可靠报警信号。

5.7.2 硝化反应的最小泥龄

为了使完全好氧条件下能发生硝化反应，进水的碱度必须足够高，保证出水的碱度高于 50mg/L（以 CaCO$_3$ 计）。这样，$\mu_{ANO,max,20}$ 的值将不需要根据 pH 值作任何调整。ANO 动力学常数根据温度的调整见表 5.3。对于一个完全好氧系统（$f_{x,max}=0$），$\mu_{ANO,max,20}=0.45d^{-1}$，$S_f=1.3$，硝化反应的最小泥龄（SRT$_{min}$）可通过式（5.19）计算得到。

$$SRT_{min} = S_f/(\mu_{ANO,max,T}-b_{ANO,T}) =$$
$$=2.5d \text{ 在 } 22℃(1.9d, S_f=0.0)$$
$$=6.9d \text{ 在 } 14℃(5.3d, S_f=0.0)$$

显然，在 $\mu_{ANO,max,20}$（0.45/d）较小时，为保证硝化反应全年都能正常进行，完全好氧过程中的泥龄应该为 8～10d。

动力学常数的温度调整　　　表 5.3

常数	20℃	θ	22℃	14℃
$\mu_{ANO,max,20}$	0.45	1.123	0.568	0.224
$K_{ANO,20}$	1	1.123	1.26	0.5
$b_{ANO,20}$	0.04	1.029	0.0425	0.034

5.7.3 原污水中氮的浓度

原污水进水 TKN 浓度为 60mgN/L

（表5.2）。假设进水 TKN 中 FSA 的比例（f_{aN}）为0.75，不可生物降解溶解性有机氮的比例（f_{SU}，TKN_i）为0.03，得到进水中氨的浓度（$S_{NHx,i}$）为：

$$S_{NHx,i} = f_{aN}TKN_i = 0.75 \cdot 60 = 45mgN/L$$

不可生物降解溶解性有机氮的浓度（$N_{ous,i}$）为：

$$N_{ous,i} = f_{SU}, TKN_iTKN_i = 0.03 \cdot 60 = 1.80mgN/L$$

假设进水中不可生物降解颗粒性有机物中 N 含量（f_n）为0.10mgN/mgVSS，则不可生物降解颗粒性有机物中有机氮的浓度为（$N_{oup,i}$）为：

$$N_{oup,i} = f_n f_{XU},NIT_cNIT_c/f_{cv} =$$
$$= 0.10(0.15 \cdot 750)/1.48 = 7.6mgN/L$$

因此，进水中可生物降解有机氮浓度（$N_{ob,i}$），包括转化为氨的溶解性和颗粒性的有机氮（$N_{ob,i} = N_{obs,i} + N_{obp,i}$）可表示为：

$$N_{ob,i} = 60(1-0.75-0.03) - 7.6 = 5.6mgN/L$$

5.7.4 沉淀污水

按照上面的步骤，计算沉淀污水，其中 $f_{aN} = 0.83$，f_{SU}，$TKN_i = 0.034$（参见表5.2），得出：

$$TKN_i = 51.0mgN/L$$
$$S_{NHx,i} = 0.88 \times 51.0 = 45.0mgN/L$$
$$N_{ous,i} = 0.035 \times 51.0 = 1.80mgN/L$$
$$N_{oup,i} = 0.10(0.04 \times 450)/1.48 = 1.2mgN/L$$
$$N_{ob,i} = 51.0 - 45.0 - 1.8 - 1.2 = 3.0mgN/L$$

由于沉降污水是原污水沉淀得到的，其溶解性物质浓度与原污水相同。由于 COD 和 TKN 的浓度经过初次沉淀发生了变化，所以可溶性组分的比例增加。

5.7.5 硝化过程

在稳态模型中，假设所有可生物降解有机物都被降解，其中所含的氮都转化为氨的形式。于是出水溶解性可生物降解有机氮浓度（$N_{obs,e}$）为零。

从式（5.32）可得，出水中不可生物降解溶解性有机氮浓度为（对于原污水和沉淀污水）：

$$N_{ous,e} = N_{ous,i} = 1.8$$
$$(mgN/L) \quad (5.37)$$

可用于硝化反应的氨的浓度（$S_{NHx,NIT}$）等于进水 TKN 浓度（TKN_i）减去污泥生长所需的氮的浓度（N_s）（式5.27）和出水中溶解性有机氮的浓度（$N_{ous,e}$），即：

$$S_{NHx,NIT} = TKN_i - N_s - N_{ous,e}$$
$$(mgN/L) \quad (5.38)$$

如果系统的泥龄小于硝化反应所需的最小泥龄（SRT<SRT_{min}），将不会发生硝化反应，且出水硝酸盐浓度（$S_{NO3,e}$）为零。出水氨的浓度（$S_{NHx,e}$）与用于硝化反应的氮浓度相等（$S_{NHx,NIT}$，式5.38）。如果 SRT>SRT_{min}，$S_f = 1.0$，则大多数用于硝化反应的 FSA 将氧化为硝酸盐，出水硝酸盐浓度（$S_{NO_3,e}$）等于 $S_{NHx,NIT}$（式5.38）与式（5.15）给出的出水 FSA 浓度的差值。无论 SRT<SRT_{min} 还是 SRT>SRT_{min}，出水 TKN 浓度（TKN_e）是出水氨浓度和不可生物降解可溶性有机氮浓度的和（$TKN_e = S_{NHx,e} + N_{ous,e}$）。

对于 SRT<SRT_{min}，不会发生硝化反应，因此出水硝酸盐浓度（$S_{NO_3,e}$）为零，即：

$$S_{NO_3,e} = 0 \quad (mgN/L) \quad (5.39a)$$

出水氨的浓度（$S_{NHx,e}$）为：

$$S_{NHx,e} = S_{NHx,NIT} = TKN_i - N_s - N_{ous,e}$$
$$(mgN/L) \quad (5.40a)$$

出水 TKN 浓度（TKN_e）为：

$$TKN_e = S_{NHx,e} + N_{ous,e}$$
$$(mgN/L) \quad (5.41a)$$

硝化细菌污泥量（MX_{ANO}）和硝化反应需氧量（FO_{NIT}）均为零，即：

$$MX_{ANO} = 0 \quad (mgVSS) \quad (5.42a)$$
$$FO_{NIT} = 0 \quad (mgO_2/d) \quad (5.43a)$$

由式（5.15）可见，随着泥龄从 SRT=0 开始增加，$S_{NHx,e}$ 一开始是负数（这当然是不可能的），接着 $S_{NHx,e}$ 大于 $S_{NHx,NIT}$（这也是不可能的）。当泥龄比 SRT_{min} 稍微大一些时，$S_{NHx,e}$ 低于 $S_{NHx,NIT}$。此时，硝化反应发生，若进一步增加污泥龄（即使增加幅度很小），$S_{NHx,e}$ 也都会迅速降低（小于4mgN/L）。

因此，对于 SRT>SRT_{min}：

出水氨浓度（$S_{NHx,e}$）为：

$$S_{NHx,e} = \frac{K_{ANO,T}(b_{ANO,T} + 1/SRT)}{\mu_{ANO,max,T}(1-f_{xt}) - (b_{ANO,T} + 1/SRT)}$$
$$(mgN/L) \quad (5.40b)$$

出水 TKN 浓度（TKN_e）为

$$TKN_e = S_{NHx,e} + N_{ous,e}$$
$$(mgN/L) \quad (5.41b)$$

出水硝酸盐浓度（$S_{NO_3,e}$）为：

$$S_{NO_3,e}=S_{NHx,NIT}-S_{NHx,e}=TKN_i-N_s-TKN_e$$
$$(\text{mgN/L}) \quad (5.39b)$$

类似于活性异养生物浓度（式4.9），硝化细菌生物量为：

$$MX_{ANO}=FS_{NO3,e}Y_{ANO}SRT/(1+b_{ANO,T}SRT)$$
$$(\text{mgVSS}) \quad (5.42b)$$

式中　$FS_{NO3,e}$——每天产生的硝酸盐的量。

$$=(Q_e+Q_w)S_{NO_3,e}=Q_iS_{NO_3,e} \quad (\text{mgN/d})$$

硝化反应的需氧量为 4.57mgO/mgN 乘以每天生成的硝酸盐的量，即：

$$FO_{NIT}=4.57FS_{NO3,e}$$
$$(\text{mgO}_2/\text{d}) \quad (5.43b)$$

将原污水和沉淀污水的进水氮的浓度和 14℃下的动力学常数的值代入式（5.38）～式（5.43），可计算不同泥龄下的结果。图 5.10（a）表示了系统不同出水氮浓度与 14℃下处理原污水和沉淀污水泥龄的关系。图 5.10（c）表示了硝化细菌污泥量（以反应器 VSS 量百分数的形式）和硝化反应需氧量与 14℃下处理原污水和沉淀污水泥龄的关系，还表示了在 14℃下处理原污水和沉降污水的需碳量和总的需氧量。在温度为 22℃时，重复上述计算，见图 5.10（b）和 5.10（d）。图 5.10（a）和 5.10（b）表明，一旦泥龄比硝化反应最小泥龄长 25%，硝化反应则可以全部进行（稳态条件下）。比较原污水和沉淀污水的结果，在硝化反应需氧量、出水氨的浓度、硝酸盐浓度和 TKN 浓度上差别很小。原因如下：①初沉池只去除了进水中一小部分的 TKN；②沉淀污水的污泥产量少，原污水和沉淀污水中用于硝化反应的 FSA 大致相同。硝化反应一旦发生，温度对出水氮的浓度的影响很小。但是，温度的变化对最小泥龄的影响很大。

从图 5.10（a）和（b）可知，当 SRT＜SRT_{min}，出水氨的浓度（$S_{NHx,e}$）和出水 TKN 的浓度（TKN_e）会随着泥龄的增加而增加，直到污泥龄达到 SRT_{min}。因为随着 SRT 的增加，N_s 会降低。当 SRT＞SRT_{min}，$S_{NHx,e}$ 迅速下降到＜2mgN/L，当 SRT＞1.3SRT_{min}，出水 TKN 浓度将＜4mgN/L。硝酸盐的浓度（$S_{NO_3,e}$）会随泥龄的增加而增加，这是因为污

泥生长（N_s）所需的 N 减少了。这对 BNR 系统很重要，因为污泥龄的增加会使系统硝化能力增加（见 5.5.2 节），因此需要更多的硝酸盐被反硝化以达到相同的氮去除率。

图 5.10（c）和（d）表明，一旦 SRT＞SRT_{min}，硝化需氧量迅速增加，但是当 SRT＞1.3SRT_{min}，无论温度或污水类型如何，进一步增加 SRT 的变化不明显。例如，当泥龄从 10d 增加到 30d，硝化反应的需氧量从 2600kgO$_2$/d 增加到 2900kgO$_2$/d。对于原污水和沉淀污水，硝化需氧量分别增加了碳需氧量（COD, carbonaceous oxygen demand）的 42% 和 65%。但是，处理沉降污水的总需氧量仅为处理原污水的 75%。

为了保证硝化反应能够正常进行，不受到氧的限制，设计曝气设备使其有充足的供氧量非常重要；当氧气供应不足时，异养微生物的生长速率高于硝化细菌的生长速率。这是因为异养型微生物适合生长的溶解氧浓度为 0.5～1.0mgO$_2$/L，但是硝化细菌所需的浓度为 1～2mgO$_2$/L。相同的，当 SRT＞SRT_{min} 时出水的 FSA 浓度迅速降低，硝化细菌的污泥量迅速增加，且 14℃的污泥量略高于 22℃，因为 14℃的内源呼吸速率较低；对于原污水或沉淀污水，污泥量大致相同（10 d 和 30 d 的泥龄下，污泥量分别为 420kgVSS 和 940kgVSS）。图 5.10（c）和图 5.10（d）比较了硝化细菌污泥量和异养型微生物污泥量，即使在 TKN/COD 比率高的沉淀污水中，硝化细菌污泥量占 VSS 质量的 4% 不到，因此在处理市政污水的 AS 反应器中，确定 VSS 浓度时硝化细菌可忽略不计。

再次强调，初沉池只能去除一小部分 TKN，但是能去除较大部分的 COD（该例子中分别为 15% 和 40%）。即使沉淀污水的 TKN 浓度低于原污水，但出水中的硝酸盐浓度不能反映出这一差别。这是因为处理沉淀污水时污泥生长利用的氮比处理原污水时少。因此，处理沉淀污水和原污水的出水硝酸盐浓度差不多，对于不同的污水特性，前者也可能高于后者。相反，使用污水中有机物作为电子供体，反硝化所去除的最大量的 N（即反硝化能力）主要取决于进水的 COD 浓度，而这一浓度受初次沉淀的影响较大。这就可能出现处理原污水可以完全去除硝酸盐，而处理

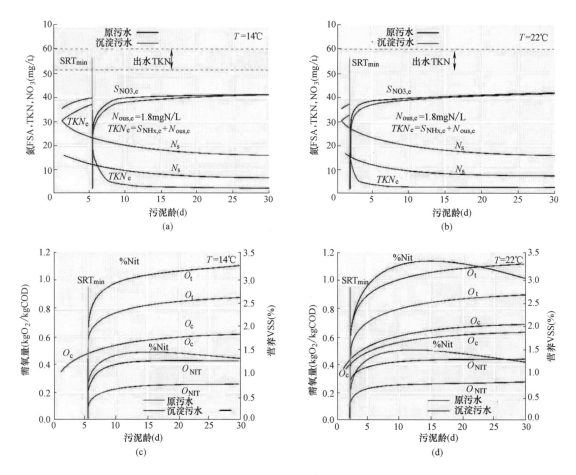

图 5.10　处理原污水和沉淀污水时，出水氨浓度（S_{NHxe}），TKN（TKN_e）和亚硝酸盐（$S_{NO_3,e}$）浓度和需氧量或污泥产量（N_s）与泥龄在 14℃（a）和 22℃（b）下的关系；硝化反应需氧量（O_{NIT}）、除碳需氧量（O_C）、总需氧量（O_t）和硝化细菌 VSS 质量百分比（％）与泥龄在 14℃（c）和 22℃（d）下的关系

沉淀污水不能完全去除硝酸盐的情况。因此，初沉池中 COD 和 TKN 去除率的差异对 BNR 系统的设计影响很大。

5.8　生物脱氮

5.8.1　硝化反应与脱氮的关系

硝化反应是反硝化反应的先决条件，没有它生物脱氮是不可能实现的。只有发生硝化反应，反硝化脱氮才有可能发生，即使不需要脱氮，也应该包括反硝化反应（见第 4.13 节），可通过设计非曝气反应区实现。因为硝化细菌是专性好氧菌，硝化反应不能在非爆气区发生，因此，为了弥补这一不足，需要增加系统的泥龄来实现硝化反应。对于完全好氧系统，污水温度为 14℃，并充分考虑到周期性流量和负荷条件（$S_f > 1.3$），出水的 FSA 浓度也应该较低，5～7d 的系统泥龄对于完全

硝化来说应该是足够的。对于缺氧-好氧系统，当非曝气污泥质量分数为 50％时，可能需要 15～20d 的泥龄（图 5.3）。因此在需要脱氮的污水处理厂中，泥龄总是很长，这是由于：①$\mu_{ANO,max,20}$ 值的不确定性；②需要非曝气区；③冬天最低温（T_{min}）时必须保证硝化反应。对于硝化反应可能存在但不要求的污水处理厂，$\mu_{ANO,max,20}$ 值的不确定性并不重要，非曝气区也能较小，这样使得常规好氧的泥龄缩短为 3～6d。非曝气区应该包括在内，一旦发生硝化反应，就能得到反硝化反应的好处。当不发生硝化反应时，非曝气区将变为厌氧区（没有 DO 或硝酸盐），可能发生强化生物除磷反应（EBPR，excess biological phosphorus removal）。由于 EBPR 不作要求，因此没有完全开发出来，EBPR 是否发生并不重要，因为它对系统性能影响不大。如果发生 EBPR，单位 COD

负荷所产生的污泥量将稍微增多（＜5％），VSS/TSS比率和需氧量均略有降低（大约5％）。但是，如果WAS被厌氧消化，EBPR可能会在污泥处理设施中出现无机沉淀问题。

5.8.2 反硝化的好处

前面所提到的完全好氧系统的设计中，只要硝化反应可能发生，即使不做要求时，系统中也应该包含非曝气区，以便利用反硝化反应带来的好处。

这些好处包括：①降低硝酸盐浓度，以改善因二沉池的反硝化反应引起的污泥上浮问题（第4章，第4.13节）；②恢复碱度（第5.4.6节）；③减少需氧量。关于③缺氧条件下，在异养型微生物降解有机物（COD）过程中，硝酸盐代替溶解氧成为电子受体，二者的换算关系为2.86mgO$_2$/mgNO$_3$-N，即1mg NO$_3$-N反硝化为N$_2$的电子接受能力与2.86mgO$_2$的电子接受能力相当。在生成硝酸盐的硝化过程中，1mol FSA提供了8个电子（e$^-$），N的价态从-3变为$+5$。在生成N$_2$的反硝化过程中，1mol硝酸盐接受了5个e$^-$，N的价态从$+5$变为0。由于硝化过程中需要4.57mgO$_2$/mgFSA-N，在生成N$_2$的反硝化过程中，氧与硝酸盐的当量关系为5/8×4.57＝2.86mgO/mgNO$_3$-N（表5.4）。因此，在缺氧区中，每1mgNO$_3$-N反硝化为N$_2$，大约利用了2.86/（1－Y$_{oHo}$）=8.6mgCOD，需要供应略少于2.86mg的氧气到好氧区。由于从氨形成硝酸盐所需的氧量为4.57mgO$_2$/mgNO$_3$-N，在反硝化过程中可"回收"2.86mgO$_2$/mgNO$_3$-N，即回收了2.86/4.57或5/8＝0.63的硝化需氧量。硝化反应和反硝化反应的比较见表5.4。在实际运行条件下，所有生成的硝酸盐不一定都被反硝化，因此反硝化一般可回收50％的硝化需氧量（图5.11）。

单级活性污泥系统中硝化和反硝化过程的比较 表5.4

	硝化反应	反硝化反应
形成：	氨离子（NH$_4^+$）	硝酸盐（NO$_3^-$）
功能：	电子供体	电子受体
半反应：	氧化	还原
有机体：	自养	异养
环境：	好氧	缺氧

化合物：	NH$_4^+$	N$_2$	NO$_2^-$	NO$_3^-$
氧化态：	-3	0	$+3$	$+5$

硝化（氧化）
$\longrightarrow$
8e$^-$ atomN＝4.57mgO$_2$/mgN

净损失
反硝化过程（减少）
$\longleftarrow$
5e$^-$ atomN＝2.86mgO$_2$/mgN

硝化反应：4.57mgO$_2$/mgNH$_4$-N硝化生成NO$_3$-N
反硝化反应：2.86mgO$_2$回收/mgNO$_3$-N反硝化生成N$_2$
因此，反硝化反应最多能回收硝化需氧量的62.5％（5/8或2.86/4.57）

因此，一旦存在硝化的可能性，就有必要考虑反硝化反应，因为这样可以回收碱度和氧气。关于氧气，如果供氧量不能满足脱碳和硝化反应的需要，那么好氧反应器的部分区域将变为缺氧区。当氧气受限时，"好氧"反应器中的好氧污泥质量分数将随着污水处理厂每天COD和TKN负荷的变化而变化。负荷低时，氧气的供应是充足的，硝化反应可能完全；当最高负荷时，供氧量可能不足，硝化反应可能（部分或完全）停止，积累的硝酸盐将发生反硝化作用。该特性可发生在单一反应器进行硝化和反硝化的构筑物中（如沟或Carousel类型的系统）。

5.8.3 反硝化脱氮

在生物脱氮系统中，通过将氮从液相转移到固相和气相，从而实现氮的去除。进水中大约20％的氮结合在污泥中（图5.8），当可能发生

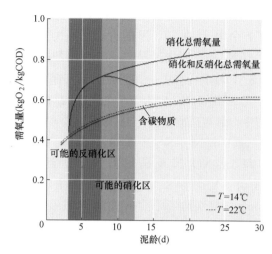

图 5.11 对于原污水,生物反应器单位 COD 负荷下,碳的需氧量、硝化反应总的需氧量和硝化与反硝化总的需氧量与泥龄的关系

完全反硝化时,大部分的氮(大约 75%)通过硝化和反硝化变成气态得以去除(图 5.12)。

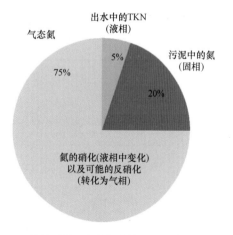

图 5.12 单池硝化-反硝化活性污泥系统中氮的转化

在硝化过程中,氮还是在液相中,因为只是从氨转化为硝酸盐。在反硝化过程中,氮从液相转移到气相并逸出到大气中。当实现完全反硝化后,只有相对小的一部分进水 TKN(~5%)保留在液相中,并以总氮(TKN + 硝酸盐)的形式随出水流出。

在好氧条件下,设计者的任务是根据已知的可用有机电子供体(有机物和氨)的量,计算 OHOs(AOOs)所需的氧电子受体的量,但在缺氧条件下问题恰恰相反。而是要根据电子受体硝酸盐的量计算反硝化这些硝酸盐所需的电子供体(COD)的量。如果没有足够的电子供体

(COD),完全反硝化是不能实现。如果反硝化反应的生物动力学以及系统运行参数(如回流比、缺氧反应器大小)合适,脱氮的计算实际上是电子受体(硝酸盐)和电子供体(COD)的平衡。在这些条件不合适时,反硝化的发生将受到限制。

反硝化反应的电子供体(COD 或能量)主要有以下两个来源:①活性污泥系统内部;②活性污泥系统的外部。前者是系统本身中存在的污染物,如进水中或生物反应器中活性污泥所生成的;后者是指投加到活性污泥系统中的有机物,特别是加入到缺氧区以促进反硝化的物质,例如甲醇、醋酸、糖蜜等(Monteith 等,1980)。这里主要关注内部碳源反硝化反应,但是相关的原理和方法也适用于外部(能量)碳源。

5.8.4 反硝化动力学

内部碳源有三种,其中两种来自污水,第三种来自活性污泥本身。污水是有机物的主要来源,即易生物降解的有机物(RBCOD,readily biodegradable organics)和缓慢生物降解的有机物(SBCOD,slowly biodegradable organics)。第三种碳源是微生物自身死亡分解(即内源呼吸)和裂解而生成的缓慢生物降解有机物。这种方式生成的 SBCOD 与污水中的 SBCOD 的利用方式相同,之所以区别开来是因为它的来源和供应速率不同于进水的 SBCOD。OHOs 降解 RB-COD 和 SBCOD(无论是进水中还是自身生成的)的机制不同。

RBCOD 和 SBCOD 不同的降解机制导致 COD 利用速率的不同。RBCOD 中包含微小简单的溶解性有机物,可以直接穿过细胞壁进入生物体,例如:糖、短链脂肪酸。因此,无论是硝酸盐还是氧气作为最终电子受体,RBCOD 的利用速率都很高且变化不大(Ekama 等,1996a,b)。模型使用 Monod 方程来模拟 OHOs 在好氧和缺氧条件下利用 RBCOD 的过程。SBCOD 包含较大的微粒或胶体性有机化合物,它们不能直接透过细胞壁而进入生物体。这些有机物必须在生物体周围的黏液层中分解(水解)成较小的组分,才能转移到生物体中并加以利用。位于胞外的 SBCOD 的水解速率较慢,成为 SBCOD 利用的

限制速率。该速率在缺氧条件下的值是其在好氧条件下的 1/3（Stern 和 Marais，1974；Van Haandel 等，1981）。缺氧条件下，在 SBCOD 水解速率方程中引入了一个衰减系数（η）（式 5.45）。研究表明，RBCOD 的利用与 SBCOD 的水解同时进行。而且，RBCOD 的利用率比 SBCOD 水解的速率要快得多（7～10 倍），继而进水 RBCOD 的反硝化速率比 SBCOD 快得多。因此进水中 RBCOD 是反硝化反应的优先利用的有机物，进水总 COD 中该组分的浓度越高，脱氮量越多。

5.8.5 反硝化系统

由于不同的降解机理和 RBCOD、SBCOD 利用速率的不同，生物反应器中缺氧区的位置对于反硝化反应的效果会有显著影响。对于单一硝化-反硝化（ND）系统有许多不同的构造形式，但是从有机物来源（电子供体）的角度来看，这些构造可以简化为两种基本反硝化类型或者是它们的组合。利用内部有机物的两种基本类型是：①后置反硝化，利用生成的内源性有机物；②前置反硝化，利用进水中的有机物。

对于后置反硝化（图 5.13A），第一个反应器为好氧反应器，第二个不曝气。进水首先流入好氧反应器中，此时异养型和硝化反应的微生物进行好氧生长。如果泥龄足够长，系统好氧比例足够大，在第一个反应器中硝化反应进行较彻底。好氧反应器的混合液进而流入缺氧反应器（也称为第二缺氧反应器）中进行充分搅拌。缺氧反应器的出水则进入二沉池（Secondary Settling Tank，SST）中，其中部分沉淀后的污泥则回流到好氧反应器中。

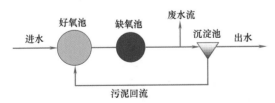

图 5.13A　单级污泥生物脱氮后置反硝化系统

污泥中微生物死亡所释放的 SBCOD 可以为缺氧反应器中的反硝化反应提供碳源。但由于释放的速率偏低，因此反硝化速率也较低。为了得到一个比较理想的硝酸盐去除率，系统的缺氧污泥质量分数（即缺氧反应器中污泥质量分数）必须较大（取决于泥龄），这有可能使得硝化反应停止。因此，尽管理论上该系统有能力去除所有的硝酸盐，但实际这是不可能的，因为若温度较低（<15℃），就需要很大的缺氧污泥质量分数，以致无法满足硝化条件。此外，在缺氧反应器中，由于微生物的死亡和溶解，释放出氨，其中一部分从出水中流出，从而降低系统的脱氮量。为了减少出水中的氨的浓度，有时在缺氧反应器和 SST 之间放置快速或再曝气反应器。在该反应器中，N_2 从混合液中吹脱出来，以避免 SST 中可能出现的污泥上浮问题，并且氨能够氧化为硝酸盐，使得系统出水氨浓度达标，但这样会降低系统硝酸盐去除的整体效率。由于上述原因，实际应用中除了结合化学加药外，后置反硝化没有得到广泛应用。

5.8.5.1　Ludzack-Ettinger 系统

Ludzack 和 Ettinger（1962）第一个提出利用进水中可生物降解有机物作为反硝化碳源的污泥硝化-反硝化系统。该系统包括两个串联的反应器，彼此部分独立。进水流入第一个或称为主要的缺氧反应器中，该反应器不曝气，靠搅拌保持缺氧状态。第二个反应器曝气，发生硝化反应。好氧反应器的出水流入 SST，SST 的污泥回流到好氧（第二）反应器。由于在两个反应器中的混合作用，使硝化液和缺氧液彼此混合。进入第一缺氧反应器中的硝酸盐被反硝化为氮气。Ludzack 和 Ettinger 报告了他们的系统反硝化的效果不稳定，这可能是由于缺乏对两个反应器间混合液相互交换量的控制。1973 年，Barnard 对 Ludzack-Ettinger 系统进行了改进，将缺氧反应器和好氧反应器完全分离，将 SST 的泥回流至第一缺氧反应器，并且设置了好氧反应器到缺氧反应器的混合液回流（图 5.13B）。

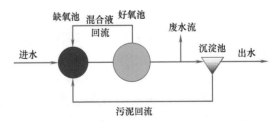

图 5.13B　由 Barnard（1973）提出的改良 Ludzack-Ettinger 污泥生物脱氮系统，只包括第一缺氧反应器

这些改进使得具有混合液回流的系统对脱氮效果的控制大大增强。进水中的 RBCOD 和 SBCOD 有机物使初级缺氧反应器的反硝化速率较高，即使在该系统中前置反硝化反应器的体积小于后置反硝化的反应器，也可获得较高的硝酸盐去除量。在改良的 Ludzack-Ettinger（MLE）的系统中无法完全去除硝酸盐，因为好氧反应器出水中的一部分没有回流到缺氧反应器，而是随出水流出。为了减少 SST 中因剩余硝酸盐的反硝化而引起的污泥上浮的可能性，SST 中积累的污泥量必须保持在一个最低水平。可通过提高 SST 回流比来实现（等于平均进水流量，即回流比为 1:1）。

5.8.5.2　4 级 Bardenpho 系统

为了克服 MLE 系统中硝酸盐去除不完全的缺点，Barnard（1973）提出在系统中再设一个缺氧反应器，即 4 级 Bardenpho 系统（图 5.13C）。

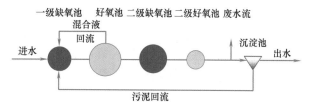

图 5.13C　4 级 Bardenpho 污泥生物脱氮系统，包括一级和二级缺氧反应器

Barnard 认为将含有低浓度硝酸盐的好氧反应器出水投入第二缺氧反应器中，对其进行反硝化后生成硝酸盐含量几乎为零的出水。此外，他还设置了一个快速或再曝气反应器，用于吹脱生成的氮气，并对反硝化过程中释放的氨进行硝化。

尽管在理论上 Bardenpho 系统具有将硝酸盐完全去除的能力，但实际上这是不可能的，除非常见市政污水 14℃时的 TKN/COD 浓度比小于 0.09mgN/mgCOD。反硝化速率低（大约 20% 的硝酸盐被反硝化）使得第二缺氧反应器中的污泥的利用效率很低。由于曝气和非曝气污泥质量分数在硝化反应所需量中的竞争（见第 5.4.3 节），通常去除二级缺氧（和再曝气）反应器，并扩大一级缺氧反应器、增大混合液的回流比是比较有利的。

5.8.6　反硝化速率

将第一级和第二级缺氧反应器视为推流反应

器，能够更好地解释其中的反硝化性能。这一解释对于完全混合的反应器同样有效，因为对于硝酸盐浓度而言，反硝化动力学为零级反应（Van Haandel 等，1981；Ekama 和 Wentzel，1999）。由于进水中存在两种不同的可生物降解的 COD（RBCOD 和 SBCOD），一级缺氧反应器中的反硝化过程分为两个阶段（图 5.14a）：初始快速阶段，其中是以同时利用 RBCOD 和 SBCOD 来定义反应速率（$K_1 + K_2$）；较慢反应段，其中反硝化速率（K_2）是利用进水和微生物死亡溶解得到的 SBCOD 来定义的。在二级缺氧反应器中，只发生反硝化反应的慢速阶段（图 5.14b），其反应速率（K_3）约为一级缺氧反应器中的慢速阶段反应速率（K_2）的三分之二（Stern and Marais 1974；Van Haandel 等，1981）。在好氧反应器中，全部的 RBCOD 和大部分 SBCOD 被利用，在二级缺氧反应器中只有小部分因微生物死亡溶解生成的可生物降解 SBCOD。这部分 SBCOD 的供应速率低决定了 K_3 速率，使得 K_3 速率低于 K_2 速率。表 5.5 中给出了这些 K 速率的值。

另一个 K（K_4）速率定义为间歇性曝气缺氧（Waste Activated Sludge，WAS）好氧消化剩余污泥时反硝化反应的速率（Warner 等，1986）。这个速率仅为第二缺氧反应器中 K_3 速率的 2/3（表 5.5）。但如果 4～6h 的曝气循环为 50% 好氧和 50% 缺氧，这个速率足以将 WAS 好氧消化产生的全部硝酸盐反硝化。对于缺氧-好氧消化进行反硝化反应，有以下优点：碱度消耗为零、氧气回收、增强 pH 值控制、降低化学药剂用量以及无氮的排出液（Dold 等人，1985）。最后，非常重要的一个优点是 WAS 的含氮量与初沉污泥相比要高。

在恒定流量和负荷条件下，K_1、K_2、K_3（和 K_4）这些反硝化速率常数，可通过活性污泥模型（如新开发的 ASM1）中包含的 RB 和 SB 有机物利用动力学方程来解释（第 14 章，第 14.4 节）。RB 有机物的利用方式可用 Monod 方程进行模拟，K_1 速率表达如下：

$$K_1 = \frac{(1 - Y_{OHO})f_{cv}\mu_{OHO}}{2.86 Y_{OHO}} \frac{S_S}{K_S + S_S}$$

$$[\text{mgNO}_3\text{-N}/(\text{mgOHOVSS} \cdot \text{d})] \quad (5.44)$$

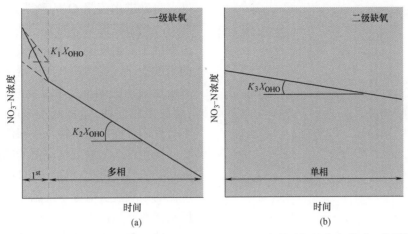

图5.14 第一缺氧（a）和第二缺氧（b）推流反应器中硝酸盐浓度随时间的分布关系，分别用 K_1、K_2 和 K_3 来表示反硝化反应的三个阶段。其中，在第一缺氧推流反应器中起始的 K_1 源于进水 RBCOD 的利用，较慢的 K_2 对应于进水中和微生物死亡分解的 SBCOD；在二级缺氧推流反应器中 K_3 源于其自身生成的 SBCOD

式中 $\dfrac{S_S}{K_S+S_S}\approx 1$

反硝化速率 K 及其温度灵敏度　表5.5

符号	20℃	θ	14℃	22℃
① $K_{1,20}$	0.720	1.200	0.241	1.036
① $K_{2,20}$	0.101	1.080	0.064	0.118
① $K_{3,20}$	0.072	1.029	0.061	0.076
① $K_{4,20}$	0.048	1.029	0.040	0.051

注：①单位：mgNO$_3$-N/（mgOHOVSS·d）。

在推流式和完全混合式的一级缺氧反应器中，对于低浓度的 RBCOD，$S_S/(K_S+S_S)$ 这一项接近1，因为半饱和常数（K_S）较小。假设 $Y_{OHO}=0.67$mgCOD/mgCOD，$f_{cv}=1.48$mgCOD/mgVSS，可以得到 $K_1=0.26\mu_{OHO}$mgNO$_3$-N/（mgOHOVSS·d）。由于测得 $K_1=0.72$mgNO$_3$-N/（mgOHOVSS·d）（表5.5），则 μ_{OHO} 的值约为 2.8/d。该值在活性污泥系统中测得的 μ_{OHO} 值域之内。在对好氧和缺氧选择器中 RBCOD 利用动力学的研究中，Still 等人（1996）和 Ekama 等人（1996a，b）发现 μ_{OHO} 的变化范围在完全混合系统的 1.0d^{-1} 和选择反应器的 4.5d^{-1} 之间。这就得出 K_1 反硝化速率对于完全混合类型系统为 0.26mgNO$_3$-N/（mgOHOVSS·d），对于具有选择效应（高 μ_{OHO}）的系统为 1.17mgNO$_3$-N/mgOHOVSS.d，该选择效应增加了 OHO 生物量。

利用 SBCOD 的动力学采用的是活性部位表面水解动力学的形式，与 Monod 方程的形式一样，只是将变量换为吸收的 SBCOD 与活性 OHO 的比值（X_S/X_{OHO}），而不是液体中 SBCOD 的浓度，因此，K_2、K_3 和 K_4 速率由下式给出：

$$K_2=K_3=K_4=\frac{(1-Y_{OHO})f_{cv}}{2.86Y_{OHO}}\frac{\eta K_h(X_s/X_{OHO})}{[K_x+(X_s/X_{OHO})]}$$
(5.45)

式中 X_S/X_{OHO} 在一级（K_2）、二级（K_3）和缺氧-好氧消化（K_4）中逐渐降低。

在恒定流量和负荷的一级和二级缺氧推流反应器中，由于降低了缺氧水解速率，（X_S/X_{OHO}）比值变化很小。K_2 高于 K_3 的原因是所吸收的 SB 有机物的浓度与活性 OHO 浓度比值的不同（X_S/X_{OHO}）（图5.15）。在一级缺氧反应器中，该比值较高，因为吸收的 SBCOD 来自进水和死亡的 OHO。在二级缺氧反应器中，该比值较低，因为吸收的 SBCOD 只来自死亡的 OHO。对于 K_2 和 K_3 的反硝化反应速率，K 速率和 ηK_h 之间不是简单的关系，因为在一级和二级缺氧反应器（和好氧反应器）中吸收的 SBCOD 与 OHO 的比值（X_S/X_{OHO}）不同，并且随着泥龄和非曝气污泥质量分数的变化而变化。

总而言之，K_1、K_2、K_3 和 K_4 这些反硝化反应"常量"没有直接的动力学意义。它们的恒定性是动力学反应的综合结果，当泥龄在 10～30d 时，这些反应没有什么变化（图5.15）。

温度确实会影响速率 K，但是即使这些速

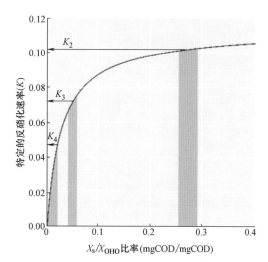

图 5.15　吸收的 SB 有机物浓度与 OHO 生物量浓度
比值（X_S/X_{OHO}）和反硝化速率（K）的关系图
〔分别显示了一级缺氧（K_2），二级缺氧（K_3）
和缺氧-好氧消化（K_4）的反硝化速率〕

率 K 根据温度进行调整，它们在不同泥龄下的变化也不大（Van Haandel 等，1981）。从实验观察和理论动力学的角度看，稳态条件下 K_2 和 K_3 速率被视为常量。实际上，在恒定流量和负荷条件下，估计缺氧反应器的反硝化能力（D_p）是可行的。

对于 K_1 而言，该速率可能会发生显著变化，因为 RBCOD 利用速率取决于缺氧（或好氧）反应器中的混合机制（Ekama 等，1986；a，b 和 Still 等，1996）。然而，它的变化对 ND 系统的设计影响不大，因为一级缺氧反应器的体积通常足够大，即使在利用速率（μ_{OHO}）很低的情况下也可以保证 RBCOD 被完全利用。实际上，反硝化反应的设计程序要求所有的 RBCOD 都在一级缺氧反应器中被利用，为此引入最小一级缺氧污泥质量分数（$f_{x1,min}$）和最小的回流比（a_{min}）。这些概念也可以用于缺氧选择器的设计（Ekama 等，1996a，b）。该模型还适用于剩余活性污泥的缺氧-好氧消化。结果发现，该模型能够准确地预测恒定性或周期性负荷条件下，好氧和缺氧-好氧消化池的性能，并确定 K_4 的反硝化反应速率（Warner 等，1986）；且没有必要调整动力学常量的值。

5.8.7　反硝化能力

缺氧反应器中能够被生物反硝化的硝酸盐浓

度（每升进水流量 Q_i）称为该反应器的反硝化能力。之所以称其为能力，是因为能否达到该能力取决于缺氧反应器的硝酸盐负荷。如果很少量的硝酸盐回流到该缺氧反应器中，那么回流中总的被反硝化的硝酸盐和实际去除的硝酸盐之和（即反硝化性能），将低于该能力。在这种情况下，反硝化反应是系统（或回流）受限。提高系统回流比将增加缺氧反应器的硝酸盐负荷，继而提高系统的反硝化反应。一旦回流比使得缺氧反应器的硝酸盐负荷等于反硝化能力，此时系统的反硝化性能是最优的，该回流比也是最优的。此时，缺氧反应器及其出水的硝酸盐浓度分别为零和最可能低的浓度。当回流比大于该最优值，反应器中硝酸盐浓度增加，出水中硝酸盐浓度高于 0，但是反硝化反应的性能并没有改进，这是因为此时系统是受到生物或动力学限制。达到缺氧反应器的反硝化能力后，对于特定的反应器和污水就不能将更多的硝酸盐进行反硝化。此外，当回流比大于最优值时增加了不必要的管道成本，所以是不经济的，缺氧反应器中多余的溶解氧会使反硝化性能降低，出水硝酸盐浓度增加。因此反硝化的设计原则是：①计算缺氧反应器的反硝化能力；②将缺氧反应器的硝酸盐负荷设置与反硝化能力相同；③计算该条件下的回流比。该计算的回流比即为最优值。

从上述的讨论中，我们知道在反硝化设计中最重要的是硝酸盐负荷和反硝化能力的计算。硝酸盐负荷是根据硝化能力计算得出的，硝化能力是指单位进水流量（Q_i）下硝化反应生成的硝酸盐浓度（第 5.6.2 节，式 5.35）。上述的硝化能力（NITc，mgN /出水）与进水 TKN 浓度（TKN_i）大致呈线性关系。分别对 RBCOD 和 SBCOD 进行反硝化能力计算。RBCOD 引起快速反硝化反应，因此可认为它在一级缺氧反应器中被完全利用。实际上这是设计的一个目标。相应地，RBCOD 对反硝化能力的贡献就是 RBCOD 给 NO_3-N 供应电子能力中异化组分的多少。因此，在完全利用进水的 RBCOD 时，RBCOD 电子按固定比例（$1-Y_{OHO}$）（异化组分）提供给 NO_3^-，使其还原为 N_2。因此，已知进水中 RBCOD 浓度，并假设其完全被利用，这部分 RBCOD 的反硝化能力为：

$$D_{p1RBCOD} = f_{SS}COD_i(1-f_{cv}Y_{OHOv})/2.86$$
$$(mgNO_3\text{-}N/L进水) \quad (5.46)$$

式中 $D_{p1RBCOD}$ ——一级缺氧反应器中流入的 RBCOD 的反硝化能力;

$COD_{b,i}$ ——进水可生物降解的 COD (mg COD/L);

f_{SS} ——RBCOD 的 $COD_{b,i}$ 分数;

Y_{OHOv} ——OHO 的产量(0.45mgVSS/ mgCOD);

2.86——硝酸盐的氧当量值。

对于 SBCOD,这一基质对一级缺氧反应器和二级缺氧反应器中的反硝化反应都有贡献。SBCOD 的反硝化能力分别根据反硝化速率 K_2 和 K_3 来确定。这些速率 K 是描述利用由进水和/或微生物死亡溶解产生的 SBCOD 的动力学方程的简化。这些速率 K 构成了活性污泥模型如 ASM1 所包含的基本生物动力学方程的基础(Van Haandel 等,1981;Henze 等,1987)。速率 K 将反硝化速率定义为在缺氧反应器中每 mgOHOVSS 质量每天反硝化脱除 mgNO_3-N。因此,要确定由 SBCOD 产生的反硝化能力,必须计算一级和/或二级缺氧反应器中单位进水流量生成的 OHOVSS 的量及其比例,并乘以 K_2 或 K_3 速率。

对于去除有机物的稳态活性污泥模型(第 4 章,第 4.4.2.1 节),系统中的 OHO 的量(MX_{VSS})可通过可生物降解的 COD 负荷计算得到(式 4.9)。计算 MX_{OHOv} 量时的 f_{x1} 和/或 f_{x3} 分别代表一级和/或二级缺氧污泥质量分数。一级和/或二级缺氧反应器中,单位进水流量中 OHOVSS 的量为:

对于一级缺氧反应器中的进水:
$$f_{x1}MX_{OHOv}/Q_i = f_{x1}COD_iY_{OHOv}SRT/(1+b_{OHO}SRT)$$
$$(mgOHOVSS/L) \quad (5.46a)$$

对于二级缺氧反应器中的进水:
$$f_{x3}MX_{OHOv}/Q_i = f_{x3}COD_iY_{OHOv}SRT/(1+b_{OHO}SRT)$$
$$(mgOHOVSS/L) \quad (5.46b)$$

将这些生物量乘以对应的 K 速率就能得到第一和第二缺氧反应器中 SBCOD 贡献的反硝化

能力($D_{p1SBCOD}$、$D_{p3SBCOD}$),即:
$$D_{p1SBCOD} = K_2f_{x1}MX_{OHOv}/Q_i = D_{p3SBCOD} =$$
$$= K_2f_{x1}COD_iY_{OHOv}SRT/(1+b_{OHO}SRT)$$
$$(5.47)$$
$$D_{p3SBCOD} = K_3f_{x3}COD_iY_{OHOv}SRT/(1+b_{OHO}SRT)$$
$$(5.48)$$

假设硝酸盐浓度不降到 0(图 5.14),该方法是可靠的,因为在缺氧反应器整个污泥停留时间内,K_2 和 K_3 速率是连续的。合并 RBCOD 和 SBCOD 的反硝化能力,得到一级和二级缺氧反应器的总反硝化能力,即:
$$D_{p1} = D_{p1RBCOD} + D_{p1SBCOD}$$
$$= f_{SS}COD_i(1-f_{cv})/2.86 +$$
$$COD_iK_2f_{x1}f_{cv}SRT/(1+b_{OHO}SRT)$$
$$= COD_i\{f_{SS}(1-f_{cv})/8.6 +$$
$$K_2f_{x1}f_{cv}SRT/(1+b_{OHO}SRT)\}$$
$$(mgN/L进水) \quad (5.49)$$

$$D_{p3} = D_{p3RBCOD} + D_{p3SBCOD}$$
$$= 0 + COD_iK_3f_{x3}Y_{OHOv}SRT/(1+b_{OHO}SRT)$$
$$(mgN/L进水) \quad (5.50)$$

在式(5.49)和式(5.50)中,K_2、K_3 和 b_{OHO} 速率对温度敏感,并且随着温度降低而降低。表 5.5 和表 4.2 列举定义了这些速率的温度灵敏度。从式(5.49)和式(5.50)可以看出,反硝化能力与污水中可生物降解的 COD 浓度($COD_{b,i}$)成正比。这正是我们所期望出现的,因为需氧量也与 COD 负荷正相关,氧气和硝酸盐对于相同的有机物降解反应都是电子受体,则硝酸盐所需量(所谓的反硝化能力)也与 COD 负荷正相关。对于同样大小的缺氧反应器,一级缺氧反应器的反硝化能力高于二级缺氧反应器(2~3 倍),因为:① K_2 大于 K_3;②更重要的是,RBCOD 对一级缺氧反应器中反硝化能力的贡献较大。因此,需要准确计算 RBCOD,以保证脱氮量的准确预测。对于 RBCOD 污水质量分数(f_{SS})为 25%(相对于可生物降解的 COD)的常见市政污水,RBCOD 对 D_{p1} 的贡献率约为的 1/3~1/2,这取决于一级缺氧反应器的体积和温度。对于脱氮要求高的系统,反硝化应能满足 1/4~1/3 的碳需氧量,在好氧反应器中能降低同样的碳需氧量。如前所述,该减少量相当于硝化反应生成硝酸盐需氧量的一半(图 5.11)。

由式（5.54）知，进水 RBCOD 对二次缺氧反应器反硝化能力的贡献为零。这是因为所有的 RBCOD 都在先前的一级缺氧和/或好氧反应器中被利用。但是，当外部碳源（例如甲醇，乙酸或高强度有机废水）加入二级缺氧反应器中以提高反硝化反应时，式（5.50）中必须包括 $D_{p3RBCOD}$ 这一项。式（5.46）中的 $D_{p3RBCOD}$ 也是同样的情况，其中 $f_{SSCODb,i}$ 为投加的有机物浓度，单位符号是 mgCOD/L。对于甲醇而言，Y_{OHOv} 值明显低于 0.56mgVSS/mgCOD。

上述的污泥质量分数方法是可靠的，因为对于特定的污水特性和泥龄，VSS（MX_{VSS}）分数或 TSS（MX_{TSS}）量［即 OHO 质量（MX_{OHOv}）］是恒定的，且等于活性分数（$f_{at,OHO}$ 或 $f_{av,OHO}$ 式 4.26 和式 4.27），系统的缺氧和好氧反应器中该分数基本相同。例如，在一个 MLE 系统中，缺氧和好氧反应器的体积分别为 3000m³ 和 6000m³，缺氧反应器中 OHO、VSS 和 TSS 量各占 1/3，因此缺氧污泥质量分数为 0.33。

5.8.8　最低一级厌氧污泥质量分数

在式（5.49）中，假设初始快速的反硝化反应总是完全进行的，即在一级缺氧反应器中的实际停留时间始终比完全利用进水 RBCOD 所需的时间长。这是因为在式（5.49）中，对于进水 RBCOD 的反硝化反应是化学计量学表达的，而不是动力学表达的；它给出的是完全反应时 K_1 速率去除的硝酸盐浓度。考虑完成反硝化反应第一阶段（图 5.14）所需要的实际停留时间（比如 t_1），且 $t_1(a+s+1)$ 为达到该目标的最小名义水力停留时间，则 K_1［mgNO₃-N/（mgO-HOVSS·d）］速率下去除所有进水 RBCOD 的一级缺氧最小污泥质量分数 $f_{x1,min}$ 可表达为：

$$f_{x1,min}=\frac{f_{SS}(1-f_{cv}Y_{OHOv})(1+b_{OHO,T}SRT)}{2.86K_{1,T}Y_{OHOv}SRT}$$

$$(5.51)$$

将动力学常量的值代入式（5.51），在 14℃条件下，当 SRT>10d 时，得到 $f_{x1,min}<0.08$。这个值比大多数实际的一级缺氧反应器的值要低得多，因此在大多数情况下，式（5.51）都是可靠的。假设 K_1（或 μ_{OHO}）选择得比较合适，式（5.51）还能用于确定缺氧选择器的尺寸（见

5.8.6 节，式 5.44）。

5.8.9　反硝化反应对反应器体积和需氧量的影响

从硝化反应（式 5.19）和反硝化反应（式 5.49 和式 5.50）的设计方法中可以看出，完全使用污泥质量分数设计脱氮量是可行的，且不需要知道反应器的体积。反应器体积的计算方式与完全好氧系统反应器体积的计算方式一样，根据反应器 TSS 浓度（X_{TSS}）进行选择（第 4 章，第 4.7 节）。获得的反应器的体积再按比例细分到一级和/或二级缺氧和好氧污泥质量分数上。因此可将脱氮量的设计直接结合到好氧系统的设计中。对于同样的反应器 TSS 浓度和泥龄，完全好氧系统和用于脱氮的缺氧-好氧系统反应器体积相同。研究表明，在一定的污泥龄和日平均 COD 负荷下，影响污泥量的因素很多，改变缺氧—好氧条件只是其中之一。但是，相对于有机（COD）负荷的不确定性、不可生物降解颗粒性 COD 分数和它们的日变化和季节变化情况，从设计角度来看，其他影响因素都不重要，以至于在设计过程中不必特殊考虑。从设计的角度来看，好氧和缺氧-好氧条件之间的唯一显著差异在于需氧量，在成本设计的时候必须考虑这一差别（图 5.11）。

5.9　设计步骤及举例

综上所述，污水进水水质指标需要准确了解进水 TKN/COD 比率和 RBCOD 质量分数。它们能分别对硝化和反硝化产生重大影响，进而影响生物反硝化 N 去除性能以及出水最低硝酸盐浓度。下面将会通过几个进水 TKN 浓度和 RBCOD 质量分数不同的原污水和沉淀污水实例，说明这两种污水特性对设计的影响。表 4.3 和表 5.2 中列出了污水特性，将通过对原污水和沉淀污水的连续计算，来演示生物脱氮设计。脱氮设计所需的唯一附加污水特性是进水 RBCOD 质量分数（f_{ss}），对于原污水和沉淀污水而言，该值分别是生物可降解 COD（$COD_{b,i}$）的 0.25 和 0.385。表 5.6 列举了 COD 去除和硝化计算的结果。

5.9.1　计算概述

对于原污水（即 f_{XU}, $NIT_c=0.15$mgCOD/mgCOD, f_{SU}, $NIT_c=0.07$mgCOD/mgCOD,

$T_{\min}=14℃$，$NIT_c=750mgCOD/L$；见表4.3），污泥龄为20d，假设挥发性固体颗粒的氮含量（f_n）为0.10mgN/mgVSS，则产生污泥所需氮 $N_s=17.0mgN/L$（式5.27）。

根据5.7.5节，出水可生物降解和不可生物降解的溶解性有机氮浓度（$N_{obs,e}$ 和 $N_{ous,e}$，式5.37）分别为0.0和1.80mgN/L。由式（5.15），出水氨浓度 S_{NHx} 为2.0mgN/L。出水凯氏氮浓度（TKN_e）是 $N_{ous,e}$ 与 $S_{NHx,e}$ 之和（式5.33），因此 $TKN_e=3.8mgN/L$（表5.6）。

硝化能力（NIT_c）可由式（5.35）得到，例如14℃的原污水（$TKN_i=48.0mgN/L$；TKN/COD=0.08mgN/mgCOD），$NIT_c=48.0-17.0-3.8=39.2mgN/L$。

硝化耗氧量 FO_{NIT} 可由式（5.43）得，即：
$$FO_{NIT}=4.57NIT_cQ_i=4.57\times39.2\times1,5\times10^6 mgO_2/d$$
$$=2687kgO_2/d$$

同时反应器中硝化菌的VSS可以由式（5.42）得，即：
$$MX_{ANO}=0.1\times20/(1+0.034\times20)\times39.2\times15\times10^6$$
$$=702kgVSS$$

表5.6列出了14℃和22℃时原污水和沉淀污水 N_s、$S_{NHx,e}$、TKN_e、NIT_c、FO_{NIT} 和 MX_{ANO} 的计算结果。

在设计中，因为需要尽量降低硝酸盐浓度，所以污水中碱度变化需最小化。假设生成的硝酸盐有80%被反硝化，则 H_2CO_3 碱度变化$=-7.14NIT_c+3.57$（反硝化的硝酸盐）$=-7.14\times39.2+3.57\times0.80\times39.2=-168mg/L$（以 $CaCO_3$ 计）。当进水 H_2CO_3 碱度为250mg/L（以 $CaCO_3$ 计）时，出水 H_2CO_3 碱度$=250-168=82mg/L$（以 $CaCO_3$ 计），由图5.6可知，其pH值将维持在7（见5.4.6节）。

20d 泥龄的污泥在14℃和22℃下处理原水和沉降废水的COD去除率和氮去除的硝化设计计算

（污水特性见表4.3和5.2）   表5.6

参数	符号	单位	原污水		沉淀污水	
污水特性						
进水流量	Q_i	Ml/d	15.00		14.93	
进水 COD 浓度	NIT_c	mgCOD/L	750		450	
进水 TKN 浓度	TKN_i	mgN/L	60		51	
TKN/COD 比值	f_{ns}	mgTKN/mgCOD	0.080		0.113	
RBCOD 分数	f_{SS}	mgCOD/mgCOD	0.25		0.385	
污水温度	T	℃	14	22	14	22
碳类物质的去除（第4章）						
进水可生物降解 COD	$FCOD_{b,i}$	kgCOD/d	8775	8775	5664	5664
剩余可生物降解 COD	$FCOD_b$	kgCOD/d	0	0	0	0
活性生物量	MX_{OHOv}	kgVSS	15 659	12 984	10 107	8381
内源残余物量	$MX_{E,OHOv}$	kgVSS	12 663	13 198	8174	8519
不可生物降解有机物量	MX_{Iv}	kgVSS	22 804	22 804	3649	3649
挥发性悬浮固体量	MX_{VSS}	kgVSS	51 126	48 986	21 930	20 549
总悬浮固体量	MX_{TSS}	kgTSS	68 168	65 315	26 421	24 757
活性分数-VSS	$f_{av,OHO}$		0.306	0.265	0.461	0.408
活性分数-TSS	$f_{at,OHO}$		0.230	0.199	0.383	0.339
碳的需氧量	FO_c	kgO$_2$/d	6679	6838	4311	4413
生成污泥中氮的量	FN_s	kgN/d	255.6	244.9	109.7	102.7
剩余 TSS 量	FX_{TSS}	kgTSS/d	3408	3266	1321	1238
硝化作用（第5.6节）						
允许非曝气污泥质量分数	$f_{x,max}$		0.534	0.80	0.534	0.80
设计非曝气污泥质量分数	f_{xt}		0.534	0.534	0.534	0.534
安全系数	S_f		1.25	2.88	1.25	2.88
出水可生物降解有机氮	$N_{ob,e}$	mgN/L	0.0	0.0	0.0	0.0
出水不可生物降解溶解性有机氮	$N_{ous,e}$	mgN/L	1.80	1.80	1.80	1.80
出水中氨的浓度	$S_{NHx,e}$	mgN/L	2.0	0.7	2.0	0.7
出水 TKN 浓度	TKN_e	mgN/L	3.8	2.5	3.8	2.5
生成污泥中氮浓度	N_s	mgN/L	17.0	16.3	7.4	6.9
硝化能力	NIT_c	mgN/L	39.2	41.2	39.9	41.6
硝化菌量	MX_{ANO}	kgVSS	702	669	711	673
硝化需氧量	FO_{NIT}	kgO$_2$/d	2685	2824	2719	2840
总需氧量	FO_t	kgO$_2$/d	9364	9661	7030	7254

5.9.2 非曝气污泥质量分数的确定

在脱氮系统，反硝化的最大缺氧污泥质量分数（$f_{xd,max}$）可被设定为最低温度下最大非曝气污泥质量分数 $f_{x,max}$，即：

$$f_{xd,max} = f_{x,max} \quad (5.52)$$

其中，$f_{x,max}$ 可选定 SRT，$\mu_{ANO,max,T}$ 和 T_{min}，由式（5.19）得到。

这是因为脱氮系统不需要考虑厌氧反应器非曝气污泥量的预留。在脱氮除磷系统中，需要为厌氧反应器预留一些非曝气污泥量（0.12～0.25），以促进 EBPR。该部分污泥质量分数称为厌氧污泥质量分数，记为 f_{xa}，不能用于反硝化。为了尽可能提高 EBPR 使该反应器内不进行反硝化，不将硝酸盐回流到厌氧反应器中。因此，可认为在 20d 污泥龄的条件下，最大非曝气污泥质量分数（$f_{x,max}$）全部分配给缺氧条件，即 $f_{xd,max} = f_{x,max} = 0.534$。

5.9.3 MLE 系统的反硝化性能

5.9.3.1 最佳回流比

在 MLE 系统中，缺氧污泥质量分数全部为一级缺氧反应器的污泥量，即 $f_{x1} = f_{xd,max} = f_{x,max}$。根据式（5.49）可计算一级缺氧反应器的反硝化能力 D_{p1}。例如，对于 14℃下的原污水，$f_{x,max} = f_{xd,max} = f_{x1} = 0.534$，$D_{p1} = 52.5\text{mgN/L}$。表 5.7 列出了原污水和沉淀污水在 14℃和 22℃下的 D_{p1} 值。

在 MLE 系统中，如果缺氧反应器出水的硝酸盐浓度为零，则好氧反应器中的硝酸盐浓度（$S_{NO_3,ar}$）等于 $NIT_c/(a+s+1)$，即进水的硝化能力（单位：mgN/L）被进入好氧反应器的总水量（不含硝酸盐）稀释了（$a+s+1$）倍。其中，a 和 s 是混合液和底流回流比（相对于旱季平均进水流量 Q_i）。假设二沉池不存在反硝化作用（由于污泥上浮的问题，反硝化作用必须最小化），那么好氧反应器和系统出水硝酸盐浓度（分别为 $S_{NO_3,ar}$ 和 $S_{NO_3,e}$）是相等的，均为：

$$S_{NO_3,e} = S_{NO_3,ar} = NIT_c/(a+s+1) \quad (5.53)$$

已知 $S_{NO_3,e}$ 和 $S_{NO_3,ar}$，考虑 a 和 s 回流中的 DO 浓度，记为 $S_{O_2,a}$ 和 $S_{O_2,s}$ mgO$_2$/L。则在 a 和 s 回流中，一级缺氧反应器的等效硝酸盐负荷为：

$$S_{NO_3,lp} = \left[S_{NO_3,ar} + \frac{S_{O_2,a}}{2.86} \right] a + \left[S_{NO_3,e} + \frac{S_{O_2,s}}{2.86} \right] s \quad (5.54)$$

当缺氧反应器硝酸盐负荷当量等于其反硝化能力时，即 $D_{p1} = S_{NO_3,a}$，此时可达到最优的反硝化反应，即最低出水硝酸盐浓度：

$$D_{p1} = \left[\frac{NIT_c}{(a+s+1)} + \frac{S_{O_2,a}}{2.86} \right] \cdot a + \left[\frac{NIT_c}{(a+s+1)} + \frac{S_{O_2,s}}{2.86} \right] \cdot s \quad (5.55)$$

通过求解式（5.55），得到 a 回流比，该比值准确地将一级缺氧反应器的反硝化能力与硝酸盐和 DO 联系上。

该 a 值是最佳值，对应最低的 $S_{NO_3,e}$，即：

$$a_{opt} = \left[-B + \sqrt{B^2 + 4AC} \right] / (2A) \quad (5.56)$$

式中
A——$S_{O_2,a}/2.86$；
B——$NIT_c - D_{p1} + \{ (s+1) S_{O_2,a} + s S_{O_2,s} \}/2.86$；
C——$(s+1)(D_{pp} - s S_{O_2,s}/2.86) - s NIT_c$。

并且：

$$S_{NO_3,e,min} = S_{NO_3,e,aopt} = NIT_c/(a_{opt}+s+1) \quad (\text{mgN/L}) \quad (5.57)$$

当 $a = a_{opt}$，式（5.57）是适用的，可以得到最低 $S_{NO_3,e}$ 值。当 $a \leqslant a_{opt}$，由于式（5.56）的假设成立，式（5.57）同样适用，即：$S_{NO_3,ar} \leqslant D_{p1}$，相当于缺氧反应器出水的硝酸盐浓度为零。然而，当 $a > a_{opt}$，假设不再适用，且由于进入缺氧池的溶解氧增加，$S_{NO_3,e}$ 值随着 a 回流比的增加而增加。当 $a > a_{opt}$，$S_{NO_3,e}$ 由缺氧反应器等效硝酸盐负荷（即硝化能力 NIT_c 和进水流量中硝酸盐的氧当量之和）与反硝化能力 D_{p1} 之差决定：

$$S_{NO_3,e} = NIT_c + \frac{a S_{O_2,a}}{2.86} + \frac{s S_{O_2,s}}{2.86} - D_{p1} \quad (\text{mgN/L}) \quad (5.58)$$

因为 NIT_c、D_{p1}、$S_{O_2,s}$ 和 $S_{O_2,a}$ 是常数，所以 $S_{NO_3,e}$ 与 a（$>a_{opt}$）呈线性关系，斜率为 $S_{O_2,a}/2.86\text{mgN/L}$。当 $a = a_{opt}$ 时，式（5.57）与式（5.58）得出的 $S_{NO_3,e}$ 值相同。

假设设计污泥龄为 20d，允许的最大非曝气

污泥质量分数 $f_{x,max}=0.534$，下面用原污水和沉淀污水在 14℃ 和 20℃ 时的例子来说明 MLE 系统的反硝化性能。在 DO 的计算中，a 和 s 回流的 $S_{O_2,a}$ 和 $S_{O_2,s}$ 分别为 $2mgO_2/L$ 及 $1mgO_2/L$，底流回流比为 $1:1$。为了获得较好的沉淀池运行条件，s 回流比通常是固定的。二沉池的沉降理论、设计及模型和操作的详细内容可以参考 Ekama 等（1997），详见第 12 章。

将硝化能力 NIT_c 和反硝化能力 D_{p1}（表 5.6 和表 5.7）的数值代入式（5.56）和式（5.57）计算，即可求得 14℃ 下处理沉淀污水的最优混合液回流比 a_{opt} 和最低出水硝酸盐浓度 $S_{NO_3,e,aopt}$：

$$A=2/2.86=0.70$$
$$B=39.6-40.1+\{(1+1)2+1\times1\}/2.86=+1.52$$
$$C=(1+1)\times(40.1-1\times1/2.86)-1\times39.6$$
$$=+39.61$$

改良的 MLE 脱氮系统（污泥龄为 20d）处理 14℃ 和 22℃ 时原污水和沉淀污水的脱氮设计总结
（其他特性见表 4.3 和表 5.2） 表 5.7

参数	符号	单位	原污水		沉淀污水	
污水特性						
进水流量	Q_i	mL/d	15.00		14.93	
进水 COD 浓度	NIT_c	mgCOD/L	750		450	
进水 TKN 浓度	TKN_i	mgN/L	60		51	
TKN/COD 比值	f_{ns}	mgTKN/mgCOD	0.080		0.113	
RBCOD 分数	f_{SS}	mgCOD/mgCOD	0.25		0.385	
污水温度		℃	14	22	14	22
MLE 系统设计特性						
第一缺氧污泥质量分数	f_{x1}		0.534	0.534	0.534	0.534
反硝化能力	D_{p1}	mgN/L	52.5	71.5	40.1	52.4
最小第一缺氧污泥质量分数	$f_{x1,min}$		0.068	0.019	0.105	0.029
a 回流中的 DO	O_a	mgO_2/L	2.0	2.0	2.0	2.0
s 回流中的 DO	O_s	mgO_2/L	1.0	1.0	1.0	1.0
底流回流比	s		1.0	1.0	1.0	1.0
性能：以 TKN/COD 为例			0.080	0.080	0.113	0.113
最优 a 回流比	a_{opt}		21.6	44.1	6.5	17.9
a_{opt} 下的出水硝酸盐浓度	$S_{NO_3,e,aopt}$	mgN/L	1.7	0.9	4.7	2.1
实际 a 回流比	a_{prac}		5.0	5.0	5.0	5.0
a_{prac} 下的出水硝酸盐浓度	$S_{NO_3,e,aprac}$	mgN/L	5.6	5.9	5.7	5.9
反硝化复氧量	FO_{DENIT}	kgO_2/d	1440	1515	1458	1524
总净需氧量	FO_{tDENIT}	kgO_2/d	7924	8147	5572	5730
当 $a_{opt}=a_{prac}=5:1$（平衡）的 TKN/COD 比			0.104	0.132	0.119	0.148
a_{opt} 下的出水硝酸盐浓度	$S_{NO_3,e,aopt}$	mgN/L	8.1	11.3	6.0	8.1
出水 TKN 浓度	TKN_e	mgN/L	4.3	3.6	3.9	3.0
出水总氮		mgN/L	12.4	14.9	9.9	11.1
脱氮率%			84.1	84.9	81.5	83.3
硝化需氧量	FO_{NIT}	kgO_2/d	3894	5411	2884	3862
反硝化复氧量	FO_{DENIT}	kgO_2/d	2089	2902	1547	2072
总净需氧量	FO_{tDENIT}	kgO_2/d	8485	9346	5648	6204

于是，$a_{opt}=6.5$，$S_{NO_3,e,min}=4.7mgN/L$。表 5.7 中列出了以上结果及示例原污水和沉淀污水在 14℃ 和 22℃ 的计算结果。

表 5.7 中的结果表明，在所有 4 种情况下，a_{opt} 都超过 5。虽然计算包括了回流到缺氧器的 DO，但回流比超过 5~6 的情况是不划算的。因为回流比大幅增加到 5:1 以上，虽然能够实现 $S_{NO_3,e}$ 的小幅降低，但增加了泵的费用。

在图 5.16 中展示了示例原污水（图 5.16a）和沉淀污水（图 5.16b）在 14℃ 和 22℃ 时，由式（5.57）和式（5.58）计算得到的 $S_{NO_3,e}$ 与最佳回流比的关系。对于沉淀污水（图 5.16b），14℃ 时，$s=1:1$，当 $a<a_{opt}$ 时，缺氧反应器中硝酸盐和 DO 的含量不足；当 a 增加至 a_{opt} 时，硝酸盐负荷当量增加到缺氧反应器的反硝化能力。起初，$S_{NO_3,e}$ 随着 a 的增加迅速降低，但当 a 继续增加

时，$S_{NO_3,e}$ 的降低变缓。在 14℃，$a=a_{opt}=6.5$ 时，缺氧反应器通过 a 池和 s 池的回流负荷达到反硝化能力，此时 $S_{NO_3,e,min}=S_{NO_3,e,aopt}=4.7mgN/L$。当 $a=a_{opt}=6.5$ 时，缺氧反应器的最大反硝化能力被用于反硝化，可达到最低出水硝酸盐浓度（$S_{NO_3,e,aopt}$）。这个结论在图 5.17（a）和（b）中也有体现。对于 14℃ 下的沉淀污水（图 5.17b），$a_{opt}=6.5$，88% 的硝酸盐负荷当量［即 $(a+s)S_{NO_3,e,min}=35.2mgN/L$，所占 $D_{p1}=40.1mgN/L$ 的比例］是硝酸盐，因此缺氧反应器中 88% 的反硝化能力用于反硝化，12% 用于 DO 去除。回流比 a 越高，用于 DO 去除的反硝化能力的比例越多。当 14℃，$a>a_{opt}$ 时，硝酸盐负荷当量超过了反硝化能力；因为流入缺氧反应器的 DO 增加了，$S_{NO_3,e}$ 随 a 段回流比增加而增加。由式 5.58 可知，当 $a=15$，$S_{NO_3,e}=10.6mgN/L$ 时，需要 27% 的反硝化能力用于去除 DO，只有 73% 用于反硝化（图 5.16b 和图 5.17b）。

图 5.16 给出了 14℃ 下，回流比 s 为 0.5:1 和 2.0:1 时，$S_{NO_3,e}$ 与 a 的对应关系，a_{opt} 在不同的回流比 s 下并没有显著差异。在低 a 回流比下，s 的变化对 $S_{NO_3,e}$ 有显著影响，但在高 a 回流比下，即使 s 有显著变化，$S_{NO_3,e}$ 变化也不大。这是因为在 a 较高时，大部分硝酸盐经过 a 回流到缺氧反应器，所以 s 的变化并不会显著改变缺氧反应器的硝酸盐负荷。因此，在 MLE 系统，s 的降低可由 a 的增加进行补偿；只要缺氧反应器在其反硝化能力下运行（使 $S_{NO_3,e}$ 最小化），回流为缺氧反应器带入的硝酸盐量差别不大。

22℃ 下，处理 $s=1:1$ 的沉淀污水（图 5.16b），$S_{NO_3,e}$ 关于 a 回流比的关系与 14℃，$a=6.5$ 的情况相似。这是因为在 14℃ 和 22℃，原污水和沉淀污水的 N_c 几乎一样（14℃ 和 22℃ 时，分别为 39.9 和 41.6mgN/L，见表 5.6）。然而，在 22℃ 时，反硝化能力显著高于 14℃ 时（14℃ 时为 40.1mgN/L，22℃ 时为 52.4mgN/L，见表 5.7），因此在 22℃ 时，缺氧反应器需要更高的 a_{opt}（即 17.9）来使缺氧反应器在其反硝化能力下运行。因此，在 22℃ 时，当回流比 a 超过 6.5 时，$S_{NO_3,e}$ 将继续减少直到 $a_{opt}=17.9$。当 a

从 6.5 增加至 17.9 时，$S_{NO_3,e}$ 从 4.9 降低至 2.1，即仅有 2.8mgN/L。对比为达到该目的所需要的泵的耗费，该降低值是不值得的。因此，从经济成本的角度考虑，a 回流比限制为实际最大值（a_{prac}）5:1，将使 MLE 系统实际最低出水硝酸盐浓度（$S_{NO_3,e,prac}$）为 5～10mgN/L，该值取决于进水 TKN/COD 比值。

从目前的设计步骤中可以清楚地看出，该设计方法的关键在于通过选择合适的回流比 a 来平衡硝酸盐负荷当量和反硝化能力。对于所选的系统设计参数（污泥龄、缺氧污泥质量分数、底流回流比等）和污水特性（温度、易生物降解 COD 分数、TKN/COD 比等），MLE 系统的反硝化能力是固定的。在上述条件不变的情况下，系统反硝化性能由回流比 a 控制，当回流比 a 为 a_{opt}，系统反硝化性能最佳。当 $a<a_{opt}$，反硝化性能将低于最优值，因为硝酸盐负荷当量比反硝化能力低，（图 5.17）；当 $a=a_{opt}$，反硝化性能最优，因为硝酸盐负荷当量等于反硝化能力；当 $a>a_{opt}$，反硝化性能次优，因为硝酸盐负荷当量大于反硝化能力，过量的 DO 被回流至缺氧反应器，降低了反硝化反应（图 5.16 和图 5.17）。

如果 a 实际值被限定在 $a_{prac}=5:1$，a_{opt} 明显更高，此时缺氧反应器的大部分反硝化能力没有使用（图 5.17）。有以下两种方法来处理这些未被利用的反硝化能力：①改变设计，即降低污泥龄（SRT）和/或非曝气污泥质量分数（$f_{x,max}$）；②保持原有设计不变（即 SRT=20d，$f_{x,max}=0.534$），保留未利用的反硝化能力作为应对污水特性变化的安全系数。例如：①有机负荷增大，需要减少污泥龄；②TKN/COD 增大，当 a 回流比较小时，使得缺氧反应器的硝酸盐负荷增加；③RBCOD 分数降低，将降低缺氧反应器的反硝化性能。

5.9.3.2 平衡的 MLE 系统

采用上述方法①，降低缺氧污泥质量分数 f_{x1}，以消除未使用的反硝化能力。f_{x1} 的降低会增加好氧污泥质量分数，进而增加硝化反应的安全系数（S_f）。为了保持相同的 S_f，系统的污泥龄将降低到某一特定值，此时对于选定的 $\mu_{ANO,max,20}$ 和 T_{min}，f_{x1} 等于最大非曝气污泥质量分数 $f_{x,max}$（即 $f_{x1}=f_{x,max}$）。MLE 系统中，

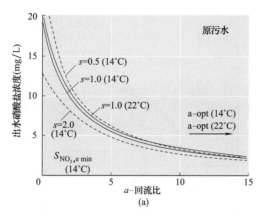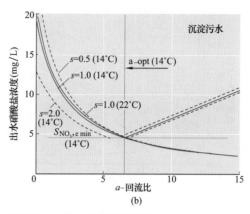

图 5.16 处理示例原污水（a）及沉淀污水（b）出水硝酸盐浓度与混合液的回流比 a 的关系，其中蓝线为 14℃，底流回流比（s）为 1∶1；红线为 22℃，底流回流比（s）为 1∶1；虚线为 14℃，底流回流比（s）为 0.5∶1 及 2.0∶1

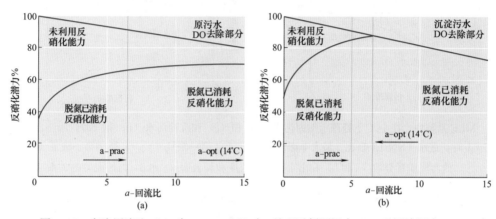

图 5.17 底流回流比（s）为 1∶1，14℃时，处理示例原污水（a）和沉淀污水（b）时未利用反硝化能力的百分比与回流比 a 的关系

$f_{x1}=f_{x,\max}$、$a_{opt}=a_{prac}$（5∶1）时，其缺氧反应器负荷等于反硝化能力，这时的 MLE 系统称为平衡 MLE 系统。这种系统的设计方法由 van Haandel 等（1982）提出，并给出最经济的活性污泥反应器设计，如最小污泥龄、最小反应器体积，以及实际限制条件下回流比 a 的最高反硝化能力。图 5.18 和图 5.19 分别展示了 14℃ 和 22℃ 下，处理原污水和沉淀污水的平衡 MLE 系统的进水 TKN/COD 比、$f_{x,\max}=f_{x1}$、$f_{x1,\min}$、$S_{NO_3,e}$ 和氮去除率（$\%N_{rem}$）与污泥龄的关系。

对于给定的污水特性和 a_{prac}，平衡 MLE 系统的污泥龄不能直接计算。在一定污泥龄范围内，最容易计算的是进水 TKN 浓度，然后选择与污水 TKN 浓度（TKN_i）相匹配的污泥龄。平衡 MLE 系统的 TKN_i 计算步骤如下：对于设计的 $\mu_{ANO,\max,20}$、$T_{\min}$ 和 S_f 以及选定的污泥龄，$f_{x,\max}$ 根据式（5.19）计算。假设 $f_{x,\max}>$

$f_{x1,\min}$ 式（5.51），f_{x1} 将等于 $f_{x,\max}$。已知 f_{x1} 和污水特性，可通过式（5.49）计算 D_{p1}。将 D_{p1} 以及选定的 a_{prac} 代入式（5.55）中计算，此时缺氧反应器硝酸盐负荷当量等于反硝化能力，因此 a_{opt} 等于 a_{prac}。根据 D_{p1} 和已知的 a，可以通过式（5.55）计算 NIT_c。当知道 NIT_c 后，TKN_i 可以通过 $TKN_i=TKN_e+N_s+NIT_c$（式 5.35）计算，其中 $TKN_e=N_{ous,e}+S_{NHx,e}$（式 5.33），$S_{NHx,e}$ 可从式（5.21）得到，因为当 S_f 固定时，SRT 与 $f_{x,\max}$ 的关系也固定。当 NIT_c 和 TKN_i 已知时，出水硝酸盐浓度 $S_{NO_3,e}$ 和脱氮率（$\%N_{rem}$）可分别通过式（5.57）和 $\%N_{rem}=100\left[TKN_i-(S_{NO_3,e}+TKN_e)\right]/TKN_i$ 得到。对于不同的污泥龄，重复上述计算。当 $f_{x1}=f_{x,\max}=f_{x1,\min}$，可得到最短污泥龄。

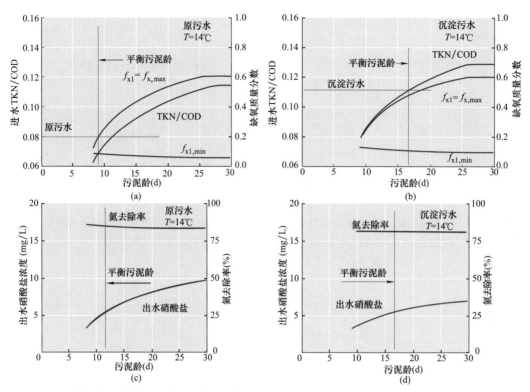

图 5.18　MLE 系统中，在 14℃下处理示例原污水（a）和（c）和沉淀污水（b）和（d），回流比 a 实际上限为 5：1 时，进水 TKN/COD 比、最大非曝气（$f_{x,max}$）、第一缺氧（f_{x1}）、最小第一缺氧（$f_{x1,min}$）的污泥质量分数（a 和 b）和出水硝酸盐浓度和脱氮率（c 和 d）与污泥龄的关系

在图 5.18 中，14℃ 下，处理原污水时（图 5.18a 和 c），可以看到污泥龄为 8d 时（此时 $f_{x,max}$ 略大于 $f_{x1,min}$），f_{x1}（$=f_{x,max}$）为 0.09；污泥龄为 26d 时（$f_{x,max}$ 等于其设定上限），f_{x1} 增加到 0.60。随着 f_{x1} 的增加，进水 TKN/COD 比值从 0.061 增加到 0.115。随着 TKN/COD 比增加，硝化能力 NIT_c 也增加，进而 $S_{NO_3,e}$ 从 3.2mgN/L 增加到 9.3mgN/L，这是因为回流比 a 和 s 分别保持在 5：1 和 1：1（式 5.58）。在平衡的 MLE 系统中，随着进水 TKN/COD 比和污泥龄的增加，包括剩余污泥（N_s）的脱氮率从 85% 降低至 82%。

处理 14℃ 的沉淀污水时（图 5.18b、d），进水 TKN/COD 比，f_{x1} 和 $f_{x1,min}$ 的结果与原污水类似，即在平衡 MLE 系统中，相同的污泥龄对应几乎相同的 TKN/COD 比。对于沉淀污水，S_{NO_3} 相对低一点，当污泥龄从 8d 增加到 26d 时，$S_{NO_3,e}$ 从 3.2mgN/L 增长至 6.7mgN/L；同时脱氮率也更低，大约 78%，因为通过剩余污泥 N_s 的脱氮量较低。然而，必须注意的是沉

淀污水的 TKN/COD 比和 RBCOD 分数比原污水的高，示例中，沉淀污水和原污水的 TKN/COD 比分别为 0.113 和 0.080mgN/mgCOD，RBCOD 质量分数（f_{SS}）分别为 0.25 和 0.385。因此，在 14℃ 时，平衡的 MLE 系统处理原污水的污泥龄约为 11d（图 5.18a），平衡 MLE 系统处理沉淀污水的污泥龄约为 17d（图 5.18b）。表 5.8 中给出了平衡的 MLE 系统处理原污水和沉淀污水的对比。

从表 5.8 可以看出，处理沉淀污水的 $S_{NO_3,e}$ 比原污水高出不到 1mgN/L，但是反应器体积和总需氧量却小很多。因此，从活性污泥系统的角度来看，对于同等的出水水质，处理沉淀污水比处理原污水更经济。此外，这两个系统都需要进行污泥处理；对于原污水，11d 污泥龄的污泥不稳定（高活性分数，$f_{at,OHO}$），对于沉淀污水，其初沉污泥也需要稳定化。11d 污泥龄的污泥可以通过缺氧好氧消化来稳定，使消化过程中释放的氮被硝化和反硝化（Warner 等，1986；Brink 等，2007）；初沉污泥可以进行厌氧消化，并从生成的气体中获利。因

此，处理原污水还是沉淀污水，并不取决于出水水质或活性污泥系统本身的经济效果，而是要考虑包括污泥处理在内的整个污水处理厂的经济效益。因为最低污水温度（T_{min}）决定活性污泥系统（和污泥处理）的设计，所以22℃的平衡MLE系统并不一定与温度气候区域相关。

但是，在赤道和热带地区，高温污水是常见的，污水处理也日益受到关注的。出于这个原因，同时也为了便于说明，图5.19给出了平衡的MLE系统对原污水和沉淀污水的去除结果。

平衡MLE系统在14℃下处理示例原污水和沉淀污水的对比　　　表5.8

参数	符号	单位	原污水	沉淀污水
进水TKN/COD比			0.080	0.113
进水RBCOD分数	f_{SS}		0.25	0.385
非曝气污泥质量分数	$f_{x,max}$		0.306	0.485
缺氧污泥质量分数	f_{xl}		0.306	0.485
最小缺氧污泥质量分数	$f_{xl,min}$		0.079	0.108
回流比$a(a_{prac}=a_{opt})$	a		5:1	5:1
污泥龄	SRT	d	11	17
出水硝酸盐浓度	$S_{NO_3,e}$	mgN/L	5.1	5.7
出水TKN浓度	TKN_e	mgN/L	4.3	4.1
出水TN$(S_{NO_3,e}+TKN_e)$		mgN/L	9.4	9.8
4.5gTSS/L时的反应器体积		m³	9484	5264
碳的需氧量	FO_c	kgO₂/d	6156	4251
硝化需氧量	FO_{NIT}	kgO₂/d	2492	2685
反硝化复氧量	FO_{DENIT}	kgO₂/d	1327	1437
总需氧量	FO_{tDENIT}	kgO₂/d	7321	5499
脱氮效率%			84.3	80.9
剩余TSS量	FX_{TSS}		3880	1394
TSS的活性分数	$f_{at,OHO}$		0.316	0.414

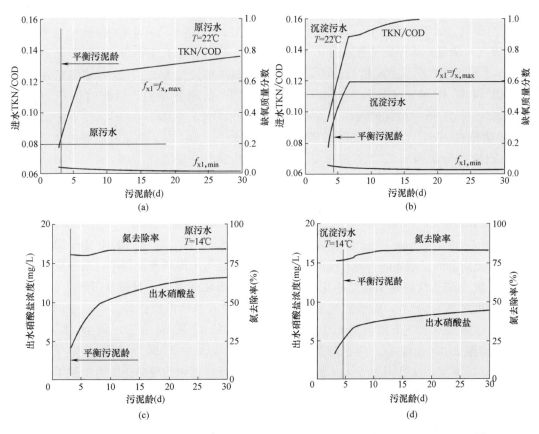

图5.19 MLE系统进水TKN/COD比，最大未充气的（$f_{x,max}$）和初级缺氧（f_{xl}）和最小初级缺氧（$f_{xl,min}$）污泥质量分数（a）和（b）和废水浓度和N去除率（c）和（d），以22℃条件下，存在回流比a为5:1的实际上限时，示例废水（a）和（c）和沉淀污水（b）和（d）为例

与14℃相比，22℃时，7d污泥龄就能达到 $f_{x,max}=0.60$ 的上限值；同样污泥龄下，更高 TKN/COD比的进水也能处理。这些更高的 TKN/COD比导致了更高的 $S_{NO_3,e}$，污泥龄从4d 增加至30d时，原污水的 $S_{NO_3,e}$ 从3mgN/L增加 到13mgN/L，沉淀污水的 $S_{NO_3,e}$ 从3mgN/L增 加到9mgN/L。如果 T_{min} 是22℃，示例原污水和 沉淀污水污泥龄分别为3d和4d，S_{NO_3} 则分别为 5mgN/L和6.5mgN/L。这一结果印证了第5.8.1 节的结论，在赤道和热带地区，活性污泥厂即使 在非常短的污泥龄条件（1～2d）下，仍能进行硝 化反应，因此，即使出水水质不要求脱氮，为了 运行也需要设计反硝化。

5.9.3.3　进水 TKN/COD 比的影响

缺氧反应器中未使用的反硝化能力作为安全 系数进行保留（方法2），即反应器内污泥龄和 非曝气（缺氧）污泥质量分数保持不变。这种情 况下，可进行灵敏度分析来研究改变进水 TKN/ COD比和RBCOD质量分数对回流比 a 和出水 硝酸盐浓度的影响。对于上述例子，固定污泥龄 为20d、非曝气（缺氧）污泥质量分数为0.534， 图5.20展示了原污水（图5.20a和c）及沉淀污 水（图5.20b和d）在14℃（图5.20a和b）和 22℃（图5.20c和d）下，最优回流比 a_{opt} 与最 低出水硝酸盐浓度（$S_{NO_3,e,aopt}$）之间的关系， 其中：底流回流比分别为0.5、1.0和2.0，进 水TKN/COD比为0.06～0.16。

从图5.20中可以看出，进水 TKN/COD 比 增加时，a_{opt} 随之降低，相反，$S_{NO_3,e,aopt}$ 随之 升高。图5.20中的 a_{opt}-$S_{NO_3,e,aopt}$ 曲线表示在 充分利用缺氧反应器的反硝化能力时系统的反硝 化性能（即系统反硝化性能等于其反硝化能力， 出水硝酸盐浓度最低）。另外，随着底流回流比 s 的大幅升高（如从0.50:1增加至1.0:1或 从1.0:1增加至2.0:1），a_{opt} 逐渐降低，但 $S_{NO_3,e,aopt}$ 却保持不变，这是因为 a 和 s 回流中 的DO对缺氧反应器的影响差异不大。因此，不 管是哪个回流将硝酸盐负荷带入缺氧反应器中都 没有影响。只要缺氧反应器的负荷接近它的反硝 化能力，都会在 a_{opt} 下得到相同的最低出水硝酸 盐浓度 $S_{NO_3,e,aop}$。于是，当充分利用缺氧反

应器的反硝化能力时（即此时系统反硝化性能等 于其反硝化能力），图5.17b中 a_{opt}-$S_{NO_3,e,aopt}$ 曲线反映了系统的反硝化性能。因为反硝化作用 受到动力学限制，并且对于给定的 K_2 反硝化速 率，此时生物量已经达到最大（系统也是如此）， 所以反硝化性能不可能更高。

根据式（5.57），图5.20中 a_{prac}-$S_{NO_3,e,aprac}$ 曲线反映了在实际运行中固定 a 回流比（5:1） 条件下，系统反硝化性能随着进水 TKN/COD 比的变化规律。从中可以看出，$S_{NO_3,e,aprac}$ 随 着进水 TKN/COD 比的增加呈线性增加。当 进水 TKN/COD 比较低时，a_{prac} 远小于 a_{opt}， 系统反硝化性能也低于其反硝化能力。这是很明 显的，因为 $S_{NO_3,e,aprac}$ 高于 $S_{NO_3,e,aopt}$。随着进 水 TKN/COD 比的增加，a_{opt} 逐渐减小，直至 $a_{opt}=a_{prac}=5:1$。处理14℃的原污水（图 5.20a），进水TKN/COD比为0.104时会出现上 述现象。对于选定的设计条件（即20d污泥龄， $f_{x,max}=0.534$、$a_{prac}=5:1$、原污水温度为 14℃），该进水 TKN/COD 比能够平衡 MLE 系 统。当进水 TKN/COD 比大于0.104时，a 回 流比应该设置为 a_{opt}，这样才能充分利用缺氧反 应器的反硝化能力，而此时低于 $a_{prac}=5:1$。 因此，当 a_{prac} 为5:1时，仅当进水 TKN/COD 比大于0.104时，缺氧反应器内的反硝化能力才 能得到充分利用。

从图5.18a中也可得到同样的结论，当污泥 龄为20d时，此时 $f_{x,max}=0.534$，TKN/COD $=0.104$。因此，对于 TKN/COD 比小于0.104 的污水，当 $a_{prac}<a_{opt}$ 时，由于缺氧反应器的反 硝化能力未得到充分利用，系统反硝化性能低于 其反硝化能力。一旦进水 TKN/COD 比大于平 衡 MLE 系统的值且 $a_{opt}<a_{prac}$ 时，此时要将 a 回流比设置成 a_{opt}，使出水硝酸盐浓度 （$S_{NO_3,e,aopt}$）最低。对于这些 TKN/COD 比， 缺氧反应器内的反硝化能力得到了充分利用，系 统的反硝化性能由 a_{opt}-$S_{NO_3,e,aopt}$ 曲线定义。

图5.20是非常有用的，因为它在一幅图中 直观表示了在特定污水和设计条件下（SRT= 20d 和 $f_{x,max}=0.534$）下，系统的反硝化性能 （a_{prac}-$S_{NO_3,e,aprac}$ 线）和反硝化能力（a_{opt}-

$S_{NO_3,e,aopt}$ 曲线）随进水 TKN/COD 比的变化规律。$S_{NO_3,e,aprac}$ 直线和 $S_{NO_3,e,aopt}$ 曲线的交点，即 $a_{opt}=a_{prac}=5:1$，给出了当 $a_{prac}=5$ 时，平衡 MLE 系统所需的进水 TKN/COD 比。表 5.7 给出了处理原污水和沉淀污水时，在平衡系统的进水 TKN/COD 比、污泥龄 20d、$f_{x,max}=0.534$、14℃和 22℃下的性能参数。

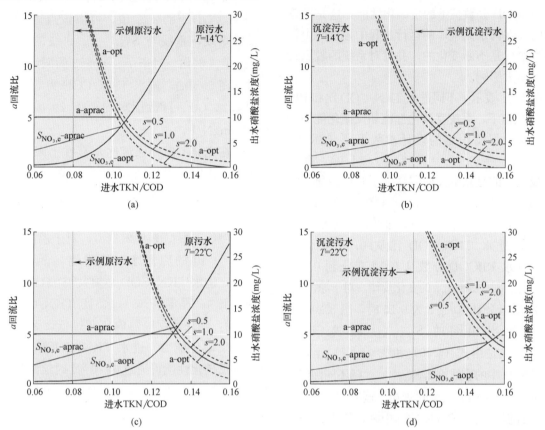

图 5.20 示例原污水（a）、（c）和沉淀污水（b）、（d）在 14℃（a）、（b）和 22℃（c）、（d）下，底流回流比 s 为 1:1 时，最优回流比 a_{opt}、实际回流比（$a_{prac}=5:1$）、在 a_{opt}（$S_{NO_3,e,aop}$，蓝线）下硝酸盐浓度和 a_{prac}（$S_{NO_3,e,aprac}$，红线）与进水 TKN/COD 比之间的关系，图中的虚线为底流回流比为 0.5:1 和 2:1 时最优回流比 a_{opt} 曲线

从表 5.7 和图 5.20（a）中可以看出，对于 14℃的原污水，当进水 TKN/COD 低于 0.104（$TKN_i=78.0mgN/L$）时，回流比为 5:1 的 MLE 系统（污泥龄为 20d，$f_{x,max}=0.534$）能够使出水硝酸盐浓度低于 8.1mgN/L，出水 TN 低于 12.4mgN/L。对于 14℃的沉淀污水（图 5.20b），当进水 TKN/COD 值升至 0.132（$TKN_i=59.4mgN/L$）时，回流比为 5:1 的 MLE 系统能够使出水硝酸盐浓度低于 11.3mgN/L，出水 TN 低于 14.9mgN/L。同理，从图 5.20（c）和（d）中可以看出，对于 22℃的原污水和沉淀污水，当进水 TKN/COD 值分别升至 0.119（$TKN_i=89.3mgN/L$）和 0.148（$TKN_i=66.6mgN/L$）时，回流比为

5:1 的 MLE 系统能够使出水硝酸盐浓度分别低于 6.0mgN/L 和 8.1mgN/L，出水 TN 分别低于 9.9mgN/L 和 11.1mgN/L。这些结果表明对于 MLE 系统，在进水 TKN/COD 值明显偏高的情况下，处理沉淀污水得到的 $S_{NO_3,e}$ 较处理原污水得到的 $S_{NO_3,e}$ 低（2～3mgN/L）。但需要注意的是：①上述给定的原污水 TKN 浓度要明显高于沉淀污水的 TKN 浓度；②TKN/COD 值为 0.119（14℃）和 0.148（22℃）的沉淀污水是由进水 TKN/COD 更低的原污水 [0.104（14℃）和 0.132（22℃）] 得到的。

5.9.3.4 MLE 灵敏度图

图 5.20 表示了当改变进水 TKN/COD 比值和进水 RBCOD 比例时，在选定 $a_{prac}=5$ 以及

$a=a_{opt}$ 时的系统反硝化能力。可通过添加其他 RBCOD 分数下的 $S_{NO_3,e,aopt}$ 曲线来扩展进水 TKN/COD 比灵敏度图。在设计阶段对系统进行灵敏度分析可用来评估不同进水 TKN/COD 比和 RBCOD 分数值下的反硝化性能，这是非常有用的。在污水处理厂的运行过程中，这两个污水特性指标是不断变化的，并且对系统的脱氮性能具有重大影响。

图 5.21 表示了不同进水 TKN/COD 比和 RBCOD 分数值下，系统反硝化性能和反硝化能力的变化规律。保持固定的设计参数不变（SRT＝20d，$f_{xd,max}=f_{x,max}=0.534$，$s=1.0$），深蓝色曲线表示的是缺氧反应器达到了其反硝化能力时的 $S_{NO_3,e,aopt}$。例如，14℃（图 5.21a 和 b）和 22℃（图 5.21c 和 d）下，处理原污水和沉淀污水时，进水 TKN/COD 比从 0.06 变化到 0.16，进水 RBCOD 分数从 0.10 变化到 0.35，此时 $S_{NO_3,e}$ 对于 $a=a_{opt}$ 的变化规律。对于原污水，RBCOD 质量分数（f_{SS}）为 0.25 时，图 5.20（a）和（c）给出相同的 $S_{NO_3,e,aopt}$ 曲线。这些 $S_{NO_3,e,aopt}$ 线是由式（5.56）和式（5.57）计算得来。图 5.21 中的直线给出 $S_{NO_3,e,aprac}$ 随不同回流比 a（0.0:1~10:1）的变化规律。这些 $S_{NO_3,e,aopt}$ 直线的数据是根据式（5.57）中硝化能力数据计算而来（即计算在给定的 TKN/COD 值和回流比 a、底流回流比为 1:1 下系统的硝化能力），可表示在选定的回流比下的系统反硝化性能。

当 $a=a_{prac}=5:1$ 时，$S_{NO_3,e,aprac}$ 线与图 5.20 中的虚线相同。在 $S_{NO_3,e,aprac}$ 直线和 $S_{NO_3,e,aopt}$ 曲线的交点，系统的反硝化性能等于其反硝化能力，用以表示平衡的 MLE 系统，即 $a_{opt}=a_{prac}$。例如，处理 14℃下的原污水，$a=5.0:1$、$f_{SS}=0.25$，只有当进水 TKN/COD 为 0.104 时才能达到最优设计，即 $a_{opt}=5:1$。这时，$S_{NO_3,e}=8.1mgN/L$。这个 TKN/COD 值能使 MLE 系统（SRT＝20d，$f_{x,max}=0.534$）达到平衡。

当 TKN/COD 比值小于 0.104 时，a_{opt} 将升高至 5:1 以上，但是若回流比 a 能维持在 5:1（即 $a=a_{prac}=5:1$），那么 $S_{NO_3,e}$ 和 TKN/COD 比的对应关系就可通过 $a=5:1$ 时绘制的 $S_{NO_3,e,aprac}$ 线得到。当 TKN/COD 比值大于 0.104 时，a_{opt} 将降至 5:1 以下，那么 $S_{NO_3,e}$ 和 TKN/COD 比的对应关系就可通过 $S_{NO_3,e,aprac}$ 曲线（深蓝色）得到。若要得到指定 TKN/COD 下的 a_{opt} 值，可由该点做平行于 y 轴的垂线，垂线与 $S_{NO_3,e,aopt}$ 曲线的交点即为 a_{opt} 值。例如，对于 $f_{SS}=0.25$ 的原污水，14℃ 时（图 5.21a），进水 TKN/COD 为 0.12，根据图 5.21（a）可得到此时的 $a_{opt}=2:1$，$S_{NO_3,e}=16.0mgN/L$。

在充分考虑到回流比 a 存在上限 a_{prac} 的情况下，我们可根据图 5.21 来计算 MLE 系统在特定污泥龄和缺氧污泥质量分数下，不同进水 TKN/COD 比和 RBCOD 分数所对应的反硝化性能。例如，根据图 5.21（c），对于温度为 22℃、$f_{SS}=0.10$ 的原污水，若要使 a 回流比小于 6:1，进水 TKN/COD 必须大于 0.113。如果将回流比 a 固定为 6:1，且 TKN/COD 小于 0.113，则缺氧反应器内负荷过低，无法达到系统的反硝化能力。进水 TKN/COD＜0.113 时，系统反硝化性能可通过 $a=6:1$ 时绘制的 $S_{NO_3,e}$ 直线得到。当进水 TKN/COD＝0.113 时，$a=6:1$ 的 $S_{NO_3,e}$ 直线与 $a=a_{opt}=6:1$ 的 $S_{NO_3,e,aopt}$ 曲线相交，此时 $a=a_{opt}=6:1$，系统反硝化性能等于其反硝化能力。当 TKN/COD＞0.113 时，若将回流比 a 维持在 6:1，缺氧反应器内超负荷，且系统内存在多余的 DO，无法达到最优的反硝化性能（类似于图 5.16b 中 $a>0.67$ 的情况）。因此，当进水 TKN/COD＞0.113 时，回流比 a 应当降至 a_{opt}，这可根据 $S_{NO_3,e}$ 曲线得到，此时系统反硝化性能等于其反硝化能力。例如，当 TKN/COD＝0.120，$a=a_{opt}=4:1$ 时，得到 $S_{NO_3,e}=12.0mgN/L$。因此，当进水 TKN/COD＞0.113 时，系统反硝化性能和 $S_{NO_3,e}$ 可通过 $S_{NO_3,e}$ 曲线得到；假定回流比 a 为 a_{opt}，该值由穿过 TKN/COD 的垂线与 $S_{NO_3,e}$ 曲线的交点的回流比线来确定。

从上述讨论可以看出，只有在特定 RBCOD 分数值的 $S_{NO_3,e}$ 曲线上，系统的性能才等于其

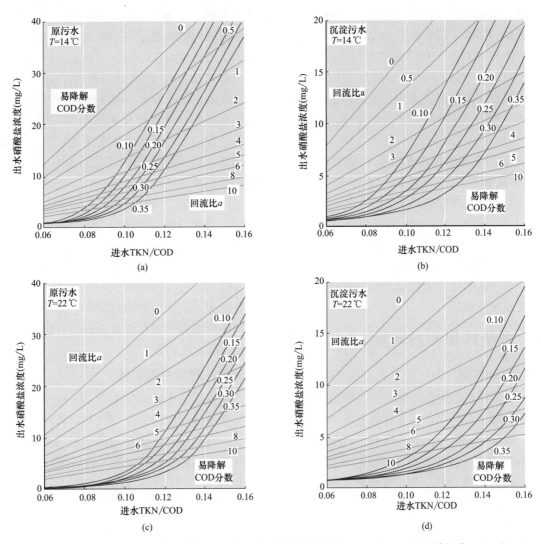

图 5.21　14℃（a）和（b）及 22℃下（c）和（d）的示例原污水（a）和（c）和沉淀污水（b）和（d）
在进水易生物降解 RBCOD 分数分别为 0.10、0.15、0.20、0.25、0.30 和 0.35
以及混合液回流比为 0～10 时，出水硝酸盐浓度随进水 TKN/COD 比的变化规律

反硝化能力，且 a_{opt} 值还需通过穿过 TKN/COD 的垂线与 $S_{NO_3,e}$ 曲线的交点的回流比 a 线来确定。$a＝a_{opt}$ 条件下的 $S_{NO_3,e}$ 曲线是缺氧反应器内负荷不足和超负荷的分界线。$S_{NO_3,e}$ 曲线上方区域表示反应器内负荷不足（图 5.16 和 5.17 a_{opt} 线的左侧），特定 TKN/COD 比下的系统性能（$S_{NO_3,e}$）可根据该 TKN/COD 的垂线和 a 回流比直线的交点来确定。$S_{NO_3,e}$ 曲线下方区域表示反应器内超负荷（图 5.16 和 5.17 a_{opt} 线的右侧）。从这个区域得到的 $S_{NO_3,e}$ 是无效的，但是如果回流比 a 刚好等于 a_{opt}（即 TKN/COD 的垂线与 $S_{NO_3,e}$ 曲线的交点的 a

值），则得到的 $S_{NO_3,e}$ 值是有效的。图 5.21 仅给出了 $S_{NO_3,e}$ 曲线以上（包括其本身）部分的有效 $S_{NO_3,e}$ 值。从图 5.21 中可以看出：从经济性角度出发，SRT＝20d，$f_{x,max}＝0.534$，MLE 系统设计的回流比应该限制在 5∶1。此时系统最适合处理高 TKN/COD 比的污水，取决于 RBCOD 分数；当 $f_{SS}＝0.10$ 时，RBCOD＞ 0.091；$f_{SS}＝0.35$ 时，RBCOD＞0.117。这是因为当回流比限制在 5∶1 时，MLE 系统仅凭一级缺氧反应器无法实现低硝酸盐出水浓度（小于 4～6mgN/L）。

如图 5.18 和图 5.19 所示，如果在较低的 TKN/COD 比下，对出水硝酸盐浓度要求不高，

则可以通过降低污泥龄来实现 MLE 系统平衡。若在较低的 TKN/COD 比下（<0.10）对出水硝酸盐浓度要求较高，则可通过提高 MLE 系统的回流比（$a_{opt} > a_{prac}$）或者回流比低但串联一个二级缺氧反应器的方式实现。增加一个二级缺氧反应器（和一个再曝气反应器见 5.8.5 节）就形成一个 4 级 Bardenpho 系统（图 5.13c）。但是，由于 K_3 反硝化速率太低且需要降低至少 20% 才能解释内源反硝化过程中氨的释放（这部分氨会被再次好氧硝化），所以，在二级缺氧反应器中硝酸盐净去除率非常低，甚至无法计入系统的氮去除，除非进水的 TKN/COD 比值异常低。通常只有在为达到很低出水总氮浓度（小于 5mgN/L）而投加甲醇的时候，才会使用二级缺氧反应器。

5.10 系统体积和需氧量

5.10.1 系统体积

为达到要求的脱氮量，在确定了所需的污泥缺氧分数和好氧分数后，需要计算系统中的实际污泥量，以确定不同反应器的体积。对于脱氮系统与完全好氧反应器（COD 去除）系统而言，给定污泥龄和污水特性，MLSS 和混合液挥发性悬浮固体浓度（Mixed Liquid Volatile Suspended Solids, MLVSS）的计算方式一致，也可采用第 4 章第 4.4.2 节的公式进行计算。对于示例原污水和沉淀污水，MLE 系统的设计参数详见表 5.9。

当污泥龄为 20d，温度为 14℃时，系统内 MLSS 的量分别为 68168kgTSS 和 26422kgTSS。假设系统内 MLSS 为 4500mg/L（4kg/m³）（详见第 4 章，第 4.7 节），可以分别处理 15148m³ 原污水和 5871m³ 沉淀污水。由于污泥可以均匀分布在脱氮系统中（即每个反应器内 MLSS 一致），因此每个反应器的体积分数等于污泥质量分数。对于示例 14℃ 的原污水和沉淀污水，缺氧反应器体积分别为 0.534×15148＝8089m³ 和 0.534×5871＝3135m³。缺氧和好氧反应器中的名义和实际水力停留时间用反应器容积除以流量即可得到（详见式 4.2、式 4.3 和表 5.9）。需要注意的是，反应器的名义水力停留时间是根据进水 COD 负荷，选定的 MLSS 浓度和污泥质量分数计算而来，而水力停留时间对于硝化反应和反硝化反应的动力学和反应器设计没有影响（详见第 4 章，第 4.4.4 节）。

5.10.2 日均总需氧量

脱氮系统中的总需氧量等于有机物（COD）降解和硝化反应所需氧量的和，再减去反硝化复氧量。有机物降解的日均需氧量（FO_c）可通过式（4.18）计算（详见第 4 章，第 4.4.2.4 节）。硝化反应的日均需氧量（FO_{NIT}）可通过式（5.34）计算（详见第 5 章，第 5.7.5 节）。在污泥龄为 20d 的 MLE 系统中，处理 14℃ 和 22℃ 的原污水和沉淀污水的需氧量分别为 9364 和 7030kgO₂/d（详见表 5.9）。

14℃ 时 MLE 系统处理示例原污水和沉淀污水的设计细节，其中污泥龄为 20d、非曝气污泥质量分数为 0.534

表 5.9

参数	符号	单位	原污水	沉淀污水
进水 TKN/COD 比			0.080	0.113
进水 RBCOD 分数	f_{SS}		0.25	0.385
非曝气污泥质量分数	$f_{x,max}$		0.534	0.534
缺氧污泥质量分数	f_{xl}		0.534	0.534
最小缺氧污泥质量分数	$f_{xl,min}$		0.068	0.105
回流比 $a (a_{prac} = a_{opt})$			5:1	5:1
污泥龄	SRT	d	20	20
出水硝酸盐浓度	$S_{NO_3,e}$	mgN/L	5.16	5.7
出水 TKN 浓度	TKN_e	mgN/L	3.8	3.8
出水 TN($S_{NO_3,e} + TKN_e$)		mgN/L	9.4	9.5
4.5gTSS/L 时的反应器体积		m³	15 148	5871
缺氧体积		m³	8089	3135
系统名义水力停留时间	HRT_n	h	24.2	9.4
好氧反应器名义水力停留时间	HRT_n^{AER}	h	11.2	4.4

参数	符号	单位	原污水	沉淀污水
好氧反应器实际水力停留时间	HRT_a^{AER}	h	1.60	0.63
缺氧反应器名义水力停留时间	HRT_n^{AX}	h	12.9	5.0
缺氧反应器实际水力停留时间	HRT_a^{AX}	h	1.85	0.72
碳的需氧量	FO_c	kgO_2/d	6679	4311
硝化需氧量	FO_{NIT}	kgO_2/d	2685	2719
反硝化复氧量	FO_{DENIT}	kgO_2/d	1440	1458
总需氧量	FO_{tDENIT}	kgO_2/d	7924	5572
脱氮效率%			84.4	81.4
剩余 TSS 量	$M\Delta X_{TSS}$		3408	1321
TSS 的活性分数	$f_{at,OHO}$		0.230	0.383

反硝化复氧量（FO_{DENIT}）是反硝化反应消耗的硝酸盐质量的 2.86 倍（详见第 5.8.2 节），其中反硝化硝酸盐的质量等于日均进水流量 Q_i 和反硝化硝酸盐浓度的乘积。而反硝化硝酸盐浓度等于反硝化能力 NIT_c 与出水硝酸盐浓度之差。因此，得到下式：

$$FO_{DENIT}=2.86(NIT_c-S_{NO_3,e})Q_i$$

$$(mgO_2/d) \quad (5.59)$$

从表 5.9 中的 MLE 系统反硝化性能来看，示例 14℃时原污水和沉淀污水的反硝化复氧量分别为 1440kgO_2/d 和 1458kgO_2/d。从表 5.9 中可以看出，对于原污水：① 硝化需氧量（FO_{NIT}）约为 COD 去除需氧量（FO_c）的 0.4 倍；② 约 55% 的硝化需氧量（FO_{NIT}）可通过反硝化反应复氧；③ 考虑反硝化反应复氧量，硝化反应额外需氧量仅为 COD 去除需氧量（FO_c）的 20%；④ 温度对总需氧量的影响很小（小于 3%）（详见图 5.11）。对于沉淀污水：① 硝化需氧量（FO_{NIT}）约为 COD 去除需氧量（FO_c）的 63%；② 约 54% 的硝化需氧量（FO_{NIT}）可通过反硝化反应复氧；③ 考虑反硝化反应复氧量，硝化反应额外需氧量仅为 COD 去除需氧量（FO_c）的 30%；④ 温度对总需氧量的影响很小（小于 3%），在较低温度下，影响会更小。

通过对比原污水和沉淀污水的需氧量可知，沉淀污水的总需氧量比原污水总需氧量少 30%。原因可能是沉淀污水通过初沉去除了原污水中 35%～45% 的 COD，节省了部分氧气。此外，沉淀污水的硝化需氧量占总需氧量的一大部分，且反硝化复氧量比原污水更少。这些可能是因为沉淀污水中较高的 TKN/COD 比。已知日均需氧量后，通过简单的设计规则可粗略估算总需氧量的峰值（Musvoto 等，2002）。从 ASM1 模型的大量模拟中可以发现，如果硝化安全系数（S_f）大于 1.25～1.35，总需氧量的相对变化幅度 [即（峰值－平均值）/平均值] 是进水 COD 和 TKN 总需氧量（TOD）相对变化幅度的 0.33 倍 [即 Q（$NIT_c+4.57TKN_i$）]。例如，对于进水流量为 25Ml/d、COD 为 1250mgCOD/L、TKN 为 90mgN/L 的原污水，其最高进水 TOD 为 25×（1250＋4.57×90）＝41532kgO_2/d，平均 TOD 为 15×（750＋4.57×60）＝15363kgO_2/d，那么进水 TOD 的相对变化幅度就是，（41532－15363）/15363＝1.70。因此，总需氧量的相对变化幅度大概为 0.33×1.70＝0.56；从表 5.9 中可以看出，原污水的日均总需氧量为 7924kgO_2/d，因此需氧量峰值即为（1＋0.56）×7924＝12378kgO_2/d。不过我们建议谨慎使用上述方法计算总需氧量的峰值，最好通过活性污泥模型进行模拟计算。可将仿真模型的模拟结果与稳态模型的结果进行比较，当存在显著差异时，应当找到差异的来源和原因。这是在仿真和稳态模型结果中发现错误的一种好方法。

5.11 系统设计、运行和控制

由于硝化和反硝化的稳态模型可与有机物去除模型充分结合，所有在第 4 章第 4.9～4.13 节中关于完全好氧系统设计、运行和控制问题的讨论，同样适用于硝化—反硝化系统，应加以参考。

5.12 新型脱氮工艺

前面几节介绍了传统硝化和反硝化工艺。活性污泥系统在碳和氮的去除方面已成功应用了近一个世纪。随着公众日益关注环境保护，排污标准不断提高，从而促使人们提高出水水质，尤其是在脱氮方面。现有的污水处理厂需要升级改造，扩大规模以满足新的标准。因此，在最近十年，基于现有规模对污水处理厂进行升级的新技术研究明显增加。升级污水处理厂较好的方法之一是处理高浓度氨氮回流液。污水处理厂的回流液（特别是污泥消化处理的回流液）占污水处理厂总氮负荷的 10%～30%，对具有集中污泥处理设施的大型处理厂而言，所占比例更高。这些回流液来源于消化池出水或污泥干燥设施，它们的氨浓度特别高，而处理它们所需的反应池体积相对较小。此外，与主流工艺相比，这些回流液通常具有较高的温度（20～35℃）。由于较高温下细菌的最大生长速率更高，因此可以在较短的固体停留时间（SRT）下运行。通过物理或生物工艺去除这些回流液中的氨氮可以显著提高出水水质。最后，如果单独处理侧流，可以根据去除的负荷而不是出水水质来设计该工艺，因为侧流工艺的出水是排入主流工艺的。这些因素可用来设计不同且有效的工艺以处理污泥回流液。

虽然本章主要讨论城市污水处理厂污泥消化液的处理，但所讨论的方法也适用于处理其他高浓度含氮废水，如工业废水、垃圾渗滤液或厌氧消化池的出水。近年来，人们研究了几种新型工艺和技术，将其用于活性污泥：SHARON®，一种简单的亚硝酸盐脱氮系统（Hellinga 等，1998）；ANAMMOX®，完全自养脱氮工艺（Mulder 等，1995）；CANON®，亚硝化和厌氧氨氧化的联合工艺（Third 等，2001）；BABE®，内源硝化菌生物强化工艺（Salem 等，2002）等。目前正在研究基于厌氧氨氧化（Anammox）的工艺，将其应用于污水处理厂的主流工艺。这主要是由能源优化推动的：当氨被完全自养菌去除时，进水 COD 可最终转化为沼气（Kartal 等，2010）。

经研究和评估，几个处理侧流的物理或化学工艺一般不如生物工艺好。物理或化学工艺通常需要进行预处理，去除水中的碳酸盐，以避免其在工艺设备中积聚。这就需要投加化学试剂和增加额外的工艺步骤，并且会导致产生更多的化学污泥。此外，一般而言，物理化学工艺的成本明显高于生物处理的成本。据估计，在荷兰污水处理厂中，使用甲醇调整 pH 值的 SHARON® 工艺每去除 1kgN 的成本为 0.9～1.4 欧元（STOWA，1996），而物理化学工艺的成本要高5～9 倍，这主要与投资成本和人力需求方面的差异有关。另外，与生物处理相比，城市污水处理厂物理处理的局限性还在于需要不同类型的操作和维护保养，这将影响操作人员的培训。

处理含氨废水最广泛使用的物理技术是氨吹脱。pH 值升高后，氨可以通过吹脱进行回收。使用蒸汽代替一般空气来提高吹脱温度，可使该工艺更加有效。当污水处理厂附近有余热，且这些蒸汽没有其他用途时，采用该工艺是一个可行的选择。pH 值的升高会导致碳酸盐的沉淀，可以通过水的酸化和 CO_2 的吹脱作为预处理来防止这种情况发生。不过，这种方法将进一步增加化学试剂的使用量。

磷酸铵镁（Magnesium Ammonium Phosphate，MAP）沉淀法是脱氮除磷的另一种方法。一般来说，可以在不添加任何化学试剂的情况下利用水中的 P/N 比去除磷酸盐。然而，为了去除氨，必须添加额外的磷酸镁。同样，在这种情况下，必须首先去除水中的碳酸盐，否则它们会进入 MAP 沉淀。通过加热去除 MAP 污泥中的氨，可以最大限度地减少磷酸镁的投加量。此时，氨将挥发并可回收，而磷酸镁可以重复使用，MAP 或氨原则上都能回收利用。

在物理方法的应用中，氨的回收经常是有争议的。问题在于相对氨的一般使用（如化肥）而言，回收的氨相对较少。此外，这些技术通常比硝化/反硝化和工业上生产氨所需的能量多。由于这些因素，生物处理侧流中的氮负荷已成为主要的工艺选择。

5.12.1 侧流工艺的影响

侧流中的氮负荷通常占进水总氮负荷的 10%～15%。在需要处理外部污泥的工厂，这一比例显著增加。侧流流量通常仅为进水流量的 1% 或更低。侧流脱氮对主流工艺的出水氨氮的影响取决于主流工艺中脱氮的效果。如果氨氮在主流工艺中没有完全硝化，那么在侧流中每去除 1kg 氨氮，处理厂出水中的氨氮就会减少 1kg。然而，硝酸盐的减少并不等于侧流工艺中的去除负荷。这很大程度上取决于当地条件，但通常主流工艺中硝酸盐负荷的减少相当于侧流工艺中脱氮量的 40%～70%。

当现有污水处理厂由于出水水质标准提高或进水负荷增加需要进行升级改造时，侧流工艺特别有用。其中一个好处是只要小规模增加反应器体积，就可降低出水浓度。侧流工艺的另一个优势是能在主流处理工艺外，增加独立的反应器，在这种情况下，建设施工比现有反应器扩容更为简单。

侧流工艺的应用也改变了操作者对污泥处理和处置的态度。例如，1998 年，在鹿特丹的污水处理厂中安装了 SHARON® 反应器，氮的处理负荷为 500kg/d。由于在侧流反应器中脱氮是有利的，污水处理厂的运行人员开始优化污泥处理。该系统运行 8 年后，侧流工艺的氮负荷在污水处理厂总氮负荷没有改变的条件下增加到 700kg/d。这不仅在侧流工艺中去除了多余的氮，还消化了更多的污泥，增加了甲烷产量。简而言之，当工艺操作注重增加消化池的负荷时（例如，更有效浓缩初沉和二沉污泥），采用侧流工艺的好处会更多。

5.12.2 氮循环

新微生物的发现使氮循环变得越来越复杂（图 5.22）。传统的氮循环由硝化（氨被氧化为亚硝酸盐和硝酸盐）、反硝化（硝酸盐或亚硝酸盐转化为氮气）和氮的固定组成。从工艺工程的角度来看，最好将硝酸盐排除在循环之外。近来发现，传统的"好氧"氨氧化菌也可以进行其他反应过程。

当氧气不足时（微氧条件），亚硝化单胞菌可以将羟胺与亚硝酸盐结合生成 N_2O 气体（Bock，1995）。这个过程被称为好氧脱氨（Hippen 等，1997）。在过去的几十年里，已经发现了几种新的微生物种群，其中厌氧氨氧化菌 anammox（Mulder 等人，1995）最值得关注，它们能在厌氧条件下以亚硝酸盐为电子受体将氨氧化成氮气。

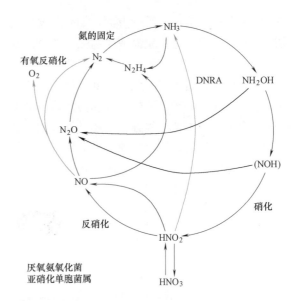

图 5.22 氮循环图（红线描述厌氧氨氧化转化；DNRA 代表硝酸盐异化还原为氨）

硝化过程一直被认为是两种细菌在发挥作用，但最近发现细菌 comammox（全程氨氧化微生物）可以将氨完全氧化为硝酸盐（Costa 等，2006；Koch 等，2019）。特别是在饮用水过滤和水产养殖系统中可以观察到这种微生物。与传统的硝化菌相比，它们没有特别的优势。

另一个有趣的发现是甲烷的厌氧氧化（Scheller 等，2020）。这过程基于甲烷转化为 CO_2 和 H_2，以及硫酸盐还原菌或反硝化细菌对 H_2 的利用。或者，有反硝化细菌可以将反硝化中间产物 NO 转化为 O_2 和 N_2。O_2 用于将甲烷转化为甲醇，甲醇之后用于传统的反硝化反应。这一转换的应用仍在研究中（Lee 等，2018）。

较高的温度和高浓度（如消化池出水）使生物脱氮有更多可选择的方法。首先，使硝化停留在亚硝酸盐阶段是较好的选择，可以节省氧气和碳源。甚至可以应用厌氧氨氧化细菌实现完全自养脱氮。可以利用富含氮的污泥废水在侧流工艺中培养硝化菌，这些硝化菌可以接种到主流处理工艺中，这使得主流工艺在次优的好氧 SRT 下运行。

污泥处理出水的处理工艺繁杂，因此选择合适的工艺较为复杂。污泥水处理工艺的选择需要因地制宜。这主要取决于不同污水处理厂的限制条件。例如，如果处理厂的曝气量有限，除氨工艺是一个合适的选择。另一方面，如果是要提高反硝化能力，那么选择脱氮或生物强化的方法都是合适的。当污泥龄有限时，生物强化技术是唯一应当选择的合适工艺。此外，处理硝酸盐或亚硝酸盐的选择取决于当地的条件和污泥回流液的组成。除了考虑工艺工程方面，还必须考虑其他方面，如启动时间、故障风险、灵活性等。最根本的决策依据是主流处理工艺中硝化或反硝化是否受到限制（图 5.23）。

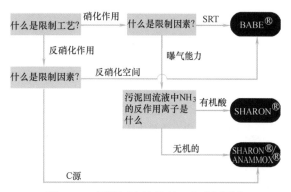

图 5.23　污泥回流液处理工艺选择图表

如果硝化过程受 SRT 的限制，或者反硝化受缺氧污泥停留时间的限制，那么生物强化是最好的选择。如果反硝化空间有限，生物强化可以减少主流活性污泥法的曝气体积，增加缺氧体积。但是，如果曝气（硝化）或 COD（反硝化）不足，那么可以选择基于硝化的不同工艺。除了生物增加量的差别之外，最主要的区别是引入到主流工艺的生物强化混合液必须完全硝化，否则只会增加氨的氧化，导致污水处理厂出水中亚硝酸盐的累积。另外，应特别注意生物强化技术中氨的反离子问题。

一般来说，正常厌氧消化后的反离子是碳酸氢根。碳酸氢根可以提供脱氮所需的 50% 碱度。其余的来源于反硝化过程（可以通过加入甲醇或使用生物强化过程回流污泥中的 COD）。通过甲醇/反硝化控制碱度比直接添加碱度来控制 pH 值更经济。

当然，厌氧氨氧化反硝化工艺也可以用来控制 pH 值。然而，在某些情况下，使用污泥处理方法会产生另外的氨的反离子。例如，在污泥处理工艺中，如果使用铁盐来增加污泥脱水量，氯离子将成为反离子，导致碱度控制需求更大。在

这种情况下，改变污泥处理工艺才是明智的。如果采用污泥干化技术，通常脂肪酸会成为主要的反离子，在这种情况下不需要增加厌氧氨氧化过程，因为污泥回流液中有足够的 COD。

应用侧流工艺降低污水处理厂出水氨负荷时，实际上并不需要反硝化。经过处理的含硝酸盐的污泥回流液可以回流到主流污水处理厂的进水，并进行迅速的反硝化。反硝化是一种常用的经济有效的控制 pH 值的方法。由于侧流工艺是在高浓度和高温条件下运行，因此在应用传统的硝化/反硝化时，无需保留污泥。保留污泥可能导致反应器较小（因子 2~4，取决于氨氮浓度），但会使操作更复杂、机械设备投资较高。硝化和反硝化过程可以在双池系统（循环的曝气池和缺氧池）或单池系统（连续曝气和不曝气）中进行。单池系统建造成本较低，但曝气设备投资更大，因为有部分时间不使用，而输入的总氧量与双池系统相同。此外，工艺的控制上也不同。例如，双池系统中溶解氧的控制设定值不同于单池系统，虽然两个系统均在稳态下运行，但由于内在的动态条件，单池系统工艺控制的设定值可以比较灵活。

以荷兰 Beverwijk 污水处理厂为例，进一步说明工艺的选择。该污水处理厂的处理能力为 320000 P.E.，来自污泥处理（甲烷消化和热污泥干燥）的 N 负荷为 1200kgN/d。根据新的排放标准，出水总氮不允许超过 10mgN/L 或需达到 75% 的总氮去除率，因此需要对污水处理厂进行升级改造，以满足新标准。去除污泥回流液中的氮就足以达到新标准。问题是，在这种情况下，选择哪种侧流工艺是最佳选择。综合比较生物强化工艺（BABE®）、短程硝化-反硝化（SHARON®）和亚硝化-ANAMMOX® 联合工艺。该污泥回流液中含有 NH_4^+ 的反离子—醋酸盐（在污泥干化中常见的离子）。实验室实验表明，在不进行 pH 值校正的情况下，SHARON® 反应器在 1d 的好氧 SRT 下，通过亚硝酸盐途径进行的硝化和反硝化的效率＞90%（Schemen 等，2003）。

除了工程方面，在这个案例和在大多数案例中，也需要考虑其他许多方面。例如能耗、管理、施工等方面，见表 5.10（Schemen 等，2003）。

Beverwijk 污水处理厂选择污泥水处理工艺决策矩阵

表 5.10

标准	比重(%)	BABE®	SHARON®	SHARON®/ ANAMMOX®
开发利用	27	+	++	+
脱氮效率	5	++	++	+
能耗	15	—	0	++
气体排放	1	+	+	+
时长	20	+	+	——
管理	1	+	++	++
施工	1	0	0	0
灵活性	10	+	+	++
创新性	10	+	+	++
风险	10	+	+	—
总	100	3.5	4.1	3.5

注：++=5；+=4；0=3；—=2；——=1；最高为5分。

很明显，对于每一个污水处理厂可以有各种不同的决策标准。此外，每个决策方面都有不同的权重，这取决于具体情况来计算各个系统的总分。根据该矩阵，最终决定选择 SHARON® 技术应用于 Beverwijk 污水处理厂的污泥回流液处理（图5.25）。决策矩阵中要考虑的方面因污水处理厂的不同而不同，其权重也视具体情况而定。对于不同地点或由不同机构管理的相似污水处理厂，其工艺的选择很可能也是不同的。

5.12.3 基于亚硝酸盐的脱氮

一段时间以来，人们一直认为硝化-反硝化技术很有前景。在硝化或部分硝化过程中，氨转化为亚硝酸盐，同时防止进一步氧化为硝酸盐。硝化和反硝化的化学计量方程已在第5.1节和第5.8节中给出。减少的氧气需求意味着部分硝化所需曝气减少了25%。当废水的 C/N 比较低时，需要添加外部电子供体（如甲醇），亚硝酸盐反硝化需要的碳源比硝酸盐少40%，这无疑大大降低了成本。最后，基于硝化过程产生的污泥量也降低了约40%。

使生物转化遵循亚硝酸盐途径有两种主要方法：①通过选择压力；②保持低氧浓度或采用次优的 pH 值，亚硝酸盐或铵盐条件。氨氧化比亚硝酸盐氧化对温度变化更敏感（Hellinga 等，1998）。在高于约20℃的温度下，氨氧化细菌生长速率高于亚硝酸盐氧化细菌。通过在氨氧化和亚硝酸盐氧化的不同需求之间选择 SRT，

SHARON® 工艺利用了这种在较高温度下的不同生长速率。第二个主要的选择因素是反应器中较高浓度的氨，亚硝酸盐或盐浓度。亚硝酸盐氧化菌的耐受性较低，在这些条件下不能生长。这对于某些工业废水尤其重要。如上所述，防止亚硝酸盐氧化的第二种可能性是保持低氧浓度或施加次优的 pH 值、亚硝酸盐或氨浓度。在这种情况下，亚硝酸盐氧化一般只能被部分抑制。将这种抑制亚硝酸盐的弱因素与反硝化作用相结合，可以获得亚硝酸盐的完全转化。由于亚硝酸盐的反硝化作用，亚硝酸盐菌缺少底物，从而被排出系统。

在低氧浓度下，由于缺氧会产生亚硝酸盐和硝酸盐。对于更薄的生物膜和更小的絮凝物或更低的负荷率，在这种过程中亚硝酸盐积累的实际最佳浓度会更低（Hao 等，2002）。但是，仅氧气浓度低还不够，因为还会形成硝酸盐（Picioreanu 等，1997）。图5.24说明了（Garrido 等，1997）通过实验观察到的在生物膜系统中不同溶解氧浓度下亚硝酸盐/硝酸盐的形成，并由 Picioreanu 等从理论上进行了解释。

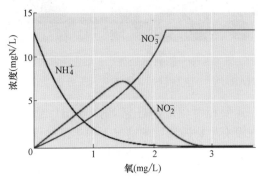

图 5.24 溶解氧对生物膜体系中 NO_2-N 积累的影响

完全转化为亚硝酸盐的唯一方法是同时竞争氧和亚硝酸盐来战胜亚硝酸盐氧化。这意味着硝化作用和反硝化作用的直接耦合。例如，在好氧反应器和缺氧反应器之间使用强循环（如 Van Benthum 等，1998）或在生物膜系统的更深层进行反硝化（如 Kuai 等，1998；Hao 等，2002）。

SHARON® 工艺（Hellinga 等，1998）是第一种以亚硝酸盐为中间体专门处理高氨水的方法，该方法已开发并大规模应用。SHARON 即通过亚硝酸盐去除高氨的单反应器（Single-reactor High Actively ammonia Removal Over Nitrite）。该工艺利用了污泥水的高温，可以实现较高的比增长率，从而可以在没有污泥停留的情况下进行操作（Hellinga 等，1998；Mulder 等，2001）。该工艺是基于在较高温度下，氨氧化菌的最大生长速率比亚硝酸盐氧化菌的更高。SRT 相对较短（约 1d）时，只能进行氨氧化而不允许进行亚硝酸盐氧化。

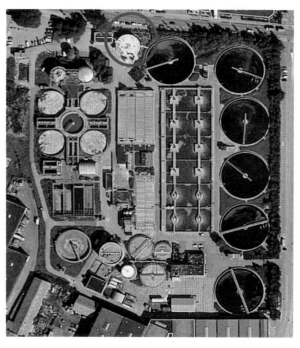

图 5.25　Beverwijk 污水处理厂；红色圆圈表示用于 SHARON® 工艺的区域，该工艺每天处理 1200kg 氮

需要相对较短的好氧 SRT（1d）意味着可以在没有生物质滞留的情况下构建该过程。因为废水将被送到主要污水处理厂的进水中，产生的污泥最终进入废水中是没有问题的。如果采用生物质保留，因为需要大量的氧气，曝气时间将成为反应器设计的限制因素。污泥保留系统的应用选择在于反应器体积和保留设备之间的最终经济平衡。实际上，似乎在浓度高于 0.4～0.5gN/L 的情况下，没有生物质滞留的系统更经济。此外，没有生物质滞留的系统也需要较少的维护。

反应器之间有或没有生物质保留的一个重要区别是对进水中浓度变化的反应。生物量保留的系统中，污泥负荷对转换很重要。该系统必须针对高峰负荷进行设计。在没有生物量滞留的系统中，生长速率是设计因素。可变负荷率导致反应器中污泥量的变化，从而保持出水浓度恒定，且

不受进水浓度的影响。

在 SHARON® 反应器中，反硝化过程通常用来控制 pH 值（Hellinga 等，1998）。使用甲醇或废弃有机物通过反硝化产生碱度，这比购买碳酸氢盐或氢氧化物便宜。由于侧流工艺不受出水排放的限制，因此没有直接进行完全反硝化的需要，主要目的是去除大量氮。对于污泥消化池中常规出水的反硝化，反硝化控制 pH 值已经意味着去除率约为 95%。

如上所述，pH 值控制是设计消化池出水硝化-反硝化过程的重要方面。通过从液体中汽提 CO_2 来保持 pH 值，意味着池高（水深在 4～5m 以上）的设计必须考虑二氧化碳汽提，而不是氧气供应。此外，最好保持碳酸氢盐平衡向 CO_2 方向移动时的 pH 值，即低于或在 7.0 左右。有效的过程控制也可以优先。过量的硝化作用和有限的反硝化作用都会迅速导致 pH 降低，而反硝化过多则会导致 pH 值升高。由于系统通常在几乎没有缓冲能力的条件下运行，因此会有大的 pH 值响应。7mg 氨氮的转化将产生 1mM 的质子，或者在没有缓冲液的情况下，pH 值降低至 3；即转化的微小变化会对系统的 pH 值产生重大影响。

硝化和反硝化是放热反应。这意味着转化过程对反应器中的温度有重大影响。图 5.26 展示了影响反应器温度的因素。虽然不需要精确的温度控制，但是，最好在高于 25℃ 且低于 40℃ 的温度下运行该过程。

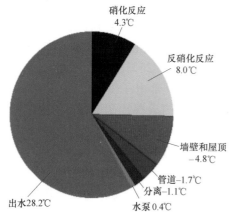

图 5.26　鹿特丹 Dokhaven 污水处理厂放大规模 SHARON® 反应器的热平衡图

如图 5.27 所示，SHARON® 工艺的成本主要受操作因素，能源和碳源的影响。由于反应器

的设计和操作简单，其投资成本相对较低。

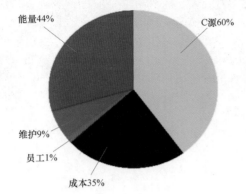

图 5.27 SHARON®工艺中侧流 N 去除的成本累积

5.12.4 厌氧氨氧化

Anammox 是厌氧氨氧化（ANaerobic AMMonium Oxidation）的首字母缩写。这是一种完全自养的脱氮方法。该微生物工艺在 20 世纪 80 年代被发现（Mulder 等，1989），在废水处理中的应用研究在 20 世纪 90 年代全面开展。实际上，厌氧氨氧化转化是氮循环的一种捷径。该工艺以亚硝酸盐为电子受体，在缺氧条件下将氨直接转化为氮气。这种细菌和普通的氨氧化细菌一样，利用二氧化碳作为碳源。关于 Anammox 的发现及其应用的更多细节，请参阅 Kuenen（2020）的综述论文。

Anammox 在脱氮方面的优势是显而易见的。不需要外部有机碳源，只有 50% 的氨被氧化成亚硝酸盐，生物质产量（或污泥产量）较低。当厌氧氨氧化（Anammox）过程与部分硝化过程相结合时，总的转化过程原理上是氨直接氧化成氮气。

减少了对能源的需求，并且不需要有机电子供体，这意味着 Anammox 工艺的使用可以大大提高污水处理的可持续性。表 5.11 给出了传统反硝化法和厌氧氨氧化法脱氮的比较。在传统工艺中，每去除 1t 氮大约会释放 4.7t CO_2，而 SHARON®/ANAMMOX®工艺中，每去除 1t 氮只会释放 0.7t CO_2。厌氧氨氧化在工业上应用的另一个原因是减少二氧化碳排放量。表 5.12 和表 5.13 分别总结了 Anammox 对大型城市和工业废水处理厂的影响。

传统脱氮系统与 SHARON®/ANAMMOX®脱氮过程的比较

表 5.11

项目	单位	常规处理	SHARON®/ANAMMOX®
能量	kWh/kgN	2.8	1.0
甲醇	kg/kgN	3.0	0
污泥产量	kgVSS/kgN	0.5~1.0	0.1
CO_2 排放量	kg/kgN	>4.7	0.7
总成本[①]	欧元/kgN	3.0~5.0	1.0~2.0

①总成本包括运营成本和资本费用。

荷兰采用传统反硝化和 Aanammox 工艺的城市污水处理厂脱氮比较（总处理能力为 2500 万 P.E.）

表 5.12

项目	单位	传统处理	预处理、厌氧处理、厌氧氨氧化	差值
产能（CH_4）	MW	0	40	40
CO_2 排放量	kt/a	400	6	394
能耗	MW	80	41	39
污泥产量	kt/a	370	270	100

Anammox 目前仅在较高温度下应用（例如，消化池废水），但是由于它在自然界中无处不在，在普通污水处理厂脱氮的应用并没有实际的限制。在普通污水处理厂应用自养脱氮技术，可以使污泥产量最大化（例如通过初级沉降和絮凝），从而增加污泥消化池的甲烷产量。这大大提高了系统的能源效率（Kartal 等，2010）。

Anammox 细菌在微生物世界中形成了一个独立而独特的群体（图 5.28）。它们的分解代谢反应发生在细胞的膜上，而其他所有细菌的能量都是在外膜上产生的。Anammox 细菌在其分

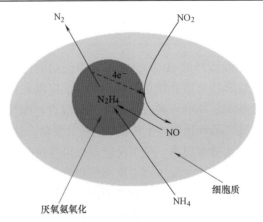

图 5.28 厌氧氨氧化代谢

解代谢中有一种独特的中间体——肼。羟胺的确切作用仍在争论中；如今，建议使用的中间体不是羟胺，而是 NO。正常的反硝化细菌以 N_2O 作为中间产物，这种化合物在厌氧氨氧化生理中是不存在的。这意味着 Anammox 细菌不会产生这种温室气体。Anammox 菌的增殖量与硝化细菌相似。在 Anammox 生长过程中，会产生硝酸盐，这是由于亚硝酸盐氧化为硝酸盐，补偿了二氧化碳还原为细胞有机物的过程。因此，在一个完全自养的过程中，这种缺氧硝酸盐的生成是对 Anammox 生物量增长的一种衡量，也是对 Anammox 菌活性的一种指示。

Anammox 菌一直被认为是生长速率非常低 $(0.069d^{-1}$，Van de Graaf 等，1996) 的微生物。然而，这种缓慢的增长速度并不限制其达到较高的反应器能力——很容易达到 $5\sim10kgN/(m^3 \cdot d)$。因为易于将自身固定在致密的生物膜或颗粒中，从而使反应器中有很高的生物质含量，所以很容易达到 $5\sim10kgN/(m^3 \cdot d)$。Anammox 污泥呈典型的红色（图 5.29）。Lotti 等人（2015）最近的研究表明，增长率可高达 $1d^{-1}$。这将使 Anammox 在较低温度下处理主流废水更可行。

Anammox 转化需要亚硝酸盐才能有效去除氨；Anammox 菌不能利用硝酸盐。因此，该过程需要部分硝化步骤。一种直接的方法是将 Anammox 工艺与类似于 SHARON® 的过程结合起来

图 5.29　典型的 Anammox 污泥颗粒
（图：荷兰三角洲水委员会）

（Van Dongen 等，2001），即 SHARON® 反应器在 ANAMMOX® 之前，其中只发生部分硝化作用。

SHARON® 反应器的工作条件是 HRT 为 1d，温度为 $25\sim40℃$，pH＝$6.6\sim7.0$。在不控制反应器 pH 值的情况下，SHARON® 反应器的出水含有 50% 氨和 50% 亚硝酸盐。这是由于在正常的消化池出水中氨的反离子是碳酸氢盐。当 50% 的氨被氧化时，所有的碳酸盐缓冲液都被使用，且由于 pH 值降低，这个过程会自行抑制。SHARON®/ANAMMOX® 技术的第一次放大规模应用是在荷兰鹿特丹的 Dokhaven 污水处理厂（470 000P. E.，N 负荷 830kg/d，Van der Star 等，2007，图 5.30）。

Anammox 的意义：荷兰传统反硝化工艺和 Anammox 工艺工业废水处理厂脱氮比较
（工业处理总能力 21ktCOD/a 和 2ktN/a） 表 5.13

	单位	传统处理	预处理、厌氧处理、氨氧化	差值
产能(CH_4)	MW	0	2	2
CO_2 排放量	kt/a	30	6	24
能量消耗	MW	2.3	0.3	2
污泥产量	kt VSS/a	30	4	26

在鹿特丹的 Anammox 工艺中使用的内循环式反应器特别适合使用颗粒污泥。反应器底部是一个污泥层隔间，通过气升泵充分混合，而气泵则由底部隔间顶部产生并收集的氮气驱动。这样，即使进水浓度很高，整个反应器也可维持较低的亚硝酸盐浓度。反应器上层隔间也含有污泥，由于其塞流特性，主要用于实现低出水浓度。

亚硝化和厌氧氨氧化转化可以结合在一个反应器中。在这种情况下，由于 Anammox 菌的生长速率非常低，不能使用用于防止亚硝酸盐氧化的标准，所以需要固定生物质然而，当氧气和亚硝酸盐都受到限制时，Anammox 菌就有可能通过脱氮过程有效地击败亚硝酸盐氧化（Hao 等，2002）。最简单的方法是在限制氧气的条件下，以生物膜或以颗粒污泥的形式运行自养氨氧化工艺，这样可以氧化大约 50% 的氨。如果生物膜是稳定的，Anammox 菌种群将会在更深的生物膜层中发育，如图 5.31 所示。

(a)

(b)

(c)

图 5.30 Dokhaven 污水处理厂的污泥处理设施俯视图（a）；从污泥消化池顶部拍摄的 ANAMMOX® 反应器（b）和 SHARON® 反应器（c）（图片来源：荷兰三角洲水委员会）

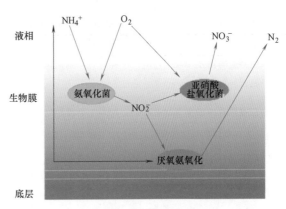

图 5.31 生物膜过程中去除自养氮的示意图

该过程在许多情况下是自发发生的（例如，Siegrist 等，1998）。文献中给出了几个名称：限氧好氧硝化—反硝化（Oxygen Limited Aerobic Nitrification-Denitrification）（OLAND，Kuai 等，1998）；好氧脱氨（Aerobic Deammonification）（Hippen 等，1997）和 CANON® ［亚硝酸盐完全自养脱氮（Completely Autotrophic Nitrogen Removal Overnitrite，2000）］。因此，建议使用 CANON® 作为该过程的一般描述。前两个名称实际上与最初的假设有关，即反硝化作用主要是由亚硝基单胞菌完成的（图 5.22），但后来明确表明这一转化由 Anammox 细菌负责（Peynaert 等，2003）。与此同时，文献中提出了一整套基于 Anammox 的工艺（表 5.14，Van der Star 等，2007；Lackner 等，2014）。Anammox 工艺已被开发用于更高的温度（25～40℃），而在主流条件下应用 Anammox 的开发仍在进行中（Kumwimba 等，2020）。这样做的好处是，能使污水处理厂实现能源自给自足（Kartal 等，2010）。有报道称，在大型污水处理厂（如新加坡樟宜和中国西安）出现了自发的厌氧氨氧化菌现象。连同一些先行测试，这表明 Anammox 菌转化可以潜在地发挥作用；然而，目前的主要挑战在于获得稳定的硝化和工艺设计。

5.12.5 生物强化

硝化处理装置的主要设计标准是硝化细菌所需的好氧固体停留时间（SRT）。在较冷的气候条件下，所需的 SRT 大幅增加。通过将硝化细菌添加到活性污泥系统中，可以降低所需的 SRT，这可以作为一个升级方法。它也可以用来使高负荷系统反硝化，或在良好的硝化装置释放

涉及 Anammox 工艺的脱氮系统的工艺选择和名称 表 5. 14

工艺名称	亚硝酸盐的来源		可替代工艺名称	参考
双反应器亚硝化-氨氧化工艺	NH_4^+	亚硝化	SHARON[①②]-ANAMMOX®	Van Dongen 等（2001）
			Two-stage OLAND	Wyffels 等（2004）
			Two-stage deammonification	Treta 等（2004）
单反应器硝亚硝化-氨氧化工艺	NH_4^+	亚硝化	Aerobic deammonification	Hippen 等（1997）
			OLAND[③]	Kuai 和 Verstraete（1998）
			CANON[④]	Third 等（2001）
			Aerobic/anoxic deammonification	Hippen 等（2001）
			Deammonification	Seyfried 等（2001）
			SNAP[⑤]	Lieu 等（2005）
			DEMON[⑥]	Wett（2006）
			DIB[⑦⑧]	Ladiges 等（2006）
单反应器反硝化-厌氧氨氧化工艺	NO_3^-	反硝化	Anammox[⑨]	Mulder 等（1995）
			DEAMOX[⑩]	Kalyuzhnyi 等（2006）
			DENAMMOX[⑪]	Pathak 和 Kazama（2007）

①可持续的高速率去除硝酸盐；该名称仅指通过选择停留时间和在高温下操作避免亚硝酸盐氧化的亚硝化作用。
②有时用这个术语来描述亚硝酸盐的硝化-反硝化作用。
③限氧自养硝化反硝化。
④硝酸盐完全自养脱氮。
⑤采用厌氧氨氧化和部分硝化法进行单级脱氮。
⑥名称指的是 SBR 在 pH 控制下的脱氮过程。
⑦间歇曝气生物膜系统中的脱氨作用。
⑧厌氧氨氧化最初被发现的系统。整个过程最初被指定为厌氧氨氧化。
⑨反硝化氨氧化；这个名称仅指以硫化物为电子供体的反硝化作用。
⑩脱氮-厌氧氨氧化工艺；这个名称仅指以有机物为电子供体的反硝化作用。

反硝化空间。可以通过体外培养的硝化污泥进行生物强化。然而，这有两个潜在的缺点：首先，添加的细菌可能不是特定处理厂的最佳硝化菌类型；其次，如果加入悬浮细胞，这些细胞会被污泥中的原生生物除去。因此，有必要通过连续接种曝气池的污泥，并由消化池出水在反应器中培养硝化细菌。这样，污泥中的硝化菌就属于这个系统，它们生长在污泥絮体中，不被原生生物去除。此外，也能够减少处理厂的 N 负荷。

有三种不同的方案来整合这样的生物强化过程（图 5.32）。InNITRI® 工艺（Kos，1998）是在消化池出水中产生硝化菌的工艺（图 5.32a）。絮体形成是通过保留生物质获得的。该方法的风险在于不能产生足够的硝化微生物进行生物强化，并且较长的 SRT 是不可取的，因为会使污泥/硝化菌的产量最小化。另外两种工艺选择使用回流污泥作为接种物。在这种情况下，因为细菌已经在污泥中生长，不需要污泥停留，而且反硝化所需的 COD 可以从回流污泥的 COD 中得到。然而，为了在侧流反应器维持良好的 pH 值，需要进行反硝化。BAR® 工艺（Bio Aug-

mentation Regeneration；Novak 等，2003）源于对回流污泥进行曝气以实现污泥矿化的工艺。通过向该反应器添加消化池出水，将在反应器中产生硝化菌（图 5.32b）。

这种方法的缺点是反应器的温度与活性污泥法本身的温度相同。因此，更有利的做法是只取一部分回流污泥，并将其与消化池出水以 1：1 的比例混合（图 5.32c），由于混合液温度提高和污泥负荷降低，反应器的设计更紧凑。后者被称为 BABE® 工艺（Bio Augmentation Batch Enhanced；Zilverentant，1999），是由重复间歇式的反应器改进而来。

因为 BABE® 工艺依靠传统的脱氮过程而非未知的细菌，所以该工艺的开发和设计基于模型模拟是可行的，可以应用现有经过充分测试的活性污泥模型（Salem 等，2003）。因为工艺的复杂性以及工艺开发中的成本节省，基于模型的设计是必要的。该工艺有许多可优化的设计变量。侧流反应器影响主流反应器的硝化作用，反之亦然。因此，必须评价侧流反应器的硝化作用对主反应器出水水质的影响。然而，由于主反应器和

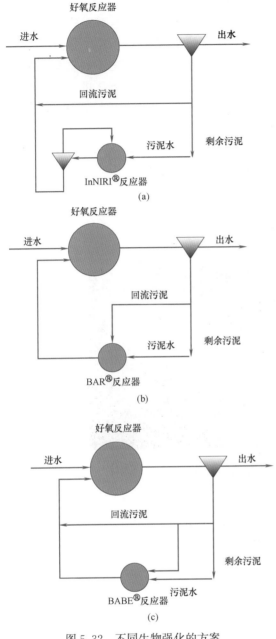

图 5.32　不同生物强化的方案

(a) INNITRI®；(b) BAR®；(c) BABE®

侧流反应器之间的体积比太大，建立一个合适的实验室甚至中试系统是不现实的。

最小 SRT 通常由硝化菌的最大生长速率与其衰减速率的差决定。在生物强化的情况下，最大生长速率可与特定添加速率（单位时间内每单位硝化菌添加的硝化菌数量）相加。与 BAR® 和 BABE® 工艺不同，另一种方法是将侧流反应器中的污泥视为总污泥的一个组成部分，这将有效延长总曝气停留时间。然而，为了评估最小

SRT，需要考虑不同的污泥浓度和温度。

对 BABE® 工艺的模拟表明了该工艺的几个特征（SALEM，2003）。在侧流反应器中处理的氨比例越高，出水氨浓度越高。当然，只有当系统 SRT 约等于或小于最小 SRT 时，效果才显著。在活性污泥厂中，硝化作用 50% 最小 SRT 会产生最大的影响。温度对系统中硝化作用的影响不太明显，即使在非常低的温度下，出水中的氨浓度也会下降。总的来说，这个工艺对高负荷污水处理厂影响最大。由于哨化池出水中氮去除以及主曝气反应器中增加了硝化菌，能去除出水中多余的氨。生物强化贡献了 50%～70% 的额外脱氮量。在低负荷系统中，强化工艺使反硝化空间提高到活性污泥总量的 10%。

模拟还表明，在侧流过程中无需达到最大的 N 去除（即最高强化）。几乎在任何情况下，在侧流反应器中都存在一个拐点，在此拐点之上，主装置的出水不再发生变化，而侧流工艺的成本继续增加。同时，应优化侧流反应器中的生物质停留时间。随着停留时间的延长，主装置出水中的氨含量会降低。然而，如果在 BABE® 反应器中的停留时间超过了最佳时间，主装置的出水水质将再次恶化。这是由于增长生物质停留时间将导致污泥负荷率降低，从而导致污泥产生。虽然这对于一个普通的污水处理厂是有利的，但是对于产生硝化污泥的侧流工艺来说是不可取的。

基于模型，本节对荷兰 Walcheren 污水处理厂（140000P.E.）的升级进行了评估，结果显示，与传统升级（扩大曝气和缺氧体积）相比，使用 BABE® 技术可以减少 50% 的面积需求（Salem 等，2002）。一项成本分析显示，使用 BABE® 技术进行升级每年可节省约 11.5 万欧元，可大幅降低建设成本，减少能源需求。这种情况下，需要在 BABE® 反应器中添加甲醇来实现完全反硝化，这导致了购买甲醇和产生的污泥的额外成本。建造稍微大一点的 BABE® 反应器，可以有效利用回流污泥中的内源性底物。对于每个污水处理厂，系统的精确设计必须经过全面成本的优化。

在荷兰的 Garmerwolde 污水处理厂（300 000P.E.）对 BABE® 技术进行全面评估。这个高负荷系统由三条平行线运行：一条承受正常的 N 负荷，

一条仅去除消化池出水中的 N，另一条通过 BABE®技术进行生物强化。BABE®工艺的强化效果使污泥的硝化率提高了近 60%（Salem 等，2004），这与模型预测一致。然而，由于工厂的 SRT 太短，在冬季的时候，BABE®工艺可能不会完全硝化。

该工艺的第二个大型应用是在荷兰 Herto-genbosch 污水处理厂（图 5.33）。该处理厂采用的 SRT，夏季出水良好，冬季无硝化作用。从污泥处理回流的水含有大约 15% 的污水处理厂氮负荷。构建的 BABE®工艺不到现有活性污泥工艺体积的 1%，采用这种方法可以在冬季维持硝化作用，而且还无需大规模扩展活性污泥池的占地面积。

图 5.33　BABE®技术的实际工程应用：荷兰的 Hertogenbosch 污水处理厂
（前面是生物强化反应器；照片：Royal HaskoningDHV）

扫码观看本
章参考文献

术语表

符号	描述	单位
a	好氧段至初级缺氧段的混合液回流比	—
S_{Alk}	以 H_2CO_3 为参比的溶液碱度	mg/L $CaCO_3$ 当量
a_{min}	初级缺氧段利用所有 RBCOD 的最小回流比	—
a_{opt}	好氧段至初级缺氧段的优化回流比	—
a_{prac}	最大实际回流比	—
$b_{ANO,20}$	20℃下硝化菌比内源呼吸速率	d^{-1}
$b_{ANO,T}$	T℃下硝化菌比内源呼吸速率	d^{-1}
b_{OHO}	普通异养微生物内源性质量损失的比率	d^{-1}
$b_{OHO,20}$	20℃下异养微生物比内源呼吸速率	d^{-1}
$b_{OHO,T}$	T℃下异养微生物比内源呼吸速率	d^{-1}

符号	描述	单位
$COD_{b,i}$	进水生物可降解 COD 浓度	mgCOD/L
NIT_c	进水总 COD 浓度	mgCOD/L
D_p	反硝化能力	mgN/L
D_{p1}	初级缺氧反硝化能力	mgN/L
$D_{p1RBCOD}$	RBCOD 所致的初级缺氧反硝化能力	mgN/L
$D_{p1SBCOD}$	SBCOD 所致的初级缺氧反硝化能力	mgN/L
D_{p3}	二级缺氧反硝化能力	mgN/L
$D_{p3RBCOD}$	给药 RBCOD 所致的初级缺氧反硝化能力	mgN/L
$D_{p3SBCOD}$	SBCOD 所致的二级缺氧反硝化能力	mgN/L
f_{aN}	进水氨氮与凯氏氮浓度比	mgN/mgN
$f_{at,OHO}$	单位 TSS 污泥中异养微生物分数	mgVSS/mgTSS
$f_{av,OHO}$	单位 VSS 污泥中异养微生物分数	mgVSS/mgVSS
$FCOD_b$	反应器中已有可生物降解 COD 通量	kgCOD/d
$FCOD_{b,i}$	进入反应器的进水可生物降解 COD 通量	kgCOD/d
f_{cv}	污泥 COD 与 VSS 比	mgCOD/mgVSS
f_n	VSS 氮含量	mgN/mgVSS
$f_{SU,TKNi}$	不可生物降解的可溶性有机氮的进水 TKN 的比例	—
FS_{NHx}	以被利用 N 计的游离氨及铵盐的日通量	mgN/d
$FS_{NO_3,e}$	硝化过程产生的硝酸盐氮的日通量	kgNO$_3$-N/d
f_{ns}	进水废水 TKN/COD 浓度比	mgN/mgCOD
FN_S	污泥生产所需的氮日通量	kgN/d
FO_c	COD 去除所需的氧气日通量	kgO$_2$/d
FO_{DENIT}	反硝化复氧日通量	kgO$_2$/d
FO_{NIT}	硝化过程所需的氧的日通量	kgO$_2$/d
FO_{tDENIT}	净总需氧量	kgO$_2$/d
f_p	VSS 中磷含量	gP/mgVSS
f_{SS}	相对于进水生物可降解 COD 的 RBCOD 分数	—
$f_{SU,NITc}$	总进水 COD 的可溶性不可降解组分	—
$f_{XE,OHO}$	不可生物降解的 OHOs 组分	mgCOD/mgCOD
$f_{XU,NITc}$	总进水 COD 中不可生物降解的颗粒部分	—
f_{x1}	初级缺氧污泥质量分数	—
$f_{x1,min}$	最小初级缺氧污泥质量分数	—
f_{x3}	二级缺氧污泥质量分数	—
FX_{ANO}	硝化菌生长日通量	mgVSS/d
$f_{xd,max}$	最大缺氧污泥质量分数	—
$f_{x,max}$	最大非曝气污泥质量分数	—
f_{xt}	反应器中未充气的污泥总量的比例	—
FX_{TSS}	反应器损耗的 TSS 日通量	kgTSS/d
K_1	初级缺氧反应器初始比反硝化速率	mgNO$_3$-N/(mgOHOVSS·d)
K_2	初级缺氧反应器第二比反硝化速率	mgNO$_3$-N/(mgOHOVSS·d)
K_3	二级缺氧反应器比反硝化速率	mgNO$_3$-N/(mgOHOVSS·d)
K_4	缺氧-好氧消化反应器比反硝化速率	mgNO$_3$-N/(mgOHOVSS·d)
K_{NIT}	比硝化速率	mgN/(mgVSS·d)
$K_{NIT,max}$	最大比硝化速率	mgN/(mgVSS·d)
K_h	好氧条件下 OHOs 对 SBCOD 的最大比吸收率	mgCOD/(mgCOD·d)
K_{I}	硝化作用 pH 敏感性系数	—
K_{II}	硝化作用 pH 敏感性系数	—
K_{max}	硝化作用 pH 敏感性系数	—
K_{ANO}	硝化细菌半饱和常数	mgN/L
$K_{ANO,20}$	20℃硝化细菌半饱和常数	mgN/L
$K_{ANO,T}$	T℃硝化细菌半饱和常数	mgN/L
K_O	溶解氧半饱和常数	mgO/L

符号	描述	单位
K_S	RBCOD 利用半饱和浓度	mgCOD/L
K_X	OHOs 利用 SBCOD 半饱和浓度	mgCOD/(mgCOD·d)
MX_{ANO}	反应器硝化细菌质量	mgVSS
MX_{OHOv}	反应器异养细菌质量	kgVSS
$MX_{E,OHOv}$	反应器内源残余质量	kgVSS
MX_{Iv}	反应器进水中产生的不可生物降解的有机物量	kgVSS
MX_{TSS}	反应器 TSS 质量	mgTSS/L
MX_{VSS}	反应器中活性污泥的有机物量	gVSS/L
NIT_c	硝化能力	mgN/L
NIT_c/NIT_c	反应器的每 mg COD 硝化能力	mgN/mgCOD
$N_{ob,e}$	出水残余可生物降解有机氮	mgN/L
$N_{ob,i}$	进水可生物降解有机氮	mgN/L
$N_{obp,i}$	进水可生物降解颗粒有机氮	mgN/L
$N_{obs,e}$	出水可生物降解可溶性有机氮	mgN/L
$N_{obs,i}$	进水可生物降解可溶性有机氮	mgN/L
$N_{oup,i}$	进水不可生物降解颗粒有机氮	mgN/L
$N_{ous,e}$	出水不可生物降解可溶性有机氮($=N_{ous,i}$)	mgN/L
$N_{ous,i}$	进水不可生物降解的可溶性有机氮	mgN/L
N_s	污泥生长所需进水中氮的浓度	mgN/L
N_s/NIT_c	污泥生长所需进水中氮的浓度与 COD 比值	mgN/mgCOD
O_c	碳氧利用率	mgO$_2$/(L·h)
O_{NIT}	硝化氧利用率	mgO$_2$/(L·h)
O_t	总氧利用率	mgO$_2$/(L·h)
P_s	污泥生长所需的进水磷浓度	mgP/L
P_e	出水总磷浓度	mgP/L
P_i	进水总磷浓度	mgP/L
Q_e	出水流速	L/d
Q_i	进水流速	L/d
Q_w	反应器损耗流速	L/d
s	从 SST 到主缺氧反应器的污泥底流循环比率	—
S_f	硝化菌最大比生长速率的安全系数	—
S_{NHx}	体积液氨浓度	mgN/L
$S_{NHx,e}$	出水氨浓度	mgN/L
$S_{NHx,i}$	进水氨浓度	mgN/L
$S_{NHx,NIT}$	可供硝化作用的进水氨浓度	mgN/L
S_{NO_3}	硝酸盐浓度	mgN/L
$S_{NO_3,ar}$	好氧反应器硝酸盐浓度	mgN/L
$S_{NO_3,e}$	出水硝酸盐浓度	mgN/L
$S_{NO_3,e,aopt}$	a_{opt} 下出水硝酸盐浓度	mgN/L
$S_{NO_3,e,aprac}$	a_{prac} 下出水硝酸盐浓度	mgN/L
$S_{NO_3,ar}$	初级缺氧反应器中等效硝酸盐浓度	mgN/L
S_{O_2}	体积液溶解氧浓度	mgO$_2$/L
$S_{O_2,a}$	在 a 循环中溶解氧浓度	mgO$_2$/L
$S_{O_2,s}$	在 s 循环中溶解氧浓度	mgO$_2$/L
S_S	可溶性易生物降解(RB)COD 浓度	mgCOD/L
SRT	污泥龄	d
SRT$_{min}$	硝化最小污泥龄	d
T	温度	℃
t_1	反硝化第一阶段时间(实际停留时间)	d
$t_1(a+s+1)d$	反硝化第一阶段时间(名义停留时间)	d
TKN_e/NIT_c	出水 TKN 与进水 COD 浓度之比	mgN/mgCOD
TKN_e	出水 TKN 浓度	gN/L

符号	描述	单位
TKN_i	进水 TKN 浓度	gN/L
TKN_i/NIT_c	进水 TKN 与进水 COD 浓度之比	mgN/mgCOD
T_{max}	最大废水温度	℃
T_{min}	最小废水温度	℃
V_R	反应器容积	L
$X_{OHO,i}$	反应器中每升进水的异养菌质量浓度	mgOHOVSS/L
X_{OHOv}	异养菌生物量浓度	mgVSS/L
$X_{E,OHOv}$	活性污泥中异养菌的内源残留物	mgVSS/L
X_I	活性污泥中进水的不可生物降解物质	mgVSS/L
X_S/X_{OHO}	SBCOD/OHO 浓度比	mgCOD/mgCOD
X_S	缓慢生物降解 COD 浓度	ngCOD/L
X_{TSS}	反应器 TSS 浓度	mgTSS/L
X_{VSS}	反应器中活性污泥有机物浓度	mg VSS/L
$X_{VSS,e}$	出水颗粒挥发物浓度	mg VSS/L
Y_{ANO}	硝化菌产率系数	mgVSS/mgFSA
Y_{OHO}	按 COD 计算的 OHOs 产率($=f_{cv}Y_{OHOv}$)	mgCOD/mgCOD
Y_{OHOv}	按 VSS 计算的 OHOs 产率	mgVSS/mg COD

符号	解释	单位
η	厌氧条件下 SBCOD 利用的缩减系数	—
θ_b	内源性呼吸的温度敏感性系数	—
θ_{NIT}	硝化作用温度敏感性系数	—
θ_{ns}	硝化作用 pH 敏感性系数	—
μ_{ANO}	比硝化细菌生长速率	L/d
$\mu_{ANO,20}$	20℃比硝化细菌生长速率	L/d
$\mu_{ANO,max}$	硝化菌的最大比生长速率	L/d
$\mu_{ANO,max,20}$	20℃硝化菌的最大比生长速率	L/d
$\mu_{ANO,max,7.2}$	pH＝7.2 硝化菌的最大比生长速率	L/d
$\mu_{ANO,max,pH}$	某 pH 值下硝化菌的最大比生长速率	L/d
$\mu_{ANO,max,pH,T}$	T℃及 pH 值下硝化菌的最大比生长速率	L/d
$\mu_{ANO,max,T}$	T℃硝化菌的最大比生长速率	L/d
$\mu_{ANO,O}$	0 mgO$_2$/L 下硝化菌的比生长速率	L/d
$\mu_{ANO,T}$	T℃下硝化菌的比生长速率	L/d
μ_{OHO}	异养菌最大比生长速率	L/d

缩写	描述
AOO	氨氧化微生物
ANO	自养硝化微生物
BABE	序批式生物强化
BAR	生物强化再生
BNR	生物营养物去除
CANON	亚硝酸盐的完全自养脱氮
COD	化学需氧量
DO	溶解氧
DIB	间歇曝气生物膜系统中的脱氨作用
DEA	反硝化厌氧氨氧化过程
DEAMOX	反硝化氨氧化
DEMON	全程自养脱氮系统
EBPR	强化生物除磷
HRT	水力停留时间
FSA	游离氨及铵盐
ISS	可沉淀固体物质的无机组分

缩写	描述
MAP	磷酸镁铵
MLSS	混合液悬浮物
MLVSS	混合液挥发性悬浮固体
NOO	亚硝酸盐氧化菌
OHO	普通的异养生物
OLAND	氧限制自养硝化反硝化
NDAS	硝化-反硝化活性污泥
PAO	磷积累生物
PST	初级沉降池
RBCOD	易降解 COD
SBCOD	缓慢降解 COD
SRT	污泥停留时间（污泥龄）
SHARON	无硝酸盐的可持续的高速率氨去除
SS	悬浮固体
SST	二次沉淀池
SNAP	单段厌氧氨氧化和部分硝化脱氮
TKN	总凯氏氮
TSS	总悬浮固体
VFA	挥发性脂肪酸
VSS	挥发性悬浮物
WAS	废弃活性污泥
WWTP	污水处理厂

图 5.34 （IWA 欧洲 2008 项目创新奖）荷兰 Garmerwolde 污水处理厂采用的 SHARON® 工艺
（前面的两个白色反应器）照片：Grontmij Nederland N. V.

第 6 章
强化生物除磷

Mark C. Wentzel，**Yves Comeau**，**George A Ekama**，**Mark C. M. van Loosdrecht** 和 **Damir Brdjanovic**

6.1　引言

磷是水生植物和藻类生长所需的主要营养物质，因此除磷有利于控制水体富营养化问题。氮元素可以通过固氮作用从约含 80％氮气的大气中获得，而磷元素不同，磷只能从上游水体中获得（忽略大气中的含磷沉积组分）。磷元素的非点源污染，如农业面源污染，宜通过优化农业施肥方案加以控制。对于点源磷污染，如污水处理厂排水，可以通过化学或生物方法去除。为了保护水环境，污水排放中对于磷含量的控制需要更加严格。

20 世纪 50 年代末，人们首次注意到活性污泥系统中起除磷作用的强化生物除磷（EBPR）现象。在此后的几十年中，人们对强化生物除磷现象的理解、概念化及应用日益深入，从最初的偶然发现发展到可以对这个过程进行结构完整的生化、数学模型描述，并已经应用于实际的污水处理设施的设计和运行控制中。能够取得如此快速的发展，并不只是出于科研人员的科学兴趣，主要是因为在 20 世纪 60 年代人们逐渐认识到磷

是导致水体富营养化的关键因素。此外，自 20 世纪 50 年代以来，向水体中排放的磷显著增加，因此，急需发展有效的措施来限制磷的排放，EBPR 就是其中一种。

本章中使用的强化生物除磷概念在其他文献中也被称为生物强化除磷，或者生物过量除磷（BEPR），有时候也简称为生物除磷（BPR）。这指的是污水处理系统中的微生物通过过量吸收超过自身代谢所需要的磷元素，并以聚合磷的形式储存在细胞内而完成除磷的过程。除了通过细胞合成反应除磷外，还能通过与污水中存在的或外投的化学物质发生化学沉淀去除系统中的磷。

通过将各种除磷工艺组合，如表 6.1 所示，出水中的总磷浓度可以降到很低的水平。例如，EBPR 结合砂滤工艺（组合工艺 D）或者 EBPR 与砂滤工艺结合化学沉淀工艺（组合工艺 E）都可以将出水中磷的浓度降低到 0.5mgP/L 以下。在生物除磷基础上辅以化学沉淀除磷可以将出水磷浓度降低至 0.1mgP/L，投加药剂后的混凝和过滤主要是去除悬浮物中的磷。

符合城市污水总磷排放要求的联合处理工艺　　　　　　　　　　　表 6.1

处理工艺	磷的达标值(mg P/L)						
	<1			<0.5	<0.1	<0.05	<0.01
工艺组合	A	B	C	D	E	F	G
化学絮凝	•		•		•		
EBPR[①]		•	•	•	•	•	•
后续混凝						•	•
砂滤				•	•		
吸附							•
膜过滤							•

①后续高效沉淀大于 99.9％。

本章的目的是介绍生物除磷的机理，追踪实际生物除磷系统的发展，并为如何设计生物除磷系统制定指南。

为了便于本书中设计指南的撰写，提出的概念都只针对严格的好氧聚磷菌（PAOs），即只能以氧气作为电子受体并产生能量的PAOs。另外还存在一些反硝化聚磷菌，它们可能会对系统的性能产生显著的影响，我们将在适当的地方对其进行讨论。

考虑生物除磷与化学除磷相比具有潜在的优越性，强化生物除磷（EBPR）与除有机物和除氮一体化带动了诸多相关领域的研究，包括生化机理、工艺系统的微生物学、工艺工程和污水处理厂的优化，以及数学模型方面的发展。多年来，各类期刊上经常发表有关EBPR系统的综述（Marais等，1983；Arvin，1985；Wentzel等，1991；Jenkins和Tandoi，1991；Van Loosdrecht等，1997；Mino等，1998；Blackall等，2002；Seviour等，2003，Oehmen等，2007；Gebremariam等，2011；Yuan等，2012；Zheng等，2014；Guo等，2019；Liu等，2019；Nielsen等，2019）。

6.2 强化生物除磷的原理

强化生物除磷（EBPR）是生物过量吸收磷从而去除的活性污泥系统，其磷去除量超过普通完全好氧活性污泥系统，即超出活性污泥生长所需磷的量。而在完全好氧活性污泥系统中，污泥中磷的含量一般只有约为0.02mgP/mgVSS（0.015mgP/mgTSS）。通过每天排出剩余污泥的方式，磷被有效地去除（图6.1）。

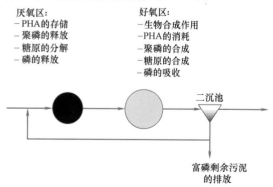

厌氧区：
- PHA的存储
- 聚磷的释放
- 糖原的分解
- 磷的释放

好氧区：
- 生物合成作用
- PHA的消耗
- 聚磷的合成
- 糖原的合成
- 磷的吸收

二沉池

富磷剩余污泥的排放

图6.1 EBPR系统中观察到的PAOs的行为过程（Tchobanoglous等，2003）

用这种方法，多数城市的污水处理都可以达到15%~25%的除磷率。在EBPR活性污泥系统中，污泥含磷量可以从一般情况下的0.02mgP/mgVSS上升至0.06~0.15mgP/mgVSS（0.05~0.10mgP/mgTSS）。这是通过系统设计或操作优化来实现的，除了可以刺激活性污泥中存在的"普通"异养微生物体的生长之外，还可以刺激一类特定微生物体的生长，这些微生物体可以吸收大量的磷，并将它们以聚磷酸盐（poly P）长链的形式储存在细胞内；通常这些微生物体被称为"聚磷菌"（PAOs）。

PAOs可吸收高达0.38mgP/mgVSS（0.17mgP/mgTSS）的磷。在生物除磷系统中，普通异养微生物（OHOs，不过量除磷）和PAOs共存；系统中的PAOs比例越大，活性污泥的磷含量越高，因而被去除的进水中的磷也越多。因此，优化设计的目标是增加活性污泥中的PAOs（相对于OHOs的生物量来说），因为这将增加磷的积累能力，从而提高磷的去除率。两类生物量的相对比例在很大程度上取决于他们在进水中分别获得的可生物降解COD的比例。PAOs获得的可生物降解COD比例越大，污泥中PAOs的比例就越大，EBPR的效果就越明显，如图6.2所示。

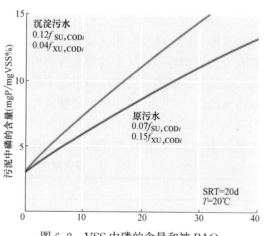

沉淀污水
$0.12 f_{SU,COD_i}$
$0.04 f_{XU,COD_i}$

原污水
$0.07 f_{SU,COD_i}$
$0.15 f_{XU,COD_i}$

污泥中磷的含量（mgP/mgVSS%）

SRT=20d
T=20℃

图6.2 VSS中磷的含量和被PAOs吸收的可生物降解COD的量

优化操作与设计的目标是最大限度地增加系统中PAOs的量。在一个设计合理的EBPR系统中，PAOs可以占VSS总量的15%（TSS总量的 11%），该系统通常在进水 500mgCOD/L 的情况下可除磷 10～12mgP/L。

在最初发表的一些关于活性污泥系统强化除磷的文献中，对强化除磷的机理主要有两种争议，其一是无机化合物形成沉淀（可能是生物诱导的沉降），其二是微生物体内磷化合物的形成和积累作用。本章的主要目的不在于讨论强化生物除磷的依据，而是按照笔者的理解简要地描述除磷机理以及如何有目的地将其应用于活性污泥除磷系统的设计中。这并不意味着不发生由生物作用引起的化学变化，如碱度、pH 值引起的磷的沉淀。这样的无机化学沉淀作用也会发生，但是在设计合理的处理市政污水的活性污泥系统中，当进水中的 pH 值、碱度和钙浓度都处在正常范围内时，强化除磷主要是生物机理产生的效果（Maurer 等，1999；De Haas 等，2000）。

6.3 强化生物除磷的微生物学

自然界中有很多微生物可以积累聚磷，但含量通常都相对较低。近年来，PAO 的一般定义发生了改变，目前认为 PAO 是一类在厌氧条件下以聚磷水解作为主要能量来源从而代谢并储存有机碳源，然后在缺氧或好氧的条件下吸磷并转化为聚磷储存在细胞中的微生物。

经典的 PAO 工艺概念已经存在了许多年，其主要内容包括：在厌氧条件下（缺少额外的电子受体，例如氧气或者硝酸盐）可以水解聚磷，以挥发性脂肪酸（VFAs）为主要碳源，并将其转化为 PHAs 贮存在细胞中；存在电子受体（例如，氧气、硝酸盐或者亚硝酸盐）时，氧化 PHAs 产生能量用于细胞生长和储存聚磷。为了使其定义也包含其他 PAO 的表型，对 PAO 的定义进行了补充，特别是那些基于其他碳源（例如，糖类和氨基酸）能够在厌氧/缺氧（和/或缺氧）的条件下进行生物代谢的聚磷微生物也被定义为 PAO。这表明 PHA 循环并不一定与 VFA 驱动的 EBPR 相关。

多年来，将细菌的微生物特性与其在 EBPR 系统中的功能联系起来一直是一个难题，但随着更加先进的微生物学方法的发展和应用，这一问题得到了解决。较早的时候，对 EBPR 的微生物研究主要依靠微生物培养的方式，人们错误地认为 PAOs 属于 *Acinetobacter* 细菌类（Fuhs 和 Chen，1975；Buchan，1983；Wentzel 等，1986），*Microlunatus phosphovorus* 细菌类（Nakamura 等，1995）或者是 *Lampropedia* 细菌类（Stante 等，1997）。随着非微生物培养研究方法的发展，其他微生物，例如 *Candidatus Accumulibacter phosphatis*（或者 *Accumulibacter*）被发现在 EBPR 系统中发挥着重要的作用。人们普遍认为 β 变形菌门（*Betaproteobacteria*）红环菌属（*Rhodocyclus*）中的一类细菌 *Accumulibacter* 是 EBPR 系统中一类十分重要的聚磷微生物，十分符合经典的 PAO 工艺。荧光原位杂交探针（FISH）结合化学染色检测聚磷酸盐循环等技术表明，该生物体的表型与 PAO 表型一致，在全球的 EBPR 生产性工艺中发挥着重要的作用，同时在以 VFAs 为碳源的实验室小试反应器中能够富集生长（Wagner 等，1994；Hesselmann 等，1999 年；Crocetti 等，2000；Martin 等，2006；Oehmen 等，2007）。经过多年的研究，*Accumulibacter* 在微生物学和生化特性方面是被研究得最透彻的微生物。*Accumulibacter* 类或亚群也已经得到了识别（He 等，2007；Camejo 等，2016），并尝试将其特定特性与观察到的具体代谢行为联系起来（Flowers 等，2009；Oehmen 等，2010；Acevedo 等，2012；Camejo 等，2016，2019；Rubio-Rincon 等，2017，2019）。也有研究提出其他的微生物，如 *Accumulimonas* 和 *Dechloromonas*，其表型也与经典的 PAO 相似，至少在一些实际运行的 EBPR 系统中是相关的（Stokholm-Bjerregaard 等，2017；Wu 等，2019），然而这需要进一步调查以确定这些微生物和其他 PAO 的重要性。

近年来，发现了另一组 PAOs，它们属于 *Tetrasphaera*（Stokholm-Bjerregaard 等，2017；Liu 等，2019；Nielsen 等，2019），在 EBPR 系统中发挥重要的作用。在许多生产性 EBPR 系统中，特别是在某些具体工艺，如侧流污水生物除磷系统（见第 6.6.11 节）中发现，*Tetrasphaera* 有很高的丰度。在 EBPR 系统处于厌氧条件时，*Tetrasphaera* 主要代谢糖和氨基酸，但也观察到其能够摄取某些 VFA（Nguyen 等，2011）。到目前为止，研究表明大多数的 *Tetrasphaera* 不太可能具有 PHA 储存和降解的能力，和 *Accumulibacter* 有很大的不同（Kristiansen 等，2013）。*Tetrasphaera* 很可能是通过其储存的糖类（例如糖原）和某些氨基酸发酵产生的能量来吸收有机碳源，并代替 PHA 的氧化来促进好氧条件下的磷吸收（Kristiansen 等，2013；Nguyen 等，2015）。在厌氧条件下 *Tetrasphaera* 通常也能释放磷，表明聚磷酸盐是厌氧条件下的另一种能量来源。然而，结果也表明，某些基质的发酵可以产生足够的能量来促进厌氧条件下的磷吸收（Marques 等，2017）。目前发现，相比于好氧吸磷，*Tetrasphaera* 这类生物的大多数成员没有显著的反硝化除磷现象，这也不同于先前对 *Accumulibacter* 的发现（Marques 等，2018）。由于 *Tetrasphaera* PAOs 的许多机理存在不确定性，经典 PAO 的表型和特征以及它们如何影响 EBPR 的设计和操作，将在本章余下的章节讨论。

6.4 强化生物除磷的机理

6.4.1 背景

EBPR 系统需要活性污泥中存在能够累积超过其代谢需求的磷的微生物，并以聚磷的形式储存在被称为异染粒的颗粒中的微生物。在本章介绍的设计方法中，活性污泥中所有的聚磷菌均能以这种方式积聚磷酸盐并表现出经典的 EBPR 过程（厌氧磷释放、需氧磷吸收和相关 PHA 生成和消耗过程）。目前尚不清楚其他 PAO（如 *Tetrasphaera*）是否或应该被纳入 EBPR 设计中，因此它们对 EBPR 工艺的影响需要进一步研究。

这些年来有许多研究团队在强化生物除磷（EBPR）的机理研究上作出了重要贡献，其中包括 Fuhs 和 Chen（1975），Nicholls 和 Osborn（1979），Rensink（1981），Marais 等（1983），

Comeau 等（1986），Wentzel 等（1986，1991），Van Loosdrecht 等（1997），Mino 等（1987，1994，1998），Kuba 等（1993），Smolders 等（1994a，b，1995），Maurer 等（1997），Seviour 等（2003），Martin 等（2006），Oehmen 等（2007），Lopez-Vazquez 等（2009b），Oyserman 等（2016），Fernando 等（2019），Rubio-Rincon 等（2019），和 Nielsen 等（2019）。在本节中，会介绍生物除磷更复杂机理模型的基本概念。而更为详细的机理介绍，请读者参考上面提到的文献。

6.4.2 前提条件

如上文所述，为了在活性污泥系统中实现生物强化除磷，必须促进能够积累多聚磷酸盐的微生物（PAOs）的生长。想要实现这一点，存在两个必要的前提条件：①厌氧再好氧（或缺氧）的顺序反应条件；②在厌氧条件下投加或生成 VFAs。

6.4.3 观测结果

在具备进行 EBPR 的先决条件存在时，在生产性、中试、实验室小试工艺系统观察到了以下结果，如图 6.3 所示。

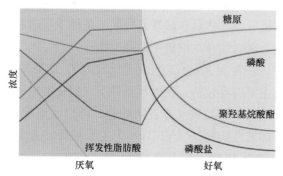

图 6.3 EBPR 系统中挥发性脂肪酸（VFA）、磷酸盐、聚磷酸盐、聚 β 羟基烷酸酯（PHA）和糖原在厌氧好氧反应器中的浓度随时间变化的示意图

厌氧条件下，混合溶液的 VFAs 和胞内聚磷酸盐减少时，可溶性磷酸盐、Mg^{2+}、K^+ 和胞内 PHA 则增加（Rensink，1981；Hart 和 Melmed，1982；Fukase 等，1982；Watanabe 等，1984；Arvin，1985；Hascoet 等，1985；Wentzel 等，1985，1988；Comeau 等，1986，1987；Murphy 和 Lötter，1986；Gerber 等，1987；Satoh 等，1992；Smolders 等，1994a；

Maurer 等，1997）。在许多情况下，糖原也会减少，尽管这不是一个必然条件（见 6.4.4 节）。

好氧条件下：细胞内聚磷酸盐增加；可溶性磷酸盐、Mg^{2+}、K^+ 和胞内 PHA 减少（Fukase 等，1982；Arvin，1985；Hascoet 等，1985；Comeau 等，1986；Murphy and Lötter，1986；Gerber 等，1987；Wentzel 等，1988a；Satoh 等，1992；Smolders 等，1994b；Maurer 等，1997）。糖原在大多数情况下也会生成。

6.4.4 生物除磷的机理

在 EBPR 的机理描述中，能够聚磷的聚磷菌（PAOs）和不能聚磷的普通异养菌（OHOs）之间有明显的区别。在厌氧/好氧顺序的反应器中，VFAs 随进水进入到厌氧反应器或者通过发酵菌在厌氧反应器中生成。

6.4.4.1 厌氧反应器中的反应

在厌氧条件下，PAOs 中所发生的反应可以

用以下三种模型描述：①一个简化的生化模型（图 6.4）；②一个明确表示了能量、碳源的来源和使用途径的生化模型（图 6.5）；③一个在以醋酸盐为唯一碳源，泥龄为 8d，温度为 20℃进行的富集培养生长过程中得到的定量模型（图 6.6）。

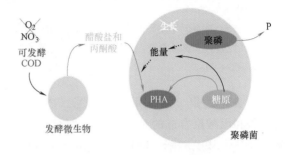

图 6.4 厌氧条件下 PAOs 中所发生反应的简化生化模型：来自进水或者厌氧反应器中发酵菌产生的 VFAs 在厌氧段被 PAOs 吸收，储存为 PHAs，同时释放磷酸盐

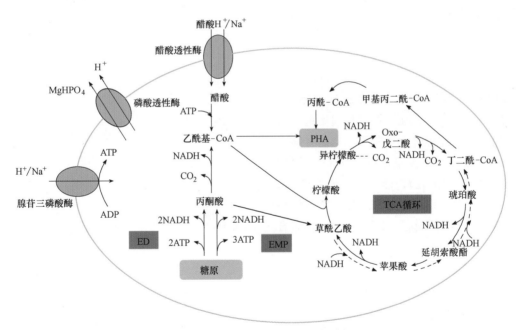

图 6.5 *Accumulibacter* 的厌氧代谢途径和基质摄取机制。醋酸盐通过细胞膜被吸收，运输所需的能量由质子（H^+）或钠（Na^+）流出产生，不同生物体的 H^+ 或 Na^+ 流出由不同的酶促进。除乙酸盐运输外，还显示了 ATP 和 NADH 的产生（和消耗）过程，包括磷的释放、糖酵解和某些 PAO 进行的氧化和还原 TCA 循环途径（Oehman 等，2010）

由于缺少氧气和硝酸盐等外加电子受体，OHOs 不能利用 VFAs，而 PAOs 能够吸收溶液中的 VFAs，将 VFAs 连接在一起形成复杂的长链碳分子聚β羟基烷酸酯（PHAs），并将它们

储存在体内。两种最常见的 PHAs 分子是聚β羟基丁酸酯（PHB：2 个乙酸聚合成的 4 个碳原子化合物）和聚β羟基戊酸酯（PHV：由乙酸和丙酸聚合成的 5 个碳原子的化合物）。有时也

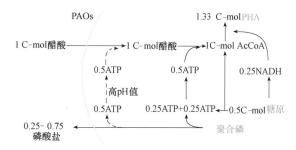

图 6.6 厌氧条件下 PAOs 生化代谢数学模型（Smolders 等，1994a）。实验参数：醋酸盐为唯一碳源，$T=20℃$，$SRT=8d$

会存在少量的聚 β 羟基甲基戊酸酯（PH$_2$MB：由乙酸和丙酸聚合成的 5 个碳原子的化合物）和聚 β 羟基甲基戊酸酯（PH$_2$MV：由 2 个丙酸聚合成的 6 个碳原子的化合物）。

从 VFAs 到 PHAs 的生成过程中，有三个过程需要能量：VFAs 通过细胞膜的主动运输、VFAs 与辅酶 A（如乙酰辅酶 A）的结合过程以及 PHA 生成过程中的还原能量（NADH）。聚磷酸盐的降解过程与 AMP 向 ADP 转化有关，在磷酸激酶的作用下，2mol ADP 转化为 ATP 和 AMP（van Groenestijn 等，1987），细胞利用 ATP 将聚磷以正磷酸盐的形式释放到细胞外，聚磷酸盐的反离子（钾、镁）在细胞内聚集。这些化合物的存在可能促进电子转移，从而有助于醋酸盐的吸收或者产生少量额外的 ATP。据观察（Smolders 等，1994a），随着 pH 值的升高，吸收醋酸盐所需要的能量也逐渐增加。这可能与醋酸盐运输所需的能量随 pH 值升高而增加有关。ATP 主要用于将醋酸盐和丙酸盐向乙酰基辅酶 A 和丙酰基辅酶 A 转化。糖原降解会生成 ATP 及 NADH，最终转化为乙酰基-CoA（或丙酰基辅酶 A）。然而，在某些情况下观察到糖原降解产生的 ATP 和 NADH 可以分别被额外的聚磷酸降解和厌氧 TCA 循环所消耗（Zhou 等，2010；Majed 等，2012；Lanham 等，2013）。最终，乙酰基辅酶 A 和丙酰基辅酶 A 储存在 PHA 内（Comeau 等，1986；Wentzel 等，1986；Mino 等，1998；Smolders 等，1994a；Martin 等，2006；Oehmen 等，2007；Saunders，2007）。

因此，厌氧反应器中的 PAOs 在厌氧条件

下能够利用水中所有的 VFAs，而 OHOs 不能利用这些 COD。为了吸收 VFAs 需要消耗部分储存的聚磷酸盐，并以正磷酸盐的形式释放到溶液中。为了稳定聚磷酸盐上的负电荷，阳离子 Mg^{2+}、K^+，有时还有 Ca^{2+} 被络合。当聚磷酸盐被消耗和磷被释放时，Mg^{2+} 和 K^+ 将以摩尔比 $P：Mg^{2+}：K^+=1：0.33：0.33$ 的比例同时释放到溶液中（Comeau 等，1987；Brdjanovic 等，1996；Pattarkine 和 Randall，1999）。

6.4.4.2　好氧反应器中的反应

在氧（或在缺氧条件下的硝酸盐）作为外加电子受体的情况下，PAOs 利用储存的 PHA 作为碳源和能量来源以供自身细胞的生长，并用于形成在厌氧段所消耗的糖原（图 6.7 和图 6.8）。

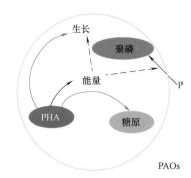

图 6.7　好氧（或缺氧）条件下 PAOs 的简化生化代谢模型

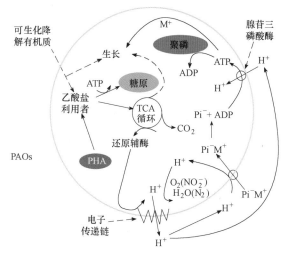

图 6.8　好氧（或缺氧）条件下 PAOs 的生化代谢模型（Comeau 等，1986）

储存的 PHA 被用作能量源，从溶液中吸

收 P，再造和补充厌氧反应器中消耗的聚磷酸盐，并在新生成的细胞中合成更多的聚磷酸盐。

在新细胞中吸收磷并合成聚磷酸盐意味着在厌氧反应器中吸收的磷多于释放的磷，即在活性污泥系统中实现液相中磷的净去除。伴随着磷的吸收，阳离子 Mg^{2+} 和 K^+ 将以摩尔比 P：Mg^{2+}：K^+ =1：0.33：0.33 的比例被吸收，以中和聚磷酸盐表面的负离子。携带着储存了聚磷酸盐的 PAOs 通过剩余污泥的排放从污水处理系统中的好氧反应器中去除（在反应器中，PAOs 内部储存的聚磷酸盐的含量是系统中最高的。剩余污泥也可从污泥回流的管道直接排放，但这个方式无法很好地控制污泥龄，见第 4 章）。在稳定状态下，系统中每天产生的 PAOs 量（含储存的聚磷酸盐）与剩余污泥中排出的 PAOs 量（含储存的聚磷酸盐）相等。因此，在污泥龄、污泥负荷和系统运行固定的情况下，生物反应器中 PAOs 的质量保持不变，使

得活性污泥系统在稳定状态下，PAOs 的量既不减少也不增加，P/VSS 的比例基本保持不变。新生成的 PAOs 量取决于系统中储存的可用于 PAOs 生长的基质（PHA）的量。因此，生物除磷的效率将取决于厌氧反应器中储存的 PHA 的量。

6.4.4.3　厌氧-好氧 PAOs 生化定量模型

图 6.9 显示了一个在厌氧、好氧条件下 PAOs 的定量模型。该模型是根据一个在 SRT 为 8d、pH 值为 7.0、以醋酸盐为唯一碳源得到的富集培养菌群的系统确定的（Smolders 等，1994a，b）。在厌氧条件下，PAOs 吸收进水中的醋酸盐同时释放磷酸盐，其能量来自聚磷酸盐和糖原降解，导致 PHB（或 PHA）的形成和一些 CO_2 的产生。在好氧条件下，聚磷酸盐、糖原和生物质的合成以及细胞的维持都要消耗氧气。在排放剩余污泥维持 SRT 的情况下，每消耗 1mol 碳当量的醋酸盐，就会有 0.04mol 的 P 以聚磷酸盐的形式被除去。

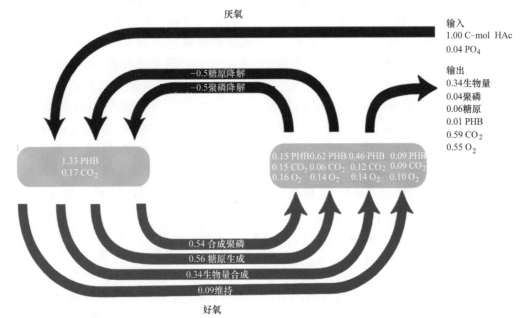

图 6.9　厌氧和好氧条件下 PAOs 的量化模型（Smolders 等，1994b）。每 mol 碳当量的醋酸盐相当于 0.5mol 醋酸盐。因此，1C-mol 醋酸盐相当于 32gCOD。所有其他碳化合物的浓度均以 C-mol 为单位

6.4.5　可发酵 COD 和慢速生物降解 COD

如上所述，在厌氧条件下，PAOs 只能储存 VFAs（S_{VFA}）。然而，一些 VFAs 含量极低的废水也能表现出很好的 EBPR 效果，这与快速生物降解的 COD（S_S）有关，它由 S_{VFA} 和可

发酵 COD（S_F）共同组成（Siebritz 等，1983；Wentzel 等，1985；Nicholls 等，1985；Pitman 等，1988；Wentzel 等，1990；Randall 等，1994）。因此可以认为进水中的 VFAs 和由 S_F 发酵得到的 VFAs 可被 PAOs 厌氧储存。

对于慢速生物降解 COD（X_S），尽管它可以在厌氧条件下水解成可快速生物降解 COD，但没有研究表明它与厌氧释磷有关。这方面是至关重要的，因为它将影响生物营养去除（BNR）系统的设计和运行，如确定厌氧反应器的尺寸和数量，包括初级沉淀和可实现的最大程度的 EBPR。在本设计章节中，通过实验证明了 EBPR 与 S_S 的关系，因此认为 X_S 大量向 VFAs 的转化是不太可能的。因此，当产生 VFAs 时，主要是由于可快速生物降解 COD。这种考虑有一个例外情况，当厌氧反应区前设有初级污泥发酵工艺时，有利于将一些 X_S 水解成 S_S 和 VFAs。

6.4.6 厌氧区的功能

从上述机理描述可知，以典型的生活废水为进水时，厌氧反应段有以下两个功能：

（1）刺激异养微生物将可发酵 COD 转化为 VFAs，即兼性酸化发酵。

（2）使 PAOs 吸收 VFAs，并以 PHA 的形式储存起来。实际上，这一过程使 PAOs 能够在 OHOs 无法获得基质的条件下（无外部电子受体，厌氧）吸收并储存一些基质。当外来电子受体可用时（缺氧/好氧），PAOs 不必与 OHOs 竞争基质。

以上两种过程，前者进行缓慢并决定了厌氧反应区的尺寸。如果初级污泥发酵在处理厂实施，第一个过程就不需要很长时间，并且可以减小厌氧反应区的尺寸。

6.4.7 回流到厌氧区的氧气和硝酸盐的影响

正如许多研究者（例如 Barnard，1976a，1976b；Venter 等，1978；Rabinowitz 和 Marais，1980；Hascoet 和 Florentz，1985）指出的，回流到厌氧区的氧气和/或硝酸盐会导致 EBPR 运行效果下降。根据上述机制，如果氧气和/或硝酸盐被回流到厌氧区，OHOs 能够将氧气或硝酸盐作为外部电子受体，利用易生物降解的 COD 作为能量生长。每回流 1mgO_2 到厌氧区，消耗 3mg 易生物降解 COD（RBCOD）；每回流 1mg NO_3-N，OHOs 消耗 8.6mg 可发酵 COD。每 1mg 氧气消耗 3mg S_F 的比率来自每 mg COD 消耗产生 0.67mg VSS-COD 的净产量，其余 0.33mg 用于与氧气产生能量。因此，每消耗

1mg 的氧气便消耗 3 倍的 S_F。同样，考虑到 1mg 硝酸盐相当于 2.86mg 氧气，即去除每 1mg NO_3-N 消耗 8.6mg COD。

消耗掉的易生物降解的 COD 不能再被 OHOs 转化为 VFAs，因此，由于 OHOs 消耗了部分 RBCOD，生成和释放到溶液中的 VFAs 数量就减少了。因此，PAOs 可用于储存的 VFAs 的质量也减少了，造成磷的释放、吸收和净磷去除也相应减少了。

如果进水的 RBCOD 包含 VFAs、氧气和/或硝酸盐，那么 PAOs 和 OHOs 将会争夺 VFAs，PAOs 摄取并储存 VFAs，而 OHOs 将代谢 VFAs。即使在这种情况下，氧和/或硝酸盐的循环也会降低 EBPR。因此，防止氧和硝酸盐循环到厌氧区是 EBPR 系统设计和运行过程的主要考虑因素之一（Siebritz 等，1980）。

6.4.8 PAOs 的反硝化作用

PAOs 在缺氧条件下反硝化吸磷的程度变化很大（Ekama 和 Wentzel，1999），可以几乎不进行缺氧吸磷（例如 Clayton 等，1991），也存在缺氧吸磷超过好氧吸磷的现象（例如 Sorm 等，1996）。有实验表明，缺氧吸磷的程度受到缺氧区污泥浓度和硝酸盐负荷的影响（Hu 等，2001，2002）。只有部分 PAOs 能够完全反硝化，将硝酸盐还原为氮气（Camejo 等，2016，2019）。而大多数的 PAOs 似乎只能够将亚硝酸盐还原为氮气，而硝酸盐转化为亚硝酸盐可以通过其他微生物进行（Rubio-Rincon 等，2017，2019）。

从设计的角度出发，应当认定缺氧吸磷不显著。缺氧吸磷降低了系统中的除磷量（Ekama 和 Wentzel，1999），从优先考虑最大限度除磷的设计角度来看，系统中应避免缺氧吸磷。因此，在本设计章节中将不考虑缺氧吸磷。然而必须强调的是，由于 PAOs 对 RBCOD 的厌氧储存，当系统中有厌氧反应区，反硝化动力学确实发生了变化。

6.4.9 进水 COD 组分与污泥组分的关系

上述污水的 COD 组分和污泥的各种有机组分（活性、内源性、惰性污泥组分）的关系如图 6.10 所示。

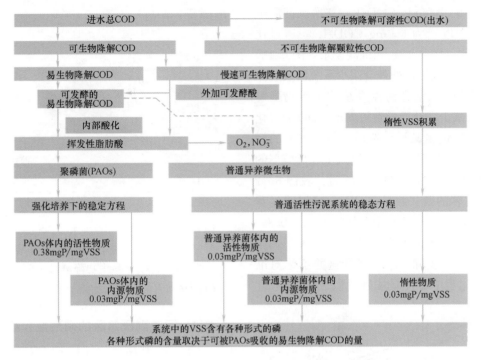

图 6.10 不同进水 COD 组分与活性、内源性和惰性污泥质量的关系

6.5 不同因素对 EBPR 运行效果的影响

6.5.1 总进水 COD（COD_i）

如前所述，由于总进水 COD 中包含 PAO 在 EBPR 系统中所需的主要基质，因此它对 EBPR 系统的运行效果有直接的影响。为了说明总进水 COD 对 EBPR 工艺运行的影响，我们利用了第 6.8 节中介绍的化学计量稳态模型，绘制了不同污泥龄下进水总 COD 浓度［500mg/L

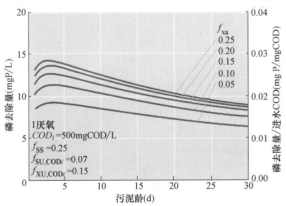

图 6.11 不同厌氧质量分数（f_{xa}）下磷去除量与污泥龄的关系（单级厌氧反应器，处理未沉淀废水，总 COD 为 500mgCOD/L）

（图 6.11）和 1000mg/L（图 6.12）〕对磷去除过程的影响。为了便于对比不同进水 COD 浓度对系统的影响，将右轴设置为磷去除量/COD_i。由两图可知，随着 COD_i 的增加，磷的去除效率（即磷去除量/COD_i）随之增加。这是由于可发酵 COD 浓度变大（进水 RBCOD 比例常数 $f_{SS}=0.25$），OHO 增多，导致 COD_i 转化增加。

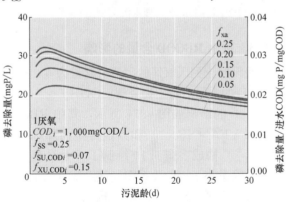

图 6.12 不同厌氧质量分数（f_{xa}）下磷去除量与污泥龄的关系（单级厌氧反应器系，处理未沉淀废水，总 COD 为 1000mgCOD/L）

6.5.2 沉淀与未经沉淀废水的影响

沉淀废水对磷去除量的影响如图 6.13 所示，其显示的是不同 f_{xa} 下磷去除量与污泥龄的关系

（进水 COD_i 为 1000mg COD/L，初次沉淀后进水 COD_i 的浓度变为 600mg COD/L）。通过比较未沉淀废水（图 6.12）和沉淀废水（图 6.13）的磷去除量，发现沉淀处理会减少系统的磷去除量。这是因为进入活性污泥系统的可生物降解 COD 的含量减少，从而导致可发酵 COD 的转化量和 OHO_s 生成量减少。然而，与未沉淀的污水相比，经沉淀处理后的污水进入生物反应器的单位 COD 的磷去除量要更高。通过比较图 6.12 和图 6.13 右轴的磷去除量/COD_i，可以明显看出这一点。这是因为沉淀后的废水（$f_{SS}=0.38$）的 $S_{S,i}/COD_i$ 高于未沉淀废水（$f_{SS}=0.25$，假设沉淀过程不会去除 $S_{S,i}$。尽管这并不绝对准确，但沉淀过程中 $S_{S,i}$ 的去除量似乎很小）。

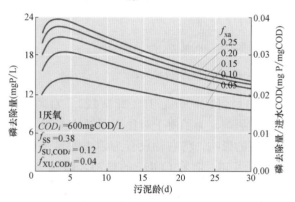

图 6.13　不同厌氧质量分数（f_{xa}）下磷去除量与污泥龄的关系（单级厌氧反应器，处理沉淀废水，总 COD 为 600mgCOD/L，图 6.12 处理未沉淀废水）

6.5.3　进水 RBCOD 含量的影响

假设回流到厌氧区的硝酸盐含量为零，进水 RBCOD 的含量对可生物降解 COD（$f_{SS}=S_{S,i}/COD_{b,i}$）的影响如图 6.14 所示，其中 RBCOD 由进水 VFA（$S_{VFA,i}$）和其他可生物降解有机物（$S_{F,i}$）构成。图 6.14 绘制了一个系统的理论磷去除量与 f_{SS} 的关系图，该系统有两个串联的厌氧反应区［SRT 为 20d，厌氧质量分数 f_{xa}（相对于总质量；$f_{xa}=X_A V_A/X_{TSS} V_R$）和废水特性，如图 6.14 所示］。对于一个选定的 f_{xa}，RBCOD 含量（f_{SS}）增加，磷的去除率也增加。综上所述，通过初级污泥酸性发酵或投加外部碳源可以增加 RBCOD 的可用性，从而提高磷的去除效率（Pitman 等，1983；Barnard，1984；Osborn 等，1989；Vollertsen 等，2006；Bar-

nard 等，2017）。

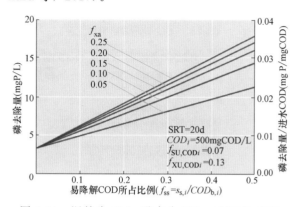

图 6.14　泥龄为 20d，进水为 500mgCOD/L 未经沉淀处理污水的二级串联厌氧反应系统中，磷的预计去除量与 f_{SS}（易生物降解 COD 在可生物降解 COD 中所占的比例）之间的关系

6.5.4　回流到厌氧区的硝酸盐和氧气的影响

图 6.15 利用化学计量 EBPR 模型描述了回流到厌氧区的硝酸盐对反应系统的影响，图中绘制了理论磷去除量与回流到系统中的硝酸盐浓度的关系（一个二级串联厌氧反应器，循环比为 1：1，SRT 为 20d，f_{xa} 与废水特性如图所示），从图中可以看出回流的硝酸盐对磷的去除量有明显的负面作用（和许多实验观察到的现象相同）。随着回流到厌氧区的硝酸盐浓度的增加，磷的去除量下降，解释如下：

如果氧气和/或硝酸盐回流到厌氧反应器中，$OHOs$ 不再将可发酵的 COD 转化为 VFAs，而是利用氧气或者硝酸盐作为外部电子，将可发酵的 COD 转化为碳源和能量用于自身的生长。每

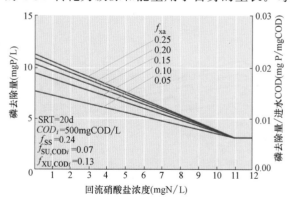

图 6.15　不同厌氧质量分数（f_{xa}）下，磷的去除量与回流到厌氧区的硝酸盐浓度的关系（二级厌氧反应器，污泥龄为 20d，回流比 1：1，处理未沉淀废水 500mgCOD/L）

回流 1mgO$_2$ 或者 1mgNO$_3^-$-N 到厌氧区中，可分别利用 3.0 或 8.6mgCOD。因此，氧气和/或硝酸盐进入厌氧区，会减少 PAOs 存储的 VFAs 的含量，从而减少了磷的释放、吸收和去除。

从图 6.15 可以看出，当回流的硝酸盐浓度超过 11mgN/L 时，磷的去除率保持在约 3mgP/L；在这种情况下，该废水所有的进水 RBCOD 都被 OHOs 反硝化，导致没有 VFAs 产生，因此 PAOs 无法利用 COD，EBPR 不再发生；而废水中磷的去除是由于微生物正常的生物代谢产生的（0.03mgP/mgVSS）。当进水 RBCOD 浓度升高或降低时，能够完全消耗 RBCOD 的回流硝酸盐也会相应降低或升高，且低于 11mgN/L（在循环比不变的情况下）。

从图 6.15 可以清楚地看出，所有 EBPR 设计中的一个主要方向是尽量减少氧气和硝酸盐回流到厌氧区。在硝化作用必须存在及硝酸盐必不可少时，应开发特定的工艺来避免这种情况，例如完全反硝化作用，或在厌氧反应器前设计一个小的缺氧区。

6.5.5 SRT 的影响

使用典型的城市污水原水，根据总进水 COD 为 250mg/L 的特征，并假设没有硝酸盐回流到厌氧区且回流比为 1:1，在厌氧污泥质量比例 f_{xa} 分别为 0.05；0.10；0.15；0.20 和 0.25 时，磷去除率与污泥龄的关系如图 6.16 所示。该图还显示了磷去除量/COD_i。

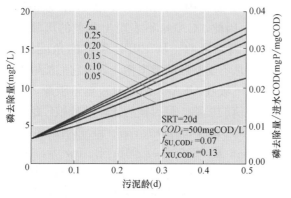

图 6.16　单级厌氧反应器处理总 COD 为 250mgCOD/L 的未沉淀废水时，不同厌氧质量分数（f_{xa}）下磷去除量与污泥龄的关系

图 6.16 表明，SRT 对除磷的影响是复杂的。当 SRT 小于 3d 时，磷去除率随 SRT 的增加而增加。然而，SRT 大于 3d 时，磷去除率随 SRT 的增加而降低。其原因是 SRT 增加导致体系内 OHO 质量增加，而 OHO 质量的增加又导致可发酵 COD 的转化量增加，从而导致磷释放量和磷吸收量增加。然而，SRT 的增加也导致了磷摄入的减少，这是由于每天排出的 PAO 活性物质的量（及其相关磷含量）降低了。在 SRT 小于 3d 时，磷去除主要是前者的作用，而在 SRT 大于 3d 时，磷去除主要依赖后者的作用，如图 6.16 的曲线所示。后者的效应，即随着 SRT 的增加 PAO 和 OHO 活动物质减少，其主要受 PAOs 特定内源呼吸率的影响。如果 PAOs 的内源呼吸率（0.04d^{-1}）与 OHOs（0.24d^{-1}）相同，工艺系统中就无法产生 EBPR。

在 EBPR 系统中，好氧污泥的停留时间对系统的运行有重要的影响，因为好氧转化过程有助于补充细胞内的聚合物。这是因为细胞中的三种聚合物（PHA、聚磷酸盐和糖原）是高度动态的，由它们在厌氧和好氧（或缺氧）阶段的转化决定。活性污泥中 PHA 的含量取决于反应器中的污泥浓度。而污泥浓度可以通过控制基质负荷和 SRT 来控制。厌氧 PHA 的产生取决于系统中基质的负荷，而好氧 PHA 的消耗取决于生物量内的 PHA 水平和四种 PHA 利用过程的动力学。厌氧条件下形成的 PHA 必须在好氧阶段消耗，否则，细胞中的 PHA 水平将增加，直到达到最大水平，导致厌氧条件下不发生基质吸收，EBPR 过程恶化。

在用于去除有机物和氮的活性污泥系统中，SRT 与微生物的生长速率直接相关；系统所需最小 SRT 对应最大生长速率（SRT$_{min}$ = 1/μ_{max}）。然而，在细胞内储存的内源物质对细菌代谢起重要作用的 EBPR 系统中，总 SRT$_{min}$（被定义为所需最小厌氧和需氧 SRT 的总和：SRT$_{min,total}$ = SRT$_{min,an}$ + SRT$_{min,ox}$）的测定取决于工艺动力学速率和许多工艺条件，尤其是厌氧 RBCOD 转化为 PHA、好氧或缺氧条件下消耗 PHA 所需的时间、生物量比基质负荷率、温度、系统运行以及细胞最大 PHA 含量。由于微生物生长只发生在有氧条件下（这里只考虑有氧 EBPR 过程），因此只有 SRT$_{min,ox}$。显然存在一个最短的好氧氧化时间，如果短于该时间值，那么厌氧产生的 PHA 不能进一步氧化。目前已经开发出了一个根据工艺参数来预测最小有氧 SRT 的模型，并与用于评估 SBR 系统中 EBPR 若干操作方面的实验数据（Brdjanovic 等，1998b）。该模型被证明能够很好地描述它们（图 6.17）。

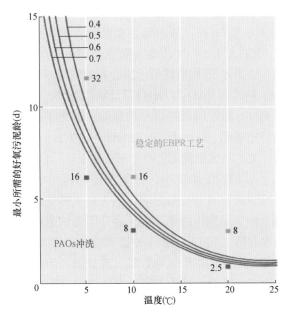

图 6.17 在富集培养生物量（0.4～0.7gCOD-PHA/gCOD-活性生物量）和一定温度下，最小 SRT 与最大 PHA 贮存量的函数关系。曲线表示的是几个实验室规模下的 SBR 系统中好氧区泥龄与 PHA 贮存量之间的关系（Smolders 等，1994c；Brdjanovic 等，1998b）。圆点标记的数字表示系统的总 SRT。蓝色表示效果理想的 EBPR 系统。红色表示由于 SRT 太短导致 EBPR 系统运行失败

6.5.6 厌氧阶段的影响

6.5.6.1 厌氧质量分数（f_{xa}）的影响

f_{xa} 对磷去除的影响如图 6.16 所示。对于选定的 SRT，f_{xa} 的增加会导致磷去除量的增加，这是由于厌氧质量分数较大时，可发酵 COD 的转化率会提高。磷去除遵循动力学一级反应，其增加与 COD 发酵不同。从图中可以看出，对于单个厌氧反应器，应该选择 f_{xa}＞0.15，因为当 f_{xa}＞0.20 时，磷的去除率不能得到保证。

6.5.6.2 厌氧反应器数量（n）的影响

厌氧反应器的细分效果如图 6.18 所示，该图类似于图 6.11，但厌氧区被细分为两个相等

的区域。比较图 6.11 和图 6.18 中的磷去除过程，厌氧区的分区运行显著提高了磷的去除率。这是由于转换遵循动力学一级反应，在串联厌氧反应器中运行提高了可发酵 COD 的转化率。通过对单级、二级、四级串联厌氧反应器之间的比较，磷去除量的增加主要是发生在单级串联厌氧反应器到二级串联厌氧反应器的过程中。在设计时，应至少设计二级串联。

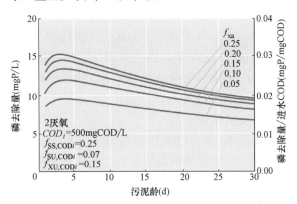

图 6.18 各种厌氧质量分数（f_{xa}）下的磷去除量同泥龄之间的关系，二级串联厌氧反应器，进水总 COD 为 500mgCOD/L，其特性如图所示（图 6.11 为单级串联厌氧反应器系统）

6.5.7 GAOs 的存在

聚糖菌（GAOs）的生物代谢和聚磷菌（PAOs）相似。然而，与 PAOs 不同的是，GAOs 只能依靠其细胞内的糖原分解以获得能量和碳源，从而转化 VFAs，并将其以 PHA 的形式储存在细胞内（Filipe 等，2001a；Zeng 等，2003）。因此，GAOs 不表现出典型的厌氧磷释放和好氧磷吸收。从 EBPR 工艺的角度来看，GAOs 是不受欢迎的微生物，因为它们能够在厌氧条件下吸收 VFAs，与 PAOs 竞争碳源，并不会促进磷的去除。到目前为止，两种被广泛熟知的 GAO 是 *Competibacter* 和 *Defluviicoccus*（Oehmen 等，2006a，2006b；Burow 等，2007；Lanham 等，2008）。这两种 GAO 能够在某些特定的环境和操作条件下与 PAO 竞争，如本节和以下小节所述。

不同的工艺运行和环境条件是影响 PAO 与 GAO 竞争的重要因素：碳源的种类（醋酸盐和/或丙酸盐）、pH 值、温度和进水 P/COD 的比率。碳源的种类在 PAOs 和 GAOs 的竞争中

起着重要的作用，因为迄今为止不同的 PAO 和 GAO 具有不同的偏好、亲和性和基质吸收率。然而，总体而言，不同 VFAs 的组合（例如 75％HAc 和 25％HPr）倾向于被 PAO 利用而不是 GAO（Lopez-Vazquez 等，2009b；Carvalheira 等，2014）。这种观测结果已在拥有更广泛的碳源和氨基酸混合物的大规模系统中得到证实，即使在高温下 EBPR 过程也能得到较好的效果（Qiu 等，2019）。

pH 值对 PAOs 和 GAOs 的厌氧代谢有重要影响。在较高的 pH（＞7.0）时，通过细胞膜运输基质所需的 ATP 更多（Smolders 等，1995；Filipe 等，2001a）。这促进了细胞内储存的聚磷和糖原的利用。不同的报道已描述了 PAOs 在高 pH 值时（pH＞7.25）占主导地位时，EBPR 工艺性能稳定；而 GAOs 在低 pH 值时（pH＞7.25）时，EBPR 占优势地位（Filipe 等，2001a，2001b；Schuler 和 Jenkins，2002；Oehmen 等，2005a）。这些观察表明，在较高的 pH 下，糖原的水解可能是 GAOs 生物代谢中的限制步骤，或者是 PAOs 比 GAOs 在生物代谢上更有优势，因为 PAOs 不仅依赖于糖原的水解，还依赖于聚磷的水解（Filipe 等，2001a）。

温度对活性污泥系统中 PAOs 和 GAOs 的竞争和存在有重要影响。在中低温（＜20℃）下，PAOs 往往是优势微生物，与 GAOs 相比具有生物代谢优势，高温时则相反（＞20℃）。这是由于在低温时，与 GAOs 相比，PAOs 的增长速率更高（Lopez-Vazquez 等，2008b，2008d），厌氧维持的要求也更低（Lopez-Vazquez 等，2007）。这些因素可能限制了 GAOs 在低温运行的污水处理系统中生长（Lopez-Vazquez 等，2008a）。可是，当水温高于 20℃ 时，GAOs 比 PAOs 有更高的基质吸收速率（Wang 等，2006；Lopez-Vazquez 等，2007），从而有利于 GAOs 的生长。然而，即使在较高水温下，高 pH 值水平以及更广泛的碳源和氨基酸的混合物似乎给 PAO 带来了竞争优势（Wang 等，2007；Lopez-Vazquez 等，2008c；Qiu 等，2019）。

6.5.8 碳源

为了获得高度富集的 PAO 菌群，一些碳源已用于实验室规模的生物反应器的操作（Jeon 和 Park，2000；Jeon 等，2001；Oehmen 等，2004，2007；Puig 等，2008）。由于醋酸盐和丙酸盐在污水进水中的含量很高，因此研究人员非常重视使用醋酸盐和丙酸盐作为唯一碳源（Oehmen 等，2004，2007）的情况。然而，事实证明，由于 GAO 的生长和增殖（如 *Comptibacter* 或 *Defluviicoccus*），仅使用醋酸盐或丙酸盐作为单一碳源会导致 EBPR 过程不稳定（Oehmen 等，2006a，2006b；Burow 等，2007；Lanham 等，2008）。鉴于 PAO 以相对相似的动力学速率吸收醋酸盐或丙酸盐，Oehmen 等（2006a）和 Lu 等（2006）建议定期交替使用这两种碳源，使 PAO 在与 GAO 的竞争中取得优势，并获得高度富集的 PAO 菌群。通过应用生物代谢模型，Lopez-Vazquez 等（2009）预测，通过使用含有 75％的醋酸盐和 25％的丙酸盐的进水可以获得富集的 PAO 菌群（*Accumulibacter*）。在 Lopez-Vazquez 等（2009）的研究之后，Carvalheira 等（2014）进行了一项长期培养研究，证实 75％的醋酸盐与 25％的丙酸盐确实可以形成高度富集的 PAO 菌群（＞80％，根据 FISH 分析）。

除了使用醋酸盐和丙酸盐外，还测试了其他碳源，例如葡萄糖、乳酸和醇类（Jeon 和 Park，2000；Jeon 等，2001；Puig 等，2008）。关于只供给葡萄糖的实验结果有些矛盾，一些研究表明，葡萄糖可能会导致 EBPR 过程的恶化，因为其他有机体通过吸收葡萄糖并将其作为糖原储存在细胞内而与 PAO 竞争（Griffiths 等，2002；Xie 等，2017）。但其他研究表明，葡萄糖可以在 EBPR 工艺的厌氧阶段发酵并产生 VFA，从而获得稳定的 EBPR 工艺性能。同样，只要厌氧阶段足够长以利于其发酵，乳酸或酒精的供应似乎与稳定的 EBPR 性能有关（Jeon 和 Park，2000；Jeon 等，2001；Puig 等，2008）。此外，Tu 和 Schuler（2013）证明，在低的碳源浓度下 PAO 对碳的吸收亲和力高于 GAO。然后，在厌氧阶段，如果发酵产物在絮凝体内形成，则 PAO 的较高亲和力可帮助它们在碳源产生时立即吸收，从而对 GAO 造成损害。这些观察结果强调厌氧阶段的体积必须足够大以促进有利于 PAO 的碳源的发酵。

除了可用的 VFA 和其他可发酵化合物的存

在外，在原始废水中也存在氨基酸。它们的发酵和消耗与 *Tetrasphera* 的生长和增殖有关（Nguyen 等，2011；Marques 等，2017；Liu 等，2019），这似乎能够促进磷的去除，但其生物代谢与 *Accumbacterbacter* 不同（Liu 等，2019）。虽然它们对 EBPR 过程的实际作用（作为发酵生物和潜在 PAO）仍在研究中（Liu 等，2019；Rubio-Rincon 等，2019），但它们的存在与 EBPR 工厂的稳定运行有关。

在生产性的污水处理厂中，为了确保 PAO 具有足够的碳源来执行 EBPR 工艺，Zeng 等人已经评估了向反应器中添加糖浆的情况（Zeng 等，2006），结果表明提高丙酸盐的利用率可以改善 EBPR 过程的稳定性。此外，如第 6.6 节所述，已经开发了某些工艺，如通过发酵 RAS（一小部分）来促进 VFA 的自产（Vollertsen 等，2006；Barnard 等，2017）。这种方法提高了不同种类 VFA 的可用性（Vollertsen 等，2006），并且提高了 EBPR 的性能。另外，在一个高温下运行的生产性的污水处理厂中（Ong 等，2014；Qiu 等，2019），尽管高温往往不利于 EBPR 过程，但不同碳源和氨基酸的广泛可用性也促进了 EBPR 过程的稳定（Lopez-Vazquez 等，2009）（如第 6.5.11 节所述）。总体而言，与使用单一碳源相比，使用不同种类的 VFA 和碳源更有助于提高 EBPR 工艺的稳定性。

6.5.9 进水 P/COD 比例

影响 PAO 代谢的另一个因素是进水中 P/COD 比例。一些研究表明，高的 P/COD 比例有利于 PAO 的代谢，而低的 P/COD 比例有利于 GAO 的代谢；Schuler 和 Jenkins（2003a，2003b）以不同的 P/COD 比例培养了 PAO 菌群。他们观察到，随着 P/COD 比例的降低，富集的 EBPR 菌群从磷积累代谢（PAM）转变为糖原积累代谢（GAM）。这也意味着代谢途径将会从高 P/COD 比情况下的 TCA 循环转变为低 P/COD 比情况下的糖原降解途径。值得注意的是，尽管在高 P/COD 比下 TCA 循环的参与度更高，但是富集的 EBPR 菌群仍继续利用糖原降解途径。类似的研究证实了这种观察结果（Barat 等，2006；Zhou 等，2008；Acevedo，2012；Welles 等，2015，2016）。在生产性 EB-PR 工艺进行的研究中，Pijuan 等（2008）和 Lanham 等（2014）也观察到了类似的现象，尤其是在高 P/COD 比例下。此外，Welles 等（2015，2016）能够以较低的进水 P/COD 比例培养出富集的 PAO 菌群。他们注意到，由于细胞内聚磷酸盐含量低，PAO 菌群会利用糖原作为厌氧吸收碳的主要胞内化合物。在暴露于更高的进水 P/COD 比例后，PAO 培养物可能会改变其代谢并好氧摄取正磷酸盐。

进水 P/COD 比例的影响直接反映在"厌氧 P 释放—COD 消耗"比例中。在较高的 P/COD 比率下，细胞内聚磷酸盐含量较高，导致"厌氧 P 释放—COD 消耗"比值较高。这似乎是由 TCA 循环参与度更高引起的（Schuler 和 Jenkins，2003a，2003b；Pijuan 等，2008；Welles 等，2015，2016）。同时，在较低的 P/COD 比下，细胞内聚磷酸盐含量降低，增加了糖原降解途径的作用，而"厌氧 P 释放—COD 消耗"的比值降低。此外，Welles 等（2015）观察到，醋酸盐的摄取速率与磷酸盐释放速率一起提高到了 0.3 P-mol/C-mol 的最佳聚磷/糖原比例。在较高的聚磷/糖原比例下（在进水 P/C 比值高于 0.051 P-mol/C-mol），醋酸盐摄取速率开始下降。然而，Welles 等（2015）注意到这种代谢取决于存在的特定类型的微生物，II 型 *Accumulibacter* 比 I 型 *Accumulibacter* 更灵活，能够在低 P/COD 比下进行 GAM 代谢，并伴随着更高的醋酸盐摄取率。

总之，进水 P/COD 比在 EBPR 过程中起着重要作用，影响了已知 EBPR 菌群的化学计量学和动力学。因此，在评价或评估 EBPR 过程时需要考虑这些影响。出于实际目的并满足所需的磷污水排放指标，原则上，EBPR 系统的设计倾向于进水 P/COD 比低的情况（这是相当普遍的做法，因为大多数 EBPR 的设计和配置的目的是最大限度地提高供给 PAO 的进水 COD）。

6.5.10 pH 值的影响

Smolders 等（1994a）研究了 pH 值对 EBPR 系统的影响，发现厌氧磷释放/乙酸消耗的比例与 pH 值之间存在直接相关性（$f_{PO4,rel} = 0.18pH - 0.81$，以 gP/gCOD 为单位）。这种关系反映了较高 pH 值条件下吸收乙酸所需的能量会增加。Filipe 等（2001a）修正了这个方程（$f_{PO4,rel} = 0.15pH - 0.53$，以"gP/gCOD"为单位），这表明他们的研究可能具有更高的 PAO（聚磷菌）丰度。

6.5.11 温度的影响

随着数学建模在生物处理工艺中的应用，温度系数的作用变得越来越重要。包括生物除磷的活性污泥工艺系统的数学模型，例如 2 号活性污泥模型（ASM2，Henze 等，1994），开普敦大学活性污泥模型（UCTPHO，Wentzel 等，1992）或 EBPR 生物代谢模型（TUDP，Smolders 等，1994c，1995）均依赖于化学计量学和动力学系数，而这些参数的有效温度均比较窄或者只有一个单一的温度值。在 ASM2 中，各种工艺系数仅仅通过两个不同的温度（10℃和20℃）定义。在该模型中，化学计量学系数与温度无关，而动力学系数则受温度的影响。ASM2 中的反应过程根据它们对温度的依赖程度被分为四组（零依赖、低依赖、中依赖和高依赖）。在 10℃和20℃时，许多系数被赋予了相同的值。这是由于缺乏可用的数据，或是由于特定参数对温度变化的灵敏度较低。在这一分类中，与 ASM2 中的其他工艺相比，EBPR 工艺被认为具有较低的温度依赖性。ASM2 通常适合用于温度为 10～25℃ 的活性污泥废水处理，而 ASM2 的作者对其在这个范围之外的适用性持谨慎态度。类似的，UCTPHO 模型的工艺参数是基于 20℃ 条件下的。在其他温度条件下操作时，数值要根据输入温度和阿伦尼乌斯温度常数进行计算调整。在代谢模型中，所有参数都是在 20℃ 下确定的，但是没有关于它们的温度依赖性的信息。有人认为，要确定温度对 PAO 的影响可以用异养生物体的参数来建模。然而，由于两者的作用机理有很大不同，并且涉及微生物胞内储存的聚合物，这种理解可能是错误的。市政污水处理厂，包括那些使用 EBPR 工艺的处理厂，可能要处理温度低至5℃或高达35℃的混合液。因此，进行温度对 EBPR 影响的系统性研究是非常必要的，研究中还应考虑数学模型的具体要求以及其在不同气候中的应用。

几年前，人们认为 *Acinetobacter* 是在 EBPR 中发挥作用的主要微生物，因此，大多数有关温度影响的科学研究都与这种细菌有关。然而，随后的研究表明，*Acinetobacter* 在 EBPR 中发挥的作用有限（Wagner 等，1994），因此，单独的 *Acinetobacter* 的代谢信息与 EBPR 的关联性较小。

有几篇文献报道了温度对活性污泥 EBPR 效果（进水和出水水质的差异）的影响，但结果并不一致。Jones 等（1987），Yeoman 等（1988），McClintock 等（1993）和 Converti 等（1995）观察到，在较高的温度（20～37℃范围内）下，EBPR 效果有所提高。与此相反，Sell 等（1981），Kang 等（1985b），Krichten 等（1985），Barnard 等（1985），Vicounneau 等（1985）与 Florentz 等（1987）发现系统在较低的温度（5～15℃范围内）有较高或相对高一些的除磷效率。但是，当研究 EBPR 的动力学时，这种矛盾并不存在。Shapiro 和 Levin（1967），Boughton 等（1971）、Spatzierer 等（1985），以及 Mamais 和 Jenkins（1992）报道了磷释放速率和/或磷吸收速率随着温度升高而增加。除了磷释放和磷吸收速率外，Mamais 和 Jenkins（1992）还报告说，随着温度的升高（10～33℃），污泥生长速率和基质消耗速率也会提高。温度对活性污泥 EBPR 的不同影响可能是因为使用了不同的基质、活性污泥或测量方法。

温度影响活性污泥系统中的多种过程（溶解、发酵、硝化等），这可能会影响 EBPR 过程。这些影响让我们难以确定温度对 EBPR 的影响。此外，前文中的大多数发现都是基于黑箱方法，比较了不同温度下污水处理厂的进水和出水磷浓度。当时，尚无在规定的实验室条件下进行温度对 EBPR 过程的化学计量数和动力学影响的结构化研究。这些因素造成了相互矛盾的结果。

直到 Brdjanovic 等人（1997，1998c）把温度变化对厌氧和好氧区化学计量学、动力学的影响进行了系统的研究。这项研究包括短期（数小时）温度变化对 EBPR 系统的影响，以及长期（数周）温度变化对 EBPR 系统的影响的实验。在控制条件（实验室）下，由人工合成废水富集培养 PAOs 菌群，在厌氧-好氧-沉降序批式反应器（SBR）中进行研究，主要结果会在下文详细介绍。

6.5.11.1 短期温度变化对 EBPR 系统生理机能的影响

通过在 20℃ 下，保持厌氧-好氧交替条件，以乙酸盐作为碳源，在序批式反应器（SBR）中富集培养除磷污泥，并在几个小时内分别进行温度为 5℃、10℃、20℃ 和 30℃ 的批次试验，来研究生物除磷中相关化合物的转化情况。研究发现温度对厌氧过程的化学计量学参数影响不大，但对有氧过程的化学计量参数有某些影响。相反，在厌氧和有氧条件下，温度对动力学过程具有重大影响。厌氧释磷（或乙酸消耗）速率在 20℃ 时达到最大值。但是，在有氧条件下，转化率在 5～30℃ 范围内持续增加。基于这些实验，可以计算出不同反应的温度系数。实验发现相关厌氧、好氧温度系数 θ 分别为 1.078 和 1.057（在 5℃≤T≤20℃ 和 5℃≤T≤30℃ 的范围内有效）。

6.5.11.2 长期温度变化对 EBPR 系统生理机能的影响

在单一反应器中研究了不同温度下 EBPR 相关化合物的稳态转化（依次在 30℃、20℃、10℃ 和 5℃）。从长期温度测试中获得的代谢转化的温度系数与在短期（数小时）测试中观察到的温度系数（分别为 $\theta=1.085$ 和 $\theta=1.078$）差别不大。在长期测试中，温度对好氧吸磷的速率（$\theta=1.031$）有适度的影响。但是，温度对好氧阶段中一些其他的代谢过程有较大的影响，例如 PHA 消耗（$\theta=1.163$），氧气利用（$\theta=1.090$）和生物量生长（$\theta>1.110$）。长期和短期测试里好氧阶段有不同的温度系数，这可能是由于种群结构的变化所导致的。分子生态学研究也可以看到这种变化。与好氧阶段的其他代谢过程相比，磷吸收的温度系数不同，这表明在像 EBPR 这类复杂的工艺中，仅根据易于观察的参数（例如磷酸盐）得出结论是不合理的，很容易导致我们低估 EBPR 好氧期内其他代谢过程对温度的依赖程度。Meijer（2004）将 Brdjanovic 等（1997，1998c）研究获得的温度系数纳入了 TUDP 模型。Lopez-Vazquez 等（2008b, c）重复了 Brdjanovic 等的原始实验（1997，1998c），并添加了两个额外的温度系数（即 15℃ 和 35℃）来扩展 TUDP 模型。总的来说，这项研究证实了 Brdjanovic 等（1997，1998c）在 5～30℃ 的

温度范围内得到的结果。另外，Lopez-Vazquez 等（2008c）还确定了富含 *Competibacter* 的 GAO 的短期和长期温度依赖性，然后将它们引入 TUDelft 模型以评估不同温度下 PAO 与 GAO 的竞争机制（Lopez-Vazquez 等，2009）。

6.5.12 溶解氧和曝气

DO 浓度在 EBPR 过程中起着重要作用。Carvalheira 等（2014）确定，由于 PAO 有较高的 DO 亲和力，当 DO 低于 1.5mg/L 时，PAO 比 GAO 更易生长，而较高的 DO 浓度则对 GAO 与 PAO 竞争厌氧碳源有利。随着人们越来越重视通过优化曝气工艺来降低 WWTP 的能源成本，尝试了在低 DO 状态下运行 WWTP，这种做法对 PAO 的生长与富集有利。

另一方面，虽然系统需要遵守最低的有氧 SRT 以确保 PAO 的生长（Brdjanovic 等，1998b），但过度曝气会对 EBPR 过程产生不利影响，因为细胞内作为能量来源的 PHA 化合物的耗尽会导致聚磷酸盐好氧水解，因此导致好氧磷释放（Lopez 等，2006）。这将影响出水质量，使得出水磷浓度上升。另外，暴雨过后或周末（进水稀释且碳源浓度降低导致 PHA 积累减少）可能会发生过度曝气情况。避免这种有害情况曝气量需要相应减少。

6.5.13 抑制物

事实证明，某些特定化合物的存在或缺失对 EBPR 过程有害。Saito 等（2004）观察到亚硝酸盐对缺氧和好氧吸磷过程具有抑制作用。而 Zhou 等（2007）观察到，当游离亚硝酸（FNA）浓度从 0.002 增加到 0.02mg HNO_2-N/L 时，缺氧吸磷效果降低，而在 0.02mg HNO_2-N/L 时完全被抑制。对于好氧吸磷，Pijuan 等（2010）观察到在 FNA 浓度约为 $0.5×10^{-3}$mg HNO_2-N/L（相当于 pH 值为 7.0 时，为 2.0mg NO_2-N/L）时，所有代谢过程均受到 50% 的抑制，而在 FNA 浓度约为 $6.0×10^{-3}$mg HNO_2-N/L 时完全被抑制。

钾对 EBPR 过程具有有害作用（Brdjanovic 等，1996），而用于化学除磷的钙（和其他盐类）过量也会导致 EBPR 过程恶化（Barat 等；Jobagy 等，2006），因为磷会以化学方式沉淀，因而不可

再用于形成 PAO 所需的胞内聚磷酸盐。因此，污水成分对 EBPR 工艺的效率有直接影响。

6.6　EBPR 工艺流程

本节首先讨论了 EBPR 最优化的概念，然后对 EBPR 活性污泥系统的发展进行了回顾。

6.6.1　除磷系统最优化原则

EBPR 和化学除磷的最优化原理如图 6.19 所示。EBPR 的原理以及磷的最优化去除过程可分为六类。基于这些原则的结构或流程具有其特有的名称。

（1）为了将进入厌氧反应区的氧气量控制到最小，应避免旋流、逆流的形成，以及螺杆泵和气提泵的使用。

（2）将进入厌氧反应区的硝酸盐（和亚硝酸盐）控制在最小量。许多具有特定名称的工艺结构就是为了这一目的专门开发的，这将在下一部分详细解释。为了达到这个目的，通过插入缺氧反应段可以改良厌氧-好氧工艺（例如 A/O 工艺），这个缺氧反应段用来反硝化去除从好氧区回流的硝酸盐（例如 A^2/O，即改良的 Phoredox 工艺）。与此同时，从二沉池中回流的活性污泥既可以通过污泥回流线上的缺氧反应区脱氮（例如 JHB 工艺），又可以通过位于厌氧反应区下游的缺氧反应段脱氮，而在此区域内，还设置了一个进入厌氧反应区的内循环（例如 UCT 工艺）。这一缺氧反应区可以被分为两个区域，第一区域提供回流污泥脱氮，而第二区域在位于下游的缺氧反应区内进行好氧污泥脱氮。另一个减少出水和回流污泥中硝酸盐浓度的方法是，在好氧反应区后面再额外添加一个缺氧反应区（例如改良的 Bardenpho 工艺）。

（3）将厌氧反应器中 PAOs 对于 VFA 的吸收最大化。虽然初级污泥发酵会增加活性污泥系统中氨的含量，但它同时也是增加进水 VFAs 含量的一种有效方法。也可以直接将醋酸钠或可发酵的工业废物加入厌氧反应器内。适当增加厌氧反应器内的水力停留时间，也可促进进水或添加的有机可发酵物质的发酵。同样，也可以使用 RAS 发酵提高被 PAOs 所消耗的有机物质的量（见 6.6.11 节）。

（4）通过有效去除总悬浮固体，使出水中颗粒状磷酸盐的量最小化。在富集培养的菌群中，颗粒状磷含量（gP/gTSS）最高可达 18%。而对于更为典型的 5% 的含量，出水中每 10mgTSS/L 就会有 0.5mgP/L。因此，为有效避免脱氮过程导致二沉池污泥上浮，砂滤甚至是超滤（在膜生物反应器中）都是减少水中 TSS 浓度的可行方法。

（5）将出水中可溶性磷酸盐的量最小化。除了优化 EBPR 过程，还可以在活性污泥系统中加入化学混凝剂，如 Fe 盐（例如 $FeCl_3$）、Al（例如明矾）、Ca（例如石灰）来进行预沉淀、共沉淀和后沉淀（对应在初沉池、活性污泥工艺和二沉池的下游加入药剂）。从厌氧池中提取上清液或从回流的活性污泥中提取部分污泥并使它们混凝也可以降低出水中可溶性磷的含量（例如 BCFS 工艺；van Loosdrecht 等，1998）。通过转移一些含有快速可生物降解 COD 的进水，可以在侧流池中达到更有效的磷释放（例如 PhoStrip® 工艺）。如果二沉池中剩余污泥发生了厌氧或好氧发酵，实际上所有的磷酸盐都会被分解，并被释放到溶液中。以 $MgNH_4PO_4$ 或 $Ca_{10}(PO_4)_6OH_2$ 形式回收磷酸盐（可被用作肥料），同样是降低活性污泥中可溶性磷酸盐的方法，并最终达到降低出水中可溶性磷的目的。

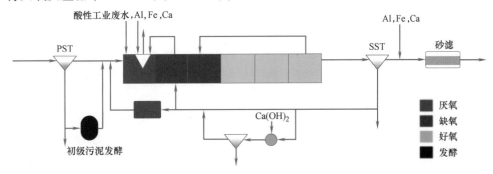

图 6.19　EBPR 和除磷工艺优化概述。注：PST：初级沉淀池；SST：二级沉淀池

（6）将细胞合成吸收的磷酸盐最大化。虽然在潜在效率方面，它相对其他优化概念，有更大的局限性，但是将泥龄（SRT）维持在尽可能小的水平上可以提高由于细胞合成而除去的磷量。降低 SRT 的另一个好处是，PAOs 为了维持细胞而分解的聚磷会减少。

6.6.2　EBPR 发展过程

印度的 Srinath 等（1959）和美国的 Alarcon（1961）两个研究小组首次独立发现了活性污泥系统对磷的去除超过了正常生物体代谢所需的水平。虽然两个团队的研究都证明磷的吸收是在好氧续批实验中完成的，但是他们并没有合理解释为什么在一些处理设施中的污泥显示了磷吸收性能的增强而另一些则没有。对于磷的去除是生物现象还是物化现象，也没有给出解答。Srinath 等（1959）发现，在推流式好氧池上游的氧气缺乏的条件下，磷的浓度较高，而这个"问题"可以通过提高充氧量来解决。这些发现推动了 EBPR 系统的早期研究，并最终使 EBPR 技术得到了大规模的应用。

从那时起，全世界范围内发展出了许多工艺和结构，提出了不同的改良方案以及工程车间布局。EBPR 的基本工艺结构以及它们的运行机理将逐渐被研究出来（图 6.20a～6.20i）。

6.6.3　PhoStrip 工艺

Levin 和 Shapiro（1965）首先对磷吸收现象进行结构化研究。在进行了大量的批次试验，研究了氧分压、pH 值和抑制剂的影响以后，他们阐述了 EBPR 工艺的本质是生物过程。此外，在对批次实验中两个从底流回流的混合液样品（一个充氧，另一个厌氧）进行研究后发现，充氧的样品吸收磷，而厌氧的样品释放磷。Shapiro 和 Levin（1965）将注意力集中在厌氧批次试验中磷的释放，他发现，如果在厌氧以后再曝气，那么在厌氧条件下磷释放的过程可以被转化为吸收磷的过程。Levin 和 Shapiro（1965）利用了厌氧条件下磷释放的现象和好氧条件下磷吸收的现象，申请了第一个商用的除磷系统的专利，即 PhoStrip 工艺（如图 6.20g 所示，由美国 Biospherics 投向市场）。

Levin 等报道了这个工艺系统的细节："该流程是在以下发现的基础上建立起来的，即混合液的曝气能使活性污泥微生物吸收超过其本身生长所需的可溶性磷。如果停止空气的输入，那么污泥中的微生物就会消耗剩余的氧气，而之前被吸收的磷则会被释放到液体中。"PhoStrip 工艺流程由一个带二沉池的曝气池和一个侧流组成（通常为进水速率的 10%～30%）。侧流由沉淀池底部流出，流入厌氧的"分离池"，在其中沉淀，磷则被释放。"分离"后的污泥返回到活性污泥系统内，而上清液则在一个沉淀池中，通过投入药剂（通常是石灰）把其中的磷沉淀并排出。沉淀池中的上清液将流向进水或出水中。

PhoStrip 是一个侧流工艺，其结合了化学和生物除磷，适用于无硝化反应的系统。后续对该工艺的改良包括：在"分离池"前增加部分进水，从而促进磷的释放（PhoStrip Ⅱ；Levin 和 Della Sala，1987）；通过分离池循环的方法将"分离后"污泥中释放出的磷淘析出来；在好氧池的上游添加一个厌氧池并增加好氧池到厌氧池的内循环。通过这些方法，将 PhoStrip 原理应用于硝化活性污泥系统的处理中。因为 PhoStrip 系统包括了化学除磷，所以本章将不考虑该系统的设计步骤。在 BCFS 工艺流程中，分离池的功能被整合于活性污泥池的厌氧池中（van Loosdrecht 等，1998）。

6.6.4　改良 Bardenpho 工艺

尽管 20 世纪 70 年代早期，已经在一些生产性的水处理工艺中发现了 EBPR 现象（例如，Vacker 等，1967；Scalf 等，1969；Witherow，1970；Milbury 等，1971），并且开发出了第一个商业化的 EBPR 系统（PhoStrip 系统），然而人们对 EBPR 作为一种潜在的实用性技术仍缺乏信心。Mulbarger（1970）甚至提出："应该避免设计专门的活性污泥系统来去除高浓度的磷，即使能够去除高浓度的磷，也应该当作意外收获来看待。"然而，20 世纪 70 年代后众多研究发现（Fuhs 和 Chen，1975；Barnard，1974a，1974b，1975a，1975b，1976a，1976b），通过将活性污泥置于交替厌氧好氧的条件，可以促进生物除磷。然而，厌氧阶段设计和运行的量化成为主要问题。

Fuhs 和 Chen（1975）在对 EBPR 的微生物

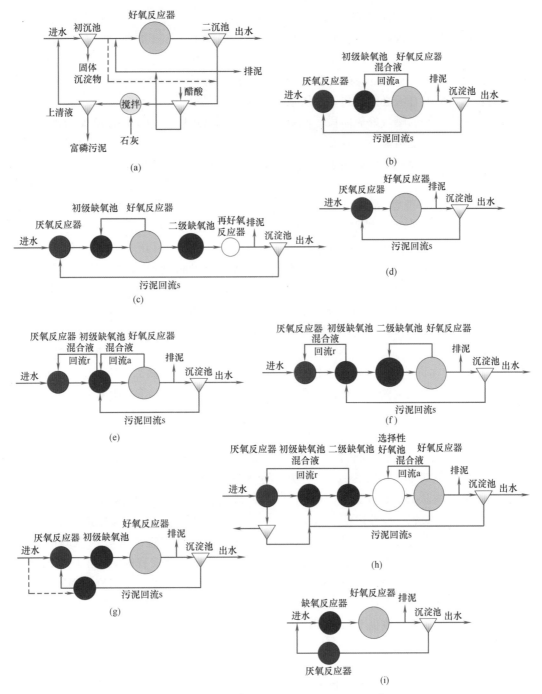

图 6.20 EBPR 的系统配置：（a）PhoStrip；（b）三段改良 Bardenpho（A²O）；（c）五段改良 Bardenpho；（d）Phoredox（A/O）；（e）UCT（VIP）；（f）MUCT（改良 UCT）；（g）Johannesburg（JHB）；（h）BCFS；（i）S2EBPR

学研究中发现，EBPR 现象是由单个生物体或几个密切相关的生物体介导的。他们认为 *Acinetobacter* 是主要的生物属。他们认为："在污水处理中，在好氧条件前设置的厌氧条件与 *Acinetobacter* 属有很大的关系。该菌群往往会在厌氧阶段产生化合物，例如乙醇、乙酸盐和琥珀酸盐，

这些化合物可以作为 *Acinetobacter* 属的碳源。"然而，Fuhs 和 Chen 没能量化"厌氧条件"，也没能开发出切实可行的 EBPR 运行方法。

第一个实用性的 EBPR 主流工艺是由 Barnard（1974a，b，1975a，b，1976a，1976b）和 Nicholls（1975）开发的。Barnard（1975a，

1975b）在研究他自己开发的用于硝化/反硝化的 4 段 Bardenpho 工艺时发现，该工艺除磷效果比预期的要好。Barnard（1974a，1974b）假设"利用生物系统除磷的基本要求是，在工艺到达最后阶段之前，污泥或混合液必须经过一个厌氧阶段之后再通过一个良好的曝气好氧阶段。厌氧期间磷酸盐可能会释放，也可能不会释放，而好氧期磷酸盐要么被生物体吸收，要么由于氧化还原电位的变化而沉淀。"

Barnard（1974a）的观察结果引起了 Nicholls（1975）的注意，因此他利用 Alexandra 和 Olifantsvlei 活性污泥系统（南非约翰内斯堡）进行了生产性实验。他在两个活性污泥系统的不同部分创建了厌氧区，并发现："当厌氧池置于活性污泥系统之前时，改良的 Bardenpho 系统（实际上是 5 段 Bardenpho）可以产生良好的磷酸盐去除效果"。

Barnard（1976a）在详述他 1974 年提出的假设时指出："必须经过一个缺氧阶段，在这个阶段对氧气的需求超过了氧气或硝酸盐的供应"。"他建议在水厂入口前安装一个厌氧反应器，这样就可以通过进水的作用使混合液成为厌氧状态"。

Barnard 将这一原理称为"Phoredox"方法，并将其应用于 4 段 Bardenpho 工艺；他在 4 段 Bardenpho 中的一段缺氧反应器之前引入了一个厌氧反应器，厌氧反应器接收来自二级沉淀池的进水和回流污泥；这种结构被称为 5 段改良 Bardenpho 工艺（图 6.20c）。Barnard 还提出，当需要较少的脱氮量时，可以去掉第二个缺氧和再氧化反应器，从而形成 3 段改良 Bardenpho 工艺（图 6.20a）；这种配置也被称为厌氧-缺氧-好氧（A^{2}O）[1]。为了解释磷去除的增强现象，Barnard（1976a）假设并不是磷释放本身刺激了磷的去除，而是磷释放表明厌氧区已经建立了一定的低氧化还原电位，即低氧化还原电位刺激了磷的去除。Barnard（1976a）认识到氧化还原电位的测量十分困难，并提出厌氧阶段磷的释放量可以作为一种替代方法，来评价强化生物除磷的好坏。

根据 Barnard 的假设，在 5 段改良 Bardenpho 工艺中，污泥回流至厌氧区所夹带的硝酸盐将在一定程度上抑制氧化还原电位的降低，从而对磷的去除产生不利影响。

Barnard（1976a）明确表示改良后的 Bardenpho 工艺应该充分去除硝酸盐，使得污泥回流到厌氧区夹带的硝酸盐不会抑制氧化还原电位的降低，从而达到磷释放所需电位。他认为，在任何情况下，都可以通过增加反应的停留时间来减少回流至厌氧区的硝酸盐的浓度。Barnard（1976a）建议，在厌氧反应器的设计过程中，应该将停留时间设置为 1h。当时，氮和磷的去除没有合理的方法来预测；在设计方面，去除量也主要是根据在运行实验系统中获得的经验来估计。

南非对硝化作用的法律要求侧重于营养物去除系统（即氮和磷），而不是只去除磷。因此，大量的工作集中在了改进 Bardenpho 工艺的研究上。对 3 段和 5 段改良 Bardenpho 工艺的早期研究（McLaren 和 Wood，1976；Nicholls，1978；Simpkins 和 McLaren，1978；Davelaar 等，1978；Osborn 和 Nicholls，1978）一致认为，回流到厌氧区的硝酸盐对 EBPR 有害影响，并对回流到厌氧区的硝酸盐进行了评估，确定了硝化系统是否促进磷释放以及磷的去除量。然而，这些研究都没有提供一个可靠的模型来预测反硝化的程度，以量化回流的硝酸盐。

Marais 和他的团队（Stern 和 Marais，1974；Martin 和 Marais，1975；Wilson 和 Marais，1976；Marsden 和 Marais，1977）认识到量化硝酸盐去除的重要性。为了获得反硝化的量级和动力学信息，他们将 5 段 Bardenpho 工艺中的完全混合反应器换成了推流式反应器，并在恒流和负荷状态下测量了反应器轴线上的硝酸盐的含量。他们在反硝化动力学方面的研究已在第 5 章进行了综述。关于磷去除的相关性，他们发现不可能以增加该系统的缺氧区来确保出水和回流

---

[1] 本章采用 Barnard 为厌氧和缺氧的原始命名法；即缺氧：硝酸盐存在但无氧的状态；厌氧：一种既不含硝酸盐也不含氧气的状态。当试图比较两个相同大小的反应器（一个完全混合，另一个推流）的状态时，这些定义的不足是显而易见的。例如，一个完全混合的厌氧反应器中不会有硝酸盐；然而，等效推流反应器在反应器长度的相当一部分可能含有硝酸盐，即部分"缺氧"，部分"无氧"——不足之处在于没有给出状态强度。

中的低硝酸盐浓度，因为污泥龄和温度一定时，缺氧污泥的质量分数超过一定量级，系统就会停止硝化作用。他们表明，最大允许缺氧质量分数是由系统运行所需最低温度下硝化菌的最大比增长率和污泥龄决定的。限制缺氧污泥的质量分数（确保硝化作用）必然会限制反硝化作用的大小。在 Marais 系统中，在不影响硝化作用的非曝气污泥比例的条件下，反硝化作用不完全，出水硝酸盐含量较高。

在了解到反硝化动力学的研究成果后，Rabinowitz 和 Marais（1980）开始研究使用改良 Bardenpho 工艺处理开普敦市未沉淀的城市废水时的除磷。他们选择了 3 段（图 6.20a）而不选择 5 段（图 6.20c）改良 Bardenpho 作为基本配置。首先，如果要保持有效的硝化作用，废水源不允许在 14℃、污泥龄为 20d 的情况下，非硝化质量分数大于 40%；其次，考虑厌氧反应器不能提高系统的反硝化潜力，五段系统不能将废水的 TKN/COD 比值降至零。因此（如第 5 章前面所述），将二级缺氧反应器体积添加到一级缺氧中，可以获得最大的硝酸盐去除率，从而获得底流循环中的最小硝酸盐浓度。本次结果（Rabinowitz 和 Marais，1980 年）总结如下：

（1）当出水（及回流）中的硝酸盐浓度较低时，通常观察到磷的释放和强化去除。随着回流中的硝酸盐含量增加时，磷的去除率明显降低，很多研究中都观察到了这个现象（如 Barnard，1975b；Simpkins 和 McLaren，1978）。

（2）在不同时间段的污水具有相同浓度的 COD、相同浓度下硝酸盐回流时，有些时间段的污水有相对高的磷释放和去除率，而有的却没有（或很少）。

在 3 段改良 Bardenpho 工艺中，磷的去除效果令人失望；该系统在很长一段时间内并没有生物除磷能力（即 EBPR），而即使获得强化除磷能力时，由于上述（1）和/或（2）的影响，一般除磷能力较低且不稳定。他们发现，在磷去除率较低时增加厌氧污泥比例并没有效果，因为缺氧区污泥比例减少了，这反过来又增加了循环中硝酸盐的含量。最后得出结论：对于实验研究中使用的废水，改良 Bardenpho 工艺似乎不适合 EBPR。这并不意味着该系统不适合用于其他废水的处理，但研究确实表明，有一些以前没有充分认识到的因素可能抑制着磷酸盐的去除。

例如，在任何给定的污泥龄和最低温度条件下，完全硝化的要求确定了非曝气污泥比例的上限。而对非曝气污泥比例的限制也相应地限制了可去除硝酸盐的浓度。对于 5 段改良 Bardenpho 工艺，如果产生的硝酸盐高于能够被反硝化去除的量，硝酸盐将出现在污水中，并将被回流到厌氧区。对于 3 段改良 Bardenpho 工艺，完全脱氮是不可能的，在回流至厌氧区的回流过程中硝酸盐始终存在。这两个系统中硝酸盐的回流将对磷的去除产生不利影响。

总的来说，3 段和 5 段改良 Bardenpho 工艺在实现稳定可靠的磷去除效率方面存在局限性。然而，Barnard 的研究工作促进了系统的发展，这些系统似乎包含了 EBPR 的基本要求，尽管这些要求并没有被明确地理解。这激起了学者们对这一现象的广泛研究，使得他们不断收集 EBPR 运行经验，更准确地描述影响 EBPR 系统的因素并制定设计标准。

6.6.5 Phoredox 工艺或 A/O 工艺

在改良的 Bardenpho 工艺中，Barnard 为 EBPR 开发的配置受南非对硝化作用的法律规定影响很大。如果不要求硝化，缺氧区（反硝化）和长污泥龄期（确保硝化作用）的需求就没有必要了。Barnard（1976a）在将 Phoredox 方法应用于无硝化的活性污泥系统时，认识到了这些情况，将该系统结构被简化为用以接收入流污水和污泥回流的厌氧反应器，其后是好氧反应器（图 6.20B）。该工艺通过控制泥龄和好氧池的设计抑制硝化作用，实现短泥龄和高速率的工艺。这个系统在南非被称为大家所熟知的 Phoredox 工艺。

Timmerman（1979）提出了一种与 Phoredox 工艺基本相同的工艺，即厌氧/好氧（A/O）工艺。A/O 基本的配置与 Phoredox 相同，但对于 A/O，特别建议将厌氧区和好氧区分开，以便得到接近推流式条件的一系列反应器。

尽管在 1976 年这个概念就已经提出，但由于南非对硝化作用的要求阻止了 Phoredox 或 A/O 工艺的实际应用。Burke 等（1986）在南非实验室规模的条件下研究了该工艺的性能，他们发现，在20℃、50%的非曝气区的条件下，即使泥龄短至3d，也难以抑制硝化作用。

A/O工艺在美国得到了广泛应用，并被一些研究人员进一步研究（例如Hong等，1983；Kang等，1985a），得到不同的成果。

6.6.6 UCT和VIP工艺

Rabinowitz和Marais（1980）在回顾他们在改良Bardenpho工艺中获得EBPR失败的经历时，得出如下结论：不管其他可能影响除磷的因素，通过污泥回流将硝酸盐回流到厌氧反应器中具有重要意义（Hascoet和Florentz等在1985年直接证明了厌氧环境中硝酸盐的不利影响）。如果进入厌氧反应器的回流硝酸盐能保持较低的浓度，那么将可能获得效率较高的稳定的EBPR，在改良的Bardenpho工艺中，达到这一目标的主要障碍似乎是进入到厌氧反应器的硝酸盐与污水中硝酸盐的浓度直接相关。如果出水中硝酸盐的浓度升高而COD保持不变，也就是如果进水TKN/COD的比值升高，系统很难通过改变运行方式降低TKN/COD的比值。此时，唯一可行的操作方法是降低污泥回流比，但这是一个风险较大的选择，因为这类工艺中混合液的沉降性能比单纯好氧环境中混合液的沉降性能差。因此，Rabinowiz和Marais研究了不同的系统配置，这些配置可以避免硝酸盐流入到厌氧反应器，或者使厌氧反应器不受出水硝酸盐浓度的影响。这促成了开普敦大学（UCT）工艺的发展（图6.20e）。

在UCT工艺中，污泥回流（s回流）到一级缺氧反应器中。内回流（r回流）将混合液从一级缺氧反应器中回流到厌氧反应器中。混合液也从好氧反应器回流到一级缺氧反应器（a回流）。通过调节a回流比，缺氧反应器中的硝酸盐可以保持在零，这样就不会有硝酸盐回流到厌氧反应器中。因此，即使进水TKN/COD比率发生变化，反应器中的厌氧状态也可以保持，并且与出水硝酸盐浓度无关。在UCT工艺中：①通过增加厌氧反应器的体积来实现这一理想条件；为了保持厌氧反应器中污泥的比例与改良Bardenpho工艺中相同，厌氧反应器的体积必须按$(1+r)/r$的比例增加；②反硝化不完全。

利用开普敦污水对UCT工艺进行的实验室

规模的实验结果表明，与改良的Bardenpho工艺相比，UCT工艺的EBPR效果无论在去除率还是稳定性方面都得到了改善。然而，从研究角度来看，最重要的成果是UCT工艺有可能消除回流到厌氧反应器中硝酸盐对除磷的影响，因此可以更容易研究影响EBPR的其他因素（Siebritz等，1982）。从实验数据来看，其他因素的影响变得非常明显：①对于相同的进水COD，一批污水的磷去除率很高，另一批污水的磷去除率很低，这一观察结果以前被认为是由于硝酸盐效应，但并未被明确证明；②EBPR的规模似乎与废水的某些特性有关，但不能确定。

6.6.7 改良UCT工艺

UCT工艺的实践（Siebritz等，1980，1982）表明该工艺在控制方面存在一些问题。

混合液的a回流比需要精确控制，使一级缺氧反应器的硝酸盐略低于负荷，这样可以避免硝酸盐排放到厌氧反应器中。然而，由于TKN/COD比值的不确定性，特别是在周期性流量和负荷条件下，不可能对a回流比进行如此精确的控制。

为了简化UCT工艺的操作，人们寻求了一种改进，即不需要对a回流比进行精确地控制。这促进了对UCT工艺的改良，称为改良UCT工艺（图6.20f）。在改良UCT工艺中，缺氧反应池被分为两个反应池，第一个反应池的污泥质量分数约为0.10，第二个反应池为剩余质量分数的缺氧活性污泥。第一个缺氧反应池接受s回流，r回流进入厌氧反应池。第二个缺氧反应池接受a回流的混合液。最小a回流比是指将最少的硝酸盐引入第二个缺氧反应池，使其等于该反应池的反硝化能力。任何高于最小值的回流比都不会去除增加的硝酸盐，因此在较高的回流比条件下，引入的硝酸盐量多于第二个缺氧反应器中可以去除的硝酸盐量，使硝酸盐出现在该反应池的出水中。然而，在好氧反应池中，a回流比对硝酸盐的影响并不重要。一旦$a > a_{min}$，硝酸盐浓度就会保持恒定。因此，可以将a回流比提高到比a_{min}更大的任何值，以达到实际要求的保留时间，且不会影响回流到一级缺氧反应池的硝酸盐，也不需要对a回流比进行精确控制[2]。然而，这种改良是有代价的（WRC，1984）：这会使得进入厌氧反应池中的硝酸盐为零的最大的污水 TKN/COD 比值从 UCT 工艺的 ±0.14 降低到改良 UCT 工艺的 ±0.11。但是，大部分原污水或沉淀后的污水的 TKN/COD 值在 0.11mg/mgCOD 范围内。此外，通过规定 r 回流可从第一个或第二个缺氧反应池中引出，那么该系统可根据需要以 UCT 工艺或改良 UCT 工艺运行。

Daigger 等（1987）提出了 UCT 工艺的另一个改良工艺，即 VIP 工艺。该工艺的基本配置与 UCT 工艺相同，但提出了两个具体建议：①多个混合反应器串联使用；②工艺的污泥龄控制在 5～10d。

6.6.8 JHB 工艺

考虑到 Barnard（1976a）报告的 5 段改良 Bardenpho 工艺中回流硝酸盐对厌氧反应器的不利影响，Osborn 和 Nicholls（1978）在约翰内斯堡北部污水处理厂进行的一项试验性研究中提出，把第二缺氧区从主流转移至污泥同流，从而改变 5 段改良 Bardenpho 的结构。由此产生的 4 段工艺（缺氧-厌氧-缺氧-好氧）被称为约翰内斯堡（JHB）工艺（Burke 等，1986；Nicholls，1987）。在 JHB 工艺（图 6.20d）中，通过改变第二缺氧反应池的位置，使排放到厌氧反应池的硝酸盐量为零，并使需要在二级缺氧池去除的硝酸盐量减少到 5 段改良 Bardenpho 工艺的 $s/(1+s)$ 倍（其中 s 是与进水流量有关的污泥循环比）。也就是说，为了防止硝酸盐对厌氧反应的不利影响，在 JHB 工艺中，必须去除 s 回流中的硝酸盐，而在 5 段改良 Bardenpho 工艺中，必须去除 s 回流和出水中的硝酸盐。此外，将缺氧反应器置于 s 回流中，与 5 段改良 Bardenpho 工艺的二级缺氧反应池相比，JHB 工艺二级缺氧反应池中的污泥浓度增加了 $(1+s)/s$ 倍，使相同的缺氧污泥质量分数的情况下反应池体积减小了。然而，与 5 段改良 Bardenpho 工艺不同，JHB 工艺（与 UCT 工艺一样）无法实现完全反硝化。虽然 JHB 工艺确实克服了 UCT 工艺在相同质量分数下厌氧池体积增大的问题，但反硝化速率低于 UCT 工艺的一级缺氧反应池。因此，尽管大多数污水属于 JHB 工艺的运行范围，但只有在进水 TKN/COD 比值低于 UCT 工艺的情况下，才能保护厌氧反应器免受硝酸盐的影响。目前一些文献已报道了对 JHB 工艺性能在污水处理厂中的运行情况的广泛调查结果（例如 Nicholls，1987；Pitman 等，1988；Pitman，1991）。

6.6.9 生物化学联合除磷（BCFS）工艺

20 世纪末，MUCT 系统在荷兰得到了进一步的发展。该系统名为 BCFS®（图 6.20h），旨在通过增强主流工艺中磷酸盐分离和回收来支持生物反应过程、稳定污泥的沉降性能以及优化对除氮的控制而开发的。在这个系统中，增加了好氧池到第一缺氧池之间的第三个回流，从而将反硝化作用最大化，并在峰值流量时，能够将第二缺氧池转变为好氧运行。通过这种方法，可以更好地将氨和硝酸盐的出水浓度维持在较低水平上（氨通常低于 0.5gN/L，硝酸盐为 5～8mgN/L）。回流可以由一个简单的基于氧化还原的电极来控制（Van Loosdrecht 等，1998）。这种分隔对稳定低 SVI 有所贡献（大约 120mL/g；Kruit 等，2002）。

生物除磷可以通过向厌氧池中投放药剂得到补充。由于厌氧池中磷酸盐的浓度很高，沉淀剂可以得到有效利用。然而，投加化学药剂应当小心，过多的沉淀会导致 PAOs 缺少磷酸盐，并损害 EBPR 的效率。一个复杂的因素在于，虽然污水处理厂能够对投加的化学药剂的变化做出快速反应，但是生物除磷工艺的响应时间即使不需要数周，也需要几天。BCFS 工艺中，在推流式厌氧池的末端安装一个小隔板，这样污泥就会被就地沉淀回到厌氧池中，清澈的上清液可以被提取出来，进行磷酸盐沉淀。在这之后，磷酸盐可以被回收（Barat 和 Van Loosdrecht，2006），也可以防止生成的化学污泥在活性污泥里聚集，否则会导致泥龄缩短，从而最终限制整体的处理能力。

---

[2] 虽然从除氮除磷的角度来看，没有必要对 a 回流进行精确控制，但是第二个缺氧反应池的出水中出现硝酸盐和/或亚硝酸盐与营养去除系统中的低 F/M 的膨胀问题有关。因此，为了控制低 F/M 的膨胀问题，必须对 a 回流进行精确控制，这将有效地消除 MUCT 相对于 UCT 工艺的优势。在 BCFS 工艺中，SVI 为 100～120，即不存在此问题或氧化还原控制确实有效。

为了有效构建能够进行复杂生物除氮系统的反应池，我们可以将矩形池改为环形池，每个环被分成不同的好氧/缺氧/厌氧区。这样，由于建造内墙的成本比外墙小得多，因此所需要的混凝土总量可以最小化（图10.1）。

6.6.10 侧流 EBPR（S_2EBPR）系统

自20世纪70年代以来，在北美的某些工厂中，由于被 EBPR 和脱氮工艺处理的原废水中存在较低浓度的 RBCOD 和 VFA，初级沉淀污泥（PST）和部分 RAS 的发酵已显示出 EBPR 效率的提高。这使得 EBPR 工厂运行稳定，导致出水 P 浓度低于 1mg/L，甚至低于检测限（Barnard 等，2017）。增强和稳定的 EBPR 性能与 PST 和/或 RAS 的水解和发酵有关。此外，在20世纪90年代，作为一种提高原废水中 RBCOD 和 VFA 的低利用率的方法（分别占约 150mgRBCOD/L 和 1mgVFA/L）（Vollertsen，2002年），丹麦实施了几种侧流式 EBPR（S_2EBPR）配置（图6.20）（Vollertsen 等，2006），以支持 EBPR 工艺。在丹麦的 S_2EBPR 配置中，一部分 RAS（通常为 4%～7%）被引导至水力停留时间为 30～40h 的厌氧侧流池。厌氧条件下，相对较长的 HRT 和较高的固体浓度（约 10000～11000mgTSS/L）可导致相当高的水解和发酵活性。这可以产生足够的 VFA（例如 136～149mgRBCOD/L），以促进 EBPR，甚至可以支持脱氮过程（Vollertsen 等，2006）。此外，如果需要，可以通过添加初级污泥、糖浆或其他碳源来增加 RBCOD 的产量。Smolders 等（1996）进行了稳态模型分析。他们发现，S_2EBPR 工艺（在脱磷池中）的醋酸盐需求低于主流工艺的需求，而支持 EBPR 工艺所需的活性 PAO 生物量可降低 10 倍。

自 2000 年以来，越来越严格的氮、磷排放标准和原废水中 RBCOD 的低利用率，推动了 S_2EBPR 在全球范围内的实施，有助于对不同的 S_2EBPR 配置进行广泛地开发和评估，以及更深入和更彻底的生理和分子分析。虽然 EBPR 性能的提高似乎与几个 S_2EBPR 工厂中 *Tetrasphera* 丰度的增加有关（由于其发酵能力）（Bjerregaard 等，2017），但 *Accumulibacter* 仍然以相对较多的数量出现（Hayden 等，2019；

Wang 等，2019），尽管这些微生物的作用相互作用和贡献尚未完全阐明。然而，在 S_2EBPR 系统中观察到较少的 GAO 显示 EBPR 更稳定的性能（Stokholm Bjerregaard 等，2017；Onnis-Hayden 等，2019；Wang 等，2019）。

然而，尽管 S_2EBPR 过程中有利于 EBPR 过程的实际机制尚不清楚，但总体而言，较高的 RBCOD 可用性、实现 EBPR 需要较低的 VFA 和 PAO 生物量以及较低的 GAO 丰度似乎有助于提高 S_2EBPR 系统的稳定性。

6.7 EBPR 模型的开发

6.7.1 早期的发展

当第一个主流硝化—反硝化强化生物除磷（NDEBPR）的工艺，即 5 段改良 Bardenpho 工艺（Bardenpho，1976b）被提出时，最初的概念除了认识到：①反应器按厌氧-好氧顺序的必要性；②和硝酸盐回流至厌氧区的不利影响以外，基本上没有考虑到其他方面。设计是基于经验的估计，根据标称水力停留时间表示反硝化和厌氧反应器的大小，同时厌氧反应器的大小似乎与维持某一个较低数值以下的氧化还原电位有关。目前还没有合理的方法来预测氮和磷的去除情况，而对于设计来说，氮和磷的去除量主要是根据与所要设计的系统类似的操作实验系统中获得的经验来估计的。

6.7.2 易生物降解 COD

在寻求对实验室规模的改良 UCT 和 MLE 工艺中不同磷释放和强化除磷效果的解释时，Siebritz 等（1980，1982）将反硝化和好氧研究（Dold 等，1980）中提出的易生物降解 COD（RBCOD）（见第 6.4.5 节）的概念应用于 EBPR 工艺。他们指出，改良 UCT 和 MLE 工艺之间唯一显著的区别在于厌氧反应器（S_{VFA}）中生物体周围的 RBCOD 浓度不同。在改良的 UCT 工艺中，由于没有硝酸盐回流到厌氧反应器中，厌氧反应器（S_{VFA}）中的 RBCOD 浓度最大。相反，在 MLE 工艺中，大量的硝酸盐回流到缺氧反应器中，利用了所有的 RBCOD，即 $S_{VFA}=0$。因此，如果假定厌氧反应器（S_S）中的微生物周围的 RBCOD 浓度决定是否发生磷释

186

放和强化除磷的关键参数的话，则可以合理地解释这两种工艺的不同行为模式。根据我们目前对 EBPR 的了解，S_{VFA} 参数只是理论上的，无法实际测量；从 EBPR 的机理来说，由于在厌氧反应器中 OHOs 将可发酵 COD 转化为 VFAs，而 VFAs 会被 PAOs 存储转化，因此，厌氧反应器中微生物周围的 RBCOD 浓度并不等于 S_{VFA}（见第 6.4.5 节）。

6.7.3 参数模型

Siebritz 等人（1983）对易生物降解 COD（RBCOD）假设的合理性进行了长达一年的广泛的研究，证实了如果厌氧反应器 S_S 中的 RBCOD 超过约 25mg/L，则会诱导磷的释放，并且磷的释放和强化去除随着（S_{VFA}-25）的增加而增加。也就是说，磷的去除率与厌氧反应器中的 RBCOD 浓度呈线性关系。这为探讨影响磷释放和强化去除以及量化强化除磷的其他因素开辟了道路。他们得出的结论是，提高磷去除率取决于三个因素：①（S_{VFA}-25）；②工艺中通过厌氧反应器的污泥质量分数；③厌氧反应器中单位污泥的实际停留时间。

他们假设，如果其中任何一个值是零，则不会实现 EBPR。从经验上说，这三个因素结合在一个除磷倾向因子中。结果表明，污泥中与活性生物相关的磷的质量与除磷倾向因子有关。进一步研究表明，在改良 Bardenpho 工艺和 UCT（尽管未考虑 JHB）工艺中，由于其各自的回流以及对厌氧停留时间的相互影响，上述因素②和③可以被合并成一个因素，即三个因素可简化为两个关键因素：①（S_{VFA}-25）；②厌氧质量分数（由厌氧反应器中的污泥质量/系统中的污泥总质量定义）。

在此基础上，根据两个关键因素和每天排放的污泥量（活性的、内源生长的和惰性的）对 EBPR 进行了经验公式化，给出了参数模型。

对参数模型中所体现的概念进行了广泛的测试，总体上验证了模型的实用性。在实验室规模的 UCT 工艺中，在不同污泥龄、温度、厌氧质量分数和进水 COD 浓度下进行了测试，其中，添加葡萄糖或醋酸盐可增加进水（未沉淀城市污水）的 RBCOD 分数。这些测试结果与参数模型中所体现的 RBCOD 概念的预测结果一致。

在与南非约翰内斯堡市政府合作的 Goudkoppies 和 Northern Works 的联合研究项目中，根据这些概念对工艺进行的分析与实际获得的高效或低效磷去除情况都是一致的（Nicholls，1982）。因此，参数模型首次为去除氮磷的污水处理厂设计提供了定量方法，并为评估现有水厂的性能提供了依据（Ekama 等，1983）。关于参数模型的详细论述，读者可参考 WRC（1984）。

6.7.4 参数模型的评价

上述参数模型是根据在一系列条件下运行的实验系统的观测数据开发的，如下所示：

（1）进水 COD 浓度：250～800mgCOD/L；

（2）易生物降解 COD 浓度：70～200mgCOD/L，即 f_{ss}：0.12～0.27mgRBCOD/mgCOD$_{total}$；

（3）TKN/COD 比值：0.09～0.14mgN/mgCOD；

（4）污泥龄：13d 和 25d；

（5）温度：14℃ 和 20℃；

（6）厌氧质量分数：0.10～0.20gVSS$_{AN}$/gVSS$_{sys}$。

在这些条件下的观测结果形成了估算强化除磷效果的公式基础，并根据观测数据校准了由此得到的公式。将上述条件下的理论预测和实验测量的磷去除数据进行比较，二者显示出良好的相关性。然而，尽管参数模型具有明显的实用性，它仍然是一个经验模型；它将可观测参数联系起来，但不能解释为什么这些参数是产生这个现象的重要因素，而且它独立于驱动这一工艺的生物机理的任何形式假设。因此，参数模型的应用必须严格限制在上述工艺参数和污水特性的范围内。我们所需要的是一个具有更多基础的模式。

从本质上讲，到目前为止，人们在硝化-反硝化生物除磷（NDEBPR）工艺的性能描述中并未认识到 EBPR 中涉及特定微生物种群。实际上，参数模型将活性污泥视为一个整体，构成一个具有除磷功能的污泥系统；不同工艺之间的 EBPR 变化被假设为由于进水 RBCOD 浓度、厌氧质量分数和/或排放至厌氧反应器的硝酸盐浓度的变化而导致的污泥系统在除磷能力上的变化。然而，自然科学中的平行研究已经确定了一些特定的微生物种群，它们倾向于以聚磷酸盐的形式储存大量的磷。这导致 NDEBPR 系统中 EBPR 建模方法的转变，从一个代替的污泥系统到负责 EBPR 工艺的特定微生物菌群，它们一般被称为聚磷微生物（Wentzel 等，1986）、生物除磷菌（Comeau 等，1986）和聚磷菌（PAOs）（Henze 等，1999）。

6.7.5　NDEBPR 系统动力学

Wentzel 等（1988）开始开发一个能描述 NDEBPR 系统性能的通用模型。他们假设在处理城市污水的 NDEBPR 系统中，会形成一种混合培养物，可将其分为三类：①能够积累聚磷酸盐的异养生物，称为聚磷菌（PAOs）；②不能积累聚磷酸盐的异养生物，称为普通异养微生物（OHOs）；③介导硝化作用的自养生物，称为硝化菌（NIT）。Wentzel 等（1985，1988）认识到，开发一个描述 NDEBPR 系统性能的活性污泥模型需要包含所有三种微生物群及其相互作用。关于 OHOs 和 NIT，他们采用了前面描述的硝化反硝化（ND）稳态模型和通用的 ND 动力学模型（Dold 等，1991）（第 4 章和第 5 章）。现在需要对这些模型进行扩展以纳入 PAOs，开发出包括所有三组微生物的模型：包含稳态模型和动力学模型的 NDEBPR 模型。为了实现这一目标，需要确定活性污泥环境中 PAOs 的动力学和化学计量学特性。Wentzel 等（1988）试图从处理城市污水的 NDEBPR 系统中获得的混合液来测试 PAO 的特性信息，得出的结论是，在这些混合培养体系中，OHO 的行为占了主导地位，并掩盖了 PAO 的行为。因此，他们试图通过促进混合培养活性污泥系统中 PAOs 的生长以便把 PAOs 的特征隔离出来。富集培养即在培养中：①使 PAOs 有利生长，直到成为系统中的主要微生物，它们的行为在系统中占主导地位；②竞争生物的生长受到限制，但并没有被完全地排除在外；③捕食和其他相互作用也一样不完全排除。Wentzel 等（1988）提出，通过从混合培养的 NDEBPR 系统中提取混合液，并在活性污泥系统中选择一种基质和一组有利于 PAO

生长和富集的环境条件，来实现 PAO 富集培养。

6.7.6　聚磷菌的富集培养

6.7.6.1　富集培养的发展历程

根据生化模型，Wentzel 等（1988）能够确定在 NDEBPR 活性污泥系统中富集 PAO 所需的条件：①具有厌氧/好氧序批式反应过程，且厌氧污泥质量充足；②进入厌氧区的进水有充足的可以作为基质的醋酸盐以及其他宏量和微量营养物，例如 Mg^{2+}，K^+ 和较少的 Ca^{2+}；③好氧区需要控制好 pH 值。利用 UCT 和三阶改良 Bardenpho 工艺，将污泥龄控制在 7.5～20d 范围内，他们成功富集培养了 PAOs，并通过 Profile Index（API）20NE 程序[3] 分析发现，好氧条件下培养的 90% 以上的微生物为 *Acinetobacter*。富集培养系统表明其能够使 PAOs 成为水处理工艺中的主要微生物。例如，UCT 工艺（厌氧污泥质量分数为 15%，污泥龄为 10d，进水醋酸盐浓度为 500mgCOD/L，厌氧区可以释放约 253mgP/L 的磷酸盐，缺氧区可以吸收约 314mgP/L 的磷酸盐，该工艺可以去除进水中约 61mgP/L 的磷酸盐。而利用市政污水（500mgCOD/L）进行混合培养的 NDEBPR 工艺，厌氧区可以释放约 45mg P/L 的磷酸盐，缺氧区可以吸收约 57mg P/L 的磷酸盐，该工艺可以去除进水中约 12mg P/L 的磷酸盐，与 UCT 工艺相比，其强化除磷的效果较差。经过富集培养的厌氧区，其混合液中污泥磷（约 0.38mg P/mg MLVSS）和 VSS/TSS（约 0.46mg VSS/mg TSS）都显著高于混合培养（分别约为 0.1mg P/mg MLVSS，0.75mg VSS/mg TSS）。富集培养 VSS/TSS 比率低主要是因为 PAOs 存储了大量聚磷酸盐和相关的带有反离子的聚合物（Ekama 和 Wentzel，2004）。

6.7.6.2　富集培养动力学模型

通过对稳定的富集培养系统进行长期实验检测，以及在多种条件下从稳态系统中提取的混合液的批量试验，Wentzel 等（1989a）阐明了 PAO 的生物特征以及动力学响应。在富集培养中，PAOs 展现出两个有趣的特性：

---

[3] API 20NE 程序被证实会过高估计 *Acinetobacter* spp. 的数量，这是由于检测技术（Venter 等，1989）和培养过程中的筛选（如 Wagner 等，1994）。然而，随着设计和模型的发展，基于定量实验观察的模型对在富集培养中准确识别 PAOs 的影响不大。

（1）反硝化能力不确定，因此在模拟 PAO 时无需考虑该过程（PAO 不确定的反硝化能力对混合培养 NDEBPR 系统中的脱氮建模有影响，见第 6.11 节）。

（2）PAO 的内源衰减速率极低 [0.04mg AVSS/（mgAVSS·d）]，远低于好氧活性污泥系统 OHOs 的内源衰减速率 [0.24mgAVSS/（mgAVSS·d）]（McKinney 和 Ooten，1969；Marais 和 Ekama，1976）。

Wentzel 等（1985）在对沉淀城市污水的混合培养 NDEBPR 系统的研究中也有类似的发现，他们从不同污泥龄下的磷酸盐吸收与释放的对比图中发现，在给定的磷酸盐释放条件下，磷酸盐的吸收对污泥龄不敏感。为了解释这一观察结果，Wentzel 等（1985）提出 PAOs "由于内源呼吸而减少的生物量很小或者没有减少"。而 OHOs 由于较高的捕食率和再生率，特定内源性质量损失率较高，Dold 等（1980）在 ND 动力学模型中将其描述为死亡与再生。根据富集培养体系中 PAOs 的较低内源衰减速率以及 Wentzel 等（1985）的观察结果，Wentzel 等（1989a）推断，PAOs 与 OHOs 的被捕食的程度并不相同。因此，在为 PAO 内源性质量损失建模时，Wentzel 等（1989a）使用了经典的内源性呼吸方法，除了没有外部电子受体的情况。

考虑到上述情况，Wentzel 等（1989a）开发了一个富集培养 PAO 的概念模型，纳入了从实验研究中被认定的重要工艺特征、反应过程和所涉及的化合物。以概念模型为基础，Wentzel 等（1989a）用数学公式阐述了过程速率与化合物的化学计量相互作用，从而建立了富集培养 PAO 的动力学模型。根据 IAWPRC 课题组的建议（Henze 等，1987），该模型采用矩阵的形式，表达了各种实验对富集培养的动力学和化学计量参数的量化（Wentzel 等，1989b）。PAO 模型与 OHO 和 NIT 模拟模型集成后，被称为 UCT-PHO（Wentzel 等，1992）。

利用这些参数，将动力学模型应用到富集培养观察到的各种测试响应，发现观察到的结果和模拟结果有很好的相关性（图 6.21～图 6.23）。之后利用该模型模拟富集培养 UCT 和 3 阶改良 Bardenpho 工艺的稳态运行时，再次获得良好的

相关性（Wentze 等，1989b）。

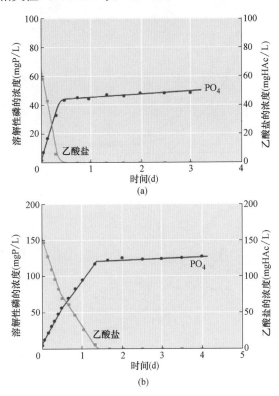

图 6.21　实验和模拟过程中总可溶性磷（PO_4）和醋酸盐的浓度随时间的变化。厌氧区投加的物质分别为（a）醋酸盐，0.11mg COD/mgVSS；（b）Bardenpho 富集培养系统混合液，0.265mgCOD/mgVSS（Wentzel 等，1989b）

6.7.6.3　简化富集培养稳态模型

Wentzel 等（1990）简化了富集培养动力学模型，开发了恒流恒负荷条件下富集培养系统的稳态模型。通过对稳态条件下的动力学监测，他们发现许多过程实际上最终都会被完成；这些动力学关系不再起任何作用，可以被化学计量关系所取代。例如：

（1）富集培养体系中厌氧污泥的质量分数足以确保所有的醋酸盐基质在厌氧区被吸收存储，也就是说，不需要考虑醋酸盐存储的动力学。

（2）实际上，在厌氧区吸收存储的所有基质都在随后的好氧区被利用，也就是说，PHA 基质利用（和聚磷酸盐储存）的动力学不需要被纳入。

他们指出，这些简化意味着对于给定的污泥龄，进入系统的醋酸盐质量和利用储存的聚磷酸

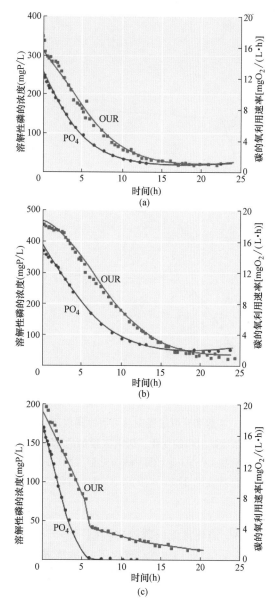

图 6.22　实验和模拟过程中总可溶性磷（PO_4）浓度和氧气利用率（OUR）随时间的变化。厌氧区分别投加（a）醋酸盐量 0.207mg COD/mg VSS；（b）醋酸盐 0.363mg COD/mgVSS 和（c）Barden-pho 富集培养系统混合液，0.265mgCOD/mgVSS 0.22mg COD/mg VSS；（c）在实验期间 PO_4 浓度降至零（Wentzel 等，1989b）

盐形成的 PAO 的生物量之间存在一个恒定的关系。他们做了一个更进一步的稳态模型简化假设：

（1）厌氧维持需的磷释放始终低于 VFA 储存所需的磷酸盐释放，即厌氧维持所需的磷酸盐释放不需考虑动力学。他们进一步表明，这些简

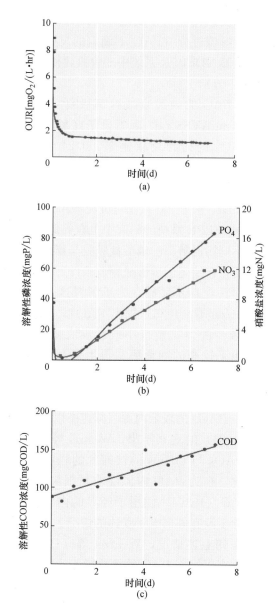

图 6.23　富集培养系统中提取的混合液批次消化在实验和模拟中：（a）氧气利用率（OUR）；（b）总可溶性磷（PO_4）和硝酸盐（NO_3）浓度；（c）滤后 COD 浓度随时间的变化（Wentzel 等，1989a）

化和假设意味着，在稳态下，活性污泥中 PAOs 的聚磷酸盐含量为 0.38 gP/gVSSPAO，且与污泥龄无关。真正不同的是活性污泥中 PAOs（与存储的聚磷酸盐）的相对比例。考虑到适当的简化和假设，Wentzel 等（1990）为富集培养、PAO 活性与内源物质，以及由这些物质产生的磷酸盐的释放、吸收和去除开发了许多稳态方程。这些方程为处理城市污水的混合培养 NDEBPR 系统对 PAO 进行量化提供了方法。

6.7.7 稳态混合培养 NDEBPR 系统

6.7.7.1 混合培养稳态模型

Wentzel 等（1990）已经开发了适用于强化培养系统的稳态模型，之后又扩展了该模型，将以生活污水为进水的 NDEBPR 系统中存在的 PAOs 和 OHOs 的混合培养纳入其中，从而得出了稳态混合培养模型。这种扩展是可行的，因为：①在建立 PAOs 的动力学和化学计量学特征时使用的是强化培养，而不是纯培养。在强化培养中，混合培养活性污泥中存在的 PAOs 富集，并没有人为选择单个物种（如纯培养）；②没有人为排除可能出现的相互竞争的生物体和捕食者（如在纯培养中那样），因此 PAOs 在强化培养中也像在混合培养中一样受到同样的选择压力；③PAOs 也被置于和混合培养活性污泥系统相同的条件下〔例如厌氧-好氧交替，长污泥龄（SRT＞5d）〕；④PAOs 在强化培养中表现出与混合培养活性污泥系统中相同的行为模式（即磷的释放/吸收、PHA/聚磷酸盐积累等）。事实上，强化培养菌群中的 PAOs 行为（尽管已经被"放大"）与混合培养系统中的 PAOs 行为的类似性正是用来表明强化培养菌群是否已经培养成功的一个准则。

在扩展该模型的过程中，出现的一个问题是 PAO 强化培养污泥和"正常"的好氧 OHO 活性污泥之间的内源性质量损失率的差异。如前所述，OHO 系统中较高的内源性质量损失率是因为系统中较高的捕食率和再生率，Dold 等（1980）在 ND 动力学模型中将其表述为死亡再生。然而，强化培养体系中 PAOs 的内源性特定质量损失率较低，Wentzel 等（1989a）由此得出结论，PAOs 与 OHOs 经历的捕食作用程度不同，因此在建模 PAO 内源性质量损失时采用了内源性呼吸方式[4]。PAOs 的低捕食率以及 PAOs 和 OHO 本质上并不竞争同一基质的事实表明在"正常"的混合培养 NDEBPR 系统中，PAO 和 OHO 种群实际上是相互独立的。Wentzel 等（1990）指出，这意味着在扩展混合培养 NDEBPR 系统的稳态模型时对两种种群在很大

程度上可以分开分析。然而，在混合培养 NDEBPR 稳态模型中发现了两种重要的交互作用，均在厌氧反应器中，具体如下：

（1）在许多"常规"的城市废水中，醋酸盐或其他挥发性脂肪酸（VFA）含量很少或者根本不存在（Wentzel 等，1988）。Wentzel 等（1985）表明，在厌氧反应器中，OHOs 通过酸发酵将进水中的 RBCOD 组分转化为 VFAs，从而使其可以被 PAO 利用。PHA 的转化速率比储存速率要慢得多，因此转化速率限制着储存速率。因此，厌氧反应器中可供 PAOs 使用的 VFA 基质的质量由 OHOs 介导的转化动力学决定。Meganck 等（1985）和 Brodisch（1985）的工作验证了这一转化假设，他们证明厌氧-好氧体系培养的生物体在厌氧反应器中将糖类和类似化合物转化为 VFAs。

（2）如果硝酸盐（或氧）回流到厌氧反应器中，RBCOD 优先被 OHOs 利用，硝酸盐（或氧）作为外部电子受体，从而减少了转化为 VFAs 的 RBCOD 的量。

Wentzel 等（1985）认识到了上述观点，并建立了 RBCOD 转化为 VFAs 的动力学模型，从而建立了这些 VFAs 的存储动力学模型。Wentzel 等（1990）认可了这一模型，但特别指出了进水中存在 VFAs 的情况：

（1）RBCOD 需要细分为两个部分，VFAs/RBCOD（如乙酸盐）和可发酵 SF/RBCOD（如葡萄糖）。在常规生物方法（如 Ekama 等，1986；Wentzel 等，1995）和过滤方法（如 Dold 等，1986；Mamais 等，1993；Wentzel 等，1995）检测时，RBCOD 为：

$$RBCOD = VFAs + 可发酵 COD \quad (6.1a)$$

或者，用符号表示：

$$S_S = S_{VFA} + S_F \quad (6.1b)$$

（2）VFA 的存储速度非常快，在厌氧质量分数大于 10% 且污泥龄大于 10d 的厌氧反应器中，PAOs 会吸收进水中所有的 VFA（这可以

---

[4]从稳态混合培养模型的后续模拟中发现，如果 PAOs 面对高捕食率，那么在混合培养的 NDEBPR 系统中显著的 EBPR 效果是不可能出现的；PAOs 的死亡率将会非常高，以至于系统中无法积累大量 PAOs，而 EBPR 效果将接近零。

从存储动力学中得到验证）。

（3）可发酵 COD 在厌氧反应器中被 OHOs 转化为 VFAs，生成的 VFAs 可被 PAOs 存储。转换模型由 Wentzel 等（1985）给出。

这一理论为 Wentzel 等（1990）提供计算厌氧反应器中 PAOs 所吸收的 VFA 基质（来自进水和可发酵 COD 的转化）质量的方法。只要知道被 PAOs 吸收的基质的质量，剩余的可供 OHOs 使用的基质的质量就可以计算出来。实际上，Wentzel 等（1990）将可生物降解的进水 COD 分解为两个部分，一部分最终被 PAOs 利用，另一部分被 OHOs 利用。由于这两类生物的独立活动，它们可以利用：

（1）简化 PAO 强化培养稳态模型计算由吸收的基质形成的 PAO 活性物质和内源性物质以及磷的释放、吸收和去除量。

（2）稳态活性污泥模型（Marais 和 Ekama，1976；WRC，1984 年，第 4 章）计算由剩下的基质形成的 OHO 活性物质和内源性物质，厌氧反应器中可发酵 COD 转化为 VFAs 的速率，进水中惰性 VSS 的累积，以及与其中的活性物质、惰性物质相结合的磷量。注意，在这个稳态活性污泥模型中，内源性质量损失是用经典的内源性呼吸方法建模的；该方法比较简单，在稳态条件下与死亡再生方法得到的结果非常接近。

系统的总除磷量是单一组分的除磷量的总和。

Wentzel 等（1990）以 6 年间 30 个实验室规模的 NDEBPR 系统为对照，评估了稳态混合培养 EBPR 模型的预测能力。这些工艺包括 Phoredox 工艺、3 段改良 Bardenpho 工艺、UCT 工艺、MUCT 工艺和 Johannesburg 工艺。这些工艺的污泥龄在 3～28d。在评估中，用回流到厌氧区的硝酸盐测定值来评估厌氧区被 OHOs 去除的可发酵 COD（以硝酸盐为外部电子受体）。剩余的可发酵 COD 可在厌氧反应器中转化为 VFAs，并由 PAOs 以 PHA 的形式储存。预测和测量的磷释放量、磷去除量和 VSS 浓度的曲线图（图 6.24～图 6.26）显示了良好的相关性。

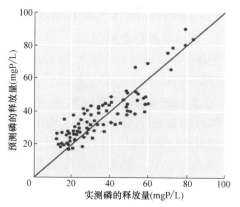

图 6.24　不同配置的 EBPR 系统在污泥龄为 3～28d 时的磷释放量预测值—测量值（Wentzel 等，1990）

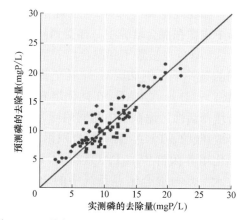

图 6.25　不同配置的 EBPR 系统在污泥龄为 3～28d 时的磷去除量预测值—测量值（Wentzel 等，1990）

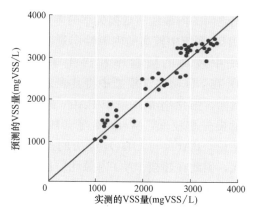

图 6.26　不同配置的 EBPR 系统在污泥龄为 3～28d 时的 VSS 预测值—测量值（Wentzel 等，1990）

6.8　混合培养稳态模型

6.8.1　模型的原理

混合培养稳态模型的基本原理是将活性污泥

划分为三个种群：

(1) NIT，硝化细菌；

(2) OHOs，普通异养微生物；

(3) PAOs，聚磷菌。

然后，知道每个群体产生的污泥组分（活性、内源和惰性）的磷含量，就可以计算出每个污泥组分的除磷量，系统除磷量即为单个除磷量的总和。

量化 NIT 的方法在第 5 章已经介绍；如果非曝气污泥比例（f_{AN}）包括了缺氧反应器和厌氧反应器的污泥，则可以保留这些方法不进行修改，用于硝化-反硝化 EBPR 系统。NIT 对污泥质量的贡献相对较小（<3%），这意味着由该群

体产生的磷去除量可以被忽略。

对于 OHOs 和 PAOs，计算原理是将两个微生物种群获得的生物可降解 COD 进行分配，从而计算出两种群产生的相应的污泥组分（图 6.10 和图 6.27）；只要知道每个组分的含磷量，就可以计算出相应的除磷量。第 4 章介绍了 OHOs（包括惰性物质）的定量化步骤；这些可以应用于硝化-反硝化 EBPR 系统，但需要进行适当的修正，将 PAOs 储存 COD 所导致的可生物降解 COD 的减少考虑进去。在本节中，将介绍如何量化 PAOs 和 OHOs，以及如何在 PAOs 和 OHOs 之间分配可生物降解 COD。

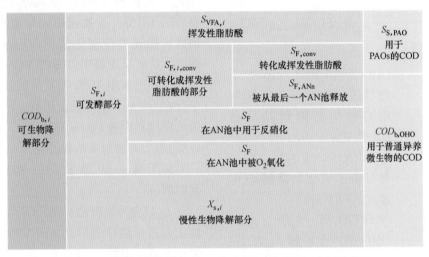

图 6.27　进水可生物降解 COD 在 PAOs 和 OHOs 之间的分配

进水可生物降解 COD 各组分的流量、它们在系统中最终的归宿和产生的活性污泥量之间的关系如图 6.28 所示，并将在下面的章节中进行详细解释。

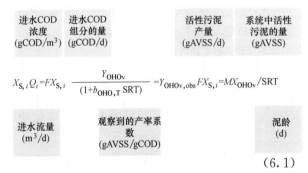

$$X_{S,i}Q_i = FX_{S,i}\ \frac{Y_{OHOv}}{(1+b_{OHO,T}SRT)} = Y_{OHOv,obs}FX_{S,i} = MX_{OHOv}/SRT$$

（6.1）

图 6.28　进水组分、流量与系统产生和存在的生物量之间的关系

污泥生物量由活性和非活性组分组成。活

性组分包括 PAOs、OHOs 和一些在本设计示例中不需要计算的其他微生物（如硝化菌）。非活性组分包括来自进水的微粒惰性有机物和微粒无机物，以及由细胞衰变产生的微粒内源性残留物。

6.8.2　生物量计算方程式

6.8.2.1　PAOs

活性生物量：

$$MX_{PAOv} = \frac{Y_{PAOv}}{(1+b_{PAO,T}SRT)}FS_{S,PAO}SRT$$

（6.2）

式中　MX_{PAOv}——PAO 活性生物量（gAVSS）；

Y_{PAOv}——PAO 的产率系数（gAVSS/gCOD）；

$FS_{S,PAO}$——每日在厌氧区存储的基质量

（gCOD/d）；

$b_{PAO,T}$——温度 T 下 PAOs 内源生物量的衰减速率常数［gEVSS/（gVSS·d）］；

SRT——污泥龄（d）。

内源生物量：

$$MX_{E,PAOv} = f_{XE,PAO} b_{PAO,T} MX_{PAOv} SRT$$

（6.3）

式中　$MX_{E,PAOv}$——PAOs 的内源生物量（gEVSS）；

$f_{XE,PAO}$——PAOs 的内源性颗粒残留率（gEVSS/gAVSS）。

6.8.2.2　OHOs

活性生物质：

$$MX_{OHOv} = \frac{Y_{OHOv}}{(1+b_{OHO,T} SRT)} FCOD_{b,OHO} SRT$$

（6.4）

式中　MX_{OHOv}——OHO 活性生物质（gAVSS）；

$FCOD_{b,OHO}$——每日进水中可被 OHOs 利用的可生物降解基质量（COD/d）；

$$= FCOD_{b,i} - FS_{S,PAO}$$

$FCOD_{b,i}$——每日进水可生物降解 COD 量（gCOD/d）；

$$= FCOD_i (1 - f_{SU} - f_{XU})$$

Y_{OHOv}——OHO 的产率系数（gAVSS/gCOD）；

$b_{OHO,T}$——T 温度下 OHO 的内源质量损失速率常数（/d）。

内源生物质：

$$MX_{E,OHOv} = f_{XE,OHO} b_{OHO,T} MX_{OHOv} SRT$$

（6.5）

式中　$MX_{E,OHOv}$——系统中 OHOs 内源残留生物量（gEVSS）；

$f_{XE,OHO}$——OHOs 的内源性颗粒残留率（gEVSS/gAVSS）。

6.8.2.3　惰性生物质

来自进水的惰性有机物在系统中的积累：

$$MX_{Uv} = \frac{f_{XU,CODi} FCOD_i SRT}{f_{cv}}$$

（6.6）

式中　MX_{Uv}——系统中来自进水的惰性有机物量（gIVSS）；

$f_{XU,COD,i}$——进水 COD 中颗粒状和不可生

物降解的部分；

$FCOD_i$——每日进水总 COD 量。

6.8.3　可生物降解 COD 在 PAOs 和 OHOs 之间的分配

从 EBPR 的机理（6.3 节）来看，只有 VFA 可以在厌氧反应器中被 PAOs 存储。因此，进水 RBCOD（$S_{S,i}$）需要细分为 VFAs（$S_{VFA,i}$）和可发酵 COD（$S_{F,i}$）两部分。因此，$S_{S,i} = S_{VFA,i} + S_{F,i}$。

进水中的 VFAs（$S_{VFA,i}$）可直接被 PAOs 在厌氧反应器中存储。Wentzel 等（1985）证明，在厌氧反应器中，OHOs 将可发酵组分（$S_{F,i}$）转化为 VFAs，从而使 PAOs 可以存储额外的 VFAs。转换速率比存储速率要慢得多，因此转换速率控制生成的 VFAs 的存储速率。因此，厌氧反应器中可用的 VFA 基质量受转换动力学和进水中 VFA 基质量的控制。如果进水中存在 VFAs，可以假设所有这些 VFAs 都将在厌氧反应器中被 PAOs 存储。

6.8.3.1　可发酵有机物转化为 VFAs 的动力学

采用 Wentzel 等（1985）提出的转换模型。我们假设：

• 只有可发酵的 COD（S_F）才能被 PAOs 转化为适合储存的形式（即 VFAs）；在混合液体于厌氧反应器中停留的时间范围内，并认为可生物降解 COD（X_S）缓慢地转化为 VFAs 是可以忽略的（见第 6.3.6.1 节）。

• 转化是由 OHO 在厌氧反应器中完成的。

• 所有由可发酵 COD 转化产生的 VFAs 都立即被 PAOs 储存起来。

• 厌氧反应器中所有未转化为 VFAs 的可发酵 COD 随后被用于 OHO 代谢。

• 可发酵 COD 的转化率为：

$$\frac{dS_{F,AN}}{dt} = -k_{F,T} S_{F,AN} X_{OHOv,AN}$$

（6.7）

式中　$dS_{F,AN}/dt$——可发酵有机物的转化率（gCOD m^3/d）；

$k_{F,T}$——温度为 T 时的一级发酵速率常数［0.06m^3/（gVSS·d）20℃］；

$S_{F,AN}$——厌氧反应器中可发酵

COD 浓度（gCOD/m³）；

$X_{OHOv, AN}$——厌氧反应器中 OHOs 的浓度（gAVSS/m³）。

• 所有存在于厌氧反应器的进水中的 VFAs 将立即被 PAOs 存储起来。

6.8.3.2 硝酸盐或氧气回流的影响

当硝酸盐或氧气通过回流或随进水进入厌氧反应器时，可发酵 COD 转化为 VFAs 的过程更加复杂。假设进入厌氧反应器的氧或硝酸盐被 OHOs 作为电子受体，而 RBCOD（S_S）作为电子供体（基质）。目前还不清楚可发酵 COD 或进水 VFAs 是否会优先用作电子供体。在稳态混合培养模型中，假设进水可发酵 COD 作为电子供体。这意味着转化产生的 VFAs 不再被释放，而是被 OHOs 直接代谢，直到氧气或硝酸盐被耗尽。在转换模型中，这可以通过减少可用于转换的可发酵 COD 的量来适应，具体如下：

$$S_{F,i,conv} = S_{F,i} - 8.6(s S_{NO_3,s} + S_{NO_3,i})$$
$$- 3.0(s S_{O_2,s} + S_{O_2,i}) \quad (6.8)$$

式中　$S_{F,i,conv}$——可发酵 COD 可用于每容积进水的量（gCOD/m³）；

$S_{F,i}$——可发酵 COD 进水浓度（gCOD/m³）；

s——基于进水流量的厌氧反应器污泥回流比；

$S_{NO_3,s}$——回流到厌氧反应器中的污泥中的硝酸盐浓度（gNO₃-N/m³）；

$S_{O_2,s}$——厌氧反应器污泥中的氧浓度（gO₂/m³）；

$S_{NO_3,i}$——厌氧反应器进水中硝酸盐的浓度（gNO₃-N/m³）；

$S_{O_2,i}$——厌氧反应器进水中的氧浓度（O₂/m³）；

8.6——每单位硝酸盐消耗的 COD 量（gCOD/gNO₃⁻-N）；

$2.86/(1 - f_{cv} \cdot Y_{OHOv}) = 2.86/(1 - 1.48 \cdot 0.45) = 8.6$；

3.0——每单位氧气所消耗的 COD 量（gCOD/gO₂）；

$1/(1 - f_{cv} \cdot Y_{OHOv}) = 1/(1 - 1.48 \cdot 0.45) = 3.0$。

6.8.3.3　稳态转换方程

在一系列等体积的 N 个厌氧反应器中，假设第 n 个厌氧反应器质量守恒，利用式（6.7）和式（6.8）可以建立可发酵 COD 转化为 VFAs 的稳态方程。由此得到计算第 n 个厌氧反应器出水中可发酵 COD 浓度的公式：

$$S_{F,ANn} = \frac{S_{F,i,conv}/(1+s)}{\left[1 + k_{F,T} \dfrac{f_{xa}}{N} \dfrac{MX_{OHOv}}{Q_i(1+s)}\right]^n} \quad (6.9)$$

式中　$S_{F,Ann}$——第 n 个反应器出水可发酵 COD 的浓度（gCOD/m³）；

f_{xa}——厌氧污泥质量分数（gVSS/gVSS）；

MX_{OHOv}——相同体积的厌氧反应器的数目，$n = 1, 2, \cdots, N$；

Q_i——进水流速（m³/d）。

式（6.9）可以用于计算在一系列 N 个厌氧反应器中可转化为 VFAs 的可发酵 COD 的量，例如：

$$FS_{F,CONV} = Q_i[S_{F,i,conv} - (1+s)S_{F,ANn}] \quad (6.10)$$

式中　$FS_{F,CONV}$——在厌氧反应器中每日可转化为 VFAs 的可发酵 COD 的量（gCOD/d）。

然而，想要计算 $S_{F,Ann}$，需要先确定 MX_{OHOv}/Q_i 的比值。MX_{OHOv} 可通过总进水可降解 COD 的质量减去 PAOs 所存储的 COD 的质量计算得来。从 EBPR 的机制和转化的假设来看，所有转化产生和进水中的 VFAs 都被 PAOs 存储。即 PAO 存储的 COD 的质量，$FS_{S,PAO}$，可根据下式计算：

$$FS_{S,PAO} = FS_{F,CONV} + Q_i S_{VFA,i} \quad (6.11)$$

$$FS_{S,PAO} = Q_i[S_{F,i,conv} - (1+s)S_{F,ANn}] + Q_i S_{VFA,i} \quad (6.12)$$

式中　$FS_{S,PAO}$——PAOs 每日储存的 S_s 的质量（gCOD/d）。

OHOs 能够摄取的 COD，即非 PAOs 储存的可生物降解的 COD，按下式计算：

$$FCOD_{b,OHO} = FCOD_{b,i} + FS_{S,PAO} \quad (6.13)$$

式中 $FCOD_{b,OHO}$——OHOs 每日可获取的可生物降解的 COD 的质量（gCOD/d）。

综合上述各式，在考虑可以被 OHOs 利用的 COD 之后，OHOs 的生物量可以通过下式计算：

$$MX_{OHOv}=\frac{Y_{OHOv}}{(1+b_{OHO,T}SRT)}FCOD_{b,OHO}SRT$$

$$(6.14a)$$

OHOs 的生成也可以表示为每体积进水的合成质量，其可以通过将式（6.12）和式（6.13）代入式（6.14a）并除以进水流量计算求得：

$$\frac{MX_{OHO}}{Q_i}=\frac{Y_H}{(1+b_{OHO,T}SRT)}\cdot$$
$$\cdot[COD_{b,i}-(1+s)S_{F,ANn}+S_{VFA,i}]SRT$$

$$(6.14b)$$

式中 MX_{OHOv}/Q_i——单位体积的进水产生的 OHOs 的量（gAVSS/m^3）。

式（6.9）和式（6.14a）需要同时求解，以计算离开最后一个厌氧反应器（ANn）的可发酵 COD（$S_{F,ANn}$）的浓度；可采用以下迭代过程计算：

- 假设 $S_{F,ANn}=0mgCOD/L$。
- 利用式（6.14a）计算 MX_{OHOv}。
- 将计算出的 MX_{OHOv} 代入式（6.9）计算 $S_{F,ANn}$。
- 利用计算出的 $S_{F,ANn}$ 重新计算 $S_{F,ANn}$。
- 重复进行上述最后的两个步骤直到 $S_{F,ANn}$ 和 MX_{OHOv} 的值保持不变。

缺氧条件下反硝化 PAOs（DPAOs）的行为也可以得到类似的方程。然而，严格好氧 PAO 和普通反硝化菌的交互作用需要考虑每组微生物的基质消耗和储存动力学，这项任务可以通过动态建模完成。

6.8.3.4 转化理论的含义

上述转换理论提供了计算 OHO 每天生成的 VFAs 质量的方法。假设所有转化形成的以及进水的 VFAs 均被 PAOs 储存，则 OHOs 所能利用的基质为剩下的可生物降解 COD。进水中可生物降解的 COD 可以分成两部分，一部分被 PAOs 利用，一部分被 OHOs 利用。由于两组

微生物的生物活动相互独立，可以利用之前提出的公式（式 6.1 和式 6.3）来计算活跃的和内源的 PAO 的量。第 4 章的公式可以用来计算活跃的、内源的和惰性的 OHOs 量（需像式 6.4～式 6.6 一样近似修正）。然后，就可以计算出每个组分的磷含量、每个组分的磷去除量。

6.8.4 磷的释放

在对 EBPR 系统进行稳态设计时，由于 PAOs 储存 VFA 而产生的磷的释放量并不需要量化，但其对于 EBPR 的设计是一类十分有用的信息。根据磷去除机制（第 6.3 节），PAOs 每储存 1mol VFA，就释放 1mol P（该比率依赖于 pH 值，Smolders 等，1994a；Filipe 等，2001c）以提供能量将 VFA 聚合为 PHA 储存在细胞内。总之，磷的释放量可以根据下式计算得出：

$$FS_{PO4,rel}=f_{PO4,rel}FS_{S,PAO} \quad (6.15a)$$

式中 $FS_{PO4,rel}$——PAOs 每日释放的磷的量（gCOD/d）；

$f_{PO4,rel}$——磷的释放量/VFA 的吸收量，PH 值为 7.0 时，该比值等于 1.0molP/molCOD，等于 0.5gP/gCOD(pH 7.0)。

或者以浓度为单位：

$$S_{PO4,rel}=f_{PO4,rel}\frac{FS_{S,PAO}}{Q_i} \quad (6.15b)$$

式中 $S_{PO4,rel}$——磷的释放量（gP/m^3 进水）；

$S_{S,PAO}$——PAOs 储存的易降解 COD 浓度（gCOD/m^3）。

$$S_{PO4,rel}=f_{PO4,rel}\frac{FS_{S,PAO}}{Q_i} \quad (6.15c)$$

如果 $f_{PO4,rel}$ 系数需要表示为反应器中 pH 值的函数，则 Smolders 等（1994a）开发了以下表达式：

$$f_{PO4,rel}=0.18pH-0.81 \quad (6.15d)$$

式中 $f_{PO4,rel}$——磷的释放量/VFA 的吸收量（gP/gCOD）；

pH——在 EBPR 系统厌氧阶段中测定的 pH 值。

6.8.5 除磷及出水总磷浓度

磷的去除量可由各个污泥组分计算而来，即总除磷量由每个污泥组分的磷去除量求和得来。总的来说，只有 PAO（MX_{PAOv}）能够储存比生物合成所需的更高的磷浓度（活性 PAO 生物量磷的吸收量高达 0.38gP/gVSS）。另一方面，其余生物量（即 MX_{EOHOv}、$MX_{E,OHOv}$、$MX_{E,XUv}$，以及内源性 PAO 生物量 $MX_{E,PAOv}$）的磷积累量和一般的污泥磷吸收量相同（0.03gP/gVSS）。值得注意的是，内源性 PAO 生物量（$MX_{E,PAOv}$）是一种内源性残余，只含有残余中存在的磷（推测用于制造细胞组织和其他有机化合物），因此远远低于活性 PAO 生物量实际可储存的 $f_{P,PAO}$ 部分。

因此，不同生物组分对磷去除量如下：

PAOs：

$$\Delta P_{PAO} = f_{P,PAO} \frac{MX_{PAOv}}{Q_i \cdot SRT} \qquad (6.16)$$

式中　ΔP_{PAO}——PAOs 去除的磷的含量（gP/m³）；

$f_{P,PAO}$——磷在 PAO 活性组分 MX_{PAOv} 中的含量（=0.38gP/gVSS）。

OHOs：

$$\Delta P_{OHO} = f_P \frac{MX_{OHOv}}{Q_i \cdot SRT} \qquad (6.17)$$

式中　ΔP_{OHO}——OHOs 去除的磷的含量（gP/m³）；

f_P——磷在 OHOs 活性组分 MX_{PAOv} 中的含量（=0.33gP/gVSS），对应于 VSS 中磷的典型浓度。

内源性残留物质量（来自所有生物组分，包括 PAO 和 OHOs）：

$$\Delta P_{XE} = f_P \frac{MX_{E,OHOv} + MX_{E,PAOv}}{Q_i \cdot SRT} \qquad (6.18)$$

式中　ΔP_{XE}——内源性残留生物组分去除的磷的含量（gP/m³）；

f_P——磷在内源性残留生物组分（$MX_{E,OHOv}$ 和 $MX_{E,PAOv}$）中的含量（=0.03gP/gVSS），

和 VSS 中磷的典型浓度相似。

进水中惰性质量为：

$$\Delta P_{XU} = f_P \frac{MX_{XU}}{Q_i \cdot SRT} \qquad (6.19)$$

式中　ΔP_{XU}——进水中不可生物降解的颗粒有机物（$X_{U,i}$）去除的磷的含量（gP/m³）；

f_P——P 在进水中不可生物降解的颗粒有机物组分中的含量（=0.03gP/gVSS），与 VSS 中磷的典型浓度相似。

忽略化学磷沉淀（通常由于进水中存在或添加到系统中的铝、钙或铁盐），系统总的除磷潜力为：

$$\Delta P_{SYS,pot} = \Delta P_{PAO} + \Delta P_{OHO} + \Delta P_{XE} + \Delta P_{XU} \qquad (6.20)$$

式中　$\Delta P_{SYS,pot}$——系统总的磷去除量（gP/m³）。

系统实际除磷量为总除磷潜力和进水总磷中的较低值：

$$\Delta P_{SYS,actual} = \min(\Delta P_{SYS,pot}; P_i) \qquad (6.21)$$

式中　$\Delta P_{SYS,actual}$——系统实际去除的磷的含量（gP/m³）。

污水中的悬浮固体会增加出水中的微粒磷浓度：

$$X_{P,e} = f_{P,TSS} TSS_e \qquad (6.22)$$

式中　$f_{P,TSS}$——活性污泥中平均磷含量（gP/m³）；

TSS_e——污水中的悬浮固体总浓度（gTSS/m³）。

出水总的磷浓度的计算方法是：进水的磷的总浓度减去系统的实际总磷去除量，并加入污水中悬浮固体所产生的颗粒性磷浓度：

$$P_e = P_i - \Delta P_{SYS,actual} + X_{P,e} \qquad (6.23)$$

式中　P_i——进水的总磷的浓度（gP/m³）；

P_e——出水的总磷的浓度（gP/m³）。

6.8.6　VSS 和 TSS 中磷的含量

6.8.6.1　活性 PAO 生物量中的实际磷含量

尽管活性 PAO 生物量 MX_{PAOv} 有可能去除高浓度的磷，但从逻辑上讲，MX_{PAOv} 能够去除（储存在细胞内）的磷浓度不能高于进水中的浓

度。该原则与系统的总磷去除潜力（$\Delta P_{\text{SYS,pot}}$）和系统的实际磷去除量（$\Delta P_{\text{SYS,actual}}$）的定义原则类似。因此，活性 PAO 生物量 $f_{\text{P,PAO,act}}$ 的实际磷含量可以估算为系统去除的实际磷含量减去 VSS 生物量积累的磷含量（不包括 MX_{PAOv} 的贡献）的差值，如下所示：

$$f_{\text{P,PAO,act}} = \frac{[Q_i \cdot SRT \cdot \Delta P_{\text{SYS,actual}}] - [f_p(MX_{\text{VSS}} - MX_{\text{PAOv}})]}{MX_{\text{PAOv}}}$$

(6.24a)

式中 $f_{\text{P,PAO,act}}$——活性 PAO 生物量储存的实际磷含量（gP/活性 PAO 生物量 gVSS，MX_{PAOv}）。

出于设计目的，估算活性 PAO 生物量 $f_{\text{P,PAO,act}}$ 储存的实际磷含量很重要，因为它会影响各种重要参数的估算：①MX_{FSS} 的测定；②系统中积累的 MX_{TSS} 的总质量；③由于 MX_{FSS} 和 MX_{TSS} 的影响，它会影响工艺的总容积 V_R 的计算；④$f_{\text{P,TSS}}$ 含量的估算也会影响出水中实际总磷浓度的正确估算。

6.8.6.2 VSS 污泥量

系统中的 VSS 污泥量的计算方法与好氧和缺氧-好氧系统相同，即将 VSS 各组分的质量相加，即：

$$MX_{\text{VSS}} = MX_{\text{PAOv}} + MX_{\text{OHOv}} + MX_{\text{E,PAOv}} + MX_{\text{E,OHOv}} + MX_{\text{Uv}}$$

(6.24b)

$$MX_{\text{VSS}} = V_R \, VSS \qquad (6.24c)$$

式中 MX_{VSS}——系统中 VSS 的量（gVSS）；

VSS——系统中 VSS 的浓度（gVSS/m^3）；

V_R——系统的体积（m^3）。

对于好氧和缺氧-好氧系统，系统中的 TSS 污泥质量通过 VSS/TSS 比率和 VSS 计算得出。然而，OHO 混合液的 VSS/TSS 比率与 PAO 混合液有很大的不同。这是由于 PAOs 内部储存了大量的无机聚磷酸盐，并伴有相关的反离子。反离子需要中和聚磷酸盐上的负电荷，从而使其稳定。这些反离子主要是 Mg^{2+} 和 K^+，以及少量的 Ca^{2+}（Fukase 等，1982；Arvin 等，1985；Comeau 等，1986；Wentzel 等，1989a）。

6.8.6.3 FSS 污泥量

系统中的固定（无机）悬浮固体（FSS）污泥量由各种不同的组分构成（Ekama 和 Wentzel，2004）：

（1）活性污泥细胞内的无机盐成分，即在 550℃ 燃烧后的无机残渣。OHOs 的 FSS/VSS 的比例为 0.15gFSS/gVSS。硝化菌具有类似的 FSS 比例，通常只占生物量的 2% 以下，通常可被忽略。

（2）PAOs 含有标准的 0.15gFSS/gVSS 部分，再加上聚磷酸盐和阳离子型的反离子，它们对 PAOs 的 FSS 含量有显著贡献。Ekama 和 Wentzel（2004）报告了对于磷含量（gP/gVSS）是 38% 的好氧 PAOs，其 FSS 含量为 1.30gFSS/gVSS。如果 PAO 细胞内磷储存量（gP/gVSS）没有达到最大值 38%，可以假设 FSS 含量成比例地降低。在测定 MX_{FSS} 时，通过考虑活性 PAO 生物质（$f_{\text{P,PAO,act}}$）储存的实际磷含量及其最大磷含量（$f_{\text{P,PAO}}$）来考虑这一点（式 6.24d）。

（3）内源性和惰性有机残留物被认为不包含无机物，因为这些成分的盐含量应该在细胞裂解时被溶解。

（4）缓慢降解颗粒有机物也被认为不含无机物。

（5）进水中积聚在活性污泥上的 FSS。

（6）忽略无机物的沉淀和 FSS 的溶解。然而，如果发生化学沉淀，应该考虑积聚到污泥中的无机物含量。

因此，系统中 FSS 污泥量为：

$$MX_{\text{FSS}} = f_{\text{FSS,OHO}} MX_{\text{OHOv}} + f_{\text{FSS,PAO}} \frac{f_{\text{P,PAO,act}}}{f_{\text{P,PAO}}} MX_{\text{PAOv}} + Q_i \cdot SRT \cdot X_{\text{FSS},i}$$

(6.24d)

式中 MX_{FSS}——系统中无机悬浮固体的质量（gFSS）；

$f_{\text{FSS,OHO}}$——OHO 活性生物量中的 FSS 比例（$f_{\text{VT,OHO}} = 0.87$gVSS/gTSS 时，$= 0.15$gFSS/gVSS）；

$f_{\text{FSS,PAO}}$——PAO 活性生物量中的 FSS 比例（$f_{\text{VT,PAO}} = 0.44$gVSS/

gTSS 时，好氧 PAO 的比例
为 1.30gFSS/gAVSS）；

$X_{FSS,i}$——每日进水中的 FSS 的质量
（gFSS/d）。

6.8.6.4 TSS 污泥量和污泥 VSS/TSS 比率

系统中 TSS 污泥量为 VSS 和 FSS 之和：

$$MX_{TSS}=MX_{VSS}+MX_{FSS} \qquad (6.25a)$$

$$MX_{TSS}=V_R X_{TSS} \qquad (6.25b)$$

式中 MX_{TSS}——系统中总悬浮固体的质量
（gTSS）。

污泥 VSS/TSS 比率：

$$f_{VT}=\frac{MX_{VSS}}{MX_{TSS}} \qquad (6.25c)$$

式中 f_{VT}——污泥 VSS/TSS 比率。

6.8.6.5 TSS 中的磷含量

生物量的平均磷含量的计算需要考虑各组分对 TSS 的贡献，特别是活性 PAO 生物量储存的实际磷含量，因为它可能对磷含量的贡献最高。无机悬浮物中磷的比例可能会因进水中或添加到系统中的铝、铁和钙盐的存在发生磷沉淀，从而发生显著变化。

$$f_{P,TSS}=$$
$$\frac{f_p \cdot (MX_{OHOv}+MX_{E,OHOv}+MX_{E,PAOv}+MX_{Uv})}{MX_{TSS}}$$
$$+\frac{f_{P,PAO,act} \cdot MX_{PAOv}}{MX_{TSS}}+\frac{f_{P,FSS} \cdot MX_{FSS}}{MX_{TSS}}$$
$$(6.26)$$

式中 $f_{P,TSS}$——总悬浮固体中磷的比例（gP/gTSS）；

$f_{P,FSS}$——无机悬浮固体中磷的比例（gP/gFSS）＝ 0.02gP/gFSS（假设值；如果存在大量的盐，如铝、铁或钙盐，可以沉淀磷，就需要对其进行修正）。

6.8.7 工艺容积需求

如第 4 章所述，工艺容积要求由系统中的污泥量和选定的污泥浓度（TSS 或 VSS）来确定：

$$V_R=MX_{TSS}/X_{TSS,OX} \qquad (6.27a)$$

式中 V_R——工艺容积（m^3）；

$X_{TSS,OX}$——好氧反应器中选定的 TSS 浓度（gTSS/m^3）。

或者：

$$V_R=MX_{VSS}/X_{VSS,OX} \qquad (6.27b)$$

式中 $X_{VSS,OX}$——好氧反应器选定的 VSS 浓度（gVSS/m^3）。

工艺容积要求（V_R）是有效容积，即在整个系统中污泥浓度均匀一致时所需要的容积。然而，对于一些硝化和反硝化 EBPR 工艺，这是不正确的，不同区域的污泥浓度可能不同。例如，与其他区域（缺氧和好氧）相比，UCT/MUCT 工艺结构的厌氧区污泥浓度由于回流 $s/(1+s)$ 而降低。在这种情况下，必须调整容积以考虑到这一点。

6.8.8 生产污泥所需的氮量

生产污泥所需氮量的计算公式形式为：

$$FN_s=f_n MX_{VSS}/SRT \qquad (6.28a)$$

式中 FN_s——每天生产污泥所需的氮量（gN/d）；

f_n——污泥氮含量＝0.10gN/gVSS。

然而，对于 EBPR 系统，MX_{VSS} 需要考虑 VSS 组成部分的变化，也就是说，它必须使用式（6.24a）计算。

以进水浓度表示，生产污泥所需氮量为：

$$TKN_{i,s}=FN_s/Q_i \qquad (6.28b)$$

6.8.9 需氧量

6.8.9.1 含碳有机物的需氧量

含碳有机物的需氧量（FOc）是 PAOs 和 OHOs 的需氧量的总和。从 COD 质量守恒的角度来看，任何未转化为生物量或内源残渣被除去的 COD 都被消耗在能量生产中。例如，一个单位的可生物降解 COD（COD_b；如 S_{VFA}）的除去将产生（$f_{cv} \cdot Y_{PAOv}$）单位的 X_{PAO}，同时能量由消耗的（$1-f_{cv} \cdot Y_{PAOv}$）单位的 COD_b 提供。因子 f_{cv}（gCOD-活性生物量/gVSS-活性生物量）被用于将 Y_{PAOv} 的单位从 gVSS-活性生物量/gCOD-基质 的转换为 gCOD-活性生物量/gCOD-基质。因此，每单位的 COD_b 等于（$f_{cv} \cdot Y_{PAOv}+1-f_{cv} \cdot Y_{PAOv}$），COD 的质量守恒得以维持。

PAOs 的需氧量

PAOs 所需的氧气用来为生物量合成和内源性呼吸提供能量。

$$FO_{\text{PAO}} = FO_{\text{PAOsynthesis}} + FO_{\text{PAOendogenous respiration}}$$
$$(6.29\text{a})$$

$$FO_{\text{PAO}} = (1 - f_{\text{cv}} Y_{\text{PAOv}}) FS_{\text{S,PAO}} + f_{\text{cv}} (1 - f_{\text{E,PAO}}) b_{\text{PAO,T}} MX_{\text{PAOv}} \quad (6.29\text{b})$$

或者，更明确地表示为每日 PAOs 所存储的基质质量的函数：

$$FO_{\text{PAO}} = FS_{\text{S,PAO}} \left[(1 - f_{\text{cv}} Y_{\text{PAOv}}) \right]$$
$$+ \left[\begin{array}{c} f_{\text{cv}} (1 - f_{\text{XE,PAO}}) b_{\text{PAO,T}} \\ \cdot \dfrac{Y_{\text{PAOv}}}{(1 + b_{\text{PAO,T}} \text{SRT})} \text{SRT} \end{array} \right] \quad (6.29\text{c})$$

式中　FO_{PAO}——PAOs 每日所消耗的氧气量（gO_2/d）；

f_{cv}——污泥 COD/VSS 比率（gCOD/gVSS）。

OHOs 的需氧量

类似地，对于 OHOs：

$$FO_{\text{OHO}} = FO_{\text{OHOsynthesis}} + FO_{\text{OHOendogenous respiration}}$$
$$(6.30\text{a})$$

$$FO_{\text{OHO}} = (1 - f_{\text{cv}} Y_{\text{OHOv}}) FCOD_{\text{b,OHO}} + f_{\text{cv}} (1 - f_{\text{E,OHO}}) b_{\text{OHO,T}} MX_{\text{OHOv}}$$
$$(6.30\text{b})$$

或者，更明确地表示为每日 OHOs 所存储的基质质量的函数：

$$FO_{\text{OHO}} = FCOD_{\text{b,OHO}} \left[(1 - f_{\text{cv}} Y_{\text{OHOv}}) \right] + \left[f_{\text{cv}} (1 - f_{\text{XE,OHO}}) \cdot b_{\text{OHO,T}} \frac{Y_{\text{OHOv}}}{(1 + b_{\text{OHO,T}} \text{SRT})} \text{SRT} \right]$$
$$(6.30\text{c})$$

式中　FO_{OHO}——OHOs 每日消耗的氧的质量（gO_2/d）。

总需氧量

总的含碳有机物需氧量：

$$FO_{\text{c}} = FO_{\text{PAO}} + FO_{\text{OHO}} \quad (6.31\text{a})$$

式中　FO_{c}——每日含碳有机物的需氧量（gO_2/d）。

现在假设 $Y_{\text{PAC}} \approx Y_{\text{OHO}}$，$(FS_{\text{F,PAO}} + FCOD_{\text{b,OHO}}) \approx FCOD_{\text{b,I}}$，$f_{\text{XE,PAO}}$（0.20）$\approx f_{\text{XE,OHO}}$（0.25），式（6.31b）可以简化为（$gO_2/d$）：

$$FO_{\text{c}} = (1 - f_{\text{cv}} Y_{\text{OHOv}}) FCOD_{\text{b,i}} + f_{\text{cv}} (1 - f_{\text{XE,OHO}}) \cdot (b_{\text{PAO,T}} MX_{\text{PAOv}} + b_{\text{OHO,T}} MX_{\text{OHOv}})$$
$$(6.31\text{b})$$

6.8.9.2　硝化需氧量

考虑到污泥生产所需氮量（FN_{S}）和硝化能力（NIT_{c}）的变化，在第 5 章给出了硝化需氧量 FO_{NIT} 的计算公式。

6.8.9.3　总需氧量

对没有硝化的 EBPR 系统，总需氧量 FO_{t} 是由 FO_{c} 给出，而对于硝化 EBPR 系统，FO_{t} 是 FO_{c} 和 FO_{NIT} 的总和。将硝化作用包括在 EBPR 系统中必然意味着反硝化作用也必须包括在内；硝化和反硝化作用对总需氧量的影响将在后面加以考虑。

$$FO_{\text{t}} = FO_{\text{c}} + FO_{\text{NIT}} \quad (6.31\text{c})$$

式中　FO_{t}——每日总需氧量（gO_2/d）。

进水 COD 的各组分如图 6.30 所示。动力学和化学计量参数在表 6.4 中给出。

6.9　设计实例

6.9.1　稳态设计过程

EPBR 工艺的稳态设计过程如图 6.29 所示。首先，需要根据污水的流量、COD、氮、磷、无机固体和氧气浓度的日负荷来表征污水。选择一个在给定的 SRT，温度，适当的动力学和化学计量常数下运行的工艺结构。然后，将进水 RBCOD 在 PAOs 和 OHOs 之间进行分配，从而计算它们产生的以 VSS 为单位的生物量（包

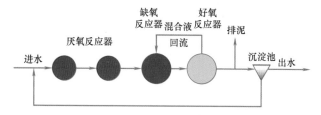

A 已知	B 计算	C 可获得：
Q	$S_{\text{VFA AN2}}$	单位生物量所去除的磷量
FS_{S}	$M_{\text{X,PAOv}}$	
FX_{U}	$M_{\text{X,OHOv}}$	自身生长所需要的氮量
$FX_{\text{FSS,i}}$	MX_{E}	
a	MX_{VSS}	设计的 MLSS 浓度计算 V
	MX_{TSS}	需氧量
常量		
温度		
泥龄		

图 6.29　EBPR 系统设计过程概述。以 JHB 工艺结构例，厌氧反应器被分成两个单元（图中没有描述）

括内源呼吸残留物）以及系统的除磷能力。根据总的 VSS 和 TSS 估算值，可以计算出生物反应器的处理量以及氮和氧的需求量。最后，可以使用 COD 质量平衡进行计算检查。

6.9.2　提供的资料

要处理的原污水（无初步沉降）的成分与第 4 章和第 5 章去除有机物和脱氮的污水相似。表 6.2 和表 6.3 汇总了进水 COD 的各组分分数。为了方便换算，选择了 15MLD 的流量。进水总 COD 为 750g/m³，进水总磷为 17g/m³。

进水 COD 的各组分如图 6.30 所示。动力学和化学计量参数在表 6.4 中给出。

所选的 EBPR 工艺（表 6.5）为 JHB 工艺，在 14℃下运行，具有 2 个厌氧区，SRT 为 20d，厌氧质量分数为 0.10，相对于进水流量污泥回流率为 0.75。好氧区到缺氧区的回流比为 1.5，

进入厌氧区的回流污泥不含溶解氧，但含硝酸盐 0.5gNO₃-N/m³，污水中的总悬浮固体为 5mg/L，设计的好氧池混合液污泥浓度为 4000gTSS/m³。

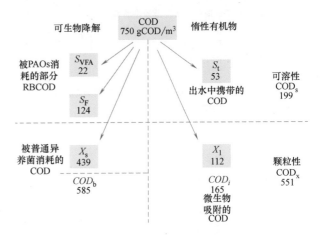

图 6.30　EBPR 设计实例中进水 COD 的各组分

EBPR 设计实例的进水特征（原污水）　　　　　　　　　　表 6.2

参数	符号	数值	单位	计算
流量	Q_i	15	MLD	
总 COD	COD_i	750	gCOD/m³	
COD 浓度				
-易生物降解 COD	$S_{S,i}$	146	gCOD/m³	$=750 \cdot 0.195$
-挥发性脂肪酸	$S_{VFA,i}$	22	gCOD/m³	$=146 \cdot 0.15$
-可发酵 COD	$S_{F,i}$	124	gCOD/m³	$=146-22$
-慢速生物降解 COD	$X_{S,i}$	439	gCOD/m³	$=750 \cdot (1-0.195-0.07-0.15)$
·惰性可溶解 COD	$S_{U,i}$	53	gCOD/m³	$=750 \cdot 0.07$
·惰性颗粒性 COD	$X_{U,i}$	113	gCOD/m³	$=750 \cdot 0.15$
硝酸盐	$S_{NO_3,i}$	0	gN/m³	
溶解氧	$S_{O_2,i}$	0	gO₂/m³	
总磷	P_i	17.0	gP/m³	
无机悬浮固体	$X_{FSS,i}$	49	gFSS/m³	
进水 FSS 中磷含量	$f_{P,FSS,i}$	0.02	gP/gFSS	
碱度	S_{Alk}	250	gCaCO₃/m³	

EBPR 设计实例中原污水的 COD 组分比例　　　　　　　　　　表 6.3

参数	符号	COD 组分比例	单位
污水类型		Raw	
COD 组分			
RBCOD 比例	$f_{SS,CODi}$	0.195	g/gTCOD
RBCOD 中 S_{VFA} 的比例	$f_{SVFA,SSi}$	0.15	g/gCOD$_{SS}$
惰性可溶解 COD 的比例	$f_{SU,CODi}$	0.07	g/gTCOD
惰性颗粒性 COD 的比例	$f_{XU,CODi}$	0.15	g/gTCOD

EBPR 设计实例的动力学和化学计量参数 表 6.4

参数		符号	数值	单位
动力学	OHO			
	在温度为 20℃时的一级发酵速率常数	$k_{F,20}$	0.06	$m^3/(gVSS \cdot d)$
	$k_{F,T}$ 的温度系数	$\theta_{k,F}$	1.029	
	在温度为 $T^{(a)}$ 时的一级发酵速率常数	$k_{F,T}$	0.051	$m^3/(gVSS \cdot d)$
	在温度为 20℃时的内源呼吸衰减速率	$b_{OHO,20}$	0.24	$gVSS/(gVSS \cdot d)$
	在温度为 T 时的 $b_{OHO,T}$ 的温度系数	$\theta_{b,OHO}$	1.029	
	在温度为 T 时 OHO_s 内源呼吸衰减速率	$b_{OHO,T}$	0.202	$gVSS/(gVSS \cdot d)$
	PAO			
	PAO-在温度为 20℃时的 OHO_s 内源呼吸衰减速率	$b_{PAO,20}$	0.04	$gVSS/(gVSS \cdot d)$
	在温度为 T 时的 $b_{PAO,T}$ 的温度系数	$\theta_{b,PAO}$	1.029	
	PAO-在温度为 T 时的内源呼吸衰减速率	$b_{PAO,T}$	0.034	$gVSS/(gVSS \cdot d)$
化学计量学	OHO			
	OHO_s 的生物量产量	Y_{PAOv}	0.45	$gVSS/gCOD$
	OHO_s 内源性残余物的比例	$f_{XE,OHO}$	0.20	$gVSS/gVSS$
	活性 OHO 质量中 P 的比例	$f_{P,OHO}$	0.03	$gP/gVSS$
	内源残余物中 P 的比例(OHO 和 PAO)	f_p	0.03	$gP/gVSS$
	OHO 的固定(无机)悬浮物比例	$f_{FSS,OHO}$	0.15	$gFSS/gVSS$
	PAO			
	PAO_s 的生物量产量	Y_{PAOv}	0.45	$gVSS/gCOD$
	PAO_s 内源性残余物的比例	$f_{XE,PAO}$	0.25	$gVSS/gVSS$
	活性 PAO 质量中 P 的比例	$f_{P,PAO}$	0.38	$gP/gVSS$
	内源残余物中 P 的比例(OHO 和 PAO)	f_p	0.03	$gP/gVSS$
	活性 PAO 生物量的 VSS/TSS 比值	$f_{VT,PAO}$	0.46[b]	$gVSS/gTSS$
	P 释放/VFA 吸收的比率	$f_{PO4,REL}$	0.50	$gP/gCOD$
	PAO_s 的固定(无机)悬浮物比例	$f_{FSS,PAO}$	1.30	$gFSS/gVSS$
	惰性物质			
	惰性物质中 P 的比例	f_p	0.03	$gP/gIVSS$
	通用参数			
	污泥的 COD/VSS 比率	f_{cv}	1.48	$gCOD/gVSS$
	OHO 活性和内源物质中的 VSS/TSS 比率 PAO	f_{VT}	0.80[b]	$gVSS/gTSS$
	活性生物量中的氮含量	f_n	0.10	$gN/gVSS$

$k_T = k_{20} \cdot \theta^{(T-20)}$; example: $k_{F,14} = 0.060 \cdot 1.029^{(14-20)} = 0.051$

如果 FSS 是根据式(6.24c)计算的,则不需要这些值

EBPR 设计实例的生物系统特征 表 6.5

参数	符号	数值	单位
温度	T	14	℃
厌氧区个数	N	2	reactors
污泥停留时间	SRT	20	d
厌氧污泥比例	f_{xa}	0.10	$gVSS/gVSS$
进水流量的污泥回流比	s	0.75	$m^3 \cdot d/(m^3 \cdot d)$
好氧到缺氧的回流比	a	1.5	$m^3 \cdot d/(m^3 \cdot d)$
污泥回流中的溶解氧	$S_{O_2,s}$	0	gO_2/m^3
污泥回流中的硝酸盐浓度	$S_{NO_3,s}$	0.5	gNO_3-N/m^3
出水中的总悬浮固体	TSS_e	5	$gTSS/m^3$
设计的好氧 TSS 浓度	$X_{TSS,OX}$	4000	$gTSS/m^3$

6.9.3 计算

按照 6.6 节所提出的计算步骤进行计算，详细计算结果见表 6.6。表格中列出的每一个步骤均包括了符号、数值、单位、符号定义、给定参数的计算公式，以及每个参数的详细计算细节。最后利用化学需氧量质量平衡，对计算结果进行了验证。请注意，在步骤 3.2 中，最后一个厌氧反应器出水可发酵 COD 的含量是通过迭代计算的。

EBPR 设计案例的详细设计计算　　　　　　　　　　　　　　　　　　表 6.6

1. 工艺结构			
14℃下运行的 JHB 工艺			
2. 进水和污泥循环成分（见表 6.5）			
Q_i	15	ML/D	进水流量
2.1 进水中各组分的浓度			
进水和生物反应器的数据			
COD_i	750	gCOD/m³	进水总 COD 浓度
$S_{S,i}$	146	gCOD/m³	进水易生物降解 COD 浓度
$S_{VFA,i}$	22	gCOD/m³	进水挥发性脂肪酸浓度
$S_{F,i}$	124	gCOD/m³	进水可发酵 COD 浓度
$X_{S,i}$	439	gCOD/m³	进水慢性生物降解 COD 浓度
$COD_{b,i}$	585	gCOD/m³	进水可生物降解 COD 浓度（$S_{S,i}+X_{S,i}$）
$S_{U,i}$	53	gCOD/m³	进水溶解性惰性 COD 浓度
$X_{U,i}$	113	gCOD/m³	进水颗粒性惰性 COD 浓度
$S_{NO_3,i}$	0	gNO₃-N/m³	进水硝酸盐浓度
$S_{O_2,i}$	0	gO₂/m³	进水溶解氧浓度
$X_{FSS,i}$	49	gFSS/m³	进水无机悬浮固体浓度
P_i	17	gP/m³	进水总磷浓度
2.2 计算时使用的进水负荷（＝进水流量×进水中各组分的浓度）			
$FCOD_i$	11250	kgCOD/d	每日进水总 COD 质量
$FS_{S,i}$	2190	kgCOD/d	每日进水易生物降解 COD 质量
$FS_{VFA,i}$	330	kgCOD/d	每日进水挥发性脂肪酸质量
$FS_{F,i}$	1860	kgCOD/d	每日进水可发酵 COD 质量
$FCOD_{b,i}$	8770	kgCOD/d	每日进水可生物降解 COD 质量（$S_{S,i}+X_{S,i}$）
$FX_{U,i}$	1688	kgCOD/d	每日进水颗粒性惰性 COD 浓度
$FS_{U,i}$	795	kgCOD/d	每日进水溶解性惰性 COD 浓度
$FX_{FSS,i}$	735	kgFSS/d	每日进水无机悬浮固体质量
2.3 回流污泥特征			
s	0.75	m³·d/(m³·d)	基于进水的污泥回流比
$S_{O_2,s}$	0	gO₂/m³	回流污泥中溶解氧浓度
$S_{NO_3,s}$	0.5	gNO₃-N/m³	回流污泥中硝酸盐浓度
3. $S_{S,i}$ 在 PAOs 和 OHOs 之间的分配			
3.1 经过厌氧区反硝化和溶解氧的消耗后还能转化为挥发性脂肪酸的可发酵 COD 浓度（单位：gCOD/m³ 进水）			
$S_{F,i,conv}$	$=S_{F,i}-8.6\cdot(s\cdot S_{NO_3,s}+S_{NO_3,i})-3\cdot(s\cdot S_{O_2,s}+S_{O_2,i})$		
	$=S_{F,i}-$ 用于反硝化 COD 浓度 $-$ 用于消耗溶解氧 COD 浓度		
	$=124-8.6\cdot(0.75\cdot0.5+0)-3\cdot(0.75\cdot0+0)$		
用于反硝化 COD 浓度	3.2	gCOD/m³	
用于消耗溶解氧 COD 浓度	0.0	gCOD/m³	
$S_{F,i,conv}$	121	gCOD/m³	
3.2 最后一个厌氧反应器出水可发酵 COD			
N	2		第 2 个厌氧反应器
通过迭代进行计算			
a. 假设初始值 $1S_{F,Ann}$ 的值为 0。这个值被用于计算 MX_{OHOv}；			
b. 将计算出的 MX_{OHOv} 的值作为种子 2 的值；			

c.重复步骤 a 和 b,直到种子 $2S_{F,ANn}$ 与计算出的 $S_{F,Ann}$ 的值相同		
$S_{F,ANn}$	$=S_{F,i,conv}/(1+s)/(1+(k_{F,T} \cdot (f_{xa} \cdot MX_{OHOv}/(N \cdot Q_i \cdot (1+s)))))^n$	
	$=121/(1+0.75)/(1+(0.051 \cdot (0.10 \cdot 12500/(2 \cdot 15 \cdot (1+0.75)))))^2$	
	种子1:	
$S_{F,ANn}$	14.2 14.2	$gCOD/m^3$
	↓ ↑	
	种子2:	
MX_{OHOv}	12490 12490	kgCOD
	$=Y_{OHOv}/(1+b_{OHO,T} \cdot SRT) \cdot FCOD_{b,OHO} \cdot SRT$(注意:$FCOD_{b,OHO}$ 的值是通过步骤 3.4 计算出来的值)	
	$=0.45/(1+0.202 \cdot 20) \cdot 7000 \cdot 20$	

3.3 PAOs 储存的挥发性脂肪酸的量

$FS_{S,PAO}$	$=Q_i \cdot [S_{F,i,conv}-(1+s) \cdot S_{F,ANn}]+Q_i \cdot S_{VFA,i}$	
	$=1 \cdot [121-(1+0.75) \cdot 14.3]+1 \cdot 22$	
$FS_{S,PAO}$	1770	kgCOD/d

3.4 被 OHOs 利用的余下 COD 的量

$FCOD_{b,OHO}$	$=FCOD_{b,i}-FS_{S,PAO}$	
	$=8770-1770$	
$FCOD_{b,OHO}$	7000	kgCOD/d

4. 生物量(VSS)方程

考虑到 SRT 的累积效应,系统中由进水 COD 合成的微生物量(以 g/d 计),[(g/d)×d =系统中的 g]

4.1 PAOs

活性生物量

Y_{PAOv}	0.45	gVSS/gCOD
$Y_{PAOv,obs}$	$=Y_{PAOv}/(1+b_{PAO,T} \cdot SRT)$	
	$=0.45/(1+0.034 \cdot 20)$	
$Y_{PAO,vobs}$	0.269gVSS/gCOD	
MX_{PAOv}	$=Y_{PAOv,obs} \cdot FS_{S,PAO} \cdot SRT$	
	$=0.269 \cdot 1770 \cdot 20$	
MX_{PAOv}	9511	kgVSS

内源生物量

$MX_{E,PAOv}$	$=f_{XE,PAO} \cdot b_{PAO,T} \cdot MX_{PAOv} \cdot SRT$	
	$=0.25 \cdot 0.0337 \cdot 9511 \cdot 20$	
$MX_{E,PAOv}$	1603	kgVSS

4.2 OHOs

活性生物量

Y_{OHOv}	0.45	gVSS/gCOD
$Y_{OHOv,obs}$	$=Y_{OHOv}/(1+b_{OHO,T} \cdot SRT)$	
	$=0.45/(1+0.202 \cdot 20)$	
$Y_{OHOv,obs}$	0.089	gVSS/gCOD
MX_{OHOv}	$=Y_{OHOv,obs} \cdot FCOD_{b,OHO} \cdot SRT$	
	$=0.089 \cdot 7000 \cdot 20$	
MX_{OHOv}	12490 kgVSS	(该值为步骤 3.2 计算出的 MX_{OHOv} 的值)

内源生物量

$MX_{E,OHOv}$	$=f_{XE,OHO} \cdot b_{OHO,T} \cdot MX_{OHOv} \cdot SRT$	
	$=0.20 \cdot 0.202 \cdot 12490 \cdot 20$	
$MX_{E,OHOv}$	10100	kgVSS

4.3 惰性物质		
MX_{Uv}	$=f_{XU,COD,i} \cdot FCOD_i \cdot SRT/f_{cv}$	
	$=0.15 \cdot 11250 \cdot 20/1.48$	
MX_{Uv}	22804	kgVSS
5. P 去除		
5.1 P 释放		
$S_{PO4,rel}$	$=f_{PO_4,rel} \cdot FS_{S,PAO}/Q_i$	
	$=0.5 \cdot 1770/15$	
$S_{PO4,rel}$	59	gP/m³ gP/m³ 是进水,而非厌氧反应器体积
5.2 PAOs 去除的 P		
ΔP_{PAO}	$=f_{P,PAO} \cdot MX_{PAOv}/(SRT \cdot Q_i)$	
	$=0.38 \cdot 9511/(20 \cdot 15)$	
ΔP_{PAO}	12.05	gP/m³
5.3 OHOs 去除的 P		
ΔP_{OHO}	$=f_p \cdot MX_{OHOv}/(SRT \cdot Q_i)$	
	$=0.03 \cdot 12500/(20 \cdot 15)$	
ΔP_{OHO}	1.25	gP/m³
5.4 内源生物量去除的 P		
ΔP_{XE}	$=\Delta P_{XE,PAO}+\Delta P_{XE,OHO}$	
$\Delta P_{XE,PAO}$	$=f_p \cdot MX_{E,PAOv}/(SRT \cdot Q_i)$	
	$=0.03 \cdot 1603/(20 \cdot 15)$	
$\Delta P_{XE,PAO}$	0.16	gP/m³
$\Delta P_{XE,OHO}$	$=f_p \cdot MX_{E,OHOv}/(SRT \cdot Q_i)$	
	$=0.03 \cdot 10100/(20 \cdot 15)$	
$\Delta P_{XE,OHO}$	1.01	gP/m³
ΔP_{XE}	1.17	gP/m³
5.5 进水惰性物质去除的 P		
ΔP_{XU}	$=f_p \cdot MX_{Uv}/(SRT \cdot Q_i)$	
	$=0.03 \cdot 22804/(20 \cdot 15)$	
ΔP_{XU}	2.28	gP/m³
5.6 由于进水或投加到系统中的盐而发生 P 沉淀去除的 P		
不予考虑		
5.7 可能的 P 的去除量		
$\Delta P_{SYS,pot}$	$=\Delta P_{PAO}+\Delta P_{OHO}+\Delta P_{XE}+\Delta P_{XU}$	
	$=12.05+1.25+1.17+2.28$	
$\Delta P_{SYS,pot}$	16.8	gP/m³
5.8 实际的 P 的去除量		
P_i	17.0	gP/m³
$\Delta P_{SYS,actual}$	$=\min(\Delta P_{SYS,pot};P_i)$	
	$=\min(16.8;17.0)$	
$\Delta P_{SYS,actual}$	16.8	gP/m³
5.9 出水中颗粒磷		
在完成步骤 6.5 计算出 TSS 后再计算		
$X_{P,e}$	$=f_{P,TSS} \cdot TSS_e$	
	$=0.124 \cdot 5$	
$X_{P,e}$	0.6	gP/m³
5.10 出水 P 含量		
P_e	$=P_i-\Delta P_{SYS,actual}+X_{P,e}$	
	$=17.0-16.8+0.6$	
P_e	0.8	gP/m³

6. VSS 和 TSS		
6.1 VSS 与生物活性组分		
MX_{bio}	$=MX_{PAOv}+MX_{OHOv}$	
	$=9511+12490$	
MX_{bio}	22000	kgVSS
MX_{VSS}	$=MX_{PAOv}+MX_{OHOv}+MX_{E,PAOv}+MX_{E,OHOv}+MX_{Uv}$	
	$=9511+12490+1603+10100+22804$	
MX_{VSS}	56506	kgVSS
$f_{bio,VSS}$	$=MX_{bio}/MX_{VSS}$	
	$=22000/56506$	
$f_{bio,VSS}$	39%	
6.2 FSS		
$f_{PAO,act}$	$=[(Q_i \cdot SRT \cdot \Delta P_{SYS,actual})-f_p \cdot (MX_{VSS}-MX_{PAOv})]/MX_{PAO}$	
	$=[(15 \cdot 20 \cdot 16.8)-0.03 \cdot (56506-9511)]/9511$	
$f_{PAO,act}$	0.38	gP/gVSS
MX_{FSS}	$=f_{FSS,OHO} \cdot MX_{OHOv}+f_{FSS,PAO} \cdot (f_{P,PAO,act}/f_{P,PAO}) \cdot MX_{PAOv}+FX_{FSS,i} \cdot SRT$	
	$=0.15 \cdot 12490+1.3 \cdot (0.38/0.38) \cdot 9511+735 \cdot 20$	
MX_{FSS}	28938	kgFSS
6.3 TSS		
MX_{TSS}	$=MX_{VSS}+MX_{FSS}$	
	$=56506+28938$	
MX_{TSS}	85,443	kgTSS
6.4 f_{VT}		
f_{VT}	$=MX_{VSS}/MX_{TSS}$	
	$=56506/85443$	
f_{VT}	0.66	gVSS/gTSS
6.5 TSS 中 P 的浓度		
$f_{P,TSS}$	$=\{[(f_{P,OHO} \cdot MX_{OHOv}+f_p \cdot (MX_{E,OHOv}+MX_{E,PAOv})+f_p \cdot MX_{Uv}]/f_{VT}$	
	$+(f_{P,PAO} \cdot MX_{PAOv})/f_{VT,PAO}+f_{P,FSS,i} \cdot MX_{FSS})\}/MX_{TSS}$	
	$=\{[(0.03 \cdot 12489+0.03 \cdot (10109+1603)+0.03 \cdot 22804]/0.66+(0.38 \cdot 9517)/0.46$	
	$+0.02 \cdot 28947)\}/85443$	
$f_{P,TSS}$	0.124	gP/gTSS
7. 工艺体积(基于 TSS；也有可能基于 VSS)		
注意,进水流量必须是适当的		
$X_{TSS,OX}$	4000	gTSS/m³
V_R	$=MX_{TSS}/X_{TSS,OX}$	
	$=85443/4000$	
V_R	21361	m³
厌氧区(分为两部分)的体积取决于厌氧区污泥的比例。		
$V_{R,AN}$	$=f_{xa}V_R$	
	$=0.10 \cdot 21361$	
$V_{R,AN}$	2136	m³

缺氧与好氧污泥的比例,及这些区域的体积,应该根据第 5 章中给出的关于除氮的步骤来确定,或者根据 Ramphao 等(2005)提出的按照不同类型反应器配置的回流比来确定的关于联系了体积比和质量比的方程,估计(包括 JHB 工艺)。估计好氧和总缺氧污泥质量比例各为 0.45 的每个区域的体积(m³)大约为:AN1:1060,AN2:1060,AX:7000,OX:10500,AX-RAS:1750,总体积为 21370m³。注意,这种初步近似方法没有考虑 RAS-AX 中污泥的浓度是主流区域的 2.3 倍[(1+r)/r],从而导致大约 1/3 的缺氧污泥在 RAS-AX 中,以及需要的总工艺体积更小

8. 需氮量		
FN_s	$=f_n \cdot MX_{VSS}/SRT$	
	$=0.10 \cdot 56506/20$	
FN_s	283	kgN/d
$TKN_{i,s}$	$=FN_s/Q_i$	
	$=283/15$	
$TKN_{i,s}$	18.8	gN/m³

9. 需氧量		

PAOs 的需氧量:用于合成和内源呼吸

FO_{PAO}	$=FO_{PAO,s}+FO_{PAO,endo}$	
$FO_{PAO,s}$	$=FS_{S,PAO} \cdot (1-f_{cv} \cdot Y_{PAOv})$	
	$=1770 \cdot (1-1.48 \cdot 0.45)$	
$FO_{PAO,s}$	591	kgO₂/d
$FO_{PAO,endo}$	$=FS_{S,PAO} \cdot f_{cv} \cdot (1-f_{XE,PAO}) \cdot b_{PAO,T} \cdot Y_{PAOv,obs} \cdot SRT)$	
	$=1770 \cdot 1.48 \cdot (1-0.25) \cdot 0.0337 \cdot 0.268 \cdot 20$	
$FO_{PAO,endo}$	356	kgO₂/d
FO_{PAO}	947	kgO₂/d

OHOs 的需氧量:用于合成和内源呼吸

FO_{OHO}	$=FO_{OHO,s}+FO_{OHO,endo}$	
$FO_{OHO,s}$	$=FCOD_{b,OHO} \cdot (1-f_{cv} \cdot Y_{OHOv})$	
	$=7000 \cdot (1-1.48 \cdot 0.45)$	
$FO_{OHO,s}$	2338	
$FO_{OHO,endo}$	$=FCOD_{b,OHO} \cdot f_{cv} \cdot (1-f_{XE,OHO}) \cdot b_{OHO,T} \cdot Y_{OHOv,obs} \cdot SRT$	
	$=7000 \cdot 1.48 \cdot (1-0.20) \cdot 0.202 \cdot 0.0892 \cdot 20$	
$FO_{OHO,endo}$	2990	kgO₂/d
FO_{OHO}	5327	kgO₂/d

总碳需氧量

FO_c	$=FO_{PAO}+FO_{OHO}$	
	$=947+5327$	
FO_c	6274	kgO₂/d

或简化形式:

FO_c	$=(1-f_{cv} \cdot Y_{OHOv}) \cdot FCOD_{b,i}+f_{cv} \cdot (1-f_{XE,OHO}) \cdot (b_{PAO,T} \cdot MX_{PAOv}+b_{OHO,T} \cdot MX_{OHOv})$	
	$=(1-1.48 \cdot 0.45) \cdot 8770+1.48 \cdot (1-0.20) \cdot (0.0337 \cdot 9511+0.202 \cdot 12490)$	
FO_c	6288	kgO₂/d

COD 质量守恒验证				
输入				
$FCOD_i$	11250	kgCOD/d	100%	IN
输出				

合成和内源呼吸的需氧量

FO_c	6274	kgCOD/d	55.8%	

出水可溶性惰性物质

$FS_{U,i}$	795	kgCOD/d	7.1%	

污泥	gVSS	gCOD/d		
		$(=gVSS \cdot f_{cv}/SRT=gVSS \cdot 1.48/20=gVSS \cdot 0.0740)$		
MX_{PAOv}	9511	704	kgCOD/d	6.3%
MX_{OHOv}	12490	925	kgCOD/d	8.2%
MX_{bio}	22000	1628		14.5%
$MX_{E,PAOv}$	1603	119	kgCOD/d	1.1%
$MX_{E,OHOv}$	10100	747	kgCOD/d	6.6%
MX_{Uv}	22804	1688	kgCOD/d	15.0%

$MX_{endo+inert}$	34506	2553		22.7%	
MX_{VSS}	56506	4181	kgCOD/d	37.2%	
	总计:	11250	kgCOD/d	100%	输出
	Δ(输出−输入):	0	kgCOD/d	0%	

COD 100%平衡说明所有进水 COD 都计入了计算的需氧量和污泥产量。从 COD 质量平衡和设计案例的条件来看，进水 COD 的最终去向如下：56%被氧气氧化，7%以可溶性不可生物降解有机物的形式随出水逸出，37%成为活性污泥。污泥由 39%活性生物质（1628/4181）和 61%非活性颗粒物（2553/4181）组成，非活性颗粒物中 40%为进水惰性物质，21%为内源呼吸残渣［（119＋747）/4181］。EBPR 系统设计结果的总结见表 6.7。

EBPR 系统设计结果总结（Johannesburg 工艺）　　表 6.7

说明	参数	单位	数值
1. 进水和生物反应器			
污水类型	原水/沉淀后		原水
温度	T	℃	14
进水流量	Q_i	MLD	15
进水总 COD	COD_i	gCOD/m³	750
进水快速生物降解 COD	$S_{S,i}$	gCOD/m³	146
进水可生物降解 COD	$COD_{b,i}$	gCOD/m³	585
进水总磷	P_i	gP/m³	17
污泥停留时间	SRT	d	20
污泥回流比	s	(m³·d)/(m³·d)	0.75
好氧内回流比	a	(m³·d)/(m³·d)	1.5
回流污泥中的硝酸盐浓度	$S_{NO_3,s}$	gN/m³	0.5
2. PAOs 的 $S_{S,i}$ 部分，OHOs 的 $COD_{b,i}$ 部分			
最后 AN 反应器中可发酵 COD 的浓度	$S_{F,ANn}$	gCOD/m³	14.3
PAOs 的 $S_{S,i}$ 负荷	$FS_{S,PAO}$	kgCOD/d	1770
OHOs 的 $COD_{b,i}$ 负荷	$FCOD_{b,OHO}$	kgCOD/d	7000
3. 系统生物量(VSS)			
PAOs 生物量	MX_{PAOv}	kgVSS	9511
PAOs 的内源呼吸残渣	$MX_{E,PAOv}$	kgVSS	1603
OHOs 生物量	MX_{OHOv}	kgVSS	12490
OHOs 的内源呼吸残渣	$MX_{E,OHOv}$	kgVSS	10110
进水中的不可生物降解有机质	MX_{Uv}	kgVSS	22804
4. 除磷量			
PO₄ 释放量	$S_{PO_4\_rel}$	gP/m³	59.0
PAOs 除磷量	ΔP_{PAO}	gP/m³	12.1
OHOs 除磷量	ΔP_{OHO}	gP/m³	1.3
内源呼吸残渣除磷量	ΔP_{XE}	gP/m³	1.2
X_U 除磷量	ΔP_{XU}	gP/m³	2.3
预估系统除磷量	$\Delta P_{SYS,pot}$	gP/m³	16.8
实际系统除磷量	$\Delta P_{SYS,actual}$	gP/m³	16.8
出水颗粒磷	$X_{P,e}$	gP/m³	0.6
进水总磷	P_i	gP/m³	17.0
出水总磷	P_e	gP/m³	0.9

说明	参数	单位	数值
5. 系统中挥发性和总悬浮固体(VSS 和 TSS)			
活性生物量	MX_{bio}	kgVSS	22000
VSS 质量	MX_{VSS}	kgVSS	56506
AVSS/VSS	$f_{bio,VSS}$	gAVSS/gVSS	0
无机 SS 质量	MX_{FSS}	kgFSS	28938
TSS 质量	MX_{TSS}	kgTSS	85443
VSS/TSS	f_{VT}	gVSS/gTSS	0.66
TSS 的磷含量	$f_{P,TSS}$	gP/gTSS	0.12
6. 生物反应器总体积			
生物反应器体积	V_R	m³	21361
7. 需氮量			
生物合成的需氮量	$TKN_{i,s}$	kgN/d	18.8
8. 需氧量			
PAOs 需氧量	FO_{PAO}	kgO₂/d	947
OHOs 需氧量	FO_{OHO}	kgO₂/d	5327
含碳有机物需氧量	FO_c	kgO₂/d	6274
COD 输出/COD 输入	COD 质量守恒	gCOD/gCOD	100%

流速单位为 "m³/d",质量负荷单位为 "g/d",流速大于等于 1000 时质量负荷以 "kg/d" 为单位。

6.10 运行操作因素对生产性 EBPR 污水处理厂的影响

6.10.1 对挥发性悬浮物、总悬浮物和需氧量的影响

上述 EBPR 系统的模型可以计算混合液的挥发性悬浮固体(VSS)和总悬浮固体(TSS)(式 6.23 和式 6.24)以及含碳有机物的需氧量(式 6.31)。图 6.31 和图 6.32 分别显示了在经 EBPR 处理和未经 EBPR 处理的原污水和沉淀污水的系统中,生物反应器中所产生的 VSS、TSS 的质量和单位 COD 负荷下的含碳有机物需氧量与污泥龄的关系,其特征如图所示。该 EBPR 系统有两个串联的厌氧反应器,总厌氧污泥质量分数(f_{xa})为 15%,运行温度为 20℃,没有硝酸盐回流到厌氧区。从比较中可以看出,在活性污泥系统中增加 EBPR 工艺只会略微增加 VSS 含量,其中原污水的 VSS 增加了约 5%~12%,沉淀污水的 VSS 增加了 15%~25%(取决于污泥龄)。与 OHOs(20℃时为 0.24d⁻¹)相比,VSS 含量的增加是由于 PAOs 的内源呼吸衰减/死亡速率较低(20℃时为 0.04d⁻¹)。然而,总悬浮固体浓度大幅增加,原污水和沉淀污水分别增加约 20%~25% 和 45%~55%(取决于污泥

龄)。较高的 TSS 生成是由于微生物体内储存了大量的无机聚磷以及稳定聚磷所需的无机阳离子(主要是 Mg²⁺ 和 K⁺)(Fukase 等,1982;Arvin 等,1985;Comeau 等,1986;Wentzel 等,1989a;Ekama 和 Wentzel,2004)。PAOs 的高无机物含量导致其 VSS/TSS 比值(0.46mgVSS/mgTSS)比 OHOs(0.75~0.85mgVSS/mgTSS)低得多。因此,混合液的 PAO 比例越高,生物除磷效果越好,VSS/TSS 比值越低。

在设计生物反应器容积(式 6.27)和每日污泥产量时,需要考虑到增设 EBPR 后 TSS 的增加。此外,由于稳定聚磷的无机阳离子来自进水,因此进水中这些阳离子的浓度必须足够;否则,EBPR 可能会受到不利影响(Wentzel 等,1988;Lindrea 等,1994)。此外,由于增设 EBPR 时每千克 COD 负荷产生的 VSS 质量比未设 EBPR 时大,因此使用 EBPR 时的需氧量相应减少,原污水和沉淀污水的耗氧量分别减少约 5%~6% 和 8%~9%(取决于污泥龄,图 6.32)。

虽然 EBPR 和非 EBPR 系统中的 VSS 生成量只有很小的差别,但这两个系统的污泥组分有明显的差别。通过比较 EBPR 系统和非 EBPR 系统中产生的 VSS 的组成,可以很容易地证明这一点,图 6.33 展示了在 20℃下 EBPR 和非

EBPR 系统，分别处理具有以上所示特征的污水时，VSS 的各组成比例。发现 EBPR 系统比非 EBPR 系统具有更小的 OHO 活性质量，以及更高浓度的 PAO 活性质量。

6.10.2 P/VSS 比值

评价活性污泥系统中 EBPR 性能的一个常用参数是混合液的 P/VSS（或 P/TSS）比值。在图 6.34 中，显示了含有两个串联的厌氧反应器的工艺，进水污水特征如图显示的工艺系统的 P/VSS 比值与污泥龄的关系。假设向厌氧反应器排放的硝酸盐含量为零。

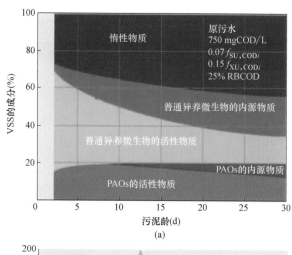

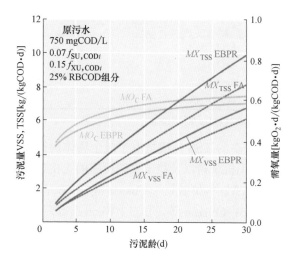

图 6.31 完全好氧（FA）和强化生物除磷活性污泥系统处理原污水

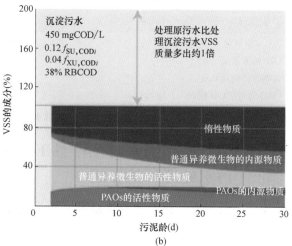

图 6.33 EBPR 系统处理（a）原污水和（b）沉淀污水的 VSS 组成比例

从图 6.34 中可以看出，当污泥龄在 10d 内，随着系统污泥龄的增加，P/VSS 比值也增加。但污泥龄的进一步增加，会导致 P/VSS 的比值降低。P/VSS 比值随污泥龄的增加而增加，这可以归因于 OHO 活性质量随污泥龄的增加而增加。这会提高厌氧反应器中可发酵 COD 到 VFA 的转化效率，从而增加 PAO 活性质量（其 P 含量为 0.38mgP/mgVSS）。P/VSS 的降低可归因于内源呼吸对 PAOs 的影响。

结果表明，污泥龄和厌氧质量分数这两个基本设计参数决定了 P/VSS 比值。此外，P/VSS 比值也是污水特性的函数（例如 RBCOD 比例）。因此，P/VSS 比值参数只有在被处理的污水与设计参数之间建立了事先的实验关系，才能在设计中发挥作用。它不能当作一个可靠的基本设计参数来使用。

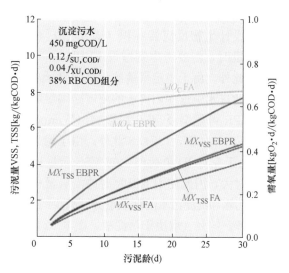

图 6.32 完全好氧（FA）和强化生物除磷活性污泥系统处理沉淀污水时，生物反应器中挥发性固体浓度（MX_{VSS}）和总悬浮固体（MX_{TSS}）浓度以及每千克 COD 负荷下的碳质需氧量（MO_c）的近似值

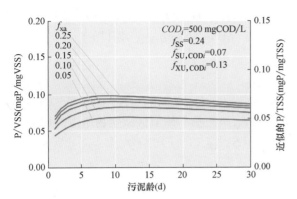

图 6.34 预测了不同厌氧质量分数（f_{xa}）的处理废水的生物强化除磷系统中，混合液的 P/VSS 比值和 P/TSS 比值与污泥龄的关系

6.11 NDEBPR 系统综合设计

6.11.1 背景

一些国家设立了相关法律对出水氨氮浓度进行了限制，这就要求在 EBPR 的活性污泥系统中加入硝化作用。在稳态混合培养的 EBPR 模型中，由于硝酸盐回流到厌氧区对磷去除有不利影响，因此需要知道回流到厌氧区的硝酸盐含量。事实上，设计任何除磷系统的主要原则之一是防止硝酸盐的回流。这可以利用一些简单的工艺结构系统（如 Phoredox 或 A/O 系统）防止硝化作用来实现，但一些改良在某些国家/地区无法实现。因此，除了脱氮设计外，对 NDEBPR 系统中的反硝化作用进行可靠、准确的量化是除磷系统设计的必要条件。用于量化 NDEBPR 系统中反硝化作用的一种方法是使用硝化-反硝化（ND）系统的理论和方法来估算反硝化作用，如第 5 章所述（WRC，1984）。实验数据表明，这种方法似乎可以很好地预测观察到的反硝化作用（Nicholls，1982）。然而，从 EBPR 的机理和 EBPR 动力学理论的发展来看，这种方法的不一致性变得明显：RBCOD 似乎被使用了两次；在厌氧区中，RBCOD 被 PAO 转化为 VFAs，并被 PAOs 以 PHA 的形式储存；在第一缺氧区中参与了反硝化作用。只有当 PAOs 利用厌氧反应区中以 PHA 形式储存的 VFAs 作为缺氧反应区中的电子供体进行反硝化时，这种情况才有可能发生，这意味着主要的磷吸收应该第一缺氧区中，而不是在好氧反应区中。尽管在开普敦大学

（Wentzel 等，1989a）进行的一些早期实验室规模的 NDEBPR 系统和强化培养工作中未观察到这种行为，但 Vlekke 等（1988），Kuba 等（1996），Hu 等（2007）明确表明了这一点，并整合到活性污泥 2d 模型 ASM2d 中（Henze 等，1999）。虽然 ASM2d 模拟了缺氧条件下 PAO 对 PHA 的利用率，但它并没有说明 EBPR 系统中缺氧 P 摄取的变化，即磷去除率下降了三分之一（Ekama 和 Wentzel，1999）。ASM2d 允许磷在缺氧反应区开始吸收，但预测的磷去除量与仅在好氧反应区中进行磷吸收相同。随后的模型修改试图解决这一问题，例如 UCTPHO 的修正模型（Hu 等，2007）。

显然，为了保证完整性，反硝化作用必须纳入稳态混合培养模型中，然而这一点到目前为止都被忽略了。Clayton 等（1991）使用推流式缺氧反应器和批次试验，对 NDEBPR 系统中的反硝化动力学进行了实验研究。他们发现在 NDEBPR 系统中：

（1）在第一缺氧区中，①与 RBCOD 相关的快速反硝化速率大大降低或消失，②与 SBCOD 相关的缓慢反硝化速率约为 ND 系统第一缺氧区中测量速率的 2.5 倍。

（2）在第二缺氧区中，反硝化速率约为 ND 系统第二缺氧区测得的反硝化速率的 1.5 倍。

通过对其原因的广泛调查，Clayton 等（1991）得出结论，反硝化速率增加不是由于：

（1）PAOs 的反硝化作用；对所研究的系统，PHA 和磷的测量表明 PAOs 没有进行反硝化，但这仍然有争议。

（2）厌氧区污水的改变；未经过厌氧区处理的污水与经过厌氧区处理的污水产生相同的反硝化作用。

上述观察结果导致 Clayton 等（1991）得出的结论是，反硝化速率的增加是由于 NDEBPR 系统的缺氧区中 SBCOD 水解速率的增加对活性污泥质量的刺激，然而这显然是由于这些系统中存在厌氧反应区而引起的。

6.11.2 NDEBPR 系统的反硝化能力

反硝化能力是指利用生物方法在缺氧区能够去除的硝酸盐的最大值。NDEBPR 反应动力学的研究表明，为 ND 系统开发的方程可以应用于

NDEBPR 系统，在第 5 章介绍的 ND 系统反硝化能力的公式的推导方法也可以被应用于 NDEBPR 系统。需要注意的是，本部分在特定的反硝化速率常数后面加了一个符号（′），用于表示 ND 系统（无符号）和 NDEBPR 系统（有符号）反硝化能力的不同（Clayton 等，1991；Ekama 和 Wentzel，1999）。

$$dS_{NO_3}/dt = K_T \cdot X_{OHO} [mgNO_3^--N/(L \cdot d)] \tag{6.32}$$

式中　dS_{NO_3}/dt——反硝化速率 $[mgNO_3^--N/(L \cdot d)]$；

　　　　K_T——温度 T 下，NDEBPR 系统的反硝化速率 $[mgNO_3^--N/(mg\ AVSS \cdot d)]$。

6.11.2.1　第一缺氧区的反硝化能力

第一缺氧区的反硝化过程是利用厌氧区"泄漏"的 RBCOD 以及 SBCOD 进行的。厌氧区"泄漏"到第一缺氧区的 RBCOD 含量的计算方法见 6.8.3.3 节。其中，$S_{F,ANn}$ 表示厌氧区出水可发酵 COD 的浓度，$S_{F,ANn}$（1+回流比）表示每升进水中可发酵 COD 的质量。这个计算方法考虑到了厌氧区对 RBCOD 的利用，包括 PAOs 的贮存（直接或随后的转换）或者 OHOs 反硝化/好氧代谢。总之，第一缺氧区反硝化能力计算方法如下：

$$D_{p1} = S_{F,ANn}(1+r)(1-f_{cv}Y_{OHOv})/2.86$$
$$+\frac{f_{x1}K_{2,T}(COD_{b,i}-S_{s,PAO})Y_{OHO}SRT}{(1+b_{OHO,T}SRT)}(mgN/l_{inf}) \tag{6.33}$$

式中　D_{p1}——第一缺氧区的反硝化能力（mgN/l_{inf}）；

　　　　$K_{2,T}$——NDEBPR 系统在温度 T 下的反硝化速率，约 0.23$mgNO_3$-N/$mgAVSS \cdot d$（Clayton 等，1991；Ekama 和 Wentzel，1999），大约比 ND 系统高 2 倍；

　　　　HRT_{np}——系统水力停留时间（d）。

根据第 5 章介绍的方法，式（6.33）可以被改良和简化为：

$$D_{p1} = S_{F,ANn}(1+r)(1-f_{cv}Y_{OHOv})/2.86$$

$$+\frac{f_{x1}K_{2,T}(COD_{b,i}-S_{s,PAO})Y_{OHO}SRT}{(1+b_{OHO,T}SRT)} \tag{6.34a}$$

或者为，

$$D_{p1} = \alpha + f_{x1}K_{2,T}\beta \tag{6.34b}$$

式中　f_{x1}——第一缺氧区微生物所占的比例。

$$\alpha = S_{F,ANn}(1+r)(1-f_{cv}Y_{OHOv})/2.86 \tag{6.35a}$$

$$\beta = \frac{(COD_{b,i}-S_{S,PAO})Y_{OHO}SRT}{(1+b_{OHO,T}SRT)} \tag{6.35b}$$

在式（6.34）中，假设厌氧区"泄漏"的 RBCOD $[S_{F,ANn}(1+r)]$ 的初始快速反硝化始终是完全的，即第一缺氧区中实际水力停留时间大于利用 RBCOD 所需时间。与 ND 系统一样，可以建立一个方程来确定第一缺氧区消耗 RBCOD 所需的最小污泥比例 $f_{x1,min}$：

$$f_{x1,min} =$$
$$\frac{S_{F,ANn}(1+r)(1-f_{cv}Y_{OHOv})(1+b_{OHO,T}SRT)}{(COD_{b,i}-S_{S,PAO})2.86K_{1,T}Y_{OHO}SRT} \tag{6.36a}$$

$$f_{x1,min} = \alpha/(\beta \cdot K_{1,T}) \tag{6.36b}$$

式中，$K_{1,T}$ 表示 NDEBPR 系统在温度为 T 时，第一缺氧区利用 RBCOD 进行快速反硝化的速率，和 ND 系统的速率（K_{1T}）相同。

将常数代入式（6.36）中，并假设 80% 的进水 RBCOD 在厌氧区中被 PAOs 储存，$f_{x1,min}$ 小于 0.02，SRT 大于 10d，温度为 14℃，$COD_{b,i}=800mgCOD/L$，$f_{SS}=0.24$。缺氧污泥比例为 2%，远低于实际的第一缺氧区的污泥比例，因此几乎对于所有的情况来说，式（6.34）和式（6.35）是有效的。

然而，式（6.34a）和式（6.34b）仍然比较复杂。为了计算第一缺氧区的反硝化能力（D_{p1}），需要计算厌氧区出流的 RBCOD 的浓度（$S_{F,ANn}$）。为了计算 $S_{F,ANn}$，需要知道回流到厌氧区的硝酸盐的浓度，这反过来又需要知道 D_{p1} 的值。第 6.11.3.2 节将更详细地讨论这方面的问题。

6.11.2.2　第二缺氧区的反硝化能力

根据第 5 章介绍的方法，第二缺氧区反硝化能力（D_{p3}）的计算过程如下：

$$D_{p3} = \frac{f_{x3}K_{3,T}(COD_{b,i} - S_{S,PAO})Y_{OHO}\,\mathrm{SRT}}{(1 + b_{OHO,T}\,\mathrm{SRT})} \tag{6.37a}$$

$$D_{p3} = f_{x3}K_{3,T}\beta \tag{6.37b}$$

式中 f_{x3}——第二缺氧区微生物所占的比例；

$K_{3,T}$——第二缺氧区在温度为 T 时，反硝化速率约为 $0.1\mathrm{mgNO_3^- N/}$ $(\mathrm{mgAVSS \cdot d})$（Clayton et al., 1991; Ekama and Wentzel, 1999），比 ND 系统（$K_{3,T}$）高了约1.5倍。

式（6.37）适用于主流的第二缺氧区（如 5 段改良 Bardenpho 工艺）和回流的第二缺氧区（如 JHB 系统）。然而，在将式（6.37）应用于位于回流的第二缺氧区时，必须谨慎地估算 f_{x3}，因为与主流缺氧区相比，回流缺氧区的混合液浓度要高 $(1+s)/s$。

与 ND 系统相比，NDEBPR 系统的反硝化速率 $K_{2,T}$ 和 $K_{3,T}$ 更高，这是因为在 ASM2 和 ASM2d 模型中，OHO 在缺氧状态利用 SBCOD 进行水解和生长的速率因子 η 的值比较高。

6.11.3 NDEBPR 系统反硝化设计过程的原理

NDEBPR 系统设计的目的是在单个污泥系统中实现以下目标：

(1) COD 的去除；

(2) N 的去除（硝化/反硝化）；

(3) 磷的去除（EBPR）。

这些设计目标之间可能会相互冲突，特别是氮和磷的去除，例如缺氧区（氮去除）和厌氧区（磷去除）所需要的非好氧污泥质量。每一种设计，都需要评估其处理污染物的优先顺序，并达成妥协以优化系统。

在一些国家，NDEBPR 系统的设计主要侧重生物强化除磷，而反硝化则作为次要的设计优先事项，因为法律规定了出水中磷的浓度，只有在特定条件下才限制出水硝酸盐的浓度。因此，在这种情况下，NDEBPR 系统反硝化设计的基本原则是确保硝酸盐不回流到厌氧区。这一基本原则将决定系统结构的选择（本章主要考虑了 5 段改良 Bardenpho 工艺，JHB 工艺和 UCT/MUCT 工艺），并提供了确定缺氧区容积的

方法。

当选择 EBPR 工艺结构时，有必要确认是否要实现完全脱氮。根据进水水质，例如进水 TKN 和 COD 的浓度（TKN_i 和 COD_i），20℃时硝化细菌的最大生长速率（$\mu_{ANO,max,20}$）以及平均最低水温，可以计算出特定污泥龄（SRT）下的最大非好氧区污泥质量分数（$f_{x,max}$）和硝化能力（NIT_c），详细过程见第 5 章。非好氧区污泥质量分数由厌氧（为了强化生物除磷）污泥质量分数以及缺氧（为了反硝化）污泥质量分数组成。因此，缺氧污泥质量分数（$f_{xd,max}$）与非好氧区污泥质量分数（$f_{x,max}$）和选定的厌氧区污泥质量分数（f_{xa}）不同，即：

$$f_{xd,max} = f_{x,max} - f_{xa} \tag{6.38}$$

式中 $f_{xd,max}$——最大缺氧区污泥质量分数；

$f_{x,max}$——最大非好氧区污泥质量分数。

利用第 5 章介绍的式（5.19）可以计算出在特定 SRT，$\mu_{ANO,max,20}$，S_f 和 T_{min} 下 $f_{x,max}$ 的值。$f_{xd,max}$ 的值可以再细分为第一第二缺氧区污泥质量分数（f_{x1} 和 f_{x3}），这种划分确定了两个缺氧区的反硝化能力（D_{p1} 和 D_{p3}），也确定了整个系统的反硝化能力。当系统的反硝化能力大于硝化能力时（即，$D_{p1} + D_{p3} > NIT_c$），系统是有可能实现完全脱氮的，第二缺氧区可以设置在主流中，例如 5 段改良 Bardenpho 工艺。如果无法实现完全脱氮，5 段改良 Bardenpho 工艺的出水会存在硝酸盐，并且会随着污泥回流到厌氧区。因此，第二缺氧区必须设在回流中，如 JHB 系统，第二缺氧区的反硝化能力（D_{p3}）必须超过污泥回流液中硝酸盐和氧气的量。如果无法达到该要求，硝酸盐便会通过回流的第二缺氧区"泄漏"到厌氧区中。在这种情况下，由于相同的缺氧区污泥质量分数下，第一缺氧区的反硝化能力（D_{p1}）大于第二缺氧区的反硝化能力（D_{p3}），那么工艺中使用第二缺氧区的效果就不好了，如果将第二缺氧区并入到第一缺氧区就形成了 UCT/MUCT 工艺。或者，如果要求出水的硝酸盐浓度非常低，可以在保留第二缺氧区的同时向其中加入甲醇。

6.11.4 NDEBPR 系统中反硝化作用的分析

对 NDEBPR 系统的反硝化作用的分析同对 ND 系统的分析过程基本相同（参见第 5 章），

但也存在以下几点不同：

- NDEBPR 系统中用于反硝化的污泥质量分数（$f_{xd,max}$）由式（6.38）计算得出，而 ND 系统的反硝化污泥质量分数（$f_{xd,max}$）由式（5.56）得出。因此，在相同的非好氧区污泥质量分数（$f_{x,max}$）下，NDEBPR 系统的 $f_{xd,max}$ 比 ND 系统小，即减少了 f_{xa}。

- ND 系统的反硝化速率（K_2 和 K_3，第 5 章）被 NDEBPR 系统测量的反硝化速率（$K_{2,T}$ 和 $K_{3,T}$，6.11.2 节）取代。

- 考虑到 NDEBPR 系统中 PAOs 储存 COD 以及不参与反硝化过程，其第一缺氧区和第二缺氧区的反硝化能力由第 5 章中 ND 系统的计算方程修改为式（6.34）和式（6.37）。

下面介绍的简化稳态模型是为了获得缺氧区负荷与反硝化能力对应的 a 回流比。如果要对 EBPR 系统进行详细分析，可以使用模拟软件来实现。考虑到上述几点，开发了一个用于 UCT 工艺的反硝化公式。

6.11.4.1 UCT 工艺

UCT 工艺的反硝化性能和 MLE 工艺十分类似，考虑到加入厌氧反应器的影响，为 MLE 工艺开发的设计公式和方法可以很容易地用于 UCT 工艺。

在应用中，以下原则非常重要：

- 由于完全脱氮是不可能的，全部可用的缺氧体积均作为第一缺氧区。

- a 回流比决定了硝酸盐在第一缺氧区和出水之间的分配。而 a 回流比的选择则需要考虑通过 a 和 s 回流到第一缺氧区的硝酸盐负荷与反硝化能力相适应。

考虑到以上几点，用于 UCT 工艺的设计公式如下。

- 反硝化能力（D_{p1}）：第一缺氧区的反硝化能力（D_{p1}）由式（6.34）在 $f_{x1} = f_{xd,max}$ 时计算得到，即：

$$D_{p1} = \alpha + f_{xd,max} K_{2,T} \beta \qquad (6.39)$$

- 出水硝酸盐浓度（$S_{NO_3,e}$）：如果第一缺氧区出水的硝酸盐浓度为 0，则：

$$S_{NO_3,e} = NIT_c / (a + s + 1) \qquad (6.40)$$

- 最佳 a-回流比：由于 MLE 工艺与 UCT 工艺类似，可按 MLE 工艺的方法推导出 UCT

工艺计算 a_{opt} 的方程，即：a_{opt} 是指第一缺氧区的硝酸盐负荷达到它的反硝化能力时的 a 回流比。根据第一缺氧区的质量平衡，该反应器的等价硝酸盐负荷（$FS_{NO_3,x1}/Q_i$）由下式计算得出：

$$\frac{FS_{NO_3,x1}}{Q_i} = s\left[S_{NO_3,e} + \frac{S_{O_2,s}}{2.86}\right] + a\left[S_{NO_3,e} + \frac{S_{O_2,a}}{2.86}\right]$$
$$(6.41)$$

式中　$S_{O_2,s}$ 和 $S_{O_2,a}$——分别是 s 循环和 a 循环的溶解氧浓度。

使式（6.41）与式（6.39）计算出的反硝化能力相同，$a = a_{opt}$，计算出 a_{opt}：

$$a_{opt} = \left[-B + \sqrt{B^2 - 4AC}\right]/(2A) \quad (6.42)$$

式中　A——$S_{O_2,a}/2.86$；

　　　　B——$NIT_c - D_{p1} + \{(s+1)S_{O_2,a} + sS_{O_2,s}\}/2.86$；

　　　　C——$sNIT_c - (s+1)(D_{p1} - sS_{O_2,s}/2.86)$。

当 $a = a_{opt}$ 时，式（6.42）可以计算出可达到的最小硝酸盐浓度（$S_{NO_3,e}$）。式（6.42）适用于所有 $a \leqslant a_{opt}$ 的情况，因为对于所有 $a \leqslant a_{opt}$，等式（6.42）所依据的假设是有效的，即第一缺氧区出水的硝酸盐浓度为零。如果系统在 $a > a_{opt}$ 的条件下运行，通过 a 和 s 回流到第一缺氧区的硝酸盐负荷将超过其反硝化的能力，同时硝酸盐也将通过 r 回流到厌氧区，这对 EBPR 不利。此外，如果第一缺氧区硝酸盐确实发生硝酸盐的"泄漏"，则第一缺氧区出水的硝酸盐浓度不再为零，因此，关于出水硝酸盐浓度（$S_{NO_3,e}$）的式（6.40）无效。

6.11.5　回流到厌氧反应器的最大硝酸盐浓度

上一节介绍的通过假设脱氮速率（$K_{2,T}$ 和 $K_{3,T}$）增加，即系统具有 EBPR 效果，推导了脱氮设计程序。然而，回流到厌氧反应器的硝酸盐或氧气对 EBPR 有不利影响。如果有太多的硝酸盐或氧气回流入厌氧反应器，所有可发酵 COD 都被用于反硝化作用，将没有剩余 COD 可以转化为 VFAs。在这种情况下，式（6.8）中 $S_{F,i,conv} = 0$，求解 $S_{NO_3,s}$ 有：

$$S_{NO_3,s} = \left[\left\{ \frac{S_{F,i}}{8.6} - \frac{(sS_{O_2,s} + S_{O_2,i})}{2.86} \right\} - S_{NO_3,i} \right] / s$$

$$(6.43)$$

这个硝酸盐浓度是可以回流入厌氧反应器中最大的硝酸盐浓度，本章的公式仍然适用。在这个 $S_{NO_3,s}$ 浓度下，如果进水中存在 VFAs，仍可获得 EBPR 效果。

如果硝酸盐浓度超过了 $S_{NO_3,s}$，PAOs 和 OHOs 将对 VFAs 进行竞争（分别用于存储和反硝化），则需要一个动力学模型来确定系统的性能，本章中所建立的方程不适用于这种情况。

6.12 结论

强化生物除磷技术（EBPR）已被广泛用在无化学药品添加的情况下从废水中除磷，从而控制富营养化问题。从 EBPR 过程中回收的高含磷量生物质易于通过形成鸟粪石（磷酸铵镁：$MgNH_4PO_4$）回收磷，特别是使用厌氧消化反应器时，或存在少量氨的情况下形成羟磷灰石 $[Ca_{10}(PO_4)_5(OH)_2]$。

对一些要求较高的水体，已规定了极低的磷（和氮）排放限额，有时低于 $0.1gTP/m^3$。要持续达到如此低的水平，需要使用混凝剂和过滤或超滤系统。

过去对聚磷菌进行的研究了解了其厌氧、缺氧和好氧代谢的生化机制。从这些研究中，我们推导出了工艺优化原则，开发了用于稳态设计分析的数学模型，并将其整合到软件程序中，以研究各种情况，促进 EBPR 系统的设计、优化和开发。污泥或内回流中的硝酸盐的影响，以及负荷的动态变化的影响（例如，一个周末后的有机物排放或工业废水的增加）可以通过这些软件程序精准量化。

未来这一领域应进一步了解不同种类 PAOs、GAOs 和丝状菌的生化机制，提出切实可行的控制策略，以促进 PAOs 处于优势地位。一些新型的 PAO，如 *Tetrasphaera*，在许多 EBPR 工艺中非常重要。在这些工艺的过程中，关于它们如何发挥作用以及如何更好地利用其活性促进磷的去除，还有很多方面需要了解。随着对 EBPR 生化过程有更好的理解，我们也应开发更先进的参数和代谢模型，使设计的模型变得更精准，生物脱氮除磷的效果更加显著、稳定。

扫码观看本章参考文献

术语表

符号	描述	单位
a	基于进水流量的混合液回流比	$m^3 \cdot d/(m^3 \cdot d)$
a_{opt}	N_{ne} 最小时的 a-回流比	$m^3 \cdot d/(m^3 \cdot d)$
b_{OHO}	OHOs 特定内源性质量损失速率	$gEVSS/(gVSS \cdot d)$
$b_{OHO,T}$	温度 T 下 OHOs 特定内源性质量损失速率	$gEVSS/(gVSS \cdot d)$
b_{PAO}	PAOs 特定内源性质量损失速率	$gEVSS/(gVSS \cdot d)$
$b_{PAO,T}$	温度 T 下 PAOs 特定内源性质量损失速率	$gEVSS/(gVSS \cdot d)$
COD_b	可生物降解 COD 浓度	$gCOD/m^3$
$COD_{b,i}$	进水可生物降解 COD 浓度	$gCOD/m^3$
$COD_{b,OHO}$	OHOs 可利用的可生物降解 COD 浓度	$gCOD/m^3$
D_{P1}	一级缺氧反应器的脱氮能力	$gNO_3\text{-}N/m^3$ influent

符号	描述	单位
D_{P3}	二级缺氧反应器的脱氮能力	$gNO_3\text{-}N/m^3$ influent
f_{xa}	厌氧质量分数	gVSS/gVSS
f_{x1}	一级缺氧质量分数	gVSS/gVSS
$f_{x1,min}$	最小一级缺氧质量分数	gVSS/gVSS
f_{x3}	二级缺氧质量分数	gVSS/gVSS
$FCOD_{b,i}$	每日进水可生物降解有机物质量	gCOD/d
$FCOD_{b,OHO}$	每日 OHOs 可用的可生物降解基质质量	gCOD/gCOD
$FCOD_i$	每日进水 COD 质量	gCOD/d
f_{CV}	污泥 COD/VSS 比	gCOD/gVSS
$f_{FSS,OHO}$	OHOs 的无机质含量	gFSS/gTSS
$f_{FSS,PAO}$	PAOs 的无机质含量	gFSS/gTSS
f_n	污泥的氮含量	gN/gVSS
FN_s	每日污泥生产需氮量	gN/d
FO_c	每日含碳化合物需氧量	gO_2/d
FO_{OHO}	每日 OHOs 耗氧量	gO_2/d
FO_{PAO}	每日 PAOs 耗氧量	gO_2/d
FO_t	每日总需氧量	gO_2/d
$f_{P,FSS}$	无机悬浮固体中磷的比例	gP/gFSS
$f_{P,FSS,i}$	进水 FSS 中磷的比例	gP/gFSS
$f_{P,OHO}$	活性 OHO 质量中磷的比例	gP/gAVSS
$f_{P,PAO}$	活性 PAO 质量中磷的比例	gP/gAVSS
$f_{P,TSS}$	TSS 中磷的含量	gP/gTSS
f_p	VSS 中磷的含量	gP/gVSS
f_p	OHO 内生质量中磷的比例	gP/gEVSS
f_p	PAO 内生质量中磷的比例	gP/gEVSS
f_p	惰性物质中磷的比例	gP/gIVSS
$f_{PO4,rel}$	磷释放与 VFA 吸收量的比值	gP/gCOD
$FS_{F,CONV}$	厌氧反应器中每日转化为 VFAs 的可发酵 COD 质量	gCOD/d
$f_{SU,CODi}$	进水不可生物降解 COD 比例	gCOD/gCOD
$FS_{PO4,rel}$	每日 PAOs 释磷量	gP/d
$f_{SS,CODi}$	进水总 COD 中易生物降解的比例	gCOD/gCOD
f_{SS}	进水可生物降解 COD 中易生物降解的比例	gCOD/gCOD
$FS_{S,PAO}$	厌氧反应器中每日 PAOs 存储的 Ss 质量	gCOD/d
$FS_{VFA,i}$	每日进水 VFAs 量	gCOD/d
$f_{SVFA,SSi}$	易生物降解 COD 中 VFAs 的比例	gCOD/g COD
f_{VT}	OHO 活性及内源质量、PAO 的内源及惰性质量的 VSS/TSS 比值	gVSS/gTSS
$f_{VT,PAO}$	PAO 活性质量的 VSS/TSS 比值	gVSS/gTSS
$f_{xd,max}$	最大缺氧质量分数	gVSS/gVSS
$f_{XE,OHO}$	OHOs 内源残留质量比例	gEVSS/gAVSS

符号	描述	单位
$f_{XE,PAO}$	PAOs 内源残留质量比例	gEVSS/gAVSS
$FX_{FSS,i}$	每日进水无机物质量	gFSS/d
$f_{XU,CODi}$	进水不可生物降解颗粒 COD 比例	gCOD/gCOD
$f_{x,max}$	最大非曝气质量比例	gVSS/gVSS
$FX_{S,i}$	每日进水慢性生物降解 COD 质量	gCOD/d
HRT_{np}	工艺平均名义水力停留时间	d
$K_{1,T}$	温度 T 下 NDEBPR 系统一级缺氧反应器以 RBCOD 为基质的特定反硝化速率	$gNO_3^- N/(gOHOVSS \cdot d)$
$K_{2,T}$	温度 T 下 NDEBPR 系统一级缺氧反应器以 SBCOD 为基质的特定反硝化速率	$gNO_3^- N/g(OHOVSS \cdot d)$
$K_{3,T}$	温度 T 下 NDEBPR 系统二级缺氧反应器以 SBCOD 为基质的特定反硝化速率	$gNO_3^- N/(gOHOVSS \cdot d)$
$k_{F,T}$	温度 T 下一级发酵速率常数	$m^3/(gOHOVSS \cdot d)$
K_T	温度 T 下 NDEBPR 系统中 OHOs 的特定反硝化速率	$gNO_3^- N/(gOHOVSS \cdot d)$
$MX_{E,OHOv}$	系统 OHO 内源残留质量	gEVSS
$MX_{E,PAOv}$	系统 PAO 内源残留质量	gEVSS
MX_{FSS}	系统物质悬浮固体质量	gFSS
MX_{Uv}	系统中来自进水的惰性有机物质量	gVSS(or gIVSS)
MX_{OHOv}	系统 OHOs 质量	gAVSS
MX_{PAOv}	系统 PAO 质量	gAVSS
MX_{TSS}	系统 TSS 质量	gTSS
MX_{VSS}	系统挥发性悬浮固体质量	gTSS
n	一系列厌氧反应器的数量	—
N	一个系列中体积相等的厌氧反应器的总数	—
NIT_c	生物反应器的硝化能力	$gNO_3\text{-}N/m^3$
Q_i	每日平均进水流速	m^3/d
$Q_{i,ADWF}$	平均干旱天气流量	Ml/d
r	混合液基于进水流量的从好氧反应器回流到缺氧(厌氧)反应器的回流比	$m^3 \cdot d/(m^3 \cdot d)$
s	基于进水流量的活性污泥回流比	$m^3 \cdot d/(m^3 \cdot d)$
S_{Alk}	碱度	$mgCaCO_3/L$
S_F	可发酵有机物浓度	$gCOD/m^3$
$S_{F,ANn}$	第 n 个厌氧反应器中可发酵有机物浓度	$gCOD/m^3$
$S_{F,conv}$	单位体积进水中转化为 VFAs 的可发酵有机物浓度	$gCOD/m^3$
$S_{F,DENIT}$	厌氧反应器中反硝化消耗的可发酵基质量	$gCOD/m^3$
$S_{F,i}$	进水可发酵有机物浓度	$gCOD/m^3$
$S_{F,i,conv}$	单位体积进水可转化为 VFAs 的 $S_{F,i}$	$gCOD/m^3$
$S_{F,OXID}$	厌氧反应器中被好氧氧化消耗的可发酵基质	$gCOD/m^3$
$S_{U,i}$	进水惰性可溶性有机物浓度	$gCOD/m^3$
$S_{NO_3,e}$	出水硝酸盐浓度	$gNO_3\text{-}N/m^3$
$S_{NO_3,i}$	进水硝酸盐浓度(进入厌氧反应器)	$gNO_3\text{-}N/m^3$
$S_{NO_3,s}$	回流入厌氧反应器的污泥中硝酸盐浓度	$gNO_3\text{-}N/m^3$
S_{O_2}	溶解氧浓度	gO_2/m^3

符号	描述	单位
$S_{O_2,a}$	缺氧反应器回流入厌氧反应器的氧气浓度	gO_2/m^3
$S_{O_2,i}$	进水氧浓度	gO_2/m^3
$S_{O_2,s}$	回流入厌氧反应器污泥的氧浓度	gO_2/m^3
$S_{PO_4,rel}$	磷释放浓度	gP/m^3
SRT	污泥龄	d
$S_{S,i}$	进水易生物降解 COD 浓度	$gCOD/m^3$
$S_{S,PAO}$	PAOs 存储的 S_S 浓度	$gCOD/m^3$
S_{VFA}	挥发性脂肪酸浓度	$gCOD/m^3$
$S_{VFA,i}$	进水 VFA 浓度	$gCOD/m^3$
t	时间	h
T	温度	℃
TKN	总凯氏氮浓度	gN/m^3
$TKN_{i,s}$	生物量合成进水 TKN 需求量	gN/m^3
T_{min}	最低温度	℃
P_e	出水总磷浓度	gP/m^3
P_i	进水总磷浓度	gP/m^3
TSS	总悬浮固体	$gTSS/m^3$
V_R	生物工艺（生物反应器）体积	L
VSS	VSS 浓度	$gVSS/m^3$
$X_{FSS,i}$	进水无机悬浮固体浓度	$gFSS/m^3$
$X_{U,i}$	进水惰性颗粒物浓度	$gCOD/m^3$
X_{OHO}	常规异养细菌浓度	$gCOD/m^3$
$X_{OHO,AN}$	厌氧反应器中 OHOs 浓度	$gCOD/m^3$
X_{PAO}	聚磷菌	$gCOD/m^3$
X_S	慢速可生物降解有机物浓度	$gCOD/m^3$
$X_{S,i}$	进水慢速可生物降解有机物浓度	$gCOD/m^3$
X_{TSS}	反应器总悬浮固体浓度	$gTSS/m^3$
$X_{TSS,OX}$	设计所需好氧反应器中 TSS 浓度	$gTSS/m^3$
X_{VSS}	反应器挥发性悬浮固体浓度	$gVSS/m^3$
$X_{VSS,OX}$	设计好氧反应器 TSS 浓度	$gVSS/m^3$
Y_{OHOv}	OHO 产率	$gAVSS/gCOD$
ΔP_{OHO}	OHOs 除磷量	gP/m^3 influent
ΔP_{PAO}	PAOs 除磷量	gP/m^3 influent
ΔP_{SYS}	系统总除磷量	gP/m^3 influent
$\Delta P_{SYS,actual}$	系统实际总除磷量	gP/m^3 influent
$\Delta P_{SYS,pot}$	系统总除磷能力	gP/m^3 influent
ΔP_{XE}	内源残留物质除磷量	gP/m^3 influent
ΔP_{XU}	惰性物质除磷量	gP/m^3 influent

缩写	描述
A/O	厌氧/好氧工艺
A^{2}O	厌氧、缺氧、好氧过程
AN	厌氧
AX	好氧
AVSS	活性挥发性悬浮固体
BNR	生物脱氮
DDGGE	变性梯度凝胶电泳
e	出水
EBPR	强化生物除磷
EM	电子显微镜
EVSS	内源残留挥发性悬浮固体
FISH	荧光原位杂交
FSS	无机悬浮固体
HRT	水力停留时间
IVSS	惰性挥发性悬浮固体
i	进水
JHB	Johannesburg 工艺
MLE	改良 Ludzack-Ettinger 工艺
MLSS	混合液悬浮固体
MLVSS	混合液挥发性悬浮固体
MUCT	改良 UCT 工艺
NIT	硝化细菌
ND	硝化-反硝化
NDEBPR	硝化-反硝化 EBPR
OHO	常规异养菌
OUR	耗氧速率
OX	好氧
PAO	聚磷菌
PHA	聚-β-羟基-链烷酸酯
PHB	聚-β-羟基-丁酸酯
PHV	聚-β-羟基-戊酸酯
PO$_4$	磷酸盐
RAS	回流活性污泥
RBCOD	易生物降解 COD
SBCOD	慢速可生物降解颗粒有机物
SBR	序批式反应器
SRT	污泥停留时间
SST	二级沉淀池
TCA	三羧酸循环
TKN	总凯氏氮

缩写	描述
TN	总氮
TP	总磷
TSS	总悬浮固体
UCT	开普敦大学工艺
VFA	挥发性脂肪酸
VSS	挥发性悬浮固体
VIP	VIP 工艺
w	好氧反应器剩余污泥
ws	回流污泥排出的剩余污泥

希腊符号	描述	单位
α	常数 α	
β	常数 β	
$\mu_{\mathrm{ANO,max,20}}$	20℃时硝化菌最大生长速率	d^{-1}
$\theta_{\mathrm{k,F}}$	k_{F} 的阿列纽斯温度系数	—
η	缺氧条件下 SBCOD 好氧水解/生长过程速率的降低因子	
$\theta_{\mathrm{b,OHO}}$	b_{OHO} 的阿列纽斯温度系数	—
$\theta_{\mathrm{b,PAO}}$	b_{PAO} 的阿列纽斯温度系数	—

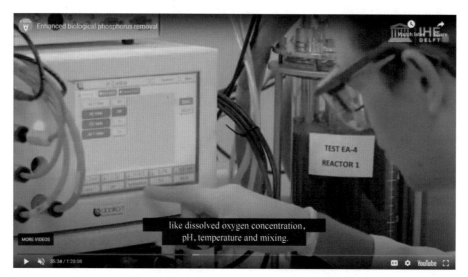

图 6.35　利用实验室规模序批式反应器（SBRs）中富集的 PAO 进行基础研究，对代谢模型的开发作出了重大贡献。这是基于 Van Loosdrecht 等，2016 年 EBPR 在线课程（https://experimentalmethods.org/courses/activated-sludge-activity-tests/）的截图

第7章
新型硫协同污水处理技术

Hui Lu，Di Wu，Tianwei Hao，Ho Kwong Chui，George A. Ekama，Mark C. M. van Loosdrecht 和 **Guanghao Chen**

7.1 概述

S，五大主要元素中最不常见的一种，在生物圈内通过生物和化学反应被广泛转化和转移。它主要以氢硫基团的形式出现在细胞的含硫氨基酸中（占干重的 1%）。石膏（$CaSO_4$）、岩石和沉积物中的金属硫化物（FeS_2）（$7,800 \times 10^{18}$ g 硫）以及海水中的硫酸盐（$1,280 \times 10^{18}$ g 硫），它们是自然界中硫的主要来源（Muyzer 和 Stams，2008）。不论是自然现象（海水入侵和火山爆发）还是人为过程（工业生产）都向环境排放大量的硫。在整个欧洲，10 个国家包含过百个地区的地下水都受到了海水入侵的影响（EEA，2006）；此外，各种工业也都会产生含硫废水，如农业、发电站的烟气脱硫（Flue-gas Desulphurization，FGD）、造纸业、酿造业、制药业、食品生产、渔业、制革行业、石化和采矿行业等（Lens 等，2003）。其中，采矿业中的酸性矿山废水（Acid Mine Drainage，AMD）是目前公认世界上最严重的水土污染源之一（Huisman 等，2006）。据估计，在发达国家，由硫引发的污染处理总费用占其国内生产总值的 2%～3%（Kruger，2011）；每年用于修复和预防因硫引起的污水管道腐蚀的费用估计达到数十亿美元（Pikaar 等，2014）。硫酸盐还原菌（Sulphate-reducing Bacteria，SRB）的控制对于减轻这些问题起着关键的作用。然而，历经半个世纪的研究和努力也只得到一个被广泛接受的观点，即没有实际的方法来防止厌氧处理引起的硫酸盐还原（Lens 等，1998）。钼酸盐、过渡元素或抗生素对 SRB 的选择性抑制在大规模的应用当中都没有成功。但在过去的三十年里，基于 SRB 的替代性生物过程和生物技术一直在发展，例如从含重金属废水和酸性矿山废水中去除重金属的生物硫化过程（THIOTEQ 和 SULPHATEQ），以及天然气、烟气和液化石油气的生物脱硫技术（Hao，2014）。

在生活污水处理中，近年来已经开发了通过投加单质硫诱导自养反硝化的后置反硝化方法，以提高总氮（Total Nitrogen，TN）去除率（例如，硫-石灰石自养反硝化，Sulphur-the Limestone Autotrophic Denitrification，SLAD）过程（Zhang 和 Lamphe，1999）。这种无机自养反硝化法特别适用于发展中国家处理常见低碳生活废水的污水处理厂（Wastewater Treatment Plants，WWTPs）的升级改造。就中国而言，市政污水中 COD/TN 比值通常为 5.4～10.9，低于较好地实现营养物质（氮和磷）去除所需的 8～12（Sun 等，2016）。

在以缺水闻名的中国香港（以下简称香港），通过覆盖至总人口（750 万）的 80% 海水冲厕系统，2019 年的日节约淡水资源超过 76 万 m^3，即每日总供水量的 20% 海水冲厕系统也产生大量的含盐污水，这为开发一种不同于处理淡水污水的传统技术的新型处理工艺提供了独特机会。自 20 世纪 60 年代引进脱氮工艺（见第 1 章）以来，污水生物处理基础理论已经建立，即氮和有机物的去除是通过电子从有机碳转移到溶解氧和/

或结合氧（NO_3^-和NO_2^-）实现的，如图 7.1 所示。

一般而言，50%~60%的有机碳转化为CO_2，其余的部分则转化为污泥（Tchobano-glous 等，2003）。污泥的处理处置（浓缩、稳定、脱水和杀菌消毒）是污水处理厂中最复杂和最耗费的环节，其处理费用占运营成本的一半以上（Saby 等，2003；Ekama 等，2011）。因此，人们研究各种各样的技术，通过一系列的化学、机械/物理、热化学处理等方法，最大限度地减少由源头产生的剩余污泥，从而降低污泥处理处置成本。但所有的方法在应用时都需要额外的处理成本和空间（Saby 等，2003；Foladori 等，2010）。

鉴于上述情况，自 2003 年以来作者一直在开发一种新的生物污水处理技术，名为硫酸盐还原自养反硝化及硝化一体化技术（Sulphate re-duction, Autotrophic denitrification, Nitrifica-tion Integrated，SANI®）。这种硫生物处理系统的创新之处在于使用了还原硫酸盐的细菌产生硫化物（硫酸盐还原作用）。根据化学反应方程式和电子平衡分析，理论上其厌氧反应中 96% 的有机物可以转化成CO_2，从而实现污泥产量最小化（参见 7.4.4 节，式 7.21）。反应所产生的溶解性硫化物提供了足够电子供体驱动无需有机碳参与的自养反硝化反应；相较于要从有机碳获取电子的异养反硝化反应，自养反硝化反应产生的污泥量很少。将硫酸盐生物还原法和硫化物生物氧化（自养反硝化）法这两种硫相关生物工艺结合到一起就形成了 SANI® 工艺。这种以硫酸盐→硫化物→硫酸盐作为转化为介导的有机碳（C）和氮（N）去除基础上的新生物处理工艺概念把 C、N 同时去除扩展至 C、N、S 同时去除（详见 7.4 节）。

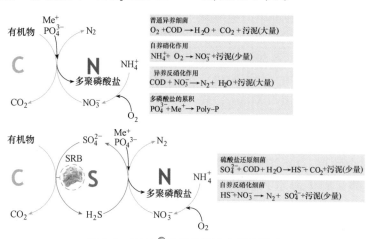

图 7.1 SANI® 的工艺概念和关键反应

7.2 硫酸盐生物还原法

7.2.1 基本原理

自然环境和工程环境中，在 SRB 的调节下普遍存在于海洋和其他水体中的硫酸盐可以被快速生物转化。SRB 利用氧化态硫化物［主要是硫单质（S^0）、硫代硫酸盐（$S_2O_3^{2-}$）和硫酸盐（SO_4^{2-}）］作为电子受体，生产硫化物为主要最终产物（Muyzer 和 Stams，2008）。SRB 曾被认为只能利用有机物质如醋酸盐（CH_3COO^-）、丙酮酸、乳酸和丙酸等生长，而能量主要或仅能通过底物水平磷酸化作用得以保存（式 7.1）。

然而 Badziong 和 Thauer（1978）首次报道了 *Desulfovibrio vulgaris* 以氢气（H_2）作为电子供体、SO_4^{2-}作为电子受体进行细胞增殖，论证了 SRB 代谢中的电子传递磷酸化（式 7.2）。除了氧化态硫化物以外，SRB 的其他电子受体还有烷基苯磺酸盐、二甲亚砜、NO_3^-、NO_2^-、三价铁、氧、富马酸盐、丙烯酸酯、砷酸盐、铬酸盐和铀（Rabus 等，2013）。

$$CH_3COO^- + SO_4^{2-} \rightarrow 2HCO_3^- + HS^-$$
$$-47.6(\Delta G^{\circ\prime} kJ/reaction) \quad (7.1)$$

$$4H_2 + SO_4^{2-} + H^+ \rightarrow HS^- + 4H_2O$$
$$-151.9(\Delta G^{\circ\prime} kJ/reaction) \quad (7.2)$$

7.2.1.1　硫酸盐还原途径

考虑到生物硫转化在环境工程中的重要意义，宜将硫酸盐还原定义为同化和异化两类。硫化合物在被同化至生物合成途径前，需要被还原成硫化氢（H_2S）。催化硫酸盐还原为硫化物进而合成生物分子的途径称为"同化硫酸盐还原途径"，而以产能为目标的硫酸盐还原途径则称为"异化硫酸盐还原途径"。

同化硫酸盐还原

在多个生物系统中硫酸盐的摄取及同化已经得到很好的证明（Bothe 和 Trebst，1981）。硫酸盐是通过酶载体系统介导的主动运输来摄取的，其细胞代谢始于一系列的激活反应。硫酸盐还原为亚硫酸盐过程需要两个标准氧化还原电位（$E^{0'}$）为 $-516mV$ 的电子，高于电子载体的氧还电位（Thauer 等，1977）。在这种情况下，硫酸盐会主动参与腺苷酰硫酸（*adenosine 5'-phosphosulphate*，APS）或磷酸腺苷酰硫酸（*3'-phosphoadenylyl-sulphate*，PAPS）的形成。在许多细菌和低等真核生物中，同化硫酸盐还原反应是通过硫酸盐腺苷转移酶（即 ATP 硫酸化酶，ATP sulphurylase）激活硫酸盐生成 APS 实现的。

随后，亚硫酸盐的还原可通过三种途径进行（图 7.2）。第一种途径是在肠道细菌如蓝细菌和酵母菌内，产生的 APS 经腺苷酰硫酸激酶催化的磷酸化作用生成 PAPS，然后生成的 PAPS 在依赖硫氧还蛋白（或谷氧还蛋白）的磷酸腺苷酰硫酸还原酶（硫氧还蛋白，PAPS 还原酶）的协同作用下还原为亚硫酸盐，最后在同化亚硫酸盐还原酶（NADPH，assimilatory sulphite reductase）的催化下还原为硫化物。第二种途径是通过腺苷酰硫酸还原酶（谷氧还蛋白）和腺苷酰硫酸还原酶（硫氧还蛋白）催化的第二步，即 APS 直接还原为亚硫酸盐，随后 NADPH 作为电子供体（大多数细菌），在植物亚硫酸盐还原酶和来自 *Allochromatium vinosum* 的酶的催化作用下，将亚硫酸盐还原为硫化物；在细菌和植物中，硫化物最终通过半胱氨酸合成酶与 O-乙酰-L-丝氨酸结合，生成 L-半胱氨酸，然后转化为 L-甲硫氨酸，这是两种主要的含硫前体化合物。第三种途径是硫氧还蛋白依赖的酶催化 APS 直接还原为亚硫酸盐。除了 APS 还原酶以外，第二和第三种途径有类似的过程。在这两个途径中，亚硫酸盐通过同化亚硫酸盐还原酶（铁氧还蛋白），即一种铁氧还蛋白依赖性酶和一种 NADPH 依赖性酶的作用下被还原为硫化物（Lillig 等，2001）。

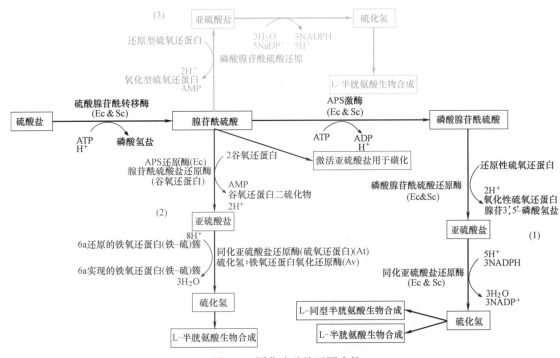

图 7.2　同化硫酸盐还原途径

异化硫酸盐还原

作为厌氧呼吸作用最常见的电子受体之一，异化性硫酸盐还原作用是由一类能够利用硫酸盐作为最终电子受体的古细菌和细菌等原核生物完成的，包括如 Archaeoglobi, Proteobacteria, Firmicutes, Nitrospirae 在内的多种门类。与同化性转化步骤类似，硫酸盐还原的所有步骤都发生在细胞质中，硫酸盐需穿过细胞质膜进入细胞内。异化硫酸盐还原可以分为两个步骤。首先，通过中间化合物 APS 将硫酸盐还原为亚硫酸氢盐，然后将亚硫酸氢盐还原为硫化物。其中，第一步的生化过程已经明确建立，但是亚硫酸氢盐还原成硫化物的途径仍然是不确定的（图 7.3）。

SO_3^{2-} 还原成 S^{2-} 的途径是一个"黑匣子"，现有两个被普遍认可的机制：①SO_3^{2-} 仅通过一种酶——亚硫酸氢盐还原酶，一步还原成 HS^-（Peck 和 LeGall，1982），这一过程在 *Desulfovibrio* 种属中被发现过；② Fitz 和 Cypionka（1989）提出另一种硫酸盐还原最后一步中涉及几种酶（即亚硫酸盐还原酶、三硫磺酸盐还原酶和硫代硫酸盐还原酶）和中间产物的转化途径，

其中最后一步会产生三硫磺酸盐和硫代硫酸盐（命名为三硫磺酸盐途径）。探究 *Desulfovibrio vulgaris* 异化性亚硫酸盐还原酶（DsrAB）如何对 SO_3^{2-} 进行还原的体外实验进一步证实了三硫磺酸盐途径（Santos 等，2015）。在这一途径中，SO_3^{2-} 首先由一种异化硫代谢中常见的酶 DsrAB 还原为 DsrC 三硫化物（DsrC trisulphide）。如图 7.3 所示，所产生的 DsrC 三硫化物又被 DsrMKJOP 络合物还原为硫化物和 DsrCr。DsrC 与在 SO_3^{2-} 的还原中存在协同作用。当没有 DsrC 存在（即只有 DsrAB 时）或 DsrC 很少时（即 SO_3^{2-} 远多于 DsrC），$S_2O_3^{2-}$ 可能由于（体内）SO_3^{2-} 与 S^{2-} 的反应或（体外）DsrAB 对硫酸盐的部分还原作用而占主导地位（Leavitt 等，2015）。尽管这种途径还不确定，但目前的研究结果强烈表明 DsrC 和 DsrAB 是 SRB 异化还原 SO_3^{2-} 为 S^{2-} 代谢过程中至关重要的蛋白。近年来，分析技术的进步使得细胞内的硫代谢物及其同位素（如^{34}S、^{33}S）得以检测，从而揭示硫的转移途径。但是由于含量丰富的磷酸盐的干扰，检测的精确度受到限制。

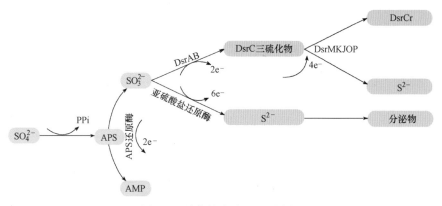

图 7.3 异化性硫酸盐还原途径

7.2.1.2 硫酸盐还原生物过程中的生化反应

所有微生物参与涉及硫的主要反应都与硫循环和碳循环密切相关。另一方面，通过生物过程参与硫循环的碳含量随着进行新陈代谢的生物体的特征而变化。四种涉及异养型 SRB 生长的主要还原类型包括：①酸性中间产物完全氧化为 CO_2；②酸性中间产物不完全氧化为 CH_3COO^-；③产乙酸的 SRB 对中间产物共生降解，该过程受利用氢的细菌效率的影响；④SRB 在丙酸和乙醇存在的情况下发酵生长。通常，在异养型硫

酸盐还原过程中，通过乙酰辅酶 A 或改良的三羧酸循环（Tricarboxylic Acid Cycle，TCA）途径，每还原 32g 硫酸盐，就有 24g 有机碳被矿化。SRB 代谢厌氧发酵/水解产生许多中间化合物，如氨基酸、糖类、长链脂肪酸、芳香族化合物、乳酸、丁酸、丙酸和醋酸等（图 7.4）。表 7.1 按照从大分子（糖类）到小分子（CH_3COO^-）的顺序列出了典型的电子供体下的硫化反应。有机基质降解为 CO_2 还是 CH_3COO^- 取决于微生物类型和反应程度。无论在淡水还是低含硫水体

中，SRB 在有机化合物的发酵和氧化过程中都发挥重要作用。许多 *Desulfovibrio* 和 *Desulfomicrobium* 种的微生物都能通过降解丙酮酸生成 CH_3COO^-、CO_2 和 H_2 等生长。在以 H_2 为底物的产甲烷菌的帮助下，H_2 能被高效去除，使系统的 H_2 压力保持在较低水平，此时 SRB 能

够将乳酸和乙醇氧化成 CH_3COO^-，从而在厌氧条件下形成硫酸盐还原菌和产甲烷菌的共生长。此外，通过控制工程中厌氧环境（如厌氧生物反应器）的硫酸盐水平，SRB 可以像产乙酸菌一样发挥作用，提高产甲烷过程中 CH_3COO^- 的产量。

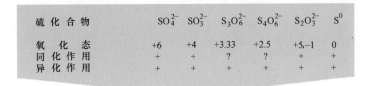

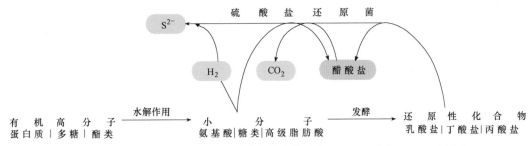

图 7.4　硫酸盐还原作用中有机基质降解的生物反应（+——确定；?——不确定）

涉及硫酸盐还原的化学反应　　　　　　　表 7.1

硫还原反应	$\Delta G^{0'}$（KJ/reaction）
$Glucose + SO_4^{2-} \rightarrow 2CH_3COO^- + HS^- + 2HCO_3^- + 3H^+$	-385.2
$2CH_3CHOHCOO^- + SO_4^{2-} \rightarrow 2CH_3COO^- + HS^- + 2HCO_3^- + H^+$	-160.1
$2CH_3CHOHCOO^- + 3SO_4^{2-} \rightarrow HS^- + 6HCO_3^- + H^+$	-255.3
$CH_3(CH_2)_2COO^- + 0.5SO_4^{2-} \rightarrow 2CH_3COO^- + 0.5HS^- + 0.5H^+$	-27.8
$CH_3(CH_2)_2COO^- + 3SO_4^{2-} + 2H_2 \rightarrow CH_3COO^- + HS^- + HCO_3^- + 2H_2O$	-198.4
$CH_3CH_2COO^- + 0.75 SO_4^{2-} \rightarrow CH_3COO^- + 0.75 HS^- + HCO_3^- + 0.25 H^+$	-37.7
$CH_3CH_2COO^- + 1.75SO_4^{2-} \rightarrow 1.75HS^- + 3HCO_3^- + 0.25H^+$	-85.4
$CH_3CH_2COO^- + SO_4^{2-} + H_2 \rightarrow CH_3COO^- + HS^- + HCO_3^- + 2H_2O$	-75.8
$2CH_3CH_2OH + SO_4^{2-} \rightarrow 2CH_3COO^- + HS^- + H_2O + H^+$	-22
$2CH_3OH + SO_4^{2-} \rightarrow 2HCOO^- + HS^- + 2H_2O + H^+$	-108.3
$CH_3COO^- + 4S^0 + 4H_2O \rightarrow 4H_2S + 2HCO_3^- + 2H^+$	-6.9
$3CH_3COO^- + 4SO_3^{2-} \rightarrow 1CO_3^{2-} + 5HCO_3^- + 4HS^-$	-80

7.2.2　推动硫酸盐还原的关键微生物

SRB 是一类由硫酸盐还原细菌和硫酸盐还原古细菌组成的微生物，它们能够在能量代谢过程中利用氧化态的硫化合物进行呼吸作用。经过一个多世纪的研究，有四个细菌纲和两个古细菌纲的超过 120 种和 40 个属的微生物被记录，分别是：①嗜温的 δ-proteobacteria 门中的 *Desulfovibrio* 属、*Desulfobacterium* 属、*Desulfobacter* 属和 *Desulfobulbus* 属；②嗜热的 Nitrospirae 门中的

Thermodesulfovibrio 属；③Clostridia 门中的 *Desulfotomaculum* 属和 *Ammonifex* 属；④嗜热的 Thermodesulfobacteria 门中的 *Caldimicrobium* 属和 *Thermodesulfobacterium* 属；⑤古细菌 Thermoprotei 中的 *Caldivirga* 属；⑥古细菌 Archaeoglobi 中的 *Archaeoglobus* 属（Barton 和 Hamilton，2007）。40 个属中，有 16 个属为不完全氧化类型，22 个属为完全氧化类型，剩下的两个属，即 *Desulfotomaculum* 和 *Desulfomonile* 不能简单地归为任意一类，因为它们都包含完全氧化和不完全氧

化种类的细菌种群（表7.2）。除了常见的氧化态硫化合物外，NO_3^-、NO_2^-、铁、氧化锰和其他化合物（如富马酸盐、DMSO）也可以作为一些SRB的电子受体。

主要的SRB属、电子受体和最适温度（摘自Hao等，2014） 表7.2

	菌属	细胞形状	供生长的电子受体（除了SO_4^{2-}）	最适温度（℃）
不完全有机氧化菌	Desulfovibrio	弧状	$SO_3^{2-}/S_2O_3^{2-}$/富马酸盐/$Fe(Ⅲ)/MnO_2/NO_2^-/NO_3^-/O_2$	30~38
	Desulfomicrobium	椭圆状至杆状	$SO_3^{2-}/S_2O_3^{2-}/NO_2^-$/富马酸盐/DMSO	28~37
	Desulfohalobium	杆状	$SO_3^{2-}/S_2O_3^{2-}/S^0$	37~40
	Desulfonatronum	弧状	$SO_3^{2-}/S_2O_3^{2-}$	37~40
	Desulfobotulus	弧状	SO_3^{2-}	34
	Desulfocella	弧状	—	34
	Desulfofaba	弧状	$SO_3^{2-}/S_2O_3^{2-}$	7
	Desulforegula	杆状	脱硫绿胺霉素	25~30
	Desulfobulbus	柠檬状/洋葱状	$SO_3^{2-}/S_2O_3^{2-}/NO_2^-/NO_3^-/O_2/Fe(Ⅲ)$/石墨	28~39
	Desulfocapsa	杆状	$SO_3^{2-}/S_2O_3^{2-}/S^0$	20~30
	Desulfofustis	杆状	SO_3^{2-}/S^0	28
	Desulforhopalus	杆状	$SO_3^{2-}-S_2O_3^{2-}/NO_3^-$	18~19
	Desulfotalea	杆状	$SO_3^{2-}/S_2O_3^{2-}/S^0/Fe(Ⅲ)$-柠檬酸盐	10
	Thermodesulfobacterium	杆状	$SO_3^{2-}/S_2O_3^{2-}$	65~70
	Thermodesulfovibrio	弯杆状	$SO_3^{2-}/S_2O_3^{2-}/Fe(Ⅲ)$/砷酸盐	65
	Desulfosporosinus	直杆状/弯杆状	$SO_3^{2-}/S_2O_3^{2-}/S^0/Fe(Ⅲ)$	30~37
	Desulfotomaculum[1]	弧状	$SO_3^{2-}/S_2O_3^{2-}/S^0$	30~38；50~65[2]
	Desulfomonile[1]	杆状	3-氯苯甲酸富马酸酯 $SO_3^{2-}/S_2O_3^{2-}/S^0/NO_3^-$	37
完全有机氧化菌	Desulfothermus	杆状至曲状	$SO_3^{2-}/S_2O_3^{2-}$	60~65
	Desulfobacter	杆状至椭圆状	$SO_3^{2-}/S_2O_3^{2-}$	28~32
	Desulfobacterium	椭圆状至杆状	$SO_3^{2-}/S_2O_3^{2-}$/富马酸盐	20~35
	Desulfobacula	椭圆状至曲状	$SO_3^{2-}/S_2O_3^{2-}$	28
	Desulfococcus	球状	$SO_3^{2-}/S_2O_3^{2-}$	28~36
	Desulfofrigus	杆状	$SO_3^{2-}/S_2O_3^{2-}/Fe(Ⅲ)$-柠檬酸盐	10
	Desulfonema	丝状	$SO_3^{2-}/S_2O_3^{2-}/NO_3^-$	30~32
	Desulfosarcina	不规则状/粒料	$SO_3^{2-}/S_2O_3^{2-}/S^0$	33
	Desulfospira	曲状	$SO_3^{2-}/S_2O_3^{2-}/S^0$	26~30
	Desulfotignum	椭圆状至曲状	$SO_3^{2-}/S_2O_3^{2-}/CO_2$	28~32
	Desulfatibacillum	杆状	$SO_3^{2-}/S_2O_3^{2-}$	28~30
	Desulfarculus	弧状	$SO_3^{2-}/S_2O_3^{2-}$	35~39
	Desulforhabdus	杆状至椭圆状	$SO_3^{2-}/S_2O_3^{2-}$	37
	Desulfovirga	杆状	$SO_3^{2-}/S_2O_3^{2-}/S^0$	35
	Desulfobacca	椭圆状至杆状	$SO_3^{2-}/S_2O_3^{2-}$	37
	Desulfospira	曲状	$SO_3^{2-}/S_2O_3^{2-}/S^0$	26~30
	Desulfacinum	椭圆状	$SO_3^{2-}/S_2O_3^{2-}/S^0$	60
	Desulfonauticus	曲杆状	$SO_3^{2-}/S_2O_3^{2-}/S^0$	45
	Desulfonatronovibrio	弧状	$SO_3^{2-}/S_2O_3^{2-}/S^0/O_2$	37
	Thermodesulforhabdus	杆状	SO_3^{2-}	60
	Thermodesulfobium	杆状	$S_2O_3^{2-}/NO_2^-/NO_3^-$	55
	Archaeoglobus	不规则球状	$SO_3^{2-}/S_2O_3^{2-}$	82~83

①完全有机代谢菌属的部分种；DMSO：二甲亚砜（dimethyl sulfoxide）；②嗜温菌种。

关于它们的生理特征，大多数 SRB 菌生长温度范围为 25～40℃，属于嗜温微生物。生长温度是 SRB 相关工艺在环境修复或工业生产中进行可能的应用时的一个基本控制变量。例如，*Desulfovibrio*、*Desulfobulbus*、*Desulfomicrobium* 和 *Desulfobacter* 是含硫污水处理中最常见的 SRB 菌属，其中 *Desulfovibrio*、*Desulfobulbus* 和 *Desulfomicrobium* 属于不完全氧化有机物的种群，而 *Desulfobacter* 是唯一的完全氧化有机物的优势种。因此硫酸盐还原生物反应器中的 CH_3COO^- 残留是 SRB 固有的特征。

7.2.3 硫酸盐还原生物过程的电子供体

根据微生物生长的类型（自养型或异养型），有多种碳源和电子供体驱动着 SRB 的代谢作用。大多数电子供体是发酵产物、单体或其他来源的细胞成分。无机物（H_2、CO）和有机物都可以作为 SRB 的电子供体（Hansen，1993）。

氢气（电子供体）是以硫酸盐为电子受体的自养型 SRB 生长和繁殖的有效能源。当 H_2 和 CO_2 共同作为底物被利用时，10d 内在中温和高温条件下都可以达到较高的硫酸盐还原速率，其中 CO_2 作为细胞合成的碳源。当使用 H_2、CO_2 和 CO 的合成气体混合物时，CO 是 SRB 的另一种无机电子供体，但当 CO 的体积分数在 2%～70% 时，需要考虑 CO 对 SRB 的毒性。异养型 SRB 通过一系列的酶促反应，利用有机化合物作为电子供体和碳源。生物反应中的有机物浓度通常以化学需氧量（Chemical Oxygen Demand，COD）的形式定量表达，化学计量式中完全还原 1mol 硫酸盐需要 0.67mol 的 COD。在低 COD 的系统中，要实现硫酸盐的去除必须添加额外的电子供体或碳源来驱动硫酸盐的完全还原。

相关生物过程中的硫酸盐还原速率、相关反应以及不同电子供体的优缺点见表 7.3。由于生物反应器的水力停留时间（Hydraulic Retention Times，HRTs）在 1～480h 的范围内变化，电子供体的类型对硫酸盐还原速率有显著的影响。利用粪便、甲酸盐和 CH_3COO^- 作为碳源，可获得较高的异养型硫酸盐去除率。与其他发酵化合物相比，乳酸和丙酸盐已被证明是比 H_2、甲醇、乙醇、CH_3COO^- 和甲烷在生物产量、能量释放和碱度的产生方面更有利的有机底物。然而，大多数的 *Desulfobacter* 和一些 *Desulfobacterium* 都不能完全氧化乳酸。*Desulfonema magnum* 不能利用乳酸生长。此外，也有文献记载 SRB 可以直接利用糖类和长链脂肪酸（Muyzer 和 Stams，2008）。*Desulfotomaculum antarcticum* 能够利用葡萄糖，而 *Desulfovibrio* 和 *Desulfotomaculum nigrificans* 可以利用果糖生长（Alvarado，2016）。但是，SRB 不能直接降解利用糖浆，需要先经过微生物如乳酸菌的酵解。同时，糖解过程中不可被生物降解的产物累积会降低生物质的活性，导致出水中的 COD 残留浓度较高（Liamleam 和 Annachhatre，2007），所以使用糖浆驱动硫酸盐还原时应特别注意。不同电子供体都有各自的优缺点，如何选择电子供体取决于反应的特定需求。

由于 SRB 种类的多样性，建议使用多种电子供体来促进 SRB 的生长。不同类型的废物混合物含有相对易生物降解的物质（动物粪便、肥料和污泥）以及坚韧的纤维物质（锯屑和木屑），可以提高 SRB 对有机物和硫酸盐的去除效率。这意味着当地容易获得的有机废物即食品业/海鲜加工业、动物粪便、市政污泥、糖浆和肥料等提供的复杂有机物质，能够作为有效的电子供体来源，同时，农业废物、䅟草（*Phalaris arundinacea*）、锯屑、木屑、秸秆、堆肥树叶等能够提供合适的高纤维有机物质（Hao 等，2014）。

生物硫酸盐还原中的硫酸盐还原速率、有关反应以及各种电子供体的优缺点（摘自 Hao 等人，2014） 表 7.3

电子供体	反应式	硫酸盐还原效率 $[gSO_4^{2-}/(L \cdot d)]$	优点（＋），缺点（－）
H_2/CO	$4H_2+SO_4^{2-} \rightarrow S^{2-}+4H_2O$ $4CO+SO_4^{2-} \rightarrow S^{2-}+4CO_2$	0.4～1.9	＋成本低 ＋大多数 SRB 可使用 H_2 作为能源 ＋出水无机残留 ＋供应充足 －CO 对 SRB 的毒性 －H_2 的传质速率限制反应速率 －与其他生物竞争（产甲烷菌）

电子供体	反应式	硫酸盐还原效率 [gSO$_4^{2-}$/(L·d)]	优点(+),缺点(—)
H$_2$/CO$_2$	$4H_2+SO_4^{2-}+CO_2\rightarrow HS^-+HCO_3^-+3H_2O$ 如果同型产乙酸菌存在 $4H_2+2CO_2\rightarrow CH_3COO^-+2H_2O+H^+$ $CH_3COO^-+SO_4^{2-}\rightarrow HS^-+2HCO_3^-$	4.5~30.0	+SRB得H$_2$能力胜过产甲烷菌 +出水无有机残留 —与其他生物竞争(产甲烷菌,同型产乙酸菌) —甲烷的形成降低了H$_2$利用效率 —H$_2$安全要求
综合气体(H$_2$+CO$_2$+CO)	$4H_2+SO_4^{2-}\rightarrow S^{2-}+4H_2O$ $4CO+SO_4^{2-}\rightarrow S^{2-}+4CO_2$ $4H_2+SO_4^{2-}+CO_2\rightarrow HS^-+HCO_3^-+3H_2O$	9.6~14.0	+成本低 +一些SRB对CO的耐受性比原来研究记录的高得多 —适用性可能受限
甲烷	$CH_4+SO_4^{2-}\rightarrow HCO_3^-+HS^-+H_2O$	0.4·10^{-3}~0.24	+充足的储备量 —生物生长率低
甲醇	$4CH_3OH+3SO_4^{2-}\rightarrow 4HCO_3^-+3HS^-+4H_2O+H^+$	0.4~20.5	+成本相对较低 +反应器设计简单 +高温下(55~70℃)SRB竞争能力胜过产甲烷菌 —在中温条件下产甲烷菌占优势 —只有少数SRB菌株可以利用甲醇
乙醇	$C_2H_5OH+0.5SO_4^{2-}\rightarrow CH_3COO^-+0.5HS^-+0.5H^++H_2O$ $CH_3COO^-+SO_4^{2-}\rightarrow 2HCO_3^-+HS^-$ $4H_2+SO_4^{2-}+H^+\rightarrow HS^-+4H_2O$	0.45~21.00	+试剂相对廉价 +容易被SRB利用 —生物产量低 —对CH$_3$COO$^-$的不完全氧化导致出水COD浓度高
甲酸盐	$SO_4^{2-}+4HCOO^-+H^+\rightarrow HS^-+4HCO^-$	≤29	+利用甲酸盐的过程中产生较少的CH$_3$COO$^-$ +许多利用H$_2$生长的SRB也可以将甲酸盐作为唯一能量来源生长 +H$_2$的安全替代 —65~75℃条件下产甲烷菌竞争能力胜过SRB
醋酸盐	$CH_3COO^-+SO_4^{2-}\rightarrow HS^-+2HCO_3^-$	≤65	—产甲烷菌对CH$_3$COO$^-$的竞争胜过SRB —只有少数SRB能够氧化CH$_3$COO$^-$ —CH$_3$COO$^-$浓度高于15mmol/L时抑制硫酸盐还原反应 —生物产量低
乳酸盐	$CH_3CHOHCOOH+0.5H_2SO_4\rightarrow CH_3COOH+CO_2+0.5H_2S+H_2O$	0.36~5.76	+大多数SRB可以在乳酸中生长 +产生大量的碱度 +减轻硫化物毒性 +SRB的首选碳源 —成本高
葡萄糖/醋酸盐	葡萄糖$+SO_4^{2-}\rightarrow HS^-+2CH_3COO^-+2HCO_3^-+3H^+$	0.9~2.2	—发酵导致系统pH值低
蔗糖/蛋白	$C_{12}H_{22}O_{11}+5H_2O+4SO_4^{2-}\rightarrow 4CO_2+8H_2+4HS^-+8HCO_3^-+4H^+$ $8H_2+2SO_4^{2-}+2H^+\rightarrow 2HS^-+8H_2O$	0.6~12.4	+蔗糖的酸化不受硫化物的限制 +适合SRB的碳源和能源 —出水有CH$_3$COO$^-$累积

电子供体	反应式	硫酸盐还原效率 $[gSO_4^{2-}/(L \cdot d)]$	优点（＋），缺点（－）
果糖	$C_6H_{12}O_6 + SO_4^{2-} \rightarrow 2CH_3COO^- + HS^- + 2HCO_3^- + 3H^+$	—	－只有少数 SRB 利用果糖 －SRB 利用果糖生长速度慢
糖浆	$C_{12}H_{22}O_{11} + H_2O \rightarrow 4CH_3CHOHCOOH$ $CH_3CHOHCOOH + 0.5H_2SO_4 \rightarrow CH_3COOH + CO_2 + 0.5H_2S + H_2O$	1.20～7.22	＋廉价且来源充足 ＋其酸化产物容易被 SRB 利用 －糖浆中的部分复合物几乎没有分解，导致出水 COD 值偏高 －累积不可降解化合物 －不适合 SRB 生长 －累积挥发性脂肪酸
苯/苯酸盐	$C_6H_5COO^- + 0.75SO_4^{2-} + 4H_2O \rightarrow 3CH_3COO^- + 0.75HS^- + HCO_3^- + 2.25H^+$ $C_6H_5COO^- + 3.75SO_4^{2-} + 4H_2O \rightarrow 7HCO_3^- + 3.75HS^- + 2.25H^+$	0.038	＋能够被完全氧化成 CO_2 而不产生胞外的中间产物 －降解时间长 －不能被一些 SRB 菌种利用
藻类胞外产物/藻类生物量	—	0.0030～0.0058	＋低成本的碳源 ＋容易被 SRB 利用 ＋无适用限制 －不能够被直接利用，需要发酵细菌的协同作用 －可能导致出水 COD 较高
干酪乳清	—	0.34	＋低成本的碳源 ＋对细菌无不利影响 －不能够被直接利用，需要发酵细菌的协同作用 －可能导致出水 COD 较高
西瓜皮	—	0.15～0.24	＋成本低 －适用性可能受限 －可能导致出水 COD 较高
植物材料： 藺草 木屑混合物、堆肥树叶和家禽粪便 蘑菇堆肥、木屑、锯末和稻草	— — —	2.2～3.3 0.01 0.33～0.57	＋成本低 ＋适用于生物修复的应用 －可能导致出水 COD 较高
其他废弃物： 市政污水污泥	—	2.4	＋成本低 －一些有机物质不能被直接利用 －可能导致出水 COD 较高
动物粪便	—	40.3	＋成本低 ＋高效的生物降解基质 －适用性可能受限

7.2.4 应用领域和模型参数

由于 SRB 的生理特性和其广泛的环境分布，基于 SRB 的技术已经在废水和废气处理、金属/放射性核素还原、碳氢化合物降解、油田修复、混凝土腐蚀等方面得到开发和应用（Rabus 等，2015；Qian 等，2015）。过去几十年发展起来的主流硫酸盐还原生物技术主要集中在污染物（有机物和硫酸盐）去除和金属污染修复。

7.2.4.1 含硫废水处理

硫酸盐还原工艺可以应用于含硫废水（如皮

革加工、牛皮制浆、食品加工等）（Pol 等，1998）和 FGD 废水（Roest 等，2005）中硫化合物的去除和再利用。对于高有机浓度的含硫废水（如淀粉、有机酸、木质素等），SRB 主要是去除废水中的硫酸盐，同时通过碳化有机物来提高碱度（图 7.5a）。FGD 废水缺乏足够的有机物来还原硫酸盐，需要额外添加电子供体如 H_2 和柠檬酸盐等来驱动硫酸盐还原反应（图 7.5b）。FGD 及其废水处理可用以下公式表示：

$$SO_2 + OH^- \rightarrow HSO_3^- \tag{7.3}$$

$$HSO_3^- + 0.5O_2 \rightarrow SO_4^{2-} + H^+ \tag{7.4}$$

$$HSO_3^- + 6[H] \rightarrow HS^- + 3H_2O \tag{7.5}$$

$$SO_4^{2-} + 8[H] \rightarrow HS^- + 3H_2O + OH^- \tag{7.6}$$

在微曝气或生物硫化物氧化条件下，产生的硫化物可以硫单质的形式进行回收。在中国、巴西和荷兰，FGD 废水和其他含硫工业废水的处理已经得到大规模应用（Roest 等，2005；Sarti 等，2011）。在巴西，硫化序批式生物膜反应器被应用于磺化工艺废水的处理，其引入生活污水和乙醇作为外加碳源，硫酸盐负荷达到 $1.3 \text{kgSO}_4^{2-}/\text{h}$（Sarti 等，2011）。图 7.5 总结了各种应用中的硫酸盐还原处理工艺。

7.2.4.2 毒性金属的生物修复

SRB 可用于地表水和矿业废水中金属的去除/生物修复（图 7.5c）。基于 SRB 的工艺处理溶解性金属废水包括生物处理和化学处理两个阶段。在生物处理阶段，根据金属废水的类型加入 H_2、有机物或硫，利用生物硫酸盐还原法产生硫化物；随后的化学处理阶段中，溶解的 H_2S 形成金属硫化物，通过重力沉降和脱水得以分离（图 7.5d）。Van Houten 等（2009）和 DiLoreto 等（2016）还报道了有关金属废水处理的其他工艺。

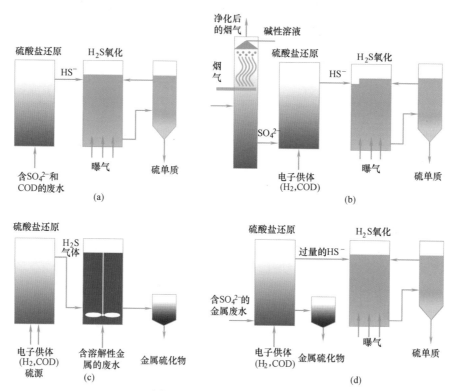

图 7.5　硫酸盐还原工艺处理

（a）含硫和有机物的废水；（b）缺少电子供体的含硫酸盐的 FGD 废水；（c）不含硫但有电子供体的金属废水；（d）含硫金属废水

7.2.4.3　过程动力学参数

反应器的设计和运行一般采用建模的方法。在模拟 SRB 与产甲烷菌之间竞争的电子受体（硫酸盐）限制速率和/或电子供体（有机底物或 H_2）限制速率时，常采用双重 Monod-type 动力学方程。然而，在以 SRB 为主导的体系中，SRB 和产甲烷菌之间不存在竞争关系，因此没有必要采用双项动力学，而且 SRB 可以利用许多厌氧消化过程中形成的中间体，因此硫酸盐还原通常以一般反应动力学建模。例如，在拓展的

ADM1 模型中（Fedorovich 等，2003；Barrera 等，2015），包括最多四组分别以丁酸/戊酸盐、丙酸、CH_3COO^- 和 H_2 作为电子供体的 SRB。表 7.4 中列举了 SRB 的动力学参数。

不同电子供体的硫酸盐还原动力学参数　　　　表 7.4

电子供体	SRB 类型	μ_{max} (L/d)	产量 (kgVSS/kgCOD)	Ks for eD (kgCOD/m³)	Ks for eA (kgSO$_4^{2-}$/m³)
C_4 VFA	c4SRB	0.22～0.45	0.023～0.030	0.009～0.100	0.01～0.02
Propionate	pSRB	0.20～0.92	0.022～0.035	0.11～0.30	0.0074～0.0190
CH_3COO^-	aSRB	0.13～0.87	0.024～0.082	0.024～0.220	0.0096～0.0190
H_2	hSRB	0.39～2.80	0.023～0.077	$2.50E^{-05}$～$1.00E^{-04}$	0.0009～0.0190

eD：电子供体；eA：电子受体。

7.2.5　影响硫酸盐还原的因素

尽管 SRB 能够在较广的环境条件下生长（如 0～100℃温度、低盐至高盐度、pH 值 1.0～9.8），但基于 SRB 的处理技术大多不是在最理想的生存条件下应用（Mackenzie，2005），从工程设计和运行操作的角度提高和优化基于 SRB 工艺的性能是 20 世纪 90 年代以来的主要目标。

然而，由于 SRB 有许多的生理特性（例如生长、温度、盐度、溶解氧和毒物耐受性等）和摄取复杂有机电子供体，寻求不同变量之间的平衡应成为提高处理性能的关键准则。表 7.5 总结了除了基质类型（碳和硫）和微生物群落外其他的影响硫酸盐还原效率的因素，下面将讨论一些主要因素。

影响硫酸盐还原反应器性能的生理和操作因素（摘自 Hao 等，2014）　　　　表 7.5

影响因素	影响	首选条件
进水条件		
硫酸盐浓度	• 影响 SRB 生长及其活性； • 在低浓度时会被其他微生物淘汰； • 高浓度时抑制 SRB 活性	• 典型的 COD/SO$_4^{2-}$ 比值范围为 0.7～1.5
微量元素	• 在电子传递过程中需要 Fe、Cu、Zn、Co、Mo、Ni； • 氧化还原活性金属酶的合成； • 高浓度的 Mo 会抑制 SRB 的新陈代谢	• 由于硫化物的沉淀，培养基中需要高浓度的 Fe； • 高于 2 mM 的 Mo 能完全抑制 SRB[①]
金属浓度	• 提高重金属浓度会降低或终止 SRB 的活性	• 所要求的浓度以及毒性降低的顺序（mg/L）Cu＜4，Cd＜11，Ni＜13，Zn＜16.5，Cr＜35，Pb＜80
NO_3^- 浓度	• NO_3^- 是抑制 SRB 生长和活性的主要物质	影响程度： • 70mM NO_3^- 严重抑制生长； • 长期注射 0.25～0.33mM 会抑制 SRB 的数量和活性
pH 值	• 影响细菌生长及其活性； • 影响 SRB 种类多样性以及与产甲烷菌的竞争； • 影响溶解硫化物的量	• SRB 的 pH 值：5.5～10
盐碱度	• 影响 SRB 存在的种类； • 硫酸盐还原速率与盐碱度呈负相关	• 最适盐碱度范围为 6%～12%
运行条件		
底物/硫酸盐	• 影响生长、活性和微生物多样性； • 适当的 C/S 比能使 SRB 竞争胜于其他细菌	• 去除 COD 的最适 COD/SO$_4^{2-}$ 比值为 0.6～1.2； • 去除硫酸盐的最适 COD/SO$_4^{2-}$ 比值为 2.4～4.8
氧化还原电位（ORP）	• 影响 SRB 与其他细菌如产甲烷菌的竞争； • 影响 SRB 的活性	• 适合 SRB 的 ORP 为 -50～300mV； • 使用标准氢探针的最佳 ORP 读数为 -270mV
温度	• 控制活性及生长； • 最初的培养温度影响 SRB 多样性； • 在高温条件下 H_2S 溶解度降低	• SRB 的耐受温度在 -5～75℃； • 大多数 SRB 的最适温度范围为 28～40℃

影响因素	影响	首选条件
污泥停留时间（Sludge Retention Time，SRT）	• 影响反应器的性能和污泥产量； • 影响 SRB 与产甲烷菌/同型产乙酸菌之间的竞争	• 提高 SRTs 削弱产甲烷菌的竞争力，较短的 SRT 能使产甲烷菌快速去除
水力停留时间（HRT）	• 影响 SRB 活性； • 生物量浓度； • 与其他微生物竞争	• 对 SRB 活性的最适 HRT 为 20～30h
H_2S 浓度	• 高浓度的 H_2S 对 SRB 有直接的不利的影响并且抑制其活性	• 氮气吹扫； • 当 H_2S 浓度高于 60～70mg/L 时活性降低[①]
混合条件	• 混合频率显著影响 SRB 活性； • 影响 SRB 分布和分离，造成水力生物量的损失	

①不利影响限制。

温度

按照生理上的温度分类，SRB 可以分为中温（生长温度低于 40℃）、中等嗜热（生长温度在 40～60℃）、极度嗜热（生长温度高于 60℃）三种（Brahmacharimayum 等，2019）。在工程环境中占优势的中温 SRB 主要种有 *Desulfobacter hydrogenophilus*、*Desulfobacter curvatus*、*Desulfovibrio latus*、*Desulfovibrio vibrioformis* 和 *Desulfovibrio halotolerans*。自然环境温度下降至 10～15℃ 时，硫酸盐还原速率约降低 60%。当温度回升至 20～35℃ 时，硫酸盐还原速率可以完全恢复甚至有所提高，但当温度超过 40℃ 时，速率会再次下降（Alvarado，2016）。在低温条件的应用中，增加 SRB 的多样性和丰度对保持处理工艺的效率至关重要。另一方面，高温条件下生成的 H_2S 很容易被分离，从而可在富集嗜热性 SRB（如 *Thermodesulfobacterium commune* 和 *Thermodesulfobacterium hveragerdense*）的同时解除 H_2S 的抑制作用。

pH 值和硫化物浓度

大多数 SRB 在 pH 值为 5.0～8.0 时表现出较高的活性，并且更倾向于 pH 值 7.5～8.0。然而，有多种耐酸的 SRB 种类已经被发现可以在 pH 值低于 3 的条件下生长（Zeng 等，2019）。一些 SRB 如 *Desulfovibrio alkalitolerans* sp. nov. 甚至被报道是耐碱性的（Abildgaard 等，2006）。SRB 耐受的最高 pH 值可高达 10.5（Zeng 等，2019）。尽管硫化物和硫化氢单独的抑制浓度不是决定性的，但 SRB 的活性可能受到两个阈值抑制水平的影响：一个是未解离的硫化物（H_2S），另一个是总硫化物。一般而言，pH 值低于 7.2 时，未解离的 H_2S 会占主导地位，到达阈值抑制水平；pH 值高于 7.2 时，总硫化物则会起到抑制作用（Perry，1984）；当 pH 值在 6.8～8.0 时，SRB 对总硫化物的敏感度较低，而对未解离硫化物更敏感。硫化氢可与铁氧化还原蛋白、细胞色素和细胞内其他必需的含铁化合物中的铁结合，从而中断电子传递链（Koschorreck，2008）。因此，在实际应用中应仔细考虑 pH 值的影响。

COD/SO_4^{2-} 质量比

在大多数 SRB 驱动的异养型还原过程中，除了 H_2 和 CO 参与的反应外，电子供体和碳源常常是同一种化合物。COD/SO_4^{2-} 的质量比控制着 SRB 和其他微生物对底物的竞争，因此被认为是这些反应中的一个关键因素。例如，该值为 0.6～1.2 时有利于 COD 的去除，该值为 2.4～4.8 时有利于硫酸盐的去除；为 1.7～2.7 时，SRB 和产甲烷菌之间有着对有机基质利用的良性竞争；该值小于 1.5 时，SRB 活性占主导地位（Choi 和 Rim，1991）。由于 SRB 和其他电子供体的动力学特征不同，SRB 和产甲烷菌之间的竞争也会受到特定的有机基质或电子供体类型的影响；在以三甲胺和甲硫氨酸为底物时，产甲烷菌将在与 SRB 的竞争中胜出（Oremland 和 Polcin，1982）。

7.3 硫自养反硝化作用

7.3.1 简介

地下水资源的枯竭、天然水体中营养物质的

富集、碳足迹的减少以及对营养物质排放的严格限制，都在鼓励人们开发新的生物工艺去除水中的氮（Kostrytsia 等，2018b）。异养反硝化通常需要有机物质作为电子供体，常常会导致更高的污泥产量，提高了运行成本，并使得处理后污水的残留有机物浓度升高。因此，以无机物为基础的自养反硝化生物工艺在近十年受到越来越多的关注，尤其是硫自养反硝化技术（Sulphur-driven Autotrophic Denitrification，SdAD）。硫自养反硝化是通过化能自养反硝化微生物，也就是硫氧化细菌（Sulphur-oxidizing Bacteria，SOB）如 *Thiobacillus denitrificans* 完成的。它们能够以各种无机硫的还原态（如 S^0、TDSd、$S_2O_3^{2-}$ 和 SO_3^{2-}）作为电子供体，用于 NO_3^- 和 NO_2^- 的反硝化和 CO_2 的固定（Cardoso 等，2006）。

SdAD 过程有其固有的优势，如：①不需要外加的有机碳源；②解决了残留有机物的问题；③与传统的异养反硝化过程相比，生物产量系数更低（自养反硝化生物产量 $0.15\sim0.57g$，异养反硝化生物产量 $0.71\sim1.2g$（Yang 等，2016a），降低了污泥产量从而减少了昂贵的污泥处理处置费用；④当有足够的硫时，反硝化过程中一氧化二氮（N_2O）的累积和排放明显减少（Yang 等，2016a）；⑤有助于同时去除 NO_3^-/NO_2^- 和含硫化合物（Moraes 等，2012）。SdAD 是一种经济有效的办法，可以替代传统的异养反硝化技术处理低碳含硫废水以及污水，如垃圾渗滤液、水产养殖污水、石油化工废水、厌氧反应器出水、沼气脱硫废水、污水系统防腐处理的废水以及石油储存和炼油设施防酸处理的废水。

7.3.2 SdAD 工艺的生化反应

考虑到 SdAD 过程中生物硫氧化的重要性，了解其中涉及的生物化学反应是非常必要的。缺氧条件下同时发生硫氧化以及 NO_3^- 和 NO_2^- 反硝化的化学计量生化反应如式（7.7）～式（7.12）所示，下式考虑了完全反硝化作用，忽略生物量增长（Cardoso 等，2006；Sierra-Alvarez 等，2007）。

$$S^{2-}+1.6NO_3^-+1.6H^+\rightarrow$$
$$SO_4^{2-}+0.8N_2+0.8H_2O$$
$$\Delta G^{o'}=-743.9kJ/mol \quad (7.7)$$

$$S^{2-}+2.67NO_2^-+2.67H^+\rightarrow$$
$$SO_4^{2-}+1.33N_2+1.33H_2O$$
$$\Delta G^{o'}=-920.3kJ/mol \quad (7.8)$$

$$S^0chem+1.2NO_3^-+0.4H_2O\rightarrow$$
$$SO_4^{2-}+0.6N_2+0.8H^+$$
$$\Delta G^{o'}=-547.6kJ/mol \quad (7.9)$$

$$S_2O_3^{2-}+1.6NO_3^-+0.2H_2O\rightarrow$$
$$2SO_4^{2-}+0.8N_2+0.4H^+$$
$$\Delta G^{o'}=-776kJ/mol \quad (7.10)$$

$$S^{2-}+0.4NO_3^-+2.4H^+\rightarrow$$
$$S_{bio}^0+0.2N_2+1.2H_2O$$
$$\Delta G^{o'}=-191.0kJ/mol \quad (7.11)$$

$$S^{2-}+0.67NO_2^-+2.66H^+\rightarrow$$
$$S_{bio}^0+0.33N_2+1.33H_2O$$
$$\Delta G^{o'}=-240.3kJ/mol \quad (7.12)$$

如式（7.7）和式（7.11）所示，在硫化物氧化过程中，硫化物作为电子供体，能够被氧化为生物单质硫（S_{bio}^0）或硫酸盐（SO_4^{2-}）。在本章中，我们将 H_2S（aq）、HS^- 和 S^{2-} 的总和定义为总溶解性硫化物（Total Dissolved Sulphide，TDSd），而单质硫则表示化学单质硫（S_{chem}^0）（即体外产生的）或生物单质硫（S_{bio}^0）（即体内产生的）。当硫化物完全氧化为 SO_4^{2-} 时（式 7.7），每氧化 1 个硫原子就有 8 个电子从硫化物转移到氧中。这个反应是化能自养生物最活跃的反应之一（Di Capua 等，2019）。标准吉布斯自由能变化表明，以氮氧化物（NO_x）作为电子受体对硫化物的完全氧化是热力学有利的（式 7.7 和式 7.8）。但是，硫单质是自养反硝化的中间产物，其形成取决于硫化物的浓度，尤其是当 NO_3^- 作为电子受体时（Cardoso 等，2006）。这可能是由于硫化物转化为生物单质硫（S_{bio}^0）所消耗的 NO_x 是完全氧化至 SO_4^{2-} 的四分之一（式 7.7、式 7.8、式 7.11 和式 7.12），因此在电子受体限制的情况下可以实现优先转化。这种情况对过量硫化物的氧化是有利的，因为与随时间积累的 S_{bio}^0 相比，反硝化菌对其的生物利用率更高。对于以硫化合物为中间产物的生物化学反应，NO_2^- 还原显然比 NO_3^- 还原的吉布斯自由能负值更高，在热力学上更有利（式 7.11 和式 7.12）。值得注意的是，式（7.7）、式（7.9）和式（7.10）忽略了电子对细胞生长的贡献。一般情况下，如果考虑 SOB 的细胞生长，实际消耗的硫化合物比化学计量数高 30%～38%。因此，可将式（7.7）、式（7.9）和式（7.10）扩展至式（7.13）～式（7.15），以表示考虑了合成代谢有关的生物量增长后，用无机碳源时 NO_3^- 的完全反硝化作用的化学计量反应式。硫氧化硝化菌的微生物产率系数（Y，gcells/gNO_3^--N）取决于生化反应中消耗的硫化合物类型，如下所示（Mora 等，2014）。

$$HS^- + 1.23NO_3^- + 0.573H^+ + 0.438HCO_3^- + 0.027CO_2 + 0.093NH_4^+ \rightarrow 0.093C_5H_7O_2N + SO_4^{2-} + 0.614N_2 + 0.866H_2O$$

$$Y = 0.61 \text{gcells/gNO}_3^-\text{-N} \quad (7.13)$$

$$S^0 + 0.876NO_3^- + 0.343H_2O + 0.379HCO_3^- + 0.023CO_2 + 0.080NH_4^+ \rightarrow 0.080C_5H_7O_2N + SO_4^{2-} + 0.44N_2 + 0.824H^+$$

$$Y = 0.74 \text{gcells/gNO}_3^-\text{-N} \quad (7.14)$$

$$S_2O_3^{2-} + 1.24NO_3^- + 0.11H_2O + 0.45HCO_3^- + 0.09NH_4^+ \rightarrow$$
$$0.09C_5H_7O_2N + 2SO_4^{2-} + 0.62N_2 + 0.40H^+$$

$$Y = 0.59 \text{gcells/gNO}_3^-\text{-N} \quad (7.15)$$

根据化学计量式（式 7.7～式 7.9），分别以硫化物、S_{chem}^0 和 $S_2O_3^{2-}$ 为基础的反硝化作用中，还原 $1mgNO_3^-$-N 分别产生 5.58mg、7.83mg 和 11.07mg SO_4^{2-}。这可能会限制 SdAD 技术在修复 NO_3^- 和 NO_2^- 污染的地下水及地表水的应用。

7.3.3 SdAD 过程的微生物

参与 SdAD 过程的微生物群落具有系统多样性，主要由硫氧化和硝酸盐还原细菌组成，大多属于变形菌门、厚壁菌门、绿弯菌门和绿菌门（Zhang 等，2015）。归属于 *Thiobacillus*、*Thiomonas* 和 *Sulphurimonas* 的微生物是最著名的自养反硝化 SOB，主要通过硫氧化作用获得能量进行反硝化和生物合成。SOB 的微生物组成及其多样性根据电子供体类型的不同有显著的差异。表 7.6 总结了不同电子供体驱动的一些优势菌属及其最佳生长条件，包括专性和/或兼性化能无机营养型细菌 *Thiobacillus* 和 *Sulphurimonas*。兼性化能无机营养型 SOB 能够以复杂的有机化合物同时作为碳源和能源进行自养或混合营养型生长（Muyzer 等，2013）。到目前为止，沉积物、热液喷口、海洋、苏打湖、高盐湖中已分离出很多 SOB 菌种，其中一些也已经在 SdAD 过程中被发现。表 7.7 总结了这些 SOB 及其最佳生长条件。SOB 能够在不同 pH 值下生长，例如 *Thiomicrospira* 可以在 pH 值 5.5～8.5 时生长，而 *Thiobacillus denitrificans* 更喜欢在 pH 值中性条件下生长。有些 SOB 是嗜酸菌，可以在 pH 值低于 5.0 的环境下生长，而有些 SOB（如 *Thialkalivibrio nitratireducens* 和 *Thiobacillus versutus*）只能碱性环境中生长。对于大多数 SOB 而言，其最佳生长温度在 30℃ 左右，而少部分 SOB 有较广的适宜生长温度范围，如 *Paracoccus* 可生长在寒冷或高温环境。

参与不同电子供体驱动的 SdAD 过程的细菌群落优势菌属 表 7.6

电子供体	优势菌属	相对丰度(%)	反应器类型	pH 值	温度(℃)	电子受体
S_{chem}^0	*Thiobacillus*	45.1	AnFB-MBR	—	25～31	NO_3^-
	Ignavibacteriales	25.4				
	Sulphurimonas	7.0				
	Longilinea	4.1				
TDSd	*Thiobacillus*	32.6	GSAD	7.3～7.7	28～32	NO_3^-
	Sulphurimonas	31.3				
	Paracoccus	0.1				
TDSd	*Acinetobacter*	12.8	上流式生物滤池	7.2～7.3	5～35	NO_3^-
	Thiobacillus	3.6				
	Thiothrix	1.6				
$S_2O_3^{2-}$	*Chlorobaculum*	9.7	上流式生物滤池	6.7～7.0	5～35	NO_3^-
	Thiobacillus	8.7				
	Sulphurimonas	1.2				

电子供体	优势菌属	相对丰度(%)	反应器类型	pH值	温度(℃)	电子受体
S_{chem}^0	*Dechloromonas*	18.0	上流式生物滤池	6.5~7.0	5~35	NO_3^-
	Thiobacillus	8.7				
	Thauera	2.2				
S_{chem}^0	*Thiobacillus*	22.6	SBR	7.0~8.5	35	NO_3^-
	Sulphurimonas	11.8				
	Thioahalobacter	11.0				
S_{chem}^0	*Sulphurimonas*	82.2	—	7.5	25	NO_3^-
	Thauera	2.7				
	Simplicispira	2.3				
	Pseudomonas	1.6				
TDSd,$S_2O_3^{2-}$	*Maribius*	11.3	MBBR	7.2~7.8	21~23	NO_3^-
	Paracoccus	10.0				
	Thiobacillus	9.3				
	Sedimenticola	8.3				
	Thioalbus	7.6				
	Sulphurimonas	1.0				
S_{chem}^0	*Thiobacillus*	11.0	—	8.0	31~35	NO_3^-
	Sulphurimonas	5.4				

TDSd：总溶解硫化物（H_2S，HS^-，S^{2-}）；S_{chem}^0：化学单质硫；AnFB-MBR：厌氧流化床膜生物反应器；GSAD：颗粒污泥自养反硝化；SBR：序批式反应器；MBBR：移动床生物膜反应器。

分离出的不同化能无机营养反硝化细菌的生理机能、分类及最佳生长条件　　表7.7

菌种	分离位置	pH值	温度(℃)	电子供体	电子受体
Thialkalivibrio nitratireducens	苏打湖	10.0	—	$S_2O_3^{2-}$，S^{2-}，Sn^{2-}	NO_3^-
Thiobacillus versutus	苏打湖	10.1~10.2	35	$S_2O_3^{2-}$，S^{2-}，Sn^{2-}，S^0，$S_4O_6^{2-}$	NO_3^-
Thiobacillus denitrificans	厌氧污泥	7.0	27~29	S^{2-}	NO_3^-
Sulphurimonas denitrificans	深海热液口,多毛纲巢	6.1	30	S^0，S^{2-}，H_2	NO_3^-，NO_2^-，O_2
Halothiobacillus neapolitanus	牲畜粪便	6.5~6.9	28~32	S^{2-}，S^0，$S_2O_3^{2-}$	NO_3^-
Thiohalorhabdus denitrificans	沉积物	6.5~8.2	33~35	$S_2O_3^{2-}$	NO_3^-，O_2
Thiobacillus thiophilus	石油污染的沉积物	7.5~8.3	25~30	$S_2O_3^{2-}$	NO_3^-，O_2
Pseudomonas stutzeri	缺氧污泥	6.5~8.0	30	S^{2-}	NO_3^-，O_2
Thiomicrospira sp.	油田	5.5~8.5	5~35	S^{2-}，CH_3COO^-	NO_3^-，NO_2^-
Sulphurimonasgotlandica	远洋氧化还原带	6.7~8.0	15	S^{2-}，S^0，$S_2O_3^{2-}$，H_2，有机物	NO_3^-，NO_2^-
Paracoccus sp.	热泉	7.0~9.0	20~50	$S_2O_3^{2-}$	NO_3^-
Thiobacillus thioparus	砂质土	7.0	28	$S_2O_3^{2-}$	O_2

Sn^{2-}：多硫化物。

分析优势菌属有助于更加深入地了解 SdAD 工艺中不同操作条件下的微生物群落组成及微生物的作用。通过改变系统的运行参数，如硫和 NO_3^- 的初始浓度、反应器温度、pH值和HRT等，可以使微生物群落组成发生显著变化。提供电子的基质在决定微生物群落结构方面同样起重要作用。例如，在 $S_2O_3^{2-}$ 驱动的 SdAD 系统中，

Chlorobaculum、*Thiobacillus* 和 *Sulphurimonas* 是优势菌属，而在硫化物驱动的 SdAD 系统中 *Acinetobacter*、*Thiobacillus* 和 *Thiothrix* 占主导地位。一些菌属的相对丰度会因电子供体类型的转变而提高，例如 *Thauera* 在以 S_{chem}^0 为基础的 SdAD 系统中的相对丰度（2.2%）要比以 $S_2O_3^{2-}$ 为基础的 SdAD 系统中（0.4%）高

得多。

此外，低、中、高三种不同硫化物负荷率可分别富集不同功能的微生物，这是影响同时脱硫脱硝的 SdAD 工艺中微生物群落的重要因素（Yu 等，2014）。生物反应器中的 pH 值也会影响微生物的富集，因此，在不同硫基质类型（即电子供体）的 SdAD 系统中，不同的 pH 值操作值决定了 NO_3^- 的去除效率。富含 SOB 的活性污泥也可以在连续流的 SdAD 生物反应器中颗粒化，此时其优势微生物群落（β 变形菌门及 ε 变形菌门）与絮状污泥中的优势群落（放线菌和 α 变形菌门）有很大的不同（Yang 等，2016a）。

7.3.4 SdAD 工艺的生化过程

SOB 在 SdAD 微生物生态学系统中以独立培养或共培养的模式下工作。涉及硫-氮转化的关键生化反应是由特定的功能酶催化完成的，其中氮氧化物还原酶（氮还原酶）与硫氧化酶都值得重视。SOB 氧化还原性无机硫化合物（电子供体）用于合成代谢中的微生物生长，并通过分解代谢中的异养自养反硝化作用而产生能量。

7.3.4.1 硫氧化酶

TDSd、S_{chem}^0 和 $S_2O_3^{2-}$ 都是 SOB 最常见的电子供体。参与 SOB 硫化合物氧化与能量储存

的代谢途径和功能酶的生化表征如图 7.6 所示。目前已经确定的三种主要途径是：① 硫氧化酶（Sulphur-oxidizing，Sox）非依赖途径，包括氧化 TDSd、S_{chem}^0 和 $S_2O_3^{2-}$ 的特殊氧化酶和水解酶；② 氧化 $S_2O_3^{2-}$ 的连四硫酸盐（SI$_4$）途径；③ Sox 依赖的多酶途径。硫化物最初的生物氧化可由硫醌氧化还原酶（sulphide：quinone oxidoreductase，SQR）介导，SQR 是一种黄素蛋白，负责光合细菌和化能无机细菌所必需的生物硫化物氧化。此外，与 SQR 来源相同的黄细胞色素 c 硫化物脱氢酶（Flavocytochrome c Sulphide Dehydrogenase，FCSD）是位于细胞质周围的另一种硫氧化酶，与 SQR 有着相似的功能途径。SQR 反应的主要产物是可溶性多硫化物，并最终通过纯自发的化学过程转化为硫颗粒（即 S_{bio}^0）。周质中形成的硫颗粒能够通过硫载体酶系统（Sulphur-carrier Enzymatic System，SCS）进一步运输至细胞质，并通过 Dsr 氧化成 SO_3^{2-}。随后 SO_3^{2-} 氧化成 SO_4^{2-} 的过程是利用两种已确定的子途径之一，通过两种亚硫酸盐脱氢酶完成的。第一种子途径是通过亚硫酸盐氧化酶氧化 SO_3^{2-} 并将电子转移到黄细胞色素 c；第二种子途径中，利用硫的化能无机营养型生物通过 APS 还原酶的逆转活性将 SO_3^{2-} 氧化为 SO_4^{2-}。

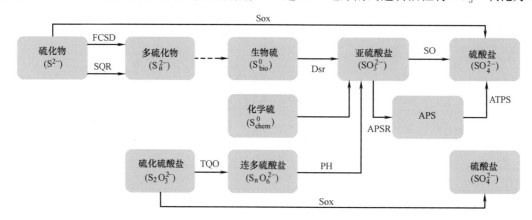

图 7.6　微生物硫氧化途径及参与的关键功能酶概述。FCSD＝flavocytochrome c sulphide dehydrogenase，黄细胞色素 c 硫化物脱氢酶；SQR＝sulphide：quinone oxidoreductase，硫醌氧化还原酶；Dsr＝dissimilatory sulphite reductase，异化性亚硫酸盐还原酶；SO＝sulphite oxidase，亚硫酸盐氧化酶；TQO＝thiosulphate：quinone oxidoreductase，硫代硫酸盐醌氧化还原酶；PH＝polythionate hydrolase，连多硫酸盐水解酶；APS＝adenosine phosphosulphate，腺苷酰硫酸；APSR＝adenosine-5'-phosphosulphate reductase，腺苷-5'-磷酰硫酸还原酶；ATPS＝ATP sulphurylase，ATP 硫酸化酶；Sox＝sulphur-oxidizing enzyme complex governed by a conserved Sox operon，由保守的 Sox 操纵子控制的硫氧化复合酶

$S_2O_3^{2-}$ 氧化也可以通过 Sox 非依赖的酶系统进行，在硫代硫酸盐-醌氧化还原酶的催化下生成中间产物连四硫酸盐，然后在胞质连多硫酸盐水解酶的水解作用下，连四硫酸盐被降解成 SO_3^{2-}。这种通过形成连多硫酸盐的 $S_2O_3^{2-}$ 氧化途径通常在 β 变形菌门和 γ 变形菌门中发现，特别是专性化能无机营养的微生物（例如 *Acidithiobacillus*）。

Sox 依赖的复合酶，名为 Sox α-变形杆菌复合酶，是由保守的 Sox 操纵子控制的。soxXYZ-ABCD 基因簇编码了硫氧化微生物系统的结构成分。这 7 个基因构成了 4 种蛋白质（SoxXA、SoxYZ、SoxB 和 SoxCD），用于需要硫的细胞色素 c 还原。复合酶可以将各种还原性硫基质（如 TDSd、$S_2O_3^{2-}$ 和 S^0）氧化为 SO_4^{2-}。更多有关硫氧化途径及其相关酶的详细内容可参考 Hell 等（2008）的书籍。

7.3.4.2　氮还原酶

生物自养反硝化包含四步微生物氮还原反应：NO_3^- 异化还原，NO_2^- 还原，NO 还原以及 N_2O 还原。这一代谢途径将 1mol 的 NO_3^- 完全还原为 N_2 需要 10mol 电子和 12mol H^+，并且所有步骤均由复杂的多位点金属酶催化。第一步，在含钼的硝酸盐还原酶（Nitrate Reductase，Nar）的作用下，NO_3^- 消耗 2 个电子还原为 NO_2^-。这种酶位于细胞质（Nar GH）或者细胞周质（Nar AB）中。第二步，NO_2^- 被位于细胞周质的亚硝酸盐还原酶（Nitrite Reductase，Nir）进一步催化还原为 NO（图 7.7）。第三步，2 个 NO 分子与 2 个电子共轭生成 N_2O 和水。这一反应由膜结合的一氧化氮还原酶（Nitric Oxide Reductase，Nor）催化完成，该酶包含了血红素 c，血红素 b 以及非血红素的铁辅酶因子。最后，一种含铜金属酶，即一氧化二氮还原酶（Nitrous Oxide Reductase，Nos）将 N_2O 催化还原为 N_2（图 7.7）。更多关于氮氧化物还原酶的结构和功能的详细信息，读者们可以参阅以下作者书籍：Van Spanning 等（2007）和 Moura 等（2016）。

7.3.4.3　SdAD 过程中的电子分配与竞争

本节主要从电子供应（即含硫底物的氧化）、电子消耗和各氮氧化物还原酶（Nar、Nir、Nor 和 Nos）之间电子竞争的角度，简要介绍了 SdAD 过程中的电子分配。SdAD 过程中的电子分配路径如图 7.7 所示。溶解性硫化物能够在 SQR 的作用下转化为 S_{bio}^0 或在 Sox 酶复合体的作用下转化为 SO_4^{2-}。无机硫作为电子供体，被氧化后产生的电子能促进膜结合的 Nar 将 NO_3^- 还原为 NO_2^-。氧化释放的电子进入电子传递链中，电子传递链与细胞质膜上的醌池（UQ/UQH_2）直接相连。电子由单血红素 c 型细胞色素（即细胞色素 c_{550}）或是一种叫假天青蛋白的铜氧还蛋白，传递到细胞周质的 Nir。这两种细胞周质和水溶性蛋白被称为细胞色素 bc_1 复合体的整体膜复合体所还原，而细胞色素 bc_1 复合体又被泛醇所还原。由于 NO 对细胞具有潜在毒性，因此生成的 NO 浓度必须限制在较低水平。Nor 是一种完整的膜蛋白，它与 Nir 一样接收来自假天青蛋白或细胞色素 c_{550} 的电子。最后一步（从 N_2O 转化为 N_2）是由另一种细胞周质酶 Nos 催化的，它从中间电子供体蛋白（如假天青蛋白和细胞色素 c_{550}）处接收电子（Van Spanning 等，2007）。

不同的氮氧化物还原酶（即 Nar、Nir、Nor 和 Nos）之间的电子竞争在反硝化呼吸链中普遍存在，因为含氮化合物还原的电子来自共同的电子供源，即前述的醌池（UQ/UQH_2）。UQ/UQH_2 可以通过无机电子供体（如 TDSd 和 S_{chem}^0）的氧化补充电子。Nar、Nir、Nor 和 Nos 之间争夺电子的相对能力控制着反硝化步骤之间的电子分配，并决定 SdAD 反应中含氮化合物（反硝化中间产物）可能的积累。此外，硫底物不同的氧化速率以及随后在电子传递链中不同的电子流动也会在 SdAD 过程中造成电子竞争。氮氧化物还原酶之间的电子竞争会影响氮氧化物的还原速率，并在 SdAD 反应器的长期运行过程中导致中间产物（即 NO_2^- 和 N_2O）的积累（Pan 等，2013；Yang 等，2016b）。污水处理过程中反硝化排放的 N_2O 最近在环境领域引起了极大的关注，因为它使全球变暖的潜力比 CO_2 高 265 倍，并且它能够消耗平流层的臭氧。有趣的是，SdAD 过程中 N_2O 的积累和排放明显低于传统的异养反硝化过程（Zhang 等，2015；Yang 等，2016b）。这是由于 SdAD 过程具有不同于异养和氢营养反硝化过程的独特电子分配路径，如图 7.7 所示。

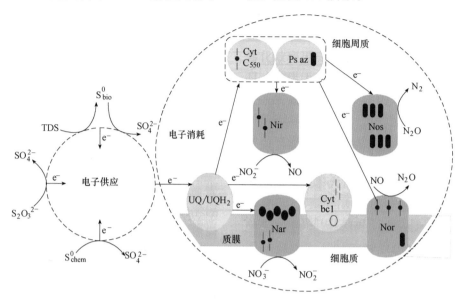

图 7.7　SdAD 过程中电子分配示意图。由不同的氮氧化物还原酶（Nar、Nir、Nor 和 Nos）催化的每个反硝化步骤的电子来源于共同的电子供源，即由含硫底物（如 TDSd 和 S_{chem}^0）氧化的电子输入补充的醌池（UQ/UQH$_2$）。TDSd：总溶解性硫化物；S_{bio}^0：生物性硫（细胞内合成的）；S_{chem}^0：化学性单质硫（外部添加的）；$S_2O_3^{2-}$：硫代硫酸盐；SO_3^{2-}：亚硫酸盐；SO_4^{2-}：硫酸盐；Nar：硝酸盐还原酶；Nir：亚硝酸盐还原酶；Nor：一氧化氮还原酶；Nos：一氧化二氮还原酶；Ps az：假天青蛋白；Cytbc1：细胞色素 bc1；Cytc550：细胞色素 c550

7.3.5　SdAD 工艺的操作条件

SdAD 过程涉及不同的含硫底物（即 S_{chem}^0、S_{bio}^0、TDSd 和 $S_2O_3^{2-}$），当有机底物供应不足时，这些含硫底物作为电子供体为 SOB 提供电子，以去除水、污水和烟气中的氮氧化物（即 NO_3^- 和 NO_2^-）。但是，各含硫底物不同的氧化速率会影响 SdAD 过程的脱氮效果。对于特定的含硫底物（例如 S_{chem}^0，S_{bio}^0、TDSd 和 $S_2O_3^{2-}$），硫-氮（S/N）质量比会影响中间产物（即 N_2O、NO_2^- 和 S_{bio}^0）的积累。需要选择不同的反应器和生物质类型（即活性污泥、生物膜和颗粒污泥），以利于反应器内微生物的停留，从而保持 SOB 的有效反硝化速率。同时，除了使用 TDSd 作为电子供体以外，以 S_{chem}^0，S_{bio}^0 或 $S_2O_3^{2-}$ 为底物的自养反硝化需要在反应器中保持最佳碱度，来补充自养反硝化过程中所消耗的碱度。除上述操作参数以外，溶解氧（Dissolved Oxygen，DO）和温度等也会影响 SdAD 过程的速率和效率。

含硫底物和氮氧化物

与其他含硫底物相比，S_{chem}^0 具有成本效益高、易于获得和毒性小的优点，是 SdAD 过程中常用的电子供体。硫-石灰石系统能够同时提供 SdAD 过程中所需的 S_{chem}^0 和碱度，并且反应器中填充的 S_{chem}^0 颗粒上能够形成富含 SOB 的生物膜。但 S_{chem}^0 的主要缺点是它的低溶解度以及在反应器内的低传质速率，这阻碍了电子的传递和自养反硝化反应进行。因此，以 S_{chem}^0 为载体的生物膜反应器需提高反应器的传质效率。与 S_{chem}^0 相比，由于 S_{bio}^0 的硫晶正交结构被一层亲水的自然带电聚合物所覆盖，其对自养微生物而言具有更强的反应性和可生物利用性（Kostrytsia 等，2018a）。

TDSd 作为 SdAD 过程的电子供体具有比 S_{chem}^0 更高的反应速率（表 7.8），已经被用于烟气脱硫与 SANI® 工艺结合的污水处理研究中

（Jiang 等，2013）。值得注意的是，TDSd 浓度超过 200mgS/L 时对 SOB 具有毒性，会影响 Nar 的活性（Fajardo 等，2014；Lu 等，2018）。因此，在以 TDSd 为底物的 SdAD 反应器中，建议 NO_3^- 容积负荷低于以 S_{chem}^0 或 S_{bio}^0 为底物时的值。

某些工业废水（如采矿业）中含有 $S_2O_3^{2-}$，它是 SdAD 过程中最有效的含硫底物（Cardoso 等，2006；Di Capua 等，2019），并且 $S_2O_3^{2-}$ 对 SOB 的抑制作用最小，SOB 的 $S_2O_3^{2-}$ 耐受浓度比 TDSd 高 10 倍，可达 2200mgS/L（Di Capua 等，2016；Cui 等，2019）。然而，$S_2O_3^{2-}$ 的不稳定性（即它很容易分解）可能会限制它作为电子供源的应用。大规模的工程应用应该基于动力学、成本、微生物的可利用性、适用性和潜在毒性等条件选择最合适的底物。除了 NO_3^- 外，NO_2^- 也可以作为电子受体。在 NO_3^- 的还原过程中，NO_2^- 是一种抑制性的中间产物，其积累取决于 S/N 质量比和 NO_3^- 的浓度（An 等，2010）。即使在 200mgNO_2^--N/L 的低浓度水平下，NO_2^- 的积累也会极大地抑制反硝化过程。

硫-氮（S/N）质量比

S/N 质量比与中间产物（即 N_2O、NO_2^- 和 S_{bio}^0）的积累密切相关。当 S/N 质量比接近 2.1gS/gN 时，以硫化物为电子供体的 SdAD 过程中，强效温室气体 N_2O 的排放开始显著减少（Yang 等，2016b）。当 S/N 质量比较低时，缺少电子供体会导致 NO_2^- 的积累，从而抑制反硝化作用（Cui 等，2019）。较高的 S/N 质量比有利于 S_{bio}^0 作为主要的最终产物，而当 S/N 质量比低于化学计量值（1.4gS/gN）时，SO_4^{2-} 是 TDSd 氧化进行完全反硝化的优先产物。要达到大于 90% 的 NO_3^- 去除率，S/N 质量比至少为 1.6gS/gN，高于 1.4gS/gN 的理论化学计量 S/N 质量比（Wang 等，2009；Lu 等，2012b）。

不同的污泥类型

不同的反应器［如上流式厌氧污泥床（Up-flow Anaerobic Sludge Bed，UASB）和生物膜反应器，如填料床反应器（Packed-bed Reactor，PBR）和移动床生物膜反应器（Moving-bed Biofilm Reactor，MBBR）］中的污泥类型（即活性污泥、生物膜和颗粒污泥），对生物量的浓度和反硝化速率有显著影响。要提高反硝化速率，保持较高的生物量十分重要。在 SdAD 中，生物膜反应器已被证明是表现稳定且良好的。因为完全反硝化需要很长的停留时间（大于 3h），PBR 特别适用于去除低浓度 NO_3^-。MBBR 适用于保持慢生长 SOB 的高生物量含量（Cui 等，2018）。即使在 NO_3^- 严格限制下，MBBR 仍然可以达到 NO_3^- 的完全去除，且具有较高的弹性（Khanongnuch 等，2019）。另一种提高 SdAD 过程性能的方法是将 SOB 颗粒化，这样既有利于保持高生物量浓度，又有利于污泥稳定性，从而实现高效稳定的自养反硝化（Yang 等，2016a）。表 7.8 详细总结了不同的生物反应器及其在 SdAD 过程中的应用。

SdAD 过程中包含活性污泥、生物膜和颗粒污泥的不同的生物反应器　　　　　表 7.8

污泥类型	生物反应器	电子供体	电子受体	进水 pH 值	温度（℃）	反硝化速率 [gN/(m³·d)]	规模
活性污泥	批次实验	$S_2O_3^{2-}$	NO_3^-	8.0	30	52.5	实验室
		S_{bio}^0				12.0	
		S_{chem}^0				7.0	
	UASB	$S_2O_3^{2-}$	NO_3^-	7.0	28～32	105.8	实验室
		TDSd				23.1	
		S_{chem}^0				11.2	
	UASB	TDSd	NO_2^-	—	30	4,964.2	实验室
生物膜	PBR	S_{chem}^0	NO_3^-	7.2～7.5	15～25	360.0	实验室
	PBR	S_{chem}^0	NO_3^-	7.1～7.4	20～25	94.5～232.0	实验室
	FMFAR	TDSd	NO_3^-	—	25	100.8	中试
	MBBR	TDSd	NO_3^-	—	20	350.0	放大实验

污泥类型	生物反应器	电子供体	电子受体	进水 pH 值	温度(℃)	反硝化速率 [gN/(m³·d)]	规模
生物膜	UFCR	S_{chem}^0	NO_3^-	7.1~7.5	25~35	720.4	实验室
	MBBR	TDSd	NO_3^-	7.2~7.8	21~23	180.0	实验室
	MBBR	TDSd	NO_3^-	—	—	370.0	实验室
颗粒污泥	GSAD	TDSd	NO_3^-	7.3~7.7	28~32	310.0	实验室

UASB：上流式厌氧污泥床；PBR：填充床反应器；FMFAR：固定载体填充缺氧反应器；MBBR：移动床生物膜反应器；UF-CR：上流式反应器；GSAD：颗粒污泥自养反硝化反应器；TDSd：总溶解性硫化物（TDSd＝H_2S＋HS^-＋S^{2-}）。

碱度、氧气和温度

碱度与脱氮量的比值应保持在约 4.00~4.46mgCaCO₃/mgN（Zhang 和 Shan，1999；Oh 等，2003），对应于 SOB 的最佳 pH 值为 6~8（Oh 等，2001）。当 S_{chem}^0 被用作电子供体时，除去每 g NO_3^--N 将消耗 4.6g CaCO₃ 碱度（Kim 和 Bae，2000）。可以考虑向系统中添加一些容易获得的碱度来源，如石灰石、方解石、白云石和牡蛎壳等。对硫-石灰石系统而言，石灰石与 S_{chem}^0 的最佳体积比为 1∶1~1∶3m³/m³。氧气也会影响自养反硝化菌的生长。DO 浓度在 0.1~0.3mgO₂/L 范围会抑制 Nos 的活性，而大于 1.6mgO₂/L 的氧浓度会完全抑制 SdAD 过程（Cui 等，2019）。大多数自养反硝化菌适宜的温度范围一般为 25~35℃（Shao 等，2010；Fajardo 等，2014）。以硫化物为电子供体的 SdAD 过程在 35℃时脱氮效率最高（大于 97%），而当温度降至 15℃时，其脱氮效率下降到 36%~59%（Fajardo 等，2014）。

7.3.6 SdAD 工艺的意义

该工艺成功应用的关键是要在反应器中获得足够慢生长 SOB 群落。生物膜反应器（如 MB-BR）或颗粒污泥反应器是首选。通过在现有或新建的缺氧池中加入适量的硫底物，SdAD 法可用于升级改造现有处理含硫污水或普通污水的污水处理厂，以增强 TN 去除效果。因为 SOB 在生物降解过程中对各种药物具有较高的耐受性，该工艺也可用于制药废水的处理（Jia 等，2017）。除了市政污水，SdAD 法对于修复地下水和地表水，处理垃圾渗滤液和含盐水，以及沼气脱硫废水中的 TN 去除也有一定效果。

7.4 SANI® 工艺的开发、建模与应用

7.4.1 介绍

7.4.1.1 香港的水资源状况

当今世界，40% 的人口居住在沿海城市地区。香港作为人口众多的沿海城市之一，人口密度高达 6659 人/km²，面临着巨大的用水压力，人均年可利用水量仅 143m³/（人·a）（Lu 等，2012b），这远远低于世界 1000m³/（人·a）的绝对缺水线（UN，2018）。为了解决这一生存问题，香港于 20 世纪 50 年代末期开始使用海水冲厕（Seawater for Toilet Flushing，SWTF），这一措施当前已覆盖了香港 80% 的人口，每年能够节约大约 2.8 亿 m³ 的珍贵淡水资源，约相当于香港每年总淡水需求量的 20%（WSD，2019a），同时也相当于加利福尼亚州每年用于农业灌溉的再生水量（USEPA，2012）。香港典型的 SWTF 系统从合适的临海地区抽取海水，海水首先通过栅距为 5~10mm 的粗格栅以保护水泵，随后再进行原位电解氯化消毒（3~6mg/L 氯气）以控制管网中的生物生长。包含抽水、预处理和配水在内的 SWTF 系统总能耗估计为 0.32kWh/m³（Tang 等，2007），该值显著低于使用膜过滤或膜生物反应器与反渗透（Reverse Osmosis，RO）工艺相结合生活生化污水中水回用工艺的能耗（分别为 0.8~1.2kWh/m³ 和 1.2~1.5kWh/m³）（Pearce，2007），同样也远低于海水淡化工艺的能耗（2.5~4.0kWh/m³）（World Bank，2004）。该系统的供水主管道采用内涂水泥砂浆衬里的低碳钢和球墨铸铁管道，而在建筑物中主要采用的是聚乙烯管道，更多资料请参阅香港水务署的详细设计资料（WSD，

2019b)。为了提高能源效益，香港国际机场（Hong Kong International Airport，HKIA，每年客流量达 7000 万人次）拓展双供水系统，将中水回用与海水建筑冷却水相结合，开发了三重供水（Triple-water-supply，TWS）系统（图7.8）。该系统可为 HKIA 节约 52% 的淡水需求（Leung 等，2012），因此，TWS 被认为是世界上最具能源效益的水系统之一（Grant 等，2012）。SWTF 在香港 60 年来的成功实践，为

人口稠密的沿海地区和岛屿直接使用海水作为经济、可持续的替代水资源提供了充足经验。然而，在沿海地区或岛屿上应用这种经济有效且具有能源效益的双供水系统仍有一些限制，即海水汲水口距系统的距离应小于 10km，且人口密度至少达到 3000 人/km^2（Liu 等，2016）。香港采用双供水系统的经验具有推广到内陆缺水城市的潜力，这些城市可以使用含盐污水作为冲厕用水的替代水源。

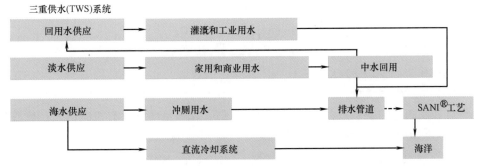

图 7.8 香港国际机场的 TWS 示意图（改编自 Van Loosdrecht 等，2012）

7.4.1.2 SANI® 工艺原理

SWTF 的应用导致香港含盐污水中平均含有 167mgSO$_4^{2-}$-S/L 和 5000mgCl$^-$/L（van Loosdrecht 等，2012），这不可避免地在污泥处理过程中产生臭气问题。理想的解决办法是从源头尽量减少污泥的产生，作者基于这一原理于 2004～2017 年经小试、中试和放大实验，开发了一种处理含硫生活污水的新型工艺，即 SANI® 工艺（Lau 等，2006；Wang 等，2009；Lu 等，2012b；Wu 等，2016）。图 7.9 与表 7.9 分

别展示了传统生物脱氮（Biological Nitrogen Removal，BNR）工艺与 SANI® 工艺在工艺概念和反应上的区别。

自 20 世纪 60 年代在污水处理中引入脱氮工艺以来，污水生物处理一直依赖碳氮一体化循环中有机碳传递到氧气的电子流，如图 7.9（a）所示。然而，由于通过好氧和缺氧氧化去除有机污染物，理论上具有较高的污泥产量，传统的 BNR 工艺会产生大量的剩余污泥（表 7.9）。相比之下，SANI® 工艺通过将硫酸盐还原的厌氧

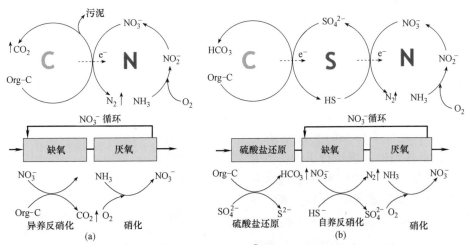

图 7.9 传统生物脱氮工艺与 SANI® 工艺的比较（Wu 等，2016）

（a）传统 BNR 工艺；（b）SANI® 工艺

传统 BNR 工艺	反应式		ΔG°	理论产率
有机物好氧氧化	$\frac{1}{24}C_6H_{12}O_6+\frac{1}{4}O_2\rightarrow\frac{1}{4}CO_2+\frac{1}{4}H_2O$	(7.16)	-120.10	0.49gVSS/gCOD
异养反硝化	$\frac{1}{24}C_6H_{12}O_6+\frac{1}{5}NO_3^-+\frac{1}{5}H^+\rightarrow\frac{1}{4}CO_2+\frac{1}{10}N_2+\frac{7}{20}H_2O$	(7.17)	-113.63	0.8~1.2gVSS/gN
硝化	$\frac{1}{8}NH_4^++\frac{1}{4}O_2\rightarrow\frac{1}{8}NO_3^-+\frac{1}{4}H^++\frac{1}{8}H_2O$	(7.18)	-43.64	0.17gVSS/gN
SANI® 工艺				
硫酸盐好氧还原	$\frac{1}{24}C_6H_{12}O_6+\frac{1}{8}SO_4^{2-}\rightarrow\frac{1}{4}HCO_3^-+\frac{1}{8}HS^-$	(7.19)	-20.69	0.07gVSS/gCOD
自养反硝化	$\frac{1}{16}H_2S+\frac{1}{16}HS^-+\frac{1}{5}NO_3^-+\frac{1}{80}H^+\rightarrow\frac{1}{8}SO_4^{2-}+\frac{1}{10}N_2+\frac{1}{10}H_2O$	(7.20)	-92.94	0.4~0.6gVSS/gN
硝化	$\frac{1}{8}NH_4^++\frac{1}{4}O_2\rightarrow\frac{1}{8}NO_3^-+\frac{1}{4}H^++\frac{1}{8}H_2O$	(7.18)	-43.64	0.17gVSS/gN

有机物去除与自养反硝化的缺氧氮去除相结合以去除 NO_3^-，能尽可能地减少污泥的产生（相关反应的理论污泥产量详见表 7.9）。化学计量学研究表明，这种新型 BNR 工艺的污泥产量是传统 BNR 工艺的 1/10（Lu 等，2012b）。新工艺中，SRB 将有机碳氧化为 CO_2，使反应器的 pH 值提高至 8.0，使得厌氧反应生成的绝大多数 H_2S 溶解在该硫酸盐还原生物反应器的水相中（Poinapen 和 Ekama，2010a），这样就为随后的自养反硝化提供了足够的溶解性硫化物（电子供体），且在反硝化过程中硫化物被 SOB 转化回 SO_4^{2-}。在好氧硝化过程中，可能剩余的 TDSd 可以被完全氧化成硫酸盐。从电子传递的角度来看，SANI® 工艺将基于碳—氮循环的 BNR 工艺扩展到基于硫-碳-氮循环的 BNR 工艺（图 7.9b），这一工艺为含盐或含硫污水的污泥减量处理提供了新方向。

7.4.2　SANI® 工艺的开发

7.4.2.1　实验室研究

为了验证 SANI® 工艺的概念，2004~2009 年在香港科技大学进行了相关的实验室研究（图 7.10），实验室规模的系统运行了 500 多天（Wang 等，2009；Hao 等，2014）。该系统进水含 265mg/L 的 COD（主要是葡萄糖，CH_3COO^- 和酵母提取物），$30mgNH_4^+$-N/l，400~600mg/L 的 SO_4^{2-} 以及 3000~4000mg/L 的盐度，与香港典型含盐污水生物处理厂初沉池的出水水质相似。在该系统中，有机碳首先在硫酸盐还原上流式污泥床（Sulphate-reducing Up-flow Sludge Blanket，SRUSB）（反应器 1）中被 SRB 氧化为 CO_2。该过程因为硫酸盐（强酸）被还原为硫化物（弱酸），产物硫化氢主要以 TDSd 的形式溶解在水中，所以 pH 值提高到碱性水平（>7.5~8）。溶液中的 TDSd 随后在缺氧生物滤池（反应器 2）进行自养反硝化，将 NO_3^- 还原为 N_2，通过该反应，溶解的硫化物被 SOB 转化回 SO_4^{2-}。在好氧生物滤池（反应器 3）发生的硝化过程中，剩余的 NH_4^+ 和残留的硫化物被氧化成 NO_3^- 和 SO_4^{2-}，同时为了实现深度脱氮，反应器 3 的出水回流至反应器 2，回流比为 3Q（Q =进水流量），该过程类似于传统的生物脱氮工艺。

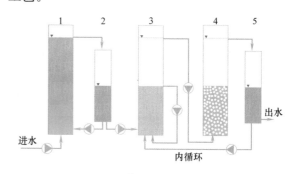

图 7.10　SANI® 系统的实验装置示意图
1—SRUSB（反应器 1）；2—流量调节池；
3—缺氧滤池（反应器 2）；4—好氧滤池
（反应器 3）；5—出水池

为了单独、高效地实现三种生物反应过程（如式7.18～式7.20），反应器1采用典型的上流式厌氧污泥床，反应器2、3内填充聚丙烯塑料填料（比表面积：215m^2/m^3）以形成生物膜。该系统COD、NO_3^-和TN去除率分别达到95%、99%以及74%，且在整个操作过程中没有剩余污泥排出（Wang等，2009）。好氧和缺氧生物滤池的HRT以及两个反应器之间的回流比（R）是实现污染物高效去除和污泥减量的重要参数。为了进一步了解这一新工艺，基于

COD、氮和硫的质量、电荷（电子）平衡以及硫酸盐还原、自养反硝化和自养硝化的化学计量建立了一种稳态模型（Lu等，2009），建模方法将在第7.4.4节中进行详细介绍。在COD、NO_3^-和SO_4^{2-}的去除、硫化物的产生和出水总悬浮固体（Total Suspended Solids，TSS）方面，模型预测结果与实测数据基本吻合。三个反应器中COD、硫和氮的质量平衡分析为实验结果和模拟结果提供了良好的对照，实验规模的SANI$^®$系统的主要性能总结于表7.10中。

实验室规模的SANI$^®$系统在不同再循环率下的性能（Wang等，2009） 表7.10

参数	Ⅰ	Ⅱ	Ⅲ	Ⅳ
缺氧过滤池/好氧滤池再循环率	1Q	2Q	3Q	4Q
缺氧滤池进水COD(mg/L)	31.8±1.5	15.5±0.8	25.9±1.3	21.4±1.0
好氧滤池出水或系统出水COD(mg/L)	14.1±0.7	8.1±0.4	14.7±0.6	11.7±0.6
SRUSB进水TN(mgN/L)	30±1.5	30±1.3	30±1.5	29±1.5
好氧滤池出水TN(mgN/L)	16±0.8	10±0.5	8±0.4	19±0.9
缺氧滤池NO_3^-去除率(%)	99±4.1	99±4.5	97±4.6	8±0.4
好氧滤池硝化效率(%)	98±4.1	99±4.5	93±4.5	17±0.8
TN去除效率(%)	49±2.4	65±3.2	74±3.7	34±1.7
COD去除效率(%)	94.4±4.7	96.9±4.8	94.3±4.7	94.2±4.7

Q=进水流量；缺氧滤池NO_3^-去除率（%）=缺氧滤池去除的NO_3^--N（gN）/缺氧滤池进水NO_3^--N（gN）×100；

　好氧滤池硝化效率（%）=好氧滤池消耗的NH_4^+-N（gN）/好氧滤池进水NH_4^+-N（gN）×100；

　TN去除效率（%）=［SRUSB进水TN－好氧滤池出水TN］/SRUSB出水TN×100。

7.4.2.2 中试研究

为了进一步验证SANI$^®$工艺的可行性，作者利用主要来自香港国际机场的10m^3/d实际含盐污水（用6mm格栅过滤）进行了为期225d的中试研究，污水中含有复杂的有机物和难生物降解的COD（Lu等，2011；2012b），该SANI$^®$中试试验现场建设在机场附近的东涌污水泵站（Tung Chung Sewage Pump Station，TCSPS）（图7.11）。表7.11总结了SANI$^®$中试试验在稳定运行期间的主要操作参数，该试验设施所使用的含盐污水，平均含280mgTSS/L、431mgCOD/L、588mgSO_4^{2-}/L、87mgTN/L；在整个中试期间，COD和氮负荷率分别为0.63kgCOD/(m^3·d)和0.12kgN/(m^3·d)。SANI$^®$中试试验在稳定状态下连续运行了225d，COD、TSS和TN平均去除率分别达到87%、87%和57%（Lu等，2012b）。脱氮效率（57%）

低的主要原因是来自香港国际机场的污水中的难生物降解可溶性有机氮（Non-biodegradable Soluble Organic Nitrogen，NSON）含量高（Lu等，2011）。

图7.11　东涌污水泵站的SANI$^®$中试试验
（图源：HKUST）

SRUSB中混合液挥发性悬浮固体（Mixed Liquor Volatile Suspended Solids，MLVSS）与

反应器	标称 HRT (NHRT)(h)	实际 HRT (AHRT)(h)	SRT(d)	进水流量	再循环比	平均温度 (℃)
SRUSB	16.3	4.1	90	Q	—	25
缺氧生物反应器(BAR1)	9.4	2.7	110	3.5Q	2.5Q	25
好氧生物反应器(BAR2)	9.4	2.7	42	3.5Q	—	25

Q=进水流量 (10m³/d)。

混合液悬浮固体（Mixed Liquor Suspended Solids，MLSS）之比稳定在 0.7，同时平均的污泥体积指数（Sludge Volume Index，SVI）始终低于 110mL/g。在 225d 的中试试验中，实现了约 90%污泥减量，期间没有任何剩余污泥排出，这可以归因于 SRUSB 反应器中极低的污泥表观产率（0.02kgVSS/kgCOD$_{去除}$）以及十分长的污泥停留时间（SRT＞100d）。这一显著的污泥减量将在第 7.4.4 节所述的稳态建模方法进行验证。整个中试运行过程中未检测到 H_2S 和 CH_4 的生成，稳态模型和微生物分析进一步验证了这一点（Wang 等，2011；Lu 等，2012a）。

7.4.3　SANI®工艺示范

基于中试研究的经验，SANI®工艺的规模扩大到 1000m³/d，以证明其在香港的应用潜力。经与当地污水处理委员会——香港渠务署（Drainage Services Department，DSD）合作，在香港沙田污水处理厂（Sha Tin Sewage Treatment Works，STSTW）的 2 个闲置矩形初沉池（SD1 和 SD2）内建造示范工厂（图 7.12 和表 7.12）。示范工厂包括由 4 个 SRUSB 反应器（绿色）组成的 SD1，用于去除有机物，以及一个在 SD2 中的 MBBR，用于脱氮。MBBR 是一种紧凑的污水处理技术，在 MBBR 中，自养反硝化和硝化分别占 54%和 46%的反应器空间。该示范厂中除砂后的原含盐污水首先通过 6mm 的粗格栅，然后用细格栅（Fine-mesh Sieve，FMS，350μm）代替一级处理，部分 MBBR 出水进一步经化学混凝处理，并采用沉淀作为后处理（例如，投加 12mgAl/L 明矾和 1mg/L 阴离子聚合物，并在 1h HRT 下运行），最后出水全部采用溶气浮选法处理。值得注意的是，MBBR 出水的平均 TSS 为 40～80mgTSS/L，明显低于传统 MBBR 系统，约 200mgTSS/L（Ødegaard，2006），这是因为 SANI®工艺实现了显著的污泥减量。

示范工厂在 2013～2017 年间持续运行，分以下几个阶段：①工厂启动阶段（第一阶段：第 1～125d）；②平均流量为 800m³/d 的稳定运行期（第二阶段：第 126～213d）；③平均流量为 720m³/d、日峰值系数为 1.3 的动态运行期，即最大流量接近于 1000m³/d（第三阶段：第 214～250d），详见表 7.12。随后，示范工厂以约 1000m³/d 的连续流量运行。该示范工厂证实，12～13h 的总 HRT（标称）是可行的，这将为当地 WWTPs 减少传统 BNR 系统 30%～40%的总 HRT。

	SRUSB	缺氧 MBBR	好氧 MBBR	总计
第二阶段：3 个月的稳态操作（平均流量为 800m³/d）：				
反应器体积(m³)	192 (4×48)	112	96	400
HRT(h)	5.76	3.36	2.88	12.0
第三阶段：1 个月的动态操作（平均流量为 720m³/d，最大流量为 1000m³/d）：				
反应器体积(m³)	144 (3×48)	112	96	352
HRT(h)	4.8	3.7	3.2	11.7

SD1—硫酸盐还原上流式污泥床(SRUSB)   SD2—移动床生物膜反应器(MBBR)

(a)

细格栅　　SRUSB　　缺氧　　好氧　　　　沉淀池
　　　　　　　　　　MBBR　　MBBR

除砂后的含盐原污水　　　　　　　　　　　絮凝剂　　　出水

空气

污泥回收

预处理　　SD1:COD去除　　SD2:N去除　　　　后处理

(b)

图 7.12　SANI® 1000m³/d 示范工厂

(a) 示范工厂照片；(b) 工艺示意图

示范厂的平均出水水质（包括后处理）为：15 ± 5 mgTSS/L，5.6 ± 1.8 mgBOD$_5$/L，8.4 ± 1.6 mgTN/L 和 0.9 ± 0.3 mgTP/L（表 7.13）。污泥产率测定为 0.35 ± 0.08 gTSS/gBOD$_5$（或 0.19 ± 0.05 gTSS/gCOD），与当地的 WWTPs（$0.9\sim1.3$ gTSS/gBOD$_5$）相比，该示范工厂减少了 $60\%\sim70\%$ 的污泥产量。

HRT、负荷率和生物转化速率影响 SANI® 工艺的设计和操作，该示范工厂中 SRUSB 反应器的 HRT 由 16h（启动）降至 4.8h（稳定），同时运行的有机负荷率由 0.8kgCOD/(m³·d) 提高至 2.4kgCOD/(m³·d)，期间 COD 去除率保持在 80% 左右。在每日运行模式下，SRUSB

的最小 HRT 达到了 2h。由于几乎没有甲烷气体生成以及反应器的独特设计，SRUSB 反应器没有发生污泥流失。对应于 $0.2\sim0.4$ kgN/(m³·d) 的氮负荷率，MBBR 的 HRT 维持在 $4\sim6$h。随着自养硝化生物膜和反硝化生物膜的成熟，硝化和 SdAD（自养反硝化）比表面速率可以分别达到 1.5gNH$_4^+$-N/(m²·d) 和 2gNO$_x^-$-N/(m²·d)。但是，考虑到水量、运行负荷率和环境因素（如温度）的动态变化，建议在 20℃ 条件下 SO$_4^{2-}$ 还原速率、SdAD 速率和硝化速率保守设计取值分别为 1.5kgCOD/(m³·d)，1gNO$_x^-$-N/(m²·d) 和 1gNH$_4^+$-N/(m²·d)。

各反应器进水与出水水质总结（Wu 等，2016）　　　　表 7.13

参数	原水	SRUSB 进水	MBBR 出水	后处理出水	去除效率(%)
TSS(mg/L)	302 ± 43	192 ± 47	68 ± 19	15 ± 5	95
TCOD(mg/L)	488 ± 52	352 ± 55	112 ± 25	62 ± 43	87
BOD$_5$(mg/L)	231 ± 22	178 ± 48	31 ± 9	5.6 ± 1.8	98
NH$_4^+$-N(mg/L)	33 ± 4.3	37 ± 5.8	1.3 ± 0.9	0.43 ± 0.39	99
NO$_3^-$-N(mg/L)	1.3 ± 0.8	1.2 ± 0.6	7.9 ± 3.2	7.5 ± 1.6	—
TN(mg/L)	53 ± 8.2	48 ± 6.7	16 ± 4.5	8.4 ± 1.6	84
TP(mg/L)	6.1 ± 1.1	5.5 ± 1.2	3.3 ± 0.4	0.9 ± 0.3	85

经证实，该示范工厂中 SO_4^{2-} 转化为硫化物以及硫化物转化回 SO_4^{2-} 的质量平衡接近 99%。在污泥和/或反应器中积累的单质硫可能作为硫源参与了自养反硝化反应；因此，在 SANI® 工艺中，以单质硫形式损失的硫是微不足道的。值得注意的是，传统的 COD 测定方法中，TDSd会被氧化成 SO_4^{2-}，为获得准确的 COD 值，建议对样品进行稀释，也可以采用一种校正方法（Poinapen 和 Ekama，2010a；Daigger 等，2015）。

7.4.4 SANI® 工厂的稳态建模

McCarty（1975）从 COD（电子）平衡提出了化学计量质量平衡；后来 Gujer 和 Larsen（1995）改进了这一方法，Grau 等（2007）然后将其推广应用于污水处理。Ekama（2009）为 WWTPs 的设计引入了基于工厂规模的质量平衡稳态模型，并追踪了 WWTPs 中固体、液体和气流中的不同产物。在稳态模型中，多数生物过程可以被假设为反应完全；而其他没有反应完全的生物过程由于是最慢的反应，要么对其进行简化（如微生物死亡再生到内源呼吸），要么保留，这是为了能控制系统的规模，如好氧活性污泥系统的硝化和厌氧消化系统的水解。因此，稳态建模的优点是需要输入的参数更少。

传统 BNR 工艺的稳态建模是基于 COD、N、P、C、H 及 O 元素的质量平衡。Piapiapen 和 Ekama（2010a）进一步开发了接种初沉污泥的 SRUSB 反应器的生物硫酸盐还原的稳态模型，他们已经验证了该稳态模型在初沉污泥与酸性矿业废水联合处理中的有效性。他们进一步证明了大部分生成的 H_2S 和 CO_2 分别以 HS^- 和 HCO_3^- 的形式溶解在水中。在不产生 CO_2 气体和正磷酸盐（$H_2PO_4^-$）浓度低的情况下，硫化物弱酸/碱平衡控制着 SRUSB 反应器的 pH 值。Lu 等（2009）利用 TDSd 作为电子供体并将其与 C-N-S 生物过程相结合，构建了自养反硝化过程的稳态模型；这一模型在小试规模的 SANI® 系统得到了验证（图 7.13），同时该稳态模型进一步通过 SANI® 中试研究进行了校正，最后通过 SANI® 示范工厂进行验证。

这种用于 SANI® 工厂设计的稳态模型包括两个基本部分：①建立 COD、C、H、N、O、

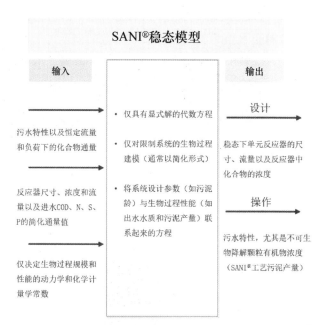

图 7.13　稳态建模：输入、基础和输出

P、S 的质量和电荷平衡，以及通过化学计量确定可生物降解 COD 去除过程中生物量和硫化物、氨和正磷酸盐以及总碱度的生成（见第 4 章）；②确定控制硫酸盐还原、自养反硝化和硝化的动力学常数。四种常见的生物过程发生在厌氧、缺氧和好氧条件下：①生物硫酸盐还原中的硫化物生成；②自养反硝化；③硝化；④硫化物好氧氧化。这四种生物过程的电子供体和受体列于表 7.14 中。

进水化学计量组成 $C_xH_yO_zN_aP_b$ 中 x、y、z、a 和 b 的值分配给进水中每个主要的有机组分，即：①可生物降解溶解性有机物（Biodegradable Soluble Organics，BSO）；②可生物降解颗粒性有机物（Biodegradable Particulate Organics，BPO）；③难生物降解溶解性有机物（Unbiodegradable Soluble Organics，USO）；④难生物降解颗粒性有机物（Unbiodegradable Particulate Organics，UPO）；⑤游离氨和铵盐（Free and Saline Ammonia，FSA）。SRB 对硫酸盐还原、SOB 对硫化物氧化和自养硝化菌（Autotrophic Nitrifier Organisms，ANO）对氨硝化的生物量组成定义为 $C_kH_lO_mN_nP_p$（表示 SRB、SOB 或 ANO）。这些元素组成是根据 Ekama（2009）的方程确定的。例如，有机物组成（$C_xH_yO_zN_aP_b$）可以表示为 $C_{fc/12}H_{fh/1}O_{fo/16}N_{fn/14}P_{fp/31}$，其中

序号	生物过程	电子供体反应物	电子供体产物	电子受体反应物	电子受体产物
1	硫酸盐还原	$C_x H_y O_z N_a P_b$	$CO_2(g)$、H_2CO_3、HCO_3^-、CO_3^{2-}	SO_4^{2-},SO_3^{2-},$S_2O_3^{2-}$,S^0	H_2S/HS^-
2	自养反硝化	H_2S/HS^-；SO_3^{2-}；$S_2O_3^{2-}$；S^0	SO_4^{2-}	NO_3^-、NO_2^-	N_2
3	硝化	NH_4^+	NO_3^-、NO_2^-	O_2	H_2O
4	硫化物好氧氧化	H_2S/HS^-；SO_3^{2-}；$S_2O_3^{2-}$；S^0	SO_4^{2-}	O_2	H_2O

f_c、f_h、f_o、f_n、f_p 为有机物中各元素的质量比（g 元素/g 化合物），且 $f_c+f_h+f_o+f_n+f_p=1$。

7.4.4.1 化学计量方程式

硫酸盐生物还原的化学计量

在硫酸盐生物还原过程中，由于在含盐污水中 COD 与 TOC 质量比基本为 2.5~3，SRB 可利用进水中的 COD 作为碳源来进行增殖，同时将 SO_4^{2-} 还原为 TDSd（Poinapen 和 Ekama，2010a）。将可生物降解有机物表示为 $C_x H_y O_z N_a P_b$，生成的生物量组成表示为 $C_k H_l O_m N_n P_p$，SO_4^{2-} 还原的化学计量方程可以通过式（7.21）表示（Lu 等，2009，2012a）：

$$C_x H_y O_z N_a P_b + \left[(1-E)\frac{\gamma_S}{8}\right] SO_4^{2-}$$

$$+\left[3x-z+4b-\frac{E\gamma_S}{\gamma_B}(3k-m+n+4p)-4(1-E)\frac{\gamma_S}{8}\right] H_2O \rightarrow$$

$$\left[x-a+b+E\frac{\gamma_S}{\gamma_B}(n-k+p)-(1-E)\frac{\gamma_S}{8}\right] H_2S+$$

$$\left[2(1-E)\frac{\gamma_S}{8}-E\frac{\gamma_S}{\gamma_B}(n-k-p)-(x-a-b)\right]$$

$$HS^- + \left[E\frac{\gamma_S}{\gamma_B}\right] C_k H_l O_m N_n P_p + \left[a-nE\frac{\gamma_S}{\gamma_B}\right]$$

$$NH_4^+ + \left[x-kE\frac{\gamma_S}{\gamma_B}\right] HCO_3^- +$$

$$f \cdot \left[b-pE\frac{\gamma_S}{\gamma_B}\right] H_2PO_4^-$$

$$+(1-f) \cdot \left[b-pE\frac{\gamma_S}{\gamma_B}\right] HPO_4^{2-} \quad (7.21)$$

式中，f 为生成的正磷酸盐（Orthophosphate，OP）中 $H_2PO_4^-$ 的分数（OP = $H_2PO_4^-$ + HPO_4^{2-}），γ_S 和 γ_B 分别定义为每摩尔可生物降解有机物中可进行氧化还原反应的电子数，

$C_x H_y O_z N_a P_p$，以及每摩尔 SRB 的电子数，$C_k H_l O_m N_n P_p$：

$$\gamma_S = 4x+y-2z-3a+5b(e^- \ eq/mol) \quad (7.22a)$$

$$\gamma_B = 4k+l-2m-3n+5p(e^- \ eq/mol) \quad (7.22b)$$

E 定义为每天产生的 COD 质量（即活性 SRB 生物量和内源污泥生成量），是 SRUSB 反应器在稳定状态下每天利用的可生物降解有机物质量的一部分。采用 Sötemann 等（2005）基于 COD 的厌氧消化池的动力学模型，E 由 $E=Y_{SRB}/[1+b_{SRB}SRT(1-Y_{SRB})]$ 给出，式中 SRT 为 SRUSB 反应器的污泥龄（d）；Y_{SRB} 是厌氧微生物的产率系数（0.113mgCOD$_{生物量}$/mg-COD$_{降解}$）；b_{SRB} 是厌氧微生物的内源呼吸速率（0.04L/d）。

COD/mol 浓度和组成为 $C_x H_y O_z N_a P_b$ 的进水有机物的摩尔质量（M_w）由下式给出：

$$COD=8 \cdot [y+2(2x-z)-3a+5b]$$
$$(gCOD/mol) \quad (7.23a)$$

$$M_w=12x+y+16z+14a+31b$$
$$（g 干重/mol） \quad (7.23b)$$

自养反硝化的化学计量

在缺氧反应器中，硫化物将电子传递给 NO_3^- 用于自养反硝化。因此，自养反硝化的化学计量可以通过元素和电荷平衡推导出来（Ekama，2009；Lu 等，2009，2012a），见式（7.24）。

$$\left\{\frac{1}{8}-\frac{2}{10}(1-E')-\frac{E'}{\gamma_B'}[-n+p(2-f)]\right\} HCO_3^-$$

$$+\frac{nE'}{\gamma_B'}NH_4^+ + \frac{2}{10}(1-E')NO_3^- +$$

$$f \cdot p\frac{E'}{\gamma_B'}H_2PO_4^- +(1-f) \cdot p\frac{E'}{\gamma_B'}HPO_4^{2-}$$

$$+\frac{1}{8}HS^- + \left\{\frac{3}{8}-\frac{4}{10}(1-E')-\frac{E'}{\gamma_B'}[2k-m+n+\right.$$

$$p(2+f)]\}H_2O \xrightarrow{\quad} \frac{E'}{\gamma'_B}C_{k'}H_{l'}O_{m'}N_{n'}P_{p'}+$$

$$\frac{1}{8}SO_4^{2-}+\frac{1}{10}(1-E')N_2+\left\{\frac{1}{8}-\frac{2}{10}(1-E')-\right.$$

$$\left.\frac{E'}{\gamma'_B}[k-n+p(2-f)]\right\}CO_2 \tag{7.24}$$

式中，γ'_B 是每摩尔自养反硝化菌（即 SOB）的供电子能力，$C_{k'}H_{l'}O_{m'}N_{n'}P_{p'}$；$E'$ 定义为每天产生的 COD 质量（即自养反硝化生物量和内源污泥生成量），是缺氧生物反应器在稳定状态下中每天还原硝酸盐通量的一部分（自养反硝化生物量和内源残留的净产量），即 $E'=Y_{SOB}/(1+b_{SOB}SRT_{AX})$，其中 SRT_{AX} 是缺氧 MBBR 区的污泥龄（d），Y_{SOB} 是自养反硝化菌的产率系数（0.8mgCOD$_{生物量}$/mgNO$_3^-$-N）；b_{SOB} 是自养反硝化菌的内源呼吸速率（0.04L/d）。

硝化的化学计量

好氧 MBBR 区的主要反应为硝化反应，其化学计量由下式表示：

$$14\left[\frac{1}{7}-\frac{E''}{8\gamma''_B}(n+p)\right]HCO_3^-+NH_4^+ +$$

$$14\left[\frac{1}{7}-\frac{E''}{4}\left(\frac{n''}{\gamma''_B}+\frac{1}{8}\right)\right]O_2+f\cdot\frac{14p''E''}{8\gamma''_B}$$

$$H_2PO_4^-+(1-f)\cdot\frac{14p''E''}{8\gamma''_B}HPO_4^{2-}\rightarrow$$

$$\frac{14E''}{8\gamma''_B}C_{k''}H_{l''}O_{m''}N_{n''}P_{p''}+14\left(\frac{1}{14}-\frac{n''E''}{8\gamma''_B}\right)$$

$$NO_3^-+14\left[\frac{1}{7}-\frac{E''}{8\gamma''_B}(k''+n''+p'')\right]CO_2$$

$$+14\left[\frac{3}{14}+\frac{E''}{8\gamma''_B}(2k''-m''-2n''+3p'')-\frac{E''}{16}\right]H_2O \tag{7.25}$$

式中，γ''_B 是每摩尔自养硝化菌的供电子能力，$C_{k''}H_{l''}O_{m''}N_{n''}P_{p''}$；$E''$ 定义为每天产生的 COD 量（即自养硝化生物量和内源污泥生成量），是好氧区在稳定状态下每天氧化氨通量的一部分，即来自以 N 为基础的动力学方程 $E''=Y_{ANO}/(1+b_{ANO}SRT_{OX})$，其中 SRT_{OX} 是好氧区污泥龄（d）；Y_{ANO} 是自养硝化菌的产率系数（0.15mgCOD$_{生物量}$/mgNH$_4^+$-N）；b_{ANO} 是自养硝化菌的内源呼吸速率（0.04L/d）。

硫化物好氧氧化的化学计量

实际操作中，部分硫化物常常被好氧区的溶解氧氧化，因此，硫化物被溶解氧氧化为 SO_4^{2-} 的化学计量通过式（7.26）表示（与式7.24类似）。

$$\frac{1}{8}HS^-+n'''\frac{E'''}{\gamma'''_B}NH_4^+ +f\cdot p'''\frac{E'''}{\gamma'''_B}H_2PO_4^- +$$

$$(1-f)\cdot p'''\frac{E'''}{\gamma'''_B}HPO_4^{2-}+\left\{\frac{1}{8}+\frac{E'''}{\gamma'''_B}(n'''-p''')\right\}$$

$$HCO_3^-+\frac{1-E'''}{4}O_2\rightarrow\left\{\frac{1}{8}-\frac{E'''}{\gamma'''_B}(k'''-n'''+p''')\right\}$$

$$CO_2+\frac{1}{8}SO_4^{2-}+\frac{E'''}{\gamma'''_B}C_{k'''}H_{l'''}O_{m'''}N_{n'''}P_{p'''}+$$

$$\left\{\frac{1-E'''}{2}-\frac{3}{8}+\frac{E'''}{\gamma'''_B}(2k'''-m'''+n'''+3p''')\right\}H_2O \tag{7.26}$$

式中　　　γ'''_B——每摩尔好氧 SOB 的供电子能力；

$C_{k'''}H_{l'''}O_{m'''}N_{n'''}P_{p'''}$；$E'''$——每天产生的 COD 质量（即硫化物好氧氧化生物量和内源污泥生成量），是好氧区在稳定状态下每天被氧化的氨通量的一部分，即来自以 N 为基础的动力学方程 $E'''=Y_{SOB'}/(1+b_{SOB'}SRT_{OX})$，其中 SRT_{OX} 是好氧 MBBR 区污泥龄（d）；$Y_{SOB'}$ 是自养反硝化菌的产率系数（0.8mgCOD$_{生物量}$/mgCOD$_{氧化}$）；$b_{SOB'}$ 是自养反硝化菌的内源呼吸速率（0.04L/d）。

7.4.4.2 动力学方程

与复杂的动态仿真模型相比，稳态模型相对简单且只需要输入恒定的流量和负荷来确定系统设计参数。稳态模型基于控制整个系统最慢反应过程的动力学速率，能将此过程与系统设计和操作参数联系起来（Ekama，2009）。厌氧水解动力学在 SRUSB 中是最慢的，因此是一个限制性的动力学常数，它决定了可生物降解颗粒有机物（Biodegradable Particulate Organics，BPO）的水解速率以及可生物降解 COD 的去除和硫化氢的生成速率（Poinapen 和 Ekama，2010b）。

污泥龄［SRT（d）］是基本的设计参数。厌氧水解过程中，SRUSB 反应器中可生物降解颗粒有机物浓度（X_S）随时间的变化率可描述为：

$$\frac{dX_{SRB}}{dt} = Y_{SRB} \cdot r_{hyd} - b_{SRB} \cdot X_{SRB} \quad (7.27a)$$

$$\frac{dX_S}{dt} = -r_{hyd} + b_{SRB} \cdot X_{SRB} \quad (7.27b)$$

$$\frac{dS_{TDSd}}{dt} = (1 - Y_{SRB}) \cdot r_{hyd} \quad (7.27c)$$

$$\frac{dS_{SO_4}}{dt} = -\frac{1}{2} \cdot \frac{dS_{TDSd}}{dt}$$

$$= -\frac{1}{2} \cdot (-r_{hyd} + b_{SRB} \cdot X_{SRB}) \quad (7.27d)$$

式中　r_{hyd}——体积水解速率［mgCOD/（L·d）］；

　　　X_{SRB}——SRUSB 反应器中的生物量 COD（mgCOD/L）；

　　　Y_{SRB}——SRUSB 中生物量的产率系数；（如 0.113mgCOD/mgCOD）；

　　　b_{SRB}——SRB 的内源呼吸速率（如 0.04L/d）；

　　　X_S——SRUSB 反应器中可生物降解颗粒 COD（mgCOD/L）；

　　　S_{TDSd}——SRUSB 中的硫化氢 COD（mgCOD/L）；

　　　S_{SO_4}——SRUSB 中硫酸盐浓度（mg-SO_4^{2-}-S/L）。

假设内源残留（$f_{ED} = 0$）和难生物降解颗粒性 COD 为常数，颗粒性 COD（X_{COD}）的变化仅由生物量（X_{SRB}）和可生物降解颗粒性 COD（X_S）的变化决定，如式（7.28）：

$$\frac{dX_{COD}}{dt} = \frac{dX_{SRB}}{dt} + \frac{dX_S}{dt} = (Y_{SRB} - 1) \cdot r_{hyd}$$

$$(7.28)$$

其中厌氧水解速率（r_{hyd}）可由饱和动力学描述为：

$$r_{hyd} = \frac{K_{SRB,max} \cdot X_S}{K_s + X_S} \cdot X_{SRB}$$

$$= \frac{\mu_{hyd,max} \cdot X_S}{Y_{SRB}(K_s + X_S)} \cdot X_{SRB} \quad (7.29)$$

式中　r_{hyd}——体积水解速率［mg COD/（L·d）］；

　　　$K_{SRB,max}$——Monod 动力学中最大比水解速率

常数［如 3.25mgCOD/(mgCOD·d)］；

　　　K_s——半饱和系数［如 500mgCOD/L（20℃时）］；

　　　$\mu_{hyd,max}$——厌氧水解的最大比增长速率（如 0.4L/d）；

　　　X_S——可生物降解颗粒性 COD（mgCOD/L）；

　　　X_{SRB}——SRUSB 中生物量的浓度（mgCOD/L）；

　　　Y_{SRB}——SRUSB 中生物量的产率系数（如 0.113mgCOD/mgCOD）。

硝化过程发生在好氧区，其特性与传统自养硝化过程相同。因此，硝化反应的动力学常数可以由 Monod 动力学确定（如第 5 章第 5 节）。包括硝化菌的增殖 dX_{ANO}/dt（式 5.3、式 5.5）、比增长速率 μ_{ANO} 的 Monod 常数方程（式 5.4）、氨转化速率（式 5.6）、硝酸盐生成速率（式 5.7）、氧气利用速率（式 5.8）以及硝化菌内源呼吸速率（式 5.9）。在缺氧反应器中，通过将 Monod 方程与硝酸盐（S_{NO3}）和硫化合物，包括溶解性硫化物（S_{TDSd}）、单质硫（S_{S^0}）和硫代硫酸盐（$S_{S_2O_3}$）的参数相关联，自养反硝化的动力学公式可以简化为式（7.30）和式（7.31）。

$$\frac{dS_{NO_3}}{dt} = \frac{1}{Y_{SOB}} \mu_{SOB,max}$$

$$\left(\frac{S_{TDSd}}{S_{TDSd} + K_{TDSd}} + \frac{S_{S^0}}{S_{S^0} + K_{S^0}} + \frac{S_{S_2O_3}}{S_{S_2O_3} + K_{S_2O_3}} \right)$$

$$\frac{S_{NO_3}}{S_{NO_3} + K_{NO_3}^{SOB}} X_{SOB} \quad (7.30)$$

$$\frac{dX_{SOB}}{dt} = Y_{SOB} \left[\frac{dS_{NO3}}{dt} \right] - b_{SOB} X_{SOB}$$

$$(7.31)$$

式中　X_{SOB}——缺氧反应器中生物量 COD（mgCOD/L）；

　　　Y_{SOB}——SRUSB 中生物量的产率系数（如 0.8mgCOD/mgNO$_3^-$-N）；

　　　b_{SOB}——SOB 的内源呼吸速率（如 0.04L/d）；

$\mu_{SOB,max}$——SOB 的最大比生长速率（如 0.75L/d）。

如第 7.3 节所述，SOB 容易受到氧气的抑制，因此，使用附着式增长的生物膜反应器，如采用 MBBR 或 IFAS（Integrated Fixed-film Activated Sludge）系统进行硝化和 SdAD 是理想的选择，因为可以将大部分功能性 ANO（硝化菌）和 SOB 分别保留在好氧区和缺氧区。对于 SANI®工艺的自养反应区而言，生物膜反应器在不同 DO 水平下去除 TN 的复杂生物过程动力学和生物膜的传质模型将在未来得到发展。现阶段，SANI®工艺生物膜反应器设计的稳态模型中，一般采用输入经验动力学速率常数的方式以（见第 18 章）降低复杂性。基于实验室规模的 SANI®-MBBR 系统 700 多天的运行情况，缺氧 MBBR 和好氧 MBBR 的生物膜厚度均小于 $200\mu m$，并且两个区域的生物膜都具有较大的孔隙度（Cui 等，2019），这使得氨、硝酸盐、氧气和硫化物的比负荷率低于传统生物膜反应器的关键底物通量 $[g/(m^2 \cdot d)]$。因此，自养硝化与反硝化的生物膜动力学可以假定为零阶的部分或完全渗透。NO_3^- 和 NH_4^+ 的比表面转化率可

以输入为 SANI®示范工厂建立的稳态模型的动力学常数，即 $B_{A,NOx} = 1gNO_x^- \text{-}N/m^2/d$ 和 $B_{A,NH4} = 1gNH_4^+ \text{-}N/(m^2 \cdot d)$（20℃时）。

7.4.5 SANI®工厂的设计方法

7.4.5.1 全厂规模的稳态模型

本节中，我们将用 SANI®示范工厂的数据验证上述全厂规模的模型（图 7.12b）。在一级处理单元的模拟中，将其固体筛分性能设定为 47% 来反映该厂细格栅的实际性能；而在模拟 SRUSB 反应器的性能时，将厌氧消化器单元与澄清器单元串联，以确定 SRUSB 反应器的污泥床区和三相分离器。模拟反应器内部的再循环时，在澄清区和厌氧消化区之间建立再循环通路；根据 SANI®工厂的实际运行数据，再循环流量设定为 60%。模型中采用了两个 MBBR 单元，分别模拟了 MBBR 系统的缺氧区和好氧区。在模拟中应用的主要设计参数包括反应池的尺寸、载体的比表面积、载体的填充比、好氧区与缺氧区之间的再循环流量。此外，后处理的模拟是基于示范工厂中试装置的固体捕集性能。上述开发的 SANI®工艺的全厂模型表明，其设计有很大的应用潜力（表 7.15）。

测量值（M）与示范工厂的模型预测值（P）的比较　　　表 7.15

流量(800m³/d)	进水		微孔筛网出水		SRUSB出水		缺氧 MBBR出水		好氧 MBBR出水		出水	
	M	P	M	P	M	P	M	P	M	P	M	P
COD(mg/L)	488	488	352	369	—	69	—	97	112	108	62	45
BOD(mg/L)	231	239	178	188	—	10	—	25	31	31	5.6	9
TSS(mg/L)	362	243	192	149	—	45	—	71	68	79	15	17
VSS(mg/L)	—	193	—	118	—	24	—	47	—	55	—	11
TN(mgN/L)	53	53	48	49	—	48	—	16	16	15	8.4	10.9
$NH_4^+\text{-}N$(mgN/L)	33	35	37	35	—	45	—	10	1.3	2.3	0.4	2.3
$NO_3^-\text{-}N$(mg/L)	—	0	—	0	—	0	—	1	7.9	6.2	7.5	6.2

7.4.5.2 SANI®反应器的设计计算

本节介绍了反应器的设计计算，用于取代复杂的稳态模型。通过人工计算可以合理地估算出系统主要设计和运行参数，如污泥龄、反应器体积、生物膜载体等。此外，反应器体积和污泥龄的计算结果是全厂稳态模型的关键输入参数。

SRSUB 设计

理想的 SRUSB 反应器能通过厌氧水解、硫酸盐还原和内源呼吸作用，将所有可生物降解

COD（包括易降解和缓慢降解 COD）转化为生物量和 HCO_3^-。难生物降解颗粒性 COD 被吸附在污泥中（最终通过污泥的排出离开反应器），而难生物降解可溶性 COD 则通过出水流出反应器。基于以上所述，关键设计参数包括：①系统中 TSS 污泥的质量（MX_{TSS}，kgTSS）；②平均每日还原的 SO_4^{2-} 量；③关于 VSS 的污泥活性分数（$f_{av,SRB}$）；④所需的 SO_4^{2-}（FSO_4，kgS/d）。它们可以通过以下公式计算：

日处理 COD 量＝$FCOD_i = Q_i \cdot COD_i$　（7.32）

日处理可生物降解 COD 量

$$= FCOD_{b,i} = (1 - f_{SU,CODi} - f_{XU,CODi}) \cdot COD_i \tag{7.33}$$

难生物降解颗粒状有机物质量

$$= FX_{Iv,i} = FCOD_i \cdot f_{SU,COD_i} / f_{cv} \tag{7.34}$$

无机悬浮固体质量(ISS)$= FX_{FSS,i} = Q_i \cdot X_{FSS}$

$$\tag{7.35}$$

$$MX_{VSS} = FCOD_{b,i} \cdot \left[\frac{Y_{SRB} \cdot SRT}{(1 + b_{SRB} SRT)} \right] \cdot$$

$$(1 + f_{OHO} \cdot b_{SRB} SRT) + FX_{Iv,i} SRT$$

$$\tag{7.36}$$

$$MX_{FSS} = FX_{FSS,i} \cdot SRT + f_{XU,CODi} \cdot$$

$$f_{av,SRB} \cdot MX_{VSS} \tag{7.37}$$

$$f_{av,SRB} = 1 / \left[1 + f_{SRB} b_{SRB} SRT + \right.$$

$$\left. f_{cv} (1 + b_{SRB} SRT) \right] \tag{7.38}$$

$$MX_{TSS} = MX_{VSS} + MX_{FSS} \tag{7.39}$$

$$f_{VT} = MX_{VSS} / MX_{TSS} \tag{7.40}$$

$$FSO_4 = FCOD_i (1 - f_{SU,CODi} - f_{XU,CODi}) \cdot$$

$$\left[(1 - f_{cv} Y_{SRBv}) + (1 - f_{SRB}) \cdot \right.$$

$$\left. b_{SRB} \cdot \left(\frac{(Y_{SRBv} \cdot f_{cv} \cdot SRT)}{(1 + b_{SRB} SRT)} \right) \right] \tag{7.41}$$

式中 Q_i——进水流量（L/d 或 m³/d）；

COD_i——进水 COD 浓度（mgCOD/L）；

$f_{SU,CODi}$——难生物降解可溶性 COD/进水
总 COD；

$f_{XU,CODi}$——难生物降解颗粒性 COD/进水
总 COD；

f_{cv}——COD-VSS 比或 COD-可溶性有机
物质量比；

X_{FSS}——无机悬浮固体浓度（mgISS/L）；

MX_{VSS}——生物反应器中进水颗粒性无机物
的质量；

Y_{SRB}——SRB 的产率系数；

b_{SRB}——SRB 的内源呼吸速率（L/d）；

f_{OHO}——普通异养生物的内源残留分数；

MX_{FSS}——生物反应器中挥发性悬浮固体的
质量；

$f_{av,SRB}$——SRB 的活性分数；

MX_{TSS}——系统中 TSS 污泥的质量；

f_{VT}——活性污泥中 VSS/TSS 比值；

f_{SRBv}——SRB 的内源残留分数（mgVSS/
mgCOD）。

在 SRUSB 反应器的设计中，污泥浓度和 SRT 的选择至关重要，根据上述公式，在图 7.14 所示的设计曲线中反映了设计污泥龄（d）与污泥浓度（kgMLSS/m³）之间的关系以及它们对 COD 负荷率（kgCOD/(m³·d)]和反应器体积大小（与水力停留时间相对应[HRT＝m³反应器体积/(m³污水·d)]的影响。SRUSB 可选择的 SRT 和污泥浓度范围分别为 15～100d 和 5～15gMLSS/m³。从该图中可以找到合适的设计数据；例如，当进水负荷率为 1.5kgCOD/(m³·d) 时，SRUSB 可以取 HRT 为 4.8h；对于污泥浓度分别为 5kgMLSS/m³、10kgMLSS/m³ 和 15kgMLSS/m³ 时，SRT 应分别控制在 15d、29d 和 43d。此外，当 COD/SO$_4^{2-}$ 的质量比大于 1.2 时，硫酸盐成为 COD 去除过程的限制因素。

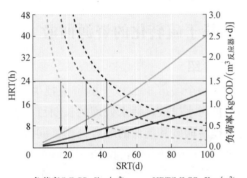

图 7.14　SRUSB 设计曲线（用于 SANI® 工厂
案例研究；输入数据来自表 7.15）

SdAD 和硝化反应器的设计计算

SdAD 和硝化反应器的设计计算基于 SANI® 示范工厂中 MBBR 获得的数据，仅限于计算生物膜的增长。这些自养反硝化（缺氧）和硝化（好氧）区（反应器）的设计原理是根据下列公式确定的：①出水 NO$_3^-$ 浓度，该浓度与这两个反应器间的循环流量比有关；②好氧反应器和 TDSd 的好氧氧化的需氧量；③每个反应器的必要表面积和体积，根据式（7.42）～式（7.47）计算（参考第 18 章）：

出水硝酸盐浓度$= S_{NO_3,e} = NIT_c / (a + 1)$

$$\tag{7.42}$$

式中 NIT_c——硝化能力（$=S_{NHx,i}-S_{NHx,e}$）；

$S_{NHx,i}$ 和 $S_{NHx,e}$——进水和出水的 NH_4^+ 浓度。

好氧反应器需氧量

$$=FO_{NIT}=\left[4.57\cdot(S_{NHx,i}-S_{NHx,e})+\right.$$

$$\left.S_{TDSd,ane}\right]\cdot Q_i\cdot \qquad (7.43)$$

硝化反应器所需表面积（同好氧反应器）

$$=A_{F,NH_4}=(Q_i\cdot NIT_c)/B_{A,NH_4} \qquad (7.44)$$

SdAD 所需表面积

$$=A_{F,NOx}=\left[Q_i\cdot(NIT_c-S_{NO_3,e})B_{A,NOx}\right]$$

$$\qquad (7.45)$$

好氧反应器体积$=V_{OX}=A_{F,NH_4}/a_F \qquad (7.46)$

缺氧反应器体积$=V_{AX}=A_{F,NOx}/a_F \qquad (7.47)$

式中，a_F 是生物膜在相应反应器中的比表面积，该值等于载体填充率乘原始载体比表面积。例如，在示范工厂中，60%（填充率）×$500m^2/m^3=300m^2/m^3$。

7.5 基于硫转化的资源回收

7.5.1 介绍

考虑一个城市 50% 以上的资源损失/浪费最终都来自污水排放，污水处理的长期目标就是从被动处理转向碳和能源的综合处理，同时实现资源回收（van Loosdrecht 和 Bradjanovic，2014）。通过厌氧消化工艺收集沼气已经有一个多世纪的历史，同时，该过程中营养物质能够通过生物的利用而实现循环（USEPA，1999）。因此，在硫生物转化技术的快速推广中，应考虑从 SO_4^{2-} 转化的过程中节约能源和回收资源。下面将讲述这方面的发展前景（Lin 等，2018；Zeng 等，2019）。

7.5.2 金属硫化物

金属硫化物因其独特的特性，在工业生产过程中得到了广泛的应用，例如炼油厂的加氢裂化、加氢处理和燃料电池的加氢还原（Da Costa 等，2016）。纳米尺度（1～100nm）的金属硫化物可以进一步应用于癌症治疗、光催化、光电子学以及作为纺织品改性技术中的抗微生物剂（Zeng 等，2019）。商用金属硫化物通常是人工合成的，方法包括超重力、化学浴沉积、γ 辐射、高温热解和金属配合物的热分解等（Da Costa 等，2016）。使用危险化学品（如表面稳定剂三辛基氧膦）合成金属硫化物，高温高压是必不可少的。相比之下，生物法生成金属硫化物是一种安全、经济、环保的方法。例如，光合细菌 *Rhodopseudomonas palustris* 在细胞内生成了 8nm 的硫化镉（CdS）纳米颗粒，大肠杆菌也能生成 2～5nm 的胞内 CdS 纳米晶体（Bai 等，2009）。硫化物是 SRB 介导的硫酸盐还原反应的产物，可以与溶液中的金属离子发生胞外结合或沉淀，通过 SRB 代谢途径生成的有价值的金属硫化物如表 7.16 所示。

SRB 参与的潜在金属硫化物产物（Zeng 等，2019）　　　　　　　表 7.16

产物	位置	操作 pH 值	应用	功能助剂
CuS	胞外	6.0	用于消融癌细胞的光热剂	硫酸盐还原系统
PbS	胞外	7.2～7.8	半导体	硫酸盐还原系统
Sb$_2$S$_3$	胞外	7.0～9.0	太阳能电池	硫酸盐还原系统
FeS	胞外	7.5	地下水和土壤修复/重金属吸附剂	*Desulfovibrio Vulgaris Miyazaki*
CdS	胞内/胞外	7.4	显示器、光电二极管、电子器件、太阳能电池和传感器	*Desulforibrio caledoiensis*
ZnS	胞内	7.4	半导体	*Desulfobacteriaceae*

当 SRB 应用于金属硫化物生成时，有两种方式：金属与生成硫化物的系统中的硫化物发生直接反应（在线系统），或硫化物作为一种金属沉淀剂进行生成和分离（离线系统）。生物法生成的金属硫化物在稳定性方面具有独特优势，如 *Desulfovibrio sulfuricans* 生成的硫化锌（ZnS）沉淀比非生物合成的 ZnS 沉淀更稳定。同时，与非生物合成的 Ni$_3$S$_2$ 相比，SRB 混合培养中生物生成的 Ni$_3$S$_2$ 具有更好的结晶度（Gramp 等，2007）。但 SRB 与其他微生物细胞外吸附的

聚合物质（如羧基、硫醇/磷酸和氨基/羟基）阻碍了金属硫化物的形成。在线系统中，由于生物的金属结合性多肽和诱导蛋白的聚集限制了金属硫化物颗粒在溶液中的扩散，减少了收集这些颗粒的可能性。相比之下，从生成硫化物的离线系统提取生物金属硫化物可能是一个合适的选择，特别是在含金属污水的处理中。另外，金属的结合特性对 pH 值变化也很敏感，例如，pH 值对 CuS 和 ZnS 的性质、表面和沉淀特性有显著的影响（Mokone 等，2010）。当操作 pH 值低于 6 时，用过量的硫化物进行沉淀，zeta 电位将降低以改善 ZnS 沉淀物的沉降和脱水性能。Hedrich 和 Johnson（2014）开发了一种模块化生物反应器，该反应器可利用生成硫化物的离线系统从 AMD 中选择性地回收金属，其中 pH 值的控制对金属硫化物的形成至关重要。例如，当 pH 值低于 3 时，Cu 可以被硫化物选择性沉淀，而浸出液中高浓度的其他金属（Fe 和 Zn）则可以从其硫化物沉淀中回收。此外，金属硫化物的结晶度是至关重要的，尤其是当它们应用于太阳能电池板等高科技工业过程中时，因为电荷的空间传递性能对于设计高效的供体-受体异质结构至关重要（Bansal 等，2013）。尽管 *Desulfovibrio desulfuricans* 生物合成 ZnS 的结晶度比非生物合成的好，但在生成硫化物的系统中，影响结晶度的因素尚不清楚（Xu 等，2016）。在生成硫化物的离线系统中，矿物结晶是一种有吸引力的方式来实现金属硫化物生物合成及从污水中回收有价值的资源。

7.5.3　单质硫回收与再利用

在以硫为基础的细菌（即自养 SOB）作用下，单质硫和金属硫化物一样，也值得回收与再利用。SOB 利用 O_2 作为电子受体将硫化物氧化为单质硫，选择性硫氧化的基本原理是将氧-硫化物（O/S）的摩尔比控制在 0.7 左右（Lin 等，2018）。当反应器在相对稳定的硫化物浓度条件下运行时，控制 DO 是达到合适的 O/S 比的常用方法；然而，由于氧的持续消耗而引起 DO 浓度的动态变化会导致维持所需的 O/S 比较为困难（Janssen 等，1998），因此由硫化物和 DO 浓度共同决定的氧化还原电位（Oxidation-reduction Potential，ORP），是控制选择性硫氧化更

可行的替代指标。

THIOPAQ® 工艺作为最成功的硫单质回收技术之一，已经在气体脱硫方面应用超过 25 年（Paques，the Netherlands）。该系统由硫化物吸收器、硫化物氧化生物反应器和硫化物沉淀池三部分组成。首先，气体中的硫化物与吸收器中的碱性溶液接触而被吸收；然后，含硫化物的额液体被转移到硫化物氧化生物反应器中，在弱碱性条件（pH 值 8～9）下硫化物被 SOB 转化为单质硫，这一过程通常由耐碱的 *Thioalkalivibrio* 控制；最后，混合液体进入沉淀池进行单质硫的回收。在此工艺中，进气中 90% 以上的硫化物可转化为单质硫（Van den Bosch，2008）。回收的单质硫可作为硫酸、化肥和杀虫剂的生产原料。与工业结晶的硫单质相比，硫化物经生物氧化生成的硫单质具有高亲水性和高生物活性的特点（Kleinjan 等，2012）。在硫化物生物氧化浸出工艺过程中，生物合成的硫单质相对于化学硫单质，更能促进硫酸生成和硫化物矿石的溶解（Tichý 等，1994）。此外，生物合成的硫单质可以直接用作肥料，这在一种含油植物中得到了验证，在添加生物硫后，谷物产量增加了 50%，优于同一研究中使用的商用硫单质（Cline 等，2003）。此外，由于硫的溶解度低，以硫单质驱动自养反硝化修复地下水的硫—石灰石工艺反应速率较低，而生物合成的硫单质可以克服这一缺点，因为它的亲水性将加速传质速率。

7.5.4　代谢中间物回收

SRB 的代谢中间体/产物是资源或能量回收的另一个方向，然而，这只能在对 SRB 的代谢机制和 SRB 与其他微生物之间相互作用的理解基础上进行这种尝试。在不影响硫转化的前提下，工程实施的可行性是一项重要的研究课题。
生物产氢

在富 SRB 系统中，特别是在低浓度硫的环境中，通常可以观察到高水平的氢化酶活性。Tsuji 和 Yagi（1980）首先观察到 SRB 菌种 *Desulfovibrio vulgaris* 分解乳酸过程中产生了 H_2。在 *Desulfovibrio vulgaris Hildenborough* 作用下，以甲酸盐为唯一电子供体，记录的最高 H_2 产率为 $0.6mmol/(L_{medium} \cdot h)$（Martins 和 Pereira，2013）。通过使用鼓泡反应器维持较低

的 H_2 分压（P_{H_2}）以促进反应热力学，可以使产率显著提高到 5mmol/(L_{medium}·h)（Martins 等，2015）。然而，从氢气生产过程中回收的能量是否等同于气体鼓泡的能量尚未可知。Martins 等（2016）提出了 *Desulfovibrio* 利用甲酸盐生成 H_2 的电子传递途径，该能量代谢过程涉及周质酶（[NiFeSe]Hase）的直接电子转移及跨膜电子转移；然而，这两种途径的相对权重是未知的。相反地，*Desulfovibrio gigas* 只通过直接的周质酶途径产生 H_2，完全不涉及跨膜电子转移。*Desulfovibrio gigas* 和 *Desulfovibrio vulgaris* 在氢化酶的数量、类型和位置方面具有明显的差异，从而导致其生成 H_2 性能的不同（*Desulfovibrio vulgaris* 为 0.26mmol/(L·h)；*Desulfovibrio gigas* 为 0.11mmol/(L·h)）。与含有大量氢化酶的 *Desulfovibrio vulgaris* 相比，*Desulfovibrio gigas* 只含有两种氢化酶：节能氢化酶（Ech）和周质酶 HynAB-1（Morais-Silva 等，2013）。

SRB 还可以在生物电化学体系中的阴极催化生成 H_2，固定在碳电极上的 *Desulfovibrio vulgaris Hildenborough* 纯菌培养物可以利用甲基紫精作为氧化还原介质催化 H_2 的生成（Tatsumi 等，1999），而无介质的微生物生物阴极对于电解系统的稳定运行更为有利。因此，富 *Desulfitobacterium* 的无介质阴极得以被开发，达到了比非生物对照组高 4 倍的 H_2 生成率（Villano 等，2011）。此外，*Desulfovibriocaledoniensis* 和 *Desulfovibrio paquesii* 能够直接从石墨阴极接收电子催化制氢的能力得到证实。但将 SRB 应用于 H_2 的合成仍需要进一步的研究。

碳氢化合物

硫酸盐还原过程中的不完全氧化剂通常比完全氧化剂更容易获得底物，例如有机物厌氧降解的中间产物（如 H_2 和/或乳酸），不完全氧化成为主要的代谢途径（Muyzer 和 Stams，2008）。同时，这也导致其代谢过程中产生更多的中间产物。1944 年，Jankowski 和 Zobell 首次记录 *Desulfovibrio* 利用添加有机物或脂肪酸的海水合成 C_{10}-C_{25} 脂肪族碳氢化合物，n-C_{25}-C_{35}-烷烃可能是 *Desulfovibrio desulfuricans* 合成的主要产物（占总碳氢化合物的 80%），且 CO_2 固

定的同时形成 CH_3COO^- 与甲酸盐（Bagaeva，1998）。据推测，这种合成是由 CH_3COO^- 和甲酸通过 CO_2 固定形成的，生成的小分子被还原为醛类，醛类进一步发生缩合，拉长碳链生成碳氢化合物。*Desulfovibrio desulfuricans* 合成碳氢化合物的性能在很大程度上取决于培养基的组成和在气相中 H_2 与 CO_2 的体积比（最佳为 9：1）(Bagaeva，2000)。H_2 的供应有利于细菌的生长以及包括碳氢化合物在内的还原产物的合成。*Desulfovibrio desulfuricans* 胞内碳氢化合物合成的潜力为 0.8%～2.25% 干重。除了 *Desulfovibrio desulfuricans*，*Desulfovibrio desulfuricans G20* 也被用于胞外合成烷烃（Friedman 和 Rude，2012）。总的来说，将 SRB 被用作经济可行的生物催化剂来进行工业生产"完全替代"的生物燃料之前，还有许多困难需要克服。

聚羟基脂肪酸

学者们研究了聚羟基脂肪酸（Polyhydroxyalkanoates，PHAs）在 SRB 中的贮存，以研究它们在不同盐水培养基中合成 PHAs 的能力，发现经苯甲酸酯培养的 *Desulfonema magnum* 表现出最高的 PHA 含量，为细胞干物质的 88%（wt./wt.），这与一些最具商业应用价值的生物相媲美（Hai 等，2004）。*Desulfobacterium autotrophicum*，*Desulfococcus multivorans*，*Desulfosarcina variabilis* 和 *Desulfobotulus sapovorans* 中所含的 PHA 分别为细胞干物质的 11%、27%、22% 和 43%（wt./wt.）。在分批进料的培养模式下，采用废料生产 PHAs 的成本可达 3～5USD/kgPHAs（Roland-Holst 等，2013），远比以油基塑料来进行生产的成本（约为 1USD/kgPHA）高得多（Salehizadeh 和 van Loosdrecht，2004）。生物合成 PHAs 的大部分成本与原料、曝气（如有需要）、灭菌（保持纯菌培养）和 PHAs 的提取有关。乐观地说，在应用基于 SRB 的技术时，废水处理和 PHA 生产之间可以实现成本均摊。

7.6 结论和展望

SANI$^®$ 工艺作为第一种以硫为基础的生物污水/废水处理工艺，已被开发用于处理含盐污

水，可使污泥量显著减少。更重要的是，SANI®工艺为人口稠密的沿海城市和岛屿提供了一个利用海水作为冲厕水资源的机会，同时它还具有对含硫工业废水进行节能处理的能力，用以去除其中的营养元素（未来包括磷）。

我们最近的研究已经证明，Anammox 细菌可以在 SANI®工艺得以富集，有助于处理低浓度含盐污水或化学强化一级处理（Chemically-enhanced Primary Treatment，CEPT）的出水（Deng 等，2019），该 SMOX®（SANIA®）新工艺，将在不久的将来进行工程化研究以更低碳方式处理含盐污水。从硫酸盐污水处理的污泥中回收稀缺的生化物质［如硫酸多糖（Sulphated Polysaccharides，SPs）］（Xue 等，2019），也将为污水资源回收有效走向市场提供一个契机。从技术上而言，通过创新的生化、电化学或综合方法研发基于硫酸盐－硫化物－单质硫循环型处理新技术能进一步降低污水处理厂的能耗。

扫码观看本章参考文献

术语表

符号	含义	单位
a	回流比	—
a_F	比表面积	m^2/m^3
$A_{F,NH4}$	硝化/好氧反应器所需的表面积	m^2/m^3
$A_{F,NOx}$	SdAD 所需的表面积	m^2/m^3
$B_{A,NH4}$	氨的表面比转化率	$gNH_4^+\text{-}N/m^2/d$
$B_{A,NOx}$	硝酸盐/亚硝酸盐的表面比转化率	$gNO_x^-\text{-}N/m^2/d$
b_{ADO}	自养反硝化菌的内源呼吸速率	L/d
b_{ANO}	自养硝化菌的内源呼吸速率	L/d
b_{SOB}	SOB 的内源呼吸速率	L/d
b_{SRB}	SRB 的内源呼吸速率	L/d
CH_3COO^-	醋酸盐	—
CO	一氧化碳	—
COD_c	碳质 COD	$mg\ COD/L$
COD_i	进水 COD 浓度	$mgCOD/L$
E	产生的污泥 COD/利用的 COD	—
E	每天产生的 COD 质量（即活性 SRB 生物量和内源污泥生成量），是 SRUSB 反应器在稳定状态下每天利用的可生物降解有机物质量的一部分	—
E'	每天产生的 COD 质量（即自养反硝化生物量和内源污泥生成量），是缺氧生物反应器在稳定状态下中每天还原硝酸盐通量的一部分（自养反硝化生物量和内源残留的净产量）	—
E''	每天产生的 COD 量（即自养硝化生物量和内源污泥生成量），是好氧区在稳定状态下每天氧化氨通量的一部分	—

符号	含义	单位
E'''	每天产生的 COD 质量（即好氧硫化物氧化生物量和内源污泥生成量），是好氧区在稳定状态下每天被氧化的氨通量的一部分	—
f	正磷酸盐中 $H_2PO_4^-$ 的分数	—
f_{av}	活性生物量分数	—
$f_{av,SRB}$	活性 SRB 分数	—
f_c	碳的质量比	—
$F_{CODb,i}$	处理的可生物降解 COD 质量	—
F_{CODi}	处理的 COD 质量	—
f_{cv}	COD-VSS 比或 COD-溶解性有机物比	—
f_{ED}	内源性残留分数	—
f_h	氢的质量比	—
f_n	氮的质量比	—
f_o	氧的质量比	—
f_{OHO}	普通异养微生物的内源性残留分数	—
FO_{NIT}	硝化氧通量	—
f_p	磷的质量比	—
FSO_4	所需的硫酸盐	—
f_{SRB}	SRB 内源性残留分数	—
$f_{SU,CODi}$	难生物降解可溶性 COD/进水总 COD	—
f_{VT}	活性污泥 VSS/TSS 比	—
$FX_{FSS,i}$	无机悬浮固体的质量	—
$FX_{Iv,i}$	难生物降解颗粒性有机物的质量	—
$f_{XU,CODi}$	难生物降解颗粒性 COD/进水总 COD	—
H_2	氢气	—
H_2S	硫化氢	—
HRT	水力停留时间	h
K_s	半饱和系数	—
K_{S^0}	单质硫的半饱和系数	mgCOD/L
$K_{S_2O_3}$	硫代硫酸盐的半饱和系数	mgCOD/L
K_{SOB,NO_3}	SOB 利用硝酸盐的半饱和系数	mgN/L
$K_{SRB,max}$	Monod 动力学中最大比水解速率常数	mgCOD/(mgCOD·d)
K_{TDSd}	硫化物的半饱和系数	mgCOD/L
M_W	分子量	—
MX_{FSS}	生物反应器中进水颗粒无机物的质量	—
MX_{TSS}	系统中 TSS 的质量	kgTSS
MX_{VSS}	生物反应器中挥发性悬浮固体的质量	—
N_2	氮气	—
N_2O	一氧化二氮	—
NH_4^+	铵离子	—

符号	含义	单位
NIT_c	硝化能力	—
NO	一氧化氮	—
NO_2^-	亚硝酸盐	—
NO_3^-	硝酸盐	—
NO_x^-	氮氧化物	—
Q_i	进水流量	L/d or m³/d
R	再循环比	—
r_{hyd}	体积水解速率	mgCOD/(L・d)
S_{bio}^0	生物单质硫	—
S_{chem}^0	化学单质硫	—
$S_2O_3^{2-}$	硫代硫酸盐	—
$S_4O_6^{2-}$	连四硫酸盐	—
$S_{NHx,e}$	出水 NH_4^+ 浓度	—
$S_{NHx,i}$	进水 NH_4^+ 浓度	—
S_{NO_3}	硝酸盐浓度	—
$S_{NO_3,e}$	出水硝酸盐浓度	—
SO_3^{2-}	亚硫酸盐	—
SO_4^{2-}	硫酸盐	—
SRT	SRUSB 反应器的污泥龄	d
SRT_{AX}	缺氧 MBBR 的污泥龄	d
SRT_{OX}	好氧区污泥龄	d
S_{S^0}	单质硫 COD	mgCOD/L
$S_{S_2O_3}$	硫代硫酸盐 COD	mgCOD/L
S_{SO4}	SRUSB 中硫酸盐浓度	mgSO$_4^{2-}$-S/L
S_{TDSd}	硫化氢 COD	mgCOD/L
$S_{TDSd,ane}$	缺氧区出水总硫化物 COD	mgCOD/L
SVI	污泥体积指数	mL/g
V_{AX}	缺氧生物反应器体积	m³
V_{OX}	好氧生物反应器的体积	m³
V_R	生物反应器的体积	m³
V_{SRUSB}	硫酸盐还原上流式污泥床反应器体积	m³
X_{COD}	颗粒性 COD	mgCOD/L
X_{FSS}	无机悬浮固体浓度	mgISS/L
X_S	可生物降解颗粒性 COD	mgCOD/L
X_{SOB}	缺氧反应器中生物质 COD	mg COD/L
X_{SRB}	SRUSB 中生物质 COD	mg COD/L
Y_{ADO}	自养反硝化菌的产率系数	mgCOD biomass/mgNO$_3^-$-N reduced
Y_{ANO}	自养硝化菌的产率系数	mgCOD$_{biomass}$/mgNH$_4^+$-N
Y_B^i	每摩尔自养反硝化菌可用于氧化还原反应的电子数	—

符号	含义	单位
Y_{SOB}	SOB 的产率系数	$mgCOD/mgNO_3^- \text{-}N$
$Y_{SOB'}$	自养反硝化菌的产率系数	$mgCOD_{biomass}/mgCOD_{degraded}$
Y_{SRB}	SRB 的产率系数	$mgCOD/mgCOD$
Y_{SRBv}	SRB 的产率系数	$mgVSS/mgCOD$
γ_B	SRB 的供电子能力	$e^-\ eq/mol$
γ_B'	SOB 的供电子能力	$e^-\ eq/mol$
γ_B''	自养硝化菌的供电子能力	$e^-\ eq/mol$
γ_B'''	好氧 SOB 的供电子能力	$e^-\ eq/mol$
γ_S	可生物降解有机物的供电子能力	$e^-\ eq/mol$
μ_{ANO}	比增长速率	—
$\mu_{hyd,max}$	厌氧水解的最大比增长速率	L/d
$\mu_{SOB,max}$	SOB 的最大比增长速率	L/d

缩写	含义
AD	自养反硝化
ADM	厌氧消化模型
ADP	二磷酸腺苷
AMD	酸性矿山废水
AMP	单磷酸腺苷
AnFB	厌氧流化床
AnFB-MBR	厌氧流化床膜生物反应器
ANO	自养硝化菌
APS	腺苷酰硫酸
APSR	腺苷 5'-磷酰硫酸还原酶
ATP	三磷酸腺苷
ATPS	三磷酸腺苷硫基化酶
BNR	生物脱氮
BOD	生物需氧量
BOD$_5$	5 日生物需氧量
BPO	可生物降解颗粒性有机物
BSO	可生物降解溶解性有机物
CdS	硫化镉
CEPT	化学强化一级处理
CO$_2$	二氧化碳
COD	化学需氧量
CuS	硫化铜
DMSO	二甲亚砜
DO	溶解氧
D$_p$	反硝化潜力

缩写	含义
DSD	香港特别行政区渠务署
Dsr	异化性亚硫酸盐还原酶
EQ	调节池
FCSD	黄细胞色素 c 硫化物脱氢酶
FeS	硫化亚铁
FGD	烟气脱硫
FMFAR	固定载体填充缺氧反应器
FMS	细格栅
FSA	游离氨和铵盐
GSAD	颗粒污泥自养反硝化
H_2	氢气
Hase(s)	氢化酶
HKIA	香港国际机场
HRT	水力停留时间
IFAS	集成固定膜活性污泥
ISS	无机悬浮固体
MBBR	移动床生物膜反应器
MBR	膜生物反应器
MLSS	混合液悬浮固体
MLVSS	混合液挥发性悬浮固体
N	氮。
NADPH	同化亚硫酸盐还原酶
Nar	硝酸盐还原酶
Ni_2S_3	硫化镍
Nir	亚硝酸盐还原酶
Nor	一氧化氮还原酶
Nos	一氧化二氮还原酶
NSON	难生物降解可溶性有机氮
O_2	氧气
OP	正磷酸盐
ORP	氧化还原电位
PAPS	磷酸腺苷酰硫酸
PBR	填充床反应器
PbS	硫化铅
PH	连多硫酸盐水解酶
PHAs	聚羟基脂肪酸
RO	反渗透
SANI®	硫酸盐还原自养反硝化及硝化一体化
Sb_2S_3	三硫化锑

缩写	含义
SBR	序批式反应器
SCS	硫载体酶系统
SD	沉淀池
SdAD	硫自养反硝化
SO	亚硫酸盐氧化酶
SOB	硫氧化菌
Sox	硫氧化酶
SQR	硫醌氧化还原酶
SRB	硫酸盐还原菌
SRT	污泥停留时间
SRUSB	硫酸盐还原上流式污泥床
STSTW	沙田污水处理厂
SVI	污泥体积指数
SWTF	海水冲厕
TCA	三羧酸循环
TCSPS	东涌污水泵站
TDSd	总溶解性硫化物
TKN	总凯氏氮
TN	总氮
TOC	总有机碳
TP	总磷
TQO	亚硫酸盐氧化酶
TSS	总悬浮固体
TWS	三重供水
UASB	上流式厌氧污泥床
UFCR	上流式反应器
UPO	难生物降解颗粒性有机物
UQ	泛醌
USEPA	美国环境保护署
USO	难生物降解溶解性有机物
VFA	挥发性脂肪酸
VSS	挥发性悬浮固体颗粒
WSD	供水部门
WWTP	污水处理厂
ZnS	硫化锌

第 8 章
污水消毒

Ernest R. Blatchley III

8.1 背景

为了减少具有活性或感染性的微生物病原体数量以及降低人类暴露在污水相关病原体下的风险，处理后的市政污水在排入环境前还需要进行消毒处理。所需的污水消毒程度受处理后的水的用途和受纳水体类型影响。从没有任何消毒要求的排水，到与人体短时间内没有直接或间接接触的水体，到娱乐用水，然后到可食用或不可食用农作物的灌溉用水，再到下游饮用水、生产水，最后到直接饮用水，这些例子中对水的消毒需求跨度很广。

消毒系统的性能受进水水质以及前期所采用的处理工艺影响。消毒工艺通常会设置在污水处理过程工艺末端或接近末端的环节，这是因为此时水中存在的与活性消毒物质形成"竞争"的可溶性或悬浮性物质含量较低。

消毒处理在一些发展中国家并没有被广泛应用。即使是在消毒处理应用最频繁的美国，也有一些场合是不需要或者是只需要在特定季节进行消毒处理的。例如，在美国温带地区，排放许可制度通常只要求在天气温暖的几个月对污水进行消毒处理，因为比起在天气寒冷的月份，天气温暖时人们与受纳水体产生直接接触的概率更高。

大芝加哥都市水利用事业局（Metropolitan Water Reclamation District of Greater Chicago, MWRDGC）曾经开展过一项有趣的案例研究。在 20 世纪 70 年代，该局的一项有重大意义的研究表明，无论有没有对污水进行氯消毒，排放口下游至少 10km 内的微生物数量都没有显著差异；而未接受氯消毒的污水受纳水体中的化学和生态质量甚至处于一个更高的水平。基于这一研究结论，该局成功说服伊利诺伊州环境保护局允许其不进行污水消毒处理。他们的设施也在随后很多年沿用了这样的运行方式。直到近期，迫于芝加哥地区娱乐用水的压力，该局才为运行的 7 套污水回用设施中的 4 套配置了消毒处理工艺。

8.2 指示生物的概念

市政污水出水中的微生物群落通常是由不同分类的微生物组成的高度复杂的混合体。污水样品中常见的微生物病原体包含了各种细菌（营养细胞和孢子），病毒和寄生性原生生物（包括处于静止阶段的，如寄生虫孢子和卵囊）。因此，构建废水中的微生物种类，甚至只是构建微生物病原体种类的完整名录是不现实的。而实际中常通过测量某种或某几种微生物科分类等级下的活菌浓度来表征微生物质量。

指示生物的概念也被运用到了污水样品的检测中。理想状态下，微生物指标可以度量人们暴露于微生物病原体中的风险。指示微生物需要具有以下的特点：在未消毒的废水出水样品中普遍存在；对人类无致病性；结构简单、便宜，可通过已有方法快速检测；与微生物病原体的出现具有密切的联系；对消毒剂的抗性至少与废水样品中可能存在的微生物病原体相同。没有任何一种微生物可以同时满足以上所有要求，但部分微生物群具备了上述多个相应的特性。

最常用于量化污水中微生物质量的指示生物是大肠菌，通常是 *E. coli* 或粪大肠菌。对于排放到海洋水体中的污水，Enterococcus 往往会被用于作为指示生物。通过制定针对这些指标组的污水排放标准，可以实现使最终排放水中的微生物指标符合受纳水体用途的目的。

近年来，人们对病毒在疾病传播中的重要性的认识，促使人们将病毒或病毒替代物的检测加入微生物质量的衡量指标（EPA，2015）。常见的病毒指标包括 F-RNA 噬菌体（F-specific）和体细胞噬菌体，这是两种寄生在（大肠杆菌）细菌细胞的病毒。目前已检测出很多噬菌体具有与重要的人类病毒相似的结构和生理特征。然而，这些噬菌体只能寄生在特定的细菌细胞，对人类没有致病性。目前的分析方法可以量化水样中环境感染性噬菌体的浓度，而其中的一些方法也具备快速、简单且经济的特点（EPA，2015；McMinn 等，2017）。

8.3 卤素（氯）消毒

卤素的化学特性使其可以作为消毒剂使用。具体而言，卤素原子的外部电子壳层比完整的八隅体少一个电子，因此所有卤素都倾向于表现出相似的化学特性，它们可以高效接受电子（也就是说它们可作为有力的消毒剂使用）。同时，卤素也是有效的替代消毒剂。

尽管卤族元素具有相似的化学性质，但它们的消毒功效并非完全等效。氯是目前消毒剂中应用最为普遍的一种卤素，这是因为其经济性高、便于实际应用，且其实践经验的积淀时间长（将近 1 个世纪）。因此，接下来关于卤素的讨论将会集中在氯上面。读者需要明确的是，尽管其他卤素消毒剂（特别是溴和碘）与氯的消毒作用机理有所不同，但它们大体上是类似的。

8.3.1 氯的物理化学性质

"游离氯"指的是存在于溶液中的氧化态的氯（+1 价或 0 价），这种形态的氯趋向于具有高的电子亲和力（即它们是有效的氧化剂）。游离氯以多种形式存在，且其分布有着明确的平衡关系。等式（8.1b）～式（8.4b）总结了 25℃条件下这些平衡和它们各自的平衡常数。平衡常数的值源自 Odeh 等（2014）以及 Deborde 和 Von Gunten（2008）。

$$Cl_2 + H_2O \rightleftharpoons HOCl + H^+ + Cl^- \quad (8.1a)$$

$$K_h = \frac{[HOCl][H^+][Cl^-]}{[Cl_2]} = 1.04 \cdot 10^{-3} M^2 \quad (8.1b)$$

$$HOCl \rightleftharpoons H^+ + OCl^- \quad (8.2a)$$

$$K_a = \frac{[H^+][OCl^-]}{[HOCl]} = 3.39 \cdot 10^{-8} M \quad (8.2b)$$

$$HOCl + HOCl \rightleftharpoons Cl_2O + H_2O \quad (8.3a)$$

$$K_{Cl_2O} = \frac{[Cl_2O]}{[HOCl]^2} = 8.7 \cdot 10^{-3} M^{-1} \quad (8.3b)$$

$$Cl_2 + Cl^- \rightleftharpoons Cl_3^- \quad (8.4a)$$

$$K_{Cl_3^-} = \frac{[Cl_3^-]}{[Cl_2][Cl^-]} = 0.18 M^{-1} \quad (8.4b)$$

这些平衡表达式表明，游离氯的形态会受到溶液的基本化学性质（包括 pH 值和氯离子浓度）的影响。图 8.1 阐明了水中游离氯形态随 pH 值的变化情况，该水样中含有 5.0mg/L（7.0×10^{-5} M）的游离氯和 10^{-4} M（3.6mg/L）的氯化物（Cl^-），代表了自来水或者一般的市政污水出水余氯的情况。

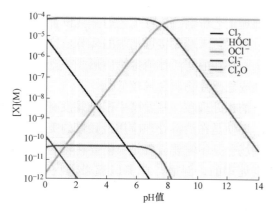

图 8.1 游离氯的形态分布图。此样品在 25℃条件下含有 7.0×10^{-5} M 的游离氯和 10^{-4} M 的氯离子，可代表自来水或一般的污水出水中余氯的情况

对于图 8.1 中所示的情况，游离氯的存在形态主要为 HOCl 和 OCl^-，这两种形态之间的分布受 pH 值的控制（$pK_a \approx 7.47$）。当 pH 值接近中性时，HOCl 和 OCL^- 的摩尔浓度比其他形

态的游离氯至少高 5～6 个数量级。当需要评估这些系统中微生物对氯暴露的响应时，HOCl 和 OCl⁻ 可能占主导地位。而在这一点上，HOCl 通常被认为是比 OCl⁻ 更有效的消毒剂。由于其他形态游离氯的浓度相对较低，它们对消毒效果的贡献可忽略不计。

另一方面，微量的游离氯可能与基于氯的消毒系统中的化学过程相关。关于这些其他形态游离氯重要性的一个例子是它们可以作为取代剂，尤其是分子氯（Cl_2）和一氧化氯（Cl_2O）的取代效果往往比 HOCl 和 OCL⁻ 好。涉及 Cl_2 和 Cl_2O 的反应的速率常数比涉及 HOCl 和 OCl⁻ 的大许多个数量级（Blatchley 和 Cheng，2010；Sivey 等，2010）。因此，Cl_2 和 Cl_2O 可以显著促进涉及游离氯反应的反应动力学。

式（8.5b）～式（8.9b）总结了包含游离氯的化合物的电化学行为，以及每种化合物的标准还原电位（Standard Reduction Potential，SRP）的文献报道值[1]：

$$Cl_{2,aq} + 2e^- \rightarrow 2Cl^- \qquad (8.5a)$$
$$SRP = 1.36V \qquad (8.5b)$$
$$HOCl + H^+ + 2e^- \rightarrow H_2O + Cl^- \qquad (8.6a)$$
$$SRP = 1.49V \qquad (8.6b)$$
$$OCl^- + H_2O + 2e^- \rightarrow Cl^- + 2OH^- \qquad (8.7a)$$
$$SRP = 0.90V \qquad (8.7b)$$
$$2H^+ + Cl_2O + 4e^- \rightarrow H_2O + 2Cl^- \qquad (8.8a)$$
$$SRP = n.a. \qquad (8.8b)$$
$$Cl_3^- + 2e^- \rightarrow 3Cl^- \qquad (8.9a)$$
$$SRP = n.a. \qquad (8.9b)$$

式（8.5）～式（8.9）中所示的电化学半反应构成了这些化合物的电化学当量的基础。具体而言，这些反应表明了式中所有形态的游离氯的每个分子均具备接收 2 个电子的能力（Cl_2O 分子除外，每个 Cl_2O 分子可接收 4 个电子）。上述信息构成了游离氯的基本定义：

$$游离氯 = [Cl_2] + [HOCl] + [OCl^-] +$$
$$2 \cdot [Cl_2O] + [Cl_3^-] \qquad (8.10)$$

式（8.10）比文献中通常提供的游离氯的表达式更详尽，其囊括了以痕量浓度存在的游离氯（即 Cl_2、Cl_2O 和 Cl_3^-）的贡献。而一般情况

下，游离氯的定义只包括 HOCl 和 OCl⁻，也有可能包括 Cl_2，因为它们在系统中的摩尔浓度占比很高。

上述对游离氯行为的介绍只提供了关于游离氯的分布以及游离氯主导余氯时的行为信息。然而，在污水出水中，氯的化学行为也会受到溶液中存在的其他成分的影响。

游离氯可以与溶液中包括氨氮在内的很多化合物反应。总体而言，游离氯与氨氮之间的反应明确了所谓的"氯胺化处理"和"折点加氯法"的机理。这些过程由游离氯和氨之间的两组反应控制。第一组反应为取代反应，即 +1 价的氯取代氨中的质子（H^+）。这可以使以 HOCl 形态存在的游离氯转化为无机结合态的氯：

$$HOCl + NH_3 \rightleftharpoons NH_2Cl + H_2O \qquad (8.11)$$
$$HOCl + NH_2Cl \rightleftharpoons NHCl_2 + H_2O \qquad (8.12)$$
$$HOCl + NHCl_2 \rightleftharpoons NCl_3 + H_2O \qquad (8.13)$$
$$NH_2Cl + NH_2Cl \rightleftharpoons NHCl_2 + NCl_3 \qquad (8.14)$$

反应式（8.11）～式（8.13）的结果是无机氯胺：NH_2Cl（一氯胺），$NHCl_2$（二氯胺）和 NCl_3（三氯胺或三氯化氮）的形成。式（8.14）有时被认为是歧化反应，它使一氯胺得以转化为二氯胺。这 4 个取代反应都是可逆的。反应式（8.14）的前半部分通常需要酸催化，这意味着它在任何可提供质子（H^+）的条件下均可被促发，包括在低 pH 值和含有高浓度供质子化合物的溶液中（如 pH 缓冲液）。需要注意的是式（8.11）～式（8.14）中均未发生氧化还原反应。

第二组反应是氧化还原反应，在此过程中 +1 价氯将被还原为氯离子（Cl^-），同时还原性 N 被氧化。这些氧化还原反应的速率差异很大。Jafvert 和 Valentine（1992）以及 Wahman（2018）的工作提供了这些反应及其动力学的综合摘要。这些氧化还原反应具有一个有趣的特点，即所有的反应过程均直接或间接地通过 $NHCl_2$ 来进行。因此，任何促进 $NHCl_2$ 形成的行为都可以促进这些氧化还原反应，从而降低结合态余氯的稳定性。促进 $NHCl_2$ 形成的具体方法包括降低体系的 pH 值或提高体系中 Cl：N 的比值。

---

[1] SRP 数值来自 White（1992）。

总之，上述的取代反应和氧化还原反应将控制余氯在各种形态的游离氯与无机结合态氯之间的分布。对于市政污水的处理出水，即使经过了生物硝化过程，氯接触室的进水端几乎总是存在少量的氨氮，其浓度通常为 0.5～1.0mg/L（以 N 计）（McCarty，2018）。因此，无机氯胺（尤其是 NH_2Cl）很可能在废水氯化消毒过程中占主导地位。

Wahman（2018）开发并提供了基于网络的用于模拟游离氯与氨氮之间反应的程序。图 8.2 阐明了在一个正常运行的生物硝化系统下游立即进行氯化消毒的废水中的余氯分布情况。该模拟假定 NH_3-N 浓度为 0.5mg/L（以 N 计），pH 值为 7.5，碱度为 150mg/L（以 $CaCO_3$ 计），且所示的反应进程评估是在消毒 60min 后进行。

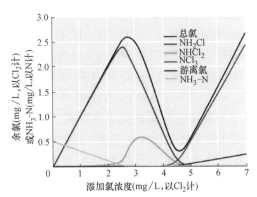

图 8.2　pH=7.5，初始 NH_3-N 浓度为 0.5mg/L（以 N 计），碱度为 150mg/L（以 $CaCO_3$ 计）条件下的折点加氯曲线。模拟结果来自 Wahman（2018）的模型

由图 8.2 我们可以得知，若非采取了能完全除去 NH_3-N 的处理措施，市政污水中残留的氯很可能主要以 NH_2Cl 的形态存在。在图 8.2 中所采用的模拟条件下余氯几乎全部以 NH_2Cl 的形态存在。在添加的氯浓度超过大约 4.5mg/L（以 Cl_2 计）时，可以观察到临界点的出现。这意味着 Cl：N 的摩尔比大约为 1.8。如果游离氯的添加量大于上述值，那么余氯将以游离氯的形态大量存在，但是绝大多数加入系统的氯都将通过氧化 NH_3-N 而被消耗。也就是说，这种氯利用效率低下的情况在大部分实际应用中是不会出现的。

余氯的存在形态对于消毒效果有很大的影响。尽管消毒的效果在不同的消毒条件以及微生物种类情况下是不相同的，但总体而言，NH_2Cl 的消毒效果远不如 HOCl。例如，在 20℃、pH 值为 7.5 的条件下，游离氯对 *Giardia* 的孢子的灭活效果大约是 NH_2Cl 的 250 倍；同样条件下游离氯对病毒的灭活效果是 NH_2Cl 的 16 倍（Malcolm Pirnie 和 HDR Engineering，1991）。因此，即使 NH_3-N 的浓度很低，也会导致体系中的氯以 NH_2Cl 而非游离氯的形态存在。相比于游离氯，转变为无机结合态的氯，实质上全部会以 NH_2Cl 的形态存在，这会影响消毒的效果。

含有+1 价氯元素的化合物的消毒剂比其他种类的消毒剂更加稳定。这有利于防止在废水消毒处理之后病原体发生再生长。然而，在某些废水消毒的应用中，这一特性反而是不利的，因为水中残留的氯化物对于鱼类和其他水生动物来说是具有毒性的。也正因为如此，在一些情况下需要对排出的污水进行脱氯处理。

脱氯是通过控制性添加能够快速与氯反应的化学物质来实现的。最常用的脱氯剂是含有还原性硫（S [Ⅳ]）的化合物，例如亚硫酸氢钠。亚硫酸氢钠脱氯机理的化学计量式如下所示：

$$HOCl + HSO_3^- \Longrightarrow SO_4^{2-} + 2H^+ + Cl^-$$

$$(8.15)$$

$$NH_2Cl + HSO_3^- + H_2O \Longrightarrow SO_4^{2-} + H^+ + NH_4^+$$

$$(8.16)$$

反应式（8.15）和式（8.16）的化学平衡都位于式子右边，且两者的正向反应都非常迅速。这样的特性有助于简化脱氯过程中脱氯剂（以 HSO_3^+ 计）投加量的控制，即脱氯剂投加量可以通过实时监测得到的余氯浓度以及流量来确定。在很多时候，脱氯剂的投加量都会略高于计算得到的理论值，这样就可以确保完全去除+1 价的氯元素。脱氯后残留在水中的亚硫酸氢盐是相当温和的，不会对排放点下游的水生生物构成威胁。

需要注意的是，亚硫酸氢盐脱氯的反应会产生 H^+，即基于 S（[Ⅳ]）的脱氯过程会消耗碱度。对于缓冲能力较差的水体，脱氯反应将会导致体系中 pH 值下降。这个问题可以通过投加合适的 pH 缓冲剂（如碳酸盐类物质）来解决。

8.3.2 氯的消毒机理

氯往往能够与微生物和重要的生物大分子广泛、非选择性地发生反应（Virto 等，2005）。+1 价氯灭活微生物存在着多种潜在机制，了解氯与生物分子间发生的化学反应有助于我们进一步认识氯消毒的原理。

游离氯，特别是 HOCl，可以与有机胺类快速反应生成相应的 N-氯衍生物，通常这些化合物在之后的氧化还原反应中的反应速率较慢。含有胺基的重要生物分子包括核酸碱基［嘌呤（腺嘌呤、鸟嘌呤）和嘧啶（胞嘧啶、尿嘧啶、胸腺嘧啶）］，蛋白质及组成其的氨基酸。HOCl 与这些生物分子发生反应的机理类似于折点加氯法（Shang 等，2000）。在革兰氏阳性菌和革兰氏阴性菌纯培养过程中发生的氯化反应也发现了相似的反应行为（Shang 和 Blatchley，2001）。游离氯与细菌的反应最终会导致细胞膜损伤和细胞内物质泄漏到溶液中。然而，造成膜损伤需要的氯暴露剂量要远超于灭活细菌（即令细菌丧失繁殖能力）所需要的量（Virto 等，2005）。

游离氯已被发现可以实现对大多数病毒的快速灭活，这可能是由病毒的结构导致的。确切地说，大部分病毒都由核酸（DNA 或 RNA）组成，这些核酸被蛋白质构成的衣壳包裹着，而 +1 价氯则可以与核酸和蛋白质快速发生反应。

尽管长期以来，氯被作为消毒剂及氧化剂应用于水与废水的处理中，但实际上它也存在着很多缺点。其中最值得关注的就是消毒副产物（Disinfection By-products，DBPs）。在经过氯消毒处理的废水中已鉴定出超过 700 种 DBPs（Krasner 等，2006），而且很可能还存在着一些未被识别的 DBPs。在这些 DBPs 中，很多化合物表现出一种或多种类型的毒性作用。

氯消毒的另一个问题是氯对某些微生物病原体不具备灭活作用。具体来说，+1 价氯对很多原生动物寄生虫的影响很小，特别是当他们处于休眠期时。最好的一个例子就是氯对 *Cryptosporidium* 卵囊的灭活效果很差（Murphy 等，2015）。

氯消毒存在的这些重要的局限性促进了人们对其他消毒剂的研究。另外两种很常见用于替代加氯消毒的废水消毒方法是过酸消毒和紫外线（UV）辐射。

8.4　过酸消毒（过氧乙酸）

过酸是一种包含一个或多个过氧基团（-O-OH）的有机消毒剂。这类化合物与过氧化氢（H_2O_2）具有相似的结构和功能，并且在实际应用里与 H_2O_2 在溶液中处于平衡状态。如下所述，有机过氧化物与 H_2O_2 之间存在的协同作用与其在消毒中的应用相关联。

过酸化合物在实际的消毒或氧化中已经得到了广泛应用。如药品生产、医疗保健、表面消毒、纸浆/纸张漂白工艺、压舱水处理、食品和饮品生产、冷却塔中的生物膜控制，以及近年来的废水消毒（Block，2001；Luukkonen 和 Pehkonen，2017）。这些应用的推进有赖于过酸的广谱抗菌性以及其形成 DBPs 的潜力较低。过酸消毒过程中产生的主要 DBPs 包括其自身降解产生的羧酸和一些过酸与天然有机物反应生成的醛类（Luukkonen 和 Pehkonen，2017；Santoro 等，2007）。

在废水消毒的实际应用中，过酸可以通过将羧酸和过氧化氢按适当比例混合，按照需要在现场生产。对于最常用的过酸消毒剂过氧乙酸（Peracetic Acid，PAA），也可以直接通过购买市场上的合剂来获得。过酸消毒系统能够被改造成现有的氯接触消毒单元，因此，其物理外观和总占地面积与氯消毒系统都非常相近。

PAA 性质相对稳定，可以储存使用。基于 PAA 的消毒系统可以很轻易地开启或关闭，这有利于更好地适应流量上的变化以及峰值流量时的水流条件。一种可能的运行模式是将 PAA 与紫外消毒系统联用，其中可以将紫外消毒系统设计成在正常流量的情况下运行，而 PAA 系统则通过联机实现对高流量或者峰值流量条件下消毒效果的把控。这使得紫外消毒系统的设计和安装启用可以适应大多数的操作运行条件，而 PAA 系统则负责处理超出紫外系统设计工况的部分。此系统可以有效地节约紫外消毒系统的成本，同时也可以适应市政污水的流量变化，特别是对于那些服务多个社区的污水处理厂。

8.4.1　过酸的物理化学性质

过酸消毒剂可以通过在过氧化氢中添加羧酸制备。这一过程是可逆的，可由以下的一般反应式表示：

$$R-COOH + H_2O_2 \rightleftharpoons R-COOOH + H_2O$$
$$(8.17)$$

这一过程的正向反应为酸催化反应，最常用的过酸是 PAA 和 CH_3COOH，其形成过程如下所示：

$$CH_3COOH + H_2O_2 \rightleftharpoons CH_3COOOH + H_2O$$
$$(8.18)$$

由于这是一个可逆反应，反应物和产物之间可以建立起平衡关系，并可以用如下定量关系对室温下的 PAA 浓度进行定量描述（Luukkonen 和 Pehkonen，2017）：

$$K_{eq} = \frac{[CH_3COOOH]}{[CH_3COOH][H_2O_2]} = 2.10 - 2.91M^{-1}$$
$$(8.19)$$

PAA 可通过市场购买获得，其典型成分（w/w）为 15% PAA，25% H_2O_2，35% 乙酸和 25% 水（Santoro 等，2007）。PAA 是一种弱酸（Luukkonen 和 Pehkonen，2017；Santoro 等，2007），在常见的消毒温度下其 pK_a 值为 8.0～8.2。由于中性（质子化）形态的过酸消毒能力最强，其酸/碱平衡状况会影响消毒效果。因此，当废水的 pH 值小于过酸的 pK_a 值时，过酸应用于废水消毒是可行的。PAA 溶液会缓慢失效，可以通过添加具有稳定功能的化合物来解决，比如二吡啶甲酸或焦磷酸钠（Santoro 等，2015）。

过甲酸（Performic Acid，PFA）和过丙酸（Perpropionic Acid，PPA）也已经被作为消毒剂使用。然而，这两者的应用远不如 PAA 相关的应用广泛。一般来说，过酸的稳定性随着脂肪链长度的增加而提高。实际上，由于 PFA 非常不稳定，通常需要在现场进行制备，这也使得其应用难度较大。另一方面，随着脂肪链长度的增加，出水中的有机碳含量也会增加，这提高了消毒处理后水中微生物再生的可能性。PAA 似乎具有这些特性的最佳调和，因此成为过酸中使用最广泛的消毒剂。

8.4.2 过酸的消毒机理

过酸的消毒和氧化过程与其自身衰变紧密相

关。具体而言，过酸可以通过过氧键的均裂产生自由基。以 PAA 为例，进行的反应如下：

$$CH_3COOOH \rightarrow CH_3COO^{\cdot} + HO^{\cdot}$$
$$(8.20)$$

这个反应会引发接下来的一系列反应，从而生成一系列的活性氧化物（Reactive Oxygen Species，ROS），包括超氧阴离子（$O_2^{\cdot -}$），过氧化氢自由基（$HO_2^{\cdot}$），以及酰基和过氧自由基（Luukkonen 和 Pehkonen，2017）。其中，羟基自由基（$HO^{\cdot}$）被认为在消毒过程中起主要作用（Block，2001）。

过酸对微生物的灭活作用与其对几种重要生物分子的攻击有关。已被证实对微生物灭活有重要贡献的特异性反应包括对酶中巯基（-SH）和硫基团（S-S）的氧化、蛋白质的变性、生物膜化学渗透功能的破坏、DNA 碱基的损伤以及过氧化氢酶的失活（Block，2001；Luukknone 和 Pehkonen，2017；Sanotoro 等，2007）。另一个反应机制是协同，是已有报道的过酸和过氧化氢之间的协同作用因为过氧化氢酶可以显著地使作为消毒剂的过氧化氢失效。而在没有过氧化氢酶存在的体系中，过氧化氢就可以很好地发挥其在消毒上的作用（Block，2001）。

8.5 紫外线消毒

紫外线（Ultraviolet，UV）消毒系统通过光化学反应损伤一种或多种关键的生物分子来实现微生物灭活。因此，想要了解紫外线消毒的过程，必须先了解紫外线辐射，以及光化学过程中的基本原理。

8.5.1 光化学定律

几位杰出的科学家研究出光化学的"三大定律"，以助于理解光化学反应过程中的动力学：Grotthus-Draper 定律[2]（也被称为光化学第一定律或光化活性原理）指出只有被体系吸收的电磁辐射（光子）才能引发光化学反应；Stark-Einsten 定律[3]（也被称为光化学第二定律，光化学

---

[2] 光化学第一定律的一个重要例外是涉及光敏作用的反应，光敏作用是指紧邻目标分子的分子会吸收光子，随后通过碰撞将吸收的能量转移到目标分子上。

[3] 光化学第二定律也有一些例外。一个重要的例子涉及使用强大的辐射源（例如一些激光器），这些辐射源能够将光子以足够快的速度施加到目标上，进而允许发生所谓的"多光子"过程。在这些过程中，在与第一个被吸收的光子有关的能量通过光化学或光物理过程消散之前，可能不止一个光子会被目标分子吸收。这些强辐射源在实际应用中很少被使用。就其本身而论，Stark-Einsten 定律还是适用于大多数的实际应用。

当量定律或者光当量定律）指出在光化学（或光物理）过程中，一个被吸收的光子只活化一个分子；Bunsen-Roscoe 定律（有时被称为光化学第三定律）表明光化学反应的程度根据被目标吸收的辐射剂量决定，反过来辐射的剂量根据光子传递到光化学反应目标的效率和暴露的时间决定。总体而言，光化学定律建立了光子和分子之间的一一对应关系，同时也表明了辐射剂量是控制光化学反应程度的主要变量。这些定律还表明了光化学反应只有在光子的能量等于或超过键能时才能发生。

图 8.3 展示了一系列常见的化学键以及它们键能的代表值，并阐明了在可见光和紫外线辐射波长范围内光子和分子间的当量关系。图中的数据表明紫外辐射的波长所包含的能量足以使化学键发生均裂。这种光子能量和键能之间的对应关系决定了大多数光化学反应都涉及紫外辐射。

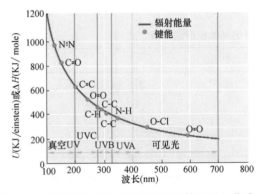

图 8.3　光子能量（U）与波长的函数关系。曲线上的点是已报道的常见化学键的平均键能（ΔH）。图像下方的是不同辐射类型所对应的波长范围。平均键能的数值可从专门的网站上获取[4]

此外，图 8.3 的底部指出了名义上的可见光（即人体肉眼能感觉到的波长范围内的光）以及紫外线区中的 UVA、UVB、UVC 和真空紫外线（VUV）等二级分类的波长范围。需要注意的是，不同文献对这些二级分类的光的具体波长范围有不同的定义。

8.5.2　光化学反应动力学原理

光化学定律指出了光化学反应发生的两个必要条件。一是光子必须被目标分子吸收；二是被吸收的光子的能量必须足以破坏已存在的化学键而形成新的键。如果可以同时满足这两个条件，那么就有可能发生光化学反应，但也不是一定会发生。如果两个条件的其中一个不能满足，光化学反应就无法进行。

这些定性条件决定了光化学反应何时能发生，但它们并不能提供确定这一过程的速率的信息。光化学反应速率的定量描述可以仿照热化学过程（特别是双分子反应）的逻辑来确定。表 8.1 总结了基元双分子（热力学）反应和光化学反应的速率表达式。

首先，考虑到基元反应从根本上来说是两个分子 B 和 C 的碰撞形成一种或多种产物。这一过程要求 B 和 C 之间的碰撞能量要足以破坏一个或多个化学键或形成新的键。其速率表达式可以分解为两个过程。反应物的浓度（[B] 和 [C]）（或者更正式的说法是反应物活性）可以被认为是它们与其他分子发生碰撞的可利用率的象征；这一过程的速率与 [B] 和 [C] 呈线性关系。产物：

$$A \cdot [B] \cdot [C] \qquad (8.21)$$

代表了 B 和 C 间碰撞的频率。指数项：

$$\exp\left(-\frac{E_a}{R \cdot T}\right) \qquad (8.22)$$

描述了那些能量足以发生反应的碰撞比例。通常反应速率会以更简短的形式表示：

$$\frac{\mathrm{d}[B]}{\mathrm{d}t} = -k \cdot [B] \cdot [C] \qquad (8.23)$$

其中，k 表示可以扩展为如下形式的二阶反应速率常数：

$$k = A \cdot \exp\left(-\frac{E_a}{R \cdot T}\right) \qquad (8.24)$$

当在微观层面应用时，式（8.24）表明空间中某一点的双分子基本反应速率由该点存在的条件，包括局部温度和反应物的局部活性控制。在很多化学以及生物化学反应体系中，混合条件使反应物浓度在大空间范围内基本均匀或接近于均匀。

---

[4] www.butane.chem.uiuc.edu/pshapley/environmental/114/1.html。

光化学动力学也可以用类似于基元反应的逻辑来描述，但需要引入与光化学相关的术语和过程变量。如上所述，当光子中的能量被目标分子吸收时，光化学反应就会发生；该过程可以通过表 8.1 中的光化学反应基本速率表达式进行表述。其中，速记符号"$h\upsilon$"表示频率为"υ"的光子所具有的能量（h=普朗克常数）。符号 E_i 代表入射到目标分子上的辐射（在已知波长下）通量率；也可以被视为是光子在某一位置的可利用率。符号 ε 代表分子的摩尔吸收系数，即目标分子吸收已知波长的入射光子的效率。符号 Φ 表示量子产率，即在已知波长下发生反应时光子被吸收的比例。最后，符号 Q_e 为已知波长的辐射的能量。

正如基元反应那样，光化学反应的基础动力学表达式也可以被拆解。商数：

$$\frac{2.303 \cdot E_i \cdot \varepsilon \cdot [B]}{Q_e} \tag{8.25}$$

为入射光子被目标分子吸收的速率，而量子产率为反应发生时光子被吸收的比例。在很多情况下，光化学过程的速率可以被简化为以下形式：

$$\frac{\mathrm{d}[B]}{\mathrm{d}t} = -k' \cdot E_i \cdot [B] \tag{8.26}$$

其中，符号 k' 代表光化学反应速率常数，展开式如下：

$$k' = \frac{2.303 \cdot \varepsilon \cdot \Phi}{Q_e} \tag{8.27}$$

光化学动力学的速率表达式适用于局部水平。这对于理解光化学反应的动态行为至关重要，因为这些系统中的注量率场通常具有很大的空间梯度。由于局部的光化学过程速率与局部注量率呈正比，因此局部注量率的梯度会导致局部光化学反应速率也表现出同样大的梯度。这一点将在讨论光化学反应器中的动力学时进行论证，这对光反应器的分析、设计和性能有深远的影响。

基元双分子（热力学）反应和光化学反应的基本反应速率表达式　　　　表 8.1

反应类型	反应表达式	动力学表达式
基元双分子（热力学）反应	B+C→产物	$\dfrac{\mathrm{d}[B]}{\mathrm{d}t} = -A \cdot \exp\left(-\dfrac{E_a}{R \cdot T}\right) \cdot [B] \cdot [C]$
基础光化学反应（光解）	B+$h\nu$→产物	$\dfrac{\mathrm{d}[B]}{\mathrm{d}t} = -\dfrac{2.303 \cdot E_i \cdot \varepsilon \cdot [B] \cdot \Phi}{Q_e}$

8.5.3　紫外线辐射的微生物灭活机理

暴露在 UVB 和 UVC 辐射下的微生物被灭活的主要机理是 UVB 和 UVC 对核酸（DNA 和 RNA）以及蛋白质造成了直接的光化学损伤。其中核酸可以有效吸收 UVB 和 UVC 辐射（有时被称为"杀菌紫外线"）。

图 8.4 阐明了从常见的海藻、水生细菌和原生动物寄生虫中提取出来的 DNA 的标准化吸收光谱。尽管这些生物体存在差异，但它们的 DNA 吸收光谱形状惊人地相似，都在 260nm 附近出现吸收峰值，而在此值前后波长处的吸收值逐渐降低。这三种 DNA 提取物对波长小于约 240nm 的光都表现出强烈的吸收。

对 UVC 和 UVB 辐射的吸收会促进核酸链中相邻碱基之间的反应，在相邻的嘧啶碱基中尤其如此，其中胸腺嘧啶的反应效率最高。紫外线

照射核酸产生的两种最常见的反应产物是环嘧啶二聚体（Cyclopyrimidine Dimers，CPDs）和

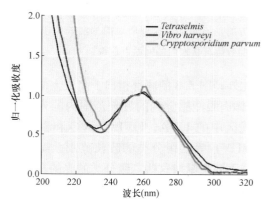

图 8.4　从三种水生生物提取的 DNA 的吸收光谱：*Tetraselmis*（一种海藻），*Vibrio harveyi*（一种细菌），*Cryptosporidium parvum*（一种常见的原生动物寄生虫）。这些吸收光谱根据在 254nm 处测得的值进行标准化处理

6-4光产物（图8.5）。这些反应以及其他形式的光化学损伤有时会被称为核酸分子内的"病变"。一定数量的病变积累会导致微生物失去生存能力或者传染性。

UVC辐射也可以造成蛋白质损伤。这对于那些通常核酸分子被蛋白质组成的衣壳包裹的病毒来说尤为重要。当辐射波长低于约240nm时，对衣壳的损伤往往变得更加严重，因为此时蛋白质吸收辐射的效率最高。衣壳在病毒附着到特定宿主细胞上时发挥着关键作用。如果病毒粒子无法附着到宿主上，那么宿主也可以免于被感染。一些病毒对这些波长相对较短的光的敏感度会由于衣壳蛋白的光化学损伤而增强（Eischeid和Linden，2011年）。

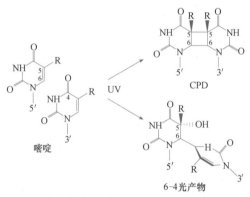

图8.5　产生CPD和6-4光产物的光化学
反应示意图。图片来源：Li等（2006）

8.5.4　杀菌紫外线源

最常见的杀菌紫外线源是汞（Hg）放电灯。图8.6为一般的放电灯结构的示意图。在该系统的电极之间施加电压会导致电子（e⁻）从阴极迁移到阳极。电子和灯内部气体之间的反应会引起辐射的发射。

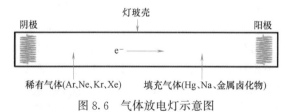

图8.6　气体放电灯示意图

常见的汞灯有两种。应用最广的杀菌紫外线源是低压（Low-pressure，LP）汞灯，其特征是汞的分压约为$10^{-3}\sim10^{-2}$托。电子、稀有气体分子和汞原子之间的碰撞会导致汞的电子激发。激发态的汞原子可以通过释放光子回到较低能量或基态条件。激发态汞最主要的两种射线波长分别为253.7nm和185nm。

目前已经发展了汞齐灯作为常规低压汞灯的替代品。在汞齐灯中，汞与其他金属混合形成固态汞合金。汞合金作为系统中汞的压力缓冲物。相比传统低压汞灯，汞齐灯可以在更高的温度（约80℃）下运行，这可以使其产生更高的功率。然而，就峰的位置和相对高度而言，汞齐灯的输出光谱与传统低压汞灯基本一致。

中压（Medium-pressure，MP）汞灯中汞的分压约为75托（约0.1atm）。在这些条件下，产生光子的物理现象包括一些在低压汞灯中没有发生的过程。因此，中压汞灯的输出光谱与低压汞灯有很大的不同。具体而言，中压汞灯在约200～240nm波长之间有一个宽的"驼峰"，而且在整个紫外线以及可见光的波长范围内都存在着清晰可见的线条。图8.7展现了低压（汞齐）和中压汞灯的归一化输出光谱。

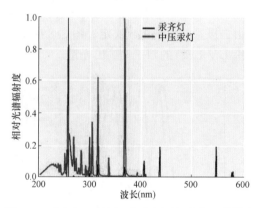

图8.7　汞齐灯（低压）与中压汞灯的归一化输出光谱。每个灯的光谱根据其各自的光谱峰值进行了归一化处理（数据来源：Trojan Technologies）

低压汞灯的特点是其输出功率主要由254nm的情况决定，这也与核酸吸收光谱的波长接近。另外，低压汞灯的电光转化效率约为35％～40％。尽管具有相对高的效率，但是由于传统低压汞灯的能量输出密度不高，在一些应用场景中需要使用大量的灯。汞齐灯的应用改善了这一状况，但基于汞齐灯的系统仍需要一定数量的灯，这也增加了系统的复杂程度。

中压汞灯的输出功率比低压汞灯高1～2个数量级。然而，由于中压汞灯的电光转化效率约为 10%，相比低压汞灯，其需要更高的输入电功率来满足给定的输出功率要求。

低压汞灯和中压汞灯的一个重要缺点就是其结构中包含汞。全球范围内减少或消除使用汞的压力越来越大。《水俣公约》是一项倡导减少或消除商业及工业用汞的国际条约（EU，2011）。《水俣公约》包含了对某些尚未出现或未证明具有替代品的汞制品应用的免责条款，其中重要的一项就是所谓的"荧光"灯，它们也含有汞。这些光源和低压汞灯的电子学原理相同，由于效率高，在许多应用中受到了青睐。迄今为止，《水俣公约》或者其他国际条约中并没有规定要取消使用汞灯来产生紫外辐射。然而，开发和实施产生紫外线辐射的替代来源面临着越来越大的压力。

其中最有前景的紫外线替代光源是紫外线发光二极管（UV LEDs）。像所有 LED 一样，UV LED 是半导体元件，遵循电致发光原理，它们通过电子和空穴的复合而发出电磁辐射（光）（Held，2009）。UV LED 不含汞，它们的输出光谱由二极管的元素组成决定。图 8.8 展示了几种市售 UV LED 的归一化输出光谱。

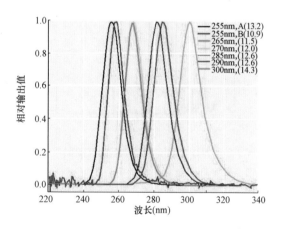

图 8.8　几种市售 UV LED 的归一化输出光谱。图例中的数值即制造商在每个 LED 上标明的峰值波长。水平基准线表示最大相对输出值的 50%。图例中括号里面的值表示输出值为最大输出值 1/2 时的光谱带宽。数据由 AquiSense 提供

市售的 UV LED 具有重要的优势，因为它们本质上是即时的"开/关"光源，不需要预热时间。而且，它们的输出光谱由组成二极管的元素决定，因此可以选择具有与应用条件相适应的

输出光谱的 UV LED。在消毒应用中的一个例子是使用输出中心在 270～280nm 附近的 UV LED。与提供接近 260nm（此时核酸吸收 UV 达到峰值）的光源相比，这些 UV LED 的电光转化效率更高，使用寿命更长且价格更便宜。而且，相比于 260nm，通常 270～280nm 的光在水溶液中具有更高的透射率。因此，与波长相对较短的辐射相比，这些设备的输出辐射可以更有效地穿透被消毒的流体。

与汞灯相比，当前市售的 UV LED 灯的输出功率往往不大且电光转化效率不高。然而，历史趋势表明，当对 LED 的需求增加时，其输出功率和电光转化效率将随之增加，设备的单位成本也将下降。近年来，随着 UV LED 在水处理领域的应用增加，这一趋势也逐渐显现。

8.6　消毒动力学

建立数学模型来描述消毒动力学的逻辑是基于描述化学和光化学反应的本征动力学的基本理论。然而，必须认识到消毒作为一个末端工艺，本质上比初级化学反应更为复杂，因为它可能涉及众多生化反应。此外，消毒工艺的终点是微生物种群生理行为或响应的变化，而化学反应的终点则是反应物的消耗或产物的生成，测量这种变化量要比测量微生物的灭活更直接和精确。

在这些模型中需要考虑的另一个与消毒工艺最相关的要点是，消毒的终点是使病原体丧失生存能力或感染宿主细胞的能力。但在消毒条件下，部分致病细菌仍具有活性且能够进行繁殖，这种能力通常可通过基于培养的方法来证明。而对于寄生生物，如原生生物或病毒，它们的能力是以感染宿主细胞并完成生命周期作为终点的，病毒和原生动物的传染性检测还包括样本的孵化，以确认感染和生命周期的完成。更为广泛地说，微生物活性及传染性的消失是衡量消毒效果的黄金标准。因此，除非可以证明有另一种分析方法可以产生相类似的结果，用于描述消毒过程动力学的数学模型应该基于活性或传染性作为其终点。

总的来说，这些特点决定了用于模拟消毒过程动力学的数学模型需要结合实际经验和理论。大多数消毒动力学模型都涉及基于化学或光化学

反应动力学基本原理的理论基础。但是，这些模型也需要根据微生物生存力或传染性的终点进行调整，这几乎总是会涉及经验数据。

8.6.1 消毒动力学：化学消毒剂

模拟化学消毒剂动力学的逻辑是基于类似于用于定义基本化学反应动力学的逻辑，一般来说，消毒剂分子（例如+1价氯）和目标微生物在这些模型中被视为"反应物"。

这些模型中的基础要素是由 Harriet Chick（Chick，1908）开发出来的，然后 Herbert Watson（Watson，1908）在此基础上对模型进行优化并稍加修改，Chick-Watson 模型的形式如下：

$$\frac{dN}{dt} = -\Lambda C^n N \qquad (8.28)$$

式中 N——活菌或致病微生物的浓度；

t——时间；

Λ——比致死系数（反应速率参数）；

C——化学消毒剂浓度；

n——经验常数（通常假定近似为1）。

由分离变量和积分定义的公式可用于描述因接触消毒剂而导致微生物失活的程度。如果将经验常数赋值为 $n=1$，则 Chick-Watson 模型的积分形式可表示为：

$$\ln\left(\frac{N}{N_0}\right) = -\Lambda \cdot Ct \qquad (8.29)$$

式（8.28）和式（8.29）是被用来定义化学消毒剂消毒动力学的默认表达式，包括游离氯、无机氯胺（即+1价氯）和过酸。其中，式（8.29）与简单微生物（如病毒和一些细菌）在一定范围内的灭活反应相吻合，此外它还构成了"Ct 概念"的基础，该概念通常用于定义满足特定处理终点所需的消毒剂暴露剂量。这一概念背后的逻辑是，一定程度的灭活是由消毒剂浓度和暴露时间决定的。Ct（代表化学消毒剂剂量）正式的定义是消毒剂浓度在暴露期间随时间的积分：

$$Ct = \text{disinfectant dose} = \int_0^\tau C(t) \cdot dt \qquad (8.30)$$

式中 $C(t)$——随时间变化的消毒剂浓度；

τ——暴露时间。

Chick-Watson 模型表明了消毒的动力学模型是一个对数线性（即一阶）动力学模型。然

而，微生物灭活动力学的实际测算经常与一阶动力学之间存在较大的偏差。Chick-Watson 模型的两个常见偏差是出现于微生物群体在与消毒剂接触的反应中存在"肩峰"和"拖尾"行为（图8.9）。学者们将肩峰行为的出现归因于微生物自身修复机制的影响以及一些微生物能够承受一定剂量消毒剂的能力，这两方面的能力使得微生物的活性或传染性损失很低以至于很难被测量出来。出现拖尾行为是由于微生物进入悬浮颗粒后得到保护而免受消毒剂的影响，此外，拖尾行为也可能是由微生物种群内的表型异质性引起的（Pennell 等，2008）。无论原因如何，肩峰和拖尾行为在测量消毒剂暴露量对微生物种群的影响时都是明显存在的。

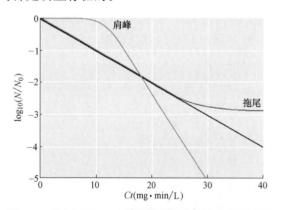

图8.9 Chick-Watson 模型预测的消毒动力学示意图（黑实线）。图中还包括常见的 Chick-Watson 模型偏差，即"肩峰"（蓝线）和"拖尾"（红线）行为

对消毒过程的精确模拟需要使用能够精确模拟微生物种群响应的动力学模型，这一需求推动了与观察到的微生物种群的反应相一致的消毒动力学数学模型的发展。Collins-Selleck 模型是为了来解释肩峰和拖尾偏差而开发出来的（Selleck 等，1978），模型的数学公式如下：

$$\frac{dN}{d(Ct)} = -k \cdot N \qquad (8.31)$$

$$k = 0 \text{ for } Ct \leqslant \tau$$

$$k = \frac{k_0}{b \cdot Ct} \text{ for } Ct > \tau$$

Collins-Selleck 模型包含了两个对 Chick-Watson 模型的明显修订。首先，自变量不再是时间，而是 Ct。其次，速率参数（k）不再是固定的值。低于阈值（τ）的消毒剂量将被赋值为

零，即假定此时不发生微生物失活。最后，该模型是假定速率参数随着 Ct 的增大而减小的。对式（8.31）进行分离变量并积分即可以得到 Collins-Selleck 模型的代数形式：

$$\int_{N_0}^{N} \frac{\mathrm{d}N}{N} = -\frac{k_0}{b} \int_{\tau}^{Ct} \frac{\mathrm{d}(Ct)}{Ct} \quad (8.32)$$

$$\ln\left(\frac{N}{N_0}\right) = -\frac{k_0}{b} \cdot \ln\left(\frac{Ct}{\tau}\right)$$

或者

$$\frac{N}{N_0} = \left(\frac{Ct}{\tau}\right)^{\frac{-k_0}{b}}$$

Collins-Selleck 模型的图示见图 8.10。当消毒剂剂量低于阈值（$Ct = \tau$）时，活菌或致病微生物的浓度不会发生变化。当消毒剂剂量高于阈值时，活菌或致病微生物的浓度呈单调下降趋势，但下降速率随 Ct 增大而减小。

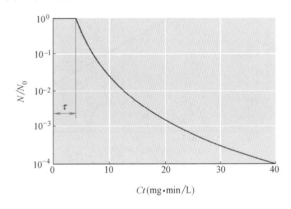

图 8.10 Collins-Selleck 模型用于模拟基于氯的消毒过程的图解，剂量阈值（τ）为 4mg min/L，k_0/b 等于 4

Collins-Selleck 模型已被用于拟合化学消毒剂灭活指示菌的实验数据（Hassen 等 2000；Selleck 等，1978）。同时 Collins-Selleck 模型也已经被用于描述与紫外线照射相关的消毒动力学（Brahmi 等，2010）。除 Collins-Selleck 模型之外，还有许多其他模型被开发出来，以解释 Chick-Watson 模型行为上出现的偏差。例如，Hom 模型已被广泛用于模拟废水消毒应用中的消毒动力学，该模型所采用的基本形式为：

$$\frac{\mathrm{d}N}{\mathrm{d}t} = -m \cdot k \cdot C^n \cdot t^{m-1} \cdot N \quad (8.33)$$

式中 m 和 n 为经验参数，是（通过回归分析）使模型与经验数据拟合的无量纲参数。当

$m = 1$ 时，可以将 Hom 模型简化为 Chick-Watson 模型；当 $m < 1$ 时，Hom 模型会表现出拖尾行为；而当 $m > 1$ 时，这个模型则会出现肩峰行为。

考虑消毒剂或消毒"需求"的衰减问题对所有化学消毒模型的建立是有帮助的。引入一个一阶的代表消毒剂衰减的代数项，可以得到一个封闭解来描述消毒动力学（即在间歇式反应器中）（Haas 和 Joffe，1994），这种封闭解的存在有助于模拟消毒工艺的性能。

8.6.2 消毒动力学：紫外线照射

光化学第三定律表明，光化学反应的强度是由照射到目标的辐射量决定的。这一定律适用于消毒过程，显然，微生物种群的失活程度是由其所接受的紫外线照射强度决定的。因此，控制紫外消毒工艺最重要的变量是紫外线强度。

用于模拟紫外线消毒动力学模型的逻辑是基于描述纯光化学过程动力学模型，描述紫外线消毒动力学的最简单的模型是单事件模型，该模型假设目标微生物的关键生物分子内的单个光化学事件能有效导致其失活，单事件模型类似于 Chick-Watson 模型，其形式是：

$$\frac{\mathrm{d}N}{\mathrm{d}t} = -k \cdot E_i \cdot N \quad (8.34)$$

式中 N——活菌或致病微生物的浓度；

t——时间（s）；

k——灭活常数（cm^2/mJ）；

E_i——光照强度（mW/cm^2）。

分离变量和积分产生一个代数形式：

$$\ln\left(\frac{N}{N_0}\right) = -k \int_0^{\tau} E_i \cdot \mathrm{d}t \quad (8.35)$$

式中 N_0——紫外线照射前活菌或致病微生物的浓度；

τ——暴露时间。

方程（8.35）右边的积分是微生物种群暴露在紫外线下所受到的辐射剂量。推导中隐含的条件是目标微生物菌落中的所有微生物都接受相同强度的辐射，这一假定非常贴近实验室实验的条件，也就是将一束紫外线垂直地照射在浅且混合良好的序批式反应器中。紫外线剂量的形式定义是：

$$UV\,dose = \int_0^{\tau} E_i \cdot dt \qquad (8.36)$$

单事件模型表明，$\ln(N/N_0)$ 与紫外线剂量间的关系曲线是一条通过原点、斜率为 k 的直线，这与 Chick-Watson 模型表达式所预测结果的相似，只是表达式中的自变量是紫外线剂量而非化学消毒剂剂量（即 Ct）。与化学消毒一样，单事件模型对于模拟一些简单微生物（如病毒和细菌）在一定范围内的灭活反应是有效的。但是，与化学消毒一样，通过实验数据可以发现单一事件模型也存在常见的偏离现象，包括肩峰或拖尾行为。

系列事件模型被开发用于解释紫外线对微生物种群的照射反应中存在的肩峰误差。这个模型背后的逻辑是复杂微生物的失活可能需要多个损伤单位。系列事件模型假定 UV 诱导损伤的增量是由独立的、离散的、有顺序性的光化学事件引起的。这个模型进一步假定了微生物在明显丧失活力之前也许能够承受一定程度的损伤。换句话说，微生物被假定对能够引起损伤的紫外线强度有一个阈值，低于这个阈值它们的活力将不受影响。系列事件模型的逻辑如下所示：

$$M_0 \xrightarrow{h\nu} M_1 \xrightarrow{h\nu} \cdots M_{n-1} \xrightarrow{h\nu} M_n \xrightarrow{h\nu} M_{n+1} \quad (8.37)$$

方程中 M_i 代表一个微生物积累了 i 个单元的损伤，该方程假定微生物从一个单位的损伤转变到下一个单位的损伤的速率可用单事件模型进行描述（式 8.34）。假设微生物活力受损的阈值为 n 个单位，则所有损伤小于或等于 $n-1$ 个单位的微生物都能保持活力。将所有损伤等于或者小于 $n-1$ 个单位的微生物浓度总和作为紫外线剂量的函数，就可以确定系列事件剂量-响应模型（Severin 等，1983，1984）：

$$\frac{N}{N_0} = \exp(-k \cdot D) \sum_{i=0}^{n-1} \frac{(k \cdot D)^i}{i!} \qquad (8.38)$$

图 8.11 展示了采用系列事件模型描述细菌、真菌和病毒（噬菌体）等三种水生微生物的紫外线剂量-响应行为。可以观察到这些微生物中最小和最简单的病毒的阈值为 $n=1$。当 $n=1$ 时，系列事件模型可以简化为单事件模型，属于一阶动力学行为。对于更复杂的微生物，则可观察到

其阈值更高，它们的紫外线剂量-响应行为中的"肩峰"现象可以证明这一点。

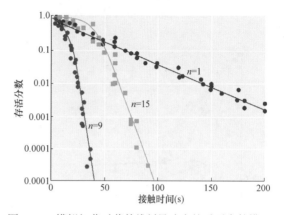

图 8.11 模拟细菌对紫外线剂量响应的系列事件模型，细菌：*E. coli*（●），真菌：*Candida parapsilosis*（■）和细菌病毒：噬菌体 f2（●）（Severin 等，1983）

紫外线剂量-响应行为的另一个常见的特征是拖尾现象，即灭活率大幅度放缓。Pennell 等（2008）开发了表型持久性和外部屏蔽（Phenotypic Persistence and External Shielding，PPES）模型来解释这一现象，该模型围绕着一个微生物种群可以被描述为一组两个亚种群的假设发展起来的。假设其中一个亚种群对微生物灭活相对敏感，使用系列事件模型描述其灭活行为，可能在数据中出现一个肩峰。而当假设另一个亚种群比第一个亚种群对紫外线照射表现出更强的抵抗力，会导致其相对缓慢的失活，在数据中出现一个拖尾；该亚种群的剂量-响应行为也可以通过系列事件模型来描述，但在大多数情况下，没有足够的数据来支持这个亚种群除 $n=1$ 外的其他阈值。第二个亚种群对紫外线的抵抗力可以假设为是颗粒物的存在（即屏蔽紫外线照射）或表型变异（即微生物种群中存在固有的抵抗力组分）所导致的。尽管通常很难界定两个因素中哪个是产生抵抗力的原因，但它们都会产生与敏感亚种群不同的紫外线剂量-响应行为。在数学上，PPES 模型是一个双种群模型，可用于解释微生物剂量-响应数据集中存在的肩峰和（或）拖尾。

$$\frac{N}{N_0} = (1-p) \cdot \exp(-k_1 \cdot D) \sum_{i=0}^{n-1} \frac{(k_1 \cdot D)^i}{i!}$$
$$+ p \cdot \exp(-k_2 \cdot D) \qquad (8.39)$$

式中　　p——对灭活表现出抵抗力的微生物种群

比例；

k_1——敏感亚种群的灭活常数；

k_2——抗药亚种群的灭活常数。

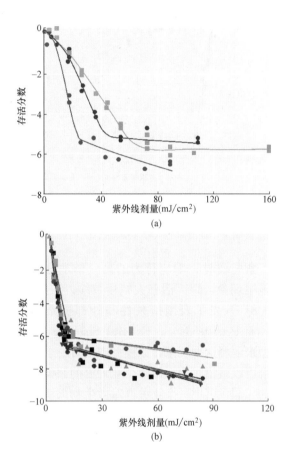

图 8.12　(a) PPES 模型预测 *Bacillus subtilis* 孢子在三个紫外线波长下的剂量-响应行为：222nm（●）、254nm（●）和 282nm（■）；(b) *E.coli* 在 254nm 下剂量-响应的五个重复实验（Pennell 等，2008）

图 8.12 展现了应用 PPES 模型描述的两种微生物种群间的紫外线剂量-响应行为。对于孢子群体，如 *Bacillus subtilis* 产生的孢子，通常会表现出肩峰行为。当这些孢子群体在被大量灭活的情况下，则往往会出现拖尾行为，而这两种行为皆可通过 PPES 模型进行解释（图 8.12a）。*E.coli* 的响应较为简单，它们通常没有明显的肩峰行为。通过 PPES 模型也能够解释这种行为（图 8.12b）。

8.6.3　常见消毒剂的消毒动力学比较

消毒剂对微生物的灭活能力取决于微生物的结构、消毒剂使用条件以及消毒剂对微生物灭活的机制。因此，针对不同的目标微生物和消毒剂使用条件，消毒剂的灭活效果会有差异。但是，一般地说，消毒剂的灭活效果是可以进行评估的。在定量方面，通常是通过测量微生物种群暴露于可量化剂量的消毒剂后灭活的比例来实现的。表 8.2 作为一个例证提供了具有代表性的消毒剂剂量值，根据报道这些消毒剂剂量能灭活 3.0 $\log_{10}$ 单位的目标微生物。

表 8.2 所列的 4 种微生物是反映城市污水中微生物质量的重要指标，值得注意的是这些微生物也与城市污水消毒工艺相关。*E.coli* 是检测污水处理厂出水微生物质量的一种常用的指示生物。因此，消毒工艺的设计常常通过控制 *E.coli* 的出水质量，以便满足排放标准的限制。*C.parvum*，这种原生生物在休眠阶段以卵囊的形式存在。全世界的水传疾病中有很大一部分是由 *C.parvum* 卵囊引起的。因此废水处理系统通常需要控制这种病菌，特别是当人们预计会接触到经过处理的水时，例如娱乐用水或灌溉农作物用水。很大一部分水源性肠胃疾病是人类诺如病毒（HNV）引起的（Wobus 等，2006）。尽管目前已开发出一种培养 HNV 的方法（Ettayebi 等，2016），但该方法很难被其他人重现。由于缺乏切实可行的培养方法来增殖 HNV，该病毒的消毒动力学目前无法被量化。因此，学者们将鼠诺如病毒（MNV）作为 HNV 的替代对象进行研究。MNV 具有许多与 HNV 相同的生化和遗传特征，而且 MNV 可基于细菌培养技术进行增殖（Wobus 等，2006）。在量化不同消毒剂对病毒的灭活动力学实验中，MNV 常被用于替代 HNV。大肠杆菌噬菌体 MS2 是另一种常用于此类实验的病毒替代对象。与所有的大肠杆菌噬菌体一样，MS2 寄生于细菌细胞（大肠杆菌），对人体细胞不具有致病性，这样的特性简化了它们在实验中的使用。此外，大肠杆菌噬菌体在污水处理厂出水中也很常见。MS2 是单链 RNA 病毒，结构上与一些人类病毒相似，当前有许多方式可以相对简单、便宜、快速地繁殖 MS2，而且 MS2 已经被证明对大多数常见的消毒剂具有一定的抗性。总的来说，这些特点促使 MS2 成为病毒的研究替代对象以及潜在的指示微生物。

表 8.2 中的数据展示了常用消毒剂对微生物

的灭活强度。HOCl 对大部分营养细胞和病毒都有灭活作用，但是，它对一些原生动物寄生虫（特别是 *C. parvum* 卵囊）的灭活效果明显不佳。NH_2Cl 作为消毒剂也非常有效，但要达到与 HOCl 同样的灭活程度往往需要比 HOCl 大 1～2 个数量级的剂量。PAA 通常需要比 NH_2Cl 稍大的剂量才能达到给定程度的微生物灭活效果，而且对表 8.2 中所列的目标微生物的相对有效性与 HOCl 或 NH_2Cl 相似。表 8.2 所列的三种化学消毒剂在实际消毒工艺中使用给定的剂量都能有效灭活营养细胞和病毒，但三者对 *C. parvum* 卵囊的灭活效果均不佳。

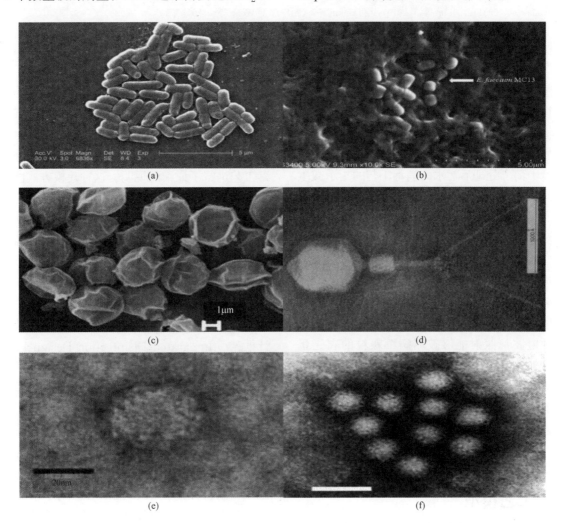

图 8.13 （a） *Escherichia coli* （https：//www.ciriscience.org/ph_12-Escherichia-coli-O157H7-BandW；（b）肠球菌（水产养殖鲴鱼肠道中粪肠球菌 MC13 的表征，Canadian Journal of Microbiology （2011）；（c） *C. parvum* 卵囊 （A review from bench-top to roof-top，Article-Literature Review in Journal of Hazardous Materials，235-236：29-46-August 2012）；（d） 大肠杆菌噬菌体 MS2 （Almeida 等，2018）；（e） 鼠诺如病毒粒子 （Hsu 等，2005）；（f） 人类诺如病毒粒子 （图片来自维基百科，白色标尺＝50μm）

对常见消毒目标微生物产生 3.0log10 灭活单位所使用消毒剂剂量汇总。

化学消毒剂剂量以 mg-min/L 为单位。UV_{254} 剂量以 mJ/cm² 为单位　　　　　　表 8.2

消毒剂	微生物			
	E. coli	*C. parvum* 卵囊	鼠诺如病毒	大肠杆菌噬菌体 MS2
HOCl	0.10[1]	5300[4],[A]	0.179[7]	0.142[7]
NH_2Cl	6.9[1]	14,000[5]	11[8]	655[8]

消毒剂	微生物			
	E.coli	*C. parvum* 卵囊	鼠诺如病毒	大肠杆菌噬菌体 MS2
PAA	80[2]	n/a[B]	73[8]	609[8]
UV_{254}	5.5[3]	5.2[6]	15[9]	97[9]

①Chauret 等，（2008）；②Rossi 等，（2007）；③Sommer 等，（2000）；④Murphy 等，（2015）；⑤Rennecker 等，（2000）；
⑥Craik 等，（2001）；⑦Lim 等，（2010）；⑧Dunkin 等，（2017）；⑨Weng 等，（2018）。

ⒶHOCl 的灭活反应是通过假定 HOCl 中唯一有助于 *C. parvum* 卵囊失活的游离氯含量来估计的。

Ⓑ文献中关于过乙酸对 *C. parvum* 卵囊的灭活效果的报道差异很大，常有报道称过乙酸对 *C. parvum* 卵囊的灭活作用与游离氯相似。

图 8.13 展示了与污水消毒工艺相关的几种微生物的显微图像。除了表 8.2 及前文所提及的微生物，图 8.13 还提供了肠球菌和人类诺如病毒的显微图像。肠球菌常被用作排放到海洋或海洋环境中消毒处理后污水的消毒工艺的指示微生物。这些图像中所包含的线型标尺以表明这些微生物的相对大小。

对于采用 UV_{254} 辐照的消毒系统，在 $40mJ/cm^2$ 或更低的辐照强度下就可以使大部分微生物灭活。然而，部分病毒对 UV_{254} 的辐照是不敏感的。利用波长小于 240nm 的紫外线照射可以提高对大部分病毒的灭活率，这可能是由于这种短波长照射能够破坏病毒颗粒的衣壳蛋白。另外，值得注意的是表 8.2 中所列出的对微生物灭活所需的 UV_{254} 剂量范围要小于对应的化学消毒剂剂量范围。这一趋势适用于大多数微生物，这也意味着相比于使用化学消毒系统，设计一种基于 UVC 辐射的消毒系统可能可以达到更宽泛的微生物灭活效果。

8.7 工艺模型

与所有反应系统一样，消毒系统的工艺性能受废水传输方式、内部混合情况和内在反应动力学的综合影响。对于消毒系统，人们感兴趣的反应包括消毒本身、消毒过程中消毒剂的衰减以及消毒副产品的产生。事实证明，将这些影响因素恰当地整合在一起的工艺模型基本上可以为所有消毒系统提供准确的消毒工艺性能预测。

8.7.1 消毒工艺模型

对消毒工艺性能进行综合性评估的模型在最初是为了模拟紫外线消毒工艺消毒效果而被开发出来的（Chiu 等，1999a，1999b；Lyn 等，1999）。这些模型通过整合流体力学（包括湍流）的影响、紫外线照射能量的空间分布及其对反应器内局部消毒效果的影响，进而对整个紫外线消毒工艺进行了详细的说明。这种建模方式能够在消毒反应器设计中发现哪些因素限制了反应器效能。反过来，在确定了这些限制性因素后就可以对反应器的设计进行改进，从而提高反应器的消毒效果。

此后不久，许多类似的模型被相继开发出来，旨在对化学消毒系统的工艺效能进行全面、综合的评估。这些类似的工作促进了综合消毒设计框架（Integrated Disinfection Design Framework，IDDF）的发展，该框架可以对化学消毒系统的工艺性能进行准确、详细和具有决定性的描述（Bellamy 等，2000；Ducoste 等，2001）。

这些集成的建模方法在当前应用中普遍涉及通过计算流体动力学（Computational Fluid Turbulence，CFD）来模拟流体力学（包括湍流）和混合性能。CFD 模拟可被用于求解运动方程和连续性方程以及适当的湍流闭合模型。如果应用得当，CFD 模拟可以提供反应器系统内流体力学的准确信息。通过当前的 CFD 软件和计算机硬件，可以在短时间内获取消毒反应器内大部分流体力学的模拟结果，计算时间通常为几个小时到一两天。

在模拟流体力学的过程中，许多 CFD 软件也能够通过方程式来进行定量计算，活菌或致病微生物的浓度、化学消毒剂的浓度、辐射能的空间分布（即 UV 消毒系统中的辐射通量率）以及消毒副产物的生成速率。

顺便一提，近年来，测量与模拟紫外线消毒

反应器中通量率的方法和数值模型都有很大的进步。在测量方面，微型荧光二氧化硅探头（MFSD）可以对紫外线反应器内各点的通量率进行精确的原位测量（Li 等，2011）。该装置获取这些测量值的方式符合通量率的基本定义，可以广泛应用于实际处理系统中。而在数值模拟方面，通过采用射线追踪法，能对不同类型紫外线消毒反应器内的通量率进行详细、准确的估算（Ahmed 等，2018）。射线追踪法之所以能够准确估算通量率是因为所采用的模型能够对调控通量率的光学现象进行充分解析，包括紫外线的发散、吸收、反射和折射等现象，此外，这些模型还能对反应器内的几何结构进行分析。

对消毒工艺中消毒剂的剂量与消毒副产物生成量的准确估算取决于是否可以得到一个准确反映消毒过程中消毒剂衰减的反应动力学。此外，对于估算通量率也需要引入模型，以准确地分析反应器中紫外线的光学现象（即吸收、耗散、反射、折射）及辐射能量的空间分布。当消毒工艺参数（如流速、反应器内几何结构、反应动力学等）的准确数据能被获取并进行恰当地整合时，这些集成化的数值模型就能对消毒工艺的效能进行准确估算。因此，这些数值模型对消毒工艺的设计和优化很有价值。

图 8.14 展示了集成模型对氯接触消毒池工艺的性能模拟。这些模型的模拟基于对化学（氯）消毒接触室的流体力学 CFD 模拟，具有相同的内部体积，但有五种不同的内部挡板配置。模型通过比较氯接触消毒池中氯的消耗动力学、三卤甲烷（作为消毒副产物的指示物）的生成量以及灭活 *Giardia lamblia* 的效率来研究反应器中不同挡板结构对消毒反应器性能的影响。

采用集成化模型来估算消毒工艺性能是当前设计接触消毒池反应器及反应器运行后再优化的有力工具。值得注意的是，这些模型预测消毒工艺性能是具有确定性的预测，即当输入模型的参数没有出现急剧变化时，模型输出的数值足以准确预测消毒工艺的性能。但是，在许多废水消毒实施过程中，进水水质、流速以及消毒反应的动力学都会随时间发生剧烈的变化。就其本身而论，用于消毒工艺性能预测的模型应当考虑输入参数的随机变化。

8.7.2　消毒工艺概率（随机）模型

废水消毒系统的工艺性能受到包含废水流量和水质在内的诸多变量影响，这些变量对消毒工艺性能的影响可以通过确定性模型来解释。进一步说，如果有足够的数据去支撑对输入模型可变参数的调控，那么这些建模方法就可以在随机意义上被应用，且这些模拟方法可以准确预测含有可变参数的消毒工艺的性能。这种随机模型的一个重要优点是可以减少或取消安全系数〔通常用于应对工艺性能中的不确定性（可变性）〕的使用。因此，相比于确定性模型，运用随机模型设计开发出的消毒反应器更加高效和可靠。

近几年，随机建模方法已被应用于污水处理工艺中消毒过程的工艺性能分析和预测，为了例证随机模型，Ahmed 等（2019）对在城市污水处理中大规模应用的紫外线消毒工艺中的建模方法进行了如下总结。

在影响紫外线消毒工艺性能的因素中，进水流速、灯管功率、紫外线透射率和反应器的几何结构/配置都对反应器内紫外线剂量分布起着重要作用。当操作条件的各影响因素都已知时，基本上可以确定消毒反应器内紫外线剂量的分布情况。此外，如图 8.15 所示，N_0 的值和微生物灭活本征动力学显示出相当大的差异性。进一步来说，在给定的消毒操作条件下，消毒工艺性能绝大部分差异都是由特定微生物种群和所处理污水的性质造成的。

从单独一个紫外消毒设施中收集 46 个未经消毒的污水样本，在大约 12 个月的时间里分析对这些样本中的 *E. coli* 对 UV_{254} 不同剂量的响应，结果数据（图 8.15）。通过分析这些数据可以发现一些重要的变化趋势。首先，N_0 在这些样本中大约变化了 3 个 $\log_{10}$ 单位。N_0 对紫外消毒后的污水中存在的具有致病性的 *E. coli* 的浓度（N）有直接影响，且各个数据集都显示出拖尾的现象。PPES 模型（Pennell 等，2008）被认为与这些数据集具有一致性；因此，每个数据集都进行了非线性回归分析以获得 PPES 模型参数的估值（详见式 8.39）。基于此，本次分析得到了 46 组独立的模型参数。

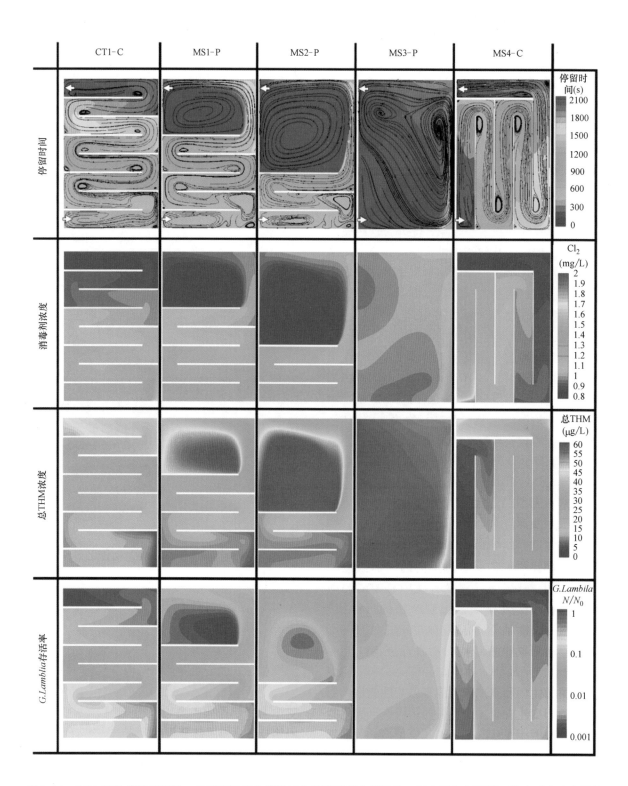

图 8.14　通过 CFD 模拟得到的一系列基于氯化消毒工艺的消毒反应器性能，图中还包含了用于描述反应动力学的术语。彩色部分表示根据 CFD 模型（Angeloudis 等，2014）计算出的停留时间（第一行）、消毒剂浓度（第二行）、衡量 DBP 形成量的总 THM 浓度（第三行）以及 *G. lamblia* 的存活率（第四行）

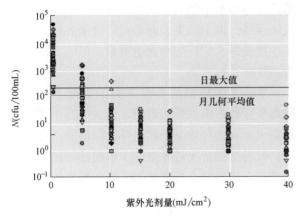

图 8.15 多次（$n=46$）测量某城市污水经 UV_{254} 辐照处理后出水中 *E. coli* 灭活的本征动力学，水平参考线表示该消毒处理的日最大和月几何平均排污限值。图源自 Ortiz（2014）

图 8.16 所示的数据表明，所收集的样品在 $10\sim15mJ/cm^2$ 的 UV_{254} 剂量下，可基本达到所在地的污水排放标准。值得注意的是，常规的设计指南，如《美国的工业废水水处理》（2014），提倡市政污水的紫外线消毒要达到 $30mJ/cm^2$ 或更高的标称剂量。因此，根据图 8.15 中的数据来看，这意味着常规的设计标准中紫外线的剂量为所需量的 2～3 倍。

该紫外消毒系统的工艺性能采用了 Monte Carlo 模型进行了随机预测。图 8.16 是 Monte Carlo 模型的建模方法示意图。对于任意已知消毒操作条件（包括反应器几何构造、进水流速、灯管输出功率及紫外线透射率等）的系统，都可以认为反应器内紫外线剂量的分布是确定的。这

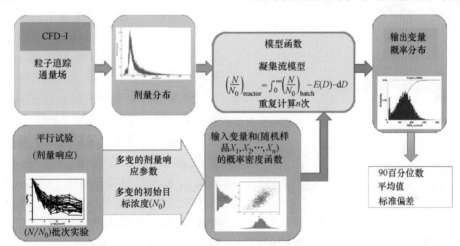

图 8.16 Monte Carlo 建模方法用于模拟大型市政污水处理设施的紫外线消毒的示意图（Ahmed 等，2019）。对于给定的操作条件，如反应器几何结构、流速、灯管功率和紫外线透射率，反应器中的剂量分布是基于计算流体动力学和通量场模拟（即 CFD-I 模型；左上）的集成应用来计算的。对于每一个剂量反应实验，应用动力学模型被用于估计 N_0 和演算剂量反应模型的参数（左下），模型参数和 N_0 的准随机抽样被用于预测基于凝集流模型的反应器性能。总的来说，这些模拟结果提供了给定操作条件下（包括可变性在内）的工艺性能估量

是可以通过流体力学 CFD 模拟和射线追踪方法模拟通量率相结合的方式计算得到的（Ahmed 等，2018）。PPES 模型被用于拟合来自平行测定的紫外线剂量响应实验的数据集（例如：图 8.15），这些分析过程产生了 N_0 和 PPES 模型的参数集。凝集流模型通过使用紫外线剂量分布和包括 N_0 和 PPES 模型参数在内的一系列输入参数可预测消毒反应器性能。N_0 和 PPES 模型参数值通过一种准随机方法进行选择：对于给定的 N_0 值，选择其余模型参数要考虑到模型参数

之间的相关性。通过对大量样本不断重复上述这种称为 "bootstrapping" 的模拟方法，就有可能预测出每一个被选择的操作条件对反应器性能产生的影响。因此，这一方法可以用于评估反应器的消毒性能（包括一系列操作条件可变的情况下）（Ahmed 等，2019）。

图 8.17 显示了这种随机建模方法在两种不同工况下的预测结果。

这两个案例中的反应器构型都是基于一个开放式的紫外线消毒系统，该系统由 7 个通道组

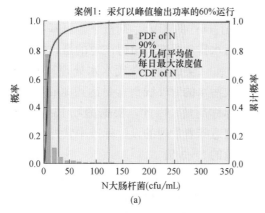

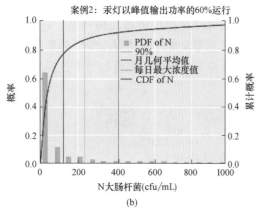

图 8.17 Monte Carlo 模型在两种工况下的模拟结果［这两个工况都是将汞齐灯管水平放置于污水水面上的大型紫外线消毒系统，其他操作条件详见参考原文（Ahmed 等，2019）］

成，每个通道有两个由 8×24 盏汞齐灯组成的灯组（即每个灯组有 192 盏汞齐灯），所有汞齐灯水平放置（即平行于污水进水流动方向），每盏汞齐灯都以其峰值输出功率的 60％ 运行。在案例 1 中，污水进水流量为 7880m³/h，流速接近 0.15m/s，而消毒反应器的 7 个通道都处于工作状态，但每个通道只有一个灯组在运作。案例 2 与案例 1 中的反应器工作状态相同，只是案例 2 的污水进水流量为 23600m³/h，即其流速接近 0.47m/s。

根据模型估算值来看，案例 1 中的消毒设施的日最高浓度和月几何平均浓度在 90％ 的情况下远低于该设施的设计排放限值。在这种条件下，超出污水处理厂消毒出水的排放标准可能性非常低，但也并非完全不可能；毕竟在污水处理厂消毒出水的排放标准中，微生物量的排放限值往往是一个统计值，例如月几何平均值。因此消

毒反应器出水中的微生物浓度可用随机建模的方式来预估。以上结果表明通过降低汞齐灯功率或减少接受进水的反应器通道数量，可能会降低消毒系统的运行压力。

案例 2 的模拟结果在 90％ 的情况下远高于消毒反应器的出水排放限值，这表明污水处理厂消毒出水在这种情况下超出排放限值的可能性很大。针对这种情况可采取的手段包括增加灯管输出功率，或将每个通道的工作灯组数量从 1 个增加到 2 个。

图 8.15～图 8.17 所展示的随机建模方法可以对紫外线消毒反应器工作性能（包括可变性在内）进行定量分析。这种建模分析方法理论上可以应用于任何紫外线光反应器或紫外线消毒系统，但实际上很可能最适用于大型的紫外线消毒系统，因为这些系统针对工艺不确定性进行的投资和运行成本要远高于小型系统，并且运用这种随机建模方法可以经济地对系统进行调整。

这种随机模型并不限于紫外线消毒系统。事实上，一种概念上类似于 Monte Carlo 模型的方法已经被开发出来，并被应用于基于过乙酸的化学消毒系统工艺性能的分析（Santoro 等，2015）。在随机模拟分析中，应用 CFD 对消毒系统中的流体力学进行模拟，通过对每个过乙酸粒子流速的 CFD 流体动力学模拟结果可得到反应器内过乙酸粒子总体的运动轨迹。此外，一个模型被开发用于模拟 PAA 在反应器中的消耗过程，将模拟结果与过乙酸在反应器中运动轨迹相互叠加，得出在不同操作条件下消毒反应器中的 PAA 剂量分布。与紫外线消毒的随机模型一样，作者观察到在给定的操作条件下，消毒反应器中的 PAA 剂量分布基本上是确定的。该过程的随机性归因于消毒反应动力学的可变性。当然，与紫外线消毒的随机模型一样，PAA 消毒的随机模型也可以根据操作条件估算其消毒过程的性能（包括可变性在内）。这种随机建模方法使这些消毒系统的设计者和操作者能够对系统的高效运行作出明智的决定。

8.8 消毒工艺在污水处理中的应用

在污水处理过程中，消毒系统的设计和安装启用受到系统进水水质和流量变化以及消毒出水

中微生物质量的要求影响。进入消毒系统的污水中的微生物浓度会受到污水来源（如住宅、商业、工业等）以及进入消毒系统之前的处理工艺影响。污水流量也会受到社区规模和用水模式的影响，特别是在发生径流事件期间，从管道进入消毒系统的污水流量和水质可能会有巨大的变化。

消毒系统出水中微生物浓度的标准是根据出水的预期用途决定的。某些气候寒冷地区对消毒设施出水微生物浓度没有严格的标准。在一些将消毒出水排放到人类直接接触风险较低的受纳河流中的地方，排放标准普遍是采用指示细菌的浓度，如 $E.coli$，肠球菌及粪大肠菌群等，这些排放标准包括指示细菌的每日最大排放浓度、周期（如每月）几何平均浓度，或两者兼而有之。当然，对于将消毒后出水用于灌溉的情况，处理的标准可能会更加严格。在美国，联邦政府还没有对污水回用颁布相应的法规，因此，废水回用的管理由各州负责。例如，加利福尼亚州的《加利福尼亚州规章和行政规则》中第17章和第22章规定了污水回用的规章制度（CSWRC, 2015）。表8.3简要介绍了加州各种废水回用的法规要求。

加利福尼亚州水资源控制委员会颁布的再生水法规概要（CSWRC, 2015）　　　　表8.3

再生水类别	处理方式		消毒		
	氧化[1]	过滤[2]	总大肠菌群数		其他要求
消毒二级-23再生水	√		$<23\frac{MPN}{100mL}$	7d 中位值	
			$<240\frac{MPN}{100mL}$	30d 内任一样本不超标	
消毒二级-2.2再生水	√		$<2.2\frac{MPN}{100mL}$	7d 中位值	
			$<23\frac{MPN}{100mL}$	30d 内任一样本不超标	
消毒三级再生水	√	√	$<2.2\frac{MPN}{100mL}$	7d 中位值	氯消毒[3]
			$<23\frac{MPN}{100mL}$	30d 内任一样本不超标	其他消毒剂[4]
			$<240\frac{MPN}{100mL}$	所有样本	

[1] "氧化废水"是指有机物已经稳定、不可分解并含有溶解氧的废水。

[2] "过滤后的废水"是指经过一种或多种物理分离工艺的氧化废水，这些工艺可以包括颗粒介质过滤和/或膜式工艺。

[3] 以氯为基础的消毒所需的最低条件包括暴露在大于等于450mg·min/L的消毒剂，以及至少90min的接触时间（在干燥天气峰值流量条件下）。

[4] 应用氯消毒的备选方案时，如紫外线照射，必须验证这些方案对大肠杆菌噬菌体 MS2、脊髓灰质炎病毒或另一种至少与脊髓灰质炎病毒一样具有抗性的病毒的灭活率可以达到至少 5 个 $\log_{10}$ 单位。

表8.3列出了几种再生水的类别，监管这些再生水的处理与使用的法规旨在最大限度地降低人类暴露于微生物病原体的风险。随着人类与处理后的废水接触频率增加，对污水处理的要求也愈加严格。例如，消毒二级再生水可用于灌溉没有粮食作物生长且与人接触最少的地区，如高速公路绿化和墓园。相比之下，消毒三级再生水的应用范围更广，包括粮食作物的灌溉、公园以及游乐场等。

消毒系统的性能取决于消毒剂被输送到目标微生物的效率。消毒系统的设计和运行应包括待消毒废水的详细特征。最好的方式是定期对待消毒污水进行取样，测量其水质参数以确定其将如何影响消毒工艺的性能。对于化学消毒系统，还包括溶解在待消毒废水中还原性化合物对消毒剂需求量的测定。此外，由于颗粒物会为水中微生物提供庇护，微粒的存在也将影响消毒性能，化学消毒动力学中的拖尾行为通常被认为是废水中悬浮颗粒物所引起的。对于紫外线消毒，废水水质的测量应包括预使用的 UV 源所对应的紫外线波长在废水中的透射率。通常情况下是测量紫外线波长在 254nm 处的透射率，因为这个波长是当前主流低压汞灯的输出波长。

8.8.1 化学消毒系统

化学消毒系统通常采用平推流设计的接触室，其基本决定了反应器消毒效率的理论上限。化学消毒系统接触室的设计通常预期会产生 $3\sim4$ 个 $\log_{10}$ 单位或更高的整体灭活性能。采用细长的反应器外形有利于反应器内的平推流条件，如圆形管道或矩形通道。

图 8.18 展示了在污水消毒处理中使用的两种化学消毒剂接触室的平面图，这两个接触室的总占地面积相同，但内部挡板结构完全不同。两种接触室都采用了蛇形结构的内部挡板，这种几何结构可以提供一个长而窄的通道且充分利用了内壁，这样一来就能够有效降低接触室的构筑成本且通常更易于配合废水处理设施的总体规划。在这两种接触室中，化学消毒剂都是从接触室的进水端注入，通常该区域具有可将其进行剧烈混合的装置，使消毒剂均匀分布。

氯化消毒系统通常要进行脱氯处理，这就需要在反应器的出水端注入脱氯剂 [常为 S（Ⅳ）化合物]，因此出水端区域也应该具有可进行剧烈混合的装置，以促使脱氯剂均匀分布。脱氯剂往往是根据实时测量消毒出水流速和余氯浓度投加的，投加的脱氯剂量通常略高于通过余氯计算的理论值（大约 10%），以达到完全脱氯的目的。S（Ⅳ）化合物快速脱氯的反应式见式（8.15）和式（8.16）。如果 S（Ⅳ）化合物（脱氯剂）与污水完全混合，基本上可以完全地实现脱氯。

图 8.18 还包括了废水流经接触室的主要路径，以及混合情况较差的区域。这些"死区"对消毒系统的整体工艺性能有着负面影响。化学消毒系统接触室的构型一般首选图 8.18 中上图的几何结构，因为它的水力效率往往更高。造成这种结果的因素有几个，包括接触室内水流的长距离流动和较少的转弯。经验上来讲，化学消毒剂接触室的设计应存在 2 个或多个通道，每个通道的长宽比应接近 20∶1。

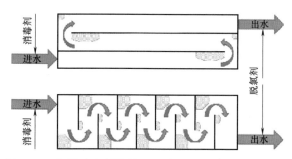

图 8.18　化学消毒剂接触室设计示意图（平面图）。箭头表示流体流经系统的主要路径。斑点区域一般表示消毒剂分布不均匀或流体循环不良，这些区域有时会被称为"死区"，它们的存在会降低消毒工艺的性能

在氯化消毒系统基础上改装的 PAA 消毒系统，其接触室设计与氯化消毒系统是相似的，几何特征基本相同。PAA 与氯化消毒系统的常用平均消毒接触时间为 $30\sim120$min，具体取决于消毒工艺的设计和当地的监管限制。接触室的总体尺寸应根据进入消毒系统的废水流量来设计，流量的测定应在足够长的时间内进行，以便对系统中可能出现的流量变化进行量化。

通过描述氯化或 PAA 消毒动力学的表达式可知，消毒剂剂量（Ct）是控制消毒效果的主变量。就其本身而论，由于减少接触室中消毒接触时间所带来的消毒效果降低，可以通过提高消毒剂剂量来抵消，这一关系可作为制定消毒系统的控制策略。例如，消毒系统在进水流量较低时，接触室内的污水停留时间较长，这时候就可以采用相对较低的消毒剂浓度。反之，在高流量的条件下，接触时间相对较短，这时候可能就需要增加消毒剂浓度以维持足够的消毒效果。

8.8.2　紫外线消毒系统

紫外线消毒系统的设计应考虑待处理废水流量与紫外线透射率（UVT）的历史值。历史流量值将有助于确定紫外消毒系统处理流量的范围。根据这一至关重要的信息，所设计的消毒系统即使在高流量条件下，也能保证高效地灭活微生物。同样，UVT 的历史记录信息可以确定消毒系统设计中所需要的紫外线光源条件。在理想情况下，流量和 UVT 之间的相关性也应该被确立，因为这一关系在系统控制的算法开发中将发挥重要作用。

紫外线消毒系统的工艺性能受反应器传递给

微生物的紫外线剂量分布的制约，而紫外线剂量的分布将由反应器内部几何结构、灯管输出功率和与反应器本身相关的其他参数来决定。但与化学消毒系统设计不同的是，紫外线消毒系统的灯管模块通常由生产厂家进行实际设计。因此，一个紫外线消毒反应器的现场设计将涉及制造商、设计工程师和终端用户之间的合作。

大多数用于城市污水处理的紫外线消毒系统都采用模块化设计与明渠（开放式通道）相结合的形式。图 8.19 展示了用于城市污水处理的 UV 消毒系统的两种明渠设计结构：水平灯系统（灯平行于流体流动的方向）和斜向灯系统。

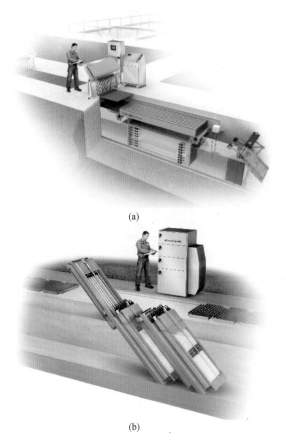

图 8.19　两种常见的明渠式紫外线消毒系统配置示意图。（a）水平灯的明渠处理系统，其中紫外灯放置方向平行于流体的方向，该图中还包括位于辐照区下游的液位控制装置；（b）灯管与流体流向对角放置的紫外消毒系统，该系统也需要液位控制装置，但此图中没有加插图（图片来源：Trojan Technologies）

开放式通道系统比封闭式通道系统更容易维护，部分原因是我们可以方便地接触到灯管模块。开放式通道设施的缺点是反应器中自由液面

将遵循系统的能量梯度线，由于水头损失造成的局部能量损失将转化为局部自由液面高程的变化。城市污水紫外线消毒工艺中流量的变化会使得反应器内部能量分布变得复杂。因此，明渠系统往往在辐照区下游安装液位控制装置，通常是以舌瓣闸门或长堰的形式。

开放式通道的紫外线消毒系统通常采取模块化设计，这也有利于在简单的操作条件下使用相似的反应器几何结构。紫外消毒系统，特别是那些大型的系统，通常会建造多个通道，而每个通道会有 2 个或以上的灯组。然后，通过紫外消毒设备的控制算法，根据给定的处理对象流量、UVT 以及灯管功率来激活通道和/或通道中的灯组。当前，"Flow pacing"算法已被开发出来以实现对通道内灯组的调用，这个算法可以根据流量和 UVT 的实时测量结果控制灯管进行"调光"。

8.9　未来展望

现代的建模方法可以详细、准确地预测消毒工艺的性能。这些建模方法通常都综合了流体动力学、消毒剂消耗速率的动力学表达式、目标微生物的灭活率、DBP 的形成率，以及反应器处理废水的水质和流量等相关信息。近几年，这些建模方法在逐步改进以将随机建模方法纳入其中，这些重要的进展能够同时提高工艺性能和工艺可靠性。这些随机模型已被应用于化学和紫外线消毒系统，尤其适用于那些投资费用较大、能耗较高的大规模消毒工艺系统。

传统废水消毒系统的设计着重于单一消毒剂的使用，但某些消毒剂的特性使得它们的联合使用比单独使用更加有效。一个潜在的重要例子是紫外线消毒在常规的操作条件下辅以 PAA 或另一种化学消毒剂，可以解决反应器进水流量高或水质条件差等问题。

在过去，消毒系统出水的监管重点一直是指示细菌的浓度。然而，由于大多数营养细菌普遍容易失活，它们可能并不是评估废水中对人类健康构成威胁的微生物病原体的良好指标。鉴于病毒是大多数水源性疾病的罪魁祸首，而且有些病毒对消毒剂具有抗性。人们对病毒在消毒系统中的归趋越来越感兴趣，而且今后人们对这一领域的关注可能会继续增加。此外，由于很大一部分与水有关的人类传染疾病是诺如病毒所引起的，因此人们另一个特别关注的领域是开发能够评估诺如病毒对人类所构成风险的评估方法。可能的方法包括寻找替代病毒或指示病毒，或开发水样中致病性诺如病毒的化验方法。无论采用哪种方法，都可以使我们更好地理解诺如病毒在消毒系统中的归趋，从而设计出更好的消毒处理系统。

迄今为止，大多数紫外线消毒系统的实际应用都是采用低压或中压汞灯。然而这些紫外线源的几何构型非常有限。此外，由于当前要求减少使用汞的政治及公众压力，今后可能难以使用汞灯作为紫外线灯源。汞灯的替代灯源包括紫外LED灯和准分子灯，这两种类型的紫外灯源都可以采用特定的应用程序优化其输出波长范围，同时还可以灵活地选择光源的几何形状。随着这

扫码观看本
章参考文献

些替代灯源需求量的增加，其生产成本可能会大幅降低，同时它们的输出功率也会显著提高。因此，基于这些汞灯替代光源的紫外线消毒系统可能在未来得到广泛的应用。

8.10 结语

对城市污水进行消毒的目的是减少人类接触水源性微生物病原体的风险，目前常用的工艺方案包括氯消毒（通常与脱氯结合）、过酸消毒式紫外线消毒。这三种方法都能有效地控制废水中的细菌，但对其他微生物病原体群体（如原生动物寄生虫或病毒）的消毒效果有限。利用消毒工艺模型可以优化消毒系统的设计，进而能够开发和实现可靠、高效的系统。随着新的微生物病原体和消毒剂的发现，人们也会采用新的消毒策略，包括将以前单独使用的消毒剂进行组合。

术语表

符号	含义	单位
C	化学消毒剂浓度	mg/L
Ct	化学消毒剂剂量	mg/L
$C(t)$	随时间变化的消毒剂浓度	mg/L
E_i	光照强度	mW/cm^2
$h\nu$	频率为"ν"的光子所具有的能量（h = 普朗克常数）	kJ
k	灭活常数	cm^2/mJ
k'	光化学反应速率常数	—
k_1	敏感亚种群的灭活常数	—
k_2	抗药亚种群的灭活常数	—
N	活菌或致病微生物的浓度	mg/L
n	经验常数	—
N_0	紫外线照射前活菌或致病微生物的浓度	mg/L
m	经验参数	—
M_i	一个微生物积累了 i 个单元的损伤	—
p	对灭活表现出抵抗力的微生物种群比例	—
Q_e	已知波长的辐射的能量	kJ
t	时间	s
ΔH	平均键能	kJ/mole

希腊符号	含义	单位
Λ	比致死系数	—
ε	分子的摩尔吸收系数	—
Φ	量子产率	—
τ	暴露时间	min
λ	波长	nm

缩写	含义
CFD	计算流体动力学
CPDs	环嘧啶二聚体
DBPs	消毒副产物
HNV	人类诺如病毒
IDDF	综合消毒设计框架
LEDs	发光二极管
LP	低压
MFSD	微型荧光二氧化硅探头
MNV	鼠诺如病毒
MP	中压
MWRDGC	芝加哥都市水利用事业局
NOM	天然有机物
PAA	过氧乙酸
PFA	过氧甲酸
PPA	过氧丙酸
PPES	表型持久性和外部屏蔽
SODIS	太阳光消毒
SRP	标准还原电位
ROS	活性氧化物
UV	紫外线
UVT	紫外线透射率
VUV	真空紫外线

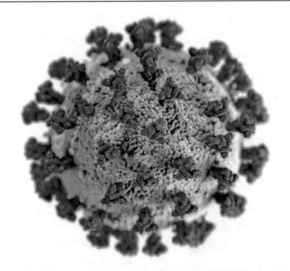

图 8.20　本书是在 SARS-冠状病毒-2（SARS-CoV-2）大流行爆发期间完成的。Medema 等（2020）的研究工作验证了城市废水中存在 SARS-CoV-2 病毒的 RNA。目前已知 SARS-CoV-2 病毒能够通过粪便传播，但 SARS-CoV-2 病毒通过粪便这一传播途径后是否仍具有传染性仍值得怀疑。SARS-CoV-2 病毒是不具有明显的水传播途径病毒中的一员。因此，基于现有知识的共识是当前污水消毒处理工艺标准能够起到足够的防护作用（图片：A. Eckert and Higgins，来源：https：//www. kwrwater. nl/）

第9章
曝气与混合

Diego Rosso，Michael K. Stenstrom 和 Manel Garrido-Baser

9.1 曝气原理和技术

9.1.1 基本原理和指标

在生物处理过程中，为了满足微生物对氧的需求，需要将氧转移到液体介质中。方法主要有：通过曝气孔或多孔介质（如气泡扩散器）释放空气；利用机械装置（如搅拌器或涡轮机）剪切液体表面；或通过空气与大片水面直接接触（如氧化塘表面）。气相液相之间的界面速度是对液体中传氧速率进行分类和理解的主要物理指标。下落的液滴和上升的中大气泡的气-液界面具有较大的速度梯度，可以归类为高流速流态-高通量控制界面；而规则的气泡界面速度梯度较小，可以归类为低流速流态-低通量控制界面（Rosso，2018；Rosso 等，2012；Rosso 和 Stenstrom，2006b）。

在分析或说明曝气系统时，传氧效率是一个很重要的参数，它对于比较不同技术以及监测长时间运行的曝气系统十分关键（ASCE，1989）。在清水中（无污染情况）计算得出一些参数需要根据废水情况进行校正，因为污染物和工艺条件对传递效率都有很大影响。

本章建立了一个关于氧在水中传递的简化模型。相关内容在其他期刊论文中也有报道（尤其是 Redmon 等，1983；Philichi 和 Stenstrom，1989；Wagner 和 Pöpel，1996；Gillot 等，2005），书（如 USEPA，1989；Rosso，2018），或标准协议（如 ASCE，1997，2007）。

9.1.1.1 清水中的传氧

氧气作为一种微溶性气体饱和度很低，需要花费许多外力来维持适当的溶解氧（DO）水平。

但与此同时，可以用亨利定律来描述空气和水中氧气之间的平衡关系。设计曝气系统的目的是向水中提供足量的氧气，即提供相应的溶解氧含量。第一步是量化清水中的传氧速率（OTR，kgO_2/h）。OTR 量化了曝气系统的能力，即单位时间内可向水体提供的氧气量：

$$OTR = k_La \cdot (DO_{sat} - DO) \cdot V \quad (9.1)$$

式中 k_La——传递系数（L/h）；

DO_{sat}——饱和时水中溶解氧（kgO_2/m^3）也表示为 C_∞^*；

DO——水中溶解氧（kgO_2/m^3），也表示为 Cr；

V——水的体积（m^3）。

在标准条件下（清水；新扩散器，即无污染：$F=1$；溶解氧浓度=0mg/L；水温=20℃；标准大气压：101.3kPa；相对湿度：36%），通过适当的单位换算后由式（9.6）可得标准传氧速率 SOTR：

$$SOTR = k_La_{20}^* \cdot C_{\infty 20}^* \cdot V_{Tk} \quad (9.2)$$

从式（9.1）和式（9.3）可以看出，传氧速率与实际 DO 浓度和水中氧的平衡浓度之差成正比，即与氧通过界面膜传递的驱动力成正比。这也可以表示为下式：

$$\frac{dC}{dt} = k_La^* \cdot (C_\infty^* - C_r) \cdot V \quad (9.3)$$

这些命名是依据 ASCE 标准中的清水中氧传输的测量方法（ASCE，2006）。

式中 dC/dt——氧浓度变化率 $[mgO_2/(L \cdot h)]$；

k_La^*——水温 T 时传氧系数（L/h）；

C_∞^*——水温 T 和大气压 P_b 下水中氧的平衡浓度（mg/L）；

C_t——饱和状态下水中溶解氧（kgO_2/m^3）。

OTR 定义了曝气系统的速率，而没有考虑其效率，因此有必要定义其他参数，如曝气效率（AE，kgO_2/kWh）：

$$AE = \frac{OTR}{P} \quad (9.4)$$

式中 P——曝气系统的功率（kW）。

根据式（9.1）中的 OTR，W_{O_2} 作为进入曝气池的氧气质量流量（kgO_2/h）：

$$W_{O_2} = O_2 \text{ massflow} = Q_{air} \cdot \rho_{air}/air \quad (9.5)$$

用于计算曝气效率的功率，其标准化形式，及其在现场条件下的含义（分别为 AE、SAE 或 αSAE；表 9.1）可以有不同的表述方式。电路功率是最常用的一种功率表达，因为它能给出系统中全部能耗，包含鼓风机、发动机、齿轮箱消耗的无用功的能耗。如果单独指定发动机或齿轮箱，并且可以应用鼓风机的绝热压缩公式，则使用机械（制动）功率可能会更方便。从制动功率中获得电路功率，必须测量损耗，但是测量方法存在争议。曝气系统设计的一个困难之处在于容易混淆不同的功率类型。除非另外说明，在本章节中所用功率均为电路功率。

对于水下曝气装置（如小气泡型或中大气泡型扩散器），传氧效率（OTE，%）定义如下：

$$OTE = \frac{OTR}{W_{O_2}} \sim \frac{(O_{2,in} - O_{2,out})}{O_{2,in}} \quad (9.6)$$

$O_{2,in}$ 和 $O_{2,out}$ 代表在进出清水容器中的氧气质量流量。OTE 将操作效率量化，而且更方便使用，因为它在不涉及鼓风机的情况下，即可对曝气系统进行比较。鼓风机通常由不同的制造商或承包商提供，单独使用 OTE 和鼓风机效率简化了曝气系统的规格和设计。

为了避免由于特定的场地环境和工艺条件造成的偏差，需使用标准条件（其被定义为零溶解氧、零盐度、20℃、1atm 和 36% 的相对湿度）来进行计算。因此，结果通常用标准传氧效率（SOTE，%）、标准传氧速率（SOTR，kgO_2/h）或标准曝气效率（SAE，kgO_2/kWh）表示。非常推荐使用这些标准化的不会引起歧义的术语。相关标准条件的修正方法都可以在标准规范中找到。表 1 中列出了许多本章使用的用于描述曝气系统的定义。

9.1.1.2 废水中的传氧

将清水中标准条件转化为工况条件，需要使用一些现场特定的经验参数。工艺用水（或废水）一般含有溶解和悬浮污染物以及生物质，导致了实际曝气器效果与清水条件下相比出现偏差。影响最大的参数为 α 因子（见 9.1.1.3 节），它被定义为废水传质系数与清水传质系数之比，即

$$\alpha = \frac{(k_L a)_{process\ water}}{(k_L a)_{clean\ water}} \quad (9.7)$$

或

$$\alpha = \frac{\alpha SOTE}{SOTE} \quad (9.8)$$

式中 SOTE——标准条件下（%）的传氧效率；

αSOTE——除污染物对传质系数（%）的影响外，标准条件下废水中氧传质效率。

注意：此处 α 表征为常数，但实际上它具有变量性质。在本章的后面，将更加详细地阐述 α 的动态特性。

SOTE 必须在清水条件下进行测量，并遵循标准方法中列出的步骤（例如 ASCE，2007）（见第 9.1.1.1 节）。这个实际值或估值，由曝气装置的制造商提供。而 αSOTE 只能在后置和原位或在侧流装置中测量（见第 9.1.1.2 节）。

一旦得知 α 因子，就可以计算出现场条件下的 OTR。$k_L a$ 需要根据水温（使用类似 Arrhenius 的校正）、废水（使用 α 因子）和扩散器污染情况（即 F 因子）进行校正。与此类似，C_∞^* 必须根据水温、压力和工艺条件进行校正。

通过适当的单位转换，得到的现场和标准条件（αSOTR）下的 OTR 公式如下：

$$OTR = \alpha \cdot F \cdot k_L a_{20} \cdot \Theta^{(T-20)} \cdot$$
$$(\beta \cdot \Omega \cdot \tau \cdot C_{\infty 20}^* - C_r) \cdot V_{Tk} \quad (9.9)$$

式中 OTR——在温度 T、环境压力 p_b、工艺废水和残留溶解氧浓度 C_r（kgO_2/d）条件下的传氧速率；

α——新扩散器在废水条件下的 $k_L a$ 与新扩散器在清水中 $k_L a$ 的比值，也称为阿尔法系数（无量纲）；

F——新扩散器运行一段时间后的废水 $k_L a$ 与新扩散器的废水 $k_L a$ 的比率（t_0 时刻；$F=1$），也

称为污染指数（无量纲）；

$k_L a_{20}$ —— $T=20℃$ 时清水的表观容积氧传质系数，又称氧传质系数（1/h）；

Θ —— 阿雷尼乌斯温度系数，其典型值为 1.024；

T —— 混合液温度（℃）；

β —— 溶解固体的校正系数，如果污水处理厂处理生活废水，可以假设为 0.95 到 1.0。对于含有相当工业污染物的废水，其数值可以根据废水的溶解固体含量来计算。在这种情况下，β 应该被视为含有溶解性固体的工业废水中溶解氧饱和浓度，与清水中的溶解氧饱和浓度之比；

Ω —— 大气压力的修正系数，在小于 6m 的水池深处，可以用 p_b/p_s 近似表示，其中 p_b 是环境大气压，p_s 是平均海平面的标准压力，τ 是温度修正系数，可根据公布的溶解氧饱和值计算：

$$\tau = \frac{C_S^*}{C_{S,20}^*} \tag{9.10}$$

C_S^* —— 在水温 T（即测试期间记录的）、标准大气压 p_s 和 100% 相对湿度下的溶解氧饱和浓度；

$C_{S,20}^*$ —— 在水温 20℃、标准大气压 p_s 和 100% 相对湿度下溶解氧饱和浓度（$C_{S,20}^* = 9.08\text{mg/L}$，Metcalf 和 Eddy，2014）。

现场或工艺条件下的氧传递效率（OTE）可根据下式计算：

$$OTE = \frac{OTR}{W_{O2}} \tag{9.11}$$

只要溶解氧保持不变（即在稳态条件下），则氧消耗速率 OUR 可直接计算为：

$$OUR = \frac{OTR}{V} \tag{9.12}$$

使用排气法测试整套曝气系统时（见第 2.3.2 节），只需在测量的几分钟内保持溶解氧不变，便可以直接计算现场实时原位的 OUR。

α 系数和污染指数（具有相当大的可变性）对现场条件下的传氧速率（OTR）和传氧效率（OTE）有很大的影响。下面的章节将描述 α 因子在污水处理厂中对工艺设计、设备选择、运行和维护策略以及能源成本的影响。

用于指定曝气系统的所有参数 表 9.1

符号	定义	注释
W_{O2}	供给曝气池的氧气质量流量	
OTR	水中传氧速率	$OTR = k_L a \cdot (DO_{sat} - DO) \cdot V$
SOTR	标准条件下清水中速率	
OTE	清水中传氧效率	$OTE = \frac{OTR}{W_{O2}} \sim \frac{(O_{2,in} - O_{2,out})}{O_{2,in}}$
SOTE	标准条件下清水中传氧效率	
AE	清水中曝气效率	$AE = \frac{OTR}{P}$
SAE	标准条件下清水中曝气效率	
$k_L a$	液相传质系数	在清水试验中测得
α	α 因子,即工艺-清水传质系数之比。	$\alpha = \frac{\alpha SOTE}{SOTE}$ 或 $\alpha = \frac{(k_L a)_{process\ water}}{(k_L a)_{clean\ water}}$
F	堵塞系数	$F = \frac{\alpha SOTE_{new\_difuser}}{\alpha SOTE_{used\_difuser}}$
αF	旧扩散器的 α 因子	
$\alpha SOTE$	标准条件下废水的传氧效率	
$\alpha FSOTE$	废水标准条件下旧扩散器的传氧效率	
αSAE	废水标准条件下的曝气效率	
$\alpha FSAE$	标准条件下,旧扩散器对于废水的曝气效率	

标准条件定义为 20℃，1atm，零盐度，36% 相对湿度，水中溶解氧为零。注：$P=$ 功率消耗；$V=$ 水的体积。

9.1.1.3　神秘的 α 因子

1956 年 Eckenfelder 的研究发现，废水中污染物引起的传氧速率降低与 α 因子相关。α 因子被视为最难以确定的曝气过程参数（Karpinska 和 Bridgeman，2016），因为它极易变化，且难以估计（Jiang 等，2017；Leu 等，2009）。在不同的工艺条件下，无论是在单个单元中（Amerlinck 等，2016），还是在多个单元中（Gillot 和 Héduit，2008；Redmond 等，1992）都无法准确预测 α 因子的数值。

通常认为表面活性剂是影响 α 因子的最重要因素，实际上，α 因子是受多种潜在因素和条件影响的复合参数。化合物（即表面活性剂、有机基质等）、物理因素（如气泡聚结、流体力学等）以及微生物活性都是导致废水曝气效率降低的主要原因。在高浓度固体悬浮液中，如膜生物反应器（MBR）或好氧消化，污泥的流变性为最主要因素。

由于废水成分和确切的反应器条件难以预知，因此 α 因子只能通过相应的运行结果计算得出。在相似条件下，低通量控制界面（如微孔扩散器产生的界面）的 α 因子通常比高通量控制界面（如由中大气泡扩散器或表面曝气器产生的界面）的 α 因子低（Stenstrom 和 Gilbert，1981）。然而，由于气泡、液滴的几何结构和流体力学等因素的影响，通常 α 因子较高时 SOTE 较低，反之亦然。

早在 20 世纪 30 年代，人们就注意到了曝气系统中 α 因子的差异（Kessener 和 Ribbius，1934），但这没有引起人们的普遍重视。直到 20 世纪 70 年代人们因能源危机提高了对节能技术的认识，从而开始重视 α 因子的差异。在 20 世纪 80 年代之前，许多污水处理厂的 α 因子设计为 0.8，在当时被认为是所有类型曝气系统的"通用" α 因子。然而事实表明，不同的曝气系统具有不同的 α 因子，且对于微孔扩散器，由于污染或结垢，初始 α 因子随着时间的推移而降低（Boyle 和 Redmon，1983）。对于活性污泥中的微气泡曝气系统，α 因子是工艺条件的函数，如污泥停留时间（SRT，或称污泥龄，也称为平均细胞停留时间-MCRT）和气流速率（Rosso 和 Stenstrom，2005）。此外，已有文献报道了生物

质对 α 因子的影响（Cornel 等，2003；Krampe 和 Krauth，2003；Germain 等，2007；Henkel 等，2011），提供了研究充气水池中流体动力学研究工作的可能性（如 Fayolle 等，2007）。

9.1.2　微气泡、中大气泡和液滴

曝气系统通过气-液界面扩散气体或利用半透膜将气体溶解到溶液中，从而将氧气转移到液体介质中。换言之，可以通过两种环境技术进行曝气：①界面气体转移，通过使用搅拌器或涡轮机剪切液体表面形成气液界面；②通过射流器或多孔材料释放空气。此外，还存在第三类技术；③利用半透膜（如反渗透膜）的固有孔隙率将气体转移进液体的新型装置（称为无泡装置，如 MABR），这些膜允许水和空气通过，不允许溶质或悬浮物通过，也不产生气液界面。也存在其他曝气设备，如水下涡轮机或射流扩散器，可以在不使用小孔口的情况下产生微气泡，它们是"微气泡曝气器"而非"微孔曝气器"，这些技术利用机械能将大气泡剪切成微气泡。然而，由于效率较低，它们基本上已从市政污水处理设施中被淘汰。

以现有的知识，活性污泥法中的传氧机理还远未被了解透彻。目前传氧速率可以用总体积的传氧系数 k_{La}（由总的传氧系数 k_L 和可交换的界面面积 a 组成）来评估，按照 ASCE 的标准，应当在清水中确定 k_{La}。满足以下假设时，该值可以是一个常数或气流速率的函数：①曝气池完全混合；②活性污泥的流变特性不会严重影响氧气的传递；③均匀提供曝气。这些假设限制了曝气效率模型的精度，因此妨碍了利用它们进行曝气优化的研究（Amaral 等，2016；Karpinska 等，2016）。因此，考虑到上述 α 因子，使用经验关系对这些曝气模型进行了扩展（见 9.2.1.3 节），以引入其对工艺的操作条件和环境条件的依赖性。

此外，气泡大小分布影响 k_L 和 a，进而影响传氧系数的估算。在 Fayolle 的研究中，气泡大小被假设为一个平均尺寸（Fayolle 等，2007）。另有一部分实验室（非大型污水处理厂）的研究人员试图通过照相定量分析（McGinnis 和 Little，2002）；或通过引入考虑气泡聚结和破裂的相互作用模型（Karpinska 等，2016）；

或通过使用计算流体力学（CFD）扩充现有关于黏度影响的知识（Amaral 等，2016）来减少气泡大小的影响。

在污水处理中，对于中大气泡曝气器（或表面曝气器）以及微孔扩散器，界面速度有高速、低速之分。

高界面速度。表面曝气器剪切废水表面，产生一团细小的水滴，这些液滴在几秒钟内降落在废水表面上，降落半径为数米。下降液滴和上升的中大气泡具有较大的界面气液速度梯度，属于高通量界面，而微气泡具有较低的界面速度梯度，可归为低通量界面。中大气泡比较大，通常由 6mm 或更大的孔板产生，直径可达 50mm。中大气泡曝气器的高湍流使其与表面曝气器更相似，而与微气泡曝气器存在很大差异。高湍流度的曝气器可以获得更好的传递速率，但高湍流度的能量需求更大、曝气效率更低。

低界面速度。扩散器为放置在储水池底部的喷嘴或多孔表面，它们释放的气泡向水池表面移动。一般来说，认为直径小于 5mm 的气泡为微气泡。聚合物（或陶瓷）多孔烧结材料和聚合物穿孔膜通常归为一类，称为微孔扩散器。涡轮机和喷射曝气器也会产生气泡，一旦这些气泡达到其稳定速度，它们的界面速度便与源自微孔扩散器的相同气泡一致。微气泡扩散器比中大气泡扩散器（或表面曝气器）在废水中的传质下降更显著。

控制气体转移的湍流，可以用界面雷诺数或 Péclet 数来表征，气体转移则可用界面 Sherwood 数来表征。Sherwood 数可与 Péclet 数联系起来解释湍流的状况，也可与一个无量纲数（称为界面污染数）关联来说明界面污染物的积聚（Rosso 和 Stenstrom，2006b）。

9.1.3 曝气池内部

接下来的部分概述了商业用的曝气系统（无鼓风），其具体特性将在本章后面部分进行描述。图 9.1 说明了曝气池附近或曝气池内曝气系统的主要组成部分。

9.1.3.1 气泡曝气

气泡通常在一定的深度释放，当它们到达表面时会释放氧气。气泡还会引起液体流动，从而增强混合效果。实际上，由于 4/5 的空气是氮

气，可以得出结论：至少有 80% 的气泡曝气能量仅用于混合。

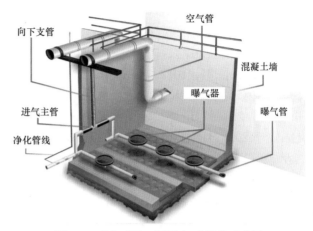

图 9.1　曝气系统不同的组成部分示意图

中大气泡扩散器

中大气泡扩散器利用相对较大的孔或狭缝释放尺寸大于 50mm 的气泡。这种直径范围的气泡不是球状的，而是以冠状（类似水母的形状）出现。中大气泡本质上是一种湍流且有表面活性剂界面累积不严重的特点，部分原因是它们的表面更新速率很高。因此，与微气泡系统相比，它们具有更高的 α 因子（Eckenfelder 和 Ford，1968；Kessener 和 Ribbius，1934；Rosso 和 Stenstrom，2006a）。中大气泡系统通常在全层配置，以优化空气分配和效率。在以前电力成本较低时，中大气泡扩散器通常以单排形式安装在推流式水池侧面，或以多排形式安装（交叉、脊形或犁沟型）。在这些扩散器布置中，增加气流通常会增加液体的体积速度，但对 OTR 的影响有限。这些系统需要的扩散器较少，降低了建设费用，但曝气系统效率最低，亟须进行升级换代。

中大气泡扩散器受污染或结垢的影响较小，这是由于曝气孔尺寸大、湍流度高，在实际应用中不容易被堵塞。另一方面，这些扩散器始终具有低 SAE 值（在 0.6～1.5kgO₂/kWh 范围内），因为大气泡在水体中上升迅速，造成比表面积很低。

图 9.2 和图 9.3 是两种商用的中大气泡扩散器。图 9.2 显示了淋浴器型扩散器的前后两个视图。淋浴器型属于第一代中大气泡扩散器，特点是覆盖有空心金属盖（旧式）或塑料盖（新式）

且带有一个或多个通气孔。空气流经主管、向下的支管和喷头，最后通过金属盖下的孔中释放，这可以增强气泡剪切力并防止空气短流（气泡呈连珠状向上移动）。塑料管道网格是一种能相对高效地制造中大气泡的简单系统，曝气管底部开有直径大约5mm、间隔不到0.5m的孔洞。

图9.2 空气喷射器。顶部是基座，部分拆卸来显示内部结构。底部是橡胶盖的顶部，用作止回阀

"饲鸡型"扩散器（图9.3）是一种较新的中大气泡扩散器，且提供的气体流量范围较大。该扩散器侧面有两种不同尺寸的孔，这两种孔的直径从扩散器侧面的顶部到底部成比例增加。气流速率低时，只有顶部的孔释放空气，但是随着气流的增加，背压随之增加的同时空气从较大的一列孔口流出。在最高气流速率下，空气通过大孔，从而释放出较大的冠状气泡（大于100mm）。

图9.3 "饲鸡型"中大气泡曝气器

由于中大气泡扩散器能够适应高气流流速，因此具有在给定的储气水池容积内提供高OTR的优点。中大气泡系统通常具有较低的SAE（SAE和OTR通常成反比）。获得高传质速率（即高OTR）需要高气流速率，从而导致气泡保留时间短并且气体传输面积小。中大气泡扩散器

的最大OTR可能比微孔或表面曝气器高出几倍，但是通常受鼓风机能力（而不是微孔扩散器的水池底表面积）的限制。中大气泡扩散器是高强度工业废水处理技术的首选，这种情况下不宜采用微气泡扩散器。对于单位体积OTR要求不高的处理系统，如市政设备，使用中大气泡扩散器则不利于节能。20世纪70年代，随着能源价格的快速上涨，使用中大气泡扩散器的污水处理厂开始逐渐消失，现在城市污水处理厂大多使用微气泡扩散器。较高的中大气泡流速会产生需要额外进行管理的气溶胶和喷雾。

微气泡扩散器

微气泡可以通过不同的技术产生，如多孔板释放空气，或者通过机械方式将大气泡剪切成微小气泡。后一种技术采用潜水涡轮或射流扩散器产生微气泡而无需多孔介质。涡轮或射流器产生的微气泡的SAE（1.2~1.8kgO$_2$/kWh）始终低于微孔扩散器中的微气泡。此外，它们的气泡在几个集中点释放，从而常常导致溶解氧分布不均匀，总体效率较低。

微孔扩散器是微气泡系统的一个重要组成部分（图9.4~图9.7）；微孔扩散器通过穿孔膜或多孔材料（如陶瓷石或烧结塑料）上的小孔释放压缩空气来产生微小气泡。微孔扩散器是目前美国和欧洲废水处理中最常用的曝气器。微孔扩散器具有较高的SAE（3.6~4.8kgO$_2$/kWh），通常安装在整个曝气段的底部，这样可以使它们最大限度地发挥作用。微孔扩散器系统由于气体流速降低对生物组织的破碎作用小，因此效率高，

图9.4 第一代微孔扩散器：陶瓷圆顶（顶部）。空气通过空心螺栓进料，填充圆顶所包围的空间，然后通过烧结陶瓷的孔释放。底部是长时间运行后的扩散器，外表面可见明显的生物污垢。圆顶内部的变色部分显示了螺栓排气孔的位置，是空气供给中的污染物所致

所需气流速率更低（Hieh 等，1994，1993）。同时低流速也减少了热损失（Lippi 等，2009；Talati 和 Stenstrom，1990）。

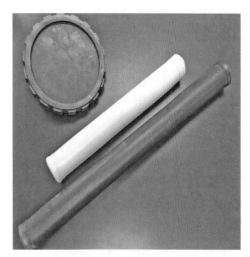

图 9.5 来自不同制造商的扩散器型号组合
从左到右：EPDM 膜片、硅橡胶膜管和 EPDM 膜管

微孔扩散器有两个显著的缺点：第一个是需要定期清洁。因为每个微孔扩散器都会不可避免地受到污染。无机结垢和材料降解（即老化）还增加了确定清洁程度和更换材料等问题的复杂性。

第二个缺点（这也适用于涡轮机和喷气机）是废水污染物对传氧效率有明显抑制，通常由 α 因子来量化这种效应。在类似条件下，微孔曝气器的 α 因子通常低于中大气泡曝气器或表面曝气器（Kessener 和 Ribbius，1934；Stenstrom 和 Gilbert，1981）。在 20 世纪 80 年代以前，许多污水处理厂的 α 取值为 0.8，这被认为是所有类型的曝气系统和所有条件下的"通用" α 因子。然而继续采用 0.8 这个取值对于如今的设计过程而言不再合适，因为不同的曝气方法具有不同的 α，并且由于污染或结垢，微孔曝气器的初始 α 值会随着时间的推移而降低（Rosso 和 Stenstrom，2006）。此外，对于微气泡系统，α 因子还是工艺条件［如平均细胞停留时间（MCRT）或气流速率］的函数（Rosso 等，2005）。最后，负荷的昼夜变化也会导致 α 产生动态变化（Jiang 等，2017；Leu 等，2009）。

下表总结了过去 40 年 WRRFs 各项参数的经验值（表 9.2）。这些数值适用于相互比较，

不应用于实际设计。微孔曝气器有可能获得最高的曝气效率（AE），但在有着较长污泥停留时间的工艺过程中才会表现出最佳性能。这表明效率不仅取决于曝气系统，还取决于安装在哪个工艺。因此，下表的这些数据无法用于设计，因为这些数值对应的工艺设置可能与正在设计的情况完全不同。

(a)

(b)   (c)

图 9.6 全层安装的微孔曝气器示例
(a) 陶瓷盘；(b) 聚氨酯条；(c) 聚氨酯板

商用曝气系统的曝气效率（AE）、标准曝气效率（SAE）和气流加权 α 因子汇总。这些范围是作者几十年来在数十种不同配置下运行的 WRRFs 现场测量的结果。使用风险自负！　表 9.2

曝气器类型	SAE kgO$_2$/kWh	2mgO$_2$/L 时 低 SRT AE	2mgO$_2$/L 时 高 SRT AE	α 系数
高速	0.9～1.3	0.4～0.8		0.47～0.64
低速	1.5～2.1	0.7～1.5		0.48～0.71
涡轮	1.2～1.8	0.4～0.6	0.6～0.8	0.30～0.47
喷气机	1.5～1.7	0.8～1.2		0.37～0.60
中大气泡	0.6～1.5	0.3～0.7	0.4～0.9	0.35～0.64
微孔	3.6～4.8	0.7～1.0	2.0～2.6	0.20～0.55

图 9.7　微孔曝气器在曝气氧化塘中的应用。空气管道（位于曝气器装置顶部）沿氧化塘分配空气，垂直软管将空气从空气管道输送至曝气器装置（靠近氧化塘底部）。右侧的图像展示了一个贸易展览会上的曝气器，该装置的系统可以用在不均匀深度的氧化塘中

图 9.8　安装（顶部）和操作（底部）时的低速表面曝气器。在槽底部的叶轮用于确保固体和 DO 在所有深度分布。4 根结构梁作为曝气器的支撑，同时作为挡板防止涡流形成

9.1.3.2　机械曝气

表面曝气器

表面曝气器属于初代传氧技术，它不需要鼓风机就可以进行氧气输送。表面曝气器将液体分割成小液滴，这些液滴以每秒几米的速度形成紊乱的水幕。射流的液滴与空气接触后，氧气至少会达到半饱和状态。一旦液滴降落到自由液面上与主水体混合，就会产生如图 9.9 所示的典型 DO 分布图。由于表面曝气器不提供空气或者氧气，所以无法定义或者测量 OTE。液体的流动过程造成的射流也促进了混合。在某些情况下，需根据液体泵送速率和 OTR 来选定表面曝气

器，表面曝气器的典型特征是高 OTR 和低 SAE 值（0.9～1.2kg O_2/kWh）。

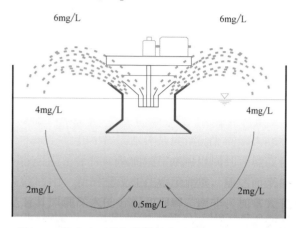

6mg/L   6mg/L

4mg/L   4mg/L

2mg/L   2mg/L

0.5mg/L

图 9.9　装有表面曝气器的储水池的 DO 模式示意图

表面曝气器使液体喷雾在空气中扩散，使液滴通过蒸发冷却到湿球温度（湿球温度是空气温度和湿度的函数，寒冷、干燥的空气将具有较低的湿球温度）。这种冷却利于处理温度较高的工业废水但不利于在寒冷的气候下处理市政废水。热损失和气溶胶喷雾的形成是选择曝气系统时应考虑的重要因素。在城市地区，还应当考虑到飞

沫和臭味产生等问题。

表面曝气器有两种类型：高速（即直接驱动）和低速（即通过变速箱驱动）。高速曝气器通常以 900～1200rpm/min 的速度旋转，由于没有变速箱，它们易于安装且价格较低。另一方面，它们产生的水流湍流强度高，导致气溶胶形成和剪切生物絮体。一般情况下，高速曝气的 SAE 低于低速曝气的 SAE（高速曝气为 0.9～1.3kg O_2/kWh；低速 1.5～2.1kg O_2/kWh）。

在电动机和叶轮之间引入一个变速箱，使曝气器以较低的速度（30～60rpm）旋转，会造成成本和采购时间的增加（通常变速箱是在订购之后才制造）。较高的初始成本和采购时间也许可以通过较高的 SAE 来补偿。

如果没有导流筒或潜水推进器为深层液体提供搅拌混合，则不能在深池或氧化塘中使用表面曝气器。导流筒用来确保池内深层的液体向上流动回到表面曝气器下方。潜水推进器用长轴安装在距反应器底部约 1m 处。在没有导流筒和底部搅拌器的情况下，4m 以上和 5m 以上的储水池很少使用高速曝气或低速曝气。

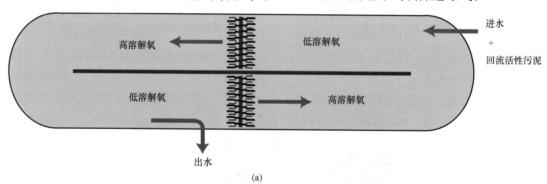

高溶解氧　　　　　　　　低溶解氧　　　　　　　　进水
+
回流活性污泥

低溶解氧　　　　　　　　高溶解氧

出水

(a)

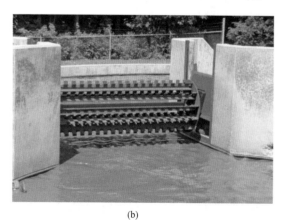

(b)

(c)

图 9.10　氧化沟（a）的备用（b）和运行（c）均装有表面刷式曝气器。曝气器的轴安装在轨道上，轨道可以调节输出功率，并将整个曝气器提升到自由水面以上，从而避免给液体流动造成任何阻碍

如果在氧化塘或泥土质地底的水池中使用曝气系统，则必须避免底泥被搅动上扬。表面曝气器容易形成负压，可能会使岩石和碎屑进入，损坏螺旋桨或导致结构不稳定。另外，对于非常浅且宽的氧化塘，曝气的区域可能难以延伸到边缘，从而导致固体沉积并生成污泥。

转刷曝气器或转碟曝气器可以同时提供曝气和混合，并提供水平速度（图 9.9），这种设备通常在氧化沟中使用（图 9.10）。这些低速表面曝气器通常具有较高的能量需求（或低 SAE），因为它们供氧的同时还要推动水流。在氧化沟中，存在一个最小液体速度以使混合液保持悬浮状态。由于水的密度比空气大 3 个数量级，因此转刷曝气器的大部分能量都用于推动液体而不是用于曝气。因此，带有转刷的氧化沟经常被改造成微孔扩散器和低能耗机械混搅拌器/泵的混合工艺（如"香蕉叶"搅拌器），以降低氧化沟的能源消耗。

转刷曝气器一种比较少见的应用是在浅水曝气氧化塘内（图 9.11）。将转刷安装在一条中部无底的浮动驳船上，表面曝气器在此处进行混合和充气。这种曝气技术的优势为方便操作和维护，因为驳船可以很容易地被拖到岸上进行维护或修理。曝气器也可以移动，以防止污泥在底部积聚。

图 9.11　一个安装在曝气氧化塘驳船上的表面刷式曝气器

9.1.4　鼓风系统

鼓风机是绝热流体机械，用于产生相对大量的低压空气或气体，以用于混合、充气或燃烧。鼓风机不压缩空气，而是吹气。这个概念很关键，因为鼓风机排气压力的限制可能是扩散器的选择/维护的制约因素。通风系统上压降的存在，使得鼓风机的绝热压缩在出口处产生相应的压力增加。排气口处没有压降，就没有压力，只有速度（就像吹风机一样）。

所有鼓风机都存在一定程度的低效现象，效率一般为 $60\% \sim 80\%$。因鼓风机效率低所损失的功率会提高排放温度，同时只有这里温度提升才能加热曝气池（然而在实际操作中，水温没有明显提高）。实际上，热钢管的热量会向周围大气扩散而产生热损失。所以空气分配管道配有护套，以减少热量损失并防止人员接触灼伤。由于鼓风机克服压降的能力非常有限，所以可能会出现所有鼓风机都将达到其最大排放压力的情况，这被称为喘振。喘振区始终位于鼓风机曲线的左上方。

当发生喘振时，鼓风机不能再将空气从出口释放，同时运行开始不稳定（由于需要消耗其电机所产生的机械功，鼓风机很快会开始振动）直到强行终止鼓风机运行。喘振不会停止：如果没有立即停止鼓风机的运行，鼓风机会发出巨大噪声和振动，从而导致鼓风机结构损坏。

压缩空气通过管道系统分配到浸没式扩散器，最终在反应器底部释放。当气泡在液体中上升时，氧气就会被转移到液体中。一个设计良好的鼓风机系统可提供广泛的气流变化范围，以适应不同的氧需求。通常在变化的环境条件下，压力范围相对较小。鼓风机作为曝气系统的关键部件，需要仔细选用。特别需要注意的是确保鼓风机可调范围能满足所有流量要求。由于4/5的空气成分（非氧气）对曝气没有任何作用，因此必须更加重视氧的传递效率；氧气需求的任何变化，都可能使空气需求（以及鼓风机功率需求和能源成本）增加几倍。

鼓风机类型

鼓风机分为两大类：动力（离心式）和容积式。每种类型的鼓风机都有许多不同的配置（图9.12）。离心（或动力）鼓风机，如离心泵，使用旋转叶轮产生可变流量和较窄的压力范围。另一方面，容积式（PD）鼓风机通常被认为是恒流变压装置。容积式鼓风机在封闭的空间内连续压缩固定体积的气体，以增加压力并提供一定的速度。这两种类型鼓风机各有优缺点，见表9.3。

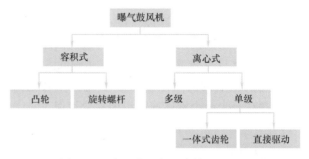

图9.12　容积式和离心式鼓风机配置

容积式和离心式鼓风机的特征摘要　　　　　　　　　　　　　　　　　　表9.3

容积式鼓风机	离心式鼓风机
• 在小规模的情况下更经济 • 低频的撞击噪声与凸轮的转动相关，很难消除。三轮鼓风机部分解决了该缺点 • 振动传递到管道和支座有时会造成问题 • 排气压力过高导致电机过载，需要保护电机电流 • 高排放压力	• 在各种情况下都比较经济，大型设备尤其显著 • 噪声很大，但易于消除连续的高频转动噪声 • 压力过大会引起喘振，可能导致鼓风机损坏。需要电流保护和振动检测控件以保证安全操作。 • 高排放流量

9.1.4.1　离心式鼓风机

在大型污水处理厂中，由于有更多的低压空气可供使用，所以离心式鼓风机比容积式鼓风机更常见。这些鼓风机依靠封闭外壳内叶轮的转动为气体提供速度。空气以放射状连续排出，其增加的动能通过在排气口上产生压降进而转化为压力增加。图9.13说明了上述概念。另外，早期的离心式鼓风机不具备调节能力，必须以恒定转速运行。

目前较新的技术包括带有可调导向叶片和可变空气流量的离心式鼓风机。通过改变叶片的角度，可以改变气流速率，使鼓风机获得调节能力。然而，离心式鼓风机有效率最优的工作区域，超出该区域，效率会有所下降。与容积式鼓风机一样，如果带有压力的气体在叶轮和机壳之间以及叶轮周围逸出，会损害离心式鼓风机。图9.14展示了一些常用鼓风机的排气流量和压力的关系。

进气温度和大气压变化可导致压缩气体密度变化从而影响鼓风机的性能。气体或空气的密度随着温度的降低和/或压力的升高而增加，需要更大的功率输入来压缩相同体积的气体。离心式鼓风机的能力在高温下会降低，一般使用最高预期工作温度来设计鼓风机尺寸。

图9.13　水资源回收设施中最常用的鼓风机之一：多级离心鼓式风机

入口过滤器

鼓泡器膨胀接头

入口蝶阀

排放止回阀

机壳

结构钢装配底座

柔性耦合

标准电机

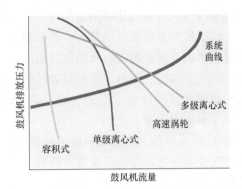

图 9.14 常用鼓风机的压力与流量关系（改编自 Loera，2013）。喘振区域位于图的左上角

典型的多级离心鼓风机如图9.15所示。在常规操作下，多级鼓风机使用多个叶轮串联，以提高气体的排放压力。在这种配置中，可通过在鼓风机进口处安装控制阀或通过在鼓风机电机上使用变速驱动器来实现可变输出。但是，多级离心鼓风机的调节系数受到限制，因为当输出接近如图9.14所示的喘振点时，它们的曲线变得相对平坦。图9.14显示了带变速驱动器的多级离心鼓风机的典型性能曲线。注意防喘振控制线接近预计的喘振极限。当曝气量朝喘振线减小时性能曲线变得非常平缓，形成了潜在的不稳定区域。必须确保防喘振控制线的位置与预测的喘振线相距足够远，才可以保持稳定的运行。此时防喘振线的位置确定了鼓风机的最小量程。

单级离心鼓风机依靠单个叶轮来产生所需的排气压力和气流量。有几种不同的单级离心鼓风机。不同配置之处包括变频驱动（VFD）电机与恒速电机，或进口导叶和出口扩压器叶片的使用。单级离心式鼓风机的转速通常比多级鼓风机高很多，并且通常设有齿轮箱来提高叶轮转速。

直驱或高速涡轮单级离心鼓风机是相对较新的设备，它使用的叶轮与整体齿轮式单级鼓风机叶轮非常相似。因为叶轮直接安装在电动机电枢轴上，所以是一种直接驱动的方式，也可被称为"高速涡轮"（转速高达70 000rpm）。由于转速高，因此需要使用专用设备，例如高速VFD、EMC滤波器、谐波滤波器和正弦滤波器，专用轴承等，以完成整个鼓风机的组装。直驱式单级离心鼓风机有两种配置。由于电动机和叶轮紧密集紧密结合在一起，直驱式鼓风机需要供应商提供成套设备。

(a)

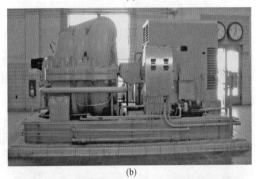

(b)

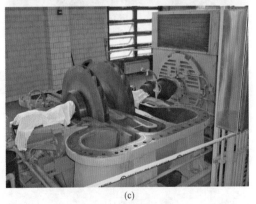

(c)

图 9.15　多级离心鼓风机

（a）示意图；（b）大型废水处理厂运行的多级离心鼓风机示例；（c）一个处于维护期间的类似装置

图9.16显示了使用翼型轴承时高速涡轮鼓风机的水平结构。由于它使用气流来悬浮转子轴，使用时需要频繁地停止和启动，所以翼型轴承不是一个很好的选择。实际上它也是喷气式飞

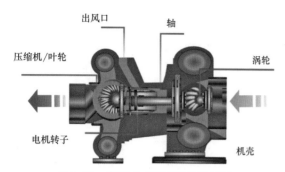

图 9.16　直驱式或高速涡轮鼓风机

机涡轮的轴承，这就是机场的飞机不使用涡轮动力的原因（以避免轴的磨损）。另一种选择是使用永磁轴承。目前，由于轴承技术和电枢的重量，这些鼓风机的电功功率限制约在 200kW。

一体式齿轮单级鼓风机依靠位于驱动电机和鼓风机之间的齿轮箱来提高叶轮设计速度，以提供所需的气流和排气压力。齿轮箱和叶轮是根据不同的现场条件设计的，包括气流、排气压力、进气温度和相对湿度。

图 9.17 是一体式齿轮单级鼓风机的剖面图，显示了气流通过进口导向叶片进入叶轮，通过出口扩散叶片到达排放管的气流路径。鼓风机以固定的转速运行，复杂的控制系统可连续改变进气口和导向叶片的角度，即使在调低转速时也可实现流量改变并达到相对较高的效率。

(a)

(b)

(c)

(d)

图 9.17　一体式齿轮单级离心鼓风机

（a）鼓风机电池；（b）伺服电机操作进气口左侧导流叶片时所显示的进气详图；（c）进气口叶片详图；（d）排气口导流叶片详图

9.1.4.2 容积式鼓风机

容积式（PD）鼓风机在恒定曝气量和变化压力下产生压缩空气。容积式鼓风机通过耦合的双叶或三叶齿轮或转子的空腔压缩离散的空气（图9.18）。由于过程的不连续性，容积式鼓风机的压缩效率不如离心式高，但在相同的气流速率下可以获得更高的输出压力。此外，还可以通过改变容积式鼓风机的速度来改变气体流量。此类鼓风机的缺点是会产生明显的噪声。

图9.19 回转叶式鼓风机

■ 大气压下的空气
■ 管路压下的空气

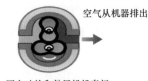

空气进入机器　因在叶轮和鼓风机机壳间

空气从机器排出

图9.18 容积式鼓风机示意图

典型的回转叶式鼓风机如图9.19所示，由两个对称的叶轮组成，在一个封闭的空间里向相反的方向旋转，将气体从进口输送到出口。叶片的旋转不会压缩气体。压力是通过限制气体从机器中排出而产生的。

如前所述，当空气在压力下从叶片周围以及在外壳和叶片之间逸出时，会对容积式鼓风机造成损害，降低其效率。与回转叶式鼓风机类似，旋转螺杆由两个螺旋形的轴组成，在一个封闭的空间内向不同的方向旋转。两个轴之间的空腔容积逐渐减小，导致从鼓风机外壳的进口到出口的压力增大，排放能力下降。与传统的容积式鼓风机不同，所有旋转螺杆以连续模式（而不是分开

的）运行，实际上是容积式和离心式之间的混合技术。

9.1.5 不可忽视的HPO工艺

高纯氧活性污泥法（HPOAS；图9.20）是在有覆盖物的反应器中使用纯氧曝气，而在无盖水池中使用空气扩散器或机械曝气器则达不到此效果。该工艺的开发是为了应对污水处理厂的实际占地面积受限时污水处理厂扩大产能的需要。因此，这种装置大多在人口稠密地区使用，而且往往规模较大。在常见的设计中，通常是串联3~5个反应器，以确保氧气的高利用率。一般大型污水处理厂通常会有几组平行的反应器。HPO工艺由联合碳化物公司引进和开发。有关该技术的历史及其发展，请参阅该工艺发明者的书（McWhirter，1978）。

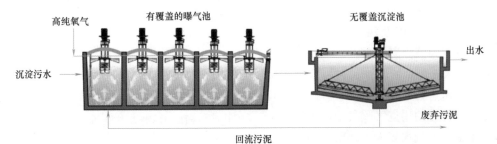

高纯氧气　有覆盖的曝气池　无覆盖沉淀池

沉淀污水　　　　　　　　　　　　　　　　出水

废弃污泥

回流污泥

图9.20 典型的高纯氧活性污泥法。这一系列的反应器是密闭的，而二级澄清池与大气连通

这项技术的应用在20世纪80年代中期就比较成熟了。但是从设施的使用年限、能源成本的增加和对营养物的去除/回收这几方面考虑，如何

处理接近其使用寿命的设施成为需要解决的问题。在美国，很大一部分（即使不是主要部分）废水都是由少量的HPOAS设施接收。更重要的是，

美国约三分之一的废水由 47 个大于 100 MGD 的污水处理厂处理（Metcalf&Eddy，2014），考虑到 HPOAS 污水处理厂数量较少且规模相对较大，对这些污水处理厂的分析可能需要到北美大陆范围内的大量人力物力。其中许多污水处理厂位于沿海城市（如纽约、波士顿、费城、洛杉矶、旧金山、迈阿密、西雅图等）。事实上，HPOAS 过程几乎只能完成 BOD_5 去除，因此去除其他营养物对于这种工艺来说是一个挑战，HPOAS 工艺面临的其他挑战如图 9.21 所示。传统技术上，当 HPO 池和硝化池串联时，需要在两个反应器中间加入一个澄清装置。此外，随着水的再利用成为各个地区供水组合的一个组成部分，HPOAS 污水处理厂也正在慢慢发生改变。HPOAS 污水处理厂未来的设计需要考虑以下几方面的因素：

• 泡沫会进入反应器之间的气体收集器。为了解决这一问题，HPO 污水处理厂通常在非常低 SRT 下运行以便"冲洗"出泡沫。在 HPO 污水处理厂中常见的 SRT 为 1～2d。

• 较低的 SRT 可防止硝化作用，而大型沿海污水处理厂通常不需要硝化作用。当通过增加 SRT 在 HPO 污水处理厂进行硝化时，可能需要调整 pH 值。HPO 污水处理厂中的封闭式反应器阻止了二氧化碳逸出从而导致 pH 值下降。HPO 反应器中 pH 值一般为 6.0 的出水会降低硝化速率并可能导致设备腐蚀。另外，同样有必要发展新的工序减少污泥膨胀。

• 在低 SRT 条件下运行的出水通常不适合再利用，因为废水中的 TSS 较高，并且对新兴污染物去除效果较差（Leu 等，2012）。

• 反应器在低 SRT 和高剪切条件下运行时，混合液体浓稠性低以及污泥体积增加（即 MLSS 低）会造成固液分离困难。

• HPO 污水处理厂的能源消耗可能高于使用空气曝气的污水处理厂。最初，当 HPO 装置首次引入时，它们比使用空气曝气的污水处理厂更节能，因为空气装置大多采用螺旋式中大气泡曝气系统。然而，随着微孔隙、全层覆盖扩散器的出现，情况发生了反转。

• 由于 HPO 运行所需的高耗氧量，所以 HPO 污水处理厂很难被改造成为使用空气曝气的装置。第一个反应器的 OUR 可高达 150mg/（L·h），远远高于高效微孔扩散器所提供的实际最大值 80mg/（L·h）。一个可能的解决方案是增加反应器的体积，但这不太现实。

• 许多 HPO 的制氧设施已接近使用寿命需要进行更换，而这需要资金以及对 HPO 工艺的持续依赖。压力-真空摆动技术可能会解决这一问题，因为这种新技术的效率可能是早期制氧技术的 2 倍。

• 在现有设备下，难以将表面曝气器直接地换为微孔扩散器。高氧纯度下的设备与现有的扩散器和曝气管道不兼容。需要使用具有合适材料的新一代微孔扩散器。此外，当低 SRT 时，HPO 污水处理厂使用的低速表面曝气器具有较高的 α 因子（0.8）。当低 SRT 时，微孔扩散器的 α 系数要低得多（为 0.4）。

一个控制良好的过程可以使 70％～80％的氧气被细菌利用相当于浪费了 20％～30％的氧气。事实上氧气利用率很少达到联合碳化物公司最初预测的高至 90％的最佳性能。然而，旧金山海岸水污染控制污水处理厂（OSP）的工程师设计了一种更有效的控制策略可使该工艺的氧气利用高达 100％（Miot 等，2016）。

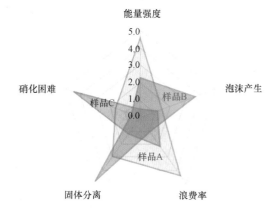

图 9.21　污水处理厂的 HPOAS 工艺面临的一些挑战

HPO 设备已接近使用寿命，有关它们如何处理的问题变得越来越重要。现有以下几种处理思路：

• 如果有可用土地，将 HPOAS 设施转换为空气曝气。

• 停止现场制氧并从供应商处购买氧气。

• 将反应器改成部分或全部接触大气。在最后一个 HPO 反应器中进行二氧化碳吹脱提高出水的 pH 值已经成功地应用了近 20 年。

- 结合最先进的强化技术（如：压铸工艺、生物膜工艺）。

- 改良 HPO 工艺，进行硝化和反硝化。

- 在 HPO 之后添加硝化反硝化工艺。

9.2 活性污泥的混合

在污水处理厂中，曝气可在混合污泥的同时提供氧气。然而，根据流体力学的知识，曝气情况在整个反应池中差别变化很大。混合条件决定了活性污泥悬浮液的均匀性也即生物活性的均匀性（Rosso，2018）。在没有混合的情况下，短流可能导致处理效率降低 50% 甚至更多（Ahnert 等，2010），而相应的死区可达水池体积的 10%～20%（De Clercq 等，1999）。通过混合可以实现以下目标：①保持混合液处于悬浮状态，并确保整个区域的体积得到利用；②混合不同来源的进料从而产生均匀的悬浮液；③促进混合液絮凝；④避免短流。

一般来说，混合可以根据其持续时间来进行分类。第一种是快速混合（短于 30s），当在污水或混合液体中添加某一种化学物质时（如加入用于絮凝的混凝剂，用于脱水的聚合物，用于消毒的次氯酸盐等），或者混合不同的混合液体流（即 RAS 和 PE，内部循环流和主流）可应用这种方式。快速混合已经得到了广泛的研究和模拟（Rosso，2018）。在 Metcalf & Eddy 所著的技术手册中可以找到用于快速混合的废水处理设施的细节、设备特性和实际案例（2014）。然而，人们对连续（或慢速）混合研究甚少，因此难以对此过程描述或建模。连续混合与观察到的微生物反应速率相关，并控制着加速生物转化的两个关键过程：絮凝（微生物聚集或絮凝体的形成）以及维持悬浮液中固体的稳定。尽管一些研究者试图区分这两种过程，但它们在大多数情况下很相似，因为固体需要保持悬浮状态才能发生絮凝（Pretorius 等，2015）。

活性污泥池的混合和曝气是能源密集型过程，因此优化混合设备对于节省能耗而言尤为重要（Füreder 等，2018；Sharma，2011）。其中曝气能耗可占 WRRF 总能耗的 50%～75%（Reardon，1995；Rosso 和 Stenstrom，2005；WEF，2009）。

一些学者已经证明混合所消耗的能量占总能耗的 5%～20%（Füreder 等，2018；Krampe，2011）。此外，占比高达 3/4 的活性污泥池在能源消耗方面仍具有优化空间（Füreder 等，2018）。另外，研究和优化混合过程的同时需要考虑降低能量强度并增强处理过程的可持续及环保性。

无论使用表面曝气还是扩散空气鼓风机，通常不能将曝气与混合两个过程分离。释放持续供应的气泡既满足氧气需求，又维持了反应器内的混合状态，这确保了相应的底物（即 COD，NO_3^-，VFAs 等）与微生物之间的接触。然而，将曝气与混合分离可能会有其优势，但在这种情况下，只能给无曝气区提供最低程度的混合。仅提供混合而不曝气可通过两种方式进行实现，通常是使用叶轮，还可使用空气动力设备进行混合，但必须避免氧的传递（如通过混合缺氧区与中大气泡扩散器）。可同时进行氧气传输和混合的机械装置（如双曲线曝气器/混合器）的出现，使得一组设备单元同时适用于曝气区、回旋区和间歇区成为可能。

有时限制或减少曝气或改变混合条件都可以提高营养物的去除率，例如 Barnard 等（2017）提出的原位发酵。不完全混合条件利用无气区的基底形成固体覆盖层，从而创造出厌氧条件并触发与发酵相关的过程，将复杂的有机碳转化为更易降解和可利用的有机碳物质。但是在设计相关装置时必须考虑过度发酵的次级效应（Barnard 等，2017）。

9.2.1 混合的量化和设计

在设计阶段采用传统的超大型混合系统会有很多弊端（Pretorius 等，2015）。比如在设备上花费的资金过多，在搅拌机上耗费大量电力，对环境产生负面影响等。此外，在厌氧或缺氧区的过度混合可能导致空气进入从而对选择器的性能和出水质量产生负面影响，特别是在生物营养物质去除（BNR）系统中。更有甚者，可能会破坏混合液的絮凝物结构从而对污泥沉降性产生负面影响（Rosso，2018）。最后，Barnard 等（2017）指出，由于会出现偶然性的曝气情况，传统的搅拌器通常会抑制厌氧区 RBCOD 的发酵从而限制了生物除磷的潜力，所以合理设计混合设备十分重要。

为了确保适当的混合条件，需要对混合程度

进行量化。然而，如何量化曝气池中"均匀悬浮"的问题一直存在争论，许多学者为混合程度定义了不同的基准（Rosso，2018）。用于量化混合的方法可以分为两组：传统方法和计算方法（CFD）。在大多数设计中，通常会假设完全混合（Stamou，2008），但在现实中，一些因素会影响 AS 过程中难以到达理论上的"良好或完全混合"状态。即使一些常用的经验法则提供了良好混合条件所需的最低空气量（Metcalf 和 Eddy，2013；Pretorius 等，2015），但其他因素对实际混合效果的影响尚未可知。

人们普遍认为确保有效混合的单位容积的空气需求量在 $1.2\sim1.8m^3/(h\cdot m^3)$ 之间变化，使用机械曝气器维持完全混合流状态的典型功率要求为 $13\sim26~W/m^3$（Karpinska 等，2016）。然而，这些假设尚未考虑反应器水力学（横截面、深度或挡板的存在）、能量输入或任何其他可能影响混合的变量的影响。

量化混合最常用的方法之一是采用变量混合系数（CoV）表征来表征固体浓度 DO 或 OUR。CoV 方法不仅适用于总悬浮物（TSS），还可以用于其他关键参数，从污染物（如 BOD_5、亚硝酸盐和硝酸盐）到工艺指标，这对现有的类似条件提供了有用的参考。但是，使用测量的 DO 值作为混合的指标可能也有一些局限性，特别是对于低 DO 值。由于 DO 探针在其检测值较低范围内的信噪比不够理想化，低 DO 值（即 DO＜0.5mg/L）很难（如果有可能）用于定义实际的氧气条件（好氧、缺氧、厌氧），当然也很难区分缺氧和厌氧代谢。其他如生物转化率、底物浓度、各种电子受体的浓度等因素也会影响缺氧或厌氧反应的发生。

另一种十分有前景的监测混合的方法是测量氧气吸收率（OUR）。OUR 是生物量活性的指标［$mgO_2/(L\cdot h)$］，可以成为评估曝气池中发生的生物反应分布状况的重要参数技术。对微生物活性分布的计算和相应的绘图可以检测到那些由于水动力/混合问题而导致悬浮生物量负荷较低的区域。这些数据有助于识别那些与邻近区域或之前的经验值相比 OUR 值低于预期的区域。但是，这种方法存在显著的局限性，即其二维性。收集到的气泡代表了相同水深处气体的转移

状况，在表面收集气泡无法表示出在不同水深处的情况。理论上，可以在水面以下收集气体从而进行三维绘图，但实际上收集气罩的安装深度存在限制加上深度越深气体传输效率越低（同时仪器误差不受深度影响），因此严重限制了这种方法的应用。通过排放气体来绘图的方式依赖于排放气体在混合液表面的收集，这意味着只有到达表面收集点的气泡能被分析仪捕捉。这些气泡可能是在集排气罩下方或其附近产生的（尤其是上游，由于液体的平均前进速度的存在）。因此，这种方法无法避免取样不确定性。图 9.22 显示了曝气池中的两个典型 OUR 示意图（Hodgson 等，2019）。可以看出，OUR 作图可以揭示流体动力学中潜在的可减少储罐内的反应空间或功能空间的短流区域。

在过去的几年中，结合计算流体力学（CFD）分析和生物反应速率的 CFD 的应用一直在发展（Fayolle 等，2007；Karpinska 等，2016），也正试图克服当前存在的局限性（Amaral 等，2019；Karpinska 等，2016）。为了设计一个可执行生物动力学模型（Karpinska 等，2016）的串联罐模型，现已探索了将 CFD 数据与基于 ASM 的代码耦合的潜在可能性。然而，到目前为止，还没有一个能够实现将完整的 CFD 模型与 ASM 模型耦合。虽然这种方法寻求的结果比单一的 ASM 得到的结果更可靠，但它要求在实际时间范围内实现和运行的模型与简化程度和求解精度之间进行权衡，这可能会导致一系列的输出上的误差。

9.2.2 搅拌设备

旋转叶轮可产生诱导径向或轴向流动（图 9.23）。

在废水处理中，最常用的搅拌设备是轴流式叶轮。轴向流动可以向前（远离驱动叶轮的轴）或向后。提供逆流向后轴向流动的主要类型是上泵垂直叶轮。提供径向轴向流的主要设备类型是双曲面混合器（图 9.24），其设计目的为诱导水体垂直于叶轮径向流动，也即沿区域底部流动。在避免结构上的需求时也可采用浮动垂直叶轮。另一方面，由于在废水处理工业中很少使用穿墙式叶轮，因此卧式叶轮通常需要潜水式电机。事实证明，由于有维护和制造方面的缺点，潜水式电机很难保证不发生水体泄漏。

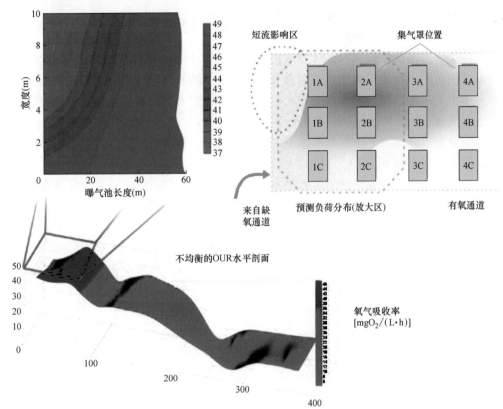

图 9.22　OUR图。左上方图显示展开峰的相应位置，以获取排气测量值（OTE,%）。X 轴对应于曝气池长度，Y 轴对应于氧气吸收速率［$mgO_2/(L \cdot h)$］，Z 轴对应于反应器通的宽度。注意反应器宽度上的可见梯度

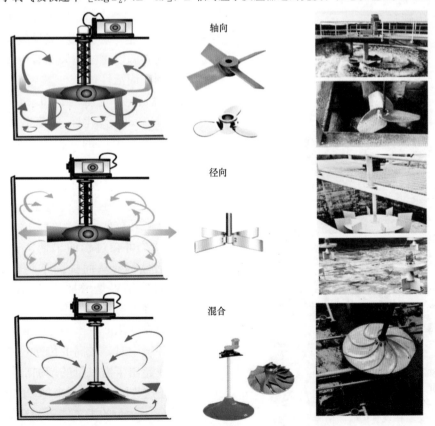

图 9.23　不同叶轮的流动模式和示意图

另一种选择是气动混合，所有气泡曝气系统都属于气动混合。考虑存在混合极限，许多微小气泡系统旨在维持所需的最小气流。许多气动扩散器是专门设计用于产生大量气流的，特别是大气泡扩散器和中大气泡扩散器，但一些微气泡混合器也能产生大流量，例如与在螺旋辊配合配置中使用时，气动混合器的优点是使整个水体与气体均匀混合，而不会在水面下使水体产生较大位移对水体产生很大扰动。空气混合器的主要优点是混合动力的影响从释放点到整个水柱表面是垂直分布的。然而，在无曝气区使用空气混合器的主要顾虑是存在偶有的氧气转移。为了加强硝化作用-反硝化作用而有意在缺氧区曝气的概念是在亚利桑那州凤凰城的第91大道污水处理厂首次进行研究的（Stensel等，1994）。在随后的几年中，同步硝化-反硝化已被证明是可行的。这种系统中，在保持混合液均匀悬浮的同时，需要进行低水平曝气，并对污泥层的形成进行目视观察。空气混合通常安装在从曝气池输送混合液到二次澄清池的通道中。不同研究人员发现的最佳功率略有不同，因此建议设计可调节的气流速率，允许操作员微调以达到给定系统的确切最佳功率（Pretorius等，2015）。验证在无曝气区采用空气混合是否有效的一个简单测试是，在反应器中投放小量型污泥反应器，从反应器中采集样本。

图9.24　安装在现有扩散器格栅上方的
WRRF双曲面混合器

9.3　影响传氧效率的因素

从环境到工艺相关的各种因素都会影响曝气系统中的氧传递。接下来的几个部分将介绍影响氧传递因素的最新进展。例如，与扩散器有关的特性（如类型、安装深度、分布、运行时间和气流速率）将影响系统以溶解氧的形式传输空气的能力。同样，好氧反应器的特征，例如反应器的深度、体积和类型，以及操作条件（如平均细胞停留时间、营养去除过程、湍流、废水成分和结垢）也会影响传氧效率（Eckenfelder Jr等，1956；Groves等，1992；Henkel，2010）。当然，传氧效率也可能受其他可控或可预测因素的影响，例如温度、大气压、盐度或水压。

9.3.1　污泥停留时间

平均细胞停留时间是影响活性污泥曝气效率的最重要的过程变量。SRT与生物质浓度直接相关，也决定氧气需求量。在SRTs较高时，曝气效率和α因子也较高。决定通过增加SRTs来进行生物营养物质的去除过程，可提高曝气效率。此外，在去除营养物质的污水处理厂里应用缺氧和厌氧选择器的益处不仅限于营养物去除和提高沉降特性。缺氧和厌氧反应器可以通过利用废水中的碳源以更快地去除对传氧效率有显著负面影响的表面活性剂。

文献研究（Rosso和Stenstrom，2005；USEPA，1989）表明，传氧效率与SRT成正比，与每个扩散器的气流速率和空气流量成反比，还与几个几何参数：扩散器浸没深度、数量和表面积成正比，如图9.25所示。SRT决定了净氧气需求量，还与氧传递还原污染物的处理程度和降低氧转移的污染物的去除程度有关。较高SRT的系统可在过程的早期工艺前端除去或吸附表面活性剂，从而提高平均传氧效率。延长SRT的最终结果是增加了对氧气的需求，提高了可生物降解有机物的去除率，并提高了整体的氧传递效率（Rosso和Stenstrom，2007）。当处于温暖环境中时，较高的传递效率节约的氧气部分抵消或超出了需氧量的增加部分。

除了这些优点外，越来越多的证据表明，在较长的SRT下运行的工艺能更为有效地去除人工合成化合物（如药物）（Göbel等，2007；Soliman等，

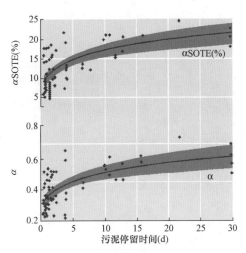

图 9.25　SRT 对 α 和 αSOTE 传氧
效率的影响。阴影区域为 95% 置信区间

2007)。据相关文献报道，对某污水处理厂进行改造，当 SRT 延长到 11～13d 后，内分泌干扰物 17a-炔雌醇（EE3）的去除率高达 90%（Andersen 等，2003）。随着废水回收的广泛应用，采用较长的 SRT 运行以增强去除痕量有机物的效果将变得越来越重要。

9.3.2　选择器的作用

几乎所有新型的活性污泥工艺设计都采用缺氧或厌氧选择器。他们的优点是减少了丝状生物菌的数量（Harper 和 Jenkins，2003），从而提高了污泥体积指数（SVI），并减少了污泥膨胀以及二次沉淀池中污泥床上升的可能性（Schuler 和 Jang，2007）。一项研究通过调查 21 个设有缺氧和厌氧选择器的污水处理厂发现所有污水处理厂在安装选择器后污泥沉降性能均有所改善（Parker 等，2003）。在使用缺氧选择器的污水处理厂中，70% 的污水处理厂的污泥体积指数（SVI）低于 200mL/g。使用厌氧选择器的污水处理厂则效果更优，超过 90% 的 SVIs 低于 150mL/g。Martins 等（2004）也报告了类似结果，并且认为当第一阶段为厌氧时可以实现更好的运行效果。另外在严格缺氧运行的选择器中，聚磷菌（PAO）的活性也有所增强，同时改善了絮凝物结构和生物质密度（Tampus 等，2004）。

选择器的优点是去除或吸附了一部分易生物降解的有机物（RBCOD）。如图 9.26 所示，RBCOD 一部分是由表面活性剂组成，通常以例

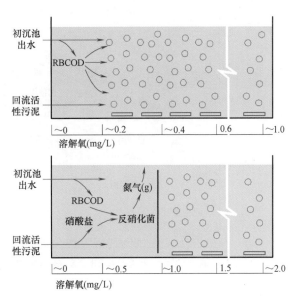

图 9.26　选择器对易于生物降解 COD（包含表面活性剂）的通路中的作用示意图。该图展示了不同流程的效率

如脂肪酸、油类、肥皂和洗涤剂的形式排出。表面活性剂由于其两亲性会在上升气泡的气-水界面聚集，从而降低传氧效率去除 RBCOD 可以提高传氧效率从而降低曝气成本（Rosso 和 Stenstrom，2006a，2007）。

图 9.26 中的数据点是在具有两个独立活性污泥系统（带有独立的沉淀池）且处理相同废水的处理厂中测量得到的。图 9.27 展示了对 WRRFs 进行的传氧效率测试的调查结果。测试的扩散器包括多种品牌和型号，运行时间从全新到 5 年以上不等。在该图中，我们将扩散器进行分类：1 个月内安装的为新扩散器，已经运行 2～24 个月的为已使用扩散器，运行 24 个月以上的为旧扩散器，1 个月内清洁过的为已清洁扩散器。我们按工艺类型对所有数据进行分类，包括仅去除 BOD（即常规）、仅硝化和硝化/反硝化脱氮（NDN）三种类型。图中的每个点都是在 WRRF 中对反应器储罐进行多次排气测试后的空气流量加权平均值。

首先观察到在每个数据集内分布较广，α 值数据范围在 ±0.1 范围内波动，这表明不同地点和运行时间之间的可变性很高。然而，如果从平均值和误差值的数据来看，α 值有明显的上升趋势。事实上，常规工艺必须在低 SRT 工况下运行，NDN 则适合于更长的污泥龄。此外，仅硝化作用和 NDN 的 SRT 范围相同，唯一的差别为是否有缺氧选择器。

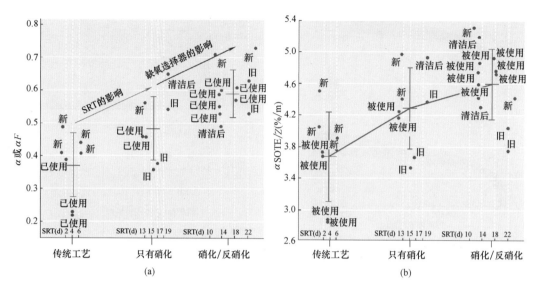

图 9.27 （a）不同布局污水处理厂的归一化标准氧气转移效率；（b）不同布局污水处理厂的 α 或 αF 因子的演变。标签指扩散器状态：新的（安装后 1 个月内）、使用过的（运行 2~24 个月的）、旧的（运行 24 个月以上）和已清洁的（清洗后 1 个月内）。注意 α 或 αF 随着 SRT 的增加而增加，并且由于缺氧选择器而进一步增加（仅硝化和 NDN 的平均 SRT 是相同的）

污泥龄极低的高速率工艺（如 A/B 工艺中的 A 阶段）可能有一系列的 α 因子，这些 α 因子并非图 9.28 中可见的向下线性外推趋势（Rosso 和 Al-Omari，2019）。

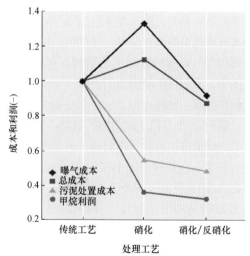

图 9.28 不同工艺布局的尺寸与无量纲成本和利润

基于这些和其他的一些原因，应始终将硝化/反硝化（NDN）的缺氧选择器作为常规污水处理的替代方案。我们之前的分析（图 9.28）表明，与仅硝化或传统处理厂相比，NDN 操作的总运行成本（曝气＋污泥处置成本－甲烷利润）

更低（Rosso 和 Stenstrom，2005）。如果常规工艺操作成本标准化为 1.00，则仅硝化的总成本为 1.13，而 NDN 操作的总成本为 0.88。NDN 的运行会因为它的特点而产生氧气余额，并且高传氧效率与高 SRT 相关。这两个因素抵消了长 SRT 所产生的额外的氧需求。

9.3.3 气流速率

在微孔扩散器中，气泡尺寸分布与气流速率有关，扩散器的流量越大，气泡直径越大。这些较大的气泡会导致更小的界面面积。因此，随着扩散器气流速率增大，净水性能 SOTE 降低（Warriner 和 Brenner；USEPA，1989）。污水处理厂内气流增加的原因是需氧的增加，这与抑制 α 因子的污染物浓度更高相对应。因此，在工艺水中当需要更大气流时，具有 α 因子和较低 SOTE 化合物会因污染物浓度的增加而减少，最终造成 $\alpha SOTE$ 大幅降低。图 9.30 所示为实际污水处理厂单位深度与运行时间的关系。

此外，由于曝气引起的湍流效应，增加曝气率通常会导致 OTRs 增加。较高的气流流量和混合湍流可以减小边界层的深度，提高氧传递系数 k_L 和 OTR（Ji 和 Zhou，2006；Vogelaar 等，2000）。

9.3.4　扩散器密度

通常，扩散器密度的增加（定义为扩散器所覆盖的面积相对于油箱底板的总面积）会导致更高的OTE。然而，存在一个SOTE增加量最小的扩散器密度最大值（收益递减），这个最大值是由扩散器大小、气流速率和扩散器之间的空隙决定的（USEPA，1989）。

在设计过程中必须注意防止扩散器的规格过高，扩散器的数量不能超过一定范围。成本/效益分析表明，使用过多的扩散器，会在整个生命周期中带来高能源成本，进而每个扩散器会有气流过低的风险。当扩散器在气流过低的情况下运行时，可能会导致气泡排出不均匀和混合液难以充分混合。

9.3.5　反应器深度

当气泡停留时间较长，气泡形成时氧分压较大，所以好氧反应器的OTE传氧效率值随深度的增加而提高。然而，Wagner和Pöpel（1998）以及Gillot和Héduit（2008）证实α因子是随着深度增加而减小的。随着扩散器深度的增加，分压增大，鼓风机的工作压力也随之增大。尽管如此，标准曝气效率（SAE）仍然保持不变，因为深度的增加反映了能源消耗的增加（USEPA，1989；WEF，2009）。在测量深储罐系统的气体传递系数时，真实$k_L a$与表观$k_L a$（即实际测得的$k_L a$）之间的差异可能很大。研究人员对这些现象以及相关修正进行了讨论，从而促成了早期检测标准的产生（Downing和Waste，1963）。$k_L a$的表观测量反映了与α因子计算中类似的偏差。这种影响通常很小，远远小于与现场测试产生的实验误差。然而，对于深度过深的储罐系统（大于10m）仍没有解决方案，目前现场测试仍然是量化α因子的唯一解决方案。

9.3.6　扩散器的污染、结垢和清洁

由于污染和结垢的综合作用，微孔扩散器的传氧效率会随着时间的推移而降低（图9.29）。扩散器为生物膜的发展和生长提供了独特的环境。来自废水进水的底物和曝气池中浮游生物产生的可溶性微生物产物（SMP）均可作为生物膜的基质，作为无壳微生物群落的底物。由于生物膜的形成受过程变量（即可溶性底物的可用性、溶解

氧水平、混合液中的铁浓度和有机负荷率）的影响，不同的处理厂中准确的微生物组成及其丰度也不同（Kim和Boyle，1993；Rieth等，1990）。

同时，背压（通常称为动态湿压或DWP）通常会增加，有时甚至急剧增加。这种DWP的增加是由于陶瓷和膜扩散器中的孔隙堵塞（USEPA，1989），或与聚合物膜孔板特性的永久性变化有关（Kaliman等，2008）。这两种效应都导致整个过程效率降低和电力浪费。经常清洁微孔扩散器可以恢复工艺效率并降低电力成本。94次现场试验的观察结果表明，效率随着时间的推移而降低，降低速率在运行的第一个24个月内最大（Rosso和Stenstrom，2006a）。把效率下降进行量化并纳入成本分析，将其净现值与清洁成本进行比较后发现，当结垢率高时，清洗频率通常较高，最佳清洗频率最短为9个月一次，最长不超过24个月。

由于这些材料的化学性质和形态，扩散器会因为工艺条件、水质、扩散器类型和运行时间的影响而产生污染和结垢（USEPA，1985，1989）。因此，需要定期清洗微孔扩散器。清洗频率和方法决定了微孔曝气的长期效率和效益。微孔扩压器的清洗方法多种多样，且清洗方法的复杂性和成本各不相同。最简单的方法是对曝气池进行排水，并用污水处理厂出水从池顶冲洗扩散器。这种被称为"tank-top hosing"的清洗方式，能够有效地清除堆积的生物黏性物质，而且通常能部分或完全恢复曝气效率。然而，对于无机沉淀（二氧化硅、碳酸钙、石膏等）造成的结垢，可能需要进行酸洗。此外，用低强度盐酸（10%～15% w/w）进行手工清洗也很普遍，也可使用向空气分配管线注入含有盐酸或乙酸的酸性气体清洗（Schmit等，1989）。由于目前使用的聚合物膜与强无机酸之间的不相容性，这种技术仅限于陶瓷扩散器。使用表面刷的清洁效果如图9.31所示。

此外，气动清洗也可用于膜扩散器，包括弯曲和反向弯曲（或称松弛）。弯曲通过周期性地在短时间内增加过量气流可以实现，随后的反向弯曲过程包括释放进气口中的空气压力，并让扩散器生物膜在扩散器壳体表面破碎。虽然在理论上这种做法简单有效，但是鼓风机很难提供足够的排气压力，以满足有效的弯曲要求。

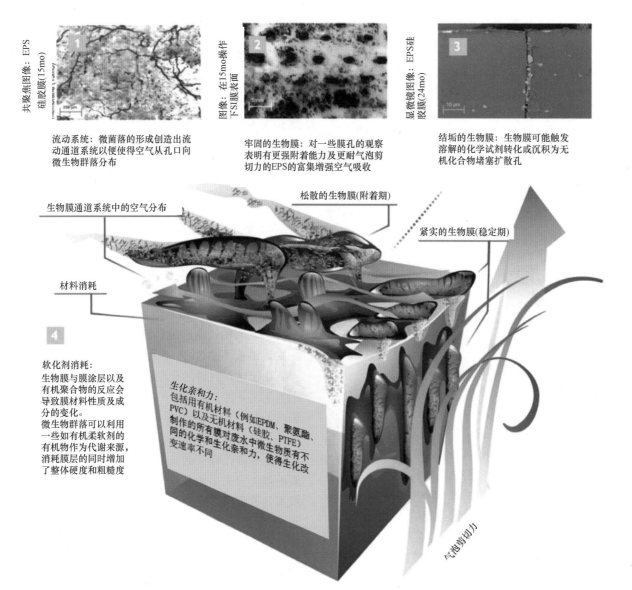

共聚焦图像: EPS 硅胶膜(15mo)

流动系统: 微菌落的形成创造出流动通道系统以便使得空气从孔口向微生物群落分布

图像: 在15mo操作下SI膜表面

牢固的生物膜: 对一些膜孔的观察表明有更强附着能力及更耐气泡剪切力的EPS的富集增强空气吸收

显微镜图像: EPS硅胶膜(24mo)

结垢的生物膜: 生物膜可能触发溶解的化学试剂转化或沉积为无机化合物堵塞扩散孔

生物膜通道系统中的空气分布

松散的生物膜(附着期)

紧实的生物膜(稳定期)

材料消耗

软化剂消耗:
生物膜与膜涂层以及有机聚合物的反应会导致膜材料性质及成分的变化。
微生物群落可以利用一些如有机柔软剂的有机物作为代谢来源,消耗膜层的同时增加了整体硬度和粗糙度

生化亲和力:
包括用有机材料(例如EPDM、聚氨酯、PVC)以及无机材料(硅胶、PTFE)制作的所有膜对废水中微生物质有不同的化学和生化亲和力,使得生化改变速率不同

气泡剪切力

图 9.29 微孔扩散器孔口表面的具有生物和机械微孔扩散器特性的生物膜的相互作用图示,其中小图展示了 EPS 结构、生物膜附着和结垢现象的细节(改编自 Garrido-Baserba 等,2018)

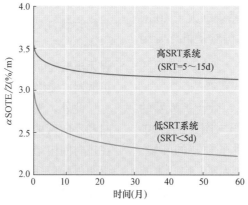

图 9.30 103 个 WWTPs 在 0~60 个月运行时的单位深度 α 标准传氧效率(α SOTE/Z)。WWTPs 分为 SRT 小于 5d 和 SRT 大于 5d 两类

图 9.31 从常规处理污水处理厂得到的运行 2 年的 EPDM 圆盘扩散器（SRT＜2d），通过右侧的表面刷进行清洁。释放气泡的数量和大小的差异是由于膜左侧存在生物积垢。从左半边孔中释放出来的空气必须通过生物膜，在这段时间内，微小气泡之间有机会合并，并形成更少、更大的气泡，不利于传质。细节显示膜的操作气流速率

(a)

(b)

图 9.32 扩散器清洗示例

（a）在清洗前（左）和清洗期间（右），通过 tank-top hosing 的装有陶瓷圆顶的脱水罐；清洁后的扩散器颜色明显较浅；

（b）用刷法清洗聚氨酯膜

具体清洗方式将取决于污水处理厂的设计和扩散器清洗的规定（Rieth 等，1990）。例如，为了对曝气池进行脱水清洗，需要有备用曝气或负荷降低或操作改良。通常这在大型污水处理厂是可行的，但在小型污水处理厂可能不可行。当然，这还涉及直接清洁成本，如清洁、化学品相关和更换零件所需的人力成本。因此，清洗方式和频率的选择很重要，图 9.32 为扩散器清洗示例。

9.3.7　混合液浓度

在没有呼吸作用的情况下，堆积在气泡上的固体层具有低渗透性并阻碍氧传递从而对 OTR 产生不利影响（Ju 和 Sundararajan，1994）。氧的传质在很长时间以来都被认为与反应器中的 MLSS 浓度成反比（Krampe 和 Krauth，2003；Muller 等，1995；Ozdemir 和 Yenigun，2013）。为了解释这一现象，不同的作者提出了 MLSS 浓度与 α 因子之间的关系。例如，Krampe 和 Krauth（2003）提出了逆指数关系，Henkel 等（2011）提出了逆线性关系。

Rosso 等人（2005）证明了在利用微孔曝气的活性污泥中 α 因子与 SRT（即 MLSS）之间的关系。为了对比不同的数据，我们在图 9.33 中绘制了 Rosso 等人（2005）的所有数据，并将其与包含了其他高浓缩 MLSS 反应器的微孔曝气数据进行了比较。图 9.33 中绘制的数据集来自中试和大试。拟合线为图中描述统计的双指数曲

线（表 9.4、图 9.33）。当生物质浓度为 4～6g/L 时数据较少，这不仅因为活性污泥工艺的澄清池会在此区间受到污泥沉降性能的限制，而且其中膜生物反应器的运行缺少经济性，活性污泥澄清池会受到固体重力通量的负面影响限制。综上所述，这些关系只能得到污泥浓度小于 10g/L MLSS 时的实际测定与拟合曲线比较吻合结果，但对于更高浓度的 MLSS，由于所提出的关系类型和每种情况下的有效性条件，活性污泥工艺和膜生物反应器的差异会缩小，如图 9.33 所示。

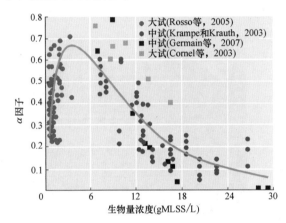

图 9.33　安装了微孔扩散器的活性污泥工艺（红点）和膜生物反应器（所有其他点）中 α 因子对 MLSS 浓度的依赖关系。由于 MLSS>1‰的浓污泥严重明显的非牛顿性质，α 值急剧下降（Baquero-Rodriguez 等，2018）

基于 MLSS 浓度的 α 因子预测　　　　　　　　　　　　　　　　表 9.4

参考文献	MLSS 范围	公式
Krampe 和 Krauth（2003）	0～30g/L	$\alpha = e^{-0.08788\,\mathrm{MLSS}}$
Henkel 等，(2011)	1～12g/L	$\alpha = 0.062 \cdot \mathrm{MLVSS} + 0.972 \pm 0.070$
Baquero-Rodriguez 等，(2018)	0～30g/L	$\alpha = \left(\dfrac{u}{u-v}\right) \cdot \exp(-v \cdot \mathrm{MLSS}) \cdot \exp(-u \cdot \mathrm{MLSS})$ $\{u=0.507; v=0.104\}$

随着污泥浓度的增加，由于污泥的剪切稀释特性，气泡的合并程度也会提高。事实上，合并的气泡（与更大的界面剪切力有关）可以使流体变薄，上升阻力更小。这种结合气泡的 $k_L a$ 中的 α 明显较低，从而表现出较低的 α 因子。也有研究报道了活性污泥表观黏度与曝气性能之间的

相关性。对于搅拌釜式反应器，活性污泥 $k_L a$ 与雷诺数之间存在指数相关关系（Krampe 和 Krauth，2003；Nittami 等，2013）。可以认为，表观黏度的增大可能导致在形成阶段产生大气泡，进而导致比表面积的降低（Duran 等，2016）。

9.3.8 温度和压力

水温的变化引起了水中氧气饱和度的变化。水氧饱和度随温度的升高而降低，氧在高温下的低溶解度是曝气系统设计中需要考虑的一个重要因素。混合液温度的增加通常与环境空气温度的增加相一致，并降低了扩散曝气系统中鼓风机的曝气量（Jenkins，2013）。

尽管人们已经在曝气方面取得了重大成果，但在很大程度上忽视了大气压力对OTE氧气传递效率的影响（Baquero-Rodriguez等，2018）。在曝气能量需求方面，由于高度对大气压和空气密度的影响，风机性能与风机安装的海拔高度成反比。因此，此时必须考虑大气压力的影响。

3个因素会导致空气密度的降低：气温升高、气压降低和相对湿度增加。从机械效率的角度来看，空气密度的降低导致了鼓风机对体积气流量产生的需求更大，以保证在标准条件下等效的气流质量。能源需求的评估取决于操作条件、控制技术和鼓风机类型（Water Environment Federation，2009）。将标准条件下的能耗除以所需条件下空气密度的修正系数，可以比较海平面和高海拔地区的能耗。对于海拔为1600~3600masl的城市，相应的海拔修正系数为0.81~0.69（Ludwig，1997）。例如，玻利维亚的拉巴斯（3640masl）、厄瓜多尔的基多（2850masl）、哥伦比亚的波哥大（2625masl）、墨西哥的墨西哥城（2240masl）和美国的丹佛（1600masl）等城市的情况就是如此。但是上述大多数地区都被认为是卫生设施覆盖率较低的发展中国家，而且目前他们的WRRFs发展基本上还在进行中，曝气过程相关数据不足。

水中的氧饱和度代表了水中可溶解的最大氧含量，对曝气很重要（Jenkins，2013）。水中的氧饱和度是气压、水压、盐度和温度的函数（Jenkins，2013），会在大气压不是1atm，盐度（基于实际盐度规模）或温度较高时降低。Benson和Krause（1984）的论文揭示了如何在这些"标准"条件下估算氧饱和度。如前文所述，氧传输的驱动力是氧饱和度与实际溶解氧之间的浓度梯度。就实际应用而言，饮用水的盐度可以忽略不计。

9.3.9 水动力学的影响

本书的前几部分内容总结了关于环境和操作条件对氧气传递过程影响的研究。正是因为对曝气罐内输运现象深入地理解和模拟温室气体排放的需要激发了探索气体-液体传递对流体动力学的影响的学术兴趣。

尽管污水处理系统的水力设计是确保该过程可靠运行的关键步骤，但在大多数设计中，流动行为是通过理想的反应器模型完成预测的（Stamou，2008）。而且假设了WRRFs在所有类型的反应器罐（即好氧、缺氧和厌氧）中都有完全的混合状态。然而，生物反应器的流体动力学会影响AS系统的实际混合程度。事实上，在一个非均相的多相真实反应器中，流体流动会受到容器几何形状，其内容物的物理性质（物质相、密度、黏度）和操作条件变量（流速、氧分布、温度、絮凝体等）的影响。

近年来，基于动态建模的方法展示出了可能成为一种详细了解单元过程和系统行为的强大工具的潜力。Karpinska和Bridgeman（2016）的综述提供了很多关于如何通过CFD测量WRRFs中的流体动力学影响及其当前局限性的细节。

在写本书时，所有使用计算流体力学来确定流体力学影响的研究都没有完全成熟，专家和研究小组仍然在解决一些基本的局限性，包括：

• 在一些模型中，气泡被认为是液相的一部分，它的出现和液相密度的改变有关，且与含气率成正比被解释为液相密度的改变；当每一相都被假设为有其独特的速度矢量时，可采用经验阻力模型。

• 尽管静水压力会随水深变化，气泡还是被假设为在上升过程中大小不发生改变，其结果就像实际情况一样，气泡在上升过程中不会加速也没有增加对液体速度场的扰动。

• 假设气泡之间没有相互作用。

• 黏度是唯一影响气体传输系数的因素，污染物（如表面活性剂）被认为没有影响，这相当于只考虑生物量而不考虑 α 因子抑制剂（表面活性剂）的影响。

推动这些知识的发展十分重要，因为它有利于阐明通过现场测试（如气体传输测量）

定量记录的气体传输现象。因此，将流体力学、传质和生物动力学与废水生物处理模型成功整合仍然是废水处理建模的主要目标之一（Pereira 等，2012）。

9.3.10　日变化和 α 因子

COD 对传氧效率的负面影响在每天曝气需求最大时趋于加剧，当能量和电力需求量最大时也会发生这种情况（Aymerich 等，2015）。这种现象经常会增加高峰期的曝气成本，通常会导致一天中这 4～6h 的成本与剩余时间的成本相同（Emami 等，2018）。这种现象在几乎所有的 WRRF 中都会持续出现，尽管它们的进水特性每天、每周和每月都会波动。

到目前为止，在工艺设计和建模中，一般将 α 因子视为常数是最常见的做法，同时也造成了供氧的不准确，以及需要不断校准模型来弥补结构上的不足（Amaral 等，2016；Plano 等，2011）。直到最近，某些工艺过程模型才明确涉及与时间变化相关的 α 因子。基于活性污泥模型（ASM）系列（Henze，2000；Henze 等，1987），使用商用模拟器进行曝气设计和建模的最新技术需要依靠用户输入的 SOTE 曲线拟合参数和常数，或设预定 α 因子。SOTE 曲线通常仅针对空气流量、扩散器密度和浸没深度进行校正（Barker 和 Dold，1997；DHI，2014；Snowling，2014）。由于 OTE 和 α 都随负荷变化，所以它们都表现出动态特性。尽管已经发表的许多文献试图开发描述或预测 α 因子与相关参数的关系（Gillot 等，2005；Gillot 和 Héduit，2008；Plano 等，2011；Rosso 和 Stenstrom，2005；Wagner 和 Pöpel，1998），但这些尝试都没有完全成功地描述 α 真实的动态性质。因此，需要使用动态 α 来处理实际过程中的动力学问题。作者 Jiang 等（2017）首次尝试对 α 进行动态建模。通过对两个 WRRF 的第一个曝气区进行 24h 排气试验，得出了 α 因子和 COD 之间的关联：

$$\alpha = A \cdot e^{-K_\alpha \cdot [COD]} \tag{9.13}$$

式中　A，K_α——拟合参数（通过最小化残差进行功能调整）。

这些实验的结果如图 9.34 所示，表明 COD 和 α 因子与进水 COD 负荷呈负相关。

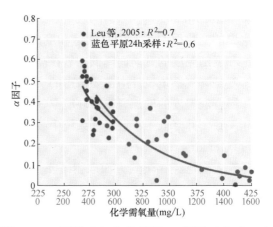

图 9.34　α 因子（α）和总 COD。α 因子（α）在一个日循环中与局部 COD（在测量排出气体的同一点测量）的函数呈负相关（数据来自 Leu 等，2009）。两项研究的总数据用红线表示（$r^2 = 0.7$）

9.4　设计方法

为了将我们在本章中所阐述的方法应用于污水处理厂的设计或升级，本节给出了两个假设性的例子。图 9.35 展示了一个设计示例的算法。

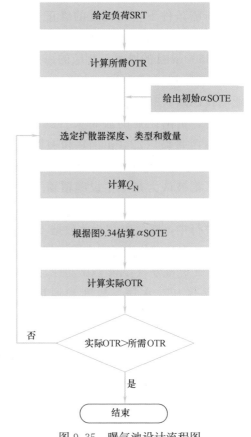

图 9.35　曝气池设计流程图

对于给选定 SRT 和的固定污水负荷，首先计算出必需的 OTR（单位时间的氧气质量）：

$$OTR=（污水处理厂流量·污水处理厂负荷）-废弃污泥排放量 \quad (9.14)$$

根据指定地点的几何尺寸和工程经济状况确定曝气池的大小和侧水深度。然后选择扩散器类型，并假定 $\alpha SOTE$ 的估计值。接着根据曝气机厂商推荐的单个扩散器的气流范围来推算曝气机的数量，根据厂商的信息和文献中查到的 α 值或任何其他可用资料来选择 $\alpha SOTE$。于是就可以根据氧气吸收速率和氧气传递效率计算出所需的气流速率，从而可以计算出比空气流通量。然后，在图 9.36 中可以通过将 SRT 定位在水平轴上找到设计点，同时将轮廓线对应的标准化的空气流量定义如下：

$$Q_N=\frac{AFR}{a \cdot N_D \cdot Z} \quad (9.15)$$

式中　AFR——气流速度（m^3/s）；

$A\alpha$——扩散器鼓泡面积（m^2）；

N_D——扩散器总数；

Z——扩散器浸没深度（m）。

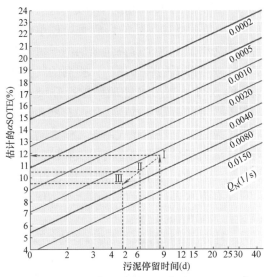

图 9.36　设计及修正图。Ⅰ：流量$=0.875m^3/s$（设计示例），$Q_N=0.0046L/s$，SRT$=8.7d$，$\alpha SOTE_{EST.}=11.9\%$；Ⅱ：流量$=1.094m^3/s$，$Q_N=0.0058L/s$，SRT$=6.3d$，$\alpha SOTE_{EST.}=10.5\%$；Ⅲ：流量$=1.313m^3/s$，$Q_N=0.0069L/s$，SRT$=4.9d$，$\alpha SOTE_{EST.}=9.5\%$

通过读取设计点的纵坐标即可确定新的 $\alpha SOTE$ 值。如果新的 $\alpha SOTE$ 值与假设的 $\alpha SOTE$ 值相差超过一个较小的范围（例如 0.5%），则必须使用新的 $\alpha SOTE$ 值来计算新的气流速率和比空气流量，再创建新的设计点。新设计点如图 9.36，确定第三个 $\alpha SOTE$ 值，并与第二个 $\alpha SOTE$ 值进行比较。重复该过程，直到新的 $\alpha SOTE$ 和先前一个的 $\alpha SOTE$ 近似相等。如果这个过程不收敛，则应选择不同数量的曝气机，甚至选择其他不同的曝气技术。

一个具体例子如下：假设进水流速为 $0.875m^3/s$，负荷为 $180mg/L$ MLSS，并假设产率系数为 0.5，衰减系数为 $0.06L/d$，所需的 OTR 为 $9540kgO_2/d$。考虑水力停留时间为 4h，3 个曝气池容积分别为 $90m\times9m\times5m$（长×宽×深），初始 $\alpha SOTE$ 值为 13.5%，计算出气流速率为 $0.985m^3/s$。当设计采用 22.9cm 的陶瓷圆盘式曝气机盘（每个曝气机 $a=0.0373m^2$），以每个扩散器的气量为 $7.87\times10^{-4}m^3/s$ 的速度运行时，每个曝气池需要 1252 个扩散器。

基于这些数据可以计算出 $Q_N=0.004152L/s$。该值与 SRT 为 8.7d 位于图 9.36 的 Ⅰ 点，新的 $\alpha SOTE$ 为 11.9%。计算出新的 Q_N 为 $0.0051L/s$，经过一次迭代后，该过程在 11.7% 处收敛。

图 9.37 所示的设计过程涉及多个方面。制造商的主要作用是提供曝气系统，并通过污水处理厂或现场试验（由独立的第三方见证）以可重复且透明的方式验证其性能。这就是为什么清水和工艺水中测试曝气系统的标准至关重要。以类似的方式，应从以下各个角色的角度来评估鼓风机的性能和效率。

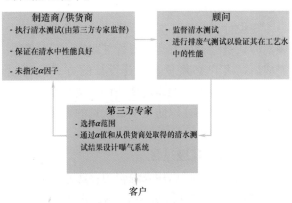

图 9.37　理想曝气系统设计中的角色和职责。箭头描述了项目期间的信息流通

当然，独立见证人必须与制造商没有利益冲突。此外，当内部专业人士认为设备保修单不可用时（正如谚语所说，细节决定成败），设计曝气系统的顾问应要求第三方验证。由于制造商最了解他们提供的曝气技术，他们需要保证其在清水中的性能，这是在不受废水影响的标准条件下对设备性能和效率的一种衡量。工艺水和清水之间的传氧速率之比（α因子）是进水特性和操作条件的函数，而不是设备的函数。考虑了解废水特性和操作条件是负责工艺设计的咨询工程师的责任，他们需要选择α因子的范围。如果咨询师使用来自制造商建议的α因子而不严格考虑其有效性，就会让设计团队面临潜在的系统故障风险（以及来自客户的诉讼）。事实上，咨询工程师是专门被聘请来帮助客户解读设计中的一些假设的定量含义的；否则，客户能够自己完成设计。如果所有角色都是独立的，并且根据标准流程（如ASCE或欧洲标准）对曝气性能进行测试，那么设计程序最终应该生成一个功能完备的曝气系统，其性能和效率可以独立验证，并在目标预期范围内。第三方专家的角色是验证制造商的数据并验证咨询师对α因子的假设。

在分析或规范曝气系统时，明确曝气系统的效率和性能参数是至关重要的。为了比较不同的技术，以及监测同一曝气系统在长时间运行过程中的性能，一个公平的竞争环境是必要的。定义其性能最基本的参数是OTR。设计目标是：如果单位时间内输送到水中的氧气量每天长时间（或甚至是无限期）低于目标OTR，生物反应器将缺氧，同时性能会受到影响，还可能出现废水排放违规的情况。

在设计过程中，客户所扮演的角色是遵守程序，并认真检查各方是否履行其职责。设计程序完成后，客户必须负责按其设计的方式运行设备。有时可能需要偏离设计条件，这时建议与设计团队进行评估，以防止不可预见的影响以及双方由此产生争论。

9.4.1 检验/升级过程

第二个例子可以用来说明现存污水处理厂的负荷增长情况，如图9.38所示。进入污水处理厂的额外负荷使需氧量增加，为了提高供氧量，曝气器会以更高的气流速度运行。由于扩散器的

数量和曝气池的尺寸不变，这就导致了Q_N增加。如果MLSS不增加，污水处理厂将在较低的SRT下运行。这个过程中曝气效率降低有两个原因：较低的SRT和较高的气流速率。

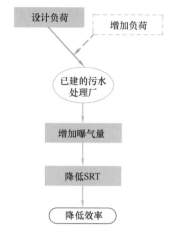

图9.38 曝气池检验/升级流程图

图9.36展示了两种场景：设计点Ⅰ显示初始设计，与前一个例子相同；设计点Ⅱ的负荷从$0.875\text{m}^3/\text{s}$增加到$1.094\text{m}^3/\text{s}$，αSOTE从11.9%下降到10.5%。设计点Ⅲ的负荷速率从$1.094\text{m}^3/\text{s}$增加到$1.313\text{m}^3/\text{s}$，效率进一步下降到9.5%。负荷增加实际的影响是处理单位负荷的电力消耗增加。这个提高负荷的例子可以帮助理解曝气效率降低的两个原因：提高的气流速率和减小的SRT。当污水处理厂进行升级或改造时，需要参考扩散器制造商提供的数据和设计参数。为了设计一个好的曝气系统，候选制造商可以提供详细的指导，但制造商提供和保证的效率参数仅限于清水。设计工程师应该通过现场评估，对现有废水进行特定的测试，量化现有废水的α因子（图9.39）。

另一种方法是根据其他类似装置的经验数据和内部经验来估计α因子，但即使对经验丰富的工程师来说这种选择也是有风险的。Rosso等人（2013）充分记录了基于现场柱法进行评估的方法。这项测试必须在处理设施的清水和处理水中进行。所取得的结果将有助于避免从其他不同的污水处理厂和项目的运行参数推断出的结果所造成的不确定性。此外，可以在设计周期内延长对污水处理厂废水进行的结垢测试，为设计人员提供现场曝气性能的数据。这一过程最大限度地降低了由于低估传氧速率

而带来的风险，或者降低了采用保守的过度设计值补偿缺乏确定性的 α 的需要。

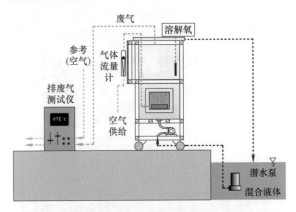

图 9.39　工艺水现场检测柱示意图和照片

9.5　曝气与能量

曝气的能量成本占工艺总成本的 45%～75%（Reardon，1995；Rosso 和 Stenstrom，2005；Rosso 等，2008）。在增强脱氮的情况下能耗将增加，因此显然存在一个权衡出水水质要求、能源投资和环境保护的折中方案。与图 9.40 中一致的数值在全世界范围内都有广泛的报道。

因此，为实现水资源回收达到净能源中和的最终目标，曝气已成为减少能源投入的主要考虑因素。例如，我们可以看到，WRRFs 的能耗范围从每月 335MWh（WRRFs 服务 100 000 人口当量或者 PE）到每月 6600MWh（WRRFs 服务 3 000 000 PE），而相关的能源成本从每月 45 000 欧元到每月 280 000 欧元不等。

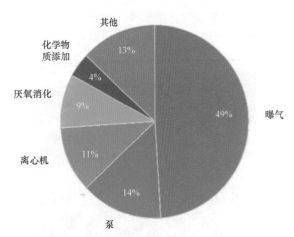

图 9.40　典型 20MGD（74 500m³/d）的预计用电量分布（改编自 WEF，2009）

由于能量强度的提高，了解曝气效率对改善设计方案、运行性能、成本预算和工艺可持续性至关重要。同时，了解曝气效率和降低运营成本是相辅相成的（Rosso 和 Shaw，2015；Rosso 和 Stenstrom，2006a）。

Rosso（2018）对曝气与能量之间的关系进行了广泛的论述。我们在这里总结的是流量、负荷、空气需求和最终来自进口电力的温室气体排放的日变化的复合效应。由于各种其他因素的存在，昼夜周期中的能量需求可能将进一步增加。例如，最近的研究表明，COD、TKN、进水流量和 αSOTE 的日变化以及能源关税结构和当前的能源生产方法，加剧了电厂峰值负荷对应地区的 WRRFs 的空气需求和温室气体排放。因此，需要考虑峰值流量、峰值负荷和曝气系统性能的动力学的复合效应。

9.6　可持续曝气实践

9.6.1　曝气监测

曝气情况监测的一个非常重要的部分是巡视污水处理厂，寻找异常状况。例如，当液体表面剧烈沸腾时，类似于小型间歇泉，通常意味着扩散器损坏或集气管泄漏（图 9.41）。

处理站中曝气池中的水排空的情况非常少见。而只有当曝气池中的水部分或者完全排空时，才能对曝气系统的元件进行检查，此时可观察到某些在水箱正常时无法观察到的细节，这种检查在满负荷运行的情况下无法进行。例如，选择更换一个破裂的扩散器头（图9.42），新扩散器压降较低会产生不同的空气排放量。

图9.41　表面沸腾表明扩散器损坏或集气管泄漏

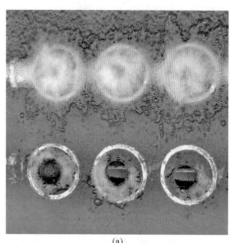

(a)

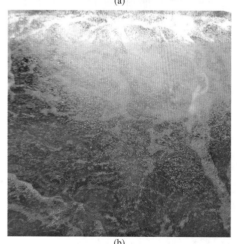

(b)

图9.42　损坏扩散器换新之后不同的空气排放量。注意新扩散器的排气量增加是因为它们的压降较低。
（a）扩散器；（b）水箱的表面

另外，可以通过对部分脱水罐进行目视观察

来确定空气在整个扩散器上是否均匀排放。图9.43展示了一个新安装的扩散器排出空气分布不均匀的现象，这可能是由于现场装配期间集管尾气口未调平，安装间距不均匀造成的。

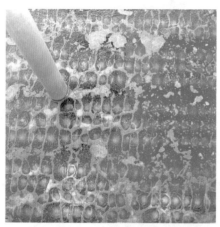

图9.43　新装置中一组扩散器的空气不均匀分布，可能是由于组装期间总管尾气孔间距不均匀，调平不良造成的

另一个相对容易的做法是跟踪监测鼓风机房的压力数值。然而，由于静水压头对总排放压力的影响较大，这种做法需要高精度和高质量的压力表，这种压力表可以应用于量程范围内扩散器压降的增加的记录。如果超过其量程，则很难注意到陶瓷扩散器的压降增加。

扩散器清洗有以下方式：①机械清洗：罐顶冲洗、压力冲洗、刷洗、气动清洗（弯曲/反向弯曲膜）；②使用酸（液体或气体）、碱和/或洗涤剂等进行化学清洗。

现有的研究表明，每24个月清洁一次可以有效抑制各种类型的扩散器的效率下降（Rosso和Stenstrom，2006a）；但是，清洁效果和频率因场所而异，应该根据具体情况进行评估。使用化学药剂品时，必须小心，防止损坏空气分配管道和配件。在进行罐顶冲洗和压力冲洗时应保持保证扩散器上方有一些水，以防止机械损坏或扩散器膜被破坏。

为验证气动清洗的有效性，对处于弯曲和反向弯曲状态的曝气器进行了研究（图9.45）。结果证明气动清洗可以有效地抑制DWP的增加。但是αFSOTE的下降显示气动清洗的扩散器和非扩散器之间没有统计学的显著差异。气动清洗是自动的，几乎不耗能（只要鼓风机的排气尾气

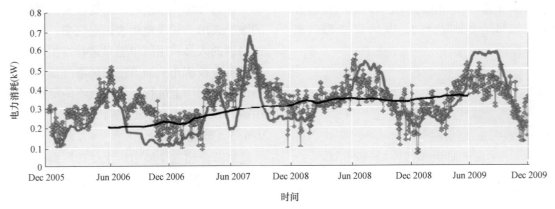

图 9.44 5 年间某大型污水处理厂鼓风机房的耗电量。年度季节周期，以由日值
（蓝点）和 30d 运行平均值（橙色线）显示。1 年运行平均值（黑线）显示了电力
需求在该图覆盖的时期内几乎翻了一番。生成此图的计算基于过程数据记录

压力能实际满足有效弯曲的要求）。所以即使只抑制了 DWP 的增加，鼓风机电池的运行可以在电力需求达到高峰时给其他启动机组供电。

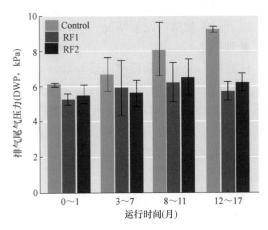

图 9.45 聚氨酯膜板在运行过程中，排气压力
<DWP>气流加权平均值随时间变化情况。图中
显示了没有经历过膜弯曲和反向弯曲预气动清洗的
扩散器的压降（标记为对照组），以及每天进行气动
清洗的此类操作扩散器的压降（标记为 RF1 和 RF2）。
尽管对于这些特殊的扩散器而言，
气动清洗无法有效抑制传氧效率的下降，
但弯曲膜的优势显而易见，可以有效抑制 DWP
（数据来自 Odize 等，2017）

除清洗扩散器外，另一项重要的预防保护措施是要确保磨砂砂砾被清除。为什么我们要在曝气这一章里讨论去除砂砾？如果在进入曝气池之前上游没有良好的除砂效果，在曝气池中积累的砂砾就会破坏扩散器，特别是在空气流量低的网格区域（图 9.46）。

图 9.46 曝气池底部淤积的有害影响实例，
对扩散器造成相应的阻塞和损害

最后，还有一个非常重要的因素就是需要安装一个合适的吹扫装置，以便持续排出可能积聚的水分或可能进入空气集箱的污泥。它在成本上可以忽略不计，但在功能上很重要。可以定期开启吹扫以排出收集的液体，亦可一直保持开启状态。理想情况下，这种吹扫是用直径 10～20mm 的管道，连接水箱水面以上的顶部和曝气总管的底部（也就是液体会不可避免地积聚在低点）。一个好的设计流程应包括吹扫装置。

9.6.2 机械简易曝气处理系统

氧化塘或稳定氧化池通常是低能耗低成本的废水处理工艺。但是，由于它们需要占用大量土地，因此主要适用于小型社区和/或农村地区。

对于兼具水资源回收功能的氧化塘，氧气传递和工艺能耗的驱动力是混合的。图9.47为曝气氧化塘的示意图。

图9.47　带表面曝气机的曝气氧化塘截面示意图

曝气氧化塘通常采用机械曝气，但也可以采用扩散曝气。在扩散曝气的情况下（图9.48），初级分离沉淀是防止扩散器组件上纤维材料和破布的破坏性积累的一个关键因素。对于机械曝气，通常采用高速表面曝气器并在SAE较低范围内运行。另一个问题是冬季较高的热量损失，在表面曝气系统中这个问题尤为显著，这使扩散曝气系统的改造得到广泛关注。氧化塘中的扩散曝气系统采用浮动系统，而不是固定在池底地板上的曝气器格栅。这有利于用服务驳船回收单个扩散器组件，也意味着曝气机系统能在水深不均匀的氧化塘中具有良好的工况。由于所有装置的扩散器浸没深度都与水面联系在一起，因此这种措施可以保持远距离组件的气泡排放。

(a)

(b)　　　(c)　　　(d)

图9.48　运行中的曝气氧化塘实例

(a) 氧化塘出水侧视图；在左边是空气支管与浮动管集口，其中许多扩散器组件是附加固定在水面下或者和浮动在水面上；(b) 鼓风机房；(c) 在服务驳船上回收的损坏组件的照片，从图片的左侧和顶部可以看到从组件表面去除的大量碎屑；为了进行场外污染结垢研究，将其中一个曝气膜从该组件上移除；(d) 扩散器膜表面的细节图

在选择曝气方法时，需要权衡两种曝气方法的维护要求。如果使用表面曝气器，则必须让经过培训的人员利用离岸船只进行维护，但这在冬季可能会被禁止。如果使用微曝气器，鼓风机的维护通常在岸上进行，但曝气器的维护则需要使用诸如驳船之类在水上进行。

9.6.3　节能策略

本节介绍三个城市污水处理厂案例以说明节能措施的实施情况。有关污水处理厂的数据摘要总结于表9.5。

处理厂1

该处理厂为80万人提供服务，处理量约为240 000万m^3/d。污水处理厂采用盘式陶瓷扩散器进行曝气。该处理厂升级为微孔曝气系统后，采用传统活性污泥工艺（CAS）进行二次处理近20年后，升级采用硝化/反硝化（NDN）工艺去除氨。在两个过程工艺条件下中连续进行排气实验，以评价扩散器的结垢情况。

处理厂2

该处理厂的运行和检测场景与第一个处理厂类似：采用陶瓷曝气盘进行曝气，处理工艺由常规活性污泥升级为NDN。该污水处理厂的曝气量相对于其他两个较小：服务人口约为22万人，该厂平均流量为76 000m^3/d。

处理厂3

该处理厂使用的微孔扩散器材质为三元乙丙橡胶（EPDM，Ethylene丙二烯单体橡胶），由于进水超负荷，处理厂尚未采用升级的NDN工艺。与处理厂1类似，该污水处理厂处理12 500m^3/d污水，服务人口88万人。直到最后一次测试前，在这个处理厂大多数储罐中的扩散器（10个中的8个）在安装后从没有清洁（8年）。

根据Redmon等（1983）所述方法，进行排气试验。根据供氧（摩尔分数占比20.95%）和排放气流之间的质量平衡得出OTE，OTE进一步标准化为αSOTE。每次试验时采集均匀分布在曝气池表面的6~8个集气罩位置的数据，并以流量加权平均值表示。通过测量排气流量计算出OTR（kgO_2/h），并通过处理厂读数和清水试验测量扩散器的压头损失；最后利用OTR和压头损失，通过风机绝热函数计算曝气成本（Metcalf和Eddy，2013）。

参数	处理厂 1	处理厂 2	处理厂 3
平均体积流量（m^3/h）	10 000	3150	12500
一级废水中的 BOD_5（mg/L）	162	132	146
一次出水中的氨（mgN/L）	28	25	28
工作的水槽	18	6	10
处理工艺	NDN[①]	NDN	CAS[②]
服务人口	800 000	220 000	880 000

①NDN=硝化/反硝化；②CAS=常规活性污泥。

讨论

图 9.49 显示了污染/结垢对曝气效率的影响：在安装微孔扩散器后，αSOTE 被绘制成随运行时间变化的曲线。在图 9.49（a）中，所有系统中的 αSOTE 随着运行时间的增加而降低，但污染/结垢会因扩散器类型和污水处理厂运行方式的差异而发生不同的变化。每个数据点顶部的标签是运行的 SRT。可以观察到，当 SRT 短时，结垢很快：扩散器的 αSOTE 在运行 3 个月后几乎损失了 50%。图 9.49（b）显示了扩散器清洗后 αSOTE 的恢复情况。在处理厂 3 测试期间，10 个曝气池中只有 2 个进行了脱水和清洗。清洗后的罐 αSOTE 为 19.5%，与未清洗的曝气池罐的 15.5% 相比，提高了 4 个百分点或相对提高了约 30%。此外，由扩散器清洗而节省的能源可以通过将清洗和未清洗的扩散器之间曝气效率的净增加量进行整合来评估其节能效果，如图中阴影区域所示。

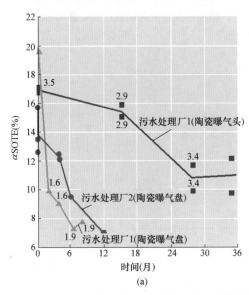

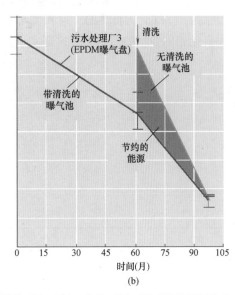

图 9.49 （a）微孔扩散器的曝气效率下降。根据扩散器的类型和运行工艺的不同，同时扩散器污染的速率也随场地改变而变化；（b）扩散器清洗显著恢复了曝气效率，所节约能源可通过扩散器清洗前后差值计算

图 9.50 展示了 3 个处理厂曝气的电力成本。根据清洗/结垢情况将扩散器分为三类：淡蓝色列表示新安装的扩散器，深蓝色列表示清洁后的扩散器，深红色列表示已发生结垢情况的扩散器。柱形图上方的小节线表示测试结果的标准偏差，并分别绘制了处理厂 1 和 2 不同工艺（传统或 NDN）的曝气成本。在处理厂 1 观察到扩散器清洗使得能源利用得到了显著改善，大约节省了 4.5kWh/（cap·a）的能源，相当于 9900kWh/d。

图 9.51 显示了不同 SRT 工艺条件下的曝气成本。将处理厂 1 的电能消耗与污泥停留时间（SRT）作图。为了比较不同的工艺，将负荷调整到同一水平：传统工艺的总 OTR 被放大到

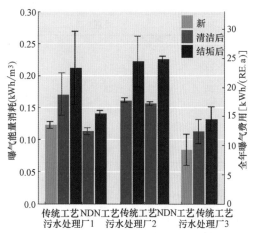

图 9.50　微孔扩散器在不同处理厂的能耗。曝气成本按照总氧负荷和所服务人口进行标准化

NDN 工艺的水平。结果显示曝气成本随着 SRT 增加呈指数下跌。因此采用 SRT 后，曝气成本呈指数级下降。当 SRT 较短时，由于扩散器结垢情况（红色部分）更严重，因此曝气状态变化更剧烈，也需要消耗更多的泵送能量。较长的 SRT 提供更高的 OTE，因此 NDN 过程需要更少的空气来氧化相同数量的污染物。这证实了以

前的研究（Rosso 和 Stenstrom，2006b）即 NDN 过程中长时间的 SRT 和缺氧环境提供了更健康的菌落组成，这可能会减少表面活性剂对氧传递的负面影响（即更高的 α 因子，Stenstrom 等，1981）。在这些情况下，排气分析可作为污水处理厂运行和曝气器维护的有效工具。

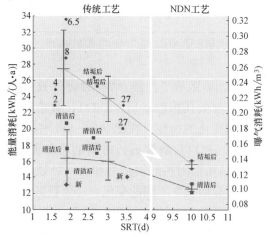

图 9.51　处理厂 1 曝气成本表现为运行条件和扩散器结垢情况污染的函数；扩散器结垢随着 SRT 的延长而减少

扫码观看本章参考文献

术语表

符号	含义	单位
a	曝气器鼓泡区面积	m^2
AE	清水曝气动力效率	kgO_2/kWh
AFR	气流速率空气流量	m^3/s
DO	水中溶解氧	kgO_2/m^3
DO_{sat}	水中饱和溶解氧	kgO_2/m^3
k_La	液侧传质液相氧转移系数	$1/h$
$K_{k_La_{cw}}$	清水氧转移液侧传质系数	l/h
k_La_{pw}	工艺水液侧传质氧转移系数	l/h
N_D	总曝气器总个数	—
OTE	清水中传氧效利用率	$\%$

符号	含义	单位
OTR	水中传氧速率传氧清水充氧能力	kgO_2/h
P	曝气系统的功率	kW
SAE	标准曝气动力效率	kgO_2/kWh
SOTE	标准条件下清水中传氧效利用率	%
SOTR	标准条件下清水中传氧速率传氧充氧能力	kgO_2/h
V	水的体积	m^3
Z	曝气器浸没深度	m

缩写	含义
AC	交流电
ASCE	美国土木工程师学会
CAS	传统常规活性污泥法
DWP	动态湿压
EE3	17a-炔雌醇
EPA	环境保护局
EPDM	三元乙丙橡胶
F	污垢堵塞系数
MLSS	混合液悬浮物浓度
NDN	硝化/反硝化工艺
PD	正位移
RBCOD	易降解 COD
Re	雷诺数
rpm	每分钟转数
SRT	污泥停留时间
SVI	污泥体积指数
VFD	变频器

希腊字母	含义	单位
α	工艺水与清净水氧转移系数传质比	—
αF	旧使用的扩散器曝气器的系数 α 因子	—
$\alpha FSAE$	旧用于扩散器曝气器的工艺水在标准条件下的曝气动力效率	%
$\alpha FSOTE$	旧用于扩散器曝气机的工艺水在标准条件下的传氧利用效率	%
αSAE	工艺水标准条件下的曝气动力效率	%
$\alpha SOTE$	旧曝气机工艺水在标准条件下工艺水的传氧利用效率	%

图 9.52　洛杉矶市卫生设施 Donald C. Tillman 水再生厂曝气系统（照片：D. Rosso）

第 10 章
污泥膨胀

Mark C. M. van Loosdrecht，Antonio M. Martins 和 George A. Ekama

10.1 简介

活性污泥法是目前最常用的污水生物处理技术。其包括两个阶段：生化阶段（曝气池）和物理阶段（二沉池）。在曝气池中，污水中的有机碳、氨氮和磷酸盐可被活性污泥去除。污水处理厂中产生的生物量相对较低。进水 500mg COD 的碳含量可以产生 200～300mg 固体悬浮物，如果没有生物量停留，这将是处理过程中的实际污泥浓度。因此，为了提高生化阶段的生物量浓度并获得更高的体积转化率，采用生物量停留的方法。由于细菌会形成絮状物，通过重力选择将其从处理后的污水中分离出来。这种节能、经济的选择是固液分离的标准技术。二沉池中活性污泥良好的分离（沉降）和压实（浓缩）是保证活性污泥法出水水质良好的必要条件。因此，这种分离是基于致密絮状体的形成。相对较低的重力意味着所需的沉降区域（即沉淀池）占地面积较大，很容易占据整个处理区域的 30%～50% 总面积（图 10.1）。

污泥沉降和沉淀池设计之间的关系将在第 12 章中详细讨论。污泥体积指数（Sludge volume index，SVI）是一种将污泥特性与沉淀池设计联系起来的经验指标（Ekama 和 Marais，1986），其数值可以通过将污泥样品放入 1L 的量筒中放置 30min 而获得。读取沉降后污泥层的体积，将其除以污泥样品的悬浮固体含量初始值后获得 1g 污泥沉降后所占的体积。SVI 对沉淀池尺寸有重要影响（图 10.2），当 SVI 从 100mL/g 增加到 150mL/g，沉淀池所需面积将增加 1 倍。详细的测量信息可在文献（van Loosdrecht 等，2016）中获得。

图 10.1 荷兰的一家现代化生物营养物去除厂（BCFS®工艺），显示了污泥分离对整个工艺布局的重要性。沉淀池设计基于的污泥体积指数（SVI）为 120mL/g（照片：van Loosdrecht 等，1998）

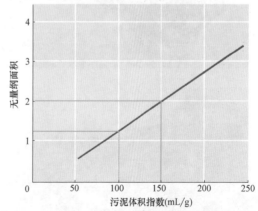

图 10.2 污泥体积指数与沉淀池所需表面积之间的关系（根据 STOWA 沉降器设计指南绘制）

污泥膨胀——描述丝状菌过度生长的术语——是一个活性污泥处理方法中常见且长期存在的问题（例如 Donaldson，1932）。当污泥絮体松散且多孔时，沉降会受到阻碍，沉降的污泥则含有少量的固体。实际上，膨胀与高 SVI 相关。SVI 的临界值（高于该临界值会发生污泥膨胀）在很大程度上取决于相关沉淀池在设计和施工方面的惯例。尽管不同地区在沉淀池设计上有不同的传统，实际上污泥膨胀通常定义为悬浮固体无法维持在沉淀池中。例如，目前在荷兰，SVI 高于 120mL/g 被认为是污泥膨胀，该指数值已在沉淀池的设计指南中使用。污泥膨胀通常是一个操作或经验问题，因此没有一个确切的科学指标值用来区分膨胀污泥和非膨胀污泥。

松散和多孔的污泥絮体沉降速度较慢，因此需要更大的沉淀池才能保持和/或防止出水过程中没有固体悬浮物。丝状菌的生长十分有害，并且在应用中会导致许多问题。活性污泥群落中引起沉降问题的丝状菌体积分数可能非常小，但是 1%~20% 体积分数的丝状菌足以引起污泥膨胀（Palm 等，1980；Kappeler 和 Gujer，1994b）。尽管丝状菌通常不是污水处理厂的主要代谢菌群，但它们会导致污泥膨胀（图 10.3）。

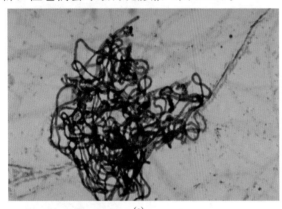
(a)

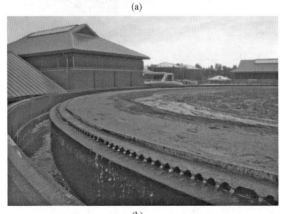
(b)

图 10.3　污水处理厂操作人员的噩梦

(a) 丝状菌；(b) 随着出水一起流出的膨胀污泥

（照片：D. H. Eikelboom 和 D. Brdjanovic）

虽然对污泥膨胀进行了大量研究，但它仍然是污水处理厂运行时的一个问题。这可能是由于一些操作条件引起丝状微生物的过度繁殖。由于许多丝状菌无法在纯培养基中培养，人们无法对这些生物进行详细的微生物学研究。只有少量的污水处理厂发生污泥膨胀时的运行记录。

人们未能找到很好解决污泥膨胀的通用方法，原因之一可能是在处理问题的具体标准上没有达成共识。文献中指出主要方法是尝试鉴定膨胀污泥中的特定丝状菌（Eikelboom，1975，2000）。通过研究和理解丝状菌的生态生理学（无论是在纯培养中还是通过应用原位技术，如微自动射线照相术：MAR），人们希望能够找到一种解决方法，以避免特定丝状体的出现。

另一种方法是意识到细胞的一般特征是细胞形态。认识到微生物细胞形态如何影响细菌的生态，就可以得出一个独立于所涉及物种的解决方案（Chudoba 等，1973a；Rensink，1974）。在这种方法中，特定种类丝状菌的出现是次要问题。因此，难题在于需要过程工程学以及微生物学知识来解决该问题，而且解决方案不能孤立地从两个领域中的任何一个获得。

10.2　历史面貌

本章并不打算全面描述活性污泥系统的历史和发展。有兴趣的读者请阅读 Allemann 和 Prakasam（1983）或者 Albertson（1987）的综述。我们将重点介绍一些最重要的历史事实，这些事实有助于人们理解污泥膨胀。

活性污泥法是 20 世纪初在英国发展起来的（Ardern 和 Lockett，1914）。起初用的是序批（非连续流）系统，之后很快变成了连续流系统。尽管沉降问题的发生率越来越高，不过连续流系统仍在全世界范围内得到了广泛的应用。Donaldson（1932）怀疑曝气池回流是导致污泥膨胀的一个重要因素，因为它将水力特性和基质状态改变为完全混合模式。作为改进措施，Donaldson 建议将曝气池分隔开（即推流式反应器），以促进令人满意的沉降污泥的开发。然而，连续进水的完全混合活性污泥系统仍然是设计首选。显然，施工阶段的土木工程优先于工艺的运行阶段。然而，关于进水方式对污泥沉降性影响的讨论在 20 世纪 70 年代重新开始。研究表明，与连续进水的完全混合系统相比，使用具有推流模式的分隔系统更有优势（Chudoba 等，1973b；Rensink，1974；等），这证实了早期 Donaldson（1932）的建议。

Pasveer（1959）回到了 Ardern 和 Lockett 最初的批次进水处理技术，并从中开发了 Pasveer 氧化沟系统。这重新开启了关于使用这些系统处理城市污水优势的讨论。批次（非连续流）氧化沟在欧洲流行了几年后，几乎所有这些系统都通过增加二沉池和污泥回流装置再次转变为连续流运行氧化沟。尽管如此，在 20 世纪 60 年代，Pasveer 研究表明，间歇进水的全尺寸氧化沟产生的污泥比连续进水完全混合系统产生污泥的沉降性更好（Pasveer，1969）。

在 20 世纪 70 年代，Chudoba 和他的同事（1973b）还有 Rensink（1974）开发了选择反应器，它成为控制污泥膨胀最广泛的工程工具。然而，尽管选择器的使用已经成功，并且减少了许多活性污泥系统中的膨胀问题，但是仍然经常有报告指出它们会失败。

10.3　形态学与生态生理学的关系

污泥膨胀中最吸引人和最复杂的问题之一是微生物形态、生理学和底物动力学是否相关，以及这些因素如何导致丝状菌在活性污泥中占主导地位。是否有一个可以解释丝状菌生长的通用机制，或者是否需要鉴定每种丝状微生物，并在生理、形态、动力学和分类学上进行描述，以便制定控制污泥膨胀的策略？是否有可能设计出一种反应条件，其能够防止所有丝状菌增殖并仍达到生物学要求的出水质量？尽管一些污水厂从未观察到膨胀污泥，但几十年来，科学家、工程师和微生物学家一直未能找到这些问题的确切答案。不过，可以推断出一些关系，我们这里将进行简单讨论。

10.3.1　微生物学方法

由于未能找到控制污泥膨胀的通用解决方案，许多研究人员开始关注微生物种群并寻找造成膨胀的主要丝状菌。基于微观特征，研究人员已经开发出识别丝状菌的识别密钥（Eikelboom，1977，2000）。

尽管存在一些局限性，但这些识别方法还是形成了一套系统工具，使人们对丝状菌的识别具有一定的信心。下一步是找到最主要的丝状菌与其生理学和操作条件之间的关系（例如，溶解氧浓度 DO，食物/微生物比率 F/M 等），以便制定（具体）控制策略（Jenkins 等，1993）（表 10.1）。不同地理区域和不同季节丝状微生物的分布差异很大（Martin 等，2004a）。可以得出这样的结论：Microthrix parvicella 的 0092 型、0041/0675 型是主要的丝状体，这类菌是活性污泥生物脱氮系统中发生膨胀的主要原因。这些调查还表明，污泥膨胀事件在冬季和春季比夏季和秋季发生得更为频繁，很可能是由于 Microthrix parvicella 的丰度所导致的（例如 Kruit 等，2002）。此外，还证实了在生物磷和反硝化系统中常见的 021N 型、0961 型、Sphaerotilus natans 和 Thiothrix sp. 菌的形态型受厌氧和缺氧阶段控制（Ekama 等，1996b）。然而，这些条件似乎对生物营养物去除系统中发现的主要丝状菌无效。奇怪的是，在生物营养物去除系统中发现的丝状菌通常为革兰氏阳性菌，这意味着它们可能是疏水性细胞表面且很容易吸附低溶解度的化合物。但是，目前还不清楚低负荷系统是否也可以富集革兰氏阳性絮凝菌。

20 世纪 90 年代，基于 DNA 和 RNA 分析的分子方法被引入生物污水处理中（第 2 章）。这些方法能够正确鉴定出丝状菌种群。因此，只要基因探针存在，建议在调查膨胀污泥时使用这种特定的基因探针。探针的使用、丝状菌的表征以及正确控制和操作条件的定义（例如选择器反应器）是控制污泥膨胀面临的主要挑战。

10.3.2　形态生态学方法

丝状菌优先沿一个或两个方向生长。这种形态特征似乎在底物限制浓度（如扩散限制环境）条件下赋予了丝状生物竞争优势。Martins 等人认为这些微生物具有较高的向外生长速度，很容易接触到大量液体底物，从而赢得竞争（Martins 等，2003a）。这与其他一些研究一致，那些研究也将丝状微生物的过度生长与生物絮体内部的底物扩散阻力相联系（Pipes，1967；Kappeler 和 Gujer，1994a）。

鉴于这些观点，它们的形态本身就为这些微

生物提供了生态优势。这也意味着，在非膨胀工艺条件下，丝状菌仍然可以存在于絮体内部。如果发生基质限制，它们将很快从絮体中生长出来。由于在活性污泥中丝状菌几乎无处不在，甚至有人提出实际上是丝状生物形成了活性污泥絮体骨架的观点（Jenkins 等，1993a）。而且这种类型的丝状骨架结构可以促进其他细胞通过其胞外聚合物（EPS）附着。

10.4 丝状菌的鉴定和表征

通常认为，理解和表征污泥膨胀的基础取决于对所含丝状菌的正确鉴定。下面将对此进行简要讨论。

10.4.1 微观表征 VS 分子方法

许多细菌类型尚未被鉴定，也没有在分类学上得到认可。因此，这些细菌并未在标准微生物鉴定手册中被记录，例如，Bergey 的系统细菌学手册。Eikelboom（1975，1977）开发了第一个识别活性污泥系统中丝状菌的"钥匙"。该鉴定方法主要基于丝状菌的形态特征和其对一些显微染色实验的反应。程序、技术和识别关键点汇编在显微污泥调查手册中（Eikelboom，2000），该手册与 Jenkins 等（1993a，2006）撰写的稍有不同的手册一起被用作鉴定丝状菌的全球性参考书。

模型形态丝状微生物种群（Wanner 和 Grau，1989；Jenkins 等，1993）　　　　　　表 10.1

微生物	特性	控制条件
第一组:低溶解氧好氧区的丝状菌		
Sphaerotilus natans，1701 型，*Haliscomenobacter hydrossis*	利用易生物降解基质;低 DO 浓度下生长良好;可在广泛 SRT 下生长	好氧、缺氧或厌氧推流式选择器;提高 SRT;增加曝气池中 DO 浓度（大于 1.5mg O_2/L）
第二组:混合营养好氧区丝状菌		
Thiothrix sp.，021N 型	利用易生物降解基质，尤其是低分子量的有机酸;在中等至较高 SRT 下存在;能够被硫化物氧化为存储的硫颗粒;在营养物缺乏的情况下会快速吸收养分	好氧、缺氧或厌氧推流式选择器;营养物添加;消除硫化物和/或高有机酸浓度（消除感染病菌的条件）
第三组:其他好氧区丝状菌		
1851 型，*Nostocoida limicola* spp.	利用易生物降解基质;存在于在中等至较高 SRT 条件下	好氧、缺氧或厌氧推流式选择器;降低 SRT
第四组:好氧、缺氧、厌氧区丝状菌		
Microthrix parvicella，0092 型，type 0041/0675 型	在厌氧-缺氧-好氧系统中含量丰富;存在于高 SRT 条件下;可能在颗粒底物水解时生长	仍然存在不确定性,但最推荐的处理手段是:安装撇渣器以去除颗粒基质;在整个系统中保持推流状态;应明确定义几个阶段（厌氧/缺氧/好氧）;在好氧阶段保持相对较高的氧浓度（1.5mgO_2/L）和较低的氨浓度（小于 1mgN/L）（Kruit 等,2002）和在缺氧反应器中保持较低的硝酸盐和亚硝酸盐含量（Casey 等,1999;Musvoto 等,1994）.

尽管这种识别方法非常有用，但也有其局限性。例如，许多丝状细菌（如 *Sphaerotilus natans*、1701、0092 和 0961 形态类型）可以根据环境条件的变化而改变形态，尽管其中一些细菌在形态上看起来相同，但它们在生理和分类学上可能存在很大的差异。例如，丝状细菌 *Nostocoida limicola* 的形态包括了一些系统发生学上不同的细菌（Seviour 等，2002），它们属于以下几类：低 mol% G+C 革兰氏阳性菌、高 mol% G+C 革兰氏阳性菌、扁平菌、绿色非硫细菌和变形杆菌的 α 亚类（Martins 等，2004b）。这种情况也适用于 *Eikelboom* 1863 型丝状形态。

基于形态学的丝状菌显微镜鉴定需要训练有素且经验丰富的人员，否则很容易做出错误的判断。此外，在工业废水活性污泥系统的一项研究（Eikelboom 和 Geurkink，2002）中发现了大约

40种新的丝状菌形态，这使得丝状菌的鉴定变得更加复杂。传统显微镜技术的这种误导性和难以识别的特性，使研究转向到分子方法。基于细菌DNA或RNA分析的分子方法发展迅速。上述便是目前鉴定活性污泥中丝状菌的常用方法。可以测定细菌的16S rRNA来表征微生物群落的复杂性。这些方法的详细信息不在本章的讨论范围之内（第2章已作简要介绍）。显微评估方法的详细信息可参见Loosdrecht等（2016）。

10.4.2 丝状菌生理学

如上所述，（主要）由于细菌培养和维护的问题，大多数丝状微生物的特征和描述仍然十分不足。然而，近期将微放射自显影术与荧光原位杂交（FISH）相结合有望阐明丝状菌的确切生理机能。但是，丝状菌的形态与特定的生理机能之间没有明显的内在联系。因此，丝状菌一般的生态行为更多地与形态有关，而不是与特定代谢有关。

我们面临的一个普遍问题是，描述丝状菌形态的旧生理学数据很可能是其他细菌的，这些细菌可能与丝状菌无关且具有很大的生理差异。所以，旧的生理数据（例如"*Nostocoida limicola*"的形态）可能是正确的也可能不是正确的。因此，对旧的生理学数据应谨慎使用，未来的细菌生理学研究应明确显示所研究微生物的分类学。

对纯培养的化学异养丝状菌的少数生理学研究表明，它们中的大多数似乎具有严格的好氧呼吸代谢，其中氧为电子受体。据我们所知，只有0961型、1863型、1851型和*Nostocoida limicola*才具有发酵代谢的能力，因此它们在系统的厌氧阶段可能具有竞争优势。不过，研究者们认为上述形态的细菌只占微生物总数的一小部分，它们通常不是污泥膨胀的主要原因。

一些丝状菌，例如*Microthrix parvicella*、*Sphaerotilus natans*、*Thiothrix* spp. 021N型和1851型，能够利用硝酸盐作为电子受体，将其仅还原为亚硝酸盐，但到目前为止所分析的丝状菌（021N型和*Thiothrix spp.*）的底物吸收率和反硝化速率远低于絮状菌的（超过80倍）（Shao和Jenkins，1989）。0092型是一种在许多活性污泥系统中占主导地位的丝状菌，其似乎无法利用硝酸盐作为电子受体。此外，据报道*Microthrix parvicella*在缺氧条件下不能持续生长。缺氧接触区一直利用丝状菌的这种生理信息来控制污泥膨胀，特别是由021N型和*Sphaerotilus natans*引起的膨胀（Ekama等，1996a）。在活性污泥系统中发现的优势丝状菌中，只有0092型和*Microthrix parvicella*型能在纯培养物中生长，但后者在分离时遇到了很大困难。*Microthrix parvicella*似乎是营养物生物去除过程中引起污泥膨胀的主要微生物（Nielsen等，2002）。其主要区别在于它们的首选底物是长链脂肪酸，而不是挥发性脂肪酸。该微生物需要利用还原的硫化合物来合成蛋白质，属于微需氧型（Slijkhuis和Deinema，1988；Rossetti等，2005）。当引入缺氧或厌氧-缺氧条件以刺激生物营养物的去除时，*M. parvicella*会因此增殖。结果表明，在缺氧-好氧条件下选择器确实不能消除*M. parvicella*的膨胀。当在一个带有选择器的系统中，主反应器完全好氧，那么*M. parvicella*的膨胀可以得到适当的控制，而缺氧-好氧主反应器会导致*M. parvicella*的增殖（Ekama等，1996a）。这一实验室的经验得到了Kruit等（2002）的全面支持。他们得出的结论是，防止*M. parvicella*膨胀的主要标准是将有爆气阶段（DO＞1.5mg/L）和缺氧阶段（检测不到DO）完全分开。

宏基因组学方法（McIllroy等，2013）让人们进一步了解*Microthrix parvicella*的代谢。该方法强调了在厌氧或微需氧条件下，长链脂肪酸以脂质形式积累的优势，这种长链脂肪酸包含了培养基中需要的甘油。聚磷酸盐可能是这种厌氧/微氧代谢过程中的主要能源。这种微生物产生胞外脂肪酶，表明脂肪确实是主要的碳源。

10.5 当前解释膨胀污泥的通用理论

人们已经提出了关于污泥膨胀的几种假设，希望能为这个问题找到一个通用的解释。不幸的是，没有一种假设可以解释这个问题。而且，大多数理论仍缺乏明确的实验验证。然而，它们是目前研究和理解污泥膨胀的基本理论框架，因此，将对其进行进一步讨论。

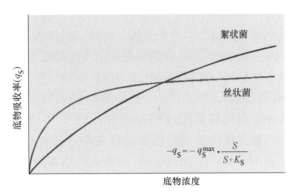

图 10.4 絮状菌和丝状菌的底物吸收率（q_S）和底物浓度（S）之间的关系（根据动力学选择理论绘制）

10.5.1 基于扩散的选择理论

一些研究人员指出，丝状菌的形态有助于其在低营养或低氧气浓度条件下吸收底物。直到 20 世纪 70 年代初，丝状菌与非丝状菌之间的竞争一直基于以下事实：丝状菌的表面积体积比（A/V）更高（Pipes，1967）。特别是在低底物浓度时，这种高 A/V 对微生物有利，因为它明显促进了高 A/V 细胞的传质过程。在较低的底物浓度下，这将导致丝状菌相对较高的生长速率。

后来的理论提出，细丝很容易穿出絮体。当底物浓度较低时，絮体内部的丝状菌能有效地检测到比絮体更高的底物浓度（Sezgin 等，1978；Kappeler 和 Gujer，1994a）。理论上已经预测并通过实验观察到了絮体中底物浓度的微梯度（例如 Beccari 等，1992）。后来 Martins 等（2004c）通过比较絮体生长和生物膜生长扩展了这一理论。van Loosdrecht 等（1995）和 Picioreanu 等（1998）指出，在扩散为主的条件下（即低底物浓度），絮体会出现开放的丝状生物膜结构。在高底物浓度条件下，絮体会形成致密光滑的生物膜。Ben-Jacob 等（1994）研究表明纯培养物的菌落形态也取决于底物的微梯度，低底物浓度会导致形成丝状的菌落形态。因此，低底物浓度可能导致絮体更加开放和呈丝状形态（Martins 等，2003b）。丝状菌非常适合这种结构。

10.5.2 动力学选择理论

类似于 Donaldson（1932），Chudoba 等（1973a）将沉降特性与活性污泥曝气池的混合特性联系起来。Chudoba 等（1973a）在实验室条件下使用具有特定底物的混合培养物，实验结果表明轴向混合程度低、基质浓度宏梯度高的系统会抑制丝状菌的生长，得到沉降性好的污泥。作者认为，在混合培养中产生絮状微生物的主要原因是系统入口处底物巨大的浓度差。

根据这些结果，Chudoba 等（1973b）提出了动力学选择理论来解释活性污泥系统中丝状菌的发生和抑制。这种解释是基于丝状菌和絮凝菌限制可溶性底物的选择标准（提出的）。Chudoba 等（1973b）假设丝状微生物（K 增殖策略）是生长缓慢的微生物，其特征在于其最大生长速率（μ_{max}）和亲和力常数（K_S）低于絮状细菌（r 增殖策略）（图 10.4）。在底物浓度低（通常为 $C_S < K_S$）的系统中，如在连续进料的完全混合系统中，丝状菌的生长速率比絮凝菌更高，从而赢得了对底物的竞争。在底物浓度较高的系统中，如在推流式反应器和序批式反应器（SBR）系统中，丝状菌会受到抑制，因为预计它们的生长速度低于絮状菌。对一些丝状菌（例如，*Sphaerotilus natans*、*Haliscomenobacter hydrossis*、1701 型、021N 型、*Microthrix parvicella*）和絮状体形成菌（*Arthrobacter globiformis*、*Zoogloea ramigera*）的纯培养研究支持这一理论（van den Eynde 等，1983）。然而，这些絮状菌能否在活性污泥系统中具有代表性还存在疑问。分子探针的使用表明，活性污泥中常见的非优势菌可以得到富集。一种基于定量 MAR 和 FISH 的技术可以原位测量丝状菌（*Candidatus* Meganema perideroedes 和 *Thiothrix* sp.）动力学（Nielsen 等，2003）。这种测量技术很有前途，应努力将其推广到其他丝状和非丝状的细菌检测中。

到目前为止，还没有人明确指出丝状菌的最大生长速率通常低于污泥中的其他细菌。而且，没有理论解释为什么丝状形态会导致较低的生长速率。动力学选择理论提出的丝状菌的 K_S 值通常较低这一说法尚未在一般情况下得到证实。如果将 K_S 视为底物摄取酶的一种特性，那么 K_S 和丝状形态之间似乎没有直接关系。然而，如果 K_S 被视为描述向细胞传质的表观传质参数，那么基于 Pipes（1967）的扩散 A/V 假设，它完全符合动力学选择理论。在絮体中，K_S 值是一种表观系数，它是基于体积液体测量的，而且很容易受到絮体形态的影响。扩散阻力越大（絮体越大、密度越大），则测得的表观 K_S 值越高（Beccari 等，1992；Chu 等，2003）。对于从絮体延伸出来的细丝，这意味着与絮体内部的细菌相比，表观的 K_S 值更低。基于这种推理，很可能扩散相关的理论（Pipes，1967；Sezgin 等，1978；Kappeler 和 Gujer，1994a；Martins 等，2004c）和动力学选择理论（Chudoba 等，1973b）是同一硬币的两面，具有相同的描述能力。

Martins 等（2008）进行的一项实验表明两种理论都可能正确。当细菌生长在淀粉上时，可溶性底物浓度始终很低，水解产物（麦芽糖）可直接被活跃生长的细胞吸收。在这种情况下，低底物浓度也会被吸收，但不会形成底物梯度，因为淀粉在絮体内部而不是在液体中水解。

根据扩散基础理论可获得沉降性能好的沉降污泥，但絮体主要由 nostocoida 细胞形成（根据动力学选择理论）。这一观察结果表明，丝状菌和非丝状菌之间的竞争可以通过动力学选择理论正确描述，但絮体的形态形成取决于与生物膜系统相同的扩散梯度（图 10.5）（van Loosdrecht 等，1995）。

图 10.5　（a）左侧：含有被碘染成蓝色的淀粉的污泥。右侧：上清液，由于没有淀粉而无染色

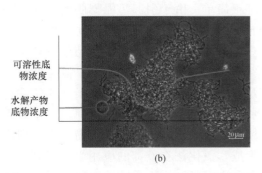

图 10.5　（b）以 *Nostocoida* 细胞为主的淀粉培养生长的活性污泥培养物的污泥絮体的显微镜图。蓝线代表正常可溶性底物的底物浓度，红线代表水解产物的底物浓度（照片：A. M. Martins）

10.5.3　存储选择理论

人们通常认为非丝状微生物在高底物浓度下有存储底物的能力。在高动态活性污泥系统（如推流式反应器、SBR 和选择器系统）中，这种能力可能会给非丝状菌带来额外的优势（例如 Van den Eynde 等，1983）。然而，最近的研究表明，膨胀污泥的储存底物容量可能与沉降性能更好的沉降污泥相似甚至比其更高（Beccari 等，1998；Martins 等，2003b）。对纯培养物和混合培养物的研究还表明，一些丝状菌，例如 *Microthrix parvicella*，在任何环境条件下（即需氧、缺氧和厌氧）都具有很高的底物储存能力（Nielsen 等，2002）。丝状微生物 *Thiothrix caldifontis* 被证明具有聚磷菌的代谢规律以及硫化物的储存潜力（Rubio-Rincon 等，2017）。在好氧饥荒时期，这种储存的物质可以被细菌代谢用来产生能量或生产蛋白质，这将是选择这些有储存能力的微生物而不是其他丝状和非丝状菌的主要优势。丝状菌较低的底物储存能力显然不能被视为识别丝状菌的一个绝对参数，但储存和再生（耗尽）是内在过程，其储存能力在选择类系统中起着关键作用（van Loosdrecht 等，1997）。因此，在描述膨胀和非膨胀系统中发生的代谢过程时，应考虑这个因素。

10.6　补救措施

控制污泥膨胀有两种主要策略——非特定方法和特定方法。非特定方法包括氯化、臭氧氧化和过氧化氢应用等技术。这些方法的应用原理很简单：由于引起污泥膨胀的丝状菌主要分布在絮体外部，因此丝状菌比形成絮体的细菌更容易受到氧化剂的影响。请注意，这一解释符合丝状菌竞争的扩散假设。氯化法在美国广泛使用，其实施方法也具有很好的文件记录（例如 Jenkins 等，1993b）。然而，由于对潜在环境影响的担忧，如卤化有机物等不良副产品的形成，氯化法在欧洲的应用受到限制。另一个不利方面是，生长缓慢的细菌（例如硝化细菌）在受到氧化剂影响时需要很长时间才能恢复，这有可能导致出水水质下降。此外，非特异性方法不能从根本上消除丝状微生物过度生长，其作用只是暂时的。这同样适用于短期控制方法，例如将污泥从二沉池重新分配到曝气池和/或增加污泥浪费率。特定方法是预防性方法，其目的是以牺牲丝状菌结构为代价促进絮状菌的生长。难题在于如何在活性污泥处理厂中找到合适的环境条件来达到这一目标。由于特定的方法可以永久、可持续地控制活性污泥系统中的污泥膨胀，因此应优先发展和应用这些特定方法。

迄今为止，尚未基于特定类型丝状菌的生理学和/或动力学知识的基础上建立污泥膨胀的预防措施。尽管控制污泥膨胀的研究重点是鉴定丝状菌的存在，一般的预防措施似乎认为，易于生物降解的基质需要在高底物浓度下消耗。这意味着，在活性污泥法的入口部分需要使用推流式液压装置，直到易降解的 COD 消耗完，然后再消耗混合池的 COD。如果在低浓度下消耗氧气，会导致污泥膨胀，其形成方式与上文中提到的易生物降解 COD 情况下的形成方式类似。

图 10.6 描述了氧浓度和易生物降解基质的浓度对污泥性质的综合影响。

有效底物浓度应与底物的亲和力常数有关，因此此处使用的是实际底物速率与最大底物速率之比。溶解氧含量似乎只与易生物降解基质可被利用的时期有关。推流式活性污泥处理工艺的初始流程先决条件促进了防止污泥膨胀选择器的发展。污泥膨胀的两种理论（A/V、基于扩散的选择理论以及动力学选择理论）都支持这种方法。

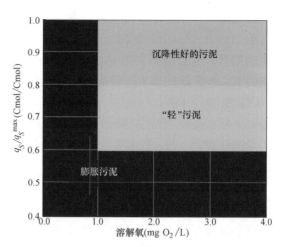

图 10.6　氧气和易得基质的浓度（后者表示为相对于其最大速率的实际底物吸收速率）对活性污泥法中形成的污泥类型的影响（Martins 等，2003b）

10.6.1　选择器

选择器被定义为生物反应器的初始部分，其特征是分散系数低且底物浓度具有足够的宏观梯度（Chudoba 等，1973b；Rensink，1974）。它也可以是生物反应器的一个小的单独的初始区域，该区域接收进水和回流的污泥，并具有很高的易于生物降解 COD 吸收率，几乎可以完全将可生物降解 COD 去除（Jenkins 等，1993a）。选择器系统中，微生物会经历有（盛宴）和没有（饥荒或再生）外部基质的时期。本质上，脉冲式进料 SBR 或静态进料 SBR 是理想的选择器系统。

事实证明，这种系统中的确可以形成与膨胀污泥相反的污泥——好氧颗粒污泥（Beun 等，1999）。在选择器中，微生物处于高生长速率的环境，并且能够在其细胞中积累（存储）基质作为内部存储物质。然后应存在足够长的没有任何可用的外部底物（低生长速率或饥荒环境）的时期（有氧阶段），以重新建立细胞的储存能力（van Loosdrecht 等，1997；Beun，1999）。然而，在实际活性污泥系统中，尽管选择器已经被广泛安装，并且是全世界范围内用于防止污泥膨胀应用最广泛的工程工具，但仍然经常有报告提及选择器在控制污泥膨胀时不灵（例如 Ekama 等，1996b）。目前尚不清楚是选择器的设计不当引起的，还是生物处理系统中的瞬间条件引起的，抑或是其他影响种群动态的因素使丝状菌拥有竞争优势引起的。在生物营养物去除过程中，选择器似乎无法控制 *M. parvicella-type* 菌膨胀（Eikelboom，1994；Ekama 等，1996b；Kruit 等，2002），或者控制效果不太明显（另见第 10.4.2 节丝状菌生理学）。接下来几节将简要介绍不同的选择器及其潜在的缺陷。表 10.2 列出了选择器设计指南概述。

10.6.1.1 好氧选择器

直到 20 世纪 80 年代末，大多数国家只需要去除有机碳，而完全好氧系统通常采用完全混合的进料模式。在美国，系统通常维持高负荷率且污泥停留时间（SRT）少于 5d。在这种情况下，污泥膨胀主要是由于 021N 型和 1701 型丝状菌的过度生长所致。在欧洲和南非，建造了低负荷设备，如氧化沟系统和延时曝气系统。到了 20 世纪 90 年代，欧洲和美国对营养物排放，特别是氨氮排放的规定更加严格。为了满足这些要求，必须对污水处理厂进行升级改造，提高其生物硝化能力。为了维持系统中硝化菌的数量，对曝气系统进行了改进，把 SRT 提高到 10d 以上。此外，由于间歇曝气系统有一定的反硝化作用，它的应用变得更加普遍。在这些条件下，污泥膨胀主要由于 *Microthrix parvicella*、021N、0041/06750092 和 0581 型细菌的增殖所致。这些观察结果引发了 Jenkins 等（1993a，b）对低 F/M 丝状菌的定义。好氧选择器是一个小的混合区（需氧或缺氧）或接触区（不需曝气），用于控制 021N 型、*Thiothrix spp.* 和 *Sphaerotilus natans* 菌过度生长引起的污泥膨胀，不过其偶尔对 *Microthrix parvicella* 菌引起的污泥膨胀不太起作用。

接触时间是选择器的典型设计参数，它对污泥的沉降性具有显著的非线性影响（Martins 等，2003a）。当接触时间不足时，可溶性基质在接触区不会被完全消耗，其中一部分会被带入主曝气池。在这种情况下，曝气池中低浓度底物会引起丝状微生物的生长。另外，当接触时间稍长时，选择器中底物浓度较低，接近完全混合池的平均水平，有利于丝状微生物的生长。接触池过大或过小都会对污泥体积指数（SVI）产生严重影响，因此接触池想设计好很难（图 10.7）。

在高度动态进料模式（如温度和流量）和负

图 10.7　好氧选择器（照片：M. van Loosdrecht）

荷变化（如污水处理系统）的系统中，好的设计并不容易达成，这可能是好氧选择池频繁失灵的原因。因此，在实践中，只有推流式系统，如长通道（长宽比大于 10∶1）、分隔式接触池或脉冲式进料的 SBR，才能保证底物浓度具有显著的宏观梯度，并在变化较大的条件下正常运行。此外，适当的分级可以改善流动受限的活性污泥系统的性能（Scuras 等，2001）。在曝气池和好氧选择器中，根据可溶性有机物吸收率或可溶基质吸收率维持最低溶解氧浓度的必要性已在几项研究中得到确认和验证，并提出了工作图（图 10.5）。尽管在好氧选择器中推荐的接触时间很短，但所需的氧气量约为去除的可溶性 COD 的 15%～30%（Jenkins 等，1993a；Ekama 等，1996a；Martins 等，2003b）。这强调了在好氧选择器中提供足够氧气的重要性。如果分隔式（推流式）好氧选择池曝气速率太低，那么对污泥沉降性的负面影响可能比"过度设计"（太大）的完全混合选择罐更糟（Martins 等，2003b）。此外，曝气控制非常重要，传感器应放置在耗氧量最高的第一个隔室（表 10.2），而不是放置在整个选择器末端。

10.6.1.2 非充气选择器

与好氧选择器一样，所有易生物降解的 COD 都应在缺氧和厌氧（选择器）反应器中去除，以防止任何易生物降解的 COD 进入好氧阶段，如果发生则可能对丝状菌（的生长）有利（Kruit 等，2002）。此外，厌氧反应器中还应同时不含氧气和硝酸盐，缺氧反应器中也应不含氧

参数	值	参考文献
好氧选择器		
隔室数量	≥3	Jenkins 等(1993a)
接触时间	10～15min,取决于负荷、温度和污水成分(即易生物降解的 COD)	Still 等(1996)
污泥负荷率	12(第 1 隔室),6(第 2 隔室)和 3(第 3 隔室)kg-COD/(kgMLSS · d)	Jenkins 等(1993a)
絮体负荷	50～150 gCOD/kgTSS(第 1 隔室)	Kruit 等(1994)
溶解氧浓度	≥2mgO_2/L,但是取决于污泥负荷率、絮体负荷率和/或基质吸收率。溶解氧传感器放置在第一隔室	Sezgin 等(1978),Albertson(1987),Martins 等(2003b)
缺氧选择器		
隔室数量	≥3	Jenkins 等(1993a)
污泥负荷率	6(第 1 隔室),3(第 2 隔室),和 1.5(第 3 隔室)kg-COD/(kgMLSS · d)	Jenkins 等(1993a)
接触时间	45～60min	Kruit 等(2002)
$(RBCOD/NO_3\text{-}N)_{consumed}$	由于基质存储,通常每毫克 NO_3-N 需要 7～9mg 易生物降解的 COD	Jenkins 等(1993a),Ekama 等(1996a),van Loosdrecht 等(1997)
厌氧选择器		
隔室数量	≥3,长系统(长宽比大于 10∶1)	Albertson(1987),Kruit 等(2002)
接触时间	1～2h	Kruit 等(2002)
$(COD_{VFA+fermentable}/PO_4\text{-}P)_i$	9～20gCOD/gP	Wentzel 等(1990),Smolders 等(1996)

气。回流可能会无意间在这些反应器中引入氧气。除了破坏 EBPR 和/或反硝化活性外,在厌氧和/或缺氧阶段如果有微需氧情况的存在可能导致污泥沉降特性恶化。(厌氧和/或缺氧阶段的)微需氧情况是因为氧气通过液体表面的扩散(Plósz 等,2003)或螺杆泵或溢流堰中回流污泥/液流的曝气产生。

10.6.1.3 缺氧选择器

缺氧选择器的设计标准(表 10.2)主要基于易生物降解 COD 与进入反应器的硝酸盐之比确定(Ekama 等,1996b)。由于在选择器中,易生物降解 COD 的其中一部分有望转化为(细菌)存储(能量)产品,因此(碳氮)比率应高于直接反硝化的一贯范围(每毫克 NO_3-N 大约需要 7～9mg 易生物降解 COD)。与曝气选择器相比,混合选择器类型的影响较小甚至没有影响。缺氧选择器设计原则上更稳定,因此只要保持硝酸盐过剩,就能够应对流量变化(Martins

等,2004b)。然而,在全尺寸系统中,由于每天(COD 浓度)的变化和二沉池一定程度的反硝化作用,很难保持硝酸盐与易于生物降解 COD 负荷的平衡。

(在系统运行过程中)预计缺氧选择器中硝酸盐浓度较低或暂时处于厌氧状态。这些条件对污泥的沉降特性不一定有害,因为在推流式缺氧选择器中,易于生物降解 COD 中的一部分可以被普通的异养微生物存储(Beun 等,2000),也可以被聚磷微生物(PAOs)或非多磷酸盐聚糖微生物(GAOs)利用。但是,如果缺氧选择器的存储容量降低(例如在完全混合的系统中),则会使得易生物降解 COD 流入曝气池中,随后会引起污泥膨胀。需要更多的研究来揭示这些微生物之间竞争的关键因素。同时,为了设计可靠的全尺寸缺氧选择器,建议首先进行中试研究,然后再扩大系统规模。然而,尽管上述存在的情况(都被考虑到),为了进一步降低出水硝酸盐浓度而进行的努力仍将会导致含有低浓度硝酸盐的污泥回流，从而限制缺氧选择器的使用。

10.6.1.4 厌氧选择器

在严格的厌氧条件下（例如在 UCT 型工艺中），可溶性底物（主要是挥发性脂肪酸和其他简单底物）被吸收并大量存储。厌氧选择器的设计遵循易生物降解 COD 吸收率与磷释放率之比（确保磷去除），以确保几乎没有易生物降解 COD 进入主曝气池（表 10.2）。在活性污泥系统中创造这些条件是为了促进 PAOs 的生长。然而，另一种被称为糖原积累菌（GAOs）的细菌，也能在类似的条件下生长良好。这两种细菌都能在厌氧阶段吸收简单的可溶底物，并以聚羟基脂肪酸酯（PHA）的形式储存起来。但是这两种细菌的能量储存机制是不同的。PAOs 用聚磷酸盐，GAOs 用糖原。这种代谢多样性使厌氧选择器在去除有机负荷方面具有相当大的灵活性，与磷去除是两个独立的过程。但是，尽管 PAOs 和 GAOs 种类繁多，至今仍未明确鉴定出丝状菌具有这种新陈代谢。由于厌氧阶段易降解 COD 的使用和消耗，PAOs 和 GAOs 在污泥中积累，使得好氧阶段好氧微生物由于缺乏底物而数量减少。因此，在厌氧阶段去除的底物越多，这也意味着好氧阶段可利用的底物越少，活性污泥的沉降特性就越好。此外，富含多磷细菌的污泥通常能够更好地沉降，因为它们会形成密集的簇，并且细胞内的聚磷酸盐与化学磷的沉淀相结合，会进一步增加污泥的密度。和缺氧选择器一样，厌氧选择器中的混合条件似乎并不是关键。此外，与好氧条件相比，将 COD 带入曝气阶段的危害要小得多；这意味着厌氧选择器的设计并不重要（Martins 等，2004a）。最近的报告证实了厌氧选择器能有效控制污泥膨胀，即使 *Microthrix parvicella* 是最主要的丝状菌时也能控制污泥膨胀（Kruit 等，2002）。但是厌氧选择器不能每次都使用。例如，不建议将其应用于富含硫化合物的污水中。这是因为厌氧条件可以增加还原硫化合物的产量，而还原硫化合物可在好氧阶段被丝状硫氧化细菌利用（Eikelboom，2000）。

荷兰最近的研究表明，通过实施严格控制的厌氧和缺氧推流式选择器，可以在全规模生物营养物去除系统中得到沉降性能很好污泥（SVI < 120mL/g，通常值低于 100mL/g）（Kruit 等，2002）。使污泥沉降性更好的一个潜在重要因素是在缺氧/好氧阶段之后引入好氧反应器，以减低氨氮浓度（<1mgN/L）同时提高溶解氧浓度（>1.5mgO$_2$/L）（Kruit 等，2002；Tsai 等，2003）。基于这些注意事项设计出的一个典型案例是 BCFS$^®$ 概念（van Loosdrecht 等，1998），该概念目前已成功应用于荷兰的 12 家大型工厂。

10.7 数学模型

研究复杂的生态系统，如有许多因素共同作用的活性污泥的培养，数学模型是一个非常有用的工具。尽管活性污泥种群动态极其复杂，但（人们在）这一领域已经取得了许多进展。由 IWA 模型研究工作组出版的污水生物处理设计和运行的数学模型《活性污泥模型（ASM 1、2、2d 和 3）》是基于模型研究活性污泥系统种群动态的有用案例。随着细菌生理学知识的增加，这些模型也在不断升级（图 10.8）。

图 10.8　具有丝状和絮状形成菌的絮体结构模型
（图片：Martins 等，2004c）

例如，在书 ASM 3 中合并了存储进程。这是首次尝试建立存储聚合物代谢模型，并更好地描述其在选择器系统中发生的转化。此外，最近开发的代谢模型在储存物聚合物的动力学和生物化学之间提供了更好的联系（Beun 等，2000），并且肯定有助于描述和模拟在选择器中发生的代谢过程。然而，尽管这些模型中有很多细节，但对于丝状菌的生长以及由此产生的污泥膨胀仍然无法预测。

可以预测活性污泥沉降特性的模型尚处于开发的早期阶段。考虑双种群或群体（例如絮凝物、细丝、低溶解氧丝状物、低 F/M 纤维）竞争单一基质或一组基质（易降解或缓慢降解的 COD）的存在，已经有一些模型来预测丝状菌和非丝状菌的发展（Kappeler 和 Gujer，1994a；Takács 和 Fleit，1995）。这些模型基本上可以分为两类：第一类考虑细菌的生理学和生物动力学，第二类同时考虑生理学和动力学以及细菌的形态。底物向活性污泥絮体中的扩散运输是絮凝形成菌与丝状菌竞争的重要机制。Kappeler 和 Gujer（1994a）提出，由于生物絮体中存在基质扩散阻力，易生物降解的 COD 有利于丝状微生物的生长。他们建议将这种行为整合到传统的活性污泥模型中（第 14 章）。丝状微生物中观察到的易生物降解 COD 半饱和系数（亲和力常数）比非丝状细菌的低，这代表了底物扩散阻力的差异。这种方法给出了可靠的定性结果。然而，目前尚无法预测污泥的 SVI 或污泥的沉降特性。

之后的研究同时考虑了絮体的微观形态和丝状菌的定向生长特性（优先单向生长）（Takács 和 Fleit，1995）。该研究首次将丝状菌和非丝状菌的形态特征与生理学相结合，以三类微生物（絮体形成菌、低溶氧丝状物和低 F/M 丝状物）为研究对象，以动力学选择理论分析动力学参数随趋势的变化，模拟了可溶性底物和溶解氧的不同情景。对扩散控制条件下活性絮体结构的模拟表明，与预期的一样，丝状菌在可溶基质和溶解氧受限的环境中占主导地位。作者没有明确区分动力学参数和细胞形态的影响。

最近，Martins 等（2004c）采用了先前的模型来预测活性污泥絮体的生物膜形态（Picioreanu，1998）。这种方法表明，扩散梯度对絮体形态的影响比不同生物体间亲和力常数的差异更为严重，其结论支持了基于扩散梯度的丝状菌选择理论。

综上所述，在广泛的动力学参数条件下，模型可以更好地评估丝状菌的单向生长作用，以及根据污泥絮体中底物的微梯度，预测更高的丝状菌生长能力。由于动力学参数（即内在底物的半饱和系数，储存能力和衰变速率）尚不清楚，应进一步研究细菌形态和扩散在竞争中的作用。这种研究有助于更好地理解（典型的活性污泥系统中）丝状菌和非丝状菌在梯度控制微环境中的竞争。

10.8　颗粒污泥

当易生物降解的 COD 在污泥絮体出现显著基质梯度条件下被去除时，（系统）会发生污泥膨胀，当这些条件最小化时，应会形成颗粒（Beun 等，1999）。实际上，颗粒污泥和膨胀污泥处于污泥形态尺度的两个极端（图 10.9）。

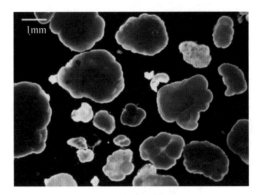

1mm

图 10.9　好氧颗粒污泥
（图片：M. R. de Kreuk）

对于生物膜，已经假设生物膜的形态取决于基质传输速率和生物量增长之间的比率（van Loosdrecht 等，1995，2002）。这不仅意味着最小化污泥絮体上的基质梯度将改善 SVI，而且选择生长缓慢的细菌也将改善 SVI。因此，获得厌氧颗粒污泥或硝化颗粒污泥总是相对容易（图 10.10），而在完全好氧条件下很难实现。

厌氧选择器的应用导致一组细菌（磷酸盐和糖原积累菌）的最大生长速率低于普通异养细菌。因此，它们比有氧选择器具有更多优势。选择这种条件有利于形成更稳定的好氧颗粒污泥（de Kreuk 等，2004）。

第 11 章将对好氧颗粒污泥的工艺进行进一步的描述。

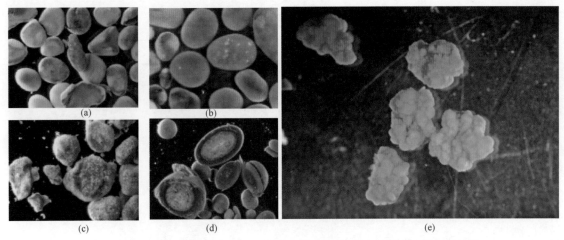

图 10.10　颗粒污泥的种类：（a）硝化；（b）异养；（c）反硝化；（d）产甲烷
（照片：Biothane B. V.）；（e）厌氧氨氧化（照片：Paques B. V.）

10.9　结论

污泥膨胀是活性污泥自身特性（引起）的主要问题之一，但在实践中，（人们）至少在控制该问题的水平上有了足够的了解。例如，设计最少产生污泥膨胀问题的 BNR 系统应具有以下一般特征：①有去除复杂基质（例如脂类）的预处理步骤；②允许（沿着系统）出现显著底物浓度宏观梯度的推流式选择反应器；③明确的厌氧、缺氧和好氧推流阶段，缺氧阶段排除氧气，厌氧阶段去除硝酸盐和氧气；④避免间歇曝气和微需氧条件；⑤在最后好氧阶段，充分曝气以维持高溶解氧浓度（大于 1.5mg O_2/L）和低氨氮浓度（小于 1mg N/L）。

第 11 章描述的基本思想甚至催生了与膨胀污泥完全相反的工艺：颗粒污泥。即使在设计良好的系统中，操作上的缺陷和不足也很容易导致污泥膨胀。因此，只要没有充分考虑控制污泥形态的基本过程，Albertson（1987）所表述的"尽管我们学习并理解，但一些污泥仍会膨胀"的说法仍然合理（图 10.11）。

图 10.11　污泥膨胀的极端表现（照片：Eikelboom，2006）

扫码观看本
章参考文献

术语表

符号	描述	单位
C_S	膨胀液体中的底物浓度	mgCOD/L
K_S	半饱和常数	mgCOD/L
q_S	底物吸收率	mgCOD/(L·h)

缩写表

缩写	描述
AS	厌氧消化模型（Anaerobic digestion model）
ASM	活性污泥模型（Activated sludge model）
A/V	表面积与体积之比（Surface to volume ratio）
BOD	生化需氧量（Biological oxygen demand）
COD	化学需氧量（Chemical oxygen demand）
EPS	胞外聚合物（Extracellular polymeric substance）
FISH	荧光原位杂交（Fluorescence *in-situ* hybridization）
GAO	糖原积累微生物（Glycogen accumulating organism）
IWA	国际水协会（International Water Association）
MAR	微量放射自显影术（Microautoradiography）
MLSS	混合液悬浮物（Mixed liquor suspended solids）
PAO	聚磷微生物（Phosphorus accumulating organism）
PHA	聚羟基链烷酸酯（Polyhydroxyalkanoate）
RBCOD	易生物降解的化学需氧量（Readily biodegradable COD）
SRT	污泥停留时间（Sludge retention time）
SVI	污泥体积指数（Sludge volume index）
UCT	开普敦大学（University Cape Town）
VFA	挥发性脂肪酸（Volatile fatty acid）

第 11 章
好氧颗粒污泥

Mario Pronk，Edward J. H. van Dijk 和 **Mark C. M. van Loosdrecht**

11.1 引言

好氧颗粒污泥工艺是一种污水处理工艺，与传统活性污泥法相比，其污泥浓度和能源效率更高（图 11.1）。由于能够维持的污泥浓度相对较低（3～5g/L），活性污泥法的传统污水处理工艺需要很大的体积，污泥浓度也受澄清过程制

(a)

(b)

图 11.1 应用 Nereda® 工艺的荷兰污水处理厂
(a) Garmerwolde 污水处理厂（14 万人口当量）；
(b) Utrecht 污水处理厂（43 万人口当量）。在 Utrecht 污水处理厂鸟瞰图中，左侧的是 6 座新建的 Nereda® 处理设施（从 2019 年开始运行），右侧的是部分已废弃的旧污水处理厂

约，因为其过程是依靠重力作用将絮状活性污泥从处理后的污水中分离出来。因此，传统的污水处理厂需要大型的二次沉淀池；同时，有限的可用污泥负荷率也导致了沉淀池需要很大的表面积（见第 12 章）。

随着时间的推移，污水处理厂设计出现了几种更为紧凑的模式。这些模式主要是将生物质固定在载体上形成生物膜（见第 18 章），或利用膜分离技术将污泥截留在膜生物反应器中（见第 13 章）。然而，生物膜工艺通常受到生物膜传质面积的限制，又需要后续处理去除出水悬浮物质，进而限制了占地面积的削减。膜生物反应器则需要相对较高的资金投入和额外的能耗来支撑膜分离过程。另一种选择是构建污泥体积指数低（20～70mL/g）及具有颗粒状形态且无需载体的污泥。尽管这种方法早在 20 世纪 70 年代就已用于污水厌氧处理（见第 16 章），但直到 21 世纪初，颗粒污泥工艺才逐渐用于好氧生物脱氮除磷工艺。

在好氧颗粒污泥（Aerobic Granular Sludge，AGS）系统中，其生物体的形态使得污泥能够快速沉降。活性污泥絮体通常半径很小拥有很高的阻力系数，而颗粒污泥一般半径较大其阻力系数较低（图 11.2）。与活性污泥絮体相比（0.8～1.4m/h），颗粒污泥较快的沉降速度（4～10m/h）可允许将沉淀池集成到反应器中，从而支持紧凑型反应器的设计。颗粒污泥床离散型沉降特性使其在这方面的优势更为突出。超过 10g/L 的生物量浓度很容易实现颗粒污泥的沉降，但在实践中常采用低于此值的生物量浓度，这是因为污水处理厂的设计往往还受到其他因素的制约（见第 5 章）。

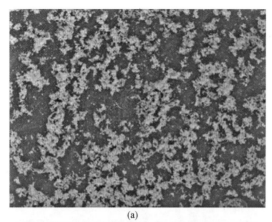

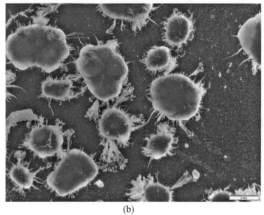

图 11.2 (a) 荷兰 Harnaschpolder 污水处理厂的活性污泥；(b) 应用 Nereda® 工艺的荷兰 Utrecht 污水处理厂的好氧颗粒污泥（已经过冲洗），上面携带着柄纤毛虫

自 20 世纪 70 年代厌氧颗粒污泥问世以来，颗粒化现象主要被认为与产甲烷过程的特定微生物有关联。学者们认为底物厌氧转化为甲烷需要复杂的群落结构及微生物生长过程中的重要种间氢传递作用驱动厌氧微生物形成致密聚集体或颗粒污泥。在那个时候学者们还没有成功培养出好氧颗粒污泥，因此假定底物的好氧转化通常不依赖于微生物的互营共生关系。

自 1970 年荷兰征收污水排污费，荷兰的工业界开始着力于寻找紧凑化污水处理的方案。各行各业，特别是食品行业，快速引入了上流式厌氧污泥床（Upflow Anaerobic Sludge Bed, UASB）反应器（Lettinga 等，1975）。到 20 世纪 80 年代，荷兰吉斯特（Gist-Brocades）公司也开始研发紧凑型污水处理系统（Heijnen，1984；Heijnen 等，1990）。在针对不涉及颗粒污泥形成的紧凑型反应器设计方面，吉斯特公司开发出以细小悬浮载体（砂粒）上附着生物膜为

主体的厌氧、好氧处理工艺。这些颗粒物具有良好的沉降性能和很高的生物膜比表面积。这项厌氧生物处理技术迅速发展为目前被广泛应用的膨胀颗粒污泥床（Expanded Granular Sludge Bed, EGSB）和内循环（Internal Circulation, IC）反应器（见第 16 章），两者均依赖于颗粒污泥生物膜法工艺。好氧过程中颗粒污泥的形成更为复杂，而 CIRCOX® 反应器技术则成为当时紧凑化工业废水好氧处理工艺的标准（Heijnen 等，1993）。然而，由于难以适应市政污水较大的流量变化，这些反应器尚未应用到在市政污水处理中。

20 世纪 90 年代，学者们在生物膜和污泥絮体形态构成的研究中（特别是对于 CIRCOX® 反应器的运行过程）引出如下一般性假设：生物膜表面负荷（或产生新生物质的速率）与流体剪切速率的比值决定了生物膜的结构。水力剪切力较高时，系统内只会形成零散的生物膜；而水力剪切力较低时，生物膜呈现高度的异质性特征且伴有很多孔隙和隆起结构。当生物膜表面负荷和流体剪切速率之间达到适当的平衡时，则可以得到表面平滑且结构稳定的生物膜（van Loosdrecht 等，1995）。学者们通过数学建模的方法进一步评估了该假设（van Loosdrecht 等，2002；Picioreanu 等，1998）。类似的方法还可用于预测污泥体积指数（Sludge Volume Index, SVI）（Martins 等，2004）。同时，Martins 等（2004）的研究结果表明，相比于快速生长的细菌（如好氧异养菌和发酵细菌），慢速生长的细菌（产甲烷菌，厌氧氨氧化菌和硝化细菌）能更加自然地形成颗粒污泥。

Heijnen 和 van Loosdrecht（1998）首次报道了好氧污泥颗粒化的原理且申请了相关专利。他们将好氧污泥培养于含有糖蜜的序批式反应器（Sequecing batch reactor, SBR）中，并在沉降速度为 35m/h 的临界条件下培养出颗粒污泥。在此过程中，沉降性能良好的颗粒污泥被存留下来，而沉降性能较差的絮体则从系统中被洗脱除去。然而，即使在反应器的启动阶段已经形成颗粒污泥，反应器系统的平稳长周期运行仍然是一大难题（Morgenroth 等，1997），其中的原因在当时也未得到明确解释。尽管如此，后续的研究仍促进了好氧颗粒污泥技术向全尺寸应用发展，

具体内容将在本章中进一步讨论。

从实验室规模的观测到大型 AGS 反应器的建成花费了大约 12 年的时间。在荷兰政府和国际创新项目的资助下，代尔夫特理工大学（Delft University of Technology）和几个地方水委会以及咨询服务公司 Royal HaskoningDHV 组成了公私合营集团，负责好氧颗粒污泥技术在荷兰的发展。这项新技术由 Royal Haskoning-DHV 公司以 Nereda® 的名称注册为商标。Nereda® 工艺于 2005 年开始应用于工业废水处理，而第一个采用该工艺的市政污水处理示范工程于 2006～2008 年间在南非的干斯拜地区（Gansbaai）完成设计和建造。2010 年，荷兰埃

佩地区（Epe）建成了首个工程商业化的好氧颗粒污泥反应器，主要针对生活污水（65%）和工业废水（35%，源于屠宰场）的处理。2013 年，荷兰 Garmerwolde 污水处理厂在原工艺基础上扩建独立运行的 Nereda® 系统（以 SBR 的形式运行，为全球最大的 SBR 反应器）。此举是好氧颗粒污泥技术发展进程中又一个重要里程碑，标志着该技术已步入成熟阶段。Garmerwolde 污水处理厂中 Nereda® 工艺的设计和运行性能详见 Pronk 等（2015）。当前，Nereda® 工艺在全球范围内遍地开花，到 2020 年已被 80 多座污水处理厂所应用，处理能力从 5000 人口当量到 240 万人口当量不等（图 11.3）。

图 11.3　污水处理厂的 Nereda® 工艺：从荷兰的 Vika 污水处理厂（5000 人口当量）到爱尔兰都柏林的 Ringsend 污水处理厂（240 万人口当量）

11.2　选用好氧颗粒污泥的重要注意事项

11.2.1　底物浓度梯度

底物浓度梯度是影响絮状污泥和生物膜形态的重要因素（见第 10 章）。由于底物消耗和底物扩散同时存在，因此底物浓度会随着絮状污泥或生物膜的厚度而变化。为能够培养出大粒径的颗粒污泥，底物也应被运输到整个颗粒内部，否则颗粒结构会出现衰变而最终解体，从而导致颗粒化过程不稳定。当底物的消耗速率低于底物扩散进入颗粒污泥的速率，菌体将会更加均匀生长；当底物消耗速率高于扩散速率时，底物只能穿透颗粒的外层，或甚至仅穿透突起的尖端。Picioreanu 等（1998）针对二维生物膜提出的无

量纲因子 G（growth）可以很好地表达这种相关关系。因子 G 相当于最大生物质生长速率与最大底物传输速率之间的比值。

$$G = L_Y^2 \frac{\mu_m C_{x,m}}{D_s C_{s,o}} \tag{11.1}$$

式中　$C_{s,o}$——液相体系中的底物浓度（g/m^3）；

　　　D_s——底物的扩散系数（m^2/d）；

　　　$C_{x,m}$——生物膜中生物质的最大密度（g/m^3）；

　　　μ_m——最大比生长速率（L/d）；

　　　L_Y——生物膜厚度（m）。

高 G 值会引起指状赘生物的形成，导致生物膜表面变粗糙，进而使得污泥沉降速度变慢。同时，高 G 值也会导致生物膜和颗粒化过程变得不稳定。絮状污泥如果在这种情况下将会发生

污泥膨胀现象。而低 G 值有利于形成稳定、致密的生物膜或颗粒污泥。

难以获得好氧颗粒污泥的原因之一是氧气的低溶解度。氧气扩散到生物膜中的速率通常受到限制。例如，当氧浓度为 $2mgO_2/L$ 时，除非铵的浓度低于 $0.44mgN/L$（见第 17 章），否则氧含量将会限制硝化过程的速率。在此氧浓度下，通常氧气渗透深度不超过 $20\sim40\mu m$。

当低浓度易降解的 COD（即醋酸盐、葡萄糖等）作为底物供应到完全混合的反应器时，颗粒污泥或生物膜外层会形成指状赘生物。再者，当氧传质速率有限时，上述情况甚至会导致颗粒污泥系统中出现丝状赘生物（图 11.4）。氧气和 COD 的双重限制会对颗粒污泥的沉降速率和稳定性以及工艺性能带来负面影响。Nereda® 工艺

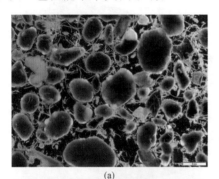

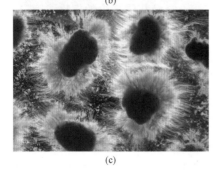

图 11.4　好氧颗粒污泥：（a）平滑形态；
（b）指状赘生物；（c）丝状赘生物

通过厌氧进水克服了这个问题，因为这样易降解 COD 就可以在曝气启动前得到充分的消耗。

需要注意的是，因子 G（式 11.1）是在假定符合零级过程的前提下提出的，而实际上，当底物浓度低于细胞对底物的亲和系数（通常为 $10\sim100\mu g/L$）时，底物的转化仍会发生。尽管如此，因子 G 的提出对污泥颗粒化过程提供了极具价值的见解。

11.2.2　微生物选择

好氧颗粒污泥在低氧浓度下的培养及颗粒的稳定维护是全尺寸应用好氧颗粒污泥技术必须加以解决的问题。低溶解氧的设定是为了实现曝气能耗最小化和高效脱氮（以同步硝化反硝化的方式）。当工艺流程采用厌氧进水模式时，微生物先将易生物降解 COD（Readily Biodegradable COD, RBCOD）转化为聚合物［主要以聚羟基烷酸酯（Polyhydroxyalkanoates，PHA）的形式］贮存于胞内，然后在接下来的好氧阶段利用这些胞内贮存物生长。这样就可以将底物消耗和生物质生长两个过程分离，有效避开了因子 G 公式中所涉及的机理，氧浓度对颗粒化过程的影响也变小了。在厌氧阶段，聚磷菌（Phosphate-accumulating Organisms，PAO）和聚糖菌（Glycogen-accumulating Organisms，GAO）会将 RBCOD 转化为 PHA 贮存起来。由于在厌氧条件下的底物浓度要比在有氧条件下高得多，RBCOD 一般被存储在位于反应器很深的地方。在曝气阶段，颗粒污泥的内层微生物可以利用硝酸盐（反硝化作用）生长，也可以在后期颗粒外层微生物衰亡后获得氧气用于生长。将 RBCOD 转化为聚合物（PHA）贮存起来还有一个特别的优势。相比于在有氧条件下直接利用 RBCOD 生长的异养细菌，利用胞内贮存聚合物生长的细菌具有较低的生长速率（van Loosdrecht 等，1997）。一般而言，生长速率越慢的细菌，越会以致密的结构生长。这就是为什么慢速生长的细菌（产甲烷菌、厌氧氨氧化菌、硝化细菌和 PAO）能够形成表面平滑且结构紧密的颗粒污泥。研究也发现了稳定、致密生物膜的主导形成机制是底物的分布情况和微生物的慢速生长（Picioreanu 等，1998）。

11.2.3　物理筛选

污水实质上是一种复杂的底物混合流体，其

包含可溶性物质和颗粒物质（见第3章）。可溶性化合物可以直接扩散进入颗粒污泥内，而颗粒物质必须先经过水解转化，不可生物降解的颗粒物质则在反应器中累积。好氧颗粒污泥系统中的COD可以划分为颗粒污泥的COD和非颗粒污泥的COD。非颗粒污泥的COD由惰性物质和不能厌氧转化为PHA的COD组成，这些物质最终会导致絮状物的形成。因此，颗粒污泥反应器中常常含有一部分由惰性颗粒性COD、厌氧阶段后在剩余COD上生长的生物质以及颗粒污泥被侵蚀脱落的物质组成的絮状物。在AGS污水处理厂中，筛选过程常被用于去除这些沉降性能不佳的组分而保留颗粒污泥，以形成和维护颗粒污泥组分。要做到筛选这一点，污泥床的顶层需要在经历短暂的沉降期后被移除。短暂的沉降阶段可将快速沉降的颗粒污泥保留在反应器中，同时使污泥层顶部的絮状物质被溢出。这样就使得絮状固体组分在系统中的停留时间为0.5～5d，而颗粒状固体组分的停留时间为30d左右。有关沉降及其相关参数的更深入讨论请见11.3.4节。

11.2.4　剪切力

剪切力可以阻碍快速生长细菌形成丝状赘生物的趋势。例如，针对引言中所提及的CIR-COX®反应器，当其连续进水且在好氧条件下时，剪切力是反应器内形成平滑生物膜的主导因素（Kwok等，1998）。但是，当恰当地筛选慢速生长细菌后（即所有RBCOD都被厌氧转化为PHA），剪切力对颗粒污泥的形成过程意义不大。此外，在实践中，应用剪切力意味着额外的耗能和费用，这是不可取的，剪切力通常也不是AGS系统中需要设定的工艺参数。

11.2.5　活塞流式进水

上文提及的几个方面支撑了在Nereda®污水处理工艺中形成颗粒污泥的运行策略（图11.11）。为了使底物扩散所受限制最小化并确保颗粒污泥能够最佳地吸收底物，在污水与颗粒污泥接触前不应被稀释。这一点在AGS反应器中是在没有曝气情况下，污水从已沉降的颗粒污泥床底部进入而实现的（图11.5）。

推流方式可以确保在整个已沉降的污泥床区中具有相对较高的底物浓度。只要厌氧进水期的

时间足够长，底物就可以透入颗粒污泥内部的深处。因此，颗粒污泥内部的不同深度也可以进行生长发育，而不局限于颗粒污泥的表面。这种运行模式具有自我稳定的效益：较大的颗粒污泥倾向于停留在污泥床的底层，从而能够获取到绝大部分RBCOD，而处于已沉降的污泥床顶层的絮体组分能得到的RBCOD就非常有限或甚至一点都没有。

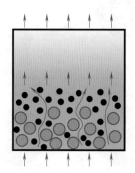

图11.5　在好氧颗粒污泥反应器中，活塞流式厌氧进水通过已沉降污泥床时的图示

11.2.6　底物和进水方式对颗粒污泥形态的影响

一般而言，好氧颗粒污泥反应器中不同的底物和所采用的进水方式会对颗粒污泥的形态和系统的稳定性产生显著的影响。当然，污水实质上是一种复杂的底物混合流体。图11.6（a）～（d）展示了污水的复杂性以及SBR系统中各种污水进水策略对好氧颗粒污泥形成、形态和稳定性的影响。

（1）当厌氧进水时，易生物降解溶解性底物会被PAO或者GAO类型的细菌吸收并转化为胞内聚合物。在随后的好氧阶段中，这些胞内聚合物以相对缓慢的速度被消耗用于细菌的生长。这样可以得到致密的颗粒污泥。无法被厌氧转化（例如丁醇、丙醇），但被吸附在颗粒污泥基质上的化合物将在好氧阶段中被转化。这也有利于整个颗粒污泥的生长和形成稳定的颗粒污泥结构。这种厌氧进水模式不仅确保了稳定的颗粒化过程，而且可以确保最佳的脱氮除磷效果，这对于生活污水处理而言是很重要的。

（2）在厌氧阶段后余留在液相中，或在完全好氧的颗粒污泥反应器中以脉冲形式投加的易生物降解溶解性底物会在氧气扩散受限的条件下被摄取。底物被同时用于微生物生长和胞内聚合物的形成，这主要限于颗粒污泥的外部区域，因为

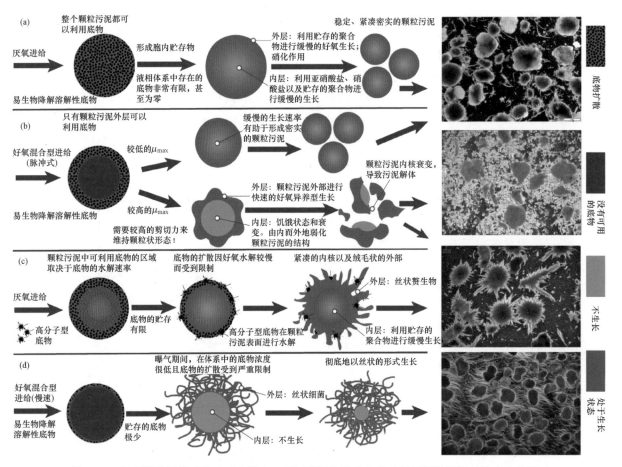

图 11.6　好氧颗粒污泥序批式反应器中，不同碳源和进水方式对好氧颗粒污泥结构产生的影响

（a）厌氧进给易生物降解溶解性底物；（b）好氧进给的易生物降解溶解性底物进入完全混合的反应器中；（c）厌氧进给的高分子型底物通过已沉降的颗粒污泥床区；（d）好氧慢速进给的易生物降解溶解性底物进入完全混合的反应器中

其内部区域接触不到氧气（Beun 等，2002）。有氧条件下，易生物降解底物在颗粒污泥外部的快速消耗会导致指状或丝状赘生物的形成。这取决于体系中的氧浓度，且必要时需提高剪切力以确保平稳的颗粒化过程（Beun 等，1999）。由于颗粒污泥的内部区域是不活跃的，采用 B 方式形成的颗粒污泥更容易在剪切力作用下破碎，使得颗粒污泥最终解体并变得衰弱（Beun 等，2002）。这也会导致颗粒化过程不稳定、沉降性能较差，以及快速沉降后液相中的悬浮固体（絮体和疏松的细胞团）浓度较高。除此之外，硝化作用和除磷潜力也减弱了。生长缓慢的硝化细菌会被生长较快的异养菌所覆盖并被后者推挤到氧受限的内层（Elenter 等，2007；Gonenc 和Harremoes，1990）。某些即使需要在有氧条件下转化的底物也能带来良好的颗粒化效果。铵和甲醇就是这样的底物。这两种底物的转化都是通过生长相对缓慢的细菌在有氧条件下进行的，这将使生物膜的结构更为致密（Mosquera-Corral 等，2003；Villaseñor 等，2000）。因此，一般认为在AGS 系统中，通过慢速生长细菌进行好氧转化的底物有助于颗粒化过程的稳定。

（3）由于需要水解，颗粒状底物（比如淀粉和蛋白质）是好氧颗粒污泥系统面临的另一个挑战。颗粒状底物的水解主要发生在颗粒污泥的表面（de Kreuk 等，2010）。此后，PAO 和 GAO类型的微生物将水解产物（VFA）转化为聚合物储存起来。通过这样可以获得稳定的颗粒化过程。底物的好氧水解有时也会发生，这将取决于其厌氧水解的速率。在好氧条件下，水解产物将直接被颗粒污泥表面的微生物用于生长。这样会形成急剧升降的底物扩散限制梯度，因而导致指状赘生物的形成、颗粒污泥结构的不稳定以及液相中的悬浮固体浓度较高。

（4）在好氧条件下，往完全混合的反应器中慢速进给易生物降解溶解性底物会形成很大的底物扩散限制梯度。采用该方式进水时，系统中的底物浓度是非常低的或者很可能为零。这为丝状菌的增殖提供了很好的条件，因为它们在生长方向和获得生长空间方面具有优势（Martins 等，2003；Martins 等，2011）。因此，在这些条件下，好氧颗粒污泥的性能会迅速恶化。当颗粒污泥内部接收不到任何底物时，颗粒污泥将发生破裂和死亡。丝状菌的生长会对颗粒污泥的沉降性能产生不利影响，进而影响出水水质，形成颗粒污泥的可能性也不大。高剪切力将有助于控制丝状物的生长，但这并不总是一种选择。高剪切力有助于控制赘生物的生长，但这并不是唯一的选择。

11.3 好氧颗粒污泥动力学

11.3.1 碳的去除

AGS 系统中碳的去除与常规污水处理厂中的生物除磷大同小异。总体而言，活性污泥和颗粒污泥中活跃的细菌是一样的。两者的主要区别在于颗粒污泥污水处理厂有不同的 SRT 分布。在活性污泥法污水处理厂中，活性污泥的 SRT 都是相同的。尽管颗粒污泥污水处理厂的平均 SRT 与活性污泥法污水处理厂类似，但在颗粒污泥污水处理厂中，颗粒污泥的 SRT 比絮状污泥组分的 SRT 更长（Ali 等，2019）。大的颗粒污泥由 PAO 和其他几种利用可溶性易水解底物生长的菌群组成，它们的 SRT 可超过 30d。絮状污泥组分也包含有惰性颗粒物、颗粒污泥被侵蚀脱落的物质以及慢速可水解颗粒物，但是它们的 SRT 只有 0.5～5.0d，这远短于颗粒污泥组分的 SRT。絮状污泥组分的组成类似于高负荷活性污泥法污水处理厂的污泥。它不能被矿化，因此可以提供相对较高的甲烷产量。

11.3.2 氮的去除

硝化过程由存在于颗粒污泥和絮体中的硝化细菌完成。由于颗粒污泥和絮体的 SRT 不同，即使在低温环境下也可以很容易维持硝化过程。在活性污泥法污水处理厂中，污泥硝化活性会因两个因素而降低：温度对微生物活性的内在影响（温度每降低 8～10℃，硝化速率降低一半）以

及水解速率降低导致的悬浮 COD 累积。然而，对于颗粒污泥来说，温度带来的影响要小得多，因为氧可以向颗粒污泥中渗透得更深，这样就补偿了微生物活性的降低。此外，由于 AGS 污水处理厂优先去除悬浮 COD（通过舍弃污泥中的絮状组分），污泥的硝化效果不会因为悬浮 COD 而被减弱。因此总的来说，颗粒污泥的硝化速率受温度的影响要小得多（图 11.7）。

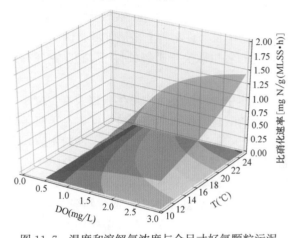

图 11.7　温度和溶解氧浓度与全尺寸好氧颗粒污泥反应器中的容积硝化速率之间存在的一般关系

在足够大的颗粒污泥中，颗粒内部区域的氧浓度为零，而靠近颗粒外层的氧浓度已经足以支撑硝化过程。正因为如此，硝化和反硝化作用可以在颗粒内部同时进行。同步硝化反硝化达到所需的最佳溶解氧浓度与颗粒污泥尺寸及其活性是直接相关的。在同等溶解氧浓度条件下，大颗粒污泥比小颗粒污泥有着更多的缺氧体积（图 11.8）。当温度较低时，由于微生物活性较低，氧的渗透深度得以提高。这就减少了可进行反硝化的体积，大大增加了维持同步硝化反硝化的难度。

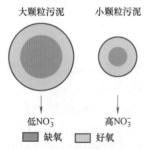

图 11.8　体系中氧浓度对颗粒污泥内部可进行反硝化的体积的影响。灰色区域表示氧能够渗透的深度，蓝色部分为缺氧区

同步硝化反硝化的效能还取决于颗粒污泥内部深处胞内聚合物的储存量。RBCOD 相对较低的污水中的反硝化菌会更多地依赖于颗粒污泥外层的慢速可降解 COD 或者储存的聚合物。在这些情况下，可以通过交替好氧/缺氧运行模式，即通过启动和停止曝气来强化反硝化作用。

11.3.3　生物除磷

AGS 工艺与传统活性污泥法工艺中承担除磷的微生物是一致的。在 AGS 污水处理厂中，PAOs 的生长条件本质上是最佳的，因为稳定的颗粒化过程也取决于厌氧条件下 COD 充分有效的消耗。

进水中的磷通过生物量生长以及在 PAOs 中以多聚磷酸盐的形式存储而被去除。在厌氧条件下，PAOs 将 VFAs 转化为 PHA，同时 PAOs 会水解多聚磷酸盐产生能量（见第 6 章）。这就导致了磷酸盐被释放到液相体系中。进水阶段的时长由进水的水力需求决定，通常持续 0.5～1h。在那些发生大量水解反应和发酵作用的污水管网中，例如长的压力管道系统，这个时间足以让底物被完全消耗。而在那些水解反应和发酵作用较弱的污水管网中，例如较短的重力流管道系统，可能需要较长的厌氧时间以允许 PAOs 将可水解 COD 转化为 VFAs。

在厌氧进水阶段之后的好氧阶段中，反应器要进行曝气以供细菌生长。液相体系的氧气扩散进入颗粒污泥时，PAOs 和 GAOs 开始利用厌氧阶段储存的 PHA 进行好氧生长。PAOs 通过去除液相体系中的磷酸盐来补充多聚磷酸盐的库量。在颗粒污泥内部深处，PAO 将利用硝酸盐或者亚硝酸盐作为电子受体，而不是利用氧气。这使得聚磷菌吸磷速率比硝化过程更不容易受到氧气浓度变化的影响。

11.3.4　颗粒污泥性质

好氧污泥颗粒的沉降速度主要取决于其直径，最高可达 100m/h（图 11.9）。

标准的 30min 污泥体积指数（Sludge Volume Index，SVI）测定方法只能提供有限的关于颗粒污泥沉降行为的信息，因为颗粒污泥在 30min 内早已完成沉降。因此，通常的做法是在颗粒污泥沉降 5min（SVI_5）和 30min（SVI_{30}）

时进行 SVI 的测定。如果 SVI_5 近似于 SVI_{30}，则说明污泥颗粒化程度较高。成熟的颗粒污泥床的 SVI 通常为 20～40mL/g。需要注意的一点是，测得的 SVI 值是一个最大值，其受系统中沉降性能最差的组分影响。在传统的 SVI 测定中，一小部分沉降较慢的絮状物在很大程度上决定了 SVI 的大小。因此，在颗粒污泥质量监测方面，SVI 并不是一个十分重要的参数。然而，SVI 对于监测系统中可以维持的生物量，例如进水期间不向滗水器移动的生物量，是很重要的。表征好氧颗粒污泥特性的另一个度量指标是颗粒粒径分布。将污泥样品在一系列网筛（筛孔尺寸 200～2000μm）中进行筛分，然后测量筛分出来的生物量浓度。由于颗粒污泥被定义为直径大于 200μm 的聚集体，所有小于 200μm 的污泥都被视为"非颗粒污泥"。请注意，这个阈值的选定是相对任意的，而且即使是尺寸靠近絮状污泥的"非颗粒污泥"组分中也包含了较小的"幼年颗粒污泥"。在一个全尺寸的 AGS 反应器中，絮体组分浓度的正常值为 1～2g/L。当 MLSS 浓度较高时，大于 1mm 组分的比例会增加，有时候可占反应器内总生物量的 90%。

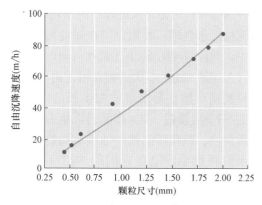

图 11.9　全尺寸应用 Nereda® 工艺的荷兰 Garmerwolde 污水处理厂中单个颗粒污泥的自由沉降速度（趋势线根据模型计算而得，$R^2 = 0.98$）

11.3.5　反应器运行方面

当前，好氧污泥颗粒技术主要依赖于序列间歇式操作。这样的操作模式具有几个优点。主要的一点是颗粒污泥可以与高浓度原污水直接接触，进而促进稳定的颗粒化过程。同时，颗粒污泥比絮体优先得到底物，RBCOD 在厌氧条件下就得到了充分的转化。

这种间歇式的操作也有利于降低污染物的出水浓度。连续工艺中污染物的出水浓度与其在曝气池中的浓度相等。当对出水水质要求较低时，间歇式操作也可以使污染物的转化速率在低操作浓度下降低。在序列间歇式操作中，曝气阶段的污染物浓度很高，同时污染物的转化速率也可以达到很高。这意味着在反应阶段的大部分时间内，底物浓度足够高，底物的转化速率也不会被限制。因此，只有在底物浓度很低时，底物的转化速率才会下降。正因为如此，即使出水中的污染物浓度几乎为零，总的污染物转化速率也不会降低。

间歇式操作还可以实现对颗粒污泥动力学的连续监测。图 11.10 展示了 Nereda® 工艺污水处理厂在运行期间在线监测的铵盐、硝酸盐和磷酸盐的浓度。在进水期间（Q_{inf}），在反应器顶部测量的污染物浓度即出水浓度。当停止进水且开始曝气时，反应器内完全混合，铵盐和磷酸盐的浓度急剧上升，而硝酸盐的浓度则下降。这些变化

与操作 SBR 时的体积交换率成正比。随后，铵盐和磷酸盐浓度降低，我们能够第一时间得到实时氧浓度下污染物的转化率，这可以用于工艺的监测和控制。

在反应阶段，NH_4^+ 转化为 NO_2^-、NO_3^- 以及 N_2。AGS 工艺的优点是可以实现同步硝化反硝化。当水相中存在氧气时，NH_4^+ 会被 AOB（ammonia-oxidizing bacteria，氨氧化细菌）转化为 NO_2^-。由于颗粒污泥内核处于缺氧状态且存在 PAO/GAO 种群储存的 PHA，系统中部分 NO_2^- 将被直接转化为 N_2。其余的 NO_2^- 将通过亚硝酸氧化细菌（nitrite-Oxidizing Bacteria，NOB）转化为 NO_3^-。与 NO_2^- 类似，NO_3^- 也可以在颗粒污泥的缺氧核心区内进行反硝化。同步脱氮的量取决于许多工艺条件，例如反应器内的温度和溶解氧浓度以及进水中 VFAs 的含量。实际上，同步脱氮的量为 20%～80%。如果需要强化脱氮效果，可以通过延长反硝化过程的周期（即在反应阶段操纵曝气时间）以达到处理目标。

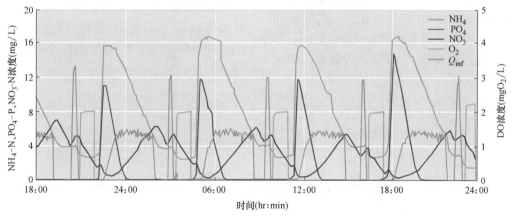

图 11.10 在 Nereda® 工艺污水处理厂运行的一天中，通过在线监测系统测得的铵盐、磷酸盐、硝酸盐和氧浓度以及进水流量

11.4 过程控制

11.4.1 Nereda® 循环

好氧颗粒污泥工艺是一种序列间歇式工艺。一个好氧颗粒污泥反应器将通过一系列的步骤来净化污水。这些连续的步骤［进水（底部）/出水（顶部）阶段，曝气阶段和短暂的沉淀阶段］被称为 Nereda® 循环（图 11.11）。Nereda® 循环中各阶段不是固定不变的。不同阶段的运行周期可

以根据工艺环境进行调整。此外，总循环时间也可以通过工控软件来改变。更重要的是，详细的在线监测数据（图 11.10）使人们能够追踪生物转化进程。这可以用于调节各阶段及工艺过程的设定点。因此，与传统连续进水的活性污泥法污水处理厂相比，AGS 工艺具有更强的适应能力。我们可以控制 AGS 工艺流程以满足 COD、N 和 P 的出水要求，限制出水中悬浮固体的数量，优化 SRT 以及处理变化的进水流量。在接下来的段落里将对最常使用的方法进行介绍。

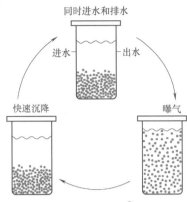

图 11.11 Nereda® 循环

第一步，进水从底部通过已沉降的污泥床进入反应器，而前一批经过净化的污水则从反应器顶部被推出。由于好氧颗粒污泥具有良好的沉降性能，进/出水阶段可以在相对较高的升流速度下进行，而不会有污泥随着出水排出的风险。对于 AGS 反应器来说，5m/h 以内的升流速度并不罕见。

在曝气阶段，反应器内进行曝气以实现 COD 和营养物质的转化。此外，也可以利用缺氧条件来去除亚硝酸盐和硝酸盐。在实际应用中，曝气是根据一系列不同的条件来控制的，如氧浓度、氧化还原反应、pH 值以及铵盐、磷酸盐和 NO_x 的浓度。

沉淀阶段有两个目的。在下一个循环再次开始进水之前，污泥床必须沉降下来，以防止开始进/出水时污泥被排出。颗粒污泥比絮状物沉降更快，而颗粒污泥床的顶部会形成一个絮状物分层。沉降阶段结束时，污泥浮层顶部的废污泥会被洗出。在这个过程中，相比于絮状污泥，颗粒污泥更易于存留在反应器中，这也是污泥颗粒化过程至关重要的一步（如第 11.2.3 节所述）。

11.4.2 批次处理的调度

大多数污水处理厂的进水量会发生很大变化。下雨期间进入污水处理厂的水量可以比干旱时高出 5 倍，而总的污染负荷却往往保持不变。为了使一个尽可能紧凑的反应器能够应对增加的水量，可以对每个循环的持续时间进行调整。这个调整的过程被称为批次处理的调度（Batch Scheduling）。图 11.12 展示了一个在干旱天气条件和潮湿（雨天）天气条件下的调度实例。这个实例中，被调度的系统设有两个反应器和一个水流缓冲池。在干旱天气条件下，反应器运行一个循环的总时间为 6.5h，其中进水阶段为 1h，反应阶段为 5h，静置/排废/闲置阶段为 0.5h。当一个反应器处于进水阶段时，污水将从缓冲池进给到反应器中。

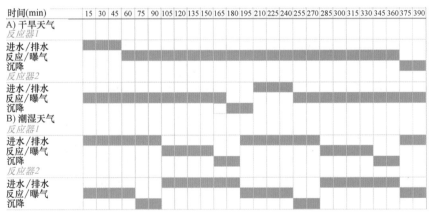

图 11.12 设有两个反应器和一个缓冲池的污水处理厂在干旱和潮湿天气条件下的批次处理调度

在潮湿天气条件下，循环的时间会被缩短。一个循环的总时间只有 3h，但进水阶段的时间延长至 90min。另外，在进水阶段之间不再有时间间隔，因此其中一个反应器始终在进污水。这些时序安排上的变化缩短了曝气阶段的总时间。而曝气时间缩短在一定程度上可以通过提高反应器内氧气含量来弥补。所以，根据出水要求和当地水文情况，这些潮湿天气条件可以成为设计反应器尺寸的决定性因素。

11.4.3 营养物质的去除

高效生物除磷的工艺控制需求很低。厌氧阶段的时间主要取决于工艺过程的水力约束。一般来说，进水时间要足够长，以确保 PAO 可以充分吸收 COD，然后才能在好氧条件下具有良好的生长情况和摄磷能力。只有当污水中可溶性 COD 含量很低时，才有必要对厌氧阶段的时长进行控制。在曝气阶段，吸磷速率通常快于硝化速率，并且同样不需要特定的控制手段。对于任何强化生物除磷（Enhanced Biological Phosphorus Removal，EBPR）工艺的稳定运行，磷酸盐从液相中被去除后应尽量减少曝气量，以防止 PAO 活性因过度曝气而降低。如有必要，生物除磷过程可辅以一定的化学沉淀剂，例如当出水要求非常严格时，或是在污水中 COD/P 较低的情况下，或是在水力负荷过大的时期（如雨季高峰期）。化学沉淀剂的投加量可以很方便地进行优化和得到有效的控制。磷的吸收量在曝气 1h 后是线性变化的，而且磷酸盐浓度可以实现在线监测，因此在批次处理进行的同时可以准确地预测出生物除磷系统出水中磷的浓度。这些信息可用于在线确定是否需要投加沉淀剂以及需要投加沉淀剂的量，并为控制投药量提供了设定值。

氮的去除在曝气阶段是受约束的。硝化过程对溶解氧浓度很敏感。通过在线监测铵盐浓度，可以得到在所采用的氧浓度下的硝化速率。氧浓度可以通过改变曝气量来调节。曝气量降低，硝化速率也随之降低，而反硝化速率将会提高。通过过程控制，可以设定两个过程的最佳比例。由于 PAOs 可以同时利用氧气和硝酸盐作为电子受体，控制曝气量对除磷过程影响不大。如果同步脱氮不充分，可以通过在循环的第二阶段采用开/关曝气的方式来进行后续的脱氮。间歇式操作和随后对污染物浓度的直接监测为在线控制曝气周期提供了重要的参考依据。

11.4.4 出水中的悬浮固体

AGS 系统中悬浮固体的去除效果及其优化手段与活性污泥法污水处理厂类似。为防止小的漂浮物随着出水流出，和沉淀池一样，出水溢流堰前需要放置挡板。此外，就活性污泥沉淀池而言，重要的是要防止脱氮不理想导致的出水悬浮固体增加。在传统活性污泥法污水处理厂的沉淀池中，因 N_2 生成而引起的污泥上浮是一个众所周知的问题。如果不采取任何措施，Nereda® 工艺的进/出水阶段就会出现因反硝化而导致的污泥上浮。由于 AGS 反应器具有很高的污染物转化速率以及从底部活塞流式进水的特征，反应器内更易发生 N_2 的脱气。在完全脱气和饱和状态的水相之间的 N_2 缺失量在 5～10mg/L，具体取决于水温和环境压力。水温越高，N_2 在水中的溶解度越低，N_2 的逸出量也越低。环境压力（大气压力加上水柱产生的压力）越高，N_2 的溶解度越高，N_2 的逸出量也越高。

在曝气过程中，可以通过式（11.2）计算出 N_2 的平衡浓度。空气中 N_2 组分的含量为 0.79（f），水相中各深度（h）处的最低 N_2 浓度可以通过计算得到。同时，将 f 设为 1 时，可以计算出不同水层深度处的饱和浓度。如果水相中的 N_2 浓度高于饱和浓度，就会形成小气泡从而导致污泥上浮。水相中实际的 N_2 浓度不仅受曝气和反硝化过程中气泡间气体转移的影响，还受反应器混合程度的影响。这一复杂过程如图 11.13 所示。

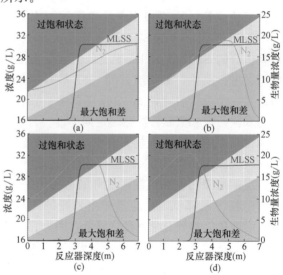

图 11.13　20℃时，对氮气进行剥离

（a）完全饱和状态；（b）5min；（c）15min；
（d）60min。图中红色区域代表着 N_2 浓度是过饱和的，而绿色区域则代表着 N_2 浓度低于空气中的平衡浓度

$$C_{eq} = k_H f (P_{atm} + h \rho g) \qquad (11.2)$$

式中　C_{eq} ——N_2 的平衡浓度（mol/m^3）；

k_H ——N_2 的亨利系数 [$mol/(m^3 \cdot Pa)$]；

f ——气泡中 N_2 的含量（-）；

P_{atm}——大气压力（Pa）；

h——水层深度（m）；

ρ——水的密度（kg/m^3）；

g——重力加速度（m/s^2）。

进水期间的脱气潜力主要取决于两个过程。首先，厌氧条件下发生反硝化作用产生了 N$_2$，因而对系统中 N$_2$ 的量进行了补充。其次，从底部活塞流式进水使反应器内的水向上移动，降低了环境压力，进而导致饱和浓度降低。为防止在进水阶段出现脱气现象，如果需要的话，可以在循环结束时加入一个短暂的气液分离阶段。在这个阶段中，可以通过对反应器进行几分钟的剧烈曝气将 N$_2$ 剥离出来，这样就不会发生 N$_2$ 的脱气现象了。对该模型更深入的探讨和描述请参见 van Dijk 等（2018）。

11.4.5　固体停留时间

如前所述，虽然典型的 AGS 工艺中污泥的平均 SRT 与传统的活性污泥相似，但 AGS 工艺中各污泥组分的 SRT 有着广泛的分布。颗粒污泥组分的 SRT 允许颗粒污泥在任何温度下都能进行硝化作用，因而相比于活性污泥污水处理厂，AGS 工艺对控制 SRT 的敏感性没那么高。絮状组分的 SRT 没有明确规定，但如果需要对废污泥进行消化，絮状组分的 SRT 最好尽可能短。在一个设计合理的 AGS 反应器中，只有较小的颗粒污泥和絮状污泥会被定期排走。为了限制颗粒污泥的大小并保持最佳的生物除磷效率，控制较大颗粒污泥的 SRT 是有必要的。这可以通过定期清除污泥床沉淀区底部的污泥来完成。大的颗粒污泥降低了反应器中生物膜的比表面积，潜在的好氧转化速率随之降低，因为它们都取决于氧从液体传递到颗粒污泥的传质速率。需要注意的是，这些大的颗粒污泥相对较老且矿化程度高，因此这种污泥的消化率是相对较低的。由于絮状污泥组分的消化率高于大的颗粒污泥，AGS 中废污泥的总体消化率接近或略高于活性污泥。

11.5　设计要素

AGS 工艺包含的处理流程与传统活性污泥法污水处理厂类似，但也存在一些关键性差异。AGS 工艺对污水预处理的需求与活性污泥法相似：预处理的方式取决于污水水质特征，主要包括筛滤、除砂以及必要时对油脂的去除。针对污水提标的要求，可以采用一系列的后处理工序，包括化学方法（如投加金属助剂和活性炭）和物理方法（如砂滤、滤布滤池和超滤系统）。本章将不再进一步讨论这些预处理和三级处理技术，因为它们的设计与活性污泥法工艺中的相类似。

11.5.1　污水处理厂的布局

AGS 工艺是一种分批工艺，因此在处理连续进水时就需要多个反应器并行。每个反应器都要经历进水—反应—沉降这样一个循环过程。反应器在反应或沉降阶段无法接收进水。这可以通过使用多个反应器来解决，以便总有一个反应器在接收进水。后来，该方法规定至少需要三个反应器来实现连续运行，进水时间因而将是总循环时间的 1/3（图 11.14a）。

多个反应器并行的方式可能会导致进水时间比厌氧 COD 消耗的时间和磷酸盐释放所需的时间更长，并导致反应器体积大于其严格意义上的需求。然而，这同时也使得生物除磷过程更加稳定。实际生产中可以通过使用更多的反应器（n）来限制这种过度设计，从而将进水时间缩短至总循环时间的 1/n。

对于较小的污水处理厂而言，建造三个处理池可能不划算，这时可以用一个缓冲池来满足始终有一个反应器处于进水阶段的需求（图 11.14b）。通过使用此类进水缓冲池，只需一个反应器就足够处理污水了。此外，配有三个以上反应器的大型污水处理厂可以使用进水缓冲池来最小化反应器池体的体积，因为这样就可以在较高流量下缩短进水阶段的时间。在尽量缩短厌氧进水时间的同时，需要确定生物除磷所需的最短厌氧时间，这将取决于当地污水的 COD/P、RBCOD/COD$_{total}$ 以及污水中可水解底物的比例。

颗粒污泥污水处理厂也可以被设计成复合布局。在这种布局中，AGS 反应器与连续进水的活性污泥反应器以并联关系被建造（图 11.14c）。当然，在升级改造现有活性污泥法污水处理厂时，复合布局通常也是一个具有吸引力的选择。采用复合布局时，AGS 反应器只处理总进水的一部

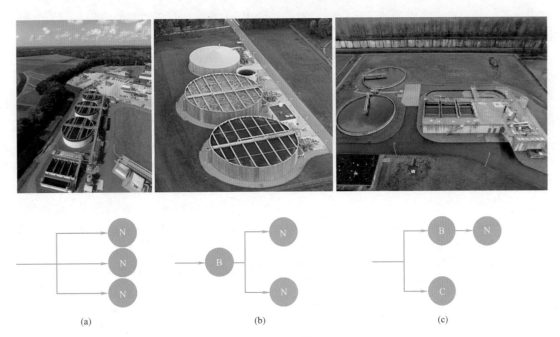

图 11.14　在荷兰，不同 Nereda® 工艺污水处理厂的布局

(a) 位于 Epe 的一座污水处理厂的三个反应器（N），不设缓冲池；(b) 位于 Garmerwolde 的一座污水处理厂的
两个反应器（N），附有一个缓冲池（B）；(c) 位于 Vroomshoop 的一座污水处理厂的复合布局，
Nereda® 工艺（附有一个缓冲池）与传统活性污泥法工艺（C）并联运行。这座污水处理厂将颗粒
污泥工艺的废污泥排入活性污泥法工艺中。下半部分为不同布局的简图

分，并且其废污泥将被排入活性污泥法工艺中。通过如此操作，AGS 的废污泥提高了活性污泥的沉降性能以及活性污泥反应器中营养物质的去除效果，两个系统的利用也得到了优化。

11.5.2　容积的设计

容积的设计主要取决于当地进水流量及其变化、COD 和氮的总负荷、水温以及出水要求。循环中三个阶段（进水、曝气和沉淀）的总时间以及污水量决定了 AGS 反应器的总容积。

在厌氧进水阶段，污水从底部通过已沉降的颗粒污泥床进入反应器。同时，经过处理的污水从反应器的顶部流出。因此反应器的容积是恒定的。但考虑絮状污泥的沉降特性时，在大多数传统的 SBR 污水处理厂中是不可能实现恒定的反应器容积的。新进的污水量和处理后排放的污水量之间的比值可以用交换率表示，也就是一个介于 0～100% 的数字。一个设计合理的 AGS 反应器的交换率可以达到 65%，有时甚至更高。能达到的最大交换率受反应器中（垂直）活塞流行为程度的影响。非最优的活塞流会降低能达到的最大交换率，并导致反应器所需容积增大。影响

活塞流的参数之一是升流速度（m/h）。在厌氧进水期间，颗粒污泥床从进水中吸收 RBCOD。为了使 RBCOD 能够充分水解和被吸收，进水时间一般需要 0.5～3.0h，具体时间视污水类型而定。一般情况下，厌氧时间由具体处理单元的水力约束条件来确定。

反应阶段的工艺流程取决于出水要求。如果目标是仅仅去除 COD，反应阶段只需要一个相对较短的曝气期来氧化 COD 和储存的 PHA 即可。PAOs 在颗粒化过程和 COD 去除中起着重要作用，因此在很多情况下，短暂的曝气期也能够近乎完全地除磷。然而，如果还需要进行硝化作用，反应阶段就需要更长的曝气时间，这样也会导致反应器需要的容积更大。需要分配给反硝化的时间主要取决于污水以及所使用的污水管网系统的类型。

污水处理厂的总容积（Nereda® 反应器 ＋ 进水缓冲池）取决于污泥负荷率、进水流量变化以及循环构型。在接下来的例子中，我们将结合一座设有三个反应器的 Nereda® 工艺污水处理厂（图 11.14 的左图）进行讲解。在确定污水处

理厂容积之前，首先需要确立的是循环构型。总循环时间可按下式计算：

$$t = t_{feed} + t_{react} + t_{settle} \quad (11.3)$$

式中　t——总循环时间（h）；

　　　t_{feed}——进水阶段时长（h）；

　　　t_{react}——反应阶段时长（h）；

　　　t_{settle}——污泥沉降及排泥所需时长（h）。

在设有多个反应器且不设进水缓冲池的污水处理厂中，总循环时间必须是进水阶段时长的倍数。

$$t_{feed} = (t_{react} + t_{settle})/(n_{reactors} - 1) \quad (11.4)$$

式中　$n_{reactors}$——反应器的数量。

因此，在设有三个反应器的布局中，进水阶段时长是反应阶段和沉降阶段时长之和的一半。进水阶段和反应阶段是等比例缩放的，所以进水阶段越长，反应阶段也越长。只有沉淀/排废阶段的时长是固定的，通常为 20～30min。因此，循环时间的选定对反应器容积的影响很小。在实际中，进水阶段时长由交换率、升流速度以及最短厌氧进水时间等参数决定。

在设计过程中，可以自由选定反应的时间（t_{react}），比如 4h。随后，可以对该时间进行优化，以使污水处理厂的总容积最小（图 11.15）。根据式（11.3）和式（11.4）以及选择的 t_{react} 值，可以计算出总循环时间（t）。每个反应器每天的平均反应时间可以根据每天的循环次数来计算：

$$n_{cycles} = 24/t \quad (11.5)$$

$$t_{react,day} = n_{cycles} t_{react} \quad (11.6)$$

式中　n_{cycles}——每个反应器每天的循环次数；

　　　$t_{react,day}$——每天的总反应时间（h）。

现在就可以根据每天的总反应时间和设计的流量、COD 浓度以及污泥负荷率来计算出反应器容积。颗粒污泥工艺的污泥负荷率通常与活性污泥法工艺相似，范围为 0.1～3.0kgCOD/（kgTSS·d）。在中温条件下，硝化作用通常在污泥负荷率低于 0.4kgCOD/（kgMLSS·d）时才会进行。而更高的温度可以使硝化作用在更高的污泥负荷率下进行。

$$V_{reactor} = \frac{Q \cdot COD}{\dfrac{t_{react,day}}{24} MLSS \cdot SLR \cdot n_{reactor}}$$

$$(11.7)$$

式中　$V_{reactor}$——反应器的容积（m³）；

　　　Q——流量（m³/d）；

　　　COD——COD 浓度（kg/m³）；

　　　MLSS——污泥浓度（kg/m³）；

　　　SLR——污泥负荷率〔kgCOD/（kgMLSS·d）〕。

当设有缓冲池时，可以更自由地选择进水阶段的时长。通常情况下，设置缓冲池可以缩短进水阶段的时长，从而使反应阶段更长。此时，反应器容积将得到更为有效的利用。缓冲池与反应器加在一起的总体积不会比没有缓冲池的布局的总体积小很多。然而，反应器体积的减少将使总成本降低。当设有缓冲池时，进水时间 t_{feed} 不再按式（11.4）计算，而是在设计过程中根据升流速度的极限自由选择（典型值为 0.5～1.0h）。缓冲池的容积是根据干旱天气条件下的峰值流量计算的。在雨季时，反应器的调度按照第 11.4.2 节所述进行，缓冲池在进水阶段不会被排空，因为流入量和流出量是平衡的。缓冲池的容积由下式决定：

$$V_{buffer} = \frac{Q_{peak}}{n_{reactor} \cdot n_{cycles}} - Q_{peak} \cdot \frac{t_{feed}}{24}$$

$$(11.8)$$

式中　Q_{peak}——干旱天气条件下的峰值流量（m³/d）。

根据以上所有计算公式可以得出最佳的反应器配置。图 11.15（a）显示，当使用缓冲池时，包括缓冲池在内的池体总容积（称为污水处理厂容积）没有发生明显变化。相比之下，如图 11.15（b）所示，剩余的反应器容积被更加有效地用于曝气。由此可见，反应器的效率可以用反应器每天处于反应阶段的小时数来表示。此外，还有一个最佳的循环构型，也就是需要最少反应器容积的情况。

不同复合布局之间可能存在很大差异。复合布局设与不设缓冲池均可，设置的反应器数量也不限。最简单的形式是只建造一个 AGS 反应器；当 AGS 反应器不进水时，传统污水处理厂承担所有负荷。与设有缓冲池的布局类似，进水阶段和反应阶段的时长可以根据 AGS 工艺和传统工艺的界限值进行选择。另一种形式是修建独立管路，并持续地进给与总流量成固定比例的污水至 AGS 反应器。在这种情况下，污水处理厂布局中是否应用缓冲池都可以。

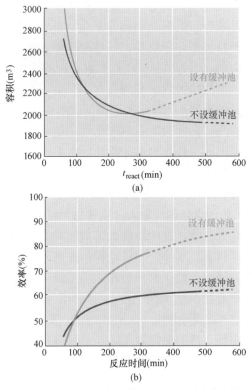

图 11.15 使用缓冲池带来的影响。缓冲池的使用（蓝线）不会立即导致总容积下降（a），但能提高反应器的效率（b），即可供反应的相对时间）。虚线表示的是设计受到交换率限制的情形

11.5.3 污泥处置

AGS 反应器的污泥被排出有两个原因：选择性排泥（主要包含沉降较慢的污泥）以及基于 SRT 的排泥（包含颗粒污泥的混合液）。在每个循环结束时，位于污泥床顶层的沉降性能最差的 AGS 组分将在沉降一段时间后被排除。这就是所谓的选择性排泥，它对污泥颗粒化过程至关重要。选择性排出物包含污泥絮体、小颗粒污泥、大颗粒污泥被水力剪切脱落的物质以及悬浮固体（如纤维素纤维）。选择性排出物由相对不可矿化的物质组成。这种选择性排出物的可消化性一般较好。尽管最近的研究表明可以从 AGS 废污泥中回收生物聚合物，AGS 剩余污泥的处理方式与普通活性污泥相当（见第 11.6 节）。

11.5.4 混合液悬浮固体

好氧颗粒污泥污水处理厂运行时的 MLSS（mixed liquor suspended solids，混合液悬浮固体）浓度通常高于典型的传统活性污泥法污水处理厂。MLSS 也是驱动 Nereda® 工艺紧致性的一个重要参数。一座典型 AGS 污水处理厂的 MLSS 设计浓度为 8g/L，但污水处理厂在运行时达到 15g/L 的浓度值并不罕见。然而，当 MLSS 浓度高于 8g/L 时，生物量浓度不再是制约净化过程的因素。之所以能够达到这些高浓度，是因为颗粒污泥中的生物量很密实。成熟的颗粒污泥的 MLSS 浓度可以达到 50～60g/L。因此，在典型的床层空隙率为 50% 的情况下，已沉降的颗粒污泥床的 MLSS 浓度为 25～30g/L。

11.6 资源回收

污水处理的主要目的是保护人类健康和环境。然而，在过去 10 年中，资源回收也同样成为污水处理工艺设计的一个重要内容（Kehrein 等，2020）。针对颗粒污泥形成的研究为资源回收开辟了新的途径，特别是那些塑造颗粒污泥基质的聚合物提供了许多新的可能性。接下来将简要介绍资源回收与 Nereda® 工艺的集成。

传统上，废污泥中的能源以沼气的形式被回收。颗粒污泥工艺具有与传统活性污泥法污水处理厂相似的沼气回收潜力。在传统的活性污泥法污水处理厂中，采用初沉池是为了最大限度地提高沼气产量。而颗粒污泥工艺已将初沉池集成到处理反应器中。污水中的颗粒性 COD 被掺杂在污泥的絮体组分中。该组分的停留时间很短（0.5～5.0d），因此具有良好的可消化性。颗粒污泥的 SRT 非常长，因此其可消化性比在二沉池中的絮状污泥略低（200 : 230mLCH₄/gVSS）。颗粒污泥工艺中总剩余污泥消化的沼气产量接近于活性污泥法工艺中初沉污泥和二沉污泥联合消化的沼气产量（300mLCH₄/gVSS）（Guo 等，2020）。

絮状污泥组分中的化合物之一是纤维素纤维（图 11.16），它在进水中占比很大（占颗粒性 COD 的 20%～30%）。纤维素纤维组分最终进入废污泥中，这有助于提高废污泥的沼气产量。进水或废污泥中的纤维素都可以通过筛分法进行回收。由于水力流速较小（所需的筛分能力较低），更利于从废污泥中回收纤维素。回收的纤维素可用于替代工业过程所需的新纤维。同

时，它们也可以被水解成糖类（随后被酵解为挥发性脂肪酸），并在 COD 限制脱氮除磷过程时作为底物投加到 WWTPs 中。

图 11.16　某座全尺寸 Nereda® 工艺污水处理厂的剩余污泥过筛后（≥200μm）纤维素纤维与颗粒污泥相互啮合的图像

如同传统活性污泥法工艺，磷回收也可以与好氧颗粒污泥工艺集成，通常采用的方式是从沼液沼渣中回收鸟粪石。当铁盐被投配到污水或者污水中存在铁盐时，厌氧消化过程中会形成蓝铁矿，而这类物质可以通过磁选法进行回收（Prot 等，2019）。间歇式颗粒污泥工艺（例如 Nereda® 工艺污水处理厂）的另一种选择是在进水过程中促使磷酸盐大规模地被释放。曝气阶段开始之初，磷酸盐浓度很高。如果在此阶段对反应器内液体进行回收处理，磷是有可能以含钙矿物或鸟粪石形式被回收的。然而，这一阶段的回收应得到平衡，以便为后续高效的生物除磷留下足够的磷酸盐（Barat 和 Van Loosdrecht，2006 年）。

最具吸引力的回收原料是颗粒污泥的胞外聚合物基质。这些物质可以被提取出来，并作为新型材料的基础原料。在撰写本文时（2020），这些胞外聚合物基质总体上还没有得到很透彻的研究（Seviour 等，2019）。新的分析手段将在未来几年内揭开其组成成分。利用糖和蛋白质的常见分析方法去分析生物膜胞外聚合物时会存在很大的偏差（Seviour 等，2019），胞外聚合物不是简单的多糖和蛋白质的混合物。在颗粒污泥中，当然也很有可能在其他生物膜中，细菌分泌的化合物会含有糖蛋白、硫化糖胺聚糖类、透明质酸类以及唾液酸等物质。这些聚合物负责构建非常稳

定的聚合基质，而基质内部则包埋了产生这种基质的微生物（Felz 等，2020）。

形成凝胶的聚合物通常从生物源中提取，而不是产自油型化学物质。这些聚合物的供应一般是有限的，因为单独生产这些聚合物的成本太高。例如，藻酸盐的供应受到自然生长的可收获的海藻数量的限制。人工培养藻类的成本也过于昂贵。如此看来，活性污泥或颗粒污泥的胞外聚合物基质可以形成一种非常具有吸引力的可回收新资源。活性污泥更偏向于形成团絮状聚合物，而颗粒污泥则可以形成稳定的凝胶状聚合物。一座 Nereda® 工艺污水处理厂每人口当量每年可以生产 5kg 的生物聚合物，这比目前大多数生物聚合物的产量要高得多。当前，好氧颗粒污泥胞外聚合物的获取和使用正处于开发阶段。荷兰第一座全尺寸提取聚合物的加工厂于 2019 年启用（图 11.17），提取出来的聚合物以 Kaumera gum 作为商标名称推向市场。目前的提取工艺与从海藻中提取藻酸盐相类似。首先，将污泥置于碱性碳酸盐溶液中，加热溶液以溶解聚合物。用离心机除去未溶解的物质后，通过调节 pH 值至中性并加入钙或将溶液酸化到低 pH 值来使聚合物沉淀。

传统上，生物聚合物主要被用于食品和医疗行业。这是因为它们的供应量有限且价格昂贵。源于污水的聚合物不太适合这些市场，但潜在的市场容量正在刺激新用途的开发。一方面是在农业领域，主要也是由于观察到聚合物对植物生长的刺激作用。另外，这些聚合物之所以有吸引力，是因为其具有阻燃性（Kim 等，2020）。当 Kaumera 被用于生产材料和涂料时，这一特性可以带来附加价值。另一方面，聚合物可用于复合材料的生产。当使用化学聚合物生产复合材料时，它们最多只能结合 10%～20% 的无机填充材料。然而，生物聚合物却可以容纳高达 80% 的填充材料。目前的调查结果表明，黏土和 Kaumera 形成的复合材料的结构类似于珍珠质（结构化的有机/无机复合材料；如珍珠母）。它们具有很高的抗拉强度且不可燃，并且能在 180℃ 下保持强度。而 Kaumera 与纤维素结合可以生成类似珍珠母的复合材料，它们具有很高的审美价值（图 11.18），这表明冲洗马桶产生的污水也可以被转化成精美的产品。

审美价值（图 11.18），这表明冲洗马桶产生的污水也可以被转化成精美的产品。

图 11.17　荷兰，位于 Zutphen 的 Nereda® 工艺污水处理厂与一座提取 Kaumera 的加工厂。
这些建筑设施的后方是现存的传统活性污泥法污水处理厂

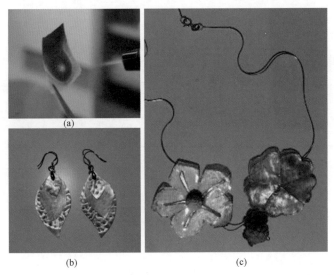

图 11.18　（a）源自 Kaumera 和黏土的阻燃复合塑料；（b）和（c）基于污水生产的耳环和项链。
产品的主要原料是 Kaumera 和纤维素复合材料。项链上的塑料球源自 PHA。产品上的蓝颜色源自蓝铁矿，
红颜色则是从厌氧氨氧化污泥中提取出来的色素（艺术创作：Yuemei Lin）

扫码观看本
章参考文献

术语表

符号	含义	单位
C_{eq}	N_2 的平衡浓度	mol/m^3
$C_{s,o}$	液相体系中的底物浓度	g/m^3
$C_{x,m}$	生物膜中生物质的最大密度	g/m^3
D_s	底物扩散系数	m^2/s
f	气泡中 N_2 的含量	—
g	重力加速度	m/s^2
G	无量纲的生长因子	—
h	水深	m
k_H	N_2 的亨利系数	$mol/(m^3 \cdot Pa)$
L_y	生物膜厚度	m
$n_{reactors}$	反应器的数量	—
n_{cycles}	每个反应器每天的循环次数	—
t	总循环时间	h
t_{feed}	进水阶段时长	h
t_{react}	反应阶段时长	h
$t_{react,day}$	每天的总反应时间	h
t_{settle}	污泥沉降及排泥所需时长	h
Q	流量	m^3/d
Q_{peak}	干旱天气条件下的峰值流量	m^3/d
P_{atm}	大气压力	Pa
$V_{reactor}$	反应器容积	m^3

缩写	含义
AGS	好氧颗粒污泥
AOB	氨氧化细菌
CAS	传统活性污泥法
EBPR	强化生物除磷
GAO	聚糖菌
MLSS	混合液悬浮固体
NOB	亚硝酸氧化细菌
PAO	聚磷菌
PHA	聚羟基烷酸酯
RBCOD	易生物降解 COD
UASB	升流式厌氧污泥床
VFA	挥发性脂肪酸
SLR	污泥负荷率
SRT	污泥停留时间

希腊符号	含义	单位
μ_{m}	最大比生长速率	L/d
ρ	水的密度	kg/m³

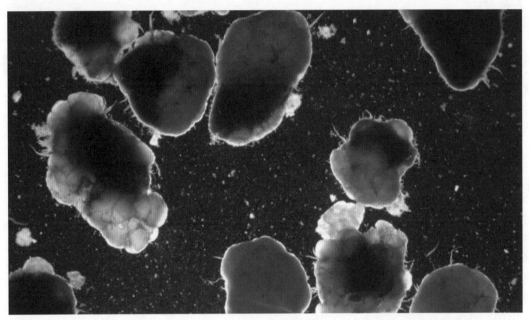

图 11.19　某座 Nereda® 工艺污水处理厂中的好氧颗粒污泥（图片：Royal HaskoningDHV 公司）

图 11.20　图 11.10 中呈现的数据系列已被转化为一连串的音符，这些数据以这样的方式得以演奏或聆听。
这首歌曲在 Royal HaskoningDHV 公司和 Pinta 021 基金会的合作下被创作出来，
被称为 Nereda® Melody（https：//pinta021.org/muzika-vode/）（图片：Pinta 021 基金会）

第 12 章
二沉池

Imre Takács 和 George A. Ekama

12.1 简介

沉淀是利用重力将污水处理系统中密度较大的固相（污泥）和密度较小的水相（上清液）分离，通常也称为固液分离。在过去半个世纪中，大量的书籍、文献和报告记录了沉淀的理论、设计和操作的信息。本章将概述沉淀过程及其在工程中的应用，并突出这些相分离单元的实际设计和操作。

在污水处理系统中，重力沉降主要用于初沉池和二沉池的泥水分离。此外，膜分离法和气浮法都是活性污泥相分离的有效手段，这些分离方法不在本章讨论范围（请参阅第 13 章）。本章将重点介绍二沉池。

12.1.1 沉淀的目的

在活性污泥反应池中，污水处理需要保持一定的微生物（污泥和废水混合物）浓度。当生物降解过程充分完成后，就必须将污泥与处理后的污水分离，产生二级出水。反应器中的污泥由微生物（主要是细菌）和微米级尺寸的细胞碎片组成，通常很难从液相中分离出来。但是，污泥更多地呈现絮凝状，在适当的条件下，很容易形成活性絮凝污泥，其体积比单个细菌大 1～3 个数量级。絮凝污泥的密度略高于水，可以在二沉池中沉降分离。

由于污泥和水之间的密度差很小，沉降速度很慢，并且需要较长的水力停留时间（通常为几个小时）。人口密集地区会产生大量的污水，需要建设大型二沉池（图 12.1）。根据当地居民的用水习惯，每 1000 人大约需要 5～15m² 的二沉池面积。

12.1.2 二沉池的功能

二沉池主要有三种不同的功能：①澄清，产生干净的出水；②浓缩，提供浓缩回流的污泥；③污泥储存，为污泥回流提供临时储存的场地。

12.1.2.1 澄清

二沉池出水含有 5～15mg/L 的悬浮固体（SS）。考虑 MLSS 的浓度范围一般为 1500～3500mg/L，二沉池的效率为 99%～99.9%。如果要达到这一高效的沉淀效率，需要实现两个关键因素：①提高二沉池中的絮凝条件，以促进污泥的絮凝，并在絮凝污泥中捕获小颗粒污泥；②促进二沉池的水流均匀度，尤其是在污水流槽和堰的周围，应最大限度地减小局部水流对污泥沉降甚至泛起污泥的影响。12.2 节总结了实现这些高效沉淀的工程手段。二级出水中的 BOD、COD 和 TP 大部分来源于悬浮固体。降低悬浮固体浓度有助于出水排放达标和延长三级处理（如过滤）的使用寿命并降低运行成本。

12.1.2.2 污泥储存

在典型的活性污泥系统中，大部分污泥存在于生化池中，且连续地在生化池和二沉池进行物质交换。进水流量的突然增加或污泥密实度的间歇性降低，将使反应器中的一些污泥转移到二沉池中，从而升高污泥层。将储存在二沉池中的污泥回流到生化池需要一定的时间（可能存在操作间隔）。二沉池的污泥储存功能可以保留污泥，直到污泥回流系统能够处理临时超载的污泥。

图 12.1　二沉池是太空中可见的地球建筑之一（照片：D. Brdjanovic）

一些二沉池的结构设计和操作策略会利用二沉池的污泥存储功能（例如垂直流二沉池中的污泥层过滤）提高出水水质，但是需要合理的设计和谨慎的操作以防止污泥层被意外冲刷以及出水的固体颗粒浓度过高。

12.2　二沉池的工程设计

合理的二沉池设计可以为污水提供静止和缓慢流动的运行条件，以达到最好的沉淀和压实效果。与此同时，经济成本也是重要的考虑因素。二沉池体积大，建筑成本高，占用的土地资源昂贵。二沉池内部的流态对二沉池的性能也起着重要作用。这种流态是由二沉池的结构、进出水构筑物的位置和结构、污泥去除机制和内部斜板位置所决定的。

本章将讨论三种主流的二沉池（径向流、水平流和垂直流）的特点。工程设备的研究和操作经验表明，设计良好的二沉池，无论其结构如何，其性能并没有显著的差异。二沉池结构的选择并不是由沉淀性能决定的，而是需要综合考虑占地空间、制造商和其他工程因素。例如，如果空间有限，采用普通墙结构的矩形二沉池可能更

合适。另外，匹配现有的工程设施或简化操作（使用目前操作人员已经熟悉的相同二沉池）也是一个重要的考虑因素。

12.2.1　径向流型圆形二沉池

径向流型圆形二沉池是目前最普遍的二沉池结构，并且圆形机械结构设计简单实用（图 12.2）。在径向流型圆形二沉池中，进水和出水收集结构分布在二沉池的不同位置，其水流模式通常是放射状，二沉池中心的线速度最高，向周边逐渐减小。通常将生化池的泥水混合液送

图 12.2　圆形二沉池（照片：EnviroSim）

357

入中心的絮凝或静置井中。井的设计应有助于污泥的絮凝和流体速度的减缓。泥水混合液由于密度较高，会流向污泥层的上部区域，同时有可能形成局部回流，进而影响污泥沉降效果。因此，通常会在入口或者出口处设置折流斜板，通过分流结构实现对二沉池内部水流的科学控制。出水通过 V 形槽堰排出，溢流收集在水槽中。堰的结构应使堰在整个长度方向上的流量均匀分布。污泥沉淀到池底后，由污泥收集设备进行收集，并从污泥料斗中排出。

两种最典型的污泥收集设备是刮泥机和吸泥机。利用径向流型圆形二沉池结构的优点和外围驱动设备，两种污泥收集设备能够在二沉池外壁上滚动收集污泥。图 12.3 显示了二沉池物质流动概念图。蓝色箭头表示水流动方向，棕色箭头表示污泥流动方向。

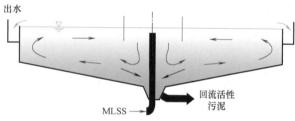

图 12.3　径向流型圆形二沉池

12.2.2　水平矩形二沉池

水平矩形二沉池（图 12.4）可以共用墙壁，提高了土地利用率。因此，水平矩形二沉池是大型污水处理厂的常用选择。类似于圆形二沉池，水平矩形二沉池的进水和出水点可以位于不同的位置，但呈水平流向。其概念图如图 12.5 所示，

图 12.4　矩形二沉池（照片：D. Brdjanovic）

图 12.5　水平流矩形二沉池

泥水混合物从左边入口进入，从右边出口流出，产生纵向流动。存在异重流和水循环流的现象，通常使用内部斜板控制。出水通过溢流堰收集，污泥清理通过刮泥机完成。

12.2.3　垂直流二沉池

垂直流二沉池的深度相对较深，其流型主要为垂直型。垂直流二沉池在德国比较常见（如Dortmund 水箱），如概念图如图 12.6 所示。垂直流二沉池的独特功能是上向流过滤，泥水混合物在向上流动过程中完成泥水分离，污泥被污泥覆盖层截留去除，出水通过溢流堰收集。整个过程需要确保污泥覆盖层低于溢流堰。

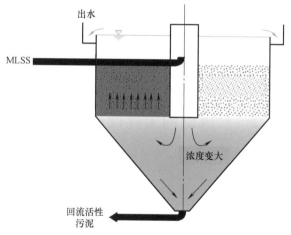

图 12.6　垂直流二沉池

12.2.4　二沉池改进

基于工程应用的角度，二沉池可以从 3 个环节进行改进，以提高沉淀性能：絮凝井、浮渣去除和斜板。

12.2.4.1　絮凝井

并非所有的二沉池的设计和建造都包含絮凝井。MLSS 也可以直接从进料管通过孔隙进入二沉池。在曝气反应器中污泥处于高剪切条件下，大部分絮体处于破碎状态，合理设计的絮凝井可

通过絮凝降低污水中的固体浓度。絮凝井如图 12.7 所示（可以看到混合液进入井的进料管），水力停留时间设计为 20min，平均速度梯度（G）值为 $15s^{-1}$。

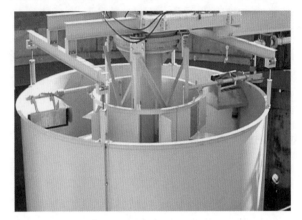

图 12.7　絮凝（照片：Brown 和 Caldwell）

12.2.4.2　浮渣去除

二沉池顶部的浮渣会降低出水质量（图 12.8）。大部分二沉池都配有浮渣斜板（图 12.9）和各种除渣机械。浮渣的来源有多种，包括机械或生物性质的浮渣。可能是污水处理厂进水中没有被完全清除的碎屑，也可能是含有气体的生物固体。在生化池中，反硝化产生的氮气会导致絮状污泥变得更轻，同时微生物也可能产生生物泡沫（例如诺卡氏菌）。这些密度较小的絮状污泥和生物泡沫的存在通常表明活性污泥反应池本身存在运行问题，应该在进入二沉池之前及时清除，避免回流到生化池中影响生物系统的运行。浮渣应尽快从二沉池中清除，并尽量减少用水。

12.2.4.3　分流斜板

斜板是一种倒流和消能组件，也可以配备狭缝或开口，它们通常放置在二沉池的入口或出口附近。也有的斜板设置在二沉池中间，以减小污泥密度差造成局部回流的影响。关于斜板的详细介绍，请参见 12.6 节以及 CFD 建模。

12.2.4.4　斜板

当污泥在二沉池中缓慢沉降时，与水流相反，泥水混合物到达污泥层的行进距离非常重要。将斜板（倾斜的管状或板状结构）放置在二沉池的污泥层区域中，可使该行进距离缩短到几厘米。污泥沉降到斜面上沿着斜面向下滑动。尽管如此，由于污泥可能在管子或板的倾斜表面上积聚，可能会堵塞斜板并产生厌氧泥块，导致斜板需要间歇性地清洁，因此斜板在主流二沉池中并未得到广泛使用。

12.2.5　操作问题

污水处理厂是一个复杂的大规模工业设施，需要遵循正确的操作程序。在二沉池的操作管理中，很大一部分工作花费在设备的清洁和保养上，以便使设备可以在其设计寿命周期内稳定和高效运行。本章将重点讨论二沉池运行过程中的操作管理问题。许多操作问题是由错误设计引起的，只能通过重建、翻新或升级改造来纠正。而操作中的其他问题需要在正常操作程序内进行调整，并且可以通过工厂管理、维护或操作来实施。

12.2.5.1　浅水池

由于工地条件或设计师的选择，部分二沉池的池深小于 2.5m。浅水二沉池更容易受到进水浓度突然升高的影响。因为污泥层靠近出水堰，这可能导致污泥层被冲刷或由于污泥层流入出水堰而造成二沉池的故障。较浅的二沉池需要通过较高的回流比保持较低的污泥沉积层。

图 12.8　二沉池上的浮渣（照片：Black 和 Veatch）

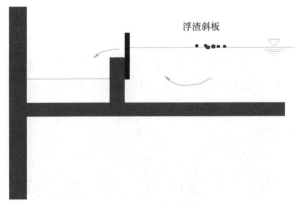

图 12.9　浮渣斜板

12.2.5.2 流量分配不均

污水处理厂通常设置有几个并联的二沉池单元，原因是：①二沉池所需的总面积太大，因此仅建造一个单元是不可行的；②为维护程序或机械故障提供容错空间，当一个二沉池出故障的时候，其他二沉池可以正常运行。但是由于设计和操作的问题，不同二沉池之间的流量和污泥分布有可能出现不均匀的现象。这可能会导致某些二沉池的进水流量更大，或者进水中悬浮固体浓度更高。有时目视检查通过堰的水流可以快速判断水力负载的差异。通过测量单个单元周围的流量，可以纠正不均匀的沉淀性能（在不同的活性污泥单元中保持更均匀的 MLSS）。通过调节分流闸门可以纠正流量的不平衡。实际上，仅通过使用水平墙进水通道来均匀分配进水流量的效果不佳。

12.2.5.3 堰的荷载不均匀

出水堰设计不平整会导致二沉池某些部分的流量明显增加，从而造成局部上升流，并有可能抬高或冲刷污泥层。在这些情况下，堰应重新整修平整，同时在混凝土溢流道上使用钢制 V 形槽堰以降低相同负荷条件下污水中固体物的浓度。

12.2.5.4 风的影响

强劲而持续的风会影响二沉池中的水流循环模式（图 12.10）。尤其是直径大的圆形二沉池容易受到风的影响。即使堰完全平整，循环模式的改变也可能导致堰负载不均和废水中悬浮固体浓度的升高。因此，在设计除渣设备时，应考虑风向的影响。如果现场条件允许，也可以通过建设围栏或绿篱减少风的影响。

12.2.5.5 气温突变

在某些地区，每日较大的温差或强烈的光照也会影响二沉池效果。沉淀的污泥通常比污水重一点，因此占据了二沉池的底部。二沉池表面的水与底部污泥之间的明显温差可能会导致污泥层运动，从而导致污泥层浮起。夜晚二沉池表面温度下降，白天运行时污泥进入二沉池时温度较高，并且白天阳光直射也会导致污泥层变暖。如果问题仍然存在，则只能建设保温罩盖。

12.2.5.6 冬天冰冻

在寒冷的气候条件下，尽管污水本身存在热量，但暴露的表面仍可能结冰。特别在曝气池使用表面曝气系统（例如机械转刷/碟）的水厂中十分常见，因为表面曝气系统能够降低污水的温度。在这些地方，应该考虑使用密封的反应器和沉淀池结构，以及安装能够向液相传递一定热量的扩散曝气装置。

12.2.5.7 回收问题

在使用吸泥管收集和回收污泥的二沉池中，吸泥管的吸泥效率随着吸泥管长度的增加而下降。在这种情况下，污泥回流系统须以高回流速率运行，或者考虑用刮泥机替代吸泥管。

12.2.5.8 堰上的藻类

阳光和污水中的磷会促进藻类在二沉池的堰或其他裸露的地方生长（图 12.11）。除了影响景观，藻类还会对出水水质产生周期性的负面影响，且干扰设备（例如除渣槽）的运行。堰上的藻类可以通过手动清除或者在堰上设计连续刮除藻类的刷子。也可以通过在围堰周围或覆盖储罐的地方引入氯化法来解决。

图 12.10　风对二沉池的影响

（照片：D. Brdjanovic）

图 12.11　堰上的藻类（照片：D. Brdjanovic）

12.2.5.9 厌氧泥块

如果二沉池的表面经常出现深棕色或黑色的厌氧性漂浮污泥团块，则可能是由于污泥收集结构错位或碎裂，残留的块状污泥。这些泥块会变成厌氧的，并产生甲烷气体，使其漂浮到水面。为了减少漂浮的污泥团块，需要定期检查和清洁二沉池污泥存储装备，以便确定漂浮污泥的产生原因。

12.2.5.10 鸟类

在某些地区，海鸥和其他鸟类可能会在二沉池中栖息，它们的排泄物和羽毛会明显增加废水中的污染物含量，并妨碍设备的正常运行或增加清洁维护成本。在二沉池上加装罩盖或者拉上干扰线可以避免鸟类的影响。这些干扰线并不影响二沉池的运行，但是可以干扰鸟类的栖息，使其离开二沉池。

12.2.5.11 膨胀污泥

膨胀污泥在二沉池底部的压缩难度高于普通污泥，但压缩后的浓度低于普通污泥。污泥膨胀是一直频繁发生的事故且不容易解决，本书的第10章会有详细介绍。

12.2.5.12 污泥漂浮

MLSS中存在的异养微生物在二沉池中也能继续代谢。如果有足够的底物和硝酸盐，则可以通过反硝化作用产生小气泡形式的氮气。附着在絮状污泥上的气泡会大大降低其密度，从而导致污泥上升（漂浮）。避免污泥漂浮的手段主要是提高生化池的反硝化作用效率，减少生化池出水的残留底物和硝酸盐含量。

12.3 污泥沉降性能的测量

污泥的沉降性能和压实性能主要取决于污泥的来源、组成、密度和絮凝效果。在二沉池的设计和操作过程中应考虑到污泥的沉降和压实特性。污泥沉降性能的测量方法包括两类：①沉降速度；②污泥压实特性。下面简要介绍最常用的方法。在实际测试中，读者可以参考相关标准，其中包括对所有测试步骤的详细描述。

12.3.1 污泥体积指数

污泥体积指数SVI［单位（mL/g)，在一些国家称为Mohlmann指数］是最常见衡量污泥浓度的指标。在该指数测试中（APHA等，

2006)，用1L量筒采集污泥样品，并在初始混合均匀后静置30min，再测量MLSS。SVI的计算方法是：30min后污泥层所占的体积，除以污泥的MLSS。因此，SVI代表在测试条件下，沉降30min后1g污泥所占的体积。

SVI测试的优点是简单和稳定，但是它也有一些缺点。30min是沉降曲线上的任意点，所以结果是不确定的。对于可快速沉淀或压实的污泥，或低MLSS的污泥，大多可在30min内完成沉降。此时，SVI可以用于表征污泥的压实度。对于高的MLSS或沉降慢的污泥，SVI则无法表征其沉降速度。例如，如果1L（1000mL）量筒中的浓度高于6.7g/L，则无法测量到高于150mL/g的SVI。另外，边壁效应也会改变SVI，因为与大型二沉池相比，用于测试的小圆柱体具有很高的边壁体积比。

12.3.2 其他测试方法

为了提高SVI的测试质量，SVI测试方法经过多次改进和标准化。在SVI过高的情况下，使用二沉池出水稀释SVI测试样品，使30min后的沉淀量落在150～250mL的范围内。避免了高MLSS浓度的问题，并且可以用作测试潜在丝状膨化（如果DSVI>150mL/g）的指标。将污泥在3.5g/L MLSS浓度（$SSVI_{3.5}$）下进行的搅拌SVI试验是进一步的改进方法，尽管该测试方法需要更复杂的实验设置，但已被多个国家/地区（例如英国）用作标准化测试。将MLSS稀释至3.5g/L，然后以1～2rpm的速度缓慢搅拌沉降容器（通常具有5L的体积和120mm的直径）。与传统SVI测试法相比，该测试的结果具有更高的可重复性。在过去的20年中，SVI测试标准化呼声很高，因为这可以提高所收集数据的质量和优化二沉池的运行。尽管新方法使用了很多改进策略，但是SVI测试仍以其最原始和最简单的形式被广泛使用。

区域沉降速度（或搅拌区域沉降速度）测量是另一项污泥沉降测试，旨在通过记录特定MLSS浓度下污泥界面的实际沉降速率来提供有关污泥样品沉降速度的信息。该测试经常在通量理论的背景下使用，该测试将在12.4.1节中进行描述。此外，污泥沉降测试也可以使用其他全自动和连续的测试方法（例如沉降仪)。

12.4 二沉池通量理论评估

固体通量是质量流量的一种特殊形式：单位时间通过单位面积转移的固体质量［例如以 kg/（m²·h）表示］。通量理论描述了影响二沉池中污泥固体传输的各种固体通量。通量理论还用于估算二沉池所需的面积和运行参数。本章将简要总结污泥沉降性测量方法和通量理论的数学背景，以及在工程中使用的设计方法。

12.4.1 区域沉降速度测试

区域沉降速度（ZSV）是指污泥层的沉降速率，根据标准方法（2710 D），以 m/h 或类似单位在沉淀容器中测量。如果容器装有慢速搅拌器，则该测试称为搅拌区沉降速度（SZSV）测试。与其他沉降性度量（例如 SVI、DSVI 和 SSVI 测试）相比，SZVS 测试提供了更准确的污泥沉降性度量。图 12.12 中显示了测试过程的时间示意图（为清楚起见，图中显示了未搅拌的容器，但标准 ZSV 测试需要以 1～2rpm 的速度进行搅拌）。在这种情况下，将 5400mg/L（5.4kg/m³）MLSS 的泥水混合物放入量筒中，将在 1min、2min、4min、6min、8min、10min 和 45min 时拍摄的同一圆柱体的快照粘贴在一起。记录界面高度随时间变化的函数，并绘制类似于图 12.13 的图。

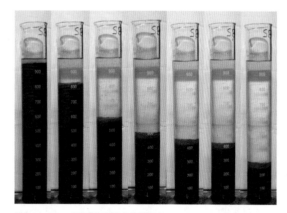

图 12.12 区域沉降速度测试（1min、2min、4min、6min、8min、10min 和 45min）（照片：加拿大环境部）

图 12.13 中的曲线可以分为三个不同的部分：
1）滞后阶段发生在测试开始后的 1～2min。这是由于组成界面的污泥的加速沉降和填充污泥之间空隙所致。

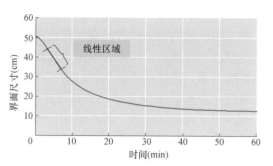

图 12.13 ZSV 测试中界面高度与时间的关系

2）线性阶段通常持续 3～30min，具体取决于 MLSS 浓度和沉降柱的高度。该线性段的斜率给出了该沉降柱浓度下污泥的区域沉降速度（ZSV）。当按照标准沉降速度测试的要求搅拌沉降柱时，线性段的斜率是在沉降柱浓度下的搅拌区沉降速度（SZSV）。

3）从沉降柱底部的污泥压缩会导致线性阶段后的污泥沉降速度逐渐降低。

在不同的 MLSS 浓度下执行一系列 SZSV 测试，以测量通量理论中污泥沉降速度。可用于测试的最低 MLSS 浓度为 1g/L。在低浓度下，可能难以确定污泥层的准确位置（也称为区域沉降），如图 12.14 所示。在稀释浓度下，沉降速率很高，并且可能在几分钟内开始底部污泥压缩。相反，在高 MLSS 浓度下，泥水分界清晰，但取决于浓度和样品的密实性。线性区域可能在测试的早期就被压缩区域淹没。

图 12.14 污泥沉降的界面（照片：加拿大环境部）

12.4.2 离散、絮凝、受阻（区域）和压缩沉降

　　根据斯托克斯定律，包含独立离散的非絮凝颗粒（相同类型，例如沙子）的悬浮液以相同的速度沉降，而与浓度无关。单个颗粒的沉降速度仅取决于其结构、尺寸（直径）和密度。活性污泥反应器产生的泥水混合物具有明显的絮凝特性，与非絮凝颗粒悬浮液的沉降行为差异很大。在 SVI 或区域沉降速度测试开始时，由结构不同的絮凝物和无机颗粒组成的污泥在开始阶段以凝结基质的形式沉降（图 12.15 中的第一个阶段），并且沉降速度受到污泥浓度的强烈影响，这称为区域沉降阶段。在图 12.5 的第 1 到第 3 阶段，污泥沉降区域消失，污泥通过过渡区域消退到压缩区域（第 4 阶段）。压缩沉降与区域沉降存在显著差异，颗粒彼此支撑，并且通过从污泥基质中挤出水实现压缩。沉降速度不再是污泥浓度的函数，而是取决于间隙压力以及污泥的可压缩性和渗透性。

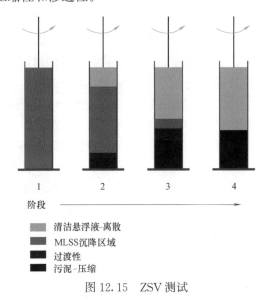

图 12.15　ZSV 测试

清洁悬浮液-离散
MLSS沉降区域
过渡性
污泥-压缩

阶段　1　2　3　4

12.4.3　Vesilind 沉降功能

　　如果在 SZSV 测试中绘制了界面水平（见图 12.13），则区域沉降阶段可以通过线性来区分。在线性阶段中，污泥层以恒定速度沉降。如图 12.16 所示，以几种浓度重复测试，初始衰减阶段和线性阶段在图上清晰可见。低污泥浓度的测试结果显示出较高的沉降速度，而较高污泥浓度的样品中的沉降速度则较慢。区域沉降速度（以 m/h 为单位）可以绘制为 MLSS 浓度（mg/

L）的函数，得出的曲线可以通过指数函数很好地拟合（图 12.17）。此函数称为 Vesilind 函数，其形式为：

$$v_S = v_o \cdot e^{-p_{hin} \cdot X} \qquad (12.1)$$

式中　v_S——沉淀速度（m/h）；

　　　v_o——初始沉淀速度（m/h），曲线向零浓度延伸的截距；

　　　p_{hin}——阻碍沉降参数（L/g 或 m³/kg）；

　　　X——各种 ZSV 测试中的 MLSS 浓度（g/L 或 kg/m³）。

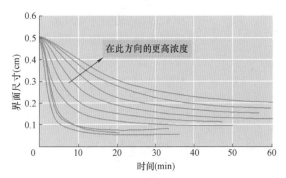

图 12.16　不同 MLSS 浓度下的 SZSV
测试结果（数据：加拿大环境部）

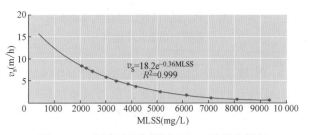

图 12.17　沉降速度与测试 MLSS 浓度之间的
Vesilind 关系（数据：加拿大环境部）

　　必须注意的是，低浓度区域中曲线的初始部分（图 12.17 中为 0～1500mg/L）纯粹是测量数据点的数学扩展，实际上不能在那个浓度范围内扩展或测量区域沉降速度。如果图 12.17 的数据以半对数表示法绘制，则指数函数将转换为线性图（图 12.18），当截距为 ln（v_o）时，斜率是 p_{hin}。测量的误差分布在 Vesilind 函数的原始线性和半对数表示形式中有所不同。但是从实际的角度来看，直接从指数曲线或其线性化形式中提取 v_o 和 p_{hin} 参数之间没有太大区别。前者直接对 v_S 值进行回归，而后者则对 ln（v_S）值进行回归。假设这些评估使用电子表格计算功能（例如 Excel）完成，而不

是历史上广泛使用的直接图形方法。在两种不同的表示形式中可能会获得略有不同的值，但是结果的准确性主要取决于实际 SZSV 测试期间界面的正确读数以及从界面高度-时间曲线中线性区域的选择。

12.4.4 重力，体积和总通量曲线

重力（沉降）通量（J_S）是在重力作用输送的固体质量，可以计算为沉降速度（v_S）与固体浓度（X）的乘积：

$$J_S = v_s X \tag{12.2}$$

式中　J_S——重力（沉降）通量 $[kg/(m^2 \cdot h)]$；

v_S——X 污泥浓度的沉降速度（取自式12.1）；

X——污泥浓度（kg/m^3）。

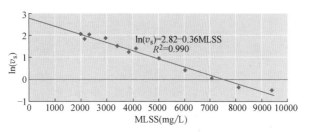

图 12.18　Vesilind 函数以半对数形式绘制
（数据：加拿大环境部）

图 12.19 中绘制了沉降性能良好（SVI 约为48mL/g）的污泥重力通量。重力通量曲线通常在 2～3kg/m³ 的浓度时具有最大值。低于此浓度，通量随着污泥浓度降低而降低，而高于此浓度，通量由于较高浓度下的沉降速度降低而降低。在固定的污泥循环流量下，体积通量与固体浓度 X 呈线性关系（图 12.20），即 X 越高，底流速率所产生的到达沉降器底部的污泥通量就越高。污泥输送到二沉池底部的总通量是重力通量和体积通量之和（图 12.21）。

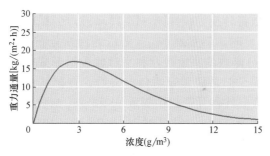

图 12.19　重力（沉降）通量

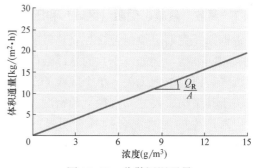

图 12.20　分散污泥通量

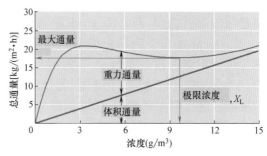

图 12.21　总污泥通量

对于特定的沉降速率，总通量在称为"极限浓度" X_L 的某个浓度下具有最小值。如果浓度低于极限浓度，则沉降通量的增加可弥补体积通量的减少，而浓度较高时，体积固体通量的增加可弥补沉降通量的减少。二沉池中处于极限浓度的污泥层成为污泥沉降的瓶颈，因为它在整个浓度范围内将最低的固体通量 j_L 输送至二沉池底部。整个二沉池的污泥浓度在进料口最低，在回流部分最高。

$$j_L = j_{S(X_L)} + j_{B(X_L)} \tag{12.3}$$

在降雨量很大的条件下，二沉池的沉降通量可能会达到极限通量，此时二沉池处于临界负荷甚至出现故障。从总通量曲线的最小值得到极限浓度（$X_L\,kg/m^3$）后，可以确定最小或极限通量 $[j_L\,kg/(m^2 \cdot h)]$。

12.4.5 二沉池的污泥处理标准限值

考虑如图 12.21 所示的总通量。如果增加底流速率，则体积通量和总通量曲线将绕原点逆时针旋转，并且在一定的底流速率下，局部最小值（以及极限浓度）将消失（图 12.22）。这个底流速率称为临界底流（$q_{R,crit} = Q_R/A$，单位 m/h），它定义了可以确定的最低极限浓度（$X_{L,min}$）。可以输送到底部的最大通量或二沉池的最大污泥处理能力是由两个不同的标准确定的，具体取决于底流速率是低于还是高于此临界值。

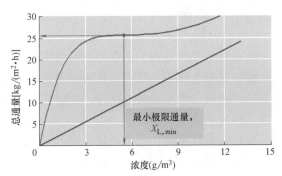

图 12.22 临界回流流量下的总通量曲线

12.4.5.1 运行标准Ⅰ-最小污泥沉降极限通量

如图 12.21 所示，在底流速率低于临界底流速率的情况下，可以观察到极限浓度下的最小沉降极限通量。二沉池的污泥沉降通量必须小于此最小沉降极限通量，使二沉池负荷不至于过高。如果沉降通量等于最小沉降极限通量，则二沉池将处于临界负荷。在确定的流量（PWWF）和 MLSS 浓度情况下，二沉池面积和污泥回流比必须选择在合理范围内，使最终的总通量等于或小于最小沉降极限通量。

12.4.5.2 运行标准Ⅱ-极限沉降通量

当底流流量高于临界出水流量时，则不存在极限污泥浓度（图 12.23）。在这种情况下，设计污泥沉降通量（固体负荷）必须小于此进料浓度下的重力通量或等效值，溢流速率（水力负荷，m/h）必须小于此污泥浓度下的污泥区域沉降速度。

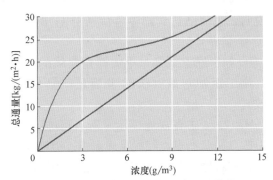

图 12.23 没有极限浓度的总通量曲线
（底流大于临界值）

$$q_I = \frac{Q_{PWWF}}{A} = v_{s,MLSS} = v_0 \cdot e^{-p_{hin} \cdot MLSS}$$

(12.4)

以下各章节会更详细地描述通量理论如何应用于二沉池设计，特别是确定二沉池面积和污泥

最小回流比。

12.4.6 状态点分析

状态点分析（State Point Analysis，SPA）是确定二沉池运行状况的便捷方法。SPA 基于以图形表示的二沉池周围的污泥质量平衡。该方法包含了以下简化内容：①基于稳态条件；②仅考虑垂直剖面，不考虑短流或排泥；③不考虑压缩；④忽略出水中污泥量。尽管设置了这些简化的假设，但 SPA 通常用于设计以确定二沉池面积和污泥回流泵容量，评估实际运行中的最大污泥 MLSS 和污泥回流流量，以及二沉池运行策略。

状态点图（图 12.24）可以用来表示二沉池中的各种通量与污泥浓度的函数。状态点图基于图 12.19 中的重力（沉降）通量曲线。该曲线仅需知道两个 Vesilind 常数（v_0 和 p_{hin}）。叠加在重力通量上的是"溢流""底流"和"污泥进料"线。溢流线和底流线均表示由溢流速率和底流速率产生的二沉池的设计污泥沉降通量，单位与重力通量相同，但其垂直轴（y）的定义不同。

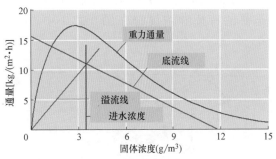

图 12.24 状态点图

溢流线表示设计二沉池的溢流通量（与重力通量相反的方向）。

$$J_I = \frac{Q_I}{A} X_F$$

(12.5)

溢流线的斜率是设计的水力负荷，即 $q_I = Q_I/A$（m/h），通常称为表面溢流速率（SOR）。但是，溢流通量不是二沉池的实际污泥负荷。这称为总的设计通量（在式 12.7 中）。

污泥进料浓度线是指示进料浓度的垂直线。这条线在状态点（工作点）与溢出线相交。y 轴上的通量此时为污泥负载率。底流线的定义类似于溢流线：

$$J_R = \frac{Q_R}{A} X_F$$

(12.6)

但是，通过两种方法的转化可以提高方法的实用性。

（1）该线以负斜率绘制（因为它的方向与溢出方向相反）。

（2）底流线（最初根据式 12.6 在零浓度下从零通量开始）向上移动，使其从垂直轴上的总设计通量开始（$X=0$）。通过在进料浓度下将溢流通量和底流通量相加得出总的设计通量（也称为污泥负载率）。

$$J_{AP} = \frac{Q_I + Q_R}{A} X_F = \frac{Q_I}{A}(1+R)X_F \quad (12.7)$$

式中　R——污泥回流比（Q_R/Q_I）。

由于总的设计通量是在底流浓度下从二沉池中去除的（假设出水中污泥浓度为零），因此偏移的底流线与 X 轴相交的点（零"残留"通量）表示二沉池的底流浓度。当溢流线、进料浓度线和底流线都在状态点处相交时，则能够实现二沉池中的污泥质量平衡，所有进入二沉池的污泥均通过底流回流离开二沉池，状态点和底流线都在重力通量曲线的包络线之内。状态点图中存在的最重要的特征和浓度都在图 12.25 中进行了标记。

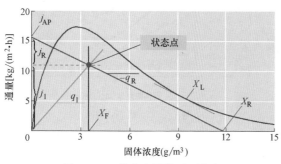

图 12.25　状态点图的重要信息

X_F——污泥进料浓度（kg/m^3）；

X_R——污泥回流浓度（kg/m^3）；

X_L——污泥极限浓度（kg/m^3）；

q_I——水力负载或溢流速率，Q_I/A（m/h）；

q_R——水力底流速率 Q_R/A（m/h）；

j_I——溢流速率通量，$Q_I/A \cdot X_F$ [$kg/(m^2 \cdot h)$]；

j_R——底流速率通量，$Q_R/A \cdot X_F$ [$kg/(m^2 \cdot h)$]；

j_{AP}——总设计通量 $(Q_I + Q_R)/A \cdot X_F$ [$kg/(m^2 \cdot h)$]。

状态点是二沉池的工作点和进料浓度下的溢流通量。状态点和底流线相对于重力通量曲线的位置可以确定二沉池的运行状态，并按污泥处理标准（SHC）类型进行分类。

（3）如果状态点在重力通量曲线上方，则二沉池过载（SHC Ⅱ 故障）。在这种情况下，二沉池的沉降通量会比较高，可能使得二沉池中的污泥无法稳定沉降，并会导致废水中的污泥损失。

（4）如果状态点位于重力通量曲线上，则二沉池至少要承受 SHC Ⅱ 的临界载荷，其状态取决于底流线相对于较高浓度下重力通量曲线下降分支的位置：

如果底流线降到重力曲线的下降分支以下，则说明二沉池处于临界负荷状态（SHC Ⅱ 临界，SHC Ⅰ 满足）。

如果底流线穿过重力通量曲线的下降分支，则二沉池过载（SHC Ⅱ 严重超标，SHC Ⅰ 失效）。

（5）如果状态点低于重力通量曲线，则二沉池满足 SHC Ⅱ，其条件取决于最小污泥沉降通量 SHC Ⅰ。

• 如果底流线降到重力曲线的下降分支之下，则说明二沉池负荷不足（同时满足 SHC Ⅱ 和 SHC Ⅰ）。

• 如果底流线与重力曲线的下降分支相切，则说明二沉池已达到临界负荷（SHC Ⅱ 满足但 SHC Ⅰ 临界）。

• 如果底流线穿过重力通量曲线的下降分支，则二沉池过载（SHC Ⅱ 满足，但 SHC Ⅰ 失效）。

图 12.26 中直观地显示了所有可能的组合，其中蓝点是状态点，红线是底流线。溢流线（未显示）连接原点和状态点。二沉池必须同时满足两种污泥处理标准，以免临界负荷或超载。在所示的九种情况中，1a、1b、1c、2a 和 3a 负荷过载；2b、2c 和 3b 受到严重负荷超载；只有一种情况（3c）负荷不足。除了上面介绍的状态点图，通量理论可以通过几种不同的方式在概念上和图形上表达。这些方法基于相同的理论，包含相同的 Vesilind 沉降函数，并使用不同的轴投影

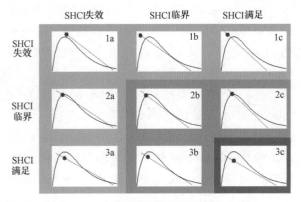

图 12.26　不同负荷条件下的状态点图
（未显示溢流和进料管线）

相同的重力沉降通量、溢流和底流通量。通过合理地配合使用，它们能更实用或更方便地产生相同的结果。

Ekama 设计与运营（D&O）图表

该图包括通量理论和状态点图，溢流速率（Q/A，以 m/h 为单位）为纵坐标，污泥回流比为横坐标（图 12.27）。该图表包含 3 条线，可根据其水力负荷（溢流速率）和回流比来确定二沉池的运行状况。

• SHC Ⅱ线　水平直线表示在进料浓度下的污泥沉降速度 X_F（基于 2 个 Vesilind 参数，v_0 和 p_{hin}），如式（12.4）所示。在此线上方的区域中，如果不满足"污泥处理标准Ⅱ"，则二沉池将超载。但是，不能保证水平线以下是欠载情况，这取决于极限通量（SHCⅠ）线的位置。

$$\frac{Q_I}{A} = \frac{v_0}{R} \cdot \frac{1+\alpha}{1-\alpha} e^{\frac{-p_{hin}(1+R) \cdot X_F \cdot (1+\alpha)}{2R}} \quad (12.8)$$

式中，

$$\alpha = \sqrt{1 - \frac{4R}{p_{hin} \cdot (1+R) \cdot X_F}} \quad (12.9)$$

• SHCⅠ线　根据 SHCⅠ，允许污泥通量随回流比的增加而增加。最小通量的概念已在图 12.21 中进行了说明，当回流线与状态点图的重力通量相切时，它等效于一系列临界载荷条件。式（12.8）和式（12.9）中给出了这条线的方程式。如果状态点低于此线，则满足 SHCⅠ。

标准边界线　根据图 12.20 中所示的原理，在一定的回流比（R）以上，无法确定临界浓度

和最小污泥沉降通量。通过临界通量可以判定污泥回流比的大小。可以看出，临界回流比（高于该比值不存在最小通量）是一个双曲线函数：

$$\frac{Q_I}{A} = \frac{v_0}{e^2 \cdot R} \quad (12.10)$$

式中：v_0/e^2(m/h) 表示重力通量曲线在其拐点处的斜率，该斜率 X 值（$2/p_{hin}$）是最大重力通量（$1/p_{hin}$）斜率的 2 倍。图 12.26 中所示的 9 种可能的情况也可以放在 D&O 图上（图 12.28）。如图 12.27 所示，该图仅显示了一部分详细信息。

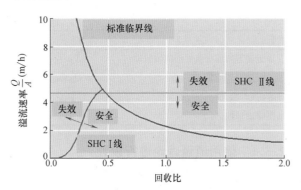

图 12.27　Ekama 设计和操作图

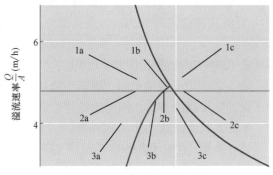

图 12.28　D&O 图表中示例

12.5　通量理论及其他设计和操作方法的概述

通量理论并不是当今用于二沉池设计的唯一方法。实际上，许多咨询公司和承包商都有自己的经验设计方法。在实际工程中，计算流体力学（请参见第 12.6 节）已经广泛应用于二沉池的设计。英国（WRC）、德国（ATV 及其新版本 DWA）和荷兰（STOWA）等国家，也存在各自的设计标准。这些准则和设计方法已在这些国家和邻国中广泛使用。下面总结了 5 个最广泛使

用的设计程序（包括通量理论）的原理。在实际的设计过程中实施这些方法，读者必须遵循参考指南中的原始步骤。以下示例中仅包括设计过程中最重要的元素，因此实际设计的二沉池可能与这些示例的结果有很大不同。

下面的简化示例着重于两个特定的设计参数：①面积，二沉池应能够处理多大的峰值流量；②污泥回流泵容量，应安装哪种泵以确保能在干燥天气和潮湿天气的条件下安全运行。

从表 12.1 可以看出，该工厂在干旱天气下的预期昼夜峰值为 $1500m^3/h$，在设计过程中必须适应 $2500m^3/h$ 的潮湿天气峰值流量。一些设计方法考虑了在峰值流量条件下转移到二沉池中的污泥质量，从而导致生化池 MLSS 浓度（$X_{F,PWWF}$）暂时降低。

各种设计方法都需要对污泥的沉降特性（即 v_0 和 p_{hin} 或 SVI 或 DSVI 等）进行不同的测量。以下设计示例均基于沉降性能良好的污泥。使用不同的方法测量了该污泥样品的沉降特性，可以直接比较这些方法和使用该方法的二沉池设计。在实际设计中，应考虑更保守的污泥沉降参数。

二沉池负荷示例			表 12.1
参数	符号	值	单位
干燥天气下的混合液悬浮固体浓度	$X_{F,DWF}$	3.5	kg/m^3
平均干燥天气流量	$Q_{A,DWF}$	1000	m^3/h
日峰值（干燥天气）	P_{FDW}	1.5	—
暴雨峰值倍数	P_{FWW}	2.5	—

12.5.1 使用通量理论进行设计

在一系列区域沉降实验中确定了污泥的 Vesilind 沉降参数（图 12.16 和表 12.2 中的结果）。在通量理论的实际应用中，建议增加面积（减少允许通量），使其比理论值高 25%。与通量理论（Ekama 和 Marais 2004）提出的理想一维近似理论相反，这里考虑了真实二沉池结构中的非理想性。

表 12.2（电子表格中的"数据"选项）中显示了设计中使用的参数。使用通量理论进行设计时，不需要其他信息（表 12.1 和表 12.2 除外）。

设计步骤（在电子表格的"设计"选项卡中）：

1. 从方程式 12.4 中计算出 MLSS 浓度（污泥处理标准Ⅱ）下的沉降速度（$V_{sMLSS}=16.8 \cdot e^{(-0.36 \cdot 3.5)}=4.8m/h$）。

2. PWWF 期间的溢流速率不得超过该速度，因此所需的最小面积为 $523.6m^2$（$=2500/4.8$）。

3. 可以通过两种方法选择回流比（将提供相同的结果）：

（1）可以在 Ekama D&O 图（电子表格中的 Ekama D&O 选项）的Ⅰ和Ⅱ行的交点处读取满足 SHCⅠ的最小回流比（$R=0.45$）。

（2）通过状态点分析图，找到使底流线与重力通量曲线相切的底流速率。这对于 PWWF（SP PWWF 选项）和 PDWF（SP PDWF 选项）都可以实现；

在 PWWF 下，需要 0.44 的回流比（电子表格中的"设计"选项和"SP PWWF"选项），产生 $1100m^3/d$ 的回流流量；

在 PDWW 下，需要 0.31 的回流比（"设计"选项和"SP PDWF"选项），产生 $465m^3/d$ 的回流流量。

（3）出于实际应用的考虑，选择了两个泵，流量皆为 $550m^3/h$。因此，污泥总回流能力为 $1100m^3/h$。

4. 设置 25% 的安全系数（最小面积现在为 $654.5m^2$）。

5. 出于实际考虑（标准设计图纸、单元数量等），实际选择的面积可能会比理论上的最低要求要大一些，在这种情况下，选择 $700m^2$。

6. PWWF 溢流速率为 $2500/700=3.6m/h$。

7. 最终选择的面积（$700m^2$）和回流流量（$550m^3/h$、$1100m^3/h$）可以在设计选项中输入，然后：

（1）状态点和底流线位置可以在 PWWF 和 PDWF 状态点图中进行验证（与图 12.26 相比）；

（2）可以检查 D&O 图上的操作点，以确保其落在安全操作区中（在 SHCⅡ下方和图 12.27 中 SHCⅠ右侧）。

12.5.2 经验设计

经验设计规则通常是基于本地的工程经验，因此，它们种类繁多，并且不同的国家和地区经验设计规则也不同。此处使用的示例并不是一定有效，仅是示例。二沉池面积的选择可以基于最大水力负荷和最大污泥负荷（如本例所示）或其他标准。在这种情况下，PDWF 的最大速度为 1m/h，PWWF 的最大速度为 2.5m/h。此外，在干燥天气中，二沉池的负荷不应超过 6kg/（m^2·h），在潮湿天气中，临时负荷不应超过 15kg/（m^2·h）。这些规格都会出现在电子表格的"设计"选项卡中，并用于计算二沉池面积。这种情况下，最大的二沉池面积为 1108m^2。污泥回流比为 0.5～1.0。与基于通量理论的设计相比，该方法可产生更大的二沉池（1100m^2：700m^2）。这在很大程度上是因为作为示例使用的污泥具有出色的沉降特性（$v_0 = 16.8m/h$，SVI = 60mL/g，$SSVI_{3.5} = 48mL/g$）。而在工程中，即使有证据表明现有的生物水处理过程可以产生沉降良好的污泥，也会选择更为保守的污泥沉降参数。

通量理论的设计参数　　表 12.2

参数	符号	值	单位
初始沉降速度	v_0	16.8	m/h
受阻沉降参数	p_{hin}	0.36	m^3/kg

12.5.3 WRC 设计

WRC 设计程序基于 $SSVI_{3.5}$ 测试，该测试提供了第 12.3 节中所述的最可靠的沉降性测量方法。本示例中使用的污泥的 $SSVI_{3.5}$ 为 48mL/g（沉降性和压缩性非常好）。WRC 设计方法和扩展部分在 IWA 第 6 号科学技术报告（Ekama 等，1997）中有详细的介绍。扩展部分包含临界回流比与 $SSVI_{3.5}$ 之间的经验关系。根据 WRC 方法所依据的通量理论，表面溢流速率只能增加至临界回流速率。原始的 WRC 方法没有该功能，它总是提供更高的溢流速率和更高的回流速率。下面的步骤 1 中的修改从 SSVI 找到了临界回流速率，从而得出最大的溢流速率。对于大于临界值的污泥回流流量，不得增加溢流速率（液压负载）（根据通量理论的 SHC II）。

设计步骤（在电子表格的"设计"选项中）：

1. 临界回流速率根据式（12.11a）计算得出

$$q_{R,crit} = 1.612 - 0.00793 \cdot SSVI_{3.5} - 0.0015 \cdot \max[0, (SSVI_{3.5} - 125)]^{1.115}$$

(12.11a)

临界回流速率＝1.23m/h。

2. 二沉池面积根据经验方程式计算得出，该方程式是根据英国 30 家污水厂测得的通量沉降参数得出，并与 $SSVI_{3.5}$ 相关。

$$A = \left(\frac{X_F \cdot Q_{PWWF}}{306.86 \cdot q_{R,crit}^{0.68} \cdot SSVI_{3.5}^{-0.77} - X_F \cdot q_{R,crit}} \right)$$

(12.11b)

计算出的峰值潮湿天气面积为 642m^2，大于 PDWF 所需要的面积。

3. 安全系数为 25%（最小面积现在为 802m^2）。

4. PWWF 溢流速率为 2500/802＝3.1m/h。

12.5.4 ATV 设计

ATV（最近的 DWA）设计指南为二沉池设计提供了详细和实用的指导，例如面积、深度、回流比、堰负载、沉降时间、桥数量、流槽位置和浮渣斜板等。指南考虑了动态变化，例如在暴风雨期间污泥转移到二沉池，降低 MLSS 和污泥负荷。ATV 1976（和 STOWA）的设计原理基于 DSVI 测试。DSVI 测试本质上是在更均匀的条件下进行的 SVI 测试：用出水稀释污泥样品，使沉降体积落在 150～250mL 范围内。基于 DSVI，引入沉降污泥量相关的两个概念：

DSV_{30} 是 MLSS 的沉降体积：

$$DSV_{30} = X_F \cdot DSVI \quad (mL/L) \quad (12.12)$$

污泥体积负荷率（q_{SV} 以 $L/m^2 \cdot h$ 计）为：

$$q_{SV} = Q_i/A \cdot DSV_{30} \quad [L/(m^2 \cdot h)] \quad (12.13)$$

污泥体积负荷是二沉池中沉淀污泥的体积比，类似于污泥负荷，但以体积的形式来表示而不是以质量的形式来表示。

设计步骤（在电子表格的"设计"选项中）：

(1) 允许的溢流速率取决于 DSV_{30}；

$$q_0 = 2400 \cdot DSV_{30}^{-1.34} \quad (12.14)$$

可以计算出 $q_0 = 1.86m/h$。

(2) q_0 必须小于 1.6m/h。

(3) PWWF 所需的面积为 2500（m^3/h）/

1.6（m/h）＝1563m²。

（4）出于实际考虑，选择了1500m²。

（5）所需的回流流量基于污泥的可压缩性，即在给定条件下污泥可达到的最大浓度（根据DSVI测试估算）；

在平均干燥天气条件下：

$$X_{R,ADWF}=\frac{1200}{DSVI} \quad (12.15)$$

在极端潮湿天气条件下：

$$X_{R,PWWF}=\frac{1200}{DSVI}+2 \quad (12.16)$$

式中　$X_{R,ADWF}$——20.0（1200/60）；
　　　$X_{R,PWWF}$——22.0（1200/60＋2）（g/L）。

回流浓度分别计算

（6）根据简单的质量平衡计算出必要的回流流量，如式（12.18）所示。

$$(Q_I+Q_R)\cdot X_F=Q_R\cdot X_R \quad (12.17)$$

式中　Q_I——进水量（m³/h）；
　　　Q_R——回流流量（m³/h）；
　　　X_F——生物反应器悬浮污泥浓度（kg/m³）；
　　　X_R——回流污泥浓度（kg/m³）。

在这两种天气条件下，回流浓度分别为212m³/h和473m³/h。出于实际考虑，选择500m³/h的泵。

12.5.5　STOWA设计

STOWA源于ATV设计，设计步骤（在电子表格的"设计"选项中）：

（1）根据式（12.18）计算允许的溢流速率。允许的溢出率取决于DSV₃₀。

$$q_0=\frac{1}{3}+\frac{200}{DSV_{30}} \quad (m/h) \quad (12.18)$$

计算出 $q_0=1.29m/h$；

（2）根据式（12.13）计算污泥体积负荷率，$q_{SV}=270L/(m^2\cdot h)$。该值必须为300～400L/（m²·h），因此二沉池面积计算中将使用300L/（m²·h）；

（3）允许的溢流速率的计算公式为 $q_0=q_{SV}/DSV_{30}=q_{SV}/(X_F\cdot D_{SVI})=300/(60\cdot 3.5)=1.43m/h$；

（4）因此，在ADWF条件下，面积为1000（m³/h）/1.43（m/h）＝700m²；

（5）在潮湿天气中，污泥会暂时转移到二沉池中，并在步骤（3）中考虑到MLSS的下降。实际计算是一个迭代过程，直到减少的污泥负载与二沉池中存储的污泥达到平衡为止，视实际情况而定。X_F允许的最大减少量为30%，这将在此简化示例中使用。因此，在PWWF条件下，需要0.7～2500（m³/h）/1.43（m/h）＝1225m²的面积；

（6）出于实际考虑，选择了1200m²的面积；

（7）循环流量的计算方法与ATV方法相同，因此泵流量为500m³/h。

设计比较汇总表　　　　　　　　　　　　　　表12.3

参数	单位	经验	流量	WRC	ATV（1976）	STOWA
设计面积	m²	1108	700	802	1500	1200
平均干燥天气,1000m³/h						
溢流速率	m/h	0.90	1.43	1.25	0.67	0.83
回流速率	m/h	0.81	0.79	1.25	0.33	0.42
回流污泥浓度	kg/m³	7.39	9.86	7.00	10.50	10.50
污泥负荷速率	kg/(m²·h)	6.00	7.75	8.72	3.50	4.38
极端干燥天气,1500m³/h						
溢流速率	m/h	1.35	2.14	1.87	1.00	1.25
回流速率	m/h	1.20	0.64	1.25	0.33	0.42
回流污泥浓度	kg/m³	9.33	13.05	8.75	14.00	14.00
污泥负荷速率	kg/(m²·h)	7.58	10.25	10.91	4.67	5.83
极端湿润天气,2500m³/h						
溢流速率	m/h	2.26	3.57	3.12	1.67	2.08
回流速率	m/h	0.90	1.57	1.25	0.33	0.42
回流污泥浓度	kg/m³	12.25	11.45	12.25	21.00	21.00
污泥负荷速率	kg/(m²·h)	11.05	18.00	15.27	7.00	8.75

12.5.6　比较使用不同方法设计的二沉池

从以上示例可以明显看出，全世界使用的二沉池设计原理不太一样，本章中描述的示例得出了不同的溢流速率和底流速率（表12.3）。基于通量理论并使用WRC原理设计的二沉池具有较小的表面积，并且使用较大的泵以较低的浓度从底部除去沉淀的污泥。ATV和STOWA指南所设计的二沉池更大，并具有良好的污泥沉降特性（在本例中使用的污泥就是这种情况）和需要较低的回流速

12.6　二沉池的模拟

二沉池可以单独或者耦合活性污泥模型用于工程设计。根据建模目标，可以使用不同级别的概念模型。工程设计中最常用的两种方法包括：①基于通量的一维模型（1D）和活性污泥模型；②计算流体动力学（CFD）模型（2D或3D），可用于帮助二沉池设计。图12.29说明了本章中将要介绍的三种不同类型的模型。

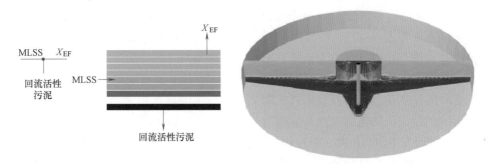

图12.29　二沉池的零维、一维和二维模型（图片：MMI Engineering）

12.6.1　零维模型

零维模型是一个"无体积"的二沉池模型，没有面积或深度。MLSS保留在模型系统中，并且该概念基于二沉池周围的质量平衡（例如，式12.17）建立。如果已知流量和MLSS浓度，污泥回流浓度X_R可以用式（12.17）计算。二沉池出水的污泥被忽略。1990年以前，大多数早期的活性污泥模拟模型都采用了这种方法，因为它们关注的重点是污泥生物性能，并且只关注污水中的可溶性成分。也可以使用简单的经验方法来计算污水中的污泥，通常将其与输入的MLSS（去除百分比）或应用的污泥沉降通量联系在一起。在这种情况下，出水损失的污泥须包含在式（12.17）中。

12.6.2　一维模型

一维模型考虑了二沉池的体积，包括简单的两隔间模型（仅考虑沉淀区域和污泥层），或者是基于质量平衡和经验估计的混合模型（使用各种公式估算了底流、流出物和污泥层的浓度）。但是，一维模型使用最广泛的模型是分层一维通量模型。该模型将二沉池表示为水平层的叠加，与通量理论一致，不考虑水平运动。一维模型不

区分圆形或矩形二沉池。在每层中都实现了基于流量和沉降通量的动态质量平衡，并且模型的输出是垂直污泥浓度轮廓（每层一个浓度）。尽管本章讨论的通量理论构成了这些模型的基础，但由于它不考虑离散和压缩沉降，因此仅基于通量理论的模型无法预测出水中的污泥浓度或稳定的污泥层。一维通量模型中实现了各种附加功能，因此可以使预测更加真实可靠。污泥层的模拟有两种方法：①使用少量（8～15）的层，并在相邻层之间使用"最小通量"方法。在这种方法中，每层使用两个通量中的较小者，一个可以根据层中当前的污泥浓度被"接受"，另一种可以根据其自身的污泥浓度由上一层输送；②通过在各层之间实施反向混合或数值扩散过程。Vesilind沉降函数用于模拟出水中的污泥和压缩行为，以解释离散沉降和压缩沉降问题（例如，双指数模型，Takacs等，1991）。对于离散沉降区域（二沉池顶部，即出水中的污泥），进一步的研究表明了该模型中絮凝沉降参数的可识别性。离散沉降转变为絮凝沉降的TSS浓度称为絮凝阈值（TOF）。TOF与颗粒的碰撞效率直接相关，因此取决于不沉降百分数、颗粒电荷、颗粒

密度、颗粒大小、胞外聚合物（EPS）特性等（Mancell-Egala 等，2017）。另外，TOF 描述了絮凝沉降行为，这是二沉池中的主要沉降方式，基于早期的研究，在稳态条件下，TOF 与出水悬浮物（ESS）之间存在线性关系（图 12.30）（Ngo 等，2018）。TOF 越低，碰撞效率越好，使得出水水质更好。此外，TOF 已被提出作为一种絮凝系数的计算测量方法（Takacs 等，1991），而不是用于校准参数。

絮凝沉降（stokesian）在理想操作的二沉池中占主导地位，然后过渡到"较慢"的阻碍沉降（非 stokesian），阻碍沉降容易导致故障和降低出水质量。Mancell-Egala 等人（2017）开发出一种新的沉降特征度量标准，并将其分类为斯托克斯式沉降极限（LOSS）。该参数描述了絮凝沉降向阻碍沉降的转变时的 TSS 浓度。斯托克斯式沉降极限越大，二沉池的污泥沉降能力就越高，因为只有在浓度增加时才会发生阻碍沉降。颗粒污泥、BNR 污泥和高速率活性污泥的 LOSS 值分别为 5000mg TSS/L、1200mg TSS/L 和 780～1000mg TSS/L。Takacs（1991）等人通过沉降模型（Mancell-Egala 等，2016）验证了实验得出的 LOSS 数量。与污泥基质中变化不大的通量曲线相比，LOSS 可以更快和更稳定地表征沉降速度。Torfs 等（2017）对传统沉降模型进一步改进。在传统模型中，沉降行为仅描述为污泥浓度的函数，实质上絮凝状态（即絮凝密度、絮凝强度、絮凝尺寸）也对沉降性能起着重要作用。

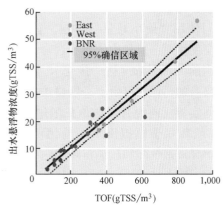

图 12.30　TOF 与出水悬浮物含量
之间的相关性（Ngo 等，2018）

为了克服其中的一些简化带来的影响，

Torfs 等（2017）提出了一个建模框架，该框架将基于 SST 模型的最新技术（受阻模型和压缩模型）与基于 PST 建模的最新技术［粒子沉降速度分布（Bachis 等，2015）］相结合。最终的框架允许以模块化的方式整合所有不同的沉降方式（离散、絮凝、受阻和压缩），并允许通过考虑不同的絮凝类别而不是仅考虑单个浓度变量来解释絮凝状态的变化。但是，此建模框架的校准要求很高，因此需要可靠的协议以及创新的测量方法。

一维动态模型在与活性污泥和全厂的过程预测中发挥着重要作用。由于其结构简单，它们不会给过程模型增加大量的计算负荷，并且可以合理地预测二沉池的三个主要功能：沉淀、浓缩和污泥存储。这些模型中预测的出水污泥成分是出水质量的重要组成部分。回流污泥用于固废处理，并影响 SRT、污泥层增厚以及污泥管线的负荷和性能。最后，污泥存储（动态污泥层预测）考虑了反应器污泥存量的变化，这可能会对工艺性能产生重大影响。在某些条件下，二沉池会发生生物或化学反应，例如反硝化作用。一维模型几乎专用于模拟这些反应，由于缺少反应性的零维模型不适合此目的，在二维和三维流体力学模型中实现复杂的生物学模型会产生一个问题——大负荷的计算需求。一维分层模型不能用于研究二沉池结构的详细信息，例如储罐的几何结构或斜板放置。为此需要 2D 或 3D 计算流体动力学（CFD）模型。

12.6.3　计算流体动力学模型

CFD 模型基于流体质量（连续性）守恒、水平和垂直方向的动量守恒、污泥质量守恒（悬浮固体的传输）、焓守恒（热平衡）和湍流模型。为了获得稳定的数值解，必须将二沉池离散成一个精细的网格，通常使用数以万计的网格元素。在这种表示方式中，可以考虑精细的物理几何结构细节，例如斜板、位置和角度。随后在每个时间节点处求解上述方程组。虽然计算量较大，但会非常详细地展示二沉池中的污泥分布和流态图。如图 12.31 所示（在二维 CFD 模型示例中），添加第三维进一步增加了这些模型的复杂性和执行时间，并且仅在必要时才应包括在内。

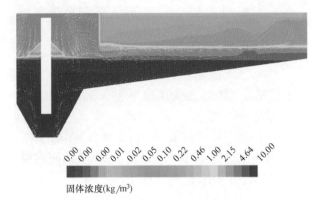

固体浓度(kg/m³)

图 12.31　2D CFD 结果（图片：MMI Engineering）

近年来，由于流体动力学建模和模型校准的进步，CFD 模型的使用已显著加快。二沉池设计的详细信息经常在 CFD 模型中进行验证或优化，然后全面地在二沉池中实施。图 12.32 给出了一个示例，CFD 模拟了斯坦福斜板，该斜板设计用于将水流从出水堰区引开。斜板的作用在流场上清晰可见；但是在这种情况下，模拟无法预测污水中悬浮物的改善状况。

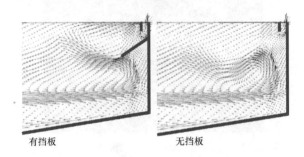

有挡板　　　　　　无挡板

图 12.32　斯坦福斜板对堰周围流场的影响
（图片：MMI Engineering）

12.7　设计实例

设计一个二沉池。确定二沉池面积和回流泵容量。使用第 12.5 节中所述的简化方法，针对表 12.4 中指定的预期负荷设计二沉池。污泥的沉降特性在该点尚不清楚，因为即将建造的新工艺将实现生物营养物的去除，同时进水中含有 10% 的工业废水。现场污水处理厂不需要硝化，也没有进水量增加。因此，假定平均沉降值如表 12.5 所示。通过手工或使用前面提到的电子表格可以轻松计算此分配。

解决步骤

根据表 12.4，干旱天气的日峰值为 336m³/h，潮湿天气的峰值为 672m³/h。

设计规范　　　　　　　　　　表 12.4

参数	符号	值	单位
混合液悬浮固体浓度	X_F	3.2	kg/m³
平均干燥天气流量	Q_{ADWF}	240	m³/h
干燥天气日峰值	P_{FDW}	1.4	
暴雨峰值因子	P_{FWW}	2.8	
通量理论的安全系数	F_A	1.25	
WRC 的安全系数	F_{WRC}	1.25	

1. 使用通量理论进行设计

（1）由式（12.4）计算出在 MLSS 浓度下的沉降速度（污泥处理标准Ⅱ）（1.5m/h）。

（2）PWWF 时所需的最小占地面积为 672/1.5=448m²。

（3）D&O 图中的最小回流比是 0.49。这是一个安全的回流比，因为它尚未包括该地区的安全系数。

（4）使用状态点分析图，从状态点以 PWWF 0.49（329m³/h）和 PDWW 0.32 的回流比绘制切线到重力曲线。回流泵容量选择 330m³/h（2 台泵）。

（5）应用 25% 的安全系数（A=553.4m²）。四舍五入为 550m²。

2. 经验设计

对于 PDWF 或 336m³/h，回流泵选择 100% 回流比。对于 PDWF 使用 1m/h 的水力负荷或 5kg/(m²·h) 的污泥负荷，对于 PWWF 使用 2m/h 的水力负荷或 10kg/(m²·h) 的污泥负荷，5kg/(m²·h) 负荷率会产生最大的二沉池面积，3.2×(336+672)/5=369m²。

与基于通量理论的设计相比，该设计可产生更小的二沉池。这是因为经验方法未考虑到污泥可能是低沉降特性。其他设计方法假定的污泥沉降参数如表 12.5 所示。

各种设计方法的假定污泥沉降参数

表 12.5

参数	符号	值	单位
污泥量指数	SVI	190	mL/g
稀释污泥量指数	DSVI	160	mL/g
3.5g/L悬浮污泥浓度下的搅拌污泥体积指数	$SSVI_{3.5}$	120	mL/g
初始沉降速度	v_0	5.82	m/h
受阻沉降参数	p_{hin}	0.42	m³/kg

3. WRC 设计

（1）根据式（12.12a）计算临界回流速率为 0.66m/h；

（2）对于 PWWF，从式（12.12）计算二沉池面积为 583m²，PDWF 则为 292m²，取较大的一个面积 583m²，考虑 25% 的安全性，则二沉池面积为 729m²；

（3）PWWF 回流流量为 481m²/h，选择 500m³/h 的回流泵，PWWF 溢流速率为 672/729＝0.92m/h。

4. ATV 设计

（1）根据式（12.11）计算的 DSV30 为 3.2× 160＝512mL/L；

（2）式（12.14）计算的溢流速率是 0.56m/h，小于最大值 1.6m/h；

（3）PWWF 所需的面积为 672（m³/h）/ 0.56（m/h）＝1196m²，选择 1200m²；

（4）在 PWWF 条件下（式 12.15）的回流浓度为 7.5g/L，而在 ADWF 条件下（式 12.16）的回流浓度为 9.5g/L；

（5）基于质量平衡式（12.17），在 ADWF 期间回流流量为 179m³/h，在 PWWF 期间回流流量为 341m³/h；最终选择 350m³/h。

5. STOWA 设计

（1）根据式（12.12）得出 DSV30 为 3.2× 160＝512mL/L，根据式（12.18）得出允许溢出率为 0.72m/h；

（2）根据式（12.13），污泥体积负荷率为 371L/（m²·h）［300～400L/（m²·h）］，因此，0.72m/h 在接受范围内；

（3）二沉池面积为 240/0.72＝332m²（AD-WF 期间），MLSS 最大去除率为 70%，即 0.7× 672/0.72＝650m²；

（4）基于质量平衡式（12.17），在 ADWF 期间回流流量为 179m³/h，在 PWWF 期间回流流量为 341m³/h；最终选择 350m³/h。

表 12.6 总结了使用不同设计方法选择的二沉池面积和回流泵容量。

二沉池参数					表 12.6
	单位	通量理论	经验模型	WRC	ATV（1976）	STOWA
沉淀面积	m²	550	369	729	1200	650
回流泵	m³/h	330	336	500	350	350

图 12.33 正确操作和维护的二沉池示例

图 12.33　正确操作和维护的二沉池示例，其出水质量良好（照片：D. H. Eikelboom）

扫码观看本章
参考文献

术语表

缩写	全称
ADWF	平均干燥天气流量
CFD	计算流体力学
DSVI	稀释污泥体积指数
DWF	干燥天气流量
MLSS	混合液悬浮物

缩写	全称
PF_{DW}	日峰值因子(干燥天气)
PF_{WW}	潮湿峰值因子
PWWF	潮湿天气流量峰值
RAS	回流活性污泥固体
SBR	序批式反应器
SOR	表面溢流速率
SPA	状态点分析
$SSVI_{3.5}$	在 3.5g/L 混合液悬浮物浓度下进行搅拌污泥体积指数试验
STOWA	Stichting Toegepast Onderzoek Waterbeheer 荷兰水管理应用研究基金会
SVI	污泥体积指数
SZSV	搅拌区沉降速度
ZSV	区域沉降速度

符号	全称	单位
A	沉淀池面积	m^2
DSV_{30}	试验条件下 MLSS 的沉降体积	mL/L
F_A	区域安全系数	—
G	速度梯度	s^{-1}
j_{AP}	总沉降通量	$kg/(m^2 \cdot h)$
J_B	体积通量	$kg/(m^2 \cdot h)$
j_I	溢流速率通量	$kg/(m^2 \cdot h)$
J_L	极限通量,对应于 XL	$kg/(m^2 \cdot h)$
j_R	底流量	$kg/(m^2 \cdot h)$
J_s	重力通量	$kg/(m^2 \cdot h)$
p_{hin}	阻碍沉降参数	L/g 或 m^3/kg
q_I	水力负荷或溢流速率	m/h
Q_I	进水流量	m^3/h
q_o	允许溢流速率	m/h
Q_R	回流速率	m^3/h
q_R	水力底流速率	m/h
$q_{R,crit}$	临界底流流量	m/h
q_{sv}	污泥容积负荷率	$L/(m^2 \cdot h)$
R	回流比(Q_R/Q_I)	—
v_o	初始沉降速度	m/h
v_s	沉降速度	m/h
x	不同 ZSV 试验中的 MLSS 浓度	g/L 或 kg/m^3
X	污泥固体浓度	kg/m^3
X_F	进水浓度	kg/m^3
X_L	极限浓度	kg/m^3
X_R	回流浓度	kg/m^3

图 12.34　特殊设计的二沉池（WWTPBileća，波斯尼亚和黑塞哥维那，照片：D. Brdjanovic）

第 13 章
膜生物反应器

Xia Huang，**Fangang Meng**，**Kang Xiao**，**Hector A. Garcia** 和 **Jiao Zhang**

13.1 膜分离原理

膜分离的基本原理为：通过在选择性透过膜上施加一个或多个驱动力，使特定的组分能够优先透过膜，完成混合物组分的分离、纯化或浓缩。选择性透过膜是保证物质有效分离的关键。膜分离的机理包括筛分、扩散/电渗析、渗透、相变等。筛分是利用多孔膜进行的机械过滤过程，而其他机理则依赖于渗透组分与膜材料之间的物理化学作用。膜分离过程的动力来源包括压力梯度、浓度梯度、温度梯度、电位梯度等。

基于压力梯度驱动的膜工艺现已成功应用于水处理行业中的污水净化、废水处理和净水回用。按照膜孔径的不同，可分为微滤（MF）、超滤（UF）、纳滤（NF）和反渗透（RO）等。这些膜去除从几微米（如：污泥颗粒）到几纳米（如：盐分）大小的污染物，膜孔径如图 13.1 所示。微滤膜（MF）可过滤大于 $0.1\mu m$ 的颗粒物质。超滤膜（UF）的过滤对象包括粒径为 $0.002\sim0.100\mu m$ 的胶体和大分子；超滤膜的过滤特性通常用分子量截断量来衡量。纳滤膜（NF）可分离分子量为 $100\sim1000Da$ 的有机化合物以及一些硬度离子。反渗透膜（RO）则多用于盐分和微小溶质发分离。微滤和超滤为低压过程，而纳滤和反渗透则为高压过程。

膜生物反应器（MBR）是一种集生物处理和膜过滤于一体的废水处理及水回收工艺。MBR 组件通常采用微滤或超滤膜，实现清水与活性污泥固体的分离，从而保证出水质量。膜可

以保留污泥中全部的絮凝体和细菌细胞，以及一些胶体和可溶性生物聚合物。MBR 反应器有好氧 MBR 和厌氧 MBR 两种。好氧 MBR 主要用于去除有机污染物、氮磷污染物和大多数病原体。厌氧 MBR（AnMBRs）则主要用于碳能、碳材料和 N/P 营养物的回收。

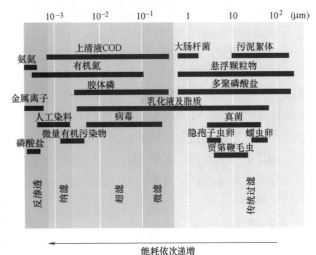

图 13.1 反渗透（RO）、纳滤（NF）、超滤（UF）、微滤（MF）膜和常规过滤（CF）过滤颗粒的介质大小

13.2 MBR 工艺简介

13.2.1 MBR 发展历史

自 20 世纪初发现活性污泥以来，活性污泥工艺已广泛用于废水处理，但通常会受到固液分离效果的限制。超滤膜是在 20 世纪初期在欧洲开发的（Bechhold，1907），并在实验室研究中

逐渐进行商业化的细菌或微生物分离（Zsig-mondy 和 Bachmann，1922）。20 世纪 60 年代后期，Dorr-Oliver 发明了 MBR 工艺，将侧流的膜组件与活性污泥耦合，为常规活性污泥（CAS）工艺中的固液分离问题提供了一种解决方案（Bemberis 等，1971）。这种 MBR 的组合系统最初在日本用于小型市政污水处理。

针对侧流 MBR 工艺的高能耗问题，Yamamoto 等人开发了一种具有突破性意义的浸没式 MBR（Yamamoto 等，1989）。这种浸没式 MBR 由于吸入压力较低，不需要再循环泵，因此运行过程的能耗较低。自此，基于 MBR 的工艺开始被业界接受并应用于废水处理。其中，以日本的久保田公司为代表。在 20 世纪 90 年代，日本约有 60 家生活污水和工业废水处理厂安装了久保田膜组件，其总处理能力达到了 5.5 MLD（Judd 和 Judd，2011）。其间，日本东丽公司（Mitsubishi Rayon）的 SUR MBR 膜组件，Norit X-Flow（聚合物多管膜组件）和 GE-zenon 的 ZeeWeed® 浸入式超滤膜等产品也都促进了 MBR 的商业化应用。从那时起，MBR 工艺开始在全世界广泛使用。

目前，MBR 工艺已在原有基础上进行了更多改进，如基于膜蒸馏（MD）的 MBR 和基于正渗透（FO）的 MBR。MBR 系统的应用也扩展到其他生物处理过程，例如好氧颗粒、厌氧菌等，尤其是厌氧过程。厌氧 MBR（AnMBR）被认为是废水处理过程中有希望进行能源生产（即甲烷）的技术。

13.2.2 MBR 特性

膜生物反应器是指将膜分离技术中的超滤或微滤组件与污水处理中的生物反应器相结合而成的一种污水处理系统。经生物降解后，MBR 可以对微生物和处理后的清水进行分离，实现污水的高效处理。MBR 工艺具有以下优点：

（1）省去了二次沉淀池，且系统内微生物浓度高，单位处理负荷高，工艺的占地面积减少（根据污水处理厂的产能，土地使用量可以减少 30%～50%）。

（2）膜强化了系统对污水中污染物的截留和生物降解效果，提高了出水水质。

（3）实现了污泥停留时间（SRT）和水力停留时间（HRT）的分离，有利于提高混合液悬浮固体（MLSS）的浓度，从而调节 SRT 和 HRT。

（4）系统内 MLSS 浓度高，使得剩余污泥产生量减少。

对土地紧缺的大城市而言，较小的占地面积对于污水处理厂（WWTP）的设计具有显著意义。而出水水质的提高，则有利于满足日趋严格的污水排放和中水回用标准。此外，对污泥处理较为困难的地区，MBR 剩余污泥产生量小的特点也使得其备受吸引力。得益于上述优点，MBR 被认为是市政污水和工业废水处理的重要工艺。

13.2.3 MBR 结构

如图 13.2（a）和 13.2（b）所示，根据膜单元和渗透压的不同，MBR 有两种结构：具有正压的外置式 MBR（sMBR），以及具有真空压力的浸没式 MBR（iMBR）。

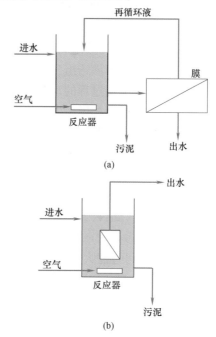

图 13.2 MBR 结构
（a）外置式 MBR（sMBR）；（b）浸没式 MBR（iMBR）

在外置式 MBR 中，膜单元安装在生物反应器的外部，该生物反应器通常置于污水处理厂房中（图 13.2a）。污泥通过两种方式进行回流：直接通过多个串联的膜组件泵回反应器中，或被泵送到一组膜组件后再经第二组泵实现污泥的循环。膜的清洗则通过清洗罐、泵和管道系统就地进行。

对于浸没式 MBR，膜组件既可以安装在主体生物反应器内，也可以作为单独的反应单元（图 13.2b）。浸没式 MBR 通过曝气为污泥供氧同时利用气流的冲刷作用控制膜的结垢污染问题。膜工艺还包含在线反冲系统，通过来回泵出膜渗透液来减少膜表面结垢。除此之外，在线化学清洗也能够减少膜污染，避免膜组件或反应器的移动。在外置式 MBR 中，膜组件被置于反应器外，简化了它清洗的难度，但需要将其分离的污泥连续泵回反应器以限制膜组件内的 MLSS 浓度增加；而对浸没式 MBR 而言，可以直接将

膜组件从反应器内取出，投入离线清洗槽中清洗。

考虑曝气抑制膜污染能耗的话，浸没式 MBR 通常比外置式 MBR 的低，但需要频繁清洗膜组件。外置式 MBR 更多用于处理水量较小的工业废水（如垃圾渗透液）。值得注意的是，在进行 MBR 工艺设计时，需要充分考虑所有的工艺参数，包括膜通量、跨膜压力（TMP）、能耗和清洗频率等。

图 13.3 展示了许多已开发或应用的具有各类新型 MBR 工艺，包括膜结垢控制、脱氮除磷、废水回用、特殊细菌的培养、增强过膜通量、强化污水处理效果等。

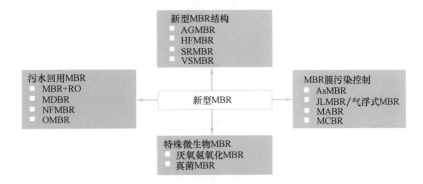

图 13.3　近年来开发的新型 MBR 工艺：AGMBR（好氧颗粒污泥 MBR）；HFMBR（混合生物膜 MBR）；SRMBR（潜水旋转式 MBR）；VSMBR（垂直淹没式 MBR）；MBR＋RO（具有反渗透功能的 MBR）；MDBR（膜蒸馏生物反应器）；NFMBR（纳滤 MBR）；OMBR（渗透性 MBR）；AsMBR（空气喷射 MBR）；JLMBR（喷射回路 MBR）；MABR（膜吸附生物反应器）；MCBR（膜混凝生物反应器）；厌氧氨氧化 MBR（Meng 等，2011a）

13.2.4　膜材料和膜组件

膜通常采用聚合物或陶瓷作为材料。典型的膜通常具有不对称结构，包括具有渗透性能的顶部较薄致密层和具有机械性能的较厚多孔支撑层。MBR 膜应具备以下特性：①高孔隙率，合适的孔径和狭窄的孔径分布，以提供高选择性和高透水性；②坚固的机械特征，可以承受频繁的冲洗和空气冲刷；③采用耐化学腐蚀的材料，在化学清洗过程中耐极端 pH 值和氧化剂；④理想的防污性。此外，膜表面电荷、粗糙度和亲水性/疏水性等其他一些特性也被证明对 MBR 性能（尤其是膜结垢）有影响。

常见的商用膜材料包括醋酸纤维素（CA）、聚偏二氟乙烯（PVDF）、聚砜（PS）、聚乙基砜

（PES）、聚丙烯腈（PAN）、聚氯乙烯（PVC）、聚乙烯（PE）、聚四氟乙烯（PTFE）和聚丙烯（PP）。通过特定的制造技术，可以将上述所有聚合物制成具有所需物理性能和合理耐化学性的膜。对 MBR 市场而言，PES 和 PVDF 膜是主要产品。近期，PTFE 产品也已经开始向市场推广。PES 膜具有良好的化学稳定性，可以耐受 1.5～13 的 pH 值，并具有中等的耐氯性。PVDF 膜则可以耐受强酸（如：低至 1 的 pH 值），但较难在碱性条件下操作（操作 pH 值应低于 11）。PVDF 膜具有良好的耐氯性，使其成为广泛使用次氯酸盐清洁的 MBR 应用的理想选择。而 PTFE 膜则对极端的 pH 值条件或氧化剂（如次氯酸盐和臭氧）均具有出色的耐受性。

无机材料，如铝、锆、二氧化硅和二氧化钛等，常用于制造陶瓷膜。陶瓷膜对水力冲刷、高温和化学物质均表现出优异的耐受性。考虑到不锈钢膜对高温和高通量的耐受性，其被视作工业废水处理的潜在替代方法。但这些无机膜的成本高昂，因此并非大规模 MBR 处理厂的首选。此外，无机膜有时会在厌氧膜生物反应器中引起更严重的无机污染（Trzcinski 和 Stuckey，2016）。因此，无机膜只能应用于某些特殊的废水应用，例如高温的工业废水处理。

13.2.5 商业膜组件制造商

得益于 MBR 的独特性及膜价格的显著降低，MBR 工艺在近十年来越来越广泛地应用于污水/废水处理（Xiao 等，2014）。目前，全球有超过 40 家公司正在生产和提供 MBR 应用的膜模块产品。这些产品可分为中空纤维（HF）、平板（FS）和多管（MT）配置几种类型。主要的膜供应商及其膜产品的基本性能如表 13.1 所示。

全球 MBR 工程应用的主要膜供应商　　　　　　　　　　　　　　　表 13.1

膜材料[①]	膜组件类型	膜孔径(μm)	产品名称	制造商
PVDF	中空纤维膜	0.035	ZeeWeed 500	Suez(Zenon),美国
PVDF	中空纤维膜	0.4	Sterapore	Mitsubishi Rayon,日本
PVDF	中空纤维膜	0.1	BSY	Origin Water,中国
PVDF	中空纤维膜	<0.1	SMM	Memstar,新加坡
PVDF	中空纤维膜	0.03	PURON	Koch Membrane Systems,美国
PVDF	中空纤维膜	0.1	Microza MUNC	Asahi Kasei,日本
PVDF	中空纤维膜	0.04	Memcor MemPulse	DuPont,美国
PVDF	中空纤维膜	0.075	Saveyor SVM	Canpure,加拿大
		0.05	CPM	
PVDF	中空纤维膜	0.1	SMT-600-BR	Beijing Scinor,中国
PVDF	中空纤维膜	<0.1	BF,BT	Tianjin Motimo,中国
PVDF	中空纤维膜	0.1~0.2	FMBR	Hangzhou Creflux,中国
PVDF	中空纤维膜	0.02	FFM-MBR-20	FFM Inc.,美国
HDPE	中空纤维膜	0.4	KSMBR	Econity,韩国
PVDF	中空纤维膜	0.4	SuperMAK	ENE,韩国
PVDF	中空纤维膜	0.1	RCM	Philos,韩国
PVDF& PTFE	中空纤维膜	0.04~0.08	EcoFil,EcoFlon	Ecologix,美国
PTFE	中空纤维膜	0.1,0.2,0.45	Poreflon SPMW	Sumitomo,日本
PVDF	中空纤维膜	0.1	ZENOMEM	Suzhou Vina,中国
氯化 PE	平板膜	0.4	Kubota SMU	Kubota,日本
PVDF	平板膜	0.08	MEMBRAY	Toray,日本
PVDF	平板膜	0.1	SINAP	SINAP,中国
PVDF	平板膜	0.08~0.30	PEIER	Jiangsu Lantian Peier,中国
PES	平板膜	0.04	CES SubSnake	Colloide Engineering Systems,北爱尔兰
PES & PVDF	平板膜	0.08,0.1,0.4	EcoPlate,EcoSepro	Ecologix,美国
PES	平板膜	0.01~0.20	Neofil	LG Electronics,韩国
PES	平板膜	0.04	BIO-CEL	Microdyn-Nadir,德国
PES	平板膜	~0.07	U70	A3 Water Solutions GmbH,德国
PVDF	平板膜	0.14	M70	
PVDF	平板膜	0.2	MFP2	Alfa Laval,瑞典
PES	平板膜	~0.07	MEMBRIGHT	FLI Environmental Group,美国
PVDF	平板膜	0.05	VINAP	Suzhou Vina,中国
PES	平板膜	0.05	MicroClear	Weise,德国
PVDF	管式膜	0.03	Airlift MBR	Pentair X-Flow(Norit),荷兰
PVDF	管式膜	0.03,100kDa	BioFlow	Berghof,德国
陶瓷	平板/多通道结构	0.1	CH250	Meidensha,日本
陶瓷	平板/多通道结构	0.2	CFM	ItN Nanovation,德国
陶瓷	管式膜	0.02,0.05,0.1,0.2,0.5	JWCM	Jiangsu Jiuwu Hi-tech,中国

①PVDF 聚偏二氟乙烯；PE 聚乙烯；HDPE 高密度聚乙烯；PVC 聚氯乙烯；PES 聚醚砜；PTFE 聚四氟乙烯。

13.2.5.1　浸没式中空纤维膜

苏伊士（Zenon）

苏伊士水技术与解决方案公司的 ZeeWeed® 500 技术是市场上最早的 MBR 膜之一，也是市场上最早的垂直中空纤维膜。ZeeWeed® 500 垂直中空纤维膜由 Zenon Environmental Inc. 开发（1980～2006 年），后来被 GE 水处理与工艺技术公司（2006～2017 年）收购，于 1993 年首次引入 ZeeWeed® 150（称为 ZeeWeed® 150）以代替其 Permaflow® 管状膜（于 1983 年推出）。当前的 ZeeWeed® 500 膜（图 13.4a）适于从饮用水到海水淡化的各种应用，其中以 MBR 的应用最著名。

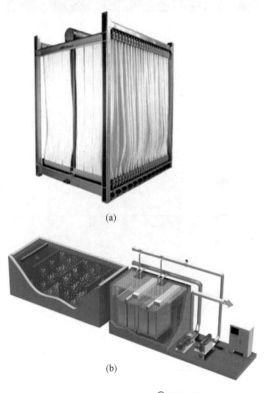

图 13.4　ZeeWeed® 膜产品

（a）ZeeWeed® 500D 磁带；

（b）带有 LEAP 曝气的 ZeeWeed® 500

膜组件（照片来源：Suez）

用于 MBR 工艺的 ZeeWeed® 500 膜采用专门配制的增强 PVDF 化学物质，可制得标称孔径为 $0.035\mu m$ 的超滤膜。目前的产品采用 LEAPmbr® 膜和曝气技术（图 13.4b），可使总能源使用量（曝气＋渗透）小于 $0.06kWh/m^3$。如今，全球有超过 2300 个 MBR 设备正在使用

ZeeWeed® 500 膜，相当于在 MBR 领域中超过 100 万个的操作模块，对应每天处理的清水量高达 2650 万 m^3/d。

2. 三菱集团

三菱化学水处理解决方案有限公司（MCAS）是优质的 MF/UF 中空纤维膜产品公司（图 13.5）。

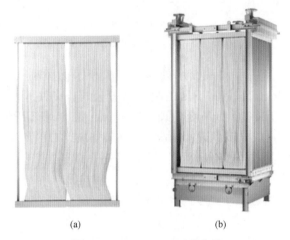

图 13.5　SteraporeTM 膜产品

（a）膜组件；（b）模块单元（照片来源：www.thembrsite.org）

三菱集团为废水处理、饮用水和加工水处理等提供各种 MF/UF 膜产品，其代表性的产品 STERAPORETM 是一种 MBR 应用的浸入式 MF/UF 膜。这种增强型 PVDF 膜的孔径为 $0.05\mu m$ 和 $0.4\mu m$，每个模块的有效膜面积可达 $18\sim2400m^2$。自 1992 年以来，STERAPORETM 已安装在全球超过 5000 个生活污水处理厂和工业废水处理厂的 MBR 系统中。而作为 MBR 膜供应商的全球领导者，三菱集团现在也正在积极地拓展全球膜业务。

3. 北京碧水源

北京碧水源技术有限公司（BOW）成立于 2001 年。它是中国最大的膜供应商，市场份额约为 70%（图 13.6）。

据统计，截至 2019 年底，碧水源已承接 30 多个 MBR 项目，每个项目的总产能均超过 10 万 m^3/d。碧水源生产的 MBR 膜孔径为 $0.1\mu m$，材质为 PVDF 材料，具有很高的化学稳定性。

4. 中信环境

中信环境技术有限公司（CEL）集团是一家优质的基于膜处理的综合环境解决方案提供商，

图 13.6 北京碧水源公司 MBR 产品

（a）膜组器；（b）中空纤维膜（来源：北京碧水源）

专门从事水和废水处理，供水和水循环利用。Memstar 是其下属的膜产品分公司，专注于膜的水和废水深度处理。Memstar 是全球 TIPS PVDF 产品的最大制造商，在新加坡、中国和美国拥有 4 个制造工厂，采用最先进的制造工艺生产非溶剂诱导相分离（NIPS）和热诱导相分离（TIPS）的 PVDF 中空纤维。Memstar 的 MBR

技术采用孔径为 $0.04\mu m$，外径为 $1.3mm$ 的 PVDF 中空纤维膜。它们的膜组件可提供的有效膜面积分别为 $10m^2$（SMM-1010）、$12.5m^2$（SMM-1013）、$20m^2$（SMM-1520）、$25m^2$（SMM-1525）和 $30m^2$（SMM-2030）（图 13.7）。

图 13.7 Memstar MBR 产品

（a）膜组件；（b）膜组器（或滑轨）

（照片：Judd 和 Judd，2011）

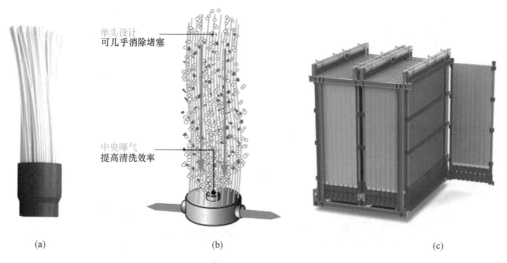

图 13.8 PURON® MBR 和 PULSION MBR 膜产品

（a）PURON® 中空纤维膜；（b）PURON® 单头设计；（c）PULSION® MBR 模块

（图片：Koch Separation Solutions，Inc.）

5. 科赫（Koch）

Puron GmbH 公司成立于 2001 年末，并于 2004 年被 Koch Separation Solutions，Inc.（前称 Koch Membrane Systems，Inc.）收购。该公司发明的单头超滤 PURON® 膜生物反应器对 MBR 的工业废水和市政污水处理有重要影响。该反应器模块的设计如图 13.8 所示，专利产品的底部固定有增强的 PVDF 中空纤维，可消除

头发、纤维材料和污泥固体的堵塞，使固体和颗粒（包括细菌）保留在外部，而渗透液则通过膜被吸入纤维内部得到分离。纤维束内安装有可调节的曝气喷嘴，使整段纤维束获得有效冲刷，并最大限度地降低功耗。新一代 PULSION® MBR 产品创新性地采用了活塞泵送式的曝气方式，使气泡顺利穿过膜纤维束。此外，膜组件中混合液的改进再循环提高了膜的处理通量和整体性能，

优化的设计和布局则减少了水箱尺寸，同时消除了对空气循环阀的需求。与传统产品相比，该产品可减少高达 40% 的曝气能耗和 25% 的占地面积。

13.2.5.2 浸没式平板膜

久保田

日本久保田公司于 20 世纪 80 年代后期开发了 KUBOTA 潜水膜单元®，提供可用于深度废水处理和再生水的膜处理（图 13.9）。

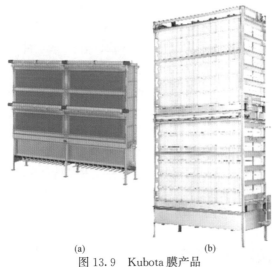

图 13.9　Kubota 膜产品

（a）RM 系列；（b）SP 系列

（照片来源：www.kubota.com）

自 20 世纪 90 年代以来，久保田的 KUBOTA 潜水膜单元®已在世界各地的许多污水处理和工业废水处理的 MBR 工艺中获得了广泛应用。该膜处理单元由一个膜套盒和一个扩散器套盒组成，该膜套盒可容纳多个平均孔径为 0.2μm 的膜元件盒。膜元件盒为平板结构，有效过滤面积为 0.80m²/盒（FS/FK 系列）或 1.45m²/板（RM/RW 系列）（图 13.9）。截至 2019 年 12 月，久保田在全球范围内已安装了 6000 多个 MBR 单元。

日本东丽集团（Toray）

东丽是日本一家知名的膜制造商，在全球范围内提供高质量的膜和水处理产品（图 13.10）。

东丽的 MEMBRAY® MBR 膜是以聚对苯二甲酸乙二醇酯（PET）无纺布支撑层为基础的PVDF 平板膜，膜孔径为 0.08μm，单张膜的面积为 0.7～1.4m²。东丽还开发了新的 NHP 系列模块。NHP 模块具有与中空纤维模块相似的堆积密度，并保持了平板 MBR 模块的出色功

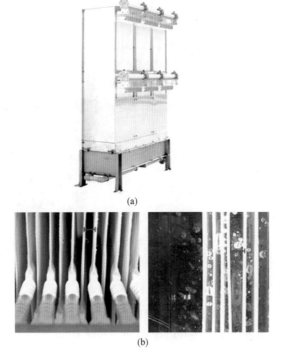

图 13.10　东丽 NHP 膜组件

（a）NHP-210-300S 膜组件；（b）膜元件侧视图

（照片来源：www.toraywater.com）

能。这种新的模块设计提高了生产率和清洁效率，同时减小了占位面积及能源需求。

思纳普

上海思纳普膜技术有限公司是由中国科学院上海应用物理研究所和上海过滤器有限公司联合创办的（图 13.11）。

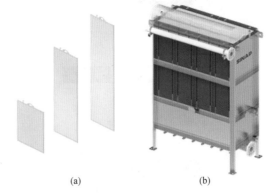

图 13.11　思纳普 MBR 膜组件

（a）平板膜；（b）Sinap 膜组件（照片来源：Sinap 官网）

思纳普是中国优质的平板膜制造商，其平板膜使用 PVDF 作为材料，孔径为 0.1μm。思纳普的膜具有典型的不对称结构，出色的抗污染性，较低的膜固有渗透性和更佳的操作稳定性。

明电社

明电社是一家成立于 1897 年的日本公司，专注于水处理工程业务。自 2012 年以来，他们便开始为浸没式 MBR 提供陶瓷平板膜（图 13.12）。

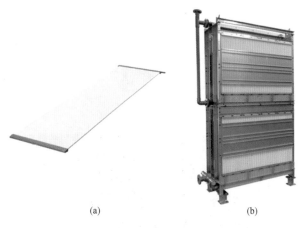

(a)　　　　　　(b)

图 13.12　陶瓷平板膜元件和双层膜单元
（图片来源：www.meidensha.com）

与传统的 MBR 相比，明电舍的膜系统结合了陶瓷膜和平板膜的特点，并具有以下显著优点：①可有效处理含有溶剂、油、化学药品和/或悬浮固体的工业废水；②陶瓷膜较为坚固，对化学清洁和空气擦洗抵抗性强；③可以使用自动清洁减少日常维护；④亲水的光滑表面可以保持更长久的过滤性能；⑤需要的曝气量较低，可减少能耗。明电社公司的 Meiden CH250 系列膜使用氧化铝材料，膜孔径为 $0.1\mu m$。

13.2.5.3　管式膜

滨特尔（Pentair）集团

X-Flow 是滨特尔集团旗下的国际膜品牌，旨在提供优质的膜产品与出色的工程服务。2011 年，滨特尔集团收购了 X-Flow 公司。X-Flow 的 AnMBR 技术适用于外置式 MBR 结构，膜组件垂直设置在生物反应器罐的外部，最多可容纳 13 个并联和 2 个串联的组件。X-Flow 膜的材料为 PVDF，并使用独特的 Helix 技术进行了优化，增强湍流效果并提高膜的性能，膜的平均孔径仅有 $0.03\mu m$。在过去的 10 年中，X-Flow 特别为 AnMBR 系统开发了 Crossflow FFR 技术。这种技术以膜元件 Compact 33V Helix 为核心，具有超强的超滤性能，可生产循环利用的优质废水（图 13.13）。

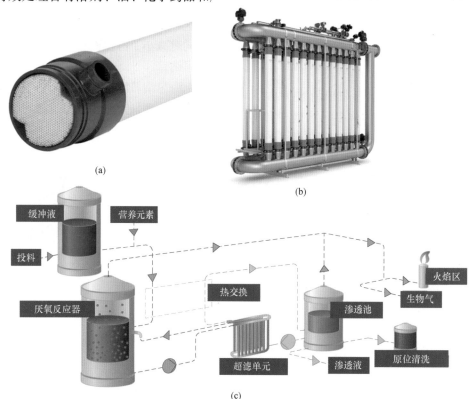

图 13.13　滨特尔 X-Flow 膜组件 AnMBR 工艺示意图
（a）Compact 33V 膜组件；（b）厌氧 MBR；（c）Crossflow FFR 技术

（图片来源：www.xflow.pentair.com）

13.3 污水处理效果及出水水质

13.3.1 常规污染物去除效果

常规污染物通常包括有机物（化学需氧量COD或生物需氧量BOD）、氨态氮（NH_4^+-N）、总氮（TN）、总磷（TP）、悬浮固体（SS）和浊度。出水达标对应的污染物处理效率则因污水/废水类型（例如市政废水与工业废水），废水需求（例如排放与再利用）以及不同国家采用的特定标准而异。

MBR的最初版本为有氧单元和膜的简单组合，称之为O-MBR。O-MBR可有效去除COD、BOD、NH_4^+-N和SS，是20世纪90年代末期及21世纪初期建立的MBR的主要形式。去除TN需要进行反硝化，因此，在好氧池之前或之后应添加一个缺氧区，以形成一个缺氧/好氧MBR（AO-MBR）工艺。为了利用微生物吸磷和释磷的特性，进行生物同步脱氮除磷，增加一个厌氧区便形成了厌氧/缺氧/需氧-MBR（AAO-MBR）工艺。AAO-MBR是市政污水处理厂中应用最为广泛的MBR工艺。根据工艺流程的不同，区域的设计则会有所差异（Xiao等，2014）。本章中将讨论完整的MBR生物膜处理过程。

一项世界范围内的规模化市政污水MBR工艺的COD、NH_4^+-N、TN和TP调研结果如图13.14所示（Xiao等，2019）。

该调查显示，COD、NH_4^+-N、TN和TP的进水浓度集中于500～700mg/L、25～50mg/L、40～70mg/L和6～12mg/L。COD、NH_4^+-N、TN和TP的出水浓度则分别为10～30mg/L、0～3mg/L、5～15mg/L和0～1mg/L。COD和NH_4^+-N的平均去除率为95%。TN去除率有较大波动，但大多集中于80%～90%。TP去除率则在80%～99%（主要是87%～98%），具体去除率取决于TP去除过程中磷的存在形式和投加的化学剂量。以中国为例，市政污水的COD、NH_4^+-N、TN和TP的浓度分别为150～400mg/L、15～30mg/L、25～40mg/L和2～4mg/L（数据表示为4分位数范围）（Sun等，2016b）。根据进水和出水水质的统计数据，所有

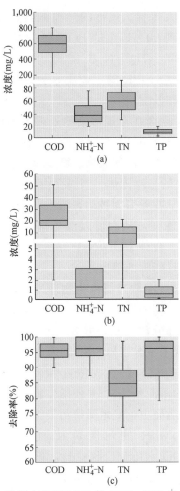

图13.14 政污水处理MBR的COD、NH_4^+-N、TN和TP去除率（摘自Xiao等，2019）

（a）进水浓度；（b）出水浓度；（c）规模化市

规模化的市政污水处理厂（主要采用CAS工艺）对BOD、COD、NH_4^+-N、TN、TP和SS的平均去除率分别为92%、88%、87%、65%、83%和93%（Sun等，2016b）。

与CAS工艺相比，MBR对于SS、COD和NH_4^+-N的去除特别有效，这也在规模化的MBR和CAS长期平行运行的过程中得到了验证。在生物营养物去除（BNR）方面，MBR在TN去除方面更具有竞争力，而TP有时则需要化学沉淀进一步处理。整体而言，MBR特别适用于市政污水处理。

MBR的应用也已扩展到工业废水处理。越来越多的MBR已被用于各种工业废水的处理（Xiao等，2019），甚至已被用于较大规模的渗滤液处理。根据废水类型的不同，污染物去除效

率存在很大差异。最近的一项调查显示，MBR装置可实现90%以上的 BOD 和 COD 去除率以及 95% 的 NH_4^+-N 去除效果（Zhang 等，2020）。围绕 MBR 的工业废水处理仍值得进一步的研究和开发。

MBR 现今在常规污染物处理方面已拥有多项卓越的技术进步（Xiao 等，2019）。MBR 膜可以直接分离污泥絮状物、微生物细胞和其他大于 $0.5\mu m$ 的悬浮固体。当膜孔由于污垢的吸附/阻塞而变窄或膜表面被动态污垢层覆盖时，膜的抗阻能力加强，从而可以部分排斥生物聚合物簇、碎片、胶体 COD/N/P 和 SMP 等可溶性物质和一些难降解的溶质。

MF 或 UF 膜过滤作为物理过程，不可能直接改变微生物的性质。但由于膜可以截留全部的微生物和部分污染物，可有效地增强生物过程。MBR 实现了 HRT 和 SRT 的完全分离，使系统内可以保持较高的污泥浓度和较低的 F/M 比（即较低的污泥负荷），并使微生物处于内源性呼吸期间，从而更彻底地降解污染物。对于市政污水处理，MBR 的污泥负荷通常为 0.03～0.10kgBOD$_5$/(kgMLSS·d)，低于 CAS 工艺 0.05～0.15kgBOD$_5$/(kgMLSS·d) 的污泥负荷。MBR 系统中微生物和污染物的共存有利于微生物共代谢，以去除难降解污染物。同样，由于膜的排斥作用，硝化细菌更易于在系统中富集，并对低温耐受性更强，这对于稳定去除 NH_4^+-N 至关重要，并且有利于提高整体 TN 的去除效果。对于低 COD/TN 废水的处理，可通过扩展缺氧区将内源性碳源用于反硝化，从而进一步减少污泥的产生。

对于生物除磷，MBR 则像一把双刃剑。一方面，MBR 具有较高的污泥浓度和每单位质量污泥的高 P 含量（即污泥相中总体上较高的 P 浓度），并且膜也可以截留一些胶体 P；另一方面，MBR 较长的 SRT（15～30d）意味着系统中剩余污泥的排放较慢。因此，MBR 是否能促进生物除磷尚无定论，有时需要借助添加沉淀剂或絮凝剂的化学除磷方式保证废水质量。值得注意的是，这种方式可以减轻膜污染。

最后，由于膜截留了所有生物质，因此相比于 CAS 工艺，MBR 系统对系统的污泥膨胀更具

抵抗力。MBR 在高强度废水、进水频繁波动、微生物群落脆弱或周围环境不稳定的情况下，依然可以实现更稳定的运行和污染物去除。此外，MBR 工艺在结构配置方面更灵活，更易于模块化安装和自动化操作。这些提高了 MBR 在特定的工业废水处理、分散式废水处理（如农村地区）和厌氧工艺（如 AnMBR）的应用可行性。

13.3.2 出水水质

不论是冲厕、洗车、城市绿化还是农田灌溉，污水中存在的病原体都是中水回用最主要的考量因素。

病原体覆盖范围很广，包括原生动物（例如隐孢子虫和贾第虫）、蠕虫（以及它们的卵）、真菌孢子、病原细菌（例如粪便大肠菌和肠球菌）和病毒（例如肠病毒，腺病毒和诺如病毒）等。在设计废水回收工艺时，应认真考虑人类直接或间接接触这些病原体而造成的健康风险。粪便中的大肠杆菌通常作为废水回收和再利用标准中致病菌的指示剂。考虑到病原细菌对生态系统和公共健康的深远风险，病原菌也必须符合废水排放标准。F 特异性噬菌体、体细胞噬菌体和噬菌体 T4 通常被用作 MBR 研究中的病毒指示剂。

超滤膜及微滤膜可以有效排除原生动物、蠕虫、真菌孢子和细菌等直径大于膜孔径的病原体。图 13.1 比较了膜孔径和病原体的大小。显然，在去除细菌方面，膜截留的效果是优于重力沉降的。对大型污水处理厂的调查显示，MBR 工艺对大肠杆菌和肠球菌的对数去除率比 CAS 对数去除率高约 3 个数量级（图 13.15）。

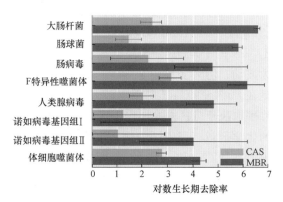

图 13.15　规模化 MBR 和 CAS 污水处理厂中细菌和病毒的去除效率（摘自 Xiao 等，2019）

与细菌的直接截留不同，病毒的粒径与膜孔径相当甚至更小，因此大大增加了处理过程的不确定性。如图13.15所示，规模化的MBR已被证明去除log3～log6（对数去除率）的病毒，远高于CAS工艺log1～log3（对数去除率）的去除能力。MBR消除病毒的机制很复杂，现有文献中有几种解释。

一种流行的观点是，膜和凝胶/饼状的污垢层一起共同充当了复合过滤器，实现对病毒的增强排斥。膜本身可以部分排斥病毒，其排斥率取决于膜孔径。膜孔道由于污垢吸附到孔壁上而变窄，而凝胶层由于是生物聚合物的基质，具有高孔隙率、高水含量和低渗透性，在较高的跨膜压力（TMP）下，其可压缩并且变得致密。以海藻酸钙凝胶层为例，其有效孔径约为5～30nm（Huang等，2010）。凝胶层在很大程度上有助于病毒的整体排斥。然而，值得注意的是，凝胶层的过度生长将会加剧膜表面的结垢。此外，病毒可以附着在混合液中的悬浮固体上，或被截留在污泥絮凝物中，然后被膜排斥分离。污泥混合液中微生物的失活也是去除病毒的另外一种可能机制。

与氯化、紫外线辐射和高级氧化化学消毒技术相比，基于膜的病原体处理是一个温和的物理过程，降低了消毒副产物、细菌抗性和病原体突变的风险。

13.3.3 新兴污染物去除效果

近年来，痕量有机污染物（TrOPs）或微生物污染物引起了公众对水安全的关注。这些污染物即使在痕量浓度下也可能会产生急性或慢性毒性，并且在水生环境中具有持久性或伪持久性。无论是污水达标排放还是再利用，都应认真考虑污水处理厂废水中是否存在TrOPs。按照影响和用途进行分类，研究最广泛的TrOPs包括内分泌干扰化合物（EDC）以及药物和个人护理产品（PPCP）。

EDC包括一系列酚类化合物（例如：烷基酚和烷基酚聚乙氧基化物）和甾体雌激素。PPCP按医疗效果则可分为：抗炎和止痛药、抗生素、调脂药、麝香等。

抗生素可以细分为磺酰胺类、喹诺酮类、四环素类、大环内酯类等。值得注意的是，这些污染物只是抗生素污染物的冰山一角。包括合成化学药品和中间代谢产物在内的TrOPs还有很多尚待监测和揭露。

市政废水中已知EDC的单个浓度通常为1ng/L～1μg/L（Xue等，2010），具体取决于EDC的类型。在原废水中，可检测到的PPCP的单个浓度通常为10ng/L～10μg/L（Sui等，2011）。不同种类抗生素之间的浓度差异很大（Gao等，2012）。有学者对规模化MBR中EDC和PPCP的去除效率进行了调查，结果如图13.16所示。大约一半的TrOP去除率超过95%，2/3的TrOP去除率超过80%，而少数PPCP的去除效率低于20%。去除性能的较大差异归因于生物降解性和疏水性的广泛变化，而最终归因于化合物的化学结构。

MBR系统中的TrOP可能会发生吸附、降解、排斥和蒸发反应。它们可以被混合液中的细菌细胞，EPS、悬浮固体和胶体吸附。吸附主要取决于TrOPs的疏水性，而辛醇/水分配系数（Kow）反映了这种疏水性。污染物被吸附到污泥相中之后，会进行生物降解，这种两步过程可以通过两相模型来描述。模型中的污泥-水分配系数，水-污泥传质速率常数和生物降解率常数是关键参数（Urase和Kikuta，2005；Xue等，2010）。MF或UF膜对吸附到膜孔中TrOPs的截留效果具有边际作用；然而，凝胶/滤饼层的吸附和排斥效果同样不容忽略。当TrOP被吸附在污泥相中或与胶体结合时，它们很容易被膜截留（图13.1）。另外，少部分TrOP，尤其是对于亨利常数值较大的不带电荷的化合物，可能会在有氧或膜罐的曝气条件下蒸发。

TrOPs的去除效率主要取决于其生物降解性和疏水性。对于易于降解的TrOP，MBR工艺和CAS工艺的去除效率通常相当，而对于难处理的TrOP，MBR在生物降解方面更为有效。对于易于被污泥吸收的具有强疏水性的TrOP，MBR中较高的污泥浓度以及可能更高的EPS含量有利于TrOPs的吸收，但SRT时间长不利于多余的污泥的排放。对于疏水性较弱但仍可被混合液中的颗粒和胶体吸附的TrOP，MBR可以截留这些化学物质并改善出水质量。总体而言，去除效率受混合液性能（例如MLSS和EPS）

和操作条件（例如 SRT）共同影响。

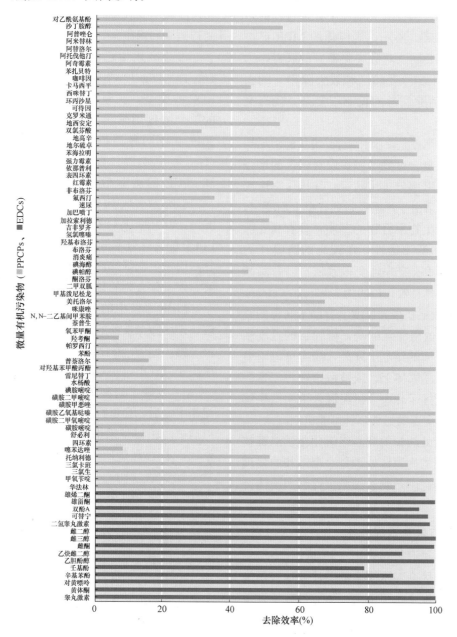

图 13.16　规模化 MBR 中 EDCs 和 PPCPs 的去除效率（摘自 Xiao 等，2019）

将粉末状活性炭（PAC）等吸附剂添加到 MBR 系统中是一种可行的增强吸附的方法。膜将确保完全排斥这些吸附剂颗粒。值得一提的是，吸附仅仅是将 TrOPs 从水相转移到固相/污泥相的物理过程，污染物的最终去除仍然取决于污泥对污染物的降解效果。对于既不可吸附又不可生物降解的 TrOP，需要耦合臭氧等高级氧化手段来保证出水达标。

污水处理系统中药物的生物反应也值得注意。污水处理厂中有潜在的抗生素残留，如抗生素抗性细菌（ARB）和抗生素抗性基因（ARG）等。这些抗生素污染物向环境中的释放对生态系统和人类健康具有风险。据报道，由于膜截留效率高，MBR 在 ARB 和 ARG 去除效果方面优于 CAS（Le 等，2018）。但是，某些 ARGs 仍残留在膜的渗透液中，需要结合其他手段以彻底消除。

微塑料通常被定义为小于 5mm 的塑料颗

粒，由于其潜在的生态毒理影响和对环境的持久性，近些年引起了公众对人类健康和生态安全的关注。这些材料很难沉积在沉淀池中，因此，在常规的污水处理厂往往难以去除这些微塑料。与此相对应的，得益于膜明显的分离优势，MBR可以去除99%以上的微塑料（Lares 等，2018）。因此，膜可以作为有效的屏障，阻止微塑料从污水处理厂排放到环境中。

13.3.4 能量回收效果

现阶段，废水被视为有价值的资源而不仅是污染物。如何从废水中回收能源和资源，是除基本的水质净化外可持续污水处理系统的重要发展方面。对此，厌氧处理工艺在技术上有望实现这一目标。与传统的厌氧技术相比，AnMBR 技术能够保留慢速生长的厌氧菌，具有出水质量稳定、可生产生物能源、占地面积小等优点，因此备受关注。迄今为止，AnMBR 已成功应用于COD 为 100～1000mg/L 的高浓度废水（例如食品加工废水）的处理，实现了超过 90%的污染物去除率。不同于工业废水，市政污水的有机物浓度较低，但水量更大，近年来也成为 AnMBR应用的热门领域。不少研究对市政污水 AnMBR的工艺参数进行了优化，以增强甲烷的产生效果。研究显示，AnMBR 处理市政污水的甲烷产生量为 $0.1 \sim 0.5 m^3 CH_4/kgCOD$（Wei 等，2014；Hu 等，2018）。

AnMBR 中的甲烷产生效果受操作参数和反应器中细菌竞争的影响。发酵温度、pH 值和有机负载率都会显著影响甲烷的产生。中温（20～42℃）和低温（0～20℃）条件对于 AnMBR 工艺运行有利，而较高温度下则能获得较高的甲烷产率。甲烷的损失量，即废水中溶解的甲烷，与温度有关。较低温度下，甲烷溶解度较高，会导致更多的甲烷损失，尤其是在液压驱动的 An-MBR 中。除了接近中性的 pH 值外，适当的有机负荷率也是甲烷产量的关键限制参数。有研究显示，在有机负荷率为 6kg COD/m³ 时，理论上最佳甲烷产量为 $0.382 m^3 CH_4/kg$ COD。（Wei 等，2014）。如果提供的有机负荷不足和/或硫酸盐含量高，则硫酸盐还原细菌和产甲烷古菌之间的内部竞争会影响 AnMBR 中的有机物质（Chen 等，2016；Lei 等，2018）。

如上所述，甲烷的损失是 AnMBR 中的一个现存问题。如何从提高沼气效率和减少温室气体排放的角度收集渗透液中溶解的甲烷值得深入研究。此外，AnMBR 中的膜污染也是不可避免的。为了实现 AnMBR 的稳定运行，可以采用多种污垢控制策略，包括优化运行条件、添加添加剂（例如颗粒状活性炭）、增加机械搅拌或沼气喷射增加膜表面的剪切力、进行化学清洗等。随着进一步的研究和发展，AnMBR 在未来市政污水能量回收方面具有广阔的应用前景。

13.4 膜污染与控制

13.4.1 膜污染的定义

膜污染通常定义为污泥絮凝体、胶体、溶质以及无机物在膜孔中的积累和/或这些化合物在膜表面的沉积（Meng 等，2009）。这种行为在操作上取决于各种因素，例如膜孔径、施加的通量以及膜组件的工作时间。MBRs 中的膜污染的结果是产水量下降和膜清洗的需求增加（例如物理和化学清洗）。此外，污垢本身和实施的清洗都会加速膜的老化，从而缩短膜的寿命。因此，膜污染是限制 MBRs 工程应用的主要问题之一。

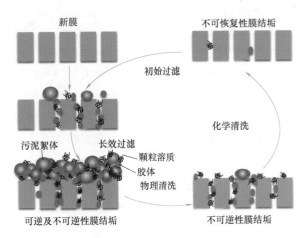

图 13.17　MBRs 中膜污染物的形成和
去除示意图（摘自 Meng 等，2009）

根据通过物理和化学清洗去除污垢的倾向（图 13.17），污垢可以是可通过物理清洗轻松去除的可逆污垢、不可通过物理清洗去除但可以通过化学清洗轻松去除的不可逆污垢，或两者都无法去除的不可恢复污垢。因此，可逆污垢和不可逆污垢的发展速度分别决定了物理清洗和化学清洗的实施。相比之下，不可恢复的污垢的积累可以看作是膜性能下降的潜在指标。

13.4.2　膜污染的特性

废污水或活性污泥混合液中存在的任何化合物都是 MBRs 的潜在污染物。根据污垢表征方法的不同，膜污染物可以从化合物或群落水平到化学或物种水平进行表征（Meng 等，2017）。在化合物水平上，EPS 和 SMP 在膜污染发展中起主要作用。多糖被认为是生物聚合物（> 100 kDa）的主要成分，被称为主要的致污物质（Rosenberger 等，2006；Shen 等，2012）。事实上，由于多糖的体积较大，多糖比蛋白质和腐殖质具有更高的膜截留率，因此，无论在混合液还是生物滤饼层中，多糖都具有更高的积累潜力（Meng 等，2011b）。此外，多糖具有很强的胶凝倾向，这与多糖分子的交联结构有关。特别是废水中多价阳离子的存在可以显著增加膜上凝胶层的形成。另外，其他生物分子，如蛋白质和腐殖质，也可以通过直接沉积在生物滤饼或分子间相互作用的方式促进膜污染的发展（Wang 等，2015；Zheng 等，2014）。

细菌沉积以及膜上生物膜的发展是导致膜污染发展的另一个关键因素（BlanpainAvet 等，2011；Gutman 等，2013）。一方面，沉积在膜上的细菌或已形成的生物膜可以产生大量的 EPS 或 SMP，可能有助于生物聚合物在膜上积累；另一方面，细菌可以降解活性污泥混合液中的一些生物可降解生物聚合物。因此，膜上微生物的存在使得污染行为比我们目前所知道的要复杂得

多。例如，微米级的亚可见粒子是 AnMBRs 运行过程中的关键污染源（Zhou 等，2019）。这些颗粒既可以看作是生物聚合物团簇，也可以看作是游离细菌。

高通量测序技术对生物滤饼中微生物群落的特征分析具有重要作用。尽管如此，重要的致污微生物组的鉴定和表征不应仅仅局限于其相对数量，还应有其在污染发展中的作用。一些稀有物种（相对丰度较低）在污染发展过程中起着巨大的作用（Zhang 等，2018）。生物滤饼群落不是随机聚集的，而是受机械力、基质和物种-物种组合的约束（Xu 等，2019）。例如，高通量下形成的生物滤饼群落主要由确定性过程决定，而那些低通量下形成的生物滤饼群落则主要由活性污泥的随机扩散引导。然而，厌氧 MBR 中生物滤饼群落的细菌组装通常以非选择性随机方式形成（Cheng 等，2019），这表明有氧 MBR 和厌氧 MBR 具有明显不同的污染机制。

未来，需要了解生物聚合物和细菌在实际 MBR 工艺中的动态变化，才能更清楚地揭示 MBR 污染机理。源跟踪方法将有助于确定膜污染的动态过程以及长期运行过程中膜污染物的来源。建议全面了解生物滤饼，多组学（如元转录组学、宏蛋白质组学和代谢组学）中的功能和代谢过程。这些研究最终将有助于污染控制策略的发展。

13.4.3　膜污染的综合控制策略

通常，在大多数膜工艺中，污染控制的实质是通过各种方法来调节膜与污染物之间的相互作用（图 13.18）。

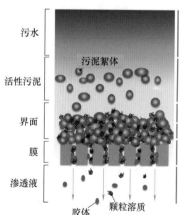

图 13.18　MBR 运行污垢控制策略：SRT-固相停留时间；HRT-水力停留时间；
IA-间歇曝气；CEB-化学强化反冲；CIP-清洗到位；GAC-颗粒活性炭

总体而言，可通过以下方法实现 MBR 污染控制：①进料预处理，从废水中去除潜在的污染物（如纤维，毛发和沙粒）；②改善水动力条件，调节膜与污染物的相互作用；③确定膜的适当工作通量；④对受污染的膜进行物理及化学清洗，清除膜上/内沉积或累积的污染物；⑤对污泥进行改性，提高混合液的过滤性能。这些污染控制策略将在下面的章节（第 13.4 节）中详细介绍。

13.4.4 膜操作条件的优化

13.4.4.1 进料预处理

在将污水泵送到污水处理厂的生物反应器之前，应先对其进行筛分处理。与使用粗筛的常规污水处理厂相比，MBR 要求使用超细筛（0.2～1.0mm）。这是因为粗糙的筛网无法去除较大或较长的毛发以及其他容易堵塞或堆积在膜通道中的杂物。堵塞不仅加速了污染的发展，而且降低了曝气冲刷的效果。由于堵塞的物质不能通过物理和/或化学清洗有效清除，会导致 MBR 工艺需不定期的人工维护。MBRs 的预处理设计细节见第 13.5.2 节。

13.4.4.2 水动力条件改善

曝气的机械冲刷可使污泥絮体处于悬浮状态，减轻膜污染。因此，空气洗涤或曝气是一种广泛使用的膜清洗方法。曝气强度的提高可以增加错流速度和剪切应力，从而促进物理清洗。为了节省 MBR 的操作能源，对曝气速率、气泡大小和曝气方式进行优化对污染控制至关重要。间歇式或循环曝气是一种节能高效的污染控制策略。使用间歇式曝气（间隔为 10/30）的"生态曝气"策略最多可节省 50% 的曝气能耗（Buer和 Cumin，2010）。

包括 DO 反馈、氨反馈和 TMP 反馈自动控制在内的自动曝气控制可实现节能（Gabarrón 等，2015；Sun 等，2016a）。令人感兴趣的是，间歇性曝气模式可能会提高 MBRs 中的营养物去除率，因为 DO 浓度的高/低变化会使负责消除氮和磷的功能性细菌富集（Guadie 等，2014）。

在混合液中加入硬颗粒（颗粒活性炭和塑料珠）可以显著增强模组件区的流体动力学（Rosenberger 等，2016）。因此，机械清洗与曝气洗涤的相结合，可以实现 MBRs 系统污染的有效控制。塑料珠（迈纳德公司）已在商业上用于平板膜的污染控制（Rosenberger 等，2016）。通过曝气冲刷实现流态化的塑料珠可以对生物滤饼产生切割效果（Rosenberger 等，2011）。最近的一项研究表明，在反应器中添加填充比为 5% 的塑料颗粒（聚乙二醇，4mm）可使曝气率降低 50%（Kurita 等，2015）。但是，引入塑料颗粒或珠子可能会造成膜损坏（Kurita 等，2015；Siembida 等，2010），因此在实际应用中需要优化塑料珠子的形状、硬度和用量。

13.4.4.3 膜通量优化

在 MBR 运行中，污垢控制和外加流量之间的平衡是非常重要的。低通量可以保证较低的污染发展速率，但产水量低。在操作上，临界通量（定义为"存在一种通量，在此通量以下通量不会发生下降；在此之上观察到结垢"（Field 等人，1995）的确定是 MBR 操作的先决条件，因为大多数膜供应商通常首选亚临界通量操作。应该注意的是，即使膜在临界通量以下运行，也不可避免地会发生污染。特别是在长期运行期间，即使在非常低的工作流量下，膜污染物也会积累。此外，给定膜的临界通量会随环境条件而变化，如温度、污泥特性、不可逆污垢积累和膜老化。因此，在给定的 MBR 装置中，临界流量应定期重新评估，并应相应地更新污染控制策略。

13.4.5 污染膜清洁

在 MBR 操作期间通常需要进行膜清洁，以保持膜性能。众所周知，膜清洗包括物理清洗和化学清洗。物理清洗可以消除松散附着的膜污垢，通常称为"可逆污垢"，而化学清洗可以去除膜上/膜内的一些顽固物质。在 MBRs 中，这两种方法可以单独使用，但通常组合使用以有效地恢复膜的渗透性。

13.4.5.1 物理清洗

MBRs 的维护操作通常依赖于通过曝气冲刷、反冲洗（即反向流动）或间歇运行方式进行物理清洗，即在继续用曝气冲刷膜的同时停止渗透。随着对物理清洗的研究不断增加，还提出了一系列新的清洗策略，例如在线超声处理、振动、旋转等。

反冲洗

使用渗透液进行反冲洗的关键清洗参数是反冲洗通量、持续时间和频率。MBRs采用不同的反冲洗频率和持续时间，即频率较低且较长的反冲洗（过滤7～16min/反冲洗30～60s），或频率较高且较短的反冲洗（过滤5～12min/反冲洗5～20s）。最佳的反冲洗频率和持续时间取决于膜类型、操作参数（通量、温度等）、反冲洗通量、TMP变化和污垢特性。

间歇清洗

间歇清洗允许污染物在浓度梯度的驱动下从膜表面扩散回输，通常与曝气冲刷结合进行以增强扩散。间歇过滤模式（过滤与松弛相结合）可以缓解膜污染已被广泛接受，并被广泛纳入MBRs中作为提高膜性能的标准操作策略。在某些情况下，可以结合使用松弛和反冲洗来增强清洗效果。

超声波清洗

超声波清洗能有效缓解浓差极化，去除膜上的滤饼层，且由于不使用化学试剂、不中断过滤过程等优点，被广泛应用于各种膜过滤过程中。影响超声波清洗效率的几个关键参数，如超声频率、功率密度和持续时间，可用于优化超声波清洗。

振动/旋转

膜的振动和旋转通常会在膜表面产生高剪切或湍流，从而可以对受污染的膜进行在线清洗。

13.4.5.2 化学清洗

由于化学试剂的参与，化学清洗是重污染膜渗透性恢复的必要过程。通常可以根据污染状态进行原位和异位清洗。原位清洗包括不转移混合液和膜组件的在线清洗，以及将混合液从膜罐转移到其他罐之后在膜罐中进行的回收清洗。异位清洁也是一种回收的清洗模式，需要将污染的膜转移到清洗槽中。

在线化学清洁，包括原位清洗（CIP）和化学强化反冲洗（CEB），通常是为了维持膜的渗透性，因此也称为维护清洗。这种维护清洗可以通过增加化学试剂的浓度来加强。相比之下，以原位或异位方式进行的回收清洗的目的是去除膜表面和孔中的大部分污垢，这是通过使用高浓度的化学试剂和较长的暴露时间进行的。

CIP

CIP的目的是维持膜的渗透性并减少离线清洗的频率。在MBRs中，CIP通常每隔1～6周进行一次。这种维护清洗最常见的持续时间是1～3h。NaOCl是全尺寸MBRs中普遍使用的清洁剂，在清洁过程中经常与柠檬酸结合使用。CIP的常用NaOCl和柠檬酸浓度分别为300～2000mg/L和0.2wt%～1.5wt%。显然，与离线清洗相比，CIP只需要中等的化学浓度。

CEB

通过向反冲洗水中添加低浓度的清洗剂，可以提高反冲洗的清洗效率。CEB也是维护清理的一部分。与常规的物理反冲洗相比，它的执行频率较低，但与常规的CIP相比，频率较高。CEB可以每天进行，也可以每7～14d进行一次，但通常是每天进行。CEB中使用的化学试剂浓度通常低于CIP和离线清洗。使用NaOCl的CEB的典型浓度在100～500mg/L的范围内。

回收清洗

回收清洗通常每年进行一次或两次。这种化学清洗使用高浓度的化学试剂，例如0.2wt%～0.3wt%的NaOCl，0.5～1wt%草酸和0.2wt%～0.3wt%柠檬酸。整个清洗过程可能持续数小时，这取决于膜的污染状态。通过回收化学清洗，由于暴露在高浓度的化学试剂中，暴露时间长，膜表面或膜孔内的大部分污染物可以被大量清除或破坏。然而，长期的化学清洗而导致的膜变化或损坏是不可避免的。这些变化将影响膜的性能，例如通量和过滤阻力。对于CIP和CEB，在膜清洗过程中，化学试剂也会对微生物活性和污泥本体产生影响。此外，应更加关注废物流，尤其应避免过量使用清洁化学品。

13.4.6 提高混合液的过滤性能

由于EPS/SMP和细菌物种的最终作用，HRT和SRT在污染的发展中非常重要（Meng等，2009）。也就是说，HRT和SRT的优化将有助于提高MBRs中混合液的过滤性能。然而，这类反应器参数的设计通常以脱氮、除磷等营养物为目标。

在混合液中加入吸附剂或混凝剂对降低SMP或EPS水平有积极作用。添加粉末状活性炭（PAC）是降低SMP含量的便捷方法。

PAC不仅可以吸附污泥中的生物分子，而且还可以作为生物质生长的载体，并且可以减少絮凝体的破碎（Wang等，2020）。更有趣的是，PAC的存在可以增强膜表面的曝气冲刷效果。但是，过度使用此类吸附剂可能导致产生更多的污泥。

由于混凝剂的电荷中和和架桥作用，添加最佳的混凝剂浓度可以降低SMP浓度，降低疏水性，提高絮凝效果，从而降低滤膜阻力和孔隙堵塞。迄今为止，明矾、氯化铁和壳聚糖已被用作MBRs中的混凝剂（Wu等，2006）。另外，已经为MBRs开发了基于阳离子聚合物的商业产品，例如由纳尔科（Nalco）开发的MPE50、MPL30和由Adipap开发的KD452。

13.4.7 其他潜在的污染物控制方法

13.4.7.1 生物方法

除了物理清洗和化学清洗，基于生物的方法最近也被公认为是MBRs中污染控制的可持续策略。细胞膜上的细菌可以分泌被称为群体感应（QS）信号或自诱导（AIs）的分子，以调节其种群密度和生物膜的形成（Grandclement等，2016）。针对这种现象，开发了基于群体猝灭（QQ）的生物控制方法（Lee等，2016），该方法可以通过三种可能的方式防止细胞-细胞或膜-细胞相互作用（Grandclement等，2016；Lade等，2014）：①QS信号或AI合成的干扰；②QS信号或AI的降解；③阻止QS信号或AI的传输或接受。许多实验室规模和中试规模的研究表明，基于QQ的方法在使用固定在磁性酶载体（MECs）上的QQ细菌（Yeon等，2009）、固定有酶的膜（Kim等，2011；Oh等，2012）和珠子（Kim等，2013；Lee等，2016）进行污染控制方面具有巨大潜力。

此外，原生动物和后生动物是细菌的主要消耗者，并且普遍存在于废水处理厂中，对于污染控制非常重要。根据一项中试规模研究（Jabornig和Podmirseg，2015）的报道，此类蠕虫的运动导致生物滤饼形成多孔状和海绵状结构。

13.4.7.2 电辅助方法

电辅助方法（如电凝、电泳）已被并入MBRs中以改善膜通透性。电场引起的电泳（EP）在污染物和膜之间产生排斥力（Akamatsu等，2010；Hawari等，2015）。在EP-MBR中，通常将阴极设置在渗透侧的膜附近，而将阳极浸没在本体污泥中。用作隔离膜和阴极的导电膜简化了系统。导电膜可以通过将导电聚合物，例如聚吡咯（Liu等，2013）沉积在商用膜上来制造。

基于电凝的MBRs也已被开发为MBRs中减轻污染的新方法（Bani-Melhem和Elektorowicz，2010；Wei等，2012；Zhang等，2015）。电凝过程可通过铝或铁制成的可溶性阳极的电溶解而产生金属阳离子，并可通过以下两种机制促进污染控制：①电荷中和以及SMP和EPS的吸附；②SMP和EPS的化学氧化。尽管到目前为止还没有实际应用，但是这些方法为发展污染控制策略提供了潜在的替代方法。

13.4.7.3 使用基于纳米材料的膜减轻潜在的污垢

通常，由于生物反应器中疏水物质与膜之间的疏水作用，在疏水膜上比在亲水膜上更容易发生膜污染。大多数商业上用于MBR应用的聚合物膜本质上是疏水的。污垢与膜材料之间的亲和力可能导致严重的膜污染。因此，通过将疏水膜改性为相对亲水膜来减少膜污染已成为人们关注的焦点。例如，在膜制造过程中使用亲水性水溶性聚合物作为添加剂以改善其表面亲水性。具有亲水链段的两亲共聚物也可以参与亲水膜的制造。由于亲水膜表面形成官能团的亲水氢与周围水分子相互作用，在亲水性膜表面产生了界面水合层，从而防止了污染物在膜表面的附着（Chew等，2017）。

在新型膜的研究和开发中，将纳米材料掺入/掺入膜是最流行的主题之一。工程纳米材料（ENMs），包括氧化石墨烯（GO）、还原氧化石墨烯（rGO）、碳纳米管（CNTs）、富勒烯（C60）、铜纳米颗粒（Cu NPs）、银纳米颗粒（Ag NPs）、二氧化钛纳米颗粒（TiO_2 NPs）和氧化锌纳米颗粒（ZnO NPs），可用于开发新膜或修饰商业膜的表面特性，以使其具有高渗透性或强大的防污性能。这些ENMs大多具有独特的抗菌性和亲水性等特性，从而产生减轻膜污染的多功能作用（Qu等，2013）。

13.5 MBR 工艺的设计、运行和维护

13.5.1 工艺组成

基于 MBR 的污水处理工艺包括预处理、生物处理、膜滤以及监测和控制系统。膜过滤系统包括膜组件/盒、膜池和膜过滤/曝气/清洗设备。整个工艺的设计应与原废水的质量和处理要求相适应。根据所需的 C、N、P 污染物去除水平不同，有多种生物处理工艺配置选择，如图 13.19 所示。

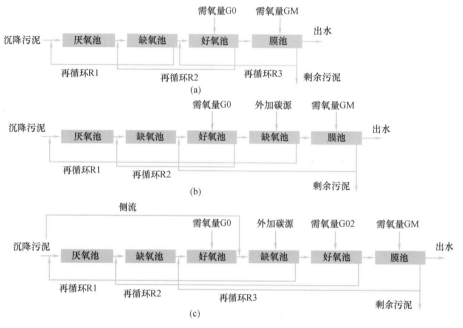

图 13.19　基于 MBR 的市政污水处理工艺流程图示例

（a）用于去除 C、N 和 P 的 AAO-MBR；（b）用于强化内源性反硝化作用 AAOA-MBR；
（c）用于强化反硝化作用的两级 AO-MBR。对预处理、一级处理和污泥处理均不作详细描述

当 COD 和 BOD 是主要目标并且不需要去除 TN 或 TP 时，原始的好氧 MBR 可能就足以达到这个目的。但是，当考虑去除 TN 时，需要一个缺氧区来组成缺氧/好氧 MBR（AO-MBR）工艺。为了同时生物去除氮和磷，图 13.19（a）中所示的 AAO-MBR 工艺实现了这一目的。

AAO-MBR 工艺最常用于市政污水处理，并且通过修改 A/O 池的空间位置，A/O 池的时间交替（例如 A/O 切换池），原废水的路线（例如，部分废水绕过好氧区，直接进入缺氧区，以节省碳源用于反硝化），以及混合液再循环的路线［例如，反向 AAO-MBR 和 UCT（开普敦大学）-MBR］。例如，AAOA-MBR 工艺（图 13.19b）在好氧区之后设有一个额外的缺氧池，以在原废水碳源不足（即 C/N 低）的情况下增强内源性反硝化作用。如图 13.19（c）所示，两级或多级（AO）n-MBR 的设计还可以实现对内源碳源的充分利用。

由于工业废水的复杂性和处理难度，对于工业废水（如采矿、炼油、石化、煤化工、精细化工、食品加工、制药、造纸、印染和电子废水）的处理，通常比市政污水处理的过程更长。与市政污水不同，工业废水具有强度高、生物降解性差、毒性高、盐度高、油脂含量高等特性。在基于 MBR 的生物处理之前，需要对工业废水进行充分的预处理，如油/水分离、混凝、浮选、化学沉淀、pH 值调节和水解酸化。此外，可能需要对膜出水进行后处理，如活性炭吸附、高级氧化、生物曝气滤池处理、NF、RO 等。整个过程的具体配置取决于废水质量和处理目标。

13.5.2 预处理

预处理（和初级处理）设施包括筛网、沉砂池和初级沉淀池。筛网用于去除大尺寸的悬浮物、漂浮物、纤维材料和颗粒物，以保护后续的生物处理和膜过滤系统。常规的粗筛和细筛的槽

宽或筛孔尺寸分别为 16～25mm 和 1.5～10.0mm。但是，它们不能保证完全排除掉头发和纤维材料，这些头发和纤维材料可能会缠绕在膜纤维中，阻塞膜通道或阻塞膜罐中的粗气泡曝气器。因此，对于 MBR 系统（特别是那些中空纤维膜组件），还需要一个额外的筛孔尺寸为 0.2～1mm 的超细筛网。可以在沉砂池或初沉池之前或之后安装，或将其集成到沉砂池中以节省土地。

沉砂池去除了大于 0.2mm、相对密度 2.65 以上的砂砾，以避免机械设备和膜组件的磨损以及对生物系统的干扰（Metcalf 和 Eddy，2003）。如果不能有效地去除砂砾，由于 MBR 系统中的 SRT 通常较长，与 CAS 工艺相比，MBR 工艺中的不利影响会更大。为了提高除砂效果，建议 MBR 工艺的沉砂池的 HRT 比 CAS 工艺的 HRT 长。在各种类型的沉砂池中，曝气沉砂池具有去除部分油脂的优点，有利于降低由油性物质引起的膜污染的风险。

初沉池的设计目的是去除悬浮固体，当进水 SS 浓度高（例如大于 350mg/L 时），MBR 工艺需要使用初沉池（CECS，2017）。沉淀时间为 0.5～2.0h，水力负荷为 1.5～4.5m³/(m²·h)（CECS，2017）。当原污水的 C/N 不满足生物脱氮时，可将沉淀时间缩短至 0.5～1.0h〔（水力负荷率相应地为 2.5～4.5m³/(m²·h)）〕以节省碳源；另一种选择是，允许一部分废水绕过初沉池，进入生物处理单元。

预处理（和初级处理）应确保充分去除油性物质（例如，动植物油降至 50mg/L 以下，类石油物质降至 5mg/L 以下）。必要时可采用油/水分离和浮选设备进行处理。当废水的 pH 值不在 6～9 范围内、不适用于生物系统时，在预处理段中需要 pH 调节池。

对于工业废水，预处理的目的是降低 SS、油性物质和难降解污染物的浓度，提高废水的可生化性，调节废水的 pH 值，这对于后续的生物处理至关重要。除了筛网、沉砂池和初沉池外，根据废水的特性，工业废水预处理设施可能还包括油分离、浮选、絮凝、pH 调节、化学沉淀或水解酸化单元。例如，石油精炼厂和屠宰场废水的预处理通常需要油/水分离和浮选；可以对煤化工、石油化工和精细化工等行业的剧毒或难降解废水进行混凝处理；对于精细化工、造纸、电镀和印染废水，可能需要调节 pH 值；化学沉淀可用于电镀和电子工业的重金属废水；高强度和/或低生物降解性的食品加工、造纸、烟草和制药废水可采用水解酸化和厌氧污泥床。

13.5.3 生物处理单元和动力学参数

13.5.3.1 生物处理单元概述

MBR 工艺的生物处理单元的设计主要包括池体容积、混合液的再循环路线和比例、剩余污泥产量和曝气需求。池的容积与污水的流量和质量、污泥的浓度和负荷率、污泥产率和停留时间、和/或污染物的反应率有关。混合液的再循环途径和比例会影响厌氧（A_1）、缺氧（A_2）、好氧（O）和膜（M）池中溶解氧（DO）浓度、污泥浓度和污染物去除效率的分布。例如，从 O 到 A_2 的再循环应足够高以去除 NO_3^--N，但又不能过高而干扰 A_2 的缺氧环境。缺氧区的溶解氧应小于 0.2mg/L，以避免抑制反硝化过程。对于 O 池和 M 池分离的 MBR 工艺，从 M 到 O（或到 A_2）适当比例的再循环将防止膜池中 MLSS 的过量积累加剧膜的污染。DO 浓度在单独的 O 罐中建议为 1～2mg/L。如果生物过程不足以满足出水 TP 标准，则可以进行化学沉淀（通过将化学药品定量注入生物池或在另外的反应池中）作为补充。对于池容量、再循环流量、污泥产量和曝气需求的计算，表 13.2 列出了一系列主要采用的参数，这些参数来自《膜生物反应器城镇污水处理工艺设计规程》T/CECS 152—2017。该标准主要基于中国规模化 MBR 工程的经验。详细的计算过程和公式将在下面的章节（13.5.3.2～13.5.3.4）中介绍。还有其他设计 MBRs 的方法，读者可以参考这些作者的文献和著作：Judd 和 Judd（2011），Park 等（2015）和 WEF（2012）。

13.5.3.2 池容积和再循环流量计算

本节以 AAO-MBR 工艺为例，介绍了 MBR 工艺中生物处理单元的尺寸（工艺流程图见图 13.19a）。

好氧区

好氧区体积可由硝化细菌的生长速率和 SRT（选项 1）通过以下公式计算：

基于 MBR 的城市污水生物处理设计的典型参数　　　　　　　　　　　　　　表 13.2

描述	符号	单位	典型值
膜池中的混合液悬浮固体（MLSS）浓度①	X_M	gMLSS/L	6～15（中空纤维） 10～20（平板膜）
挥发性 MLSS 在总 MLSS 中的比例（MLVSS/MLSS）	y	kgMLVSS/kgMLSS	0.4～0.7
污泥有机负荷率	L_s	kgBOD$_5$/(kgMLSS·d)	0.03～0.10
总污泥龄（或 SRT）	θ_t	d	15～30
回流比（从缺氧池到厌氧池）	$R_{A2 \to A1}$	—	1～2
回流比（从好氧池到缺氧池）	$R_{O \to A2}$	—	3～5
回流比（从膜池到好氧池）	$R_{M \to O}$	—	4～6
表观固体产率②	Y_t	kgMLSS/kgBOD$_5$	0.25～0.45（有初沉池） 0.5～0.9（无初沉池）
生物质的合成产率②	Y	kgMLVSS/kgBOD$_5$	0.3～0.6
内源性衰减系数②	k_d	d^{-1}	0.05～0.2
硝化细菌的最大比增长率②	μ_{nm}	d^{-1}	0.66
最大比氨利用率②	v_{nm}	kgNH$_4^+$-N/(kgMLSS·d)	0.02～0.10
氨利用的半速度常数②	K_n	mgNH$_4^+$-N/L	0.5～1.0
比反硝化率②	K_{dn}	kgNO$_3^-$-N/(kgMLSS·d)	0.03～0.06
污泥中磷含量	P_x	kgP/kgMLVSS	0.03～0.07

①其他池中的 MLSS 浓度可以通过质量平衡来计算；②在 20℃。

$$V_{OM1} = \frac{Q(S_0 - S_e)\theta_{OM1}Y_t}{1000X_{OM1}} \quad (13.1)$$

式中　V_{OM1}——发生好氧生物反应的好氧池（O）和膜池（M，不包括膜盒体积）的总体积（m³）；

　　　Q——设计流量，（m³/d）；

　　S_0 和 S_e——分别为生物处理段进水和出水中 BOD$_5$ 的浓度（当去除率高于 90% 时，S_e 可以忽略不计），（mg/L）；

　　　X_{OM1}——O 池和 M 池 MLSS 浓度的加权平均值（分别为 X_O 和 X_M，X_O 可以通过质量平衡从 XM 和再循环比得出）（g/L）；

　　Y_t（kg MLSS/kgBOD$_5$）——表观固体产率；

　　　θ_{OM1}——好氧区的最小污泥龄，（d）；可通过以下方法估算：

$$\theta_{OM1} = F\frac{1}{\mu_n} \quad (13.2)$$

式中　μ_n——硝化细菌的比生长率，（d^{-1}）；

　　　F——安全系数，其值为 1.5～3μ_n 可以

根据 Monod 关系从硝化细菌的最大比生长速率（μ_{nm}，d^{-1}）导出，并进行温度校正：

$$\mu_n = \frac{\mu_{nm}N_{OM1}1.07^{(T-20)}}{K_n 1.053^{(T-20)} + N_{OM1}} \quad (13.3)$$

式中　K_n（mgNH$_4^+$-N/L）为氨利用的半速度常数；N_{OM1}（mgNH$_4^+$-N/L）为好氧区的氨浓度；T（℃）为混合液的温度。有关 X_M、Y_t、μ_{nm} 和 K_n 的典型值，参见表 13.2。

好氧区体积也可由氨利用率和氮质量平衡（选项 2）计算，计算公式为：

$$V_{OM1} = \frac{Q(N_{k0} - N_{ke}) - 124\Delta X_v}{1000X_{OM1}v_n} \quad (13.4)$$

式中　N_{k0} 和 N_{ke}（mg/L）分别为 O 池进水和膜出水的凯氏氮浓度；ΔX_v（kgMLVSS/d）为系统中生物质的排放速率；124/1000 为经验化学式 C$_5$H$_7$NO$_2$ 的微生物中的氮含量；v_n [kgNH$_4^+$-N/(kgMLSS·d)] 为比氨利用率。ΔX_v 可以通过以下方式估算：

$$\Delta X_v = yY_t\frac{Q(S_0 - S_e)}{1000} \quad (13.5)$$

式中，y 为 MLVSS/MLSS 之比。v_n 可以由最大氨利用率 $[v_n, kgNH_4^+-N/(kgMLSS \cdot d)]$ 中导出，并进行温度校正：

$$v_n = \frac{v_{nm} N_{OM1} 1.07^{(T-20)}}{K_n 1.053^{(T-20)} + N_{OM1}} \quad (13.6)$$

y 和 v_{nm} 的典型值见表 13.2。

缺氧区

由反硝化速率和 N 质量平衡可计算出缺氧区体积 V_{A2}，计算公式为：

$$V_{A2} = \frac{Q(N_{t0} - N_{te}) - 124\Delta X_v}{1000 X_{A2} K_{dn} 1.026^{(T-20)}} \quad (13.7)$$

式中，V_{A2}（m^3）为缺氧区体积；N_{t0} 和 N_{te}（mg/L）分别为生物系统进水和出水中总氮的浓度；K_{dn}（$kgNO_3^--N/kgMLSS.d$）为比反硝化率；X_{A2}（g/L）为缺氧池中的 MLSS 浓度，可以通过质量平衡从 XM 和再循环比得出。有关 K_{dn} 的典型值见表 13.2。

厌氧区

厌氧区（A_1）的体积可通过 HRT 计算：

$$V_{A1} = \frac{Q t_{A1}}{24} \quad (13.8)$$

式中，V_{A1}（m^3）为厌氧区的体积；t_{A1}（h）为 A_1 的 HRT，通常为 1～2h。

再循环流量

根据再循环比，可以计算出不同池间混合液的再循环流量，公式为：

$$Q_{M \to O} = Q R_{M \to O} \quad (13.9)$$
$$Q_{O \to A2} = Q R_{O \to A2} \quad (13.10)$$
$$Q_{A2 \to A1} = Q R_{A2 \to A1} \quad (13.11)$$

式中，$Q_{M \to O}$、$Q_{O \to A2}$ 和 $Q_{A2 \to A1}$ 分别为从 M 到 O、从 O 到 A_2 和从 A_2 到 A_1 的再循环流量；$R_{M \to O}$、$R_{O \to A2}$ 和 $R_{A2 \to A1}$ 分别为从 M 到 O、从 O 到 A_2 和从 A_2 到 A_1 的回流比。有关 $R_{M \to O}$、$R_{O \to A2}$ 和 $R_{A2 \to A1}$ 的典型值见表 13.2。

13.5.3.3 剩余污泥量计算

剩余污泥产量可以通过生物质的合成产率、观察到的固体产率或污泥龄（固体停留时间）（分别表示为方案 1～3）来计算。以 MBRs 在中国的工程应用为例，工艺设计多采用方案 1，方案 2 由于其简单性而在实际操作中提供了方便的估计，方案 3 增加了对工程数据进行了回顾性分析。计算公式如下：

$$\Delta X = \begin{cases} \dfrac{YQ(S_0 - S_e)}{1000} - k_d V_t X y + \dfrac{fQ(SS_0 - SS_e)}{1000} & (方案1) \\[3mm] \dfrac{Y_t Q(S_0 - S_e)}{1000} & (方案2) \\[3mm] \dfrac{V_t X}{\theta_t} & (方案3) \end{cases}$$

$$(13.12)$$

式中，ΔX（kg MLSS/d）为剩余污泥产生量；Y（kgMLVSS/kgBOD_5）为生物质的合成产率；k_d（d^{-1}）为内源性衰减系数；Y_t（kgMLSS/kgBOD_5）为观察到的固体产率；SS_0 和 SS_e（mg/L）分别为生物系统的进水和出水 SS 浓度；f 为 SS 污泥转化率，通常为 0.5～0.7gMLSS/gSS；X（g/L）为 MLSS 浓度的加权平均值；y 为 MLVSS/MLSS 比值；V_t（m^3）为生物池的总体积；θ_t（d）为总污泥龄。有关 Y、Y_t、k_d、y 和 θ_t 的典型值见表 13.2。

使用这些不同方法的计算结果可以进行比较以相互验证。当为了去除 TP 或控制膜污染而将诸如铝盐或铁盐之类的化学试剂添加到生物单元中时，剩余污泥中会含有化学沉淀物或混凝产物。剩余污泥的增加量可估算为铝质量的 5 倍或铁质量的 3.5 倍（CECS，2017；JSWA，2009）。通常将剩余污泥从膜池中抽出，因为这是 MLSS 浓度最高的地方。剩余污泥的平均流量（Q_w，m^3/d）可使用以下公式计算，以设计污泥排放设备：

$$Q_w = \frac{\Delta X}{X_M} \quad (13.13)$$

13.5.3.4 生物反应的曝气量计算

需氧量

好氧区的氧气需求包括有机碳氧化和硝化所需的氧气。为了计算所需的氧气量，应从总氧化有机碳中减去反硝化消耗的有机碳。应当注意的是，膜池中的曝气（通常用于膜清洗的粗气泡曝气）可通过混合液从膜池到好氧池的再循环而对好氧区的 DO 作出很大贡献。为了计算好氧区的曝气需求，应扣除膜曝气的贡献，以免过高估计。好氧区生物反应的氧气需求量（O，kgO_2/d）表示为：

$$O = (O_s + O_n - O_{dn}) \frac{V_O}{V_O + V_{M1}} - O_m$$

$$(13.14)$$

式中，O_s 为氧化有机碳的总需氧量；O_n 为硝化的需氧量；O_{dn} 为通过反硝化作用抵消的需氧量；O_m 为再循环液从膜池到好氧池带来的氧气量；V_O 为有氧罐的容积；V_{M1} 为膜罐的容积（不包括膜盒的容积）。O_s、O_n、O_{dn} 和 O_m（均以 kgO_2/d 表示）计算公式如下：

$$O_s = \frac{1.47}{1000}Q \cdot (S_0 - S_e) - 1.42 \cdot \Delta X_v$$
$$(13.15)$$

$$O_n = 4.57 \cdot \left[\frac{Q \cdot (N_{k0} - N_{ke})}{1000} - 0.124 \cdot \Delta X_v \right]$$
$$(13.16)$$

$$O_{dn} = 2.86 \cdot \left[\frac{Q \cdot (N_{t0} - N_{te})}{1000} - 0.124 \cdot \Delta X_v \right]$$
$$(13.17)$$

$$O_m = \frac{1}{1000}Q_{M \to O} \cdot C_{omd}$$
$$(13.18)$$

式中，C_{omd}（mg/L）为再循环流中的 DO 浓度，通常为 $4 \sim 8$ mg/L；1.47 为最终 BOD 与 5d BOD 之比（BOD_5）；1.42 为每单位 MLVSS 的需氧量（表示为 $C_5H_7NO_2$）；4.57 为单位凯氏氮的需氧量；2.86 为每单位 $NO_3^- \text{-N}$ 的需氧量补偿量。

标准状态下需氧量

然后，应根据当地的海拔高度、水深、温度、设计的 DO 浓度以及混合液与清水中的氧气传输量，将计算出的需氧量转换为标准状态量（在 20℃和 1 bar 的清洁水中）。标准化的需氧量公式如下：

$$O_{std} = \frac{\alpha C_{os(20)}}{1.024^{(T-20)}\alpha \cdot \left[\beta \cdot C_{os(T)} \left(1 + \frac{\rho \cdot g \cdot h}{2P} \right) - C_o \right]}$$
$$(13.19)$$

式中，O_{std}（kgO_2/d）为标准状态下的需氧量；$C_{os(20)}$ 和 $C_{os(T)}$（mg/L）分别为在 20℃和 T℃下 1bar 的净水饱和 DO 浓度；C_o（mg/L）为好氧池中的平均 DO 浓度，通常为 $1 \sim 2$ mg/L；ρ 为混合液的密度，通常为 $1.002 \sim 1.006$ g/cm³；g（m/s²）为重力加速度；h（m）为好氧池的水深；P（kPa）为实际大气压；α 为污泥中的氧传递系数与净水中的氧传递系数的比值，β 为污泥中的饱和 DO 浓度与净水中的氧饱和度之比。特

别地，α 因子是污泥中氧气的质量转移的重要校正因子，这对于曝气量的设计至关重要。据报道，在相同的 MLSS 浓度（例如约 10g/L）下，全规模化的 MBRs 中的 α 因子值通常高于 CAS 过程中的 α 因子（Xu 等，2017）。α 因子与 MLSS 浓度之间的关系为：

$$\alpha = k_1 \cdot \exp(-k_2 X_O)$$
$$(13.20)$$

式中，X_O（g/L）为好氧池中 MLSS 的浓度。根据大型全尺寸 MBRs 对市政污水处理的调查得出的，X_O 在 $6 \sim 20$g/L 范围内的经验参数 k_1 和 k_2 分别为 1.7 和 0.08（Xu 等，2017）。

曝气量

最终，可根据曝气机（鼓风机或机械曝气机）的效率计算工作空气供应量。以鼓风机曝气为例，供气量表示为：

$$G_O = \frac{O_{std}}{0.28\eta_A} \cdot \frac{100}{24}$$
$$(13.21)$$

式中，G_O（Nm³/h）为标准状态的空气供应量；0.28（kgO_2/m^3）为空气中的氧气含量；η_A（％）为鼓风机的氧气传输效率。

13.5.4 膜过滤系统

13.5.4.1 流量

建议以恒定流量模式运行膜过滤，即在过滤过程中平均流量保持相对恒定。对于浸没式 MBRs，抽吸泵以间歇性开/关的方式运行，以阻止膜污染的发展。过滤周期由运行周期（如 $7 \sim 13$min）和松弛周期（如 $1 \sim 3$min）组成。对于侧流式 MBRs，应根据制造商指南或操作状态以适当的频率、持续时间和强度进行反冲洗。

对于膜过滤系统的设计，需要考虑几个通量：平均通量、运行通量、峰值通量、临时峰值通量和临界通量。对于市政污水处理，浸没式 MBRs 整个过滤周期的平均通量通常为 $15 \sim 25$L/（m²·h），侧流式 MBRs 的平均通量为 $30 \sim 45$L/（m²·h）。工业废水处理的平均通量通常较低，并且会根据要处理的特定废水而有所不同（Judd 和 Judd，2011）。在过滤周期中，在弛周期的瞬时通量为零，因此，运行期间的通量（即运行通量）高于整个周期的平均通量。过滤周期中的平均流量 [J_{avg}，L/（m²·h）] 和运行流量 [J_1，L/（m²·h）] 之间的关系表示为：

$$J_{avg} = J_1 \frac{\tau_1}{\tau_1 + \tau_0} \qquad (13.22)$$

式中，τ_1（min）为运行周期；τ_0（min）为松弛周期。如果膜经常以 J_b [L/(m² · h)] 的反向流量，τ_b（min）的持续时间和 t_b（min）的间隔进行反冲洗，则在多个反冲洗周期中的平均流量（在此期间不进行化学清洁）计算为：

$$J_{avg} = J_1 \frac{\tau_1}{\tau_1 + \tau_0} - J_b \frac{\tau_b}{t_b + \tau_b} \qquad (13.23)$$

峰值通量对应于废水进水的峰值流速，当某些膜盒由于膜清洁和设备维护而悬挂时，会出现临时峰值通量。为了保护膜过滤系统，在峰值通量或临时峰值通量下的操作不应持续太长时间。抽吸泵的设计流量应能满足最大流量下的运行。临界通量是指低于临界通量时，膜污染不明显，膜过滤阻力（或 TMP）随时间变化相对稳定；在此之上，阻力（或 TMP）迅速增加。建议运行通量、峰值通量和临时峰值通量应始终小于临界通量的 80%～90%。

13.5.4.2 膜面积

因此，过滤系统所需的总膜面积（A_M，m²）可以由总流量（Q，m³/d）和平均通量 [J_{avg}，L/(m² · h)] 乘以安全系数（F_M）约为 1.1～1.2 计算得出（或视情况由最大流量与平均平均之比估算），计算公式如下：

$$A_M = \frac{Q}{0.024 J_{avg}} F_M \qquad (13.24)$$

膜盒的数量（n_M）可以通过以下方法来确定：

$$n_M = \frac{A_M}{A_{M0}} \qquad (13.25)$$

式中 A_{M0}——单位盒式膜面积（m²）。

膜池容积（V_M，m³）可以通过 A_M（m²）和整个膜池的表观堆积密度（φ_M，m²/m³）来设计：

$$V_M = \frac{A_M}{\varphi_M} \qquad (13.26)$$

填充密度可能取决于膜产品的具体配置以及膜池中的设计液压系统。膜盒周围需要留出足够的空间，以确保混合液在罐中的流通。

13.5.4.3 曝气量

对于浸没式 MBRs，通常采用粗气泡曝气法对膜进行冲刷，以减轻膜的污染和堵塞。膜曝气系统由曝气机、鼓风机、空气管道和辅助设备组成。对于市政污水处理 MBRs（CECS，2017），相对于膜盒（SADf）的投影面积（即占地面积）的特定曝气需求通常为 60～120Nm³/(m² · h)。还可根据膜面积（SADm）和渗透流量（SADp）计算特定的曝气需求。对于市政污水处理，中空纤维膜组件的参考 SADm 和 SADp 分别为 0.3Nm³/(m² · h) 和 15 Nm³/m³-渗透量，而平板膜组件的参考 SADm 和 SADp 则为 2 倍（Judd 和 Judd，2011）。因此，通过 SADf、SADm 或 SADp 可以计算出膜池曝气鼓风机的流量：

$$G_M = \begin{cases} SAD_f \cdot A_P \\ SAD_m \cdot A_M \\ SAD_p \cdot 24Q \end{cases} \qquad (13.27)$$

式中，G_M（Nm³/h）为膜池供气量，A_P（m²）是膜盒的总占地面积，Q（m³/d）是总渗透流量。注意，除了以上计算的连续曝气之外，膜曝气还可以间歇、交替或脉冲模式进行。

13.5.4.4 化学清洗程序

污染膜的化学清洗包括根据清洗位置进行的原位清洗和异位清洗，或根据污染的严重程度进行维护清洗和回收清洗（请参阅第 13.4.5.2 节）。在线清洁或原位维护清洁通常在 CIP 或 CEB 模式下进行。NaOCl 和 NaOH 是去除有机污染物的典型碱性清洁剂，柠檬酸、草酸和 HCl 是去除无机污染物（例如金属离子）的典型酸性清洁剂。NaOCl 和柠檬酸是 MBR 工程中最常用的清洁剂。

在线化学清洗系统应包括反冲洗泵（对于 CEB 而言）和用于化学药品存储、定量、计量和混合的设备，并且还应处于自动控制下。表 13.3 分别提供了中空纤维和平板膜模块的在线 NaOCl 清洗程序示例。对于使用 NaOCl、柠檬酸或草酸的在线清洗，工程应用的建议是浓度小于 3g/L，剂量小于 4L/m²，接触时间小于 1h（CECS，2017）。在污染趋于恶化的寒冷季节，可相应提高在线清洗频率、浓度、用量、接触时间和温度。

膜组件	情况	步骤	剂量
（a）中空纤维	维护清洗：每周	注射（30min）→浸泡（60min）→曝气（30min）	浓度：0.5～1.0gcl/L；加料量：3～5L/m²
	强化清洗：每月 1 次，或 TMP ＞ 30kPa 时	注射（30min）→浸泡（60min）→曝气（30min）	浓度：2～3gcl/L；加料量：3～5L/m²
（b）平板膜	维护清洗：不是强制性的（取决于制造商）		
	强化清洗：每 3～6 个月 1 次，或当 TMP＞30kPa 时	注射（8～15min）→浸泡（1～2h）	浓度：3～5gCl/L；加料量：4～6L/m²

回收清洗系统应包括化学定量加药设备、提升设备和清洗罐（用于异位回收清洗）和污泥转移设施（用于原位回收清洗）。酸性和碱性药剂应在单独的管道中运输。对于规模化应用建议每年定期进行一次回收清洗，或者在 TMP 达到 50kPa 时（或在线清洗未能将 TMP 降低到 30kPa 以下时）立即进行清洁（CECS，2017年）。例如，对于每种离线清洗情况，可以将污染的膜在 NaOCl（3～5gCl/L）中浸泡 12～24h，或在 NaOCl（3～5gCl/L）和柠檬酸/草酸（10～20g/L）中交替浸泡。浓度、接触时间和温度可以根据需要进行调整。有关更多详细信息可参见 Wang 等（2014 年），其中提供了对大规模 MBRs 中实际应用的在线和离线清洁协议的调查。

13.6　MBR 技术实际应用

13.6.1　MBR 应用概述

近年来，规模化的 MBR 应用数量日益增加。根据 MBR 网站（http://www.thembrsite.com/，2020 年 1 月 21 日数据），全球处理能力大于等于 $10^5 m^3/d$ 的大型 MBR 已有 62 座，总峰值处理能力达 $147.33×10^5 m^3/d$。中国、美国和新加坡拥有最多的大型 MBR，占全球处理能力的 84%。其中又以中国的大型 MBR 数量最多。

由于国家对废水的排放要求越来越严格，MBR 正被广泛应用于市政污水、工业废水和渗滤液的处理中。多数 MBR（尤其是大规模应用）用于市政废水处理，地埋式 MBR 污水处理厂则在某些地区受到青睐，以进一步减少占地面积。尽管 MBR 几乎出现在所有工业领域和渗滤液处理中，但去除进水中高浓度的难降解污染物仍需要耦合其他技术进行有效整合。此外，如何减少 MBR 的能耗也是一项长远的发展目标。随着处理容量和数量的增加，MBR 的广泛应用也为该工艺的进一步发展提供了有益的经验和反馈。以下便是 MBR 工艺的相关案例。

13.6.2　规模化 MBR 应用案例

本节给出了 MBR 四种规模化应用的案例情况。这些案例的进水包括市政废水、工业废水和渗滤液，并在技术创新、降低能耗、减少占地面积和提升出水质量方面有所突破。接下来将阐述这些应用案例的工艺设计、实际操作参数和系统性能。

案例 1：规模化地埋式 MBR 市政污水处理厂

广东省广州市的京溪污水处理厂于 2010 年投产使用，当时是亚洲最大的地埋式 MBR 工厂。该污水处理厂的处理能力为 100 000m³/d（最大处理负荷为 120 000m³/d），占地 1.82hm²，处理集水区 16 500hm² 的废水。通过将污水处理厂放置在地下（图 13.20），可以消除典型污水处

图 13.20　京溪污水处理厂俯瞰图

理厂的难闻气味，降低占地面积，充分利用污水处理厂的地下布置结构。快速的城市化进程显著推高了广州的土地价格，而该污水处理厂地埋式的设计则大大减少了土地投资的资本支出。

在京溪地下污水处理厂，进水经过细筛和格栅的初步处理后，进入 AAO-MBR 系统（图13.21）。

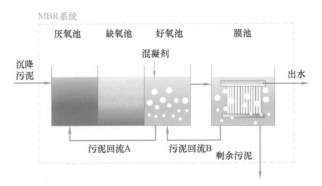

图 13.21 京溪污水处理厂 MBR 工艺示意图

AAO 工艺保证了 TN 和 TP 的去除效率（借助化学混凝剂）。工艺核心是一个带有 PVDF 中空纤维膜（SMM-1520，Memstar，新加坡）的浸没式 MBR（图 13.22）。工艺主体包括 10 个同时运行的膜池，每个膜池有 20 个膜单元，每个单元有 88 个膜模块。每个膜单元的总有效表面积为 1760m^2，基准膜通量为 15L/（m^2·h），经强化膜维护后可达到 25L/（m^2·h）的更高通量。通过优化内部再循环路径和曝气方式可以将系统的单位能耗从 0.22kWh/m^3 降低到 0.18kWh/m^3。处理后的出水排入附近的城市河流。AAO-MBR 系统中每个池子的 HRT 分别设置为 1.03h、2.09h、3h 和 1.24h。膜池中的 MLSS 浓度为 8000～13 000mg/L，SRT 控制在 12d。MBR 的进水水质见表 13.4。

图 13.22 京溪污水处理厂 MBR 照片：
（a）膜组件的安装情况；（b）出水"瀑布"

京溪污水处理厂进出水水质　表 13.4

污染物	进水浓度（mg/L）	出水浓度（mg/L）
BOD$_5$	130±30	3±1
COD	210±50	13±5
SS	90±30	2±1
NH$_4^+$-N	20±5	0.6±0.3
TN	30±5	7.4±0.6
TP	2.5±0.5	0.15±0.04

案例 2：低能耗且无需清洗的市政污水 MBR 工艺

新加坡有 7 个正在运行或使用中的 MBRs，总处理能力达 328 050m^3/d，总峰值流量 522 075m^3/d。世界上最大的 MBRs 之一——Tuas 再生水处理厂目前正在建设中，其处理能力为平均 80 万 m^3/d，峰值流量可达 120 万 m^3/d。

2017 年建成的一座处理规模为 12 500m^3/d（峰值处理能力为 18 750m^3/d）的综合性示范污水处理厂，模拟了在建的 Tuas 再生水处理厂的处理工艺，论证了低能耗、无化学清洗的新理念。

污水处理厂的进水（原水）经过初沉池处理前，增加了一步生物吸附的处理，污水随后流入分步进料的 AO-MBR 系统。系统共有 5 个处理和回流单元，每个单元都包含曝气和缺氧的区域。处理后的混合液最后流入浸没式膜组件单元，经 MBR 处理后进入反渗透单元处理，最终的出水用于新加坡高级再生水 NEWater 的生产（图 13.23）。这种生物增强的预处理技术可最大限度富集有机碳，并减缓后续工艺的曝气需求，使分步进料的 AO-MBR 无需内部硝酸盐/亚硝酸盐循环或外加碳源，即可获得可观的氮磷去除效果，同时促进聚磷菌的积累。该工艺的工作参数如表 13.5 所示。工艺中的膜处理单元安装了由 Suez Water Technologies and Solutions 提供的 PVDF 中空膜（标称孔径为 0.035μm），总有效表面积为 26 396.2m²，净通量为 20L/(m²·h)，峰值通量可以达到 30L/(m²·h)。该工艺的出水水质如表 13.6 所示。

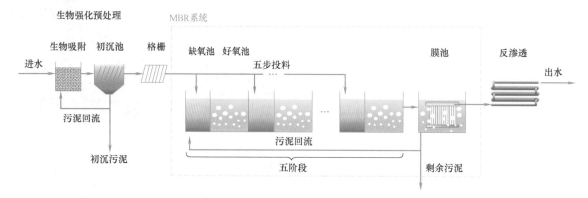

图 13.23　综合性示范污水处理厂的 MBR 处理工艺示意图

MBR 工艺核心参数		表 13.5
工艺参数	单位	数值
生物吸附罐水力停留时间（HRT）	h	0.5
生物吸附罐污泥浓度（MLSS）	mg/L	1500
隔板安装数量	—	10
隔板间距	mm	100
MBR 膜间距	mm	2
初级污泥回流比率	—	0.1~0.2
分步进料反应池数量	—	5
反应池内污泥浓度	mg/L	2000~5000
反应池水力停留时间（HRT）	h	5
反应池污泥停留时间（SRT）	d	5~10
反应池缺氧/曝气体积比	—	1:1
MBR 污泥回流比率	%	100

MBR 工艺出水水质		表 13.6
污染物	单位	出水浓度
总有机碳（TOC）	mg/L	6.6
NH_4^+-N	mg/L	2.19
NO_3^--N	mg/L	1.19
NO_2^--N	mg/L	0.51
PO_4^{3-}-P	mg/L	0.17
电导率	μS/cm	728

整个工艺处理过程的能耗为 0.24 ~ 0.28kWh/m³，小于 0.5kWh/kg COD，并且膜单元中的空气洗涤能耗低至 0.04kWh/m³。每周使用 200mg/L 的 NaOCl 对膜组件进行 2 次维护清洁，而在 2017 年 8 月开始运行至 2020 年 2 月之间则未进行化学恢复清洁。

案例 3：基于载体的工业废水 MBR 系统

该废水处理厂/设施由以色列阿什杜德的精细化学品生产商 Adama Agan 公司拥有。由于新法规要求更高的出水水质，所以将以前的 CAS 工艺改建为采用 MBR 的双好氧污泥系统。该项目由 Adama Agan 和以色列环境保护技术工程公司 EPT 共同完成。改造后的 MBR 污水处理厂已于 2012 年投产，处理能力为 7200m³/d（图 13.24）。

图 13.24　Adama Agan 公司的 MBR 处理厂俯瞰图

在这个双好氧污泥系统中，第一个污泥系统由微好氧反应器、好氧反应器和重力澄清池组成。第一个污泥系统的废水流入第二个污泥系统（即 MBR 系统），该 MBR 系统由好氧池、后缺氧池和膜池组成（图 13.25）。

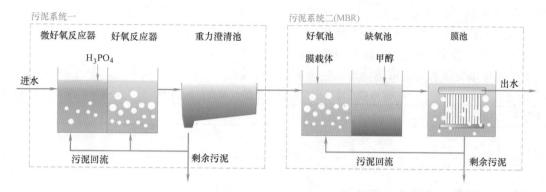

图 13.25　Adama Agan 公司 MBR 处理工艺示意图

该 MBR 系统中安装了 ZeeWeed 膜模块（法国苏伊士）。为了提高难降解 COD 的去除效率，在第二个污泥系统的反应器中添加了 MACarriers（膜载体）。在 MACarriers 的巨大的对细菌友好的膜表面上，可以迅速形成致密而坚固的生物膜，实现混合液中残留的有机化合物的吸附和预浓缩。该过程不仅改善了废水质量，而且还可以去除污水的毒性，使硝化反应过程更稳定。

安装 MACarriers 前后的 MBR 工艺进出水水质如表 13.7 所示。

Adama Agan 公司 MBR 工艺进出水水质　　　　表 13.7

污染物	进水浓度(mg/L)	出水浓度(mg/L)	
		无 MACarriers 的 MBR	带 MACarriers 的 MBR
COD	3500	200～300	COD
TOC	—	95～120	TOC
NH$_4^+$-N	10.5	0.5～10	NH$_4^+$-N
TN	236	<20	TN
TSS	60	<3	TSS
AOX	50.4	5～8	AOX

AOX：可吸收的有机卤素。

案例 4：侧流式 MBR 渗滤液处理

江苏省吴中静脉工业园区的垃圾发电厂是中国最大的固体垃圾焚烧厂之一，投产后的设计处理能力为 3550t/d。附属 MBR 渗滤液处理厂由光大环境能源（苏州）有限公司拥有和运营。该厂于 2014 年投入运行，设计处理能力为 700m³/d。

渗滤液依次流入 3 个平行的预处理池，3 个平行的内外循环（IOC）厌氧反应器（有效容积：每个 1900m³），2 个平行的缺氧-好氧池（有效容积：每个缺氧池 800m³；每个好氧罐 2400m³），超滤单元，NF 单元和 RO 单元（图 13.26）。经过处理的水被完全再利用，实现零液体排放。该 MBR 系统采用侧流配置设计，包括了一个 A/O 工艺过程和外部的 UF 单元。超滤单元包含 18 个管状 PVDF 膜组件（德国 MEM-OS），总有效表面积为 490m³（图 13.27）。膜组件采用错流过滤，并实现自动控制过滤和在线清洁。浓缩液则被泵回 A/O 反应池中。

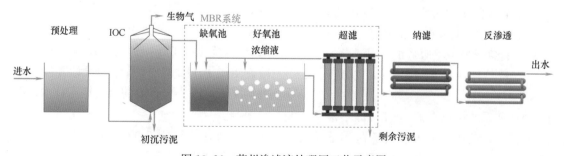

图 13.26　苏州渗滤液处理厂工艺示意图

操作参数方面，该系统内 MLSS 浓度约为 15 000mg/L，HRT 为 7.81d（缺氧池为 1.92d，好氧池为 5.89d）。表 13.8 显示了该渗滤液处理厂的进水和出水水质随着对城市固体废物处理的

需求增加，化废物为能源的项目数量也日益增多，渗滤液处理厂的规模将在未来扩大至 2500m³/d。

苏州渗滤液处理厂进出水水质（单位：mg/L）　　　　　　　　　表 13.8

水质指标	COD	BOD	NH_4^+-N	TN	SS	Cl^-
进水	32 000	15 000	1500	1800	22 000	6500
出水	13	0	0.22	13	0	200

注：数据为 2018 年 11 月至 2019 年 10 月的年平均值。

图 13.27　苏州渗滤液处理厂膜组件

13.6.3　MBR 系统的最新研究进展

13.6.3.1　高负荷 MBR（HL-MBR）理念

HL-MBR 是指在高有机负荷率和高 MLSS 浓度（15～40g/L）下运行的 MBR（Kim 等，2019）。与传统 MBR 相比，HL-MBR 的优势包括：①提高了处理有机负荷的能力；②增加了氧气吸收率，提高了 COD 转化率；③使占地面积需求和建设成本最小化；④减少了固体废物处理成本（Barreto 等，2017；Livingstone，2010）。这些优势促进了紧凑的、集装箱化的可移动/便携式的 MBR 系统的建设，并使之用于没有排水系统的偏远地区的市政污水和工业废水的处理。此外，HL-MBR 系统可在自然或人为灾害时，为人们提供紧急环境卫生服务的一种选择（Barreto 等，2017；Hai 和 Yamamoto，2011；Hai 等，2014）。

HL-MBR 系统可以在高 SRT（即不浪费污泥）条件下，或者在高进水有机负荷率下运行 MBR 系统来实现。当系统在高 SRT 条件下运行

时，大多数 MLSS 由不可生物降解的污泥颗粒和/或无机悬浮物而不是活性生物质组成，因此 MBR 的处理能力没有得到提升。另外，在较低的、相对标准的 SRT（5～15d）和较高的进水负荷率下运行 MBR 系统，会产生主要由活性生物质组成的污泥，在占地面积一定的情况下，可以提高 MBR 的处理能力。例如，将容积有机负荷率从 4kg/m³ 增加到 13kg/m³，在大约 10d 的时间内，MBR 中的 MLSS 浓度从 10g/L 增加到 40g/L（Kim 等，2019）。此外，当 MLSS 浓度从 10g/L 增加到 40g/L 时，污泥的浪费也可以减少 10 倍。

HL-MBR 面临的一个主要问题是，在高 MLSS 浓度（如大于 20g/L）的情况下，常规曝气系统在氧传递方面效率低下。几位学者评估了 MLSS 浓度对氧传递的影响，报告了对 α 因子（生产用水到洁净水的传质比率）的研究（Cornel 等，2003；Duran 等，2016；Germain 等，2007；Henkel 等，2011；Krampe 和 Krauth，2003；Muller 等，1995）。这些学者一致认为，α 因子随 MLSS 浓度上升呈指数递减，甚至当 MLSS 达到一定浓度值时，低到可以忽略不计。此外，氧传递效率也与 SRT 成正比（Rosso 等，2008），SRT 越低，氧传递效率和 α 因子越低。因此，HL-MBR 的设计特点（高 MLSS 浓度和低 SRTs）最大限度地限制了传统曝气系统的氧传递。在 MLSS 浓度为 20g/L 或更高时，HL-MBR 系统无法工作，因为传统曝气系统的这些限制阻碍了 HL-MBR 系统的设计和操作。在这种情况下，需要更有效的氧气输送技术来解决这一限制。

目前有几种创新的曝气技术，如深井（U 形管接触器或竖井）、高纯氧（HPO）曝气系统

和过饱和曝氧系统，可用于增强氧传递过程。其中，过饱和氧曝气系统是为在高压条件下与HPO一起工作而开发的，它与HL-MBR概念相耦合，具有一定的前景优势。该系统的优势包括：①在高压条件下可实现95％以上的氧转移效率（Ashley等，2014）；②操作和维护简单，系统的运营成本低；③不受系统浸没的影响（Osborn等，2010）；④可移动，具有便携式特点，是可移动/便携式污水处理系统的理想耦合；⑤容易对污水处理系统进行改造和扩大规模。如果运行得当，过饱和氧曝气系统可以解决目前常规曝气系统对HL-MBR的限制问题。市场上两种最相关的超饱和曝氧技术是超饱和溶解氧系统（SDOX）和增氧锥技术。图13.28展示了这些技术的设备案例。

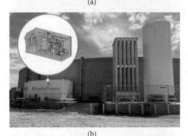

图13.28 （a）SDOX®体系的侧流溶解过程示例；（b）集装箱化SDOX®系统，在ISO集装箱内；（c）ECO2®增氧锥高效超氧系统

SDOX系统由一个加压室组成，该加压室在高压条件下工作（约800kPa或更高），并连接到HPO源，该系统由美国的BlueInGreen LLC开发。进水从加压室的顶部流入，液体和纯氧之间形成了一个大型气液界面，使加压室的溶解氧浓度（DO）达到350mg/L甚至更高，具体取决于操作压力条件（Osborn等，2010）。SDOX技术的应用案例主要是在湖泊和河流增加溶解氧；其他应用则包括城市污水系统的气味控制等。

增氧锥技术由Richard Speece博士于1971年开发（McGinnis和Little，1998），该技术由连接HPO源的下行锥形气泡接触腔组成。进水和HPO流以中等压力同时进入到增氧锥的顶部，在特定的水流下行速度下，气泡被压入锥体并溶解在水流中；然后，富氧过饱和溶液通过淹没式扩散器返回到接收筒。增氧锥技术主要用于恢复湖泊和河流的溶解氧（Ashley等，2008）。

13.6.3.2 HL-MBR系统的应用

案例1：配有SDOX的HL-MBR

Kim等（2020）建立了配备SDOX系统的小型HL-MBR。图13.29为实验设备，图13.30为系统原理图。

图13.29 配备SDOX系统的HL-MBR小型实验设备。左边是由BlueInGreen LLC提供的SDOX系统，右边是MBR系统（Kim等，2020）

在HL-MBR环境中，对大范围MLSS浓度下SDOX系统的氧传递性能进行了评估，包括氧传质率、氧传递效率和α因子（Kim等，2020）。图13.31显示了α因子与MLSS浓度的函数关系，将SDOX系统与其他系统相比较：①微孔气泡扩散器（与SDOX系统的污泥相同）（Kim等，2019）；②常规气泡扩散器（使用完全系统和中试规模的城市/工业MBR系统产生的污泥）（Germain等，2007）。

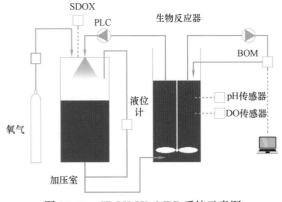

图 13.30 SDOX HL-MBR 系统示意图
（kim 等，2020）

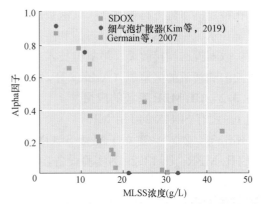

图 13.31 α因子和 MLSS 浓度的函数关系，
涉及 SDOX 系统、微孔气泡扩散器（Kim 等，
2019）以及具有微孔和粗气泡扩散器的市政
和工业 MBR 工厂（Germain 等，2019，
kim 等，2020）

　　两项使用常规气泡扩散器进行的研究都表明，随着 MLSS 浓度的上升，α 因子显著下降，在 MLSS 浓度高于 15g/L 时，α 因子甚至低到可以忽略不计。另外，SDOX 系统在 15～45g/L 的高 MLSS 浓度范围内有更高的 α 因子。研究表明，即使在 45g/L（MLSS 的最高评估浓度）时，SDOX 系统的 α 因子仍有 0.35。图 13.31 中显示的 α 因子是在具有 HL-MBR 系统预期特性的污泥（即高浓度 MLSS，短 SRT 值的工厂）中获得的。因此，从氧传递性能的角度可以得出结论，SDOX 系统在评估条件下优于常规扩散器，并且它消除了传统扩散曝气对 HL-MBR 的限制，甚至在 MLSS 浓度高达 45g/L 的情况下操作 HL-MBR 系统也是可能的。

　　SDOX 系统需要在纯氧下运行，并将污泥通过加压容器进行再循环，这可能会带来额外的运行成本。Kim 等（2020）对一个假设的 MBR 系统进行了 SDOX 系统与常规扩散器的能量需求对比评估，该 MBR 系统被设计用于处理进水流量 2000m³/d 的城市污水，生物需氧量为 2530kgO₂/d。结果如表 13.9 所示，共比较了三种不同的曝气系统：微孔气泡扩散器、粗气泡扩散器和 SDOX 系统。评估中使用中等标准曝气效率（SAE）值（Henze 等，2008；www.blueingreen.com）。本次评价所选择的 α 因子来自表 13.9 中的文献。在常规活性污泥（CAS）浓度约为 4g/L 时，与粗气泡扩散器（147kW）和 SDOX 系统（80kW）相比，微孔气泡扩散器需要的功率较小（28kW）。值得注意的是，上述对气泡扩散器系统的 α 因子的规定高于全面运行 WWTPs 的研究报告。Rosso 等（2005）基于大约 30 个 WWTPs 的运行数据，报告了在低 SRTs 下运行系统的平均 α 因子为 0.3。气泡扩散系统在生物系统中操作时容易结垢，在评估气泡扩散系统的性能时通常需考虑结垢因子影响。在长期运行中考虑结垢因子时，微孔气泡扩散器需要的功率（84kW）与 SDOX 系统（80kW）相当。在污泥浓度为 10g/L（即标准 MBR 浓度范围）时，微孔气泡扩散器的能耗（33kW）低于粗气泡扩散器（242kW）和 SDOX 系统（86kW），当长期运行中考虑结垢因子时，微孔气泡扩散器（99kW）相比 SDOX 系统（80kW）需要更大的能量。当 MLSS 浓度为 20g/L 时，SDOX 系统的能耗（99kW）显著优于微孔气泡曝气系统（672kW）和粗泡曝气系统（554kW），该 MLSS 浓度也符合 HL-MBR 的概念。当 MLSS 浓度超过 20g/L 时，差异则更为明显。在 20g/L 以上，甚至不可使用微孔气泡扩散器，因为根据研究，系统中 α 因子已无法被检测到（Germain 等，2007；Kim 等，2019）。SDOX 技术仅与废水处理系统中应用最广泛的常规扩散曝气系统进行了比较（Mueller 等，2002），且比较中只讨论了能源（电力）需求，没有考虑额外的维修费用。与常规扩散曝气系统相比，SDOX 技术需要的维修费用更少，这也是 SDOX 技术的一个潜在优势，可以使系统在低 MLSS 浓度范围内具有竞争力，并在高 MLSS 浓度范围内更具优势。

MLSS (g/L)	微孔气泡扩散器				大气泡扩散器			
	α因子		需用功率(kW) SAE(4.2kg/kWh)		α因子	需用功率 (kW) SAE (1.0kg/kWh)	α因子	需用功率 (kW) SAE (4.1kg/kWh)
	Germain 等, 2007	Kim 等, 2019	Germain 等, 2007	Kim 等, 2019	Germain 等, 2007	Gunder, 2000	Germain 等, 2007	Kim 等, 2019
4	1.00	4	1.00	4	1.00	4	1.00	4
10	0.50	10	0.50	10	0.50	10	0.50	10
20	0.04	20	0.04	20	0.04	20	0.04	20
30	ND	30	ND	30	ND	30	ND	30
45	ND	45	ND	45	ND	45	ND	45

案例 2：配有增氧锥的 HL-MBR

在使用 HL-MBRs 的背景下，对增氧锥系统的性能进行了评估。Barreto 等（2017）评估了采用增氧锥系统应用于城市污水 MBR 的性能。此外，Barreto 等（2018）评估了增氧锥在清水和污泥中几种操作条件下的氧传递性能。荷兰 Den HoornHarnaschpolder 废水处理厂 Delft Blue 创新研究厅的中试装置处理量为 $1m^3/d$。图 13.32 展示了实验设置。图 13.33 为增氧锥 HL-MBR 系统的工艺流程示意图。

Barreto 等（2018）评估的操作条件包括锥内压力、锥体入口速度、回流流量和进入锥内的纯氧流量。将 HPO 注入锥内时，气体流速为锥内最大理论氧溶出能力的 5%～40%。作者指出，标准氧传递效率（SOTE）不受锥内压力、入口速度或回流流量的影响。然而，标准氧传递速率（SOTR）随锥内压力和回流流量的增大而增大，而不受入口速度的影响。此外，随着 HPO 流量的增加，SOTR 增大，但 SOTE 减小。所以如果期望有较高的 SOTR，则增氧锥系统应在最大允许操作压力、回流流量和 HPO 气体流量下运行，而 HPO 气体流量越高，SOTE 越低。具体决定采用多大的 HPO 气体流量来操作，既要考虑系统的氧气需求，也要考虑资金和系统运行成本。SOTE 可以达到接近 100%，但代价是或者使用大型增氧锥系统，或者以高污泥回流率运行增氧锥系统（即较高的能源需求和运行成本）。

与微孔气泡扩散曝气相比，增氧锥具有更高的效率，这是因为几乎 100% 的供氧可以被有效

图 13.32 位于荷兰 Den Hoorn 的 Harnaschpolder 污水处理厂的增氧锥 HL-MBR 中试系统。照片的左边是增氧锥曝气装置，右边是 MBR （照片：H. A. Garcia）

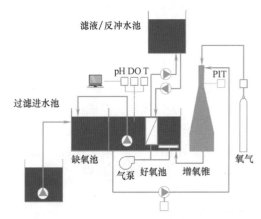

图 13.33 增氧锥 HL-MBR 系统的工艺流程图 （Barreto 等，2017）

地输送到溶液中。此外，增氧锥的维护也很便利，不需要清洁或更换扩散器。

Barreto 等（2017）还评估了增氧锥 HL-MBR 在 MLSS 浓度约为 30g/L 时的性能，结果如图 13.34 所示。通过增加 COD 进水浓度，HL-MBR 系统的有机负荷不断增加，最终达到运行 HL-MBR 系统所需的 MLSS 浓度。增氧锥 HL-MBR 系统运行良好，能通过生物法去除所有的进水 COD，使 MLSS 浓度达到 25～30g/L，在该浓度下，系统仍表现出一定的 COD 去除效率，但是不如低 MLSS 浓度下的效果好。COD 的去除率从 100％下降到了 80％，其原因是污泥回流泵的流量受限制，导致引入系统的 DO 量也受到限制。不过总体上看，增氧锥系统在高 MLSS 浓度下的 COD 去除能力仍然较为可观。

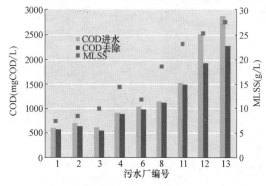

图 13.34　在增氧锥 HL-MBR 系统中，COD 去除率与 MLSS 浓度的关系（Barreto 等，2017）

13.7　可持续性的污水处理技术

经过半个世纪的发展，MBR 已被认为是一种非常有前途的城市和工业废水处理方式。如前文所述，该技术涉及膜分离，相比传统的 CAS 工艺具有许多优势。总体来说，在污水处理中应用 MBR 技术可以大幅减少占地面积，改善污水质量等，因此，MBR 技术无疑是污水处理与资源化领域的一项关键技术。但该技术仍面临着一些挑战，未来的研究中应重点解决以下几个问题：①膜污染控制；②降低基建和运行成本；③提高膜与微生物的协同效应；④合理应用 MBRs。

膜污染控制

控制膜污染需要进行各类人工维护措施，如实施强制清洗等，这为 MBR 的应用带来了额外的负担。因此，掌握大规模 MBR 应用的膜污染模式是十分有必要的，例如膜污染速率的季节变

化。基于 MBR 污水处理厂的大数据，在不久的将来或许可以发展计算机（如人工智能）辅助诊断和控制膜污染的技术。此外，由于化学清洗对回流十分重要，未来的研究中还应注重寻找更高效的清洗剂和开发新的清洗模式。一些机械辅助膜污染控制方法，如机械振动，也是潜在可行的选择。

降低基建和运行成本

较高的基建和运行成本是限制废水部门使用 MBRs 的又一因素。人们可以通过开发低成本的生物膜，或开发寿命较长的耐腐蚀膜来实现资金成本的降低。而降低运行成本可以通过优化膜清洗过程和反应器曝气系统来实现，这两者分别与膜污染控制和污染物去除相关联。无论如何，为了增强对膜污染的控制，增加混合液中氧的转移，应当对曝气模式进行更新，这也将同步降低相应的曝气费用。

提高膜和微生物的协同效应

由于 MBR 反应器中的 SRT 和 HRT 是独立控制的，使得 MBR 反应器能够获得相比 CAS 工艺中更高的 MLSS 浓度，有利于充分利用高浓度和丰富生物多样性的细菌群落。例如，MBR 中可以发生内源反硝化作用，并促进污泥的减量以及特定微生物的生长。通过工艺优化等多种方法增强膜与微生物之间的协同效应，则可以降低运行成本，提高膜生物反应器的污染物去除率。

合理应用 MBRs

无疑，对于土地相对昂贵的人口密集城市或缺水地区，MBRs 是个很好的选择。MBRs 也可用于分散式废水处理（如在农村地区），因为与 CAS 工艺相比，MBRs 更易于模块化安装，在工艺配置和集中管理方面都具有更高的灵活性。此外，组合式 MBRs＋RO 工艺非常适合实现工业废水处理过程中的"零排放"。得益于膜的高选择性和强生物降解能力，MBRs 在废水中回收资源和能量方面也有很大的优势。

致谢

非常感谢新加坡国家水资源管理局的陶博士、中信环境有限公司的张博士、苏伊士水务环境集团的罗博士和中国光大国际有限公司在第 13.6 节中提供了相关全面案例的信息。我们还

要感谢 IHE Delft 水研究所的金博士和巴雷托先生，感谢他们在第 13.6.3 节中为开发 HL-MBR 所做的技术贡献。此外，感谢 BlueInGreen 有限责任公司、OVIVO 水-膜生物反应器系统公司和 ECO 氧气技术有限责任公司为展开第 13.6 节中介绍的 HL-MBR 的大部分研究提供的财政支持。

扫码观看
本章参考文献

术语表

符号	描述	单位
A_M	总膜面积	m^2
A_{M0}	单位膜盒面积	m^2
A_P	总处理膜盒面积	m^2
C_o	好氧池的平均溶解氧浓度	mg/L
C_{omd}	从膜流向好氧池的循环流中的溶解氧浓度	mg/L
$C_{os(20)}$	20℃和 1bar 时纯净水中的饱和溶解氧浓度	mg/L
$C_{os(T)}$	T℃和 1bar 时纯净水中的饱和溶解氧浓度	mg/L
F	有氧区中估计污泥龄最低时的安全系数	—
F_M	膜面积计算时的安全系数	—
f	SS 转换为污泥的转换率	gMLSS/gSS
G_M	膜池风机在曝气时的标准状态送风量	Nm^3/h
G_O	生物反应鼓风机曝气的标准状态送风量	Nm^3/h
g	重力加速度	m/s^2
h	好氧池的水深	m
J_{avg}	过滤循环中的平均通量	$L/(m^2 \cdot h)$
J_b	倒冲法通量	$L/(m^2 \cdot h)$
K_{dn}	比反硝化速率	$kgNO_3^--N/(kgMLSS \cdot d)$
K_n	半速氨利用率常数	$mgNH_4^+-N/L$
K_{ow}	辛醇/水分配系数	—
k_1	估计 α 因子时的第一经验参数	—
k_2	估计 α 因子时的第二经验参数	—
k_d	内生衰变系数	d^{-1}
L_s	污泥有机负载率	$kgBOD_5/(kgMLSS \cdot d)$
N_{k0}	好氧池进水凯氏氮浓度	mg/L
N_{ke}	膜出水凯氏氮浓度	mg/L
N_{OM1}	好氧区氨氮浓度	mg/L
N_{t0}	生物系统进水总氮浓度	mg/L
N_{te}	生物系统出水总氮浓度	mg/L
n_M	膜盒数量	
O	好氧区生物反应需氧量	kgO_2/d
O_{dn}	脱氮抵消需氧量	kgO_2/d
O_m	膜池循环液带入好氧池的氧量	kgO_2/d
O_n	硝化需氧量	kgO_2/d
O_s	氧化有机碳需氧量	kgO_2/d
O_{std}	20℃和 1bar 时纯净水标准状况需氧量	kgO_2/d
P	实际大气压	kPa

符号	描述	单位
P_x	污泥中的磷含量	kgP/kgMLVSS
Q	设计流量	m^3/d
$Q_{A2 \to A1}$	从缺氧池到厌氧池的再循环流量	m^3/d
$Q_{M \to O}$	从膜到好氧池的再循环流量	m^3/d
$Q_{O \to A2}$	从好氧池到缺氧池的再循环流量	m^3/d
Q_w	剩余污泥排放平均流量	m^3/d
$R_{A2 \to A1}$	从缺氧池到厌氧池的再循环速率	—
$R_{M \to O}$	从膜到好氧池的再循环速率	—
$R_{O \to A2}$	从好氧池到缺氧池的再循环速率	—
S_0	进水 BOD_5 浓度	mg/L
S_e	出水 BOD_5 浓度	mg/L
SS_0	生物系统进水 SS 浓度	mg/L
SS_e	生物系统出水 SS 浓度	mg/L
T	混合液温度	℃
t_{A1}	厌氧池水力停留时间	h
t_b	膜倒冲间隔时间	min
V_{A1}	厌氧池容积	m^3
V_{A2}	缺氧池容积	m^3
V_M	膜池容积	m^3
V_{M1}	膜池容积(不含膜盒)	m^3
V_O	好氧池容积	m^3
V_{OM1}	好氧区容积,即 V_O 和 V_{M1} 之和	m^3
V_t	生物池总容积	m^3
v_n	氨氮利用率	$kgNH_4^+\text{-}N/(kgMLSS \cdot d)$
v_{nm}	最大氨氮利用率	$kgNH_4^+\text{-}N/(kgMLSS \cdot d)$
X	生物池 MLSS 浓度加权平均值	g/L
X_{A2}	缺氧池 MLSS 浓度	g/L
X_M	膜池 MLSS 浓度	g/L
X_O	好氧池 MLSS 浓度	g/L
X_{OM1}	好氧池和膜池 MLSS 浓度的加权平均值	g/L
Y	生物质合成产率	kgMLVSS/kgBOD$_5$
Y_t	固体观测产率	kgMLSS/kgBOD$_5$
y	挥发性 MLSS 占总 MLSS 的比例	kgMLVSS/kgMLSS
ΔX	剩余污泥产率	kgMLSS/d
ΔX_v	生物质排放率	kgMLVSS/d

缩写	描述
A_1	厌氧池
A_2	缺氧池
AAO-MBR	厌氧/缺氧/好氧-MBR
AAOA-MBR	AAO-MBR 带后缺氧罐
Ag NP	银纳米颗粒
AGMBR	好氧颗粒污泥 MBR

缩写	描述
AI	自诱导物
anammox	厌氧氨氧化
AnMBR	厌氧 MBR
AO-MBR	好氧/缺氧-MBR
AOX	可吸收有机卤素
ARB	抗生素耐药菌
ARG	抗生素耐药基因
AsMBR	空气喷射式 MBR
bCOD	可生物降解的 COD
BNR	营养素生物处理技术
BOD	生化需氧量
BOW	北京碧水源科技有限公司
C_{60}	富勒烯
CA	醋酸纤维素
CAS	常规活性污泥
CEB	化学强化倒冲
CEL	中信环境科技有限公司
CIP	原位清洁
CNT	纳米碳管
COD	化学需氧量
Cu NP	铜纳米颗粒
DO	溶解氧
EDC	内分泌干扰物
ENM	工程纳米材料
EP	电泳
EPS	胞外聚合物
F/M	有机物/微生物比率
FO	正渗透
FS	平板膜
GO	氧化石墨烯
HF	中空纤维
HFMBR	混合生物膜 MBR
HL-MBR	高负荷 MBR
HPO	高纯氧
HRT	水力停留时间
IA	间歇曝气冲刷
iMBR	浸没式 MBR
IOC	内外循环
JLMBR	喷射回路 MBR
M	膜池
MBR	膜生物反应器
MCBR	膜絮凝生物反应器
MD	膜蒸馏

缩写	描述
MDBR	膜蒸馏生物反应器
MEC	磁性载体酶
MF	微量过滤
MLSS	混合液悬浮物
MLVSS	挥发性 MLSS
MRC	三菱人造丝有限公司
MT	复极真空管
NH_4^+-N	氨氮
NM	纳米材料
PAC	粉末活性炭
PAN	聚丙烯腈
PE	聚乙烯
PES	聚乙烯砜
PET	聚对苯二甲酸乙二醇酯
PP	聚丙烯
PPCP	药品和个人护理产品
PS	聚砜
PTFE	聚四氟乙烯
PVDF	聚偏二氟乙烯
QQ	群体淬灭
QS	群体感应
rGO	还原氧化石墨烯
RO	反渗透
SAD_f	与膜盒占地面积相关的特定曝气需求
SAD_m	相对于膜面积的特定曝气需求
SAD_p	对渗透流的特定曝气需求
SAE	标准曝气效率
SDOX	过饱和溶解氧
sMBR	侧流式 MBR
SMP	可溶性微生物产物
SRMBR	浸没式旋转 MBR
SRT	污泥停留时间
SS	悬浮物
STOE	标准氧气转移效率
STOR	标准氧气转移速率
TiO_2 NP	二氧化钛纳米颗粒
TMP	跨膜压力
TOC	总有机碳
TN	总氮
TP	总磷
TrOP	微量有机污染物
UCT	开普敦大学
UF	超滤
UV	紫外线
VSMBR	立体浸没式 MBR
WWTP	污水处理厂
ZnO NP	氧化锌纳米颗粒

希腊符号	注释	单位
α	污泥与清水中氧传递系数之比	—
β	污泥中溶解氧饱和浓度与清水中溶解氧饱和浓度之比	—
η_A	鼓风机氧传递效率	%
θ_{OM1}	好氧区最小污泥龄	d
θ_t	总污泥龄，即 SRT	d
μ_n	硝化细菌比生长速率	d^{-1}
μ_{nm}	硝化细菌最大比生长速率	d^{-1}
ρ	混合液密度	g/cm^3
τ_0	过滤循环的松弛周期	min
τ_1	过滤循环的运行周期	min
τ_b	膜倒冲时间	min
φ_M	膜池表观膜填料密度	m^2/m^3

图 13.35　中国贵阳的医院大楼，地下有一个 5 万 m^3/d 的 MBR 污水处理厂
建在其下方 30m 处（照片：G. Chen，由 SEI 和 SUKE 提供）

第 14 章
活性污泥工艺的模拟

Mark C. M. van Loosdrecht，George A. Ekama，Carlos M. Lopez Vazquez，Sebastiaan C. F. Meijer，Christine M. Hooijmans 和 Damir Brdjanovic

14.1 什么是模型？

模型可以定义为所感兴趣的系统的有目的的表示或描述（通常是简化的）（Wentzel 和 Ekama，1997）。这意味着模型永远不能准确地反映实际情况。所以，"这个模型能否描述一个污水处理厂"这种问题是毫无意义的，除非该模型所描述的处理厂的那一部分已被界定。没有人能够做到在同一个模型中描述每一种微生物，每一个水分子或每一个过程的细节。作为对真实系统的简化，模型只能够描述那些相对容易被理解和容易解决的部分。此外，十分重要的一点是，如果说一种数学模型可以满足人们所有的期望，那么它才能被称为成功的模型。

时间和空间是模型中两个非常重要的点。一般来说，从时间尺度上看，工艺流程能分成三种类别：即所谓的静态、动态和稳态。模型通常被用于描述状态随时间变化的动态过程。当工艺处于静态时，工艺会随时间变化，但在人们关注的时间间隔内不会变化。例如，如果考虑污水处理厂的日动态变化，出水氨氮浓度会随时间变化；反应器中的硝酸盐浓度也会变化。然而在一天内，污泥消化反应器中的氨氮和硝酸盐浓度（有时可作为总活性污泥模型的一部分）不会变化。由于污泥停留时间通常是 30d，污泥消化反应器发生变化的典型时间为 2～3 周。与污水处理厂其他区域的反应相比，消化反应器中几乎不存在

日变化。因此，人们可以认为发生在消化反应器的过程是处于静态的。另外，有些反应过程由于反应速度太快而总处于稳态或平衡态。这些反应发生得如此之快以至于其变化速度远远超过了我们感兴趣的动态过程。例如，在污水处理过程中，我们通常关注的是小时量级上的氨氮浓度变化。与工艺过程控制相关的变化通常发生在分钟尺度上。然而，化学沉淀反应几乎是瞬时的（几秒钟内）。这些快速的过程不需要用动态方式来描述，因为它们进行得如此之快以至于人们可以认为这些反应过程始终处于平衡状态或已完全发生。因此，建立模型需要考虑的第一件事就是确定我们感兴趣的反应过程，然后确定相关的时间尺度，再是评估反应过程的动态特性，最后充分描述这些随时间变化的动态过程。模型对于处于停滞状态或稳态的反应过程的描述可以非常简单甚至被忽略不计。这是因为在某些特定条件下（如在消化反应器中）这些过程可以被认为是浓度始终保持恒定的连续过程。所以，在试图简化实际的系统时，时间尺度是第一个要考虑的问题。建议首先确定时间常数，然后选择在目标时间尺度上存在动态变化的反应过程。对于污水处理过程来说，通常需要考虑小时级或者日级的变化，有时候还需要考虑年变化。当然，在考虑年变化的情况下，因为污泥产量会在一年中变化，消化反应器性能也会变化，所以消化过程会变得非常重要。

和模型相关的第二个因素就是空间尺度。理论上，模型可以描述活性污泥法污水处理厂的每一个角落。然而，问题是首先是否有人会对如此细致的描述感兴趣。问题的答案再一次取决于模型的目的。总的来说，在实际的污水处理厂中，反应器尺寸通常是 10 米量级的。为了描述反应器内氧气（最敏感）等相关成分的浓度梯度，通常需要关注米量级上的空间范围。从另一空间尺度来说，活性污泥絮凝体的浓度梯度理论上也能用模型来描述。然而，在标准活性污泥模型中，因为相关性不够，这种用来描述活性污泥絮凝体的空间尺度将会不被考虑。这就意味着活性污泥模型通常并不是被设计来描述活性污泥絮凝体规模的系统，而是用来描述反应器规模的。

模型的下一步就是从不同层级上观察微生物模型的具体细节（图 14.1）。

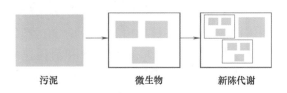

污泥   微生物   新陈代谢

F/M>ASM1,2,2d>ASM3>新陈代谢模型

图 14.1　模型的逐步细化示意图
（Smolders 等，1995）

典型的传统废水处理设计方法是建立在"黑箱"法的基础上，"黑箱"只着眼于进水和出水特征，却很难得知污水处理站内部发生的过程。传统的设计参数，例如 F/M（污泥负荷比），并不是基于对污水处理厂内部过程的理解。然而，虽然并不了解发生在污水处理厂里的具体过程，但是仍然能通过运用恰当的污泥负荷来合理地设计污水处理厂。所以在实际情形中黑箱模型也能良好运行。

黑箱模型从定义上说是正确且科学的，但是黑箱模型的应用很大程度上取决于模型的目的。如果目的是设计一个污水处理站的话，实践已经表明 F/M 是一个很好的基本途径，尽管它并没有给出污泥组成的相关信息。我们可以对这一方法进行改进从而得到灰箱模型，例如活性污泥 1 号模型（ASM1，Henze 等，1987a，1987b），2 号模型（ASM2，Henze 等，1995），2D 模型（ASM2d，Henze 等，1999）。在这里活性污泥

被分为几个部分：惰性有机组分、硝化细菌组分、异氧细菌组分、反硝化细菌和除磷菌组分。这种基于生物种群的数学模型明确了活性污泥不同方面的功能，并将活性污泥中的各种微生物种群合并于该模型中。

此外，模型也可以描述有机体的新陈代谢和有机体内的代谢途径。随着以上信息的增加，这种描述方法更加趋近于白箱模型（例如，活性污泥 3 号模型：ASM3，Gujer 等，1999。TU Delft EBPR 模型：TUDP model，Van Veldhuizen 等，1999）。这使得模型更加庞大和复杂。这里的挑战就是对每一个过程找到合适的细致程度来进行描述。问题是：复杂程度的增加也会带来模型（输出）质量的增加吗？换句话说，模型为污水处理厂提供了一种更好的描述吗？举个例子，据证实随着描述硝化反应细节的增加，模型的性能并未显著提高，但是增加新陈代谢的描述却能使磷酸盐的去除效果更好。因此，对黑箱、灰箱或者白箱的选择很大程度上依赖于模型的目的和应用。这正是建模者经常犯错的点，即忽视模型目的而错将建模本身视为目的。

当然，也能通过囊括微生物遗传学和基因变化的原理来尝试将模型复杂程度提高到下一级别。从技术上和原则上来说这一做法是可行的，但其仍然要取决于模型的目的和应用。假如模型太过复杂并且最终描述的模型含有太多参数的话，这种做法通常被认为浪费时间和精力。对于一个模型来说，准确地描述实际过程并不是必需的。模型与现实的匹配程度再一次取决于模型的目的。例如，如果有人想知道污水处理厂中的 N_2O 是如何排放的，或许就有 3～4 个有关 N_2O 排放的理论被创造出来然后被用在模型中。在这一节点上，最值得关注的就是不同模型的模拟结果的趋势性，以及这些趋势能够反映实际状况的程度。在这一阶段，我们只需要关注趋势，而良好的校准、精确的拟合以及对参数的准确了解并不是必要的。相反，举个例子，如果有人需要预测污水处理厂的性能来使污水处理厂满足法规的要求，即每一个从出水取得的样本都要低于 $1mgNH_4/L$，那么模型中参数的准确度就必须更高。在这个例子中，人们需要保证模型预测必须准确低于 $1mgNH_4/L$。以上两个例子再一次

展示了模型应当总是由其使用目的来衡量。

数学模型类型里的两个极端：经验模型和机理模型。经验模型的基础是找到那些能够描述我们感兴趣的行为特征的重要参数，然后根据人为观察所得的参数间的经验关系将其联系起来，而系统中的机理和操作过程不为人知或可以直接忽略。以上所提是一种经典的黑箱模型方法。相反，机理模型是基于生物/物理机理的概念化。例如，基于某一种概念理念（或模型）。机理模型的复杂度将会取决于对发生在系统内部的生物或化学过程的理解程度。因为机理模型有一些概念基础，所以其比经验模型更加可靠。因为黑箱模型方法，经验模型应用时受边界条件（例如废水性质、系统参数）严格限制，所以只有在边界条件内使用内插法时，经验模型才是可用的。相对于经验模型来说，机理模型在模型的边界条件外则更可靠，并且机理模型的外插法和内插法都是可用的。然而，最终所有的模型都只是对我们感兴趣的行为模式过程的合理化。合理化这个过程就意味着任何模型都需要通过适当测试来严格校准和充分验证，并且有望成功运作的模型中的条件也需要充分描述。对于经验模型来说这些严格条件就是模型建立时的条件，然而对于机理模型，这些条件就是概念化行为有望保持有效的条件。从上面的讨论中可以看出，机理模型很大可能可用于污水处理厂中，人们对于这一类模型的关注也将更多。

为了建立一个基于机理数学模型的概念模型，我们必须明确系统中的反应过程和参与的化合物。数学模型应当描述反应过程之间以及反应过程和化合物之间的各种相互作用。为了将概念模型发展成机理模型，反应过程速率和不同物质的化学计量相互作用要从数学上精确表达。机理模型中的数学等式很可能将会不包括实际系统中所有的反应过程和化合物；只有那些被认为对模型实现目标具有重要作用的才会被包括在内。建立概念模型和机理模型的秘诀就是消除那些对模型实现目标作用很小或几乎没有作用的反应过程和化合物。相较于建立一个简单模型，建立一个复杂的模型完全就是浪费时间和精力。要建立一个能完全描述一种现象的模型是不可能的。理论上来说完整的描述应当囊括事物最基本问题的方方面面。模型的层次通常由模型的目的来决定。

例如，在模拟废水处理系统中的生物行为时，我们很难直接指出生化控制机理（比如 ADP/ATP 和 NAD/NADH 比例），或者特定微生物的行为。在活性污泥系统的混合液中包含了很多微生物种类，对微生物的识别和计数技术已经逐步成熟。然而，这些技术都很费时费力。相反，在活性污泥系统中完成特定功能的微生物（例如能够好氧分解有机物或产生硝化作用的微生物）被组合在一起作为一个单一的实体，称为"替代"生物体。替代生物体有着一系列能反映群体行为的独特特点，但不一定能反映群体中任一种个体或物种的特点。打比方说，这个方法相当于模拟一片森林的"宏观"行为而并不是模拟组成这片森林的每一棵树或每一个树种的"宏观"行为。在考虑森林的行为时，就需要模拟诸如二氧化碳（CO_2）产生量这一类参数。森林作为一类实体已经明确了 CO_2 产生速率和消耗速率。森林的单独树种，甚至每一棵单独的树都可能有着区别于森林实体的特定 CO_2 产生速率和消耗速率。然而，通过将森林模拟为一个实体带来的效应将近似等同于模拟每一棵树单体或树种累计作用的净效应。相较于模拟森林中树的单体，将森林作为一个实体模拟的最大优势就是建模和校正时只需要很少的信息。在模拟生物废水处理系统时，生物体基质的使用就是一个典型的例子：用 Monod 方程（Monod，1949）来将替代生物体的比生长速率与周围的基质浓度联系起来，然而组成替代总体的生物体可能有不同的比生长速率或对净水中的不同基质有不同的反应。因此，对于废水处理系统建模来说，所建模的组织层次是一个种群或一组选定微生物的群体行为。在为活性污泥系统建立的模型中，主要的生物类群、功能及其作用区域在第 2 章中已介绍。

数学模型中需要囊括的参数很大程度上取决于上文所述组织级别的模型的目标。对于废水处理系统来说，通常要建立两种数学模型：稳态模型和动态模型。稳态模型有着稳定流量和负荷，趋势上也相对简单。简便性对设计这些模型很有用。在这些模型中，对系统参数的完整描述并不是必需的，而确定系统设计参数更重要。在另一方面，动态模型有着变化的流量和负荷，因此时间也是其一个参数。动态模型比稳态模型更复杂，但在预测现有或设计系统随时间变化的状况时很有用。两种模型的复杂度意味着实际的系统参数必须被完整定义。由于这个原因，在设计中使用动态模型的局限性较大。通常稳态模型和动态模型交互演化。动态模型能对稳态模型的建立提供指导；动态模型也能帮助稳态模型辨别对系统有重要影响的设计参数并且消除稳态中没有重要作用的反应过程。对于更复杂的动态模型来说，只有重要的参数才被考虑纳入模型中。

对于活性污泥系统来说，在选择替代生物体或种群行为的标准时，直到最近，动态模型才仅仅考虑了液相中的净效应。例如，在使用Monod方程时，反应速率由液相可溶性 COD 和替代生物体浓度决定。然而，随着模型延伸到囊括强化生物除磷（EBPR），替代生物体的内部参数也必须包含在内，例如多聚羟基烷酸（PHA）、糖原和聚合磷酸盐。随着模型的发展，虽然模型可能处于选择的组织级别，来自组织更低级别的反应过程和行为的信息通常也是必不可少的，尤其是辨别控制系统反应的关键过程。通常情况下来自组织低级别的信息具有微生物学和/或生化性质，并且这种信息越完整，模型就越可靠。为了充分利用信息，要对参与模型构建的"替代微生物"进行识别，并且利用这些生物体已知的微生物和生化特点来获取对替代生物体更深的了解。最近，据一些研究发现，与模型相关的替代生物体无法完整地描述一些在活性污泥系统中观察到的行为模式；比如选择器效应（Gabb等，1991），缺氧区向好氧区的转移过程的基质利用抑制现象（Casey 等，1994）和反硝化过程中氮中间体的形成（Casey 等，1994）。为了描述这些现象和相似的观察结果，已经有研究发现需要选择更低级别的组织：特定的关键酶的活性，合成体以及这些酶调解的过程来进行模拟（Wild 等，1994）。在此级别组织的建模被称为结构化生物建模。这种建模方法需要详细的微生物信息和生化信息（Wentzel 和 Ekama，1997）。

值得注意的一点是在活性污泥模型和污水处理（厂）模型之间存在着一点本质差异。后者用来表示活性污泥模型、水力模型、氧传递模型和沉淀池模型的总体，这些都是描述一个实际废水处理模型所必需的（Gernaey 等，2004）。污水处理厂模型应当进一步与全厂模型区分开来，而全厂模型则是结合了污水处理模型和污泥处理模型两种模型。

14.2 为什么要建模？

在污水处理中使用模型最大的好处就是：深入了解处理厂性能、评估可能的升级方案、评估新处理厂的设计、支持管理决策、开发新的控制方案和为操作人员提供训练。

建模"迫使"建模者明确他们的工作。文献中经常会有定性比较，例如"更好""更大""更小""更高"等。这些比较并不是很有用并且有主观性质，例如，实验室中的研究者或操作污水处理厂的人对"大"或"小"的感觉并不是必然相同的。当涉及建模时，使用描述性的词汇是不可能的，而必须根据模型的需要，准确输入容积、速率和转化率等定量参数。这也迫使建模者们用定量和客观的方法来更好地阐明工艺知识。当然，不建模也不会对实际工作造成影响，但通常做一个模型可以形成一个将所有被认为相关的因素都综合考虑在内的框架。这进一步迫使数据收集变得更结构化，收集到的数据更加广泛，并且提高建模者的组织化。模型通常能暴露出知识和数据的缺陷以及/或错误数据（例如 SRT 或流量），从而提高数据质量和加强处理厂的监测能力。因此，深入了解处理厂运行状况（信息量化、物料平衡和数据协调）和带着疑问了解废水处理厂甚至比建模本身更重要。

使用模型的第二个主要原因就是提供在技术/工艺选择过程中节约时间和金钱的可能性。定量的系统性能比较，而不是通过定性方法，在很多情形下能带来更简单的方案制定和选择之间的快速对比。对比类似"一个系统比另一个系统更有效"的定性描述，模型结果表明"一个系统比另一个系统效率高 2%（或 20%）"这种描述更能提供有效信息。如果重要的信息或选择标准可以被量化（比如净化效率、出水质量、污泥产量、需氧量等），那么在评估可能的升级方案时，模型的应用将会使得这种对比相较于对传统的经验主义、直觉、冗长和累赘的讨论更有效和更快速。对于评估升级方案来说，因为不确定性和模型输入有关但与模型参数无关，所以不需要通过运行全面的校准程序来建立一个非常精准的模型。在比较各种方案的效果时，将趋势用作对比参数更有用，因为废水处理工程中的设计范围内存在的微小差异并不重要。在评估新建污水处理厂的设计时，由于将来的 10 年或 20 年中工艺条件的不确定性，同样不需要一个非常精准的模型。污水处理厂的初级设计，经常用到静态（稳态）模型，动态模型则用于敏感性分析和优化设计。污水有着极其复杂和不确定的组成，因此为污水处理带来了额外的挑战。污水流速和浓度变化很大并且很难控制，尽管影响污水组成的可能性有限（第 3 章）。在污水处理站中有很多反应过程发生；一些过程与污水处理相关，然而很多过程都是和其不相关的。但是即便在一个简单的工艺单元内，很多过程都是同时发生的。为了应对如此复杂的情况，就需要模型来帮助理解这些相关反应过程了。因此，尽管从设计角度看，模型通常不是必需的，但是作为设计过程一部分的模型的应用正在日益增多。通过对最不利情况出现的统计分析，污水处理厂能在 95% 的时间里达到出水质量标准的前提下大大节省运行费用。在传统设计中，所有最不利的情况通常被假定是同时发生的，这在现实中是极不可能的。

使用模型的另一个重要原因是减少或最小化产生风险的可能性。通过使用模型，"假设分析"方案中潜在风险的影响可以获得定量描述。在评估和选择可接受风险、拒绝无法承担的风险以及识别可采取的缓和和控制这些风险的措施时，白箱模型（与黑箱模型相对应）的量化是很难能可贵的。例如，类似"如果流速增加一倍会发生什么"和"这种增长对出水水质有什么影响"的问题可以通过使用模型来得到很好的解答。此外，在成比例扩大系统规模时（小试规模、中试规模、大试规模），模型可以帮助减少相关的风险。产生于实际情况（如混合条件、负荷变化等）中的相关风险在全面的和小试规模的系统中是不同的。从工艺控制的角度来看，中试规模系统的反应更快，与之相比，系统相对全面的实际污水处理厂有很大的滞后性。

此外，模型的应用加快了知识传递和决策制定。总的来说，废水处理工程和环境工程涉及多个学科领域不同学科的知识，比如微生物学、生物化学、物理、生物和机械工程。此外，涉及的每个专家组、操作人员、工程师或科学家通常对同样问题都有自己的专业角度。在将问题用一种数学方式表达时，就要用到一种通用交流工具（语言）。这种多学科的融合方法可以更好地描述实际过程，每个学科都可以将各自对实际过程的了解用一种结构化、组织化和量化的方式融入模型中来。1987 年 ASM1 问世后，和模型相关的交流得到大幅改善。在采用 ASM1 之前，至少有 5 种或 6 种不同的污水处理厂的建模方法；每种模型在书写、符号和实施方法上都有各自不同的方式，这使得理解模型和模型产生的结果变得极其困难。ASM1 对符号、术语和结构的统一和标准化使得模型结果对比和知识传递变得更加容易，因此也进一步促进了模型的应用。

如今模型在培训中是非常有价值的工具。比如，污水处理厂的操作人员可以利用模型安全地调查如果有人在污水处理厂采取特定措施后系统会有哪些变化，而不必冒着扰乱污水处理厂运行的风险。此外，模型可以用来将知识从设计工程师传递到操作人员，当然，在全球的学术界，建模也正在日益成为工程师和科学家培训课程体系的一部分。从工艺控制的角度看，实践中直接基于模型的控制器并没有得到应用，模型应用仍然停留在科研层面。在实践中简单的控制器可以基于模型来调整，从而在实际生产中加快了控制策略的优化（第 15 章）。

在综合城市水系统模型的框架中，一方面，污水处理模型是一个重要组成部分。将污水处理和污水管道系统（比如在考虑合流污水溢流或发生在排水系统中的生化反应的影响时）联系起来是非常必要的。另一方面是受纳水体的质量和总量。综合模型作为一种日益受欢迎的工具，在城市水系统管理层次上起到了支持决策制定的作用。这是由于该模型对各种选择之间的差异能够给出客观和定量的分析。

14.3 建模的基础

14.3.1 模型的建立

有很多不同类型的模型存在，广义上来说这些模型可以被分类为：①物理模型；②文字模型或概念模型；③数学模型。物理模型是一种系统内的空间范围表达。例如，科学家和工程师利用物理模型通过小试规模的和中试规模的实验来调查系统反应和行为。通常由详细观察发展而来的文字或概念模型提供了一种对系统的定性描述；这些模型可以通过示意图（例如流程图）或者一系列的陈述呈现出来。文字模型的准备是最重要的但也是建立模型中最复杂的部分。数学模型则提供了一种对系统的定量描述。数学模型从数学上对系统内发生的反应速率和其与化合物化学相互作用进行明确描述。数学描述需要被包含于一个解决过程中，这个解决过程需要考虑由发生这些过程的系统施加的物理限制和特性，例如温度和混合条件。数学模型很少是孤立发展的，其通常源于可能建立在物理模型上的基于某种程度观察上的概念模型，例如小试规模或者中试规模的实验（Wentzel 和 Ekama，1997）。

结合文字模型、数学模型和物理模型（图14.2）的研究方法对快速发展和评估新系统非常有帮助。

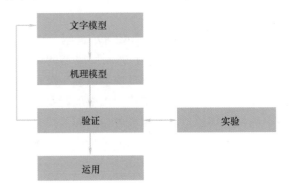

图14.2　建模过程

关于活性污泥的建模和模拟，有许多因素需要考虑，从模型目的的明确到可用于模拟的污水处理厂模型，需要一个循序渐进的方法。在这个过程中可以划分为下列几个主要步骤（Coen 等，1996；Petersen 等，2002；Hulsbeek 等，2002）：

- 模型目的或模拟研究目标的明确。
- 模型选择：模型选择需要描述在模拟中考虑的不同污水处理厂单元，比如活性污泥模型和沉淀模型的选择等。
- 水力学，比如对于污水处理厂或污水处理厂反应池的水力模型的选择等。

- 污水和生物质特性，包括生物质沉淀特性。
- 活性污泥模型参数的校正。
- 模型证伪。
- 方案评估。

这种方法在 Petersen 等（2002）中有详细阐述。

14.3.2　模型建立概述

平衡方程是任何模型描述的基础。这些方程描述了反应器内由于化学反应和生物反应以及传质过程导致的浓度随时间的变化。在稳态下，浓度随时间的变化为零。传质过程和转化过程是模型两种不同的部分（分别是物理性质和生化性质）。

生物过程仅依赖于反应器内反应物的浓度。本质上，反应过程是与反应器类型和反应器尺寸无关的（微生物们并不知道它们在哪种反应器里，混凝土或钢铁的，推流式的或完全混合式的，活性污泥的或生物膜反应器等）。因此生物和化学反应被称作微观动力学并且在实验室内就能很轻易地研究而且在实际系统中不会改变。反应过程因此是通用的并且可以用活性污泥模型来明确表述，例如 ASM 系列模型。反应器内局部浓度变化取决于反应器系统或者污水处理厂中反应的化合物的传质作用。当与实际系统比较时，模型本质上的不同就存在于这些传质过程当中。

传质过程（例如对流、混合、曝气）的优点就在于其能被研究得很充分并能用一般方法表述。因此对于不同类型和尺度的传质过程都能被准确预测。生物和化学能在实验室研究（例如温度、浓度和压力对微生物的影响）并且可以用物理传质模型来预测在实际系统中将会发生什么。通常认为，微生物在实验室和实际系统中并不会改变，而传质过程完全相反，这样一个认知对于理解数学模型中的反应以及其相互作用很有帮助。这些相互作用使得模型可以用于工艺设计中（例如选择生物反应器、类型、稳定性、最优化、自动化和控制、按比例放大等）。

图14.3 给出了一个完整污水处理模型的组成示意图。首先，可测量的污水参数必须转化成带有不同模型化合物浓度的进水矢量（第3章）。污水处理厂的水力学模拟是通过描述污水处理厂不同区域/反应器的不同部分（包括沉淀池）来

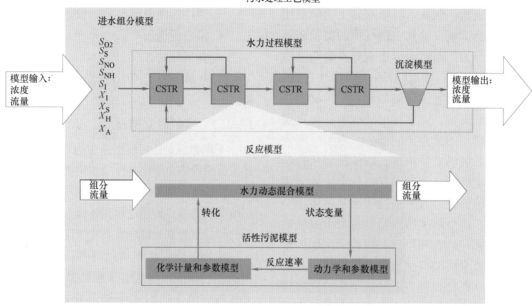

图 14.3 一个完整的污水处理厂模型的流程表达式（Meijer，2004）

完成的。由于反应器的混合和传质特性（比如曝气），每一个反应器部分都是单独模拟的，并且所模拟的反应器通常假设其完全混合。因此物料平衡方程适用于每一个反应器。这种物料平衡方程中包括了生物转化模型。在整体模型中，所有的部分都通过状态向量（包括浓度和反应器间流量）相结合。这个整体模型通常通过数值求解给出模型中每种化合物的浓度随时间的函数。因此实际上我们通常讨论以下四种模型：过程模型、水力模型、反应器模型和活性污泥模型。

稳态中的物料平衡方程可以用以下数学公式表示为：

$$\frac{\delta(S_{in} \cdot Q_{in})}{\delta t} = \frac{\delta(S_{out} \cdot Q_{out})}{\delta t} +$$
$$(\alpha \cdot q \cdot X \cdot V) + [k_1 A \cdot (S_{max} - S)]$$

$$(14.1)$$

式中　α——化学计量系数；

　　　A——表面积（m^2）；

　　　k_1——外部传质系数（m/h）；

　　　q——比转化速率（L/h）；

　　　Q_{in}——进水流量（m^3/h）；

　　　Q_{out}——出水流量（m^3/h）；

　　　S_{max}——饱和浓度（$gCOD/m^3$）；

　　　S——液相浓度（$gCOD/m^3$）；

　　　S_{in}——进水浓度（$gCOD/m^3$）；

　　　S_{out}——出水浓度（$gCOD/m^3$）；

　　　t——时间（h）；

　　　V——体积（m^3）；

　　　X——生物质浓度（$gCOD/m^3$）。

图 14.3 实际上描述了进入反应器的化合物要么随出水流出，要么在反应器内发生反应，要么在反应器内进行气相交换。以上的物料平衡方程中的每一项单位都表现为单位时间的质量，在分析一个复杂系统时，这样的单位比浓度单位更有帮助。

14.3.3　化学计量学

根据系统定义，只有对系统重要和/或占整个系统组成很大部分（至少占系统质量的一小部分比例）才会被考虑。例如，大多数污水处理厂的硝化反应中亚硝酸盐浓度都维持在很低水平，所以从物料平衡角度来看，将亚硝酸盐纳入考虑范围是没必要的。同样在厌氧消化中因为几乎所有反应最后产生的都是 CH_4，气体中 H_2 含量很低，所以也不需要将 H_2 纳入考虑范围。这些中间产物只有在被认为重要时才需要考虑，比如当有亚硝酸盐或 H_2 累积时。ASM1 中的硝化过程不包括亚硝酸盐，然而在厌氧消化模型中（ADM1，Batstone 等，2002）包括 H_2，因为其在对于厌氧系统的稳定性有着重要作用。ASM模型被特地设计用于低温（5～20℃）条件，在此条件下没有亚硝酸盐的累积。亚硝酸盐只会在高温下或者在有毒环境中才会累积。因此在模型中亚硝酸盐不予考虑。类似地，在反硝化过程中只有很少数量的硝酸盐转化为N_2O，所以从脱氮角度来说不需要考虑N_2O。然而，如果污水处理厂要达到N_2O排放限制时，就需要将N_2O考虑在内。这再次取决于模型应用的目的。

除了相关化合物和处理的确定外，明确相关平衡也是必要的。对于每一种守恒来说，进入废水处理厂的化合物原子数量等于离开的原子数量，比如氮、磷、COD或碱度都遵从守恒。使用守恒方程可以计算出未知的化学计量系数，所以这种方法大大减少了建模所需信息。用BOD来衡量废水特点正在由用COD来取代。基于BOD的设计与黑箱模型有关，但是其在不遵从守恒时是不可用的，并且其取决于很多因素（例如反应时间、温度）。实际情况中BOD仍然被广泛应用，并可将ASM的输出与污水处理厂出水对受纳水体（在此BOD依然是水体质量的相关指标）的影响相联系。相反，因为COD是由转移到氧气中的电子数量定义的，保证了将系统中所有的有机物氧化为CO_2和水，所以COD遵从守恒。这也是为什么现在的模型是基于COD而不是BOD。

可以根据反应中涉及的相关化合物和守恒来计算相关的化学计量系数。例如在异养微生物生长的反应中相关的化合物是有机物、氧气、氨、碱度、生物质、二氧化碳和水。在建立等式方程时不需要确定哪种物质参与反应和哪种物质生成，因为仅仅加上一个负号或正号就行；换句话说就是等式哪边的参数是什么并不重要。下一步就是选取作为1的系数并且使用守恒来计算出所有相关的系数。在这个例子中，我们能够建立起五种平衡方程（碳、氧气、氢、氮和电荷）并且会出现七种未知系数。这七种系数中有一个可以定义为1，并且我们只需要知道一个系数，比如转化单位COD的耗氧量或者单位基质生成的生物质数量（产率系数）。

以下是对于任何一种生物过程建立其反应的化学计量数的一种常用方法。例如，假设有机物（或COD）在好氧条件下（即使用氧气）被

利用。

$$? \text{COD} + ? \text{O}_2 + ? \text{NH}_4^+ + ? \text{HCO}_3^-$$
$$\rightarrow ? \text{Biomass-COD} + ? \text{CO}_2 + ? \text{H}_2\text{O} \quad (14.2)$$

在污水处理系统中我们通常对二氧化碳和水的转化不感兴趣，并且使用COD平衡方程来替代元素平衡方程。如果在将基质COD的系数定义为1并且生物量产率系数已知条件下，式（14.2）就变为：

$$1\text{COD} + (1-Y_H)\text{O}_2 + f_N Y_H \text{NH}_4^+ + f_N Y_H \text{HCO}_3^-$$
$$\longrightarrow Y_H \text{Biomass COD} \quad (14.3)$$

式中　Y_H——异养产率系数（g 生物量-COD/g 基质 COD）；

　　　f_N——生物量中氨的比例（gN/g 生物量-COD）。

可以通过COD、氮和电荷守恒来得到上式。COD平衡说明了氧消耗和生物量产生是同时发生的；因为基质（COD）要么被氧气氧化要么变成污泥，所以同时减少氧气消耗和污泥产生量是不可能的。生化反应所需氨的量可以从氮平衡计算出来，从电荷平衡中可以计算出碳酸盐（碱度）等。化学计量反应可以表示为产率系数的函数，在这个特例中就是生物量中氮的含量。每一种化合物的化学计量系数都包含在模型矩阵中（表14.1）。

14.3.4 动力学

每个反应都有其速率方程。速率方程明确了化学计量系数为1的化合物的转化速率。其他化合物的转化速率可以由各自的计量系数乘以各自的速率方程得到。模型可以基于基质动力学（基质化学计量数为1）或生长动力学（生物量化学计量数为1）。在一个模型中同时使用两种动力学是不可取的。在ASM1中，反应速率是基于生长速率的；生物量系数因此设立为1。在ASM中，饱和方程被用作标准速率方程，饱和（Monod）动力学包括两种主要参数，最大速率参数和亲和或半饱和常数（K 值，定义为反应速率为最大速率一半时的浓度）。饱和项 $S/(K+S)$ 值在0到1之间，并在模型中有不同功能。模型中，有几个饱和项反映了真实值，例如氧气饱和项就是一个观测参数。然而，在一些情况中饱和项仅作为一个开关参数，例如，当没有

氨存在时，模型中的一个开关项用来停止生长过程（式 14.4）。氨的半饱和常数实际上很低并且很少能被测量到，所以等式中的系数只有一个作用，就是保证当氨完全消耗时不再有生长反应。因此这就意味着不需要校正这个值。在活性污泥模型中如何区分真实测量参数和开关功能参数有一点模糊和不明确。因此明确 K 值是作为真实模型参数还是当相关化合物不存在时的开关功能参数（停止生长过程）这一点非常重要。

$$\mu = \mu^{max} \frac{S}{K_S + S} \cdot \frac{S_O}{K_O + S_O} \cdot \frac{S_N}{K_N + S_N} \cdots$$

$$(14.4)$$

为了描述抑制动力学，可以使用相似的方法，但是现在半饱和常数被称作抑制常数，因此我们可以定义一种数值为 0～1 的抑制项（式 14.5）。抑制常数等于反应速率降至 50% 时的基质浓度。除此外，也有很多复杂的抑制项，但在 ASM 中，以下公式就是那些经常应用的，尤其是用于描述基质抑制的抑制项。

$$1 - \frac{S}{K_S + S} = \frac{K_S}{K_S + S} \qquad (14.5)$$

值得注意的一点就是，因为这些因子永远不能达到 1，因此乘以如此多的因子会造成偏差。如果将值为 0.9 的两个因子与值为 0.5 的第三个因子相乘，结果将是 0.4，但是由于第三个因子是限制因子，所以实际值应该是 0.5。这就意味着真实速率值减少了 20%。因此在模型中最好使用逻辑运算符并且选择各项（式 14.7）中的最小因子而不是乘以这些因子（式 14.6），这样才能更近似实际。

$$\mu = \mu^{max} \cdot \frac{S}{K_S + S} \cdot \frac{S_O}{K_O + S_O} \cdot \frac{S_{NH}}{K_{NH} + S_{NH}} \cdot$$
$$\frac{S_{KI}}{K_I + S_{KI}} \qquad (14.6)$$

$$\mu = \mu^{max} \cdot MIN\left(\frac{S}{K_S + S}; \frac{S_O}{K_O + S_O}; \frac{S_{NH}}{K_{NH} + S_{NH}}; \right.$$
$$\left.\frac{S_{KI}}{K_I + S_{KI}}\right) \qquad (14.7)$$

使用式（14.6）部分原因是遗留下来的习惯（在 20 世纪 70 年代模型发展的早期，用积分微分方程计算逻辑运算符很困难并且极其费时，因

此其不被应用）。对于活性污泥模型来说使用哪种方程并不重要，重要的是理解在模型发展的不同阶段做出选择的原因。

14.3.5 传输

一种典型的污水处理模型有着数个传输项，这些传输项通常随时间变化（图 14.3）。模型输入由污水的时变流量和污水组成。这个过程在水力学模型中有描述，表示的是实际系统的水力学特征。图 14.4 给出了一个例子。

建立污水处理厂的水力学模型是关键问题。严格的解决方法是建立一个完整的计算流体动力学模型，其可以精确描述反应器内的流程。然而通常用这种方式获得的流程细节大大超出了多数转化模型的要求。因为我们主要关注生物转化，所以只需要充分描述污水处理厂内的浓度变化。测量几种相关的化合物能有助于定义水力学模型。对于活性污泥模型来说这些化合物通常是氧气、铵和硝酸盐以及除磷系统中的磷酸盐。作为第一步，可以在污水处理厂的好氧区、缺氧区或无氧区之间进行明确的划分。

在每个反应区（如在曝气池）内需要观察是否存在氧浓度梯度。只要氧浓度总是远高于动力学方程中的半饱和系数，就无须描述好氧区的浓度变化并且可以认为反应池是完全混合的。如果反应中的化合物浓度接近或者低于饱和常数，水力学模型中必须清楚地描述浓度的变化。总的来说，这就意味着使用推流式模型或者将系统描述为一系列反应池。如果观察到的曝气池中氨浓度近似为 4mg/L，通常可认为反应池完全混合并且在水力学模型中可作为单一反应器。然而，如果观察到的曝气池入口处氨浓度从 4mg/L 变化到出口中的 0mg/L，这意味着在反应池内有很大的浓度梯度，因此可将反应池模拟为带有很多较小的完全混合反应器串联而成的推流式反应器。关于传输要考虑的第二个问题就是曝气池中化合物在气相和液相之间或者在生物膜和液相之间的转化。这会在第 9 章和第 17 章中详细描述。

14.3.6 矩阵表示法

平衡方程（式 14.1）能用来描述任一种化

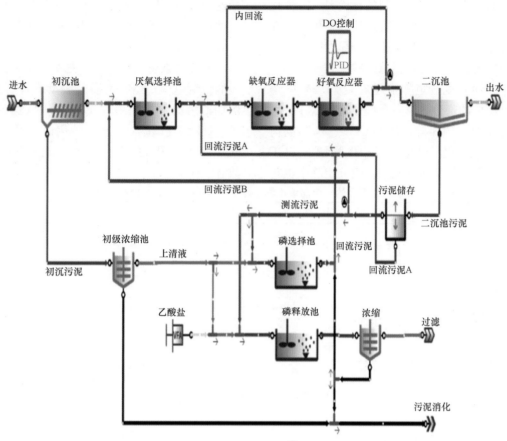

图 14.4 荷兰 Haarlem Waarderpolder 工厂 PhoStrip® 工艺的水力流程示意图及其模型模拟

合物。数量众多的相关化合物和转化使得活性污泥模型非常复杂。大量需要被表述的平衡方程导致了概述的缺失。因此 IAWQ 关于"污水处理数学模型"任务组（Henze 等，1987）推荐用矩阵方法表述模型。

这种形式能在一页纸内清楚表述化合物和反应过程以及它们之间的相互作用。此外，矩阵形式使得不同模型之间有简单比较，并且促进模型向计算机程序转化。矩阵可以表示成很多列和行：一列代表一种化合物，一行代表一种反应过程。表 14.1 给出了一个简化的例子。

建立矩阵的第一步就是明确模型中的相关化合物。化合物以符号形式列举在合适列的列首并包括了表征组分的一行。

建立矩阵的第二步就是明确发生在系统内部的生物反应过程。这些过程考虑了模型内的各种化合物的转化或反应过程，并在矩阵的左侧逐条列出。反应速率以数学形式表达并按照相应的过程被列举在化学计量矩阵的右侧。在每个反应的

横行中，插入对应的从一种化合物转换为另一种化合物的化学计量系数，以便每个化合物都在该列中清晰地展现其对应不同反应过程化学计量系数。如果化学计量系数为 0，为了打印的清晰度，矩阵中通常不会表示出来。矩阵中每种化合物的符号表示惯例是"消耗为负号"和"生成为正号"。按照惯例反应速率总是带正号。因为氧气接受电子，所以氧气和 COD 符号相反：电子由基质传递到氧，生成水。需要注意的是在反应过程速率方程中单位的使用。化学计量系数在单位一致下可以被极大地简化。

在表 14.1 呈现的例子中，化合物被表示为 COD 的等价物。倘若单位一致，对于矩阵的任一行，可以根据化学计量系数来检测连续性——化学计量系数的总和一定为 0。

矩阵为化合物和反应过程之间的相互作用提供了一个简单总结。其使得反应过程、化合物、化学计量数和动力学的修改很容易地结合在一起。

矩阵展示了反应过程的两个重要方面：每个

反应过程的反应方程都用不同的行代表，每种化合物用列来表示，这样可以直观地看到化合物涉及哪种转化。通过用各自的速率方程乘以化学计量因子可以得到每种化合物总的转化方程。

为了方便起见，矩阵描述（表 14.2）中增加了两个额外的部分。第一个部分就是以守恒形式表征物质组成的矩阵，例如 COD、N 和电荷平衡的矩阵。在化学计量矩阵中生物量以 COD 形式表述，但其仍然包含氮。在组分矩阵中也包括这一方面。因为组分矩阵和化学计量矩阵实际上都包含了所有守恒，所以两个矩阵相乘结果为 0。

我们通常感兴趣的不仅是对模型中涉及的物质的量纲单位，还有物质的测量或者观测单位。例如，污泥数量一般用 gTSS 而不是 gCOD 衡量。观测矩阵包含了这些转化后的系数（例如 gCOD 和 gTSS 之间）。其他可能遇到的观测参数有凯氏氮、VSS 或 BOD。

活性污泥的一个简单化学矩阵示例（Henze 等，1987b） 表 14.1

组分 i	1：S_O	2：S_S	3：X_H	反应速率方程 ρ_j
反应过程 j 的列表				
好氧生长	$-\dfrac{1}{Y_H}+1$	$-\dfrac{1}{Y_H}$	$+1$	$\mu_H^{max}\cdot\dfrac{S_S}{K_S+S_S}\cdot X_H$
衰减分解		$+1$	-1	$b_H\cdot X_H$
表观转化速率 r_i		$r_i=\sum\limits_j v_{j,i}\cdot\rho_j\ [M_iL^{-3}T^{-1}]$		
化学计量参数的定义：Y_H 异养产率系数 $[M_H\,M_S^{-1}]$	溶解氧（O_2）	溶解性有机质（COD）	异养生物量（COD）	动力学参数定义：μ_H^{max}——最大比增长速率 $[T^{-1}]$；K_S——基质饱和常数 $[M_{COD}L^{-3}]$；b_H——衰减速率常数 $[T^{-1}]$

活性污泥的一个简单化学矩阵示例（改自 Gujer 和 Larsen，1995） 表 14.2

组分	氧气	惰性物质	基质	氨	碱度	生物量	惰性生物量	可降解生物量	TSS	速率
符号	S_O	S_I	S_S	S_{NH}	S_{HCO}	X_H	X_I	X_S	X_{TSS}	
单位	gO_2	gCOD	gCOD	gN	mole	gCOD	gCOD	gCOD	gTSS	
过程					化学计量矩阵					
水解			1					-1	-0.75	r1
好氧生长	-0.5		-1.5	-0.08	-0.005714	1			0.9	r2
衰减分解			0.07	0.005		-1	0.2	0.8	-0.12	r3
守恒					组分矩阵					
ThOD-COD	-1	1	1	0		1	1	1		
N		0.02		1		0.08	0.05	0		
电荷			0.071429	-1						
可观测值										
TSS						0.9	0.9	0.75		

14.4 生物动力学模型的演化和发展：ASM1

模型开发是一个循序渐进、自下而上的过程，其中只包括为能满足预先定义的建模目标的反应过程。模型开发的一般控制原则是：从简单开始，在需要的时候增加模型复杂性。总的来说，ASM 系列中的活性污泥模型的开发是被用来描述氧气利用速率和污泥产生量（耦合 COD 平衡），以及污水处理厂内的 N 和 P 转化过程。

然而，尽管活性污泥模型是为实用目的而设计（并非学术目的），但是它们也不是卫生模型，因为它们并不描述病原体的去除。或许描述活性污泥模型的逐步发展过程的最好方法就是最早由 Ekama 和 Marais（1978）中所使用的，后由 Dold 等（1980）所描述，再由 Gujer 和 Henze（1991）进一步完善的一类方法。这个方法的结果是一个近乎 ASM1 的模型，这个模型在下文中会得到阐述。该方法使用的实验系统由一个完全混合活性污泥系统组成，其使用的进水是沉淀后的生活污水，表 14.3 中列举了基本进水和污泥特征以及运行条件。

试验系统数据汇总（Ekama 和 Marais，1978）

表 14.3

参数	值
进水方法	系统每天从 02：00～14：00 共进水 12h
流量	18L/d
反应器容积	6.73L
反应	COD 去除及硝化（完全好氧）
反应器中的生物量浓度	1375mgVSS/L 或 2090mgCOD/L
污泥停留时间（SRT）	2.5d
运行温度	20.4℃
进水 COD 浓度	570mgCOD/L
进水 TKN 浓度	46.8mgN/L

这一研究目的是用模型来正确描述系统内的生物量、生物耗氧量和氮的转化过程。首先，我们可以利用一个很简单的模型，它只包括三种相关的物质（溶解氧 S_O，溶解性有机物 S_S 和异养微生物 X_H）和两种相关转化过程（好氧微生物的生长和降解）。随着 SRT 的升高，作为污泥组分（VSS）的一部分的系统中的生物量（活的微生物）减少。为了描述这种情况，我们引入了裂解过程或死亡再生过程，即死亡细胞的分解，从而产生可用于生成新的微生物的可溶性生物降解基质（第 4 章）。异养生物的降解概括了所有导致生物量减少的过程（衰退、降解、内源呼吸、捕食等）。维持或者内源衰退在这里也能被用于描述生物量的减少。对于好氧生长过程来说，三种组成都是相关的；微生物在好氧条件下利用溶解氧和有机基质（因此系数为负号）来产生微生物（系数为正号）。总之，如果可以为每个过程任意分配一个值为+1 或−1 的系数，矩阵就能大大简化。对于好氧生长来说，用内源产率系数 Y_H（0.67 gCOD/gCOD）和 COD 守恒方程就足够计算出所有的化学计量系数（图 14.5）。两个反应过程都可以定义反应速率；对好氧生长来说反应速率就是最大比增长速率，同时也是基质的半饱和常数和微生物浓度的乘积（假定生长不受氧气限制）。

分解反应是一种一级反应过程，在这个过程中，微生物分解速率与微生物浓度成正比，这个比例常数称为衰减速率常数。用具体数值替换生物动力学模型中的系数就得到了模型 A 中的矩阵（表 14.4）。

模型 A 的矩阵表述

表 14.4

组分	S_O	S_S	X_H	速率
生长	−0.5	−1.5	1.0	$\mu_H^{max} \cdot \dfrac{S_S}{K_S+S_S} \cdot \dfrac{S_O}{K_{O,H}+S_O} \cdot X_H$
衰减分解		+1.0	−1.0	$b_H \cdot X_H$

如果用模型 A 来比较实验观察的氧气利用效率（OUR）的话，除了在 0～2h 时期以及实验末期（内源呼吸期）以外，其余时间段的实验观察结果都会很大偏离模型的预期。总之，如果模型预期在我们关注的参数水平上出现偏差，则可以通过改变选择模型的参数值来直接调整。然而，如果模型预测结果在趋势和形状上是错误的，那么相关的一个或多个反应过程很可能被模型忽视了。在这个实验里，观测的 24h 总氧气消耗量与模型中的预测值相差并不大。然而，由于模型预期和实验结果之间的偏离，Dold 等（1980）建议将废水中有机物的降解分为两个过程（部分）：相对较快速的 COD 生物降解过程，该 COD 由有机物（如挥发酸和葡萄糖）组成，以及相对较慢的 COD（纤维素、淀粉、蛋白质等）降解过程。通过对 OUR 曲线的实验观察，我们可以将可生物降解 COD 区分为快速和慢速可生物降解 COD（分别为 RBCOD 和 SBCOD），该曲线在停止投加营养物质后（14h）几乎马上急剧下降，接着是一段缓慢的下降，直到实验末期并稳定在测试开始前两个小时达到所观测的值。因此，分解过程可以很好地由模型描述。此

外，可以得出结论：SBCOD 通过相对较慢的水解作用被转化成 RBCOD（图 14.5）。

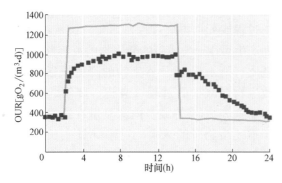

图 14.5　模型 A：实验观测值（数据点）与理论上氧气利用速率预测值（连续线条）的对比
（引自 Ekama 和 Marais，1978；Gujer 和 Henze，1991）

图 14.5 说明需要引入两种基质（RBCOD 和 SBCOD）和一种额外的反应过程（水解作用）来扩展模型 A。在 ASM1 中假设慢速生物降解基质完全由颗粒性基质（X_S）组成，虽然这种假设不一定正确，但在 ASM1 中接受了这种假设。为了确定哪一种化合物会在澄清池中沉淀和哪一种化合物会随出水离开系统，区别可溶性组分（S）和颗粒性组分（X）是必要的。因为假定了异养生长并不是直接基于 SBCOD，所以加入 SBCOD 组分（X_S）并不会影响异养生长过程。同样，分解过程可以按照如下假设调整，即假设分解产物是慢速可生物降解基质的并被加入到 X_S 中。这些 X_S 通过水解作用在好氧条件下是可用于异养生长的。这就意味着这里有两种基质颗粒：一种来源于进水，一种通过生物降解产生。在某些情况下这两种基质颗粒可归并在一起（例如本例），在某些模型中它们被分开考虑。然而，实际上两种选择没有明显的差异。此外，假定水解物质 X_S 吸附在异养微生物 X_H 上，从而得到一种可以用拉格朗日动力学表达的水解速率方程。因此，这里重要的是单位生物量所吸附的基质数量（限速因素）而不是液相的基质浓度（如本例中的 RBCOD）。通过这些补充，模型 B 就形成了（表 14.5）。

模型 B 的矩阵表述　　　　　　　　　　　　　表 14.5

组分	S_O	S_S	X_H	X_S	速率
生长	−0.5	−1.5	1.0		$\mu_H^{max} \cdot \dfrac{S_S}{K_S + S_S} \cdot \dfrac{S_O}{K_{O,H} + S_O} \cdot X_H$
衰减分解			−1.0	+1.0	$b_H \cdot X_H$
水解反应		+1.0		−1.0	$k_H \cdot \dfrac{(X_S/X_H)}{K_x + (X_S/X_H)} \cdot X_H$

模型 C 的矩阵表述　　　　　　　　　　　　　表 14.6

组分	S_O	S_S	X_H	X_S	X_I	速率
生长	−0.5	−1.5	1.0			$\mu_H^{max} \cdot \dfrac{S_S}{K_S + S_S} \cdot \dfrac{S_O}{K_{O,H} + S_O} \cdot X_H$
衰减分解			−1.0	+0.92	+0.8	$b_H \cdot X_H$
水解反应		+1.0		−1.0		$k_H \cdot \dfrac{(X_S/X_H)}{K_x + (X_S/X_H)} \cdot X_H$

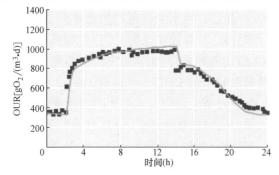

图 14.6　模型 B：实验观测值（数据点）与理论上氧气利用速率预测值（连续线条）的对比
（引自 Ekama 和 Marais，1978；Gujer 和 Henze，1991）

模型 B 准确地描述了 OUR 曲线（图 14.6）。然而，预期的活性污泥浓度比测量值低 22%。这表明需要通过引入进水生物难降解 COD 组分（在反应器中累积的惰性且为颗粒的有机物：X_I）来提高污泥产量。术语"不可生物降解"是指废水处理过程中，在处理系统停留时间内不会被微生物降解的一类化合物。类似塑料、木屑和纤维材料、指甲、头发都是有机的并且严格来说是可生物降解的，但在废水处理中难以降解。甚至例如纤维素的化合物在高负荷污水处理厂中都是不可生物降解的但在低负荷的系统中却是可生物降解的。惰性颗粒除了出现在进水中，也可以通过生物降解产生。后者源于以下事实：细胞壁降解速度非常慢，并被认为是不可生物降解的，导致了实验测定的裂解过程产物92%为X_s（可生物降解），8%为X_I（不可生物降解）。因此，如果可以正确描述OUR曲线的话，模型B中的速率就不会改变。在引入X_I后，产生了新的模型C，如表14.6所示。模型C很好地预测了反应器中的微生物浓度；然而由于系统中大量污泥（COD）产生/去除，模型对于耗氧量的估计远远不足（尽管总OUR曲线很匹配，图14.7）。

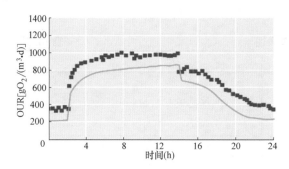

图14.7 模型C：实验观测值（数据点）与理论上氧气利用速率预测值（连续线条）的对比（引自Ekama和Marais，1978；Gujer和Henze，1991）

这是可以预料的，因为耗氧量和污泥产量是通过COD平衡耦合的，因此，污泥产量的增加将导致氧气需求的减少。通过模型C来准确地预测氧气消耗量和污泥产量是不可能的。

从实验观察（结果并没有显示）来看，很明显污水处理厂的出水含有硝酸盐，表明其中发生了硝化反应。

为了将硝化反应纳入模型中，必须增加三种物质和两种反应过程，也就是氨（NH_4^+，S_{NH}），硝酸盐（NO_3^-，S_{NO}）和硝化自养生物量（X_A），好氧生长（硝化细菌）以及硝化细菌裂解过程。衡量每一种额外物质的对当前反应的影响是必要的。氨不仅参与硝化过程，而且也是细胞生长所必需的，所以在生长反应中加入一个氨的化学计量因子也是必要的。如果生物量中包含8%的氮（0.08mgN/mgCOD），化学计量因子就是0.08。此外，通常假设在裂解过程中氮仍存在于生物量中。然而，在水解过程中生物量

SBCOD被分解（如蛋白质被分解为氨基酸）导致了氨的释放。因此，除了一个单位的基质外，还有0.08个单位的氨生成。进水SBCOD也发生类似反应：当蛋白质部分被水解氨就会被释放，进水中的蛋白质可以通过有机氮来测量，例如TKN和FSA之间的差值。所以对于硝化过程来说，当特定量的氧气和氨消耗，就会有硝酸盐和生物量产生。因为氨的双重作用，即在硝化过程中产生能量和在异养微生物生长中作为氮源，所以消耗的氨的量和产生的硝酸盐量都是不确定的。氨消耗量和硝酸盐生成量之间的差值是0.08，代表异养生物中的含氮量。在这种情况下总氮平衡将会成立（4.25=4.17+0.08×1.0）。此外，有假设认为自养生物与异养生物的裂解过程一样，都产生特定的基质和少量一部分的惰性基质。自养生物的裂解过程和异养生物类似，都会产生氨和氧气的饱和项。通过引入额外的三种物质和两种过程，模型D既满足COD平衡也满足N平衡。有了这么一种模型，就可以将总耗氧量分为氨化氧气消耗量和COD降解耗氧量。这显示了模型的附加价值，即有助于深入了解氧气在哪里消耗以及在哪一步反应过程消耗（称为过程分析）。

模型D对OUR曲线的模拟结果如图14.8所示。

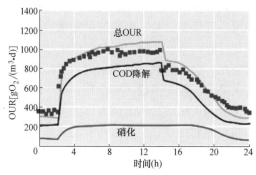

图14.8 模型D：实验观测值（数据点）与理论上氧气利用速率预测值（连续线条）的对比。
COD降解的耗氧量和硝化过程耗氧量被分开表示
（引自Ekama和Marais，1978；Gujer和Henze，1991）

在模型发展的现阶段还存在一些困难，例如"足够符合实际吗？"或者"在14h处5%～10%的偏差可以接受吗？"。这些问题的答案完全取决于实验数据准确度。若数据中COD和N平衡是

100%的话，模型就需要改进以便更好地预测，因为实验数据是可信赖并准确的。但是如果COD和N平衡不是100%而是95%～100%，使模型更准确就没有太多意义了。建立模型相对较容易，但是得到可信赖和准确的数据是建立污水处理厂模型中最困难的部分。如果设备的不准确性在5%～10%，那么就没必要建立更准确的模型了。

只有实现了建模者的期望的模型才能称之为成功的模型。如果模型的目的是正确地描述一般趋势的话，那就不需要进一步改进模型了。当然，微调和校准以便使模型更准确是可以的，但这会增加模型的复杂性。在这里不需要增加额外

的化合物和反应过程，因为可以通过直接改变一些模型参数来校准最后一部分。总之，模型模拟结果显示测量值和模型预测值匹配良好，对于OUR，污泥产量和硝化反应（数据在此未显示，见Dold等，1980；Gujer和Henze，1991）预测准确。从预定义目标来说，模型是正确的，但这并不意味着所使用的这些假设是正确的。的确，通过使用这些假设，获得了一个充分适合其使用目的的数学描述。然而，模型D省略了一些在实际当中有着重要作用的过程，例如原生动物的作用（表14.7）。在此情形下，将原生动物纳入模型中并不会增加模型的描述力，所以这种过程并不包含在内。

组分	S_O	S_S	S_{NH}	S_{NO}	X_H	X_S	X_I	X_A	速率
生长	-0.5	-1.5	-0.08		$+1.0$				$\mu_H^{max} \cdot \dfrac{S_S}{K_S+S_S} \cdot \dfrac{S_O}{K_{O,H}+S_O} \cdot \dfrac{S_{NH}}{K_{N,H}+S_{NH}} \cdot X_H$
衰减分解					-1.0	$+0.92$	$+0.08$		$b_H \cdot X_H$
水解反应		$+1.0$	$+0.08$			-1.0			$k_H \cdot \dfrac{(X_S/X_H)}{K_x+(X_S/X_H)} \cdot X_H$
自养生长	-18.0		-4.25	$+4.17$				$+1.0$	$\mu_A^{max} \cdot \dfrac{S_O}{K_{O,A}+S_O} \cdot \dfrac{S_{NH}}{K_{N,A}+S_{NH}} \cdot X_A$
自养分解						$+0.92$	$+0.08$	-1.0	$b_A \cdot X_A$

模型D的矩阵表述　　　　　　　　　　　　表14.7

建立模型的下一步就是反硝化过程的纳入。总的来说有两种方法可能导致了最后相同的结果。可以假设要么是一个特殊的细菌群体参与了反硝化过程；要么是所有的异养微生物都可以进行反硝化，但在好氧条件下它们的反硝化速率将会大大降低。换句话说，要么存在一个既能利用氧气又能利用硝酸盐的细菌群体，并且其他种类的细菌只能利用氧气；要么所有的异养微生物都能进行反硝化，但是反应速率要通过调整 η 因子（缺氧条件下生长速率的降低因子）来调低。概念上来说这些是不同的假设，但从数学上来说这些假设实质上表达式相同。因为后一个假设简化了模型，所以该化学计量法被选择用于模拟反硝化过程，并且相应的细菌是普通的异养微生物的细菌。尽管实际情况可能更复杂，但是据论证这种简化方法实际上更加能满足需要。

另一个重要方面涉及惰性物质和氮气组分之间的差异，这也是不同商业模型之间差异所在。

正如之前提到的，惰性物质可以来源于进水或者生物降解，生物降解产生的惰性物质可能与进水中的惰性物质有所差异。在模型中惰性物质要么分开来考虑要么综合考虑。原则上，将这些组分区分开来并不是严格必要的，但是有时会基于美观或模型应用的特殊目的还是会将其区分开来。同样的原因也适用于氮组分。由Ekama和Marais（1978）描述的模型建立方法依然有效，模型D扩展反硝化过程后近似ASM1（Henze等，1987b）。要想知道进一步的ASM1细节读者需要参考Dold等（1980）、Van Haandel等（1981）、Alexander等（1983）、Warner等（1986）、Henze等（1987a，1987b，2000）。

ASM最大的局限性之一就是并没有描述污泥膨胀现象。因此如果用ASM来促进硝化过程，必须检查所建议的改进方案是否会产生污泥膨胀。减少曝气对于脱氮有利，但也会不可避免地导致污泥膨胀产生。尽管有文献（Krebs，

1995）描述了相关尝试，但是用商业软件还是无法有效模拟污泥膨胀。因此这表明在实施高效工艺时，模型不能够用于准确预测非常低的出水浓度。此外，即使模型能够预测浓度为 0.5mg/L 的氨，在计算氨浓度的分析步骤中还是总有一些不准确性和瑕疵，在采样和样品处理中也同样如此。

ASM 的另一个局限性就是并没有考虑微污染物的去除，比如金属、外源性物质或者雌激素内分泌干扰物。部分原因是模型复杂程度的增加，还有一部分原因是缺乏涉及这些化合物的微生物和生物化学反应的知识。在某些情况下，比如在模拟炼油厂的污水处理时，有必要预测苯酚的减少。为了维持反硝化过程，缺氧条件下通常会加入甲醇，甲醇的转化也是需要包含在模型内的。也有一些情况，例如，有人会对亚硫酸盐的还原感兴趣。在上述这些情形里，模型中必须包含新的特定微生物，因为 ASM1 中的微生物不能转化这些微污染物。文献中也有这样模型延伸的例子，如今一些商业软件也包括甲醇利用的示例。对于例如挥发性脂肪酸（VFAs）的其他 COD 化合物，从污水中去除 COD 的普通微生物也能去除这些化合物，因此模型不需要扩展。在 ASM1 范围以外的模型扩展需要考虑氧传递、pH 值、碱度、厌氧消化、化学除磷和沉淀、附加装置（例如沉淀池）、测流处理、气相等。同样，模型是否需要拓展再一次取决于模型的目的。

14.5 活性污泥模型

在过去的 20 年间，有关污水处理的知识和认识得到了广泛的发展，从基于经验到基于包含化学、微生物学、物理、生物处理工程和数学在内的"基本原理"。这些进步中有很多已经成熟到可以通过计算机将其编入用作模拟的数学模型中。

在 20 世纪 80 年代之前，有数个研究团体各自从事活性污泥模型的建立。从一开始的稳态模型到后来的动态模型，每个团体使用的都是各自的方法和符号。表 14.8 列举了这些模型和其他几个活性污泥模型的基本特征。

在 20 世纪 80 年代早期，IAWPRC（国际水污染研究和控制协会，后来更名为 IAWQ，国际水质协会，现在是 IWA，国际水协会）的会

长 Poul Harremoës 提出了将最相关和最实用的模型相结合，并在国际范围内合作，以加速通用和统一模型的开发。因此，在 1982 年 Gerrit Marais（开普敦大学）、Leslie Grady（克莱姆森大学）、Willy Gujer（EAWAG）、Tomonori Matsuo（东京大学）和 Mogens Henze（丹麦技术大学，由其担任主席）共同成立了"用于设计和运行生物废水处理的数学模型任务组"。这项联合活动促成了第一个动态活性污泥模型的开发，简称 ASM1（Henze 等，1987b）。ASM1 可以被认为是参考模型，因为该模型引发了首先是在研究界，后来在实践中对于废水处理模型的普遍认可。毫无疑问，这种发展得到了更强大的计算机的支持。本质上，ASM1 是当时不同模型开发团队之间达成共识的模型折中结果。ASM1 的很多概念都是由 Dold 等（1980）定义的活性污泥模型改编而来。Jeppsson（1996）；Ekama 和 Takacs（2014）的最新一章（Jenkins 和 Wanner，2014）总结了 ASM1 的研究进展。即使在今天，ASM1 模型在许多情况下仍是对活性污泥系统进行建模的最优方法（Roeleveld 和 van Loosdrecht，2002）。ASM1 已成为许多科学和实践项目的参考，并且已在大多数用于建模和模拟除氮设备的商业软件中应用（在某些情况下进行了修改）。Copp（2002）中分享了 ASM1 在不同软件平台上应用的经验。总之，ASM"家族"的活性污泥模型描述的是氧气吸收率和污泥产量（与 COD 平衡相耦合）以及生活污水处理厂的氮和磷转化率。然而，尽管事实上它们是为实际目的（因此不是学术目的）而设计的，但它们依旧不是卫生模型，因为它们没有描述病原体的去除。描述活性污泥模型逐步发展的最好方式可能是 Marais 和 Ekama（1976）以及 Ekama 和 Marais（1978）创立的方法，后来由 Dold 等（1980）描述，并在 Gujer 和 Henze（1991）中进一步阐述。结果就得到了一个近乎 ASM1 的模型。

ASM1 模型是一个基于 Monod 动力学的结构化模型，可以预测生物（细菌）反应的过程。ASM1 模拟了 COD 和 N 的去除、氧气消耗和污泥的产生。可通过七种溶解物和六种颗粒物成分来表征废水这些组分被用于描述两个生物种群，

七个 COD（有机物）组分和四个氮素组分（Henze 等，1987b；Gujer 和 Henze，1991）。溶解氧浓度和碱度也属于废水特征的一部分。从 ASM1 模型的八个过程来看，三个与异养和自养生物的生长有关，两个描述了微生物的分解（死亡再生理论，Dold 等，1980），三个与水解作用有关。模型以矩阵的形式表示，著名的有 Petersen 矩阵和 Gujer 矩阵（Petersen，1965；Takács 等，2007）。矩阵包含了化学计量系数和一个动力学矢量。反应过程中涉及的所有状态变量都显示在矩阵的列中，而涉及状态变量的所有反应过程都显示在矩阵的行中。这种表达方式已经在化学模型中得到应用，并有助于其以一种简明扼要的方式呈现出来。矩阵形式不仅有利于模型发表、说明和模型之间的比较，而且在反应过程和化合物之间也有相同作用。然而，ASM1 主要的局限性在于只能描述在好氧和缺氧条件下的自养和异养反应（例如，普通异养生物消耗碳源和自养型硝化细菌将氨氧化为硝酸盐），且并不包括强化生物除磷（EBPR）过程（Gujer 和 Henze，1991）。尽管当建立 ASM1 时，有关 EBPR 过程的知识在很大程度上已经可用（Comeau 等，1986；van Loosdrecht 等，1997），但是 EBPR 没有被纳入 ASM1 中，因为当时大多数污水处理厂没有采用生物强化（或化学）除磷（Fenu 等，2010）。

所选活性污泥模型概述（基于 Gernaey 等，2004） 表 14.8

模型	硝化反应	反硝化反应	异养/自养衰减	水解反应	强化生物除磷（EBPR）	反硝化聚磷菌	聚磷菌(PAO)/多聚羟基烷酸(PHA)的分解	发酵	化学除磷	反应	状态变量	参考文献
UCTOLD	•	•	DR，Cst	EA						8	13	Dold 等，1980，1991
ASM1	•	•	DR，Cst	EA						8	13	Henze 等，1987b
ASM3	•	•	ER，EA	Cst						12	13	Gujer 等，1999
UCTPHO	•	•	DR，Cst	EA	•		Cst	•		19	19	Wentzel 等，1988，1989a,b
ASM2	•	•	DR，Cst	EA	•		Cst		•	19	19	Henze 等，1995
ASM2d	•	•	DR，Cst	EA	•	•	Cst		•	21	19	Henze 等，1999
B&D	•	•	DR，Cst	EA	•	•	EA		•	36	19	Barker 和 Dold，1997
TUDP		•	DR，Cst	EA	•	•	EA		•	21	17	Meijer，2004
ASM3-bioP	•	•	ER，EA	Cst	•	•	EA		•	23	17	Rieger 等，2001

DR，死亡再生；EA，电子受体依赖性；ER，内源呼吸；Cst，电子受体非依赖性。

近年来，几个研究小组已开始着手对 EBPR 进行表述，以将其整合到动态活性污泥模型中，这些模型主要基于可直接测量的可溶性化合物。从 20 世纪 80 年代中期到 20 世纪 90 年代中期，EBPR 日益普及，人们对基本生化机制的了解也有所增加（Henze 等，2000）。同时，在 1990 年，Leslie Grady 离开，东京大学的 Takashi Mino 和开普敦大学的 Mark Wentzel 加入时，任务组的人员组成发生了变化。对 EBPR 的认知促成了活性污泥模型 2 号（ASM2）的发布（Henze 等，1995），其中包括 EBPR 工艺。特别地，ASM2 包括仅在好氧条件下生长的聚磷菌（PAO），其具有相关的厌氧、缺氧和好氧反应。ASM2 是复杂性和简单性之间的折中方案，也是模型被用作进一步模型开发的概念平台的不同观点之间的折中方案（Henze 等，2000）。1996 年，在 Tomonori Matsuo，Mark Wentzel 和 Gerrit Marais 离开之后，Mark van Loosdrecht（Delft 工业大学）成为任务组的一员。由于反硝化 EBPR 的发生已得到充分证实（例如 Kuba 等，1997；Murnleitner 等，1997），因此在 1999 年通过包含反硝化 PAO（DPAO）扩展了 ASM2 模型。扩展后的模型称为 ASM2d（Henze 等，1999）。ASM2 和 ASM2d 与 ASM1 相似之处在于，它们假定细胞为黑匣子，这与使用代谢方法来模拟细胞内部发生的过程相反。但是，相对于可用数据而言，ASM2d 似乎过于参数化，需要更系统的校准方法（Brun 等，2002）。尽管这使模型能够适应和描述活性污泥群落中的动态变化，但它仍然缺乏彻底地描述所观察到的动态变化的能力，特别是在水解过程和 EBPR 过程方面（Sin 和 Vanrolleghem，2006）。在此同时，1994 年，随着对 PAO 的内部细胞生物化学的了解增加，用来描述厌氧和好氧阶段的

EBPR 过程的代谢模型（基于细胞内储存化合物）诞生了（TUDP 模型；Smolders 等，1994a，b；Murnleitner 等，1997）。该模型后来由 Meijer（2004）整合到 ASM 家族中。

在 ASM2d 模型发展的同时，任务组也通过建立 ASM3 模型来弥补 ASM1 模型的一些不足之处。有人提出将 ASM3 作为 ASM 建模的新标准。ASM3 模型中用内源呼吸过程代替了异养生物的死亡再生过程，并且还引入了有机基质的储存作用（Gujer 等，1999）。在 2000 年任务组展示了关于 ASM 模型 1 号到 3 号的概述（Henze 等，2000）。尽管 ASM3 是用来弥补 ASM1 的不足之处，但是本质上 ASM3 和 ASM1 描述的是同样的过程。部分原因是基于对活性污泥的氧气消耗速率（OUR）测试的观察，从而揭露了这样一个事实，即细菌快速地吸收易生物降解 COD 并将其作为内部基质储存起来，接着这些内部基质将会缓慢地转化（即从快速生物降解 COD 到慢速生物降解 COD 的转化）。当将乙酸盐（特定基质）加入到活性污泥中后，OUR 曲线表明存在两种基质；与 OUR 有关的基质的快速和慢速降解都可以通过实验观察到（Henze，1992；Henze 等，2008）。

ASM1 中表明似乎存在两种基质（S_S 和 X_S），然而在起初的实验中只有乙酸盐（S_S）一种基质存在。为了用 ASM1 表述这种情况下观察到的 OUR 曲线，有必要定义乙酸盐部分是可溶的和部分是颗粒的，但不建议这样做。在 ASM3 中，可以通过引入储存化合物（$X_{STO,S}$）来弥补这一缺陷。这表明基质被迅速吸收并被储存，而生长发生在储存的基质中。两种模型都能描述观察到的 OUR 曲线，但只有 ASM3 能准确地描述吸收过程。然而，完全可以使用 ASM1 来模拟脱氮系统，因为硝化过程极其缓慢，因此慢速可降解 COD 有充足时间进行生物降解。

引入 ASM3 的第二个原因就是 ASM1 在模拟污水处理厂方面是如此成功，以至于太多人开始相信 ASM1 中的内容是 100% 正确的，并且就是实际情况。然而，微生物的储存机制表明 ASM1 中并不都是正确的，但是足够接近现实并达到其目的。因此，ASM3 具有额外的教育价值，因为它阐述了多种（但不一定更好）模拟同一处理厂的方法。但是，引入 ASM3 的最重要原因是认识到该过程中三种耗氧速率的重要性，即：快速生物降解 COD（RBCOD）降解的快速耗氧速率，慢速生物降解 COD（SBCOD）降解的缓慢好氧速率，甚至更慢的内源性 OUR。相反的是，在 ASM1 中只有一个耗氧过程，因此执行校准非常困难，因为需要校准其他间接影响耗氧速率的过程。

另一个问题是在这个过程中 COD 是循环转化的，就像在衰解过程中，颗粒物 COD 的产生、水解，并再次用于生长。这意味着如果在工艺过程中一个参数发生变化，由于循环的原因，会影响到所有其他工艺，并且由于每个参数都会对工艺产生影响，因此很难使用自动校准。在 ASM3 中，这个问题已经得到解决，因为衰解过程被内源性呼吸取代，从而消除了 COD 循环的影响（图 14.9）。换句话说，一旦细胞产生，它们就会通过这种方式开始自我氧化，生物质就会被好氧矿化过程（经典的内源呼吸过程）还原。虽然这在概念上有一些争议，例如，当周围有食物时，为什么一个有机体会氧化自身（即节食），但是从死亡-再生模型的基质循环中消除生物过程的相互作用来看这是有用的。

ASM3 最重要的应用之一是在推流式反应器中，例如选择器（Makinia 等，2006）。举例来说，如果必须在好氧选择器中去除乙酸盐以防止污泥膨胀，则选择器的设计取决于吸收乙酸盐所需的时间和所需的氧气量。如果改用 ASM1，则会大大高估选择器中的氧气需求量。实际上，大部分乙酸盐储存在生物质内部，一旦储存起来，就不再存在污泥膨胀的问题。如果要设计好氧选择器并将其包含在模型中，则 ASM3 是最佳使用模型。

ASM3 的另一个相关应用是描述以短 SRT 运行的前置反硝化脱氮设备（Yuan 等，2002；Sahlstedt 等，2004）。在这里，是否存在快速生物降解或慢速可生物降解的 COD 或是否储存 COD 至关重要。在 SRT 较长的系统（取决于温度，通常在实际中为 10～20d）中，很大一部分硝酸盐的去除与进水中慢速生物降解 COD 以及前置反硝化反应器中的死亡再生有关，或者仅与后置反硝化脱氮反应器中的死亡再生过程有关，因此对快速生物降解 COD 和慢速生物降解 COD

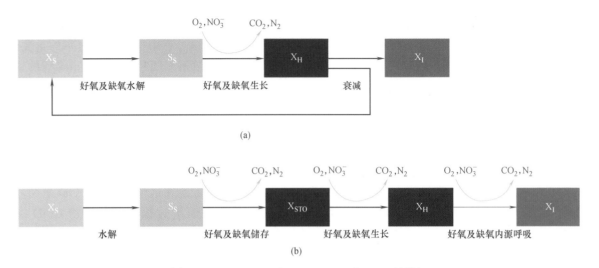

图 14.9 （a）ASM1 和（b）ASM3 中 COD 的降解

的精确比例的敏感性要低得多。ASM1 和 ASM3 之间的区别也是如此。在高负荷系统中，内源性呼吸作用不那么重要，但是 COD 以聚合物储存形式积累和在污水处理厂的曝气阶段中被利用的过程可能很重要。

总之，建议使用 ASM3 的原因如下：①以短缺氧停留时间（体积）模拟高负荷硝化-反硝化系统；②支持选择器的模拟；③在分段进水过程中或当进水中有大量可溶性化合物存在时提高对于锥形渐变系统的曝气需求；④简化自动校准。除此以外，ASM1 在表述活性污泥污水处理厂时也将同样成功。

EBPR 和聚磷菌（PAO）的引入使得模型变得相当复杂，如图 14.10 所示。

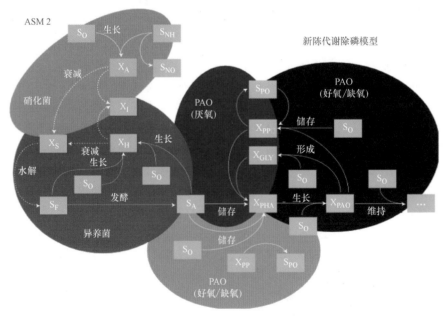

图 14.10 ASM2-TUDP 综合模型中的相互作用（Meijer，2004）

图 14.10 的左侧显示了硝化细菌和普通异养菌进行的部分反应，而右侧则显示了对 PAO 的复杂生理机能的描述。硝化细菌和普通异养生物利用氧气氧化其底物以形成 CO_2 或硝酸盐和生物质。它们具有相当简单的生理学结构因而只能进行简单的生化反应过程。PAO 的生理机能包括内部储存聚合物（多聚羟基烷酸：PHA，糖原和聚磷），它们在厌氧、缺氧和好氧条件下的行为是不同的。并且，底物的存在与否使得它们在好氧条件下的行为也不同。显然，会存在许多

可能的变化，并且模型中包含 EBPR 会大大增加其复杂性（ASM 中的反应过程数量从 11 个增加到 22 个）。当模型中还包括聚糖菌（GAO）时，情况变得更加复杂。与 ASM1 类似，ASM2 和 ASM2d 都假定细胞为黑箱模型，这与使用代谢方法进行建模相反，代谢模型需要考虑细胞内部发生的情况而黑箱模型不需要。

1994 年，随着对聚磷菌细胞内部生物化学了解的增加，表述 EBPR 过程中厌氧和好氧阶段的代谢模型逐渐开始发展（Smolders 等，1994a、b；1995a、b、c）。该模型是通过使用小试规模的厌氧/好氧（A/O）序批式反应器（SBR）中培养的富集的 PAO 培养物开发和验证的。那为什么代谢模型如此有用呢？在异养生长的标准模型中，有 7 种相关的化合物（底物、氧、电荷、二氧化碳、水、氨和生物质），5 个独立的平衡（碳、氢、氧、氮和电荷）和 2 个自由度。如果知道一个产率系数和一个速率系数，就可以用一个模型来描述整个系统。如果要在代谢水平上描述 COD 的去除和硝化作用，仍然需要产率和速率系数。从建模的角度来看，尽管代谢计量使得追踪流经系统的 C、H、O、N、P 和电荷成为可能，并因此提供更多信息，但这使模型更复杂而不一定更准确。所有的速率都通过守恒关系（化学计量关系）联系在一起，因此，在反应速率或生长速率与底物吸收速率或氧气利用率之间的选择并不重要。

因此，就如 ASM1 模型一样，代谢模型可以使用黑箱方法。对于活性污泥系统本身而言，不需要追踪 C、H、O 和电荷；COD 和 N 就足够了，但是当 ASM 与厌氧消化（AD）模型组合以形成整个工厂的模型时，这一点就变得很重要，因为 AD 建模需要 C、H、O 和电荷追踪来预测气体的产量、组成和碱度的生成（Brink 等，2007）。

但是，如果需要描述 EBPR 过程中 PAO 的异养生长和产物（储存多聚物）形成的情况，那么所涉及的相关化合物的数量就会增加；每种额外的存储聚合物都会带来一种额外的化合物，但是平衡方程数不会增加，这意味着由于未知化合物数量的增加，自由度（未知值）也会增加。在这种情况下，至少需要知道一个产率系数和速率

系数，并且反应过程速率的选择也变得很重要。例如，在有氧条件下，PAO 使用内部存储的 PHA 生成中间产物乙酰辅酶 A，该化合物进一步用于生物量生长，糖原形成以及这些过程所需的能量的产生以及聚磷的形成。

显然，存储型化合物的引入创造了一个更为复杂的过程网络。在有着额外的存储型聚合物的过程中，需要引入额外的产率系数。然而，对于所有的产率系数来说，转化过程的效率都是一样的。在代谢模型中可以将微观产率系数（每单位基质氧化所产生的能量，即 ATP 的效率）和代谢产率系数联系起来。基质的氧化与电子传递到氧气或硝酸盐的消耗有关。因此，所有的产率系数都是这个基本参数（每对电子转移所产生的 ATP）的函数，代谢模型中对于这些复杂微生物的描述也就减少了。

起初，人们选择的是最简化的代谢动力学模型。Smolders 等（1994b）中提到了一种动力学结构，其中认为氧气（或硝酸盐）的消耗和 PHA 的降解是生物量生长（r_X）、聚磷形成（r_{PP}）、糖原形成（r_{GLY}）和维持（m_O 和 m_{PHA}）的最终结果。该动力学结构可以由与一系列综合反应有关的线性方程组表达（Meijer，2004）。不久后，Kuba 等（1996）提出了一个有关反硝化 EBPR 过程的代谢模型。1997 年，Murnleitner 等在没有改变起初的化学计量数情况下，通过联合厌氧、好氧和缺氧模型提出了一个动力学结构，其中认为生物量生长是 PHA 消耗、聚磷形成和糖原形成的最终结果。从生态学角度来看，PAO 的储存能力优于生长能力，这表明 PAO 在与其他微生物的竞争中依赖于它们的储存能力。能快速补充储存物质是 PAO 长期生存的主要条件。因此，最大生长速率不再是 PAO 的固有性质，而是依赖于环境条件和最大 PHA 储存能力（Brdjanovic 等，1998）。随着动力学结构的重新阐述，Murnleitner 等（1997）叙述了所有由 Smolders 等（1994a、b；1995a、b）和 Kuba 等（1996）用一系列模型参数进行的实验。然而，必须要强调的一点是这些反应不能分开解读，因为它们只是数学上重新表述的结果。从代谢反应方面确定了整体厌氧、好氧和缺氧化学计量。Meijer（2004）和 De Kreuk 等

（2007）给出了 TUDP 模型的完整描述。总的来说，因为只有一个代谢反应，所以整个厌氧反应的表达是明确的。这样的话，通过测量乙酸盐吸收速率，其他所有速率就都是固定的。关于好氧和缺氧化学计量学，有五个综合反应（r_X、r_{PP}、r_{GLY}、r_{PHA} 和 m_{PHA}），但是如果确定了五个反应速率中的四个，剩下的一个则也能确定。1999 年，Van Veldhuizen 等将代谢模型的 EBPR 过程与 ASM2d 的异养、水解和自养过程整合在一起（Henze 等，1999）。利用该模型可以模拟改良型开普敦大学（MUCT）去除 COD、N 和 P 工艺（Veldhuizen 等，1999）。这项研究表明，TUDP 模型无须进行重大调整就能描述实际条件。为了推广模型的全面应用，还随之拟定并测试了标定协议。通过使用同样的模型，Brdjanovic 等（2000）模拟了一个完整的侧流除磷过程。校准糖原形成后，该模型无须进一步调整其他参数即可描述该过程。由于温度在微生物转化中起主要作用，Brdjanovic 等（1998）研究了温度对 EBPR 的影响。他们的研究结果被纳入 TUDP 模型中，该模型用于模拟针对反硝化

EBPR 过程进行的改良 MUCT 工艺（WWTP Hardenberg，参见 Meijer 等，2001）。在所有这些实验的基础上，更新并验证后的代谢 TUDP 模型表明其化学计量是完全可靠的，并且无需校准即可使用和推算。为了模拟实际的 EBPR 过程，将代谢模型与 ASM2d 的异养、水解和自养反应相结合（Henze 等，1999）。图 14.11 显示了不同的模型结构是如何相互作用的。尽管可以以代谢形式重新表示 ASM2d 中的自养和异养过程，但是该模型与原来的模型将有相同的产率系数。因此，模型将不会变得更小，此外，模型的性能也不会提高。所以，在 TUDP 模型中，ASM2d 模型仍然保持原来的形式并且两种模型组合成的整体也相对简单。这会增加 EBPR 过程表述的可信度，而该表述是 ASM2d 中之前所缺乏的（Sin 和 Vanrolleghem，2006）。然而，在将这两种模型合并后，产生了一种新的底物竞争形式（例如，在两种普通异养生物：OHO 和 PAO 之间）。此外，与 EBPR 一样，模型中的发酵和水解反应也变得更加敏感并且其中同时使用了两种内源呼吸/维持概念。

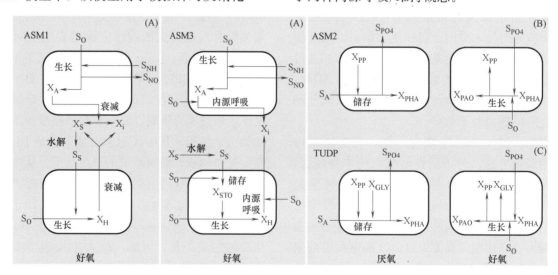

图 14.11 （A）ASM1 和 ASM3 模型中自养生物和异养生物（改自 Gujer 等，1999），（B）ASM2 模型中 PAO 的储存和生长（Henze 等，1995）和（C）TUDP 模型中 PAO 的储存和好氧生长（Van Veldhuizen 等，1999；Brdjanovic 等，2000）底物流示意图（改自 Gernaey 等，2004）

TUDP 代谢模型中的动力学结构引发了一系列典型反应。这些反应是用数学方式进行的动力学表述，所以不能分开来看。因为单个化学计量反应不能例证实际的 EBPR 过程，所以对于还没

有意识到这一点的人，很容易导致他们对于模型矩阵的错误认知。当模型被冠以教育的目的时，这一点需要被指出来。然而，在模拟实践中使用代谢模型相较于其他模型方法有很大的优势。主

要的优势就是代谢模型其坚实的化学计量学基础。这种坚实的基础很大程度上要归因于糖原的引入和同时对于糖原和PHA的抵消动力学模拟。

当使用代谢模型时，模型的自由度会减少这一点是明确的。对于有机体代谢过程的进一步了解将会帮助我们更加接近完全透明的白箱模型。这些增加的复杂过程最终会在模型中反映出来。然而，对于细胞内部复杂相互作用的认识的增加以及动力学方法的引用使得在将模型用于描述活性污泥时更有把握也更加准确。事实上，基础层次的信息收集能够帮助理解和模拟复杂层次的反应过程。要想进一步了解ASM2、ASM2d、ASM3和代谢模型，读者可以参考Henze等（2000）、Gernaey等（2004）和Meijer（2004）。表14.9给出了部分参量。

跟着Delft团队在代谢模型方面所做的工作，Filipe等（2000）改进了厌氧乙酸盐吸收模型。模型中纳入了聚磷菌的依赖性，改进了在改变初始聚磷菌浓度条件下乙酸盐吸收的相关表述，并且推出了pH值对厌氧乙酸盐吸收的影响模型，这一点在厌氧基质受限时至关重要。在TUDP模型中，厌氧乙酸盐吸收依据Smolders等（1994a）的研究进行模拟。同样，Filipe等（1999）提出根据Smolders等（1994a）的研究来改进厌氧乙酸盐吸收模型。然而，这些改进并没有纳入TUDP模型中。

14.6 ASM 工具箱

如今，活性污泥模型被认为是可靠的，并且能够被用来描述复杂的污水处理厂。从实际角度看，对于大多数工程应用来说，模型被认为已经进行了充分开发。在模型发展过程中，硬件的作用也很重要。模型的发展和计算机容量（CPU）齐头并进（Gujer，2006）。从技术角度来看，使用包含大量过程描述和变量的模型变得可行。在20世纪90年代，不但研究人员使用模型日益频繁，而且数学建模在从业者中也变得很流行。如今，数学模型已在北美、澳大利亚和欧洲许多国家普遍使用（Hauduc等，2009）。为推广数学模型的应用，已经开发了可协助设计、优化、操作和培训的软件。建模模拟器使得用户可以查看污水处理系统对许多不同变量的变化的响应，还

可以用来优化污水处理厂并培训工厂操作员，从而使他们可以更好地了解污水处理厂。商业软件包的示例包括GPS-X、SIMBA、STOAT、SUMO、WEST、BioWin等。为进行研究和培训，经常会用到SSSP、ASIM、AQUASIM甚至Microsoft Excel（在本章末提供了软件包的参考）。在废水处理系统的分析、设计和操作中使用模拟器会带来巨大的好处（Meijer和Brdjanovic，2012）。

为了推广模型在业内的使用，过去几年来在世界范围内已经制定了一些有关如何对废水处理厂进行建模的实用指南以及有关如何表征污水和污泥的协议。2004年，在马拉喀什举行的第4届IWA世界水大会上，制定了一系列协议的小组（Hochschulgruppe、STOWA、BIOMATH和WERF）聚集在一起制定了关于综合现有最佳建模实践的计划。在使用活性污泥模型的同时，成立了一个新的IWA良好建模实践任务组（GMP-TG），其与原来的数学建模任务组平行并得到其全力支持，以进行生物废水处理的设计和操作。附件中介绍了该模型以及IWA在数学建模领域中其他相关任务组的网站。GMP-TG由一个国际建模人员团队组成，该团队收集活性污泥建模的经验和知识，来为从业人员提供指导（Rieger等，2012）。GMP-TG的目的之一是编写一份科学技术报告，以提出使用ASM型模型的简单有效的程序（Rieger等，2012）。在编写本报告时，GMP-TG于2007年制定并发送了一份调查表，以基准化并收集有关建模实际使用的相关信息。其目的是更好地定义ASM用户的概况，确定所使用的工具/程序（模型、指南、协议），并强调在建立和使用ASM类型模型时遇到的主要限制（Hauduc等，2009）。调查问卷由96位受访者填写，其结果表明研究人员将模型用于优化，而私人公司聘用的建模人员则将模型用于设计研究。模型被视为一种工程工具被使用时需要相关的培训，这种培训却往往是不足的。最常用的生物动力学模型是ASM1（57%）和ASM2d（32%），其次是ASM3、其他（未指定），以及ASDM（BioWin）、Mantis（GPS-X）和TUDP模型。该研究还表明，可能由于缺乏相关知识和标准化程序，模型有时并没有被恰当

地应用。通过提供一些实际研究来发展和改进标准化建模程序以及更好的知识传递，以此来解决实际应用中会遇见的某些障碍，例如模型理论和程序太过复杂、步骤比较耗时，最终使模型变得可靠。

除了发送调查表外，还组织了一些关于活性污泥建模的讲习班、会议和课程，例如废水处理建模研讨会。GMP-TG 参与了新的 IWA 模型符号系统的开发（Corominas 等，2010），并采访了几位杰出的建模者（Peter Dold、George Ekama、Willi Gujer、Mogens Henze、Mark van Loosdrecht 等）。其中一个建议是为废水建模中常用速率、变量和参数设立特定值。得到的反馈已在 IWA 的"活性污泥模型的使用指南"第 22 号科学技术报告中汇编（Rieger 等，2012）。显然，IWA 通过促进其发展，为各种实践团体提供平台以及通过各种出版物促进模型研究和实践，在废水模型的演变中起到了重要作用。

在同一个 GMP-TG 网站[1] 上，可以将 7 个已发布的模型的调整后的"Gujer 矩阵"作为 MS Excel 电子表格下载：① ASM1（Henze 等，1987a，b，2000）；② ASM2d（Henze 等，1999）；③ ASM3（Gujer 等，1999）；④ ASM3 ＋ BioP（Rieger 等，2001）；⑤ ASM2d ＋ TUD（Meijer，2004）；⑥Barker&Dold 模型（Barker 和 Dold，1997）；⑦UCTPHO＋（Hu 等，2007）。在同一网站上，还可以找到不同参数命名规则的比较，包括新的 IWA 模型符号系统（Corominas 等，2010）。

最近，通过提供一些实际研究来加快知识传递（Hauduc 等，2009），IHE Delft 出版了《活性污泥建模实用指南》（Meijer 和 Brdjanovic，2012）。每年在 IHE Delft[2] 与 Delft 理工大学联合举办的建模课程中都会使用该指南。这本指南非常注重实践，它介绍了一部分建模项目执行的所有步骤。在该项目中，5 个污水处理厂要在新的欧盟成员国内达到欧盟污水排放标准。除了给出用于污水不同组分的拆分和对各组分定义的通用建模协议和指导之外，该指南还提出了定量进水评估方法，考虑了城市废水链的不同组成部分

以及引入了用于量化废水组成部分的方法。准备额外采样程序所需的处理厂流量和测量点参考在指南中也同样有显示，以及用于建模项目的所有常规日常采样清单，这是活性污泥工厂评估的一种方法，同时也是一种评估原始工厂数据并滤除可能影响模型可靠性和结果误差的方法。此外，它还包括 Meijer 等（2002）开发的用于废水数据评估的实用方法。该指南还介绍了有关数据评估的新进展，这与最近在荷兰一家工厂进行的有据可查的案例研究有关。这本指南还介绍了二沉池设计和评估方法，包括五个最常用的沉淀池设计和操作程序，例如经验、通量理论、WRC、ATV（最近的 DWA）和 STOWA 设计参考（Henze 等，2008）。本书的最后一部分详细介绍了模型校准中应用的方法及其主要步骤。此外，最近的另一篇出版物描述了 Delft 建模小组在过去 20 年中对 15 种市政和工业活性污泥模型应用的选择（Brdjanovic 等，2015）。除了荷兰的一些例子外，本书还包括印度（Brdjanovic 等，2007；Lopez-Vazquez 等，2013）、波斯尼亚和黑塞哥维那（Hodzic 等，2011；Price 和 Vojinovic，2010）、墨西哥（Fall 等，2012）、克罗地亚（Meijer 和 Brdjanovic，2012）和乌拉圭（Bentancur，2014）的一些开创性研究。这表明，发展中国家也在努力将模型应用于现有的活性污泥系统（主要用于优化或升级）。

总体而言，数学建模在发达国家中日益标准化和成熟，IWA GMP-TG 为此做出了巨大努力，并发布了各种建模指南（例如 Rieger 等，2012；Meijer 和 Brdjanovic，2012；Brdjanovic 等，2015）。这些指南将提高模型的可靠性并推广模型的应用。

14.7 ASM 所面临的挑战和未来的趋势

关于活性污泥模型的未来发展，重要的是要考虑当前和未来的需求和发展。现有的废水处理技术可能需要对目前通用的和创新的营养物质去除工艺进行进一步的表述，不仅是为了去除营养

---

1 https://iwa-gmp-tg.irstea.fr/.

2 http://www.un-ihe.org/modelling-wastewater-treatment-processes-and-plants.

物质，而且是为了减少相关的能源成本和污水处理厂对环境的影响。这些进一步的表述与资源（不仅是营养物质本身，还包括其他有价值的产物）的回收相结合，将有助于从常规处理概念向实现水和资源回收设施（WRRF）概述的目标迈进，即作为能源工厂和生物精炼厂的污水处理厂（Kartal 等，2010；Van Loosdrecht 和 Brdjanovic，2014；Energiefabriek，2015）。

尽管 EBPR 工艺可以达到较高的除磷效率（废水中的磷浓度低于 1mg/L），但由于尚未完全了解的原因，该工艺往往会发生失常和退化的问题（Oehmen 等，2007）。在这方面，有人已经认为聚糖原微生物（GAO）的出现，例如 *Competibacter* 和 *Defluviicoccus*，与 EBPR 表现欠佳甚至失败有关（Cech 等，1993；Satoh 等，1994；Saunders 等，2003）。因此，GAO 被视为废水处理中的不良微生物，因为它们不仅不参与 EBPR 过程，还在厌氧阶段与 PAO 竞争相同的碳源（RBCOD，例如挥发性脂肪酸：VFA）。在 2009 年，Lopez-Vazquez 等人将碳源（例如乙酸盐和丙酸盐）、温度（10～30℃）以及 PAO 和 GAO 的对 pH 值依赖性（pH 值 6.0～7.5）等影响纳入 Murnleitner 等（1997）修正的代谢模型中。因此，通过使用机理模型，Lopez-Vazquez 等（2009）能够评估碳源、pH 值和温度对 PAO 和 GAO 相互作用的影响，以及它们对 EBPR 稳定性的影响，旨在促进改进后工艺的效率和稳定性。他们得出结论，温度低于 20℃和 pH 值高于 7.0 时，PAO 占优势地位。在 Lopez-Vazquez（2009）、Oehmen 等（2010）的研究基础上，扩大了 PAO 和 GAO 之间的竞争，使之达到了连续的厌氧-缺氧-好氧条件，这种条件通常在大多数生物营养物去除（BNR）系统中都存在。这表明根据观察到的反硝化能力，可以合并多达 6 种不同的生物质组，其中包括 I 型和 II 型 *Accumulibacter* 以及反硝化和非反硝化 *Competibacter* 和 *Defluvicoccus*。他们的模型还包括一个多级反硝化过程（从硝酸盐到双氮）。总体而言，Oehmen 等（2010）的模型经过微调就能够成功地描述在小试规模的厌氧-缺

氧-好氧序批式反应器（SBR）数据中观察到的 EBPR 生物量活动。但是，当 Oehmen 等（2010）开发的代谢模型应用于全厂规模时就没有那么简单了（例如，由于有机物的缺乏和氮氧化过程，以及有关元素平衡的限制）。最近，由 Dynamita[3] 开发的 SUMO 模型不仅结合了扩展的 PAO-GAO 模块以考虑这些微生物之间的相互作用，还结合了具有发酵能力的相对新型的 PAO（可以认为是 *Tetrasphera*，Liu 等，2019）。根据实际观察，这种"新型 PAO"在侧流 EBPR 系统（S2EBPR）中似乎很活跃并且因此遍布于这些系统中（Dunlap 等，2016；Barnard 等，2017；Varga 等，2018）。依照此概念模型，除了"常见 PAO"（在主流线路中活跃）之外，第二组 PAO（即"侧流 PAO"）也已被并入 EBPR 模型中。同样，在新添加的 EBPR SUMO 模块中，"侧流 PAO"处于活跃状态，并且当侧流线路中的氧化还原电位（以液相中氧气、硝酸盐、硫酸盐的浓度计算）降至 −200mV 以下时能够吸收 VFA。尽管这种建模方法可能需要进一步改进，主要是因为实际的生物学机制和所涉及的优势微生物尚未完全了解（Onnis-Hayden 等，2019；Liu 等，2019），但它到目前为止较好描述了在 S2EBPR 系统中观察到的生物除磷过程。总体而言，为了探索有利于 EBPR 流程的环境和操作条件，此类综合模型似乎对于描述相关的 EBPR 微生物活动和感兴趣的微生物种群很有帮助。

在一些例如高 pH 值（>7.5）和高 Ca^{2+} 浓度的情况中，可能有必要将生物诱导磷沉淀现象纳入 ASM 模型中（Maurer 等，1999；Maurer 和 Boller，1999）。的确，在某些特定条件下，EBPR 反应与一种自然沉淀相吻合，这种自然沉淀可以解释一种重要的除磷效应，而这种效应与目前所描述的模型中所包含的 EBPR 反应无关。在 PAO 厌氧释磷期间，高浓度磷和离子强度的增加促进了这些沉淀物（主要由磷酸钙组成）的形成。Maurer 和 Boller（1999）给出了描述该沉淀过程所必需的模型方程和组分。此外，Flores-Alsina 等（2015）开发了一个全厂范围

3　http：//www.dynamita.com.

的水相化学模块，其能够描述活性污泥系统中的pH值变化。Mbamba 等（2016）进一步研究和应用了由 Flores-Alsina 等（2015）开发的模型，以此来描述矿物质的沉淀，其中还特别强调了磷沉淀。此外，随着人们对通过实施化学除磷来改进现有活性污泥厂除磷工艺兴趣的增加，Mbamba 等（2019）对铁（Fe）的添加进行了建模。作者成功描述了中试装置中化学除磷的过程。大多数商业模拟器已经整合了类似的功能（例如 BioWin、SUMO 和 GPS-X），但是未来的研究和开发可能会集中在对全厂范围的系统中此类模型的应用上，其中特别令人感兴趣的一点是磷的回收。

关于创新废水处理技术的实施，令人期待的一点是对所涉及主流处理工艺中厌氧氨氧化过程实施的生物过程进行建模以及好氧颗粒污泥技术（De Kreuk 等，2007；Kartal 等，2010；Wett 等，2013；Lackner 等，2014）。就厌氧氨氧化工艺和好氧颗粒污泥技术而言，要克服的首要挑战之一是合理描述两步硝化过程（分别为铵和亚硝酸盐氧化过程）以及它们与厌氧氨氧化工艺、EBPR 相关微生物的强相互作用（Dapena-Mora 等，2004；Wyffels 等，2004）。同样，考虑到相应的絮凝物或颗粒内的氧化还原梯度以及所涉及的微生物种群的共生和/或竞争影响，对于主流厌氧氨氧化和好氧颗粒污泥建模来说，描述底物、产物反应和转化就变得非常重要。就这一点而言，当描述同步硝化-脱氨过程——该过程在厌氧氨氧化菌驱动以及同步硝化-反硝化除磷的好氧颗粒污泥系统中被检测到（Kagawa 等，2015；Baeten 等，2018a，2018b），诸如扩散（取决于絮凝物的性质以及剪切条件、内聚力、外聚物质和湍流强度，Arnaldos 等，2015；Regmi 等，2019）的因素尤其起着重要的作用。在应用 ASM 模型而不是生物膜模型时，表观半饱和系数（将反应扩散过程集聚在密集的絮凝体或颗粒内部）已被证明可以成功地描述宏观活动（比如预测出水浓度），但大多数情况下只能在相当稳定的种群动态条件下（Baeten 等，2018a）。因此，使用集总法（Arnaldos 等，2015；Baeten 等，2018a）或使用生物膜模型（Picioreanu 等，2004；Kagawa 等，2015）来定义操作范围是非

常有用的。这种选择在很大程度上取决于建模目标，建模的目标范围从了解微观和宏观现象以及反应器运行到工艺优化和微生物活动设计（Baeten 等，2018b）。但是，所做的选择将确定是使用更简单还是更复杂的模型。到目前为止，尽管现有的建模模拟器（如 BioWin 和 SUMO）具有特定的用来描述基于厌氧氨氧化应用和好氧颗粒污泥技术的模块和拓展，但进一步的研究仍需要关注目标定义，从而确定模型的复杂程度。

在废水处理中，硫转化的应用将可能继续成为处理工业产生的富含硫酸盐的水以及咸水入侵，甚至使用海水进行卫生处理以减轻水资源缺乏的可行选择（Hvitved-Jacobsen 等，1998；Huisman 和 Gujer，2002；Wang 等，2009；Hao 等，2014；Cui 等，2019）。

毫无疑问，数学模型是一个有用的工具，可以更好地了解影响这些过程的因素，并促进它们的实施。尽管有数个污水处理厂由于咸水入侵或使用替代水源导致进水中硫酸盐浓度较高（Lu 等，2009），特别是在气候温暖的地区这类现象常有发生（Sharma 等，2008；Choubert 等，2012），然而在市政污水处理系统却很少研究硫酸盐或硫转化模型的应用。此外，硫驱动工艺对城市污水处理系统的潜在正负影响（Rubio-Rincon 等，2017；Cui 等，2019）增加了进一步开发硫酸盐和/或硫模型的需求。另外，大多数商业软件模拟器（例如 BioWin、GPS-X 或 SUMO）都有适当的附加模拟模块来描述硫的转化，但只适用于工业应用（例如通常是石化工业的富硫废水），因此局限于工业部门以外的具体应用。由于存在较高的进水硫酸盐浓度，对于混凝土结构的腐蚀、工艺异常或工艺改进以及主要微生物种群的变化的描述和评估很可能会将硫和硫酸盐相关模型的应用扩展到市政部门。

除上述进展外，厌氧氨氧化、与硫有关的工艺和好氧颗粒污泥等新技术的应用可能意味着需要将其纳入更复杂的生物动力学模型（Nielsen 等，2010；Oehmen 等，2010），元素平衡方法（Takács 等，2007；Lu 等，2009），并且还可能与基因组学、分子技术和代谢组学分析建立更牢固的联系（Fiehn，2001），并发展必要的实验方

法来确定和了解涉及的微生物活性（van Loosdrecht 等，2015）。

结合新工艺（如厌氧氨氧化法、好氧颗粒污泥和硫转化）将遵循 IWA GMP-TG 概念（Rieger 等，2012）。随着这些联合生物过程的日益复杂，动态 ASM 的应用中，针对开发有效过程控制的需要将对于成功大规模应用至关重要（Regmi 等，2019）。

污水处理厂中 N_2O 排放的建模（Ni 等，2013；Nopens 等，2014）是另一个新兴的话题。在这方面，IWA 温室气体工作组（GHG）在设计和运行环境友好型废水处理系统中发挥着重要作用。在描述 N_2O 和 CH_4 排放方面，数学建模方面已经取得了相关进展（Flores-Alsina 等，2011；Corominas 等，2012；Mampaey 等，2019）。这些进展使得需要评估减少温室气体排放的特定参数，并评估废水处理厂的性能（Flores-Alsina 等，2014a）。毫无疑问，下一步的建模工作将继续关注于评估导致温室气体排放的生物学机制和运行条件，以及与过程控制和自动化相关的最小化策略的发展（Regmi 等，2019）。

由于现有技术之间以及新技术实施之间的相互作用，以下几点全厂模型需要特别关注：①制定最佳的工厂控制策略；②提高去除过程的效率；③降低运营成本；④通过沼气生产达到能量回收最大化；⑤在侧流过程中最大限度地去除和回收营养物质。在这方面，IWA 废水处理厂控制策略基准测试任务组在实现这些目标方面一直发挥着并将继续发挥重要作用（Copp，2002；Jeppsson 等，2013；Gernaey 等，2014）。作为整个全厂模型的起点，对于初沉池（PST）中分离过程的数学描述会影响到不同的 COD 组分，因此需要得到特别注意（Nopens 等，2014；Vanrolleghem 等，2014）。这主要是因为 PST 可以通过有机物的厌氧消化来最大限度地提高能量的回收，并有利于处理厂从"去除型系统"向"资源回收系统"和"能源工厂"的转化（Kartal 等，2010；Van Loosdrecht 和 Brdjanovic，2014；Energiefabriek，2015）。直到几年前，大多数 PST 分离过程仍被模拟为黑箱，其中所有颗粒有机物均具有集总去除系数和总去除系数，然而据证明不可生物降解的颗粒有机物的去除效

率要高于可生物降解的有机物的去除效率（Ikumi 等，2014a，b）。Bachis 等（2015）基于 Maruejouls 等（2012）的研究确定了沉降速度分布，从而开发了 PST 模型。此外，还观察到在 PST 中进行的去除过程会影响（已沉淀的）废水特性以及沉降污泥的产生和质量（通常以厌氧消化的方式产生沼气）。除了 PST 模型以外，Torfs 等（2016）提出了一个统一的模型框架，其中描述了一组模拟 PST 和二沉池（SST）中发生的沉降过程的偏微分方程（PDEs）。这组方程能够描述在 PST 中发生的自由沉降过程以及在 SST 中观察到的压缩沉降。Bürger 等（2017）对其进行了进一步的修改，并提出了一种数值解决方案，以提高统一沉降理论的多功能性。这些进展有助于解决 PST 和 SST 的长期局限性，这些局限性迄今已被忽略，但在实现 WRRF 的最终目标方面相对重要。

对全厂建模的另一个重要方面是活性污泥反应池和 SST 二者状态变量（Volcke 等，2006）的结合（Bürger 等，2011，2012；Torfs 等，2013）。澄清池模型使用总悬浮固体作为状态变量，该变量在 ASM 模型中未明确使用，并且需要作为活性污泥过程的复合变量进行计算。此外，由于创建的氧化还原条件不同，澄清池的底部需要以与生物反应器类似的方式动态建模，以考虑对活性生物过程的潜在氧化还原作用。以下是对 SST 运行需要建模描述的示例，即脱氮工厂在缺氧条件下进行反硝化而产生的污泥上浮，在 EBPR 系统中厌氧条件下二次磷释放以及污泥沉降性描述。其中某些过程可以通过在二沉池之外添加一个缺氧（反硝化）池来模拟（Brdjanovic 等，2000）。但是，这个"技巧"更像是一个中间环节，而不是问题的最终解决方案。然而，当将 ASM 模型与厌氧消化模型（例如 ADM1）结合时，全厂模型的应用会面临最大的挑战（Batstone 等，2002）。这些挑战不仅与污泥增稠器和厌氧污泥消化器中发生的污泥消化过程有关，而且与这些系统中发生的物理化学过程有关。首要挑战之一是 ASM 模型和 ADM1 使用不同的状态变量集。总体而言，有两种不同的方法可以解决此问题：①"超级模型"方法，其中定义了一组完整的对有氧和厌氧环境均适用的变

量（Grau 等，2009），这组变量在例如 BioWin、SUMO 或 GPS-X 模拟器中也是可用的；②通过基于两个模型的"Gujer 矩阵"描述，应用一套代数变换方程（"变换"）来使用互连模型（Vanrolleghem 等，2005；Volcke 等，2006；Nopens 等，2009；Solon 等，2017）。总体而言，这些先前提到的方法有助于全厂模型的应用。最近，通过将所需过程纳入 ADM1 中（Ikumi 等，2014a，b；Ikumi 和 Ekama，2019），以及为了描述三相（气相、液相、固相）化合物转化以及磷与硫（S）、铁（Fe）循环之间的紧密联系而开发的新的一组生物（活性污泥、厌氧消化）、物理化学（水相、沉淀、传质）过程模型和模型接口（水和污泥之间），开发了全厂模型来描述整个污水处理厂的磷转化，包括 EBPR 污泥（富含磷和细胞内化合物）的厌氧消化（Flores-Alsina 等，2016；Mbamba 等，2016；Solon 等，2017）。这些模型有助于扩展 ASM 模型和 ADM1 模型（Batstone 等，2012），并且有助于评估 EBPR 污泥厌氧消化、磷化合物的化学沉淀、气体组成（涉及硫相关化合物）和矿物沉淀的相关过程。在这方面，从事建立广义物理化学框架的 IWA 课题组（Batstone 等，2012）为这一成就做出巨大贡献。尽管理化反应的基本原理已广为人知，也可从其他学科获得，并且不需要校准（因为热力学定义了动力学过程的终点），但仍需要进一步研究以验证在实际系统中驱动生物过程和热力学沉淀速率的有机化合物。这些全厂模型需要进行涉及实验和模型开发活动的额外研究，以此得到一个令人满意的物理化学模型。这些模型与有关最新开发技术的实施（例如用于处理富含氮的废水的厌氧氨氧化技术的实施）将有助于实现 WRRF 的目标。

计算流体动力学（CFD）可能有助于改进废水处理厂几乎所有工艺单元的描述和操作（从初沉池到二沉池，包括曝气和生物过程，Plósz 等，2012；Laurent 等，2014；Nopens 等，2014；Wicklein 等，2015；Karpinska 和 Bridgeman，2016；Samstag 等，2016）。通过利用 CFD 研究

扩散限制和梯度的影响，可以更好地理解细菌形态、细菌竞争之间的相互作用及细菌物理学和水力学的相互作用，从而提出更好的操作和控制方法。尽管增加了复杂性，但有助于模型建立并提高模型可靠性和应用性的实验方法和计划也正在开发。到目前为止，通过将 CFD 与生物动力学和化学模型结合，可以更好地描述停留时间分布和错流气液相互作用（Le Moullec 等，2008），还可以改善混合和曝气条件以及对过程反应器中生物反应进行更好的评估（Le Moullec 等，2010；Meister 和 Rauch，2016；Rehman 等，2017）；甚至有助于对 N_2O 排放的研究（Bellandi 等，2019）以及改进了通过鸟粪石形成来恢复营养物质的描述（Rahaman 和 Mavinic，2009）。除了水信息学工具（例如 CFD）可以带来的潜在节能效果外（Rieger 等，2012），随着对水回用和集成建模的需求和兴趣的增加，微污染物的生物和物理化学去除过程将是另一个未来主要扩展和发展的建模区域（Gujer 等，2006；Clouzot 等，2013），并且 CFD 也可以在其中得到应用（Radu 等，2010；Laurent 等，2014）。未来很可能是这样，有了这些实用方法的经验，我们需要进一步付出努力来在实践和研究之间建立更牢固的协作联系，以评估和提供在实际情况下对新开发模型的反馈。例如根特大学的创业团队 AM，针对 CFD 和废水处理过程进行的高级建模和优化就是一个成功的典范[4]。学术界和实践界之间的密切合作，促进了 CFD 的应用，并提高了出水质量，减少了能耗，提高了废水处理和资源回收的能力和可靠性。未来几年中可能还会出现其他的专业 CFD 公司。为了以结构化和可靠的方式支持 CFD 模型的应用，IWA 建立了 CFD 处理单元[5] 工作组，其主要目的是开发将 CFD 模型应用于废水处理的建模指南。为了实现这一目标，Nopens 等（2012）、Laurent 等（2014）和 Wicklein 等（2015）提出了结构化的指导方针和协议，旨在为废水处理厂中应用 CFD 时建立良好的建模规范。毫无疑问，CFD 模型将得到进一步的发展和扩展，但是，首先要回答模型的

4　http：//www.am-team.com.

5　http：//www.iwa-connect.org/group/working-group-on-computational-fluid-dynamics-cfd-for-unit-processes/about.

目的是什么，然后选择一种合适的建模方法，例如基于 CFD 模型或（更简单的）ASM 模型。

随着对集成（城市）水模型的兴趣日益浓厚，将继续推动废水处理模型与受纳水体质量（RWQM）和下水道模型的集成（Gujer，2006；Vanrolleghem 等，2014）。直到几年前，才仅考虑了下水道的水力和污染物转移现象（Hvitved-Jacobsen，2013）。但是，最近的模型和模拟器（例如 SUMO）开始考虑下水道系统中发生的化学和生物过程，并将下水道视为物理、化学和生物反应器（Rauch 等，2002）。首个使用不同模型（结合 Mike Urban、BioWin 和 HEC-RAS）进行整体建模（污水管网、处理厂与受体/河流的组合）的建模应用表现出其在这种类型的建模应用中占有更大优势（Hodzic 等，2011；Price 和 Vojinovic，2010），尽管与更好、更加现实但复杂得多的实时方法截然相反，该模型应用按照顺序模式来搭建。目前，克罗地亚地区正在进行大规模的整体建模研究（Brdjanovic，个人交流），该研究结合了大型下水道系统，四个废水处理厂及沿 23km[6] 海岸线的海水质量建模。

这样的集成方法不仅从整体水务管理的角度来看，而且从潜在的未来资产管理重点（需要对微量污染物的去除进行合理建模表述）而言，对于污水管网的设计、运营和维护至关重要。通过与西部的开普敦大学合作，由根特大学开发（Vanhooren 等，2003）并且如今由丹麦水利研究所（DHI）掌握的水力建模软件已经升级，旨在将废水处理模型与 RWQM 以及下水道模型（Ikumi 等，2014b）联系起来（Benedetti 等，2013a；Langeveld 等，2013）。加上全厂模型的发展，这将会为综合城市水模型发展带来广阔的机遇，该模型将能够描述和优化包括受纳水体在内的整个城市水系统（Benedetti 等，2013b）。

但是，我们不应忽视这样一个事实，尽管取得了这些重大进展，并且开发了更多复杂而完整的数学模型，但一个普遍的问题是，我们仍然缺乏高质量和可靠的输入数据作为模型的数据来

源；此外，定期动态扰动甚至极端情况的发生都会影响进水的质量和特征，进而影响模型的可靠性（表 14.9）。正如 Nopens 等（2014）所强调的，需要更多的方法来评估合规的概率，量化不确定性及其来源，以及评估风险、收益和成本如何在利益相关者（顾问、承包商、运营商和所有者）之间分配。IWA 设计和操作不确定性（DOUT）课题组最近的假想目标之一是通过采取某些行动来克服这种局限性，例如开发自动产生进水数据的模型以提供相关的输入数据，并将详细的不确定性评估纳入污水处理系统的模型辅助设计和运行中来（Gernaey 等，2011；Flores-Alsina 等，2014b；Nopens 等，2014）。

考虑仍然有 26 亿人缺乏卫生设施，发展中国家的大多数人口居住地没有污水管网系统，并且只有一小部分污水得到处理，这就反映了整体建模的问题所在，即城市排水模型以及废水处理模型（不仅是 ASM 和 ADM）将由污水管网系统未完全覆盖的城市的集中（去中心化）公共卫生模型进行补充和集成。在世界范围内有许多这样的例子，特别是在发展中国家。在此方向上的最新发展包括排泄物流程图的开发（通常也称为粪便流程图，SFD[7]），该工具可帮助理解城市或城镇的排泄物管理。另一个最新进展是去中心化公共卫生概念及其模型的提出，该模型考虑了卫生服务链的所有主要组成部分（Brdjanovic 等，2015）。该非下水道卫生决策支持工具已被 IHE Delft 纳入到被称为 WaMEX 的决策支持工具中，该工具还包括排水管道系统（Abbot 和 Vojinovic，2009；Sanchez 等，2013；Vojinovic 等，2014）以及污水处理组件（Von Sperling 和 Chernicharo，2005）。

另一个有趣的方面是针对粪便和化粪池污泥排放（负荷）对污水处理厂的影响进行建模，这是许多国家（尤其是中低收入国家）经常采用的做法（Strande 等，2014）。在粪便污泥管理（FSM）工具箱[8] 中可以找到更多有趣的粪便污泥管理建模工具。但是，FSM 建模不在本书的

---

6 http：//odvodnjaporec.hr/projekti/projekt-porec.

7 http：//www.sfd.susana.org.

8 http：//www.fsmtoolbox.com.

讨论范围之内，有关更多信息，请参阅 Strande 等（2014）和 Velkushanova 等（2020）的研究。

此外，近来人们对云计算产生了兴趣（Armbrust 等，2010），并通过共同努力形成了标准化的方法和符号（Corominas 等，2010），因此废水处理模型在研究人员、软件开发人员和从业人员之间是通用的，尽管他们处于不同的经度和纬度，但模型可能与实际差别并不大。云计算可能是一个强大的工具，其可以促进全厂范围内和综合的城市范围内水模型的应用，从而有助于优化城市水网的水质和水量。

从商业和实践的角度来看，先前描述的过程和方法的结合将大大增加模型的复杂性。但是，从业人员对于使用日益复杂的模型感到不舒服。因此，具有特定建模技能的供应商可能会出现在市场上，因为常规的废水处理"专家"将无法应对针对特定应用的快速发布和更复杂的模型。因此，与其他领域一样，咨询公司将在不久的将来将其建模活动外包给建模专家。

可以想象，（可能不太专业的）用户和模型之间新的界面和交互方法迟早会被创造出来而且其可以采取多层严肃游戏的形式，并使用具有简化的"表面"的用户界面和更复杂的专家模型（在后台"无形"运行）的 3D 城市供水系统模拟器。另一个预期的发展是大型废水处理设施的数据采集系统（SCADA）中内置模型的使用。因此，操作人员可以利用 ASMs 中包含的复杂知识，提高工作效率，并使每天安全的工厂操作成为可能。模型边界有望将进一步扩展以达到跨学科的地步，因为模型将包括一些其他问题，例如紧急情况、风险和社会要素（Abbott 和 Voji-

novic，2010a，b；Vojinovic 和 Abbott，2011；Abbott 和 Vojinovic，2013；Brdjanovic 等，2014；Zakaria 等，2015）。这样一来，模型将更接近决策者，并促进不同的和当前未涉及的利益相关者对模型的使用。最重要的一点是，尽管有这些预期的进展（Van Loosdrecht 和 Brdjanovic，2014），且针对多种废水处理应用发布了更复杂的模型，但必须牢记模型仍然仅仅是现实的代表，通常被作为改进和优化的工具。模型绝不能替代数学课程或设计标准，而是作为补充参考。

14.8 结论

建模是科学发展中的重要活动。建模不仅需要针对理论概念进行明确和定量的表述，还需要在各学科之间、理论和实践应用之间进行复杂知识的转移。30 年来，活性污泥模型在活性污泥工艺的发展中起着至关重要的作用。这些模型通常不是学术模型，它们的目的不是要包括活性污泥过程中涉及的每个潜在的子过程。相反，它们以描述实际过程中相关特征所需的最低复杂度来制定。总的来说，这些模型还通过使用标准符号和矩阵表示法来为描述环境生物技术模型提供系统化的平台。多年以来，许多废水研究项目都从活性污泥模型的开发中受益匪浅。一方面，通过发展新的理论概念及其在新领域中的应用，模型得到了扩展；另一方面，模型已用于实际应用。我们相信，本章将有助于未来工程师通过创新和优化将模型用作来改进废水处理技术的主要工具。

化学计量矩阵和组分组成矩阵（Meijer，2004）				表 14.9				
			1	2	3	4	5	6
	模型组分→		S_O	S_F	S_A	S_{NH}	S_{NO}	S_{N2}
↓反应过程			gO_2/m^3	$gCOD/m^3$	$gCOD/m^3$	gN/m^3	gN/m^3	gN/m^3
1	r_h^O	好氧水解	$gCOD_{XS}/d$	$1-f_{SI}$		$c_{N,1}$		
2	r_h^{NO}	缺氧水解	$gCOD_{XS}/d$	$1-f_{SI}$		$c_{N,1}$		
3	r_h^{AO}	厌氧水解	$gCOD_{XS}/d$	$1-f_{SI}$		$c_{N,1}$		

普通异养微生物 X_H

序号	过程	过程名称	单位	S_O	S_F	S_A	S_{NH}	S_{NO}	S_{N2}
4	r_{SF}^O	利用 S_F 好氧生长	$gCOD_{XH}/d$	$-(1/Y_H-1)$	$-1/Y_H$		$c_{N,4}$		
5	r_{SA}^O	利用 S_A 好氧生长	$gCOD_{XH}/d$	$-(1/Y_H-1)$		$-1/Y_H$	$c_{N,5}$		
6	r_{SF}^{NO}	利用 S_F 缺氧生长	$gCOD_{XH}/d$		$-1/Y_H$		$c_{N,6}$	$-\dfrac{(1/Y_H-1)}{2.86}$	$\dfrac{(1/Y_H-1)}{2.86}$
7	r_{SA}^{NO}	利用 S_A 缺氧生长	$gCOD_{XH}/d$			$-1/Y_H$	$c_{N,7}$	$-\dfrac{(1/Y_H-1)}{2.86}$	$\dfrac{(1/Y_H-1)}{2.86}$
8	r_{fe}^{AN}	发酵	$gCOD_{SF}/d$		-1	1	$c_{N,8}$		
9	r_{HL}	异养分解	$gCOD_{XH}/d$				$c_{N,9}$		

聚磷菌 X_PAO

序号	过程	过程名称	单位	S_O	S_F	S_A	S_{NH}	S_{NO}	S_{N2}
10	r_{SA}^{AN}	S_A 的厌氧储存	$gCOD_{SA}/d$			-1			
11	r_M^{AN}	厌氧维持	gP/d						
12	r_{SA}^{NO}	S_A 的缺氧储存	$gCOD_{SA}/d$			-1		$-\dfrac{(1-Y_{SA}^{NO})}{2.86}$	$\dfrac{(1-Y_{SA}^{NO})}{2.86}$
13	r_{PHA}^{NO}	缺氧 PHA 消耗	$gCOD_{PHA}/d$				$c_{N,13}$	$-\dfrac{(1-1/Y_{PHA}^{NO})}{2.86}$	$\dfrac{(1-1/Y_{PHA}^{NO})}{2.86}$
14	r_{PP}^{NO}	聚磷的缺氧储存	gP/d				$c_{N,14}$	$-\dfrac{(1/Y_{PP}^{NO})}{2.86}$	$\dfrac{(1/Y_{PP}^{NO})}{2.86}$
15	r_{GLY}^{NO}	缺氧糖原形成	$gCOD_{GLY}/d$				$c_{N,15}$	$-\dfrac{(1/Y_{GLY}^{NO}-1)}{2.86}$	$\dfrac{(1/Y_{GLY}^{NO}-1)}{2.86}$
16	r_M^{NO}	缺氧维持	$gCOD_{PAO}/d$				$c_{N,16}$	$-1/2.86$	$1/2.86$
17	r_{PHA}^O	好氧 PHA 消耗	$gCOD_{PHA}/d$	$1/Y_{PHA}^O-1$			$c_{N,17}$		
18	r_{PP}^O	聚磷的好氧储存	gP/d	$-1/Y_{PP}^O$			$c_{N,18}$		
19	r_{GLY}^O	好氧糖原形成	$gCOD_{GLY}/d$	$1-1/Y_{GLY}^O$			$c_{N,19}$		
20	r_M^O	好氧维持	$gCOD_{PAO}/d$	-1			$c_{N,20}$		

自养硝化细菌 X_A

序号	过程	过程名称	单位	S_O	S_F	S_A	S_{NH}	S_{NO}	S_{N2}
21	r_A^O	自养生长	$gCOD_{XA}/d$	$1-4.57/Y_A$			$c_{N,21}$	$1/Y_A$	
22	r_{AL}	自养分解	$gCOD_{XA}/d$				$c_{N,22}$		

	组分→			1	2	3	4	5	6
				S_O	S_F	S_A	S_{NH}	S_{NO}	S_{N2}
	←组分			gO_2	$gCOD$	$gCOD$	gN	gN	gN
1	COD		$gCOD$	-1	1	1		-2.86	⋯
2	TOC/TOD		$gC/gCOD$		⋯	0.4			
3	氮		gN		$i_{N,SF}$	$i_{N,SA}$	1	1	1
4	磷		gP		$i_{P,SF}$	$i_{P,SA}$			
5	离子电荷		mol			$-1/64$	$+1/14$	$-1/14$	
6	TSS		g						

（有关符号的定义请参阅 Meijer,2004）

7	8	9	10		11	12	13	14	15	16	17	18
S_{PO}	S_I	S_{HCO}	X_I		X_S	X_H	X_{PAO}	X_{PP}	X_{PHA}	X_{GLY}	X_A	X_{TSS}
gP/m^3	$gCOD/m^3$	mol/m^3	$gCOD/m^3$		$gCOD/m^3$	$gCOD/m^3$	$gCOD/m^3$	gP/m^3	$gCOD/m^3$	$gCOD/m^3$	$gCOD/m^3$	g/m^3
$c_{P,1}$	f_{SI}	$c_{e,1}$			-1							$c_{TSS,1}$
$c_{P,1}$	f_{SI}	$c_{e,1}$			-1							$c_{TSS,1}$
$c_{P,1}$	f_{SI}	$c_{e,1}$			-1							$c_{TSS,1}$
$c_{P,4}$		$c_{e,4}$			1							$c_{TSS,4}$
$c_{P,5}$		$c_{e,5}$			1							$c_{TSS,5}$
$c_{P,6}$		$c_{e,6}$			1							$c_{TSS,6}$
$c_{P,7}$		$c_{e,7}$			1							$c_{TSS,7}$
$c_{P,8}$		$c_{e,8}$										$c_{TSS,8}$
$c_{P,9}$		$c_{e,9}$	$f_{XI,H}$		$1-f_{XI,H}$	-1						$c_{TSS,9}$
Y_{PO}^{AN}		$c_{e,10}$						$-Y_{PO}^{AN}$	Y_{SA}^{AN}	$1-Y_{SA}^{AN}$		$c_{TSS,10}$
1		$c_{e,11}$						-1				$c_{TSS,11}$
Y_{PO}^{NO}		$c_{e,12}$						$-Y_{PO}^{NO}$	Y_{SA}^{NO}			$c_{TSS,12}$
$c_{P,13}$		$c_{e,13}$					$1/Y_{PHA}^{NO}$		-1			$c_{TSS,13}$
$c_{P,14}$		$c_{e,14}$					$-1/Y_{PP}^{NO}$	1				$c_{TSS,14}$
$c_{P,15}$		$c_{e,15}$					$-1/Y_{GLY}^{NO}$			1		$c_{TSS,15}$
$c_{P,16}$		$c_{e,16}$					-1					$c_{TSS,16}$
$c_{P,17}$		$c_{e,17}$					$1/Y_{PHA}^{O}$		-1			$c_{TSS,17}$
$c_{P,18}$		$c_{e,18}$					$-1/Y_{PP}^{O}$	1				$c_{TSS,18}$
$c_{P,19}$		$c_{e,19}$					$-1/Y_{GLY}^{O}$			1		$c_{TSS,19}$
$c_{P,20}$		$c_{e,20}$					-1					$c_{TSS,20}$
$c_{P,21}$		$c_{e,21}$									1	$c_{TSS,21}$
$c_{P,22}$		$c_{e,22}$	$f_{XI,A}$		$1-f_{XI,A}$						-1	$c_{TSS,22}$
7	8	9	10		11	12	13	14	15	16	17	18
S_{PO}	S_I	S_{HCO}	X_I		X_S	X_H	X_{PAO}	X_{PP}	X_{PHA}	X_{GLY}	X_A	X_{TSS}
gP	gCOD	mol	gCOD		gCOD	gCOD	gCOD	gP	gCOD	gCOD	gCOD	g
	1		1		1	1	1		1	1	1	
	$\cdots$		$\cdots$		$\cdots$	$\cdots$	$0.334(\alpha)$		0.334	0.375	$\cdots$	
	$i_{N,SI}$		$i_{N,XI}$		$i_{N,XS}$	$i_{N,XH}$	$i_{N,BM}$				$i_{N,BM}$	
1	$i_{P,SI}$		$i_{P,XI}$		$i_{P,XS}$	$i_{P,XH}$	$i_{P,BM}$	1			$i_{P,BM}$	
$-1.5/31$		-1						$-1/31$				
			$i_{TSS,XI}$		$i_{TSS,XS}$	$i_{TSS,BM}$	$i_{TSS,BM}$	$i_{TSS,PP}$	$i_{TSS,PHA}$	$i_{TSS,GLY}$	$i_{TSS,BM}$	1

扫码观看
本章参考文献

国际水协会的模型相关任务小组网站

- Task Group on Green House Gas (GHG)：
  http：//www. iwa-network. org/task/task-group-on-green-house-gas
  https：//www. linkedin. com/groups? home＝&gid＝4365414&trk＝anet _ ug _ hm&goback＝％
  2Egna _ 4365414
- Task Group on Good Modelling Practices (GMP)-Guidelines for use of activated sludge models：
  http：//www. iwa-network. org/task/good-modelling-practice-gmp-guidelines-for-use-of-activated-sludge-models
  www. modelEAU. org/GMP _ TG
  https：//iwa-gmp-tg. irstea. fr/
- Task Group on Benchmarking of Control Strategies for Wastewater Treatment Plants (BSM)：
  http：//www. iwa-network. org/task/benchmarking-of-control-strategies-for-wastewater-treatment-plants
  http：//www. benchmarkwwtp. org/
- Task Group on Generalized Physicochemical Framework (GPCF)：
  http：//www. iwa-network. org/task/generalized-physicochemical-framework
  http：//www. iwawaterwiki. org/xwiki/bin/view/WorkGroup _ IWA＋Task＋Group＋for＋Physico-Chemical＋Modelling/WebHome
- IWA Task Group on Design and Operations Uncertainty (DOUT)：
  http：//www. iwawaterwiki. org/xwiki/bin/view/WorkGroup _ DOUT/WebHome

软件模拟器参考网站

- AQUASIM：http：//www. eawag. ch/forschung/siam/software/aquasim/index
- ASIM：http：//www. asim. eawag. ch/
- BioWin：http：//envirosim. com/products/biowin
- GPS-X：http：//www. hydromantis. com/GPS-X. html
- HEC-CRAS：
  http：//www. hec. usace. army. mil/software/hec-ras/
- Mike Urban：
  http：//www. mikebydhi. com/products/mike-urban
- SIMBA：http：//nl. mathworks. com/products/connections/product _ detail/product _ 35797. html
- SSSP：http：//www. clemson. edu/ces/eees/outreach/sssp. html
- STOAT：http：//www. wrcplc. co. uk/software-development
- SUMO：http：//www. dynamita. com/
- WEST：http：//www. mikebydhi. com/products/

术语表

符号[①]	符号[②]	含义	单位
A	A	表面积	m^2
b_A	b_{ANO}	硝化菌的衰减速率	L/d

符号[①]	符号[②]	含义	单位
b_H	b_{OHO}	普通异养菌(OHOs)的衰减速率	L/d
F/M	F/M	基质与微生物的比值或负荷因子(LF)	gCOD/(gVSS·d)
f_H	$f_{XE,OHO}$	OHOs 衰减产生的非生物降解物比例	mgCOD/mgCOD
f_N	f_n	VSS 的氮含量	mgN/mgVSS
FSA	FSA	氨及铵盐	mgN/L
K	K	半饱和常数	—
k_H	K_h	OHOs 在好氧条件下水解 SBCOD 的最大速率	mgCOD/(mgCOD·d)
K_I		抑制化合物的半饱和常数	mg/L
K_l		外部传质系数	m/h
K_N	K_{NHx}	微生物利用氮(FSA)生长时的半饱和常数	mgN/L
$K_{N,A}$	K_{ANO}	硝化细菌利用氮(FSA)生长时的半饱和常数	mgN/L
$K_{N,H}$	$K_{OHO,NHx}$	OHOs 利用氮(FSA)生长时的半饱和常数	mgN/L
K_O	KO	溶解氧半饱和常数	mgO$_2$/L
$K_{O,A}$	$K_{ANO,O2}$	硝化细菌对溶解氧的半饱和常数	mgO$_2$/L
$K_{O,H}$	$K_{OHO,O2}$	OHOs 对溶解氧的半饱和常数	mgO$_2$/L
K_S	KS	利用溶解性有机质的半饱和常数	mgCOD/L
K_x	Kx	OHOs 利用 SBCOD 的半饱和常数	mgCOD/(mgCOD·d)
q		比转化速率	L/h
Q_{in}	Q_i	入流流量	m^3/h
Q_{out}	Q_e	出流流量	m^3/h
r_i		反应过程 i 的表观反应速率	ML^{-3}T^{-1}
S	S	液体中的溶解性组分浓度	mgCOD/L
S_{HCO}		碳酸盐浓度	mg/L
S_I	S_U	溶解性非生物降解 COD 浓度	mgCOD/L
S_{in}	S_i	入流基质浓度	mgCOD/L
S_{KI}		抑制性化合物浓度	mg/L
S_{max}		饱和浓度	gCOD/m^3
S_N		氮浓度(氨或硝酸盐)	mgN/L
S_{NH}	S_{NHx}	氨及铵盐浓度	mgFSA-N/L
S_{NO}	S_{NO3}	硝酸盐浓度	mgNO$_3$-N/L
S_O	S_{O2}	溶解氧浓度	mgO$_2$/L
S_{out}	S_e	出流基质浓度	mgCOD/L
S_S	S_S	快速生物降解 COD(RBCOD)浓度	mgCOD/L
t	t	时间	h
V	V_R	反应器容积	m^3
$v_{j,i}$		模型矩阵中反应过程 j 中的物质 i 的化学计量系数	
X	X	微生物浓度	gCOD/m^3
X_A	X_{ANO}	硝化菌浓度	mgCOD/L
X_H	X_{OHO}	普通异养菌(OHO)浓度	mgCOD/L
X_I	XI	污水中的非生物降解颗粒有机物浓度	mgCOD/L
X_S/X_H	XS/X_{OHO}	SBCOD/OHO 浓度比值	mgCOD/mgCOD
X_S	XS	慢速生物降解 COD(SBCOD)浓度	mgCOD/L
$X_{STO,S}$		胞内储存的有机物浓度	mgCOD/L
X_{TSS}	X_{TSS}	反应器中的 TSS 浓度	mgTSS/L
Y_H	Y_{OHO}	OHOs 的产率系数	mg COD/mgCOD

①本章中使用的符号是原始文献中所使用的原始符号。因此，本章作者未将符号与第 3 章、4 章、5 章、6 章、7 章和 17 章中使用的符号匹配。②相反，添加了带有这些章节中相关符号的附加列来与此表进行比较。

符号	含义
ADM	厌氧消化模型
ASM	活性污泥模型
BOD	生物需氧量
COD	化学需氧量
CSTR	全混反应器
DO	溶解氧
DR	死亡再生
EA	电子受体
EBPR	强化生物除磷
ER	内源呼吸
GAO	聚糖原微生物
IWA	国际水协会
OUR	氧利用速率
OHO	普通异养菌
PAO	聚磷菌
PHA	多聚羟基烷酸
RBCOD	快速生物降解 COD
SBCOD	慢速生物降解 COD
SRT	污泥停留时间（泥龄）
TKN	总凯氏氮
TSS	总悬浮固体
TUDP	代尔夫特工业大学的 EBPR 模型
VFA	挥发性脂肪酸

希腊字母符号①	希腊字母符号②	含义	
α		代表化学计量学公示的符号	—
η		缺氧条件下 SBCOD 利用速率的降低因子	—
μ	μ	微生物比增长速率	1/d
μ_A^{max}	$\mu_{ANO,max}$	硝化菌最大比增长速率	1/d
μ_H	μ_{OHO}	OHOs 比增长速率	1/d
μ_H^{max}	$\mu_{OHO,max}$	OHOs 最大比增长速率	1/d
μ^{max}	μ_{max}	微生物最大比增长速率	1/d
ρ_j		反应过程 j 的动力学常数	$ML^{-3}T^{-1}$

①本章中使用的希腊字母符号是原始文献中所使用的符号。因此，本章作者未将符号与第 3 章、4 章、5 章、6 章、7 章和 17 章中使用的符号匹配。②相反，添加了带有这些章节中相关符号的附加列来与此表进行比较。

第 15 章
过程控制

Gustaf Olsson 和 Damir Brdjanovic

15.1 控制的动力和动机

以下几种驱动力推动了污水处理系统的控制化，其中一些是需求拉动力，另一些是技术推动力：

• 通过优化操作来节省成本，以减少对额外容量的需求或在给定的系统容量中加载更多负荷。

• 尽管存在负荷变化或其他扰动，应最大限度地降低能源、化学品和污泥管理的运营成本。

• 保持稳定运行，以维持出水水质。

• 了解波动过程，如曝气、污泥浓缩和污泥产生。

• 探测扰动并发出预警，以抵消突发性事件，如降雨或毒性泄漏。

• 提升工厂运行的透明度，以便对有害事件进行故障排除和事后分析。

20 世纪 70 年代初，当仪表、控制和自动化（ICA）技术在供水和污水行业引起关注时，这些方面都没有得到充分的理解（Olsson 等，1973）。此后，新工艺、传感器和仪表技术、计算机性能、通信技术和物联网、检测方法、控制理论和人工智能等方面的技术发展，使 ICA 技术在各种水务运营中得到广泛应用（Olsson，2012）。其重要性不仅在于更有效的污水处理，而且还包括预警系统、水厂监测和操作指导等许多方面。在了解客户期望、数据收集工具和处理大数据方面也取得了重大进展。

实施 ICA 技术通常是为了提高现有污水处理厂的运行效率或降低其成本，而很少在设计时就考虑到与操作的耦合。因此，控制-集成设计仍有待加强。设计中的先天性缺陷，如缺乏灵活性或尺寸不足，无法通过控制来进行改进。

15.1.1 ICA 系统的特征

理想的 ICA 系统建立在以下四类基本的构建模块上：

• 团队（人件）。

• 硬件（传感器、执行器）。

• 通信系统（信息系统、硬件、通信协议等）。

• 软件（常用元素：PLC、SCADA、展示和控制算法）。

任何水务运营都可以用三个维度来表示：质量流是其中一个维度，每个组分可以通过其在系统中的质量平衡来进行追踪；能量流是第二个维度，它描述了电能、化学能和热能的流动；污水处理厂不仅消耗能量，其进水中的热能和化学能也可以作为热量、沼气或营养物质进行回收。污水系统中的能量平衡，特别是"零能耗"污水处理厂的可能性，正受到越来越多的关注。

ICA 透视图代表第三个维度，即信息流。反馈的基本概念可以构成对智能系统理解的基础。Ingildsen 和 Olsson（2016）称之为"MAD"方法：测量（M）、分析（A）和决策（D）。这种反馈概念可以在简单的组件控制乃至管理和战略决策等各个层级上应用。其原理如图 15.1 所示。

测量即认知：我们需要不同空间和时间上的足够数据。测量（M）方式不仅包括来自传感器和仪器的信号，还包括实验室分析、定性观测和人际交流。它包括每日和月度管理报表，以及能构成长期决策基础的类似信息。数据必须经过检查、分析、理解和解释（A）才能成为可靠的信息。决策或控制（D）不需要像典型的反馈控制器那样自动进行，它可以人为地进行有关水厂或业务导向的运营决策。最后，任何决策都将通过"执行器"来转化为行动。

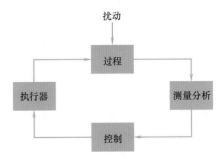

图 15.1　反馈原理

智慧这个词现在被用来描述设备、人和现象的特征。它代表着聪明、敏锐或智慧，有时也是优雅、时尚或整洁的同义词。然而，智慧水务系统与优雅、迷人或时尚无关，它的存在是为了满足生产合格产品的要求，同时尽量降低对能源和资源的需求。这种系统应能对扰动做出快速且适当的反应，并能在发生重大混乱后迅速恢复。系统的运行必须足够透明，以便操作人员有充分的信息来做出合理的决策。其目标是整合城市水循环的每一个环节，这包括供水、配水、排水、污水处理以及客户或需求方。我们进行系统运作的目的应该是适应、保护和保存我们所依赖和经营的自然水系统。归根结底，我们人类的用水过程不应对大自然产生不利影响。

智慧水务运营必须确保各个环节的人（而不仅仅是公用事业员工）都参与进来，只有这样每个人才能看到各自在整个水厂或系统运转中所扮演的角色。至关重要的是，消费者也要参与进来。长期以来，供水设施及其运营一直为用户所忽视，这让他们认为完善的供水和污水处理理所当然。我们应该意识到，与水循环相关的能量大部分是在家庭内消耗的，而不是在公用设施。因此，向用户传递信息至关重要。如果顾客可以测量他们的用水量，并与邻居的用量或"正常"用量进行比较，就可以使他们意识到怎样去减少浪费。

现今大多数水系统的控制重点是单元过程。此外，为提高受纳水体的水质，合流制排水系统溢流（CSO）的控制也越来越受到重视（Ahm 等，2016）。CSO 溢流结构的设计主要不是用于测量，而是为了有效地排放过量的水。模型估算可以量化 CSO 的排放量，从而顺利地完成物料平衡计算。CSO 流量可以通过使用所谓的软测量技术来进行推导，其中流量是根据系统中的水平测量来估计的。

为了应对城市水系统日益复杂的问题，有必要将视野从单一工厂拓宽到全厂范围，并进一步拓展到整个城市水循环。这种转变需要进行系统思考，其中需要考虑到不同工艺和单个控制器之间的大量耦合（Beck，2005）。Rodriguez-Roda 等（2002）介绍了一种新的思维方式，即通过开发和安装一套知识型的监管系统来运营污水处理厂。这套系统将操作细分为数据收集、诊断和决策支持，并通过基于代理的推理模块将控制集成。集成控制在第 15.10 节中做了进一步说明。

15.1.2　驱动力

污水处理的发展在 20 世纪取得了显著成效。长期以来，有几种驱动力推动了 ICA 技术在水务系统中的应用，其中一些是需求拉动，另一些是技术推动，具体参见 Olsson 等 2014 年发表的文献。

主要驱动力包括更严格的监管要求、财务考虑和执行效率，其他的还有因城市化和人口增长所带来的用水需求和污水负荷的增加。气候变化及其带来的极端天气条件进一步增加了城市供水系统的运营难度。然而，水质情况虽然在水厂设计时是一个必要驱动因素，但通常不是 ICA 技术的主要驱动因素，遗憾的是，它也常常没有与操作要求相结合。此外，尽管人们早在几十年前认识到对于 ICA 的需求（Vanrolleghem 等，1996a），应用 ICA 技术通常只是为了进一步提高现有水厂运行效率或降低其成本，设计中的不灵活或尺寸不足之处无法通过控制来改进。

由于出水要求变高，工艺开发变得越来越复杂，这也增加了对 ICA 技术的需求。生物反应器被分为厌氧、缺氧和好氧等多个区域，从而需要控制更多的回流。空气供应系统也变得更复杂，可以单独控制曝气区，通过变压控制可以最大限度地减少压力损失，并配备变速控制压缩机。出于控制目的，可以添加化学品和外加碳源。

执行器的重要性也不容忽视。在过去的几十年里，电力电子领域的发展发生了一场革命。IBGT（绝缘栅双极晶体管）等电力电子设备在通常情况下已经可以提供高达 1200A 的电流、高达 3000V 的电压和超过 1MHz 的开关频率。这使得电动机在毫瓦到兆瓦的功率范围内的变频控制变得既经济又可靠。变速控制对污水处理操作中的流量控制和气流控制都产生了巨大的影响。这对控制行为的完成质量和各种操作的能量效率都有着深远的影响。电动机和泵的主要供应商都会在互联网上提供大量的相关信息，可以通过在互联网搜索"electric drive systems"观看简要介绍。

能源是水务运营中最大的单一运行支出，出于经济考量应通过适当的控制尽可能地降低这一支出。在一些案例中，零能耗甚至正能耗水厂的愿景已经实现了（例如，Nowak 等，2011）。

技术推动极大地影响了 ICA 技术在水务系统中的发展。仪表和执行器的重大发展使得控制化更加成功。计算能力不再是阻碍，真正的挑战是将大数据转化为有用的信息。几十年以来，操作人员和工程师的教育水平得到了显著提升。

15.1.3 本章大纲

本章的余下部分概述如下：污水处理系统中的扰动相当剧烈，从而必须进行控制，这一点将在 15.2 节中进行讨论；15.3 节则会进一步介绍控制的作用；仪表化是先进操作的基础，其在监测和控制方面的作用将在 15.4 中介绍；污水系统是动态变化的，这意味着系统中的任何改正都需要考虑时间因素，15.5 节将会讨论这一点；操控系统所需的执行器，如电动机、泵、压缩机和阀门等，可以将决策转化为具体的机械动作，这一点将在 15.6 节中介绍；接下来的 15.7 节和 15.8 节将会专门介绍控制的基本原理及其在污水处理中的一些典型实例；能量与水和污水处理密切相关，15.9 节将讨论能量和其他运行费用；一座污水处理厂由许多单元过程组成，15.10 节中介绍的更高级的控制考虑到了它们之间的相互作用。

感兴趣的读者可以从 Olsson 和 Newell（1999）的著作中获取更多有关污水处理系统控制的全面论述。Olsson 等（2005）发表的文献则描述了污水系统中控制问题的最新进展。在 Ingildsen 和 Olsson（2016）的新书中，反馈原理被证实不仅可用于污水生物处理，同时也适用于所有层面的水务操作。本章我们的讨论仅限于污水生物处理的系统控制。

15.2 污水处理系统中的扰动

即将进入或已存在于水厂中的扰动是进行控制的一个主要诱因。扰动产生的影响应该要得到补偿，而如果能在扰动到达污水处理厂之前就将其削弱乃至消灭，则更为理想。相较于其他大多数工业过程，污水处理厂遭受到大量外部扰动。其进水通常在污染物浓度、组成以及流量方面都有很大变化，变化的时间尺度从小时到月份不等。此外，暴雨、毒性溢出以及高峰负荷等不确定事件也时有发生。另外，工艺设计、不当操作、不良设备或工艺故障等原因，会引起水厂的内部扰动。因此，污水处理厂的运行很难维持在稳态，只能不停地适应各种变化。

尽管存在各种扰动，污水处理厂仍然需要维持稳定的处理效果。削弱扰动的传统方法是在设计污水处理厂时增加反应器体积，以减弱负荷扰动的程度，但这一解决方案成本太高。而在线控制系统的性价比高，且被证实可以很好地应对绝大多数扰动，因此更有吸引力。事实上，消除扰动的确是将在线控制引入污水处理系统的主要诱因之一。

许多扰动与污水处理厂进水流量有关。进水在流量、浓度和组成方面都时常发生变化，如图 15.2 所示。其中任何一项变化都应该得到补偿。对于扰动产生的影响，如 DO 的变化、泥位的上升或悬浮固体浓度的变化等，如果在污水处理厂内进行测量，然后将测得的信息反馈给控制器，进而激活泵、阀门或压缩机，从而将污水处理厂受到的影响降到最低。

有时负荷的变化可以在其还未抵达污水处理厂时就被预先探测到，从而可以将测得的信息前馈至污水处理厂以便提前准备。例如，在冲击负荷到达污水处理厂之前，可以增加曝气量。另一个例子是：可以通过提前加大回流污泥量来降低沉淀池的泥位，以便应对即将出现的水力负荷冲击。

不幸的是，由于对污水处理厂各部分之间的相互作用缺乏理解，不当操作往往会造成污水处理厂内的大量扰动。图 15.3 展示了这样一个案例，污水处理厂的进水由三个开关泵负责，而泵的打开或关闭会造成进水流量的突变，从而不利于二沉池的澄清和沉降过程。

过滤器的反冲洗有时也会带来严重的运行问题。如图 15.4 所示，在一个中型污水处理厂中，反冲洗使得进水流量增加了将近 50%。

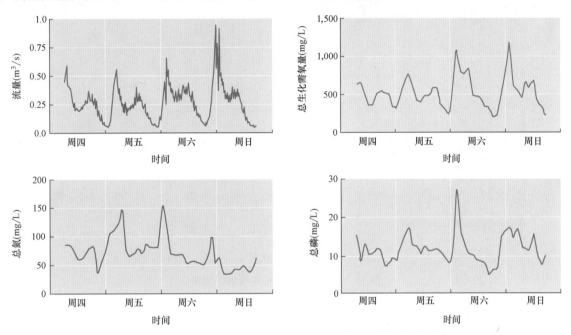

图 15.2　某市生活污水处理厂每日进水负荷在非降雨期间的典型变化，
数据显示周四到周日的情况（磷浓度峰值出现在周六）

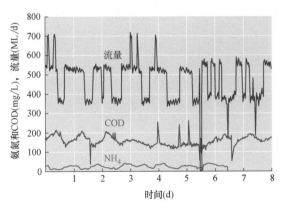

图 15.3　某大型污水处理厂的进水负荷变化。
由于其初级泵站仅采用开关控制，进入污水
厂的流量容易因此产生非期望的突变

厌氧反应器作为脱氮除磷污水处理厂的第一步，不仅受到流量的冲击，还会因进水中高浓度溶解氧的存在而使厌氧反应受到抑制。残余的溶解氧会随着污水流入接下来的缺氧反应器中。很显然，其中的生物反应会大受影响，出水水质也

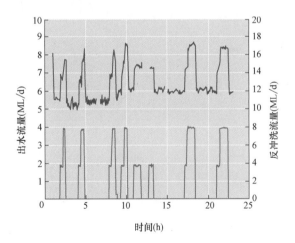

图 15.4　过滤器反冲洗流量（下方曲线）及
其对污水处理厂进水流量（上方曲线）
和运行的影响

会因此恶化。

事实表明，一旦理解了扰动的模式，就可以通过调整泵站的运行策略来轻易解决这类问题。

譬如，与其将反冲洗水直接抽送到进水中，不如利用闲置空间将其暂时储存，然后逐步泵入污水处理厂中，这样就可以减弱流量的变化幅度。

在低温地区，进水水温可能会因为降雨而迅速变化。图15.5是一项为期3周的数据记录，显示了冬季的降雨将如何影响水温，进而导致微生物活性的降低以及对沉淀池造成额外的负荷。图15.6显示了高流量进水对于沉淀池运行的重要影响。

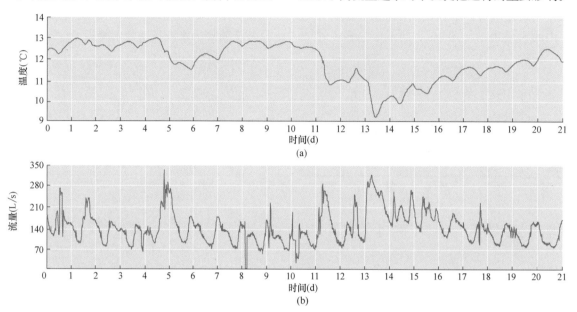

图 15.5　冬季 3 周内进水流量的变化

（a）显示了因降雨导致的降温；（b）显示了每日进水流量变化，包括了降雨期

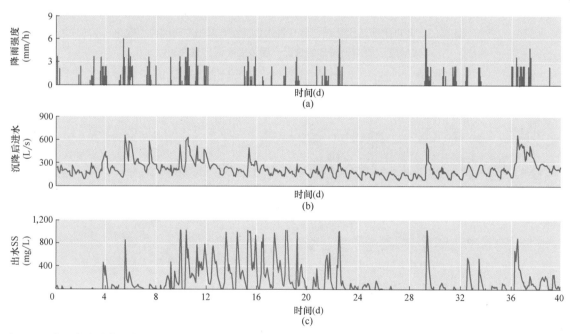

图 15.6　高强度水力扰动与出水水质的关系。（a）显示了大约 40d 内的降雨强度；（b）对应时间内污水处理厂的进水流量；（c）显示了二沉池出水中悬浮固体浓度。很显然，在水力负荷高峰期间，沉淀池处于满负荷运行状态且容易失控，从而导致出水悬浮固体浓度过高

如果污泥上清液在高负荷进水时回流至污水处理厂进水中，那么可能会使污水处理厂的氮负荷变得很大，如图 15.7 所示。该图显示了耗氧速率（OUR）在上清液回流至污水处理厂时显

著增长的趋势。为了获得良好的运行效果，必须甄别扰动的源头，这样才能建立控制系统，以减弱或消除扰动。

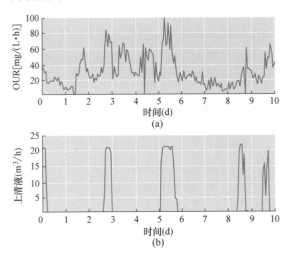

图 15.7　某污水处理厂 10d 内上清液回流的影响。
（a）曲线显示了曝气池内的氧利用率；（b）曲线显示
上清液流量（流量不高，但浓度很大）
（M. K. Nielsen，丹麦）

细菌种群的变迁以及细菌生物和物理特性的改变也会引起扰动。例如，由于丝状菌大量繁殖而引起的污泥膨胀现象在污水处理厂就很常见。实施在线控制系统这一操作本身也可能导致细菌种群的变迁。在设计和评价控制系统时，必须妥善处理这些扰动。更多的内部扰动来源于不当操作，包括人为错误、执行器不匹配或出现故障，或传感器损坏，这些都可能导致严重的运行问题。无变速控制的水泵的打开或关闭，或突发的反冲洗都会导致流量突变，这在很多污水处理厂的运行中也很常见。通过引入在线控制系统，尤其是早期预警系统，许多内部扰动可以被避免或者削弱。

15.3　控制和自动化的作用

经过长时间的实践，ICA 已经成为一项成熟的技术，并且在污水处理领域逐渐得到认可。以下几个方面促进了 ICA 技术的发展：

• 仪表技术（测量即认知）如今已经非常成熟。诸如原位在线营养盐传感器等复杂仪器已经得到广泛应用。仪表技术不再是污水处理控制化的主要障碍。

• 执行器在这些年逐渐得到改良。水泵和压缩机的变速驱动已经是一项成熟的技术，这使得污水处理厂更具可控性，操作更加灵活。

• 计算能力几乎可以认为是无限的。

• 数据收集不再是障碍。有各种软件包可以辅助污水处理厂进行数据采集和管理。数据采集与监控系统（SCADA）和过程控制系统带来的益处是毋庸置疑的。如何充分利用现有的算法和软件仍然是需要克服的障碍。

• 控制理论和自动化技术提供了强大的工具。不同控制方法的基准越来越被认可，评价控制策略性能的工具也越来越多，譬如运行成本、稳健性和"性能图表"。

• 各种单元过程的先进动态模型不断被开发出来，一系列商用模拟器的出现使得对污水处理厂动态运行的理解更为深入。

• 操作人员和工程师如今在仪器化、计算机以及控制化方面受到了更多的训练。当然，随着水质要求的提高，操作人员的知识水平也需要继续提升。

• 应用 ICA 技术的动机不仅仅在于节省费用。随着污水处理厂日趋复杂，自动化和控制化势在必行。

污水处理中工艺/全厂控制技术的发展仍然在起步阶段，但其普及的速度越来越快，这一点将在 15.10 节中进一步讨论。ICA 技术可以帮助污水处理厂降低能耗、提高处理效率，因而已经被视为污水处理厂的标准配置之一。然而尽管 ICA 技术得到普遍认可，其进一步应用的空间仍然很大。在线控制技术应用的瓶颈主要是很多现有污水处理厂的工艺缺乏弹性，因此需要在设计污水处理厂时就将运行的要求系统地整合进去。

15.3.1　优先级的设定

为了使污水处理厂有效运行，所有操作人员都必须设定优先级别。高效的运行有赖于设备的正常运转。系统中的所有环节及其之间的联系都必须正常才可能使系统良好运转。硬件设备不仅包括仪器、通信设备和电脑，还有所有的执行器，例如空气压缩机、泵、电动机和阀门等。对于污水处理厂的控制系统而言，通信系统变得越来越重要。用于控制的软件不仅依赖于合适的控制算法，同样离不开数据库、通信系统、数据收集系统以及人性化的显示界面的支持。当然，最重要的因素无疑是人。如果操作人员无法根据系统的设计进行调整，任何控制系统都无法发挥作用。控制系统的表现很大程度上是建立在信任的基础上的，如果操作人员不信任控制系统，那么任何良好的控制系统都会完全失效。因此，人员的教育程度和融入程度是控制系统成功与否的决定性因素。那么，优先级别是什么呢？

· 保证污水处理厂运转。在考虑控制水质之前，我们首先要确保污水处理厂设备的正常运转。这包括电动机转速表、噪声测量仪以及确保泵和压缩机运行的指示器。简单的液位测量或液压测量传感器可以确认水池液位在允许范围内。气流测量可以显示消化罐中甲烷的产生，电导率传感器可以检测进水中组分的变化。保持污水处理厂运转的主要目的不是为了获取关于污水处理厂状态的确切信息，而是用以保证可靠的基本运行。这些控制行为中的绝大多数是传统的闭环控制（图15.1），如气压控制、液位控制和流量控制。

· 满足出水达标。仅仅保持物理参数正常是不够的，对于其他直接关系到出水水质的变量更应该进行控制。在本优先级别上，这一概念十分重要。这涉及不同单元过程的变量的调节，例如控制投药量以调节化学除磷过程、调节空气流量以保持足够水平的溶解氧（DO）、对回流污泥或污泥停留时间的控制以控制污泥含量等。

· 降低运行成本。每个单元过程的控制方案都应该尽可能详细。以DO控制为例，DO设置值是一个变量，它不仅会随其在曝气池内的位置变化而变化，同时也会随着时间而变化（参见15.8节）。本优先级别的目标是基于合适的传感器和设备对单元过程的运行进行优化。降低（用于曝气或混合的）能量需求，降低化学除磷时投加药剂的费用或离心的费用，这些因素都可能会影响到整体运行的成本。此外，运行费用也和人员有关。许多污水处理厂在夜间和周末都实现了无人值守。

· 整合全厂运行。集成控制的目标是以最低的成本实现出水排放的达标。通过对多个单元过程的协调可以降低扰动对于污水处理厂的影响（比较图15.4和图15.7）。多种过程的联合运行可以充分利用反应器体积以及其中的污泥以达到最佳效果。

随着可靠的实时测量方法的不断出现，以及可测参数的范围越来越广，先进的闭环控制在标准配置的计算机的帮助下，正使得污水处理厂的运行安全性不断提升，同时运行成本逐步降低。然而由于污水处理厂在设计时没有将可控性考虑进去，控制带来的效益就会受到污水处理厂设计的限制而难以实现最大化。

15.4　仪表和监测

"测量即认知"。测量或观察到的信息构成了所有反馈的基础。在水系统中，水的流量以及各种浓度和质量参数显然是所有操作的基础。仪表要满足稳健可靠、易于维护和性价比高这三个要求。这在无人水厂的自控过程中尤为重要。

15.4.1　传感器和仪器

长期以来，仪表（通常我们用"测量仪表"或"仪表"来表示传感器、分析仪或其他测量仪器）被认为是水务系统在线控制和自动化的主要障碍。经过几十年的发展，这种情况有了很大改善。营养盐传感器实现了从必须通过过滤单元来保护的自动化实验室异位分析仪的检测，到可以直接放置在待测液体中的原位传感器的重大发展。更加"智能"的传感器的开发正受到越来越多的关注，这种多探头的传感器可以放置在处理工艺的任何地方。以下列出了水系统中一些比较重要的测量参数。关于传感器性能的更多细节可在供应商网站（搜索"水和污水传感器"和类似关键字）或者可以在Ingildsen和Olsson（2016）的文章中找到。

水质测量构成了水处理操作系统的支柱：

· 物理参数的测量：流量、水位、空气流量和空气压力。

· 水质的测量：溶解氧（DO）、总悬浮固体（TSS）、氨氮、亚硝酸盐和硝酸盐、磷酸盐、以化学需氧量（COD）或生化需氧量（BOD）表示的有机物含量、泥位，以及呼吸测量。

要想在工厂或系统中引入传感器，需要的不仅仅是人们对测量仪器的信心。如果无法理解测量的重要性，就会很容易对这个传感器失去兴趣，从而造成因缺乏关注或维护而引起的传感器性能下降。很多高质量仪器都因未与监测目的联系在一起而失去了原有的作用。随着仪器性能特性的定义越来越清晰，以及运用仪器的标准方法的逐步建立（ISO15839，2003），人们对测量仪器的信心正在逐渐增加。

仪表规格的标准化使人们能够对仪表进行详细说明、比较和选择。选择时不仅要考虑技术指标，还需要进行成本计算（表15.1）。设备本身的投资成本往往只占其使用过程总成本的一小部分。然而，需要强调的是，单纯的成本效益分析往往不足以评估仪表化的效益，传感器的价值取决于它是否被合理利用。所以操作员必须对工艺有一定程度的了解，从而有充分的信心运行工厂。

测量仪器应能每天 24h，每周 7d 不间断工作，并对测量数据进行合理分析从而获取有效信息。因此，测量仪器必须始终与数据筛选、数据处理和测量数据特征提取这三点相结合。下节将进一步对此讨论。

仪器化成本计算中的项目（及例子）

表 15.1

仪器仪表	仪器采购费用
调试	钻机、建筑物、泵、管道、预处理的费用
安装	项目和技术工人的时间成本
整合	SCADA 和控制回路编程的时间成本
消耗品	化学药剂、电力等费用
维修	服务费用，校准与清洗的时间成本
配件	配件费用

世界各地的公司和实验室正在进行许多令人瞩目的传感器开发，这无疑会让污水处理厂的运营在很多方面变得更智能。下面列举出传感器的一些重要发展（Ingildsen 和 Olsson，2016）：

• 增大传感器的处理器功率：通过增大传感器的处理器功率，使传感器变得更加复杂，同时也将增强其监测能力。传感器还可以与物联网（IoT）技术结合，通过加强传感器与测量分析和控制决策之间的通信，让传感器变得更智能。

• 微量污染物：检测和定量水中的微污染物是一个越来越大的挑战。要想去除这些微量污染物，首先当然是要能够检测到它们并可以测量其浓度。

• 光谱学使得传感器能够在线测量整个光谱而不仅仅是只测量某些特定波长，因此该技术可以让人们对被测水质有更全面的了解。

• 无线通信是物联网技术的一部分，该技术使远程监控成为可能，从而大大提高预警系统

的准确性。

15.4.2 监测

监测就是通过仪表来跟踪即时的过程控制状态，从而提升污水处理厂运行的透明度。如果不进行监测，污水处理厂的运行就像一个黑匣子。即使是再可靠的仪表在运行过程中也会发生故障，如果闭环控制中的仪表发生了故障，其带来的后果可能会相当严重。因此，在将测量结果用于控制之前，需要对实时监测数据进行验证。如图 15.8 所示，对产品质量的持续监测将帮助我们避免问题的扩大。

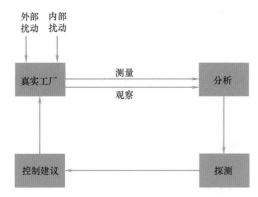

图 15.8 监测系统是建立在对测量和观测结果的分析之上的。其可以自动探测故障或失灵情况，还能根据自动监测的结果，给出建议或对操作人员进行支援，以便执行控制操作

复杂的污水处理厂在运行过程中会产生大量的数据。新仪器的开发和使用会进一步提供更多的数据。然而，除非我们成功地将数据转化为可执行的信息，否则获取更多的数据并不能带来更多价值。

与人类不同，计算机可以无限专注于发现水厂数据中的异常。早期诊断和排除生化反应过程中的故障是非常有效的，因为这可以帮助系统在状况变得不利之前及时采取正确的控制措施。生物性状的缓慢变化不容易被人类观察到，并且可能逐渐加剧并最终导致严重的后果。

并不是所有的数据分析都是实时的，长期数据分析也有其价值。任何人分析数据的能力都是有限的。然而，在计算机的支持下，我们可以深入挖掘数据，但这不仅要求我们掌握相关的分析工具，还要对实际情况有深刻理解。

下面介绍一些基本的监测的例子。图 15.9 显示了每日进水流量的变化（大约 3 周内），很

明显其中包含一些流量的峰值。图上还显示了流量平均值，以及±2σ和±3σ偏差的范围。显然，

偏差大于3σ的情况应该被仔细检查并采取适当的措施。

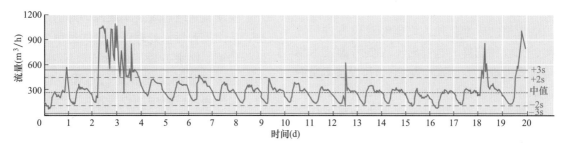

图15.9 三周内进水流量的变化。红线表示流量平均值及±2σ和±3σ偏差的范围

图15.10显示了传感器发生故障时的情况。上半部分显示了测量信号，观察者可以发现信号特征在大约900s时发生了变化。通过对信号进行滤波，这一变化变得更加明显。高通滤波器实质上显示了信号的可变性（或变化率）。过滤后的信号显示在图15.10下半部分的曲线中，图中信号的噪声特征发生了显著变化，表明传感器出现了问题。显然，用肉眼也可以发现这一变化，但这需要花更多的精力。将噪声转化为单独的信号后，就可以设置自动警报系统，从而及时地对变化做出反应，而不至于太晚意识到这一点。

任何监测系统都必须确定获取的数据是否有意义和是否正确，因此数据筛选是必不可少的。筛选至少应该包括正常范围比较（最高和最低限值）、变化率和方差。滤波技术至关重要，其可以在保留必要信号时消除噪声。高通滤波器可以检测信号突然或快速地变化。

通过快速检测偏离正常的信号，可以尽量减少异常信号可能造成的损失。已经有数百篇论文描述了污水处理过程中以监测为基础的自动预警系统，概述见 Irizar（2008），Hamouda（2009）和 Olsson（2014）。Yuan（2019）发表了关于供水系统、给水管网、排水管道系统和污水处理的监测技术的文献综述。

对水处理过程有着足够的了解才能对该过程进行诊断。就像医学诊断一样，初步观察到某一类异常现象，可能会导致接下来针对该现象的一连串检查。例如，出水浊度变高可能就是个预警，原因可能是进水流量过高，污泥沉降性差或泥位过高。通过反向溯源法和提出（自动或手动）可能存在问题的方法可以找到问题的主要

原因。

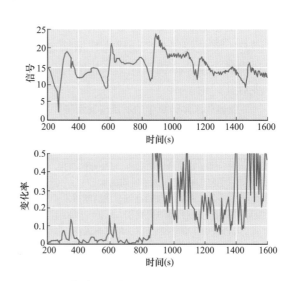

图15.10 传感器故障的检测。图中上半部分曲线为传感器信号。在900s之后，噪声特征发生了变化，表示传感器出现了问题。图中下半部分曲线表示信号的变化率。当变化率超过阈值（如0.15）时，监控系统可以自动报警

通过整合来自多个传感器的信息和数学模型可以估算其他无法直接测量的操作参数：这样的方法被称为软传感器，其可以帮助建立功能强大的监测工具。Lumley（2002）报道了用软传感器来检查仪器性能的早期应用。Leonhardt 等（2012）使用软传感器来预测雨水溢流。Racault 等（2011）展示了如何通过质量平衡来估算氧气转移率。结合测量的 DO 浓度和数学模型可以估算耗氧速率，进而推估反应速率。Haimi 等（2013）整理并概述了有关污水生物处理过程中软传感器的研究。

多元分析法是一种检测模式变化和大量数据

相关性的方法，适用于两个以上变量的情况。通过这种分析方法可以确定哪些情况需要进行人工干预。这种方法可以有效替代人工来诊断数据，因为人工观察数小时也不可能达到计算机短时间内通过算法追踪到的变化。因此，多元分析法能帮助理解何时需要部署分析团队。

多元分析法在化工行业中已被应用多年，直到 1990 年代后期才被引入污水行业（Rosen 和 Olsson，1998）。减少数据云维度的最著名方法是主成分分析法（PCA）。当数据可以轻易地被投影到较少的维度上时，这种技术的使用会比较简单。PCA 法已被用于监测序批式反应器（SBR）（Villez 等，2008），并作为控制 SBR 每个阶段长度的基础（Villez 等，2010）。Ruiz 等（2011）将 PCA 用于故障检测。

然而，PCA 方法不足以处理变化程度较大的数据，比如进水流量和各组分浓度（Rosen 等，2003）。污水处理厂具有大量的时间常数，因此很难仅在一个时间尺度上观察数据的相关性。将 PCA 技术的应用扩展到污水处理系统的动态数据中的多种方法已被开发出来（Rosen 和 Lennox，2001；Lennox 和 Rosen，2002）。Flores 等（2007）评估了多变量统计技术在污水处理厂全厂控制的不同应用策略。

Corominas 等（2018）回顾了许多常用的将数据转换为有用信息的方法，包括控制图、质量平衡、回归模型［多线性、偏最小二乘法（PLS）］、自组织映射（SOM）、主成分分析（PCA）、独立分量分析（缩写同样为 ICA）、人工神经网络（ANN）、聚类分析、模糊方法、支持向量机（SVMs）以及识别数据序列中定性特征的技术。还讨论了基于计算机的信息工具（环境决策支持系统，EDSS）和知识管理（本体论）。面对这么多数据分析方法在进行选择时很容易迷失，目前还没有捷径找到最佳的方法。Hadjimichael 等人（2016）综述了机械学习技术在饮用水和污水领域的应用。

许多关于基本数据分析的书籍和文章（搜索"数据分析""统计数据分析"和"数据挖掘"）可以从互联网上免费下载。还有许多免费和商用的数据分析软件。上面描述的所有数据分析方法都可以在这些软件上得到实现。例如 Excel 可以用于基础的数据分析，而更复杂的软件产品如 Matlab 或者 SAS 包含多种数据分析方法。

15.5 动态的重要性

熟悉动态变化对于理解控制是至关重要的。这意味着一个纠正类的控制操作需要经过一段时间才能产生效果，而不可能立即生效。因此，任何过程变化的时间尺度都是极其重要的。污水处理系统的动态涉及从秒到月的大范围时间尺度。人类的感知不太擅长处理非常快或非常慢的动态变化。大量的培训和对系统的深入剖析是理解不同工艺运行和在不同的时间域的相互作用的必要条件。尽管如此，还是很容得出错误结论。因此在处理这一问题时，用正确的时间常数和增益调谐过的智能控制系统扮演着非常重要的角色，而且系统可以时刻保持专注。

典型过程单元的动态变化可分为快速、中速和慢速三种级别（表 15.2）。这种分类对可以被开发的模型类型和控制策略的设计都有影响。

从表 15.2 可以看出快速变化和慢速变化之间的巨大差别。各种控制操作可以划分到不同的时间尺度上。在快速时间尺度上，变化非常缓慢的变量将被认为是恒定的。例如，溶解氧浓度可以在一小时内改变，在这个时间尺度上，污泥浓度就可以被认为是恒定的。相反，在缓慢的时间尺度上，例如要控制污泥总量时，溶解氧浓度可以被认为是瞬间变化的。

这种时间尺度上的划分降低了控制的复杂程度，也意味着控制措施可以被划分为快速、中速和慢速三种时间尺度，然后根据时间尺度的不同分别考虑和分析。

连续流污水处理系统大部分时间处于瞬态，因为进水流量及其浓度、组成一直处于变化之中。控制系统必须考虑这些变化，并通过在线测量和纠正措施使各种过程变量达到设定值。相反，在序批式反应器中，系统被有意维持在瞬态。氧化环境将一直保持到氧化阶段完成为止，然后进入还原阶段（如反硝化过程），直至硝酸盐还原反应结束。因此，序批式处理系统非常适合动态控制。

生物营养物去除过程动态反应时间　表 15.2

速度	时间尺度	污水处理机理
快速	分钟-小时	水力和流量动态 氧气传质 化学沉淀 溶解氧动态 固-液分离
中速	小时-数小时	浓度动态 营养物去除
慢速	天-月	生物增长量

有时我们必须考虑到测量所需的时间。读取一个溶解氧浓度的时间需要几秒钟。但是，与典型的溶解氧浓度变化时间（1h 范围内）相比，这种延迟可以忽略。呼吸计读数需要更长的时间，通常是半小时。很明显，这种测量只能用于以小时计的慢速反应。同样需要注意的是，测量值经常被噪声干扰。噪声的变化有时会很快，但是控制器不能对这种假的变化做出反应。因此，信号过滤至关重要。

在闭环控制中，动态的概念十分重要。利用剩余污泥流量控制污泥总量是一个非常缓慢的过程。排放速度的变化取决于微生物的生长速率，因此这一控制的时间尺度通常为几天。一般情况下，将污泥停留时间从 10d 改为 11d 需要 10～20d。污泥停留时间是一个平均值，不能逐日计算，而应该在较长的时间跨度（通常是几周）内取流量和污泥浓度的平均值。

有时控制器被调整得过于"雄心勃勃"。例如，虽然 DO 传感器每分钟能获得几次 DO 浓度读数，但这并不意味着空气流量应该每分钟改变一次。实际污水处理厂中曝气机典型的响应时间为 15～30min，每分钟改变气流只会产生毫无意义的控制动作，并且使阀门受到磨损。相反，每 8～12min 一次控制动作就足够了，并且更为合适。在这个时间范围内，控制人员就足以看到改变气流所产生的结果。

以控制为目的的模型搭建与以理解基本动力学机理为目的的模型不一样。因此，诸如 ASM1/2/3（Henze 等，2000 年）或 ADM（Batstone 等，2002）等模型不完全适用于综合控制系统。这些模型反映的是我们对生物反应过程机理的描述。然而，综合模型非常适合作为控制器的测试平台，可以用于理解不同时域中的控制结果。另外，在控制过程中，必须确定对污水处理厂运行过程的关键参数。这些参数可以是耗氧速率、呼吸速率和 BOD 去除速率、硝化或反硝化反应速率。氧化还原电位可以反映缺氧反硝化过程的反应程度。

这些关键参数是从简单测量值经过计算得到的。例如，DO 浓度可以用来估计耗氧速率。在线测量的氨氮或硝酸盐浓度可以用来计算脱氮反应速率。因此，如果想构建更先进的控制系统（对比第 15.4.2 节），估算动态参数值显得尤为重要。

15.6　调节变量和执行器

有许多变量可以用来调节污水生物处理工艺，但依旧很难将污水处理过程控制在合适的状态。对于污水处理厂来说，一个主要问题是对泵或压缩机缺乏有效的控制。因此，将灵活性和可控性加入新的污水处理厂的设计理念中是一个重要的挑战。这不仅要求污水处理厂使用可调节变量的执行器，还要求这些变量一直处于合适的操作范围内（第 15.1.2 节）。

灵活性和可控性是有效和高效运行的关键。然而，值得注意的是，如果控制不是基于传感器的输入数据，或控制不够智能，则可控性没有得到合理地利用，那么执行器可能不会产生任何用处，甚至会产生负面影响。

第 15.2 节举例说明了开/关泵如何给后续的处理过程带来诸多问题。变速控制是一种行之有效的技术，也是实现良好控制的重要前提之一。变速控制既可用于抽运进水和回流污泥，也可用于通过曝气量来控制 DO。

调节变量可以分为以下几类：

- 水力学变量，包括污泥总量和回流量。
- 化学物质或碳源的添加量。
- 空气或氧气供应量。
- 进水的预处理。

除此之外，污水处理厂中还有其他几个与设备和基本控制回路有关的调节变量，如流量控制器、水位控制器等。本书将不对这些变量做进一步的讨论。

15.6.1　水力学变量

大多数控制变量都会改变污水处理厂的水力状态。不同的流量会影响各个反应单元的停留时间。此外，在污水处理厂的许多环节，流量的变化率十分重要，因为它会影响污泥系统的沉淀和浓缩过程。同时，水力流态也决定了不同反应单元之间的相互作用。因此，水力控制变量可分为四组：

- 控制进水流量的变量。
- 控制污泥总量及其分布的变量。
- 生物反应系统内的内回流。
- 影响各反应单元的外回流。

由于序批式反应器中反应时间的控制相当于连续流反应器中停留时间的控制，因此也包含在这一类方法中。

有很多种方法可以控制活性污泥系统的进水流量。从整个污水处理厂的角度来看，进水流量可以被认为是一种必须由各种控制系统来处理的外部扰动。需要强调的是，为保证进水流量平稳变化，建议采用变速水泵来抽水（比较图15.3）。另外，如果污水处理厂内有调节池，或者有污水收集系统可作为调节池，那么进水流量就变得可控了。污水处理厂上游的额外容积将允许我们控制进水流量，以尽量减少进水流量变化对污水处理厂造成的有害影响。

许多污水处理厂设有两个或两个以上平行的曝气池。如果要求进水负荷最终平均分布在各个曝气池中，流量分配过程就显得至关重要。但现实中的情况往往并非如此，分配不均会导致系统某些部分超负荷运行。在许多污水处理厂中，流量分配是通过固定渠道完成的，因此难以保证实际进水流量的平均分配。为了保证进水分配的效果，必须测量进水流量，并对分配后的进水流量进行单独控制。

除非特别要求，一般情况下应该避免发生溢流，因此溢流也是一个可以被控制的变量。是否控制溢流应当基于合适时间范围内的定量计算（比较第15.1.1节）。

各种不同的进水流量控制方法实际上就是不同的增加控制权限的方式。换句话说，对于排水系统的控制，对调节池的控制或者对溢流的控制

都有助于污水处理厂获得更平稳的进水流量。这些控制的目的是排除扰动。进水流量的平稳变化对于二沉池的运行十分关键。这不仅要求在操作层面上使用可变速水泵来避免扰动，而且要求汲水井或上游的蓄水池有足够的储存能力来削减无法避免的扰动。水泵控制不到位会大大降低污水处理厂的处理效果。

污泥总量主要由三个操纵变量控制：

- 剩余污泥排放流量。
- 回流污泥流量。
- 阶段进水流量。

调节剩余污泥流量可以控制污水处理过程中的污泥总量。由于污泥总量与微生物的总生长速率密切相关，因此通常被用于控制污泥停留时间或污泥龄。这种调节的效果在几天或几周后才会显现。

通过改变回流污泥流量可以调节曝气池和沉淀池之间的污泥分配，或者调节两相厌氧系统中的酸化反应器和产甲烷反应器之间的污泥分配。来自沉淀池的回流污泥对于反应器的良好运行十分重要，但在以小时为时间尺度的控制上发挥的作用很小。一些系统为回流污泥提供了多个进料点，当碰到特定的进水（譬如含有毒性物质）时，就可以进行污泥再分配以削弱其影响。在活性污泥系统中采用不同的污泥回流比对污水处理厂来说可能会很重要。在设有化学沉淀的系统中，从二沉池回流的污泥可能因为后沉淀而含有一定量的化学污泥。这种情况下，污泥絮体的性能可能会受到影响，而污水中的磷得到了更好的去除。

通过控制活性污泥系统中的阶段进水，可以在一定时间内重新分配曝气池内的污泥。运用阶段进水控制可以使系统获得一个接触式的稳态结构。同样，回流污泥不仅可以从曝气池的入口进料，还能沿着曝气池上不同的进料点流入，这种所谓的阶段回流污泥控制被证明是防止污泥膨胀的有效方法。

内回流或外回流将污水处理厂的不同反应单元连接起来。污泥回流对于反应池-沉淀池系统的扰动是可控的，必须合理控制以尽量减少系统受到的负面影响。一些回流的流量很大，如前置反硝化系统中硝酸盐的回流流量。对于前置反硝化系统，必须从硝化曝气池的末端将富含硝酸盐

的污水回流至反硝化反应器中。特别是，回流液的氧气含量可能会限制缺氧池的反硝化速率。

第15.2节描述了厚床过滤器的反冲洗过程对系统产生的较大干扰，因此需正确控制该过程。此外，如15.2节指出的，对于极高浓度的液体，如污泥处理的上清液，应当有目的性地加以控制以获得更好的污水处理厂运行效果。在生物除磷系统中，有三种类型的反应器：厌氧、缺氧和好氧反应器。根据设计的不同，这种污水处理厂有很多回流形式。在两相厌氧反应系统中，回流有助于甲烷在酸化阶段被洗脱，并提供pH值缓冲环境，以减少碱性药剂的使用。

15.6.2　化学药剂的添加

为实现化学沉淀除磷或提高污泥沉降性能，可以向系统中投加化学药剂。对化学除磷来说，通常会加入亚铁盐、铁盐或铝盐，以形成不溶性磷酸盐沉淀。化学药剂投放量的变化对活性污泥絮体的形成和沉降有较快的影响。第15.8节讨论了化学沉淀剂投加的控制。

化学药剂通常除了用于除磷外，还可以用于改善二沉池中的污泥沉降性能。有时，这种化学药剂被添加到初沉池中以减少进入曝气池的污染负荷，尽管这样可能导致碳源不足从而影响脱氮除磷的效果。

紧急情况下添加多聚物可以避免沉降性能的严重失调。而一般情况下，使用多聚物主要是为了调理污泥从而改善脱水性能。此外，多聚物可以进一步提高预沉淀过程的沉降效果。

在两相厌氧反应过程中通常通过加碱来控制pH值，从而抑制甲烷菌的生长。

15.6.3　碳源的投加

反硝化过程中有时需要添加碳源使系统保持足够的碳氮比。碳源太少会导致反硝化反应不完全，而碳源太多会增加化学药剂的成本且需后续去除。投加碳源的时间点与反硝化反应的停留时间有关。对于前置反硝化系统，碳源通常由进水提供。然而，在低负荷阶段，进水的碳源可能是不够的，因此需要额外投加。在后置反硝化系统中，必须始终添加碳源（如甲醇或乙醇）。故主要问题就是如何在不进行大量测量的情况下，根据需求来调整碳源的投放剂量。

15.6.4　空气或氧气供给

溶解氧（DO）是活性污泥系统运行中的关键变量。从生物学的角度来看，选择合适的DO设定值是至关重要的。DO的变化很快，不到一个小时就会有所变化。系统中的总空气供应量、DO设定值和DO空间分布都和溶解氧浓度有关。要想控制溶解氧浓度使其达到设定值，就需要在曝气池的每个区域安装单独的空气流量计和反馈控制阀门。DO控制将在第15.8节中进一步讨论。

对整个污水处理厂的操作系统来说，空气流速影响重大。因此，DO控制系统的良好运转十分关键。然而，由于能源消耗占污水处理运行成本的绝大部分，因此降低曝气量对于污水处理厂来说十分重要。众所周知，空气供给不足会影响生物生长，也会影响活性污泥絮体形成和污泥沉降性能。然而，反应池中一旦出现不受欢迎的微生物，只通过DO控制来去除它们十分困难。

15.7　基本的控制概念

控制的基本原理是反馈，如图15.11所示。被控过程（例如曝气池、化学药剂投加系统或厌氧反应器）一直受到外部扰动。这些扰动主要是由进水负荷的变化引起的，但也可能来自回流、泵提升等内部变化。反应过程的瞬时状态需要先通过传感器进行测量，进而才能决定运行条件。为了决定运行条件，必须先明确控制的目标。做出的决策必须通过电动机、泵、阀门或压缩机等执行器来实现。

控制工程如今已可以提供水处理所需的几乎任何方法和算法。自动控制有时被称为隐藏的技术。它出现在我们周围的任何地方以至于我们甚至注意不到它，只有等到它不起作用的时候我们才能意识到它的存在。反馈控制在日常生活中处处可见。在人体内，神经细胞首先感受到温度，随后大脑控制肌肉收缩毛细管。为了控制身体的平衡，我们需要先通过平衡系统感知方向，随后通过大脑控制脚部和腿部的肌肉，以保持我们的直立前行。在驾驶汽车时，驾驶员始终在应用反馈控制。驾驶员的眼睛看着时速表和道路等，大脑整合所有的感知信息，并决定下一刻该做什么。这一决定传输至肌肉，执行转动方向盘、刹车或加速的操作。之所以一直进行反馈控制是因为场景在不断变化。换句话说，我们必须采用反馈来适应扰动。

即使控制技术被应用于完全不同的领域，但是它们都遵循同一个理论。市面上几乎有数百本关于控制论的教科书。这里我们推荐 Astrom 和 Murray（2014）的教科书，因为这两个作者是控制理论和工程领域研究的领导者。

也可以说：污水处理厂或某个单元过程的控制就是排除扰动，使其接近预设目标。通过预先调节和控制运行变量，可以确定合适的控制结构并筛选出控制算法以执行控制策略。图 15.11 中的框图显示了一个过程控制中常用的简单反馈控制器的结构。它描述了控制系统的信号（信息的流动）。需要注意的是，"闭环控制""反馈控制""控制"三个术语通常表达同一含义。这种环路控制被广泛应用于各种液位、压力、温度和流速的局部控制中。控制器有两个输入，实际测量值 y 和参考值（设定值）u_c，一个输出值即控制信号 u。然而，在这种简单的情况下，控制器只需要用到两个输入值之差。

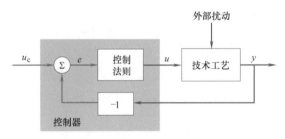

图 15.11　最简单的反馈控制结构

通过改变控制器的特性（控制器参数），可以使系统的输出尽可能接近设定值。这种调整使设定值和测量值之间的误差 $e = u_c - y$ 达到最小。我们有理由认为，复杂控制器包含的参数越多，它所需要的自由度就越大。虽然更多的参数可以使系统的可变程度增加，但也使得闭环系统表现出更多的不确定性。

需要注意开环控制和闭环控制的区别。在开环控制器中，控制措施不依赖于任何反馈或测量值，而是基于时间。例如，向曝气机提供空气的压缩机可以在某些时候打开和关闭，在该过程中不需要测量 DO，但因此也无法保证 DO 浓度达到

设定值。闭环控制与开环控制完全不同，闭环控制中曝气量是基于真实的 DO 测量值而变化的。

反馈控制器的设计在控制领域中引起了广泛关注。许多基于动态模型、神经网络和模糊理论的先进控制算法先后出现。基于简单规则的控制系统也有许多成功的应用。然而，几乎没有令人信服的证据表明，这些先进的算法在污水处理系统中比传统上普遍应用于实际工业过程的 PID（比例-积分-微分）算法拥有更好的控制性能（造纸和纸浆工业中 95% 以上的控制器是 PID 控制器）。当然，这是建立在 PID 控制器已被调试良好的前提下，而这需要工程师对 PID 控制器和动态系统有着深刻理解和丰富经验。

15.8　污水处理系统中的反馈控制案例

传统的污水处理厂的控制仍然主要是面向单元过程的。一些基于当前技术水平的过程控制的例子讨论如下：

• 溶解氧（DO）控制是曝气单元过程运行的一部分，以常量或变量作为设定值。在硝化反应器中，DO 设定值不必是常量，而是根据氨氮传感器检测到的脱氮效果在线计算其设定值。

• 交互式污水处理厂中基于氮磷传感器的曝气相长度控制。

• 前置反硝化污水处理厂中基于好氧段和缺氧段硝酸盐浓度及 DO 的内回流控制。

• 基于出水氨氮浓度测量及硝化能力评估的污泥停留时间控制。

• 基于沉淀池中泥位测量的回流污泥控制。

• 一种在暴雨情况下暂时提升污水处理厂处理能力的曝气池沉降（ATS）控制（Nielsen 等，1996；Gernaey 等，2004）。

• 以稳定反应过程和提高产气率为目的的厌氧过程控制。大部分情况下控制是基于生物产气量的测量来进行的，pH 值等反应器本身的信息有助于更好地控制。更先进的测量手段仍有待开发。

• 基于 pH 值、碱度或磷酸盐浓度的原位测量的化学药剂投加控制。

对于这些控制系统的全面性综述可以参见 Olsson 等（2005、2014），Amand 等（2013、2014），Olsson（2012）以及 Ingildsen 和 Olsson（2016）。

未来 ICA 系统应该解决的一个挑战是减缓生物脱氮污水处理厂中 N_2O 等温室气体排放（Mannina 等，2016）。有必要针对相关参数开发和验证新的控制系统，以尽量减少 N_2O 的排放，同时达到令人满意的脱氮水平。

案例 1：溶解氧控制

无论是在连续系统还是间歇系统中，溶解氧（DO）控制在活性污泥反应中都非常重要。20 世纪 70 年代起，对于曝气量控制的研究开始得到重视，当时 DO 传感器的水平已经达到了反馈控制所需要的稳健性和精密度要求。如今，将 DO 控制在一个设定值的技术在方法学上已经成熟，但在实际运用中常常表现不佳。有时，物理条件（例如鼓风机曝气能力不足）及/或硬件功能（例如 DO 传感器的故障）的限制会造成事故。本案例中，我们将通过调节空气流量将 DO 控制在预设的设定值，如图 15.12 所示。

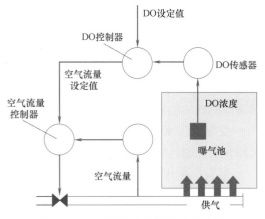

图 15.12 标准 DO 控制回路的结构

DO 的测量位置通常为曝气池内的一个固定点。控制器（主）将测量值与设定值相比较，随后计算得出将池中 DO 改变为设定值所需的空气量。但 DO 控制器（主）并不直接调节空气阀门，而是将所需的空气量发送到从属的第二控制器，即空气流量控制器（从），作为其设定值。这个第二控制器将空气流量的测量值与所需要的流量值相比较，然后根据两者的差值来操纵执行器（空气压缩机或阀门）以调整空气流量到所需值。这种所谓的级联控制环路在这类控制系统中是标准设置。

DO 控制器之所以不直接和阀门关联，一方面是因为阀门的特性。通常情况下，蝶阀都不是线性的。在阀门几乎关闭、半开及全开的状况下，阀门信号改变 10％ 会产生明显不同的效果。这意味着当阀门处于关闭和全开两种状态下，获得同样的空气流量变化，阀门的变化程度有很大的区别。只要测定了流量，空气流量控制器就能产生需要的流量，而不受阀门的非线性的影响。设定闭环从控制器能够保证主控制器在控制气流系统时遵照线性趋势。另一方面，控制系统的调试特性决定了 DO 控制器不能直接和阀门关联。从控制器进行调试时，主控制器处于人工控制状态，这样就可以确保空气流量系统做出合适的反应，而不受主控制器的影响。完成从控制器的调试之后，主控制器可以进入自动控制模式并进行自我调试。

案例 2：基于氨氮测量的溶解氧设定值控制

随着氮磷传感器的发展，在线调整氧气供给水平的 DO 控制越来越常见。对于回流系统，这意味着可以根据在线测量值来确定一个合理的 DO 设定值。

在曝气池出水口附近安置一台在线氨氮分析仪。理想条件下，氨氮浓度会沿着曝气池递降并在出水处达到最低值。如果出水氨氮浓度过低，说明我们设定的目标过高，系统可以用更少的供气量实现出水达标。因此，曝气池最后一段的 DO 设定值可以降低。相反地，如果出水氨氮浓度过高，则应该通过提高 DO 设定值的方法提高硝化速率，实现氨氮排放的达标。但是，仅仅提高曝气量可能不能解决问题，进水负荷太高时系统将没有足够的硝化能力来降解高氨氮负荷，在这种情况下 DO 设定值的上限成为限制系统处理效果的主要因素。

图 15.13 展示了瑞典隆德的 Källby 污水处理厂采用动态 DO 设定值的 DO 控制的效果。该厂采用前置反硝化工艺，日处理量 10 万人口当量，共有两个平行系列。在其中一个系列中试验了根据曝气池末端氨氮浓度调节 DO 设定值的控制策略。根据好氧池末端的氨氮传感器的信号，采用了一个简单的 PI 控制器来改变 DO 设定值，得到的设定值传送至图 15.12 所示的 DO 控制系统。该控制系统是一个遵从主从原则、包含三个串联控制器的等级结构系统，其控制效果如图 15.13 所示。当进水氨氮浓度过高时，DO 设定值

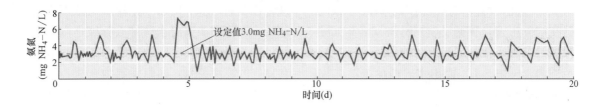

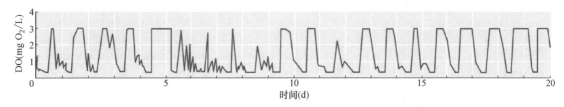

图 15.13 DO 设定值随时间变化的 DO 控制。图中上方的曲线显示了曝气池末端的氨浓度。氨浓度的设定值是 3mg/L（氨氮）。图中下方的曲线代表同一时间内 DO 的设定值。这一设定值为 0.5～3mg/L（来自 Ingildsen，2002）

提升至最大（3mg/L）。当进水氨氮负荷低时，DO 设定值又可以降至低值。此处，最低值为 0.5mg/L。根据情况改变 DO 设定值，可以节约曝气所需能量。在试验期间，相对于另一条采用恒定 DO 设定值的系列，测试系列的曝气能耗降低了 28%。运行费用的显著降低足以使污水处理厂多购入一台氨氮分析仪。

更多内容可以参见 Amand 等（2013、2014）的文章和 Olsson 等（2019a、2019b）的书籍，里面对曝气控制进行全面性综述。

案例 3：化学沉淀控制

许多污水处理厂通过投加化学沉淀剂实现磷的去除。相对于生物除磷，化学除磷明显更加快速。相对于污水的流量及组成变化的时间尺度，化学沉淀几乎可以认为是瞬间发挥作用。这对于控制来说是一个很有利的特点，因为这意味着采用反馈控制可以迅速解决扰动的影响。但是，为了建立反馈控制，首先必须确定反应过程中的关键变量，并对其进行准确及时的测量。

化学沉淀剂的投加位置可以在生物处理阶段之前，也可以在其后，分别称作前沉淀和后沉淀；也可以直接向反应器内加入化学沉淀剂，这种方式被称作同步沉淀。许多污水处理厂将三种方式结合使用。本案例中我们将演示后沉淀过程，即只需在合适的位置放置磷酸盐传感器，就可以通过简单的反馈控制器实现良好的控制效果。

瑞典隆德的 Källby 污水处理厂采用后沉淀化学除磷工艺。该工艺向絮凝池的进水中加入化学沉淀剂，对絮凝池施以轻度搅拌以保证化学絮体的形成，然后再通过沉淀池将污泥去除。絮凝池的平均停留时间是 1h，沉淀池的平均停留时间是 4.3h。污水处理厂的生化单元以生物除磷的形式去除了部分磷，剩余的约 2mg/L 磷通过化学除磷的方法去除。

下文将比较由 Ingildsen（2002）首先应用的两种控制策略：

（1）流量比例投加：这是一种常用的策略，但是仅在磷浓度恒定的前提下有效。然而实际情况往往并非如此，因此这种进水磷负荷和投加量比例恒定的假设不完全正确——pH 值就可能对于反应过程产生影响。

（2）反馈控制：通过反馈控制环路调节投加量，将出水磷浓度维持在设定值。反馈信号来自絮凝池末段的磷酸盐在线分析仪。

流量比例控制的实验持续了 35d。其出水磷浓度如图 15.14 所示。根据出水磷浓度显示，运行过程中共出现 4 次故障（第 9 天、10 天、11 天和 15 天），最后一次故障（第 15 天）尤其明显，出水磷酸盐浓度急剧升高。很明显，一般情况下出水磷浓度低于排放标准（0.5mg/L），但出水磷浓度变化剧烈，有些时候则高出很多。由此可见，有时药剂投加过量，将会直接导致运行费用的增加。

絮凝池的水力停留时间很短，平均约为 1h。相对于进水磷负荷变化时间尺度来说，这个值明显小得多。因此，可以在絮凝池出水口放置原位磷酸盐在线分析仪，根据反馈控制调节化学沉淀剂的投加量。进入化学沉淀单元的磷酸盐浓度的变化范围为 1～3mg/L，而出水磷酸盐浓度的控制目标为 0.5mg/L。

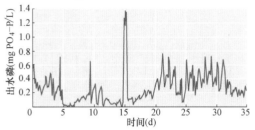

图 15.14　基于水力负荷控制化学药剂投加量条件下的出水磷酸盐浓度（来自 Ingildsen，2002）

控制策略的效果可以根据图 15.15 所示的出水磷浓度中看出。从第 23 天起，设定值从 0.5mg/L 变为 0.4mg PO$_4$-P/L，第 33 天又变回 0.5mg/L。第 31 天的峰值是因为加药泵的故障。

这种控制器是基于出水中正磷酸盐浓度来进行控制的，但绝大多数出水磷排放标准是以总磷为指标。Källby 污水处理厂的总磷和正磷酸盐浓度存在良好的线性关系，回归系数为 0.96。这意味着可以通过控制磷酸盐的浓度来控制总磷浓度。

反馈控制器的精确度良好，从而可以用于比较不同控制策略运行的成本。以原位反馈控制（设定值 0.5mg/L）作为比较基准，可以在 90% 的置信区间上比较不同策略的化学沉淀剂投加量。这也意味着另 10% 的时间里投加量可能会低于反馈控制所需的量。这种 90% 的置信区间的定量化方法旨在避免极端情况的影响。在本案例中，污水处理厂的一个系列根据流量比例控制投药量，而另一个系列根据出水磷酸盐浓度控制投药量。后者相对于前者，投药量降低了 35%。根据这一结果，几个月内节省的药剂费用就可以收回购置磷酸盐分析仪的成本。

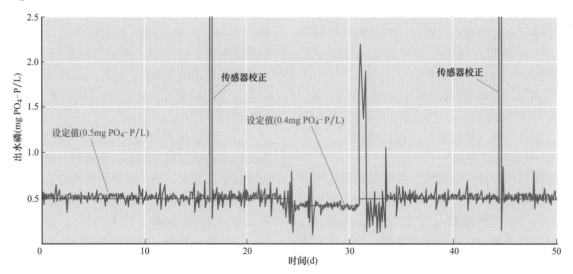

图 15.15　基于原位磷酸盐测量控制化学药剂投加量的出水磷酸盐浓度（来自 Ingildsen，2002）

案例 4：厌氧反应器控制

厌氧消化的主要困境是其在启动及稳态运行阶段都常常表现得不稳定。微生物生态系统中的不平衡会导致有机负荷过高，引起系统降解能力下降并洗出微生物，进而导致反应器处理效果下降以及生物产气量减少甚至停产。解决这种不稳定性的传统方法是令反应器在远低于其理论处理能力的水平上运行。此外，进水在水量和组成两个方面的变化都会引起系统的扰动。削弱或消除这种扰动对于系统的稳定运行非常重要。还有一种更为经济的解决方法，即采用密切监测和过程自动控制来提高系统运行的稳定性，从而削弱和消除扰动，使污染物降解和生物产气高速运行（Liu，2003）。

为了使厌氧消化过程的运行更为可靠，表征消化罐的进料至关重要。Jinguara 和 Kamusoko（2017）对进料的表征方法进行了综述。如今已经有分析工具可以自动测量生化产甲烷潜力、厌氧可生物降解性以及比产甲烷活性。Liu 等（2019）描述了进料自动测量在非专业人员中的应用前景。

许多厌氧反应器仍然在没有监测和控制的情况下运转。一个原因是厌氧生物降解过程包含很多复杂过程，另一个原因在于缺乏合适的分析工具。事实上传感器技术是控制环节中最弱的一环（Liu，2003；Boe，2006；Olsscin 等，2005）。对厌氧消化过程进行密切监测和控制，首先需要选择合适的过程变量，用以发现微生物生态系统中的不平衡并对外来扰动提出报警。通过监测代谢产物，可以间接获得厌氧消化反应中各种细菌的活性状况。总的来说，目前便宜可用的传感器及在线监测仪器可测量指标包括：pH、碱度、生物产气量及组成、挥发性脂肪酸、可生物降解有机物、溶解性氢以及毒性等（Liu，2003）。

测量的时机很重要。仅仅基于生物产气量来调控进料速度，对于厌氧消化过程来说并不是一种有效的控制策略。这是因为产气速率的信息对于控制器来说太过延迟，任何进料速度的变化都需要一定时间才能被观测到。如果可以直接测得反应器本身的过程变量，就可以提供更为及时和有用的信息。Steyer 等（1999）证明了测量 pH 值同样可以提供重要的信息。气相中的碱度和氢气含量也是有用信息。进料速度是典型的控制变量，为了使工艺运行更有效率，有机负荷率应与系统的处理能力相适配。Jimenez 等（2015）概述了厌氧消化中仪表和控制相关的问题。

由于厌氧环境下的生物量净增长速度较慢，且需要一定时间来适应特定的进水组分，因此厌氧反应器的启动通常较为缓慢。正因为如此，启动这一关键环节非常依赖于操作人员的技巧。此外，反应器启动完成后，诸如冲击负荷、生物量洗出和毒性物质等外部扰动也很容易破坏反应过程。良好的控制系统能够使厌氧反应器以其最大处理能力运行，即便是在启动环节或面临冲击负荷，也能保持稳定（Liu 等，2004）。IWA 最近以厌氧消化为主题的论文集中，包括了 van Lier 和 Lubberding（2002）等研究人员关于厌氧反应过程控制策略的多篇论文。

更先进的控制

如果一个控制系统不能通过观测变量的直接反馈取得良好的控制效果，那么可以进一步在系统中嵌入合适的模型。这种模型为更复杂的预测控制提供了基础。因此，那些能够根据在线测量针对性地更新模型参数，且包含不同预测时间尺度的简化动态模型对控制大有帮助。显而易见，模型的时间尺度应该和控制变量影响反应的时间尺度相一致。通过模型等级化和模块化可以管理更为复杂的过程，这一策略的有效性已在许多工业应用中得到证实。因此，可以将这种原则引入未来的给水和污水工艺控制系统。

为了提高控制系统的可靠性，需要引入候补控制。当出现严重运行问题时，例如执行器或传感器故障时，控制系统应能迅速反应并引入稳健控制策略，这样即便不能使控制效果最优化，但起码能避免严重的系统故障。一旦仪器设备恢复正常，控制系统就能继续回到最高效的运行状态。控制系统要想成功运行，需要被控过程有一定的弹性，从而使控制系统有一定的自由度进行操作。理所当然地，任何新的反应过程在设计时都应该考虑到这一弹性要求，而不是在未来需要进行控制时只能被迫采取重新设计这一代价高昂的方式。现有给水和污水处理系统中，缺乏弹性正是成功实施控制的主要瓶颈。

15.9 利用控制系统节省运行成本

深度污水处理系统带来的电力消耗很大。水与污水的处理及运输需要耗费大量能源。据估计，平均来看仅污水处理的能耗就需要一个国家总产电量的 1%～3%，占据市政能源耗费的一大部分。污水处理厂的全年能耗为 20～45kWh/单位人口［即 kWh/(人·年)］。老旧的污水处理厂的能耗可能更大。此外，这个能耗范围没有包含进厂污水提升水泵的耗电量。本节中我们将着重介绍如何通过控制和自动化来降低电力需求。更多关于污水处理能耗的介绍已于其他书中详述（Olsson，2015，第 15 章至第 19 章；Capodaglio 和 Olsson，2020）。

溶解氧的控制已在前文讨论过。相较于没有任何控制，即便基于一个溶解氧传感器的简单控制也能够节省大量电力。如 15.8 节中的介绍，利用设定值随时间变化的溶解氧控制将会进一步降低能耗。此外，还有其他通过控制溶解氧的方法来降低能耗。例如尽量减小气压。假设污水处理厂有两个或以上的平行曝气机。供气系统必须要为水厂提供充足的空气。然而，有些情况下可以调低压力。需要注意的是，如果气阀未能完全打开，那么空气在流经气阀时会有压降。解决的方法是逐渐降低气流压力以使常开气阀达到近乎全开的状态。这样能减小压降并进一步节能。这种控制策略已得到实际运用，具体参见 Olsson 和 Newell（1999）的著作。

用于进厂污水提升的大型水泵是污水处理厂最耗能的设备。许多情况下，提升泵的设计流量并不合适。如果水泵的设计流量过高，水泵可能会在小流量时低效运行。在某些情况下，可以安装一台针对小流量的特定水泵。提升水泵应以最常见流量时的最高效运行状态来设计（Olsson，2015，第 16 章）。

鼓风机提供的曝气应该能连续调节变化。然而，通过关闭气阀来控制曝气量将会导致大量能量损失。变速空压机能显著节省能耗。一般来说，曝气的能耗与鼓风机转速的 3 次方（n^3）成正比。这意味着曝气量为原来的一半时只需要消耗原来 1/8 的能量。因此，节能潜力十分可观。

使用化学沉淀除磷的成本很高。15.8 节介绍的反馈控制能够有效降低其运行成本。

事实上，污水处理厂应被当成一座营养物质和能源的回收站。考虑到厌氧消化工艺的产能潜力，大多数污水处理厂都有巨大的未利用潜能。仅以瑞典一座污水处理厂为例：这座污水处理厂每年消耗 41kWh/人的电能，但同时每年又能产生相当于 72kWh/人的沼气。此外，出水中的热能通过热泵每年可产生 336kWh/人的能量。这座污水处理厂实际上是一个能量输出单位。

正如 15.8 节中的讨论，厌氧消化是零能耗污水处理厂中的关键工艺。在许多污水处理厂中，厌氧消化仅利用了污水中的一部分能量。当有足够的仪表控制时，污水处理厂能够在高效的状态下运行，从而节省大部分的能耗。相比扩张污水处理厂，采用控制系统具有更高的性价比。如果对污水处理过程的副产物进行有效的管理和利用，这些副产物也能产生可观的能源。此外，这还能降低对目前行业产生较大负担的污泥运输和处置的成本。

15.10 综合及全厂控制

综合控制的目的在于保证资源合理利用的基础上减小出水排放对于受纳水体的影响。系统弹性也是一个重要因素，包括其减轻干扰的能力，同时也要能敏感地应对重大干扰甚至有目的和有害攻击。综合控制的目标是，在满足不同经济和技术约束的条件下，形成受纳水体及其生态质量的评价标准。将这一目标与污水处理厂出水及可能的污水管道溢流联系起来是一项巨大的挑战。我们需要测定污水处理厂的运行性能，这些指标将出水水质与实现这一目标所需要消耗的资源联系起来，例如能源、药剂和其他物质以及运行成本。开发数学模型是一种解决方式，基于对运行状态的连续监测及预测，来动态寻找污水处理厂的最大负荷以及确定控制策略。一个例子就是根据系统负荷来最大化活性污泥系统中的硝化能力。Rosen 等（2004、2006）报道了一些实际运行的结果。另外是暴雨期和日常运行的（管网系统和停留池中）污水储存管理。通过混合不同类型的污水，以补偿营养成分的不足或过量，从而提高污水处理厂的效率。

综合管理意味着一定程度的妥协。如果没有相互影响，那么每个子系统的单独优化将会是最佳策略。相比于每个系统单独控制，综合运行控制将会给出更好的结果。这是多标准指标的本质，对各种性能加权并相互比较。这能用以下一些例子来说明：

- 曝气和沉淀的相互作用是一个经典的集成问题，这反映在必须对回流污泥流量控制的妥协上。
- 前置反硝化污水处理厂的缺氧区与硝化曝气密切相关。富氧的污水自好氧区回流至缺氧区。硝化区出口处的溶解氧浓度必须要在硝化和随后的反硝化反应中进行折中。
- 串联反应之间的相互作用也十分明显。例如，初沉池中的化学沉淀不仅能去除磷也能去除颗粒有机物质，从而节省曝气能耗。另外，这也将导致前置反硝化过程缺乏碳源。同样，如果化学沉淀结合生物除磷工艺，那么它也将受到碳源不足的影响。
- 回流将污水处理厂的各个部分连接起来。

污泥处理中的上清液通常含有高浓度的营养物质，因此其影响需与污水处理厂进水负荷同步。

- 深床滤池的反冲洗水会回流至污水处理厂的进水端。鉴于其流量通常很大，同步控制污水处理厂进水流量十分必要。

- 各个污水处理厂的产泥目标不尽相同。有时，污水处理厂的高污泥产量有利于甲烷产生，而有的污水处理厂需要尽量减少污泥产量。

在合流制排水管道和污水处理厂中，二者的单独运行有时存在冲突。因此，子目标必须服从总目标的要求，以实现向受纳水体排放量的最小化（Rauch 和 Harremoes，1996a；Schutze 等，1999；Vanrolleghem 等，1996b）。早期的综合控制方法由 Rauch 和 Harremoes（1996b）提出。

全厂范围的控制系统假设所有的工艺单元都将进行原位控制。紧接着，这个系统将考虑污水处理厂不同部分的相互作用，例如利用各个原位控制器来计算适宜的设定值。排水管网的控制系统会利用水位和流量传感器、水泵设备以及雨量计等信息来控制管网中不同区域的流量。当污水处理厂的进水流量能被预测和调控时，就能实现排水管网和污水处理厂的控制耦合。表 15.3 中列出了排水管网和污水处理厂之间相互作用的典型测量指标和控制手段。

随着数学模型的发展，研究人员与工程师在排水管网的可靠在线监测上已开发了关键的技术并积累了宝贵的经验，这将进一步促进更加完善的污水处理厂的监测。集成控制现如今已得到实际应用，相关案例已落地于荷兰（Weijers 等，2012）、丹麦（Grum 等，2011）和德国（Seggelke 等，2013）。Benedetti 等（2013）综述了集成控制的挑战及解决方法。

排水管网与污水处理系统综合调控的目标、测量指标及控制手段　　　　表 15.3

	分项目标	测量指标	控制手段
排水管网	最小化上流溢流 利用集水池储存大部分污水	降雨量 流量	泵站 调节堰 集水池
污水处理厂	在降雨中后期处理尽可能多的污水 降低二沉池中的水力负荷及污泥负荷	流量(进水、出水、回流污泥及回流) 悬浮固体(曝气池及回流污泥)泥位	回流污泥泵(控制二沉池泥位) ATS(曝气池沉降)控制 初级提升泵(在生化单元或污水处理厂分流)

15.11　结论

自动化是一种使工艺过程或系统自动运行和适应的方法。工艺系统或其周遭环境的不确定性给自动化技术的应用带来了机遇和挑战。扰动无处不在，这也是施行控制的主要原因。另一个原因是让系统在最佳工况下运行，即便没有扰动，控制也很重要。

自动化技术在污水处理过程中的应用有两个主要功能：信息获取和过程控制。前一个功能的自动化程度很高。污水处理厂如今通过 SCADA 系统在线收集成千上万的变量，而具有不同程度复杂性的数据分析是运行过程和质量监测的标准组成部分。然而，后一种功能，即过程控制的发展相对缓慢，通常局限于少数几种单元过程控制回路。需要说明的是，污水处理厂的运行仅依靠原位控制是无法得到完全优化的。全厂范围的自动化能协调不同过程单元，从而实现更好的整体控制效果。其成功意味着自动化技术达到了除信息获取和过程控制之外的第三个目的，即整体优化。这在城市水循环的综合运行中已实现。近几年一些令人鼓舞的进展陆续被报道。显而易见的是，有效的运行必须依赖于设备的正常运转，而所有环节的正常运转可以确保系统的良好运行。需要的硬件不仅包括各种仪器，还有其他不同的执行器，如压缩机、泵、电动机和阀门等。由于所有组件并非一直正常工作，必须有候选策略。

自动化的未来发展需要进一步开发数据分配容量的巨大潜力，而这在技术上已经可以实现。许多 SCADA 系统运用网络技术，这提供了几近无限的远程数据评价和决断的潜力。分布式控制的发展空间已然存在。污水处理厂能提供的相关控制专业能力虽然有限，但鉴于其数据能够随处获得，污水处理厂可以借助各种远程专业能力来辅助其运行。此外，如何将控制运行的责任和决策分配到不同部门，还存在若干人力和管理方面的问题。如今市面上已有一些能提供离散式过程监测和控制的商业化软件。自然地，应该注意防止敏感数据的泄露、公开以及信息的滥用，还需要保证每个污水处理厂的数据都被准确理解。

污水处理领域 ICA 技术的普及不仅受益于仪器和计算机技术的惊人发展，以及模型、控制和自动化技术的进步，也同样得益于经济和环境的推动，这使得 ICA 技术变成一项必要且值得的投资。许多案例已证明，ICA 技术的投资可在短时间内收回成本，而我们也将看到 ICA 技术在总投入中越来越高的占比。

越来越多的证据表明，污水处理系统中微生物的种群和特征是由污水组分和系统设计及运行情况共同决定的。控制系统对于微生物群落的影响在过去并未得到足够重视，通过在线控制系统优化污泥种群仍旧是个新概念（Yuan 和 Blackall，2002）。理解特定微生物如何筛选以及特定污水处理厂的设计和运行如何影响细菌特性的基础研究至关重要，这需要开展系统性的研究。现代分子学技术能够鉴别和定量系统中的微生物，是开展上述这些研究不可或缺的工具。把精细的微尺度数据整合到当前数学模型中将会带来最快速的根本性进展，从而使得这些模型的模拟更接近污泥反应过程的真实情况，实现基于模型的污泥种群优化。此外，如何将这些方法实际应用于过程控制中仍然需要微生物学家和工程师的大量努力。但是也不能过分强调微生物学家和工程师之间的紧密合作。

ICA 技术通常像是隐形的，人们只有在它出现问题时才会意识到它的存在。现代污水处理厂的复杂性往往体现在 ICA 系统，因此需要多位专家的合作才能实现过程技术和自动化系统的运转。自动化技术的挑战在于既要从单元过程的角度理解整个系统，又要从系统的角度考虑各个单元过程。这一挑战对职业和基础教育方法有着深远的影响，而不仅仅是土木及环境工程类的课程。过程控制专家和设计人员应理解 ICA 技术的含义，计算机和控制工程师也必须理解工艺过程的可控性及其限制条件。这也进一步强调了水处理运行的多学科特征。

实现公用事业高水平智慧运营的主要目的不仅在于确保供水系统的高效运行，还要以可持续的方式促进环境与人类社会的和谐共处。我们应尝试把人类的基础设施理解为我们所处自然环境的组成部分。我们需要感知周边的环境、系统和使用度，确保这三个方面能同步进行。的确，我们必须从"与自然和谐共处"的角度思考，在水循环的各个环节中注重维持、保育、恢复自然并向自然学习。这并不违背利用仪器化、控制化和自动化（ICA）技术来降低运营成本的初衷。实现真正的可持续性是一个更高远的目标，而这一任务繁重复杂，需要对我们的基础设施系统，对物理与生物相互作用的自然系统，以及对自然使用度有着深刻理解。

我们应该从仪器设备到高水准管理及决策的方方面面来思考反馈。同时也应利用反馈来确保我们不断学习。当我们偶发地进行故障排除和实施错误解决方法时，应该使用"反馈思考"来找到从自身经验学习的方法。这些框架始终是相同的，只是测量、分析和决策不同。这包括：

- 利用大量数据。
- 分析数据并找到可靠和有用的信息。
- 不断尝试数字通信的可能性。
- 在运行过程中全方位地使用控制与决策的潜在方法。

即使在未来许多年里，我们也需这样认为：水是生命，我们必须明智地对待它。正如我们20 年前所说的，也应继续牢记于心的那样（Olsson 和 Newell，1998），"我们的社会需要清洁的水和干净的空气。可持续发展不仅是成本问题，事实上，它已成为一些国家能否生存下去的问题。ICA 技术在这一问题上有着怎样的角色，而我们又将如何面对这一挑战？"这将是我们未来面临的考验。

扫码观看
本章参考文献

术语表

缩写	含义
AD	厌氧硝化
ATS	曝气池沉降
BOD	生化需氧量
DO	溶解氧
ICA	仪器化、控制化及自动化
IWA	国际水协会
PI	比例-积分
PID	比例-积分-微分
SCADA	高级控制及数据获取
SRT	污泥停留时间
VFA	挥发性脂肪酸

图 15.16 活性污泥好氧池的测量与控制系统（图片来源：D. Brdjanovic）

第 16 章
厌氧污水处理

Jules B. van Lier，**Nidal Mahmoud** 和 **Grietje Zeeman**

16.1 可持续污水处理

16.1.1 厌氧工艺的定义和环境效益

厌氧消化是在没有氧气的情况下实现有机物稳定化的过程，其主要的最终产物是由甲烷和二氧化碳组成的沼气。厌氧消化通常发生在有机物质存在低（零氧）氧化还原电位的下列自然环境中：如反刍动物的胃、沼泽、湖泊和沟渠的沉积物、市政垃圾填埋场，甚至市政下水道等。厌氧处理过程无须曝气条件下实现有机废物或污水中有机污染物的稳定化。在厌氧处理过程中，可生物降解性有机物被矿化，而在溶液中形成无机化合物，如 NH_4^+、PO_4^{3-} 和 HS^-。厌氧处理可在简单的系统中进行，并且能应用于任何规模和几乎任何地方。厌氧消化产生的剩余污泥量非常少且污泥性质稳定，生物反应器中产生的厌氧颗粒污泥还具有一定的市场价值。此外，厌氧处理过程中产生了以沼气形式存在的可利用能源，这样无须消耗大量能源。厌氧消化主要用于去除有机污染物，除了系统启动速度慢之外鲜有技术方面的明显缺陷。图 16.1 显示了好氧和厌氧污水处理技术（AnWT）中碳和能量的转化过程，其中假定氧化 1kg COD 需要 $0.5\sim1$kWh 的曝气能量，它的具体数值则取决于所使用的曝气系统和反应器类型。与厌氧处理相比，好氧处理的缺点是能源成本高，而且污水中很大一部分废物被转化为另一种类型的废物（污泥）。传统活性污泥工艺的好氧处理会产生约 50%（甚至更多）的新污泥，这些污泥通常需要进行进一步的处理，如厌氧消化，然后再进行回用、处置或焚烧处

理。好氧和厌氧生物转化的碳-能源流动对污水处理系统的设计有重要影响。截至目前，厌氧处理技术已经发展成为一种颇具竞争力的污水处理技术。高速厌氧工艺可处理许多不同类型的有机污染污水，甚至包括某些以前被认为不适合用厌氧处理的污水。

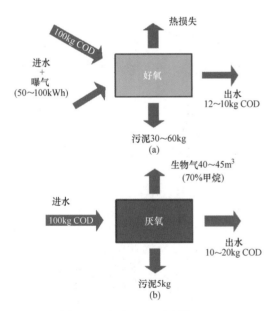

图 16.1　好氧（a）和厌氧（b）
污水处理中碳和能源的转化

自 20 世纪 70 年代以来，高速厌氧处理技术已应用于处理来自农产品和饮料业的有机污染工业废水（表 16.1）。表中所展示的应用比例反映了目前的应用现状。而在这些应用中，90%以上的处理厂采用了厌氧污泥床反应器技术，在该技术中颗粒污泥的存在非常重要。值得注意的是，厌氧反应器的安装数量和厌氧污水处理的应用潜

力都在迅速增长。有学者估计，目前安装的高速厌氧反应器超过 4500 台。应用潜力上，从前被认为不适合进行厌氧处理的废水，例如含有毒化合物的化学废水或具有复杂成分的废水，也在通过厌氧技术进行处理。对于成分极端、难以处理的废水，新型的高速反应器系统也已经被开发出来，这将在 16.7.2 节中讨论。

与常规好氧处理系统相比，厌氧系统具有以下显著优势：

• 可减少高达 90% 的剩余污泥产量。

• 当使用污泥膨胀床系统时，可减少 90% 的空间需求。

• 适用的 COD 负荷率很高，反应器内的 COD 负荷可达每天 $20 \sim 35 kg\ COD/m^3$，对反应器体积的需求较小。

厌氧技术在世界工业废水处理中的应用。根据 2007 年 1 月的一项调查（由 van Lier 于 2008 年采用），已登记安装的反应器总数为 2266 表 16.1

工业部门	污水类型	安装比例[①]（%）
农产品	糖、马铃薯、淀粉、酵母、果胶、柠檬酸、罐头、糖果、水果、蔬菜、乳制品、面包	36
饮料	啤酒、麦芽、软饮料、葡萄酒、果汁、咖啡	29
酒厂	甘蔗汁、甘蔗糖蜜、甜菜糖蜜、酒、谷物、水果	10
浆纸	纸张回收、机械纸浆、NSSC[②]纸浆、亚硫酸盐纸浆、稻草、甘蔗渣	11
其他	化工、制药、污泥液、垃圾渗滤液、矿山酸性水、城市污水	14

①各种类型的高速率厌氧反应器系统；②中性亚硫酸盐半化学法。

• 处理过程无须使用化石燃料。根据曝气效率的不同，可节省约 $0.5 \sim 1.0 kWh/kg\ COD$。去除每千克 COD 可生产 13.8MJ 的甲烷能源，提供约 1.5kWh 电力（假设电力转换效率为 40%）。其中 $13.8MJ/kg\ COD$ 为高热值（HHV）的干燥 CH_4。由于沼气是含水的，能量回收计算应采用 $12.4MJ/kg\ COD$，即低热值（LHV）。LHV 修正了沼气中冷凝水的蒸发能量损失。

• 启动速度快（小于 1 周），以厌氧颗粒污泥为接种材料。

• 不使用或很少使用化学品。

• 工艺简单，处理效率高。

• 厌氧污泥可以在饥饿状态下储存，反应器可以在需要时运行（例如，制糖业每年 4 个月的农业活动期间才运行反应器）。

• 剩余污泥具有经济价值。在欧洲，其价格为 $100 \sim 200$ 欧元/m^3（包括运输费用）。

• 高速率系统促进了工厂的水循环，推进工业过程闭环的实现。

显然，上述优势的确切效果取决于当地的经济和社会条件。在荷兰，剩余污泥处理是污水处理系统运行成本的决定因素。由于多余的污水污泥和生物废弃物不能填埋，而湿污泥的焚烧价格可达 $400 \sim 500$ 欧元/t，因此厌氧反应器的低污泥产量产生了直接的经济效益。系统的紧凑性也

是厌氧技术的另一项重要价值。这可以通过一个规模化应用的案例来说明：一个直径 6m、高度 25m 的厌氧反应器每天可以处理多达 25t 的 COD。在该案例中，每天生产出的污泥的干物质量少于 1t，并且能够作为新反应器的种子污泥出售，而不是当作废物处理。这种设计紧凑的系统对人口稠密的地区及旨在回收废水的工业区域尤为适用。

伴随着能源价格上涨、化石燃料耗竭风险以及对全球变暖的普遍担忧，人们对厌氧技术重新燃起了兴趣。上述 25t/d 的工农业废水可转化为 $7000 m^3\ CH_4/d$（假设 CH_4 回收率为 80%），产能量约相当于 250GJ/d。该系统与新型热电联产燃气发动机（CHP）工作，效率可达 40%，实现 1.2MW 的有效电力输出（表 16.2）。如果所有的余热都能用于工业场所或邻近地区，那么整体的能源回收率甚至可能更高（高达 60%）。假设全好氧处理大约需要 $0.5 \sim 1 kWh/kg\ COD$ 的能源，或者说在上述情况下最多需要安装 1MW 的电力，那么使用 AnWT 相较于活性污泥法处理，总能量效益达 2.2MW，以 0.1 欧元/kWh 的能源价格计算，这大约相当于 5000 欧元/d。除了能源本身之外，通过使用厌氧技术生产可再生能源而获得的碳积分也值得引起注意（表 16.2）。对于一个以煤为动力的发电厂来说，

每发电 1MW 就会释放大约 21t 二氧化碳，而对于一个以天然气为动力的发电厂，只会释放一半的二氧化碳。在预期 20 欧元/t 二氧化碳的稳定价格下，该工业案例可以获得 500 欧元/d 的碳积分（基于燃煤电厂），并且在处理污水时不使用化石燃料。虽然这一数字在工业化国家是微不足道的，但它可以激励发展中国家开始使用高速厌氧技术处理污水，促进当地环境的保护。

表 16.2 总结了厌氧反应器在实际有效的有机负荷率条件下运行的预期能量输出以及预计的二氧化碳排放减少量（将产生的甲烷转化为电能）。

在厌氧高速率污水处理系统中的能量输出和二氧化碳减排   表 16.2

负荷量[kgCOD/(m³·d)]	5～40
能量输出(MJ/m³)	50～400
电力输出(kW/m³)	0.25～1.9
二氧化碳减排[tonCO₂/(m³·y)，基于燃煤发电厂]	1.9～14

假设：CH_4 回收率相对于进水 COD 负荷为 80%，采用新型热电联产发动机的电力转换效率为 40%。基于 CH_4 较低热值（12.4MJ/kg COD）计算。

16.2 厌氧微生物学

16.2.1 有机聚合物的厌氧降解

有机物的厌氧降解是一个串联的、平行的多步骤过程。该过程可分为四个连续的阶段：①水解过程；②酸化过程；③产乙酸过程；④产甲烷过程。下面将分别讨论。

产甲烷细菌位于厌氧食物链的末端，由于它们的活动，厌氧环境中没有发生有机物的大量积累，好氧生物无法接触到有机物。厌氧消化过程涉及复杂的食物网，其中有机物被各种各样的微生物有序地降解，食物链中的微生物群共同转化复杂的有机质，最终将其矿化为甲烷（CH_4）、二氧化碳（CO_2）、氨（NH_3）、硫化氢（H_2S）和水（H_2O）。

厌氧生态系统是多种微生物复杂相互作用的结果。细菌的主要类群有：①发酵菌；②产氢乙酸菌；③耗氢乙酸菌；④二氧化碳还原产甲烷菌；⑤产甲烷菌。它们所主导的反应如图 16.2 所示。

厌氧消化过程可细分为以下四个阶段：

（1）水解，即发酵菌将固体基质作为底物将其溶解的第一步，或由发酵细菌分泌酶（称为胞

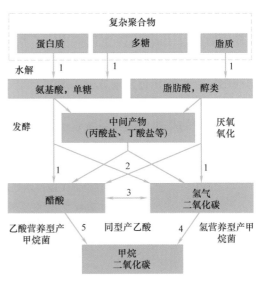

图 16.2　聚合物厌氧消化反应示意图。数字表明涉及的细菌群
1—水解菌和发酵菌；2—乙酸细菌；3—同型产乙酸菌；4—氢营养型产甲烷菌；5—乙酸营养型产甲烷菌（修改引用自 Gujer 和 Zehnder，1983）

外酶），将复杂、不溶的底物转化为简单、可溶的化合物，这些化合物可以通过细胞壁和细胞膜进入发酵菌内部。

（2）酸化，即进入发酵菌细胞内的溶解化合物被进一步转化为简单的化合物，然后再排出胞外。在此阶段产生的化合物包括挥发性脂肪酸（VFAs）、酒精、乳酸、CO_2、H_2、NH_3 和 H_2S，以及新的细胞底物。

（3）产乙酸作用（中间酸产生），即消化产物转化为乙酸、H_2、CO_2 以及新的细胞底物。

（4）产甲烷作用，即乙酸、H_2 和碳酸盐、甲酸或甲醇转化为甲烷、CO_2 和新的细胞底物。

在这个总体流程中，可以区分出以下几个子流程（图 16.3）：

1）生物多聚物的水解：
- 蛋白质的水解。
- 多糖的水解。
- 脂肪的水解。

2）酸化/发酵：
- 氨基酸和糖的厌氧氧化。
- 高级脂肪酸和醇的厌氧氧化。

3）产乙酸：
- 从中间产物（特别是 VFAs）生成乙酸和 H_2。

- 同型乙酰化：由 H_2 和 CO_2 生成乙酸。

4）产甲烷：

- 由乙酸生成甲烷。

- 由 H_2 和 CO_2 生成甲烷。

除了乙酸和 H_2/CO_2，少部分甲烷也可以从甲胺、甲醇、甲酸、一氧化碳中生成。

图 16.2 给出了有机物单向降解成最终产物 CH_4 和 CO_2 的过程。同型产乙酸过程说明了乙酸（CH_4 的主要前体）和 H_2/CO_2 之间的内部转化。实际上，其他的逆反应也可能发生，如从乙酸和丙酸中形成中链 VFAs 或醇。当厌氧反应器发生故障，发生扰动，或当有意进行特定的反应时，这些逆反应就可能变得特别重要。在正常厌氧消化应用中，即在中温条件下性能稳定的反应器内，乙酸是 CH_4 的主要前体（约占 COD 通量的 70%）。值得注意的是，厌氧消化过程只发生了 COD 的转化，而没有发生 COD 的降解。污水中 COD 的去除是通过厌氧反应链最终产生不溶于水的气态 CH_4 而实现的。

在存在替代电子受体（如 NO_3^- 和 SO_4^{2-}）的情况下，其他细菌群如反硝化菌和硫酸盐还原菌也将出现在厌氧反应器中（见第 16.4 节）。

16.2.1.1 水解作用

由于细菌不能吸收颗粒有机物，厌氧降解的第一步是水解聚合物。这一过程是水解细菌通过其膜结合酶附着在固体表面将聚合物颗粒降解，或者通过其分泌出的胞外酶的作用把聚合物分解成能穿过细胞膜的小分子。在此酶解过程中，蛋白质被水解成氨基酸，多糖被水解成单糖，而脂质被水解成长链脂肪酸（LCFA）。水解被认为是整个消化过程的速率限制步骤。当处理高 SS/COD 比（半）固体底物和污水时，它决定了处理工艺和反应器的设计。此外，水解过程对温度和温度波动非常敏感，因此，固体滞留时间（SRT）成为厌氧消化器处理 SS/COD 比率高（半）固体废弃物和污水（如蒸馏废水和低温生活污水）的主要设计标准。

水解可以定义为将复杂的聚合物底物、颗粒或溶解物转化为很容易为产酸细菌所利用的单聚体和二聚体化合物的反应过程。在厌氧消化过程中，水解通常是第一步。在厌氧处理生物污泥，如废弃活性污泥（WAS）时，水解之后才发生细胞死亡和生物质裂解。在某些情况下，预处理工艺，如污泥物理化学预处理或粉碎可以增强水解过程（Gonzalez 等，2018），提供产酸细菌的足够底物。

固体底物具有较低的比表面积或有限的自由可接触表面区域，这在很大程度上解释了水解步骤对厌氧消化总速率的限制（Chandler 等，1980；Zeeman 等，1996；Azman 等，2015）。因此，污泥和泥浆消化反应器［水力停留时间（HRT）等于 SRT］的设计条件完全由所需的最短 SRT 决定。对于中温条件下的消化，最短的 SRT 在 20～30d 范围内。由于水解酶是蛋白质，易于消化，所以在污泥和泥浆消化器中水解酶的浓度较低。然而，两阶段或塞流式运行模式可以增加水解酶浓度，从而加速水解（Ge 等，2011；Ghasimi 等，2016）。即使在低浓度污水，如低温生活污水中，水解也能决定整个过程，进而决定所需的反应器设计。必须指出的是，45%～75% 的生活污水和 80% 的初级污泥由悬浮物质组成。污水中的生物聚合物主要是蛋白质、碳水化合物和脂类，图 16.3 给出了脂质水解为 LCFAs 的示意图。

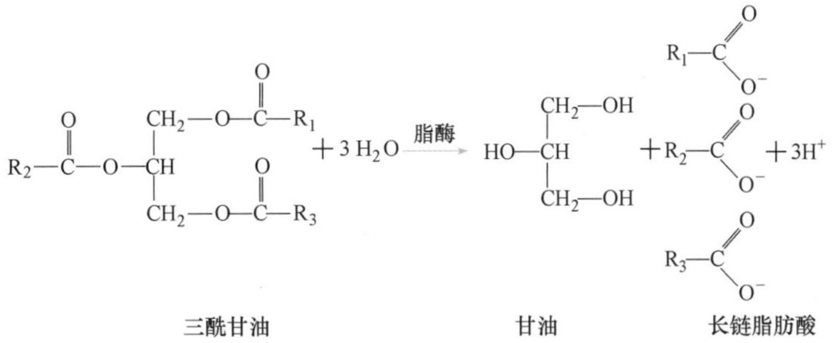

三酰甘油   甘油   长链脂肪酸

图 16.3　脂类的水解

16.2.1.2 酸化作用

在酸化过程中，水解产物（氨基酸、单糖和LCFAs）是分子相对较小的可溶性化合物，可通过细胞膜在细菌细胞内扩散，然后发生发酵或厌氧氧化。产酸是一种非常常见的反应，由大量水解和非水解微生物进行，目前已知的细菌中大约有1%是（兼性）发酵菌。酸化产物包括多种小型有机化合物，主要为VFAs，即乙酸和有机酸如丙酸、丁酸等，也有H_2、CO_2、部分乳酸、乙醇和氨（图16.2）。

产酸阶段的特点是将诸如糖和蛋白质等中性物质转化为主要物质——挥发性脂肪酸（VFAs）和碳酸。因此，发酵微生物通常被称

为酸化或产酸微生物，相应地，这一过程被称为酸化作用。表16.3列出了几种从蔗糖开始的产酸反应，生成不同数量的VFAs、HCO_3^-、H_2和H^+，可以看出最终产物的类型取决于反应器介质的条件。从表16.3中可以看出，以蔗糖为底物的低能量产酸反应的吉布斯自由能变化（$\Delta G^{\circ\prime}$）很大程度上取决于流通的氢气浓度。如果产甲烷菌等生物能有效地清除H_2，乙酸将是主要的最终产物；然而，如果甲烷生成过程被阻滞，H_2积累，反应器将出现丙酸和丁酸等还原产物，甚至可能出现更多的还原化合物，如乳酸和醇。因此，出水超负荷或波动大的厌氧反应器（或在厌氧两阶段反应中被设计为酸化反应器）的污水通常含有这些降解后的中间产物。

25℃时以蔗糖为底物的酸化反应和相应的吉布斯自由能变化（$\Delta G^{\circ\prime}$） 表16.3

反应式	$\Delta G^{\circ\prime}$（kJ/mol）	公式
$C_{12}H_{22}O_{11}+9H_2O \longrightarrow 4CH_3COO^-+4HCO_3^-+8H^++8H_2$	-457.5	(16.1)
$C_{12}H_{22}O_{11}+5H_2O \longrightarrow 2CH_3CH_2CH_2COO^-+4HCO_3^-+6H^++4H_2$	-554.1	(16.2)
$C_{12}H_{22}O_{11}+3H_2O \longrightarrow 2CH_3COO^-+2CH_3CH_2COO^-+2HCO_3^-+6H^++2H_2$	-610.5	(16.3)

产酸是厌氧过程中转化速率最快的步骤。产酸反应的$\Delta G^{\circ\prime}$是所有厌氧转化中最高的，这导致了和产甲烷菌相比，发酵菌具有$10\sim20$倍高的细菌增长率，以及5倍高的细菌产量和转化率（表16.4）。因此，当厌氧反应器超载或受到有毒化合物的干扰时，厌氧反应器会发生酸化，即pH值突然下降。一旦产生的酸消耗了碱度，pH值就开始下降，导致非游离的VFAs浓度升高，这又使得产甲烷菌受到更严重的抑制。后者明显导致VFAs积累更快，pH值继续随之下降（图16.4）。产酸菌即使在pH值低至$4\sim5$时仍具有活性，这意味着当系统的产甲烷能力透支时，反应器的pH值会降到$4\sim5$。

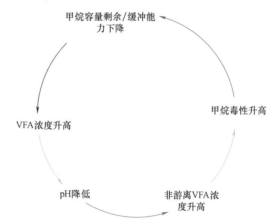

图16.4 由于甲烷超载和VFAs的积累，反应器的pH值下降

酸化菌和产甲烷菌的平均动力学特性 表16.4

过程	转化率 gCOD/(gVSS·d)	Y gVSS/gCOD	K_s mgCOD/L	μ_m L/d
产酸过程	13	0.15	200	2.00
产甲烷过程	3	0.03	30	0.12
整体	2	$0.03\sim0.18$	—	0.12

氨基酸的产酸转化一般遵循斯提柯兰氏反应，在该反应体系中，一个氨基酸通过厌氧氧化脱氨生成VFAs和H_2，同时另一个氨基酸通过厌氧还原脱氨反应消耗前一反应生成的H_2。在这两个反应中，NH_3都被释放，随后作为质子受体，从而导致pH值的增加。在这个反应中没有净质子生产，也没有反应器pH值下降。

16.2.1.3 产乙酸作用

在产酸过程中产生的短链脂肪酸（SCFA，也称 VFA）被产乙酸细菌进一步转化为乙酸、氢气和二氧化碳。丙酸和丁酸是最重要的乙酰化底物，也是在厌氧消化过程中的关键中间体。然而，如图 16.2 和表 16.5 所示，乳酸、乙醇、甲醇甚至 H_2 和 CO_2 也会被（同型）产乙酸菌转化为乙酸酯。LCFAs 的转化由特定的产乙酸细菌进行 β-氧化得来，即将乙酸酯部分从脂肪链中分离出来（表 16.5）（Alves 等，2009）。碳原子不均匀的 LCFAs 也可生成丙酸和乙酸，未饱和的 LCFAs，如油酸和亚油酸酯，首先和氢气发生加成反应而饱和，再进行 β-氧化反应。产乙酸细菌是专性产氢菌，从化学反应式中可以看出，这种菌的代谢被氢气所抑制，以丙酸为例：

$$\Delta G' = \Delta G^{\circ\prime} + RT \ln \frac{[acetate] \cdot [CO_2] \cdot [H_2]^3}{[propionate]}$$

(16.4)

乙酰化转化的研究已经阐明了产生 H_2 的产乙酸细菌和消耗 H_2 的产甲烷细菌之间的内在联系。这些研究是至关重要的，因为表 16.5 中的 $\Delta G^{\circ\prime}$ 为正值表明，当氢气浓度高的时候，这些反应的热力学条件不佳。在表 16.5 中，乙醇、丁酸、丙酸和棕榈酸 LCFAs 的反应不会在标准条件下发生，这也是由于 $\Delta G^{\circ\prime}$ 为正，细菌的能量收益为负。

然而，在稳定的消化条件下，氢气分压将维持在一个极低的水平，这是由于产甲烷菌或硫酸盐还原菌高效吸收氢气而实现的。产甲烷菌对厌氧消化池中的分子氢具有非常高的亲和力，能使氢气分压保持在 10^{-4} atm 以下，足以保证产氢产乙酸反应的进行（图 16.5）。

一些产乙酰反应的化学反应式和自由能的变化（$\Delta G^{\circ\prime}$），假定 pH 值中性，温度为 25℃，压力为 1atm（101kPa）。水被认为是一种纯液体，所有可溶性化合物的活性都是 1mol/kg　表 16.5

化合物	反应式	$\Delta G^{\circ\prime}$(kJ/mol)	公式
乳酸	$CH_3CHOHCOO^- + 2H_2O \longrightarrow CH_3COO^- + HCO_3^- + H^+ + 2H_2$	−4.2	(16.5)
Ethanol	$CH_3CH_2OH + H_2O \longrightarrow CH_3COO^- + H^+ + 2H_2$	+9.6	(16.6)
Butyrate	$CH_3CH_2CH_2COO^- + 2H_2O \longrightarrow 2CH_3COO^- + H^+ + 2H_2$	+48.1	(16.7)
Propionate	$CH_3CH_2COO^- + 3H_2O \longrightarrow CH_3COO^- + HCO_3^- + H^+ + 3H_2$	+76.1	(16.8)
Methanol	$4CH_3OH + 2CO_2 \longrightarrow 3CH_3COOH + 2H_2O$	−2.9	(16.9)
Hydrogen-CO_2	$2HCO_3^- + 4H_2 + H^+ \longrightarrow CH_3COO^- + 4H_2O$	−70.3	(16.10)
Palmitate	$CH_3-(CH_2)_{14}-COO- + 14H_2O \longrightarrow 8CH_3COO- + 7H^+ + 14H_2$	+345.6	(16.11)

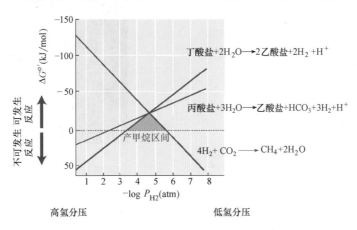

图 16.5　自由能随 H_2 分压的变化曲线。自由能为负表明产乙酸和产甲烷生物反应可能在此处发生

这种相互关系意味着高级脂肪酸和酒精的降解很大程度上取决于电子清除生物如产甲烷古菌的活性。产生 H_2 的生物体只有在消耗 H_2 的生物体存在的情况下才能生长的微生物群落称为同营养群落；生成氢和使用氢之间的耦合称为种间氢转移。在正常运行的产甲烷装置中，氢气分压

不超过 10^{-4} atm，通常为 $10^{-6}\sim10^{-4}$ atm，在如此低的氢浓度下，乙醇、丁酸或丙酸的降解释放能量，并为产酸菌提供能量。

与其他乙酰化底物相似，LCFA 的转化具有高度的吸能性，经常限制整个消化过程（Novak 和 Carlson，1970）。上流式厌氧污泥床（UASB）反应器的试验仅取得部分成功，因为 LCFA 倾向于吸收污泥，导致产生的生物质脂肪团块几乎没有产甲烷活性，并且在含 LCFA 的污泥颗粒中产生的沼气会导致污泥上浮和生物质冲刷。膨胀床反应器取得了更好的效果，LCFA 能够更均匀地分布在可利用的生物质上（Rinzema，1988）。通过在厌氧反应器内安装浮选装置，可以利用含 LCFA 厌氧污泥中夹带沼气的浮力将反应器污泥与污水分离。这种方式使得出水得到澄清，同时使活性产甲烷污泥被保留在生物反应器中。荷兰供应商 Paques 开发了厌氧浮式反应器 Biopaq® AFR，用于将高浓度脂肪、油脂和雾化油脂转化为甲烷（图 16.6）（Van Lier 等，2015）。

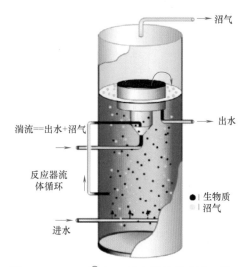

图 16.6　Biopaq® AFR 反应器的示意图，用于处理富含雾的污水，泥水分离基于污泥浮选进行。该反应器可以使用颗粒状或絮凝状污泥

其他一些研究者提出，利用污泥的吸收能力，定期向污泥中投加 LCFA，之后通过固态消化将吸收的物质转化为甲烷（Pereira 等，2004；Cavaleiro 等，2015），这种连续床操作模式需要多个反应器来处理连续流动的污水。

16.2.1.4　产甲烷作用

在厌氧消化的第四步，也就是最后一个阶段，产甲烷古菌使用氢气作为电子供体，将可利用二氧化碳转化为甲烷，同时，乙酸由甲基脱羧形成甲烷，由羧基生成二氧化碳和碳酸氢盐（图 16.2）。在产甲烷过程中，进水 COD 最终转化为一种低溶解度的气体形式（CH_4），从而自动离开反应器系统，产甲烷菌是专性厌氧菌，具有非常狭窄的底物光谱，有些产甲烷菌只能使用某些确定的底物，如乙酸、甲胺、甲醇、甲酸酯和 H_2/CO_2 或 CO。出于工程目的，产甲烷菌被区分为两大类：利用乙酸的嗜酸产甲烷菌和利用氢的嗜氢产甲烷菌（表 16.6）。一般来说，产生的甲烷中约有 70% 是由乙酸作为主要前体产生的。剩余部分主要来源于 H_2 和 CO_2。乙酸营养型产甲烷菌的生长速率非常缓慢，需要数天甚至更久的倍增时间，这也解释了为何未驯化的接种污泥在厌氧反应器中需要很长的启动时间，以及为什么高污泥浓度的反应条件更为适宜。嗜氢产甲烷菌的最大生长速率比嗜乙酸产甲烷菌要快得多，倍增时间为 $4\sim12h$。得益于这一特性，尽管产乙酸反应步骤非常脆弱，但高速厌氧反应器系统在不同的条件下仍然非常稳定。

表 16.6 列出了两种不同产甲烷菌的动力学特征，同时两种产甲烷菌的形态特征也有很大差异，如图 16.7 所示。

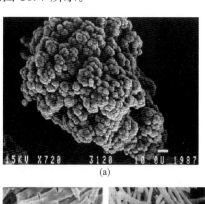

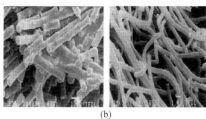

图 16.7　最重要的乙酸营养型产甲烷菌的形态和外观，属于 *Methanosarcina* 属（a）和 *Methanosaeta* 属（b）（图片：瓦赫宁根大学环境技术分部）

反应步骤	反应式	$\Delta G^{\circ\prime}$ kJ/mol	μ_{max} L/d	T_d d	K_s mgCOD/L	公式
利用乙酸产甲烷[①]	$CH_3^-COO^- + H_2O \longrightarrow CH_4 + HCO_3^-$	-31	$0.12^{a)}$ $0.71^{b)}$	$5.8^{a)}$ $1.0^{b)}$	$30^{a)}$ $300^{b)}$	(16.12)
利用氢产甲烷	$CO_2 + 4H_2 \longrightarrow CH_4 + 2H_2O$	-131	2.85	0.2	0.06	(16.13)

①两种不同的产甲烷菌，具有不同的动力学性质，分别属于 *methanosaeta* 属和 *methanosarcina* 属。

Methanosarcina 属的特点是球状的，具有小葡萄状团块，并有相对宽的底物光谱，可以转化醋酸、H_2/CO_2、甲胺、甲醇、甲酸等底物，该菌种有一个相对较高的 μ_{max} 和相对较低的底物亲和度。*Methanosaeta* 属的特点是丝状的，具有大型杂乱集团，只能转化醋酸，动力学特点是低 μ_{max} 和高底物亲和度。尽管后者的 μ_{max} 明显更低，在具有高 SRTs 和低 HRTs 的厌氧高速率系统中，如污泥床系统和厌氧滤床，*Methanosaeta* 属仍然是最为常见的嗜乙酸产甲烷菌。这一现象可以归因于：污水处理系统总是以尽可能低的出水浓度为目标，而厌氧生物膜或污泥颗粒内的底物浓度在液体浓度较低时接近"零"。在这一条件下，*Methanosaeta* 属相比 *Methanosarcina* 属具有明显的动力学优势（图 16.8）。

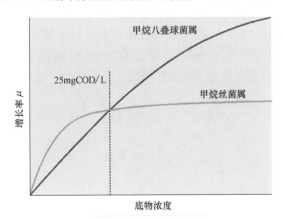

图 16.8　莫诺嗜乙酸产甲烷菌的生长曲线，包含 *Methanosarcina* 属和 *Methanosaeta* 属，图中两属的 μ_{max} 和莫诺半饱和常数（K_s）均由表 16.6 给出

一旦 *Methanosaeta* 属产甲烷菌在污泥床中占优势，我们就能够得到一个非常有效的污水处理系统，出水的乙酸浓度极低。考虑到底物浓度低时的动力学性能较差，以及 *Methanosarcina* 属的黏附性能较差，建议在采用未驯化的接种污泥首次启动厌氧反应器时，将污水乙酸浓度保持在一个非常低的水平。

16.3　甲烷产量的预测

有机物污染可以按不同的方式进行分类，例如根据溶解度（可分为可溶性有机污染物和不可溶性有机污染物）、生物降解性能，后者直接关系到有机污染物的生物化学转化潜能。然而，由于污水中的有机化合物种类繁杂，单独测定这些化合物既不现实也不可能。利用有机污染物可以被强氧化剂氧化的这一事实，可以在实际应用中对有机污染物进行量化。在污水处理的工程实践中，采用了两种基于有机物氧化反应的标准试验：生化需氧量（BOD）试验和化学需氧量（COD）试验（见第 3 章）。在两个试验中，由于有机物质被氧化，它所消耗的氧气量可以作为参数值。BOD 试验涉及的是好氧生物氧化有机物所需的生物化学需氧量。因此，BOD 值与生物降解性密切相关。对于厌氧处理的应用，最好是采用某种标准化的厌氧生物降解试验来替代常规的好氧生物 BOD 试验（Spanjers 和 Vanrolleghem，2016）。在厌氧试验中，将污水样品暴露于一定数量的厌氧污泥中，然后确定在消化过程完成后整个体系产生的 CH_4 总量，这样便可将 CH_4 产量与污水样品中存在的有机物数量构建联系。由于一定数量的 CH_4 与一定数值的 COD 是存在等价关系，因此可以定义参数——$BOD_{厌氧}$，或者是单位数量有机物可以产生的 CH_4 最大值。后者便是更为人熟知的甲烷潜力（BMP）测试（Holliger 等，2016）。

由于一般情况下并非所有的有机污染物都是可生物降解的，而且有机底物有一部分是被用于细胞合成，因此 BOD 值往往会远远低于 COD 值。这一现象在常规的好氧生物 BOD 试验中尤为明显，而在厌氧生物 BOD 试验则较少，因为在厌氧条件下生物生长量明显较低。目前已经有不同的实验室正在努力对这些试验进行标准化，其中还包括环形测试（Holliger 等，2016）。

在标准的 COD 测试中，通常使用重铬酸盐作为氧化剂，在高温（150℃）下，（几乎）所有的有机化合物都被完全氧化成 CO_2 和 H_2O。另一方面，这些化合物中的有机氮会被还原，并最终转化为 NH_3。同样，含有季铵盐的有机物，如甜菜碱（三甲基甘氨酸）也会被还原，因此它们在 COD 测试中是"不可见的"，即无法检测出来的。

总有机碳（TOC）是另一个会被使用的测量指标，但是它的用处不大，因为没有对处于还原状态的碳进行测量。总有机碳是通过焚烧污水样品中的有机物质所产生的二氧化碳浓度来进行测量的。因此，需要对样品中原本存在的无机碳进行校正。纯净化合物的总有机碳（TOC）理论值可以通过式（16.14）进行计算。

$$TOC_t = 12n/(12n+a+16b+14d)$$
$$(gTOC/gC_nH_aO_bN_d) \quad (16.14)$$

16.3.1 COD

COD 值无疑是衡量污水中污染物浓度最重要的参数，特别是工业废水。有机物几乎能被完全氧化的这一特性使得 COD 测试非常适合用于评价 COD 平衡。底物 COD 浓度和理论产甲烷量的计算如下：

假设有机化合物 $C_nH_aO_b$ 能被完全氧化，其 COD 值容易根据化学氧化反应进行计算：

$$C_nH_aO_b + \frac{1}{4}(4n+1-2b)O_2 \rightarrow nCO_2 + (a/2)H_2O$$
$$(16.15)$$

式（16.15）表明 1mol 有机物发生氧化反应需要 1/4（$4n+a-2b$）摩尔氧气或者是 8（$4n+a-2b$）克氧气。因此，有机物的理论需氧量可表示为：

$$COD_t = 8 \cdot (4n+a-2b)/(12n+a+16b)$$
$$(gCOD/gC_nH_aO_b) \quad (16.16)$$

显然，对于含氮有机化合物（蛋白质和氨基酸），式（16.16）需要根据氮的电子数和有机化合物中氮的总重量进行修正。

$$COD_t = 8 \cdot (4n+a-2b-3d)/(12n+a+16b+14d)$$
$$(gCOD/gC_nH_aO_bN_d) \quad (16.17)$$

根据完全氧化反应，可以快速测定有机化合物的 COD 值。从乙酸的化学氧化方程式：

$$CH_3COOH + 2O_2 \longrightarrow 2CO_2 + 2H_2O$$
$$(16.18)$$

1mol（60g）乙酸需要 2mol（64g）氧气。这意味着 1g 乙酸需要 64/60（1.067）g 氧气，因此 1g 乙酸相当于 1.067g COD。

COD 和 TOC 的比值可以通过以下公式计算：

$$COD/TOC = 8 \cdot (4n+a-2b-3d)/(12n)$$
$$= 8/3 + 2(a-2b-3d)/(3n) \quad (16.19)$$

表 16.7 列出 $C_nH_aO_bN_d$ 形式下不同有机化合物的单位质量 COD 计算值。对于还原程度较高的有机物，比如甲烷，它的 COD 计算当量很高。按照式（16.17）进行计算，甲烷的 COD 计算当量是（CH_4 即 $n=1$，$a=4$，$b=0$，$d=0$）：

$$COD_{CH_4} = 8 \cdot (4 \cdot 1 + 4 - 2 \cdot 0 - 3 \cdot 0)$$
$$/(12 \cdot 1 + 4 + 16 \cdot 0 + 14 \cdot 0) = 4gCOD/gCH_4$$
$$(16.20)$$

不同有机化合物的 COD/TOC 比值差别很大，这与碳的平均氧化价态（C-ox. state）不同有关。碳的氧化状态可以从 -4（碳的最还原价态，如甲烷）到 +4（碳的最氧化价态）不等。图 16.9 描绘了一些有机化合物的碳氧化价态。由于在厌氧消化过程中，碳的平均氧化价态保持不变，过程产生的沼气中甲烷/二氧化碳的理论组成应与碳的平均氧化价态呈现线性关系（表 16.7）。

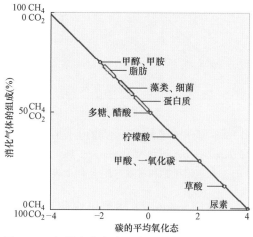

图 16.9 假设底物完全矿化，所产生沼气的理论组成与底物中碳的平均氧化价态有关

化合物中碳的平均氧化价态越低（即数值越呈负数），该化合物能结合的氧越多，因此其 COD 值越高、BMP 值也越高。

不同纯净有机物 $C_n H_a O_b N_d$ 单位质量下的 COD 值、TOC 值、COD/TOC 比值和碳平均氧化价态，
以及生物产沼气中 CH_4 含量估计值（CH_4%）　　　　　　　表 16.7

化合物种类	n	a	b	d	gCOD/ gC_nH_aO_bN_d	gTOC/ gC_nH_aO_bN_d	COD/ TOC	碳氧化价态 (C-ox. state)	CH_4 含量估计值 (CH_4%)
甲烷	1	4	0	0	4.00	0.75	5.33	−4.00	100.0
乙烷	2	6	0	0	3.73	0.8	4.67	−3.00	87.5
甲醇	1	4	1	0	1.50	0.38	4.00	−2.00	75.0
乙醇	2	6	1	0	2.09	0.52	4.00	−2.00	75.0
环己烷	6	12	0	0	3.43	0.86	4.00	−2.00	75.0
乙烯	2	4	0	0	3.43	0.86	4.00	−2.00	75.0
棕榈酸	16	32	2	0	3.43	0.75	3.83	−1.75	72.0
丙酮	3	6	1	0	2.21	0.62	3.56	−1.33	67.0
乙二醇	2	6	2	0	1.29	0.39	3.33	−1.00	62.5
苯	6	6	0	0	3.08	0.92	3.33	−1.00	62.5
甜菜碱	5	11	2	1	1.64[①]	0.51	3.20	−0.80	60.0
甘油	3	8	3	0	1.22	0.39	3.11	−0.67	58.0
苯酚	6	6	1	0	2.38	0.77	3.11	−0.67	58.0
赖氨酸	6	14	2	2	1.53	0.49	3.11	−0.67	58.0
苯丙氨酸	9	11	2	1	1.94	0.65	2.96	−0.44	56.0
胰岛素	254	377	75	65	1.45	0.53	2.72	−0.08	51.0
葡萄糖	6	12	6	0	1.07	0.4	2.67	0.00	50.0
乳酸	3	6	3	0	1.07	0.4	2.67	0.00	50.0
乙酸	2	4	2	0	1.07	0.4	2.67	0.00	50.0
柠檬酸	6	8	7	0	0.75	0.38	2.00	1.00	37.5
甘氨酸	2	5	2	1	0.64	0.32	2.00	1.00	37.5
甲酸	1	2	2	0	0.35	0.26	1.33	2.00	25.0
草酸	2	2	4	0	0.18	0.27	0.67	3.00	12.5
二氧化碳	1	0	2	0	0.00	0.27	0.00	4.00	0.0

①COD 计算值。理论：采用标准的重铬酸盐方法测定 COD，无法检测出 COD。

那么碳的氧化价态如何计算呢？在 COD 试验中，氮元素一直保持还原价态，有机氮最后被转化成氨氮（NH_3-N）。因此，氮元素占有 3 个电子。1 个氢原子会提供 1 个电子，1 个氧原子会占有 2 个电子，因此化合物 $C_n H_a O_b N_d$ 中碳的氧化价态（C-ox. state）可以通过以下式子计算：

$$C\text{-ox. state} = (2b - a + 3d)/n \quad (16.21)$$

因为碳的氧化价态可以达到完全氧化的价态 $+4(CO_2)$，所以在化合物完全氧化过程中每个碳原子产生的自由电子数是：

$$4 - (2b + 3d - a)/n = 4 + (a - 2b - 3d)/n \quad (16.22)$$

因此，化合物氧化所需的氧气摩尔量是：

$$n + 1/4a - 1/2b - 3/4d \quad (16.23)$$

那么该化合物完全被化学氧化的反应为：

$$C_n H_a O_b N_d + (n + a/4 - b/2 - 3d/4)O_2 \longrightarrow nCO_2 + (a/2 - 3d/2)H_2O + dNH_3 \quad (16.24)$$

如果该化合物（$C_n H_a O_b N_d$）是完全可生物降解的，并且能够完全被厌氧生物（没有污泥产量）转化为甲烷、二氧化碳和氨气，那么甲烷气体（和二氧化碳）的理论产量可以通过 Buswell 方程进行计算：

$$C_n H_a O_b N_d + (n - a/4 - b/2 + 3d/4)H_2O \longrightarrow (n/2 + a/8 - b/4 - 3d/8)CH_4 + (n/2 - a/8 + b/4 + 3d/8)CO_2 + dNH_3$$

$$(16.25)$$

在厌氧消化过程中，碳的氧化价态和 COD 值是不会发生变化的。因此，相对于 TOC，COD 值通常被用来量化有机物，因为 COD 值可以在厌氧反应器中进行质量平衡（另见第 16.5 节）。在有机物具体成分未知时，要预测厌氧产生沼气中的甲烷相对数量，COD/TOC 是一个有效途径，其类似于碳的平均氧化价态。事实上，COD/TOC 与碳的平均氧化价态呈线性相关，因此也与沼气中甲烷的预期产量有关（图 16.10）。

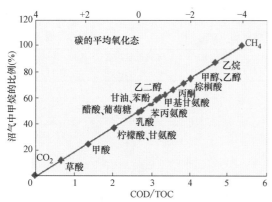

图 16.10 所产沼气中的甲烷预期含量（$CH_4\%$）与 COD/TOC 的函数是：$CH_4\%=$ 18.75·COD/TOC

在特定的无机电子受体，如硝酸盐、硫酸盐或亚硫酸盐的存在下，甲烷的产量会减少，而含氧阴离子会被还原，例如下面的反应：

$$10H+2H^++2NO_3^- \longrightarrow N_2+6H_2O$$
(16.26)

$$8H+SO_4^{2-} \longrightarrow H_2S+2H_2O+2OH^-$$
(16.27)

对于有机电子受体数量相对于硝酸盐（NO_3^-）、亚硝酸盐（NO_2^-）、硫酸盐（SO_4^{2-}）或亚硫酸盐（SO_3^{2-}）过剩的污水，预期可以完全去除无机电子受体。前两种电子受体会被还原为氮气（N_2），而后两种受体最终会被还原为硫化氢（H_2S）。由于硫化氢在水中的溶解度远远大于甲烷，因此，如果污水中含有硫酸盐，水相中 COD 去除率将大大降低。

如图 16.10 所示，沼气中二氧化碳含量通常明显低于 Buswell 方程计算的数值或者 COD/TOC。这是因为：①CO_2 在水中的溶解度相对较高，会与污水一起离开反应体系；②由于

有中和挥发性脂肪酸（VFA）、SO_4^{2-} 和/或 NO_3^- 的阳离子存在于进水中，由于氨的形成导致厌氧过程中含氮有机物的转换，部分二氧化碳会与水相进行化学结合。

16.4 可替代电子受体的影响

16.4.1 厌氧条件下细菌的转化

厌氧消化器中含有混合微生物菌。除了上述的产甲烷菌群外，还存在其他能与产甲烷菌竞争产甲烷物质的细菌，（图 16.8）。所列的细菌具有不同的微生物呼吸系统，可以利用不同的电子受体。如（兼性）好氧细菌的氧气（O_2）、反硝化菌的硝酸盐（NO_3^-）、硫酸盐还原菌的硫酸盐（SO_4^{2-}）或亚硫酸盐（SO_3^{2-}）以及铁还原菌的铁（Fe^{3+}）。缺氧是指氧气在气态形式下（O_2）不能作为电子受体。

16.4.1.1 硫酸盐还原

在硫酸盐、亚硫酸盐或硫代硫酸盐存在的情况下，硫酸盐还原菌（SRB）具有更广的基质范围，能够利用厌氧矿化过程的几种中间物（见表 16.8）。这些细菌将硫酸盐转化为硫化氢。除了利用可直接产甲烷的底物，如氢分子（H_2）、甲酸、乙酸、甲醇和丙酮酸，SRB 还可以使用丙酸、丁酸、更高碳支链脂肪酸、乳酸、乙醇和高碳醇、富马酸、琥珀酸、苹果酸和芳香族化合物（Colleran 等，1995）。因此，厌氧降解过程的主要中间产物（H_2/CH_3COO^-）可以被 SRB、产甲烷菌和/或专性产氢细菌（OHPB）转化。这三类细菌在相同的环境条件（pH 值、温度）下，它们将争夺相同的基质。竞争的结果取决于转化动力学（详见第 16.10 节）。

不同条件下氢气和乙酸转化的化学计量和自由能 $\Delta G^{\circ\prime}$（kJ/mole 基质）的变化		表 16.8
反应	$\Delta G^{\circ\prime}$(kJ/mole 基质)	公式
好氧菌		
$H_2+0.5O_2 \longrightarrow H_2O$	−237	(16.28)
$CH_3COO^-+2O_2 \longrightarrow 2HCO_3^-+H^+$	−844	(16.29)
反硝化菌		
$H_2+0.4NO_3^-+0.4H^+ \longrightarrow 0.2N_2+1.2H_2O$	−224	(16.30)
$CH_3COO^-+1.6NO_3^-+0.6H^+ \longrightarrow 2HCO_3^-+0.8N_2+0.8H_2O$	−792	(16.31)
铁还原菌		
$H_2+2Fe^{3+} \longrightarrow 2Fe^{2+}+2H^+$	−228	(16.32)
$CH_3COO^-+4Fe^{3+}+4H_2O \longrightarrow 4Fe^{2+}+5H^++2HCO_3$	−352	(16.33)

反应	$\Delta G^{\circ\prime}$(kJ/mole 基质)	公式
硫酸盐还原菌		
$H_2 + 0.25SO_4^{2-} + 0.25H^+ \longrightarrow 0.25HS^- + H_2O$	-9.5	(16.34)
$CH_3COO^- + SO_4^{2-} \longrightarrow HS^- + 2HCO_3^-$	-48	(16.35)
产甲烷菌		
$H_2 + 0.25HCO_3^- + 0.25H^+ \longrightarrow 0.25CH_4 + 0.75H_2O$	-8.5	(16.36)
$CH_3COO^- + H_2O \longrightarrow CH_4 + HCO_3^-$	-31	(16.37)

如果有机物质通过硫酸盐还原而氧化，每个硫酸盐分子可以接受 8 个电子。由于一个氧分子只能接受 4 个电子，所以 2mol O_2 的电子接受能力相当于 1mol SO_4^{2-} 的接受能力，1g SO_4^{2-} 相当于 0.67g O_2。这意味着，对于 COD/硫酸盐为 0.67 的污水，理论上有足够的硫酸盐可以通过硫酸盐还原完全去除有机物（COD）。对于 COD/硫酸盐低于 0.67 的，有机物的量不足以完全还原硫酸盐，如果去除硫酸盐是处理的目标，则应添加额外的基质。相反的，对于 COD/硫酸盐超过 0.67 的污水，只有在除了硫酸盐还原作用之外还发生产甲烷作用的情况下，才能完全去除有机物。

在硫酸盐存在的情况下，有机物未必不易降解，但与甲烷相比，硫化氢有一个很大的缺点，即它在水中的溶解度比甲烷高许多。这意味着，对于同等程度的有机废物降解，当硫酸盐存在进水中时，反应器污水中会出现较高量的 COD（以硫化物的形式）。在厌氧消化过程中，硫化物的产生也会造成以下技术问题：

• 硫化氢对产甲烷古菌（MA）、产乙酸菌（AB）和硫酸盐还原菌（SRB）具有毒性。在对污水进行产甲烷处理的情况下，污水中的一些有机化合物将被硫酸盐还原菌而不是产甲烷古菌使用，因此不会转化为甲烷。这导致降解每单位有机废物的甲烷产量较低，并对整个过程的能量平衡产生了负面影响。此外，由于产生的部分硫化物最终在沼气中以 H_2S 的形式存在，沼气的质量也同步降低了。因此，通常需要从沼气中去除 H_2S。

• 产生的硫化物具有难闻的气味，并可能对管道，发动机和锅炉造成腐蚀问题。因此，设备的维护成本增加，并且需要额外的投资来避免这些问题。

• 部分硫化物会出现在厌氧反应器的出水中。如上所述，这导致厌氧反应器系统的整体处理效率较低，因为硫化物会产生污水 COD（每摩尔硫化物需要 2mol 氧气才能完全氧化成硫酸盐）。此外，硫化物会扰乱好氧后处理系统的处理效率，例如藻华或活性污泥膨胀。因此，可能需要额外的后处理系统来去除污水中的硫化物。

根据基质消耗，SRB 菌可分为以下三类：

1）氢氧化硫酸盐还原菌（HSRB）；

2）乙酸氧化硫酸盐还原菌（ASRB）；

3）脂肪酸氧化硫酸盐还原菌（FASRB）。

在最后一组中，可以分为两种氧化模式（16.38）和式（16.39）：

$$CH_3CH_2COOH + 2H_2O \longrightarrow$$
$$CH_3COOH + 3H_2 + CO_2 \text{(OHPB)}$$
$$(16.38)$$

$$CH_3CH_2COOH + 0.75SO_4^{2-} \longrightarrow$$
$$CH_3COOH + 0.75S^{2-} + CO_2 \text{(FASRB)}$$
$$(16.39)$$

$$CH_3CH_2COOH + 1.75SO_4^{2-} \longrightarrow$$
$$1.75S^{2-} + 3CO_2 + 3H_2O \text{(FASRB)}$$
$$(16.40)$$

一些 SRB 菌能够将 VFA 完全氧化成 CO_2 和硫化物作为最终产物。其他 SRB 菌缺少三羧酸循环，以乙酸和硫化物为最终产物进行 VFA 的不完全氧化。在后一种情况下，乙酸将从培养基中排出。值得注意的是，SRB 菌对丙酸的不完全氧化产生与 OHPB 和 HSRB 转化相同的降解产物。

除了硫酸盐的还原，亚硫酸盐和硫代硫酸盐也可能发生还原（Widdel 和 Hansen，1992）。据报道，*Desulfovibrio* 菌株能够还原二价、三价和四价硫酸盐（Fitz 和 Cypionka，1990）。某些 SRB 菌，例如：*Desulfovibriodismutans* 和 *Desulfobactercurvatus* 的独特能力是亚硫酸盐或硫代硫酸盐的歧化作用（Widdel 和 Hansen，1992）：

$$4SO_3^{2-} + H^+ \rightarrow 3SO_4^{2-} + HS^-$$
$$\Delta G^{\circ\prime} = -58.9 \text{kJ/mole } SO_3^{2-} \quad (16.41)$$
$$S_2O_3^{2-} + H_2O \rightarrow SO_4^{2-} + HS^- + H^+$$
$$\Delta G^{\circ\prime} = -21.9 \text{kJ/mole } S_2O_3^{2-} \quad (16.42)$$

SRB 的微生物生态已经通过不同的分析技术被广泛研究，如硫化物微电极、核磁共振（NMR）技术和遗传分析工具（Santos 等，1994；Raski 等，1995；Muyzer 和 Stams，2008）。尽管 SRB 被严格归类为厌氧细菌，但是研究发现一些 SRB 能够有氧呼吸。

在没有电子受体的情况下，SRB 能够通过发酵或产乙酸反应生长。丙酮酸、乳酸和乙醇很容易被许多 SRB 发酵（Widdel 等，1988）。SRB 的一个有趣的特征是它们能够在与氢营养 MA 菌（HMA）的共生过程中进行乙酸氧化。该现象已在许多研究中发现，如在使用乳酸、乙醇或丙酸的特定共培养中（Widde 等，1988；Oude Elferink 等，1994；Wu 等，1991）以及产甲烷生物反应器，如 UASB、流态化床和固定床反应器（如 Wu 等，1992）中。然而，在硫酸盐存在的情况下，这些细菌表现为真正的 SRB 菌，并代谢丙酸作为还原硫酸盐的电子供体。

如果污水中存在 SO_4^{2-}，则无法阻止 SRB 菌对 SO_4^{2-} 的还原。目前，一方面已有研究试图将该竞争转向单个反应系统，但尚未获得成功；另一方面，市场上有几种技术方案可以降低厌氧反应器中的 H_2S 浓度，以将 MA 菌的毒性降至最低（图 16.11）。

16.4.1.2 反硝化

一般情况下，厌氧污水处理和消化过程中不会发生反硝化作用。在厌氧条件下，有机氮将转化为铵。只有当进水中含有硝酸盐（见第 5 章）或硝化后的污水循环到厌氧反应器时，才能实现反硝化（Kassab 等，2010）。产甲烷环境中硝酸盐的存在对甲烷的形成有负面的影响（Tugtas 和 Pavlostathis，2008）。

反硝化作用是由反硝化微生物实现的，即能够用硝酸盐氧化有机物的化学异养细菌。然后，硝酸盐通过亚硝酸盐和氮氧化物转化为氮气。一

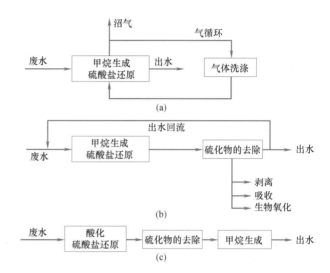

图 16.11 降低厌氧反应器中 H_2S 浓度的技术解决方案。（a）通过沼气循环和气体管道中的硫化物汽提来增强 H_2S 的汽提；（b）在（微型）好氧后处理系统中去除 H_2S，并将处理后的污水再循环到厌氧反应器进水中进行稀释；以及（c）将预酸化和硫酸盐还原与硫化物去除步骤结合起来，以降低厌氧反应器中的硫含量。在（c）中，由于 pH 值普遍较低，大部分的 H_2S 将在酸化步骤中被汽提

般来说，反硝化微生物适合将氧气作为电子受体，因为能产生更多的能量（表 16.8）。

在活性污泥工艺中，反硝化菌在 O_2（几乎）耗尽时开始使用硝酸盐，只有在溶解 O_2 浓度为 1mg/L 或更低时才会发生。

反硝化是一个需要电子供体的异养过程。对于通过反硝化作用氧化有机物，每个 NO_3^- 分子可以接受 5 个电子（或每个 NO_2^- 分子可以接受 3 个电子）。因此，$1\frac{1}{4}$ mol O_2 接受电子的能力相当于 1mol NO_3^-，相当于每克 NO_3^- 含 0.65g COD，或每克 NO_3^--N 含 2.86gCOD。

以硝酸盐和亚硝酸盐氧化甲醇的化学计量根据以下反应方程式进行：

$$CH_3OH + 2NO_2^- \longrightarrow N_2 + CO_3^{2-} + 2H_2O$$
$$(16.43)$$
$$5CH_3OH + 6NO_3^- \longrightarrow$$
$$3N_2 + 4HCO_3^- + CO_3^{2-} + 8H_2O \quad (16.44)$$

这些反应表明反硝化作用会导致 pH 值升高（碳酸盐生成）。

16.5 化学需氧量的平衡

与任何生物系统一样，必须对厌氧处理过程的相关参数进行监控，并且必须对测量结果进行评估，以便进行适当的操作和控制。第16.3节讨论了COD作为厌氧系统控制参数的有效性。这是因为，与好氧系统相比，厌氧反应不会破坏COD。在厌氧处理过程中，化学需氧量只是"重新排列"。复杂的有机化合物被分解成更简单的中间体，最终矿化成 CH_4 和 CO_2。减去融入新菌体中的COD，减去出流水中剩余的COD，所有进入系统的COD都在最终产物 CH_4 中。由于仅使用COD作为参数就可以实现完美的质量平衡，因此通常将COD作为运行厌氧系统的控制要素：

$$COD_{in} = COD_{out} \quad (16.45)$$

基于应用目的，公式16.45应扩展到厌氧反应器的各个出口，如图16.12所示。

为了确定厌氧反应器中COD的去向，应对气体、液体和固体出口进行详细分析（表16.9）。

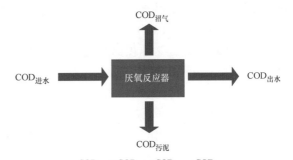

$$COD_{进水} = COD_{出水} + COD_{沼气} + COD_{污泥}$$

图 16.12　厌氧反应器的COD平衡。通过区分气体、液体和固体的化学需氧量，可以从较容易测量的参数中估算出缺失的部分

厌氧反应器系统中各种COD的组分及其去向。点的数量表明在相应的划分（进水、出水、污泥、沼气）中指示的COD组分的相对重要性　　　　　　表16.9

COD组分	进水	出水	污泥	沼气
可溶性有机质	• • •	• • •	•	
可溶性无机质	•	• •	•	
悬浮有机质	• • •	• •	• •	
悬浮无机质		•	•	
胶体	•	• •	•	
吸附	•		• • •	
截留			• • •	
CH_4		•		• • •
H_2				•
H_2S	•	• •		• •
N_2				•
新增生物量		• •	• •	

根据进水的基本特征，即流速和COD浓度，以及COD的可生物降解性，可以很容易地估算出 CH_4 产率。摘自第16.3.1节。我们可以推导出：

$$CH_4 + 2O_2 \longrightarrow CO_2 + 2H_2O \quad (16.46)$$

这意味着 $22.4m^3$ 的 CH_4（STP）需要 $2mol$ 的 O_2（COD），相当于 $64kg$ 的COD。因此，理论上 $1kg$ 的COD可以转化为 $0.35m^3$ 的 CH_4。

同样地，$1kg$"细菌VSS"的理论COD当量可以计算为 $1.42kgCOD/kgVSS$，估计其组成为 $C_5H_7O_2N$。由于最终产物 CH_4 和新生长的细菌都以COD表示，如果进水和出水得到适当的测量，就可以实现平衡。

正如第16.4节所解释的，化学需氧量平衡中经常会出现"缺口"，这主要归因于"电子的损失"，因为这些电子被导向氧化性阴离子，如 SO_4^{2-} 和 NO_3^-。为了更接近COD平衡，要么应该考虑所有还原气体，要么需要测量电子受体的浓度。应该意识到，污水中会存在含有 H_2S 等可溶性COD的气体，或其离子化形式的 HS^-。在这个例子中，有机COD被转化为无机COD，其中与pH值有关的部分最终将进入沼气，而其余部分将留在污水中。

导致COD出现缺口的另一个常见原因是难

降解或可缓慢生物降解的 COD 在污泥床中被截留或积累，有时会极大地改变 1.42kgCOD/kgVSS 的化学计量数值。后者在处理富含 FOG 或含 LCFA 的污水时尤其如此。有这些基质，COD 的去除效率通常很高，但甲烷的低产率导致了平衡中的巨大差距。

在这个例子中，COD 缺口表明潜在严重的长期运行问题。最终，堆积的脂肪和/或其他惰性固体会恶化污泥的 SMA，而 FOG/LCFA 吸附在污泥上会导致污泥上浮和冲失。活性生物量的减少可能导致高速率厌氧工艺的彻底失败。

使用 COD 的平衡作为监控反应器性能的工具来操作厌氧反应器，可为操作员提供有关系统功能的重要信息。在不可逆转的恶化发生之前，可以采取适当的行动。此外，可以很容易地评估替代电子受体对甲烷产率的影响，同时，根据产气量和出水 COD 值，可以估计新生长和截留的生物量。

16.6 固定化与污泥颗粒化

无论何种反应系统，实现高效生物反应的关键均是细菌的有效固定化。事实上，厌氧处理系统中所需的高污泥停留时间是适于固定化的，这通常会形成良好平衡的细菌群落。这些菌群的存在被认为是厌氧工艺正常运行的先决条件，特别是考虑到在大多数有机物的厌氧降解过程中会发生各种同步转化反应，特定中间产物较高浓度的有害影响，以及环境因素（如 pH 和氧化还原电位）的主要影响。自 20 世纪 70 年代开发并成功实施高速率厌氧处理系统以来，对固定化过程基本原理的认识已取得重大进展（Hulshoff Pol 等，2004；Van Lier 等，2015）。在厌氧滤池（AF）中，安装在固定基质中的惰性支撑材料可能发生固定化，厌氧滤池在升流和降流模式下均可运行。基质也可以是自由漂浮的，就像在移动床生物反应器和流化床（FB）系统中一样。如果不使用惰性支撑材料，就会发生"自动固定化"，这被理解为细菌在菌群自身或污水中存在的非常细小的惰性或有机颗粒上的固定化。菌群将在适当的时候成熟，形成圆形颗粒污泥。

关于固定化，尤其是厌氧污泥颗粒化现象，

令来自不同学科的许多研究人员感到困惑。事实上，颗粒化是一个完全自然的过程，只需系统满足基本条件：可溶性基质和反应器以升流方式操作且 HRT 低于细菌倍增时间。由于关键的解乙酸产甲烷菌的生长速度非常低，尤其是在局部优化条件下，后者很容易满足。厌氧颗粒的形成在升流模式下运行的厌氧生物反应器中很容易观察到（Hulshoff Pol 等，2004）。然而，在厌氧序批式反应器中也观察到了成功的颗粒化现象（Sung 和 Dague，1995；Wirtz 和 Dague，1996）。在南非使用的 Dorr Oliver Clarigesters 可能是自 20 世纪 50 年代以来第一次发现回流污泥颗粒化。然而，这只是通过对 1979 年一个消化池采集的污泥样本的观察才确认的（Lettinga，2014）。在研究厌氧升流滤池的启动和可行性时，Young 和 McCarty（1969）已经认识到厌氧污泥形成聚集体的能力，这些聚集体可以很好地沉淀下来。这些颗粒的直径最大可达 3.1mm，且易于沉淀。在荷兰对马铃薯淀粉废水和甲醇溶液进行的 AF 实验中，也观察到类似现象（Lettinga 等，1979）。然而，尽管美国和南非对厌氧处理技术的兴趣有所减弱，但荷兰却把重点放在了发展工业规模的系统上，在那里，新的地表水保护立法恰逢 20 世纪 70 年代的世界能源危机，因此，污泥颗粒相关领域的应用研究和基础研究正受到更多重视。不仅如此，全世界对颗粒污泥工程和微生物领域的兴趣都在增加。因此，对厌氧处理的污泥颗粒化过程的机理有了充分的认识，至少在实际应用方面（详见 Hulshoff Pol 等，2004；Van Lier 等，2015）。颗粒化可以在任何温度下进行，即在常温、适热和适冷条件下进行。不仅从微生物角度，而且从工程过程的角度，进一步揭示混合平衡颗粒聚集生长的基本原理，具有重要的实质意义。

16.6.1 污泥颗粒化的机理

从本质上讲，污泥颗粒化是基于这样一个事实，即当稀释速率超过细菌生长速率时，细菌的保留是必不可少的。固定化还需要支撑材料和/或特定生长核的存在。颗粒化的发生可以用以下几种方式解释：

（1）接种污泥中已经存在适当的生长核，即惰性有机和无机细菌载体材料以及细菌聚集体。

（2）当表面液速和气速增加时，在主反应环境条件下的稀释速率高于细菌生长速率时，被保留下来的细小分散的物质，包括存活的细菌物质，将越来越少。结果则是自动形成了对应的生物质薄膜或聚集体。

（3）聚集体的大小和/或生物膜厚度是有限的，这取决于内在强度（结合力和细菌缠绕的程度）和施加在颗粒/薄膜上的外力（剪切力）。因此，在适当的时候，粒子/薄膜将会分崩离析，逐步形成下一代。第一代聚集体，由 Hulshoff Pol 等（1983）指出，为丝状颗粒，主要由长的多细胞杆状细菌组成。它们相当庞大，实际上更多的是成群的，而不是颗粒的。

（4）保留的次生生长核将再次生长，但细菌密度也会增加。增长不仅限于边界，而且还发生在聚集体内部。在适当的时候，它们将再次分裂，发展到第三代等等。

（5）颗粒将逐渐"老化"或"成熟"，这一过程的特征是巨大的"丝状颗粒"被浓密的"杆状"颗粒取代。

在上述选择过程中，有机负荷和水力负荷都逐渐增加，增加了系统内部的剪应力。后者产生坚固稳定的污泥集合体，具有高密度和高表观速度。图 16.13 显示了反应器内污泥浓度随时间的变化，以 gVSS/L 表示，以及适用的体积有机负荷率。当达到设计加载速率时，启动完成。对于部分被酸化的以可溶性为主的污水，颗粒污泥较容易培养。

表 16.10 列出了产甲烷颗粒污泥的一些共同特征。

优质颗粒污泥的定义和特性建议（图片来源：Paques B. V.）	表 16.10

颗粒污泥示例	优质颗粒特性
 马铃薯废水培养颗粒	代谢活性： 颗粒污泥产甲烷活性范围： $0.1\sim2.0$kgCOD-CH$_4$/(kgVSS·d) 工业废水的典型值： $0.3\sim1.0$kgCOD-CH$_4$/(kgVSS·d)
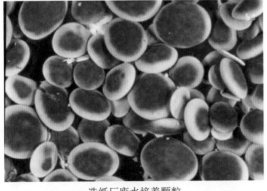 造纸厂废水培养颗粒	可沉降性和其他物理特性： • 沉降速率：$2\sim100$m/h，典型 $30\sim75$m/h • 密度：$1.0\sim1.05$g/L • 直径：$0.1\sim8$mm，典型：$0.15\sim4$mm • 形状：球形和轮廓分明的表面 • 颜色：黑/灰/白

定义：浓密球形微生物聚集体，由微生物、惰性物质和胞外聚合物（EPS）组成，具有高度的新陈代谢活性和沉降性。

在颗粒化工艺方面，接种消化污泥的 UASB 反应器和采用惰性自由漂浮载体材料的升流式反应器（如 FB 反应器）基本上没有什么本质上的区别，后者使用沙粒或浮石作为生长生物质的载体材料。事实上，只要反应器在颗粒上有适度的剪切作用；在FB系统中可以获得很好的污泥颗粒化效果，也就是说，在这样一种模式下，生物膜可以足够厚地生长和/或不同的颗粒可以一起生长。现有经验表明，完全流化不是必需的，实际上不利于获得稳定和足够厚的生物膜。目前，膨胀颗粒污泥床（EGSB）反应器在商业应用中比更昂贵的流化床系统更受关注（另见16.7.2.4节）。

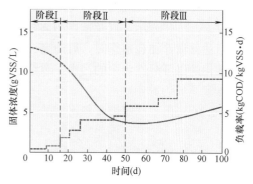

图16.13　UASB反应器启动初期的污泥动态。第一阶段：负荷小于3kgCOD/（m³·d），污泥床膨胀，胶体污泥部分被洗出，可形成气浮层，比产甲烷速率开始提高。第二阶段：重污泥洗出，在重污泥和轻污泥之间进行选择，负荷速率大大提高，形成致密的聚集体。第三阶段：提高污泥总浓度，增加颗粒污泥数量，可进一步提高负荷

16.7　厌氧反应器系统

厌氧反应器自19世纪以来便一直在使用，当时Mouras和Cameron开发了自动清道器和化粪池，以减少污水系统中的固体数量。虽然速度非常慢，但第一批厌氧稳定过程发生在专为拦截黑水固体而设计的水箱中（McCarty，2001）。第一个厌氧反应器是在1905年开发的，当时Karl Imhoff设计了一个处理整个污水流的沉淀池-消化池。在Imhoff池中，固体沉淀并在一个池中稳定下来（Imhoff，1916）。德国Ruhrverband，Essen-Relinghausen公司开发了一种在非原位分离反应器中对截留固体进行实际控制消化的技术。

同时，Buswell等（1932）开始采用相同的技术处理污水和工业废水。所有这些系统都可以被描述为低速率系统，因为在设计中没有包括增强厌氧分解代谢能力的特殊功能。这些系统的工艺可行性在很大程度上取决于厌氧菌群的生长速

度。因此，反应器非常大，在运行中非常脆弱。厌氧池也可以看作是一个低负荷的厌氧处理系统。厌氧池通常与兼氧池和好氧稳定池一起建造。厌氧池的负荷范围为0.025～0.5kgCOD/（m³·d），池深为4m。由于系统通常处于超负荷运行的状态，厌氧池存在气味的问题。此外，高能量的温室气体CH_4流失到大气中也是一个公认的缺点。

16.7.1　高速厌氧系统

厌氧污水处理技术得以快速发展的主要成功原因在于引入了高速反应器，实现了生物质与液体停留时间的分离。在厌氧工艺中，最大允许COD负荷取决于与污水成分完全接触的活性厌氧生物催化剂的数量。相反，在好氧过程中，允许的COD负荷取决于电子受体（即氧气）的最大转移率。高速厌氧系统中的高浓度污泥是通过物理滞留和/或固定化厌氧污泥而获得的。较高的生物质浓度可以应用较高的COD负荷率，同时在相对较短的HRT下保持较长的SRT。在过去的40～50年里，基于不同的污泥停留机理开发了各种高速厌氧处理装置，如厌氧接触法（ACP）、厌氧滤池（AF）、上流式厌氧污泥床（UASB）反应器、流化床（FB）反应器、膨胀颗粒污泥床（EGSB）反应器、内循环（IC）反应器、厌氧折流板反应器（ABR）、膜耦合高速反应器（UASB/EGSB/FB）和膜耦合CSTR系统。后者更为人所知的是厌氧膜生物反应器（AnMBR）（如Dereli等，2012）。

为了使厌氧反应器系统能够适应处理特定污水的高有机负荷率，应满足以下条件：

• 在运行条件下，活性污泥在反应器中的高停留。

• 活菌生物量与污水充分接触。

• 反应速度快，没有电子转运限制。后者指的是底物和（中间）反应产物。

• 活性较高的微生物应该得到充分的适应和/或驯化。考虑到厌氧条件下微生物生长率低，因此SRTs较长，微生物适应可能需要很长一段时间。

• 在所有施加的操作条件下，反应器内所有所需有机体的有利环境条件普遍存在，重点是限速步骤。应该强调的是，这种情况并不意味着

反应器内任何地方和任何时间点的情况都应该是相似的。厌氧消化的特点是有多种不同的微生物（见16.2节）。系统内微生态位的（共生）存在是底物完全转化的先决条件。根据底物类型的不同，厌氧颗粒和/或生物膜具有系统发育多样、空间动态分布以及细菌和古菌的局部活动的特点。例如，尽管液体中的 H_2 浓度相对较高，但生物膜和颗粒内部的 H_2 分压保持在非常低的水平，甚至允许非常激烈的产酸反应进行，例如丙酸的氧化。

图16.14 说明了高速反应器系统的发展，以及改善污泥停留和加强接触对适用的有机负荷率的影响。尽管 Buswell 的第一批试验没有达到 $1kgCOD/(m^3 \cdot d)$ 的负荷率，但市场上出售的新型 AnWT 系统保证负荷率超过 $40kgCOD/(m^3 \cdot d)$。

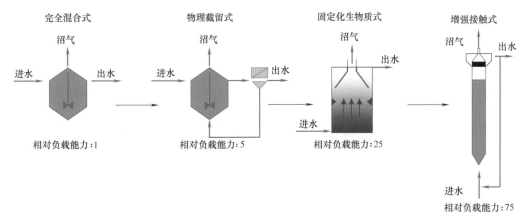

图16.14 不同 AnWT 系统的相对负载能力。在全规模处理条件下，最大应用负荷率达到约 $40kgCOD/(m^3 \cdot d)$，在优化的膨胀颗粒污泥床系统强化了接触效果

到目前为止，AnWT 的大多数应用都是作为食品加工废水和农用工业废水的末端处理技术。表16.1列出了2007年调查的2266个反应器的结果。应该指出的是，目前投入使用的大规模厌氧高速率反应器数量超过4000个（van Lier 等，2015）。除了传统的应用外，非食品领域的大规模厌氧反应器的数量也迅速增加。常见的例子是造纸厂和化工废水，如含有甲醛、苯甲醛、对苯二甲酸盐等的废水（如 Razo-Flores 等，2006）。令人惊讶的是，化工废水也在采用大规模厌氧反应器，因为由于人们普遍对生物处理，特别是厌氧处理存在偏见，厌氧技术在化学工业中并未被广泛接受。关于化合物，值得一提的是，某些化合物，如多氯芳烃和多硝基芳烃以及对偶氮染料，只有在处理过程中引入还原（厌氧）步骤时才能降解。然后，厌氧菌是与好氧菌互补的，以实现全面的处理。

目前的高速厌氧消化系统也能够处理低温和低浓度污水。除了城市污水，许多工业废水都是在低温下排放的，例如啤酒和麦芽废水。因此，AnWT 的应用潜力仍在扩大，新的反应器系统正在开发，以拓宽应用领域。

16.7.2 单级厌氧反应器

16.7.2.1 厌氧接触法（ACP）

随着高速反应器的历史发展，ACP 工艺是第一个将 SRT 从 HRT 中分离出来的配置。反应器的生物量浓度通过采用与其好氧同源物类似的二沉池回流来增加（图16.15）。

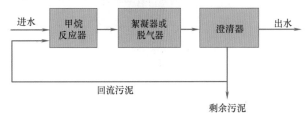

图16.15 厌氧接触法，配备絮凝器或脱气装置，以加强二沉池中的污泥沉淀

据报道，第一个 ACP 工艺用于处理 COD 约为1300mg/L 的稀释包装厂废物（Schroepfer 等，1955）。然而，针对中等浓度污水的第一代高速厌氧处理系统的各种版本都不是很成功。在实践中，主要的困难是在二沉池中活性厌氧污泥与出水不好分离。沉淀池中沼气的形成和附着是其他主要问题（Rittmann 和 McCarty，2001）。造成污泥分

离不良的原因是生物反应器中非常强烈地搅拌，产生了非常小的污泥颗粒，沉降性能很差。此外，溶解气体的过饱和导致了沉淀池中浮力的上升。强化混合的目的在于确保污泥与污水的最佳接触。新型的ACP系统应用的混合条件温和许多，通常在二沉池之前安装脱气装置。事实上，新型ACP系统对悬浮物浓度相对较高的浓缩污水非常有效。因此，ACP在高速厌氧系统的大规模应用中占有大量的市场份额（Van Lier，2008）。如果设计得当，新型ACP的有机负荷可以达到10kgCOD/（m³·d）。不过，ACP的出水需要进行后续的处理步骤，才能符合排放限制。

16.7.2.2 厌氧滤池（AF）

另一种污泥停留的方法是采用惰性支撑材料，使厌氧微生物可以附着在生物反应器中。最早的厌氧过滤器早在19世纪就已经开始应用（McCarty，2001），而工业废水处理的应用始于20世纪60年代的美国（Young和McCarty，1969；Young，1991）。AF也被称为填充床工艺，是一种生物膜系统，其中保留了生物质，其基础是：

• 将生物膜附着到固体（固定）载体材料上；
• 在填料间隙之间截留污泥颗粒；
• 具有非常高沉降速率的污泥聚集体的沉积和形成。

AF技术可应用于上流式和下流式反应器

（Young和Yang，1989）。为了在AFs中使用，人们研究了各种类型的合成填料以及天然填料，如砾石、焦炭和竹片。研究结果表明，填料的形状、大小、质量、比表面积和孔隙率是影响细菌附着的重要因素，也是影响细菌附着的表面黏附性的重要因素。由于厌氧微生物能有效地附着在惰性载体上，在正确的支持下，AF系统可以快速启动。这种易于启动的系统是它在20世纪80年代和90年代流行的主要原因。然而，UAF系统在长期运行过程中往往会遇到比其他系统更多的问题。UAF概念的主要缺点是很难保持污泥和污水之间所需的接触，因为滤床很容易发生堵塞。对于部分可溶的污水，情况尤其如此。这些堵塞问题显然可以（至少部分地）通过应用初沉池和/或预酸化处理来解决（Seyfried，1988）。然而，这需要建造更多的运营单元。除了成本较高外，它还不能完全消除流动短路（滤床堵塞）的问题，导致处理效率令人失望。

由于其高效的生物固相停留能力，AF技术已被广泛应用于饮料、食品加工、制药和化工等行业的污水处理（Ersahin等，2011）。自1981年以来，大约有140个大规模的UAF装置投入运行，用于处理各种类型的污水，约占安装的高速反应器总数的6%（图16.16）。

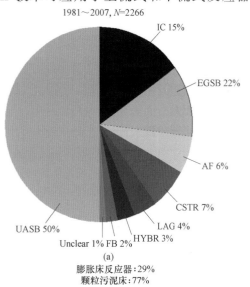

1981～2007, N=2266

IC 15%
EGSB 22%
AF 6%
CSTR 7%
LAG 4%
HYBR 3%
FB 2%
Unclear 1%
UASB 50%

(a)
膨胀床反应器：29%
颗粒污泥床：77%

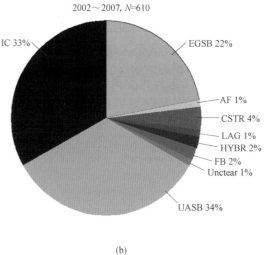

2002～2007, N=610

IC 33%
EGSB 22%
AF 1%
CSTR 4%
LAG 1%
HYBR 2%
FB 2%
Unclear 1%
UASB 34%

(b)
膨胀床反应器：57%
颗粒污泥床：89%

图16.16　1981～2007年（a）和2002～2007年（b）实施的工业废水厌氧技术。
UASB-升流式厌氧污泥床；IC-内循环反应器，一种具有沼气驱动的流体力学的EGSB系统；EGSB-膨胀颗粒污泥床；AF-厌氧滤池；CSTR-连续搅拌反应器；LAG-厌氧池；HYBR-底部污泥床和顶部滤池的组合式混合系统；FB-流化床反应器（van Lier，2008）

该系统的使用经验相当令人满意，适用于适度或相对较高的负荷率，最高可达 10kgCOD/($m^3 \cdot d$)。UAF 系统对于主要可溶类型的污水的处理仍然很有吸引力，特别是当污泥颗粒化过程进行得令人不满意的时候。然而，与系统堵塞和过滤材料稳定性有关的长期问题限制了规模化 AF 系统的发展。

为了最大限度地减少滤料空隙中的堵塞和污泥积累，厌氧滤池有时以降流模式运行，这种模式被称为降流式固定膜反应器。各界已对各种操作模式和过滤材料进行了研究，但厌氧滤池的规模化应用程度依然令人失望。主要的限制因素是低有机负荷率适用的系统中的生物质主要附着在填料表面，而可以保留的生物质数量有限；与之相对应的是在 UAF 中，大部分厌氧活性都在非附着生物质中发现的。

16.7.2.3 厌氧污泥床反应器（ASBR）

厌氧污泥床反应器（ASBR）无疑是迄今为止最受欢迎的 AnWT 系统。这种反应器中的污泥滞留是基于易沉淀的污泥聚集体（絮体或颗粒）的形成，以及内部气-液-固分离系统（GLSS 装置）的应用。

高速厌氧处理技术最显著和最重要的发展之

一是由荷兰的 Lettinga 和他的同事发明了 UASB 反应器（Lettinga 等，1976；Lettinga 等，1980）。污泥在该反应器中的停留是基于污泥聚集体（絮体或颗粒）的形成和反漏斗状内部 GLSS 装置的应用。采用 UASB 技术处理工业废水，从 1971～1972 年的实验室规模到 1976 年的中试反应器，到 1977～1978 年在荷兰一家糖厂的全面应用，仅用了 5～6 年的时间（Lettinga，2014）。据悉，这是迄今为止所有新的、成功的环境工程技术中有记录的最短开发周期。在第一批应用之后，使用 ASBR 工艺的实验室和中试应用取得了许多成功的结果，这导致在世界各地建立了数千个大规模反应器（Nnaji，2013；Lim 和 Kim，2014；Van Lier 等，2015）。AS-BR 无疑是迄今为止最受欢迎的厌氧污水处理系统，在工业废水处理中具有广泛的应用潜力。考虑到 UASB 工艺的潜力，以及其占据了几乎 90% 的新安装的高速反应器的现状（Van Lier 等，2015；图 16.16），本章将对 UASB 工艺进行详细阐述（第 16.8 节）。

图 16.17 显示了 UASB 反应器的示意图。图 16.18 显示了两个大规模 UASB 实例。

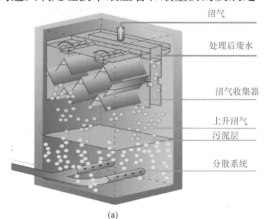
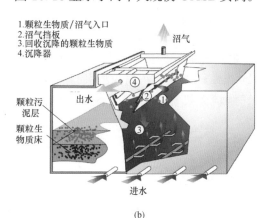

图 16.17　主要厌氧系统制造商的 UASB 反应器

（a）Paques B. V.；（b）Biothane B. V.

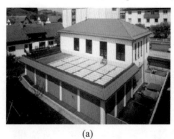

图 16.18　用于处理（a）德国 Bregenz 果汁厂废水和（b）印度尼西亚乳制品废水的 UASB 装置

（照片来源：Paques B. V. 和 Biothane B. V.）

第一批 UASB 反应器用于处理食品、饮料和农业废水，随后在 1983 年迅速应用于造纸和纸板厂废水（Habets 和 Knelissen，1985）。大多数规模化的反应器用于处理农用工业废水，但化学工业废水方面的应用也在增加，如下所述（Van Lier 等，2015；Rajagopal 等，2013）。

与 UAF 系统类似，在 UASB 反应器中，污水以向上的方式通过反应器。然而，与 AF 系统相反，UASB 反应器中没有填料。UASB 反应器系统可以实现良好的污泥沉降性、低 HRTs、消除填料成本、高生物质浓度（底部高达 80～100g/L）、有效的固液分离以及在高有机负荷（OLR）下运行（Speece，1996）。OLR 设计通常在 4～15kgCOD/（$m^3 \cdot d$）的范围内（Rittmann 和 McCarty，2001）。然而，该工艺的一个主要限制是与高悬浮固体含量的污水有关，这阻碍了致密颗粒污泥的发展（Alphenaar，1994）。污泥床反应器的概念基于以下观念：

（1）只要工艺操作正确，厌氧污泥会具有良好的沉淀性能。沉淀缓慢的小颗粒或污泥将被从系统中洗掉。

（2）在 UASB 反应器中，通过在反应器底部均匀地投加污水，来实现污泥和污水之间所需的良好接触。此外，上升流速的增加会使污泥颗粒与污染物之间有更好的接触。当有机负荷率超 5kg COD/（$m^3 \cdot d$）时，污泥和污水的混合主要来自沼气湍流。机械混合不适用于 UASB 反应堆。

（3）对于含有可生物降解抑制物的污水，可以通过应用液体循环流动的方式来实现流体动力混合。从而获得更完全混合流体，并且使底物和中间产物在反应器高度上的分层最小化，从而最大限度地减少潜在的抑制作用。

（4）通过使用安装在反应器顶部的集气罩分离产生的沼气，防止活性污泥聚集体的冲刷。这样，在反应器的最上部形成了一个湍流相对较小的区域，同时反应器配备了一个内置的二次沉淀池。

（5）集气罩的作用类似于三相气-液-固分离器。GLSS 装置是 UASB 反应器的重要组成部分，用于：

1）收集、分离和排放产生的沼气。为了获得令人满意的性能，装置内的气液表面积应足够大，以便气体能够很容易地逸出。如果出现浮渣层，这一点尤为重要。

2）最大限度地减少沉淀池中的液体湍流，以加强污泥的沉降。为了防止沼气冒泡到顶部的沉降区，应在气顶之间的缝隙下方以及气顶和反应器壁之间安装一个或多个挡板。

3）通过沉淀、絮凝和/或停留在污泥床（如果在沉淀池中）中的机制去除污泥颗粒。如果污泥床没有进入沉淀池，收集的污泥可以回流消化池，或者有时与消化池中的剩余污泥一起排放。

4）限制消化池内污泥床的膨胀。该系统起到了一种屏障的作用，防止污泥床较轻部分的过度膨胀。如果污泥床膨胀到沉淀池中，污泥就会变厚（因为气体已经分离）；这些浓缩的、较重的污泥流回消化池。

5）减少或防止浮起的污泥颗粒被从系统中冲走。为此，应在溢流的出水堰前安装浮渣层挡板。

6）对污水中悬浮物进行一定程度的处理。

一些研究人员和从业者建议在反应器上部用填充床取代 GLSS 装置。这被称为升流式混合反应器，是 UASB 和 UAF 反应器的合并。在一些设计中，填充材料只安装在沉降池中，使 GLSS 保持在其原始位置。在安装的所有厌氧反应器中，大约有 3% 是混合反应器（图 16.16）。

大多数应用中，有机物的转化主要集中在污泥床段，而小型悬浮固体的强化去除主要集中在顶部。用生活污水进行的试验表明，悬浮固体和胶体物质的去除效果都有所改善（Elmitwalli 等，2002）。

对于一些特殊的化工废水，如精对苯二甲酸（PTA）废水（Kleerebezem，1999a，b），混合反应器表现出比单一 UASB 更好的性能。然而，结果表明，对苯二甲酸只有在低浓度的乙酸和苯甲酸的作用下才有可能转化为苯甲酸。通过应用混合系统，这些物质在污泥床区转化，同时对苯二甲酸在混合部分转化，在那里保留特定的菌群以降解难降解的化合物；对混合反应器而言，最常见的缺点是在长时间运行后，过滤段会恶化。

16.7.2.4 厌氧膨胀颗粒污泥床和流化床系统 (EGSB 和 FB)

膨胀床和流化床系统被认为是第二代污泥床反应器，其有机体积负荷在实验室达到 30～60kgCOD/(m³·d)，在大规模应用中达到 20～40kgCOD/(m³·d)。FB 工艺的基础是细菌附着到可移动载体颗粒上，这些载体颗粒例如由细砂 (0.1～0.3mm)、玄武岩、浮石或塑料组成。FB 系统可以被认为是一种先进的厌氧技术（Li and Sutton，1981；Heijnen 等，1990）在规定的条件下运行时，可以实现高负荷率。①液体湍流和颗粒周围的高流速所导致的高传质速率；②由于污泥床膨胀而产生的大孔的堵塞和短路较少；③由于载体的小尺寸而形成的高比表面积，使得 FB 反应器具有高效率。然而，该系统在长期稳定运行上似乎存在问题。由于该系统部分依赖于均匀（在厚度、密度和强度上）附着的生物膜和/或颗粒的形成，为了保持生物膜稳定的发展，需要进行高程度的预酸化，进水中不应存在分散物质（Ehlinger，1994）。然而，均匀的薄膜厚度是很难控制的，而且在许多情况下，不同类型的生物膜会在反应器的高度上发生分离。在规模化的反应器中，裸露的载体颗粒经常从生物膜中分离出来，影响工艺运行操作。为了使生物膜颗粒保持在反应器中，需要调整流量，之后生物质以固定床的形式在反应器底部积累，上层则将出现轻质蓬松的聚集体（分离的生物膜）。后者只能在表面速度保持相对较低的情况下才能实现，而这实际上不是 FB 系统的目标。

第二代 FB 系统，如 Anaflux 系统（Holst 等，1997）依靠床层膨胀而不是床层流化。由于床层膨胀可以使主流生物膜更广泛地分布，该系统操作起来就容易得多。与传统的 AF 系统一样，Anaflux 系统使用惰性多孔载体材料（粒径小于 0.5mm，密度约为 2）进行细菌附着。Anaflux 系统还在反应器顶部使用三相分离器，与 UASB 反应器中的 GLSS 装置大致相似。当附着在介质上的生物膜层过度生长，相关的（较轻的）聚集体随后积累在分离器装置中时，通过外部泵周期性地从反应器中抽取物质，在该泵中施加足够的剪切力以去除部分生物膜。然后，将介质和分离的生物质返回反应器，然后将游离生物质从系统中洗出。通过这种方式，控制了介质的密度，并创建了更均匀的反应器床。这种方式可以保持反应器在 30～90kgVSS/m³，并且由于采用了高液体上升速度，即高达 10m/h，实现了良好的液体-生物质接触。该系统适用于悬浮物浓度小于 500mg/L 的污水，大部分规模化厌氧 FB 反应器采用 Anaflux 工艺。尽管如此，目前 EGSB 类型的反应器比昂贵的 FB 系统更适合大规模应用。

EGSB 反应器可以认为是对传统 UASB 反应器的升级。EGSB 系统采用颗粒污泥，具有良好的沉降特性和较高的产甲烷活性的特点（另见表 16.10）。结果表明，EGSB 反应器的外加 OLR 和向上流速明显高于 UASB 反应器。污泥床膨胀是由当时的工艺条件实现的。当施加极端的污泥负荷时，由于颗粒中的沼气滞留，沉降性会降低。然而，由于污泥沉降性高，也可以采用高表面液体速度，即超过 6m/h。这些高液体速度，加上床内气体的提升作用，导致污泥床（适度）膨胀。此外，由于污泥和污水之间的良好接触，该系统与传统的 UASB 装置相比具有更高的负荷潜力。在一些膨胀床系统中，例如 Biopaq®IC-reactor（图 16.20），水力和气流产生的表面流速可为 25～30m/h，使得反应器介质与可利用生物质几乎完全混合。

规模化的膨胀床装置，如 Biobed EGSB 和 Biopaq®IC 反应器（图 16.19），采用 25～35kgCOD/(m³·d) 的 OLR，对各类污水均取得了很好的处理效果。EGSB 类型系统的极限 COD 负荷率产生的极限沼气负荷率如下：

$$V_{biogas} = COD_{conc} \cdot \frac{E_{ff\text{-}meth}}{100} \cdot \frac{0.35}{F_{meth\text{-}biogas}} \cdot \frac{(T+273)}{273} \cdot V_{upw,liquid}$$

(16.47)

式中，$E_{ff\text{-}meth}$ 是转化为 CH_4 的 COD 量或基于 CH_4 产量的 COD 效率；$F_{meth\text{-}biogas}$ 为沼气中甲烷的占比（例如，60% CH_4 为 0.6）；T 为 UASB 反应器运行下的摄氏温度；$V_{upw,liquid}$ 为 UASB 反应器中向上的液体速度。

必须注意的是，由于 CO_2 在介质中的高溶解度以及 HCO_3^- 与 Na^+、K^+ 和 NH_4^+ 等阳离子的化学结合（第 16.3.1 节）。$F_{meth\text{-}biogas}$ 的实际值将高于 $18.75/100 \cdot$ COD/TOC 的理论估计值（图 16.10）。

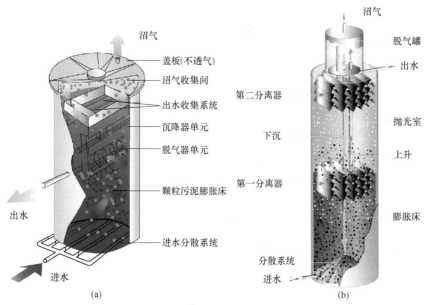

沼气

盖板(不透气)

沼气收集间

出水收集系统

沉降器单元

脱气器单元

颗粒污泥膨胀床

进水分散系统

出水

进水

(a)

沼气

脱气罐

出水

第二分离器

下沉

抛光室

上升

第一分离器

膨胀床

分散系统

进水

(b)

图 16.19　EGSB 和 IC® 厌氧系统反应器的主要制造商

（a）Biothane B. V.；（b）PaquesB. V.

(a)

(b)

图 16.20　（a）德国用于处理乳制品废水的 EGSB 装置；（b）荷兰 DenBosch 用于啤酒废水处理的 IC 装置

（图片来源：BiothaneB. V. 和 Paques B. V.）

在 UASB 反应器中，常规设计的 GLSS 装置一般采用不超过 $2\sim3m^3/(m^2 \cdot h)$ 的沼气负荷。如果沼气负荷率超过这些值，则需要更先进的气体分离器。EGSB 反应器有很高的高度直径比，反应器高度可达 25m。因此，沼气湍流自下而上累积。由于 EGSB 系统依赖于颗粒污泥的完全停留，因此在系统顶部进行有效的污泥分离是至关重要的。EGSB 反应器的不同制造商都有自己的典型特点，采用专门设计的 GLSS 装置，致力于实现污泥、液体和气体的三相分离。很明显，在 EGSB 的条件下，常规设计的 GLSS 设备是无用的。有趣的是，通过应用 EGSB 反应器系统，可以处理常规

UASB 系统无法处理的其他几种类型的废水。例如：

（1）含有剧毒但厌氧生物可降解化合物的废水。这些废水的处理需要外部或内部稀释，以保持生物质暴露于足够低的有毒物质浓度。例如，多年来，规模化反应器在处理高浓度甲醛废水方面表现出稳定的性能，达到了大约 10g/L（Zoutberg 和 Frankin，1996）。

（2）含有染料和其他有毒纺织助剂的废水可以成功地转化为沼气，而不会对生物量产生抑制作用（Frijters 等，2006）。

（3）低温（低于 10℃）和低 COD 浓度

（COD＜1g/L）的废水，即当气体产量非常低且没有沼气混合时（Rebac 等，1998）。EGSB 反应器的特点是改进了水力混合，因此不太依赖产生的沼气来进行适当的混合。因此，与 UASB 系统不同的是，所有剩余的污泥都与进水的废水进行了最佳的混合，同时从系统中洗出了细小的非活性颗粒。

（4）含有长链脂肪酸的废水（Rinzema，1988）。在较低的上升流速（UASB）下，LCFA 往往会被污泥吸收，形成脂肪团。在高上升流速（EGSB）时，底物的浓度较低，且在生物质中的分布更加均匀。

IC 和 EGSB 的系统如图 16.20 所示。

20 世纪 90 年代膨胀床反应器的成功导致了销售份额的增加，占领了 UASB 反应器的市场（图 16.21）。

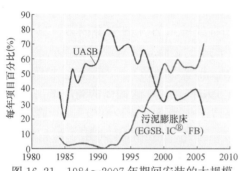

图 16.21　1984～2007 年期间安装的大规模厌氧处理系统中 UASB 和 EGSB 系统的份额。EGSB 反应器包括 EGSB、IC® 和 FB 系统

16.7.2.5　高级污泥液分离技术

颗粒形成效果不佳无疑限制了工业化 EGSB 系统在污水处理方面的应用。此外，对于更复杂的污水类型，如悬浮物（SS）含量高的污水，膨胀床反应器也不太合适。在主流流动条件下，悬浮固体将从系统中被冲走，和/或较重的悬浮固体会对颗粒形成和颗粒生长产生负面影响（Alphenaar，1994）。在处理以 COD 浓度超过 50g/L 为特征的废水时，例如酒糟废液，也会遇到无法形成颗粒的情况。由于进水 COD 浓度高，产生的水力停留时间很长，大大降低了反应器内的水力选择压力，而这种压力被认为是污泥颗粒化的关键（Hulshoff Pol 等，2004）。围绕新的反应器开发集中在提升系统的稳健性上，以 UASB 反应器为例，即使无法保证颗粒污泥的形成，COD 的负荷也应该达到 EGSB 系统的水平。

这就需要更多能够在高水力流量条件下运行的强化污泥固液分离设备。

在生物反应器中安装用于污泥液体分离的斜板沉降器可实现物理强化沉降。事实上，BiothaneSystems International 已经在他们的 BioBed®EGSB 系统的 GLSS 装置中加入了一个斜板沉淀器（Zoutberg 和 Frankin，1996）。在过去的 10 年中，荷兰承包商 Paques 将这一想法应用到了一个较大高度直径比的升流式污泥床反应器中，该反应器采用了名为 Biopaq® UASB-plus 的系统（图 16.22）。虽然 UASBplus 污泥分离器也可以用于滞留厌氧颗粒，但它非常适用于厌氧絮凝污泥，这种污泥普遍存在于浓度较高的废水中，如生物乙醇废水（水），如酒糟。大约 1/5 的大规模 UASBplus 系统已经投入运行，其中大约 1/3 的反应堆含有菌群或小的生物聚集体；大多数 UASBplus 反应堆都安装在中国。

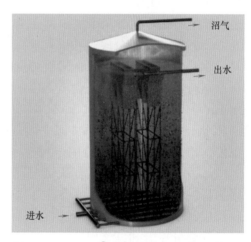

图 16.22　Biopaq® UASBplus 反应器用于处理浓缩污水，使用颗粒或絮凝污泥运行

最近，这家公司推出了一种新型的反应器系统，在该系统中，固液分离是在高速反应器的底部进行的。反应器 Biopaq® ICX 将处理后的污水从顶部输送到底部的斜板固体分离器（图 16.23）。观察到的优点是：①避免了悬浮污泥的流失；②改善了泥液分离，这是由于水力压力增加了 1～2bar，导致底部的污泥密度增加；③污泥浓度增加到 70～80kg SS/m³，增加处理负荷至 40kg COD/(m³·d)。

16.7.2.6　其他厌氧高速系统

ACP、UASB 和 EGSB 反应器均是基于混

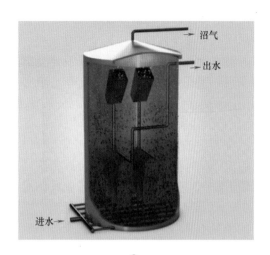

图 16.23 Biopaq®ICX 反应器底部具有强化生物质分离功能

合/完全混合的反应器，现有研究已经对采用厌氧处理的各个阶段的各种设计进行了测试（Van Lier 等，2001）。其中，一个极端的例子是两阶段工艺，其中酸化步骤与产甲烷步骤完全分离（见 16.7.2.7 节）。水平分段是在厌氧折流板反应器（ABR）中实现的，ABR 的最大特点是一系列串联运行的 UASB 单元，没有 GLSS 装置（Bachmann 等，1985；Barber 和 Stuckey，1999）。虽然该系统已经在处理生活污水方面进行了一些较大规模的应用，但尚未超过中试规模（Zhu 等，2015）。另一个值得关注的问题是水动力限制，因为折流板系统中的表观液体速度比单级污泥床反应器中的表观液体速度高得多，无疑限制了系统中可控的 SRT。因此，污泥可以随着液体流经各个隔间而缓慢移动。垂直分级反应器，如升流式分级污泥床系统（Van Lier 等，1994，2001；Guiot 等，1995；Tagawa 等，2002）是专门为高温处理开发的。然而，尽管分级反应器的概念在中试规模上显现出非常有希望的结果，但到目前为止还没有开发出大规模的反应器。

厌氧序批式反应器（ASBR）由一组厌氧反应器组成，以间歇模式运行，采用"填充和抽出"（fill and draw）的运行方法。前一批次的上清液排出后，一定量的原水进入厌氧反应器，进行混合反应，并使沉淀的活性污泥与污水接触，去除可生物降解的有机物。经过足够的

反应时间后，污泥沉降，上清液排放。然后开始下一个周期。在 ASBR 中，颗粒化在稀释污水上进行得很好，而且在较低的环境温度下也是如此（Banik 和 Dague，1997）。ASBR 系统已被证明对处理含 LCFA 的废水特别有意义（Alves 等，2001）。在填充期，LCFAs 吸收厌氧污泥，然后进行一段温和的消化期，在此期间吸收的污泥稳定下来，并完全再生为高活性的产甲烷生物质。

16.7.2.7 厌氧膜生物反应器

厌氧膜生物反应器（AnMBR）的研究日益增多，尤其是那些在污泥床系统中应用不成功的领域。ANMBR 结合了膜生物反应器（MBR）和厌氧技术的优点（Dereli 等，2012；Ersahin 等，2014）。膜污染控制所需的气/液再循环能耗和膜清洗所需的化学药费等运行费用仍然是影响 AnMBRs 经济可行性的主要因素。然而，由于膜组件成本的下降，膜获取和更换成本已显著降低（Ozgun 等，2013）。尽管有这些限制，AnMBRs 仍旧提供了不含固体的高质量出水，并且完全保留了生物质，无论其沉淀和/或颗粒化特性如何。此外，AnMBRs 可用于保留能降解污水中特定污染物的特殊微生物群落。因此，在极端条件下，例如高盐度、高温、高悬浮固体浓度和有毒物质的存在，AnMBRs 技术可以为处理工业废水提供一个有吸引力的选择，这些条件会阻碍污泥颗粒化和生物质保留，或降低生物活性（Dereli 等，2012；Muñoz Sierra 等，2019）。未来，清洁的工业生产过程将要求减少水的消耗、增加水的回用和资源的回收，对于极端物理化学特性的工业废水的处理要求将更高（Van Lier 等，2015；Dereli 等，2012）。

不同类型的高速厌氧反应器配置（如 CSTR、ACP、UASB、EGSB、FB 和混合反应器）与膜的组合似乎是处理工业废水的可能选择（Ozgun 等，2013）。然而，膜的集成消除了污泥颗粒形成所需的水力选择压力，而固定化性能较差的絮凝性生物质则保留下来，而不是被冲刷掉。此外，通过错流过滤的应用，可以使剪切力作用下的颗粒直径达到最小化。因此，与膜过滤耦合的污泥床反应器在长期运行过程中不会出现颗粒化现象，这会降低生物质的沉降性能。尽管

如此，UASB 反应器与膜分离组件耦合的处理方法依然为规模化应用提供了可观的前景。前述 UASB 通过在污泥床中捕获和生物降解来预先消除悬浮固体，这减少了膜上的悬浮固体负荷，从而最大限度地减少了与滤饼层形成相关的膜污染（Ozgun 等，2013）。目前，大多数研究的 An-MBR 系统都是由一个与错流膜组件耦合的 CSTR 生物反应器或一个装有浸没式膜的 CSTR 生物反应器组成的。

AnMBR 技术成功的商业应用始于 21 世纪初。在日本，Kubota 使用平板浸没膜建立了 13 个相对较小规模的污水处理装置，流速高达 2.5m³/h。ADI 在美国更大规模地采用了同样的配置，自 2008 年以来已经实现了 3 个规模化的应用（Christian 等，2011；Allison 等，2013）。2008 年，美国出现了第一个基于 Pentair 公司（原 Norit）超滤膜的规模化 AnMBR 装置，用于处理一家白干酪生产商的乳清废水。在这一成功的基础上，Biothane Systems International 和 Pentair 共同开发了一种名为 Memthane 的低能耗 AnMBR 系统。现在已有 11 家大规模的 Memthane 工厂。

16.7.2.8 酸化和水解反应器

除了搅拌良好的槽式反应器外，到目前为止还没有开发出用于酸化的具体反应器。酸化过程通常在搅拌槽反应器中进行得足够快，搅拌槽反应器同时用作平衡槽。在实践中，通常不需要完全酸化。此外，如今人们已经充分认识到，联合酸化和产甲烷作用有利于颗粒的形成（Ver-straete 等，1996）。酸化生物的发酵底物转化对于产生足够的胞外聚合物（EPS）是必不可少的，而 EPS 是形成具有高颗粒强度的稳定颗粒结构所必需的（Vanderhaegen 等，1992）。许多作者认为，EPS 是由酸化的有机体产生的，并形成了一种适宜所有的细菌和古生菌嵌入的基质（例如 Batstone 和 Keller，2001）。目前，在大多数规模化的应用中，预酸化反应的比例最高可达 40%。此外，产甲烷反应器进水中存在较高浓度的酸化微生物对颗粒污泥床的稳定性相对不利。这意味着产酸反应器的污泥滞留时间需要提高。

酸化反应器可以与固体捕集系统相结合，保护产甲烷反应器不受悬浮固体负荷过高的影响。然而，尽管 Wang（1994）在中国实现了一些大规模系统，但迄今为止还没有大规模的应用。关于酸化反应器的其他研究侧重于 VFAs 的生产，如作为生产生物塑料的前体（Tamis 等人，2018），或者用于加强城市污水氮磷营养物质的去除。

16.7.2.9 高速厌氧反应器的市场趋势

在过去的几十年里，市场上已经推出了许多不同的高速厌氧反应器。图 16.16 清楚地表明，污泥床反应器是迄今为止最成功的。自 UASB 技术发展以来，市场广泛引进。自 20 世纪 90 年代以来，膨胀污泥床反应器占据了市场（图 16.21），因为其成本效益和极高的负荷潜力。最近，各种其他配置的反应器已被引入市场，扩大了高速厌氧处理的应用潜力。AD 技术的两家全球市场领先者，即 Paques B. V. 和 Biothane-Veolia，都位于荷兰，并在技术开发方面与（荷兰）大学密切合作。这两家公司的反应器销售情况说明了全球 AD 技术的发展。图 16.24 清楚地显示了 Paques B. V. 的销售情况，显示了 UASB 和 IC 技术的相继崛起。在过去的 10 年中，已经开发了各种新颖的和之前讨论过的反应器系统，例如 Biopaq® AFR、Biopaq® UASBplus、Biopaq® ICX 和 Biopaq® Ubox。

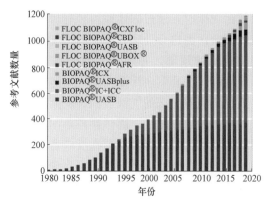

图 16.24　Paques B. V. 存在期间（1981～2018 年）高速厌氧反应器销售情况的参考文献数量

Veolia-Biothane 反应器的销售呈现了类似趋势（图 16.25），该反应器始于 1976 年荷兰糖厂建造的第一个大规模 UASB 反应器。Biothane-Veolia 在新型生物 CSTR 技术和膜生物反应器技术方面的进展值得注意。

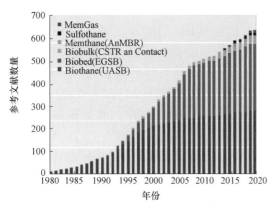

图 16.25 Biothane-Veolia 存在期间（1976～2019 年）高速厌氧反应器销售的参考文献数量，2019 年数据未包括在内

16.8 上流式厌氧污泥床反应器（UASB）

16.8.1 工艺描述

UASB 反应器的发展与应用（图 16.17）在接收各种污水进行厌氧处理方面上取得了重大突破。UASB 反应器的成功归因于其能够保留高浓度的污泥，同时实现了固体、液体和水相的有效分离。UASB 反应器是由一个圆形或矩形的罐体，污水在罐体中向上流过一个活性厌氧污泥床，该厌氧污泥床约占反应器体积的一半，由高沉降颗粒或絮凝体组成（图 16.17）。在污水通过厌氧污泥床时，通过固体截留和有机物转化为沼气和剩余污泥进行处理。产生的沼气会自动上浮到反应器的顶部，并携带着部分水和固体颗粒，即生物污泥和剩余污泥。沼气气泡通过挡板被引流到反应器上部的气液表面，从而形成高效的三相分离效果。随后，固体颗粒落回污泥层的顶部，而释放的气体将被捕获在反应器顶部的一个倒置的锥体或类似的结构里。当水带着一些固体颗粒通过挡板之间的孔时，由于横截面积的增大而使得固体颗粒上升速度减慢，从而沉淀在沉降区。沉降后，固体颗粒滑动回到污泥层，而水则离开沉降区并越过溢流堰排出。

16.8.2 UASB 反应器设计的考虑因素

16.8.2.1 最大表面水力负荷

UASB 反应器的甲烷转化能力以 kg COD/（$m^3 \cdot d$）表示，直接与被保留的活性生物质以及累积污泥的比产甲烷速率相关。除了剩余污泥的数量和质量外，最大有机负荷还取决于污泥与进水的适当充分混合。所需的污泥停留时间（SRT）限制了适用的液体上游速度（V_{upw}）以及由厌氧转化过程产生的比沼气负荷（Lettinga 和 Hulshoff Pol，1991）。UASB 反应器的设计结合了高效生物反应器和顶部内置二级沉降器的特点。因此，在 UASB 反应器横截面区域和顶部沉降器区域的平均 V_{upw} 为 0.5～1.0m/h。如果在反应器运行过程中发生絮凝性污泥积累，较高的水力负荷会导致生物质的损失。后一种情况是可能发生的，例如当反应器接种了还未适应的消化污水污泥后进行初始启动或者当生活污水进行厌氧处理时。V_{upw} 可以用反应器的平均流量和横截面面积 A 来计算（式 16.48）。

$$V_{upw} = \frac{Q_{inf}}{A} \ (m/h) \qquad (16.48)$$

式中 Q_{inf}——进水流量。

随着厚重絮凝污泥或高沉降性颗粒污泥的生长和积累，反应器中所允许的水力负荷会更大。膨胀床反应器的 V_{upw} 数值较高，可达到 8～10m/h。

根据所允许的最大 V_{upw}，可以计算反应器的最小表面积（式 16.49）。

$$A_{min} = \frac{Q_{inf}}{V_{upw,max}} \ (m^2) \qquad (16.49)$$

根据式（16.50）可知，在给定水力停留时间（HRT，θ）后，最大上升速度决定了高度 H 与横截面积 A 的比值，其中 H 是反应器的高度。

$$\theta = \frac{A_{min} \cdot H_{max}}{Q} \ (h) \qquad (16.50)$$

及

$$H = V_{upw} \cdot \theta \ (m) \qquad (16.51)$$

$$V_{reactor} = \theta \cdot Q \ (m^3) \qquad (16.52)$$

对于有机负荷不受限制的任何情况下，式（16.52）给出了 UASB 反应器的所需体积。后者只是出现在稀释污水的情况下，比如拉丁美洲热带地区的大多数家庭污水（COD＜1000mg/L）。在这里，水力负荷完全决定了污泥的积累量，反应器内的产甲烷能力通常超过所采用的有机负荷率。

16.8.2.2 有机负荷

（1）在大多数情况下，UASB反应器用于处理高浓度废水（表16.11）。在用kg COD/（m³·d）的单位度量的反应器中，容积转换能力或有机负荷率取决于以下因素：

1）累计生物量X，单位反应器体积中挥发性悬浮物VSS的质量。

2）单位为kgCOD/（kgVSS·d）污泥的比产甲烷速率（SMA）。

3）导致接触系数在0～1之间取值所能达到的混合程度。

（2）SMA取决于以下几个因素：

1）温度；

2）具有抑制作用或有毒化合物的存在；

3）底物的生物可降解性；

4）进水中悬浮物SS的存在；

5）污水的预酸化程度。

对于不同类型的污水，单级UASB反应器所允许的有机负荷与应用操作温度有关。生物质由较厚的絮凝体或颗粒污泥组成　　　　表16.11

温度（℃）	有机负荷率[kgCOD/（m³·d）]			
	含VFA污水	不含VFA污水	SS-COD[①]＜5%的污水	SS-COD为30%～40%的污水
15	2～4	1.5～3	2～3	1.5～2
20	4～6	2～4	4～6	2～3
25	6～12	4～8	6～10	3～6
30	10～18	8～12	10～15	6～9
35	15～24	12～18	15～20	9～14
40	20～32	15～24	20～27	14～18

①进水COD中有5%是COD_{SS}，95%是可溶性COD。

在传统的UASB反应器中，厌氧污泥的数量一般在35～40kg VSS/m³的范围内（包括沉降区）。接触系数取决于接种污泥的空间分配有效性和均匀性以及采用的有机负荷率，同时反应产生的沼气产量很大程度上都会影响反应器内的混合。

考虑各类未知因素，在设计UASB反应器之前，需要深入了解处理污水的特性。此外，反应器中试通常是为了更好地了解特定污水中厌氧污泥的生长和发展状况。在过去几十年的许多小试实验和随后的大规模实验的基础上，发展出一个取决于反应器温度的允许有机负荷率表（表16.11）。当所允许的有机负荷率（OLR）或者r_v是已知时，所需的UASB反应器体积便可以很容易地从进水流量及其浓度计算出来式（16.53）：

$$V_{reactor} = \frac{C_{inf} \cdot Q_{inf}}{r_v} \quad (16.53)$$

当UASB反应器受到水力条件或有机条件限制时，其体积可以按照式（16.52）或式（16.53）计算。在不了解实际情况时，一般根据两种情况计算反应器体积，然后取任意一个方程所建议的最大体积作为设计体积。图16.26描述

了污水浓度（单位为kg COD/m³）对所需反应器体积的影响。假设防止污泥冲刷的最小HRT是4h，那么无论污水浓度如何，反应器的最小体积至少为1000m³。在COD浓度较高的情况下，由于允许的有机负荷率是固定不变的，所需的反应器体积显然将直接取决于污水浓度。

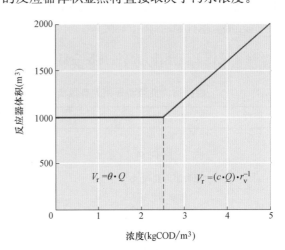

图16.26　计算UASB反应器所需体积时使用以下假设：最小水力停留时间θ_{min}=4h，流量Q=250m³/h，有机负荷率r_v=15kgCOD/（m³·d），温度T=30℃，体积由水力条件和有机负荷率决定（Lettinga和Hulshoff Pol，1991）

通常最大的未知因素是最大水力负荷或者是最小水力停留时间，而这二者均直接取决于将在特定污水上培养的污泥类型（颗粒状或絮凝体），想直接获得相应的数字是不可能的。

一般来说，对于 UASB 反应器，特别是那些使用非颗粒状污泥运行的反应器，其考虑的最大上升流速是 1m/h。图 16.27 展示当允许上流速度达到 6m/h 时，其对反应器体积的影响，如同培养出优质颗粒污泥时的情况。在本例中，采用一致的反应器高度，实际上反应器体积可以减少到原来的 1/6。

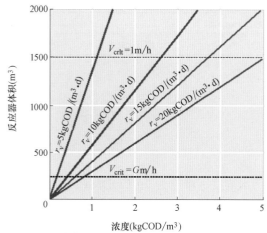

图 16.27　计算 UASB 反应器所需体积使用以下假设：流量 $Q=250\text{m}^3/\text{h}$，反应器高度$=6\text{m}$，温度 $T=30℃$，体积是由水力条件或有机负荷率决定的。根据水力条件的限制，V_{crit} 确定反应器所需最小体积的界限（Lettinga 和 Hushoff Pol，1991）

除了液体上流速度，高负荷反应器还会受到产生的沼气所带来的湍流影响。沼气上流速度（V_{biogas}）可用式 16.47 计算。传统设计的三相分离器所允许的最大沼气上流速度为 $2\sim3\text{m/h}$。

如图 16.17 所示，对于高径比值非常高的反应器，需要特别注意气液分离器的具体设计。

16.8.2.3　反应器内部组件

UASB 反应器最重要的、需要仔细考虑的内部组件包括进泥口的分布、出水口的设置以及三相分离器。大多数施工方和承包商采用自身设计（通常是专利设计）。详细说明各内部组件的设计特点将会超出本章的目的，但第 16.10 节会给出厌氧污水处理反应器的一般设计特点。

进泥口分布的均匀度和密度是至关重要的，特别是当 UASB 系统应用在低有机负荷的场景时，即沼气所带来的湍流作用受到限制时。表 16.12 给出了一些适用于含有絮凝状或颗粒状污泥的 UASB 反应器的参考指标。规模化的实验表明，当有机负荷率超过 $5\text{kg COD}/(\text{m}^3 \cdot \text{d})$ 时，沼气诱导反应器内的湍流足以保证充分的混合，并将传质速率降低到适当的水平。与 UASB 反应器相比，EGSB（膨胀颗粒污泥床）反应器的进水分配系统由于反应器表面积相对较小而显得不那么重要。

UASB 反应器中常规 GLSS 装置的初步设计准则见表 16.13。van Haandel 和 Lettinga（1994）详细说明了具体的设计特点，图 16.27 展示了用于生活污水处理的 UASB 反应器建造的最关键参数。

根据污泥类型和采用的有机负荷率而定的 UASB 反应器中每个进料口的所需面积（m²）　　表 16.12

污泥类型	有机负荷率[kgCOD/(m³·d)]	每个进料口的表面积(m²)
中等厚度的絮凝剂	$<1\sim2$	$1\sim2$
（20~40kgTS/m³）	>3	$2\sim5$
较密集的絮凝剂	<1	$0.5\sim1$
（>40kgTS/m³）	$1\sim2$	$1\sim2$
	>2	$2\sim3$
	<2	0.5
颗粒污泥	$2\sim4$	$1\sim2$
	>4	>2

气液固分离装置设计导则摘要　　表 16.13

UASB 反应器气液固分离（GLSS）装置
1　沉降区侧面与底部的角度（即气体收集器的斜壁角度）应为 $45°\sim60°$。
2　气体收集器内部微孔的表面积应为反应器表面积的 $15\%\sim20\%$

UASB 反应器气液固分离(GLSS)装置
3 在反应器高度为 5～6m 时,气体收集器的高度应为 1.5～2m。
4 为了促进气泡的释放和收集,并防止浮渣层的形成,在气体收集器中应该保持一个足够大的气液界面。
5 为了防止向上流动的气泡进入沉降区,安装在微孔下的挡板重叠部分应为 15～20cm。
6 一般情况下,应在出水堰前安装浮渣层挡板。
7 气体排气管的直径应保证沼气易于从气体收集器盖中去除,尤其是在产生泡沫的情况下。
8 气体收集器上部应安装防泡沫喷嘴,以防污水处理时产生严重的泡沫现象

16.8.3 UASB 化粪池

UASB 化粪池是一种特别适用于分散式卫生处理反应器系统。这类反应器的进水可以是相对稀释的生活污水或者浓缩污水,例如分散收集的粪便污水（黑水）。与 UASB 反应器配置相似,该反应器在水流往上流动的模式下运行,上流速度非常低。黑水系统内上流速度约为 0.01m/h,稀释后的生活污水系统内上流速度约为 0.20 m/h。对于浓缩的生活污水,平均上流速度为 0.02～0.05m/h。由于水力负荷低,改善了固体分离效果。事实上,UASB 化粪池系统的主要作用是积累和稳定固体以及作为可溶性有机物的产甲烷反应器。

污泥的产量非常低,即在处理生活污水时反应器的装填周期是 4～7 年。UASB 化粪池是一个坚固而简洁的系统,因为即使是在冬季温度较低、污水温度低于 13℃ 的地中海国家和气候温和的国家,也是可以充分设计 2～4d 的 HRT,其对应的有机负荷率为 0.23～0.45 ［kg COD/（m³ · d）］（Al-Jamal 和 Mahmoud,2009；Mahmoud 和 Van Lier,2011）。为了增强混合效果,UASB 化粪池可以选配中心搅拌器,以便污泥床可以定期温和地移动。

在 UASB 化粪池后,需要设置单独的后处理步骤来对营养物和粪大肠杆菌进行去除处理。在这一方面,化粪池中有效的悬浮物去除装置,如滴滤器,非常有利于后续工艺的简便应用。

16.9　厌氧反应动力学

许多反应,包括厌氧反应在内,一般基于 Monod 动力学,用细菌转化率来阐释底物转化现象（详见第 2 章）。厌氧转化动力学,包括所有动力学参数,Batstone 等人（2002）对其进行

了全面的总结,他们提出了一个统一的厌氧消化模型,称为 ADM1,与活性污泥的 ASM1 模型相似。ADM1 由过去几十年文献中提出的许多不同厌氧模型演变而来。为了与第 16.3 节和第 16.5 节保持相同的解释,ADM1 模型利用 COD 平衡来描述厌氧转换过程中的电子流动。在 Batstone 等人（2000）之后,用来评价特定转化反应的动力学参数发生了较大的变化（表 16.14）。这意味着,适用的动力学参数很大程度上是由系统的工艺配置、确切的优势微生物菌群和系统的实际运行决定的。到目前为止,ADM1 是描述现有系统的一个非常有用的工具,它可以深入了解过程动力学以及过程参数变化的影响,如进料浓度、底物流量、温度等对整个消化过程的影响。利用实际的反应器数据,可以对动力学参数进行调整,以真实地预测反应器去除 COD 和生产 CH_4 的性能。此外,从教学目的来看,ADM1 是一个有价值的模型工具,它可以让我们了解在整个持续反应过程中特定的转化步骤的重要性。另外,ADM1 缺乏生物膜动力学和系统水力学的阐释,而这两方面则决定了高速厌氧处理系统的实际动力学过程。

例如在三相系统中,由气体最终产物所引起的微观和宏观层面的对流传质,会对动力学参数产生较大的影响。由此得到的实际系统动力学可以完全推翻模型预设的输入参数。因此,到目前为止,作为一个设计工具,ADM1 是没有太大的使用价值的。当前的挑战是要把生物 ADM1 模型和其他水动力、化学模型进行结合,从而创建一个综合的设计工具或运行操作支持工具,以便真正应用在动态环境中的厌氧系统运行。

底物	吸收速率 [kg/(kgVSS·d)]	μ_{max} (L/d)	Y (kgVSS/kg)	K_s (kg/m³)	K_d (L/d)
氢气	2~65	0.02~12	0.014~0.183	0.00002~0.0006	0.009
乙酸	3~18	0.05~1.4	0.014~0.076	0.011~0.930	0.004~0.036
丙酸	0.16~0.31	0.004~0.016	0.025~0.05	0.06~1.15	0.01~0.04
丁酸	5~14	0.35~0.90	0.066	0.012~0.30	0.027
戊酸	15~19	0.86~1.20	0.058~0.063	0.062~0.36	0.01~0.03
长链脂肪酸(LCFA)	1.4~37	0.10~1.65	0.045~0.064	0.06~2.0	0.01~0.20
氨基酸	36~107	2.36~16	0.06~0.15	0.05~1.4	0.01~3.2
单糖类	29~125	0.41~21.3	0.01~0.17	0.022~0.63	0.02~3.2

注:厌氧转化过程中主要底物/中间产物的动力学参数(Batstone 等,2002)。数据来自不同类型的厌氧消化系统。本表格仅在数据可得的情况下提供所引用文献综述的数据,否则采用典型值。

16.10　生活污水和城市污水的厌氧处理

城市污水是地球上数量最丰富的污水类型,将未经处理的污水排放到地表水体会对环境造成巨大影响,并对居民的健康造成严重影响。最大限度地减少人类健康风险和环境风险,一直是开发适当的污水处理技术的主要动机(见第 1 章)。然而,在许多发展中国家里,由于财政限制,活性污泥系统的应用难以推广,目前也正在寻求其替代工艺。早在 20 世纪 70 年代中期,Lettinga 等人已经认识到,厌氧技术提供了一种具有成本效益的替代方案。高速厌氧反应器是在 20 世纪 70 年代至 80 年代开发的,被用于处理高浓度 COD_{SS} 的工业废水。值得注意的是,生活污水和城市污水是 COD_{SS} 组分比例较高的极稀型污水。在世界大部分地区,城市污水的 COD 浓度低于 1000mg/L,甚至经常低于 500mg/L,而温度也仅能勉强达到 25℃。由图 16.26 可知,城市污水厌氧处理系统是受到系统内流体动力的限制,而不是受到有机物转化潜力的限制。由于 UASB 反应器的进水 COD_{SS} 含量比较高,在处理城市或者生活污水时,会产生絮凝污泥而不是颗粒污泥。因此,限制处理速率的因素是 COD_{SS} 的水解而不是甲烷的生成。此外,污水的温度通常比工业废水低得多。因此,只有在热带气候条件下,城市污水才能达到厌氧反应器运行的理想温度(Van Haandel 和 Lettinga,1994)。20 世纪 80 年代初,在哥伦比亚卡利市,紧密型高速厌氧处理 UASB 反应器已被应用于污水处理(Van Haandel 和 Lettinga,1994)。通过 64m³ 的 UASB 反应器中试可以看出,在当时的环境条件和污水特性下,系统具有一定的可行性。因此,大规模的反应器试验很快在哥伦比亚、巴西、印度开展起来(Chernicharo 等,2015)。表 16.15 列出了不同 UASB 规模化试验的污水处理效果。自 20 世纪 90 年代初以来,特别是在(亚)热带环境条件下,已经建造了数百个规模为 50~5 0000m³ 的 UASB 反应器(Von Sperling 和 Chernicharo,2005;Chernicharo 等,2015;Chernicharo 和 Bressani-Ribeiro,2019)。一般情况下,可以实现 BOD 降低 70%~80%,出水 BOD 浓度低于 40~50mg/L。COD 和 TSS 的总去除率为 65%~75%,有时甚至能达到更高。为了符合当地的排放规定,UASB 系统一般会附有适当的后处理系统,例如兼性塘、滴流过滤器、活性污泥法、物理化学处理方法、砂滤池、人工湿地等(Von Sperling 和 Chernicharo,2005)。

UASB 反应器和后处理系统可以连接运行或集成在一个装置里。表 16.16 列出了高速厌氧污水处理的最重要特点。大多数优点与工业厌氧反应器所列出的一致(见第 16.1.1 节)。

首个规模化 UASB 装置的城市污水处理性能。COD 是指原污水的总 COD(Van Haandel 和 Lettinga,1994)

表 16.15

国家	体积 (m³)	水温 (℃)	HRT (h)	进水 COD (mg/L)	出水 COD[①] (mg/L)	COD 去除率 (%)
哥伦比亚	64	24~26	4~6	267	110	65
哥伦比亚	6,600	25	5.2	380	150	60~80

国家	体积 (m³)	水温 (℃)	HRT (h)	进水 COD (mg/L)	出水 COD[1] (mg/L)	COD 去除率 (%)
巴西	120	23	4.7~9	315~265	145	50~70
巴西	67.5	23	7	402	130	74
巴西	810	30	9.7	563	185	67
印度	1200	20-30	6	563	146	74

①通过进水 COD 和去除率计算得到。

高速厌氧系统中厌氧污水处理的主要优势和限制[1]　　　　表 16.16

优点
• 由于不需要曝气,减少了耗能,大大节省了操作成本,最高可达 90%。 • 处理单元的减少,使投资成本可减少 40%~60%。 • 如果运行规模适当,其产生的甲烷可以实现有价值的能源回收、电力和热力生产。 • 除了主要的工作泵和精细的屏幕,该系统不使用高科技设备,对进口技术的依赖程度较低。 • 该工艺是稳定的,可以处理周期性的高水力冲击和高有机负荷率。 • 系统紧凑,平均水力停留时间是 6~9h,因此适合在城市地区中应用,可以最大限度地降低运输成本。 • 小规模的系统应用可以使污水分散化处理,减少污水处理对污水管网的依赖程度。 • 剩余污泥产量低、稳定性好、易脱水,因此不需要过多的后处理。 • 有价值的营养物质(氮和磷)被保留在污水中,为农业用水重复利用提供了可能性

限制
• 厌氧处理是局部处理,需要后处理才能达到排放或者回用水标准。 • 产生的甲烷大部分溶解在污水中(取决于进水 COD 浓度和水温)。到目前为止,还没有或者只有很少采取措施来防止甲烷进入大气。 • 收集到的甲烷通常没有得到有效回收或充分燃烧。 • 在低温环境下应用厌氧系统来处理生活/城市污水需要较长的水力停留时间,因此需要对反应器体积或反应器结构进行改造,从而限制该系统技术的可行性。 • 污水中存在 H₂S 等可溶性还原气体,其逸出大气会造成气味问题

①与活性污泥法比较。

　　然而,在厌氧污水处理的早期发展阶段,由于资金的限制,在规模化试验设计中会忽略或者没有予以考虑一些制约因素(如 Van Lier 等,2010)。这导致了试验并没有取得很好的成果,反而成为反面例子。目前,必须采取措施控制温室气体排放,并且尽可能避免捕获到的甲烷气体未得到充分燃烧便排放(Chernicharo 等,2015)。对于所列举的大多数限制因素,已有技术解决方法,或者至少正在开发中,例如从厌氧污水中回收甲烷(Chernicharo 等,2017;Heile 等,2017)。图 16.28 可以展示厌氧系统的简洁性,图中比较了活性污泥工艺和高速厌氧系统的功能单元。单级 UASB 反应器只有 4 个功能单元:

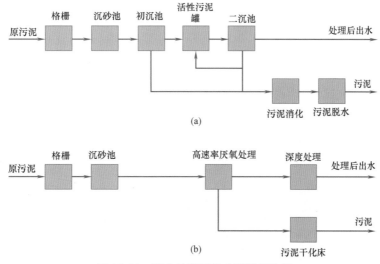

图 16.28　污水处理厂的功能单元比较

(a)活性污泥法;(b)UASB 技术

1) 一级澄清器：去除/截留污水中的（非）生物可降解悬浮固体。

2) 生物反应器（二级处理）：通过将可生物降解的有机化合物转化为甲烷来达到去除目的。

3) 二级澄清器：对位于 UASB 反应器顶部沉淀区的处理污水进行澄清。

4) 污泥消化器：稳定（消化）和改善剩余污泥的脱水特性。

任何紧凑型处理系统都需要使用筛网和砂滤装置对未经处理的污水进行预处理。厌氧污水处理一般需要在粗格栅之后设置细格栅，格栅格网间的净距离为 4～6mm，以尽量减少阻塞等问题。在大多数情况下，细筛网是整个系统中最昂贵的部分。厌氧污水处理反应器在设计合理的情况下，由于污泥停留时间较长、污泥稳定性较好，可以采用污泥干燥床来进行污泥脱水干化，且不会产生异味。

从图 16.29 可以看出，用于处理稀释污水（水温为 20～30℃）的 UASB 反应器设计相对简单，这是因为水力条件标准限制了应用的有机负荷率。用于处理 COD 平均浓度为 500mg/L 污水的 UASB 反应器的体积大小，可以采用式（16.49）～式（16.53）进行计算。当采用平均上流速度 V_{upw} 为 0.7m/h，HRT 约为 8h 时（Chernicharo 等，2015），反应器的高度为 0.7×8＝5.6m，反应器体积为 8Q（m^3/h）。

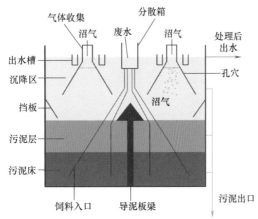

图 16.29 用于生活污水处理的 UASB 反应器示意图，图中指出了重要的设计要点

最关键的设计如图 16.29 所示，并且由 Van Haandel 和 Lettinga（1994）、Von Sperling 和 Chernicharo（2005）以及 Chernicharo 和 Bres-sani-Ribeiro（2019）等专家进行了更好的解释。表 16.17 是根据拉丁美洲各种规模化反应器统计得到的关键指标和数据。

热带国家 UASB 反应器的污水处理设计准则

表 16.17

参数	数值
平均 HRT	6～8h
高度	5m
进料口	每 1～4m^2 分布一个进料口
进料分布	每个入口管道均有单独的隔间
进料箱静压	达到 50cm
孔径处的上流速度	日均 4m/h，在 2～4h 内为 8m/h
上流速度	0.7m/h

生活污水虽然属于稀释污水，但也属于复杂污水，悬浮物含量较高，即 $COD_{soluble}/COD_{total}$ 的比值较低，水温也比较低。悬浮物颗粒可以占到总 COD 的 50%～65%。因此，总 COD 转化率在很大程度上是受到颗粒水解的限制，而在常见水温下，水解速率常数决定了 SRT。Zeeman 和 Lettinga（1999）基于设置的 SRT、UASB 剩余污泥的数量、水解悬浮物的比例和悬浮物的去除率，提出以下公式，用于确定处理含有较高浓度悬浮固体污水的 HRT。

$$HRT = \frac{V}{Q} = \frac{SRT(COD_{SS,0} - COD_{SS,e})(1-\mu_h)}{X} \ (h)$$
(16.54)

式中 μ_h——可水解悬浮 COD 比例；
$COD_{SS,0}$——进水悬浮 COD 浓度；
$COD_{SS,e}$——出水悬浮 COD 浓度。

在计算 HRT 后，需要检查 V_{upw} 是否高于临界 V_{upw}。在中温条件下处理低浓度的生活/城市污水时，临界 V_{upw} 将决定 HRT 的大小。

当生活/市政污水温度低于 20℃时，相对于水动力条件，SRT 更能决定 HRT。当反应器设计不合理时，如在现行温度下 HRT 过小，未消化的悬浮污泥开始在污泥床内堆积，污泥水解产甲烷的能力逐渐下降，颗粒态 COD 和可溶性 COD 的去除率都会下降，最终导致整个反应器失效。

如上所述，除了 V_{upw}（m/h）外，主要的设计标准是污泥停留时间（SRT），SRT 应始终高于一个最小值，以保持污泥水解和甲烷转化能力。当在热带条件下处理稀释型的生活污水时，COD<1000mg/L 和温度 t>20℃的情况总是会碰见，这是因为水力条件（V_{upw}）决定了 HRT。当考虑到水解作为影响反应速率的步骤时，并用一级动力学进行描述，所需的 SRT 是由一级水解常数和 COD_{SS} 的期望转化率决定的。

运行中的 UASB 反应器实际 SRT 可以用式（16.55）计算。

$$SRT = \frac{V \cdot COD_{SS,r}}{Q_e \cdot COD_{SS,e} + Q_{es} \cdot COD_{es}}$$
(16.55)

式中 $COD_{SS,e}$——每立方米反应器容积的污泥浓度（$kgCOD_{SS}/m^3$）；

           V——反应器容积（m^3）；

           Q_e——出水流量（m^3/d）；

           SS——悬浮固体；

           es——剩余污泥。

温度对一级水解速率有重要影响，同样地，温度对所需最小 SRT 也有重要影响。温度对 UASB 反应器处理生活/城市污水所需 SRT 的影响如图 16.30 所示。

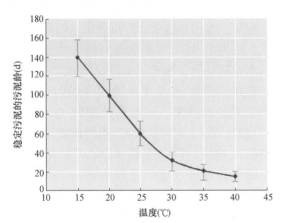

图 16.30   生活污水处理所需 SRT 随温度的变化曲线

既然认识到 SRT 的重要性，那么很明显的是，当温度下降和 COD 浓度超过 1000mg/L 时，在热带国家应用城市污水处理的传统 UASB 反应器时，需要重新考虑它的设计。在中东、北非、阿拉伯半岛等地的许多供水有限的干旱国家，COD 浓度为 1000～2500mg/L，这些地区，尤其是山区的冬季寒冷，需要在设计上格外考虑。

约旦和巴勒斯坦的系统运行经验表明，当 TSS/COD 的比值为 0.6 时，城市污水的 COD 浓度达到 2500mg/L（Mahmoud 等，2003），然而冬季水温会降到 15℃。当采用常规 UASB 反应器设计时，HRT 可能需要增加到 20～24h（Hallalsheh 等，2005）。显然，这将影响系统的流体动力学，需要我们改变进水分配，以防止水流出现短路现象。另外，大型悬浮固体可以通过单独的反应器单元来处理，如初沉池或强化固体去除的上流过滤系统，最后加上污泥消化池。一种新的方法是将 UASB 反应器与带有污泥交换功能的中温消化池连接起来（Mahmoud，2002；Mahmoud 等，2004；Mahmoud，2008）。有了这个系统后，积累的污泥将在更高的温度下消化，而 UASB 反应器中的产甲烷活性将通过回流消化污泥得到提高。

中东地区的第一个规模化设计的 UASB 反应器位于埃及开罗南部的尼罗河三角洲和法尤姆地区。该设计是基于传统方法的，考虑到污水的浓度可能相对较高，因此平均 HRT 会略长，为 12h。在流速达到峰值时，HRT 会下降到 5h（Nada 等，2011）。在法尤姆地区，UASB 反应器之后是一个传统的滴滤器，用于处理厌氧出水。长期试验结果表明，出水水质指标可以满足当地的标准：BOD≤60mg/L，TSS≤50mg/L。然而，无法达到较严格的 COD 排放标准：COD≤80mg/L。这是因为来自化粪池和动物粪便的污水中惰性有机物的浓度非常高。在安曼的试点实验表明，该系统作为一种理想的预处理方法，具有一定可行性，它以低成本降低了 COD 负荷，同时为后处理提供能量。表 16.18 简要总结了该试验最重要的结果（Hallalsheh 等，2005）。在巴勒斯坦，一个原位处理 UASB 反应器和一个人工湿地为 100 户家庭服务，显示出稳定的工艺性能和令人满意的结果。由于厌氧处理和自然处理的组合系统不需要电力，系统运行时零电力，水力流量主要由重力驱动。

然而，尽管 UASB 反应器在安曼具有较为可观的应用前景，但将目前的反应池系统完全改为新型污泥处理系统依然需要慎重考虑。考虑到生活污水处理的可持续性，这一决定有可能造成对潜在资源的浪费，特别是对于较集中的城市污水，厌氧预处理才是一个理想的选择。然后，当处理达到排放或再利用标准时，回收的能源可以在原厂址得到有效的利用。任何多余的能量都可以作为电力供应，例如供向灌溉泵或工厂附近的居住区。

目前，社会对矿物燃料消耗、二氧化碳排放和气候变化问题有着较大关注，厌氧处理无疑为世界各地提供了一种可行的、可替代的生活污水/城市污水处理方案。然而，为了防止任何温室气体排放，回收和利用产生的所有甲烷应该成为任何一个厌氧处理系统设计的一个固定部分。高

速厌氧污水处理的体积较小，也可以应用于城市污水处理，并大大降低建设污水管网、泵站和运输网络的成本。然而必须要认识到，在亚洲只有不到20％的城市污水得到了处理，而在拉丁美洲，这一数字只有15％。在非洲，除了地中海地区和南非以外，基本很少收集产生的污水，污水处理更是几乎没有。随着对厌氧过程的基本认知越来越深刻和规模化应用经验的不断增加，厌氧处理无疑将会成为处理有机污染污水的主要方法之一。

位于约旦安曼-扎尔卡地区的 UASB 反应器小试实验				表 16.18
进水的平均浓度特征		**处理效果（包括后澄清处理）**		
进水流量	180 000m³/d	COD 去除率：	高达 80％	
COD	1500mg/L	BOD 去除率：	高达 85％	
BOD	500～700mg/L	TSS 去除率：	高达 80％	
TSS	600～700mg/L	病原体：	可以忽略	
NH_4^+-N	70～130mg/L	甲烷 CH_4 总产率：	0.25（冬天）～0.44（夏天）	
TKN	90～200mg/L	$Nm^3 CH_4/kgCOD_{removed}$		
P_{tot}	10～40mg/L			
T	16～28℃	假设可回收的甲烷产率只有 $0.15Nm^3 CH_4/kgCOD_{removed}$，那么甲烷的潜在产量是 27 000m³/d，相当于一个 5MW 的电力供应（假设 CHP 效率是 40％）		

16.11 新型卫生系统中黑水（Black water）的厌氧处理

如上所述，常规收集的污水/市政污水一般稀释程度很高，有时 COD 浓度甚至低于500mg/L。除了强烈的稀释，低温（<20℃）也会产生较大的影响，直接使用厌氧处理是不可行的，因为所需的 HRT 会很长，并且需要更大的反应器体积和更复杂的水动力设置条件。在这些低温条件下，较长的 HRT 是由必要的长 SRT 导致（见图 16.28 和式 16.55）。对城市污水加热提高温度以加强厌氧处理，耗费太多能源，没有意义。例如当 COD 浓度为500mg/L 时，若去除的 COD 全部转化为 CH_4，沼气最大生化能回收率仅为 0.5kg COD/m³ × 0.7（COD 效率）× 12.4MJ/kg COD = 4.3MJ/m³（见第 16.1.1 节）。需要注意的是，加热水的成本是 4.2MJ/m³，并且在能量转换过程中会有额外的能量损失。

厕所废物（粪便和尿液）最初的 COD 和营养物浓度非常高（KujawaRoeleveld 和 Zeeman，

2006）。COD 通过与厕所冲水、灰水（淋浴/浴缸、厨房、水槽和洗衣水）以及雨水的混合被稀释了。把生活/城市污水输送到污水处理厂的传统污水管网是为了输送污水而设计的。

在新型卫生系统中，黑水（BW）和灰水（GW）是分开收集、运输和处理的（Otterpohl 等，1997；Zeeman，2012）。当厕所使用少量水（≤1L/次冲洗）时，中温（≥25℃）条件下的黑水厌氧处理可以成为可行的技术（de Graaff 等，2010）。目前，真空收集（厕所排水）和真空运输到社区原位厌氧处理系统的方法正在推广使用中。荷兰、瑞典和比利时采用 UASB 化粪池技术，德国采用 CSTR 技术处理黑水。

当采用 UASB 技术处理 COD 浓度约为10g/L 的（真空收集）黑水时，相对于 CSTR 技术，可以缩短 HRT。厌氧黑水处理是社区原位卫生处理的概念之一，其中营养物质从厌氧出水中回收或去除，而灰水则另外处理，例如在活性污泥系统或人工湿地中。黑水厌氧出水养分浓度高，从而使得养分回收更有效也更高效。de

Graaff（2011a）等人报道了用于处理真空收集黑水的 UASB 反应器出水中，通过鸟粪石沉淀，可以回收 0.22kg-P/（人·a）。后者占到全球人工磷肥产量的 10%，厌氧黑水污泥中含有约 40% 的进水磷源。

虽然污水中氮浓度相对较高（约为 1g N/L），但是真空收集的黑水厌氧出水中氮浓度仍然过低，无法利用现有技术有效回收氮。目前，在实践中氮是通过硝化工艺和厌氧氨氧化工艺去除的。新的物理化学氮回收技术正在研究开发中，选择产生浓氨水来进行再利用（Van Linden 等，2019，2020）。Fernandes 等人（2015）揭示了应用光生物反应器从（真空收集）厌氧污水中回收氮和磷的可能性。在荷兰，已有斯涅克的三个办公楼和一个含有 250 栋房屋的住宅区等四个地点全面应用了设计真空收集-厌氧处理黑水系统的新型卫生设施（De Graaf 和 Van Hell，

2014）。在德国，一个约有 800 户的住宅小区，以及在比利时和瑞典的 320 套公寓和 430 套房屋里，已经实现了真空收集-厌氧处理黑水系统的新型卫生设施的规模化应用。以上提到的大多数新型卫生概念都采用了真空收集-耦合消化含有厨房垃圾的黑水的手段。

最新进展表明，如图 16.31 所示，"新型卫生设施"对于一个新的住宅区来说是一个具有吸引力的选择。通过厌氧处理有或没有厨房垃圾的黑水来实现能源的回收，并回收营养物质用于农业用途。除了黑水的处理外，还有人提议灰水处理应至少达到回用于土壤渗滤的水质标准（Bisschops 等，2019）。在各类"新型卫生处理"概念中，厌氧消化在稳定有机物、最大限度地减少化石能源消耗和最大限度地以甲烷气体形式回收生物化学能量方面发挥着核心作用。

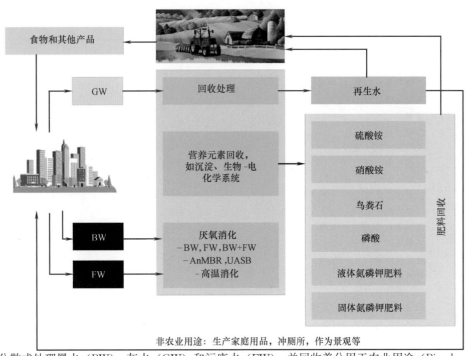

图 16.31　分散式处理黑水（BW）、灰水（GW）和污废水（FW），并回收养分用于农业用途（Bisschops 等，2019）

扫码观看
本章参考文献

术语表

符号	说明	单位
A	反应器的横截面积	m^2
A_{min}	最小表面积	m^2
$E_{ff\text{-}meth}$	COD(以 kg/m^3 为单位)转化为 CH_4 的百分比	%
f_c	接触系数,取值 0～1	—
$F_{meth\text{-}biogas}$	沼气中 CH_4 的比例,一般为 0.6～0.9	—
H	反应器高度	m
K_s	Monod 半饱和常数	mgCOD/L
Q_{inf}	进水流量	m^3/h
r_v	有机负荷率	$kgCOD/(m^3 \cdot d)$
T	温度	℃
T_d	生物量加倍所需时间	d
V	反应器体积	m^3
V_{biogas}	沼气上游速度	m/h
V_{crit}	基于水力条件限制的所需反应器最小容积的限制水位	m/h
$V_{reactor}$	反应器容积	m^3
V_{upw}	水流上游速度	m/h
$V_{upw,max}$	所允许最大的水流上游速度	m/h
X	累积生物量	$kgVSS/m^3$
$X_{reactor}$	反应器中活性生物量浓度	kg/m^3
$\Delta G^{o\prime}$	自由能变化	kJ/mol

缩写	说明
AB	乙酸细菌
ABR	厌氧挡板反应器
ACP	厌氧接触过程
ADM1	厌氧消化模型
AF	厌氧过滤器
AMBR	厌氧膜生物反应器
AnWT	厌氧污水处理
ASBR	厌氧污泥床反应器
ASBR	厌氧序批式反应器
ASM1	活性污泥模型 No.1
ASRB	醋酸氧化-硫酸盐还原菌
CHP	热电联产
CSTR	连续搅拌罐式反应器
EGSB	膨胀颗粒污泥床
EPS	胞外聚合物物质
FASRB	脂肪酸氧化-硫酸盐还原菌
FB	流化床反应器
GLSS	气液固分离系统
HMB	氢营养产甲烷细菌
HRT	水力停留时间
HSRB	氢氧化-硫酸盐还原细菌
IC	内循环反应器
LCFA	长链脂肪酸
MB	产甲烷菌
OHPB	专性产氢菌
OLR	有机负荷率
PTA	纯对苯二甲酸
SCFA	短链脂肪酸

缩写	说明
SMA	污泥比产甲烷速率
SRB	硫酸盐还原细菌
SRT	污泥停留时间
UAF	上流式厌氧过滤器
UASB	上流式厌氧污泥床
VFA	挥发性脂肪酸
VSS	挥发性悬浮固体

希腊符号	解释	单位
μ_{max}	最大增长速率	L/d
θ	水力停留时间（HRT）	h

第 17 章
生物膜的模拟

Eberhard Morgenroth

17.1 什么是生物膜?

生物处理工艺具备以下两个共同条件:第一,活性微生物必须在系统中富集;第二,之后要保证出水中尽量无微生物。在活性污泥工艺中,微生物以絮体形式悬浮于水中,需要采用固液分离手段将微生物截留在系统中(例如使用沉淀池或者滤膜)。而在生物膜反应器中,微生物附着生长在载体表面,形成致密的生物层,所以不需要沉淀装置就能将活性微生物保持在反应器中。悬浮污泥会随出水洗出,但是生物膜上的菌体受到保护不会被洗脱,可以在基质相对丰富的地方持续生长。在一个系统中能否生长生物膜取决于悬浮生物量的洗脱速率(或固体停留时间)。假如悬浮污泥的洗脱速率大于某一特定微生物的生长速率,那么该微生物就会优先在生物膜中生长。洗脱速率很小时,微生物在生物膜中生长的驱动力就比较小。另外生物膜细菌外包裹着的是胞外聚合物(EPS),胞外聚合物含多糖、蛋白质、自由核酸以及水(Sutherland,2001),就像胶水一样将生物膜固定。特别注意的是生物膜中的活性微生物要远多于活性污泥。图 17.1 是移动床生物膜反应器中生物膜的照片。

图 17.2(b)是生物膜形成中不同区域的简图,多个区域包括:水体、边界层、生物膜和生物膜支撑介质(基底)。生物膜中的基质和电子受体传质主要基于扩散作用,所以传质的速率通常要比基质去除速率要慢,这就会造成生物膜中基质的梯度分布。基质浓度梯度分布发生的结果之一就是生物膜中基质的去除常常受到传质的限

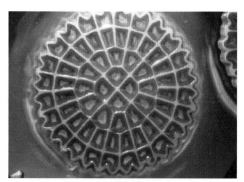

图 17.1 悬浮生物载体上附着生长的生物膜(图片:AnoxKaldnes)

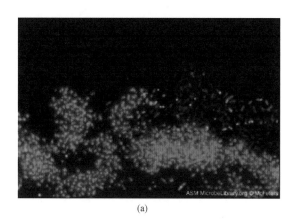

(a)

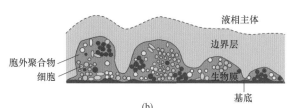

(b)

图 17.2 采用共聚焦激光扫描 显微镜显像流道中生长的生物膜照片(a)(图片:Hung 等,1995;McFeter,2002),以及代表生物膜系统中不同分区的简图(b)(摘自 Wanner 等,2006)

制，这是生物膜反应器的最主要的限制因素之一。另外，基质浓度梯度分布使生物膜中形成了不同的微环境，并受局部基质/电子受体浓度的影响和限制。例如，即使外部水体处于好氧状态，生物膜内部也可能是缺氧状态可以发生反硝化反应。明确传质与基质转化之间的关系对于理解生物膜系统的总体性能是很有必要。

生物膜系统有很多优势，比如广泛应用于污水处理、饮用水处理、土壤修复以及形成的污染物羽流屏障中。然后，生物膜可能也是有害的，比如在给水配水管网，热交换器，口腔卫生，生物材料假体，以及船身生物膜的过度生长。生物膜的两面性可以归因于：①可用于水体中化合物的转化，例如在污水及饮用水的生物处理单元中去除不想要的化合物；②生物膜的生长会占据一定空间影响水力状况，这一点有时起到好的作用，例如在生物填料中充分生长，而有时又会造成严重问题例如生物膜在热交换器中结垢；③生物膜也可能掩蔽致病微生物，使得这些致病微生物难以被去除或者灭活。而本章集中讲述生物膜中基质的传输和转化，生物膜生长特性和生物膜反应器总体性能的模拟。

17.2　生物膜模拟的目的和如何选择合适的数学模拟方法

根据所考虑的生物膜内部反应过程、模型所需推导信息以及模型求解所需的难易程度等诸多不同，迄今已经有了很多生物膜模型，包括了从简单的解析模型到复杂的多维数值模型。在确定一个具体的建模方法之前首先需要明晰建模的目的，以下所述的目的和问题与预测生物膜反应器的运行状况有关，将在本章重点讨论。

1）基质通量是液相主体基质浓度的函数：生物膜内部的传质限制和生物反应动力学如何影响基质的转化速率？在传质边界层内的传质限制如何影响生物膜内基质的可利用量？为了回答上述问题，该模型应当将生物膜内的基质通量（J_{LF}）（将生物膜内部基质的总转化速率进行量化）作为主体溶液基质浓度的函数处理（S_B）（图 17.3a）。

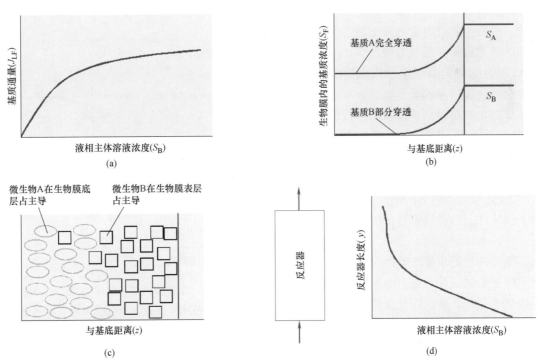

图 17.3　数学模拟有助于阐述的不同问题的图示：（a）液相主体溶液中基质浓度如何影响生物膜内基质通量？（b）对于涉及多种基质的反应过程（例如电子供体和电子受体），哪种基质将是转化过程的限制性因素？（c）生物膜厚度变化影响微生物的分布，进而如何影响转化过程？（d）由局部基质浓度如何预测生物膜反应器的整体运行状况

2）多组分扩散：局部区域内的电子供体和电子受体，以及抑制性化合物的存在如何影响微生物过程？为了回答上述问题，该模型应当以限制性基质的测定为基础预测多种基质向生物膜的渗透（图 17.3b）。

3）微生物的分布：在生物膜内部基质的可利用量如何影响微生物的分布，反之，微生物的分布如何进一步影响基质的去除？为了回答上述问题，该模型应当预测微生物的分布和相应的基质去除（图 17.3c）。

4）整个反应器的运行状况：生物膜内局部基质通量如何与整个反应器的运行状况相关？为了回答上述问题，该模型应该结合局部基质通量预测整个反应器的运行状况（图 17.3d）。

选择正确的模拟方法，需要在满足模拟目标的细节翔实程度和所希望求解模型的复杂程度之间获得平衡。例如在大多数情况下，建立一个均质一维生物膜模型估计碳氧化过程已绰绰有余。但是评估异养细菌和自养细菌对于基质和生存空间的竞争，必须建立能够预测生物膜厚度方向上生物量分布的模型。对于一维生物膜模型可采用解析解法，沿着生物膜厚度方向上微生物均匀分布，基质的转化遵循一级或零级反应，但如果采用 Monod 动力学假定就要求使用数值解法。本章将会介绍生物膜模型的基本概念，利用解析方法求解简单的生物膜模型，以及利用数值方法求解复杂的生物膜模型。本章中数值解由 AQUASIM（Reichert，1998）软件或者一个商业模拟器（SUMO）求得，对于那些有可能运行 AQUASIM 软件或者 SUMO 的读者可以在相关网站下载软件，自己摸索这些模拟方法。在如今的商业化污水处理厂模拟器中，越来越多地采用生物膜模型的数值求解工具。对于常常利用这些数值求解工具的工作人员，一定要充分理解和掌握一些基本原理，同时应该能够运用解析方法进行一般的手工计算，以简化生物膜模型和验证复杂模型模拟结果的合理性。下面的章节将会同时讨论解析方法和数值方法求解的生物膜模型。

17.3 假定单一限制基质和忽略外部传质阻力的生物膜模拟方法

如图 17.2 所示，生物膜是复杂的非均质聚

集体。如何在简化的数学模型中描述这些聚集体？哪些特性相关，哪些可以忽略不计？已有的一些复杂且计算成本高昂的模型可以描述并且预测生物膜在多维空间上的非均质结构，这类复杂模型的应用将在 17.10 节中讨论，但是对这种多维模拟方法的具体分析和求解已经超出了本章范围。本章的重点仅是在一维尺度上讨论传质限制对非均一基质和生物量分布的影响。Wanner 等（2006）分析和讨论表明，一维模拟足以回答大多数与处理工程相关的问题。该方法假设过程速率、生物膜密度和组成以及基质浓度在与基底平行的生物层中保持恒定。通过这种简化假设，生物膜变成沿深度方向进行反应和分子扩散，具有外传质边界层的一维结构，如图 17.4 所示。

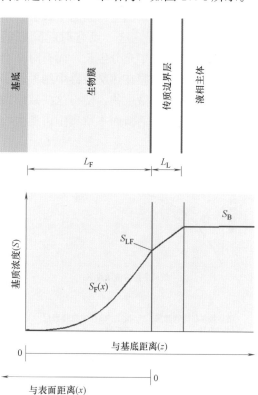

图 17.4 生物膜内部、浓度边界层以及液相主体中的基质浓度。注：空间坐标可以从生物膜底部（z，一般用于数值模拟）或者从生物膜表面开始（x，简化了手工计算求解）

对于本章讨论的大多数模型，均假设微生物浓度（X_F）和组成已知，并且沿生物膜深度方向不变。使用数值模拟可以预测生物膜深度方向上的微生物组成（见 17.9 节中的例子）。

17.3.1 基本方程

描述生物膜中分子扩散、基质利用和单一限制性基质动态积累的偏微分方程如下所示：

$$\underbrace{\frac{\partial S_F}{\partial t}}_{\text{积累}} = \underbrace{D_F \frac{\partial^2 S_F}{\partial x^2}}_{\text{扩散}} - \underbrace{r_F}_{\text{反应}} \qquad (17.1)$$

式中　S_F——生物膜内的基质浓度（ML^{-3}）；

X——距离生物膜表面的距离（L）；

T——时间（T）；

D_F——生物膜内的扩散系数（$L^2 T^{-1}$）；

r_F——每单位体积生物膜的基质转化速率（$ML^{-3}T^{-1}$）。

式（17.1）是在 Fick 第二扩散定律的基础上建立的，关于式（17.1）详细的推导过程将在 17.3.4 节中介绍。表 17.1 列出了生物膜内限制性基质降解速率方程的不同表达式。对于零级和一级反应并且假设达到稳态，式（17.1）存在解析解，较复杂的反应速率表达式需要数值解法。

注意在表 17.1 中，零级反应［$k_{0,F}$，式

（17.2）］和一级反应［$k_{1,F}$，式（17.3）］基质的降解速率与 Monod 动力学方程有如下关系：

$$k_{0,F} \approx \frac{\mu_{\text{最大}}}{Y} \qquad \text{当 } S_F \gg K_S \qquad (17.6)$$

$$k_{1,F} \approx \frac{\mu_{\text{最大}}}{Y \cdot K_S} \qquad \text{当 } S_F \ll K_S \qquad (17.7)$$

式（17.5）中的一般速率表达式适用于生物膜内多种过程和多组分反应的复杂系统（例如表 17.12 中的异养菌和自养菌）。方程式包含化学计量系数 $v_{i,j}$ 和过程反应速率 ρ_j，其中 i 和 j 分别表示计量学矩阵中的组分和反应过程。有关化学计量和动力学矩阵的概念已经在第 14 章做了详细讨论。

求解二阶偏微分方程（式 17.1）需要知道两个常数，可以从以下两个边界条件得出：

BC1：　$\dfrac{dS_F}{dx} = 0$ 　其中 $x = L_F$ 　（17.8）

BC2：　$S_F = S_{LF}$ 　其中 $x = 0$ 　（17.9）

在式（17.5）中，$v_{i,j}$ 和 ρ_j 分别为化学计量系数和过程 j 的速率 　　表 17.1

反应类型	速率表达式	公式
零级反应	$r_F = k_{0,F} X_F$	(17.2)
一级反应	$r_F = k_{1,F} S_F X_F$	(17.3)
符合 Monod 生长动力学假设的基质利用速率	$r_F = \underbrace{\frac{1}{Y}}_{\substack{\text{化学计量系数}\\(\nu)}} \cdot \underbrace{\mu_{\text{最大}} \frac{S_F}{K_S + S_F}}_{\text{过程速率}(\rho)}$	(17.4)
受多种过程影响的基质 $C_{F,i}$ 的一般表达式（j）	$r_{F,i} = \sum_{j=1}^{n} v_{i,j} \rho_j$	(17.5)

注：在表 1 中的速率表达式（$ML^{-3}T^{-1}$）中，X_F 是生物膜内活性微生物的浓度（ML^{-3}），$k_{0,F}$ 和 $k_{1,F}$ 是零级和一级反应速率常数，μ_{max}、K_c、Y 分别是最大生长速率、半饱和常数以及产率系数。

此处 BC1（式 17.8）是基于没有基质通量进入生物膜底层以及 S_{LF} 是生物膜表面的浓度所提出来的。生物膜内的局部基质通量［$J(x)$］与该处（x）浓度梯度值成正比：

$$J_F(x) = -D_F \frac{dS_F(x)}{dx} \qquad (17.10)$$

此处 D_F 是生物膜内部基质扩散系数。通过式（17.10）计算生物膜表面的基质通量（J_{LF}）为：

$$J_{LF} = -D_F \frac{dS_F}{dx} \qquad \text{其中 } x = 0 \quad (17.11)$$

基质通量 J_{LF} 随后将在整个生物膜反应器

的物料平衡中用到。

17.3.2 基于不同速率表达式的生物膜扩散-反应方程

17.3.2.1 生物膜内一级基质去除速率

将式（17.3）中一级反应表达式与式（17.1）结合，同时假设其处于稳态条件（$\partial S_F / \partial t = 0$），得出以下二阶常微分方程：

$$0 = D_F \frac{d^2 S_F}{dx^2} - k_{1,F} X_F S_F \qquad (17.12)$$

结合两个边界条件（式 17.8 和式 17.9），可以对二阶线性微分方程进行求解，生物膜内基质浓度的解析解可由如下一级反应式（$S_{F,1}$）

得出：

$$S_{F,1}(x) = \frac{\cosh\left(\dfrac{L_F - x}{L_{crit}}\right)}{\cosh\left(\dfrac{L_F}{L_{crit}}\right)} S_{LF} \quad (17.13)$$

此处 L_{crit} 是特征长度，定义如下：

$$L_{crit} = \sqrt{\frac{D_F}{k_{1,F} X_F}} \quad (17.14)$$

如果生物膜厚度大于 L_{crit}，则微生物的生长将受到传质限制（有时也称为厚生物膜），对于厚度远小于 L_{crit} 的生物膜，基质可充分透过（有时也称为薄生物膜）。将式（17.13）进行二阶求导，可以发现其结果 $S_{F,1}$ 同时满足原先的微分方程（17.12）和两个边界条件（式 17.8 和式 17.9），对于读者来说这种练习非常有用。根据浓度分布（式 17.13），假设基质去除（$J_{LF,1}$）符合一级反应，可以利用式（17.11）直接计算出进入生物膜内的基质通量：

$$J_{LF,1} = \underbrace{D_F \frac{\tanh\left(\dfrac{L_F}{L_{crit}}\right)}{L_{crit}}}_{k_{1,A}} S_{LF} \quad (17.15)$$

式（17.15）右边的表达式中与 S_{LF} 无关的部分可简化为综合速率（$k_{1,A}$）。通过综合速率可以看出，对于给定生物膜厚度基质通量与 S_{LF} 是一次函数关系：

$$J_{LF,1} = k_{1,A} S_{LF} \quad (17.16)$$

应当注意，只有当生物膜厚度 L_F 是常数时，$k_{1,A}$ 才是常数，当生物膜厚度变化时，$k_{1,A}$ 会随着 L_F 的增大而增大。

效率因子 ε 作为一个有效参数可用于量化传质限制对基质通量的影响。效率因子 ε 定义为：式（17.15）中的基质通量 $J_{LF,1}$ 与假设的生物膜内部反应速率不受扩散影响时的基质通量之比：

$$\varepsilon = \frac{J_{LF,1 \text{有扩散影响}}}{J_{LF,1,\text{无扩散阻力影响}}} \quad (17.17)$$

假设在没有扩散阻力条件下的基质通量（$k_{1,F} X_F L_F S_{LF}$，ε）的值可根据扩散通量计算得出（式 17.18）：

$$\varepsilon = \frac{\tanh\left(\dfrac{L_F}{L_{crit}}\right)}{\dfrac{L_F}{L_{crit}}} \quad (17.18)$$

L_F/L_{crit} 值很小（小于 0.4）的生物膜可完全穿透，且 $\varepsilon \approx 1$。对于较厚的生物膜（$L_F/L_{crit} > 4$），式（17.18）中 ε 值随 L_F/L_{crit} 值增大而减小，生物膜内的基质转化将受到传质限制，可以用以下方法估算：

$$\varepsilon \approx \frac{L_{crit}}{L_F} \quad \text{其中 } L_F/L_{crit} > 4 \quad (17.19)$$

根据 L_F/L_{crit} 比值的不同，沿着生物膜厚度方向的基质浓度分布和相应的 ε 值列于图 17.5 中。

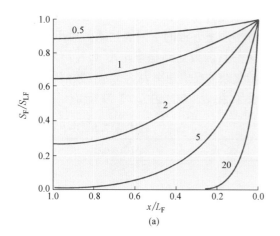

(a)

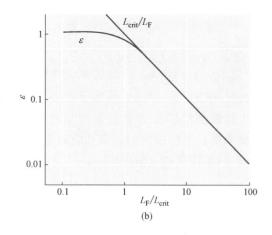

(b)

图 17.5 不同 L_F/L_{crit} 比值情况下（如曲线旁数字），基质浓度（S_F/S_{LF}）随生物膜厚度（x/L_F）变化 (a)。根据式（17.18）和式（17.19），ε 值随 L_F/L_{crit} 比值的变化 (b)

[例 17.1] 生物膜内基质去除的一级动力学

问题：

假设生物膜表面乙酸浓度 $S_{LF}=3mgCOD/L$，一级反应动力学常数 $k_{1,F}=2.4m^3/(gCOD \cdot d)$，生物膜密度为 $10000gCOD/m^3$，扩散系数为 $0.8 \times 10^{-4}m^2/d$，计算生物膜厚度为 400um 时乙酸的浓度。然后计算在液相主体溶液中基质浓度分别是 3mgCOD/L 或 30mgCOD/L 时生物膜内的乙酸通量。并讨论计算中存在的问题。

[解]

步骤 1：计算 L_{crit}。

$$L_{crit} = \sqrt{\frac{(0.8 \cdot 10^{-4}m^2/d)}{(2.4m^3/gCOD \cdot d)(10,000gCOD/m^3)}}$$
$$= 58\mu m$$

注意 L_{crit} 与生物膜表面基质浓度无关。

步骤 2：计算 L_F/L_{crit}。

$$\frac{L_F}{L_{crit}} = \frac{400\mu m}{58\mu m} = 6.9$$

由于 $L_F/L_{crit} > 4$ 可以认为是厚生物膜，受传质限制。

步骤 3：计算生物膜底部的基质浓度，$S_F(x=L_F)$，假设 $S_{LF}=300mgCOD/L$

$$S_F(x=L_F) = \frac{\overbrace{\cosh(0)=1}^{\cosh(0)}}{\cosh(400/58)} \cdot 3mg/L$$
$$= 0.0061mg/L$$

步骤 4：当 $S_{LF}=300mgCOD/L$ 时计算相应的基质通量。

$$J_{LF} = 0.8 \cdot 10^{-4}m^2/d \cdot \frac{\tanh(400/58)}{58 \cdot 10^{-6}m}3g/m^3$$
$$= 4.1g/(m^2 \cdot d)$$

根据式（17.18）计算相应的效率因子 ε：

$$\varepsilon = \frac{\tanh\left(\frac{L_F}{L_{crit}}\right)}{\frac{L_F}{L_{crit}}} = \frac{\tanh(400/58)}{400/58} = 0.145$$

如果生物膜被完全穿透，忽略传质限制的影响，此时的通量为假定通量，那么进入生物膜的基质通量只有假定通量的 14.5%。注意 ε 值是与生物膜表面的基质浓度无关的。

步骤 5：计算液相主体基质浓度为 30mg COD/L 时的基质通量。

$$J_{LF} = 0.8 \cdot 10^{-4}m^2/d \cdot \frac{\tanh(400/58)}{58 \cdot 10^{-6}m}30g/m^3$$
$$= 41g/(m^2 \cdot d)$$

这一通量值几乎是 $S_{LF}=3mgCOD/L$ 时的通量的 10 倍。该值离奇的高，怎么会这样呢？本例中的基本假设是：①生物膜内的基质去除是一级反应；②乙酸是限制性基质。当 $S_{LF}=3mgCOD/L$ 时两个假设都是合理的，但是对于 $S_{LF}=30mgCOD/L$ 就都不满足了。因此，当使用本章中的推导结论时要特别小心，必须注意这些基本假设条件在实际中是否合理。在生物膜中使用一级、零级或者 Monod 形式反应速率的有关问题将会在 17.3.2.3 节中讨论，双基质扩散的问题将在 17.6 节中进行讲解。

17.3.2.2 生物膜内基质去除的零级动力学

将式（17.1）与零级反应动力学表达式联合，并且假设其为稳态，可得以下二阶常微分方程：

$$0 = D_F\frac{d^2S_F}{dx^2} - \begin{cases} k_{0,F}X_F & \text{当 } S_F > 0 \\ 0 & \text{当 } S_F \leq 0 \end{cases}$$

(17.20)

式（17.20）的求解取决于基质是否完全穿透生物膜（即 $0 < x < L_F$，$S_F > 0$，也称为"完全穿透"生物膜），或者基质在生物膜内部某处减少到零（也称为"部分穿透"生物膜）。假设基质去除符合零级反应且生物膜部分穿透（$\beta \leq 1$）

对于部分穿透生物膜来说，求解式（17.20）需要确定三个常数，两个来自二阶微分方程的积分，第三个常数是 r_F 为零时生物膜内基质的穿透程度。生物膜内基质的穿透程度（β）与生物膜厚度相关（图 17.6），定义为：

$$\beta = \frac{\text{基质在生物膜内的穿透深度}}{L_F}$$

(17.21)

定义三个边界条件以确定两个积分常数以及 β 的值：

BC1a：$\quad \dfrac{dS_F}{dx}=0 \quad$ 当 $x=\beta L_F$ （17.22）

BC1b：$\quad S_F=0 \quad$ 当 $x=\beta L_F$ （17.23）

BC2：$\quad S_F=S_{LF} \quad$ 当 $x=0$ （17.9）

通过这三个边界条件，式（17.20）的积分如下：

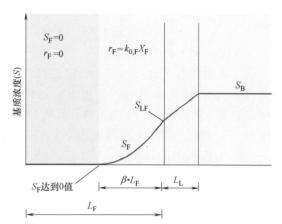

图 17.6　基质去除符合零级反应时的生物膜穿透曲线（$x < \beta \cdot L_F$）以及没有任何基质去除的非活性区域（蓝色阴影部分，$x > \beta \cdot L_F$）（L_F 是生物膜厚度，L_L 是传质边界层厚度）

$$S_{F,0,p}(x) = S_{LF} - \left(x\beta L_F - \frac{x^2}{2}\right)\frac{k_0 X_F}{D_F}$$

$$(17.24a)$$

变形为：

$$S_{F,0,p}(x) = S_{LF}\left[1 - \left(\frac{2x}{\beta L_F} - \frac{x^2}{(\beta L_F)^2}\right)\right]$$

$$(17.24b)$$

其中：

$$\beta = \sqrt{\frac{2S_{LF}D_F}{L_F^2 k_0 X_F}} \qquad (17.25)$$

式（17.25）可以变形得出穿透深度（βL_F）：

$$\beta L_F = \sqrt{\frac{2S_{LF}D_F}{k_0 X_F}} \qquad (17.26)$$

读者应当再次确定式（17.24a）和式（17.24b）是否满足微分方程（17.20）和三个边界条件。在部分穿透生物膜中，是否进入生物膜的基质通量（$J_{LF,0,p}$）可以根据式（17.24a），通过计算生物膜表面的基质浓度梯度式（17.11）得出：

$$J_{LF,0,p} = \beta L_F k_0 X_F \qquad (17.27)$$

注意 β 值取决于生物膜表面的基质浓度（S_{LF}）。将 β 值代入式（17.27）可以得出通量与主体溶液基质浓度的直接关系：

$$J_{F,0,p} = \underbrace{\sqrt{2D_F k_0 X_F}}_{k_{0,p,A}}\sqrt{S_{LF}} \qquad (17.28)$$

将式（17.27）中与 S_{LF} 所有无关项整合成一项，即表面反应速率为 $k_{0,p,A}$ $[M^{0.5}L^{-0.5}T^{-1}]$，可以得到基质通量与 S_{LF} 的 1/2 次方相关的公式：

$$J_{LF,0,p} = k_{0,p,A}\sqrt{S_{LF}} \qquad (17.29)$$

假设基质去除符合零级反应且生物膜完全穿透（$\beta \geqslant 1$）

假设生物膜完全穿透，并且具有原先的边界条件（式 17.8 和式 17.9），求解式（17.20）得出以下生物膜内部基质浓度的分布：

$$S_{F,0,f}(x) = S_{LF} - \left(xL_F - \frac{x^2}{2}\right)\frac{k_0 X_F}{D_F}$$

$$(17.30a)$$

可以变形为：

$$S_{F,0,f}(x) = S_{LF}\left(1 - \left(\frac{2x}{L_F\beta^2} - \frac{x^2}{L_F^2\beta^2}\right)\right)$$

$$(17.30b)$$

假设在完全穿透生物膜内部反应为零级，那么生物膜内的通量 $J_{LF,0,f}$，可以通过生物膜表面基质浓度梯度计算得出：

$$J_{LF,0,f} = L_F k_0 X_F \qquad (17.31)$$

对于部分穿透型生物膜式（17.26）和完全穿透型生物膜式（17.30），其膜内部零级反应的基质通量之比为 β。对于部分穿透和完全穿透生物膜，不同 β 值时生物膜内部的浓度分布如图 17.7 所示。

对于部分穿透和完全穿透生物膜，不同 β 值时生物膜内部的浓度分布如图 17.7 所示。

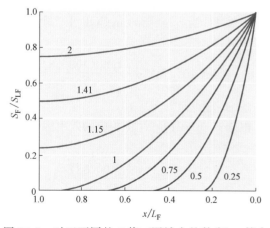

图 17.7　对于不同的 β 值（图域中的数字），符合零级反应的生物膜不同深度处（x/Lp）的基质浓度（S_F/S_{LF}）分布。注意部分穿透和完全穿透生物膜需要使用不同的公式：$\beta < 1$（蓝线）时使用式（17.24），$\beta \geqslant 1$（红线）时使用式（17.29）

17.3.2.3　生物膜内的 Monod 动力学

大多数情况下，生物膜内部基质去除具有更复杂的速率表达式［例如式（17.4）的 Monod 动力学方程］，因而上述微分方程的解析解无法描述基质在一维生物膜中的扩散和反应方程（17.1）。但是现在已经具备了求解式（17.1）数值解的工具，也可以用来计算稳态或者动态的过程，其中一个例子就是 AQUASIM，一种用来描述和模拟水环境系统的计算程序（Wanner 和 Morgenroth，2004；Wanner 和 Reichert，1996）。如何使用 AQUASIM 模拟生物膜的简单指南将在 17.3.5 节的 SIDEBAR 中介绍，读者也可以利用其他软件或者商业性的污水处理厂模拟器来重复推导本章中用 AQUASIM 得到的结果。AQUASIM 可以同时求解可溶性基质的扩散和降解，中间产物的产生和利用，以及不同位置微生物的生长、衰退和脱附等多重过程方程。在本章中，只考虑 Monod 动力学的基质转化过程可以忽略微生物的生长。这使以上所得的解析解和数值模拟结果可以直接对比。在接下来的几节中（例如 17.8 节）将使用多种过程和组分来评价生物膜。为了清楚地描述模拟中的过程和成分，将用到矩阵符号（第 14 章已经介绍过）。对于去除单一基质的简单过程，式（17.4）中的 Monod 动力学可以用一个简单的"矩阵"表示，如表 17.2 所示。

假设有机物是限制性基质，且生物膜厚度和密度不变，异养型基质去除的化学计量数和动力学矩阵

表 17.2

过程名称	$\downarrow j$	$\rightarrow i$	S_S	过程速率（ρ_j）
异养型基质去除			$-\dfrac{1}{Y_{OHO}}$	$\mu_{OHO,最大}\dfrac{S_S}{K_S+S_S}X_{OHO}$
单位			COD	

图 17.8 将使用 Monod 动力学所得的稳态生物膜的数值解与使用一级和零级速率表达式所得的解析解进行了对比。为了使不同形式模拟的结果可以比较，一级和零级反应动力学常数来自式（17.6）和式（17.7）中的最大比生长速率和半饱和浓度。图 17.8（a）表示了生物膜内部基质的去除速率。生物膜厚度在 $200\mu m$ 和 $80\mu m$ 情况下，相应的一级（$J_{LF,1}$）反应，部分穿透生物膜的零级反应（$J_{LF,0,p}$），完全穿透生物膜的零级反应（$J_{lf,0,f}$）以及 Monod 动力学反应（$J_{LF,Monod}$）等的基质通量，分别列于图 17.8（b）和图 17.8（c）中。从图中可以看出假设生物膜内符合 Monod 动力学的局部速率（r_{Monod}）总是比一级反应（r_1）或者零级反应（r_0）的速率要小（图 17.8a）。因此，假设符合 Monod 动力学时的基质通量总是小于假设符合一级或者零级反应时的基质通量（图 17.8b 和图 17.8c）。需要注意图 17.8 中基于式（17.27）的零级生物膜动力学只对部分穿透生物膜（$\beta\leqslant 1$）有效，而基于式（17.30）的解只对完全穿透生物膜（$\beta\geqslant 1$）有效。从部分穿透到完全穿透的过渡发生在（$J_{LF,0,p}$）和（$J_{LF,0,f}$）的交界处或者 $\beta=1$ 的地方。根据 β 的定义（式 17.25），当 $\beta=1$ 时生物膜表面的基质浓度（$S_{LF,传质}$）为：

$$S_{LF,传质}=\frac{L_F{}^2 k_0 X_F}{2D_F} \tag{17.32}$$

当基质浓度（S_{LF}）较低时假设符合一级反应动力学（$J_{LF,1}$），当基质浓度较高时假定符合零级反应动力学，这时零级和一级反应的基质通量结果可以联合使用。对于 $200\mu m$ 厚的生物膜，假设基质通量从符合一级反应动力学（$J_{LF,1}$，式 17.15）到 1/2 级反应动力学（$J_{LF,0,p}$，式 17.27）再到零级反应动力学（$J_{LF,0,f}$，式 17.30），而对于 $80\mu m$ 厚的生物膜，基质通量从符合一级反应动力学直接到了零级反应动力学。一种联合不同基质通量无方程的方法是：在 $J_{LF,0,p}$ 和 $J_{LF,1}$ 是 S_{LF} 的函数而 $J_{LF,0,f}$ 与 S_{LF} 关的时候，只选择三个解析解中最小的一个即可：

$$J_{LF}(S_{LF})=\min[J_{LF,1}(S_{LF}),J_{LF,0,p}(S_{LF}),J_{LF,0,f}] \tag{17.33}$$

另一种更加复杂的联合方法是将三种通量用 Perez 等（2005）年所述的方法进行线性组合［Gapes 等（2006）进行了改进］。Wanner 等

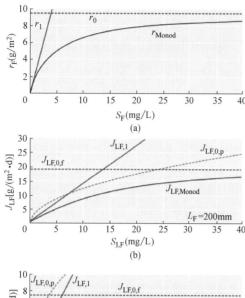

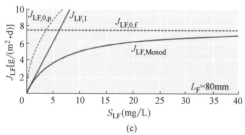

图 17.8 生物膜（r_F）内的一级、零级和 Monod 反应速率显示为图（a）中局部底物浓度（S_F）的函数。计算生物膜厚度为 $200\mu m$ 图（b）和 $80\mu m$ 图（c）时，作为生物膜表面基质浓度函数的相应基质通量 [参数：$\mu_{max}=6/d$，$K_S=4mg/L$，$Y_{OHO}=0.63gCOD/gCOD$，$D_F=0.00008m^2/d$，$X_F=10000g/m^3$，得出 $k_{1,F}=2.38m^3/(g\cdot d)$（式 17.7），$k_{0,F}=9.52L/d$（式 17.6），$L_{crit}=58\mu m$（式 17.14）]

（2006）发表的一系列文章对简单解析解和复杂数值解的适用性做了详细的讨论。

17.3.3　单一限制性基质解析解的总结

对生物膜厚度方向上基质分布的解析解和相应的基质通量的总结列于表 17.3 中。对于一级和零级（部分穿透）生物膜动力学的传质限制程度用 β 和 ε 表示，这两个参数都表示了基质通量与假设没有传质限制时基质通量的比值。因此 $\varepsilon\approx1$ 和 $\beta\geqslant1$ 描述了生物膜内基质通量不受传质限制的情况。另外，$\beta\ll1$ 和 $\varepsilon\ll1$ 表示向生物膜内部的基质传输显著地影响限制性基质的去除。

17.3.4　生物膜内部由物料平衡推导扩散反应方程（式 17.1）

通过生物膜深度 x 至 $x+\Delta x$ 之间的可控体积内的物料平衡推导扩散反应方程（式 17.1），如图 17.9 所示。

$$\underbrace{\Delta xA\frac{\partial S_F}{\partial t}}_{\text{积累}}=\underbrace{AJ_F(x)}_{\text{输入}}-\underbrace{AJ_F(x+\Delta x)}_{\text{输出}}-\underbrace{\Delta xAr_F}_{\text{反应消耗}}$$

（17.34）

此处 A_F 是生物膜表面积（L^2）。基于扩散系数和局部浓度梯度使用 Fick 第一定律计算基质通量：

$$J_F(x)=-D_F\frac{\partial S_F(x)}{\partial x}\qquad(17.35a)$$

以及

$$J_F(x+\Delta x)=-D_F\frac{\partial S_F(x+\Delta x)}{\partial x}$$

（17.35b）

式（17.34）可以变形：

$$\frac{\partial S_F}{\partial t}=D_F\frac{\dfrac{\partial S_F(x+\Delta x)}{\partial x}-\dfrac{\partial S_F(x)}{\partial x}}{\Delta x}-r_F$$

（17.36）

使 Δx 趋近于零，由式（17.34）得出式（17.1）：

$$\underbrace{\frac{\partial S_F}{\partial t}}_{\text{积累}}=\underbrace{D_F\frac{\partial^2 S_F}{\partial x^2}}_{\text{扩散}}-\underbrace{r_F}_{\text{反应}}$$

（17.1）

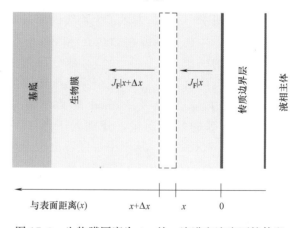

图 17.9　生物膜厚度为 Δx 处，流进和流出可控体积的基质通量，以及可控体积内（ΔxA）的基质去除

17.3.5　AQUASIM 概述

该节提供了 AQUASIM 通过数值方法求解方程的简要概述，以及如何使用 AQUASIM 模拟生物膜的初步评论。更多详细信息参见文献

生物膜内部动力学概述 　　　　　　　　　　　　　　　　　　　　　　　**表 17.3**

生物膜内部动力学	限制性基质进入生物膜的通量(J_s)		完全穿透生物膜效率因子(ε 或 β)	其中
	忽略外部传质阻力	包括外部传质阻力(R_L)		
一级动力学 ($K_{1,F}$)	$J_{LF,1}=k_{1,A}S_B$ (17.16)	$J_{LF,1}=k_{1,A}S_B\underbrace{\dfrac{1}{k_{1,A}R_L+1}}_{\text{由外传质阻力导致的通量降低}}$ (17.51)	$\varepsilon=\dfrac{\tanh\left(\dfrac{L_F}{L_{crit}}\right)}{\dfrac{L_F}{L_{crit}}}$ (17.18)　　$J_{LF,1}=\varepsilon\cdot K_{1,F}X_F L_F S_{LF}$	$K_{1,A}=\underbrace{D_F\dfrac{\tanh\left(\dfrac{L_F}{L_{crit}}\right)}{L_{crit}}}_{k_{1,A}}$ (17.15)　　$L_{crit}=\sqrt{\dfrac{D_F}{k_{1,F}X_F}}$ (17.14)
零级动力学 ($K_{0,F}$) 部分穿透 ($\beta\leqslant1$)	$J_{LF,0,p}=k_{0,p,A}\sqrt{S_B}$ (17.29)	$J_{LF,0,p}=k_{0,p,A}\sqrt{S_B}\left(-\dfrac{\zeta}{2}+\sqrt{\left(\dfrac{\zeta}{2}\right)^2+1}\right)$ (17.57)	$\beta=\sqrt{\dfrac{2S_{LF}D_F}{L_F^2 k_0 X_F}}$ (17.25)　　$J_{LF,0,p}=\beta L_F k_0 X_F$ (17.27)	$J_{F,0,p}=\underbrace{\sqrt{2D_F k_0 X_F}}_{k_{0,p,A}}$ (17.28)　　$\zeta=\dfrac{k_{0,p,A}R_L}{\sqrt{S_B}}$ (17.56)
零级动力学 ($K_{0,F}$) 完全穿透 ($\beta\geqslant1$)	$J_{LF,0,f}=K_{0,f,A}$ (17.31)	$J_{LF,0,f}=K_{0,f,A}$ (17.31)	无传质限制 $\beta>1$	$K_{0,f,A}=k_{0,F}X_F L_F$ (17.31)

$L_F=$生物膜厚度（L）；$L_{\text{base thickness}}=$反冲洗后设定的生物膜厚度（$L$）；$u=$比增长速率〔$T^{-1}$〕；$r_s=$基质利用率（$ML^{-2}T^{-1}$）；$\tau=$剪切力（$ML^{-1}T^{-2}$）。

Wanner 和 Reichert（1996）；Wanner 和 Morgenroth（2004），以及 AQUASIM 使用手册（Reichert，1998）。AQUASIM 可免费使用，详细请见 www. aquasim. eawag. ch。

（1）基础方程

AQUASIM 将生物膜划分成不同分区进行评估，假设该模型包含完全混合的主体溶液，一个传质边界层和一维生物膜。AQUASIM 可同时求解下述相关的多种物质平衡。模型的输入参数包括定义的原始生物膜特性参数，生物膜脱附动力学，以及按照式（17.5）格式的化学计量和动力学矩阵。该模型执行动态模拟，通过采用足够长时间稳定的操作条件，得出稳态模拟的结果。模型的输出包括生物膜特性，以及每个时间点生物膜内部和主体溶液中的基质浓度。

（2）相关过程参数

Wanner 和 Reichert（1996）（例如式 17.22、式 17.23 和式 17.24）以及 AQUASIM 使用手册中都给出了生物膜通用的物料平衡方程。式（17.1）中物质平衡和 AQUASIM 中物质平衡的关键差异在于是否区分生物膜内的固体组分

（ε_s）和液体组分（ε_l）。在 AQUASIM 模拟中假设扩散过程只在液态中发生，一般用于解析计算的扩散反应方程（式 17.1）也并不区分固态和液态组分。

在 AQUASIM 中颗粒的密度是单位体积固相的质量（Wanner 和 Morgenroth 中的图 4，2004），总生物膜的生物质密度是固相密度与 ε_s 相乘的结果。因此，考虑了单位体积基质浓度的不同定义之后（忽略了小项），可溶基质的物料平衡可以表示如下（详细的物质平衡参见 Wanner 和 Reichert，1996）：

$$\underset{\text{等体积}S_F\text{量}}{\underbrace{\frac{\partial(\varepsilon_l\cdot S_F)}{\partial t}}}=\underset{\substack{\text{生物膜内的有效扩散系数}\\(=D_F)}}{\underbrace{\varepsilon_l\cdot D_W}}\cdot\frac{\partial^2 S_F}{\partial z^2}+r_F$$

(17.37)

其中，D_w 是水中的扩散系数，$\varepsilon_l\cdot D_w$ 是与式（17.1）中 D_F 相当的生物膜有效扩散系数。累积项也考虑了可溶性组分在生物膜内液相的积累。另外，AQUASIM 自动考虑了进水带入、生物膜脱附和悬浮增长等产生的活性生物量所起

的基质转化作用（Nogueira 等，2005）。注意，AQUASIM 中的空间坐标 z 是以基底为起点的距离，而非解析解中的空间坐标 x（图17.4）。基质通量不是 AQUASIM 的输出项，但是用户可以在式（17.10）基础上，使用 $\varepsilon_1 \cdot D_w$ 作为有效扩散系数计算基质浓度，继而求得生物膜表面的基质通量。

$$J_{LF} = - \underbrace{\varepsilon_1 \cdot D_W}_{\text{生物膜内的有效扩散系数}} \frac{dS_F}{dz} \text{当} z = L_F$$

（17.38）

在 AQUASIM 中 S_F 组分的通量可以近似用基质浓度的正切函数（$\Delta S_F/\Delta z$）代替微分式（dS_F/dz）估算得出。在 AQUASIM 中可以通过对生物膜内不同位置采用所谓的"探针变量"，选择一个比生物膜模拟使用的网格更小的 Δz 值，计算出 ΔS_F 的值：

$$J_{LF} \approx -\varepsilon_f \cdot D_W \frac{S_F(z=L_F) - S_F(z=L_F-\Delta z)}{\Delta z}$$

（17.39）

通过外部浓度边界层浓度的变化可以用来计算生物膜内基质通量（J_{BL}）：

$$J_{BL} = -D_W \frac{S_B - S_{LF}}{L_L} \qquad (17.40)$$

L_L 是浓度边界层的厚度。AQUASIM 基于生长、衰变、附着以及剥落的平衡，计算生物膜的厚度（L_F）（Wanner 和 Reichert，1996）：

$$\underbrace{\frac{dL_F}{dt}}_{\text{生物膜厚度的净变化}} = \underbrace{u_F(L_F)}_{\text{生长-衰亡}} + u_{a,S} - u_{d,S}$$

（17.41）

此处 $u_F(L_F)$ 是由于生物膜内部生长和衰退过程导致生物膜扩张的净效应（LT^{-1}），假如不存在附着和剥落，由生物膜生长引起的速度变化中 $u_{a,S}$ 是附着速度 $u_{d,S}$ 是剥落速度。若模拟已知并且恒定厚度的生物膜，那么生物膜剥落速度 $u_{d,S}$ 可以设为与 $u_F(L_F)$ 相等（假设 $u_{a,S}=0$）。

17.4 使用 $J_{LF} = F(S_{LF})$ 预测生物膜反应器的运行情况

计算生物膜内基质通量的目的之一就是去评估生物膜反应器的整体运行情况。基质通量和整

个生物膜反应器运行情况的关系可以用以下不同速率表达式的例子说明。最简单的生物膜反应器的例子就是假设液相主体溶液完全混合，如图17.10 所示。

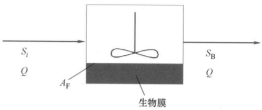

图 17.10　液相主体溶液完全混合的生物膜反应器（生物膜表面积 A_F）

对于这种系统来说，稳态时液相主体溶液中的物料平衡为：

$$0 = Q(S_i - S_B) - J_{LF} \cdot A_F - r_B \cdot V_B$$

（17.42）

式中　S_i——进水基质浓度 $[ML^{-3}]$；

　　　A_F——生物膜表面积 $[L^{-2}]$；

　　　r_B——由悬浮生物量导致的液相主体溶液中的基质转化 $[ML^{-3}T^{-1}]$；

　　　V_B——液相主体溶液体积 $[L^3]$。

假设液相主体溶液中的转化过程可以忽略（$r_B \cdot V_B \ll J_{LF} \cdot A_F$），式（17.42）中物料平衡可以用于预测给定生物膜基质通量（J_{LF}）条件下的出水中的基质浓度 S_B：

$$S_B = S_i - \frac{J_{LF}A_F}{Q} \qquad (17.43)$$

使用式（17.43）的一个问题在于 J_{LF} 是液相主体溶液基质浓度（S_B）的函数。求解式（17.43）需要同时解出这一方程以及与基质通量相关的方程（例如表17.3 中所列举的）。根据通量方程的形式，式（17.43）可以用迭代的方法求解解析解，或者用图解法求解。注意式（17.42）的物料平衡只适用于可溶性基质。生物膜反应器中颗粒物质的变化过程更加复杂进入生物膜反应器中的颗粒物质可以通过吸附作用截留在反应器中，一部分颗粒会水解形成可溶性基质，之后在生物膜内降解。在17.7.2节进一步讨论了商业模拟器中附着和脱附的实现过程。

17.4.1 解析法

一级速率表达式（式17.16、式17.43）有解析

解。假设符合一级动力学的生物膜内的基质通量为：

$$J_{LF,1} = k_{1,A}S_{LF} \qquad (17.16)$$

忽略外界传质阻力，S_{LF} 与 S_B 相等，那么将式（17.16）中的 $J_{LF,1}$ 代入式（17.43）中可得：

$$S_B = \frac{S_i}{\dfrac{k_{1,A}A_F}{Q} + 1} \qquad (17.44)$$

从式（17.44）可以看出，出水的基质浓度与液相主体溶液体积无关，而是取决于生物膜表面积、进水流量、进水基质浓度以及一级动力学速率常数。

17.4.2 试差法和迭代法

一种求解 S_F 和相应 J_{LF} 的简单方法是迭代求解式（17.43）。选择一个 S_F 的初始值，利用适当的速率方程（例如表17.3）计算 J_{LF}，然后使用式（17.43）计算一个新的出水浓度值，继续迭代计算，直到两个迭代步长计算获得的 S_B 和 J_{LF} 值没有明显差异。对于大多数的通量数据来说，这种迭代在数值上很稳定，可以获得式（17.43）的唯一解。

17.4.3 图解法

如果从计算、数值模拟或者试验数据中可以得到基质通量的图解表示，那么对于给定的 Q、A_F 和 S_i 值，也可以从图上直接读出出水的基质浓度。式（17.43）中的物料平衡方程可以变形为：

$$J_{LF} = \underbrace{\frac{QS_i}{A_F}}_{常数} - \underbrace{\frac{Q}{A_F}}_{斜率}S_B \qquad (17.45)$$

式（17.45）表示了通量图中与 y 轴（$S_B = 0$）相交于 $J_{LF} = Q \cdot S_i/A_F$ 的一条直线，这条直线也同时与 x 轴（$J_{LF} = 0$）相交于 $S_i = S_B$，斜率为 Q/A_F。式（17.45）和基质通量曲线的交点表示液相主体溶液中的基质浓度，以及同时满足反应器物料平衡方程和生物膜物料平衡方程的基质通量（图17.11）。图解法在评估所测通量与液相主体溶液浓度关系数据时卓有成效。另外，图解法还提供了进水基质浓度或者进水流量变化如何影响出水基质浓度的视觉观察方法。

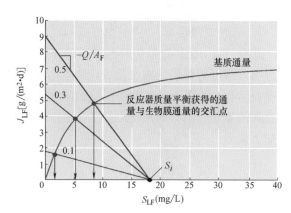

图17.11　给定基质通量（从图17.8c 中），以及3个不同 Q/A_F 值（区域中的数字），且 $S_i = 18\text{mg/L}$ 时式（17.41）的图解。箭头指向三个不同 Q/A_F 值时的出水基质浓度

17.4.4 数值法（以 AQUASIM 软件求解为例）

正如在 17.3.5 节中介绍的，AQUASIM 同时求解生物膜内部以及液相主体溶液中的物料平衡，模型直接输出主体溶液基质浓度。

17.5 传质阻力的影响

在 17.3 节中假设生物膜表面的基质浓度（S_{LF}）与液相主体溶液基质浓度（S_B）相等，计算出生物膜内部的浓度分布曲线。但是即使液相主体溶液得到充分的混合，仍然需要考虑传质边界层的存在。液相主体溶液的基质浓度如图17.12 所示缓慢增长。

通常，人们不会对生物膜表面混合相具体情况以及真正的浓度曲线建模，但是外部传质可以通过外部传质阻力（R_L）来描述：

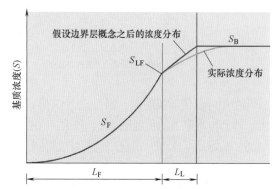

图17.12　液相主体中的浓度曲线和理想化浓度边界层由 $L_L = R_L \cdot D_W$（式17.47）（L_F 为生物膜厚度，L_L 为传质边界层厚度）

$$J_{BL} = \frac{1}{R_L}(S_B - S_{LF}) \qquad (17.46)$$

此处 J_{BL} 是生物膜边界层中的基质通量。通过引入浓度边界层的概念使 R_L 具体化，这大有裨益。相比于阻力，浓度边界层的厚度提供了更直观的概念。阻力和浓度边界层的厚度可以建立如下关系：

$$R_L = \frac{L_L}{D_W} \qquad (17.47)$$

此处 L_L 是传质边界层的厚度，D_W 是水相中的扩散系数。

边界层的基质通量（式17.46）与生物膜表面的基质通量有关联（式17.11）。这又提供了一个额外的相关公式（边界条件），对于计算生物膜表面基质浓度的另外一些未知值很有必要。

BC3： $\qquad J_{BL} = J_{LF} \qquad (17.48)$

17.5.1 具有浓度边界层且符合一级动力学时的基质通量

假设生物膜符合一级反应动力学，在计算解析解的过程中可以证明一个概念，即联系生物膜基质通量和浓度边界层阻力的概念。基于生物膜表面通量（式17.16）和浓度边界层通量（式17.46）可以得到：

$$J_{LF} = k_{1,A} S_{LF} = \frac{1}{R_L}(S_B - S_{LF}) \quad (17.49)$$

可以解出 S_{LF}：

$$S_{LF} = \frac{S_B}{k_{1,A} R_L + 1} \qquad (17.50)$$

将式（17.50）代入式（17.16）可以计算得到相应的基质通量：

$$J_{LF} = k_{1,A} S_B \underbrace{\frac{1}{k_{1,A} R_L + 1}}_{\text{由于外传质阻力导致的通量降低}}$$

$$(17.51)$$

当考虑外部传质阻力时，通过式（17.51）可以看出，外部传质阻力的程度随 $K_{1,A}$ 和 R_L 值的增加而增加。估算式（17.51）的极限情况可以得到：

$$J_{LF} = \begin{cases} \dfrac{1}{R_L} S_B & \text{当} R_L k_{1,A} \gg 1 \\ k_{1,A} S_B & \text{当} R_L k_{1,A} \ll 1 \end{cases} \quad (17.52)$$

对于 $R_L \cdot K_{1,A} \gg 1$ 的情况，基质降解受到外部传质的限制，式（17.52）中的通量与式

（17.46）中 $S_{LF} = 0$ 时的通量相等。对于 $R_L \cdot K_{1,A} \ll 1$ 的情况，基质去除受到生物膜内部降解和传质的限制，可以得到 $S_{LF} = S_B$。$R_L \cdot K_{1,A}$ 的值可以用于评估强化基质去除的不同方式。假如外部传质阻力占主导（即 $R_L \cdot K_{1,A} \gg 1$），那么可以通过增强水体混合，减小浓度边界层厚度 L_L，进而减小 R_L，从而增加 J_{LF}。在 $R_L \cdot K_{1,A} \ll 1$ 的情况下，增加水体的混合不会对 J_{LF} 有直接作用。

17.5.2 具有浓度边界层且符合零级动力学（部分穿透）时的基质通量

在符合零级反应动力学的半渗透生物膜内，结合式（17.29）和式（17.49）可以确定外部传质阻力的影响：

$$J_{LF} = k_{0,p,A} \sqrt{S_{LF}} = \frac{1}{R_L}(S_B - S_{LF})$$

$$(17.53)$$

式（17.53）是关于 $\sqrt{S_{LF}}$ 的二次方程，其解为：

$$\sqrt{S_{LF}} = -\frac{k_{0,p,A} R_L}{2} + \sqrt{\left(\frac{k_{0,p,A} R_L}{2}\right)^2 + S_B}$$

$$(17.54)$$

将式（17.54）中的 $\sqrt{S_{LF}}$ 代入式（17.29），符合零级反应动力学的半渗透生物膜的基质通量为：

$$J_{LF} = k_{0,p,A} \left(-\frac{k_{0,p,A} R_L}{2} + \sqrt{\left(\frac{k_{0,p,A} R_L}{2}\right)^2 + S_B}\right)$$

$$(17.55)$$

忽略外部传质阻力（式17.29中 $S_{LF} = S_B$）以及外部传质边界层的基质通量（假设 $S_{LF} = 0$），基质通量在生物膜中的比例可以由无量纲参数 ζ 来表示：

$$\zeta = \frac{\overbrace{k_{0,p,A} \sqrt{S_B}}^{\text{生物膜内的最大传质通量}}}{\underbrace{\dfrac{S_B}{R_L}}_{\text{最大外部传质通量}}} = \frac{k_{0,p,A} R_L}{\sqrt{S_B}} \quad (17.56)$$

将式（17.56）中的 ζ 代入式（17.55）可以计算得到相应的基质通量：

$$J_{LF} = k_{0,p,A} \sqrt{S_B} \left(-\frac{\zeta}{2} + \sqrt{\left(\frac{\zeta}{2}\right)^2 + 1}\right)$$

$$(17.57)$$

式（17.57）有以下极端情况：

$$J_{LF} = \begin{cases} \dfrac{1}{R_L} S_B & for R_L k_{0,p,A} \gg S_B \ or \ \zeta \gg 1 \\ k_{0,p,A} \sqrt{S_B} & for R_L k_{0,p,A} \ll S_B \ or \ \zeta \ll 1 \end{cases}$$

(17.58)

当 $\zeta \to \infty$ 时，生物膜受外部传质阻力影响；当 $\zeta \to 0$ 时，外部传质阻力可忽略。

需要注意的是，对于外部传质阻力和内部传质阻力的严格区分在某种程度上是人为的。在现有的建模方法中，水体的混合只是影响外传质阻力。实际情况是外部的混合将会影响生物膜生长、生物膜密度，以及膜内的液体流动。较低的混合强度和较小的剪切力条件将会生长疏松、厚实的生物膜，而较强的剪切力则会生长更加致密的生物膜（van Loosdrecht 等，1995）。

17.5.3 具有浓度边界层且符合一级动力学时的基质通量

为了说明外部传质阻力的重要性，使用图17.8（b）中相同的动力学和生物膜参数进行 AQUASIM 模拟，其中忽略外部传质阻力计算基质通量（图17.13）。

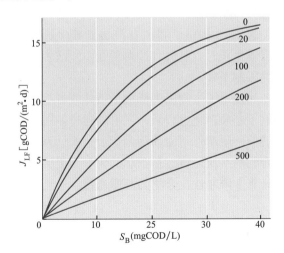

图 17.13 不同进水基质浓度下，针对 $200\mu m$ 厚的生物膜，外部浓度边界层厚度（图中的数字为 L_L，单位为 μm）与基质通量的函数关系。与图17.8类似，使用 Monod 动力学（表17.2）以及表17.13 提供的参数模拟生物膜中的基质去除

图 17.13 所示推导的结果是基于外传质边界层厚度（L_L）介于 $0 \sim 500\mu m$。可以看出，水体基质浓度的增加和边界层厚度的减少都会引起通

量的增加。当边界层厚度为 $L_L = 500\mu m$ 时通量降低超过 70%。

17.6 多组分扩散

17.6.1 电子供体和受体的双组分扩散

生物膜内部的转化过程通常需要电子供体和电子受体从水体向生物膜内部扩散。比较电子供体和电子受体对应的基质向生物膜的穿透程度，可以确定限制总体基质转化的化合物。有三种可能的情况，如图17.14所示：

（1）第一种情况：电子供体没有完全穿透生物膜，基质的转化受生物膜底部电子供体存在的限制。

（2）第二种情况：电子受体没有完全穿透生物膜，限制了基质的所有转化。

（3）第三种情况：电子供体和电子受体都完全穿透生物膜，基质的转化不受传质限制。

在 17.3.2.2 节中，讨论了单一基质条件，基于 β 值假设生物膜内符合零级反应速率时基质向生物膜内的穿透（式17.25）。计算基质穿透的同样方法可以用于双组分扩散，此处需要分别计算电子供体（$\beta_{e,d}$）和电子受体（$\beta_{e,a}$）的 β 值。基于 $\beta_{e,d}$ 和 $\beta_{e,a}$ 的值可以估计使用图17.14中三种情况的哪一种：

第一种情况：$\beta_{e,d} < 1$，且 $\beta_{e,d} < \beta_{e,a}$

(17.59a)

第二种情况：$\beta_{e,a} < 1$，且 $\beta_{e,d} > \beta_{e,a}$

(17.59b)

第三种情况：$\beta_{e,d} > 1$，$\beta_{e,a} > 1$ (17.59c)

为了区分第一和第二种情况，除了分别精确电子供体（$r_{0,e,d}$）和电子受体（$r_{0,e,a}$）的转化率之外，一种更简便的方法是计算 β 值之比，而不是比较两者的具体值。假设化学计量数相互联系，那么生物膜内电子供体和电子受体利用率的零级速率为：

$$r_{0,e,d} = k_{0,F,e,d} \cdot X_F \quad (17.60)$$

$$r_{0,e,a} = (\alpha - Y) \cdot r_{0,e,d} \quad (17.61)$$

此处 Y 是生物量的产率，α 是分解代谢中联系电子受体和电子供体的化学计量因子。对于有机基质 $\alpha = 1gO_2/gCOD$，对于硝化作用 $\alpha = 4.57gO_2/gN$。可以通过计算 $\beta_{e,d}$ 和 $\beta_{e,a}$ 的比值 $\gamma_{e,d,e,a}$ 对二者的值进行比较：

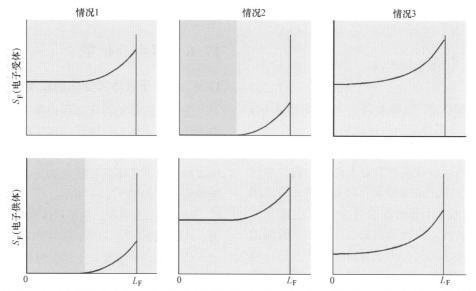

图 17.14　基质向生物膜内的穿透，假设电子供体是限制性的（第一种情况），电子受体是限制性的（第二种情况），或者电子供体和电子受体都不是限制性的（第三种情况）。由于电子供体或者受体的限制，在生物膜的阴影部分没有基质的转化发生（L_F 是生物膜厚度）

$$\gamma_{\mathrm{e.d.,e.a.}} = \frac{\beta_{\mathrm{e.d.}}}{\beta_{\mathrm{e.a.}}} \qquad (17.62)$$

通过利用式（17.60）和式（17.61）中的零级速率常数，将式（17.62）中的 β_s 代换，得出 β（式 17.25）的产率：

$$\gamma_{\mathrm{e.d.,e.a.}} = \frac{\sqrt{\dfrac{2D_{\mathrm{F,e.d.}}\,S_{\mathrm{LF,e.d.}}}{k_{0,\mathrm{F,e.d.}}\,X_F L_F{}^2}}}{\sqrt{\dfrac{2D_{\mathrm{F,e.a.}}\,S_{\mathrm{LF,e.a.}}}{(\alpha-Y)k_{0,\mathrm{F,e.d.}}\,X_F L_F{}^2}}}$$

$$(17.63)$$

其中 $D_{\mathrm{F,e.d.}}$ 和 $D_{\mathrm{F,e.a.}}$ 是电子受体和电子供体的扩散系数，$S_{\mathrm{LF,e.d.}}$ 和 $S_{\mathrm{LF,e.a.}}$ 分别是生物膜表面的电子受体和电子供体基质浓度。计算 β 比值的优点已经表示在式（17.63）中，其去除了很多参数，方程可以简化为：

$$\gamma_{\mathrm{e.d.,e.a.}} = \sqrt{(\alpha-Y)\frac{D_{\mathrm{F,e.d.}}\,S_{\mathrm{LF,e.d.}}}{D_{\mathrm{F,e.a.}}\,S_{\mathrm{LF,e.a.}}}}$$

$$(17.64)$$

使用 $\gamma_{\mathrm{e.d.,e.a.}}$ 可以对第一种和第二种情况进行区分：

（1）第一种情况：

$$\gamma_{\mathrm{e.d.,e.a.}} < 1 \ \text{或} \ \frac{S_{\mathrm{LF,e.d.}}}{S_{\mathrm{LF,e.a.}}} < \frac{1}{(\alpha-Y)}\frac{D_{\mathrm{F,e.a.}}}{D_{\mathrm{F,e.d.}}}$$

（2）第二种情况：

$$\gamma_{\mathrm{e.d.,e.a.}} > 1 \ \text{或} \ \frac{S_{\mathrm{LF,e.d.}}}{S_{\mathrm{LF,e.a.}}} > \frac{1}{(\alpha-Y)}\frac{D_{\mathrm{F,e.a.}}}{D_{\mathrm{F,e.d.}}}$$

电子受体在生物膜内很可能是限制性的，但是电子供体完全穿透了生物膜。此时假设生物膜转化为传质限制。

表 17.4 提供了利用有机物异养生长和利用氨自养生长时，氧气（即电子受体）或者电子供体的限制条件。

当知道了生物膜内部电子供体或者受体是否限制了基质转化过程后，就可以通过使用以上导出的单一限制性基质的动力学表达式计算限制性化合物的基质通量。基于总的化学计量关系又可以计算非限制性化合物的基质通量：

$$J_{\mathrm{LF,e.a.}} = (\alpha-Y)J_{\mathrm{LF,e.d.}} \qquad (17.65)$$

［例 17.2］　假设符合零级动力学，异养或者自养生长以呼吸作用下生物膜的基质通量（J_{LF}）和穿透深度（$\beta \cdot L_F$）

生物膜反应器中的基质去除一般而言是传质限制的。基质通量和向生物膜内的穿透是生物膜表面基质浓度、生物膜内部反应速率以及扩散传质的函数。在表 17.5 中，列出了假设部分穿透生物膜处于零级基质去除率的情况下，乙酸、氨以及氧气的基质通量以及穿透深度（$\beta \cdot L_F$）。比较电子供体（乙酸或者氨）以及电子受体的穿透深度，证明了对于大多数电子供体浓度去除受到氧气的限制。也可以很明显地看出，氧气向生物膜内的穿透只有几百微米。因此较厚生物膜（一般分布见表17.11）对于好氧生物反应过程并没有益处。氧气渗透进入生物膜主要取决于生物膜内的基质利用速率。在序批式反应器运行的生物膜系统中（例如，好氧颗粒污泥系统），生物膜随后被暴露于高和低的基质浓度中。在无基质条件下，氧气利用减少至内源呼吸过程所需。表17.5提供了只在呼吸作用下超过1mm的氧气穿透深度的计算数据。这可以解释为什么大尺寸的好氧颗粒都能够适时的被氧气充分穿透。

利用有机物或硝化作用生长时限制性化合物的计算（化学计量参数取自表17.3）

假设 $D_F = 0.8 \cdot D_W$（D_W 取自表 17.10）　　　　　　　　表 17.4

	有机物去除	硝化作用
电子供体	有机物	NH_4^+
$D_{F,e.d.}$	$0.8 \cdot 94.1 \cdot 10^{-6} m^2/d$	$0.8 \cdot 169.1 \cdot 10^{-6} m^2/d$
电子受体	O_2	O_2
$D_{F,e.a.}$	$0.8 \cdot 209.1 \cdot 10^{-6} m^2/d$	$0.8 \cdot 209.1 \cdot 10^{-6} m^2/d$
α	$1 gO_2/gCOD$	$4.57 gO_2/gN$
Y	$0.4 gCOD/gCOD$	$0.22 gCOD/g N$
$S_{LF,e.d.}$ 大于右方列出值时	$\dfrac{S_{LF,COD}}{S_{LF,O_2}} > 3.7 gCOD/gO_2$	$\dfrac{S_{LF,NH4}}{S_{LF,O_2}} > 0.28 gN/gO_2$
氧气会受到限制[基于式(17.88)]假设 $S_{LF,O_2}=8mg/L$	$29.6 mgCOD/L$	$2.3 mgN/L$

利用表17.3中式17.25和式17.27对符合零级动力学生长的生物膜的穿透深度以及氧气和基质通量进行评估，或者是对表17.3中符合动力学且具有呼吸作用的生物膜进行评估。在生物膜受限于氧气的条件下，用 * 来标记的电子供体通量不准确（表17.4）　　　表 17.5

异养生长

S_{B,O_2}	穿透深度	J_{LF,O_2}	$S_{B,HAc}$	穿透深度	$J_{LF,HAc}$
(g/m^3)	(μm)	$[g/(m^2 \cdot d)]$	$(gCOD/m^3)$	(μm)	$[gCOD/(m^2 \cdot d)]$
1	68	4.9	1	35	4.3
3	118	8.5	5	79	9.5
5	153	11.0	15	137	16.5
8	193	13.9	150	434	52.1[*]

硝化作用

S_{B,O_2}	穿透深度	J_{LF,O_2}	$S_{B,NH4}$	穿透深度	$J_{LF,NH4}$
(g/m^3)	(μm)	$[g/(m^2 \cdot d)]$	(gN/m^3)	(μm)	$[gN/(m^2 \cdot d)]$
1	42	7.9	1	79	3.4
3	73	13.7	5	177	7.6[*]
5	94	17.7	15	307	13.2[*]
8	119	22.4	70	662	28.6[*]

无外部基质下的异养呼吸			无外部基质下的自养呼吸		
S_{B,O_2}	穿透深度	J_{LF,O_2}	S_{B,O_2}	穿透深度	J_{LF,O_2}
(g/m^3)	(μm)	$[g/(m^2 \cdot d)]$	(gN/m^3)	(μm)	$[g/(m^2 \cdot d)]$
1	409	0.8	1	818	0.4
3	708	1.4	3	1,417	0.7
5	915	1.8	5	1,829	0.9
8	1,157	2.3	8	2,314	1.2

17.6.2 多组分扩散的一般情况

应用 $\gamma_{e.d.,e.a.}$ 这一概念可以推广到两种以上化合物。需要注意式（17.64）仅仅是以假设生物膜内部的扩散传输以及电子供体和受体利用的化学计量关系为基础的。

因此，即使式（17.64）的引出是基于零级动力学规律，$\gamma_{\mathrm{e.d.,e.a.}}$ 的概念仍然可以用于其他生长动力学，只要所有的转化速率（$r_{\mathrm{F},i}$）都与同一个过程速率（ρ）相联系（Gujer 和 Boller，1986）：

$$r_{\mathrm{F},i} = \nu_i \cdot \rho \qquad (17.66)$$

其中 ν_i 是化合物 $S_{\mathrm{F},i}$（式 17.5）去除率的化学计量系数。联合式（17.1），假设处于稳态，那么产率为：

$$\rho = \frac{D_{\mathrm{F},1}}{\nu_1}\frac{\partial^2 S_{\mathrm{F},1}}{\partial x^2} = \frac{D_{\mathrm{F},2}}{\nu_2}\frac{\partial^2 S_{\mathrm{F},2}}{\partial x^2} = \cdots = \frac{D_{\mathrm{F},i}}{\nu_i}\frac{\partial^2 S_{\mathrm{F},i}}{\partial x^2} \qquad (17.67)$$

基于式（17.91），不同基质 $S_{\mathrm{F},i}$ 通量的直接化学计量关系为（Gujer 和 Boller，1986）：

$$\frac{J_{\mathrm{LF},1}}{\nu_1} = \frac{J_{\mathrm{LF},2}}{\nu_2} = \cdots = \frac{J_{\mathrm{LF},i}}{\nu_i} \qquad (17.68)$$

式（17.68）可用于根据限制性化合物的通量计算非限制性化合物的通量。这就意味着式（17.68）比式（17.89）更通用，并提供了电子受体和供体通量的联系。

基于式（17.64）中的 $\gamma_{\mathrm{e.d.,e.a.}}$ 类似的方法可以确定限制性化合物，即通过以下关系寻找最小输出的化合物（Andrews，1988；Wanner 等，2006）：

$$\frac{D_{\mathrm{F},i} S_{\mathrm{LF},i}}{\nu_i} \qquad (17.69)$$

一旦确定了限制性基质的通量，另一个化合物的通量可以直接使用式（17.68）计算而得，注意式（17.68）的一个重要假设是生物膜内部的所有过程均为化学计量相关。

17.6.3 生物膜内部多种过程的复杂情况

需要注意，式（17.64）和式（17.65）的推导是基于假设—电子受体的利用与电子供体的利用直接偶联，同时生长过程忽略了内源呼吸，即电子供体缺乏时电子受体仍然得到使用。由于这种简化方式需要采 $\gamma_{\mathrm{e.d.,e.a.}}$ 的概念，同时注意 $\gamma_{\mathrm{e.d.,e.a.}} \approx 1$ 时得不到关于限制性基质的明确结论，对于 $\gamma_{\mathrm{e.d.,e.a.}} \approx 1$ 需要使用多基质模型去评估生物膜（Wanner 等，2006）。

17.7 与生物膜脱附相结合的生长和衰亡过程

许多生物膜模型都假设了生物膜厚度是不变的常数。利用数学建模可预测一段时间内生物膜的生长状况，也可基于生长、衰亡和脱附过程预测稳定态的生物膜厚度：

$$\underbrace{\frac{\mathrm{d}L_{\mathrm{F}}}{\mathrm{d}t}}_{\text{生物膜厚度的净变化}} = \underbrace{\frac{Y \cdot J_{\mathrm{LF}}}{X_{\mathrm{F}}}}_{\text{生长}} - \underbrace{b_{\mathrm{ina}}L_{\mathrm{F}}}_{\text{衰亡}} - \underbrace{u_{\mathrm{d,S}}}_{\text{表面脱附速度}} \qquad (17.70)$$

式（17.70）虽然直接提出了生物膜厚度平衡方程，但是至今无法找到脱附速率 $u_{\mathrm{d,s}}$ 的合适表达式。表 17.6 概述了脱附速率表达式，可到研究人员针对脱附机理做了不同的假设。对脱附速率系数的估计值一直未统一。表 17.6 是以反应器类型或反应器运行方式为基础为目标，总结了脱附速率。但实际生物膜反应器模拟，通常会假设生物膜厚度是不变的常数（Rittmann 等，2018）。

其实已有很多方法来量化脱附速率（Morgenroth，2003），如方程（17.70）中，脱附速率表示为恒定值（$u_{\mathrm{d,s}}$）（LT^{-1}），其他参考材料中也有用每单位面积和时间去除的生物膜质量（$u_{\mathrm{d,M}}$）（$\mathrm{ML}^{-2}\mathrm{T}^{-1}$），或者单位时间生物膜的脱附体积（$u_{\mathrm{d,V}}$）来表示。这些不同的脱附速率表达式通过以下公式与脱附速率 $u_{\mathrm{d,s}}$ 相联系：

$$u_{\mathrm{d,V}} = \frac{u_{\mathrm{d,S}}}{L_{\mathrm{F}}} \qquad (17.71)$$

$$u_{\mathrm{d,M}} = u_{\mathrm{d,S}} X_{\mathrm{F}} \qquad (17.72)$$

其中 X_{F} 是生物膜的密度（ML^{-3}），大多数生物膜脱附模型使用恒定的脱附速率。由于脱附不是作为连续过程被模拟的，而是作为某时间段内间断发生的事件，所以动态脱附不同于表面和体积的脱附。关于动态脱附的例子就是生物膜反应器的反冲洗过程。总生物膜厚度可以通过假设动态脱附表达式计算出来：

$$u_{\mathrm{d,S}} = \begin{cases} k_{\mathrm{d}}' \cdot L_{\mathrm{F}} & \text{正常操作} \\ k_{\mathrm{d}}'' \cdot (L_{\mathrm{F}} - L_{\text{基本厚度}}) & \text{反冲洗后} \end{cases} \qquad (17.73)$$

此时 $u_{\mathrm{d,s}}$ 可以用一种方法定义，就是所有大于预设厚度的生物膜都能在反冲洗过程中得到去除（Morgenroth 和 Wilderer，1999；Morgenroth，2003）。

17.7.1 脱附（$u_{d,s}$）对稳态生物膜厚度（L_F）和基质通量（J_{LF}）的影响

根据式（17.70）的物料平衡，对于某些特定基质的去除和脱附速率表达式，可用解析方法，或使用 AQUASIM 软件数值解法预测生物膜厚度。

[例 17.3] 假设基质通量符合半级反应，预测生物膜厚度

假设基质通量和脱附速率：

$$J_{LF,0,p} = k_{0,p,A} \sqrt{S_{LF}} \qquad (17.29)$$

$$u_{d,S} = k_d L_F \qquad (17.74)$$

经过以上假设，稳态条件下式（17.70）变成：

$$0 = \frac{Y k_{0,p,A} \sqrt{S_{LF}}}{X_F} - b_{ina} L_F - k_d L_F \qquad (17.75)$$

其可以解出 L_F：

$$L_F = \frac{Y k_{0,p,A} \sqrt{S_{LF}}}{X_F (b_{ina} + k_d)} \qquad (17.76)$$

因此，衰亡速率（b_{ina}）和脱附速率（k_d）的增长都会导致生物膜厚度的减少。基质去除速率（$k_{0,p,A}$）和表面浓度（S_{LF}）的增加将会导致生物膜厚度的增加。

[例 17.4] 假设基质通量符合零级反应，预测物膜厚度

对于符合零级反应的基质去除率，可以计算出生物膜厚度的解析解。

$$J_{LF} = k_0 X_F L_F \qquad (17.31)$$

但这里假设一个不同的脱附速率表达式：

$$u_{d,S} = k_d L_F^2 \qquad (17.77)$$

与式（17.74）不同，式（17.77）中的脱附速率仅仅只是假设以用于简化解析解。将这些速率表达式代入式（17.70）中：

$$0 = \frac{Y k_0 X_F L_F}{X_F} - b_{ina} L_F - k_d L_F^2 \qquad (17.78)$$

可以解出 L_F：

$$L_F = \frac{Y k_0 - b_{ina}}{k_d} \qquad (17.79)$$

由此再一次证明：生物膜厚度随着衰亡速率（b_{ina}）和脱附速率（k_d）的增加而减少，随着基质去除速率（k_0）的减少而减少。

脱附速率表达式（修改自 Morgenroth, 2003；Peyton 和 Characklis, 1993；Tijhuis 等, 1995）[①] 表 17.6

与脱附机理相关的因素	已报道的生物速率表达式 $u_{d,M}[M\,L^{-2}\,T^{-1}]$		参考文献
未知	0		Kissel 等,1984；Fruhen 等,1991
	恒定生物膜厚度		Wanner 和 Gujer,1985
生物膜厚度	$k_d (X_F L_F)^2$		Bryers,1984；Trulear 和 Characklis,1982
	$k_d X_F L_F^2$		Wanner 和 Gujer,1986
	$k_d X_F L_F$		Chang 和 Rittman,1987；Kreikenbohm 和 Stephan,1985；Rittmann,1989
剪切力	$k_d X_F \tau$		Bakke 等,1984
	$k_d X_F L_F \tau^{0.58}$		Rittmann,1982b
生长速率或者基质利用速率	$L_F (k_d' + k_d'' \mu)$		Speitel 和 DiGiano,1987
	$k_d \cdot r_S \cdot L_F$		Peyton 和 Characklis,1993；Robinson 等,1984；Tijhuis 等,1995
反冲洗至预设的生物膜厚度	$\begin{cases} k_d' \cdot L_F & 正常运行 \\ k_d'' \cdot (L_F - L_{basethickness}) & 反冲洗 \end{cases}$		Lackner 等,2008；Morgenroth 和 Wilderer,1999；Rittmann 等,2002

① k_d、k_d'、k_d'' = 脱附率系数；x_F = 生物膜生物量密度（ML^{-3}）；L_F = 生物膜厚度（L）；$L_{base\,thickness}$ = 反冲洗后设定的生物膜厚度（L）；u = 比增长速率（T^{-1}）；r_s = 基质利用率（$ML^{-2}T^{-1}$）；τ = 剪切力（$ML^{-1}T^{-2}$）。

[例 17.5] 假设基质通量符合 Monod 动力学，使用数值解法预测生物膜厚度

只有生物膜生长和脱附速率表达式都选定的条件下，生物膜厚度存在解析解。假设生物膜内部基质通量符合 Monod 动力学，使用 AQUASIM 软件就能够评估不同脱附速率的影响。对于液相主体溶液浓度介于 $0.5 \sim 100 \text{mg/L}$，并且脱附动力学符合以下表达式，就可以进行相应模拟：

$$u_{d,S} = k_d L_F^2 \qquad (17.80)$$

其中，脱附速率系数 k 介于 $0 \sim 100\,000 \text{L/}(\text{m} \cdot \text{d})$。在图 17.15 中，表示了不同液相主体溶液基质浓度下的基质通量和生物膜厚度；每条直线表示了不同的 k_d 值。可以看出随着脱附速率系数 k_d 的增加，基质通量和生物膜厚度都降低，而液相主体溶液基质浓度增加的时候，两个

值都增加了。基质通量和生物膜厚度的相关性也可以从图 17.16 中得出。

图 17.16 中对应不同生物膜厚度确定了基质通量，其中每一条直线代表了不同的水体浓度。对于非常薄的生物膜来说，增加生物膜厚度将导致基质通量的增加，非常薄的生物膜中的基质转化是受生物量限制的。对于相对厚的生物膜来说，厚度对基质通量的限制作用有限。只有当液相主体溶液浓度足够高，基质可以穿透至生物膜底部的情况下，增加生物膜厚度将会增加基质通量。

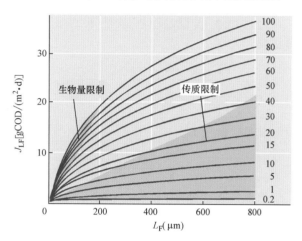

图 17.16 对于不同液相基质浓度（单位：mg/L），生物膜厚度对基质通量的影响。标记为两个区域：对于薄的生物膜，增加其厚度会造成基质通量显著增加，因为基质通量受生物膜生物量限制。对于厚的生物膜，生物膜厚度的增加不会造成基质通量的显著增加，生物膜内基质去除是受传质限制的，所以底层区域的生物膜缺乏活性。Monod 动力学所用的参数列于表 17.13

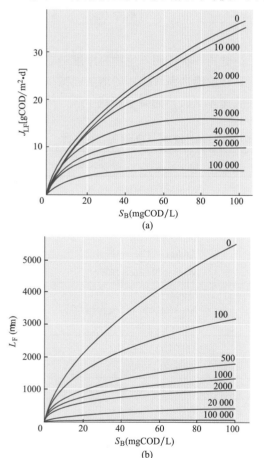

图 17.15 水体基质浓度和脱附速率常数对基质通量的影响（a），以及对生物膜厚度的影响（b）。区域中的数字代表式（17.60）中 k_d 的值。k_d 的单位是 $\text{L/}(\text{m} \cdot \text{d})$。该生物膜模型包括基质去除和生长因素，使用了表 17.13 提供的参数

17.7.2 颗粒的附着及其转化过程

废水含大量因颗粒尺寸太大而不能经由扩散过程进入生物膜的有机碳颗粒。简单的扩散反应式（17.1）和表 17.3 中总结的推导过程不适用于这些非扩散的基质。实际的生物膜反应器建模需要准确地模拟颗粒附着、水解以及脱附过程。

颗粒在生物膜上面附着的机理与颗粒特征、区域生物膜形态以及整个反应器的流体动力学有关。然而，颗粒截留的速率和动力学、生物膜附着和整个降解过程不是很容易理解。很多基础性的研究都忽视了颗粒基质的转化过程，而溶解性基质和微观环境得到了充分的关注。很少有对颗粒截留全局的详细观察（Janning 等，1998）。大

多数情况下，颗粒截留是一个物理过程，主要取决于颗粒的尺寸和表面特性。另外，也有证据证明原生和后生动物可以降解溶液中的有机颗粒（de Kreuk 等，2010）。需要提及的是，不同的商业模拟器会采用不同的方法去模拟颗粒的附着和脱附过程，这些方法的反应机理和参数都是相对独立的，很难进行交叉比较（Boltz 等，2010）。

附着过程是将颗粒从液相中转移至离散生物膜的表层，离散生物膜符合一级动力学方程，此过程取决于颗粒化合物在液相中的浓度（图17.17）。生物膜表层的颗粒被水解为溶解性的化合物，最后通过扩散的方式进行转移。另外，大多数包含一些转移机制的模拟器允许有机颗粒缓慢地转移至更深层的生物膜中。

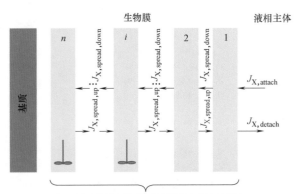

图 17.17 生物膜在 n 层离散化，可以计算其层厚度为 LF/n，箭头表示颗粒从液相主体溶液中至生物膜第一层的传质（$J_{X,attach}$），从生物膜第一层脱附的质（$J_{X,detach}$），以及层之间生物质和颗粒化合物一定数量的返混（$J_{X,spread,up}$，$J_{X,spread,down}$）。不同的商业模拟器有不同的速率表达式（Boltz 等，2010）。附着通量（$J_{X,attach}$）与液相主体中组分浓度成比例。大多数模拟器中的脱附通量（$J_{X,detach}$）是第一层中最大总固体浓度的函数。固体净积累量（由于生物质生长、衰退以及颗粒水解）与脱附（假设生物膜厚度恒定不变）或者体积膨胀相平衡（假设生物膜密度恒定不变）

扩散过程中由于生物膜比在简化的一维现象中更有异质性，使得颗粒可以到达生物膜的更深层。颗粒可以通过脱附回到液相中。颗粒的附着、传输和脱附过程的动力学参数通常由整个生物膜反应器性能来确定，参数数值取决于颗粒的类型和反应器结构。需要再次提及的是，不同的商业模拟器利用不同的方法去模拟附着、传输和脱附过程，动力学参数数值不能直接进行比较

（Boltz 等，2010）。模拟过程中更复杂的是有机颗粒的转化过程与所采用的生物膜模型的特点有关联，例如生物膜的表层厚度、生物膜分层的层数，以及生物膜密度等。尽管如此复杂，生物膜反应器的真实预测过程确实需要对有机颗粒的转化过程进行建模模拟。

17.8 生物膜反应器建模的实践和应用

实际应用的生物膜反应器建模遵循上述章节提及的各个原理。在前面的章节中，建模方法和解析解通常假定一个完全混合的主体相和受单一物质限制的过程。然而，在实际应用中生物膜反应器的溶液通常不是完全混合的，且反应器中不同区域存在不同的限制因素。这种情况下，可以将反应器简化和划分成不同的区域，每一个部分作为单独的完全混合相生物膜室进行模拟（图17.18）。这种方法可以应用于纯生物膜反应器（例如，MBBR 或 RBC）或者简单的推流式反应器（例如，滴滤池或者生物活性滤池）。本节搜集了一些实际的生物膜反应器建模的案例。

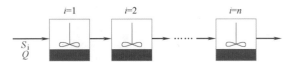

图 17.18 生物膜反应器的混合条件多数可以近似为多个完全混合生物膜反应器的串联

17.8.1 实例汇编

[例 17.6] 沿生物膜反应器方向上限制性基质的变化

本例是预测硝化生物膜反应器延反应器长度方向上的氨浓度分布。假设反应器为推流式，沿反应器长度方向上氧浓度恒定。如表 17.4 所示，当氨的浓度大于 $0.28gN/gO_2$ 时，溶解氧是限制性基质。反应器内溶解氧浓度为 $8mgO_2/L$ 时，对应的氨浓度为 2.3mgN/L。因此靠近进水口处的硝化反应器通常是氧限制而不是氨限制。当溶液氧浓度恒定，相对应的生物膜内氨通量也恒定，如图 17.19 所示。当水体中的氨浓度降至 $0.28gN/gO_2$ 以下，限制性化合物将转化为氨，生物膜内的氨通量以及测得的去除率是水体氨浓度的函数。

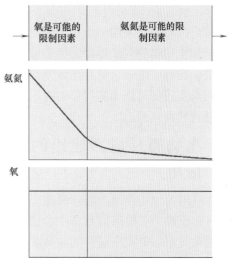

图 17.19 氧浓度恒定的硝化生物膜反应器。液相氨浓度的变化导致沿反应器长度方向上限制性基质由氧变为氨

[例 17.7] 不同种群微生物对基质和空间的竞争

上述例子说明生物膜的不同区域会发生不同的转化过程；反之，不同的转化过程也可以对生长在生物膜内不同层的微生物群落产生影响。关于基质的存在和微生物的生长速率如何影响微生物竞争和基质去的经典案例是生物膜内异养和自养细菌对氧气的竞争（Wanner 和 Gujer，1985、1986；Wanner 和 Reichert，1996）。想要预测异养和自养细菌在生物膜内部各层的分布需要对生物膜内的局部生长过程进行建模，只能通过数值模型进行求解。选取 Wanner 和 Gujer（1985）研究论文中的几个例子讲解如下。

图 17.20 描绘了不同 COD 浓度的四种水体中生物膜厚度方向上的氧气和生物量分布的模型

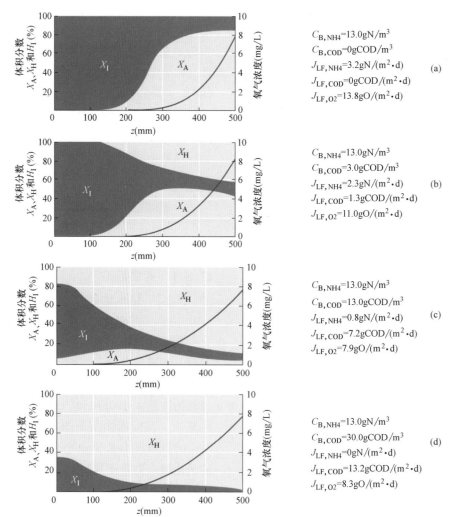

图 17.20 在液相基质浓度分别为 0（a）、3（b）、13（c）和 30mg COD/L（d）时生物膜厚度方向上的氧气浓度、异养菌（X_{OHO}）、自养菌（X_{ANO}）以及惰性微生物（X_U）的分布。所有情况下液相中氧气和氨的浓度分别为 8mg O_2/L 和 13mg N/L（取自 Wanner 和 Gujer，1985）

预测结果。模拟发现的共通现象是生长较快的异养菌与生长缓慢的自养菌相比具有竞争优势。这揭示了两层含义：①异养生长和 COD 去除受自养生长影响非常有限；②自养生长和氨氧化会受异养微生物氧气利用的影响，归因于自养细菌的活性取决于能穿透异养细菌层的氧气量。

通过图 17.20 所示的生物量分布可以看出异养和自养细菌只能在液相 COD 浓度低于 30mg/L 的情况下共存。这可用双基质限制的概念解释（17.8 节）。液相 COD 浓度为 30mg/L 时，异养型生物膜则转为氧气有限制的情况（比较表 17.6），这导致异养层下的自养微生物得不到氧气用于生长。因此，自养和异养菌的共生只在有机基质的转化受 COD 而不是氧气限制的情况下才能发生。

液相中 COD 和氨浓度条件下的基质通量模拟见图 17.21。生物膜内 COD 通量随液相 COD 的增加而增加，直到液相 COD 为 28mg COD/L 时，通量受氧气限制。有趣的是，生物膜内的氨通量也受液相 COD 浓度的控制，而不是液相氨浓度的控制（至少在氨浓度大于 5mg N/L 时）。液

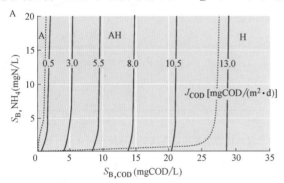

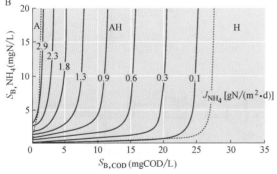

图 17.21 有机物基质（A）和氨（B）的通量主要取决于液相中有基质中 8mg/L 的液相氧浓度（Wanne 和 Gujer，1985）。图中虚线将只有异养生长（H）、只有自养生长（A）或异养与自养生长（AH）的区域区分

相 COD 浓度对氨通量的强烈影响是由于通过异养层的氧气量会随着液相 COD 浓度的增加而减少，因此自养细菌可利用的氧气量会越来越少。利用式（17.64）可以确定生物膜氧化有机物时是否受氧或有机物的限制。如图 17.22 所示，式（17.64）中 $\gamma_{e.d.e.a}$ 可以直接与生物膜内的硝化作用需要的氧气和表观硝化速率相互联系。

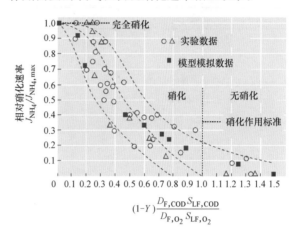

图 17.22 实验数据证实在生物滤池中随水体有机基质浓度的增加硝化速率降低，X 轴相当于式（17.72）中的 $\gamma_{e.d.e.a}$（Henze 等，2002）

[例 17.8] 如何在设计准则中考虑异养/自养竞争？

上例中异养菌与自养菌之间的相互竞争可以直接转化为设计的方法和图 18.12 中的设计曲线。在前面的例子中，图 17.21 证明了硝化作用和相应的氨通量取决于液相中的 COD 和异养生长。液相中氧的浓度会进一步影响微生物之间的竞争和基质通量。图 18.12 的设计曲线考虑了液相有机物基质、氧气和氨的影响，并以此作为预测氨通量的依据。当液相包含氧和氨时可用有机负荷来代表液相 COD。如 17.4 节所讲，液相有机质浓度与进水有机物基质负荷直接相关的（如式 17.44）。

第 18 章图 18.12（b）展示了低有机负荷下的氨通量（如深度硝化情况）。在图 17.8 中，可用半级动力学和零级动力学计算来比较氨通量增加到氧气有限的程度。图 18.12 中的设计曲线符合竞争和多组分扩散的理论原理，但图中的数值是根据反应器实际运行情况确定的。这些设计曲线的应用将在第 18 章中进一步讨论。

[例 17.9] 在推流式生物膜反应器中，异养/自养竞争的影响是什么？

数值模拟可以用于评估限制反应器运行的因素，同时可以作为一种评价反应器性能的方法。这个例子评估了用于二氧化碳和氨的生物膜反应器的性能（表 17.7）。该反应器的混合情形可以分为 8 个阶段，每个阶段可以代表移动床生物膜反应器（MBBR）中的一个隔间或生物曝气滤池（BAF）的一部分（图 17.23a）。最终的目标是使出水氨浓度小于 1mg N/L。所需要关心的是反应器的超载问题和需要考虑的四种情况（表 17.8）。

生物膜反应器的操作条件（一般情况）　　　　　　　　　　　　　　　表 17.7

参数	符号	数值
进水 COD 浓度	COD_i	300mgCOD/L
进水 NH_4^+ 浓度	S_{NH4}	45mgN/L
进水流速	Q_i	24,000m³/d
反应器整体体积	V_R	3,200m³（＝8·400m³）
生物膜比表面积	a_F	250m²/m³
生物膜总表面积	A_F	800 000m²（＝8·100 000m²）
生物膜厚度	L_F	400μm
边界层厚度	L_L	30μm
生物膜的层数	N	6
液相的氧浓度	$S_{B,O2}$	4mgO₂/L
表面 COD 负荷	$B_{A,COD}$	9gCOD/(m²·d)
表面 NH_4^+ 负荷	$B_{A,NH4}$	1.4gN/(m²·d)

评估方案的操作条件和出水氨浓度　　　　　　　　　　　　　　　　表 17.8

方案	表面有机负荷① [gCOD/(m²·d)]	液相 O₂ (mgO₂/L)	液相中的 SRT② (d)	出水 NH_4^+ (mgN/L)
参考案例	9.0	4.0	−0.1	6.7
减小表面负荷	7.5	4.0	−0.1	0.1
增加曝气	9.0	6.0	−0.1	0.1
循环污泥	9.0	4.0	1.0	0.2

①不考虑污泥循环时液相的有机物的去除的有机表面负荷。

②污泥循环系统的固体停留时间（图 17.23b）的计算方法：液相中的悬浮固体的质量除以系统中固体的去除速率。为没有污泥循环的生物膜反应器（图 17.23a）提供了水力停留时间。

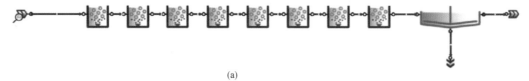

(a)

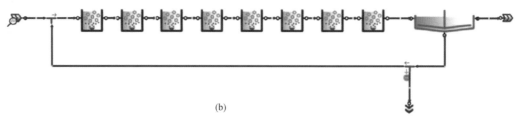

(b)

图 17.23　一个生物膜反应器被建模为 8 个生物膜室串联

（a）没有生物质循环；（b）有生物质循环

参照基准的情况

在参照基准案例中，出水氨氮浓度显著超过 1mg N/L 的目标值（表 17.8）。整个系统的有机物表面负荷为 9g COD/(m² · d) 远高于设定值，这并不奇怪（见 18.1.1.6 节）。可以根据液相中的 COD 和 NH_4^+ 的浓度进一步对工艺的性能进行评估（图 17.24a）。在生物膜反应器的开始部位，只有有机碳氧化会发生，而非氨氧化，这个过程则会导致硝化菌被竞争淘汰。不过还是有少数的氨氮减少，那是由于合成细胞需要消耗一小部分氨氮。结果表明硝化过程只在第三个区间发生反应。

减小表面负荷的情况

提升反应器性能的一种方法是通过增加反应器的体积（保持比表面积）减小有机表面负荷或在反应器体积不变情况下增加比表面积（在 MBBR 中，可以通过增加更多的载体来实现）。如图 17.24 (b) 所示，通过将反应器的表面负荷从 9gCOD/(m² · d) 降到 7.5gCOD/(m² · d)，可以加强硝化作用并达到理想的出水氨浓度。

增加曝气的情况

超负荷生物膜反应器可以通过增加液相氧的浓度改善反应器的性能。当液相的氧浓度从 4mgO₂/L 增加到 6mgO₂/L 后，出水的氨浓度达到目标的出水浓度（图 17.24c）。增加液相的氧浓度可以在足够的曝气条件下在运行期间实现，而降低表面负荷需要对设备进行整改，这也是该方法的优点。增加曝气不仅可以提高超负荷生物膜反应器的性能，还可以让操作者根据进水负荷的变化作出相应的调整。

循环污泥的情况

某些类型的生物膜反应器（如 MBBR）可以在有或没有污泥截留的情况下运行（图 17.23 和图 18.11）。具有污泥截留能力的 MBBR 称为固定生物膜活性污泥一体化（IFAS）工艺（详见第 18 章）。即便是液相的污泥停留时间为 1d 这样极短的时间，增加污泥停留也可以使异养细菌在液相中累积来降解有机碳。有机碳在混合溶液中氧化可以降低生物膜有机表面负荷，从而改善硝化作用，使出水的氨浓度达到目标值（图 17.24d）。

这个例子的目的在于演示数值模型在评估不同的运行工况情况下整体反应器运行能力，重点讨论液相中的 COD 和 NH_4^+ 浓度变化。同时该模型也提供了反应器不同部分的氧浓度剖面图（图 17.25）。

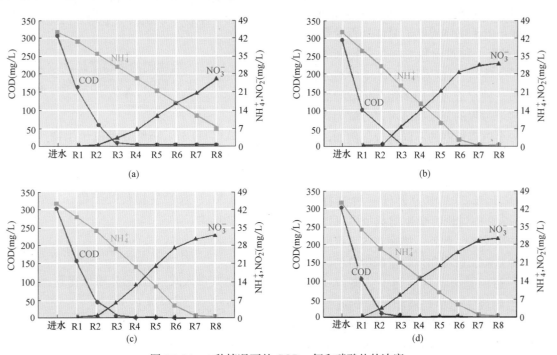

图 17.24　4 种情况下的 COD、氨和硝酸盐的浓度

（a）参考案例；（b）减少表面负荷；（c）增加曝气量；（d）污泥再循环

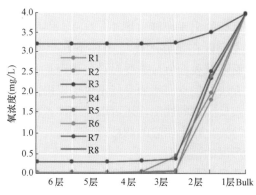

图 17.25　6 层生物膜（x 轴）中 8 个生物膜
隔室的氧浓度剖面（不同的颜色曲线）

17.8.2　逐步评估生物膜反应器的方法

上述例子证明了生物膜反应器可依据限制因素的不同分成多个部分。对限制因素和潜在机制的理解，对工程师来说是很有帮助的，对于应用简化解析解概念上的理解与使用商业数值模型也是同样重要的。在使用数值模型时，为了提出正确的问题和解释建模的结果，对数字上的理解是必不可少的。图 17.26 给出了一个逐步完成模拟的概念，并提供了一系列的方案和相应的建模方法。第一步是确定生物膜反应器是否可以使用单一过程（例如，仅碳氧化或仅硝化）来描述，或者是否必须考虑多种过程和多种细菌（步骤 1）。下一个问题是电子供体或电子受体是否受到限制（步骤 2）。对于一种过程和一种化合物（如电子供体或电子受体），可以采用表 17.3 中的分析解决方法。另一种方法为使用多组分扩散的数值模型。具有多个过程的复杂系统可以分解为每个部分都只由一个过程控制的不同部分。例如，用于碳氧化和硝化过程结合的生物膜反应器可被视为两个部分：第一部分主要是碳氧化，第二部分为硝化作用（步骤 5）。作为另外一种选择，例 17.8 和例 17.9 中讨论的微生物竞争也可以用来描述相互作用关系。此外，描述整体系统同样可以考虑多种基质、过程和生物量的组分的数值模型的使用。最后是否包括液相工艺模拟（步骤 4）。在纯生物膜工艺中，液相的转化通常被忽略。然而，液相工艺在生物膜与活性污泥（即固定生物膜活性污泥一体化）相结合的混合系统中是不可缺少的。同样，可以使用简化的分析方法来定义和解释其子系统，也可采用综合工艺、生

物及相互作用的数值模型来评估整个的系统。

17.9　导出的参数

17.9.1　固体停留时间

对于活性污泥处理厂，污泥（固体）停留时间（SRT）是设计和运行中的关键参数。固体停留时间可用于计算出水基质浓度、系统中的生物量和净产率。固体停留时间这一概念可否用到生物膜系统中呢？在活性污泥系统中固体的去除是一个从污泥和二级出水中任意去除生物絮体的随机过程。固体停留时间代表了某一颗粒在系统中的平均停留时间。生物膜中的生物量去除不是随机过程，脱附过程更容易去除生物膜表面的颗粒，而生物膜底部的颗粒更容易受到保护而不被脱附。因此，固体停留时间的概念不能直接应用于生物膜。

对于生物膜内具有多种微生物竞争基质和空间，由生物膜表面优先剥落顺序所导致的不同停留时间对微生物竞争具有显著的影响，计算固体停留时间的意义不大（Morgenroth，2003；Morgenroth 和 Wilderer，2000）。然而，对于只含有单一类型微生物的均一生物膜来说，计算固体停留时间提供了与活性污泥系统生长条件的有益对比。生物膜系统的（平均）污泥停留时间定义为：

$$SRT = \frac{\text{生物膜的平均质量}}{\text{生物膜的平均脱附速率}} = \frac{L_F X_F}{u_{d,S} X_F}$$

$$(17.81)$$

式（17.81）右侧等于由于生物膜脱附而产生的体积去除率（$u_{d,V}$，式 17.71）。SRT 的定义可以与整个生物膜生长的物料平衡相结合（方程 17.70）。假设生物膜处于稳态，式（17.70）可以变形为：

$$u_{d,S} = \frac{Y \cdot J_{LF}}{X_F} - b_{ina} L_F \qquad (17.82)$$

将其带入式（17.81）可以得到：

$$SRT = \frac{L_F}{\frac{Y J_{LF}}{X_F} - b_{ina} L_F} = \frac{1}{\frac{Y J_{LF}}{X_F L_F} - b_{ina}}$$

$$(17.83)$$

由式（17.83）可以看出，SRT 随着基质通量

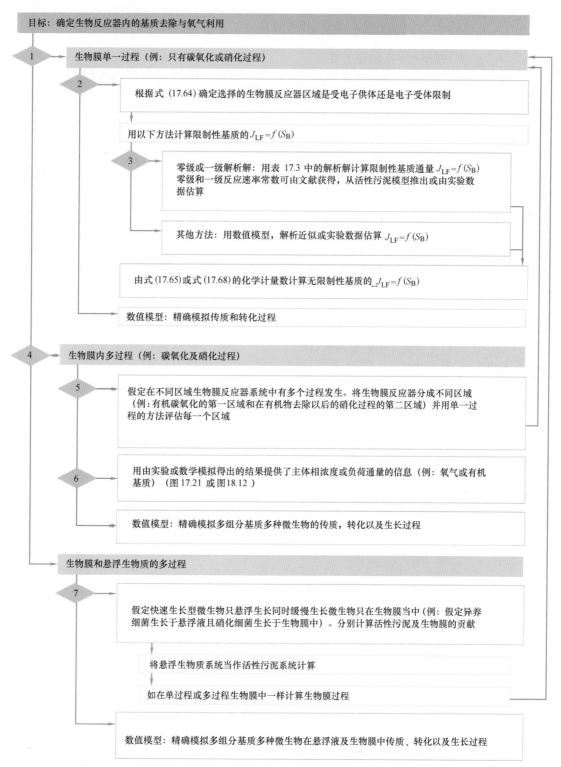

图 17.26 逐步模拟生物膜反应器的方法，本书中讨论了重要的步骤（数字化）

的减少和生物膜厚度的增加而增加。间接地，SRT 受到液相浓度（液相浓度的降低导致基质通量的降低）和生物膜脱附（脱附程度的降低导致生物膜厚度的增加）的影响。需要再次注意式

（17.83）是基于一个稳定状态的假设，即生物量的生长和脱附是相平衡的稳态。

需要注意，解读 SRT 在生物膜系统和活性污泥系统中的意义不同。在活性污泥系统中，所

有的絮凝体在污泥中被去除的概率是相同的。然而在生物膜中，生物膜表面通过脱附作用被去除的概率明显高于从生物膜底部去除的概率。式（17.83）计算出的 SRT 值提供了全部固体的平均停留时间，同时也可以计算在生物膜内不同位置的固体停留时间（Morgenroth，2003；Morgenroth 和 Wilderer，2000）。生物膜底部的局部固体停留时间大于整体平均时间，从而为生长缓慢的细菌提供了生态环境。关于生长较慢的细菌优先向生物膜底部生长的一个例子就是 17.8 节讨论的硝化细菌。也有人认为生物膜底部其实是为专门来转化难降解外源性化合物的专有微生物提供了生态微环境。

[例 17.10] 假设生长速率符合 Monod 动力学的生物膜固体停留时间

利用 AQUASIM 软件，根据模拟的脱附速率（$u_{d,S}$）并利用式（17.81）计算了不同液相基质浓度和不同生物膜厚度时的 SRT。从图 17.27 中可以看出 SRT 随液相基质浓度的降低而增加。在图 17.16 中，不同直线代表不同的生物膜厚度，生物膜的厚度越大，SRT 越高。如式（17.81）所讨论的结果，液相基质浓度、生物膜厚度、脱附速率系数对 SRT 的影响基本相似。

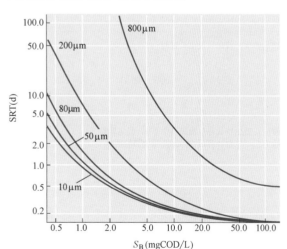

图 17.27　液相基质浓度和生物膜厚度（区域内的数字）对式（17.81）所计算的 SRT 值得影响，假设生物膜厚度恒定，并考虑生长、衰亡以及脱附过程。基质的去除以及生物膜的生长利用 Monod 动力学进行模拟，参数列于表 17.2 和表 17.13

17.9.2　支持微生物生长的最小出水基质浓度（S_{min}）

生物膜反应器中的出水基质浓度取决于足够

的生物量、生物膜表面积以及反应器运行条件等因素。在第 17.4 节中，我们讨论了生物膜反应器 CSTR（连续搅拌式反应器）的出水基质浓度。然而，在 17.4 节中固定的生物膜厚度经常作为模型的输入参数，忽略了生物膜的脱附和衰变过程。接下来我们要讨论的是 CSTR 类型的生物膜反应器可以达到的最低出水浓度，假设以下条件：①生物膜脱附过程忽略不计（$u_{d,S}=0$）；②生物膜的生长可以用 Monod 动力学来描述；③用一级动力学描述衰亡过程（$b_{ina}X_F$）；④极低的进水流速产生的生物膜非常薄，传质限制可以忽略。

忽略脱附过程并假设稳态，式（17.70）可以简化为：

$$0=\frac{Y \cdot J_{LF}}{X_F}-b_{ina}L_F \qquad (17.84)$$

忽略传质限制，假设基质降解符合 Monod 动力学，生物膜的基质通量为：

$$J_{LF}=\frac{1}{Y}\mu_{max}\frac{S_{LF}}{K_S+S_{LF}}X_F L_F \qquad (17.85)$$

结合式（17.84）和式（17.85）得出支持生物膜内微生物生长的最小基质浓度为（S_{min}）：

$$S_{min}=\frac{K_S b_{ina}}{Y\mu_{max}-b_{ina}} \qquad (17.86)$$

实验证明了 S_{min} 的概念（Rittmann 和 McCarty，1980），S_{min} 对于将污染物去除至很低浓度有实际意义（Rittmann，1982a），同时可以用 S_{min} 的值作为一个比例系数推导伪解析解（Rittmann 和 McCarty，2001；Saez 和 Rittmann，1922；Wanner 等，2006）。

17.9.3　描述生物膜动力学的特征时间和无量纲数

生物膜内的各种过程具有非常不同的时间尺度。生物膜的生长约以小时到天为尺度，而基质的扩散和水力过程大约以秒或分钟为尺度（Esener 等，1983；Gujer 和 Wanner，1990；Kissel 等，1984；Picioreanu 等，2000）。作为定义无量纲参数的基础，以及在模拟生物膜中使用数值解，评价一个系统多快可以达到稳态时，特征时间的概念都是非常有用的。

特征时间的概念可以用一个简单的例子来解释。对于一级反应速率，在一系列过程中基质 S

降解的物料平衡方程为：

$$\frac{\mathrm{d}S}{\mathrm{d}t} = -k_1 \cdot S \qquad (17.87)$$

此时 S 是基质浓度（$M\ L^{-3}$），k_1 是一级反应速率（T^{-1}），$t=$ 时间（T）。当 $S(t=0)=S_0$，求解式（17.87）：

$$\frac{S(t)}{S_0} = e^{-k_1 \cdot t} \qquad (17.88)$$

基于式（17.88）一级反应速率的特征时间（$\tau_{反应,1}$）为：

$$\tau_{反应,1} = \frac{1}{k_1} \qquad (17.89)$$

需要注意的是，对于一级反应速率，特征时间的选择导致 $S(t=\tau)=\exp(1)\cdot S_0=36.8\%\times S_0$。但是 36.8% 这一值没有任何的特殊含义；它只是单纯数学上的简化计算（Clark，1996）。比如说序批式反应中 $S(t=\tau)=0$ 对应于零级反应速率的特征时间 $\tau_{反应,0}$。时间尺度只是一个简便的度量方式。表 17.9 描述了生物膜重要过程时的特征时间，典型值分布见图 17.28。

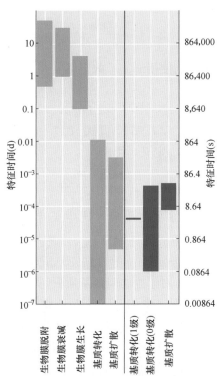

图 17.28　根据表 17.5 典型生物膜参数计算的特征时间（蓝色柱基于 Kissel 等，1984；Picioreanu 等，2000）。另外，使用图 17.8 中的动力学参数，并假设 $L_F=80\sim200\mu m$ 和 $S_{LF}=0.1\sim40mg/L$（红色柱）计算了一级和零级基质去除速率的特征时间

生物膜反应器中的相关反应的特征时间
（基于 Clark，1996；Esener 等，1983；Gujer 和 Wanner，1990；Kissel 等，1984；Picioreanu 等，2000）　表 17.9

过程	特征时间
平流	$\tau_{平流}=\dfrac{L}{u}$
完全混合反应器的停留	$\tau_{HRT}=\dfrac{V}{Q}$
扩散（质量）	$\tau_{扩散,质量}=\dfrac{L^2}{D}$
扩散（黏性）	$\tau_{扩散,黏性}=\dfrac{L^2}{\nu}$
反应	$\tau_{反应}=\dfrac{S}{r_S}$ （一般）
	$\tau_{反应,1}=\dfrac{S}{k_0}$ （零级）
	$\tau_{反应,1}=\dfrac{1}{k_1}$ （一级）
	$\tau_{反应,Monod}=\dfrac{Y}{\dfrac{\mu_{最大}}{(K_S+S)}X_{OHO}}$ （Monod）
	$\tau_{生长}=\dfrac{1}{\mu_{最大}}$ （最大生长速率）
	$\tau_{生长}{}^*=\dfrac{S_{LF}}{\mu LF_{最大}}$ （实际生长速率）
	$\tau_{衰亡}=\dfrac{1}{b_{衰亡}}$ （衰亡）
脱附	$\tau_{脱附}\cdot=\dfrac{L_F}{u_{d,S}}=\dfrac{1}{u_{d,V}}$

注：$L=$ 特征距离 $[L]$；$u=$ 速度 $[L\ T^{-1}]$；$D=$ 扩散系数 $[L^2\ T^{-1}]$；$\nu=$ 黏度 $[L^2\ T^{-1}]$；$V=$ 反应器体积 $[L^3]$；$Q=$ 进入反应器的流量 $[L^3\ T^{-1}]$；$k_0,k_1=$ 零级和一级体积反应速率 $M\ L^{-3}\ T^{-1}$ 和 T^{-1}；$b_{衰亡}=$ 衰亡系数 $[T^{-1}]$；$\mu,\mu_{最大}=$ 生长速率，最大生长速率 $[T^{-1}]$；$Y=$ 产率系数 $[M\ M^1]$；S_{LF}，$X_F=$ 基质，生物量浓度 $[M\ L^{-3}]$；$K_S=$ Monod 半饱和常数 $[M\ L^{-3}]$。

从生长过程可以看出，基于最大生长速率（$\tau_{生长}$）或系统中实际生长速率的估计值（$\tau_{生长}{}^*$），有不同的方法定义特征时间。然而，现在没有严格定义特征时间的标准，用户有必要理解为什么和怎样得出特征时间或无量纲数（17.9.3.2 节），同时作出自己的判断。

17.9.3.1　使用特征时间估计反应时间

当运行一个生物膜模型时需要定义一个时间尺度（τ_0）。比 τ_0 小很多的时间尺度的所有过程（即较快的反应过程）可以假设为假稳态。具有较大时间尺度的过程（即较慢的反应过程）可以描述为时间"冻结"（Picioreanu 等，2000；

Wanner 等，2006）。因此对于持续几个小时的实验，由于 $\tau_{扩散} \ll \tau_0$，基质浓度可以认为处于稳态。然而，当 $\tau_{生长} \gg \tau_0$ 时生物膜厚度的增加可以忽略不计，在几个星期内评估生物膜时需要明确考虑生物膜的生长，因为此时 $\tau_{生长}$ 和 τ_0 是同一数量级的参数。一般生物膜系统的特征时间描述和例子分别如图 17.8 和图 17.28 所示。

Crank（1975）证明了可溶性基质在生物膜中（或薄平板中）的扩散达到稳态所需要的时间（$\tau_{稳态}$）为：

$$\tau_{稳态} = 0.45 \cdot \tau_{扩散,质量} \qquad (17.90)$$

假设扩散系数 $D_F = 8 \times 10^{-5} \text{m}^2/\text{d}$（对于乙酸），$L_F = 500 \mu m$ 我们可以发现，使用式（17.72）达到稳态的时间是 4.5min。此时需要注意生物膜内达到稳态所用时间与扩散是否限制基质的去除无关。生物膜内微生物达到稳态的时间范围（$\tau_{生长}$ 或者 $\tau_{生长}^*$）更宽，介于数天到数星期。生物膜中的竞争是一个更慢的过程，因为其取决于生物膜内微生物 A（μ_A）和 B（μ_B）生长速率的微分 $[\tau_{\Delta-生长} = 1/(\mu_A - \mu_B)]$。

17.9.3.2 无量纲数

Damköhler 数（Da^{II}），*Thiele modulus*（Φ），和生长系数（G）

对偶联反应过程的特征时间值进行比较，可以估计哪一个过程是限速步骤，哪一个过程可以忽略不计。其中一个例子是生物膜内基质反应和扩散的偶联。例如，假设对于给定生物膜，基质转化的特征时间（$\tau_{反应}$）很小（即当反应很快时），而扩散的特征时间（$\tau_{扩散}$）很大（即扩散很慢）。如果扩散过程比反应过程更慢，那么生物膜被认为受扩散限制。对于生物膜内符合零级反应的基质转化 $[r_F = k_{0,F} X_F$，式（17.1）]，生物膜内 $\tau_{扩散}$ 和 $\tau_{反应}$ 的比值定义为：

$$\frac{\tau_{扩散}}{\tau_{反应}} = \frac{L_F^2}{D_F} \cdot \frac{k_0 X_F}{S_{LF}} \qquad (17.91)$$

在化工文献中，式（17.91）中特征时间的比值定义为二级 Damköhler 数（Da^{II}）（Boucher 和 Alves，1959）：

$$Da^{II} = \frac{L_F^2}{D_F} \cdot \frac{k_0 X_F}{S_{LF}} \qquad (17.92)$$

对于扩散限制的（厚）生物膜，$Da^{II} \gg 1$；对于反应限制的（薄）生物膜，$Da^{II} \ll 1$。符合零级动力学的生物膜的精确解与 Da^{II} 比较（表 17.3），可以看出 Da^{II} 与基质向生物膜内部的穿透程度（β）直接相关：

$$\beta = \sqrt{\frac{2}{Da^{II}}} \qquad (17.93)$$

基于式（17.93）得出的扩散限制的生物膜 $Da^{II} \gg 1$ 与 $\beta \ll 1$。这是很有意义的，因为扩散限制的生物膜只是部分穿透。注意，我们使用特征时间就能够估计扩散或者反应是否是限制过程，而不用明确解出详细的微分方程。二级 Damköhler 数与另一个无量纲数 Thiele 模数（Φ）相联系，其定义为：

$$\Phi = \sqrt{Da^{II}} = \frac{\sqrt{2}}{\beta} \qquad (17.94)$$

Picioreanu 等（1998）在评估局部基质扩散和生长速率对多维生物膜结构发展的影响研究中，介绍了生长系数（G）的概念。G 的定义为：

$$G = \frac{\tau_{扩散}}{\tau_{生长}^*} \qquad (17.95)$$

这里我们使用 $\tau_{生长}^*$ 的定义（表 17.9）：

$$\tau_{生长}^* = \frac{S_{LF}}{\mu LF_{最大}} \qquad (17.96)$$

联合式（17.95）和式（17.96）以及表 17.9 中的 $\tau_{扩散}$ 定义，得出：

$$G = \frac{L_F^2}{D_F} \cdot \frac{\mu LF_{最大}}{S_{LF}} \qquad (17.97)$$

注意 G 除了使用最大比生长速率（$\mu_{最大}$）代替零级基质去除速率（$k_{0,F}$）之外，与 Da^{II} 完全相同。Picioreanu 等（1998）证明使用多维数学模拟后，对于生物膜内基质限制性生长和较大 G 值的情况（例如，$G > 20$），将产生具有很多通道和空隙的多孔生物膜，对于生长限制性生物膜和较小 G 值的情况（例如，$G < 7$），会产生质密和较厚的生物膜。

从以上介绍的无量纲数（Da^{II}、β、Φ 和 G）中可以获得两点启示。首先，不存在唯一的定义无量纲数的方法，因为所有这四个数都与生物膜内的基质扩散和微生物新陈代谢相关，但是这四个数的定义又有所不同。其次，无量纲数可以用于多种用途，包括预测基质向生物膜的扩散，区分扩散还是反应占主导限制因素，以及预测生物膜结构等。

Biot 数（*Bi*）

另一个可以通过特征时间之比推导出无量纲数的例子就是 Biot 数（*Bi*）：

$$Bi = \frac{\tau_{扩散,内部}}{\tau_{反应,外部}} = \frac{L_F^2}{D_F} \cdot \frac{D_W}{L_L^2} \quad (17.98)$$

此时 $\tau_{扩散,外部}(=L_F^2/D_F)$ 是生物膜内部扩散的特征时间，而 $\tau_{反应,内部}(=L_L^2/D_W)$ 是外部浓度边界层中扩散的特征时间。假如生物膜内部的扩散比浓度边界层的扩散快得多（即 $Bi \ll 1$），那么对于扩散限制的生物膜，我们可以预计外传质阻力限制了生物膜内的整个基质转化过程。

Peclet 数（*Pe*）

Peclet 数（*Pe*）可以用于比较对流和扩散的特征时间：

$$Pe = \frac{\tau_{扩散}}{\tau_{对流}} = \frac{L^2}{D} \frac{u}{L} \quad (17.99)$$

Peclet 数在反应器研究中经常用于评估轴向弥散程度，（沿水流方向的扩散）相对于反应器中随水流的传输。当 $Pe \gg 1$ 时，扩散传输相对于整体对流来说很小。当在生物膜反应器中使用 Peclet 数时，在式（17.99）中应当使用什么样的特征长度 L 呢？当比较在反应器长度方向上的对流和扩散传输时，特征长度应当是整个反应器的长度。Peclet 数的另一个应用是当少量水穿过生物膜时评估多孔生物膜中扩散和对流的相对重要性（Libicki 等，1988）。在这种情况下特征长度则是生物膜的厚度。在式（17.99）中可以使用如此不同的两种长度尺度，这证明了在确定特征时间以及无量纲数时总是要进行很多选择。虽然没有严格的规定，但是为了做出合适的选择，必须对基本原理具有透彻的理解。对无量纲数的不当使用都是由于对不同过程的特征时间如何相互联系缺乏了解。

17.10 2D/3D 结构如何影响生物膜性能

如果你曾经仔细观察过反应器或者自然界中的生物膜，就会注意到生物膜看起来非常不均匀。你可能会自问：之前章节中所描述的一维生物膜模型是否适合于描述真实的生物膜。之前的章节的讨论一直假设平行于基底的浓度梯度相对垂直于基底的浓度梯度要小得多，进而得到了一维扩散反应方程（式 17.1）。在过去的 25 年中，多维生物膜模型早已经被建立起来，用于预测取决于局部基质可利用性的非均匀生物膜结构的形成过程。反之，这些模型也预测了非均匀结构对生物膜内微生物生态以及随后对基质通量的影响。简单的 1D 模型是否适合，或者是否需要使用多维模型取决于数学模型需要回答的具体问题。对不同建模方法的评估以及在不同使用条件下的实用性等信息可参见 Wanner 等（2006）的资料。

如果目标是预测好氧碳氧化、硝化作用以及反硝化作用等过程的基质通量，那么 1D 模型是极佳的选择。1D 模型对于限制性基质，多组分扩散以及基于传质限制将较快生长的异养微生物和较慢生长的自养微生物区别的竞争关系都可以进行预测。

使用多维模型的合理情况包括：①复杂基质几何形状（例如在多孔载体上产生的生物膜的微观研究）及生物膜的空间分布（例如独立繁殖的"补丁"生物膜生长情况）；②受到不同种群微生物的局部聚集和传质影响的复杂生态学问题。例如对厌氧颗粒污泥中的厌氧食物链进行建模（Batstone 等，2002）。另一个生态学问题就是生物膜和颗粒污泥中不同表面结构的形成过程，例如表面形态会显著影响外传质阻力（Picioreanu 等，2000）。多维模型通常用于解答对生物膜内部反应过程更深理解基础上的特定问题，在某些情况下，生物膜的相互作用对整个生物膜反应器的整体性能具有显著的影响。此时，由多维模型产生的结果和机理也需要在实际反应器运行中加以考虑。

[例 17.11] 微生物群落中产生和利用氢气微生物的 2D 分布

厌氧消化是由许多共生关系的不同微生物进行的多步反映。基质和中间产物的局部浓度取决于这些微生物的空间分布。最重要的一个方面就是产氢和利用氢微生物种群之间的氢传递。Batstone 等（2006）使用了一个 2D 数学模型评估厌氧颗粒污泥中微生物空间分布和生长。图 17.29 比较了实际颗粒污泥中和模型模拟中有机物的空间分布。

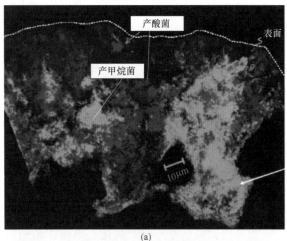

(a)

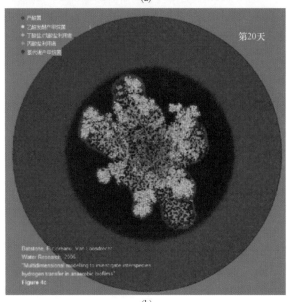

(b)

图 17.29　使用荧光原位杂交技术得到的产酸细菌（红色）和产甲烷菌（绿色）在厌氧颗粒污泥中的分布图 (a)。产酸细菌（红色），丁酸盐/戊酸盐利用者（淡蓝色），丙酸盐利用者（绿色），以及产甲烷菌（黄色和蓝色）的模拟分布 (b)（图片：Batstone 等，2006）

Batstone 等（2006）利用他们的模拟结果验证了氢气产生者与使用者的互养共栖的共生方式。模型中的微生物分布以局部生长和生物量的随机扩散为基础，没有假设任何微生物生态学的基本机制（例如，趋化作用）。评价导致特殊空间形式的可能机制需要多维模型。这种细胞之间的相邻关系在 1D 模型中没有定义，在该模型中平行于基底的生物量分布在同层认为是均匀的。

17.11　模型参数

为模型参数选择合适的数值是得到可信预测结果的重要部分。生物膜模型中的参数可以划分为三个部分：①与生长形式无关的微生物参数，包括悬浮培养或者生物膜系统（例如 Y、$\mu_{最大}$ 等）；②与系统无关与传质有关的参数（例如 D_W）；③取决于反应器类型和运行条件的生物膜参数（例如 L_F、L_L、X_F 等）。在实际的生物膜系统中，数学模型的应用只能得到有限的实测数据。生物膜参数的直接原位测定和典型生物膜的取样很困难，而且生物膜在整个系统中并非均匀分布。因此，模型参数的确定不可能基于所有系统参数的测量，而需要根据文献信息假设参数。对于一些相关模型参数的讨论见下面章节。

17.11.1　生物膜密度（X_F）

生物膜反应器中的微生物密度明显大于活性污泥系统。一般生物膜的密度介于：$X_F = 10 \sim 60 gVSS/L$。Rittmann 等（2018）为不同类型的转换过程提供了 X_F 的典型值：

$$X_F = 20 \sim 30 gVSS/L \ 碳氧化$$

$$= 40 \sim 60 gVSS/L \ 硝化作用；用甲醇进$$

行三级反硝化作用；或者用 H_2 对膜进行反硝化作用。

在介于 $2 \sim 6 gVSS/L$ 时，比较生物膜反应器中的生物量与活性污泥系统中的生物量是由生物膜、水、空气和载体介质决定的，不同类型之间大相径庭。X_F 的取值取决于生长条件。在剪切力增加的条件下会导致生长出密度更大强度更高的生物膜。如 Horn 和 Hempel 所述，生物膜密度已经可以很容易地通过生物膜体积和固相生物量的数据算出来。AQUASIM 用户需注意：在 AQUASIM 中生物膜被描述为不同的相组成。在这种情况下，固相生物膜的密度可以由整个生物膜密度除以固体部分体积分数（$= \sum \varepsilon_{S,i}$）计算获得。

17.11.2　扩散系数（D_W，D_F）

文献中可以找到大多数化合物在水中的扩散系数（D_W）（Lide，2008；Perry 和 Green，2008）。这些参考文献也根据分子量等特性提供了未列举化合物的估计值。生物膜内的扩散系数（D_F）一定程度上取决于生物膜密度和化合物的特性，其值比水中的扩散系数更小。一般使用80%的折算系数（Horn 和 Morgenroth，2006；Stewart，1998）：

$$D_F = 0.8 \cdot D_W \qquad (17.100)$$

目前还不能直接测量生物膜反应器中生物膜扩散系数的减少量，但在大多数条件下可以利用式（17.100）估算。D_W 的取值列于表17.10中。

水中的扩散系数（D_W）（更多内容请参考 Lide，2008；Perry 和 Green，2008；Stewart，2003）

表17.10

化合物	D_W(m²/d)
氧气，O_2	209.1×10⁻⁶[①]
二氧化碳，CO_2	165.0×10⁻⁶[①]
氢气，H_2	441.5×10⁻⁶[①]
硫化氢，H_2S	117.5×10⁻⁶[①]
硫化氢离子，HS^-	149.6×10⁻⁶[①]
甲烷，CH_4	128.7×10⁻⁶[①]
氮气，N_2	172.8×10⁻⁶[①]
一氧化二氮，N_2O	222.0×10⁻⁶[①]
氨氮，NH_4^+	169.1×10⁻⁶[①]
亚硝酸根，NO_2^-	165.2×10⁻⁶[①]
硝酸根，NO_3^-	164.3×10⁻⁶[①]
高氯酸根，ClO_4^-	154.8×10⁻⁶[①]
铝酸根，ClO_3^-	148.6×10⁻⁶[①]
氯离子，Cl^-	175.6×10⁻⁶[①]
磷酸二氢根，$H_2PO_4^-$	76.0×10⁻⁶[②]
磷酸氢根，HPO_4^{2-}	65.7×10⁻⁶[②]
氢氧根，OH^-	455.6×10⁻⁶[①]
氢离子，H^+	804.5×10⁻⁶[①]
碳酸氢根，HCO_3^-	102.4×10⁻⁶[①]
碳酸根，CO_3^{2-}	79.7×10⁻⁶[①]
醋酸根，CH_3COO^-	94.1×10⁻⁶[①]
葡萄糖，$C_6H_{12}O_6$	57.9×10⁻⁶[①]
乙醇	107.1×10⁻⁶[①]
甲苯	73.4×10⁻⁶[①]
甲醇	110.6×10⁻⁶[①]
苯	88.1×10⁻⁶[①]
可溶性 BOD(3～30kDa)	9.7×10⁻⁶[①]
可溶性 BOD(30～50kDa)	7.3×10⁻⁶[①]
可溶性 BOD(50～100kDa)	5.6×10⁻⁶[①]
可溶性 BOD(100～500kDa)	4.3×10⁻⁶[①]
可溶性 BOD(500～1000kDa)	2.6×10⁻⁶[①]

[①]25℃（Lide，2008）；[②]25℃（Stewart，2003）；[③]使用 Einstein 关系关联分子量和 D_W，20℃下的估计值（Logan 等，1987；Polson，1950）。

17.11.3 外部传质（L_L，R_L）过程

外部传质边界层厚度（L_L）或外部传质阻力（$R_L = L_L / D_W$）是由反应器结构、操作条件和生物膜特性决定的。

$$L_L = 30 \sim 100 \mu m（大多数反应器）$$
$$= 10 \sim 300 \mu m（区间）$$

数值越低，混合强度越高，生物膜越光滑。L_L 的值对预测的生物膜反应器性能有显著影响（Boltz 等，2011）。在实际的生物膜反应器建模中，L_L 的值通常会根据监测到的工厂性能进行校准（Rittmann 等，2018）。

根据 MBBR 的操作条件，可以用专门的实验方法来估计外部传质阻力。这也证明混合强度与 L_L 值之间存在直接的关系（Melcer 和 Schuler，2014；Nogueira 等，2015）。

对于明确定义的水力学条件，可以从化工文献中使用经验关系式来估计外部传质阻力。无量纲 Sherwood 数（Sh）是 R_L、D_W 及特征长度（例如生物膜载体颗粒的直径）的函数（d_p）：

$$Sh = \frac{d_p}{R_L D_W} \qquad (17.101)$$

Sherwood 数可以表示为无量纲数 Reynolds 数（$Re = U d_p / \nu$）和 Schmidt 数（$Sc = \nu / D_i$）的函数：

$$Sh = A + B \cdot Re^m Sc^n \qquad (17.102)$$

其中，U 是围绕载体离子的自由流速度，ν 运动黏度。雷诺数取决于流动和几何学，而 Schmidt 数只取决于流体特性。在大多数条件下，对于系统参数 A、B、m 和 n 是对特定的实验数据经验性归纳而得。例如，流体流过刚性球形颗粒时，$A = 2$，$B = 0.95$，$m = 1/2$，$n = 1/3$（$100 < Re < 700$ 和 $1200 < Sc < 1525$，Garner 和 Suckling，1958）。

对于非理想条件下的三相系统，Nicolella 等人（1998）利用式（17.96）估计了 Sherwood 数，此时 $A = 2$，$B = 0.26$，$m = 0.241$，$n = 1/3$。并根据柯尔莫戈罗夫的湍流理论提出了 Reynolds 数的另一种表达式：

$$Re = \frac{\varepsilon_{耗损} d_p^4}{\nu^3} \qquad (17.103)$$

$\varepsilon_{损耗}$——单位质量的能量耗损率。

对于填充床反应器，Wilson 和 Geankoplis（1996）适用于床层孔隙度（$\varepsilon_{孔隙}$）为 0.35～0.75 的 Sherwood 数：

$$Sh \begin{cases} \dfrac{1.09}{\varepsilon_{孔隙}}Sc^{1/3} & 当 \begin{cases} \& 0.0016 < Re_{pb} < 55 \\ 165 < Sc < 70,600 \end{cases} \\ \dfrac{0.25}{\varepsilon_{孔隙}}Re_{pb}^{0.69}Sc^{1/3} & 当 \begin{cases} \& 55 < Re_{pb} < 1,500 \\ \& 165 < Sc < 10,690 \end{cases} \end{cases}$$

$$\tag{17.104}$$

式（17.104）的雷诺数为 $Re_{pb}=U_{sup}d_p/\nu$，其中 U_{sup} 为表层床速度即通过床层的总流量除以横截面的面积（Clark，1996）。

Sh 的更多的关系式可以在 Perry 和 Green（2008）或 kissel（1986）的表 5.20～表 5.24 中找到。需要注意的是，大多数关于估算 Sh 的关系式源于相对简单的化工应用，在生物膜系统中使用时需要格外的小心。参数 A、B、m 和 n 取决于生物膜载体介质的几何形状，同时只对定义范围内的 Re 和 Sc 有效，将这些条件外导将导致错误的结果。对于复杂的几何形状，式（17.102）有可能不够充分，可以用 $Sh=f(Re, Sc)$ 的其他形式拟合实验数据。Sh 的大多数关系式是由刚性颗粒得出的，但是生物膜的弹性和非均质特性将会影响外部传质。有学者曾经提出由于生物膜覆盖介质，R_L 可能增加（Nicolella 等，2000）或减少（Horn 和 Hempel，2001）。

本章对于外部传质阻力的模拟仅限于从水体到生物膜表面的传质。然而，许多生物膜反应器是三相系统（固体/生物膜、液体、气相），例如氧气从气相到水体的传质速率可能限制整个传质过程。从主体相到气相的传质对于从水相去除新陈代谢产物（例如 N_2、CO_2）来说很重要。混合的增加（例如通过增加水体流动）及气流的增加将会影响到两种类型的传质：从主体相到生物膜表面，以及从气相到液相。

17.11.4 生物膜厚度（L_F）和生物膜脱附（$u_{d,S}$、$u_{d,V}$、$u_{d,M}$）

对于给定的基质通量，基于式（17.70）的

生物膜厚度（L_F）和生物膜脱落速率（$u_{d,S}$、$u_{d,V}$、$u_{d,M}$）是直接相关的。可以固定生物膜厚度或者脱落速率对生物膜进行模拟。对于不同类型的生物膜反应器，存在预期厚度的典型范围值（表 17.11）。因为生物膜在载体介质以及整个反应器中非均匀分布，在实际生物膜反应器中估计典型生物膜厚度（以及生物膜脱落）一般很困难。在实际的应用中，代表性的取样和测量是具有一定难度的。对于生物膜相对较厚的反应器来说，这种不确定性的因素对于 L_F 的估计影响不大，因为对于生物膜很厚的反应器，生物膜内的基质通量对 L_F 的变化不敏感。假如生物膜的内部受基质限制（即一级动力学 $L_F \gg L_{crit}$ 时或者零级动力学 $\beta < 1$ 时），那么生物膜厚度的增加仅会增加生物膜内部受基质限制的生物量。在许多商业软件中，作为模型输入的生物膜厚度是固定的。

17.11.5 使用其他类型模拟参数时的注意事项

我们很难对复杂生物膜系统进行参数估计，在许多情况下需从文献中获得动力学和化学计量参数，但这么做必须十分小心（Wanner 等，2006）。其中一个被误用的例子就是直接使用活性污泥模型中的半饱和常数进行生物膜模拟。在 Monod 方程（例如方程 17.4）中的半饱和常数（例如，K_S、K_{O_2}、等）可以认为是与反应器构型无关的基于微生物特性的参数。然而在污水处理系统中，常常基于絮状微生物实验估算半饱和常数，并用于活性污泥模型中。活性污泥模型的模型结构没有考虑絮体中的传质限制，人为造成半饱和常数观测结果的升高。而在生物膜系统内，传质限制得到准确模拟，因而需要使用精确的半饱和常数值。因此，生物膜模型中半饱和常数的值应该小于活性污泥模型中的值（例如 $K_{S,生物膜}=0.1 \cdot K_{S,活性污泥}$）。

不同类型的碳氧化或硝化反应器典型生物膜的厚度（LF）（依据 Rittmann 等，2018）　　表 17.11

反应器类型	$LF,\mu m$	
	碳氧化	硝化
滴滤池	500（高）	100～200（高）
	100（低负荷）	20～40（低负荷）
生物转盘	500（第一阶段）	100～200（第一阶段）
	100（低负荷阶段）	20～40（低负荷阶段）

反应器类型	LF, μm	
	碳氧化	硝化
曝气生物滤池(重介质)	100(反冲洗前)	20～40
	40～60(反冲洗后)	
曝气生物滤池(轻介质)	100～200	80～120
移动床生物膜反应器(MBBR)	500	100～200
流化床反应器, 气升式反应器	100～200	10～20

17.12 模拟工具

第17章和第18章主要目的在于强调生物膜和生物膜反应器的基本原理。但得到的模型应该如何应用于工程实践或者研究呢？这个问题的答案首先取决于使用模型的目的。第18章中将讨论生物膜反应器设计中合适模型的选择问题。有关不同种类的模型及其合理使用的深入讨论见Waner等（2006）的文献。一旦选定模型，下一个问题就是如何使用模型。以下几段简要讨论了一般的使用方法：

（1）解析法：本章列出了一系列的解析方法。解析法很大的一个优点在于它们向用户提供了不同参数如何影响模拟结果的直观感受，这对于生物膜传质概念的降解十分重要。对于许多实际的生物膜问题，用户多数对单一限制性化合物的基质通量感兴趣，解析法提供了快速和精确的模拟结果。但是对于复杂问题，解析法有可能不适用，或者使问题更加复杂化。

（2）伪解析法：伪解析法是以均质生物膜单一限制性化合物的Monod动力学数值解为基础，并能够通过电子表格简易使用（Rittmann和McCarty，2001；Saez和Rittrmann，1992）。像解析法一样，伪解析法只限于相对简单的系统。

（3）数值解法（1D，生物量均质分布）：数值解用于计算多基质情况下生物膜内降解或生成的基质浓度分布。生物量在生物膜厚度方向上均匀分布。可以假设每一部分的生物量都是"预知的"，如17.2节所示。或者在每个时间点通过生长、衰亡和剥落平衡确定生物膜不同位置的生物量（Boltz等，2008，Rauch等，1999）。当考虑生物量随时间的变化后，所有生物量在生物膜厚度方向上均匀分布这一假设极大地简化了数值解。具有均匀生物量分布的1D生物膜模型已经用于一些商业化的污水处理厂软件中。

（4）数值解法（1D，生物量非均质分布）：这一方法考虑了可溶性基质和生物量部分随时间发生的生长、衰亡及脱附过程而导致的浓度梯度。这一方法在17.8节中评估生物膜内的异养和自养细菌的竞争中使用过。许多商业化的污水处理厂软件包括了对具有非均质生物量分布的1D生物膜的数值解。虽然商业软件的基本建模特征是相同的（例如，可溶基质的扩散和降解），但用户需要理解在商业模拟器中像粒子附着、分离和扩散等过程是如何实现的（Boltz等，2010；Rittman等，2018）。

（5）数值解法（2D、3D）：多维模型的使用已经在17.10节中做过讨论。这些模型现在仍局限于研究应用。电脑速度越快，多维模型的模拟速度就相对越快。抛开电脑速度不谈，这些模型的执行和应用以及对多维模型结果的解释都十分复杂。一个良好的建模生物反应器（Rittmann等，2018）表明一维模型的复杂程度对于大多数的生物膜反应器是最合适的水平。

异养和自养生物膜中化学计量数和动力学方程式的矩阵表达式（改编自 Wanner 等，2006），不包括用于细胞合成的氮，因此观察到的氮去除可能与自养生长直接相关 表 17.12

↓j →i	1	2	3	4	5	6	过程速率, ρ_j
过程名称	X_{OHO}	X_{ANO}	X_U	S_S	S_{NH4}	S_{O2}	
1. 异养生长	1			$-\dfrac{1}{Y_{OHO}}$		$\dfrac{-(1-Y_{OHO})}{Y_{OHO}}$	$\mu_{OHO,max}\dfrac{S_S}{K_S+S_S}\dfrac{S_{O2}}{K_{OHO,O2}+S_{O2}}X_{OHO}$
2. 异养衰减	−1		1				$b_{OHO,ina}X_{OHO}$

$\downarrow j \rightarrow i$	1	2	3	4	5	6	
3. 异养内源呼吸	-1					-1	$b_{OHO,res}\dfrac{S_{O2}}{K_{OHO,O2}+S_{O2}}X_{OHO}$
4. 自养生长		1			$-\dfrac{1}{Y_{ANO}}$	$-\dfrac{(4.57-Y_{ANO})}{Y_{ANO}}$	$\mu_{ANO,最大}\dfrac{S_{NH4}}{K_{ANO}+S_{NH4}}\dfrac{S_{O2}}{K_{ANO,O2}+S_{O2}}X_{ANO}$
5. 自养衰减		-1	1				$b_{ANO,ina}X_{ANO}$
6. 自养内源呼吸		-1				-1	$b_{ANO,res}\dfrac{S_{O2}}{K_{ANO,O2}+S_{O2}}X_{ANO}$
单位	COD	COD	COD	COD	N	$-$COD	

注：$r_{i,V}=\sum_j \nu_{i,j}\rho_j$（具有化学计量系数 $\nu_{i,j}$ 和过程速率矢量，ρ_j）。

动力学和化学计量参数（改编自 Wanner 和 Gujer，1985；Wanner 和 Reichert；1996）
及零级速率常数的计算基于式（17.6）和式（17.7） 表 17.13

异养生长		硝化作用	
α_{OHO}	$1.0\mathrm{gO_2/gCOD}$	α_{ANO}	$4.57\mathrm{gO_2/gN}$
$\mu_{OHO,最大}$	$4.8\mathrm{L/d}$	$\mu_{ANO,最大}$	$0.95\mathrm{L/d}$
Y_{OHO}	$0.4\mathrm{gCOD/gCOD}$	Y_{ANO}	$0.22\mathrm{gCOD/gN}$
K_S	$5.0\mathrm{gCOD/m^3}$	K_{ANO}	$1.00\mathrm{gN/m^3}$
$K_{OHO,O2}$	$0.1\mathrm{gO_2/m^3}$	$K_{ANO,O2}$	$0.10\mathrm{gO_2/m^3}$
$b_{OHO,ina}$	$0.1\mathrm{L/d}$	$b_{ANO,ina}$	$0.10\mathrm{L/d}$
$b_{OHO,res}$	$0.2\mathrm{L/d}$	$b_{ANO,res}$	$0.05\mathrm{L/d}$
$k_{0,COD,OHO}$	$12.0\mathrm{gCOD/gCOD\cdot d}$	$k_{0,NH4,ANO}$	$4.30\mathrm{gN/(gCOD\cdot d)}$
$k_{0,O2,OHO}$	$7.2\mathrm{gO_2/gCOD\cdot d}$	$k_{0,O2,ANO}$	$18.80\mathrm{gO_2/(gCOD\cdot d)}$
X_{OHO}	$10\,000.0\mathrm{gCOD/m^3}$	X_{ANO}	$10\,000.00\mathrm{gCOD/m^3}$

扫码观看
本章参考文献

术语表

符号	含义	量纲	单位
A_F	生物膜的表面积	L^2	m^2
a_F	生物膜的比表面积 $=A_F/V_R$	L^2/L^3	m^2/m^3
Bi	—	—	—
$b_{ANO,ina}$	自养细菌的失活率	T^{-1}	L/d
$b_{ANO,res}$	自养细菌的内源呼吸率	T^{-1}	L/d
$b_{OHO,ina}$	异养细菌的失活率	T^{-1}	L/d
$b_{OHO,res}$	异养细菌的内源呼吸率	T^{-1}	L/d
Da^{II}	—	—	—
D_F	生物膜中扩散系数	$L^2 T^{-1}$	m^2/d
D_W	水中的扩散系数	$L^2 T^{-1}$	m^2/d
G	增长数	—	—
J	基质[1]通量	$M\,L^{-2}\,T^{-1}$	$g/(m^2\cdot d)$
J_F	生物膜内基质[1]的通量	$M\,L^{-2}\,T^{-1}$	$g/(m^2\cdot d)$
J_{LF}	生物膜表面基质[1]的通量	$M\,L^{-2}\,T^{-1}$	$g/(m^2\cdot d)$
$k_{0,F}$	生物膜内零级基质[1]的去除率	T^{-1}	$1/d$
$k_{0,f,A}$	完全渗透的生物膜，每个生物膜表面零级基质[1]的去除率	$M\,L^{-2}\,T^{-1}$	$g/(m^2\cdot d)$

符号	含义	量纲	单位
$k_{0,p,A}$	部分渗透的生物膜,每个生物膜表面零级基质[①]的去除率	$M^{0.5} L^{-0.5} T^{-1}$	$g^{0.5}/(m^{0.5} \cdot d)$
$k_{1,A}$	每个生物膜表面一级基质[①]的去除率	$L T^{-1}$	m/d
$k_{1,F}$	生物膜内部一级基质[①]的去除率	$L^3 M^{-1} T^{-1}$	$m^3/(g \cdot d)$
k_d	生物膜分离速率系数	[③]	[③]
K_{NH4}	S_{NH4} 的半饱和常数	$M L^{-3}$	$mg\ N/L$
K_{ANO,O_2}	自养细菌 S_{O_2} 的半饱和常数	$M L^{-3}$	$mg\ O_2/L$
K_{OHO,O_2}	异养菌 S_{O_2} 的半饱和常数	$M L^{-3}$	$mg\ O_2/L$
K_S	S_S 的半饱和常数	$M L^{-3}$	$mg\ COD/L$
L_F	生物膜厚度	L	μm
L_L	外传质边界层厚度	L	μm
n	生物膜层数	—	—
Pe	—	—	—
Q	流量	$L^3 T^{-1}$	m^3/d
Q_i	进水流量	$L^3 T^{-1}$	m^3/d
r_F	生物膜内基质[①]的转化率	$M L^{-3} T^{-1}$	$g/(m^3 \cdot d)$
R_L	外部传质阻力	$T L^{-1}$	d/m
R_e	雷诺数($=U \cdot d_p/\nu$)	—	—
S	溶液中基质[①]的浓度,其中基质是一个通用名词,可为任何限制化合物,如有机底物、NH_4^+、NO_3^- 或 O_2 有关	$M L^{-3}$	$mgCOD/L$ or mgN/L ormgO_2/L
S_B	水中的可溶性基质[①]浓度	$M L^{-3}$	mg/L
S_c	施密特数($=\nu/D_i$)	—	—
S_F	生物膜内可溶性基质浓度[①]	$M L^{-3}$	mg/L
$S_{F,0,f}$	假设生物膜内部为零级动力学且完全渗透,生物膜内部基质[①]浓度的分析结果	$M L^{-3}$	mg/L
$S_{F,0,p}$	假设生物膜内零级动力学和部分渗透,生物膜内基质[①]浓度的分析结果	$M L^{-3}$	mg/L
$S_{F,1}$	假设生物膜内符合一级动力学,生物膜内基质[①]浓度的分析结果	$M L^{-3}$	mg/L
S_{F,NH_4}	生物膜内氨的浓度	$M L^{-3}$	mgN/L
S_{F,O_2}	生物膜内氧的浓度	$M L^{-3}$	mgO_2/L
$S_{F,COD}$	生物膜内有机基质的浓度	$M L^{-3}$	$mgCOD/L$
S_i	进水中的可溶性基质[①]浓度	$M L^{-3}$	mg/L
S_{LF}	生物膜表面的可溶性基质[①]浓度	$M L^{-3}$	mg/L
$S_{最小}$	生物膜中支持微生物生长的最低基质[①]浓度	$M L^{-3}$	mg/L
S_{NH_4}	铵的浓度	$M L^{-3}$	mgN/L
S_{O_2}	氧气浓度	$M L^{-3}$	mgO_2/L
S_S	有机物浓度	$M L^{-3}$	$mgCOD/L$
U	特征流速	$L T^{-1}$	m/d
$u_{d,M}$	生物膜分离率,单位面积和时间内去除的质量($=u_{d,S} \cdot X_F$)	$M L^{-2} T^{-1}$	$g/(m^2 \cdot d)$
$u_{d,S}$	生物膜脱附速度	$L T^{-1}$	m/d
$u_{d,VS}$	生物膜脱附体积去除率($=u_{d,S}/L_F$)	T^{-1}	L/d
V_R	反应器体积	L^3	m^3
x	从生物膜表面到生物膜内部的距离	L	m
X_{ANO}	生物膜内自养细菌的密度	$M L^{-3}$	$kgCOD/m^3$
X_F	生物膜内生物量[②]密度	$M L^{-3}$	$kgCOD/m^3$
X_{OHO}	生物膜内异养菌的密度	$M L^{-3}$	$kgCOD/m^3$
X_U	生物膜内不可降解有机物的密度	$M L^{-3}$	$kgCOD/m^3$
y	沿反应堆长度的距离	L	m
Y	XF[②]在一般基质上的产量系数[①]	$M M^{-1}$	g/g

符号	含义	量纲	单位
Y_{ANO}	S_{NH4} 自养生长的产量	$M\ M^{-1}$	gCOD/gN
Y_{OHO}	异养生长 S_S 的产量	$M\ M^{-1}$	gCOD/gCOD
z	底层的距离	L	m

脚注	含义
0	零级
0	零点
0,f	零级完全渗透的生物膜
0,p	零级部分渗透生物膜
1	一级
A	每个生物膜表面
ANO	自养硝化生物
B	主体相
e.a.	电子受体
e.d.	电子供体
F	生物膜中
i	流入
LF	生物膜表面
NH_4	铵
O_2	氧气
OHO	一般的异养生物
S	有机基质
W	水

希腊符号	含义	单位
β	假设生物膜内零级速率,基质[1]渗透	—
$\beta_{e.a.}$	生物膜内电子受体的穿透率假定为零	—
$\beta_{e.d.}$	假设零级速率的电子供体在生物膜内的穿透	—
$\gamma_{e.d.,e.a.}$	电子供体的穿透率相对于相应电子受体的穿透率($=\beta_{e.d.}/\beta_{e.a.}$)	—
ε	假设生物膜内一级速率的效率因子	—
ε_1	在 AQUASIM 中:生物膜内的液体体积分数	—
ε_s	在 AQUASIM 中:生物膜内的固相-体积分数	—
ζ	不考虑外界传质阻力的底通量进入生物膜的比例,假设外界传质边界层内底通量 $C_{LF}=0$	—
$\mu_{最大}$	最大增长率	T^{-1}
ν	化学计量系数	
ν	运动黏度	$L^2\ T^{-1}$
τ	特征时间(表 17.9)	T
Φ	齐勒模数	—

注释:

①需要注意的是,第 17 章大部分限制基质的类型和单位没有指定。可能的底物例子有电子供体如有机底物($S_{F,COD}$),氨(S_{F,NH_4}),或电子受体如氧(S_{F,O_2})和硝酸盐(S_{F,NO_3})。底物的单位必须与动力学和化学计量常数的单位一致。

②未指定生物质的类型。通用活性生物质转化通用底物 S_F。可能的生物质类型的例子是异养细菌(X_{OHO})和自养细菌(X_{ANO})。

③分离率系数的单位取决于所选择的分离率式(表 17.6)。

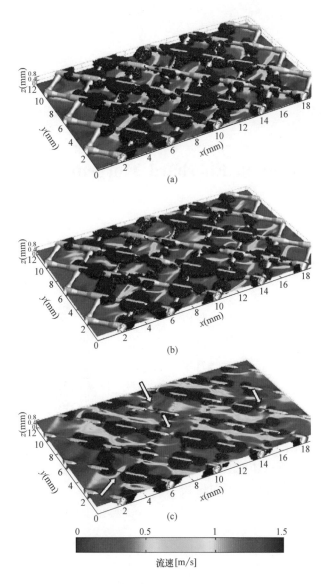

图 17.30　饮用水处理厂生物膜建模实例：在纳滤和反渗透膜组件中流动与生物膜形成（生物结垢）的三维模拟。运用二维图展示了在螺旋缠绕膜装置的进料通道中不同高度的流速剖面。（a）78μm；（b）390μm；（c）720μm。不同颜色分别代表生物膜（棕色部分），隔片（白色交叉线）以及流量速度从高（红色）到低（蓝色）。水流方向为从左到右。新的生物膜附着在剪切力小于 10Pa 的地方。（c）中的箭头指向水流垂直于该段主流向的通道（关于此图例中颜色的说明，读者可参考 Picioreanu 等人 2009 年文章的网络版本）

第 18 章
生物膜反应器

Kim Helleshøj Sørensen 和 Eberhard Morgenroth

18.1　生物膜反应器

　　生物膜反应器可以实现与活性污泥系统类似的处理效果，例如去除有机物、硝化、反硝化以及化学或生物除磷，且生物膜反应器与活性污泥系统中参与处理过程的微生物是类似的，两者都需具备相同的反应条件，如电子供体、电子受体、pH 值和温度等。然而，与活性污泥系统相比，生物膜反应器中存在一些不同的因素：在生物膜反应器中，转化过程通常受到质量传输的限制，因此，只有生物膜外层的细菌才能对基质起到整体去除的作用。这些质量传输的限制对生物膜反应器的设计、操作以及生物膜内部微生物的生态都有影响。微生物间的竞争不仅取决于水相中基质的活性，还取决于不同种类细菌在生物膜的位置。接近生物膜表面的细菌具有更直接接触到水相中基质的优势，而远离生物膜表面的细菌能和毒性物质分离开，这些细菌能得到更好的保护。细菌受到更好保护后，能使生长非常缓慢的、特定的微生物品种停留在生物膜更深层的位置，从而使得生物膜系统在降解微污染物等复杂的化合物时，具有更优越的表现，如图 18.1 所示。

　　另一个生物膜技术和活性污泥技术之间的明显区别是：生物膜技术可以针对特定的要求，将细菌限制在一个特定的区域，以实现分离；而在活性污泥系统中，所有的细菌都是在整个区域活动。因此，在生物膜中，可对每个区域的工艺条件进行优化，让细菌处于最大的生长速度。此外，在生物膜中，细菌是被固定在基底上的，这

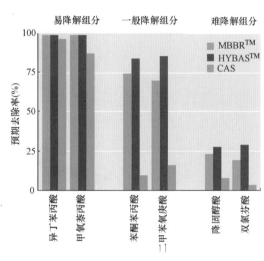

图 18.1　不同类型反应器对药物的去除情况
（参考文献：丹麦环境保护署/MERMISS, 2018）

使得反应器中的生物质含量较高，也就是说与活性污泥系统相比，生物膜反应器只需占用很小的面积，以实现一个非常紧凑的设计。

　　图 18.2 展示了不同类型的生物膜反应器。尽管这些生物膜反应器有很多不同，但是它们都必须满足以下要求：①微生物的停留是基于生物质与承载介质（基底）表面之间的附着，而不是利用固液分离和生物质循环；②含有污染物质的污水与生物膜接触，所处的混合条件和紊流决定了从污水到生物膜表面之间有效的质量传输；③为了避免反应器的堵塞，以及在稳定的生物膜中保留足够的活性生物质，生物膜的生长必须与生物膜的分解相平衡；④如有需要，可以在系统加入电子供体、电子受体、营养物质和/或碱性物质。例如，好氧系统可以通过曝气来提供氧

气。根据第 17 章介绍的原理，本章对一些基本类型的生物膜处理过程和设计方法进行概述。

18.1.1 反应器的类型

生物膜反应器可以分为 3 个基本类别：①含滴滤器和生物转盘的非淹没式或部分淹没式反应器（图 18.2a 和图 18.2d）；②淹没式固定床反应器（图 18.2b 和图 18.2c）；③流化床反应器（图 18.2e～g）。此外，最新的生物膜反应器技术是生物膜在膜上生长，基质既可以由水相提供，也可以通过膜扩散提供（图 18.2h）。不同类型反应器的主要区别在于比表面积（表 18.1）、去除过量的生物质的机理以及气体的传输的不同。

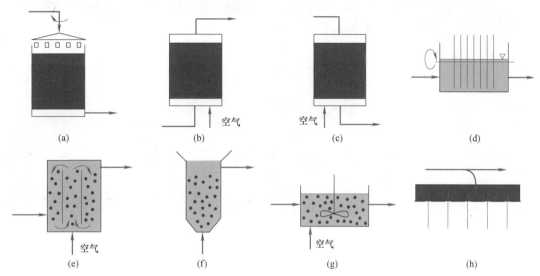

图 18.2　生物膜反应器的类型：(a) 滴滤器（TF）；(b) 上排-淹没式固定床生物膜反应器；(c) 下排-淹没式固定床生物膜反应器；(d) 生物转盘（RBC）；(e) 气升式悬浮生物膜反应器；(f) 流动床反应器；(g) 移动床生物膜反应器（MBBR）以及好氧颗粒污泥（AGS）；(h) 接触式生物膜反应器（Wanner 等，2006）

不同类型介质和生物膜反应器的载体的比表面积　　　　　　　　　　　表 18.1

反应器类型	载体材料	材料尺寸 （mm）	特定的载体表面积 a_F（m²/m³）	参考文献
滴滤器	岩石	40～80	50～100	ATV-DVWK，2001
	塑料	—	100～200	ATV-DVWK，2001
生物转盘（RBC）	塑料	—	100～200	ATV-DVWK，2001
移动床生物膜 反应器（MBBR）	塑料（K_1） （60%填充体积）	7～9	300	Rusten 等，2006
	塑料（K_5） （60%填充体积）	3.5～25	480	Dezotti 等，2018
淹没式生物滤池	多孔黏土	1.3～8	1000～1400	ATV，1997
	多孔板	2～8	1200～1400	ATV，1997
	聚丙乙烯	3～6	1100	ATV，1997
	无烟煤	2.5～3.5	1900	ATV，1997
	石英砂	0.7～2.2	3000	ATV，1997
	玄武岩	1.4～2.2	3600	ATV，1997
颗粒污泥	—	—	200～2,000	
移动床	砂或玄武岩	0.2～0.8	3000～4000	Nicolella 等，2000

18.1.1.1　滴滤器

滴滤器是最早被应用的生物膜反应器，从 20 世纪初直到今天仍被普遍使用。这类型反应器中的生物膜支撑是固定的，是由 5～20cm 的大石头、结构化塑料包裹材料或随机塑料介质组成（图 18.3）。

(b)

(a)   (c)

图 18.3　滴滤器中生物膜支撑介质。（a）结构塑料；（b）随机塑料；（c）石头
（图片：WesTech Engineering 公司以及 Raschig USA 公司）

滴滤器的高度为 1～3m（使用石头作为支撑介质），或者 4～12m（使用塑料作为支撑介质）。流入的废水分布在过滤器上，然后滴入填料。滴滤器中的支撑介质需提供足够大的孔隙空间，使得空气可以通过滴滤器并进行换气，而不受生物膜生长或水进到过滤器的影响。大型填料的使用有助于避免堵塞过滤介质，但也导致了此类生物膜比表面积（a_F）比其他类型的生物膜反应器小，仅有 50～200m^2/m^3（表 18.1）。废水通过顶部的旋转臂分散，然后滴到过滤器，再从过滤器底部流出，固体在沉淀池中被除去，一些流出物被循环处理，以确保滴滤器中水力负荷处于适当水平（图 18.4）。

再循环流量（Q_R）通常是流入流量的 0.5～4 倍，但对于强工业废水而言，Q_R 可高达流入流量的 10 倍（WEF，2018）。通风是滴滤器中氧气的唯一来源，通常由自然对流实现，但这种方式往往是传质的限制因素，已被 Schroeder 和 Tchobanoglous 于 1976 年证实。自然通风是由水和空气之间的温度差驱动的，导致滴滤器在温度差小的时期性能不佳。目前，滴滤器的设计多采用强制通风，以克服这个不利因素并减少

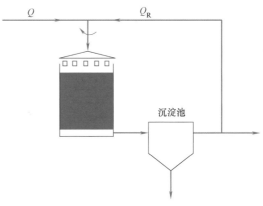

图 18.4　带沉淀池出水再循环系统的滴滤器的示意图

传质限制。这种通风系统的水头损失通常小于 10kPa。虽然增加了强制通风，但滴滤器仍是曝气运行成本最低的技术之一。

滴滤器主要用于有机碳和氨的氧化。扩散到生物膜中的可溶性基质可以有效转化，但颗粒去除和生物絮凝效率较低（Parker 和 Newman，2006）。在工业应用中，常用滴滤器在处理活性污泥前对高浓度有机废水进行预处理。这相当于与 MBBR 一起使用的 BAS（生物膜活性污泥）

技术（Malmqvist 等，2004）。滴滤器也用于反硝化，但在实践中发现几乎不可能阻止通过反应器的空气对流，这会导致其工作效率低。

18.1.1.2 生物转盘（RBC）

生物转盘（RBC）使用的是一个安装在旋转的水平轴上并部分浸在水中的轻型塑料盘。生物转盘最早是在 20 世纪 60 年代被发明的，因其能源需求低、占地面积小以及操作简单，所以具有一定优势。圆盘的旋转提供了曝气（当生物膜脱离水中时）和剪切力（当生物膜在水中移动时）从而控制生物膜的生长。图 18.5 展示了一个使用波纹塑料介质的生物转盘。但由于生物转盘的机械元件尺寸过小或有机超载导致转盘轴或介质损坏的状况时有发生，生物转盘的应用在 20 世纪 90 年代几乎消失。不过现在生物转盘又重新回到市场，成为全球各地小型社区的一体化解决方案。这既得益于对轴和生物膜支撑的重新设计，可以更好地承受生物膜的质量，又得益于保守的设计规则的使用，避免了生物膜过度生长。此外，安装在轴上的频率控制电机，使得它们能以更快的转速进行周期性工作，以实现额外的生物膜控制。

(a)

(b)

图 18.5 （a）利用波纹塑料介质的生物转盘；（b）威立雅 PMT 生物转盘一体化设备在运输至斐济岛的路上

18.1.1.3 淹没式固定床生物膜反应器

自 20 世纪 80 年代以来，一系列利用小尺寸（0.7～8.0mm）颗粒介质的淹没式生物膜反应器技术得到了推广，这种反应器能完全淹没在水中。与滴滤器和生物转盘相比，更小尺寸的介质有着更大的比表面积（1000～3600m^2/m^3）。更小的孔隙空间意味着必须更有效地控制生物膜的厚度，以免堵塞过滤器。在固定床反应器中，较小的过滤介质可以使生物转化过程与深度过滤相结合，这能保留悬浮物，从而不需要进一步处理来去除固体。过滤床，并去除分离的生物质和截留的颗粒物。当整个反应器的水头损失超过临界值（2.0～2.5mWC）或超过固定时间（通常为24～48h）后，会进行反冲洗。周期去除多余的生物膜往往是通过定期对过滤器进行反冲洗来实现的，空气和处理过的水被引入反应器以暂时扩大性的反冲洗时，需要将几个滤池并联以确保对进水进行连续处理。专门为联合生物处理和固体去除而设计的淹没式生物膜反应器被称为曝气生物滤池（BAF）。由于 BAF 不需要单独的固体分离，使其占地面积很小，并成为最紧凑的处理技术之一。对于碳去除或者对于碳去除及硝化联合处理，会使用一个或两个阶段。尽管在一个阶段内完全脱碳和脱氮的例子确实存在（Thauré 等，2007），但为了确保完全脱氮，通常需要几个工艺阶段。生物除磷很难通过 BAF 实现，并且由于化学磷沉淀法会产生额外的固体颗粒，所以混凝剂的添加通常是在 BAF 一级沉淀中的上游进行的。相比之下，淹没式好氧生物滤池（SAF）使用较粗的介质，不需要反冲洗，其主要用于生物氧化。在 SAF 中，固体去除必须在单独的沉淀池中进行（WEF，2018）。在淹没式固定床生物膜反应器中，必须通过滤池底部引入空气来提供氧气（图 18.6）。

当气泡上升到反应器顶部时，氧气转移发生在整个过滤床上。虽然利用中等或粗气泡使空气分散，避免生物膜生长堵塞曝气系统，但是其曝气效率与活性污泥系统中的细气泡扩散器接近

（Stenstrom 等，2008）。图 18.6 展示了不同类型的淹没式生物膜反应器：污水从反应器的底部进入（上升流）（图 18.6a 和 c）或污水从反应器的顶部进入（下降流）（图 18.6b）。填充材料既可以比水重也可以比水轻，其中比水重的填充材料由位于填充材料下方的排水喷嘴底板支撑（图 18.6a 和 b），比水轻的填充材料是由位于填充材料上方带有喷嘴的顶板支撑（图 18.6c）。固定床生物膜反应器中填充材料的照片如图 18.7a 和 b 所示。

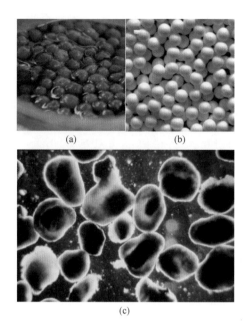

图 18.7 （a）Biofor® 和（b）BioStyr® 淹没式固定床生物膜反应器中的支撑介质。（c）砂或玄武岩可作为流化床反应器中的支撑介质。（a）和（b）中的支撑介质直径为 4mm，（c）中的支撑介质直径为 1mm（图片分别来自 E. Morgenroth，Veolia 和 M. C. M. van Loosdrecht）

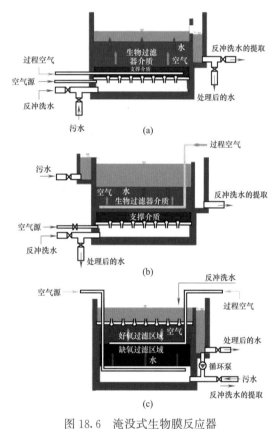

图 18.6 淹没式生物膜反应器

（a）上升流，重介质（Biofor®）；（b）下降流，重介质（Biocarbone®）；（c）上升流，浮动介质（Biostyr®）（ATV，1997；Tschui，1994）

从图 18.6 可知淹没式生物膜反应器的原理以及正常运行和反冲洗（洗涤）期间空气和水是如何进入反应器的。大多数固定床生物膜反应器是作为连续流反应器使用，也可以作为序批式生物膜反应器（SBBR）运行，反应器在一个周期的开始先充满废水，然后废水在反应阶段通过反应器再循环，最后干净的水会在循环结束时排出。将固定床生物膜反应器用作 SBBR 运作的一

个好处是可以增强生物除磷能力（Morgenroth 和 Wilderer，1999）。

18.1.1.4 流动床和膨胀床生物膜反应器

在流化床反应器中，通过在反应器底部引入水或空气，使支撑介质保持悬浮状态，从而使水流快速上升。上升的水流速度为 $10 \sim 50$m/h（Boltz 等，2009；Nicolella 等，2000）。膨胀床反应器与流化床反应器相似，但它们的上升水流速度较小，这会导致生物膜支撑介质的不完全流化。与具有更大的比表面积的淹没式生物膜反应器相比，这种持续搅拌的生物膜反应器可以利用更小的过滤介质（表 18.1）。

在传统流化床反应器中，通过循环处理水可以获得所需的上升流速度，而不受进水流量的影响（图 18.2f）。常规流化床反应器的运行需要仔细调整上升水流的速度。如果上升流速过低，则过滤介质将沉降到反应器的底部。如果上升流速过高，则过滤介质将被冲出反应器。此外，生物膜颗粒会根据沉降速度分层。具有更多孔的生物膜颗粒由于受到较少的剪切，因而沉降得更慢并在床的顶部积累。其结果是生物膜变得越来越蓬

松，导致反应器顶部的颗粒开始被冲刷出去。考虑到某些上升流速条件以及系统中生物膜固有的不稳定性，流化床和膨胀床系统在低生长系统（如厌氧废水处理或硝化）中的应用受到一定的限制。

在使用空气提升的反应器中，通过将空气引入反应器底部可实现反应器中颗粒的完全悬浮，如图18.8a所示。由于气升式反应器中的所有颗粒有着相似的剪切速率，生物膜的控制会比在流化床反应器中的更加容易，因此能在反应器中实现COD的去除和硝化。为实现有效的曝气，使气泡在反应器下方循环的设计方式是必要的（Van Benthum 等，1999）。在反应器的顶部，是一个分离气体、液体和颗粒的三相分离装置。

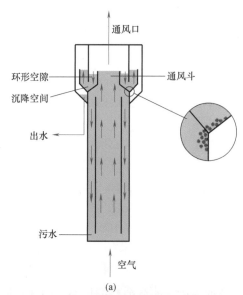

(a)

(b)

图18.8 （a）、（b）分别是在顶部有集成的沉降器的气升式反应器（左边有两个塔）的原理图和现场照片，项目属于荷兰代尔夫特的发酵公司DSM（图片：J. Blom）

流化床反应器容易受水力设计影响，因此该类型的反应器主要应用于比城市污水的进水流量更恒定的工业领域。

18.1.1.5　颗粒污泥反应器

颗粒生物膜可以在没有支撑介质的条件下生长（Hulshoff Pol 等，1982）。尽管颗粒污泥可能不符合第17章关于在固体支撑表面上生长的微生物的定义，但是颗粒与生物膜系统有许多共同的特征。在生物膜系统中，颗粒污泥的形态、密度和大小直接受到反应器中的剪切力和相关分离的影响（Liu 和 Tay，2002；Tay 等，2006；Van Loosdrecht 等，1995）。特别的是，颗粒的结构类似于生物膜的结构而不受破坏或絮凝的影响，就像活性污泥絮凝体一样，这意味着微生物种群的梯度存在于生物膜系统中。颗粒污泥与传统活性污泥相比，颗粒污泥在沉降过程中颗粒不会发生浓缩，而活性污泥的聚集和浓缩是一个重要的沉降特性（见第11章）。因此，在做标准SVI实验时，若污泥沉降5min后的SVI与沉降30min后的SVI相似，则说明污泥实现颗粒化，其中颗粒污泥沉降5min后的典型SVI值为40～60mL/g。在好氧反应器和厌氧反应器中都可以观察到颗粒化现象，更大、更快沉降的微生物聚集物的形成有着生态优势，这是因为较小的絮凝体会从系统中被冲洗出去。上流式厌氧污泥床反应器（UASB）是一种能在厌氧条件下实现颗粒化并被广泛应用的技术（见第16章）。一种常用的实现好氧造粒的方法是利用一个具有非常短的沉降时间的序批式反应器（Beun 等，1999；Morgenroth 等，1997）。根据反应器操作条件的不同，颗粒的大小可以从几百微米到几毫米不等（图18.9）（Liu 和 Tay，2002）。由生长缓慢的细菌形成的好氧颗粒污泥比由生长迅速的细菌形成的好氧颗粒污泥更稳定（van Loosdrecht 等，1995，第11章）。

18.1.1.6　移动床生物膜反应器

移动床生物膜反应器（MBBR）采用密度接近水的生物膜支撑介质以使其保持悬浮状态，通过曝气或机械搅拌提供最小的混合能量（Ødegaard，2006）。生物膜支撑介质形状不同且足够大，因此可以通过筛网或丝楔将悬浮支撑介质固定在反应器中（图18.10）。

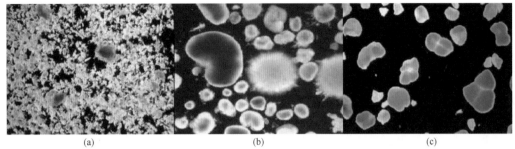

(a)   (b)   (c)

图 18.9 好氧颗粒污泥在由传统活性污泥启动的序批气升式反应器中第 4（a）、13（b）和 87（c）
天后的生成情况（图片：M. C. M. van Loosdrecht）

图 18.10 塑料介质在移动床生物膜反应器（MBBR）中的使用（图片：AnoxKaldnes）

MBBR 既可以无污泥回收也可以有污泥回收。如果没有生物质的循环（图 18.11a），MBBR 系统中的生物质保留量一般局限在支持介质中保留的生物膜上。同时保留了生物膜和悬浮生物质的、有生物质循环的系统反应器将在下一节中进一步讨论（图 18.11b）。MBBR 的一个优点是反应器的水头损失非常低，因此可以为每一个

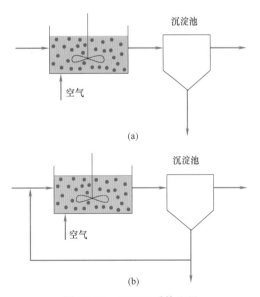

图 18.11 MBBR 系统配置
（a）没有悬浮生物质循环；（b）有悬浮生物质循环

特定的工艺步骤指定特定的反应器，例如预反硝化、碳去除和硝化。因为每个反应器都有专属的生物膜和工艺条件从而实现更高的去除率，这使 MBBR 成为占地面积最小的技术之一。根据 Delatolla 等（2012）的报道，MBBR 的另一个优点是利用为生物膜生长提供保护表面的介质，因此可在非常低的废水温度下实现稳定的硝化作用。

然而，MBBR 技术的一个缺点是：介质会随水移动并增加围绕在生物膜周围的滞水层的厚度，从而限制基质和氧气的扩散。因此，硝化反应器会受到很大的影响，因为其需要在一个相对高的氧设定值下工作，如图 18.12 所示。

在 MBBR 反应器中，首选的曝气方法是安装中等大小气泡的曝气网格。这样做的目的是避免因堵塞或生物膜生长而对曝气网格进行维护，而维护时则需要将介质从反应器中移除。高 α 因子可以部分补偿中气泡曝气较低的传氧效率。此外，介质和生物质可以对这个转移产生积极的影响。Collivignarelli 等（2019）甚至总结出："与粗气泡曝气系统相比，细气泡曝气系统在氧传递效率方面没有显著优势。"

18.1.1.7 混合生物膜/活性污泥系统

生物膜支撑介质的使用可用于提高活性污泥

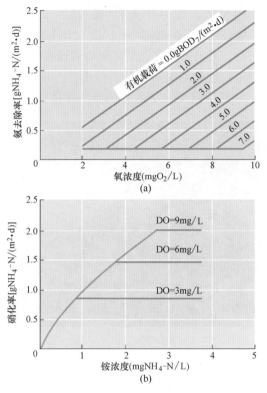

图 18.12 BOD$_7$和氧气浓度对氮去
除率的影响（Ødegaard，1999）

系统的性能。这些系统被称为混合系统或集成固定膜活性污泥系统（IFAS）。生物膜和活性污泥

混合系统如图 18.13 所示。选择生物膜填充材料时必须保证其不会被反应器中悬浮的活性污泥所堵塞。填充材料包括悬浮介质（如在 MBBR 中的），或者固定填料，包括塑料绳、聚氯乙烯填料或淹没式旋转生物接触器（Tchobanoglous 等，2008）。一般来说，生长较慢的细菌会优先在生物膜中积累。通过这种方式，高负荷或超负荷的工厂（短的 SRT）可以升级硝化作用（van Benthum 等，1997）。混合系统也被用于厌氧废水处理，其中产甲烷菌生长在生物膜上，而产酸微生物存在于絮凝污泥层中。

目前，MBBR IFAS 系统已经成为最广泛使用的混合系统。它们的用途多种多样，包括：增强硝化作用；强化碳、氮和生物磷的去除；提高沉降和操作稳定性；减少占地等（Christensson 和 Welander，2004）。然而，其中最常用的用途是增强硝化作用。与传统活性污泥系统相比，混合系统的目标是悬浮生物质能在较低的好氧污泥年龄下实现完全硝化。一个作用是减少硝化、氮去除和生物养分去除（BNR）工厂的占地面积。另一个作用是提高了生物质沉降和操作稳定性。因此，IFAS 系统经常用于传统活性污泥（CAS）厂的升级（Ødegaard 等，2014）。此外，由于内

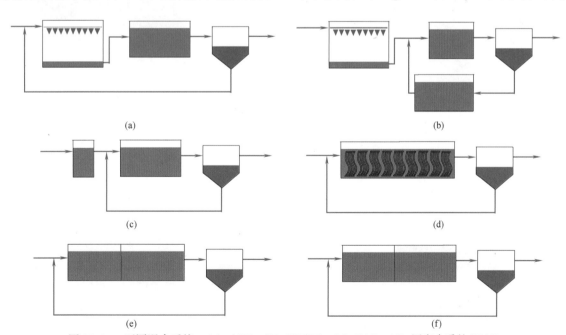

图 18.13 不同混合系统。（a）ABF；（b）TF/SC；（c）BAS；（d）固定介质的 IFAS；
（e）ring lace IFAS；（f）MBBR IFAS（Ødegaard 等，2014）

源性呼吸的减少，采用较低 SRT 进行硝化的 IF-AS 系统产生的氧气消耗较少，这将产生不稳定的污泥。如果将这些污泥带入消化池，产生甲烷的潜力将会更高。

18.1.1.8　附膜生物膜反应器

生物膜可以在透气膜上生长，使得基质可以在生物膜的表面和基底之间进行质量的传递（图 18.13）。

如果污染物是一种氧化化合物（例如硝酸盐或高氯酸盐），那么电子供体（例如氢气）可以通过膜提供给生物膜的基底（Nerenberg 和 Rittmann，2004）。另外，如果污染物是还原化合物（例如铵），则可以通过膜提供电子受体（如氧）（Terada 等，2007）。附膜生物膜反应器（MABR）通常以混合形式运行，其中膜支撑硝化生物膜，悬浮的异养生物进行反硝化，从而实现了全氮的去除。为了最大限度地提高 MABR 硝化通量，了解潜在的生物膜行为是至关重要的。不同于传统的生物膜过程，电子供体（氨）和受体（氧）存在反扩散行为。

此外，如果氨氧化细菌比亚硝酸盐氧化细菌更占优势，能发生部分硝化作用或厌氧氨氧化菌的部分硝化作用，这将进一步增加 MABR 过程的成本效益（Pérez-Calleja 等，2019）。针对 MABR，有两种不同的商用反应器配置。第一种配置与 MBR 的相似：该膜制成中空纤维，在管腔内提供空气，生物膜在外面生长。安装在盒式容器上的纤维，可淹没在活性污泥池中，形成一个混合系统（图 18.13）。第二种配置的设计灵感来自传统的反渗透（RO）膜配置，螺旋缠绕膜放置在管中，水从膜的一侧流动，从膜的另一侧提供空气（图 18.14）。混合反应器的配置优

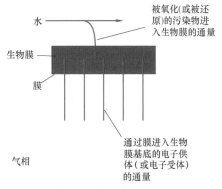

图 18.14　附膜生物膜中质量传输的原理图

势使得 MABR 成为将现有活性污泥厂升级为 IF-AS MABR 配置的理想方法（图 18.15、图 18.16）。其另一个优点是高效的氧转移效率，因为通过膜进行的氧转移是无气泡的。IFAS 配置还能实现在 MABR 系统中的生物除磷。

图 18.15　MABR 模块（图片来源：OxyMem）

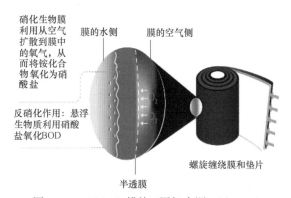

图 18.16　MABR 模块（图解来源：Fluence）

18.1.2　不同生物膜支撑材料的选择

载体介质由不同的材料制成，具有不同的形状和尺寸。通过生物膜积累进行输送时，载体材料和反应器中相应的空隙越大，堵塞的风险越小。具有大空隙的生物膜反应器的典型例子是滴滤器和 RBC。大空隙的缺点是比表面积相对较小。较小的载体材料需要定期反冲洗或载体材料的连续流化，以防止堵塞。与滴滤器和 RBC 相比，较小介质的比表面积可对应一个较大的数量级。比表面积（a_F）（L^{-1}）可定义为：

$$a_F = \frac{A_F}{V_R} \tag{18.1}$$

式中　A_F——生物膜的有效表面积，L^2；

　　　V_R——含有过滤材料的生物膜反应体

积，L^3。

值得注意的是，由于不完全的生物膜覆盖，A_F 通常小于过滤材料的总表面积。根据反应器类型的不同，V_R 可以小于生物膜反应器的总体积，但是过滤介质上下的清水区不包括在 V_R 中。表 18.1 展示了不同载体材料的比表面积和选择性能的概述。除了比表面积之外，影响选择生物膜支撑材料的其他因素包括成本、密度（漂浮材料或比水重的材料）、摩擦阻力和生物膜附着的适宜性（Lazarova 和 Manem，2000）。为了保障可持续性，还必须考虑回收使用支撑材料的任何可能性。

18.2 设计参数

生物膜反应器是基于一系列不同的支撑介质、混合条件、曝气类型和生物膜去除方法。然而，这些不同的生物膜反应器系统的详细设计是系统特定的并超出了本书的范围。然而，在不同的反应器系统中有一些通用的设计原则。本节将讨论这些常见的设计原则。更详细的设计信息部分可从技术文献中获得［例如 ATV，1997；ATV-DVWK（2001）；Grady 等，1999；Tchobanoglous 等，2013；WEF，2018］，这些技术的某些部分由一些公司专有。

18.2.1 基质通量和加载速率

生物膜反应器中的基质去除总是受到质量运输的限制。因此，反应器中基质去除的程度不是由系统中的生物质总量决定的，而是由可用生物膜表面积（A_F）和进入生物膜的基质通量（J_{LF}）决定的。使用在第 17 章提到的方法，基于出水基质浓度、外部传质阻力、质量传输和生物膜的反应，可以计算出基质通量。对于完全混合水相的生物膜反应器（如移动床生物膜反应器），其生物膜表面积可计算为：

$$A_F = \frac{Q(S_i - S_B)}{J_{LF}} \qquad (18.2)$$

假设在水相中的基质去除是可以忽略的。对于具有更复杂混合条件的反应器（例如固定床反应器中的平推流条件），可以将反应器设置为生物膜单元串联的模型（图 17.19）。整个反应器所需的 A_F 是每个单元内生物膜表面积的总和。

通过定义特定生物膜表面积（a_F）和 A_F 计算出最小反应器体积（V_R）：

$$V_R = \frac{A_F}{a_F} \qquad (18.3)$$

正如 18.3 节中所描述的那样，重要的是要意识到在大多数情况下，两个或更多组分会扩散到生物膜，但只有其中一个会被限制，这意味着在设计平推流系统，限制性基质可能会从反应器的进水变为出水。

许多生物膜反应器的设计指南并没有根据反应器内的局部基质通量明确计算表面积，而是根据对给定反应器系统的经验确定的设计负荷。设计载荷可以用表面载荷（B_A）表示［$M L^{-2} T^{-1}$］：

$$A_F = \frac{Q \cdot S_i}{B_A} \qquad (18.4)$$

或者用体积载荷（B_V）表示［$M L^{-3} T^{-1}$］：

$$V_R = \frac{Q \cdot S_i}{B_V} \qquad (18.5)$$

B_A 和 B_V 与比表面积（a_F）有直接关系（式 18.1）：

$$B_V = B_A \cdot a_F \qquad (18.6)$$

对于具有完全混合水相的反应器，可以结合式（18.2）和式（18.3），得到基质通量和表面负载率之间的关系如下：

$$J_{LF} = B_A - \frac{QS_B}{A_F} \qquad (18.7)$$

S_B 值较小时其值较小

对于低浓度的出水基质，基质通量和设计表面负荷率实际上是相同的。在第 18.3 节提供了选择适当设计流量或负荷率的方法。

18.2.2 水力负荷

生物膜反应器的混合条件和水力负荷会影响整个反应器的浓度梯度、外部的传质阻力以及生物膜受到的剪切力。水力负荷（q_A）［$L \cdot T^{-1}$］在某些系统中也称为过滤速度，可定义为：

$$q_A = \frac{Q_i + Q_R}{A_R} \qquad (18.8)$$

其中，A_R 是生物膜反应器在流动方向上的横截面积［L^2］；例如，对于圆形滴滤器，半径 r，$A_R = r^2 \pi$。式（18.8）中的流量是进入处理厂的污水流量（Q_i）和再循环流量（Q_R）的总和（图 18.3）。膜反应器水力载荷的典型值见表 18.2。对于滴滤器，过滤速度需作为保证进水的彻底分布和减少传质限制的最小速度。在 UASB 和流化床系统中，过滤器具有确保床层膨胀的最小值，这将使传质限制最小化并具有避免生物膜支撑材料损失的最大速度。对于具有密度

大于水的生物膜载体和上向流的淹没式固定床生物膜反应器，最大过滤速度可以避免床层膨胀；对于具有密度低于水的生物膜载体的反应器，过快的过滤速度将导致水头损失急剧增加。对于 MBBR 系统，过滤速度可以与朝向筛壁的流量进行比较，过高的流量会导致生物膜支撑物分布不均匀，这是因为介质会被推向筛壁。

不同类型生物膜反应器的典型过滤速度范围（q_A，式 18.8）。值得注意的是，过滤器速度严重依赖于预处理、空气-水混合物（对于淹没式生物过滤器）、反冲洗频率以及处理目标 表 18.2

反应器类型	载体材料	过滤速度 q_A(m/h)	参考文献
滴滤器	岩石	0.4~1.0	ATV,1997
	塑料	0.6~1.8	ATV,1997
UASB	无	1~5	Nicolella 等,2000
淹没式生物滤池	多孔黏土	2~6(最大 10)(去除有机物)	ATV,1997；Pujol 等,1994
		10（硝化作用）	
		14（反硝化作用）	
	多孔板	2~5（最大 10）	ATV,1997
	聚丙乙烯	2~6（最大 10）	ATV,1997
	石英砂	5~15	ATV,1997
	无烟煤	5~15	ATV,1997
流动床	砂或玄武岩	20~40	Nicolella 等,2000

18.3 如何确定最大设计流量或设计负荷率

18.3.1 基于模型的最大基质流的估算

利用第 17 章中关于基质流的计算，生物膜反应器可以根据所期望的可溶性基质出水质量来设计。必要的复杂程度将取决于污染物是否为限制性基质以及传质限制如何影响生物膜内微生物的竞争。基于解析解的简单设计方法通常足以满足设计目的。然而，对于一些特定的问题，更复杂的数值模型可能会有用。重要的是要认识到，在大多数情况下，进水中不仅含有可溶性基质，而且还含有颗粒物基质。根据反应器的不同，悬浮基质或多或少将被水解，这会增加要消除的可溶性基质总数。四个不同级别的复杂程度可以被区分开，前三个级别如图 18.17 所示。

18.3.1.1 一级设计：拟处理的化合物是限制速率的基质

如果要在生物膜反应器中去除的污染物是限速化合物，则设计可基于对单个限速的基质流估算（见第 17.3 节）。确定何种化合物是限速的标准在第 17.8 节中已有说明。一级设计的例子是

低水相 COD 浓度的碳去除或氨浓度非常低的硝化作用（图 18.11a）。

18.3.1.2 二级设计：拟处理的化合物的去除受到相应电子给体/受体的限制

在污染物不是限速化合物的系统中，必须考虑多组分扩散。在这种情况下，必须先确定限制的化合物的流量。然后根据化学计量法（式 17.89 和式 17.92）可以计算污染物的流量。二级设计的例子是硝化过程通常是限制氧气的，而不是限制氨的（图 18.17B）。在这种情况下，氨通量受到进入生物膜的氧通量的限制。氧通量取决于水相氧浓度，而水相氧浓度又取决于曝气类型或氧传递速率。

18.3.1.3 三级设计：拟处理化合物的去除受生长过程和生物膜内基质和空间的微生物竞争的限制

前两个级别的设计假设生物在生物膜的厚度上均匀分布，基质的去除受到基质扩散到生物膜的限制。然而，传质的限制会产生局部生态位，导致不同种类的微生物在生物膜厚度上的不均匀分布。对基质和空间的竞争显著影响生物膜反应器性能的一个例子是，氨和有机基质的联合氧

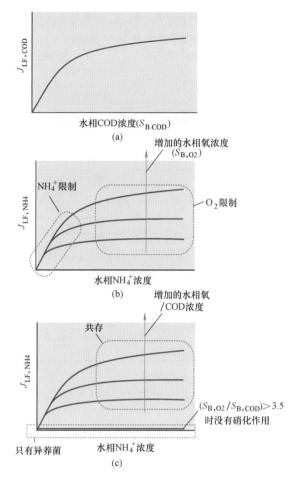

图 18.17　三种不同复杂程度的设计基础实例
(a) 一级设计：有机基质去除和硝化作用，其中有机基质的去除是限制速率的，以及氨氧化是限制氧的；(b) 二级设计：硝化作用（氨氧化）的减少伴随着异养生长的增长和生物膜内氧气和空间竞争的加剧（参见图 17.20 反应器的入口）；(c) 三级设计：氨流量主要由体相 BOD 浓度决定（参见图 17.23）

化。如第 17.9 节所述，硝化细菌往往被快速生长的异养细菌所覆盖。因此，氨进入生物膜的流量是由水相中氧（$S_{B,O2}$）和有机基质（$S_{B,COD}$）的相对数量控制的（图 18.17c）。$S_{B,COD}/S_{B,O2}$ 有一个阈值，超过这个阈值，硝化细菌就被淘汰，意味着硝化作用就不再发生。

18.3.1.4　四级设计：浓度曲线的详细模型，非均匀生物膜结构和动态环境条件的设计

微生物的生长速率不仅受到电子供体和受体浓度的影响，还受到 pH 值、温度、营养物质的可利用性和合适的碳源（如自养生长的 CO_2）等因素的影响。需要进行数值模拟来研究这些复杂的相互作用。利用 AQUASIM 和许多商业废

水处理模拟软件，可以很容易地得到非均匀 1D生物膜的数值解。使用它们的优点有：①对限制基质或生物质分布的先验假设是不必要的；②生物膜内的复杂相互作用很容易发现；③水相过程（式 17.42 中的 $r_B \cdot V_B$）被自动考虑在内。此外，数值模型可以分析处理厂进水的典型动态行为产生的结果。然而，数值解的缺点有：①难以保持一个整体概况；②只有同时理解模型和被建模的技术的用户才能完全理解到底是什么因素在控制系统性能。因此，我们总是建议灵活地结合不同层次的设计。简单的手工计算对于初始设计和评估数值模拟的可信性非常有用。当执行复杂生物膜建模的时候，推荐按照 *A framework for good biofilm reactor modelling practice*（Rittmann 等，2018）中的步骤执行。

18.3.2　最大负荷率经验值

在工程实践中，生物膜反应器通常基于负荷率（B_A 或 B_V）而设计以达到目标出水浓度，而负荷率则是基于最大负荷率的经验值。然而，这些令人满意的出水浓度的具体特征只是在许多出版物和指南中有过含糊的定义。假设比表面积（q_A）、表面载荷（B_A）和体积载荷（B_V）的设计值原则上是直接相关的（式 18.5）。然而，在如淹没式生物过滤器的系统中，比表面积并没有很好地定义，所列的 B_V 值提供了一个综合速率，包括流入附着于支撑介质上生物膜中的基质和系统中被悬浮生物去除的基质（式 17.42 中的 $r_B \cdot V_B$）。

表 18.3 提供了用于碳氧化和硝化的典型设计载荷，表 18.4 提供了用于反硝化的典型设计载荷。读者应将这些经验设计负荷与表 17.7 中计算的氧、有机基质和氨的基质流量进行比较。这些建议的最大负荷率应谨慎使用，因为它们取决于废水特性、温度、反应器操作和预期的处理目标。同样，在使用推荐的设计值时，强烈鼓励读者回顾与设计值相关的具体条件和参考资料（ATV，1997；Grady 等，1999；Tchobanoglous 等，2013；WEF，2018）。

18.3.3　设计案例
案例 18.1　有机基质的去除（一级设计）

题目：

将 MBBR 设计成处理废水后达到目标出水

BOD 氧化、BOD 与氨联合氧化或三级硝化作用的设计表面载荷（B_A）和体积载荷（B_V）。这些数值适用于城市污水的处理，在常温（10～15℃）下取得显著去除效果（如出水浓度中 BOD<10mg/L，氨<3mgN/L）。请注意：这些值取决于具体的预处理和废水组成 　　表 18.3

反应器类型	载体材料	BOD 负载		氨负载		参考文献
		B_A[gBOD/(m²·d)]	B_V[kgBOD/(m³·d)]	B_A[gN/(m²·d)]	B_V[kgN/(m³·d)]	
BOD 氧化						
滴滤器	岩石	4	0.4①	—	—	ATV，1997
	塑料	4	0.4~0.8①	—	—	ATV，1997
生物转盘（RBC）	塑料	8~20②	—	—	—	Tchobanoglous 等，2003
淹没式生物滤池	多孔黏土（Biofor）	—	10	—	—	ATV，1997
	多孔板（Biocarbone）	—	10	—	—	ATV，1997
	聚苯乙烯（Biostyr）	—	8	—	—	ATV，1997
MBBR		5~15②	—	—	—	WEF 和 ASCE，1998
BOD 与氨联合氧化						
滴滤器	岩石	2	0.2①③	—	—	ATV，1997
	塑料	2	0.2~0.4①③	—	—	ATV，1997
生物转盘（RBC）	塑料	5~16	—	0.75~1.5	—	Tchobanoglous 等，2003
MBBR		4	—	0.8	—	Odegaard，2006
三级硝化作用						
滴滤器	岩石	—	—	0.5~2.5	0.05~0.25①	Tchobanoglous 等，2013
	塑料	—	—	0.5~2.5	0.05~0.5①	Tchobanoglous 等，2013
生物转盘（RBC）	塑料	1~2	—	1.5	—	Tchobanoglous 等，2013
淹没式生物滤池	多孔黏土（Biofor）	—	—	—	1.2	ATV，1997
	多孔板（Biocarbone）	—	—	—	0.7	ATV，1997
	聚苯乙烯（Biostyr）	—	—	—	1.5	ATV，1997

① 使用式 18.5 将滴滤器的表面载荷（B_A）转换为体积载荷（B_V），并假设利用岩石作为支撑介质的滴滤器的典型比表面积 q_A 为 100m²/m³，利用塑料作为支撑介质的滴滤器的典型比表面积 q_A 为 100～200m²/m³。

② BOD 负载大于 10gBOD/(m²·d) 通常导致去除效率较低（例如 BOD 去除小于 80%）。

③ 在 ATV（1997）研究中，BOD 和氨联合氧化仅仅基于 BOD 负荷，并以 BOD/TKN 比值假设典型的城市污水组成。

反硝化反应的设计表面载荷（B_A）和容积载荷（B_V）。这些数值适用于城市污水的处理，在常温（10～15℃）下取得显著去除效果（大于 90%）。请注意，这些值取决于处理目标、特定的预处理、废水组成以及添加的外部碳源的数量和类型 　　表 18.4

反应器类型	载体材料	硝酸盐负载		参考文献
		B_A[gN/(m²·d)]	B_V[kgN/(m³·d)]	
反硝化作用				
淹没式生物滤池	多孔黏土（Biofor）	—	2	ATV，1997
	多空板（Biocarbone）	—	0.7	ATV，1997
	聚丙乙烯（Biostyr）	—	1.2~1.5	ATV，1997
	石英砂		1.5~3	
	无烟煤		1.5~3	
MBBR	K1	2.5~3① / 1.5~2②	—	Aspegren 等，1998

① 使用乙醇作为电子供体；

② 使用甲醇作为电子供体。

浓度（可降解有机物浓度）达到 10mgCOD/L （可溶性 COD）。计算反应器的体积和水力停留时间。假设 MBBR 是一个完全混合的反应器，反应器中氧浓度为 8mg/L。

污水特性：

$Q_i = 150\text{m}^3/\text{d}$

$L_F = 200\mu\text{m}$

$COD_i = 300\text{mgCOD/L}$

生物膜支撑介质的比表面积

$a_F = 300\text{m}^2/\text{m}^3$

答案：

第一步：在完全混合的反应器中，水相有机基质浓度将与 10mgCOD/L 的目标出水浓度相同。利用式（17.88）和表 17.6 检查氧或有机基质是否限制使用。

$$\frac{S_{LF,COD}}{S_{LF,O2}} = \frac{10}{8}\text{gCOD/gO}_2$$
$$= 1.25\text{gCOD/gO}_2 < 3.5\text{gCOD/gO}_2$$

有机基质是限速的 (18.9)

第二步：从图 17.7 中求出在水相基质浓度为 10mg COD/L 时基质流量。

$$J_{LF,COD} = 12.3\text{gCOD/(m}^2\cdot\text{d)}$$

（假设符合零阶方程部分渗透）

$$J_{LF,COD} = 8.5\text{gCOD/(m}^2\cdot\text{d)}$$

（假设符合 Monod 方程）

第三步：计算必要的表面积。

$$A_F = \frac{Q_i(COD_i - S_B)}{J_{LF}} = 3537\text{m}^2$$

（零阶方程部分渗透）

$$= 5118\text{m}^2 \text{（Monod 方程）} \quad (18.10)$$

第四步：计算反应器的体积及水力停留时间（HRT）。

$$V_R = \frac{A_F}{a_F} = \frac{3537\text{m}^2}{300\text{m}^2/\text{m}^3} = 11.8\text{m}^3$$

零阶方程部分渗透

$$V_R = \frac{A_F}{a_F} = \frac{5118\text{m}^2}{300\text{m}^2/\text{m}^3} = 17.1\text{m}^3 \quad (18.11)$$

Monod 方程

第五步：在外部传质边界层为 $200\mu\text{m}$ 的条件下，基质流量会发生怎样的变化？图 17.13 给出了不同边界层厚度假设下的基质流量：

$J_{LF,COD} = 4\text{gCOD/(m}^2\cdot\text{d)}$（假设符合 Monod 方程以及 $L_L = 200\mu\text{m}$）

对应 HRTs 分别为 11min 和 16 min，假设符合零阶方程部分渗透和 Monod 方程。

第六步：$4\text{gCOD/(m}^2\cdot\text{d)}$ 的基质流量对应的氧通量是多少？同一过程中不同组分的流量可用式（17.92）表示为：

$$\frac{J_{LF,1}}{\nu_1} = \frac{J_{LF,2}}{\nu_2} = \cdots = \frac{J_{LF,i}}{\nu_i} \quad (18.12)$$

有机基质的化学计量系数是：对于有机基质 $\nu_S = 1/Y$，对于氧气 $\nu_{O2} = (1-Y)/Y$。因此，氧气流量（$J_{LF,O2}$）可通过以下公式计算：

$$J_{LF,O2} = \frac{\nu_{O2}}{\nu_S}J_{LF,COD} = (1-Y)J_{LF,COD}$$

(18.13)

假设有机基质的流量为 $4\text{gCOD/(m}^2\cdot\text{d)}$，产生系数是 0.4gCOD/gCOD，进入生物膜的氧气流量将会是 $2.4\text{gO}_2/(\text{m}^2\cdot\text{d)}$。

案例 18.2　硝化作用（二级设计）

RBC 可用于设计三级硝化，目标出水浓度为 $5\text{mgNH}_4\text{-N/L}$。假设反应器的水相完全混合，溶氧量为 8mg/L 的。

污水特性：

$Q_i = 150\text{m}^3/\text{d}$

$L_F = 200\mu\text{m}$

$S_{NH4,i} = 40\text{mgNH}_4\text{-N/L}$

生物膜支撑介质的比表面积为

$a_F = 300\text{m}^2/\text{m}^3$

答案：

第一步：评估氧气或者氨是否限速的。可以用式（17.88），或直接使用表 17.7 中氨和氧的渗透深度。从表 17.7 可知，氨氮浓度为 5mg N/L，氧浓度为 8mg/L 时的氨和氧渗透深度分别为：

氨渗透深度 $= 177\mu\text{m}$

氧渗透深度 $= 120\mu\text{m}$

因此，对于给定的水相浓度，生物膜内的氧气活性会限制氨的去除。

第二步：从表 18.3 直接得到氧气的流量为：

$$J_{LF,O2} = 22.5\text{gO}_2/(\text{m}^2\cdot\text{d)}$$

第三步：氨的流量需要利用从式（17.89）得出的氧的浓度来计算：

$$J_{LF,NH4} = \frac{\nu_{NH4}}{\nu_{O2}} J_{LF,O2} =$$

$$= \frac{1}{\frac{4.57 - Y_{ANO}}{Y_{ANO}}} J_{LF,O2} =$$

$$= \frac{1}{4.57 - 0.22} 22.5 = 5.17 \, g \, N/(m^2 \cdot d)$$

(18.14)

请注意，这个流量是 $5.17 g N/(m^2 \cdot d)$，小于表 17.7 中提供的水相氨浓度的值 $5 mg N/L$。这是因为表 17.7 中的氨流量是在不存在氧气限制的情况下计算的。

第四步：表 17.7 没有考虑到外部传质阻力，第 17 章第 5 节讨论了外部传质阻力的影响，可以明确计算出氧流量。然而，在许多情况下，氨氧化的设计值是根据类似系统中测量的流量得出的，如表 18.3 所示。用于硝化作用的氨流量为 $1 \sim 3 g N/(m^2 \cdot d)$。对于当前系统，可以选取设计值为 $2.5 g N/m^2$。

因此，我们可以直接使用表 18.3 而不需按步骤 1 到步骤 4。使用这样的设计值而不进行额外计算的一个风险是，利用这样的推荐设计值，往往是不清楚什么因素限制了去除。从步骤 2 到步骤 4 可以明显看出，硝化作用是限制氧的，基质通量是由氧渗透到生物膜决定的。使用渗透深度了解所需的生物膜特性。同时，通过明确的计算，能清楚地知道在什么条件下生物膜是限制氨而不是限制氧的。

第五步：参考之前的案例，计算必要的表面积和体积。

案例 18.3　有机质去除和硝化的联合作用（三级设计）

设计一个采用塑料介质的滴滤器，同时实现碳氧化和硝化作用。

污水性质：

$Q_i = 150 m^3/d$

$COD_{b,i} = 200 mgBOD/L$

$S_{NH4,i} = 40 mgNH_4 \text{-} N/L$

设计时应假定典型的设计参数。

方法 1：第 17.9 节讨论了碳氧化和硝化联合作用的详细模型，证明硝化作用发生的条件是在给定的氧浓度下有足够低的水相 BOD 浓度。碳氧化和硝化作用可以通过模拟基质流量和异质生物膜结构来评估，在这种结构中 BOD 首先被氧化，然后是硝化作用（Wanner 和 Gujer，1985）。可以使用常用的处理厂模拟软件或第 17 章介绍的 AQUASIM 软件，并通过生物膜模块进行模拟。

方法 2：如图 17.25 所示，进行碳氧化和硝化的滴滤器会有三个区域：①只有碳氧化；②碳氧化和硝化作用联合；③只有硝化作用（先限氧后限氨）。一种简化的设计方法是忽略碳氧化和硝化作用结合区域，分别计算其他两个区域的尺寸：

$$V_{R,total} = V_{R,COD} + V_{R,NH4}$$

(18.15)

其中，$V_{R,total}$ 是反应器的总体积，$V_{R,COD}$ 和 $V_{R,NH4}$ 是滴滤器上部分的碳氧化和下部分的硝化作用的反应器体积。利用表 18.3 中典型载荷率 $0.6 kgBOD/(m^3 \cdot d)$（BOD 氧化）和 $0.1 kgN/(m^3 \cdot d)$（三级硝化），我们可以估计总体积为：

$$V_{R,COD} = \frac{Q_i \cdot COD_{b,i}}{B_{V,COD}}$$

$$= \frac{(150 m^3/d)(200 gBOD/m^3)}{0.6 kgBOD/(m^3 \cdot d)} = 50 m^3$$

(18.16)

$$V_{R,NH4} = \frac{Q_i \cdot S_{NH4,i}}{B_{V,NH4}}$$

$$= \frac{(150 m^3/d)(40 gN/m^3)}{0.1 kgN/(m^3 \cdot d)} = 60 m^3$$

(18.17)

因此式（18.15）得出：

$$V_{R,total} = 50 m^3 + 60 m^3 = 110 m^3$$

因此，$110 m^3$ 的总体积可以提供可靠的有机基质氧化和硝化作用。设计人员可以选择在第一碳氧化反应器和第二硝化反应器之间设计一个大型反应器或两个单独的能去除固、液的反应器。

18.4　其他设计考虑

本章对不同生物膜反应器技术进行概述，旨在强调设计这些系统时的共同特点。在设计生物膜时需进一步考虑诸如曝气、流动分布、生物膜控制和固体去除等条件。

18.4.1 曝气

对于有氧系统，必须提供充足的氧气供应。滴滤器和RBC通常依靠自然对流进行曝气。如有需要，可通过强制通风或通过浸没在滴滤器和RBC中的空气扩散器来增强曝气。淹没式生物膜反应器完全依靠强制曝气。对于固定床反应器，空气通过网格进入过滤材料，有助于确保空气在固定床反应器的横截面上均匀分布。随着气泡通过过滤材料，它们很快集聚在一起，形成更大的气泡，但由于生物膜的支撑和生物膜阻断了气泡的结合，增加了气体滞留，BAFs的曝气效率可以与活性污泥中细气泡扩散器的曝气效率相提并论（Stenstrom等，2008）。在悬浮生物膜反应器中，曝气通常具有供氧和混合所需能量的双重作用。通常粗至中等气泡曝气系统是生物膜反应器的首选，因为这种系统与生物膜生长而可能造成的堵塞/污染风险较小。

18.4.2 流动分布

对于固定床和流化床生物膜反应器，进水水流在反应器横截面上的均匀分布是有效处理的关键。水的分布影响着局部基质载荷速率和作用在生物膜上的剪切力。在固定床反应器中，不均匀的流动分布会导致通道新开、基质去除减少以及过滤材料堵塞。

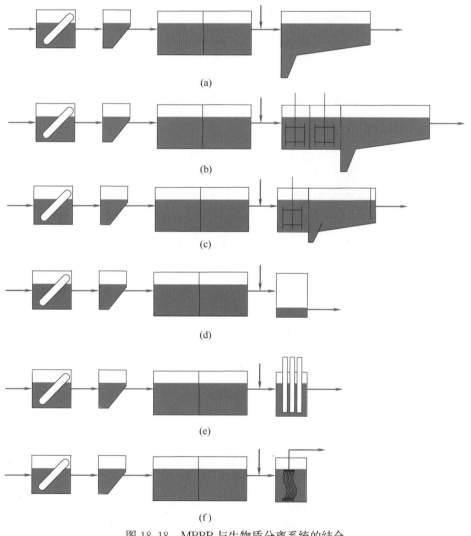

(a)

(b)

(c)

(d)

(e)

(f)

图 18.18　MBBR 与生物质分离系统的结合

（a）沉淀；（b）混凝沉淀（ACTIFLO®）；（c）浮选；（d）介质过滤，
（e）微筛（即圆盘过滤）；（f）膜过滤（Ødegaard，2010）

18.4.3 生物膜控制

有效的反应器操作必须保持足够厚的生物膜以确保基质去除，同时应防止积累太多的生物膜以避免堵塞。一层厚厚的生物膜也会导致生物膜内部厌氧条件的风险，这也会导致不希望发生的生物膜脱落。滴滤器的剪切力是水力负荷（q_A，$[L\ T^{-1}]$，式18.7），旋转分配器上的臂数（a）以及分配器每小时的转速（n，$1/T$）的函数。这些影响滴滤器剪切力和分离的不同因素结合在一起形成冲洗力（SK，Spülkraft，德国）：

$$SK = \frac{q_A}{a \cdot n} \tag{18.18}$$

典型的 SK 值范围为 $4 \sim 8$mm/臂（ATV-DVWK，2001）。现代滴滤器通常配备一个电动分配臂，使得 SK 值实现可控。同样，具有 PLC 和频率控制驱动速度的 RBC 可以通过增加转速来进行每日或每周的生物膜控制。

在悬浮生物膜反应器中，高剪切和磨损率会导致高剥离率和薄的生物膜。过高的碳表面负载会导致生物膜生长过快，这使生物膜得不到充分的控制，从而成为反应器的处理效果的限制因素。

在固定床生物膜反应器中，必须定期进行反冲洗，以去除多余的生物膜和可能积聚在过滤介质孔隙中的悬浮固体。在硝化 BAFs 中，能降低硝化生物质被异养生物覆盖的风险。

18.4.4 固体去除

从生物膜反应器中去除的生物质必须使用沉淀或其他固-液分离方法使之从水中分离出来。生物质在粒度方面的特性有显著差异，沉降性在不同的系统和不同的载荷条件下存在差异。不同类型的生物膜反应器在如何从废水进水中去除颗粒物方面存在显著差异。例如，淹没式固定床反应器可以作为一个真正的过滤器而运行，而滴滤器或 RBCs 可能只会实现有限的颗粒去除（Parker 和 Newman，2006）。图 18.18 是在 MBBR 之后，采用多种固体去除方法的案例。

扫码观看
本章参考文献

术语表

符号	描述	单位
a	在滴滤器中旋转分配器的臂数	—
A_F	生物膜的表面积	m^2
a_F	生物膜的比表面积$=A_F/V_R$	m^2/m^3
A_R	生物膜反应器在流动方向上的横截面积	m^2
B_A	表面比负载率	$g/(m^2 \cdot d)$
B_i	Biot 数	—
B_V	体积比负载率	$g/(m^3 \cdot d)$
COD_i	进水中的总 COD 浓度	$mgCOD/L$
$COD_{b,i}$	进水中的可生物降解 COD 浓度	$mgCOD/L$
S_B	水相中可溶性基质[①]浓度	mg/L
S_F	生物膜中可溶性基质[①]浓度	mg/L
h	具有平推流特性水相的反应器高度	m
J	基质[①]通量	$g/(m^2 \cdot d)$
J_F	生物膜中基质[①]通量	$g/(m^2 \cdot d)$
J_{LF}	生物膜表面基质[①]通量	$g/(m^2 \cdot d)$
L_L	传质边界层	m

符号	描述	单位
$S_{F,NH4}$	生物膜中氨浓度	mgN/L
$S_{F,O2}$	生物膜中氧浓度	mgO_2/L
$S_{F,S}$	生物膜中有机基质浓度	$mgCOD/L$
S_i	进水中可溶性基质①浓度	mg/L
S_{LF}	生物膜表面可溶性基质①浓度	mg/L
S_{NH4}	氨浓度	mgN/L
$S_{NH4,i}$	进水中氨浓度	mgN/L
S_{O2}	氧浓度	mgO_2/L
S_S	有机基质浓度	$mgCOD/L$
V_B	水相体积	m^3
V_R	反应器体积	m^3
Y_{ANO}	自养生长的 S_{NH4} 产量	$gCOD/gN$

①请注意，在第18章的大部分内容中，并没有说明限定基质的类型和单位。可能的例子有基质是电子供体，如有机基质（$S_{F,COD}$）、氨（$S_{F,NH4}$），或者是电子受体，如氧气（$S_{F,O2}$）、硝酸（$S_{F,NO3}$）。基质的单位必须与动力学和化学计量常数的单位一致。

下标	描述
0	零阶方程
0	在零点
1	一阶
A	每生物膜的表面积
ANO	自养细菌
B	在水相内
F	在生物膜内
OHO	异养细菌
i	进水
LF	在生物膜表面
NH_4	铵
O_2	氧
COD	有机基质
W	在水中

缩写	描述
BAF	曝气生物滤池
IFAS	集成固定膜活性污泥系统
MBBR	移动床生物膜反应器
RBC	生物转盘
SAF	浸没式曝气滤池
SBBR	序批式生物膜反应器
SK	Spülkraft(德语:冲洗力)
SRT	污泥龄
UASB	上流式厌氧污泥床

希腊符号	描述	Unit
ν	化学计量系数	—